T0401754

Stadtverkehrsplanung Band 3

Dirk Vallée · Barbara Engel · Walter Vogt
(Hrsg.)

Stadtverkehrsplanung Band 3

Entwurf, Bemessung und Betrieb

3. Auflage

Hrsg.
Dirk Vallée
ehemals Institut für Stadtbauwesen und Stadtverkehr, RWTH Aachen
Aachen, Deutschland

Barbara Engel
Fachgebiet Internationaler Städtebau
KIT Karlsruher Institut für Technologie
Karlsruhe, Deutschland

Walter Vogt
ehemals am Institut für Straßen- und Verkehrswesen, Universität Stuttgart
Stuttgart, Deutschland

ISBN 978-3-662-59696-8 ISBN 978-3-662-59697-5 (eBook)
https://doi.org/10.1007/978-3-662-59697-5

Die Deutsche Nationalbibliothek verzeichnet diese Publikation in der Deutschen Nationalbibliografie; detaillierte bibliografische Daten sind im Internet über http://dnb.d-nb.de abrufbar.

Ursprünglich erschienen in einem Band unter: Steierwald, Gerd, Künne, Hans-Dieter, Vogt, Walter (Hrsg.)

Springer Vieweg ist ein Imprint der eingetragenen Gesellschaft Springer-Verlag GmbH, DE und ist ein Teil von Springer Nature.
Die Anschrift der Gesellschaft ist: Heidelberger Platz 3, 14197 Berlin, Germany

Vorbemerkung

Aus Gründen der besseren Lesbarkeit wird bei geschlechtsspezifischen Begriffen in der Regel das generische Maskulinum verwendet. Diese Bezeichnung schließt andere geschlechtsspezifische Formen per se wertfrei ein.

Vorwort

Bereits heute leben über 50 % der Weltbevölkerung in Städten und 2050 werden voraussichtlich etwa zwei Drittel aller Menschen Stadtbewohner sein. Garant für städtisches Leben war und ist der Transport von Menschen und Gütern – Personen- und Gütermobilität sind zentrale konstituierende Elemente für das Funktionieren von Stadt. Städtische Lebensqualität zu erhalten und zu fördern bedeutet, nachhaltige Lösungen für vielfältige Mobilitätsbedürfnisse in einem komplexen Umfeld sozialer, ökonomischer und ökologischer Anforderungen zu entwickeln und umzusetzen. Dazu bedarf es einer Planung der räumlichen Stadtentwicklung und Flächennutzung, die die Belange des Verkehrs integrativ einbezieht.

Gut 25 Jahre nach dem Erscheinen der ersten Auflage liegt die dritte Neuauflage „Stadtverkehrsplanung. Ziele – Grundlagen – Methoden" nunmehr als dreibändige Printausgabe sowie erstmalig auch in digitaler Version vor. 25 Jahre sind – bezogen auf die mehrere hundert-, wenn nicht über tausendjährige Entwicklung zahlreicher Städte – ein sehr kurzer Zeitabschnitt. Aber wie hat in diesem Zeitraum allein die Digitalisierung unsere Lebensbereiche beeinflusst! Gab es beispielsweise 1994 noch kein Smartphone, keine leistungsfähige Batterietechnik oder keine hochentwickelte Informations- und Kommunikationstechnologie (IKT), zählen das Nutzen von Apps oder das Ausüben von Sharing-Angeboten heute zum Gemeingebrauch der Stadtbewohner.

In einer sich dynamisch verändernden Gesellschaft mit demografischem Wandel, neuen Lebensstilen, Arbeitsformen u.v.m. unterliegt auch die Mobilität in der Stadt unter der Maxime nachhaltiger Entwicklung mehr denn je einem kontinuierlichen Wandel. Die Weiterentwicklung von Digitalisierung und künstlicher Intelligenz beschleunigt die als Energie- und Mobilitätswende bezeichneten eingeleiteten Transformationsprozesse. Mit neuen Antriebstechniken der Fahrzeuge und digitaler Vernetzung über alle Verkehrsmittel und Fortbewegungsarten zeichnen sich Veränderungen erheblicher Tragweite ab, die sich mit veränderten Ansprüchen der Stadtbewohner an öffentliche Räume einschließlich der Flächen für nichtmotorisierte Verkehrsteilnehmer arrangieren müssen.

Die Inhalte der Neuauflage greifen diese Entwicklungen in neuen Kapiteln wie Mobilitätsmanagement, Multimodalität oder urbane Logistik auf. Erweiterte und vertiefte Ausführungen von Themen wie Nahmobilität und Verkehrssicherheit, aber auch neue Planungsinstrumente und Beteiligungsverfahren verweisen gleichzeitig auf den Bedeutungszuwachs kontinuierlich wahrzunehmender Aufgaben. Sämtliche Kapitel der zweiten Auflage wurden inhaltlich überarbeitet sowie dem aktuellen Sachstand angepasst.

Das vorliegende Werk stellt wesentliche Aufgabenbereiche der Stadtverkehrsplanung aus Theorie und Praxis und aus unterschiedlichen Fachperspektiven dar. Es richtet sich an Studierende und in Wissenschaft und Praxis tätige Fachleute aus den Bereichen des Bauingenieurwesens, speziell der Verkehrsplanung und Verkehrstechnik, der Stadt- und Raumplanung, der Stadtgeografie und der Umweltwissenschaften. In den drei Bänden

- Grundlagen, Ziele und Perspektiven,
- Analyse, Prognose und Bewertung,
- Entwurf, Bemessung und Betrieb

werden alle relevanten Aspekte der Stadtverkehrsplanung behandelt.

Den Erst-Herausgebern, Univ.-Prof. Dr.-Ing. Gerd Steierwald, emeritierter Leiter des Instituts für Straßen- und Verkehrswesen der Universität Stuttgart, und Prof. Dr.-Ing. Hans Dieter Künne, ehemaliger Technischer Beigeordneter der LH Stuttgart, gestorben 2017, gebührt der große Dank für die Erstidee und Umsetzung dieses Grundlagenwerks. Bezüglich der dritten Neuauflage entschied sich Prof. Steierwald, die Herausgeberschaft nicht fortzuführen. In Univ.-Prof. Dr.-Ing. Dirk Vallée, Leiter des Lehrstuhls und Instituts für Stadtbauwesen und Stadtverkehr an der Rheinisch-Westfälischen Technischen Hochschule (RWTH) Aachen, Prof. Dr.-Ing. Barbara Engel, Fachgebiet Internationaler Städtebau am Karlsruher Institut für Technologie (KIT) und dem bereits seither als Mitherausgeber verantwortlichen Dr.-Ing. Walter Vogt, ehemals Lehrstuhl für Straßenplanung und Straßenbau an der Universität Stuttgart, fand sich ein Herausgeberteam, um das Buch im Sinne inhaltlicher Kontinuität, aber auch Erneuerung fachlich fortzuschreiben. Mit dem unerwarteten Tod von Dirk Vallée als federführendem Herausgeber und Autor mehrerer Kapitel im Mai 2017 entstand eine große fachliche Lücke, die es zu schließen galt. Umso dankbarer sind wir besonders denjenigen Verfassern, die kurzfristig bereit waren, die Beiträge im Sinne von Herrn Vallée zu Ende zu führen.

Aufgrund der Fülle des Stoffes stellt auch die Neuauflage trotz der genannten Ergänzungen kein abschließendes Kompendium dar. Wichtig erschien, dass – neben den allgemeinen Beschreibungen und den teilweise mit Wertungen verbundenen zukunftsbezogenen Aussagen – die verschiedenen analytischen, zukunftsbezogenen und konzeptionell-planerischen Schritte sowie auch die handwerklichen Grundlagen behandelt werden. Die Beiträge enthalten umfangreiche Literaturhinweise, darunter zahlreiche neue und überarbeitete Richtlinien und Empfehlungen anerkannter Institutionen, deren sachgerechter Handhabung gerade in Zeiten eines dynamischen Wandels eine hohe Bedeutung zukommt.

Die Herausgeber danken allen Autoren für ihre wertvollen Beiträge und die engagierte und konstruktive Zusammenarbeit. Dankbar sind wir der Forschungsgesellschaft für Straßen- und Verkehrswesen für die großzügig zur Verfügung gestellten Abbildungen aus zahlreichen Regelwerken. Dem Springer Verlag in Person von Herrn Lehnert und seinen Mitarbeitern sei Dank für seine Bereitschaft zur Herausgabe der Neuauflage und seine Geduld bei der Fertigstellung des Manuskripts.

Karlsruhe, Stuttgart
Juli 2019

Barbara Engel
Walter Vogt

Inhaltsverzeichnis Band 3

1 Historische Entwicklung von Verkehrsnetzen 1
Walter Vogt
1.1 Einführung 2
1.2 Straßen- und Wegenetze bis zum Beginn des 19. Jahrhunderts 4
1.3 Straßen- und Wegenetze ab dem 19. Jahrhundert 11
1.4 Straßen- und Wegenetze in der Periode der Massenmotorisierung 27
1.5 Fazit 42
Literatur 45

2 Verkehr und Stadtgestalt – Städtebauliche Anforderungen und Lösungsansätze 49
Barbara Engel
2.1 Stadtentwicklung und Mobilität 50
2.1.1 Siedlungsstrukturen und Verkehr 50
2.1.2 Die Entwicklung von Stadt- und Verkehrsräumen in Karlsruhe 53
2.1.3 Städtische Mobilität 57
2.2 Verkehrsplanung als Teil städtebaulicher Gesamtplanung 58
2.2.1 Anforderungen an eine integrierte Stadtverkehrsplanung 58
2.2.2 Die Stadt der kurzen Wege 62
2.2.3 Kommunale Planungen und rechtliche Instrumente 64
2.2.4 Planungsprozesse und Entwurfsmethoden 70
2.3 Gestaltung von städtischen Verkehrsräumen 72
2.3.1 Aufgaben und Funktionen öffentlicher Räume 72
2.3.2 Typologien von Straßen- und Platzräumen 75
2.3.3 Anforderungen an die Gestaltung 79
2.3.4 Gestaltungsparameter 81
Literatur 94

3 Netzplanung und Netzgestaltung . . . 97
Regine Gerike und Dirk Vallée
3.1 Einführung . . . 98
3.2 Bestimmung der Verkehrswegekategorien . . . 101
3.2.1 Grundlagen der funktionalen Gliederung von Verkehrsnetzen auf Basis der Richtlinien für Integrierte Netzgestaltung . . . 101
3.2.2 Kategorien der Verkehrswege im Kfz-Verkehr . . . 105
3.2.3 Kategorien der Verkehrswege für den öffentlichen Personenverkehr (ÖPV) . . . 108
3.2.4 Kategorien der Verkehrswege im Fußgänger- und Radverkehr . . . 111
3.3 Bewertung der Angebotsqualität von Verbindungen und Netzabschnitten . . . 114
3.4 Gestaltung von Verknüpfungspunkten . . . 119
3.5 Anwendungsfelder der Netzplanung . . . 121
3.6 Ausblick . . . 122
Literatur . . . 123

4 Strecken und Knotenpunkte im Straßenverkehr . . . 125
Wolfgang Haller und Sabrina Stieger
4.1 Grundlagen des Entwurfs . . . 126
4.1.1 Entwurf von Straßenräumen im Wandel der Zeit . . . 126
4.1.2 Straßenraumentwurf als Entwurfsmethodik . . . 128
4.1.3 Ziele und Bewertungskriterien . . . 131
4.1.4 Städtebauliche und straßenräumliche Merkmale . . . 137
4.1.5 Nutzungsansprüche . . . 140
4.1.6 Entwicklung von Gestaltungskonzepten . . . 151
4.1.7 Entwurfsprinzipien für Straßen und Wege . . . 153
4.2 Entwurf von Hauptverkehrsstraßen . . . 155
4.2.1 Grundsätze . . . 155
4.2.2 Entwurfs- und Gestaltungselemente für Hauptverkehrsstraßen . . . 156
4.2.3 Typische Entwurfssituationen – Beispiele . . . 170
4.3 Entwurf von anbaufreien Hauptverkehrsstraßen . . . 177
4.4 Entwurf von Erschließungsstraßen und -wegen . . . 180
4.4.1 Grundsätze . . . 180
4.4.2 Entwurfs- und Gestaltungselemente für Erschließungsstraßen und -wege . . . 181

4.5 Entwurf von Knotenpunkten und Plätzen ... 190
4.5.1 Grundsätze ... 190
4.5.2 Knotenpunktformen – Beispiele ... 190
4.5.3 Stadtplätze ... 199
4.5.4 Plätze des öffentlichen Personennahverkehrs ... 201
Literatur ... 205

5 Grundlagen und Formen des ÖPNV ... 207
Carsten Sommer und Volker Deutsch
5.1 Grundlagen und Begriffe ... 208
5.1.1 Begriffsbestimmungen ... 208
5.1.2 Bedeutung des ÖPNV ... 209
5.1.3 Organisation des ÖPNV ... 210
5.2 Angebotsformen des ÖPNV ... 213
5.2.1 Einführung ... 213
5.2.2 Klassischer Linienverkehr ... 215
5.2.3 Flexible Angebotsformen ... 235
5.2.4 Alternative Angebotsformen ... 244
Literatur ... 251

6 Nahverkehrsplanung und Netzgestaltung des ÖPNV ... 255
Carsten Sommer und Volker Deutsch
6.1 Nahverkehrsplanung ... 256
6.1.1 Definition, Bedeutung und Bindung des Nahverkehrsplans ... 256
6.1.2 Inhalte, Bedienungsstandards ... 257
6.1.3 Planungsablauf ... 262
6.2 Netzgestaltung im ÖPNV ... 272
6.2.1 ÖPNV-Netze und Siedlungsstrukturen ... 272
6.2.2 Netzgestaltung als Teil der Angebotsplanung im ÖPNV ... 273
6.2.3 Einflüsse auf die Netzgestaltung ... 273
6.2.4 Linien- und Netzbildung ... 276
6.2.5 Methoden des Linien- und Netzentwurfs ... 282
Literatur ... 284

7 Planung und Entwurf von Anlagen des ÖPNV ... 287
Carsten Sommer und Volker Deutsch
7.1 Übergeordnete Entwurfsziele ... 288
7.2 Technische Vorschriften für den Entwurf ... 289
7.3 Gestaltung des Fahrweges vom ÖSPV mit schienengebundenen Verkehrsmitteln ... 290

7.3.1 Trassierungs- und Entwurfselemente . . . 290
7.3.2 Stadtbahnstrecken im Straßenraum . . . 292
7.3.3 Überfahrten und Querungen . . . 299
7.3.4 Beschleunigung der Stadtbahn . . . 302
7.4 Gestaltung des Fahrweges beim Busverkehrssystem . . . 305
7.4.1 Systemcharakter beim Bus . . . 305
7.4.2 Grundlagen im Busverkehr . . . 307
7.4.3 Busfahrweg im öffentlichen Straßenraum . . . 309
7.4.4 Trennung der Fahrwege beim Busverkehr . . . 310
7.4.5 Busverkehr und Verkehrsberuhigungsmaßnahmen . . . 315
7.5 Planung und Entwurf von Haltestellen . . . 319
7.5.1 Vorbemerkungen . . . 319
7.5.2 Stadtbahnhaltestellen im Straßenraum . . . 320
7.5.3 Bushaltestellen im Straßenraum . . . 323
7.5.4 Verknüpfungspunkte öffentlicher Verkehrsmittel . . . 328
7.6 Barrierefreiheit im öffentlichen Raum . . . 330
7.6.1 Vorbemerkungen . . . 330
7.6.2 Rechtlicher Rahmen . . . 331
7.6.3 Barrierefreie Verbindungen von Tür zu Tür . . . 332
Literatur . . . 332

8 Nahmobilität und Fußverkehr . . . 335
Gebhard Wulfhorst
8.1 Nahmobilität . . . 335
8.1.1 Grundlagen und Bedeutung . . . 335
8.1.2 Zielsetzungen . . . 337
8.1.3 Nahmobilität – Strategien zur Stärkung des Fuß- und Radverkehrs auf lokaler Ebene . . . 339
8.1.4 Ausblick . . . 351
8.2 Fußverkehr in der Stadt . . . 351
8.2.1 Bedeutung des Zu-Fuß-Gehens . . . 351
8.2.2 Ziele für den Fußverkehr in der Stadt . . . 354
8.2.3 Grundlegende Methoden . . . 354
8.2.4 Anlagen für den Fußverkehr . . . 361
8.2.5 Fazit und Ausblick . . . 373
Literatur . . . 374

9 Radverkehr . . . 377
Wolfgang Bohle
9.1 Ziele, Anforderungen, Maßnahmen . . . 377
9.2 Radverkehrsnetz . . . 378
9.3 Infrastruktur . . . 379
9.4 Streckenführung des Radverkehrs . . . 381

9.4.1 Arten von Radverkehrsführungen 381
9.4.2 Fahrbahnführung 381
9.4.3 Seitenraumführung 382
9.4.4 Kombinationslösungen und Sonderführungsformen 383
9.4.5 Einsatzbedingungen 384
9.4.6 Streckenführungen ohne Kraftfahrzeugverkehr und auf Erschließungsstraßen 386
9.5 Knotenpunktführung des Radverkehrs 387
9.6 Weitere Infrastruktur 391
9.6.1 Fahrradparken 391
9.6.2 Wegweisung 393
9.7 Entwurf von Radverkehrsführungen 393
9.7.1 Innerörtliche Hauptverkehrsstraßen 393
9.7.2 Innerörtliche Knotenpunkte 397
9.7.3 Erschließungsstraßen 400
9.8 Marketing für mehr Radverkehr 401
9.8.1 Ziele des Marketings 401
9.8.2 Beispiele für das Marketing 402
9.9 Zusammenfassung 404
Literatur 405

10 Verkehrssicherheit 407
Jürgen Gerlach
10.1 Einführung 408
10.2 Unfallgeschehen im Überblick 411
10.3 Unfallkenngrößen 415
10.4 Instrumente des infrastrukturellen Sicherheitsmanagements zur Reduzierung des Unfallgeschehens 420
10.5 Aktuelle Maßnahmen zur Reduzierung des Unfallgeschehens in Stadtstraßen – ein schlaglichtartiger Überblick 430
10.6 Ausblick 438
Literatur 438

11 Anlagen zum Parken 441
Andreas Schuster
11.1 Merkmale des Parkens 442
11.1.1 Ursachen des Parkens 442
11.1.2 Nachfragegruppen 442
11.1.3 Nachfragemuster 442
11.1.4 Arten des Parkraumangebots 443
11.2 Parkraumrahmenplanung 445

11.3 Bemessung des Parkraumangebots in Stadtgebieten 447
11.3.1 Anwendungsfälle 447
11.3.2 Abgrenzen eines Untersuchungsgebiets 448
11.3.3 Bedarfsprognose 448
11.3.4 Angebotsprognose 453
11.3.5 Bilanzierung 454
11.3.6 Angebotszuordnung und Parkraumbereitstellung 455
11.4 Bemessung von Abfertigungsanlagen 456
11.4.1 Anwendungsfälle und Einflussgrößen 456
11.4.2 Bemessungsverfahren 457
11.5 Entwurf von Anlagen zum Parken 459
11.5.1 Geometrische Zusammenhänge 459
11.5.2 Park- und Ladeflächen im Straßenraum 462
11.5.3 Parkplätze 468
11.5.4 Parkbauten 468
11.5.5 Mechanische und automatische Parksysteme 475
11.5.6 Parkbauten für fahrerloses Valet Parking 483
11.5.7 Ladehöfe 484
11.6 Prüfung der Qualität des Verkehrsablaufs im Entwurfsstadium 485
11.7 Bauliche Ausstattung von Anlagen zum Parken 487
11.7.1 Befestigung und Entwässerung 487
11.7.2 Beleuchtung 488
11.7.3 Belüftung von Parkbauten 488
11.7.4 Ausstattung mit Ladestationen 489
11.7.5 Brandschutz in Parkbauten 489
Literatur 490

12 Elementе der Verkehrsbeeinflussung im Stadtverkehr – einführende Übersicht 493
Axel Leonhardt
12.1 Einleitung 493
12.2 Regelkreis der Verkehrsbeeinflussung 494
12.2.1 Grundlagen 494
12.2.2 Beobachtung des Verkehrssystems 495
12.2.3 Steuerungsverfahren 497
12.2.4 Beeinflussung des Verkehrssystems 498
12.3 Wirkungsmechanismen der Verkehrsbeeinflussung 499
12.3.1 Grundlagen 499
12.3.2 Beeinflussung des Verkehrsverhaltens 499
12.3.3 Beeinflussen von Kapazitäten 504
Literatur 505

13 Verkehrsmanagement in Städten und deren Umland 507
Axel Leonhardt
13.1 Verkehrsmanagement im Planungsprozess 507
13.2 Planung von Verkehrsmanagementstrategien 509
13.2.1 Grundlagen 509
13.2.2 Strategiebildung 510
13.2.3 Verkehrliche Wirkungsermittlung und Bewertung 515
13.3 Verkehrsbeeinflussungsmaßnahmen 517
13.3.1 Kategorien und Arten der Beeinflussung 517
13.3.2 Informieren der Reisenden 518
13.3.3 Betriebliche Maßnahmen im ÖPNV 519
13.3.4 Beeinflussung der Kapazität an Knotenpunkten 520
13.3.5 Streckenbezogene Verkehrsbeeinflussung 521
13.3.6 Beeinflussung der Routen- und der Zielwahl im Straßennetz 523
13.3.7 Automatisiertes Fahren und Anwendungen der V2X-Kommunikation 524
13.3.8 Dynamische Nutzungsgebühren 528
13.4 Systemarchitekturen 529
Literatur 531

14 Lichtsignalsteuerung 535
Manfred Brenner und Martin Schmotz
14.1 Einführung 536
14.1.1 Entwicklung und Bedeutung der Lichtsignalsteuerung 536
14.1.2 Art und Einsatzgebiete von Lichtsignalanlagen 537
14.1.3 Einsatzkriterien und Ziele der Lichtsignalsteuerung 538
14.1.4 Lichtsignale und Lichtsignalfolgen 539
14.1.5 Vorschriften und technische Regelwerke 542
14.2 Entwurf, Berechnung und Bewertung von Festzeitprogrammen 544
14.2.1 Ablauf des Planungsprozesses 544
14.2.2 Entwurf der Signalprogrammstruktur 547
14.2.3 Zwischenzeitenberechnung 551
14.2.4 Berechnung der Signalprogrammparameter 553
14.2.5 Bewertung von Lichtsignalprogrammen 559
14.2.6 Koordinierte Lichtsignalsteuerung (Grüne Welle) 572
14.2.7 Maßnahmen bei gesättigtem und übersättigtem Verkehrsfluss 578
14.3 Belange nichtmotorisierter Verkehrsteilnehmer 582
14.3.1 Vorbemerkung 582
14.3.2 Fußgängerverkehr 583
14.3.3 Radverkehr 585

14.4 Öffentlicher Personennahverkehr (ÖPNV) 587
14.4.1 Vorbemerkung 587
14.4.2 Ziele und Randbedingungen 588
14.4.3 Grad der ÖPNV-Priorisierung 591
14.4.4 Steuerungsverfahren 591
14.4.5 ÖPNV-Priorisierung bei koordinierter Lichtsignalsteuerung 595
14.4.6 Flankierende Maßnahmen 596
14.5 Verkehrsabhängige Lichtsignalsteuerung 598
14.5.1 Übersicht und Begriffe 598
14.5.2 Umsetzung verkehrsabhängiger Steuerungsverfahren 600
14.5.3 Zeitplanabhängige Steuerung 600
14.5.4 Regelbasierte Steuerungsverfahren 602
14.5.5 Modellbasierte Steuerungsverfahren 607
14.6 Sonderformen der Lichtsignalsteuerung 615
14.6.1 Nicht vollständig signalisierte Knotenpunkte 615
14.6.2 Lichtsignalsteuerung an Kreisverkehren 617
14.6.3 Engstellensignalisierung 619
14.6.4 Fahrstreifensignalisierung 621
14.6.5 Zuflussregelung 625
14.7 Ausblick 627
Literatur 628

Stichwortverzeichnis Band 3 631

Stichwortverzeichnis Band 1 639

Stichwortverzeichnis Band 2 645

Inhaltsverzeichnis Band 1

1 Planungsgrundlagen 1
Carsten Gertz
1.1 Was ist Planung? 1
1.2 Charakteristika der Verkehrsplanung 3
1.3 Zentrale Begriffe 6
1.4 Kennwerte 13
1.5 Wirkungen des Verkehrs 15
1.6 Gerechtigkeit im Verkehr 17
1.7 Interdependenzen zwischen Raum und Verkehr 19
1.8 Ziele, Strategien und Maßnahmen 22
1.9 Planungsprozess 29
1.9.1 Überblick 29
1.9.2 Orientierung und Problemanalyse 30
1.9.3 Maßnahmenuntersuchung 32
1.9.4 Bewertung 33
1.9.5 Evaluation und Qualitätsmanagement 34
1.9.6 Akteure, Kommunikation und Beteiligung 34
1.10 Planungs- und Genehmigungsverfahren 36
1.10.1 Konzeptionelle Planwerke 36
1.10.2 Verkehrsentwicklungsplanung als zentrale strategische Planungsebene 37
1.10.3 Genehmigungsverfahren 40
1.11 Die Bedeutung der sich wandelnden Rahmensetzungen und Leitbilder . . . 40
1.12 Prinzipien der integrierten Verkehrsplanung 43
Literatur 44

2 Integration der Verkehrs- in die Stadtplanung 47
Dirk Vallée und Carsten Gertz
2.1 Einleitung 47
2.2 Historische Entwicklung von Stadtstrukturen und Verkehrssystemen 48

2.3 Interdependenzen zwischen Siedlungsstruktur und Verkehr auf der regionalen und gesamtstädtischen Ebene 54
2.4 Interdependenzen zwischen Siedlungsstruktur und Verkehr bei der Erschließungsplanung 56
2.5 Planungsverfahren 63
2.6 Ausblick 65
Literatur 67

3 Planungsrechtliche Verfahren 71
Klaus J. Beckmann
3.1 Einführung 72
3.2 Sicherung von Verkehrsinfrastrukturen durch planungsrechtliche Verfahren 72
3.3 Schaffung von Baurecht für kommunale Verkehrsanlagen 76
3.3.1 Überblick 76
3.3.2 Planfeststellungsverfahren nach Fachrecht 79
3.3.3 Rechtliche Sicherung nach Planungsrecht 82
3.3.4 Aspekte des Umweltschutzes und der Umweltverträglichkeitsprüfung 84
3.3.5 Anlagen des öffentlichen Personennahverkehrs 84
3.3.6 Regelungen des Straßenbetriebs 85
3.4 Einordnung planungsrechtlicher Verfahren für Verkehrsanlagen in die Rechtssystematik 86
3.5 Bedarfs- und Investitionsplanung für überörtliche Verkehrswege 88
3.6 Raumordnungsverfahren und Linienbestimmungsverfahren 89
3.7 Fazit und Ausblick „Zukünftige Anforderungen an (planungs-)rechtliche Rahmenbedingungen“ 90
Literatur 91

4 Städtebauliche Leitbilder – Entwicklungstendenzen 93
Johann Jessen
4.1 Definition 93
4.2 Stadtentwicklung und Wandel der Leitbildorientierungen 96
4.3 Leitbild der Stadtentwicklung heute – die kompakte und nutzungsgemischte Stadt 101
4.4 Das Leitbild in der verkehrswissenschaftlichen Forschung 104
4.5 Das Leitbild in der Praxis 107
4.6 Fazit 112
Literatur 115

5 Zukunft des Stadtverkehrs – Rahmenbedingungen, Trends, Szenarien 119
Dirk Vallée, Tobias Kuhnimhof und Gernot Liedtke
5.1 Einführung 120

5.2 Demografie, Raumstruktur und Gesellschaft . . . 121
5.2.1 Vorbemerkungen . . . 121
5.2.2 Bevölkerungsentwicklung nach Raumtypen . . . 121
5.2.3 Alterung und Kohorteneffekte . . . 122
5.2.4 Internationale Zuwanderung . . . 124
5.2.5 Wandel von Lebensstilen und Haushaltstrukturen . . . 125
5.2.6 Siedlungsentwicklung . . . 126
5.2.7 Entwicklung von Gewerbe- und Logistikstandorten . . . 127
5.3 Technologische Entwicklungen und neue Angebotsformen . . . 128
5.3.1 Vorbemerkungen . . . 128
5.3.2 Digitalisierung und Informations- und Kommunikationstechnologie . . . 128
5.3.3 Neue Angebotsformen . . . 130
5.3.4 Automatisierung . . . 130
5.3.5 Neue Antriebe und Kraftstoffe . . . 132
5.3.6 Angebotsentwicklungen in Logistik, Güter- und Lieferverkehr . . . 134
5.4 Einkommens- und Wirtschaftsentwicklung, Preise und Konsummuster . . . 135
5.5 Klima, Umwelt und Gesundheit . . . 138
5.6 Politik, Planung und Finanzierung . . . 140
5.7 Wandel von Mobilitätsverhalten und Mobilitätsstilen . . . 142
5.8 Zukunftsperspektiven für Mobilität und Stadtverkehr . . . 145
5.8.1 Übersicht . . . 145
5.8.2 Grundannahmen ausgewählter Prognosen und Szenarien . . . 146
5.8.3 Zukunftsperspektiven Kfz-Bestand und -Technik . . . 146
5.8.4 Zukunftsperspektiven Personenverkehr . . . 148
5.8.5 Zukunftsperspektiven Güterverkehr . . . 150
5.9 Schlussfolgerungen für die Zukunft des Stadtverkehrs . . . 153
Literatur . . . 155

6 Mobilitätsmanagement . . . 161
Conny Louen
6.1 Einführung . . . 161
6.2 Definition und Ziele des Mobilitätsmanagements . . . 162
6.3 Akteure des Mobilitätsmanagements . . . 164
6.4 Handlungsfelder des Mobilitätsmanagements . . . 166
6.5 Maßnahmen des Mobilitätsmanagements . . . 169

6.6 Wirkungen von Mobilitätsmanagement . . . 170
6.6.1 Übersicht . . . 170
6.6.2 Wirkungsbereiche . . . 171
6.6.3 Wirkungsabschätzung . . . 172
6.6.4 Evaluation von Mobilitätsmanagement . . . 173
Literatur . . . 175

7 Multimodalität . . . 179
Martin Kagerbauer
7.1 Abgrenzung der Begriffe . . . 180
7.1.1 Grundlagen . . . 180
7.1.2 Multimodalität . . . 184
7.1.3 Intermodalität . . . 185
7.1.4 Monomodalität . . . 187
7.2 Zusammenspiel zwischen Nachfrage und Angebot . . . 188
7.3 Erhebung . . . 191
7.4 Verhaltensänderung und räumliche Differenzierung . . . 192
7.5 Ausblick . . . 195
Literatur . . . 197

8 Road Pricing in Städten . . . 199
Werner Rothengatter
8.1 Idee und Geschichte des Road Pricing Konzepts . . . 200
8.2 Grundlagen der Preisbildung und Grenzen ökonomischer Idealpreise . . . 202
8.2.1 Preisbildung zu sozialen Grenzkosten . . . 202
8.2.2 Grenzen ökonomischer Idealpreise . . . 204
8.3 Pragmatische Lösungen und ihre Einbindung in die Stadtverkehrspolitik . . . 206
8.4 Anwendungen . . . 208
8.4.1 Weltweite Anwendungen . . . 208
8.4.2 Anwendungen in Deutschland . . . 213
8.4.3 Nicht realisierte Planungen . . . 216
8.4.4 Road Pricing – Konzepte für Gesamtnetze . . . 216
8.5 Fazit: Chancen für die Einführung in Städten der Bundesrepublik . . . 218
Literatur . . . 220

9 Neue Perspektiven für urbane Logistik? Konsolidierungskonzepte im städtischen Güterverkehr . . . 223
Wolfgang Stölzle und Stephanie Schreiner
9.1 Einleitung . . . 224
9.2 Verständnis urbaner Logistik – Gegenstand und Einordnung . . . 225
9.2.1 Gegenstand urbaner Logistik . . . 225
9.2.2 Einordnung von urbaner Logistik . . . 226

9.3 Spannungsfelder im Kontext urbaner Logistik 227
9.3.1 Interessen der Akteure des Güterverkehrs 227
9.3.2 Probleme und Herausforderungen des städtischen Güterverkehrs. 229
9.3.3 Ziele urbaner Logistik 232
9.4 Maßnahmen zur Gestaltung urbaner Logistik 233
9.4.1 Übersicht 233
9.4.2 Ausgestaltungsmöglichkeiten für urbane Logistiksysteme 234
9.4.3 Ausgewählte Konzepte zur Gestaltung urbaner Logistiksysteme 238
9.4.4 Bewertung der vorgestellten urbanen Logistikkonzepte 245
9.5 Entwicklungspfade für die urbane Logistik – wohin geht die Reise? 251
Literatur. 252

Stichwortverzeichnis Band 1 257

Stichwortverzeichnis Band 2 263

Stichwortverzeichnis Band 3 271

Inhaltsverzeichnis Band 2

1 Nutzungen, Strukturen und Verkehr 1
Kay W. Axhausen und Allister Loder
1.1 Hintergrund und Entwicklungstrends 2
1.2 Definitionen 3
1.3 Verkehrsverhalten im Kontext 6
1.4 Verkehrsnachfrage 8
1.5 Intensität und Art der Verkehrsnachfrage 13
1.5.1 Dauer und Länge der Wege 13
1.5.2 Verkehrsmittelwahl 15
1.5.3 Abfahrtszeiten 18
1.6 Zur Genauigkeit der Daten 19
1.7 Nutzungen, Strukturen und Verkehr: Zwischenfazit 27
Literatur 28

2 Verkehrserhebungen 31
Imke Steinmeyer
2.1 Erhebungsgrundlagen 31
2.1.1 Einleitung 31
2.1.2 Wahl der Erhebungsmethode 35
2.1.3 Erhebungsablauf 40
2.1.4 Datenschutz 41
2.1.5 Planung des Erhebungsumfangs 45
2.1.6 Erhebungs- bzw. Datendokumentation sowie Datenaufbereitung 55
2.2 Verkehrstechnische Erhebungen des Personenverkehrs 57
2.2.1 Einleitung 57
2.2.2 Messungen 57
2.2.3 Zählungen 60

2.3 Verhaltensbezogene Erhebungen des Personenverkehrs 75
2.3.1 Einleitung 75
2.3.2 Beobachtungen 76
2.3.3 Befragungen am Ort einer Aktivität oder im Verkehrssystem 77
2.3.4 Haushaltsbefragungen zur Verkehrsteilnahme 79
2.3.5 Panelerhebungen zum Mobilitätsverhalten 81
2.3.6 Erhebung von Verhaltensweisen in hypothetischen Situationen 83
2.3.7 Qualitative Interviews 85
2.3.8 Partizipatorische Verfahren 87
2.4 Erhebungen des Wirtschaftsverkehrs 90
Literatur 96

3 Folgen und Wirkungen des Verkehrs – Übersicht 101
Ulrich Brannolte und Raimo Harder
3.1 Wirkungsbereiche 101
3.2 Wirkungen auf die Allgemeinheit – Ressourceninanspruchnahme 103
3.3 Wirkungen auf Umfeld und Umwelt 106
3.4 Wirkungen auf Flächennutzung und Standortqualität 108
3.5 Ökologische Folgen 109
3.6 Folgen auf Verkehrsablauf, Verkehrssicherheit und Nutzerkosten 110
3.7 Kosten des Verkehrs 113
Literatur 114

4 Auswirkungen auf die Stadt/Städtebauliche Folgen 117
Harald Heinz
4.1 Verlust der kompakten Stadt 117
4.1.1 Stadt ohne Verkehr? 117
4.1.2 Lineare Stadterweiterung entlang Bahnstrecken 118
4.1.3 Flächenhafte Stadterweiterung durch die massenhafte Verfügbarkeit von Autos 119
4.1.4 Möglichkeiten der Rückkehr zur kompakten Stadt 120
4.2 Entmischung 121
4.2.1 Problemaufriss 121
4.2.2 CIAM und die Charta von Athen 121
4.2.3 Autogerechte Stadt 122
4.2.4 Zunehmende Entleerung monofunktionaler Vororte 123
4.2.5 Weniger Verkehrsnachfrage durch (Nach-)Verdichtung 123
4.3 Verkehrsbezogene Differenzierung und Hierarchisierung des Stadtraumnetzes 124
4.3.1 Hierarchisiertes Verkehrsnetz vs. Stadtraumnetz 124
4.3.2 Vom Boulevard zum „Parkway“ 125

4.3.3 Anbaufreie Straßen . . . 126
4.3.4 Niveaufreie Knoten . . . 128
4.3.5 Rückbau stadtzerstörender Verkehrsanlagen . . . 129
4.4 Flächeninanspruchnahme für Verkehrswege . . . 130
4.4.1 Problemaufriss . . . 130
4.4.2 Bahnanlagen als Stadtentwicklungsflächen . . . 132
4.4.3 Straßenflächen als räumliche Potenziale? . . . 133
4.4.4 Der öffentliche Raum als Parkplatz . . . 134
4.4.5 „Nutzung“ der Kriegszerstörungen für breitere Straßenräume . . . 136
4.4.6 Unplausibel breite Verkehrsräume . . . 136
4.4.7 Flächeninanspruchnahme durch Kreisverkehrsplätze . . . 138
4.4.8 Rückbau flächenintensiver Verkehrsanlagen . . . 139
4.4.9 Angemessene „Flüssigkeit des Verkehrs“ entsprechend HBS . . . 140
4.5 Verringerung der sozialen Brauchbarkeit . . . 140
4.5.1 Aneignung städtischer Räume und Interaktionen . . . 140
4.5.2 Wechselwirkung zwischen mangelnder Öffentlichkeit und Verarmung der Erdgeschosszonen . . . 141
4.5.3 Querschnitte ohne städtebauliche Bemessung . . . 142
4.5.4 Fußgänger und Radfahrer . . . 142
4.5.5 Soziale Brauchbarkeit durch städtebauliche Bemessung . . . 143
4.5.6 „Shared Space“: nicht zwangsläufig eine Lösung . . . 145
4.5.7 Positionierung der Nutzungsbereiche . . . 145
4.5.8 Soziale Sicherheit und Sicherheitsempfinden . . . 147
4.6 Verhältnis zwischen räumlicher Struktur und Infrastruktur . . . 147
4.6.1 Problemaufriss . . . 147
4.6.2 Lärmschutzanlagen . . . 148
4.6.3 Integration von Verkehrsanlagen in die Stadtstruktur . . . 149
4.7 Inanspruchnahme von Blockinnenbereichen durch ruhenden Verkehr . . . 150
4.7.1 „Nachhaltige“ Versiegelung oder Beflanzung? . . . 150
4.7.2 Lösungsansätze . . . 151
4.8 Veränderung des Stadtbilds durch Verkehrsanlagen . . . 152
4.8.1 Geschwindigkeit und Wahrnehmung der Stadt . . . 152
4.8.2 Wieder „Sehen lernen“ durch Verlangsamung des Stadtverkehrs . . . 155
4.9 Zusammenfassung/Ausblick: Stadtstruktur und Stadtverkehr . . . 157
Literatur . . . 158

5 Analyse von Umweltwirkungen . . . 161
Ulrich Brannolte, Raimo Harder, Christoph Walther, Tanja Schäfer und Alexander Dahl

5.1 Übersicht ... 162
5.1.1 Folgen des Verkehrs auf den Menschen ... 162
5.1.2 Wirkungskomponenten ... 164
5.1.3 Zustandsanalyse – Bewertung der Ausgangssituation ... 165
5.1.4 Nicht messbare Folgen des Verkehrs ... 167
5.2 Verkehrssicherheit ... 168
5.2.1 Übersicht ... 168
5.2.2 Wirkungsanalysen der Verkehrssicherheit ... 169
5.2.3 Monetarisierung der Unfallwirkungen ... 170
5.3 Verkehrslärm ... 171
5.3.1 Übersicht ... 172
5.3.2 Lärmwirkungen – Grundlagen ... 172
5.3.3 Lärmwirkungen – Berechnungsverfahren ... 174
5.3.4 Grenzwerte und Lärmwirkungen in Umweltanalysen und Bewertungsverfahren ... 178
5.3.5 Maßnahmen zur Lärmminderung ... 180
5.4 Luftschadstoffe ... 182
5.4.1 Übersicht ... 182
5.4.2 Grundlagen ... 183
5.4.3 Wirkung auf Mensch und Vegetation ... 184
5.4.4 Grenzwerte ... 186
5.4.5 Berechnungsverfahren Emissionen ... 190
5.4.6 Berechnungsverfahren Immissionen ... 193
5.4.7 Bewertungsansätze ... 194
5.5 Ablauf und Betrieb ... 195
5.5.1 Grundlagen ... 195
5.5.2 Erreichbarkeit, Reisezeiten und Betriebskosten ... 196
5.5.3 Trennwirkungen ... 199
Literatur ... 203

6 Investition und Erhaltung ... 207
Christoph Walther
6.1 Vorbemerkung ... 207
6.2 Neu- und Ausbau (Herstellungskosten) ... 209
6.3 Erhaltung Teil 1: Unterhaltung (laufende Kosten) ... 213
6.4 Erhaltung Teil 2: Erneuerung und Instandsetzung ... 214
6.5 Erhaltung Teil 3: Erhaltungsplanung innerörtlicher Straßennetze ... 217
Literatur ... 218

7 Ökologische Folgen ... 221
Hans-Georg Schwarz-von Raumer
7.1 Einführung ... 221
7.2 Stadtlandschaften als Rahmen ... 222

7.3 Die ökologischen Wirkungen des motorisierten Straßenverkehrs und dessen Infrastruktur 225
7.3.1 Systematik der Wirkungen 225
7.3.2 Wasserbilanz 227
7.3.3 Schad- und Nährstoffflüsse 229
7.3.4 Wirkungen auf Arten und Biotope 232
7.4 Planung, Prüfung und Folgenbewältigung 233
7.4.1 Übersicht 233
7.4.2 Umweltverträglichkeitsprüfung und -studie (UVP und UVS) 235
7.4.3 Flora-Fauna-Habitat-(FFH-)Prüfung 242
7.4.4 Eingriffsregelung 243
7.5 Ausblick 245
Literatur 248

8 Grundlagen und Methoden von Prognosen und Szenarien 251
Volker Waßmuth
8.1 Grundlagen 251
8.1.1 Zukunftsplanung im Stadtverkehr 251
8.1.2 Prognose 253
8.1.3 Szenario 254
8.2 Einsatz von Prognosen und Szenarien 256
8.2.1 Vorbemerkung 256
8.2.2 Einsatzfelder 257
8.2.3 Zusammenspiel von Szenarien und Prognosen 259
8.3 Szenarientechnik 262
8.4 Prognosetechnik 266
8.4.1 Formen von Prognoseableitungen 266
8.4.2 Modellprognose 267
8.4.3 Modellunterstützte Prognose 269
8.4.4 Modellunabhängige Prognose 270
Literatur 271

9 Modelle des Personenverkehrs 273
Juliane Pillat und Wilko Manz
9.1 Aufgabe von Verkehrsnachfragemodellen 274
9.1.1 Vorbemerkungen 274
9.1.2 Einsatzbereiche von Verkehrsmodellen 275
9.1.3 Wandel der Verkehrsmodellierung 276
9.1.4 Anforderungen an Verkehrsnachfragemodelle 277
9.2 Entstehungsprozess der Verkehrsnachfrage 278
9.2.1 Individuelles Verkehrsverhalten 278
9.2.2 Objektive Einflussfaktoren des Verkehrsverhaltens 279
9.2.3 Subjektive Einflussfaktoren 281

9.3 Input von Verkehrsmodellen 281
9.3.1 Komponenten von Verkehrsmodellen 281
9.3.2 Planungsraum und Untersuchungsraum 282
9.3.3 Räumliche Gliederung des Modellgebiets 284
9.3.4 Strukturdaten 285
9.3.5 Verkehrsnetzmodell 287
9.3.6 Verhaltensdaten 291
9.3.7 Nachfragedaten 292
9.3.8 Zeitbezug 295
9.4 Typisierung von Verkehrsnachfragemodellen 298
9.4.1 Typologie von Nachfragemodellen 298
9.4.2 Entscheidungsmodelle 300
9.4.3 Vier-Stufen-Modelle als Basis 304
9.4.4 Erweiterung des Vier-Stufen-Modells 314
9.5 Erstellen von Verkehrsnachfragemodellen 316
9.5.1 Bestimmen der Modellausprägung 316
9.5.2 Szenarienbetrachtung 321
9.5.3 Kalibrierung 324
9.5.4 Validierung – Qualitätsnachweis des Modells 329
9.5.5 Definition von Modellfällen 335
9.6 Fazit 336
Literatur 337

10 Modelle und Strategien des Güterverkehrs – Grundlagen, Ziele, Methoden 341
Bert Leerkamp
10.1 Grundlagen 342
10.1.1 Definitionen und Abgrenzungen 342
10.1.2 Güterverkehr als Folge von Produktions- und Konsumptionsprozessen 343
10.1.3 Ordnungsrahmen im Güterverkehr 346
10.2 Kennziffern der Verkehrsnachfrage und Ressourceninanspruchnahme durch den Güterverkehr 346
10.2.1 Transportleistung, Güterverkehrsaufkommen und Transportweite 346
10.2.2 Modal Split im Güterverkehr 351
10.2.3 Entwicklung des kombinierten Ladungsverkehrs 353
10.2.4 Verkehrsinfrastruktur und zeitliche Nutzungsmuster des Güterverkehrs 354
10.2.5 Zusammenhänge zwischen Wirtschaftsleistung und Güterverkehrsnachfrage 357
10.2.6 Energieverbrauch, Klimagasemissionen und Luftschadstoffbelastungen des Straßengüterverkehrs 358

10.3 Datengrundlagen und Modelle des Güterverkehrs . . . 361
10.3.1 Datengrundlagen für die Beobachtung der Entwicklung und für die Modellierung des Güterverkehrs . . . 361
10.3.2 Klassifikation der Wirtschaftszweige und der Güterarten . . . 362
10.3.3 Güterkraftverkehrsstatistik . . . 364
10.3.4 Erhebung Kraftfahrzeugverkehr in Deutschland (KiD) . . . 365
10.3.5 Güterverkehrsmodelle . . . 366
10.4 Handlungsstrategien für den städtischen Güterverkehr . . . 372
10.4.1 Trends und Handlungsbedarfe . . . 372
10.4.2 Handlungsansätze auf kommunaler Ebene . . . 372
10.4.3 Beispiel: Städtisches Güterverkehrskonzept Basel . . . 374
Literatur . . . 376

11 Grundlagen der Bemessung von Verkehrsanlagen . . . 379
Justin Geistefeldt
11.1 Ermittlung der Bemessungsverkehrsstärke . . . 379
11.2 Kapazität und Verkehrsqualität . . . 384
11.3 Bemessung von Strecken . . . 388
11.3.1 Verkehrsablauf auf der freien Strecke . . . 388
11.3.2 Strecken von Autobahnen . . . 394
11.3.3 Strecken von Stadtstraßen . . . 396
11.4 Bemessung von planfreien Knotenpunkten . . . 398
11.5 Bemessung von plangleichen Knotenpunkten . . . 401
11.5.1 Verkehrsablauf an vorfahrtgeregelten Knotenpunkten . . . 401
11.5.2 Vorfahrtgeregelte Kreuzungen und Einmündungen . . . 405
11.5.3 Kreisverkehre . . . 407
11.5.4 Kreuzungen und Einmündungen mit der Regelungsart „rechts vor links“ . . . 408
11.5.5 Knotenpunkte mit Lichtsignalanlage . . . 409
Literatur . . . 410

12 Bewertungs- und Entscheidungshilfen . . . 413
Jörg Schönharting
12.1 Grundlagen – Ziele – Methoden . . . 413
12.1.1 Entscheidungsablauf . . . 413
12.1.2 Wer ist Entscheidungsträger? . . . 415
12.1.3 Zielkatalog . . . 415
12.1.4 Entwurf von Handlungsalternativen . . . 416
12.1.5 Wirkungsanalysen . . . 417
12.1.6 Zulässigkeitsprüfung . . . 418
12.1.7 Transformation von Wirkungen in eine einheitliche Dimension . . . 418
12.1.8 Gewichtung . . . 418

12.2 Methoden der Transformation von Wirkungen ... 419
12.2.1 Transformation in Punkte (Zielerreichungsgrad) ... 419
12.2.2 Statistische Transformation ... 420
12.2.3 Transformation in Geldeinheiten ... 421
12.3 Gewichtsfindung ... 422
12.3.1 Grundsätze ... 422
12.3.2 Gewichtsfindung im Falle von Punktesystemen oder statistischer Transformation ... 423
12.3.3 Gewichtsfindung als Konsensfindungsprozess ... 425
12.4 Überblick über Entscheidungsverfahren ... 426
12.5 Optimierende Bewertungs- und Entscheidungsverfahren ... 426
12.6 Formalisierte Entscheidungsverfahren ... 426
12.6.1 Nutzen-Kosten-Analyse ... 426
12.6.2 Wirksamkeits- Kosten- Analyse (WKA) ... 433
12.6.3 Nutzwertanalyse (NWA) ... 434
12.6.4 Sensitivitätsanalysen ... 435
12.7 Rangordnungsverfahren (FAR) ... 435
12.8 Diskursive Entscheidungsverfahren ... 437
12.8.1 Definition ... 437
12.8.2 Bürgerbeteiligung ... 438
12.8.3 Multikriterielle diskursive Entscheidungsfindung ... 439
12.8.4 Weitere Varianten partizipativer Entscheidungsfindung ... 439
12.9 Überlegungen zur Verfahrensauswahl ... 440
12.10 Demonstration der Verfahren an einem Beispiel ... 441
Literatur ... 446

13 Partizipative Methoden in der (Stadt-)Verkehrsplanung ... 449
Klaus J. Beckmann
13.1 Einleitung ... 450
13.2 Ziele und Zwecke einer Öffentlichkeitsbeteiligung im Bereich Stadtverkehr ... 450
13.3 Rechtliche Grundlagen ... 452
13.4 Akteure der Beteiligungsprozesse ... 456
13.5 Integrierte Beteiligungsprozesse ... 457
13.6 Einsatz von Instrumenten der Beteiligung ... 463
13.7 Beteiligungsverfahren bei komplexen Großprojekten ... 466
13.8 Internet-Partizipation – ein neuer Zugang ... 468
13.9 Fazit und Empfehlungen ... 469
Literatur ... 470

Stichwortverzeichnis Band 2 ... 473

Stichwortverzeichnis Band 1 ... 481

Stichwortverzeichnis Band 3 ... 487

Herausgeber- und Autorenverzeichnis

Über die Herausgeber

Univ.-Prof. Dr.-Ing. Dirk Vallée, leitete von März 2008 bis zu seinem Tod im Mai 2017 den Lehrstuhl und das Institut für Stadtbauwesen und Stadtverkehr der Rheinisch-Westfälischen Technischen Hochschule (RWTH) Aachen. Er studierte Bauingenieurwesens an der RWTH Aachen und promovierte dort zum Thema „Das Verkehrsangebot als Basis zur Berechnung der Mobilität im Stadtverkehr". Von 1994 bis 2008 war er Referent für Verkehrsplanung und Leitender Technischer Direktor (leitender Regionalplaner) beim Verband Region Stuttgart. Seine Forschungsschwerpunkte waren die Wechselwirkungen zwischen Siedlung und Verkehr sowie zugehörige Planungs- und Gestaltungsprozesse.

Prof. Dr.-Ing. Barbara Engel, studierte Architektur an der TH Darmstadt. Von 1996 bis 2002 forschte Sie als wissenschaftliche Assistentin am LS Stadtplanung und Raumgestaltung an der BTU Cottbus. 2004 folgte die Promotion. Von 2004 bis 2008 Dozentin für Städtebauliches Entwerfen an der TU Dresden. Von 2008 bis 2013 Abteilungsleiterin Stadtplanung Innenstadt im Stadtplanungsamt Dresden. Seit 2013 leitet sie den Lehrstuhl für Internationalen Städtebau und Entwerfen am Institut Entwerfen von Stadt und Landschaft am Karlsruher Institut für Technologie. Ihre Forschungsschwerpunkte sind die Postsozialistische Stadtentwicklung, Stadtentwicklung in Russland, Stadt und Mobilität, Metropolenforschung sowie Baukultur und Wissensvermittlung.

Dr.-Ing. Walter Vogt, Stuttgart. Studium des Bauingenieurwesens mit Vertiefung Verkehrswesen an der Universität Stuttgart. Promotion dort zum Thema „Ermittlung von Abgrenzungskriterien für verkehrsberuhigte Gebiete". Von 1974 bis 2013 Lehr- und Forschungstätigkeit am Institut für Straßen- und Verkehrswesen der Universität Stuttgart, seit 1992 als Akademischer Oberrat. Während der Lehr- und Forschungstätigkeit entstanden vielfältige Forschungsprojekte, Gutachten, Publikationen über Themenfelder wie Stadtverkehr, virtuelle und physische Mobilität, Rad- und Fußverkehr, Verkehr und Umwelt. Er ist Mitglied in zahlreichen berufsständischen und wissenschaftlichen Organisationen.

Autorenverzeichnis

Dipl.-Ing. Wolfgang Bohle Planungsgemeinschaft Verkehr, PGV-Alrutz GbR, Hannover

Dr.-Ing. Manfred Brenner Aalen

Dr.-Ing. Volker Deutsch Fachbereich Integrierte Verkehrsplanung und Verkehrssystemmanagement, Verband Deutscher Verkehrsunternehmen VDV e.V., Köln

Prof. Dr.-Ing. Barbara Engel Fachgebiet Internationaler Städtebau, Karlsruher Institut für Technologie (KIT)

Univ.-Prof. Dr.-Ing. Regine Gerike Professur für Integrierte Verkehrsplanung und Straßenverkehr, Technische Universität (TU) Dresden

Univ.-Prof. Dr.-Ing. Jürgen Gerlach Lehr- und Forschungsgebiet Straßenverkehrsplanung und Straßenverkehrstechnik, Bergische Universität Wuppertal

Prof. Dr.-Ing. Wolfgang Haller SHP Ingenieure GbR, Hannover

Prof. Dr.-Ing. Axel Leonhardt Fachgebiet Verkehrswesen, Beuth Hochschule für Technik Berlin

Dr.-Ing. Martin Schmotz Institut für Verkehrsplanung und Straßenverkehr, Technische Universität (TU) Dresden

Prof. Dr.-Ing. Andreas Schuster Institut für Energie und Verkehr, Westsächsische Hochschule Zwickau

Univ.-Prof. Dr.-Ing. Carsten Sommer Fachgebiet Verkehrsplanung und Verkehrssysteme, Universität Kassel

Dipl.-Ing. Sabrina Stieger SHP Ingenieure GbR, Hannover

Univ.-Prof. Dr.-Ing. Dirk Vallée ehemals Lehrstuhl und Institut für Stadtbauwesen und Stadtverkehr, Rheinisch-Westfälische Technische Hochschule (RWTH) Aachen

Dr.-Ing. Walter Vogt ehemals Institut für Straßen- und Verkehrswesen, Universität Stuttgart

Prof. Dr.-Ing. Gebhard Wulfhorst Lehrstuhl für Siedlungsstruktur und Verkehrsplanung, Technische Universität (TU) München

Abkürzungsverzeichnis

AEG	Allgemeines Eisenbahngesetz
AF	außerorts Fußgängerverkehr (RIN)
AKVS	Anweisung zur Kostenermittlung und zur Veranschlagung von Straßenbaumaßnahmen
ALT	Anruf-Linien-Taxi
AR	außerorts Radverkehr (RIN)
AS	Autobahn (RIN)
ASM	Anruf-Sammel-Mobil
AST	Anruf-Sammel-Taxi
ATKIS	Amtliches Topographisch-Kartographisches Informationssystem
AV	Außenverkehr
B2B	Business-to-Business (Geschäftsbeziehungen zwischen Unternehmen/Geschäftspartnern)
B2C	Business-to-Consumer (Geschäftsbeziehungen zwischen Unternehmen und Privatperson (zumeist Kunde oder Konsument))
BASt	Bundesanstalt für Straßenwesen
BauGB	Baugesetzbuch
BauNVO	Baunutzungsverordnung
BBR	Bundesamt für Bauwesen und Raumordnung
BBSR	Bundesinstitut für Bau-, Stadt- und Raumforschung
BDSG	Bundesdatenschutzgesetz
BEG	Bahnflächen-Entwicklungs-Gesellschaft
BEV	Battery Electric Vehicle (rein batteriebetriebenes (Elektro-)Fahrzeug)
BFStrG	Bundesfernstraßengesetz (auch FStrG)
BFStrMG	Bundesfernstraßenmautgesetz
BGG	Behindertengleichstellungsgesetz
BHO	Bundeshaushaltsordnung

BImSchG	Bundes-Immissionsschutzgesetz
BImSchV	Verordnung zur Durchführung des BImSCHG
BIP	Bruttoinlandsprodukt
BMVBW	Bundesministerium für Verkehr, Bau- und Wohnungswesen (vormalige Bezeichnung)
BMVI	Bundesministerium für Verkehr und digitale Infrastruktur
BNatSchG	Bundesnaturschutzgesetz
BOKraft	Verordnung über den Betrieb von Kraftfahrunternehmen im Personenverkehr
BOStrab	Verordnung über den Bau und Betrieb der Straßenbahnen
B-Plan	Bebauungsplan
BPR(-Funktion)	US Bureau of Public Roads (-Funktion)
BV	Binnenverkehr
BVerwG	Bundesverwaltungsgericht
BVWP	Bundesverkehrswegeplan
CAPI	Computer Assisted Personal Interview (computergestütztes persönliches Interview)
CASI	Computer Assisted Self Interviewing (Computerbefragung ohne Interviewer)
CATI	Computer Assisted Telephone Interview (computergestütztes telefonisches Interview)
CBD	Central Business District (Geschäftszentrum, zentrales Geschäftsgebiet)
CEF(-Maßnahmen)	measures that ensure the continued ecological functionality (Maßnahmen zur Sicherung der kontinuierlichen ökologischen Funktionalität (vorgezogene Ausgleichsmaßnahmen laut BNatSchG))
CIAM	Congrés Internationaux d'Architecture Moderne
CNG	Compressed Natural Gas (Erdgas)
COE	Certificates of Entitlement
COPD	Chronic Obstructive Pulmonary Disease (chronisch obstruktive Lungenerkrankung)
CR(-Kurven)	Capacity-Restraint(-Kurven)
DACH(-Raum)	Raum Deutschland – Österreich – Schweiz
DESTATIS	Fachserie Statistisches Bundesamt
DGG	Deutsche Gesellschaft für Geotechnik
DIN	Deutsches Institut für Normung
DIN EN	Deutsches Institut für Normung Europäische Norm
DIW	Deutsches Institut für Wirtschaftsforschung
DLM	Digitales Landschaftsmodell

DLR	Deutsches Zentrum für Luft- und Raumfahrttechnik
DSCR	debt service coverage ratio (Schulden- oder Kapitaldienstdeckungsgrad)
DTV	Durchschnittliche tägliche Verkehrsstärke
DTVw	Durchschnittliche tägliche Verkehrsstärke an Werktagen
DTVw5	Durchschnittliche tägliche Verkehrsstärke (Montag bis Freitag)
DV	Durchgangsverkehr
dWiStA	Dynamische Wegweisung mit integrierten Stauinformationen
EAE	Empfehlungen für die Anlage von Erschließungsstraßen (FGSV)
EAHV	Empfehlungen für die Anlage von Hauptverkehrsstraßen (FGSV)
EAÖ	Empfehlungen für Anlagen des öffentlichen Personennahverkehrs (FGSV)
EAR	Empfehlungen für Anlagen des ruhenden Verkehrs (FGSV)
EBA	Eisenbahn-Bundesamt
EBO	Eisenbahnbau- und -betriebsordnung
E-Commerce	Elektronischer Handel
EFA	Empfehlungen für Fußgängerverkehrsanlagen (FGSV)
E-Kfz	Elektroauto
EmoG	Elektromobilitätsgesetz
EntflechtG	Entflechtungsgesetz
ERA	Empfehlungen für Radverkehrsanlagen (FGSV)
ERP	European Recovery Program
ES	Erschließungsstraßen (RIN)
ESAS	Empfehlungen für das Sicherheitsaudit an Straßen (Vorgänger der RSAS) (FGSV)
ESG	Empfehlungen zur Straßenraumgestaltung innerhalb bebauter Gebiete (FGSV)
ESN	Empfehlungen für die Sicherheitsanalyse von Straßennetzen (FGSV)
EU-DSGVO	EU-Datenschutz-Grundverordnung
EuGH	Europäischer Gerichtshof
EURO 6	Verordnung des Europäischen Parlaments und des Rates über die Typgenehmigung von Kraftfahrzeugen hinsichtlich der Emissionen von leichten

	Personenkraftwagen und Nutzfahrzeugen („Abgasnorm")
EVE	Empfehlungen für Verkehrserhebungen (FGSV)
EW	Einwohner
EWS	Empfehlungen für Wirtschaftlichkeitsuntersuchungen an Straßen (FGSV)
ExWoSt	Experimenteller Wohnungs- und Städtebau (Forschungsprogramm des BMI)
FAR	Formalisiertes Abwägungs- und Rangordnungsverfahren
FB	Fernverkehrsbahn
FC	Fuel Cell (Brennstoffzelle)
FFH(-RL)	Fauna-Flora-Habitat(-Richtlinie)
FFH-VP	Fauna-Flora-Habitat-Verträglichkeitsprüfung
FGSV	Forschungsgesellschaft für Straßen und Verkehrswesen
FNP, F-Plan	Flächennutzungsplan, vorbereitender Bauleitplan
FstrG	Bundesfernstraßengesetz (s. BFStrG)
G	Gemeinden ohne zentralörtliche Funktion (RIN)
GDV	Gesamtverband der Deutschen Versicherungswirtschaft
GE	Gewerbegebiet (BauNVO)
GEH(-Wert)	Geoffrey E. Havers (-Wert)
GEV(-Modell)	Generalised Extreme Value (-Modell)
GG	Grundgesetz für die Bundesrepublik Deutschland
GPS	Global Positioning System
gUKD	Grundunfallkostendichte
GüKG	Güterkraftverkehrsgesetz
GVFG	Gemeindeverkehrsfinanzierungsgesetz
GVZ	Güterverkehrszentrum, Güterverteilzentrale
GZ	Grundzentrum (RIN)
H BVA	Hinweise für barrierefreie Verkehrsanlagen (FGSV)
H QML	Hinweise zum Qualitätsmanagement an Lichtsignalanlagen (FGSV)
H SBQ (H Shared Space)	Hinweise zu Straßenräumen mit besonderem Querungsbedarf – Anwendungsmöglichkeiten des „Shared Space"-Gedankens (FGSV)
H SRa	Hinweise zur Signalisierung des Radverkehrs (FGSV)
H VÖ	Hinweise für den Entwurf von Verknüpfungsanlagen des öffentlichen Personennahverkehrs (FGSV)

H ZRA	Hinweise für Zuflussregelungsanlagen (FGSV)
HBEFA	Handbuch für Emissionsfaktoren des Straßenverkehrs
HBS	Handbuch für die Bemessung von Straßenverkehrsanlagen (FGSV)
HCM	Highway Capacity Manual
HGrG	Haushaltsgrundsätzegesetz
HK	Kuppenhalbmesser
HMI	Human Machine Interface (Mensch-Maschine-Schnittstelle)
HOV	High Occupancy Vehicle (mit mehreren Personen besetztes Fahrzeug)
HS	angebaute Hauptverkehrsstraße (RIN)
HW	Wannenhalbmesser
IF	innerorts Fußgängerverkehr (RIN)
IGW	Immissionsgrenzwert
IKT	Informations- und Kommunikationstechnologie
INSEK, ISEK	Integriertes Stadt-Entwicklungs-Konzept
INVERMO	Intermodale Vernetzung von Personenfern-verkehrsmitteln unter Berücksichtigung der Nutzungsbedürfnisse (Forschungsprojekt, Fernverkehrspanel)
IR	innerorts Radverkehr (RIN)
IT	Informationstechnik
IV	Individualverkehr
KBA	Kraftfahrt-Bundesamt
KEP(-Dienstleistungen)	Kurier-Express- und Pake(-Dienstleistungen)
KG	Kategoriengruppe (RIN)
KiD	Kraftfahrzeugverkehr in Deutschland (Erhebung)
KONTIV	Kontinuierliche Erhebung zum Verkehrsverhalten
KV	Kombinierter Verkehr
KWM	Kleinräumiges Wirtschaftsverkehrsmodell
LBO	Landesbauordnung
LBP	Landschaftspflegerischer Begleitplan
LHM	Landeshauptstadt München
LkwK	Lkw mit Anhänger und Sattel-Kfz
LMP	Lärmminderungsplan
LNF	leichtes Nutzfahrzeug
LOS	Level-of-Service (Maß der Qualität des Verkehrs-ablaufs)
LPG	Liquified Petroleum Gas (Flüssig-, Autogas)
LRP	Landschaftsrahmenplan

LS	Landstraße (RIN)
LS	Leichter Sachschaden
LSA, LZA	Lichtsignalanlage, Lichtzeichenanlage
LSP	Landschaftsplan
LSP	Lichtsperrsignal
LSVA	Leistungsabhängige Schwerverkehrsabgabe
LV	Leichtverletzter (Unfallkategorie)
M LV	Merkblatt für die Wahl der lichttechnischen Leistungsklasse von vertikalen Verkehrszeichen und Verkehrseinrichtungen (FGSV)
M Uko	Merkblatt zur örtlichen Unfalluntersuchung in Unfallkommissionen (FGSV)
MARZ	Merkblatt für die Ausstattung von Verkehrsrechnerzentralen und Unterzentralen (BMVI/BASt)
MCC	Micro-Consolidation Center (Kleinverteilzentrum, Mikro-Hub)
MiD	Mobilität in Deutschland (bundesweite Haushaltsbefragung zum Verkehrsverhalten)
miv, MIV	Motorisierter Individualverkehr
MKRO	Ministerkonferenz für Raumordnung
mKr	Kraftstoffverbrauch
MM	Mobilitätsmanagement
MNL(-Modell)	Multinominales Logit (-Modell)
MOP	Deutsches Mobilitätspanel
MQV	Maß der Qualität des Verkehrsablaufs
MR	Metropolregion (RIN)
MVG	Münchner Verkehrsgesellschaft
MW	Mittelwert
MZ	Mittelzentrum (RIN)
NABEG	Übertragungsnetz Netzausbaubeschleunigungsgesetz
NB	Nahverkehrsbahn
Nfz	Nutzfahrzeug
NIR	National Inventory Report (bzgl. greenhouse gas (GHG) emissions etc; Klimaabkommen)
NKA	Nutzen-Kosten-Analyse
NL	Nutzlast
NMHC	Non-Methane Hydrocarbons (Nichtmethan-Kohlenwasserstoffe)
nMIV, NMIV	Nichtmotorisierter Individualverkehr

NST	Nomenclature uniforme des merchandises pour les statistiques de transport (Einheitliches Güterverzeichnis für die Verkehrsstatistik der EU)
NUTS	Nomenclature des unités territoriales statistiques (Systematik der Gebietseinheiten für die EU-Statistik)
NVP	Nahverkehrsplan
NVZ	Nebenverkehrszeit
NWA	Nutzwertanalyse
OCIT	Open Communication Interface for Road Traffic Control Systems (offene Schnittstellen für Systeme und Komponenten der Straßenverkehrstechnik)
öDA	öffentlicher Dienstleistungsauftrag
ÖPFV	öffentlicher Personenfernverkehr
ÖPNV	öffentlicher Personennahverkehr
ÖPP	öffentlich-private Partnerschaft
ÖPV	öffentlicher Personenverkehr
ÖSPV	öffentlicher Straßenpersonenverkehr
ÖV	öffentlicher Verkehr
OZ	Oberzentrum (RIN)
PAN	Peroxiacetylnitrat (atmosphärisches Spurengas)
PBefG	Personenbeförderungsgesetz
Pedelec	Pedal Electric Cycle, Elektrofahrrad
PI	Performance Index nach Robertson (1969)
Pkw-E	Personenkraftwagen-Einheit
PlanZV	Planzeichenverordnung (Verordnung über die Ausarbeitung der Bauleitpläne und die Darstellung des Inhalts)
PMS	Pavement Management System
PN	Partikelanzahl (Abgasnorm)
PPP	Public-private Partnership (Zusammenarbeit von Staat und Privatwirtschaft)
PÜ	Phasenübergang
PWV	Personenwirtschaftsverkehr
q-v(-Diagramm), q-k(-Diagramm)	Geschwindigkeits-Verkehrsstärke(-Diagramm), Verkehrsstärke-Verkehrsdichte(-Diagramm) (Fundamentaldiagramm des Verkehrsflusses)
QSV	Qualitätsstufe des Verkehrsablaufs
QV	Quellverkehr
RAA	Richtlinien für die Anlage von Autobahnen (FGSV)

RAL	Richtlinien für die Anlage von Landstraßen (FGSV)
RAS-N	Richtlinien für die Anlage von Straßen – Teil: Leitfaden für die funktionale Gestaltung des Straßennetzes (FGSV) (ersetzt durch RIN)
RASt	Richtlinien für die Anlage von Stadtstraßen (FGSV)
RB	Regionalbus
RBL	Rechnergestütztes Betriebsleitsystem
RDD	Random Digit Dialing (Zufallstelefonbefragung)
RegG	Regionalisierungsgesetz (Gesetz für die Regionalisierung des ÖPNV)
R-FGÜ	Richtlinien für die Anlage und Ausstattung von Fußgängerüberwegen
RiLSA	Richtlinien für Lichtsignalanlagen (FGSV)
RIN	Richtlinien für integrierte Netzgestaltung (FGSV)
RLuS	Richtlinien zur Ermittlung der Luftqualität an Straßen ohne oder mit lockerer Bebauung (FGSV)
ROG	Raumordnungsgesetz
RSAS	Richtlinien für das Sicherheitsaudit von Straßen (FGSV)
RSU	Roadside Unit (Baken am Straßenrand im Rahmen von Fahrzeug-zu-Fahrzeug- und Fahrzeug-zu-Infrastruktur-Kommunikation)
RWB	Richtlinien für die wegweisende Beschilderung außerhalb von Autobahnen (FGSV)
RWS	Richtlinien für die Anlage von Straßen – Teil: Wirtschaftlichkeitsuntersuchungen (Vorgänger der EWS) (FGSV)
SAQ	Stufen der Angebotsqualität (vgl. LOS) (RIN)
SB	Stadtbahn
SBA	Streckenbeeinflussungsanlage
SG	Sättigungsgrad
SGB	Sozialgesetzbuch
SiPo	Sicherheitspotenzial
SNF	schweres Nutzfahrzeug
SO	Sondergebiet (BauNVO)
SPFV	Schienenpersonenfernverkehr
SPNV	Schienenpersonennahverkehr
SrV	System repräsentativer Verkehrsbefragungen
SS	Sachschaden (Unfallkategorie)
STD	Standardabweichung

STLK	Standardleistungskatalog
StVG	Straßenverkehrsgesetz
StVO	Straßenverkehrsordnung
StVUnfStatG	Straßenverkehrsunfallstatistikgesetz
StVZO	Straßenverkehrszulassungsordnung
SUMP	Sustainable Urban Mobility Plan (nachhaltiger urbaner Mobilitätsplan)
SV	Schwerverkehr
SVA	Straßenverkehr-Signalanlage
SVZ	Straßenverkehrszählung
TAB	Technische Aufsichtsbehörde
TB	Tram/Bus
TCP/IP	Transmission Control Protocol/Internet Protocol
TEN	Trans-European Networks (Transeuropäische Netze)
TKG	Telekommunikationsgesetz
TL	Transportable Lichtsignalanlagen
TLS	Technische Lieferbedingungen für Streckenstationen
TöB, TÖB	Träger öffentlicher Belange
TR Sp	Technische Regeln Spurführung
TUL	Transport, Umschlag und Lagerei
U(LV)	Unfall mit Leichtverletzten
U(P)	Unfälle mit Personenschäden der Kategorien 1 bis 3
U(S)	Unfälle mit Sachschäden der Kategorie 4 bis 6
U(SP)	Unfälle mit schweren Personenschaden
UB	Unabhängige Bahn
UB	Unfallbelastung
UBA	Umweltbundesamt
UCC	Urban Consolidation Center (innerstädtisches Sammel- und Verteilzentrum, City-Hub)
UHG	Unfallhäufungsgebiete
UHL	Unfallhäufungslinien
UHS	Unfallhäufungsstellen
UK	Unfallkosten im Untersuchungsraum eines betrachteten Zeitraumes
UKB	Unfallkostenbelastung
UKD	Unfallkostendichte
UKR	Unfallkostenrate

UNFCCC	United Nations Framework Convention on Climate Change (Klimarahmenkonvention der Vereinten Nationen)
ÜS	Überschreiten-Unfälle
UVB	Unfallverhütungsbericht Straßenverkehr
UVP	Umweltverträglichkeitsprüfung
UVPG	Gesetz über die UVP
UVPG	Umweltverträglichkeitsprüfungsgesetz
UVS	Umweltverträglichkeitsstudie
V2I	Vehicle-to-Infrastructure
V2V	Vehicle-to-Vehicle
V2X	Vehicle-to-X
V-BKS	Verbundstoff-Bremsklotzsohlen
VBUF	Vorläufige Berechnungsmethode für den Umgebungslärm an Flugplätzen
VBUI	Vorläufige Berechnungsmethode für den Umgebungslärm durch Industrie und Gewerbe
VBUS	Vorläufige Berechnungsmethode für den Umgebungslärm an Straßen
VBUSch	Vorläufige Berechnungsmethode für den Umgebungslärm an Schienenwegen
VDE	Verband der Elektrotechnik Elektronik Informationstechnik eV
VDV	Verband Deutscher Verkehrsunternehmen
VEP	Verkehrsentwicklungsplan
VerkStatG	Verkehrsstatistikgesetz (Gesetz über die Statistik der See- und Binnenschifffahrt, des Güterkraftverkehrs, des Luftverkehrs sowie des Schienenverkehrs und des gewerblichen Straßen-Personenverkehrs)
VMZ	Verkehrsmanagementzentrale
VS	anbaufreie Hauptverkehrsstraße (RIN)
VwVfG	Verwaltungsverfahrensgesetz
VwV-StVO	Allgemeine Verwaltungsschrift zur Straßenverkehrsordnung
W	Wertausprägung
Web GIS	GIS-Applikation, deren Kernfunktionen auf für Geodaten spezialisierte Webservices (Geodienste) zurückgreifen
WHO	World Health Organization (Weltgesundheitsorganisation)
WHSC	World Harminised Stationary Cycle

WHTC	World Harmonized Transient Cycle
WKA	Wirksamkeits- Kosten- Analyse, Kosten-Wirksamkeits-Analyse (KWA)
WVZ	Wechselverkehrszeichen
WZ	Klassifikation der Wirtschaftszweige
ZEB	Zustandserfassung und -bewertung (von Straßen)
ZFZR	Zentrales Fahrzeugregister des KBA
zGG	zulässiges Gesamtgewicht
ZL	Zentrallager
ZOB	Zentraler Omnibusbahnhof
ZV	Zielverkehr

Historische Entwicklung von Verkehrsnetzen

1

Walter Vogt

Zusammenfassung

Form und Gestalt städtischer Straßen- und Wegenetze – in Größe und Maßstäblichkeit, in Raumfolgen und Abmessungen, in Aufteilung und Art der Oberflächen, in der Eignung als erweiterte Nutzfläche für Anlieger, als Orte der Begegnung und des Austausches – unterliegen dem Einfluss gesellschaftlicher, ökonomischer und technischer Randbedingungen der jeweiligen Epoche. Erst als Folge der Industrialisierung verändern sich die jahrhundertelang für den Fußverkehr, für Reittiere, für von Tieren gezogene Wagen, aber auch für Märkte und Veranstaltungen, für Präsentation und Repräsentation konzipierten Netze von Straßen, Wege und Plätze grundlegend. Die Massenmotorisierung führt zum Verlust überkommener Qualitäten. „Trennung statt Integration" ist die Devise dieser Epoche für die Gestaltung von Autostraßen als Teil öffentlicher Räume. Mit Radialringlösungen und Tangentenpolygonen im übergeordneten Straßennetz und Raster-, Innen- oder Außenringsystemen im untergeordneten Erschließungsstraßennetz entstehen hierarchisch funktional strukturierte, in erster Linie am Kraftfahrzeugverkehr ausgerichtete Netze. Die in vielfacher Hinsicht negativen Folgen einseitiger Autoorientierung leiten einen Paradigmenwechsel ein. Unter dem Motto „Flächenhafte Verkehrsberuhigung" im umfassenden Sinne geht es im Stadtverkehr der letzten Dekaden um ein breites Bündel an Strategien und Maßnahmen. „Integration statt Trennung" verlangt die Rückkehr zu verträgliche(re)n Geschwindigkeiten: Verkehrsberuhigte Bereiche mit Schrittgeschwindigkeit, Tempo-30- bzw. Tempo-20-Zonen, Fahrradstraßen mit Tempo 30 und zugelassenem Autoverkehr von Anliegern sowie Shared-Space-Lösungen sind die neuen, modifizierten Elemente integrierter städtischer Straßen- und Wege-

W. Vogt (✉)
Institut für Straßen- und Verkehrswesen, Universität Stuttgart, Stuttgart, Deutschland
E-Mail: wvoffice@t-online.de

D. Vallée (verstorben) et al. (Hrsg.), *Stadtverkehrsplanung Band 3*,
https://doi.org/10.1007/978-3-662-59697-5_1

netze. Erst mit der Rückbesinnung auf die Vielfalt der materiellen wie immateriellen Ansprüche im öffentlichen Raum nimmt die Einsicht zu, dass auch Funktionen wie Orientierung und Identität, Lesbarkeit von Raumstruktur und Stadtgrundriss, Verdeutlichung der Stadtgestalt und Erzeugung von Stadtbild Werte einer Baukultur sind, die mit Erkennen, Beachten und Erleben historischer Bezüge des Straßen- und Wegenetzes unmittelbar zusammenhängen.

1.1 Einführung

Von ungestümem Wiederaufbau und großer Wachstumseuphorie geprägt, fielen bauliche Zeitzeugen deutscher Städte in den ersten Dekaden nach dem Zweiten Weltkrieg vielfach „großzügigen modernen Lösungen" im Zuge von Flächensanierungen zum Opfer. Erst im letzten Drittel des vorigen Jahrhunderts nahm die Auseinandersetzung mit der Bedeutung von Geschichte, insbesondere „gebauter Geschichte", wieder an Bedeutung zu – abzulesen etwa an der Entwicklung des städtebaulichen Denkmalschutzes im Kontext von Programmen der Stadterneuerung ab den 1970er-Jahren oder an den in der Folge aufgesetzten Bund-Länder-Programmen Städtebaulicher Denkmalschutz. Zu den wichtigsten Aufgaben des Denkmalschutzes zählen, dem Stadtdenkmal alle die Funktionen zu erhalten, die sich mit der Bewahrung von identitätsstiftenden Werten, darunter Stadtgrundriss und Straßen- und Platzräume, vereinbaren lassen (vgl. z. B. Kiesow 1996). Die Forderung nach dem Erhalt tradierter Werte und nach einem behutsamen Umgang mit baulichen Zeitzeugen fand so in der letzten Dekade des vorigen Jahrhunderts auch Eingang in die Regelwerke der Stadtverkehrsplanung und des Entwurfs von Verkehrsanlagen (z. B. FGSV 1996).

Begriffe wie „Identität" und „Orientierung" als für wichtig erachtete Kategorien immaterieller Ansprüche des Menschen an die bebaute Umwelt kennzeichnen diesen Wertewandel und verweisen auf den geschichtlichen Kontext eines Ortes. „Identität entwickelt sich, wenn eine unzweifelhafte Vorstellung von ortstypischen Eigenschaften aufgebaut werden kann … Der konstruktive Umgang mit der historischen Substanz ist daher eine wichtige Möglichkeit zur Förderung dieser Erlebnisebene." (FGSV 2011) In Abkehr von den Regelentwurfsanforderungen früherer Regelwerke, die, in der Hauptsache am Kraftfahrzeugverkehr ausgerichtet, zu einer stereotypen und wenig differenzierten Ausbildung von Ortsstraßen führten (Beispiel Ortsdurchfahrten klassifizierter Straßen), steht heute das Gestalten von Lösungen im Vordergrund, das sämtliche materielle wie immaterielle Anforderungen an einen Straßenraum in bebautem Umfeld respektiert und untereinander abwägt. Aus der Entstehungsgeschichte eines Ortes knüpfen Lösungen am viel beschworenen „genius loci", an lokalen Eigenarten an und entdecken in ihr Ansätze für ein mögliches Leitthema des innerörtlichen Straßenraumentwurfs (vgl. Kap. 4). Änderungen der städtebaulich-historischen Bedeutung des Straßenraumes liefern Anhaltspunkte für eine straßenräumliche Abschnittsbildung.

Was hier für den einzelnen Straßenraum beschrieben wird, gilt in größerem Maßstab für die Form und Gestalt des Straßen- und Wegenetzes einer Stadt analog. Denn Straßen- und Wegenetze definieren den Stadtgrundriss (vgl. Kap. 2). Ein klar strukturierter Stadtgrundriss erleichtert die Orientierung und trägt damit zum Gefühl der Sicherheit in einer Stadt bei. Stadtpläne sind seit jeher vornehmlich Straßenpläne, an denen sich der Ortsunkundige informiert, wenngleich im digitalen Zeitalter Hilfsmittel wie GPS die Fähigkeit der neuronalen Navigation, des Erstellens mentaler Karten der Umwelt, zumindest teilweise abzulösen scheinen. Die Qualität einer Stadt entsteht auch durch eine Stadtstruktur, in der Ziele ohne Umwege und (orientierungsbedingte) Halte erreichbar sind. Form und Maschenweite der Verkehrsnetze, Art und Unterscheidbarkeit der Wegstrecken und Bezug ihrer Gestalt zu Art und Geschwindigkeit der verschiedenen Verkehrsmittel prägen ein Stadtbild maßgeblich (Sieverts 1983).

Der Verlauf von Wegen und Straßen begrenzt schon immer die Grundstücke und bildet damit Eigentumsgrenzen, vor allem zwischen den öffentlichen Räumen, den Wegen, Straßen und Plätzen sowie privatem Grund und Gebäuden. Schwarzpläne historischer Städte liefern noch heute ein sehr anschauliches Bild und lassen die städtebaulichen Strukturen und Qualitäten der Orte ablesen (siehe Abb. 1.1). Häufig ist die

Abb. 1.1 Innenstadt von Köln (Bott et al. 2010)

Gestalt des Straßen- und Wegenetzes das älteste und einzige, letzte Zeugnis der Vergangenheit eines Stadtgebiets. Blieb die Einheit von Bau- und Parzellenstruktur – etwa einer mittelalterlichen Stadt – weitgehend gewahrt, betrachtet man diese Orte heute als Kulturgut, die in vielen Fällen unter Denkmal- oder Ensembleschutz stehen. Sie sind Ausdruck von Bürgerstolz, prägen das Ansehen einer Stadt und bilden, etwa im Hinblick auf Stadttourismus, nicht zuletzt einen bedeutenden Standort- und Wirtschaftsfaktor.

Das Rückbesinnen auf das historische Erbe legt eine Unterscheidung in verschiedene städtische Gebietstypen nahe, die neben Kriterien wie Nutzungsstruktur, Größe und Lage der Gebiete auch ihre Entwicklungsgeschichte heranzieht. Gespür und Verständnis für historische Zusammenhänge verlangen dabei nicht nur eine Analyse der Strukturelemente der jeweiligen Epoche, sondern auch die Kenntnis der gesellschaftlichen und wirtschaftlichen Zusammenhänge sowie der technischen und sonstigen Randbedingungen, die ihre Entstehung bestimmten.

Bewegt man sich entlang einem gedachten Schnitt durch eine alte mitteleuropäische Großstadt von innen nach außen und betrachtet die berührten Teilgebiete näher, so ist dies in der Regel gleichbedeutend mit einem Gang durch die Geschichte der im jeweiligen Zeitgeist entstandenen Straßen- und Wegenetze. Vom mittelalterlichen Stadtkern, dessen Strukturen aufgrund der Zerstörungen der Kriege und der baulichen Eingriffe der Nachkriegsära oftmals starke Änderungen erfuhren, führt der Weg durch gründerzeitliche Quartiere zu neuzeitlichen Großsiedlungen am Stadtrand mit teils verdichtetem Geschosswohnungsbau, teils lockerer Ein- und Mehrfamilienhausbebauung oder zu Büro- und Gewerbequartieren mit Discountern, großflächigen Supermärkten und Fachmarktzentren, die dem suburbanen Wohnen folgten.

1.2 Straßen- und Wegenetze bis zum Beginn des 19. Jahrhunderts

Im Stadtkern beginnend zeigen sich in Städten wie Köln, Trier oder Regensburg bruchstückhaft die Spuren des antiken Straßennetzes der streng rechtwinklig zueinander gelegenen römischen Straßen. In ihrer ursprünglichen Form waren sie häufig zunächst aus einem einfachen Straßenkreuz eines auf einer der von Rom ausgehenden Überlandstraßen (Heer- oder Handelsstraßen) gelegenen römischen Militärlagers (castrum) entstanden (siehe Abb. 1.2). Sie beruhen auf dem in der westlichen Hälfte des römischen Reiches angewandten Grundkonzept, die eroberten Flächen mithilfe eines rechtwinklig zueinander verlaufenden Netzes von Straßen aufzuteilen. Zwei Hauptachsen, der decumanus maximus und der cardo maximus, ragen aus dem streng gerasterten Grundriss mit einem größeren Querschnitt heraus; bei einer durchschnittlichen Breite von 4 m konnten zwei Wagen einander passieren. Der Schnittpunkt der Hauptachsen, an dem mit Kapitol (Haupttempel) und Forum (Markt) die wichtigsten Bauten des politischen und wirtschaftlichen Lebens lagen, galt als der ideelle Mittelpunkt der Siedlungen mit einer anfangs sehr überschaubaren Anzahl römischer Bürger (vgl. Zanker 2014). Innerhalb der

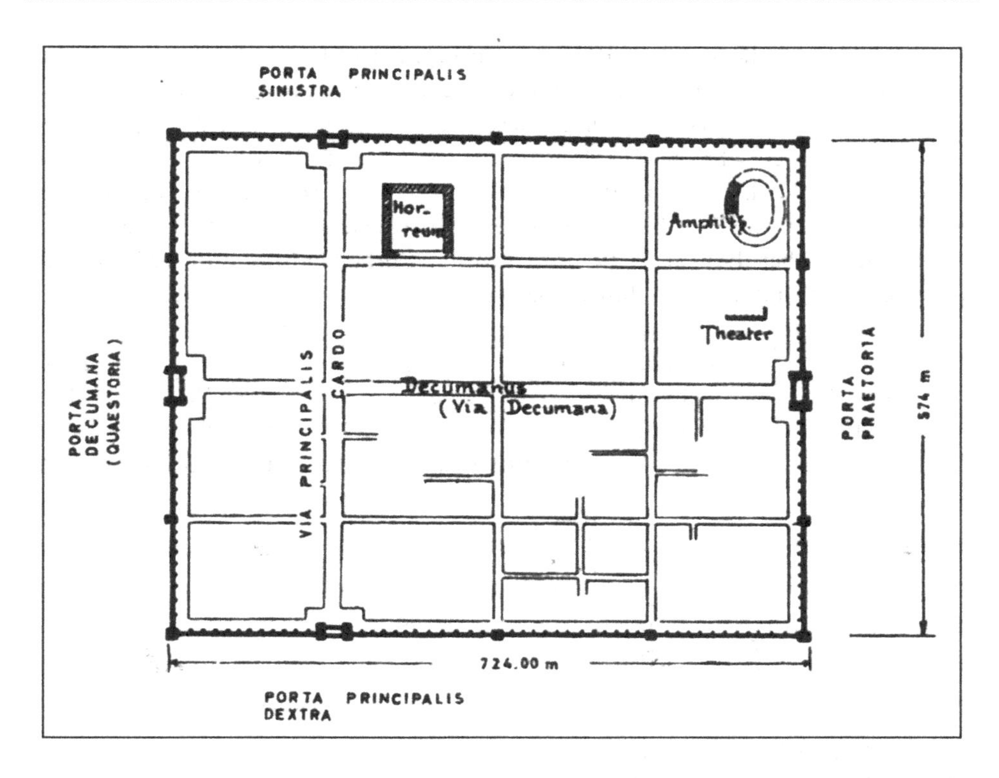

Abb. 1.2 Aosta. Beispiel einer römischen Stadt auf der Grundlage des Lagerschemas. Am Schnittpunkt der beiden Hauptstraßen des Castrum liegen in der Regel die wichtigen öffentlichen Gebäude. (Lehrstuhl für Städtebau und Siedlungswesen, Universität Bonn 1966)

Siedlungen umschließen die Straßen quadratische oder nahezu quadratische Häuserblocks (Mietwohnungen, insulae) mit Flächen von etwa 0,5 bis 2,5 ha Größe (nach: Benevolo 1990). Hervorgehobene Bauten wie Amphitheater oder Tempel ordnen sich in ihrer Ausdehnung in das Rechtecknetz ein. Die dank der vielfachen Wiederholung sehr einprägsame Form der Stadtanlage erlangt eine hohe Symbolkraft und definiert die neuen Städte eindeutig als „zu Rom gehörig" (Zanker 2014). Zwei Grundgegebenheiten bestimmen den römischen Städtebau: einerseits die von Rom ausgehenden Normen im Hinblick auf den Stadtplan und die Grundtypen der zentralen öffentlichen Bauten, andererseits die spezifischen Randbedingungen der Städte wie ihre Lage oder die aus lokalen Aktivitäten resultierenden, unterschiedlichen Bedürfnisse (vgl. Zanker 2014). Zufahrtstraßen zu Brücken, deren Standorte nicht frei wählbar waren, und aus anderen Gründen nicht geradlinig trassierbare Straßen unterbrechen die Regelmäßigkeit des Netzes. Die strenge Anordnung der Straßen im Rastersystem wurde nicht selten aber selbst bei sehr schwierigen topografischen Verhältnissen rigoros befolgt (Zanker 2014).

Mit dem Prinzip der rechtwinkligen Aufteilung der Siedlungsfläche und dem daraus entstehenden Rasternetz folgen die Römer in einer vereinfachten und standardisierten

Form dem in der hellenistischen Welt für neu gegründete Kolonialstädte verbreiteten hippodamischen System, dem späten Stil des griechisch-antiken Städtebaus. Rechtecksysteme lassen sich zwar bereits in noch wesentlich älteren Siedlungen Mesopotamiens nachweisen, dennoch schreibt man Hippodamos von Milet (5. Jh. v. Chr.) aufgrund der konsequenten und planmäßigen Art, in der die Stadtstruktur bzw. das Wegenetz seinen, auf dem Gedanken der Gleichheit vor dem Gesetz beruhenden Vorstellungen nach einem streng geometrischen Prinzip zu folgen hatten, die „Erfindung der gleichartigen Aufteilung der Stadt" mit in einem Raster angelegten Parzellen und zentraler Agora (Marktplatz) zu. 5 bis 10 m breite Hauptwege werden in Abständen von 50 bis 300 m von kleinen, 3 bis 5 m breiten Nebenwegen mit Seitenlängen bis zu zwei Hausbreiten (30 bis 35 m) im rechten Winkel gekreuzt und formen gleichmäßig bebaute Rechteckflächen (Benevolo 1990) („Schachbrettgrundriss", siehe Abb. 1.3). Es entspricht dem Grundgedanken griechischer Stadtanlagen mit ihrer vor der „Erfindung" des Hippodamos meist

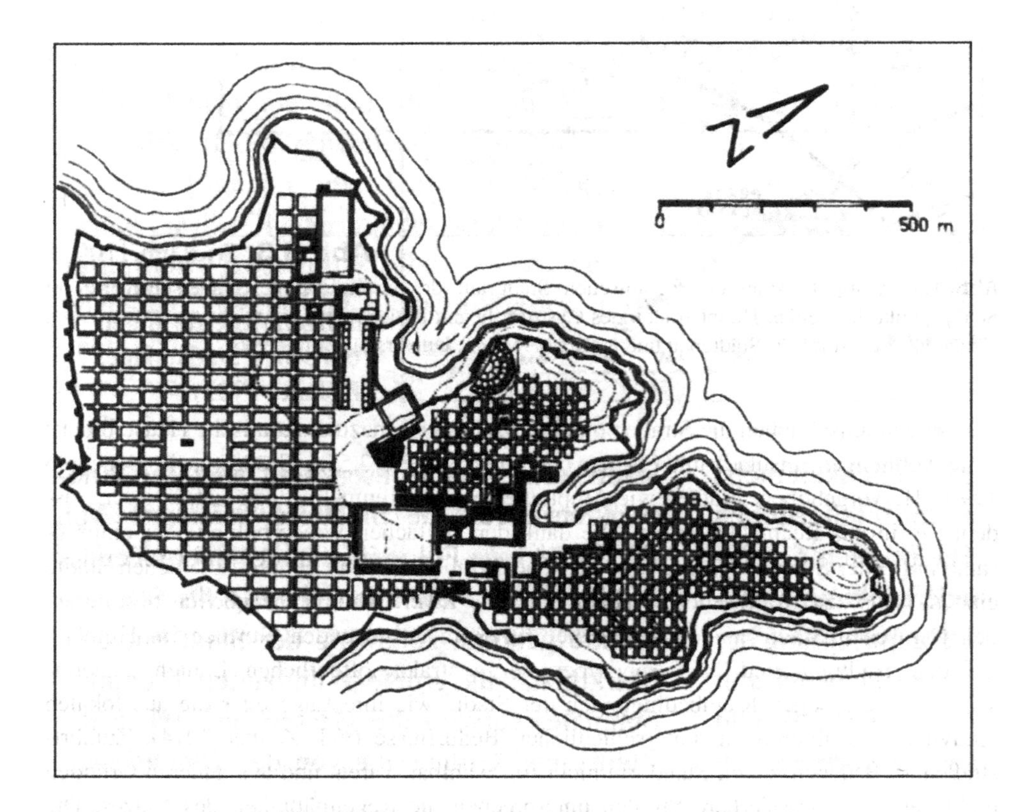

Abb. 1.3 Schachbrettartiges („hippodamisches") Erschließungssystem. Plan für den Wiederaufbau von Milet nach Hippodamos im 5. Jh. v. Chr.: im Zentrum Anlagen des Gemeinbedarfs um freigehaltene Flächen; große Rechteckflächen im Flachland, kleine Rechteckflächen am Hang mit Höhenstaffelung der Wohnbauten (Lehrstuhl für Städtebau und Siedlungswesen, Universität Bonn 1966)

unregelmäßigen, in die natürliche Landschaft eingefügten Wegen, dass dieses Muster geometrischer Regelmäßigkeit nicht zum starren, unter allen Umständen zu verfolgenden Prinzip erhoben wurde. Durch Anpassung des Systems werden topografische Erfordernisse berücksichtigt, sodass aus den nach diesem Prinzip angelegten Siedlungen dennoch Orte mit individuellem Charakter und eigener Identität entstehen. Diese Form der Stadtanlage war Vorbild zahlreicher hellenischer Siedlungen von Kleinasien bis Süditalien.

Im Gegensatz zu einigen südeuropäischen Städten, in deren Zentrum das römische Straßennetz noch heute ablesbar ist, findet man in den Kernbereichen mitteleuropäischer Städte römischen Ursprungs nur noch Andeutungen der römischen Straßenführung (siehe Abb. 1.4). Denn oft laufen die Pfade in den durch die Völkerwanderung zerstörten römischen Siedlungen quer durch die Ruinenfelder, und die mittelalterliche Stadt, so sie den Standort der römischen Siedlung beibehält, nimmt die Grundlinien der römischen Gründung häufig nicht wieder auf. Fortschritte in der Produktivität der Landwirtschaft gestatten etwa ab der Jahrtausendwende, eine wachsende Stadtbevölkerung zu versorgen.

Zunehmende Sonderrechte (Markt-, Zoll-, Münzrecht) der städtischen gegenüber der nicht städtischen Bevölkerung prägen die aufkommende Bürgerstadt, die sich durch Stadtmauern abgrenzt. Innerhalb der charakteristischen, aus Verteidigungs- und Kostengründen meist gewählten Ringform der mittelalterlichen Stadt berücksichtigen die Hauptlinien der Erschließung lokale Standortbedingungen wie vor allem die Hauptrichtung der Fernhandelswege und die Oberflächengestalt des Geländes (siehe Abb. 1.5). Die aufgrund ihrer breiteren Abmessungen hervortretenden städtischen Hauptachsen sind an ihren Endpunkten durch die Stadttore verankert. Von dort führt eine Folge ineinander übergehender Straßen- und Platzräume, häufig als Straßenmärkte genutzt, zur Mitte der Stadt mit dem Marktplatz als größtem umbautem Freiraum. Schmale, verwinkelte Gassen und Wege der Zünfte und Gilden, die von den Hauptachsen abzweigen, bilden das nachrangige Straßennetz.

Innenentwicklung, hohe Dichte und kurze Wege sind Kennzeichen der von Mauern umgrenzten mittelalterlichen Stadt. Das oberflächlich betrachtete Bild eines durch Unregelmäßigkeit und Asymmetrie gekennzeichneten Erschließungssystems gewinnt durch den ausgeprägten Unterschied der Abmessungen zwischen den Hauptstraßen und den einmündenden Seitengassen Klarheit und Ordnung, die durch hervorgehobene öffentliche Bauten, oftmals im Zusammenhang mit bestehenden Freiräumen stehend, eine zusätzliche Steigerung in der dritten Dimension erfährt. Dominierende Bauwerke und durchgehende Straßenmarktzüge verleihen der Stadt Eigenart und Übersichtlichkeit; die Gliederung der Straßenmärkte in räumliche Abschnitte geben ihr den Maßstab. Die räumliche Zuordnung von System und Element schließt Gliederung und Übersichtlichkeit nicht aus (vgl. Gebhard 1969). Ob sich die Anlagen und Straßenformen der mittelalterlichen Stadt eher evolutionär entwickelten, ohne dass eine einheitliche planerische Ordnung Regeln vorgab, oder ob sie vor der Bebauung tatsächlich geplant und ausgemessen wurden, ist Gegenstand wissenschaftlicher Auseinandersetzung. Nach neueren Erkenntnissen (Humpert et al. 2001) sind, aus detaillierten Analysen abgeleitet, auch viele der zunächst organisch erscheinenden Stadtgrundrisse („Mythos der gewachsenen Stadt") Ergebnis bewusster Planungsentscheidungen.

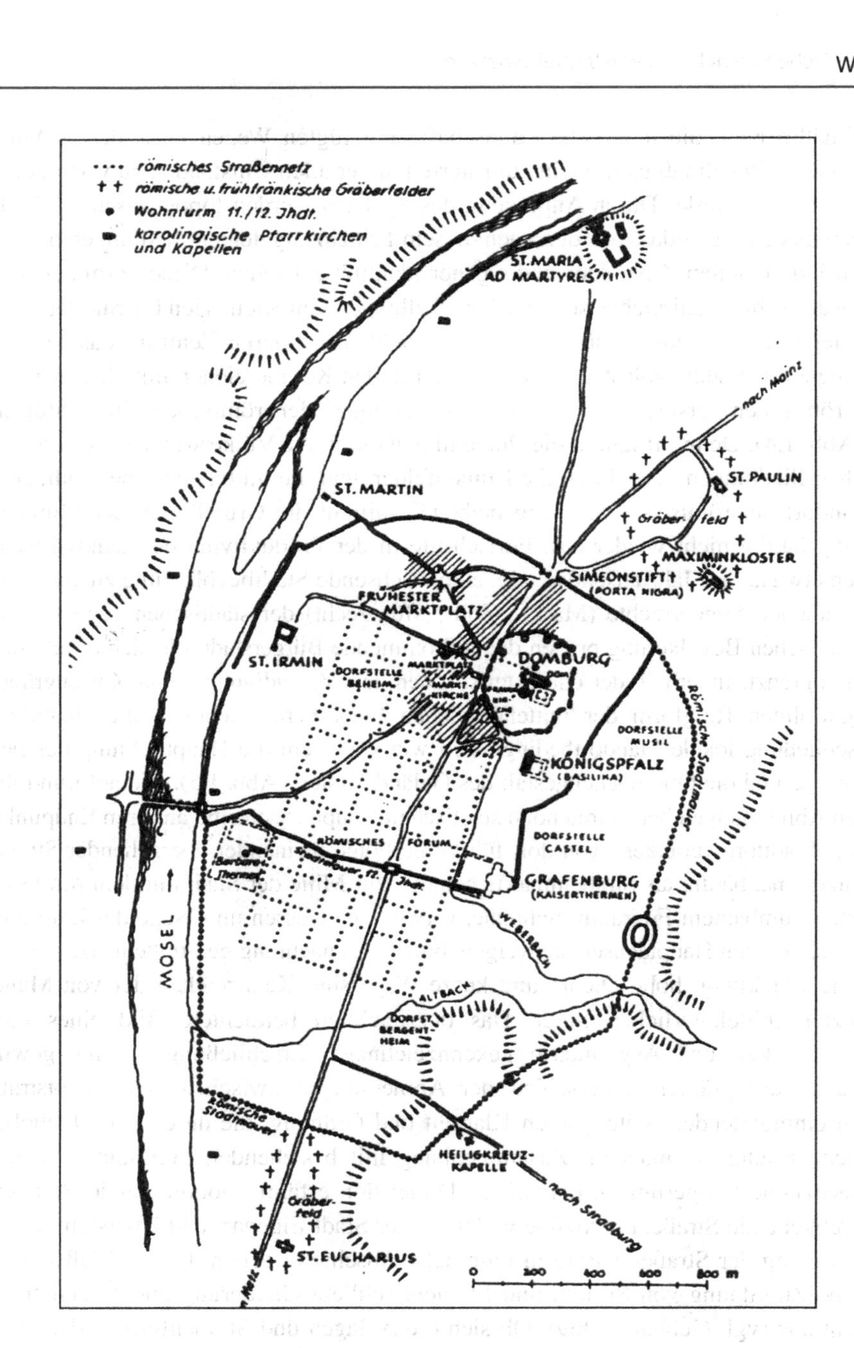

Abb. 1.4 Trier um 1100 über den Ruinen der ehemaligen rasterförmigen römischen Stadtanlage (Böhme 1982)

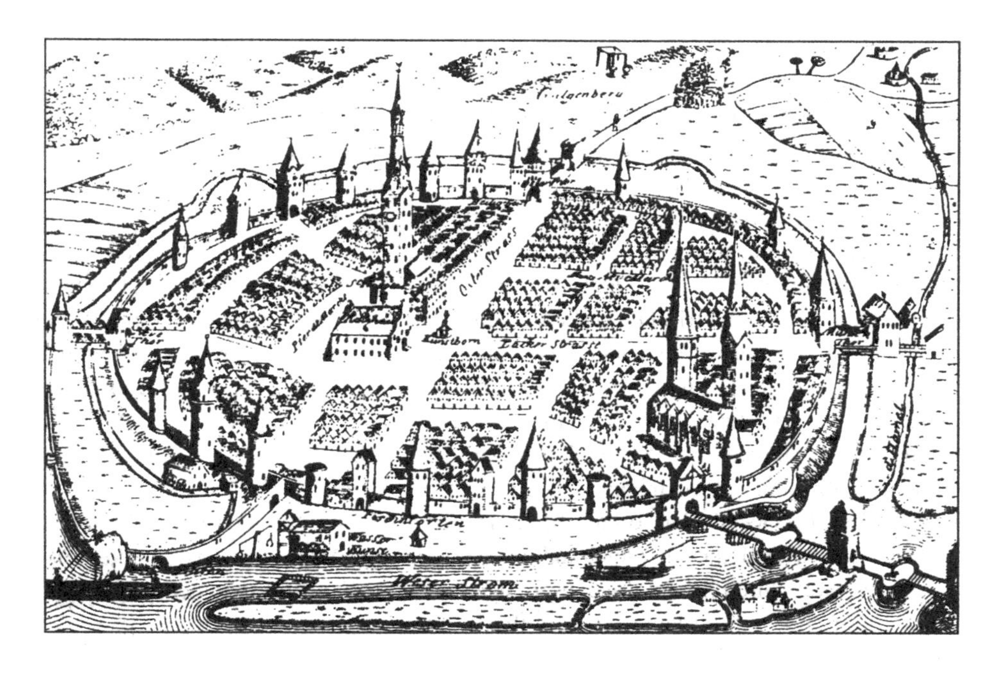

Abb. 1.5 Hameln um 1622. An einem Fernhandelsweg gegründete, ringförmig befestigte mittelalterliche Stadt mit Hauptstraßenkreuz und zentralem Marktplatz (Bundesminister für Raumordnung, Bauwesen und Städtebau 1983)

Aus der Entwicklung von Zünften und Handwerk, den damit verknüpften Produktionsvoraussetzungen und -folgen (Emissionen) sowie aus sozialen Differenzierungen wandeln sich ursprünglich gemischte Strukturen in spezialisierte Stadtviertel und Plätze, was sich mancherorts bis heute in Bezeichnungen wie Bohnen-, Gerber- oder Weberviertel, Fisch- oder Viehmarkt erhalten hat. Der wachsende Bedarf an Warenaustausch zwischen den Vierteln wird weitgehend vom Fußgängerverkehr dominiert. Die Bezeichnung Straßenmarkt weist daraufhin, dass die Verkehrsfunktion in den Hauptstraßen der mittelalterlichen Stadt nur eine unter vielen war, die bei den verhältnismäßig geringen Geschwindigkeitsunterschieden zwischen Fußgängern und den von Tieren gezogenen Wagen noch einigermaßen verträglich abgewickelt werden konnte. Die Hauptachse war Hauptgeschäftsstraße. Hauptstraßen wie Seitengassen stellten gleichzeitig aber auch die Fortsetzung des Wohn- und Arbeitsbereiches dar. Eine klare Trennung zwischen Öffentlichkeit und privatem Bereich war unbekannt. Handel und Transport, Aufenthalt und Kommunikation, Versammlungen und Umzüge prägten das Bild der mittelalterlichen Stadtstraße.

Zu den Erschließungsstrukturen der bis in das 15. Jahrhundert entstandenen Städte treten am Ausgang des Spätmittelalters zahlreiche neuartige Netzformen von nach völlig anderen Prinzipien gegründeten Städten und Stadtteilen. Mit dem einsetzenden Wandel der gesellschaftlichen Strukturen, der Entstehung und Ausbreitung der Flächenstaaten bei gleichzeitigem Machtverlust der Städte, mit dem aufkommenden Absolutismus in Renaissance, Barock und Klassizismus ändern sich die Rahmenbedingungen grundlegend. Die neuen Leitmotive landesfürstlicher Gründungen sind Macht und Pracht, höfische Präsentation und Repräsentation, etwa Militärparaden. Mit der Entdeckung der Perspektive und ihren Regeln verfügt man über ein adäquates Instrument, um der Vorliebe für geometrische Figuren und Proportionen, der Darstellung axialer und symmetrischer Strukturen sowie dem Streben nach baulicher Harmonie aller Teile zum Ganzen zu entsprechen, wie es etwa in Plänen für Idealstädte (z. T. auch als Stadtutopien) mit streng geometrischer Ordnung zum Ausdruck kommt. Die Erfindungen von Schießpulver und Feuerwaffen stellen neue Anforderungen an die äußeren Befestigungen der Städte. Die Veränderungen wirken sich in der inneren und äußeren Struktur der Neugründungen und Erweiterungen aus. Formen des Festungsbaus werden oft zum Ausgangspunkt planmäßiger Stadtanlagen, in denen sich die formale Entwicklung folgerichtig von außen nach innen vollzieht. Der den gesamten Stadtgrundriss optisch dominierende, die Gestalt der Anlage bestimmende Festungsstern steht an erster Stelle der Planung, während das in gleichmäßige Raster aufgeteilte Innere vergleichsweise unbeachtet bleibt. Durch Symmetrieachsen und die Anwendung des „Goldenen Schnitts" entsteht ein harmonisch wirkendes Gesamtbild. Die Pläne vermitteln den Eindruck von Ausgewogenheit und Ruhe (vgl. Jakob 1990).

Behutsame Veränderungen der engen, gekrümmten Straßen- und Wegenetze mittelalterlicher Städte unter Rückgriff auf die Formensprache der Antike und die Verwendung der Elemente „gerade Straße" und „offener, rechteckiger Platz", aber stets im Einklang mit den bestehenden Strukturen, kennzeichnen die Umgestaltungen der Renaissance (Reblin 2012). Auf Grundlage der geometrischen Grundformen von Kreis und Quadrat entstehen innerhalb der polygonalen Anlage des Festungsbaus Radialstädte mit einem strahlenförmig-konzentrischen Straßensystem oder Vierungsstädte mit einer durch mehrfache Wiederholung des Zentralquadrats streng rechtwinkligen Ausrichtung der Straßen. Häufig wird der fortifikatorische Vorteil des Festungsbaus der Radialanlage mit dem Vorteil der günstigeren Nutzung rechteckiger statt trapezförmiger Baublockraster kombiniert (siehe Abb. 1.6).

Sämtlichen Erschließungssystemen der Residenz- und Exulantenstädte des Barocks gemeinsam sind geometrisch regelmäßige Straßennetze ohne Vorgabe von Straßenfunktionen. Neu gebaute Avenuen gestatten wohlhabenderen Bevölkerungsteilen eine beschleunigte Fortbewegung in Kutschen, während die ärmeren Schichten weiterhin auf die eigenen Füße angewiesen sind. „Zwar machten die langen, breiten Straßen ein entferntes Ziel im Wagen schneller erreichbar, für Fußgänger wurden sie jedoch zur nur unter Gefahren überquerbaren Grenze. Lange vor Einführung des Kraftverkehrs bildete sich hier bereits eine gewisse Entmischung der Funktionen der Straße heraus, die dann im 19. Jahrhundert mit der flächendeckenden Einführung von Bürgersteigen in den Großstädten fortgeschrieben wurde." (Reblin 2012) Die Gesamtanlage ist auf das Zentrum ausgerichtet, sei es das Schloss als äußeres Machtsymbol im Mittelpunkt eines radial ausgerichteten Stadtgrundrisses, sei es die Zitadelle, zu der

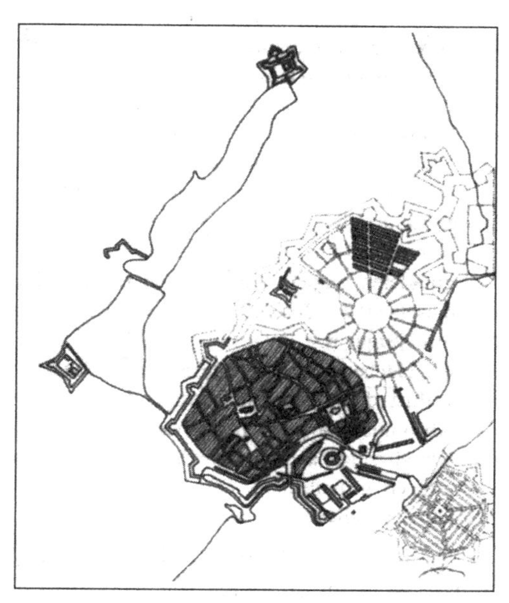

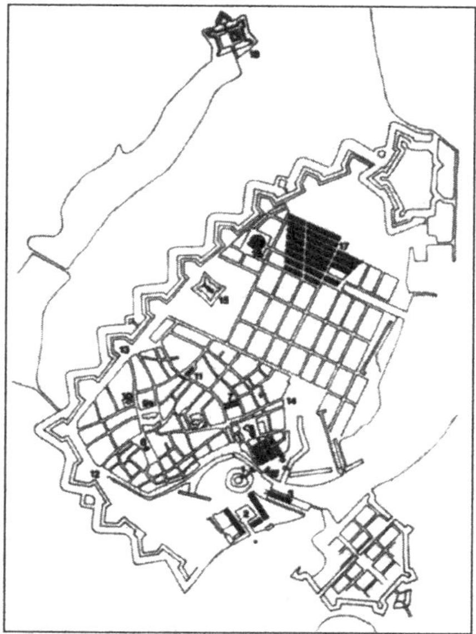

Abb. 1.6 Kopenhagen im 17. Jahrhundert. Deutliche Unterschiede zwischen der eng verwinkelten Netzstruktur der mittelalterlichen Stadt (linkes Bild, schraffiert), den projektierten Radialstrukturen (linkes Bild, punktiert) und dem mit Ausnahme des Radialplanrelikts Nyboeder (am nordöstlichen Rand der Stadterweiterung) realisierten rechtwinkligen Straßensystem (rechtes Bild) für die nordöstliche Stadterweiterung und die südöstlich gelegene Neugründung Christianshavn (Jung-Köhler 1990)

die gesamte Stadtanlage hinweist, oder sei es der große Marktplatz, auf dem ursprünglich ein Schloss stehen sollte (siehe Abb. 1.7). Wesentlich ist nicht die Individualität der einzelnen Straße und Avenue, sondern ihre Wirkung als Teil des Ganzen, als einheitliche Linie, die den Blick der Untertanen über lange Straßenachsen von Weitem auf den Sitz der Macht hinlenkt. Straßennetzgestaltung und Quartierbildung entspringen rationalen Überlegungen und ordnen sich dem Primat der Einheitlichkeit des Gesamtgefüges unter. Die zentralperspektivisch geordnete Erschließungsstruktur entspricht dem fürstlichen Absolutismus.

1.3 Straßen- und Wegenetze ab dem 19. Jahrhundert

Über einen Zeitraum von mehr als 1700 Jahren verharrt die Entwicklung der mitteleuropäischen Stadt in jenem Bereich, den man heute als Stadtkern im Sinne der engeren Innenstadt kennt. Entlang der Traverse durch die heutige Stadt von der Stadtmitte aus nach außen erreicht man die Grenzen der Stadt des beginnenden 19. Jahrhunderts in der Regel noch gut zu Fuß. Denn bis in die 1870er-Jahre bestimmt, von einigen

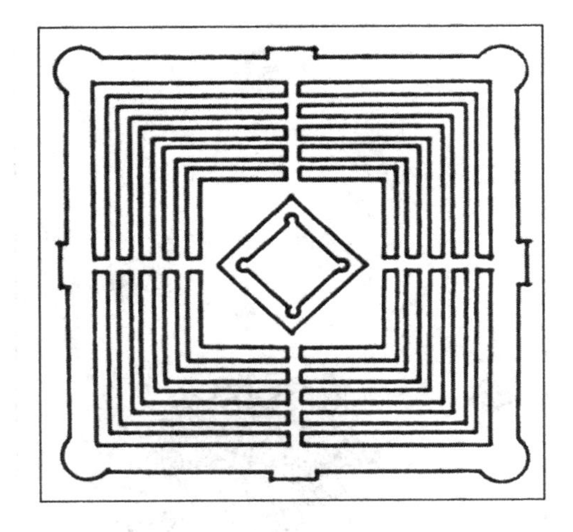

Abb. 1.7 Freudenstadt. Rechtwinkliges Straßennetz in einer durch Wiederholung ineinander geschachtelter Quadrate geplanten Vierungsstadt (Ausführungsplan von Heinrich Schickhardt 1599) (Böhme 1982)

Metropolen abgesehen, der Fußgänger die Ausdehnung der städtischen Bebauung und selbst Entfernungen von vier bis sechs Kilometer sind für den alltäglichen Berufsweg nicht ungewöhnlich.

Bedingt durch verbesserte hygienische Verhältnisse sowie durch den dem technischen Fortschritt zuzuschreibenden Zuwachs der industriellen Produktion setzt nach dem Machtverlust der absolutistischen Regime im Kontext von Aufklärung und Liberalismus ein Bevölkerungswachstum ein, das der Arbeitsplätze und besseren Verdienstmöglichkeiten wegen zu einer verstärkten Wanderung vom Land in die Städte führt und dort einen enormen Bevölkerungsdruck auslöst. Auf diese Weise beginnt mit der Frühindustrialisierung und der zunehmenden Stadtbevölkerung die Erweiterung der Städte in die Fläche, in den ersten Jahrzehnten noch mit kleinen Schritten, da geringer Wohlstand und mangelnde Mobilität die Stadt zusammenhalten, mit der Einrichtung der Eisenbahn ab den 1840er-Jahren und, 30 Jahre später, mit der Ausbreitung der städtischen Nahverkehrsbahnen als neue Massentransportmittel jedoch in immer stärkerem Maße. Die Erweiterungen vollziehen sich in der Regel zunächst eher dispers und ohne einheitlichen Gesamtplan. Gründungen neuer Produktions- und Arbeitsstätten sowie, dadurch ausgelöst, neuer Arbeitersiedlungen erfolgen entlang von Ausfallstraßen oder entlang vorhandener Wasserwege; sie richten sich nach speziellen Standortanforderungen der Industrie oder sind beeinflusst durch den Bau der Bahnhöfe. Zunächst meist an der Peripherie der Stadt gelegen, bilden Bahnhöfe den Ausgangspunkt für die Entwicklung neuer Quartiere (siehe Abb. 1.8); aufgrund des großen Flächenanspruchs der Bahnanlagen erweisen sie sich bald aber auch als innerstädtische Barriere. Die Entfestigung, die Schleifung der Befestigungsbauwerke symbolisiert die Aufhebung der scharfen Trennung zwischen Stadt und Land und schafft die Voraussetzungen für die Erweiterung der Stadt in die Fläche.

Abb. 1.8 Bebauungsplan für die Stadt Hameln von Unger und Börgemann aus den Jahren 1890/1891. Der Plan stellt die stadträumliche Beziehung zum Bahnhof (am südöstlichen Planeck) her und sieht eine Ausweitung der radial zur Altstadt führenden Straßenräume über die Kernrandzone und die Eisenbahnlinie hinaus vor. Vorschlag ist, die bis dahin noch weitgehend geschlossene Randbebauung der Altstadt am Wall aufzubrechen und die Radialen in die Altstadt hineinzuführen. Charakteristisch für die Planung sind die Ausbildung wichtiger Straßen als Alleen („Boulevards"), die großzügigen, nach geometrischen Regeln entworfenen Grünflächen sowie die Anlage von Schmuckplätzen innerhalb der Grünanlagen (Bundesminister für Raumordnung, Bauwesen und Städtebau 1983)

Bedeutende Erweiterungs- und Erneuerungsvorhaben in einigen europäischen Metropolen markieren den Beginn des neuzeitlichen Städtebaus und sind mit einer grundlegenden Neugestaltung der Straßennetze verknüpft. Der für viele Städte als Vorbild dienende Umbau von Paris (1853–1870) unter Präfekt Haussmann mit großen Durchbrüchen durch die gewachsene Stadt zählt ebenso dazu wie der Wettbewerb für die Wiener Ringstraße (1858–1887) (siehe Abb. 1.9), der Erweiterungsplan von Barcelona durch Cerda (1855 ff.) oder der Bebauungsplan für Berlin (1858–1862) von Hobrecht, der – im Grunde ein reiner Straßenplan – die überbaubaren Grundstücksflächen im Wesentlichen durch Ausweisen der Verkehrswege eingrenzt (siehe Abb. 1.10). Die ersten, die Bebauung betreffenden gesetzlichen Regelungen, die Fluchtliniengesetze der Länder wie das preußische Fluchtliniengesetz von 1875, greifen diese Vorgehensweise auf und legen vornehmlich die Baufluchtlinien und damit die Straßenverläufe verbindlich fest. Dies entspricht der ein Jahr zuvor bei den Beratungen des deutschen Architekten- und Ingenieurvereins erzielten Übereinkunft, dass bei Stadterweiterungsplänen vor einer Detailbearbeitung zunächst der Rahmen festgelegt werden müsse. Nach „der Feststellung der Grundzüge aller Verkehrsmittel" soll das Straßennetz „zunächst nur die Hauptlinien enthalten, wobei vorhandene Wege tunlichst zu berücksichtigen sind, sowie

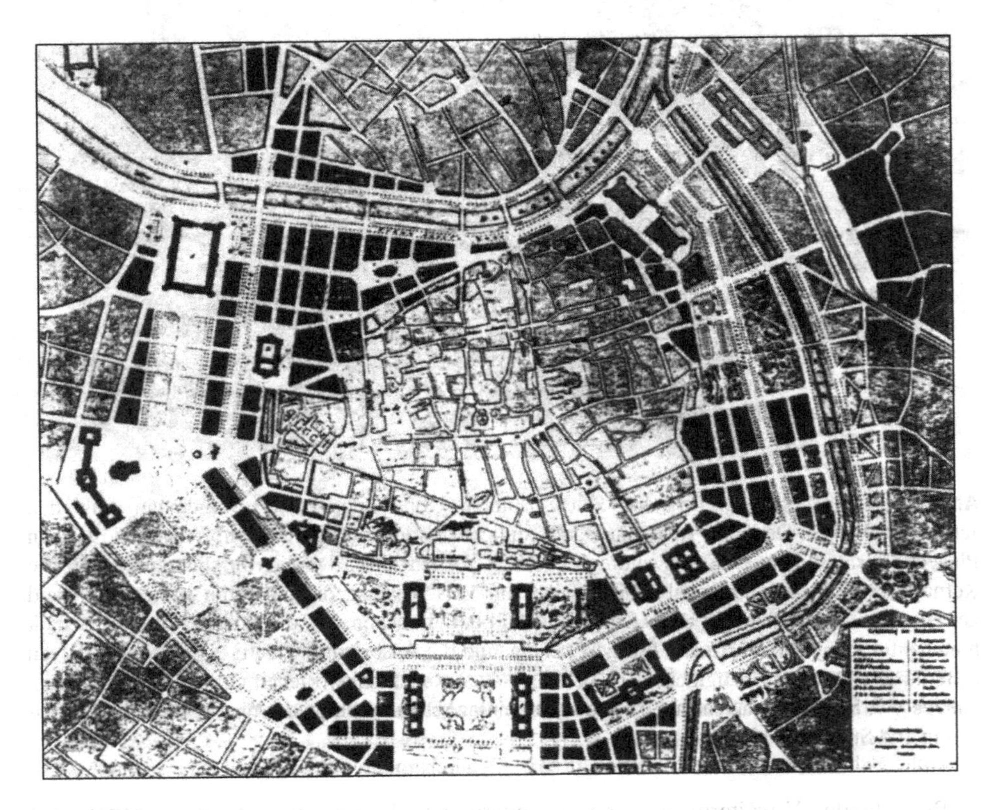

Abb. 1.9 Wien „Grundplan" für die Gestaltung der Ringstraßenzone. „Der von Kaiser Franz Joseph I. am 01.09.1859 genehmigte Grundplan bildete den Rahmen für die städtebauliche Entwicklung und die Gestaltung der Ringstraßenzone während eines halben Jahrhunderts und war flexibel genug, um die Integration späterer, teilweise abweichender Lösungen zu ermöglichen" (Wurzer 1974)

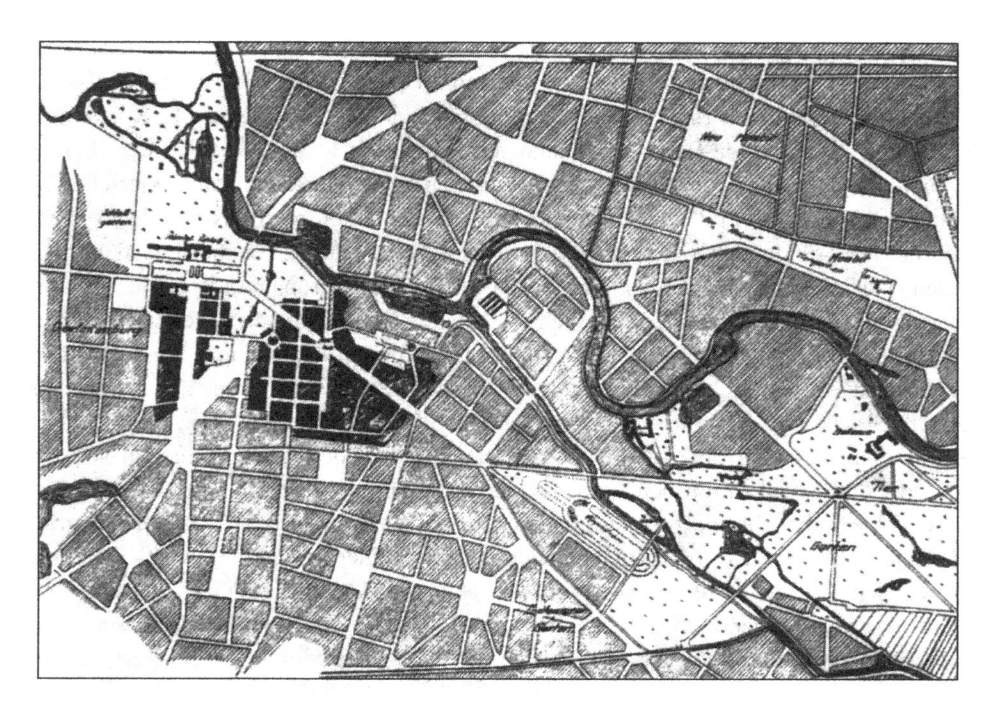

Abb. 1.10 Berlin. James Hobrecht, Ausschnitt aus dem Bebauungsplan, 1858–1861 (Wurzer 1974)

solche Nebenlinien, die durch lokale Umstände bestimmt vorgezeichnet sind. Die untergeordnete Teilung ist jeweils nach dem Bedürfnis der näheren Zukunft vorzunehmen oder der Privattätigkeit zu überlassen.“ (v. Roessler 1874) Letzteres macht deutlich, dass Netzgestaltung in den Stadterweiterungsgebieten der Gründerzeit mehr im Zusammenhang mit der Bodennutzung und unter dem Aspekt der städtebaulichen Zweckmäßigkeit stattfand, wobei man zwischen „natürlichen“ und „künstlichen“ System der Stadterweiterung unterscheidet und diese Unterscheidung mit der Art der Anlage der Erschließungsnetze verbindet: „Bei den Stadterweiterungen der neuesten Zeit erkennt man zwei verschiedene Arten … Die eine Art bestrebt sich, ein System absoluter Regelmäßigkeit des Straßennetzes durchzuführen und damit die vorhandenen Verhältnisse zu vermitteln, die andere lässt aus den vorhandenen Verhältnissen die Form des Straßennetzes gewissermaßen von sich selbst gestalten. Letztere kann man daher als die natürliche im Gegensatz zu der ersteren als der künstlichen bezeichnen.“ (v. Roessler 1874)

Reinhard Baumeister, Professor an der Technischen Hochschule Karlsruhe, systematisiert in einem der ersten städtebaulichen Lehrbücher in Deutschland die bei Stadterweiterungen verwendeten drei sich gegenseitig ergänzenden Prinzipien der Netzgestaltung (Baumeister 1876): das Rechtecksystem, das Dreieck- (oder Diagonal-) System und das Radial- und Ringstraßensystem. Das Rechtecksystem mit den regelmäßig zugeschnittenen und einfach bebaubaren Einzelparzellen zeichnet sich durch Überschaubarkeit und beliebige Erweiterbarkeit aus und gilt vor allem als das Ordnungsschema für verhältnismäßig kleine Flächen neuer Stadtviertel (Rönnebeck 1971). Bei großflächigen Bebauungsplanungen wird versucht, dem Vorwurf der Gleichförmigkeit durch Variation der Blockabmessungen und unterschiedliche Querschnittsausbildung einzelner Straßen zu begegnen. In einigen Fällen wird das Rechtecksystem auch bei Neugründungen angewendet. Laut den Beschreibungen Baumeisters sieht man in dem vor allem in den 70er-Jahren des 19. Jahrhunderts propagierten Dreiecksystem eine Möglichkeit, sich vom herkömmlichen Raster zu lösen und dem zunehmend stärker werdenden Verkehr zu entsprechen: „Bei Anwendung des Dreiecksystems wird vor allem die Auswahl von Hauptknotenpunkten des Verkehrs festgelegt“ (Anm. d. V.: Darunter verstanden werden Bahnhöfe, Brücken, öffentliche Gebäude, freie Plätze u. dgl.)... Hat man eine angemessene Anzahl solcher Hauptpunkte über das ganze Baugebiet verteilt, so wird jeder derselben mit den zunächst benachbarten durch gerade Linien verbunden. Hierdurch entsteht ein Netz von Hauptstraßen, dessen Figuren im Allgemeinen Dreiecke von großen Dimensionen, unter Weglassung einzelner Linien auch wohl Vierecke, sein werden ... „Die weitere Unterteilung der Hauptfiguren wird in der Regel nach dem Rechtecksystem vorgenommen, wobei eine Seite des Dreiecks als Basis dient, und somit rechte Winkel mit den Nebenstraßen bildet ... So kann das System auch definiert werden als ein rechteckiges Netz, in welchem einzelne Diagonalstraßen durchgelegt sind ...“ (Baumeister 1876). Offensichtlich wird das Dreiecksystem als das insbesondere für übergeordnete Straßenzüge geeignete Prinzip erachtet, während die Erschließung der Restflächen mit den Nebenstraßen nach dem Rechtecksystem vorgesehen ist.

Die Schwierigkeiten bei der Umsetzung des Dreiecksystems in die Praxis, wie beispielsweise das Entstehen dreieckiger Bauparzellen oder komplexerer Straßennetze und Knotenpunkte, führen dazu, dass sich anstelle reiner Dreiecksysteme häufig Mischformen ausbilden. So wird in vielen Stadterweiterungsplanungen das Rechtecksystem teilweise durch ein Dreieck- oder Diagonalsystem überlagert. Die Diagonalen verknüpfen wichtige Punkte der Stadt wie etwa öffentliche Gebäude oder bedeutende Plätze auf direktem Wege und weisen, z. B. bei der sternförmigen Anlage der Straßen vor Bahnhofsvorplätzen, durchaus ästhetische Reize auf (vgl. Abb. 1.8).

Sind Dreieck- und Rechtecksystem die Prinzipien für einzelne Stadterweiterungsgebiete, so gilt das Radial- und Ringstraßensystem als das für die bauliche Ausdehnung des gesamten Stadtgebiets adäquate System, das in radialer Richtung den bestehenden, im Allgemeinen strahlenförmig vom Stadtkern ausgehenden Landstraßen- und Wegenetz folgt, an welchem vielfach die ersten Bauten vor den Toren der alten Stadt entstanden waren. Diese Art der Entwicklung und dieses System entsprechen den Vorstellungen von Roesslers (1874) als der „natürlichen“ Art der Stadterweiterung im Gegensatz zu den „in willkürlicher Weise“ entstandenen anderen Systemen. Bei zahlreichen Stadterweiterungen entwickeln sich neue Quartiere denn auch zunächst entlang der Landstraßen und erst in der Folge füllen sich die Zwischenflächen.

Der Gedanke von Querverbindungen zwischen den Radialen lag nahe und eine Fortführung dieser Verbindungen über mehrere Gebiete hinweg musste nahezu zwangsläufig in ein Ringstraßenkonzept münden. Baumeister erkennt im Ringstraßensystem vorausschauend vor allem die Möglichkeit, den anwachsenden Fahrzeugverkehr zu ordnen: „Sowohl der Durchgangsverkehr, als der Verkehr zwischen den einzelnen Vorstädten (wird) gewöhnlich lieber den Umweg einer Ringstraße als den direkten Weg durch den Kern einschlagen, weil jener angenehmer und freier von Stockungen ist: besonders gilt dieses für Wagen." (Baumeister 1876) Das Ringstraßenkonzept vermag der Stadt wieder ihre geschlossene Form zurückzugeben. In Bebauungsplänen für das benötigte Straßennetz der Stadterweiterungen vorgeschlagene große Ring- oder Gürtelstraßen bilden einen harmonischen Abschluss. Ringstraßen können vielfach auf dem aufgelassenen Glacis realisiert werden und so findet man im Verlauf ehemaliger Festungsanlagen bis in die Gegenwart die Hauptverkehrsstraßenzüge des Innenstadtrings oder des inneren Tangentenpolygons. Denn Ringstraßen werden häufig keineswegs geschwungen angelegt, sondern treten ebenso als polygonförmig zusammengesetzter Straßenzug in Erscheinung (z. B. Wien (siehe Abb. 1.9), Köln (siehe Abb. 1.11)). Straßenbezeichnungen in Verbindung mit „Wall", „Graben" oder „Gürtel" erinnern an ihre Entstehungsgeschichte.

Eine frühe Form einer Grobkategorisierung des städtischen Straßennetzes nach der Breite und, damit verknüpft, nach der Verkehrsbedeutung einzelner Straßen findet man in den preußischen „Vorschriften für die Aufstellung von Fluchtlinien- und Bebauungsplänen" vom 25.05.1876, wonach drei Straßentypen unterschieden werden. Neben den Hauptadern mit Breiten nicht unter 30 m (!) gibt es die Nebenverkehrsstraßen von beträchtlicher Länge nicht unter 20 m Breite sowie übrige Straßen mit Breiten nicht unter 12 m (vgl. Hangarter 1988). Grundüberlegungen zur Festsetzung der Breite von Stadtstraßen und zahlreiche Beispiele von Stadtstraßenbreiten vorwiegend deutscher Städte enthält auch das Lehrbuch von Baumeister (1876), der hinsichtlich der Netzgestaltung jedoch darauf hinweist, dass die „Ursache des Unterschiedes zwischen Haupt- und Nebenstraßen nicht etwa in der angenommenen Breite (liegt), welche erst Folge ihres Charakters ist, sondern in der Lage, welche die Straße im ganzen Netz einnimmt."

Die Hauptadern werden in Anlehnung an die höfische Promenade des 18. Jahrhunderts vielfach als prachtvoller Boulevard angelegt, der den Bürgern den Rahmen öffentlicher Repräsentation bietet. Stehen bei der Entstehung noch ästhetisch repräsentative Motive im Vordergrund, weicht dies bei späteren Planungen einer flüssigeren Führung des Verkehrs. Angesichts breit bemessener Querschnitte bereitet dies zunächst geringe Schwierigkeiten. Den Hauptteil der Straßen in den Stadterweiterungsgebieten bilden damals wie heute jedoch die Nebenstraßen. Es war üblich, auch diese Straßen vergleichsweise breit anzulegen, sei es zur Abwehr von Gefahren wie Feuer oder Seuchen, sei es zur Darstellung der Vornehmheit eines Quartiers oder sei es zur „Erleichterung der Communicationes", mit anderen Worten aus verkehrlichen Gründen. Die in den Stadterweiterungsgebieten nach der Jahrhundertmitte noch vorhandene, vielseitige Nutzung der Straßenfläche, die Zurechnung der Straße zum privaten Wohn-

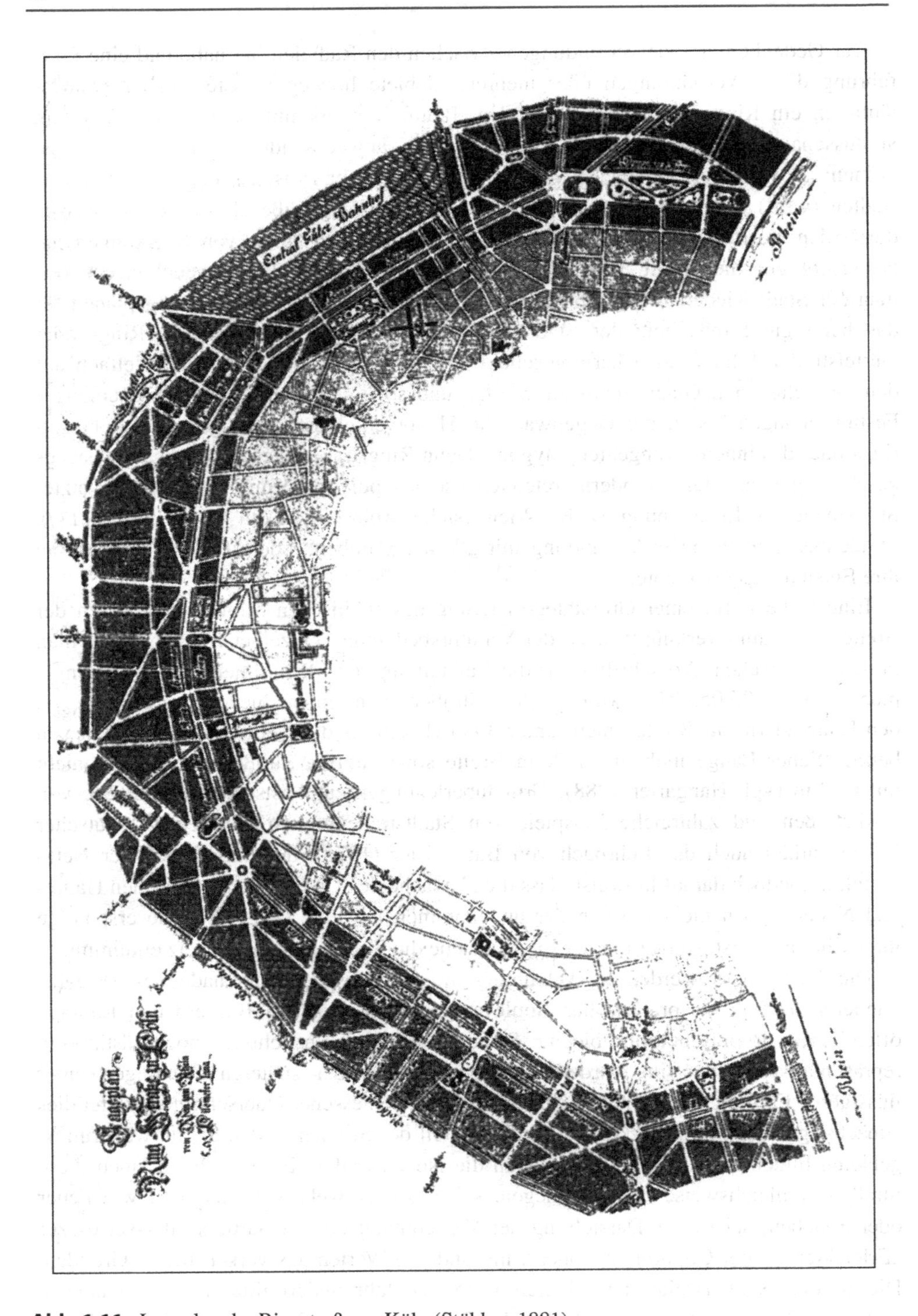

Abb. 1.11 Lageplan der Ringstraße zu Köln (Stübben 1881)

bereich, weicht mit der Industrialisierung und der aufkommenden Mietskasernenbauweise zunehmend einer Einschätzung der Straße, des öffentlichen Raumes als eher anonyme Fläche, an die der Verkehr im gleichen Zeitraum stärkere und neuartige Ansprüche, z. B. im Hinblick auf die Fortbewegungsgeschwindigkeit, zu stellen beginnt. Dies führt schließlich zur baulichen Trennung in Fahrbahn und Gehwege.

Die Maschenweiten der Netze haben mit den Ausdehnungen der insulae der Römerzeit nichts mehr gemein. „Die Stadtverwaltungen bedienten sich bei der Aufschließung neuer Baugebiete häufig einer neutralen Blockgröße, die notfalls alle vorkommenden Arten der Bebauung ermöglichen sollte. Dies führte zur Anlage relativ groß bemessener Baublöcke mit Tiefen von mindestens 100 bis 200 m … Mithilfe differenzierter Baublockdimensionierung … versuchte man in zunehmendem Maße, den Nachteilen des großzügig bemessenen Einheitsblocks zu begegnen … Stadtnah gelegene Flächen wurden in der Regel für geschlossene Bebauung vorgesehen. Sie wurden am sparsamsten aufgeteilt, um nicht zu umfangreiche Hinter- und Seitenflügelbauten zu begünstigen. Die Blocktiefen bewegen sich zwischen 40 und 120 m, im Mittel etwa 60 bis 80 m (Rönnebeck 1971).

Im letzten Drittel des 19. Jahrhunderts erscheinen Abhandlungen, die sich teils sozialkritisch mit den unerträglichen Verhältnissen in den dicht bebauten Mietskasernenvierteln befassen, teils Gestaltungsfragen der Stadterweiterungen in den Vordergrund stellen. Künstliches oder natürliches System (v. Roessler 1874), Regelmäßigkeit oder Unregelmäßigkeit, „gerade oder krumme Straßen“ (Stübben 1893; Rodrigues-Lores 1983) sind die gegensätzlichen Begriffspaare, mit denen man sich auseinandersetzt. Insbesondere Camillo Sitte (1889) fordert eine Rückbesinnung auf die historische Stadtbaukunst des Mittelalters und attackiert in seinem Plädoyer für eine Neuorientierung der Gestaltungsgrundsätze die seiner Auffassung nach rein technisch-schematischen Entwürfe für Stadterweiterungen auf das Heftigste:

> „Moderne Systeme – Jawohl! Streng systematisch alles anzufassen und nicht um Haaresbreite von der einmal aufgestellten Schablone abzuweichen, bis der Genius todtgequält und alle lebensfreudige Empfindung im System erstickt ist, das ist das Zeichen unserer Zeit. Wir besitzen drei Hauptsysteme des Städtebaues und noch etliche Unterarten. … Das Ziel, welches bei allen dreien ausschließlich ins Auge gefasst wird, ist die Regulirung des Straßennetzes. Die Absicht ist daher von vorneherein eine technische. Ein Straßennetz dient immer nur der Communication, niemals der Kunst, weil es niemals sinnlich aufgefasst, niemals überschaut werden kann, außer am Plan. …“ (Sitte 1889)

Die Forderungen Sittes führen zwar zu einer stärkeren Auseinandersetzung mit Gestaltungsfragen, mitunter treten Krümmungen und Biegungen an die Stelle des streng geometrischen Straßensystems und geschlossene Platzräume ersetzen offene Platzflächen, am Wesen der Bebauung ändert sich nichts (Hartog 1962). Im Übrigen lehnt auch Baumeister später die strenge Geradlinigkeit der Straßenführung ab, ohne allerdings den aufkommenden Funktionswandel städtischer Straßen zu übersehen:

„Meines Erachtens verträgt sich zwar jene (alterthümliche) sorglose Unregelmäßigkeit nicht mehr mit unserer Baupolizei und die krumme Linie als Prinzip nicht mehr mit unserem Verkehrswesen, aber auch bei strenger Linienführung lassen sich malerische Bilder erreichen, ähnlich jenen alten Motiven. Vor allem sind gekrümmte und gebrochene Straßen in vielen Fällen geradezu berechtigt, so zum Anschmiegen an wellenförmiges Terrain anstelle der rücksichtslosen geraden Fluchten, wie sie z. B. Stuttgart oder Wiesbaden verunzieren, sodann als Begleitung von gewundenen Wasserläufen, zur landschaftlichen Anlage von Villenbezirken, zur Vermittlung zwischen divergierenden Hauptrichtungen." (Baumeister 1887)

Als einer der ersten Städtebautheoretiker befasst sich zwei Dekaden zuvor bereits Ildefonso Cerda, bekannt vor allem für seinen Stadterweiterungsplan für Barcelona, mit einer sozialen Ausrichtung des Städtebaus, der an wichtigen Grundbedürfnissen der Menschen ausgerichtet sein soll. Als wesentliche funktionale und räumliche Herausforderung erachtet er eine Vernetzung städtischer Strukturen, von Stadträumen, durch das Herstellen von Beziehungen und Verbindungen zwischen Stadtkern, Peripherie und Region. Den Bedeutungszuwachs der Transportfunktion vorausschauend erkennend, entwickelt er hierzu Vorschläge für Straßen, die für den Fußverkehr optimiert sind, und für die zu seiner Zeit noch unbekannten Stadtbahnen (Reicher 2016).

Erste Reaktionen auf die Sozialkritik führen um die Jahrhundertwende (1900) zwar zu Ansätzen zur Verbesserung der Wohnbedingungen in den Mietskasernenvierteln der Gründerzeit vor allem durch Regelungen zur Reduzierung der Dichte im Innern der Baublöcke. Aber nach wie vor werden die Wohnungen in das durch die Planung vorgegebene Raster der Straßenzüge und Baulinien eingefügt. Während – bereits im Jahrhundert zuvor begonnen – um die Städte herum Landhaus- und Villenkolonien entstehen, plant Otto Wagner noch 1911 für den 22. Wiener Gemeindebezirk ein regelmäßiges Raster breiter Straßen zwischen geschlossenen Baublöcken aus hohen Mietshäusern (siehe Abb. 1.12). Dennoch ist die zunehmende Kritik an der Stadt des 19. Jahrhunderts, an ihrer Dichte, ihrem Freiflächenmangel unüberhörbar. Gartenstadt- und Heimstättenbewegung zeigen erstmalig aufgelockerte, offene Wohnformen, aber erst in den 1920er-Jahren werden in stärkerem Maße Überlegungen umgesetzt, die die Reformgedanken der sozialkritischen Betrachtungen der Jahrhundertwende, insbesondere die Gartenstadtgedanken von Howard (1907), aufgreifen.

Auf dem Weg entlang einer Traverse vom Zentrum der Stadt nach außen weicht damit, den Forderungen nach mehr Luft, Licht und Grün entsprechend, die geschlossene Straßenrandbebauung der innenstadtnahen Quartiere der Gründerzeit mehr und mehr einer Bebauung, die sich vom Straßenraum löst und eigenständige Formen der Gebäudestellung und – in der Folge – der Gestaltung der Netze von Erschließungsstraßen und -wegen entwickelt. Die zur Straße hin offene Zeilenbauweise mit senkrecht zur Straße verlaufenden Wohn- oder Fußwegen beginnt die straßenraumbegrenzende Blockbebauung zu verdrängen (siehe Abb. 1.13).

In Radburn/New Jersey (USA) wird Ende der 1920er-Jahre ein neuartiges Erschließungssystem für ein Wohngebiet vorgestellt, das den Gedanken eines gesunden

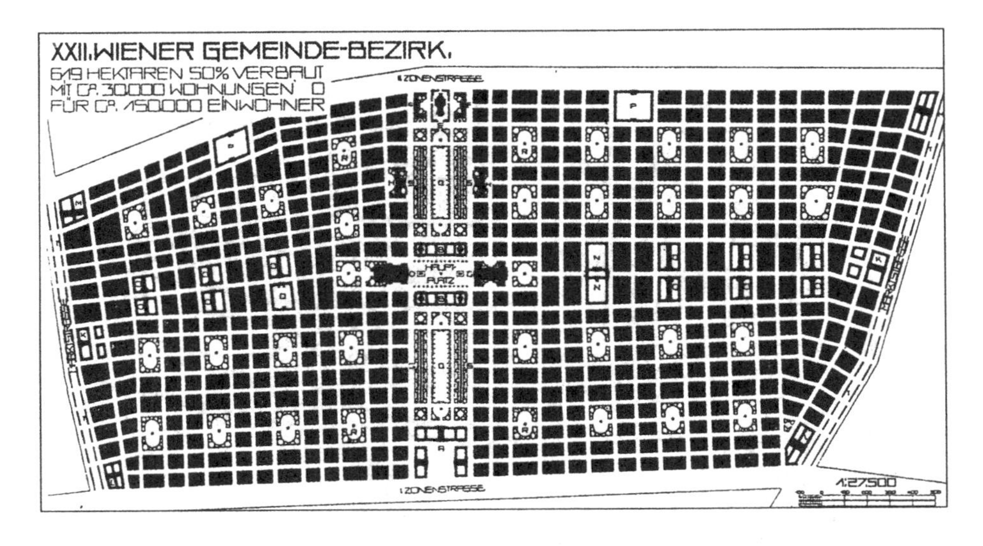

Abb. 1.12 Plan von Otto Wagner für den 22. Wiener Gemeindebezirk. Der Plan gibt die Vorstellung einer modernen Großstadt wieder, bestehend aus regelmäßigen Baublöcken hoher Mietshäuser zwischen einem geometrischen Raster breiter Straßen (Rainer 1986)

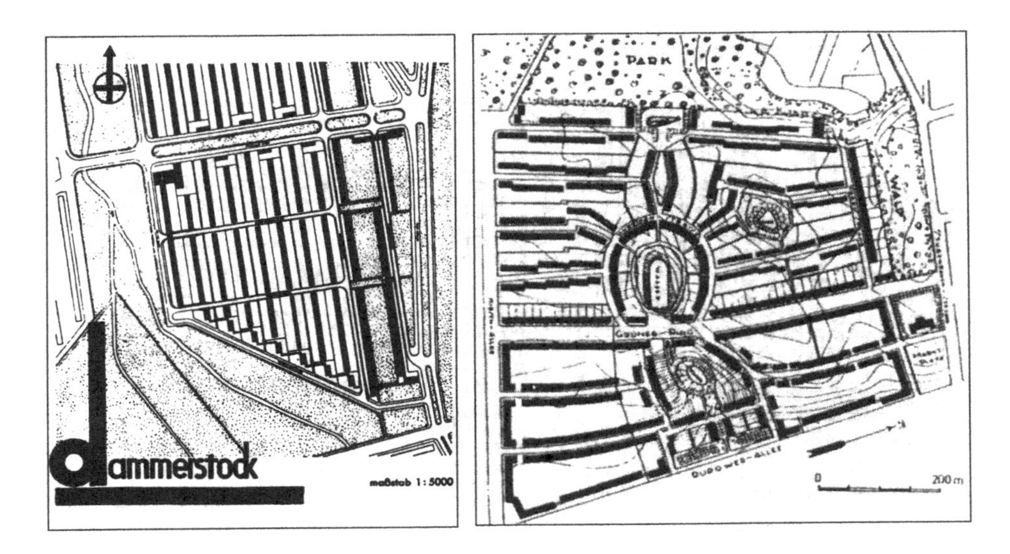

Abb. 1.13 Beispiele für Siedlungsformen und Erschließungsnetze zwischen den Weltkriegen. Siedlung Dammerstock, Karlsruhe (u. a. Walter Gropius (erster Preis eines Wettbewerbs der Stadt Karlsruhe und Oberleitung für den ersten Bauabschnitt)) (1929, links); Großsiedlung Berlin-Britz, sogenannte Hufeisensiedlung (Planung Bruno Taut mit Engelmann und Fangmeyer, rechts) (Rainer 1986)

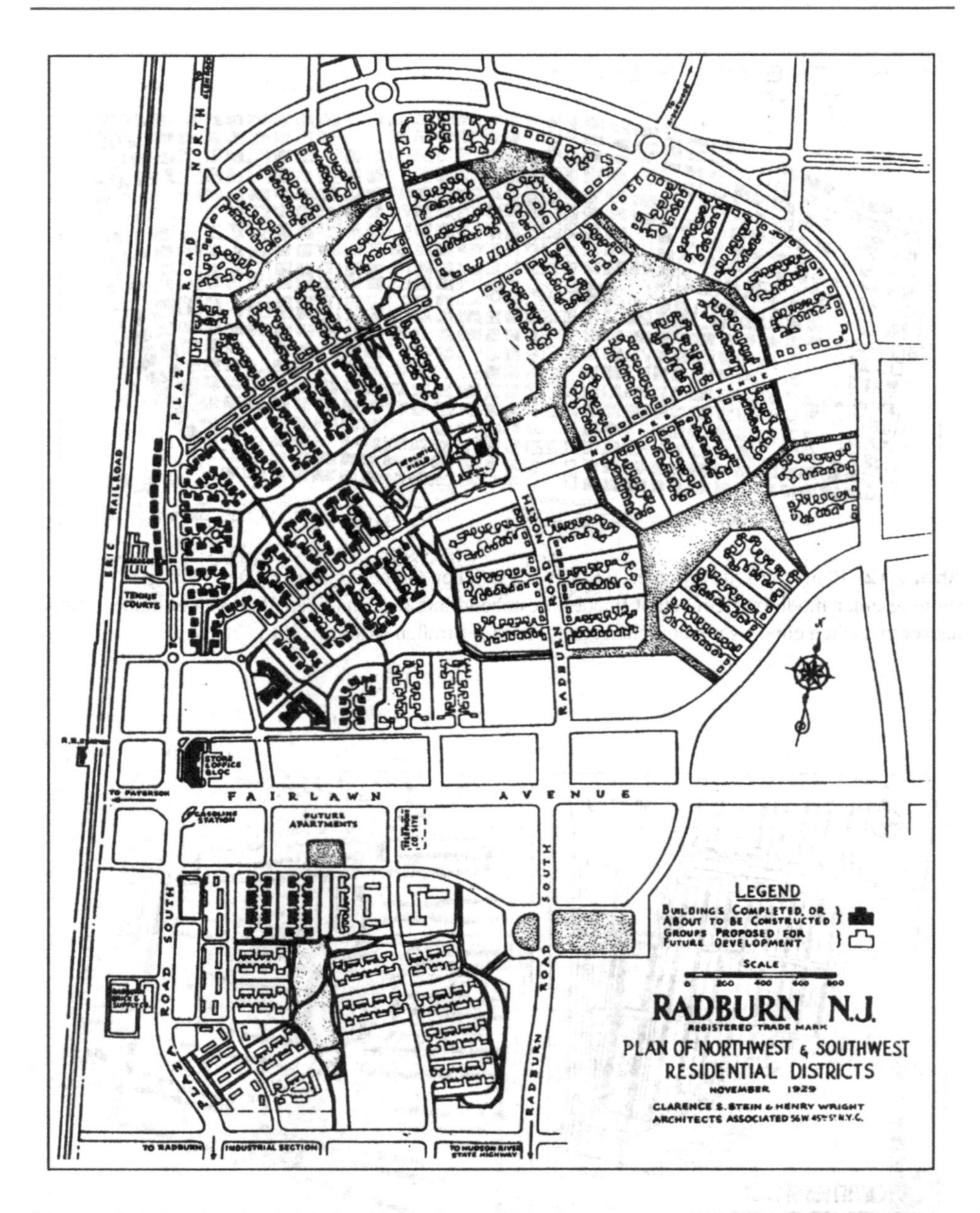

Abb. 1.14 Plan für den Wohnbezirk Radburn, New Jersey, nach Clarence S. Stein & Henry Wright, November 1929 (Durth und Gutschow 1988)

Wohnumfeldes mit einer eingeschränkten Zugänglichkeit für das Kraftfahrzeug verbindet (siehe Abb. 1.14). Die Grundprinzipien enthalten Ansätze, die sich in Deutschland in den letzten Dekaden des 20. Jahrhunderts im Rahmen einer „verkehrsberuhigenden

Netzgestaltung" wiederfinden: die Schaffung eines vom Durchgangsverkehr freien Großviertels, die Gestaltung eines Fußwegenetzes, das zum Teil unabhängig von den Straßen verläuft, sowie das kammförmige Ineinandergreifen beider Erschließungen, wobei Stichstraßen ebenso wie Stichwohnwege von einem Sammler ausgehen. Allerdings, wie Gehl (2015) bemängelt, bleibt es ein Verkehrsnetz für getrennte Auto- und Fußgängerströme mit Fußgängerunterführungen, die wegen mangelnder Akzeptanz gefährliche ebenerdige Straßenquerungen nicht verhindern.

Durch umfangreiche Eingemeindungen vor und nach dem Ersten Weltkrieg wachsen die Städte weiter in die Fläche. Der Ausbau und die steigende Leistungsfähigkeit der öffentlichen und privaten Verkehrsmittel und -infrastrukturen gewährleisten die Erreichbarkeit der Arbeits- und Einkaufsstätten auch von weiter entfernt liegenden Wohnplätzen. Die Ausprägung von Geschäftszentren in den Kernbereichen, von Wohnschwerpunkten in den Vororten und Villenvierteln am Stadtrand, die Ausbildung von Industriebereichen leiten auf eine nach Funktionen gegliederte Stadtstruktur hin. In einem neu entwickelten Planungsverständnis setzt man sich rational mit den Funktionen einer Stadt auseinander und versucht, Flächennutzung und städtische Infrastruktur in geordnete Bahnen zu lenken. Es entsteht eine Reihe von Städtebautheorien und gedanklichen Strukturmodellen, in denen vor allem das Netz der Hauptverkehrsstraßen als strukturprägendes Element hervortritt. Nach Albers (1983) lassen sich drei Grundtypen voneinander unterscheiden: Das konzentrische Modell mit einem System von Radial- und Ringstraßen, das auf ein ausgeprägtes, an der historischen Stadtentwicklung orientierten Zentrum ausgerichtet ist, das auf einem gleichmäßigen Straßenraster beruhende Modell, das keinen Standort in besonderer Weise begünstigt und daher auf Flexibilität und Austauschbarkeit hin ausgelegt ist sowie das an Hauptverkehrsträgern (z. B. Straße, Bahn, Kanal) aufgereihte Siedlungsband mit parallel angeordneten Nutzungszonen, die jeweils nahezu beliebig verlängert werden können (vgl. auch Albers et al. 2008).

Den Hauptverkehrsstraßen gilt angesichts der allmählich zunehmenden Kraftfahrzeugzahlen, insbesondere des wachsenden Lastkraftwagenverkehrs, auch das Augenmerk von Fachvereinigungen, die sich Mitte der 1920er-Jahre bilden, um sich mit den Notwendigkeiten und Problemen des Kraftfahrzeugverkehrs sowohl allgemein, vor allem aber auch im städtischen Bereich zu befassen. Als Blaupause gelten Verkehrslösungen, wie sie als Reaktion auf eine bereits deutlich weiter fortgeschrittene Motorisierung in den USA zu beobachten waren. Vorläufige Leitsätze über die Planung von Stadtstraßen (Studiengesellschaft für Automobilstraßenbau (STUFA) 1929) definieren Anforderungen, die der Kraftwagenverkehr bei seiner voraussehbaren weiteren Entwicklung zu einem allgemeinen Verkehrsmittel an das Netz und an die Einzelausbildung der Stadtstraßen stellt: Betriebswirtschaftlichkeit, Betriebsleichtigkeit, Betriebssicherheit und Abfangung der verkehrspolitischen Gefahren des Kraftwagenverkehrs. Die Fähigkeiten des Automobils für die Erschließung der Fläche werden in der Forderung nach planmäßiger Auswertung der siedlungspolitischen Möglichkeiten des Kraftwagenverkehrs (Dezentralisation) mit dem Gedanken einer verkehrsentlastenden Wirkung für die Stadtkerne verknüpft. Straßenverbreiterungen, die Anlage von Entlastungsstraßen, von großen Verkehrssammlern, von inneren und äußeren Umgehungsstraßen sowie kreuzungsfreie, „bahnmäßig“ betriebene Straßen und Knotenpunkte sind Maßnahmen, die im Rahmen einer Verstärkung und Umbildung des Straßengerüsts gefordert werden. Es geht um die Anpassung bestehender Bebauungspläne und neu anzulegender Siedlungsgebiete und Straßenverbindungen an die Anforderungen des Kraftwagenverkehrs.

In erster Linie beziehen sich diese Forderungen auf die künftige, maßgeblich vom Verkehrszweck geprägte Gestaltung des Stammgerüsts der Hauptverkehrsstraßen, der andere Ansprüche ggf. zu opfern sind: „Schönheitliche Absichten dürfen nicht zu Schaden des Verkehrszwecks gehen. Betrieb und allgemeine Wirtschaftlichkeit verlangen möglichste Gleichförmigkeit (Normierung) und Klarheit der Netzstruktur und der Straßenformen, jedoch stets im lebendigen Einklang mit Beanspruchung und Wirtschaftszweck. Die Straßen der Geschäftsstadt sind möglichst durchgehend anzulegen, damit der Geschäftsverkehr sich frei bewegen kann.“ (Studiengesellschaft für Automobilstraßenbau (STUFA) 1929) Verkehrsstraßen sollen möglichst leistungsfähig sein und in größeren Städten für die wichtigsten Hauptverkehrsstraßen je nach Bedeutung des Durchgangsverkehrs, des örtlichen Verkehrs und des „Halteverkehrs“ grundsätzlich (!) vier oder sechs Spuren vorgesehen werden. Mangelnde Finanzmittel und andere politische Prioritäten verhindern zunächst eine Umsetzung dieser Überlegungen in die Praxis.

Ebenfalls in den 1920er-Jahren stellt Le Corbusier, Architekt und Städtebauer, Überlegungen über eine geordnete „Stadt der Gegenwart“ an. In Plänen entwirft er systematisch alle Elemente des modernen Städtebaus von Wohnhochhäusern bis hin zur Gestaltung der Verkehrsnetze mit planfrei geführten, teilweise aufgeständerten Stadtautobahnen, mit unabhängig von der Straße in Grünanlagen verlaufenden Fußwegen und einem getrennten Netz schienengebundener öffentlicher Nahverkehrsmittel (Metro) (siehe Abb. 1.15). Er wirkt maßgeblich an einem Manifest mit, das wie kein anderes den modernen Städtebau der Nachkriegsära bis in die heutige Zeit beeinflusst hat, die sogenannte „Charta von Athen“. Im Jahr 1933 behandelt der vierte Kongress der CIAM (Congrès Internationaux d`Architecture Moderne), ein Zusammenschluss „fortschrittlich denkender“ Architekten, in Athen das Thema „Die funktionelle Stadt“, eine Dekade später veröffentlicht Le Corbusier eine durch seine eigene Philosophie ergänzte Fassung der in Athen erarbeiteten Thesen (Le Corbusier 1962). Ziel des Manifests ist es, auf einen sozialen und humanen Städtebau zur Verbesserung der Lebensverhältnisse in den großen Industriestädten hinzuwirken. Auf der Grundlage von Untersuchungen in ausgewählten Städten stellt das Manifest Zustandsbeschreibungen und Forderungen gegenüber und weist, zur damaligen Zeit weit vorausschauend, nicht nur auf die Bedeutung des Verkehrs und den damit verbundenen Umbruch hin, sondern leitet darüber hinaus Schlussfolgerungen bis hin zur Gestaltung der städtischen Verkehrswegenetze ab.

Das Thema „Die funktionelle Stadt“ deutet auf einen der Hauptgedanken der Charta hin, nämlich auf die sich aus bereits genannten Gründen (z. B. Vorsorge gegen Lärm und schlechte Luft, mehr Licht und Grünflächen für die Wohnbereiche, erweiterte Möglichkeiten durch das Automobil) seit Anfang des 20. Jahrhunderts abzeichnende Auflockerung

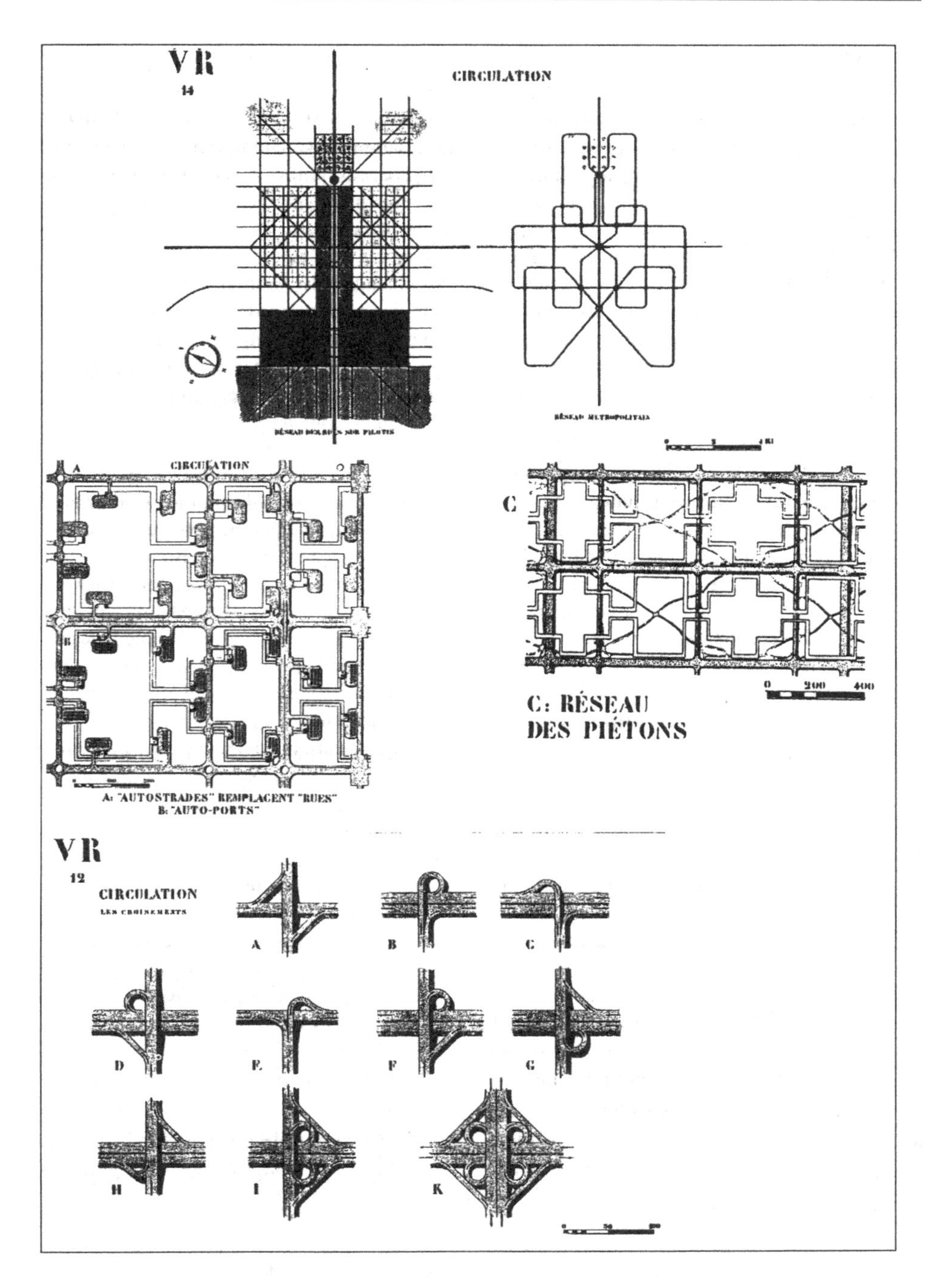

Abb. 1.15 Le Corbusier, Pläne der „Strahlenden Stadt („ville radieuse") (Auszug) (nach Hilpert 1984); *oben links:* Netz der aufgeständerten „Stadtautobahnen"; *oben rechts:* Netz des schienengebundenen ÖPNV (Metro), *Mitte links:* „Autobahnen ersetzen Straßen"; *Mitte rechts:* Fußwegenetz; *unten:* Knotenpunktformen des Kraftfahrzeugverkehrs

der Stadt und ihre Gliederung nach Funktionen. Die Charta unterscheidet in vier Hauptfunktionen: Wohnen, Arbeiten, Erholen und Bewegen. Der vierten Hauptfunktion, dem Bewegen, kommt die Aufgabe zu, die Verbindungen zwischen den verschiedenen Einrichtungen herzustellen „durch ein Verkehrsnetz, das den Austausch sichert und die Vorrechte einer jeden Einrichtung respektiert." (Charta, Kommentierung § 77, S. 119). Dem traditionellen Städtebau wird, was die Lösung der Verkehrsprobleme unter Beachtung des Kraftfahrzeugs angeht, ein unzulängliches Vorgehen vorgeworfen: „Das Verkehrsnetz, das ihn (den Baublock) einschnürt, ist ausgedehnt und hat vielfache Kreuzungen. Für eine andere Zeit gedacht, hat dieses Netz mit der neuen Geschwindigkeit der Kraftfahrzeuge nicht in Einklang gebracht werden können." (Charta, Kommentierung § 52, S. 103)

Gerade das Maß der Geschwindigkeit der technischen Beförderungsmittel ist es, das offenkundig mit den vorhandenen Gegebenheiten in Konflikt steht. Entsprechend betont wird in der Charta die Unverträglichkeit der neuen Geschwindigkeiten mit den Eigenschaften der anderen Verkehrsteilnehmergruppen, mit der Breite und dem Fassungsvermögen der Straßen, mit den häufig äußerst kurzen Knotenpunktabständen, mit der wenig rationalen und unflexiblen Gestaltung der überkommenen Straßennetze einschließlich der für repräsentative Zwecke gedachten „Prachtstraßen".

Die Zustandsbeschreibungen und Forderungen der Charta enthalten denn auch eine Reihe von Strategien und Maßnahmen für „die vierte Hauptfunktion, den Verkehr". Die Forderungen betreffen u. a.

- die Minimierung der Entfernung zwischen Arbeitsplatz und Wohngebiet in Verbindung mit einer intensiven Ausnutzung der dritten Dimension (Höhe) im modernen Städtebau (höhere Baudichte) (Charta, § 28, S. 86, § 46, S. 99 und § 82, S. 122, jeweils mit Kommentierung)
- die Trennung von Wohnen und Verkehr zum Schutz gegen Verkehrsemissionen (Lärm, Staub, schädliche Abgase) (Charta, § 27, S. 86 und § 80, S. 120, jeweils mit Kommentierung)
- den Neu- und Umbau von Straßen, darunter Entlastungsstraßen, zum Teil unterirdisch oder, für große Verkehrsadern, planfrei geführt mit größeren Knotenpunktabständen (Charta, § 68 und Kommentierung, S. 112)
- die Trennung des (schnellen) Fahrzeug- und des (langsamen) Fußgängerverkehrs durch Ausweisen von Flächen, die den Fußgängern vorbehalten sind (Charta, § 62 und Kommentierung, S. 108)
- die Klassifizierung der Straßen unter Beachtung der Funktionen, der Fahrzeuge und ihren Geschwindigkeiten in Wohnstraßen, Straßen für Spaziergänger, Durchgangsstraßen, Haupt(verkehrs-)straßen (Charta, § 63 und Kommentierung, S. 108).

Die Schlussfolgerungen machen die Verknüpfung der Lösung der erwarteten Verkehrsprobleme (Verstopfung der Innenstädte) mit der Funktionstrennung der städtischen Lebensbereiche deutlich: „Die Reform der Bezirkseinteilung wird – indem sie die (vier) Schlüsselfunktionen der Stadt untereinander in Einklang bringt – natürliche Verbindungen zwischen diesen herstellen, zu deren Festigung ein rationelles Netz großer Verkehrsadern vorgesehen sein wird. ... Man muss die Verkehrsmittel klassifizieren und unterscheiden und für jede Art eine Fahrbahn schaffen, die der Natur des benutzten Fahrzeugs entspricht." Und, dem zentralen Anliegen Le Corbusiers nach „vollkommener Ordnung" entsprechend, wird „der so geregelte Verkehr eine geordnete Funktion, die der Struktur der Wohnung oder derjenigen der Arbeitsstätten keinerlei Gewalt antut" (Charta, § 81 und Kommentierung, S. 121).

Eine zusammenfassende Gegenüberstellung von Straßennetzen, -formen und -funktionen in den verschiedenen Zeitepochen zeigt Tab. 1.1. Aufgrund der höheren Motorisierung werden die Straßennetze in den USA bereits ab den 1920er-Jahren durch die „Straße der Moderne" geprägt.

1.4 Straßen- und Wegenetze in der Periode der Massenmotorisierung

Geht es in der städtischen Verkehrsplanung vor dem Hintergrund der Kriegsfolgen in den 1950er-Jahren zunächst um die Deckung des unmittelbaren, kurzfristigen Bedarfs und eine entsprechende Anpassung der Verkehrswegesysteme, speziell der Straßennetze, an die erwartete Verkehrsmenge, so bemüht man sich angesichts der einsetzenden Motorisierungsentwicklung, dem Beginn der Massenmotorisierung, in der Folge um eine Bedarfsdeckung trendmäßig abgeleiteter, für einen Planungshorizont prognostizierter Verkehrszustände und versucht, diesen Bedarf mit dem Bau leistungsfähiger Straßeninfrastruktur voll zu befriedigen. Vor der Frage, zerstörte historische Bausubstanz und ehemals homogene stadträumliche Gegebenheiten unter hohem Finanzaufwand wiederherzustellen oder „moderne, großzügige Lösungen" zu wählen, entscheidet man sich häufig für die zweite Alternative und legt in diesem Zusammenhang den Grundstein für die Probleme einer städtebaulichen Integration des Automobils auf lange Sicht. Der eingeschlagene Weg, „Straßen nur dort zu bauen, wo der Verkehr sie wünscht" und eine starke Anlehnung an die Verkehrslösungen nordamerikanischer Städte führen in den ersten Nachkriegsjahrzehnten zu Straßenbauten und Planungen für den motorisierten Individualverkehr, die unter dem Schlagwort der „autogerechten Stadt" als eine vorrangig an den Bedürfnissen des Automobilverkehrs ausgerichtete Stadtentwicklung bekannt wird: Planungsmaßnahmen für die städtische Infrastruktur sind von der Maxime geprägt, die erwarteten Mengen an Kraftfahrzeugen problemfrei, also mit ungestörtem Verkehrsfluss und mit ausreichenden Park- und Abstellmöglichkeiten, abwickeln zu können. Von „autogerechter Stadt" spricht erstmals wohl Reichow 1959 in seinem gleichnamigen Buch im Zusammenhang mit Straßennetzen, die die Kraftfahrzeuge in Analogie zur Natur (Baumverästelungen, Flusssysteme) „organisch" sammeln und „vom Wohnweg zur Autobahn" führen (Reichow 1959). Noch Mitte der 1960er-Jahre heißt es in einem Handbuch des Straßen- und Verkehrswesens unter Hinweis auf die Ermangelung neuerer Regelwerke (für Stadtstraßen): „Bezüglich der

Tab. 1.1 Diachronie der europäisch-nordamerikanischen Straßenformen und -funktionen (Reblin 2012) (Wiederabgedruckt mit Genehmigung durch des transcript Verlags)

	Antike	Mittelalter	Renaissance/Barock	19. Jahrhundert	Straße der Moderne (ab 20er-Jahre des 20. Jh.)
Straßenform (Ausdruck)	Gerade, auch breite Straßen	– enge, gekrümmte Straßen – geschlossene Bebauung	• gerade Straßen • geschlossene Bebauung, aber auch Solitäre • gerade Straßenoberfläche: Pflasterung	• gerade Straßen • geschlossene Bebauung • wichtige Gebäude als Solitäre Straßenoberfläche: Pflasterung	• offene Bebauung • Gebäude als Figur • regelmäßige gerade und gekrümmte Formen • Straßenbelag: Asphalt Ab den 1980er-Jahre: wieder Schließung der Bebauung, Blockbebauung
Straßennetz	Rasterplan, Straßenkreuz mit Nord-Südausrichtung	Unregelmäßig, der Topografie angepasst	Axial, Rasterplan	Rasterplan, Radiale, Ringstraße	Differenzierung nach Verkehrsbedeutung (von Wohnstraße bis Stadtautobahn)
Straßenfunktionen (Inhalt): Gebrauchsfunktion/symbolische Inhalte	Verkehr, Paraden und Umzüge	Handel, soziale Kommunikation, Verkehr	Repräsentation, militärische Aufmärsche, perspektivische Wirkung	Bühne, Warenbühne, Verkehr (Ausbau der öffentlichen Verkehrsmittel), Ort des politischen Aufstands	Differenzierung in Straßen für den motorisierten und den Fußgängerverkehr, Funktionalismus, Individualverkehr

(Fortsetzung)

Tab. 1.1 (Fortsetzung)

	Antike	Mittelalter	Renaissance/Barock	19. Jahrhundert	Straße der Moderne (ab 20er-Jahre des 20. Jh.)
Typische Straßenformen		Gasse, Platzstraße	Avenue, Achse, Promenade	Boulevard, Passage	Schnellstraße, Stadtautobahn, offene Stadtlandschaft. Fußgängerzone (meist geschlossene Bebauung), Strip (USA), Vorortstraße, Shopping Mall, inszenierte Straßen
Straßenwahrnehmung	Als Fußgänger	Als Fußgänger	Aus dem Wagen heraus	Als Fußgänger/aus dem Wagen heraus	Vom Auto aus
Intentionalität der Planung		Keine einheitliche Planung, „Kode der 3. Art"	Intentionale Planung, künstlicher Kode	Planung nur noch teilweise zentral gelenkt	Intentionale Planung öffentlicher Planungsbehörden von den 20er-Jahren bis in die 80er-Jahre: später zunehmend private Finanzierung mit gewissen Planungsvorgaben, künstliche Kodes
Stadtplaner und -theoretiker	Hippodamos, Vitruv		Alberti, Palladio, Sixtus	Haussmann, Hobrecht	Howard (Gartenstadt), Le Corbusier

Linienführung (Anm. d. V.: von Stadtstraßen) empfiehlt sich – insbesondere für die anbaufreien Strecken – eine weitgehende Anwendung der RAL-L", d. h. der Richtlinie für Außerortsstraßen (Elsner 1965). In der Folge entstehen daraus vielerorts, häufig in Ortsdurchfahrten von Klein- und Mittelstädten im ländlichen Raum, Stadtstraßen mit Außerortscharakter, die auf die lokalen innerörtlichen Belange wenig Rücksicht nehmen.

Von besonderer Bedeutung ist die Führung der Hauptverkehrsströme im Stadtgebiet, denn das überkommene übergeordnete Straßennetz verbindet Städte seit jeher von Stadtmitte zu Stadtmitte und zwingt in den ersten Nachkriegsjahrzehnten den gesamten Fern- und Durchgangsverkehr vielfach, die Zentren zu durchfahren. Durch die Überlagerung von überörtlichem Quell- und Zielverkehr, regionalem und lokalem Verkehr sind die Zubringerstraßen zu den Stadtkernen völlig überlastet. Als Ergebnis von Verkehrsanalyse und Prognose der Verkehrsverflechtungen erster kommunaler Generalverkehrspläne (z. B. Schlums 1956) liegen sogenannte „Wunschlinien des Verkehrs" für den Quell-, Ziel-, Binnen- und Durchgangsverkehr der Planungsräume vor. Um den Durchgangsverkehr vom Ziel- und Quellverkehr zu trennen, werden verschiedene prinzipielle Lösungen erörtert. Die Behandlung der Kernfrage „Mitten hindurch oder außen herum?" ist beispielsweise an der Planungsgeschichte der verschiedenen Ringlösungen für Stadt und Region München umfassend und transparent dokumentiert (Gabriel et al. 2013). Aufwendigen Konzepten wie Außen- und Innenumfahrungen stehen Systeme mit einer Zusammenfassung der Hauptströme als für wirtschaftlicher gehaltene Lösungen gegenüber (siehe Abb. 1.16). In der Beurteilung der vorgeschlagenen Maßnahmen dominieren die Aussagen und Befunde zu den verkehrlichen und verkehrswirtschaftlichen Folgen.

„Verbesserung der Wirtschaftlichkeit", „Förderung der Leistungsfähigkeit" und „Erhöhung der Sicherheit" sind die vorrangigen Ziele der ersten Nachkriegsjahrzehnte, die auch die wissenschaftstheoretische Auseinandersetzung um Fragen der städtischen Netzgestaltung prägen. Forschungsarbeiten befassen sich u. a. mit den ökonomischen Aspekten bei der Netzgestaltung (Hoffmann 1961), im Zusammenhang mit Einrichtungsstraßensystemen mit Fragen der Leistungsfähigkeit und Sicherheit (Harder 1967) oder untersuchen im Kontext von Stadtstruktur, Netzform und Netzdichte die Struktur des Verkehrsraumes in städtischen Verkehrsnetzen (Scholz et al. 1972). Erhielten Diagonalen bzw. radial geführte Verbindungen städtischer Netze vor der Verbreitung des Automobils ihre große Bedeutung durch die Verminderung der Weglängen, so gewinnt mit wachsender Motorisierung die Verringerung der Fahrtzeiten an Relevanz. Eine amerikanische Untersuchung (Fisher und Boukidis 1963) vergleicht die drei wesentlichen Systemtypen innerstädtischer Netze hinsichtlich der Auswirkungen der Netzform auf die Belastungen des Netzes (siehe Abb. 1.17).

Als besonders vorteilhaft erweist sich das Rasternetz:

- Das Belastungsgleichgewicht ist indifferenter und daher besser geeignet, Ungleichheiten von Belastungszuständen infolge von Behinderungen und Staus auszugleichen.
- Es weist die geringste Verkehrskonzentration auf.
- Bei annähernd gleichen Maschenweiten stehen alle Felder der Stadt potenziell in gleicher Weise für die Entwicklung offen.

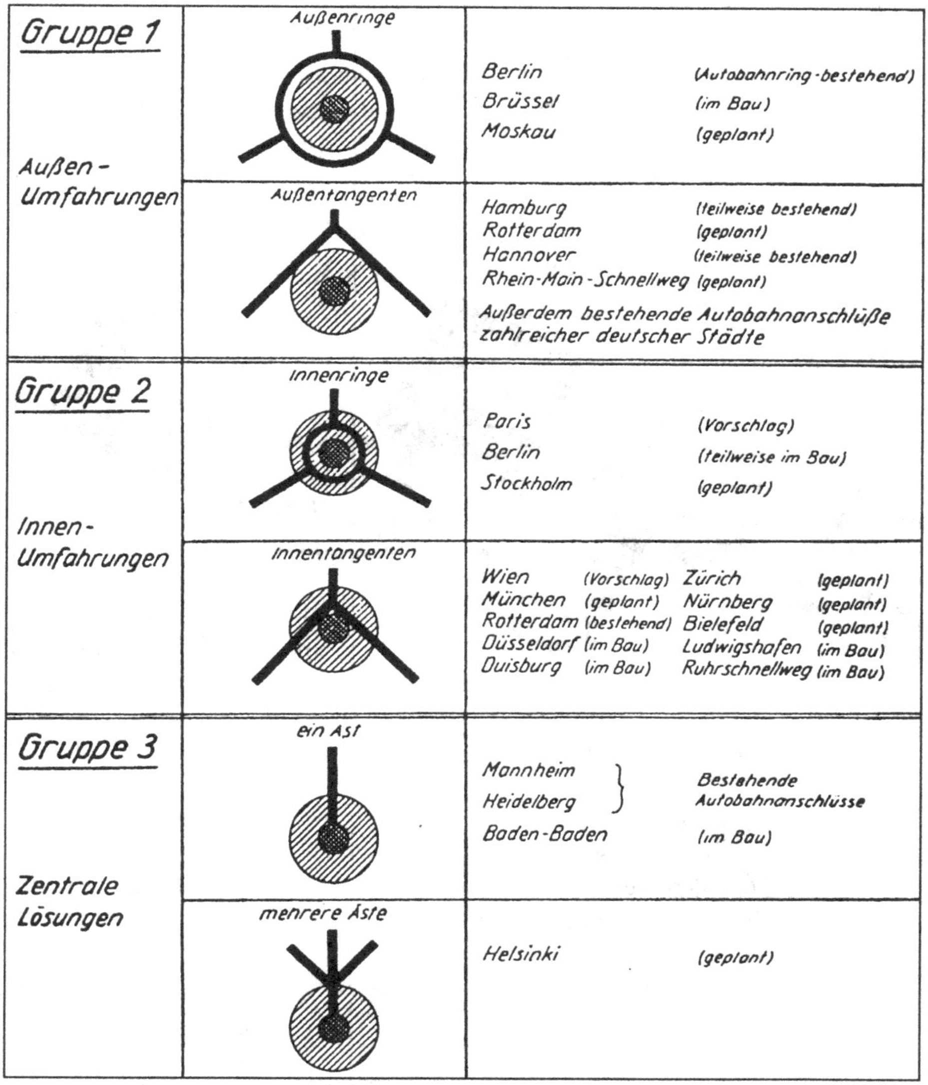

Gruppe 1 Außen-Umfahrungen	Außenringe	Berlin (Autobahnring-bestehend) Brüssel (im Bau) Moskau (geplant)
	Außentangenten	Hamburg (teilweise bestehend) Rotterdam (geplant) Hannover (teilweise bestehend) Rhein-Main-Schnellweg (geplant) Außerdem bestehende Autobahnanschlüße zahlreicher deutscher Städte
Gruppe 2 Innen-Umfahrungen	Innenringe	Paris (Vorschlag) Berlin (teilweise im Bau) Stockholm (geplant)
	Innentangenten	Wien (Vorschlag) München (geplant) Rotterdam (bestehend) Düsseldorf (im Bau) Duisburg (im Bau) Zürich (geplant) Nürnberg (geplant) Bielefeld (geplant) Ludwigshafen (im Bau) Ruhrschnellweg (im Bau)
Gruppe 3 Zentrale Lösungen	ein Ast	Mannheim, Heidelberg } Bestehende Autobahnanschlüsse Baden-Baden (im Bau)
	mehrere Äste	Helsinki (geplant)

Abb. 1.16 Beispiele für die Netzsysteme städtischer Schnellverkehrsstraßen in Europa (Feuchtinger 1956)

Unter der Maxime einer weitgehenden Bedarfsdeckung zugunsten des motorisierten Individualverkehrs sehen die Generalverkehrspläne der 1960er-Jahre in großem Stil den Ausbau mehrstreifiger, zum Teil in mehreren Ebenen verlaufender Stadtautobahnen vor. Tangentenpolygone und (Radial-)Ringlösungen sollen die Verkehrsströme aufnehmen und verteilen. Vorschläge für Hoch- und Tiefstraßen, Tunnel oder eine Führung in Galerien sind Folge der Erkenntnis, dass die für erforderlich erachtete Leistungs-

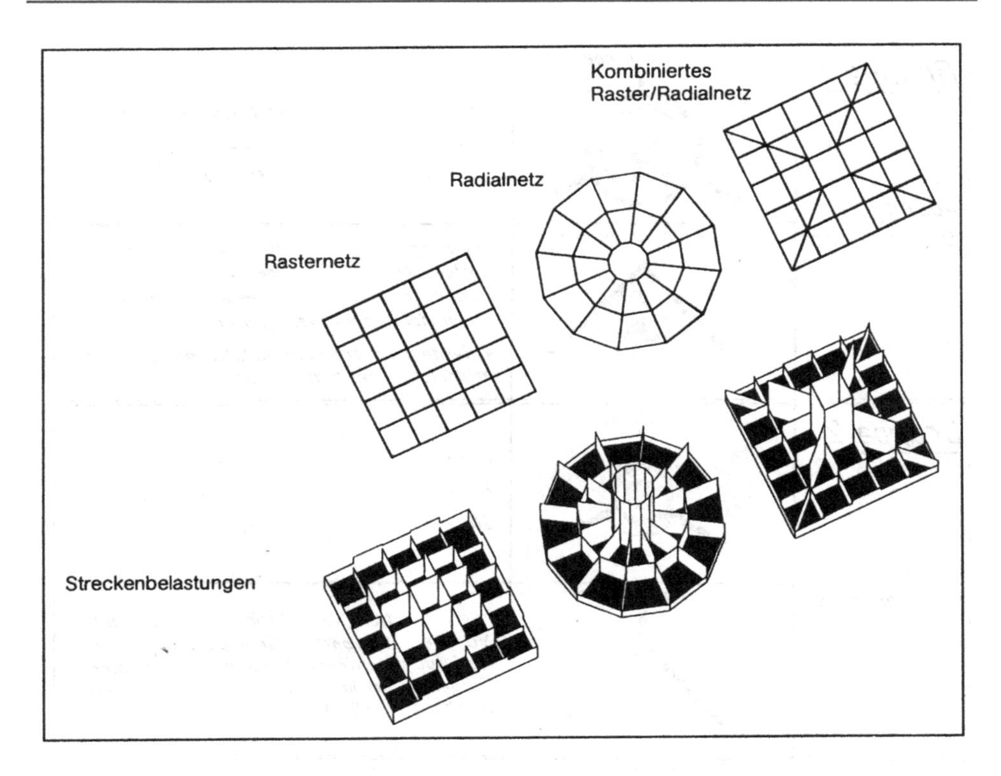

Abb. 1.17 Auswirkungen der Netzform auf die Verkehrsbelastungen des Netzes (Nach Fisher et al. 1963)

fähigkeit plangleich in den meisten Fällen nicht zu erreichen ist. Unter Orientierung an amerikanischen Vorbildern versucht man, die für den Automobilverkehr ungeeigneten, überkommenen alten Magistralen durch neuzeitliche Hauptverkehrsstraßen zu ersetzen oder zu ergänzen (siehe Abb. 1.18).

In einem der ersten Grundlagenwerke der Straßenverkehrsplanung (Korte 1960) heißt es dazu:

> „Die Meisterung der Motorisierung bedingt aber einen neuen, sicheren und leistungsfähigen Straßentyp, das ist die anbaufreie Hauptverkehrsstraße als Einzweckstraße für den Kraftfahrzeugverkehr. Nach Maßgabe der jeweiligen Raumzeitbeziehungen in den verschiedenen Stadtgrößen wird diese mehr oder weniger zur Stadtschnellstraße, sodass sie in der Regel in der größeren Groß- und Riesenstadt in die Stadtautobahn übergeht … Sie nimmt den Durchgangs- und große Teile des Binnen- und Zwischenortsverkehrs an wenigen, verkehrsgerecht ausgebauten Knoten auf, verteilt die Ziel- und Quellverkehre in der gleichen Weise und führt alle möglichst nahe an die Kernstadt als Hauptmagnet heran. Sie nutzt die Zäsuren in dem integrierten und wirtschaftsgegliederten Stadtkörper von morgen, … liegt … in der Lebenslinie der Stadt, berührt die wichtigsten Aktionszentren, ohne sie zu durchschneiden und Störungen auszulösen und mündet in die Kernstadttangente als wichtigste Verteilerschiene im Stadtkörper ein.“

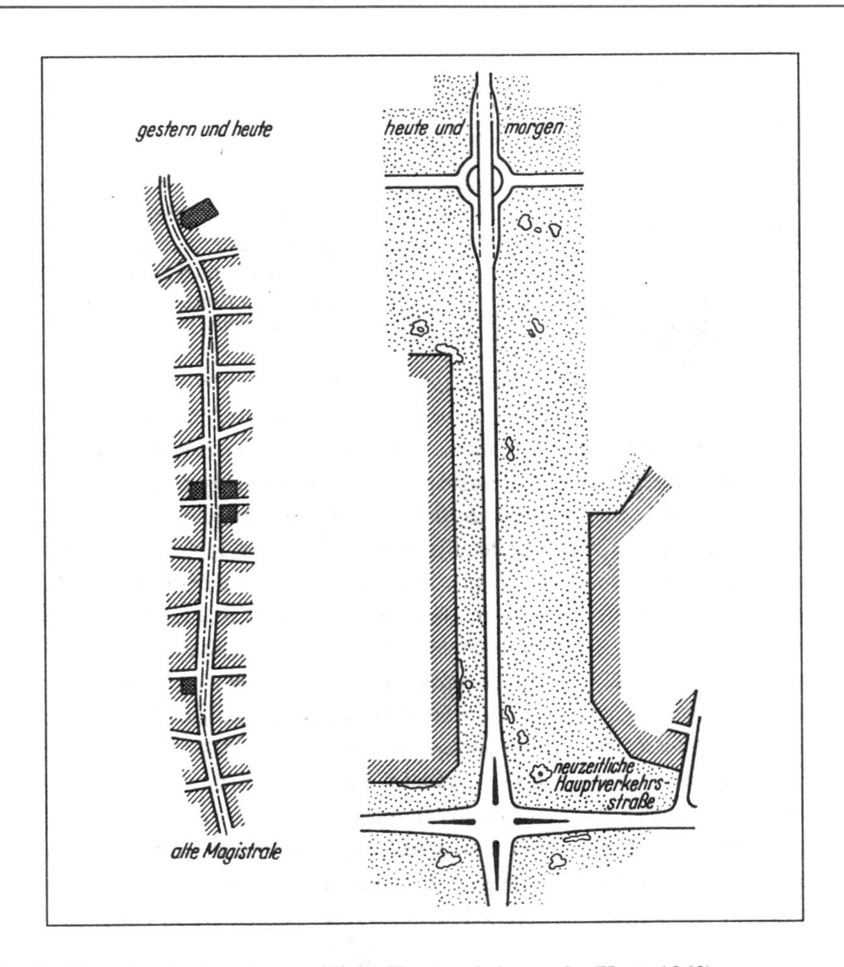

Abb. 1.18 Alte Magistrale und neuzeitliche Hauptverkehrsstraße (Korte 1960)

Tangentenpolygone oder Ringe um die Kernstadt ermöglichen es, den motorisierten Individualverkehr von zentralen Flächen fernzuhalten und im Stadtkern Flächen für Fußgänger einzurichten.

Ende der 1950er-Jahre vereinzelt zunächst als „Kaufstraßen" für den Fußgänger (um-)gewidmet (siehe Abb. 1.19), entwickeln sich unter dem Leitgedanken, den Verkehrsproblemen und der Verödung der Innenstädte entgegenzuwirken und gleichzeitig die Kaufkraft des Einzelhandels zu erhalten und zu stärken, ab den 1970er-Jahren zunehmend flächenhaft vernetzte, zum Teil nach und nach auch durch überdachte Passagen ergänzte Fußgängerzonen. Das in der Anfangsphase in den Innenstädten durchaus prosperierende Konzept („Passantenmagnete des Massenkonsums") gilt in der Folge auch als Erfolgsgarant für Fußgängerbereiche in Zentren neuer Wohnquartiere am Stadtrand.

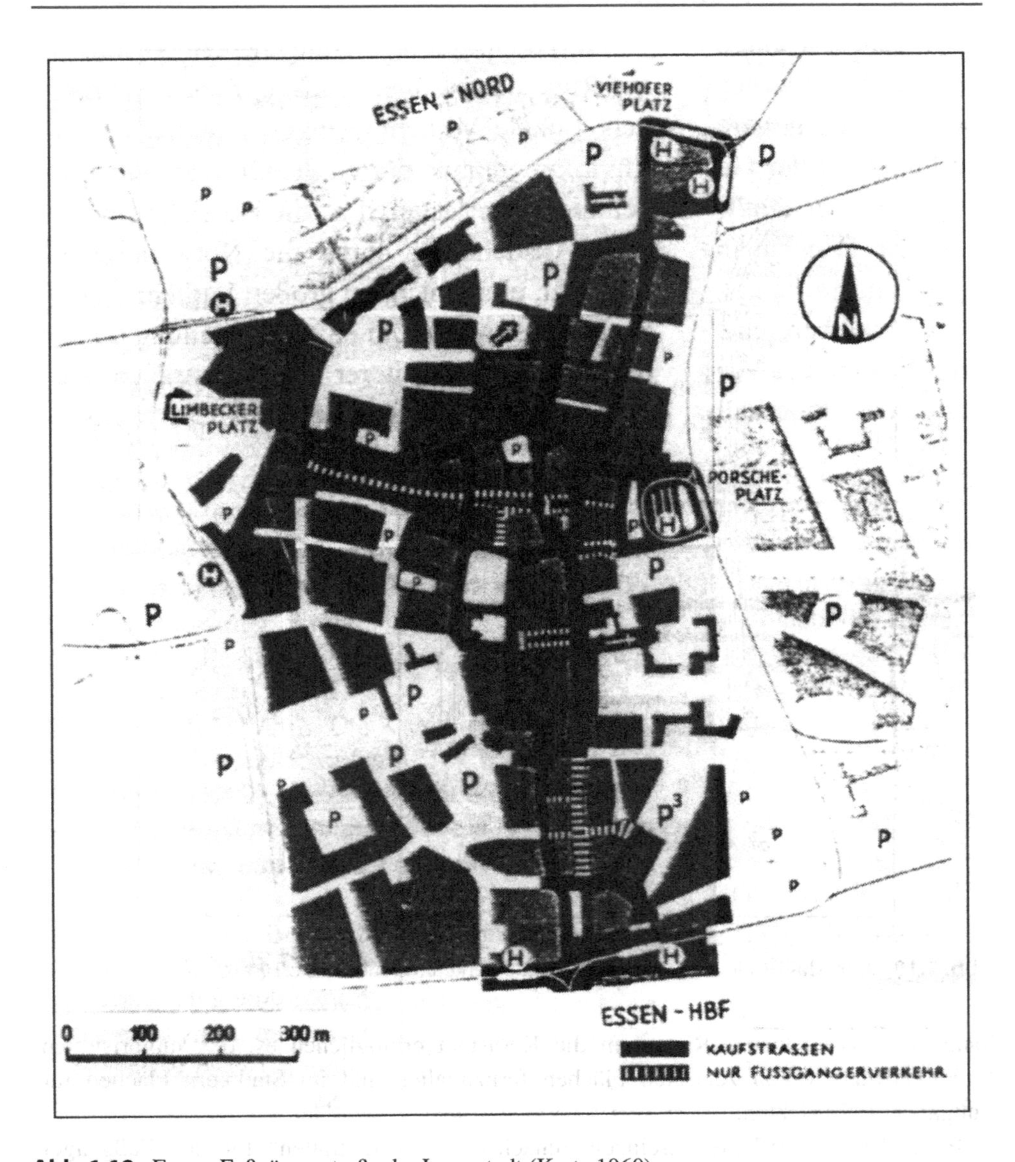

Abb. 1.19 Essen, Fußgängerstraße der Innenstadt (Korte 1960)

Die wachsende Verkehrsnot der Städte veranlassten anfangs der 1960er-Jahre die britische Regierung zu einer grundlegenden Untersuchung über Lösungswege und Zukunftschancen des städtischen Verkehrs, die unter dem Namen Buchanan-Bericht weite Beachtung erfährt (Buchanan 1964). Die Arbeitsgruppe unter Buchanan erarbeitet eine Fülle von Erkenntnissen über das Wesen des neuzeitlichen Verkehrs und die Bewältigung seiner Probleme und entwickelt eine „Verkehrsarchitektur", die von der Einsicht geprägt ist, Art und Maß der Grundstücksnutzung und Verkehrswege gemeinsam zu behandeln und als Einheit zu planen. Eine Lösung der Verkehrsprobleme erkennt er darin, dass der städtische Raum in „verkehrsberuhigte Umweltbereiche“ unterteilt wird. „Umweltbereiche“ (ein Begriff, der das englische Original „environmental areas“ nur unzureichend wiedergibt) sind in sich geschlossene, sichere, lärmfreie Gebiete mit sozial und kulturell befriedigenden Lebensverhältnissen, die nur jenen Verkehr aufnehmen, der in ihnen Quelle und Ziel hat, während der gebietsfremde Verkehr auf „Verteilerstraßen höherer Ordnung“ an den Bereichen vorbeigeleitet wird.

Mit der Einteilung in „Umweltbereiche“ verbunden ist eine Funktionalisierung des Verkehrsnetzes. Ortsverteilerstraßen innerhalb dieser Bereiche führen zu Bezirksverteilerstraßen, welche die Bereiche umschließen, diese wiederum münden in ein Netz von Verteilerstraßen erster Ordnung (Hauptverkehrsstraßen). Organisatorische Maßnahmen im nachrangigen Netz wie Einbahnstraßensysteme sollen dafür sorgen, dass – vom Linienbus abgesehen – der lokale Verkehr zwischen den Bereichen eingeschränkt und der Durchgangsverkehr vom „Umweltbereich“ ferngehalten wird. Die Gliederung des städtischen Straßennetzes in ein hierarchisch geordnetes Verteilerstraßensystem (siehe Abb. 1.20) bietet laut Buchanan die Möglichkeit einer grundlegenden Verbesserung der Lebensbedingungen in innerstädtischen Wohngebieten. Das Grundkonzept von Verteilernetz und „Umweltbereichen“ soll die „Leistungsfähigkeit der Straßen und die Fähigkeit der Gebäude, Verkehr zu erzeugen, in eine verständliche Beziehung zueinander setzen“ (Buchanan 1964), die Stadt wieder begreifbar machen.

Buchanan erkennt die Aufgabe, die Verkehrsmengen jeder Stadtstraße innerhalb der „Umweltbereiche“ in Abhängigkeit von den Belangen ihres Umfeldes, z. B. Anspruch auf Ruhe oder saubere Luft, ggf. zu beschränken („environmentale“ Kapazität). Lokale Verkehrsmengen innerhalb eines „Umweltbereichs“ dürfen die Ortsverteilerstraßen nicht überlasten. Das Zentrum des „Umweltbereichs“ und andere, geschäftlich oder historisch bedeutsame Gebiete werden dem Fußgänger vorbehalten. Zumutbare Fußweglängen und die Einzugsbereiche der Haltestellen öffentlicher Verkehrsmittel sind weitere Kriterien für die Ausdehnung der Bereiche.

Der Buchanan-Bericht sowie der Bericht der Sachverständigen-Kommission über „Maßnahmen zur Verbesserung der Verkehrsverhältnisse in den Gemeinden“ (SKV-Bericht) (Hollatz und Tamms 1965) in der BRD sind Meilensteine auf dem Weg zu einer Neubesinnung über die Gestaltung städtischer Verkehrsinfrastruktur. Verschiedene Anlässe führen zu einer stärkeren Wahrnehmung der weitreichenden Folgen des massenhaften motorisierten Verkehrs auf die Umwelt. Die Publikation des Berichts „Die Grenzen des Wachstums“ durch den Club of Rome (Meadows 1972), die erste Ölkrise 1973 mit Fahrverboten und Tempobegrenzungen auf Fernstraßen, die öffentliche Debatte über das ab den 1980ern prognostizierte großflächige Absterben des Waldes in Deutschland infolge sauren Regens u. a. m., beginnen auch die Überlegungen zur Gestaltung der städtischen Verkehrswegenetze zu beeinflussen. Sie finden schließlich im Konzept der Verkehrsberuhigung verbreitet Eingang in die Planungspraxis.

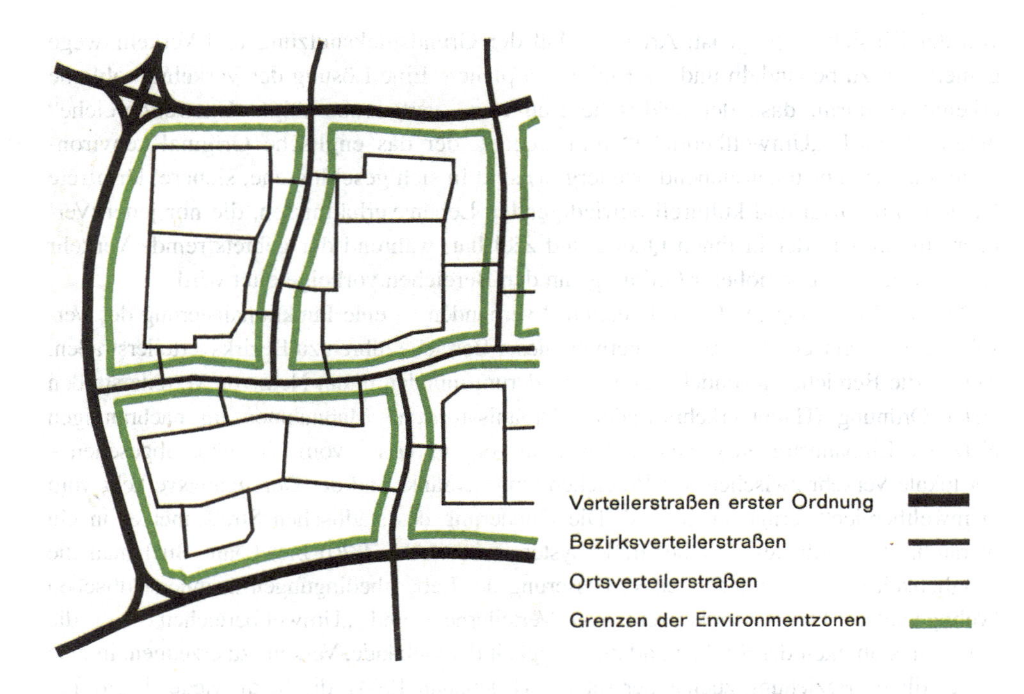

Abb. 1.20 Prinzip einer Rangordnung der Verteilerstraßen – „Environment"-Bildung (Nach Buchanan 1964)

Dem „Wirtschaftswunder" mit einem in Umfang und Dynamik nicht für möglich gehaltenen Motorisierungswachstum folgt so eine Periode der Neubesinnung und Umorientierung. Besaß der ÖPNV im ersten Nachkriegsjahrzehnt dank noch geringer Konkurrenz im Straßenraum und deshalb wenig gestört als Straßenbahn, in den größten Städten als Hochbahn, S- oder U-Bahn und in starkem Maße eigenwirtschaftlich betrieben, hohe Anteile an der Beförderungsleistung, änderte sich das mit zunehmendem Motorisierungswachstum und der beginnenden Ausbreitung der Stadt in die Fläche („Eigenheim im Grünen") merklich. Erst die Einsicht, dass der uneingeschränkte Gebrauch des Kraftfahrzeugs in der Stadt vor allem für die Stadtkerne nicht mehr zu bewältigende Probleme aufwirft, richtet die Aufmerksamkeit auf die Förderung des öffentlichen Personennahverkehrs „auf breiter Front". Mit Neu-, Ausbau- und Verbesserungsmaßnahmen von der Infrastruktur über den Betrieb, die Fahrzeuge, Änderungen des Ordnungs- und Steuerrechts bis hin zu weiteren attraktivitätssteigernden Offerten (Tarifverbund, Fahrgastinformation, Park-and-Ride u. a. m.) sollen Autofahrer fortan dazu bewegt werden, ihr Verhalten zu ändern und öffentliche Verkehrsmittel zu benutzen. In vielen Großstädten entstehen in der Folge – ab 1971 vom Bund gefördert (Gemeindeverkehrsfinanzierungsgesetz (GVFG)) – neue Netze von U- und S-Bahnen oder Stadtbahnen, die weitgehend unabhängig vom Kraftfahrzeugverkehr häufig unterirdisch oder in Hochlage geführt, eine hohe Leistungsfähigkeit erreichen.

Allerdings stellt das GVFG zu dieser Zeit Bundeszuschüsse gleichermaßen Mittel für den kommunalen Straßenbau zur Verfügung, was in den ersten Jahren nicht selten zu fragwürdigen Parallelinvestitionen führt.

Ende der 1960er-Jahre in Expertenkreisen erarbeitete, erste konzeptionell-methodische Grundlagen der Verkehrsplanung (FSV 1969) weisen darauf hin, dass die Planung von Stadtstraßen umfangreiche Verkehrsuntersuchungen und eine Abschätzung der voraussichtlichen Entwicklung voraussetzt, bevor Verkehrsnetzalternativen und Planungsprogramme als wesentlicher Teil der „Vorschläge zur Neuordnung des Verkehrs" überprüft und auf ihre Wirkungen, darunter die Wechselwirkungen zwischen dem Ausmaß der Flächennutzung und dem Verkehrsaufkommen und vice versa, beurteilt werden können. Sie thematisieren den Zusammenhang zwischen verstärktem S-Bahn-Bau, Suburbanisierung, Verkehrsaufwand und Modal Split und fordern, hinsichtlich einer Reduktion des Gebrauchs individueller Verkehrsmittel einen verstärkten Ausbau öffentlicher Verkehrsmittel in die Planalternativen einzuschließen (siehe Abb. 1.21), wenngleich, wie ein Handbuch ausführt, dem Einschränken des Gebrauchs individueller Verkehrsmittel „vom spezifischen Verkehrsbedürfnis her Grenzen" (Elsner 1975) gesetzt sind.

Regelwerke für den Entwurf von Stadtstraßen dieser Periode definieren im Zusammenhang mit den Bestandteilen des Straßenquerschnitts die „Straßenart, also die Funktion der Straße innerhalb des Netzes" als erstes Kriterium und unterteilen in die sechs Straßenarten Anlieger-, Sammel-, Verkehrs-, Hauptverkehrs-, Schnellstraßen und Autobahnen. Den höherrangigen Stadtstraßenarten des überörtlichen und ortsverbindenden Verkehrs werden Geschwindigkeitsvorgaben zugeordnet, die von (jeweils maximal) 50 km/h für zweistreifige Verkehrsstraßen, 50 bis 60 km/h für vierstreifige Verkehrs- und zwei- und mehrstreifige Hauptverkehrsstraßen, 70 bis 80 km/h für Schnellstraßen und 80 bis 120 km/h für (Stadt-)Autobahnen reichen.

Die übrigen Straßenarten des der Erschließung dienenden Straßen und Wegenetzes werden in der Folge um Wohnwege, Fußgängerstraßen und selbstständig geführten Geh- und Radwegen erweitert. Sammelstraßen dienen „in erster Linie dem Verkehr zwischen Anliegerstraßen und dem übergeordneten Straßennetz" (Zubringerfunktion, „äußere Erschließung") für die je nach Zahl der Fahrspuren und der Situation, ob anbaufrei oder anbaufähig, Geschwindigkeitsgrenzwerte von 50 bis 70 km/h (anbaufrei) bzw. 50 bis 60 km/h (anbaufähig) angegeben werden (Elsner 1973). Das Geschwindigkeitslimit für Anliegerstraßen wird auf 50 km/h festgesetzt. Sie bilden das Grundelement der „inneren Erschließung" und „sollen eine ungehinderte Verkehrsbedienung der Anlieger sicherstellen." Mit Wohnwegen („im Allgemeinen für den Fahrzeugverkehr gesperrt"), Fußgängerstraßen und selbstständig geführten Geh- und Radwegen- verbindet sich die Vorstellung verkehrsarmer Wohn-, Erholungs- und Geschäftsgebiete. Aus städtebaulichen Gesichtspunkten werden selbstständig geführte Geh- und Radwege besonders hervorgehoben.

Die Gestaltung des Straßen- und Wegenetzes von Erschließungsstraßen erfolgt laut den technischen Regelwerken der 1970er- und 80er-Jahre (z. B. [FSV 1972] und [FGSV 1981]) unter der Maxime, die einzelnen Wohnquartiere von Fremd-(Durchgangs-)ver-

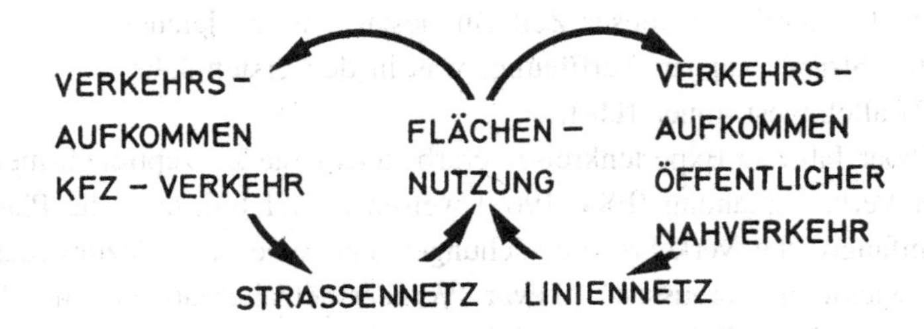

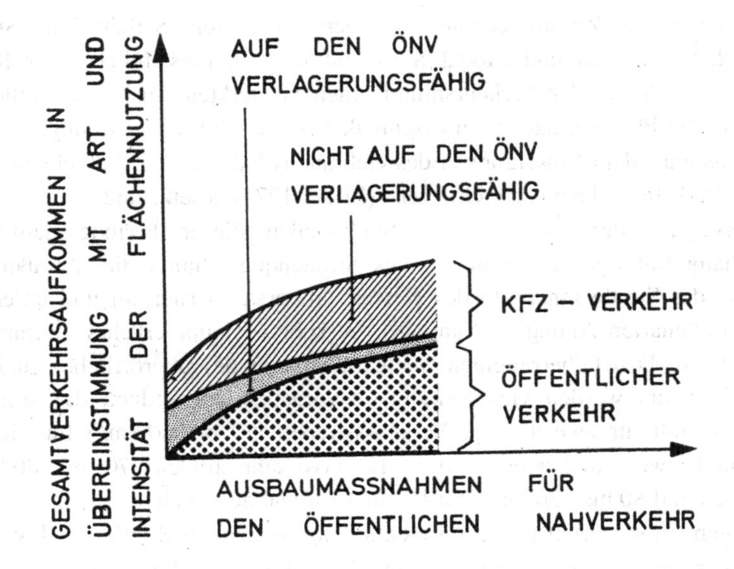

Abb. 1.21 Öffentlicher Nahverkehr und Kfz-Verkehr als Folge und Initiatoren von Flächennutzungen (Elsner 1975)

kehr freizuhalten und einfache und übersichtliche Knotenpunkte zu wählen, die zur Abwicklung des Verkehrsaufkommens in der Lage sein sollen. Andernfalls ist eine Rückkopplung mit der vorgesehenen Nutzungsdichte (z. B. im Sinne der Beschränkung der Wohndichte) zu erwägen. Bei konzentrierter Bebauung kommen Über- und Unterführungen für den Gehverkehr oder getrennte Ebenen in Betracht. Vier Typen von Erschließungsnetzen für größere und vorwiegend neue Wohngebiete – Rasternetz, Innenringnetz, Außenringnetz, zangenförmiges Netz (Verästelungsnetz) und axiales Netz – werden beispielhaft in ihren Vor- und Nachteilen ebenso erörtert wie die vier Grundformen von Anliegerstraßen wie Stichstraße, Schleifenstraße, Schleifenstichstraße und Straßen im Rasternetz (siehe Abb. 1.22 und 1.23). Beispielhaft deshalb, da es „für die Wahl zweckmäßiger Netzformen weder in Alt- noch in Neubaugebieten ein Schema gibt“ und die gezeigten Netzformen „selten in ‚reiner' Form anwendbar sein werden“

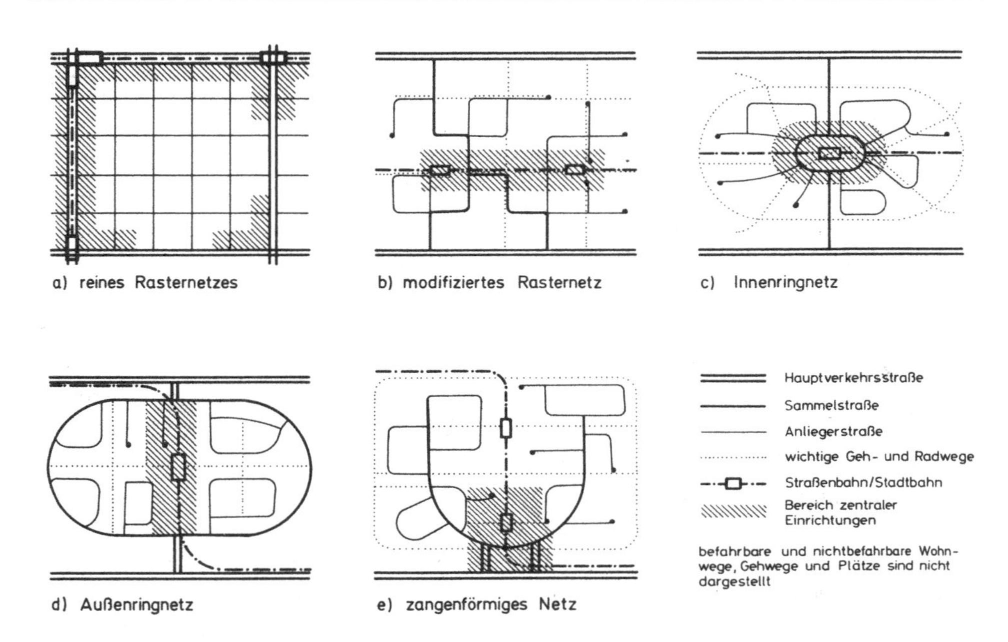

Abb. 1.22 Beispiele für Netzformen in größeren Wohngebieten (FGSV 1981)

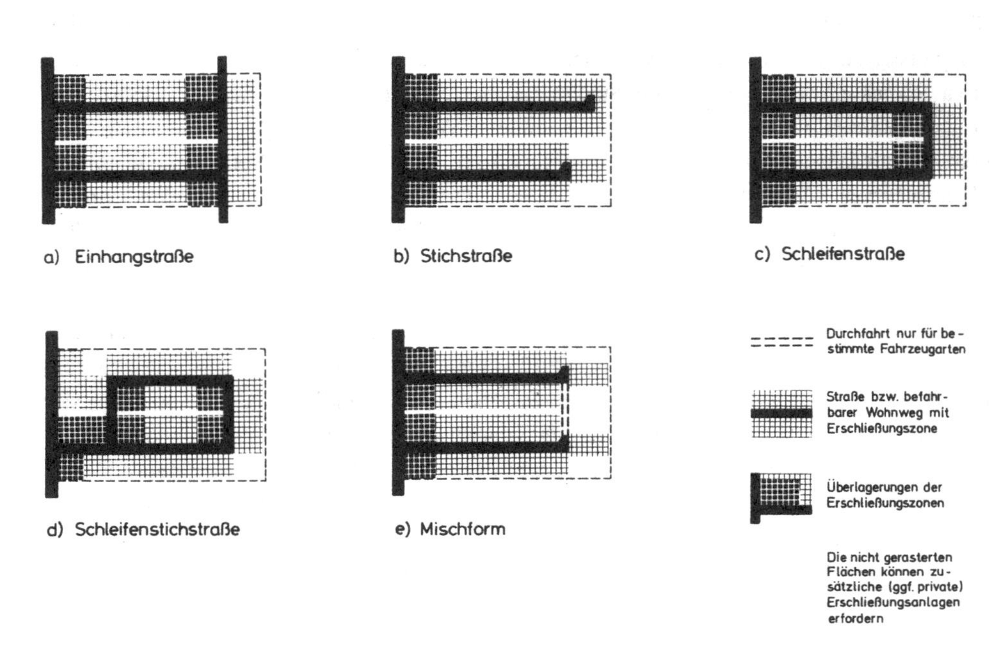

Abb. 1.23 Grundformen der Netzelemente (Anliegerstraßen und befahrbare Wohnwege) (FGSV 1981)

(FGSV 1981). Dies gilt hinsichtlich einer (überflüssigen) Hierarchie der Netzelemente in kleinen Neubauwohnquartieren ebenso wie für häufig andersartige Netzformen in Altbauquartieren.

Besonders dort machen sich die verstärkt einsetzende Umwelt- und Sicherheitsdiskussion der 1970/80er-Jahre und die Ergebnisse von Großversuchen in Vorschlägen für modifizierte Netzformen bemerkbar, in denen Durchlässigkeit und Geschwindigkeit durch Maßnahmen der Verkehrsberuhigung „der ersten Generation" (Sperren, Versätze, Verengungen, Aufpflasterungen etc.) beeinflusst werden (siehe Abb. 1.24). Mit dem „Verkehrsberuhigten Bereich" (Z 325 StVO, seit 1980), umgangssprachlich häufig als Spielstraße bezeichnet, entsteht ein modifiziertes innerörtliches Netzelement. Sein Einsatz ist aufgrund der damit verknüpften Regeln (u. a. Schrittgeschwindigkeit) jedoch begrenzt. Die hohe Kostenintensität zahlreicher Umgestaltungsmaßnahmen steht einer für notwendig erachteten, zügigen und flächenhaften Umsetzung entgegen.

Als Konsequenz werden in einer weiteren Phase die rechtlichen Voraussetzungen für die Einrichtungen von Zonen-Regelungen wie Tempo-30-Zonen in Erschließungsstraßen und von Tempo-20 (oder weniger)-Geschäftsbereichen in zentralen städtischen Bereichen mit hohem Fußgängeraufkommen und überwiegender Aufenthaltsfunktion geschaffen (Z 274 StVO, seit 1989). Nach VwV-StVO (§ 45) soll die Anordnung von Tempo-30-Zonen durch die Gemeinden im Rahmen einer flächenhaften Verkehrsplanung erfolgen, die auch ein innerörtliches Vorfahrt- oder Vorbehaltsstraßennetz festlegt, das ausreichend leistungsfähig ist und den Bedürfnissen des ÖPNV und des Wirtschaftsverkehrs genügt. In München beispielsweise gibt es mittlerweile (Stand 2018) etwa 330 Tempo-30-Zonen, womit etwa 80 bis 85 % des gesamten Stadtstraßennetzes mit verträgliche(re)n Geschwindigkeiten befahren werden. Mit der einsetzenden „Wiederentdeckung" des Fahrrades und dem Elektrofahrrad (Pedelec) wird das Repertoire der städtischen Netzelemente um die „Fahrradstraße" (Z 244 StVO, seit 1997) erweitert, in der bei entsprechenden Randbedingungen über Zusatzzeichen Anliegerverkehr mit anderen Fahrzeugen zugelassen werden kann. Generell gilt 30 km/h auch in Fahrradstraßen als zulässige Höchstgeschwindigkeit.

Anstelle Separation mit eigenen Flächen für die verschiedenen Verkehrsarten haben sich in den letzten Jahrzehnten in Städten vielfach Konzepte integrierter verkehrsberuhigter Straßen für Kraftfahrzeuge, Fußgänger und Radfahrer durchgesetzt, die aus Gründen der Verkehrssicherheit mit verträglichen Geschwindigkeiten betrieben werden müssen. EU-weit wird die Mischnutzung von Straßen in jüngster Zeit um den Share-Space-Ansatz erweitert, eine Gestaltungsphilosophie für Abschnitte von innerörtlichen Geschäfts- und Hauptverkehrsstraßen, mithin Straßen, die in der Regel höhere Kfz-Belastungen aufweisen. Ursprünglich auf gegenseitige Verständigung und Rücksichtnahme der Verkehrsteilnehmer bei weitgehendem Verzicht auf Verkehrsregelungen wie z. B. Lichtsignalanlagen oder Beschilderung gerichtet – und in niederländischen Städten entsprechend realisiert – ist der Shared-Space-Ansatz in dieser Form mit geltendem deutschen Recht nicht vereinbar (vgl. Elsner 2017). Insofern geht es bei höher belasteten Stadtstraßen in Deutschland weniger um die Durchsetzung des Mischungsprinzips als in

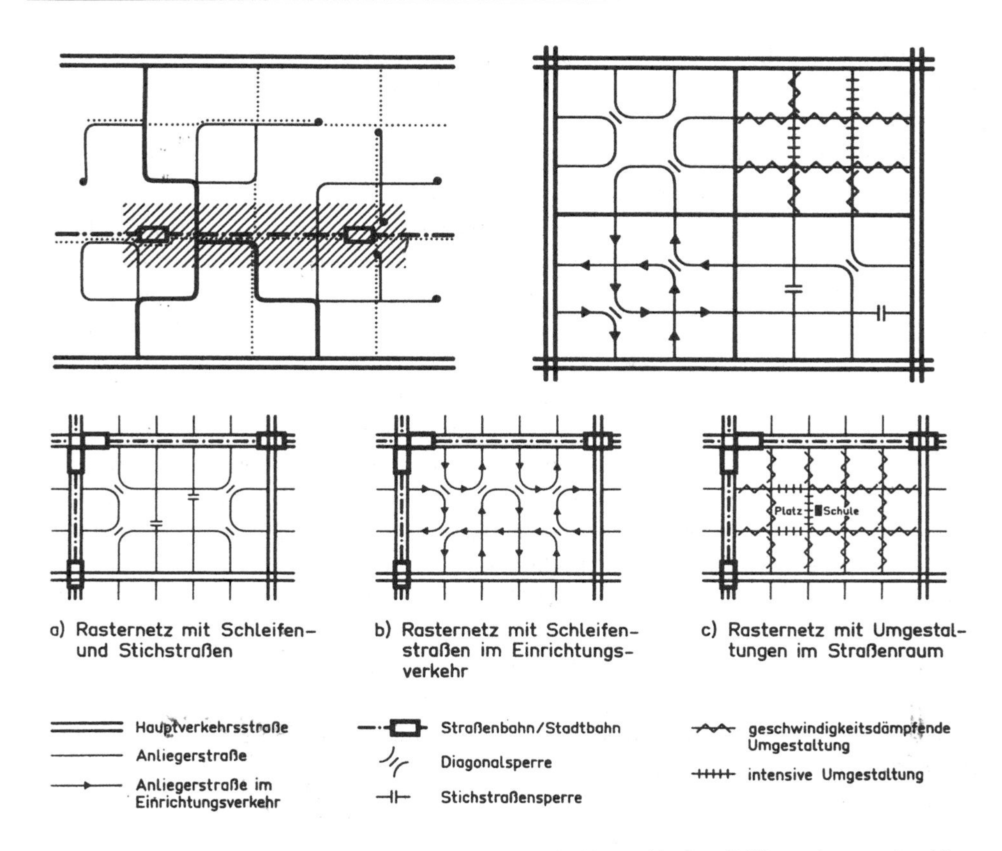

Abb. 1.24 Beispiele für modifizierte Netzformen mit hierarchischer Differenzierung der Netzelemente (FGSV 1985)

erster Linie um die Förderung und Sicherheit des Überquerens sowie um Dimension und Gestaltung der Seitenräume.

Die verschiedenen Ansätze lassen sich in einer übergeordnet verstandenen, flächenhaften Verkehrsberuhigung als umfassendem planerischen Konzept kommunaler Verkehrsentwicklungspläne zusammenfassen, das sowohl die Handlungsfelder Verkehrsvermeidung (z. B. Förderung der Nahmobilität) und Verkehrsverlagerung (z. B. Förderung der Verkehrsmittel des sogenannten Umweltverbundes, Fahr- und Parkflächenmanagement im Autoverkehr) umfasst als auch Technikverbesserungen (z. B. Fahrzeugkonzepte) und eine nutzungs- und stadtverträgliche Abwicklung des verbleibenden Autoverkehrs (z. B. Geschwindigkeitsvorgaben). Die nutzungsverträgliche Umgestaltung von Hauptverkehrsstraßen einschließlich der Ortsdurchfahrten klassifizierter Straßen zählt ebenso zu diesem Konzept wie Maßnahmen einer gezielten Bewusstseinsbeeinflussung im Hinblick auf eine schrittweise Veränderung des Mobilitätsverhaltens.

Ergänzt werden diese Handlungsfelder durch die Forderung nach einer methodischen Herangehensweise, bei der Netzgestaltung städtischer Straßen(folgen) in (Stadt-) Raum(teil)netzen zu denken und für eine solche Unterteilung entstehungsgeschichtliche Argumente zu nutzen, wenn Abschnitte in unterschiedlichen Epochen aus verschiedenen Anlässen entstanden sind und nicht selten Brüche (z. B. im Querschnitt) aufweisen (siehe Abb. 1.25). Um zu verhindern, dass Raumnetze in „schöne Straßen" und „Hochleistungsstraßen" auseinanderfallen, liegt die Herausforderung darin, die Bedeutung der Straßenräume für die Stadtgestalt und ihre Funktion im Verkehrsnetz in Einklang zu bringen. In einem so entwickelten Raumnetz soll der erforderliche Verkehr auf stadtverträgliche Weise abgewickelt werden können. In sich selbst homogen, sollen sich Raumnetze deutlich von benachbarten (Raum-)Netzen unterscheiden, sich an den Vorzügen „gewachsener" Netze orientieren und in neuen Stadtquartieren mithilfe durchgängiger Gestaltungselemente auf eine eigene Identität hinwirken (siehe Abb. 1.26).

Eine in ihren Grundzügen bis in die Gegenwart reichende theoretische Fundierung erhalten die Planungen der Straßeninfrastruktur in der Bundesrepublik Deutschland mit den 1977 veröffentlichten Richtlinien für die Anlage von Landstraßen, Teil Straßennetzgestaltung (RAL-N) (FSV 1977), 1988 in Form des „Leitfadens für die funktionale Gliederung des Straßennetzes"(RAS-N) (FGSV 1988) aktualisiert und seit 2008 als Richtlinien für die integrierte Netzgestaltung (RIN 2008) (FGSV 2008) auf die Netze aller Verkehrsmittel (ausgenommen Flug- und Schiffsverkehr) erweitert. Aus der Bezeichnung der Regelwerke allein lässt sich für die letzten etwa vier Dekaden ein Paradigmenwechsel erkennen. Ursprünglich autoverkehrsfokussiert für das Außerortsstraßennetz („Landstraßen") konzipiert, wird die Methodik mit entsprechenden Anpassungen auf Stadtstraßennetze übertragen und ist damit für alle Straßennetze, außer- und innerorts, gültig. Der Einsicht folgend, dass nur ein verkehrsträgerspezifischer und -übergreifender, die Vernetzung der Verkehrsteilsysteme berücksichtigender Ansatz bessere Lösungen verspricht, führt zu einem integrierten Ansatz in der Verkehrsnetzgestaltung, der in Kap. 3 im Detail beschrieben wird.

1.5 Fazit

Form und Gestalt städtischer Straßen- und Wegenetze – in Größe und Maßstäblichkeit, in Raumfolgen und Abmessungen, in Aufteilung und Art der Oberflächen, in der Eignung als erweiterte Nutzfläche für Anlieger, als Orte der Begegnung und des Austausches – unterliegen dem Einfluss gesellschaftlicher, ökonomischer und technischer Randbedingungen der jeweiligen Epoche. Erst als Folge der Industrialisierung verändern sich die jahrhundertelang für den Fußverkehr, für Reittiere, für von Tieren gezogene Wagen, aber auch für Märkte und Veranstaltungen, für Präsentation und Repräsentation konzipierten Netze von Straßen, Wege und Plätze grundlegend. Die Massenmotorisierung führt zum Verlust überkommener Qualitäten; das für die Stadt als Ort der Begegnung wesentliche „menschliche Maß" (Gehl 2015) geht vielfach ver-

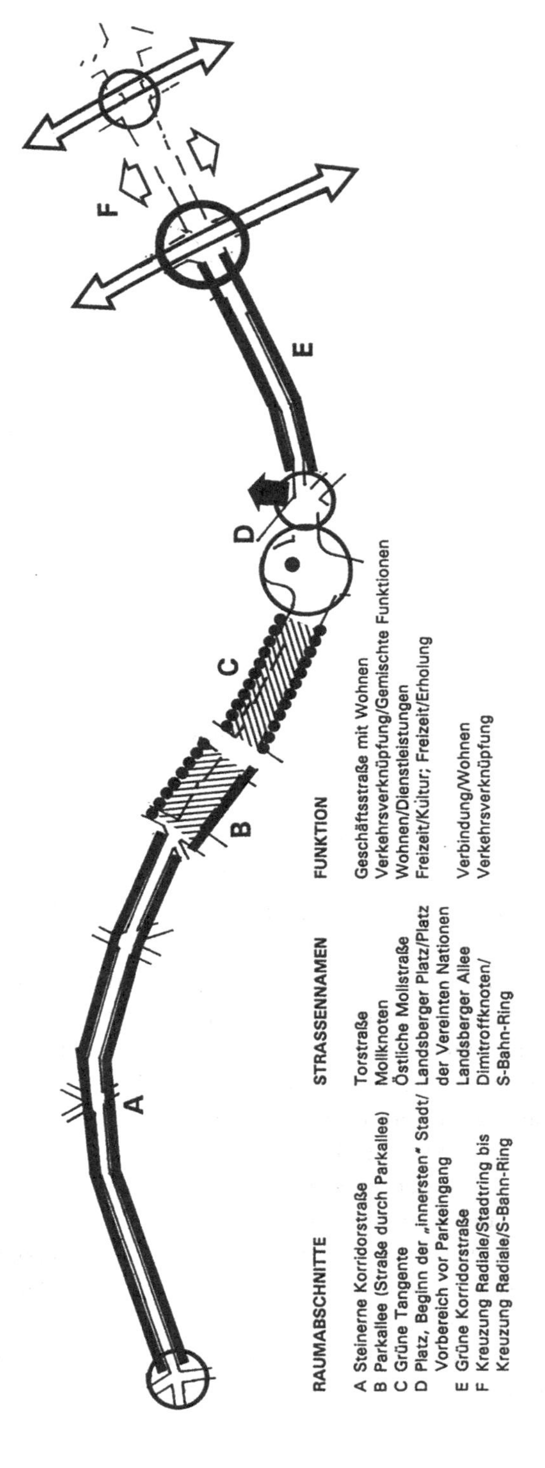

A
B
C
D
E
F
RAUMABSCHNITTE
A Steinerne Korridorstraße
B Parkallee (Straße durch Parkallee)
C Grüne Tangente
D Platz, Beginn der „innersten" Stadt/ Vorbereich vor Parkeingang
E Grüne Korridorstraße
F Kreuzung Radiale/Stadtring bis Kreuzung Radiale/S-Bahn-Ring
STRASSENNAMEN
Torstraße
Mollknoten
Östliche Mollstraße
Landsberger Platz/Platz der Vereinten Nationen
Landsberger Allee
Dimitroffknoten/ S-Bahn-Ring
FUNKTION
Geschäftsstraße mit Wohnen
Verkehrsverknüpfung/Gemischte Funktionen
Wohnen/Dienstleistungen
Freizeit/Kultur; Freizeit/Erholung
Verbindung/Wohnen
Verkehrsverknüpfung

Abb. 1.25 Gliederung in Raumabschnitte mit jeweils eigener Identität und Gestalt am Beispiel eines Straßenzuges in Berlin (FGSV 2011)

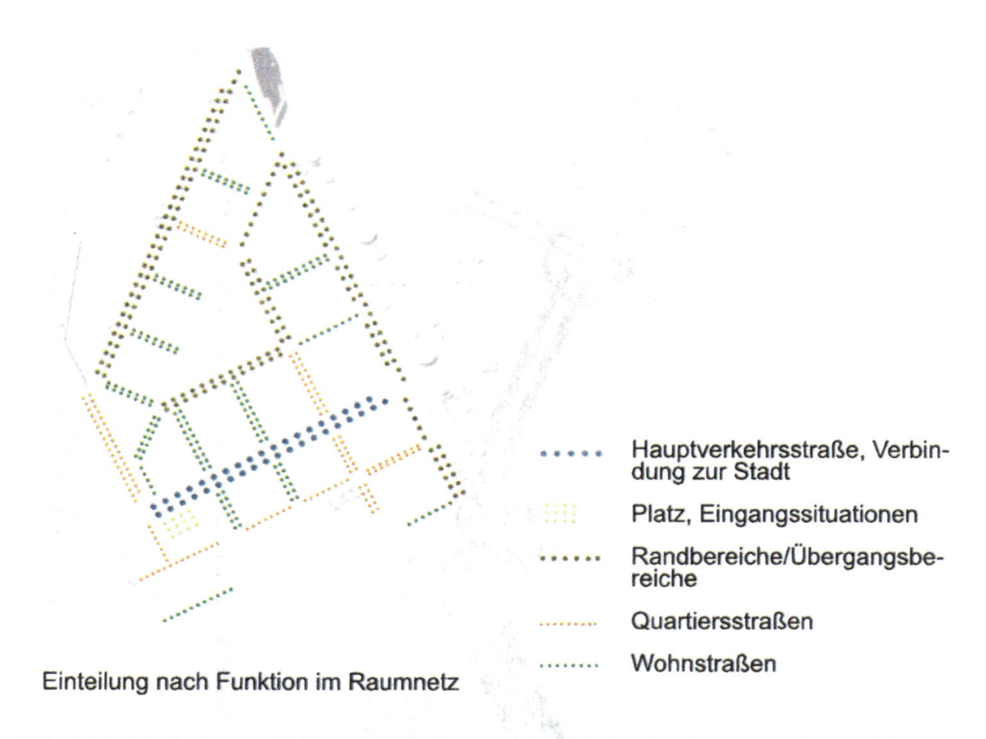

Abb. 1.26 Neckarbogen Heilbronn: Einteilung nach Funktion im Raumnetz (Stadt Heilbronn, Planungs- und Baurechtsamt 2017)

loren. „Trennung statt Integration“ ist die Devise dieser Epoche für die Gestaltung von Autostraßen als Teil öffentlicher Räume. Mit Radialringlösungen und Tangentenpolygonen im übergeordneten Straßennetz und Raster-, Innen- oder Außenringsystemen im untergeordneten Erschließungsstraßennetz entstehen hierarchisch funktional strukturierte, in erster Linie am Kraftfahrzeugverkehr ausgerichtete Netze. Die in vielfacher Hinsicht negativen Folgen einseitiger Autoorientierung leiten einen Paradigmenwechsel ein. Unter dem Motto „Flächenhafte Verkehrsberuhigung“ im umfassenden Sinne geht es im Stadtverkehr um ein breites Bündel an Strategien und Maßnahmen, vom Verzicht auf (automotorisierte) Ortsveränderungen über die Verlagerung auf umweltfreundliche(re) Verkehrsarten bis zur Neuaufteilung der Straßenflächen. „Integration statt Trennung“ verlangt die Rückkehr zu verträgliche(re)n Geschwindigkeiten: Verkehrsberuhigte Bereiche mit Schrittgeschwindigkeit, Tempo-30- bzw. Tempo-20-Zonen, Fahrradstraßen mit Tempo 30 und zugelassenem Autoverkehr von Anliegern sowie Shared-Space-Lösungen sind die neuen, modifizierten Elemente integrierter städtischer Straßen- und Wegenetze (siehe Kap. 4).

Der Kreis von der Funktionalisierung zu den einführend formulierten Anforderungen an Stadtstraßen aus historischem Kontext schließt sich in gewisser Weise in einem

Fragekanon, wie ihn (Heinz 2014) im Kontext von „Funktion, Form, Schönheit" formuliert. Fallen mit der Reduktion des Funktionsbegriffs auf die Leistungsfähigkeit des Autoverkehrs Funktion und Form auseinander? Oder müssen Stadtstraßen nicht ebenso als Begegnungs- und Verweilort funktionieren oder als Ort, der vorzeigbar, da „schön" ist, mit dem sich der Bürger identifizieren kann? Die daraus ableitbare Folgerung nach Multifunktionalität, dass eine Straße dann schön ist, wenn sie alle Funktionen erfüllt, also auch Geborgenheit vermittelt, anregt, alle Sinne anspricht, führt letztlich zur Erkenntnis, dass für Straßen in gleichem Maße baukulturelle Ansprüche gelten wie für Gebäude: Als schön empfundene Straßen sind Zeichen von Baukultur. Das Erkennen und Berücksichtigen von Funktionen, die für das Erlebnis eines Ortes wichtig sind, wie Orientierung, Lesbarkeit von Raumstruktur und Stadtgrundriss, Verdeutlichen der Stadtgestalt und der historischen Stadtentwicklung trägt hierzu bei – ungeachtet des Umstandes, dass dynamisch sich verändernde Rahmenbedingungen eine kontinuierliche Anpassung auch der Infrastrukturnetze erfordern.

Literatur

Albers G (1983) Strukturmodelle. In: Akademie für Raumforschung und Landesplanung (Hrsg) Grundriss der Stadtplanung. Vincentz, Hannover, S 374–385

Albers G, Wékel J (2008) Stadtplanung. Eine illustrierte Einführung. Wissenschaftliche Buchgesellschaft, Darmstadt, S 146

Baumeister R (1876) Stadt-Erweiterungen in technischer, baupolizeilicher und wirthschaftlicher Beziehung. Ernst & Korn, Berlin, S 99, 102/103, 107, 118 ff.

Baumeister R (1887) Moderne Stadterweiterungen. Hamburg, S 22 ff.

Benevolo L (1990) Die Geschichte der Stadt. Campus, Frankfurt a. M., S 143–256

Böhme H (1982) Freiheit Macht Stadt oder städtische Wiederbelebung als ein historisches Thema. Neue Heimat Monatshefte 29(1):10–21

Bott H, Jessen J, Pesch F (Hrsg) (2010) Lehrbausteine Städtebau. Basiswissen für Entwurf und Planung. Universität Stuttgart Städtebau-Institut, Stuttgart, S 165

Bruch E (1870) Berlins bauliche Zukunft und der Bebauungsplan. Kommissions, Berlin

Buchanan C (1964) Traffic in Towns (Verkehr in Städten) Übersetzte Fassung. Vulkan, Essen, S 44

Bundesminister für Raumordnung, Bauwesen und Städtebau (Hrsg) (1983) Stadtbild und Gestaltung, Modellvorhaben Hameln. Schriftenreihe Stadtentwicklung, Heft 02.033, Bonn, S 14, 23

Curdes G (1993) Stadtstruktur und Stadtgestaltung. Kohlhammer, Stuttgart, S 37

Durth W, Gutschow N (1988) Träume in Trümmern, Bd I. Vieweg, Braunschweig, S 214

Elsner O (1965) Der Elsner: Handbuch für Straßenbau- und Straßenverkehrstechnik. Elsner, Berlin, S 236

Elsner O (1973) Der Elsner: Handbuch für Straßenbau- und Straßenverkehrstechnik. Elsner, Berlin, S 206 f.

Elsner O (1975) Elsners Handbuch für städtischen Ingenieurbau. Elsner, Berlin, S 134, 136

Feuchtinger M-E (1956) Planungs- und Entwurfsgrundlagen für städtische Schnellverkehrsstraßen. Internationales Verkehrswesen 17:377–383

Fisher HT, Boukidis NA (1963) The consequences of obliquity in arterial systems. Traffic Q 17(1):145–170

Forschungsgesellschaft für Straßenwesen (FSV) (1969) Merkblatt für die Aufstellung von Generalverkehrsplänen in Gemeinden (M GVP). Bonn-Bad Godesberg, S 134

Forschungsgesellschaft für das Straßenwesen (FSV) (1972) Richtlinien für die Anlage von Stadtstraßen (RAST) – Teil: Erschließung (RAST-E). Bonn-Bad Godesberg

Forschungsgesellschaft für das Straßenwesen (FSV) (1977) Richtlinien für die Anlage von Landstraßen (RAL) – Teil: Straßennetzgestaltung (RAL-N). Bonn-Bad Godesberg

Forschungsgesellschaft für Straßen- und Verkehrswesen (FGSV) (1981) Richtlinien für die Anlage von Straßen (RAS) – Teil: Erschließung (RAS-E). Entwurf, Bonn: 16 f.

Forschungsgesellschaft für Straßen- und Verkehrswesen (FGSV) (1985) Empfehlungen für Erschließungsstraßen (EAE). Köln, S 19

Forschungsgesellschaft für Straßen- und Verkehrswesen (FGSV) (1988) Richtlinien für die Anlage von Straßen (RAS) – Teil: Leitfaden für die funktionale Gliederung des Straßennetzes (RAS-N)

Forschungsgesellschaft für Straßen- und Verkehrswesen (FGSV) (1996) Empfehlungen zur Straßenraumgestaltung innerhalb bebauter Gebiete. Köln (Erstveröffentlichung 1987)

Forschungsgesellschaft für Straßen- und Verkehrswesen (FGSV) (2008) Richtlinien für die integrierte Netzgestaltung (RIN). FGSV, Köln

Forschungsgesellschaft für Straßen- und Verkehrswesen (FGSV) (2011) Empfehlungen zur Straßenraumgestaltung innerhalb bebauter Gebiete (ESG). FGSV, Köln, S 13, 15 ff., 26

Gabriel R, Wirth W (2013) Mitten hindurch oder außen herum? Die lange Planungsgeschichte des Autobahnrings München. Franz Schiermeier, München

Gebhard H (1969) System, Element und Struktur in Kernbereichen alter Städte. Schriftenreihe der Institute für Städtebau der Technischen Hochschulen und Universitäten, Heft 2, Karl Krämer, Stuttgart

Gehl J (2015): Städte für Menschen. Jovis: 14 ff., 271

Hangarter E (1988) Grundlagen der Bauleitplanung. Der Bebauungsplan. Werner, Düsseldorf, S 115

Harder G (1967) Ein-Richtungsstraßen als Elemente von Ein-Richtungsstraßensystemen. Forschungsarbeiten aus dem Straßenwesen, Neue Folge, Heft 71, Kirschbaum, Bad Godesberg

Hartog R (1962) Stadterweiterungen im 19. Jahrhundert. Schriftenreihe des Vereins zur Pflege kommunalwissenschaftlicher Aufgaben, Bd 6, Kohlhammer, Stuttgart

Heinz H (2014) Schöne Straßen und Plätze. Funktion Sicherheit Gestaltung. Kirschbaum, Bonn, S 19 ff., 67

Hilpert T (Hrsg) (1984) Le Corbusiers „Charta von Athen". Texte und Dokumente. Kritische Neuausgabe. Vieweg, Braunschweig

Hoffmann R (1961) Die Gestaltung der Verkehrswegenetze. Akademie für Raumforschung und Landesplanung. Jänecke, Hannover

Hollatz J-W, Tamms F (Hrsg) (1965) Die kommunalen Verkehrsprobleme in der Bundesrepublik Deutschland: Ein Sachverständigenbericht und die Stellungnahme der Bundesregierung. Vulkan, Essen

Howard E (1907) Gartenstädte in Sicht. Jena (englisches Original London 1898)

Humpert K, Schenk M (2001) Entdeckung der mittelalterlichen Stadtplanung. Konrad Theiss. Stuttgart, S 378 ff.

Jakob A (1990) Die Legende von den Hugenottenstädten: Deutsche Planstädte des 16. und 17. Jahrhunderts. Katalog der Ausstellung „Klar und lichtvoll wie eine Regel – Planstädte der Neuzeit". Ausstellung des Landes Baden-Württemberg, veranstaltet vom Badischen Landesmuseum Karlsruhe, 15.6. – 14.10.1990: 181–198, 192

Jung-Köhler E (1990) Umgebautes Imperium – Dänemarks und Schwedens Traum vom Ostseereich. Katalog der Ausstellung „Klar und lichtvoll wie eine Regel – Planstädte der Neuzeit",

Ausstellung des Landes Baden-Württemberg, veranstaltet vom Badischen Landesmuseum Karlsruhe, 15.6. – 14.10.1990: 169–180, 172
Kiesow G (1996) Städtebaulicher Denkmalschutz aus der Sicht der Denkmalpflege. In: Alte Städte – neue Chancen. Monumente, Bonn, S 15
Korte JW (1960) Grundlagen der Stadtverkehrsplanung in Stadt und Land, 2. Aufl. Bauverlag, Wiesbaden, S 44 f., 47
Le Corbusier (1962) An die Studenten – Die „Charte d'Athènes". Rowohlt, Reinbek
Lehrstuhl für Städtebau und Siedlungswesen, Universität Bonn (1966) Unterlagen zur Vorlesung Städtebau und Siedlungswesen, Bonn
Meadows DL (1972) The limits to growth (deutsch: Die Grenzen des Wachstums). Deutsche Verlagsanstalt, Stuttgart
Rainer R (1986) Einige Gedanken über Wohnen und Architektur seit 1900. In: Juckel L (Hrsg) Haus Wohnung Stadt, Beiträge zum Wohnungs- und Städtebau 1945–1985, Hamburg, S 11, 17, 20
Reblin E (2012) „Die Straße, die Dinge und die Zeichen" Zur Semiotik des materiellen Straßenraums. Transcript, Bielefeld, S 43, 45, 54
Reicher C (2016) Städtebauliches Entwerfen. Springer Vieweg, Wiesbaden, S 28
Reichow HB (1959) Die autogerechte Stadt. Ein Weg aus dem Verkehrs-Chaos. Otto Maier, Ravensburg: z. B. 82 ff.
Rodriguez-Lores J (1983) „Gerade oder krumme Straßen?" Zu den irrationalen Ursprüngen des modernen Städtebaus. In: Fehl G, Rodriguez-Lores J (Hrsg) Stadterweiterungen 1800–1875, Stadtplanungsgeschichte 2. Christians, Hamburg, S 101–134
Rönnebeck T (1971) Stadterweiterung und Verkehr im neunzehnten Jahrhundert. Schriftenreihe der Institute für Städtebau der Technischen Hochschulen und Universitäten, Heft 5, Karl Krämer, Stuttgart
Schlums J (1956) Generalverkehrsplan Osnabrück. Straße und Autobahn 7(11):377–383
Scholz G, Wolff H, Heusch H, Schreiber A (1972) Untersuchungen über die Struktur des Verkehrsraumes in städtischen Verkehrsnetzen. Stadtstruktur – Netzform – Verkehrsdichte. Forschungsberichte Straßenbau und Straßenverkehrstechnik, Heft 124, Bonn
Sieverts T (1983) Die Stadt als Erlebnisraum. In: Akademie für Raumforschung und Landesplanung (Hrsg) Grundriss der Stadtplanung. Vincentz, Hannover, S 119–133
Sill O (Hrsg) (1973) Elsners Handbuch für städtischen Ingenieurbau. Elsner, Darmstadt
Sill O (Hrsg) (1975) Elsners Handbuch für städtischen Ingenieurbau. Elsner, Darmstadt
Sitte C (1889) Der Städte-Bau nach seinen künstlerischen Grundsätzen in alter und neuer Zeit. Nachdruck der 3. Auflage, Wien 1901 und des Originalmanuskripts aus dem Jahr 1889. Schriftenreihe des Instituts für Städtebau, Raumplanung und Raumordnung, TH Wien, Hrsg: Rudolf Wurzer, Bd 19, Springer, S 97
Studiengesellschaft für Automobilstraßenbau (STUFA) (1929) Vorläufiger Bericht und vorläufige Leitsätze über Planung von Stadtstraßen. Mitteilungen der Studiengesellschaft für Automobilstraßenbau Nr. 12 vom 10.12.1929, S 1–3
Stübben, Joseph (1881): Lageplan der Ringstraße zu Köln:
Stübben J (1893) Gerade oder krumme Straße? Deutsche Bauzeitung 27:294–296
von Roessler G (1874) Zur Bauart deutscher Städte. Deutsche Bauzeitung 8, 153/154, 162, 165
Wurzer R (1974) Die Gestaltung der deutschen Stadt im 19. Jahrhundert. In: Grote L (Hrsg) Die deutsche Stadt im 19. Jahrhundert. Studien zur Kunst des 19. Jahrhunderts, Bd 24, Prestel, München, S 9–32
Zanker P (2014) Die römische Stadt. Beck. München, S 22 ff., 26, 101, 121

2 Verkehr und Stadtgestalt – Städtebauliche Anforderungen und Lösungsansätze

Barbara Engel

Zusammenfassung

Verkehrsräume prägen entscheidend die Gestalt einer Stadt. Raumstrukturen und Mobilitätsformen stehen in engen Abhängigkeiten, daher sind die Entwicklung von Verkehrskonzepten und die Planung von Verkehrsanlagen als integrale Bestandteile der Stadtplanung zu begreifen. Schon in der Planung der räumlichen Stadtentwicklung und der Flächennutzung müssen die Sachverhalte des Verkehrs integrativ einbezogen werden. Neben den durch den Gesetzgeber vorgeschriebenen formellen Verfahren der Bauleitplanung nutzen die Kommunen sogenannte informelle Planungen, wie Integrierte Stadtentwicklungskonzepte, Verkehrsentwicklungspläne, Rahmenpläne u. v. m. Eine integrierte Stadtverkehrsplanung vollzieht sich bestenfalls auf allen Maßstabsebenen und schließt auch die Gestaltung von Straßen- und Platzräumen mit ein, die vielfältige Funktionen von Aufenthalt und Fortbewegung übernehmen müssen. Die Stadt Karlsruhe bietet mit anspruchsvollen und innovativen integrierten Stadt- und Verkehrsplanungen, die von großmaßstäblichen Planungen bis hin zur Gestaltung einzelner Verkehrsbauwerke und qualitativ hochwertiger öffentlicher Räume reichen, ein beachtenswertes Portfolio an guten Beispielplanungen und -projekten.

B. Engel (✉)
Karlsruhe Institute of Technology, Karlsruhe, Deutschland
E-Mail: barbara.engel@kit.edu

D. Vallée (verstorben) et al. (Hrsg.), *Stadtverkehrsplanung Band 3*,
https://doi.org/10.1007/978-3-662-59697-5_2

2.1 Stadtentwicklung und Mobilität

2.1.1 Siedlungsstrukturen und Verkehr

Mobilität und Stadtentwicklung, Siedlungs- und Verkehrsstrukturen sind untrennbar miteinander verbunden. Geprägt von politischen, gesellschaftlichen, technologischen und wirtschaftlichen Veränderungen stehen sie in engen Abhängigkeiten.

Städte sind heute dynamische Netzwerke von Menschen, Transportmitteln, baulicher Substanz und Infrastruktur. Siedlungs- und Verkehrsstrukturen haben für eine nachhaltige Entwicklung eine hohe Relevanz, sie wirken vielfach auf die Inanspruchnahme von Fläche, Energie und Rohstoffen. Alltagsmobilität wird beeinflusst von der Raumstruktur einer Stadt oder Region und den möglichen Erreichbarkeiten, d. h. dem vorhandenen Verkehrsangebot. Die enge Verbindung von Mobilität, Energieaufwand und Raumstruktur ist damit essenzieller Bestandteil der Stadtverkehrsplanung.

Form und Ausbildung von Straßennetzen geben vielerlei Auskunft über eine Stadt. Gemeinsam mit den Bauten und den Parzellen bilden sie den Code einer Stadt. In dem Muster der Erschließung – regelmäßige oder unregelmäßige Anordnung, Form, Maßstab und Hierarchie der Straßennetze, Verteilung und Form größerer Plätze und Freiflächen – sind wichtige Eigenschaften festgeschrieben. Aus der Formgebung der Verkehrsträger und aus der Struktur der Netze lassen sich Alter, Nutzungsverteilungen, aber auch das Verhältnis von Öffentlichkeit und Privatheit in einer Stadt ablesen (vgl. Abb. 2.1).

In der Geschichte der Stadtentwicklung war das Verhältnis von Stadträumen und Verkehr ein bisweilen ambivalentes – einerseits bildeten Verkehrsstrukturen wichtige Lebensadern innerhalb der Städte, andererseits wurden durch die Umsetzung von Straßenplanungen und Verkehrsprojekten immer wieder auch stadträumliche Zusammenhänge zerstört. Insbesondere die stetige Zunahme des Autoverkehrs in den 1960er- und 1970er-Jahren veränderte die Gestaltung städtischer Straßenräume. Die Dominanz des Autoverkehrs und die Ausrichtung der neu entstandenen Verkehrsplanung auf die Bereitstellung von autogerechten Verkehrsräumen auf Kosten aller übrigen Verwendungszwecke bewirkten, dass immer größere Teile der Straßenfläche der Fahrbahn zugeschlagen und die Flächen für Fußgänger und Fahrradfahrer reduziert wurden. Aus vielfältig genutzten Stadträumen wurden mancherorts monofunktionale Verkehrsachsen, Plätze in überdimensionierte Kreuzungen umgewandelt.

Raum- und Siedlungsstrukturen sind wichtige Determinanten des Verkehrsverhaltens – gleichzeitig haben neue Mobilitätsformen die Räume von Städten und Stadtregionen verändert. Städtebauliche Entwicklung und Verkehrsfunktion stehen dabei in einem Spannungsverhältnis zueinander: Verkehr ermöglicht städtische Entwicklung, gleichzeitig wirkt er seit den 1960er-Jahren als einer der Motoren von Sub- und Desurbanisierungsprozessen an der Ausweitung und tendenziellen Auflösung der Stadt als Lebens- und Wirtschaftsraum mit. Die Standortverteilung von Nutzungen spielt

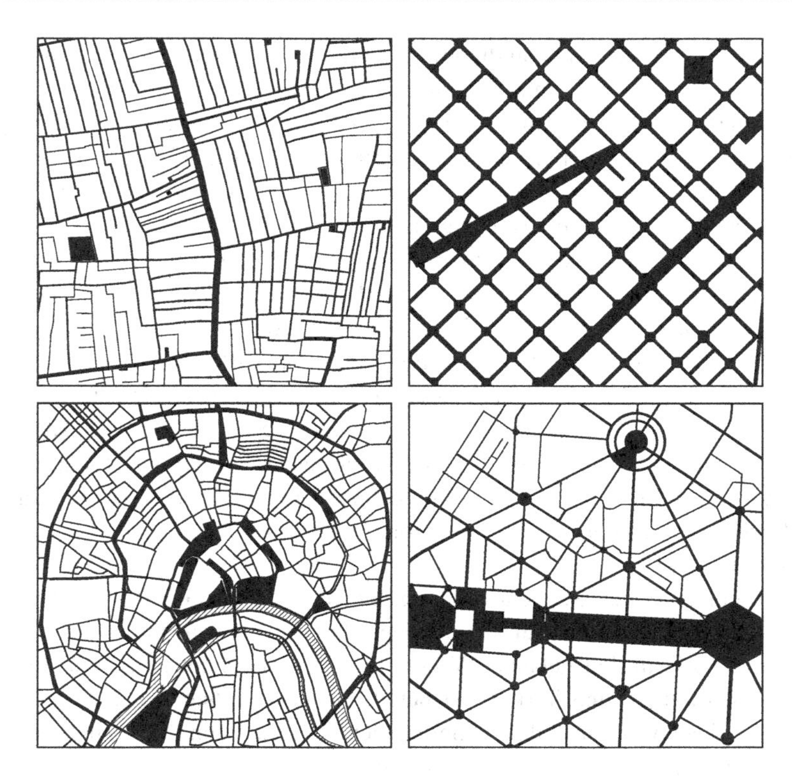

Abb. 2.1 Straßennetze von Barcelona, Kairo, Moskau, Neu Delhi. Verkehrsräume als charakteristische Elemente der Stadtmorphologie; Anordnung und Größe der Netze prägen die Gestalt einer Stadt. (Grafik: Philip Flögel)

eine entscheidende Rolle bei der Entstehung von Verkehr. Die Suburbanisierung und Zentralisierung wichtiger Versorgungseinrichtungen wie von Einzelhandel oder Schulen haben die Raumstrukturen von ganzen Landstrichen wie auch die (damit zwangsweise verbundene) Mobilität verändert. Mit der Entwicklung der Stadt hat es ein ständiges und ansteigendes Mobilitätsbedürfnis gegeben. In den vergangenen 50 Jahren erfolgte im Zuge von Globalisierung und Automobilisierung ein exponentielles Wachstum des Transportes sowohl von Menschen als auch von Gütern. Ebenso wird sich die Weiterentwicklung der Telekommunikation auf die Raumstrukturen und die realen Verkehrsverflechtungen auswirken, z. B. durch die Abnahme von Einkaufs- und die Zunahme von Dienstleistungs- und Wirtschaftsverkehr.

Die Problemlagen sind verschieden – neben prosperierenden urbanen Regionen auf der einen Seite gibt es andererseits auch bevölkerungsstarke, aber wirtschaftlich nicht prosperierende Städte und schrumpfende Städte mit schwindenden finanziellen Mitteln, für die jeweils unterschiedliche, an die jeweilige räumliche Situation angepasste Mobilitätskonzepte zu entwickeln sind. Zukunftsfähige Siedlungs- und Verkehrsstrukturen müssen den demografischen Wandel, die Belange von Klimaschutz und ökologischer Erneuerung genauso wie ökonomische Anforderungen berücksichtigen.

Neue Bedürfnis- und Verhaltensmuster der Bewohner verändern die Ansprüche an Stadträume – an ihre Gestalt, ihre Nutzung, ihre Erreichbarkeit. Rückläufige Bevölkerungszahlen erfordern mangels Nachfrage und Auslastung von Räumen und Infrastruktur ein Umdenken und Umsteuern. Den bisher an Wachstum ausgerichteten Planungsmodellen müssen neue Konzepte wie neue Nutzungsmodelle durch flexible Angebotsformen (Rufbusse, Einkaufsdienste), Senkung von Bau- und Betriebsstandards bis hin zum Rückbau von nicht ausgelasteten Verkehrsinfrastrukturen entgegengesetzt werden.

Städtische Verkehrssysteme bilden das Rückgrat einer Stadt und sind Garant städtischen Lebens überhaupt. Sie sollen Mobilität und Erreichbarkeit für die Nutzer – Einwohner, Pendler, Besucher – der Städte ebenso sichern wie den Zugang zu Arbeit, (Aus)bildungseinrichtungen und Information, unabhängig vom sozialen Status und finanziellem Budget.

Über Jahrhunderte der Stadtentwicklung hinweg gab es ein Zusammenspiel von Stadt und Verkehr, was sich auf der strategischen Ebene der Stadt- und Verkehrsplanung ebenso wie in den gebauten Verkehrsanlagen der Stadt zeigt. Die Interaktion von Siedlungsstrukturen und Verkehr ist bereits im historischen Kontext von zentraler Bedeutung. Verkehrswege und ihre Schnittstellen (Häfen, Bahnhöfe, Flughäfen) haben immer eine zentrale Rolle in der Stadtentwicklung gespielt und in hohem Maße Einfluss auf Funktionalität, Lebensqualität und Entwicklungsfähigkeit der Stadt genommen. Verkehrsanlagen wie Bahnhöfe und Brückenbauwerke, Plätze und Straßen wurden zu stadträumlichen Merkzeichen und zu prägenden Elementen städtischer Kultur. Sie sind nicht nur funktional wichtige Bestandteile, sondern leisten auch einen wichtigen Beitrag zur Identität der jeweiligen Stadt.

In den letzten 50 Jahren standen bei der Verkehrsentwicklung und -planung vor allem die Aspekte der Funktionalität, Geschwindigkeit und Verkehrssicherheit im Vordergrund. Gestalterische Gesichtspunkte spielten nur eine untergeordnete Rolle (Haag 2013, S. 117). Die Resultate falscher Schwerpunktsetzungen der Planung in der Geschichte sieht man noch heute im städtischen Erscheinungsbild. Viele der gegenwärtigen Verkehrsinfrastrukturen deutscher Städte sind in großem Maße an die Bedürfnisse des motorisierten Individualverkehrs angepasst: Kreisverkehre, mehrspurige Straßen und Lärmschutzwälle zerschneiden manches Stadtgefüge, großzügig dimensionierte Parkplätze, von parkenden Autos zugestellte Straßen prägen das Stadtbild. Damit wird die räumliche Identität von Lebensräumen massiv beeinträchtigt (Braum und Klauser 2013, S. 7). Mit der Beanspruchung immer größerer Flächen für fahrende und parkierende Fahrzeuge und in der Beeinträchtigung des öffentlichen Raumes und seiner Zweckentfremdung hat der private Autoverkehr beträchtliche Auswirkungen auf das Ortsbild und das Wohnumfeld, nicht nur durch die Präsenz von Fahrzeugen in den Straßenräumen, sondern auch durch verkehrstechnische Einbauten wie Lichtsignale und Hinweisschilder.

Auch die Emissionen von Lärm und Abgasen belasten die Umwelt und mindern die Lebensqualität in der Stadt. In Abhängigkeit der Straßenhierarchie erfolgt auch die Beeinträchtigung des Stadtraumes: Eine stark befahrene Ortsdurchfahrt oder eine Hauptstraße haben gravierende funktionale und gestalterische Auswirkungen auf einen Stadtraum – beispielsweise in Bezug auf seine Wahrnehmbarkeit, Nutzbarkeit und Querbarkeit. Es stellt sich die Frage, wie stadträumliche Qualitäten und vielfältige Mobilitätsoptionen vereint werden können – schließlich sind Straßenräume mehr als reine Verkehrsträger, sie sind Gestalt und Identität prägende Elemente von Städten und Regionen.

2.1.2 Die Entwicklung von Stadt- und Verkehrsräumen in Karlsruhe

Die Entwicklung der Stadt Karlsruhe ist eng mit der Entwicklung von Verkehrssystemen und sich ändernden Mobilitätsansprüchen verbunden. Heute ist die Stadt nicht nur für ihren besonderen fächerförmigen Stadtgrundriss bekannt, sondern auch für anspruchsvolle und innovative integrierte Stadt- und Verkehrsplanungen, die von großmaßstäblichen Planungen bis hin zur Gestaltung und dem Bau einzelner Verkehrsbauwerke und qualitativ hochwertiger öffentlicher Räume reichen. In Karlsruhe finden sich Lösungsansätze, die als beispielhaft für im Bereich Verkehr und Stadtgestalt gelten können und deshalb zur Veranschaulichung dieser gerade den visuellen Eindruck einer Stadt prägenden Thematik herangezogen werden. So hat die Stadt u. a. ein beispielgebendes Stadtbahnsystem etabliert, das zwei üblicherweise getrennte Systeme des ÖPNV kombiniert. Aufgrund identischer Spurbreiten von Straßenbahn und Eisenbahn können die Stadtbahnwagen sowohl im Stadtgebiet als auch im Bereich der Stadtregion auf dem Schienennetz der Deutschen Bahn fahren. Darüber hinaus hat die Stadt Karlsruhe ein großes verkehrliches Stadtumbauprojekt in Angriff genommen, das u. a. vorsieht, Schienen aus zentralen Straßen in der Innenstadt unter die Erde zu legen. Ungeachtet der Bewertung eines Projektes mit einem enormen finanziellen Aufwand steht dieses Vorhaben beispielhaft für den Versuch, Stadträume, die zunehmend verkehrsgeprägt sind, wieder für den Stadtnutzer zu gewinnen. Die Fußgängerzone soll durch den Umbau eine höhere Aufenthaltsqualität erhalten. Es soll ein offener Stadtraum mit Bereichen entstehen, die zum Verweilen einladen und Bewegungsfreiheit bieten (Stadt Karlsruhe 2009a). Aber auch kleinere Stadtumbauprojekte – oft im Rahmen von Sanierungsprojekten – belegen, dass es möglich ist, Straßenräume gestalterisch und funktional zu qualifizieren und somit das Wohnumfeld zu verbessern und die Lebensqualität in den Quartieren zu erhöhen. Auf unterschiedlichen Maßstabsebenen – von stadtweiten Planungskonzepten bis hin zur Gestaltung von Verkehrsräumen, -anlagen und -bauwerken wird in Karlsruhe deutlich, wie sich räumliche und verkehrliche Planung bedingen und welche Synergieeffekte entstehen können.

Die Anlage der barocken Planstadt Karlsruhe beruht auf dem markanten Entwurf mit dem strahlenförmigen Grundriss und dem Schloss als Zentrum. Im Laufe der Geschichte haben sich Quartiere mit markanten Baustrukturen, Erschließungssystemen, Straßen- und Platzräumen herausgebildet (vgl. Abb. 2.2 und 2.3). In der Anfangsphase bilden neun, wie das Schloss nach Süden ausgerichtete, Alleen das Stadtgebiet und ergeben so den Fächerplan mit seinem fließenden Übergang zur Natur. Auch das Hauptverkehrsnetz wird durch den Grundriss der Stadt bestimmt: Die radialen Einfallstraßen im Norden münden auf den Adenauerring als innerstädtischen Verteiler und die nördliche Umfahrung des Schlosses. Die Kaiserallee, Durlacher Allee, Kaiserstraße, Kriegsstraße und Ludwig-Erhard-Allee bilden wichtige Ost-West-Verbindungen. Die später folgenden klassizistischen und gründerzeitlichen Stadterweiterungen nach Süden und nach Westen und Osten lassen sich noch heute am orthogonalen und diagonalen Straßenraster und der drei- bis fünfgeschossigen Blockrandbebauung ablesen. Es gibt eine klare Trennung zwischen öffentlichen und privaten Räumen. Plätze bilden öffentliche Zentren im Bebauungsnetz.

Zu Beginn des 20. Jahrhunderts bestimmen die sozialen Wohnprojekte der städtebaulichen Moderne sowie die genossenschaftlich und städtisch errichteten bzw. geförderten Gartenstadt- und Siedlungshausgebiete die städtebauliche Gestalt. Die Nord-Süd-ausgerichtete Zeilenbauweise in der Dammerstock-Siedlung verkörpert das sogenannte Neue Bauen der Moderne. Große zusammenhängende, hofseitig zugeordnete begrünte Freiflächen bestimmen das Siedlungsbild (Einsele und Adrian 1997, S. 81). Die innere Erschließung besteht aus einer zentralen Sammelstraße sowie Wohnstraßen und Wohnwegen. Es gibt eine differenzierte Gliederung zwischen öffentlichem Straßenraum und privatem Wohnraum mit halböffentlichen Bereichen wie beispielsweise Vorgärten, und Eingangszonen u. a.

In den 1950er-Jahren entsteht nordöstlich des Stadtzentrums am Rand des Hardtwaldes die Waldstadt. Charakteristisch für das Quartier aus Zeilenbauten sind die äußeren Haupterschließungsstraßen, von denen aus Stichstraßen und Wohnwege die Gebäude erschließen.

Die zwischen den Zeilen liegenden Grünbereiche verzahnen sich mit dem angrenzenden Waldgebiet. Die Planungen der 1960er- und 1970er-Jahre verdichten die Zeilenbebauung in die Höhe – ein Beispiel für einen solchen Geschossbau in Karlsruhe ist Oberreut, südwestlich des Stadtzentrums, ebenfalls direkt am Wald gelegen. Die Bebauungsstrukturen bestehen aus vier- bis achtgeschossigen zeilenförmigen Baukörpern und weitläufigen, in großen Teilen undefinierten öffentlichen Freiräumen. Es gibt breite, kaum noch Stadträume bildende Erschließungsstrukturen. Entlang der

Abb. 2.2 Räumliche Entwicklung der Stadt Karlsruhe in Abhängigkeit und Wechselwirkungen mit der Entwicklung der Verkehrssysteme. Stadtentwicklung von Durlach und Karlsruhe. Mittelalterlicher, begrenzter Stadtgrundriss in Durlach, barocke Stadtgründung von Karlsruhe mit anschließender Erweiterung. Eröffnung des ersten Bahnhofes 1843. Verlegung des Bahnhofs nach Süden an den heutigen Standort im Jahr 1913. Weitere Stadterweiterungen in den 1970er-Jahren mit dem Bau der Autobahn. Heutige Stadtfläche und Verkehrsstraßen, Autobahnerweiterungen und Südtangente. (Grafik: Philip Flögel)

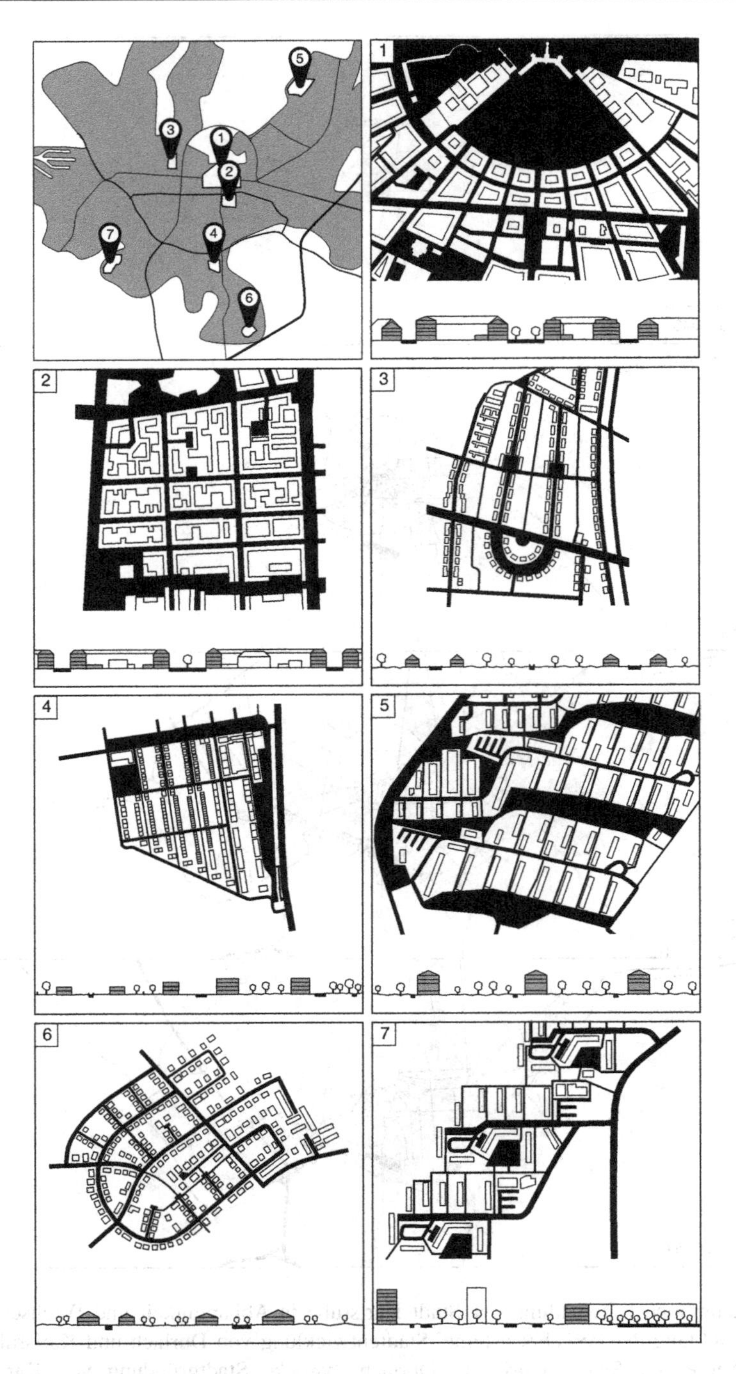

Abb. 2.3 Bebauungsmuster und Freiräume der Stadt Karlsruhe. Quartierstrukturen, ihre öffentlichen Räume und Erschließungsmuster als Spiegelbild der Stadtgesellschaft: Südstadt, Hardtwaldsiedlung, Dammerstock, Waldstadt, Märchensiedlung, Oberreut. (Grafik: Philip Flögel)

Erschließungsstraßen finden sich große, zusammenhängende Stellplatzflächen (Einsele und Kilian 1997). Auch die verschiedenen Erscheinungsformen der Suburbanisierung sind in Karlsruhe zu finden, wenngleich in der Intensität moderater als in anderen bundesdeutschen Städten (Stadt Karlsruhe 2013, S. 8).

2.1.3 Städtische Mobilität

Städte, die sich über Jahrhunderte entwickelt haben, mussten sich immer wieder an die neuen Mobilitätstendenzen einer Epoche anpassen. Mit sich verändernden Lebensmustern, die in Wechselwirkungen mit den Bewegungen im Raum stehen, wird auch eine entsprechend angepasste (stadt)räumliche Planung erforderlich. In der heutigen mitteleuropäischen Stadtgesellschaft wird ein hohes Maß an Austausch und Möglichkeit zu intensiver Mobilität und Kommunikation gefordert. Längst gehen die alltäglichen Wege für Wohnen, Arbeit, Einkauf, Versorgung und Freizeit über die städtischen Grenzen hinaus. Darüber hinaus lösen sich bislang existierende Hierarchien und Funktionsunterschiede zwischen Städten und ihrem Umland auf, einzelne Stadtteile und Umlandgemeinden übernehmen wichtige Funktionen. Es entstehen neue Arbeitsteilungen zwischen Kernstadt und Umland, zwischen den einzelnen Teilen der Stadtregion. Stadträumliche Zusammenhänge werden in der von Thomas Sieverts beschriebenen Zwischenstadt (Sieverts 1997) immer weniger erlebbar. Gefördert durch den europäischen Binnenmarkt, neue Produktionsmethoden, und veränderte Standortpräferenzen von Wirtschaftsunternehmen verändert sich das Raumgefüge. Damit gewinnt die Region auch als räumliche Gestaltungsebene an Bedeutung. Räumliche Planung muss die Voraussetzungen schaffen, damit die kompakte Stadt ebenso wie die weitläufige Region erschlossen werden können.

Heute haben wir es mit einer Stadtgesellschaft zu tun, die mannigfaltige Lebensstile und Familienformen aufweist sowie von einer großen sozialkulturellen Aufspreizung geprägt ist (Canzler 2013, S. 69). Entsprechend divers ist auch das individuelle Mobilitätsverhalten, das von Lebensstilen und persönlichen Präferenzen sowie der gebauten Umgebung und vorhandenen Verkehrsangeboten abhängt. Darüber hinaus wirken sich der demografische Wandel wie auch ein geändertes Werte- und Umweltbewusstsein auf das Verkehrsverhalten der Menschen aus. Neue Mobilitätsformen entwickeln sich.

Seit einigen Jahren ist ein Trend der Reurbanisierung zu beobachten – Menschen zieht es wieder in die Städte. Während die Attraktivität für jüngere Menschen hauptsächlich in den vorhandenen Ausbildungs- und Arbeitsplatzperspektiven besteht, sehen ältere Personen den Vorzug der Nähe zu kulturellen und infrastrukturellen Angeboten. Die sogenannte Creative Class (Florida 2012), die in den Arbeitsfeldern Kunst und Kultur, aber auch Forschung und Entwicklung, Werbung, Design und im Bereich moderner Dienstleistungsindustrie beschäftigt ist, wünscht sich für ihr Lebensumfeld Vielfalt und Kleinteiligkeit des kulturellen Angebots und sucht sich vor allem Quartiere mit verdichteter Altbausubstanz oder umzunutzende Gewerbestrukturen mit entsprechender

Atmosphäre. Die von dieser Gruppe bevorzugten Quartiere sind in der Regel gut mit dem ÖPNV erschlossen, Parkplätze sind Mangelware. Diese Rahmenbedingungen schaffen gute Voraussetzungen für eine hohe Akzeptanz neuer Mobilitätsformen (Pohl 2009).

Zu diesen neuen Mobilitätsformen zählen u. a. verschiedene Modelle des Carsharings und öffentliche Fahrradverleihsysteme. Unter stadtgestalterischen Aspekten spielen insbesondere die stationsbasierten Angebote eine wichtige Rolle, da sie auf spezifische Standorte im Stadtgebiet angewiesen sind. Die zunehmende Verbreitung dieser neuen Mobilitätsformen, die sich insbesondere im städtischen Kontext durchsetzen, wird durch Entwicklungen im Bereich der Informations- und Kommunikationstechnologien unterstützt, die mit Smartphone-Apps z. B. Standortsuche und Buchungsmöglichkeiten und damit Mobilitätsdienstleistungen, aber auch das Konzept „Nutzen statt Besitzen" erleichtern (BBSR 2015a, S. 7). Zum anderen beschleunigen die steigenden Kosten bei der Nutzung privater Pkw und ein teilweise zu verzeichnender sinkender Status des motorisierten Individualverkehrs bei jungen Menschen diese Entwicklung. Gleichzeitig sind in einer alternden Gesellschaft Mobilitätsangebote für mobilitätseingeschränkte Personen und eine Anpassung des Wohnumfeldes und öffentlicher Räume an die speziellen Bedürfnisse dieser Personenkreise wie beispielsweise Barrierefreiheit vorzunehmen.

Wege in der Stadt werden zukünftig nur noch selten ausschließlich mit einem Verkehrsträger zurückgelegt. Um mobil zu sein, werden unterschiedliche Verkehrsmittel genutzt – eigene, geteilte und geliehene –, darunter zunehmend das Fahrrad, aber auch elektrogetriebene Fahrzeuge (Canzler 2013, S. 68). Entscheidend für die Wahl eines Verkehrsmittels wird sein, welches unter Berücksichtigung individueller Präferenzen am geeignetsten dafür ist, bestimmte Wege zurückzulegen. Wegelängen, Fahrzeiten und Kosten für die alternativen Wegeketten mit unterschiedlichen Verkehrsträgern werden aufgezeigt, die man mit wenigen Schritten buchen und bezahlen kann (vgl. Abb. 2.4).

2.2 Verkehrsplanung als Teil städtebaulicher Gesamtplanung

2.2.1 Anforderungen an eine integrierte Stadtverkehrsplanung

Verkehrsplanung ist als integraler Bestandteil der Stadtplanung zu begreifen. Schon in der Planung der räumlichen Stadtentwicklung und der Flächennutzung müssen die Belange des Verkehrs integrativ einbezogen werden. Im besten Fall unterstützt die stadträumliche Planung die Optimierung der Funktionalität und Leistungsfähigkeit des Verkehrsflusses aller Verkehrsmittel sowie die Verbesserung der Verkehrssicherheit.

Lange Zeit lag bei der Verkehrsplanung der Fokus auf der baulichen Infrastruktur in Verbindung mit Stadterweiterungs- oder Stadtumbaumaßnahmen. Verkehrsanlagen wurden entsprechend der erwarteten Verkehrsnachfrage ausgebaut (vgl. Kap. 1). Wurden die funktionalen Probleme des Kfz-Verkehrs in der Nachkriegszeit in der Regel über eine Erweiterung der Infrastrukturen und damit über die Anpassung der Stadt an die

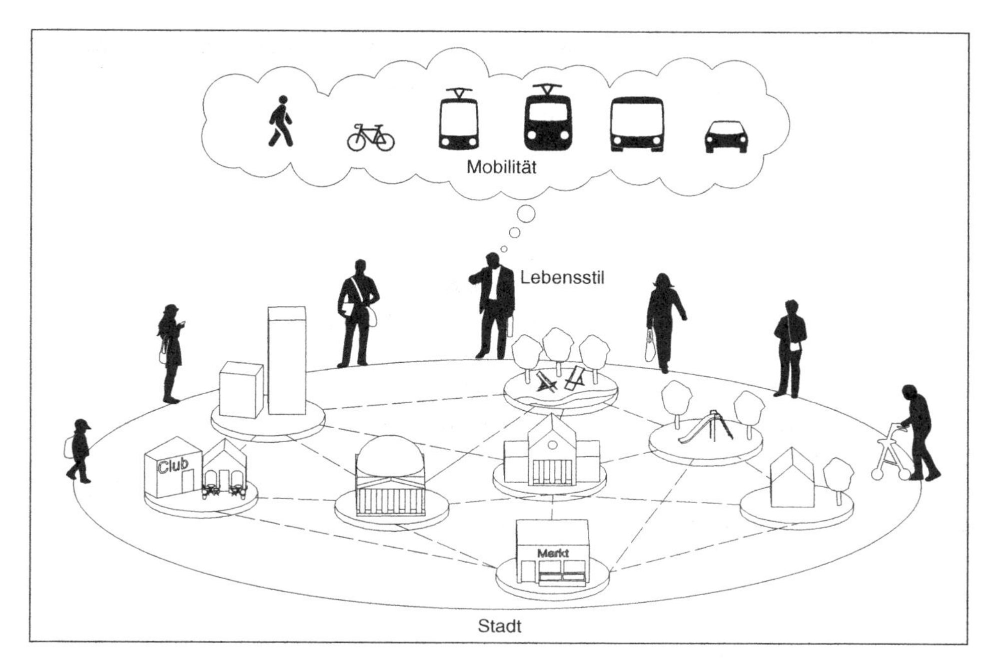

Abb. 2.4 Mobilitätsform und Verkehrsmittelwahl stehen in Abhängigkeiten von Lebensgewohnheiten

Bedürfnisse des wachsenden Verkehrs zu lösen versucht, steht seit den 1980er-Jahren die Anpassung des Verkehrs an die städtischen Strukturen stärker im Fokus. Schon seit den letzten beiden Dekaden versucht man verstärkt, den Individualverkehr mit seinem großen Flächenanspruch und starken Störwirkungen zugunsten anderer Verkehrsarten zurückzudrängen und dem Autofahrer keine weiteren Angebote zu machen (Albers und Wekel 2008, S. 128).

Aktuelle Herausforderungen in der Verkehrsplanung, wie die weitere Reduzierung der Lärm- und Schadstoff-Emissionen, bedingen jedoch, ebenso wie aktuelle Trends im Mobilitätsverhalten, die Beschäftigung mit neuen Handlungsfeldern. Neben verstärkter Konzentration der Planung auf den öffentlichen Nahverkehr und der Berücksichtigung des zunehmenden Fahrradverkehrs wird z. B. die Integration neuer Mobilitätsangebote wie Carsharing oder Leihfahrräder in den Stadtraum sowie in das bestehende Verkehrssystem erforderlich. Die Aufgaben der Planung bestehen zum einen in der städtebaulich verträglichen Erschließung des Stadtraums, also die Sicherstellung guter Erreichbarkeiten durch jeweils angemessene Verkehrsinfrastrukturen und -angebote; zum anderen geht es um die räumliche und gestalterische Integration des Verkehrs (Hesse 1999). Auch müssen Flächen für den ruhenden Verkehr, sei es für Pkw oder Fahrräder bereitgestellt werden. Eine integrierte Raum- und Verkehrsentwicklung ist notwendig, um eine sozial verträgliche, ökonomisch effiziente und ökologisch tragfähige Realisierung von vielfältigen Mobilitätsbedürfnissen zu ermöglichen. Priorität vor allen anderen Strategien sollte die Verkehrsvermeidung sein, also die Reduzierung und Einsparung von Wegen, die mit dem Auto zurückgelegt werden (Güller und Breu 1996).

Raum und Mobilität müssen gemeinsam gedacht, Raumplanung und Verkehrspolitik aufeinander abgestimmt werden. In der von der EU-Ministerkonferenz 2007 verabschiedeten Leipzig-Charta zur nachhaltigen europäischen Stadt sind Empfehlungen zu einer integrierten Stadtentwicklungspolitik formuliert, die auch die Stadt- und Verkehrsräume betreffen. Als Ziele sind u. a. die Herstellung und Sicherung qualitätsvoller öffentlicher Räume, die Modernisierung der Infrastrukturnetze und Steigerung der Energieeffizienz sowie die Förderung eines leistungsstarken und preisgünstigen Stadtverkehrs benannt.

Siedlungsstrukturen und Verkehrsaufkommen

In ganz wesentlichem Maße wird das Verkehrsaufkommen von den bestehenden Siedlungsstrukturen mitbestimmt (vgl. Abb. 2.5). Dichte Quartiere mit hohen Qualitäten für die Nahmobilität und guten Voraussetzungen für eine ÖPNV-Anbindung belasten die Umwelt durch Verkehr in geringerem Maße als weitläufige Siedlungsräume. Um zukünftig Verkehr umweltverträglich und nutzerfreundlich zugleich

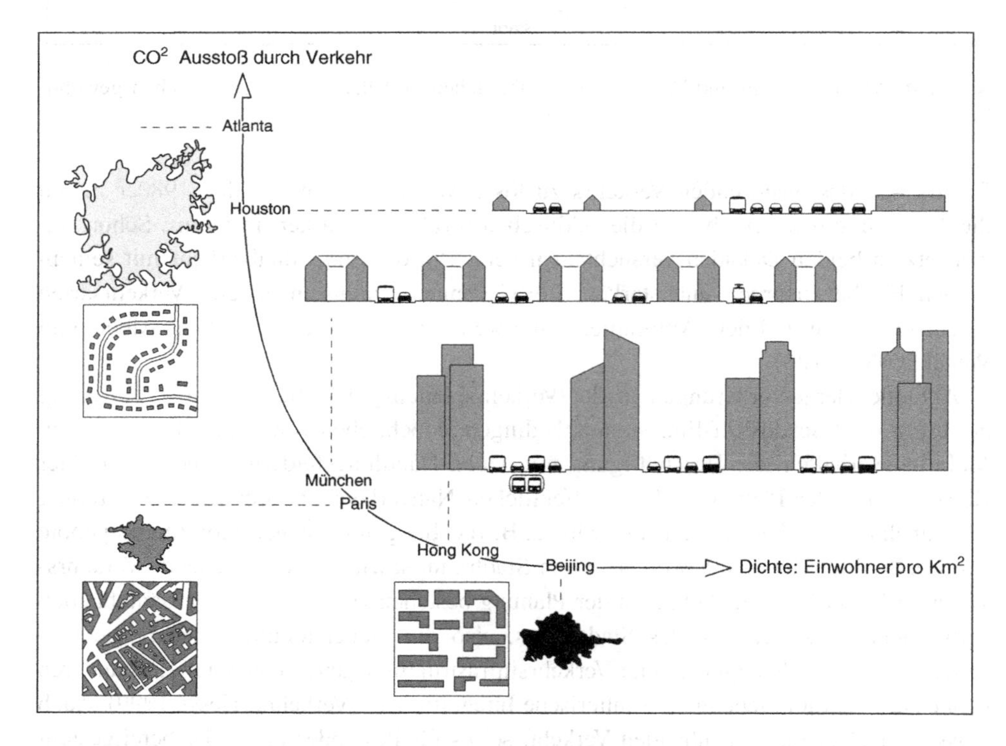

Abb. 2.5 Siedlungsstruktur und Verkehrsaufkommen. Zusammenhang zwischen der Besiedlungsdichte und dem Energieverbrauch für die dadurch bedingten Verkehrswege. Eine dichtere Besiedlung ermöglicht auch eine fußläufige Erschließung der Zentren. (Grafik: Philip Flögel. Grundlage Kenworthy 2010, S. 94)

abwickeln zu können, müssen geeignete Siedlungsstrukturen entwickelt werden, die hohe Mobilitätsansprüche mit geringem Ressourcenverbrauch vereinen, also zu effizienter Mobilität führen (Krug 2009). Ziel kommunaler Verkehrspolitik sollte es sein, die Teilsysteme für Fußgänger, für Radfahrer, für den Individualverkehr und den öffentlichen Personennahverkehr in ein solches Verhältnis zu bringen, dass insgesamt bei minimalen Umweltbelastungen und geringen Kosten ein Maximum an Verkehrsalternativen und Bewegungsfreiheit besteht. Die autogerechte, die stadtbahngerechte oder die fußgängergerechte Stadt würde je für sich allein dieses Oberziel in das Gegenteil verkehren. Höhere Kosten oder höhere Umweltbelastungen oder geringerer Bewegungsspielraum wären für den Bürger die Folge. Zielführend ist es auch nicht, immer neue Infrastrukturen anzulegen, sondern die städtebauliche Planung mit den vorhandenen Infrastrukturen abzustimmen (Venhoeven und Doeschate 2013, S. 49). Ein nachhaltiges Mobilitätskonzept erfordert die Integration und das Abwägen der Interessen, Belange und Anforderungen der Teilnehmer des motorisierten und nichtmotorisierten Verkehrs.

Ziel einer integrierten Stadt- und Straßenraumgestaltung ist die Erhaltung bzw. Entwicklung der Städte als attraktive Lebensräume bei Mobilitätssicherung mit weniger verkehrlichen Belastungen. Eine effiziente Verkehrsplanung setzt eine gute räumliche Planung voraus und umgekehrt müssen Mobilitätsbedürfnisse mit der vorhandenen Stadtstruktur in Einklang gebracht werden. Hierzu müssen städtebauliche und verkehrliche Strategien zur Reduzierung der städtebaulich relevanten negativen Auswirkungen des Verkehrs genauso entwickelt werden wie stadträumliche und gestalterische Teil- und Objektplanungen. Neben städtebaulichen Zielsetzungen sind umweltpolitische Belange ein wesentliches Motiv für Restriktionen gegenüber dem motorisierten Individualverkehr oder für die Einflussnahme auf einzelne Verkehrsarten (Albers und Wekel 2008, S. 128).

Stadtplanung ist immer vor dem Hintergrund des Machbaren und damit vorhandener finanzieller Ressourcen zu sehen. Auch deshalb ist es sinnvoll, Ziele der Stadtsanierung und des Stadtumbaus mit solchen der Verkehrsplanung zu verbinden, verkehrliche Ziele durch städtebauliche Ziele zu ergänzen. Neue Finanzierungs- und Förderinstrumente sind zu entwickeln, um beispielsweise die Städtebauförderung auch für die Finanzierung verkehrlicher Belange nutzen zu können (Haag 2013, S. 123). Ziel muss es sein, die funktionale Flächennutzung unter Beachtung der Wechselwirkungen zwischen Lagegunst, Verkehr, sozialem Verhalten und gesellschaftlicher Bewertung, ökonomischen Rahmenbedingungen und ökologischen Anforderungen zu optimieren. Hierzu ist es erforderlich, das „System" Stadt in seiner komplexen Wirklichkeit und als Gesamtheit zu begreifen (vgl. Albers und Wekel 2008, S. 128). Denn Städte sind überaus komplexe Gebilde. Neben ihrer räumlich wahrnehmbaren Erscheinung haben sie viele andere Realitäten, wie z. B. ökonomische, soziale, ethnische, politische, kulturelle, funktionale. Für eine erfolgreiche integrierte Stadtplanung sind daher die Fachplanungen und Konzepte der städtischen Wirtschafts-, Raumordnungs-, Sozial-, Verkehrs- und Umweltpolitik aufeinander abzustimmen.

2.2.2 Die Stadt der kurzen Wege

Verkehr und Flächennutzung hängen auf das Engste zusammen. Art und Maß der Nutzung sind die entscheidenden Bestimmungsfaktoren für das Verkehrsaufkommen in den verschiedenen Bereichen der Stadt. Wohngebiete erfahren ihre Hauptbelastung in den Berufsverkehrsspitzen, in Geschäfts- und Gewerbegebieten überwiegt häufig der Wirtschaftsverkehr, Erholungsbereiche und Sportstätten ziehen am Wochenende den meisten Verkehr auf sich. Für das Straßenverkehrsnetz hat sich dementsprechend eine Differenzierung herausgebildet. Trennung von Erschließungs- und Transportfunktion der Straßen, Stufung vom nur begehbaren Fußweg über den befahrbaren Wohnweg zur Erschließungsstraße und weiter zur Sammelstraße, die den Ziel- und Quellverkehr eines Gebietes dem Netz der Hauptverkehrsstraßen zuführt (Albers und Wekel 2008, S. 140).

Ein grundlegender Ansatz zur umweltverträglichen Gestaltung der Mobilität und nachhaltigen Siedlungsentwicklung ist das Konzept der Stadt der kurzen Wege mit einer möglichst kleinteiligen Funktionsmischung in einer diversifizierten und kompakten Stadtstruktur (vgl. Kap. 4 in Band 1). Ein dichtes Nebeneinander unterschiedlicher Nutzungen sowie ein engmaschiges Wegenetz sorgen für eine Nutzung und Belebung „Rund-um-die-Uhr“. Umgekehrt stimulieren besser angebundene Orte räumliche Entwicklungen, sind Anreiz für die Einrichtung z. B. weiterer Dienstleistungen. Außerdem profitieren Handel, Dienstleister und Kulturbetriebe von Synergien und Kopplungseffekten. Der Betrieb öffentlicher wie privater Infrastrukturen lässt sich effizient und wirtschaftlich gestalten. Nähe und Erreichbarkeit unterschiedlichster Nutzungen sichern ein hohes Versorgungsniveau, sie sparen Wege und verhindern Verkehr bereits im Ansatz. Außerdem erhöhen belebte Stadträume das Sicherheitsgefühl.

Eine größere räumliche Dichte ermöglicht es, für viele Aktivitäten auf den privaten Pkw zu verzichten, und fördert zugleich den effizienten Einsatz von Nahverkehrssystemen. Ziel der Planung muss es deshalb sein, attraktive Orte zu schaffen, zu denen man auf unterschiedliche Weise gelangen kann, d. h. die Planung von Verkehrssystem, räumlicher Struktur und funktionalem Angebot muss zusammen gedacht und entwickelt werden (Venhoeven und Doeschate 2013, S. 50). Auch die FGSV fordert städtebauliche Konzepte, welche auf verträgliche Dichten der Strukturgrößen und Nutzungsmischung abzielen. Als Handlungsansätze und Planungsinstrumente kommen z. B. vom Verkehrsangebot abhängige beschränkende Ausweisungen von Siedlungsflächen, Festlegungen von Mindestdichten, Nachverdichtungen, Mischnutzungen unter Beachtung der Verträglichkeit infrage.

Beispiel: Karlsruhe, die 5-min-Stadt

Die Stadt Karlsruhe hat unter Beteiligung der Öffentlichkeit ein räumliches Leitbild erarbeitet, das einen Handlungsrahmen für die zukünftige stadträumliche Entwicklung Karlsruhes bilden soll. Vor dem Hintergrund des Bevölkerungswachstums, des Klimawandels, des demografischen Wandels und neuer Wohnwünsche soll es eine fachliche Grundlage für die Stadtplanung sowie für die Entscheidungen des Gemeinderates und die Zusammenarbeit mit Investoren und anderen privaten Akteuren sein.

Drei interdisziplinäre Teams, bestehend aus Stadt-, Landschafts- und Verkehrsplanern haben Vorschläge erarbeitet, wie sich die Stadt unter dem Vorzeichen begrenzter räumlicher Ressourcen weiterentwickeln kann. Im Beitrag eines der beteiligten Büros, berchtoldkrass space & options, Studio Urbane Strategien und Urban Catalyst Studio, stehen neben anderen Themen die Fragen der Erreichbarkeit und der Mobilität im Fokus der Betrachtung (vgl. Abb. 2.6). Nach ihrer Auffassung sind Mobilität und Erreichbarkeit ein prioritäres Merkmal der Lebensqualität zukünftiger Städte. Nach dem Vorschlag des Teams sollte Karlsruhe nicht auf die bevorzugte Förderung eines bestimmten Verkehrsmittels oder Antriebsprinzips setzen, sondern auf die konsequente Umsetzung eines Erreichbarkeitssystems im 5-min-Raster im gesamten Stadtgebiet, durch Synchronisation von Infrastruktur, Ausstattung und Mobilitätsverhalten. Die von den Planern konzipierte 5-min-Stadt ist ein Qualitätsversprechen, es steht für die schnelle Erreichbarkeit wichtiger Stellen innerhalb der Stadt. Auf Grundlage eines Stufenkonzeptes werden verschiedene Anlaufpunkte in der Stadt mit bestimmten Verkehrsmitteln verbindlich erreicht: Außerhalb des Ringes orientieren sich alle Erreichbarkeiten auf die lokalen Zentren, innerhalb des

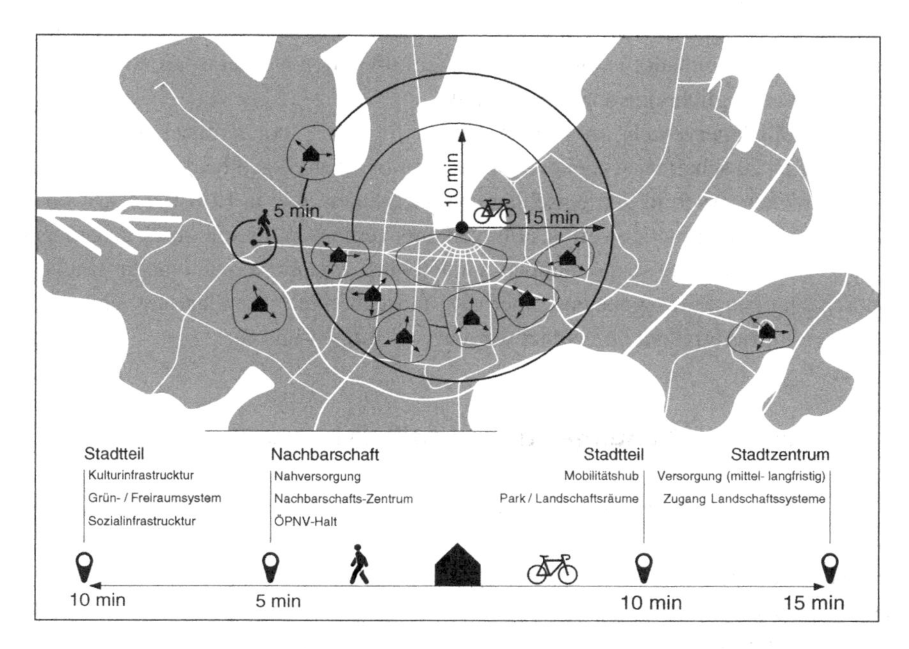

Abb. 2.6 Vorschlag für die „5-Minuten-Stadt Karlsruhe" vom büro berchtoldkrass space & options, Studio Urbane Strategien, Urban Catalyst Studio. (Grafik: Philip Flögel auf Grundlage Stadt Karlsruhe 2015, S. 52)

Ringes sind alle Radialbeziehungen zum Zentrum mit dem Fahrrad in 15 min erreichbar, darüber hinaus gibt es für alle anderen Erreichbarkeiten ein Raster von 5, 10 und 15 min für Fußgänger und Fahrrad, ergänzt durch das ÖV- und MIV-Netz. Der Ring selbst ist tangentialer Verteiler der 5-min-Stadt zwischen innen und außen. Angestrebt wird ein flächendeckendes Mobilitätsnetzwerk, das bestimmte Mindeststandards von Erreichbarkeiten und damit eine komfortable Vernetzung innerhalb der Stadt garantiert (Stadt Karlsruhe 2015, S. 50 ff.). ◀

Die Stadtentwicklungsplanung verfolgt seit vielen Jahren das Ziel, Städte dichter und kompakter zu gestalten, da diese wesentlich ressourceneffizienter funktionieren können. Diesem ständigen Anpassungsprozess müssen die Verkehrssysteme folgen. Fußverkehr und Radverkehr stellen in der Nahmobilität höchst nachhaltige, raumsparende und gesund erhaltende Mobilitätsformen dar. Der sogenannte Langsamverkehr als nichtmotorisierte Mobilität schont die nicht erneuerbaren Ressourcen, emittiert kein CO_2, reduziert die Luftschadstoffbelastung und verursacht keinen Lärm.

Der Fußverkehr ist eine Verkehrsart, die in der Verkehrs- und Stadtplanung über Jahrzehnte hinweg vernachlässigt worden ist. Vor dem Hintergrund der Diskussion um Barrierefreiheit, Alterung der Gesellschaft, nachhaltigen Verkehr und Reurbanisierung der Innenstädte gewinnt er jedoch an Relevanz. Zu Fuß gehen hat eigentlich nur Vorteile, er ist wohl die ökologischste Form der Fortbewerbung, man tut gleichzeitig etwas für die Gesundheit und man schadet keinem Dritten. Zu Fuß gehen ist platzsparend und kostengünstig und es ermöglicht den sozialen Kontakt.

Um den Fußgängerverkehr in einer Stadt zu fördern, sind demnach stadträumliche Voraussetzungen zu schaffen, wobei diese vorrangig in kleinteiligen baulich-gestalterischen Aufgaben bestehen. Auch in den einschlägigen Richtlinien, wie in EFA 02, RASt 06 oder H BVA 11 wird auf den Stellenwert des Fußverkehrs verwiesen. Er soll durch grundlegende Prinzipien, wie beispielsweise den Straßenraumentwurf „von außen nach innen", Sicherung eines durchgängigen Fußwegenetzes innerhalb und außerhalb des Planungsgebiets sowie durchgängige Barrierefreiheit unterstützt werden (vgl. Kap. 4 und 8).

2.2.3 Kommunale Planungen und rechtliche Instrumente

Vorbereitung, Durchführung und Sicherung von planerischen Maßnahmen in der Kommune ist hoheitliche Aufgabe jeder Gemeinde. Unabhängig von Eigentumsrechten ist die Gemeinde für die Steuerung der räumlichen Entwicklung im öffentlichen Interesse verantwortlich. Der rechtliche Rahmen der Stadtplanung wird durch das 1987 in Kraft getretene „Baugesetzbuch" bestimmt. Hier sind die Verfahren zur Aufstellung, Änderung oder Aufhebung von Bebauungsplänen und Flächennutzungsplänen geregelt, die als sogenannte formelle Planungen bezeichnet werden (vgl. Kap. 3 in Band 1). Mit dem Planungsrecht werden Sicherung und Erwerbsmöglichkeit von Flächen, die für öffentliche Zwecke benötigt werden, das Einfügen der öffentlichen und privaten Bauvorhaben in ein strukturelles Ordnungskonzept (beispielsweise in Bezug auf Funktionen/

Verkehr) sowie die Einordnung der öffentlichen und privaten Bauvorhaben in einen städtebaulichen Gestaltrahmen gesteuert.

Formelle Planung: die Bauleitplanung

Die Bauleitplanung ist das wichtigste Planungsinstrument zur Steuerung der städtebaulichen Entwicklung einer Kommune in Deutschland. Das Ziel der Bauleitplanung besteht darin, eine geordnete städtebauliche Entwicklung und eine dem Wohl der Allgemeinheit entsprechende sozialgerechte Bodennutzung zu gewährleisten, sowie dazu beizutragen, eine menschenwürdige Umwelt zu sichern und die natürlichen Lebensgrundlagen zu schützen. Die Bauleitplanung ist im Baugesetzbuch (BauGB) umfassend geregelt und umfasst den Flächennutzungsplan sowie den Bebauungsplan. Dabei gilt das Gebot der Abwägung, das einen Ausgleich von öffentlichen und privaten Interessen sowie unterschiedlichen herzustellen sucht.

Der Flächennutzungsplan (FNP)

Der Flächennutzungsplan hat als „vorbereitender" Bauleitplan einer gesamten Stadt zur Aufgabe, die Grundzüge der zukünftigen städtebaulichen Entwicklung einer Stadt für die nächsten 10 bis 15 Jahre darzustellen. Über die Ausweisung neuer Baugebiete, die Zuweisung neuer Nutzungsformen bestehender Gebiete und die Festlegung übergeordneter Verkehrswege wird auf der Ebene des Flächennutzungsplans über Umfang und Verteilung des Verkehrsaufkommens entschieden. Aussagen im Flächennutzungsplan sind nur behördenverbindlich, sie sind mit der nächst höheren Planungsebene abgestimmt und bilden eine Vorgabe für die folgenden Planungsebenen. Der Flächennutzungsplan bindet die Gemeinde und die an der Planung beteiligten Träger öffentlicher Belange, die ihre eigenen Planungen mit den Festsetzungen des Planes abzustimmen haben. Für den einzelnen Bürger ist der Flächennutzungsplan nicht direkt verbindlich, wie auch der Bürger aus dem Flächennutzungsplan keine eigenen Rechte ableiten kann.

Der Bebauungsplan (B-Plan)

Die Bauleitplanung gehört nach § 2 (1) BauGB zu den weisungsfreien Pflichtaufgaben der Gemeinden. Sie haben einen Bebauungsplan aufzustellen, sobald und soweit es für die städtebauliche Entwicklung und Ordnung erforderlich ist. Anhaltspunkte für die Erfordernis zur Planaufstellung ergeben sich u. a. aus der Nachfrage nach Bauland, dem Umfang des Bodenverkehrs, dem Grad der Bautätigkeit oder aus der Notwendigkeit, städtebauliche Missstände zu beseitigen. Die Grundkonzeption des FNPs ist Vorgabe für die Entwicklung eines Bebauungsplans. Demgemäß werden in einem Bebauungsplan z. B. die Art der baulichen Nutzung, die Zuordnung der Bauflächen, die Lage der Grünflächen und die Führung der Hauptverkehrsstraßen weiter konkretisiert und Baugebiete nach Art und Maß ihrer künftigen Nutzung parzellenscharf festgesetzt und im Plan dargestellt. Neben der Bauweise können im Bebauungsplan weitere Festlegungen getroffen werden wie (z. B. Gemeinbedarfsflächen, Grün- und Freiflächen, Verkehrsflächen etc.). Die Zusammenarbeit und damit die Integration der verschiedenen Disziplinen sind über Anhörungsverfahren geregelt – damit ist die Berücksichtigung der verkehrlichen Belange in die städtebauliche Planung gesichert.

Zur Sicherung öffentlicher Räume können in Bebauungsplänen Straßenbegrenzungslinien verbindlich festgelegt werden, welche die Breite des Straßenraumes definieren. Um ein attraktives Fußgängernetz zu sichern, können darüber hinaus Fußgängerbereiche und verkehrsberuhigte Bereiche sowie die Belastung von Flächen mit Gehrechten zugunsten der Allgemeinheit festgesetzt werden. Ebenso können Festlegungen zu öffentlichen Parkplätzen und den Anschluss anderer Flächen an die Verkehrsflächen getroffen werden. Um unnötige Parkplätze im öffentlichen Raum zu verhindern, müssen nach den Bauordnungen der meisten Länder bei Neubauten und wesentlichen Änderungen baulicher Anlagen Stellplätze und Garagen im privaten Raum hergestellt werden. Grundlage sind die in den Landesbauordnungen enthaltenen Richtzahlen für die jeweiligen baulichen Anlagen. Diese Richtzahlen können in kommunale Stellplatzsatzungen aufgenommen werden, welche Regelungen über die erforderliche Anzahl und Größe von Stellplätzen, Fahrradabstellplätzen etc. enthalten.

Informelle Planungen

Infolge der inhaltlich und rechtlich vorgegebenen Lücken zwischen dem Flächennutzungsplan und den Bebauungsplänen und mit einem sich wandelnden Planungsverständnis haben in den vergangenen Jahren sogenannte informelle Planungen, die rechtlich nicht vorgeschrieben und normiert sind, einen unverzichtbaren Platz zwischen diesen beiden Bauleitplänen in der Planungspraxis eingenommen (vgl. Abb. 2.7). Diese sind selbstbindend, kurz- bis mittelfristig angelegt, projekt-, handlungs- und umsetzungsorientiert. Hierzu gehören Stadtentwicklungs- und Verkehrsentwicklungspläne, Rahmenpläne und Verkehrskonzepte. Sie sind wichtige Ergänzungen der formellen Planung und geeignetes Mittel, Planungen verständlicher und transparenter zu machen. Schwerpunkt dieser informellen Instrumente ist die Konsensbildung und Beteiligung der unterschiedlichen Planungsträger und Betroffenen, um so die Umsetzung der Planung zu gewährleisten. Die erhöhte Transparenz kommt Behörden und Bürgern gleichermaßen zugute. Entgegen den formellen Planungen, die strengen Mustern folgen, erlauben informelle Planungen eine höhere Flexibilität in Bezug auf Planungsinhalte, aber auch hinsichtlich zeitlicher Abläufe und Formate.

Verkehrsplanerische Teilaspekte sind aus dem Kontext der städtebaulichen Gesamtplanung zu entwickeln. Die zum Teil unterschiedlichen Zielsetzungen von verschiedenen Fachbereichen müssen in Gesamtkonzepten zusammengeführt und gegeneinander abgewogen werden, hierfür ist eine entsprechend frühzeitige Abstimmung von Teilplanungen notwendig. Dabei setzen die strukturellen Überlegungen beim Gesamtzusammenhang des Stadtgefüges ein und führen bis hin zu der Einordnung einzelner Gebäude.

Um kontinuierlich Qualität in Funktion und Gestalt zu sichern, sind Stadträume mit integrierter Verkehrsfunktion auf der Basis von Ideenkonkurrenzen durch Wettbewerbe oder Mehrfachbeauftragungen zu planen, bauen und umzugestalten. So können zur Vorbereitung der gemeindlichen Planung von Maßnahmen im öffentlichen Raum die besten Lösungen für die Gestaltung von Verkehrsräumen und -bauwerken gefunden werden.

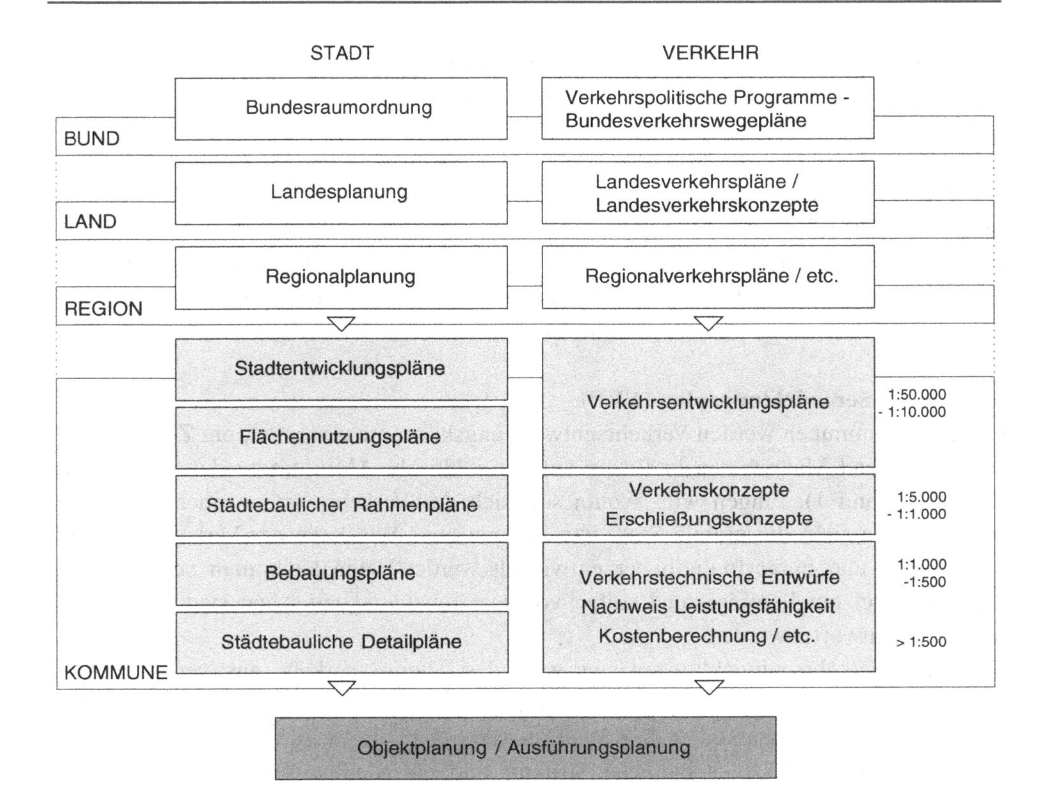

Abb. 2.7 Planungsebenen und -instrumente der Stadtverkehrsplanung. Städtebauliche und verkehrliche Belange werden auf unterschiedlichen Maßstabsebenen und in unterschiedlichen Planwerken behandelt. Neben den durch den Gesetzgeber vorgeschriebenen formellen Verfahren der Bauleitplanung nutzen die Kommunen sogenannte informelle Planungen. Aussagegrad und Tiefenschärfe orientieren sich am Maßstab der jeweiligen Planungsebenen

Integrierte Stadtentwicklungskonzepte (INSEK/ISEK)
Stadtentwicklungskonzepte gehören zu den informellen, die formelle Bauleitplanung der Kommune ergänzenden Planwerken. Sie bieten die Möglichkeit, unter Einbeziehung der Ziele und Vorstellungen öffentlicher und privater Akteure der Stadtentwicklung, zukünftige Entwicklungen als Ergebnis des Zusammenspiels unterschiedlicher Interessen zu verdeutlichen. Auf dieser Grundlage können Handlungsschwerpunkte definiert und strategische Rahmensetzungen formuliert werden (Albers und Wekel 2008, S. 59). Integrierte Stadtentwicklungskonzepte dienen der strategischen Ausrichtung, d. h. der Zielfindung der zukünftigen Stadtentwicklung und sollen auf kommunaler Ebene vorhandene Planungsvorstellungen und (sektorale) Konzepte bündeln, ggf. punktuell ergänzen. Ein Stadtentwicklungskonzept identifiziert Stärken und Schwächen einer Stadt in verschiedenen Bereichen und ermöglicht auf Basis der gewonnenen Erkenntnisse die Definition von Handlungsempfehlungen und planerischen Maßnahmen. Als ziel- und umsetzungsorientiertes strategisches Steuerungsinstrument bietet es einen

Orientierungsrahmen für die Stadt für die nächsten 10 bis 15 Jahre. Es werden räumliche und thematische Schwerpunkte definiert und integriert wie beispielsweise Wirtschaft, Soziales, Kultur, Städtebau, Ökologie u. a. Mit kooperativen Verfahren stimulieren Stadtentwicklungskonzepte sowohl bürgerschaftliches Engagement und Partizipation als auch marktorientierte Handlungsformen (z. B. städtebauliche Verträge, Public Private Partnership, privat-öffentliche Projektgesellschaften). Die Stadtentwicklungsplanung vermittelt zwischen räumlichen Ebenen sowie zwischen Fachplanungen bzw. Fachpolitiken. Man unterscheidet gesamtstädtische oder teilräumliche bzw. (teil)integrierte und sektorale Konzepte, die auf ausgewählte Teilräume oder thematische Schwerpunkte orientieren.

Der Verkehrsentwicklungsplan (VEP)

In vielen Kommunen werden Verkehrsentwicklungskonzepte erarbeitet, um Ziele, Handlungsfelder und Maßnahmen in Bezug auf die städtische Mobilität zu definieren (vgl. Kap. 1 in Band 1). Fragen wie: Wohin soll sich das Verkehrssystem einer Stadt entwickeln? Wie sieht die mobile Stadt von morgen aus? Wie kann der Verkehr umweltfreundlicher und bürgerfreundlicher entwickelt werden? Wie kann man verschiedene Verkehrsmittel gut kombinieren? sollen vor dem jeweils spezifischen stadträumlichen Kontext beantwortet werden.

In den Verkehrsentwicklungsplänen wird das Thema Verkehr aus verschiedenen Blickwinkeln betrachtet. Hier werden Strategien und Maßnahmen aufgeführt, um Mobilität und Erreichbarkeit in der Stadt zu verbessern. Es werden alle Verkehrsarten einbezogen sowie die städtebauliche Struktur und die Siedlungsentwicklung berücksichtigt. Im Fokus stehen die Förderung nachhaltiger Mobilität durch Verbesserungen für den Fuß-, den Rad- und den öffentlichen Nahverkehr sowie die Stärkung multimodalen Verhaltens, die Sicherung der Attraktivität einer Stadt als Wirtschafts-, Einkaufs-, und Kulturstandort durch Gewährleistung der guten Erreichbarkeit aus der Region. Auch die Abstimmung auf besondere stadträumliche Besonderheiten bzw. der Interessensausgleich mit städtebaulichen Anforderungen spielt im Verkehrsentwicklungsplan eine Rolle.

Rahmenpläne

Zu den informellen Planungen gehören auch die Rahmenpläne, die in ihrer Aussagenschärfe und in ihrem Maßstab zwischen Flächennutzungsplan und Bebauungsplan angesiedelt sind. Der Rahmenplan definiert die grundsätzlichen Entwicklungsziele für ein Plangebiet. Er bildet einen fachübergreifenden Orientierungsrahmen für die Vielzahl von Einzelmaßnahmen, die im Verlauf eines längeren Realisierungszeitraums umgesetzt werden sollen. Er trifft Aussagen zur Erschließung, zur baulichen Struktur, Dichte, Grün, sozialen Infrastruktur und Energieversorgung. Auf der Grundlage des Rahmenplanes können in einem weiteren Schritt die Bebauungspläne erarbeitet werden, die dann die für die Bebauung des Gebietes erforderlichen Baurechte schaffen. Als informelles Planwerk besitzt ein Rahmenplan ein hohes Maß an Flexibilität, die eine Anpassung an veränderte Gegebenheiten im Verlaufe des Verfahrens möglich macht, ohne das Leitbild aus den

Augen zu verlieren. Insofern ist er kein starres Konzept, sondern ein Handlungsrahmen, der die Richtung aufzeigt und im weiteren Verfahren fortzuschreiben und weiterzuentwickeln ist. Mit der Rahmenplanung ist beabsichtigt, die privaten und öffentlichen Belange frühzeitig zu integrieren, um eine zügige Umsetzung der beabsichtigten räumlichen Entwicklung zu gewährleisten. Ein Rahmenplan hat bindenden Charakter für das Verwaltungshandeln, ist jedoch nicht allgemein verbindlich.

Beispiel: Rahmenplan Durlacher Allee, Karlsruhe

Die Aufwertung der Stadteingänge gehört zu den prioritären Projekten des Integrierten Stadtentwicklungskonzepts von Karlsruhe. Die Durlacher Allee ist eine Hauptzufahrtsstraße von der Autobahn und einer der wichtigsten Stadteingänge Karlsruhes. Daher gilt den Entwicklungsflächen beidseits der Trasse das besondere Augenmerk. In einem mehrstufigen Planungsprozess soll ein Rahmenplan als Handlungskonzept für die Entwicklungsachse erarbeitet werden, der unabhängig von der aktuellen Verfügbarkeit der Flächen Perspektiven aufzeigt, um bei mittel- bis langfristigen Veränderungen im Rahmen eines stimmigen Konzeptes reagieren zu können. In einer Planungswerkstatt wurde drei interdisziplinären Planungsteams, bestehend aus Stadtplanern, Freiraum- und Verkehrsplanern, die Aufgabe gestellt, für dieses komplexe Thema Lösungen zu entwickeln (Stadt Karlsruhe 2014, S. 4).

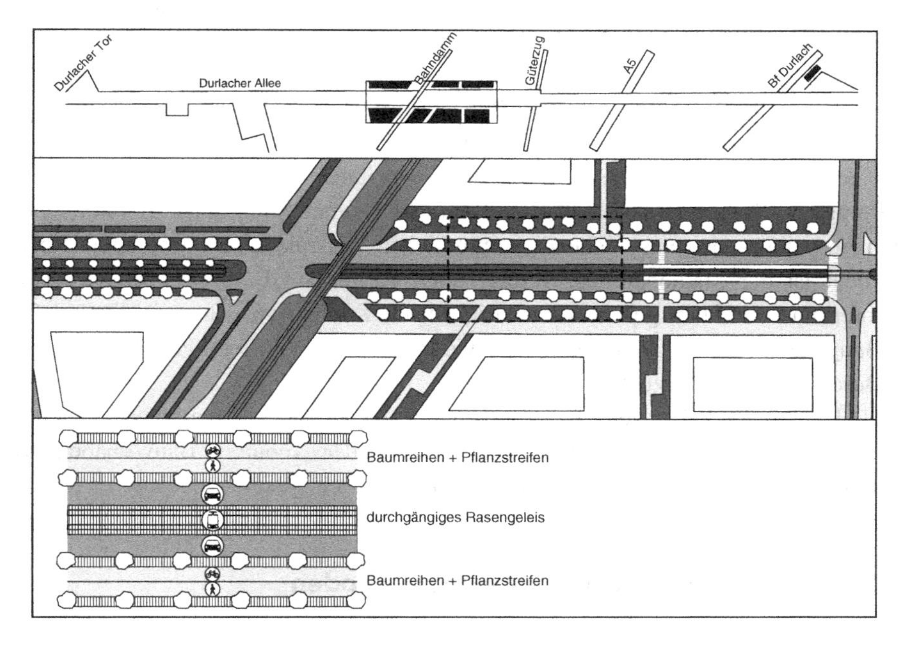

Abb. 2.8 Ziele und Konzeptansätze für die Entwicklung der Durlacher Allee und des stadträumlichen Umfeldes aus der Planungswerkstatt von büro berchtoldkrass space & options, Studio Urbane Strategien. (Grafik: Philip Flögel, auf Grundlage Stadt Karlsruhe 2014, S. 14)

Das Rahmenkonzept „Entwicklungsachse Durlacher Allee" des Teams berchtoldkrass space & options/Studio Urbane Strategien wertet die Gestaltung einer der wichtigsten Karlsruher Stadteinfallstraßen auf und bindet gleichzeitig die angrenzenden Stadträume in eine gesamthafte Konzeption ein (vgl. Abb. 2.8). Das stabile Grundgerüst für die zukünftige Entwicklung besteht aus drei eigenständigen Spangen unterschiedlicher Funktion und Gestaltung. Sie werden durch Sprossen zu einem Freiraumsystem verbunden und mit der Umgebung vernetzt: Die Durlacher Allee bildet als attraktiver Straßen- und Stadtraum das zentrale Element. Entlang der drei Spangen entwickelt das Rahmenkonzept spezifische Lösungen für die angrenzenden Flächen entsprechend ihrer Lage, Zugehörigkeit, Voraussetzungen und Stärken: In den Kernräumen stehen Projekte der Nachnutzung und Stadtergänzung im Vordergrund. Mit der Bebauung des alten Messplatzes beispielsweise wird ein neuer Stadteingang geschaffen. Durchgängige Freiraum- und Wegebeziehungen verknüpfen die Landschaftsräume mit den angrenzenden Siedlungskörpern (Stadt Karlsruhe 2014, S. 12–13). ◀

Satzungen und Städtebauliche Verträge

Neben den örtlichen Bauvorschriften nach der Landesbauordnung stehen weitere gesetzgeberische Möglichkeiten wie beispielsweise Gestaltungssatzungen oder Erhaltungssatzungen zur Verfügung. Erhaltungssatzungen dienen dem Erhalt der städtebaulichen Eigenart eines Gebietes. In einer Gestaltungssatzung können Anforderungen an die äußere Gestaltung der Gebäude und Anforderungen an Werbeanlagen formuliert werden. Denkmalschutzsatzungen zum Schutz des Orts-, Platz- und Straßenbildes werden vor allem in Kommunen mit historischer Bausubstanz erlassen. Diese Satzungen bieten kommunale Eingriffsmöglichkeiten bei baulichen Veränderungen durch private Eigentümer und Gewerbetreibende. Zahlreiche Kommunen haben Richtlinien für die Gestaltung und für Sondernutzungen im öffentlichen Raum beschlossen. Als kommunale Satzungen haben sie entsprechend verbindlichen Charakter. Ein weiteres Rechtsinstrument ist der Städtebauliche Vertrag nach § 11 BauGB, der zwischen privaten Investoren und der Stadt geschlossen wird, um im Kontext von Grundstücksverkäufen oder Baugenehmigungen Dienstbarkeiten wie beispielsweise öffentliche Zugänglichkeit oder Durchwegung sicherzustellen.

Viele Kommunen haben zur Unterstützung entsprechende Fachabteilungen entwickelt, die Gestaltungskriterien für städtebauliche Entwürfe oder exponierte Bauvorhaben sowie Gestaltungskonzepte für den öffentlichen Raum entwickeln (BBSR 2015a, b, S. 10).

2.2.4 Planungsprozesse und Entwurfsmethoden

Für die ganzheitliche Planung von Stadt gibt es verschiedene Ansätze, die zwar im Einzelnen unterschiedlich sind, denen jedoch die Abfolge logischer Schritte des Planungsvorgangs gemein sind und die man wie folgt definieren kann (vgl. Abb. 2.9).

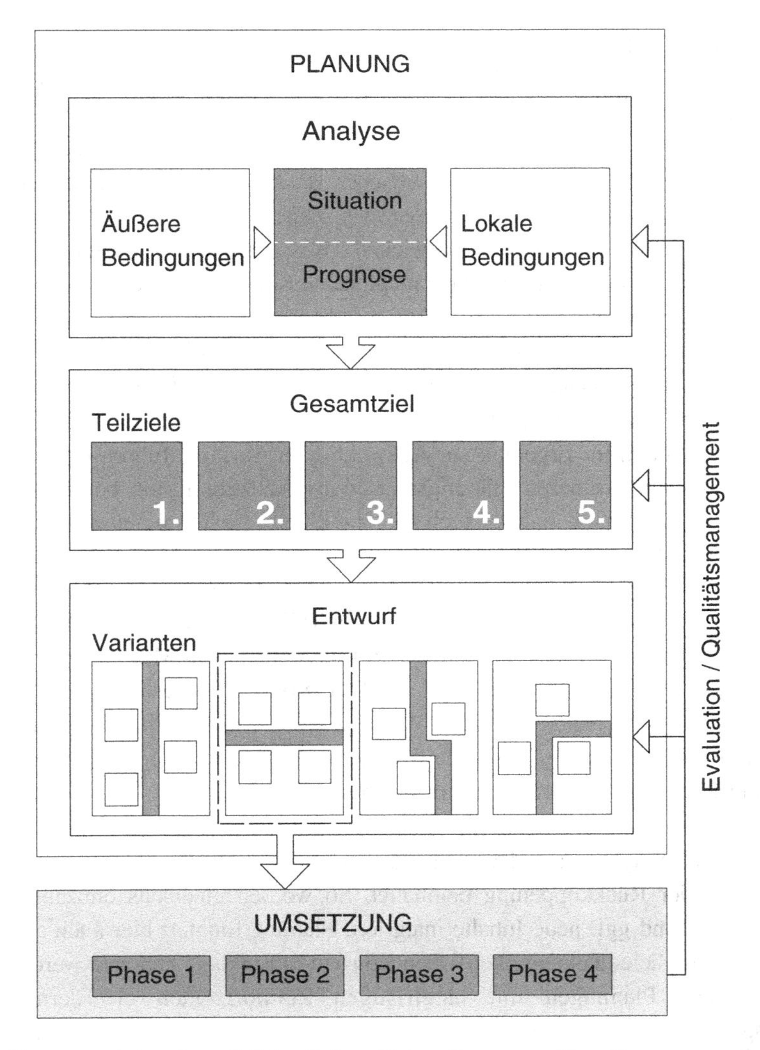

Abb. 2.9 Planungsschritte im städtebaulichen Entwurfsprozess. Der Planungs- und Entwurfsprozess gliedert sich in mehrere Schritte. Im besten Fall werden die Teilschritte und das Gesamtergebnis kontinuierlich evaluiert, sodass die hier gewonnenen Erkenntnisse zur Verbesserung führen

1. Bewertende Analyse und Aufgabendefinition:
   In einem ersten Schritt erfolgt die Analyse der sozialen, wirtschaftlichen und räumlichen Gegebenheiten in ihren statischen und dynamischen Aspekten. Ziele sind Erfassung, Verständnis und Bewertung der Situation und vorhandener Wirkungszusammenhänge. Vorgehensweise und Maßstabsebene der Analyse stehen in Abhängigkeit von Planungsgebiet und seinem Umfeld. Zur Bewertung gehört nicht nur die zum Analysezeitpunkt vorhandene Situation, sondern auch die Ermittlung von Bedarfen, erkennbaren Veränderungstendenzen und prognostischen Entwicklungen.

2. Zieldefinition und Leitbildentwicklung:
   Aus den in der bewertenden Analyse gewonnenen Erkenntnissen sind Ziele zu formulieren und entsprechend zu priorisieren. Sie reichen von gesellschaftspolitischen Oberzielen über strategische Ziele bis hin zu konkret messbaren Planungsvorgaben. Aus diesen Zielen ist ein Leitbild zu entwickeln, das den planerischen Handlungsrahmen definiert (vgl. Kap. 4 in Band 1). Das Leitbild wird im Rahmen des städtebaulichen Entwerfens als bildhafte Vorstellung eines räumlichen Zieles entwickelt. Es ist maßstabsunabhängig und kann sich wohl auf einen lokalen als auch auf einen regionalen Kontext beziehen.
3. Entwurf und Entwicklung von Alternativen:
   Der nächste Planungsschritt umfasst das Ausloten von Handlungsspielräumen und den Vergleich von Lösungsansätzen. Hierzu werden alternative Entwürfe erarbeitet. Die Abwägung von Entwurfsvarianten ist auf Grundlage von zu entwickelnden Kriterien zu treffen. Sie kann im Ergebnis zur Auswahl einer Variante führen oder zu der Entscheidung, zu einer früheren Planungsphase zurückzukehren, um beispielsweise eine neue Variante zu entwickeln oder auch den Handlungsspielraum neu zu definieren.
4. Umsetzung der Planung und Realisierung:
   Auf Grundlage festgelegter Kriterien und deren Gewichtung erfolgt die Entscheidung für eine Planungslösung. Es erfolgt die Verwirklichung des Plans mit den jeweils angemessenen rechtlichen, wirtschaftlichen und technischen Mitteln. Die Umsetzung kann in der Anwendung eines strategischen Konzeptes bestehen, aber auch ein detailliertes Bebauungskonzept sein. Wichtiges Element im Planungsprozess ist die Evaluation, d. h. die Erfolgskontrolle bzw. Bewertung der erfolgten Realisierung, die dann in nächste Planungsprozesse einfließen kann.

Es ist zu berücksichtigen, dass der Planungsprozess nicht linear abläuft, sondern immer wieder Schritte der Rückkoppelung beinhaltet. So werden einerseits einzelne Planungsschritte überprüft und ggf. neue Inhalte integriert. Planung fungiert hier auch als Kontrollinstrument, ob die Ziele in einem räumlichen Konzept in Einklang gebracht werden können.

Städtebauliche Planungen mit langfristigen Zeithorizonten erfordern oft neue Überlegungen, die Planänderungen erforderlich machen. So sind die Pläne nicht als Umsetzung fertiger Endzustände zu verstehen, sondern vielmehr als strategisch ausgerichtete Planwerke, die den dynamischen Entwicklungs- und Veränderungsprozessen Rechnung tragen. Vor diesem Hintergrund ist sicherzustellen, dass auch die jeweiligen Zwischenzustände bzw. die einzelnen Planungsetappen jede für sich funktionsfähig und qualitätsvoll sind.

2.3 Gestaltung von städtischen Verkehrsräumen

2.3.1 Aufgaben und Funktionen öffentlicher Räume

Verkehrsräume und -bauwerke prägen die Gestalt der Städte in wesentlichem Maße, ihre Gestaltung erfordert entsprechende Aufmerksamkeit und Sorgfalt, die über die Erfüllung technischer Anforderungen weit hinaus geht.

Öffentliche Räume in der Stadt sind soziale Räume der Begegnung und Kommunikation. Darüber hinaus erfüllen öffentliche Räume ökonomische, geistige und körperliche Bedürfnisse der Menschen. Sie sind Handlungs- und Orientierungsräume und Orte der Identifikation. Mit ihrer physischen, sozialen und zeitlichen Dimension bilden sie den gegenständlichen und zugleich auch geistigen Rahmen der Lebenswelt der Menschen. Der öffentliche Raum bildet das Rückgrat der Stadt, ist Image- und Identitätsgeber. Er bildet Adressen in der Stadt aus und ist Impulsgeber für weitere Entwicklungen. Öffentliche Räume übernehmen viele Aufgaben, die eine Stadt erst funktionstüchtig – und letztlich auch lebenswert – machen. Sie bieten den Menschen über die private Wohnung hinaus einen wichtigen Lebensraum, sind Träger städtischen Lebens. Trotz der oft diskutierten Gefährdung öffentlicher Räume durch die Auswirkungen neuer Kommunikationsmedien sind sie immer noch essenzielle Träger von Stadtkultur und öffentlichem Leben. Die Qualität öffentlicher Räume ist ein Gradmesser für Lebensqualität und wird ohne Frage über die Zukunftsfähigkeit der Städte ganz wesentlich mitentscheiden (Engel 2004, S. 12).

Auch Verkehrsräume sind öffentliche Räume, die den Stadtraum prägen. Innerstädtische Straßen müssen mehrere Funktionen übernehmen: Sie sind (Fort)Bewegungsfläche, Aufenthaltsbereich, Erholungsbereich, Ort der Begegnung und des Austauschs. Straßenräume sollen Orientierung fördern und eine Vielzahl von möglichen Aktivitäten und Kommunikation ermöglichen. Sie dienen der flächigen Erschließung der Stadtteile und der direkten Erschließung der anliegenden Grundstücke. Als Verkehrsflächen müssen Straßen unterschiedliche Verkehrsmittel aufnehmen, den privaten motorisierten Verkehr sowie öffentliche Verkehrsmittel, Radfahrer wie Fußgänger. Hinzu kommt der ruhende Verkehr. Daneben finden auf Straßen, je nach Typologie auch andere, vielfältige Nutzungen statt, die jede für sich eigene Flächenbedarfe beanspruchen und bisweilen andere Nutzungen beeinträchtigen: Außengastronomie, Warenpräsentation, Werbung, Wochenmärkte, kulturelle Veranstaltungen und Großereignisse, Spiel und Sport, Freizeit und Erholung. Die Vielzahl der Nutzungen mit ganz unterschiedlichen Anforderungen kann zu Nutzungskonkurrenzen und -konflikten, Beeinträchtigung durch Lärm und Abgase sowie visuelle und räumliche Barrierewirkungen führen (BBSR 2015a, b, S. 58). Die Festlegung vieler Straßenräume auf den zumeist motorisierten Verkehr schränkt ihre Benutzbarkeit abseits verkehrlicher Belange in hohem Maße ein. Gleichzeitig sind viele öffentliche Räume nicht so gestaltet, das sie vielfältige Nutzungen unterstützen, zum Verweilen, Spielen und Kommunizieren einladen. Nach Möglichkeit sollten öffentliche Räume auch Nischen und damit die Möglichkeit für Ungeplantes und individuelle Aneignung bieten (vgl. Abb. 2.10).

Nutzungskonzepte für öffentliche Räume

In öffentlichen Räumen versammelt sich die Stadtgesellschaft. Es sind Räume, in denen sich die Menschen weitgehend frei, ohne direkte „Programmierung“ des Ortes bewegen können. Die Vielzahl von Nutzungsansprüchen, aber auch die verschiedenen kontextuellen Rahmenbedingungen führen in Kommunen zu Überlegungen, auch

Abb. 2.10 Potenzial öffentlicher Räume – Aneignung öffentlicher Platz- und Straßenräume im Rahmen des Seminars „Discuss Cities" in Karlsruhe im SS 2015 (Fotos: ISTB, KIT). Mit temporären Interventionen durch die Studierenden werden öffentliche Räume umgestaltet und umgenutzt. Es entstehen neue und überraschende Qualitäten

öffentlichen Räumen Nutzungen zuzuweisen bzw. auch Nutzungen auszuschließen und Nutzungskonzepte für öffentliche Räume zu entwickeln. Auf Grundlage einer genauen Betrachtung und Beschreibung des vorhandenen bzw. zukünftig geplanten Charakters des Ortes werden Nutzungsprofile für den jeweiligen Raum erstellt. Darauf basierend werden Veranstaltungen zugelassen oder ausgeschlossen. Dies führt nicht nur zum Abbau von Konflikten im öffentlichen Raum, sondern unterstützt die funktionale und gestalterische Profilierung von Ort, Quartier und Stadt.

2.3.2 Typologien von Straßen- und Platzräumen

Plätze und Straßen bilden zusammen das Grundgerüst öffentlicher Räume in einer Stadt. Sowohl Straßen als auch Plätze können nach ihrer Nutzung und Bedeutung (Hierarchie) oder nach ihrer Geometrie und architektonischem Gestaltungsbild klassifiziert werden. Denn für die Gestaltung dieser Räume ist entscheidend, welchen Rang der Raum innerhalb des gesamtstädtischen Kontextes (Stadt, Stadtteil, Nachbarschaft) einnimmt und wie er durch seine (angrenzenden) Nutzungen determiniert ist. Städtische Plätze sind Empfangs- und Torräume, Durchgangs- und Querungsbereiche, Markt- und Festplätze, Ruhe- und Verweilorte. Sie unterscheiden sich in ihren räumlichen Ausprägungen und geometrischen Formen, sind eher offen oder mehr geschlossen, enger, weiter, ruhiger, lauter, besitzen unterschiedliche Öffentlichkeitsgrade. Mit ihren unterschiedlichen Formen und räumlichen Ausprägungen spielen sie in der Morphologie der Stadt eine wichtige Rolle.

Für Straßen kann eine Typisierung aufgrund der Verkehrsart vorgenommen werden (Autobahnen, Hauptstraßen, verkehrsberuhigte Straßen, Radwege, Fußgängerzonen). Auch die Nutzung der anliegenden Bebauung spielt bei der Typisierung eine Rolle, so kann man u. a. in Hauptgeschäftsstraßen und Wohnstraßen unterscheiden (Lunecke 2005, S. 12). Die RIN unterscheiden in Straßentyp (Autobahn/Landstraße/Stadtstraße), Lage (außerhalb, im Vorfeld und innerhalb bebauter Gebiete), Straßenumfeld (anbaufrei, angebaut) und Stadtstraßenart (Hauptverkehrs-/Erschließungsstraße). Die Straßenkategorie ergibt sich im Kontext der Straßennetzgestaltung (vgl. Kap. 3) aus der Verknüpfung von Verbindungsfunktionsstufe und Kategoriengruppe (Lippold 2016, S. 600 ff.).

Als prägnante Typologien, die sich im Laufe der Geschichte herausgebildet haben, kann man folgende nennen (Pesch und Werrer 2010, S. 208):

Gasse
Bezeichnet einen schmalen Straßenraum zwischen eng beieinander stehenden Häusern. Gassen haben in der Regel nur eine eingeschränkte Erschließungsfunktion, da ihr schmaler Querschnitt nur bedingt für Fahrzeugverkehr geeignet ist.

Arkadenstraße
Von Arkaden (lateinisch arcus = Bogen) gesäumter Gang oder Straße. Die Arkaden bieten dem Fußgänger einen geschützten Raum.

Allee/Boulevard
Unter einer Allee oder auch Boulevard versteht man einen von Bäumen flankierten repräsentativen Straßenraum.

Promenade
Als Promenade (französisch: se promener = spazieren) bezeichnet man einen Straßenraum, der speziell für den Spaziergang und damit „großzügig“ ausgebaut ist und sich zur (Stadt) Landschaft öffnet, z. B. einem Gebirgspanorama, einem Fluss, See oder Meer.

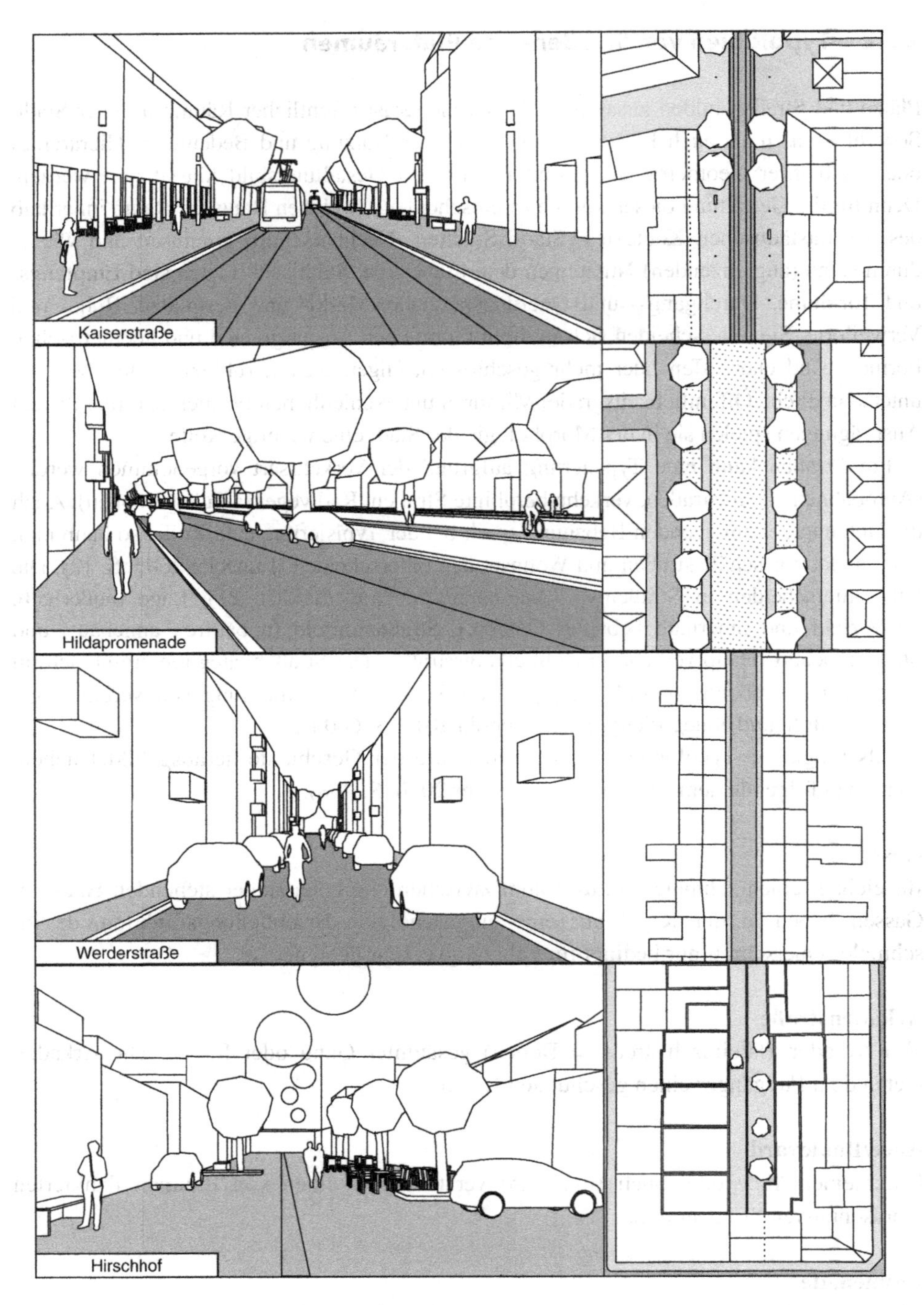

Abb. 2.11 Beispiele besonderer Straßenräume in Karlsruhe: Die Kaiserstraße mit Arkaden, die Hildapromenade mit mittig verlaufendem Flanier- und Spielbereich, die Werderstraße als Stadt- und Fahrradstraße und der Hirschhof als Anlieferungs- und Aufenthaltsbereich zugleich. (Grafik: Philip Flögel)

Passage
Als Passage bezeichnet man einen überdeckten Durchgang, der durch einen Gebäudekomplex oder Häuserblock führt. Die Passage hat sich im Paris des 18. und 19. Jahrhunderts zu einem eigenständigen Bautypus entwickelt (Abb. 2.11).

Beispiel: Plätze in Karlsruhe

Karlsruhe besitzt eine große Zahl öffentlicher innerstädtischer Freiflächen mit unterschiedlichen Grundformen und räumlichen Qualitäten (vgl. Abb. 2.12). Diese entstehen durch das Aufweiten von Straßenräumen oder das Auslassen von Baublöcken im Stadtgrundriss, der in Karlsruhe durch die Schlossstrahlen und ihre Querachsen geprägt ist. Vom Schlossplatz nach Süden entwickelte sich gegen Ende des 18. Jahrhunderts die „via triumphalis", eine zentrale Achse von Platzfolgen, die durch die Anordnung verschieden geformter öffentlicher Räume gebildet wurde. Einige Freiräume resultieren auch aus dem Verlauf des Landgrabens, eines offenen Entwässerungsgrabens, der später zu einem Abwasserkanal umgebaut wurde. Beispiele für eine Reihe schrägwinkliger Platzzuschnitte sind der Ludwigsplatz oder der heutige Lidellplatz, der als Mittelpunkt der ersten Stadterweiterung Karlsruhes nach Südosten noch vor dem Marktplatz entstand.

Die Plätze in Karlsruhe bieten durch ihre individuelle Form und die Lage an wichtigen Punkten im Straßennetz gute Orientierungsmöglichkeiten in der Stadt (vgl. Abb. 2.13). Die Plätze am Rande der Innenstadt wie beispielsweise das Mühlburger

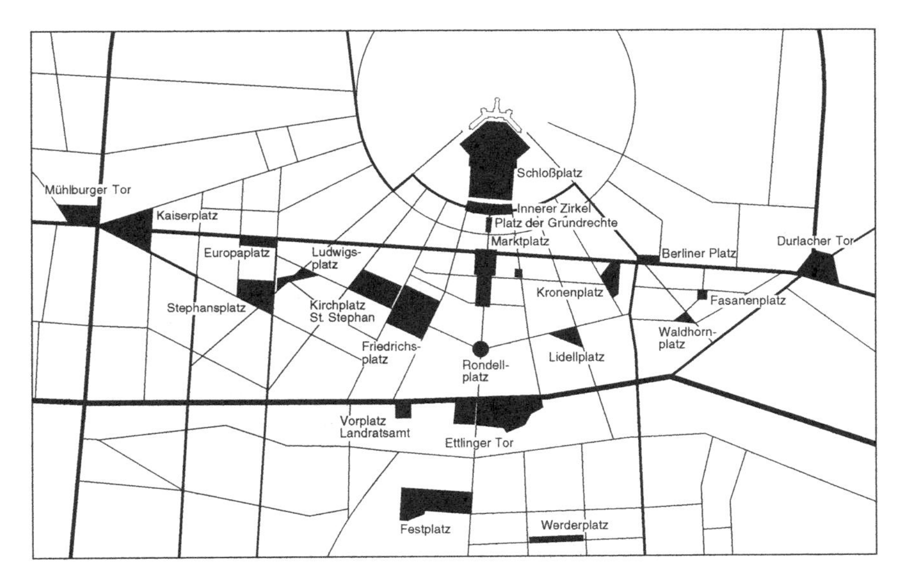

Abb. 2.12 Übersicht der Platzräume im Innenstadtbereich von Karlsruhe. Die Vielzahl der räumlichen Gestalt von Platzräumen prägt unterschiedliche, besondere Charaktere von Quartieren und Stadtteilen; die individuelle Form und Lage unterstützen die Orientierung. (Grafik: Philip Flögel)

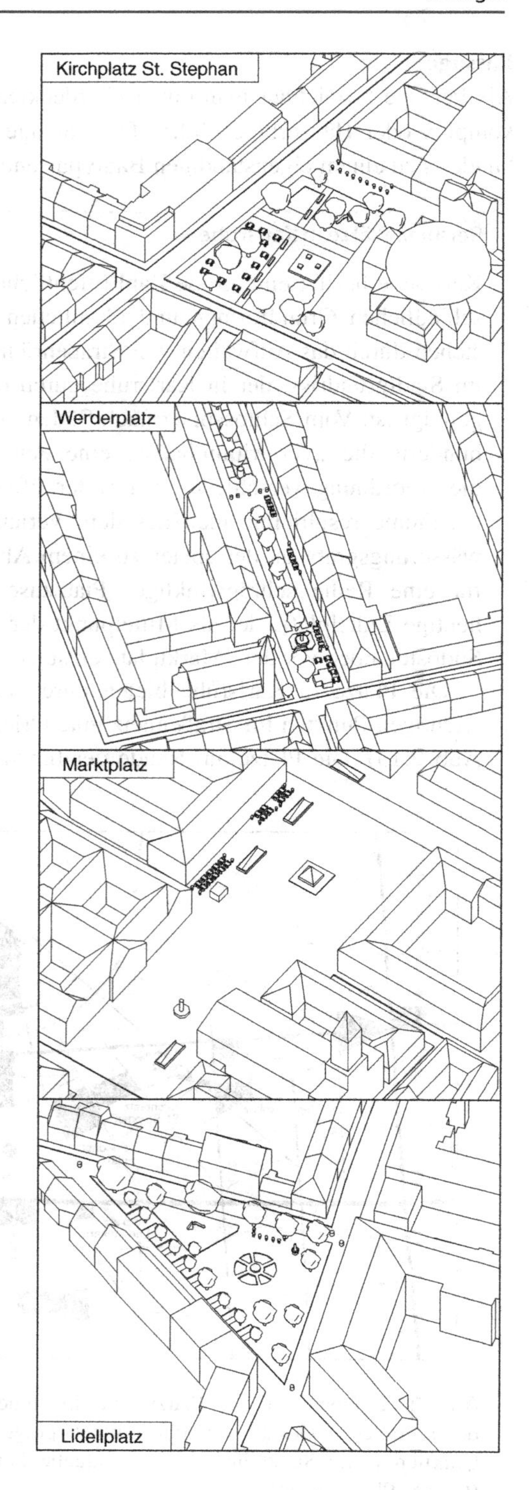

Abb. 2.13 Die Gestalt von Platzräumen schafft räumliche Identitäten im Quartier – Lidellplatz, Marktplatz, der Kirchplatz St. Stephan und der Werderplatz bilden im Stadtraum besondere Orte. (Grafik: Philip Flögel)

Tor und das Durlacher Tor bildeten mit ihren Toren die Eingänge zur vorindustriellen Stadt. Im späten 19. Jahrhundert dienten neue Platzanlagen in den großbürgerlichen Quartieren vor allem der Zierde und der Präsentation von Bauten. Gleichzeitig entstanden in den dichten Stadterweiterungsgebieten Plätze, um die Belichtung und Belüftung in den engen Gründerzeitquartieren sicherzustellen. Der Siedlungsbau im ersten Viertel des 20. Jahrhunderts entdeckte den Platz als funktionalen und gestalterischen Mittelpunkt. Mit der Altstadtsanierung und im Rahmen von Quartierserneuerungen wurden Plätze umgebaut (Einsele und Kilian 1997, S. 129). Mit dem Platz der Grundrechte und dem Kirchplatz St. Stephan konnten in jüngerer Zeit zwei neue Stadtplätze geschaffen werden. ◀

2.3.3 Anforderungen an die Gestaltung

Bewusst gestaltete, gepflegte öffentliche Räume sind ein Teil der urbanen Kultur und erfordern entsprechende Aufmerksamkeit bei ihrer Planung und Gestaltung. Die Gestaltungsaufgaben städtischer Verkehrsräume umfassen die Straßen, Rad- und Fußwege, die Plätze und Fußgängerzonen, aber auch die Flächen für den ruhenden Verkehr, die Gestaltung von Parkhäusern und -plätzen, von Carports und Garagen, Verkehrsbauwerke wie Fußgängerunterführungen oder Brücken oder die Einrichtungen des öffentlichen Nahverkehrs wie Straßenbahnstrecken und deren Haltestellen, aber auch Lärmschutzanlagen, Leitsysteme und Stadtmöbel.

In einer Gesellschaft mit hohen Mobilitätsansprüchen müssen städtische Verkehrsräume so gestaltet werden, dass sie einerseits die verkehrlichen Belange in Bezug auf den privaten und öffentlichen Verkehr bewältigen und gleichzeitig den Ansprüchen in Bezug auf die Nutzbarkeit als öffentliche Räume hoher Qualität genügen können. Verkehrsinfrastrukturen sind als Räume mit urbanen Qualitäten zu entwerfen. Verkehrsräume werden als Stadträume gestärkt, wenn sie die unterschiedlichen Verkehrsarten in Einklang mit dem städtebaulichen Umfeld bringen und umgekehrt stärken hochwertige Verkehrsräume den baukulturellen Wert und damit auch die Identität einer Stadt.

Planungen für städtische Verkehrsräume sind komplex, weil sie einerseits hohe Anforderungen in Bezug auf Verkehrsfluss und -sicherheit haben und darüber hinaus viele gestalterische Aspekte, die sich aus der stadträumlichen Situation mit ihrem Kontext ergeben. Es ist erforderlich, den Spielraum der Gestaltung in Auseinandersetzung mit den notwendigen technischen Vorgaben auszuloten, um eine hochwertige Gestaltung des öffentlichen Raumes zu erhalten. Dies gilt auch für die Straßenräume, deren Gestaltung nicht auf die Erfüllung technischer Regelwerke reduziert werden darf. Bei der Gestaltung von Verkehrsräumen müssen Flächennutzungen der einzelnen Verkehrsteilnehmer auch in Bezug auf die jeweilige Intensität und damit Belastung berücksichtigt werden.

Die verstärkte Bedeutung von immateriellen und gestalterischen Zielen gegenüber den verkehrlich-funktionalen tragen auch die „Empfehlungen zur Straßenraumgestaltung innerhalb bebauter Gebiete“ (ESG) Rechnung, die empfehlen, die Straßenraumentwürfe für innerörtliche Straßen mit hoher Gestaltqualität durch stadtplanerische Fachbeiträge zu ergänzen (FGSV 2011).

Orientierung und Identität
Straßen- und Platzräume prägen das Bild und damit das Image einer Stadt. Sie tragen wesentlich zum Stadtbild, aber auch zur Orientierung innerhalb der Stadt bei. Hierzu ist es einerseits wichtig, Hierarchien von Straßen und Plätzen herauszuarbeiten wie auch unverwechselbare, ortstypische Eigenschaften zu unterstützen. Aus dem stadträumlichen Kontext ergeben sich Orte, die besonderer Aufmerksamkeit bedürfen, wie Kreuzungspunkte an wichtigen Verkehrsachsen und -verbindungen oder Stadt- bzw. Quartierseingänge. Der Raum muss so viel Charakteristik aufweisen, dass er erkennbar und unterscheidbar von anderen Räumen ist, die Wiedererkennbarkeit spielt eine wichtige Rolle.

Identifikation und Aneignung
Straßen- und Verkehrsräume sind auch Repräsentationsräume und Bedeutungsträger. Sie transportieren über ihren symbolischen Inhalt Werte und sind damit wichtiger Träger der Stadtkultur. Sie bilden gesellschaftliche Bezugspunkte und sollen dem Einzelnen eine Vielfalt von Identifikationsmöglichkeiten bieten. Verkehrsräume sollten so gestaltet werden, dass sie durch individuelle Aneignung und Gestaltung Möglichkeiten zur individuellen, spontanen und damit flexiblen Nutzung bieten. Sie müssen so gestaltet sein, dass sie das Interesse zur Teilnahme am öffentlichen Leben wecken und die Identifikation mit der Stadt fördern. Eine Gestaltung von Platz- und Straßenräumen, die in Dimensionierung, Materialität und Ausstattung dem Charakter des Quartiers entspricht, unterstützt die Ausbildung einer entsprechenden räumlichen Identität.

Schönheit und Gestaltqualität
Öffentliche Räume wirken als strukturelle Wesensmerkmale des Stadtkörpers. Der öffentliche Raum muss nach ästhetischen Kriterien gestaltet werden. Dabei darf Schönheit nicht mit Harmonie gleichgesetzt werden, sie kann auch durch Brüche, Dissonanzen, die Sichtbarkeit unterschiedlicher Zeitschichten und Bedeutungsebenen entstehen. Eine angemessene Maßstäblichkeit und Zugänglichkeit wie auch die Form spielen eine wichtige Rolle.

Vernetzung und Zugänglichkeit
Entscheidend für die Funktionsfähigkeit einzelner Stadträume sind ihre Erreichbarkeit, die Zugänglichkeit sowie die Vernetzung untereinander. Der öffentliche Raum einer Stadt muss ein vernetztes Gesamtsystem bilden, in dem die einzelnen öffentlichen Räume unterschiedlichen Raum- und Nutzungscharakters auf möglichst vielfältige Weise miteinander in Beziehung stehen.

Komfort und Sicherheit
Sicherheit ist eine Voraussetzung von Lebensqualität. In öffentlichen Räumen umfasst Sicherheit einerseits die objektive Sicherheit, wie den Schutz vor Verkehrsrisiken, Kriminalität und schädlichen Umwelteinflüssen, und andererseits das subjektive Sicherheitsgefühl. Erforderlich sind Räume, die Verkehrssicherheit und subjektiv empfundene Sicherheit, Attraktivität und Komfort bieten – auch für mobilitätseingeschränkte Verkehrsteilnehmer.

2.3.4 Gestaltungsparameter

Anforderungen an die Gestaltung von Straßenräumen ergeben sich nicht nur aus den verkehrlichen Erfordernissen, vielmehr sind neben verkehrstechnischen auch städtebauliche und gestalterische, wirtschaftliche und ökologische Aspekte zu berücksichtigen. Für den Entwurf von Verkehrsbauten und -infrastrukturen sind Ingenieure, Architekten, Stadt- und Landschaftsplaner gleichermaßen verantwortlich (Venhoeven und Doeschate 2013, S. 44). Die verschiedenen Arbeitsweisen und Lösungsansätze der unterschiedlichen Fachdisziplinen von Verkehrsplanern, Städtebauern und Architekten müssen aufeinander abgestimmt werden. Dies erfordert zum einen die Zusammenarbeit der entsprechenden Fachabteilungen in den Stadtverwaltungen, zum anderen dürfen Straßenraumentwürfe nicht nur als Ingenieurleistung beauftragt werden, sondern sind von Anfang an in Zusammenarbeit mit Städtebauern und Landschaftsarchitekten zu entwickeln.

Bürger und Anwohner sind – als Nutzer und Betroffene – bei der Gestaltung von Straßen in angemessener Form zu beteiligen (vgl. Kap. 13 in Band 2). Durch Einbezug der Bürger in den Planungsprozess werden soziale Konflikte minimiert und die Bürger ggf. zur Mitarbeit angeregt. Durch die frühe und kontinuierliche Abstimmung mit den Bürgern wird die Akzeptanz von Planungsergebnissen in aller Regel erhöht.

Beim Entwurf von innerstädtischen Verkehrsräumen geht es darum, eine weitgehende Verträglichkeit der verschiedenen Nutzungsansprüche untereinander unter Berücksichtigung gestalterischer, wirtschaftlicher und ökologischer Belange zu gewährleisten. Gleichzeitig sind die Belange der verschiedenen Verkehrsteilnehmer, die sich mit unterschiedlichen Geschwindigkeiten im Straßenraum bewegen, zu berücksichtigen. Die derzeit geltenden FGSV-Richtlinien betonen die Bedeutung des ÖPNV und der nichtmotorisierten Verkehrsarten (FGSV 2007). Planung und Entwurf von innerstädtischen Straßen sind demnach an Zielsetzungen auszurichten, die sich aus den unterschiedlichen Funktionsfähigkeiten und Charakteristiken von Stadtgebieten ergeben. Eine ausgewogene Berücksichtigung aller Nutzungsansprüche beginnt damit, die Ansprüche des MIV in Bezug auf Komfort und Geschwindigkeit zu reduzieren, um den Fußgänger und Radverkehr und den ÖPNV zu fördern. Barrierefreiheit ist für mobilitätseingeschränkte Personen herzustellen, was bisweilen zu unterschiedlichen Gestaltungsanforderungen führt. Dies gilt besonders für die Oberflächen von Wegen: Die meisten Menschen, besonders aber Nutzer von Rollstühlen und Rollatoren, wollen eine möglichst ebene und strukturfreie Oberfläche ohne Kanten und Stufen, während beispielsweise blinde Personen auf Strukturen und Kanten im Belag angewiesen sind, um sich orientieren zu können.

Um funktional und gestalterisch überzeugende Entwurfslösungen zu erhalten, sind zudem die aus Verbindungsfunktionsstufe und gesamtgemeindlicher Netzplanung resultierenden überörtlichen Nutzungsansprüche mit örtlichen Nutzungsansprüchen wie Fußgängerlängsverkehr, Fußgängerquerverkehr, soziale Ansprüche, Radverkehr, fließender und ruhender Kfz-Verkehr, Liefern und Laden, ÖPNV, Begrünung, Ver- und Entsorgung, Sonderverkehre abzustimmen (Lippold 2015, S. 565).

Die EAHV weisen in zahlreichen Kapiteln auf die Bedeutung straßenraumgestalterischer Aspekte hin (vgl. Kap. 4). In den Richtlinien für die Anlage von Stadtstraßen (RASt 06) werden typische Entwurfssituationen, wie beispielsweise „Dörfliche Ortsdurchfahrt" über „Hauptgeschäftsstraße", „Quartiersstraße", „Wohnstraße", „Industriestraße" u. a. erfasst, die eine gute Grundlage und Orientierung für die Gestaltung von Straßenräumen bieten. Darüber hinaus wird der individuelle Straßenraumentwurf für besondere Entwurfsaufgaben (mit Entwurfshilfen bezüglich der Nutzungsansprüche, Elementkatalog usw.) benannt. Unter Angabe von Randbedingungen aus Nutzungsansprüchen des Fußgänger-, Rad- und ruhenden Verkehrs, Bedeutung im ÖPNV, Kfz-Verkehrsstärke und Straßenraumbreite werden geeignete Querschnitte oder Querschnittskombinationen empfohlen (Lippold 2015, S. 560 ff.).

Mit ihren vielfältigen funktionalen und räumlichen Bezügen zu ihrer Umgebung kann es für Verkehrsräume jedoch keine fertigen Rezepte oder allgemeingültigen Entwurfsvorschläge zur Realisierung von Straßen und Plätzen geben. Vielmehr erfordert die Neuplanung oder Umgestaltung eines Verkehrsraumes jedes Mal ein genaues Hinsehen auf den räumlichen Kontext sowie auf die gewünschte oder geplante zukünftige Nutzung.

Die Gestaltung einer Straße betrifft die angemessene Breite wie auch die Querschnittsaufteilung in ihrer Gliederung und Differenzierung (ggf. auch mit Höhenunterschieden) genauso wie ihre Materialität und Farbe der Oberfläche. Darüber hinaus bestimmen auch das Umfeld mit seinen Nutzungen sowie die begrenzende Randbebauung mit Bauvolumen und Fassaden und den Übergangsbereichen zwischen (privatem) Gebäude und (öffentlichem) Straßenraum, Ausstattungselemente, Begrünung sowie die Beleuchtung eine Rolle bei der Planung.

Im Unterschied zu früheren Planungsprioritäten werden in den ESG die Seitenräume nicht mehr nur nachrangig nach den vorab – entsprechend dem erwarteten Verkehrsaufkommen – festgelegten Fahrbahnbreiten bemessen, sondern erst auf ihre erforderliche Bemessung geprüft, sodass ggf. auch die Fahrbahnbreiten entsprechend den funktionalen und räumlichen Anforderungen der Seitenräume angepasst werden müssen (FGSV 2011, S. 33 ff.).

Kontext und Genius Loci

Die städtebauliche Bedeutung von Plätzen und Straßen ergibt sich aus dem stadträumlichen Kontext, der Nutzungsstruktur und der baulich-gestalterischen Qualität des Umfeldes. Damit ergeben sich auch die Anforderungen für deren Gestaltung aus dem jeweiligen Charakter des Ortes, d. h. Verkehrsräume sind dem Kontext angemessen, den Begabungen und Besonderheiten des Ortes entsprechend zu gestalten. Stadträumliche Qualitäten und Besonderheiten sollen herausgearbeitet werden. Ob mittelalterlicher Stadtkern, gründerzeitliches Quartier, modernes Geschäftsviertel oder ein Quartier am Stadtrand – der vorhandene Gebietscharakter in der Summe seiner städtebaulich-historischen Bezüge, die Besonderheiten einzelner Gebietstypen geben wesentliche Rahmenbedingungen vor, die bei der Planung zu berücksichtigen sind. Auch die ESG verweisen in ihrem Grundlagenabschnitt auf die Wichtigkeit der Berücksichtigung historischer Strukturen und gehen auf die Besonderheit der Gebietstypen ein (FGSV 2011, S. 15–22, 85–91).

Nutzungen der den Straßenraum begrenzenden Gebäude beeinflussen maßgeblich die Nutzungsansprüche und damit Gestaltanforderungen der öffentlichen Räume. Randnutzungen stehen in enger Wechselwirkung mit dem öffentlichen Raum, z. B. durch die Qualität und das Niveau von Einzelhandel und Gastronomie, durch Verkehrstrassen mit Barrierewirkung und Lärmemissionen, durch den Baustil und Zustand von Immobilien oder durch Leerstände und Brachflächen. Die Bebauung von Straßen- und Platzrändern hat maßgeblichen Einfluss auf deren Nutzung. Plätze und Straßen werden vor allem dann belebt sein, wenn sie von seinen Rändern her bespielt werden, d. h., wenn dort Geschäfte, Dienstleistungen, Gastronomie und öffentliche Nutzungen vorhanden sind, die mit dem öffentlichen (Straßen- oder Platz)Raum kommunizieren. Doch ist nicht nur die Nutzung des an den Straßenraum direkt angrenzenden Gebäudes relevant. Entwurfsrelevante Veränderungen und Entwicklungen können sich auch aus vorhandenen oder geplanten Nutzungen aus dem Umfeld ergeben (BBSR 2015a, b, S. 459).

Raumbegrenzungen und Geometrie

Für öffentliche Räume müssen bauliche, vegetative oder topografische Grenzen definiert und von anderen öffentlichen oder privaten Räumen abgegrenzt sein. Damit werden auch Eingänge zu diesen Räumen besonders wichtig, bekommen Gestalt und Qualität von Grenzen und Toren eine besondere Bedeutung. Um die Straße als Stadtraum erleben zu können, ist ein ausgewogenes Verhältnis von Straßenbreite und Gebäudehöhe anzustreben. Damit Fußgänger sich wohlfühlen, müssen die Seitenräume in einem angenehmen Breitenverhältnis zur Fahrbahn stehen. Im Handbuch für Straßen- und Verkehrswesen wird eine Aufteilung von 30:40:30 empfohlen (Lippold 2015, S. 629 ff.). Diese Angabe kann jedoch nur als Orientierung dienen und ist mit der verkehrlich notwendigen Fahrbahnbreite abzugleichen. Am besten ist dieses Verhältnis, bei dem beispielsweise auch das Volumen der Baumkronen zu berücksichtigen ist, im Einzelfall empirisch zu ermitteln (Kölz 2010, S. 237).

Aus dem Verlauf des Straßenraumes ergeben sich weitere Rahmenbedingungen. Um räumliche Orientierung zu ermöglichen, soll städtischer Straßenraum nicht ins Uferlose führen. Um städtische Straßenräume zu fassen, sollten sie in ihrer Ausdehnung optisch oder räumlich begrenzt werden: durch Topografie, durch landschaftliche Elemente wie Hügel oder markante Bäume, den Blick auf Monumente oder hervorgehobene Gebäude oder einfach durch die Randbebauung einer querenden Straße. Markante Änderungen im Straßenverlauf wie räumlich wirksame Aufweitungen oder Einengungen des Straßenraumes, Einmündungen oder Kreuzungen mit anderen Straßen erfordern eine besondere Aufmerksamkeit beim Entwurf und führen zur Gestaltung von Plätzen oder zur Betonung der Raumfolge. Von der Breite des Straßenraumes hängt es ab, mit welchen Mitteln eine stadtgestalterisch erwünschte Raumbildung und Raumgliederung erreicht werden kann. Auch ein Platz wird in der Regel nur als solcher begriffen und genutzt, wenn er einen geschlossenen Raum darstellt. Daher sollten geschlossene Platzseiten gegenüber offenen Seiten dominieren (Pesch und Werner 2010, S. 207). Die Art der Begrenzung in ihrer Bebauung (Höhe, gestalterische Ausprägung) hat entscheidende gestalterische Wirkung auf einen Straßen- oder Platzraum. Von der Größe der Platzfläche hängt es ab, ob nur die Verteilung von Flächendefiziten oder die Verlagerung von Nutzungsansprüchen in andere Straßenräume infrage kommt und mit welchen Mitteln eine stadtgestalterisch erwünschte Raumbildung und Raumgliederung erreicht werden kann.

Beispiele: Lameyplatz und Entenfang, Karlsruhe

Die Neugestaltung der Bereiche Entenfang, Lameyplatz (vgl. Abb. 2.14 und 2.15), Lameystraße und „kleine" Rheinstraße im Karlsruher Stadtteil Mühlburg gehören zu den wesentlichen städtebaulichen Zielen, welche im Rahmen der Bürgerbeteiligung formuliert wurden. Lameyplatz und Entenfang sind zwei der am stärksten belasteten Verkehrsknoten in Mühlburg. Der Lameyplatz bildet einerseits den Auftakt des Kernstadtteils Mühlburg von Westen, andererseits ist er ein wesentliches Verbindungselement Karlsruhes zum Rheinhafen. Der Entenfang wiederum ist das Zentrum für den Stadtteil und gleichzeitig der Stadteingang in Richtung Karlsruher Innenstadt von Westen. Beide Bereiche sind über die stark befahrene Lameystraße und die parallel verlaufende „kleine" Rheinstraße miteinander verbunden. Vor allem dort ist schon seit längerer Zeit eine deutliche Abwärtsentwicklung hinsichtlich der Geschäftsstrukturen erkennbar. Der Umbau umfasste eine Bündelung der Verkehrsflächen zugunsten einer großen zusammenhängenden Platzfläche. Die Parkbuchten vor den nördlich angrenzenden Gebäuden wurden in die Lerchenstraße neben den Zugang zum Landgraben verlagert. Damit ist vor der Häuserzeile ein verkehrsfreier Vorbereich entstanden. Der weitere Platz wurde durch Baumpflanzungen ergänzt (Stadt Karlsruhe 2009b).

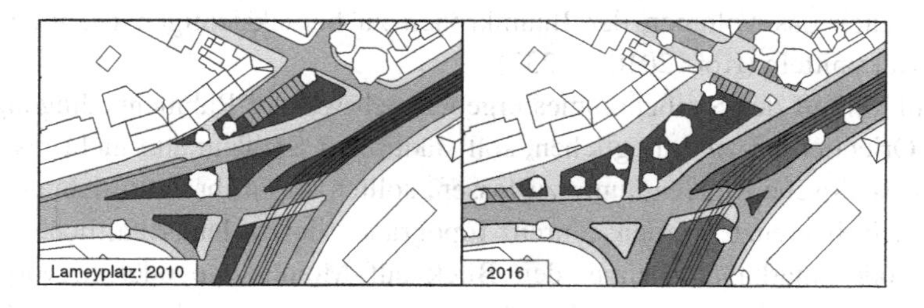

Abb. 2.14 Lameyplatz vor und nach der Umgestaltung. (Grafik: Philip Flügel)

Abb. 2.15 Lameyplatz nach der Umgestaltung. (Fotos: Monika Müller-Gmelin, Stadtplanungsamt Karlsruhe) ◀

Berührungsflächen und Zwischenräume

Die Breite des Straßenraums, seine Aufteilung und Differenzierung des Querschnittes sind wichtige Entwurfsparameter für den Entwurf von Straßen (vgl. FGSV 2011, S. 33–50). Der Seitenraum mit seiner räumlichen Fassung ist ein sehr sensibler Bereich, dem bei dem Entwurf besondere Aufmerksamkeit geschenkt werden muss. Die städtebauliche Bemessung spricht hier von einer „Straßenraumgestaltung vom Rand aus". Der Seitenraum muss einerseits zahlreiche Nutzungen aufnehmen und gleichzeitig zwischen öffentlichen Außenbereichen und den Innenbereichen mit privater Wohnnutzung oder Geschäften, Dienstleistung u. a. vermitteln. In diesem Raum zwischen Gehbereich und äußerem Rand des Straßenraums sind die Ansprüche der angrenzenden baulichen Nutzung zu berücksichtigen.

Entsprechend komplex ist auch die funktionale Anforderung, die von reinen Distanzflächen über Verweilflächen (zum Aufenthalt) mit Sitzbänken bis hin zur direkten Verklammerung von Außen- und Innenbereich, beispielsweise mit Verkaufsflächen, reichen kann. Diese Zwischenräume können mit Vorgärten größere Abstände schaffen oder über eingezogene Eingangsbereiche, Vordächer, Treppenzugänge minimierte „Transitbereiche" sein. Insbesondere ist auf eine sorgfältige räumliche Differenzierung zwischen dem privaten Wohnraum und der öffentlichen Straße zu achten. Sowohl für den Fußgänger als auch ggf. für den Radverkehr müssen die je nach Bedeutung des Straßenraums erforderlichen Flächen im Seitenraum bereitgestellt werden.

Flächengliederung und Oberflächen

Straßen- und Platzräume sind ortsspezifisch zu gestalten, dies spielt insbesondere bei der Wahl von Materialien und Mobiliar eine Rolle, die Identitäten und Charakter eines Raumes unterstützen. Dazu gehören Hoch- oder Tiefborde, Entwässerungsrinnen, großformatige Gehwegplatten, Prellsteine an Gebäudeecken, Freitreppen im Straßenraum, Natursteinmauern u. v. m. Oberflächengestaltungen von Seiten- und Fahrbereichen sollten in Farbe und Materialität aufeinander abgestimmt sein. Mit zusätzlichen Elementen wie Beschilderung, aber auch stark separierenden Elementen wie Hochborden sollte möglichst sparsam umgegangen werden. Straßen und Platzräume sollten möglichst ohne Beschilderung, sondern durch ihre Gestaltung auf erlaubte oder unerwünschte Nutzungen hinweisen. Um die Verkehrssicherheit zu erhöhen, sind wichtige Sichtbeziehungen zwischen motorisierten und nichtmotorisierten Verkehrsteilnehmern freizuhalten.

Zonierungen von Plätzen wie Querungsbereiche, Bereiche zum Spielen und zum Sitzen, sind im Einzelfall gestalterisch zu unterstreichen. Offene und geschlossene Bereiche, Bereiche für eher laute und bewegte Nutzungen (Spiel und Sport) oder ruhige Areale zum Erholen und Verweilen können durch entsprechende Materialwahl und Möblierungen unterstützt werden. Grundsätzlich gilt, dass Möblierungen wie Brunnen, Skulpturen, sparsam und präzise platziert werden sollen (Pesch und Werner 2010, S. 207).

Materialien von Oberflächen, Farben und Geräusche tragen wesentlich zur Atmosphäre eines Raumes bei. Durch eine geeignete Ausstattung können öffentliche Räume mit allen Sinnen, Veränderungen der Tages- und Jahreszeiten wahrgenommen, das Wetter, Licht und Schatten, Kühle und Wärme, Regen, Sonne, Schnee und Wind spürbar und dadurch zu sinnlich erlebbaren und anregenden Räumen werden. Für intensiv und multifunktional genutzte Flächen werden vor allem harte Beläge verwendet. Sie sind bei jeder Witterung nutzbar und bei Einbau einer entsprechenden Unterkonstruktion befahrbar (Roser 2010, S. 277). Es ist auf eine sichere und hindernisfreie Gehfläche zu achten, die für alle Nutzer einfach zu erkennen ist. Dabei ist zu bedenken, dass äußere Einflüsse wie Sonne und Schatten, Regen, Schnee und Eis die Qualität und Eigenschaften der Oberfläche stark beeinträchtigen können, z. B. dadurch, dass Regen optische Kontraste umkehren kann.

Durch unterschiedliche Beläge und Oberflächen wie z. B. Pflaster, Asphalt, Schotter oder Rasen wird das räumliche Erleben von Platz- und Straßenräumen variiert und damit deren Attraktivität erhöht. Gestaltung und Gliederung der Fußbodenoberfläche sollten auf Material und Farbton der Gebäude abgestimmt werden. Da die Oberflächengestaltung von Plätzen sehr entscheidend für die spätere Nutzbarkeit ist, kann hier Konfliktpotenzial, gleichzeitig aber auch ein Lösungsansatz für die Vermeidung von Konflikten gesehen werden. Zur Herstellung von Barrierefreiheit können die Absenkung von Bordsteinen, der Abbau von Treppenstufen durch Geländemodellierung, die Integration von Blindenleitsystemen u. a. erforderlich werden. Bewegungsräume sind nach Möglichkeit stufen- und hindernisfrei mit rutschfestem Bodenbelag zu gestalten. Die Bodenbeschaffenheit und hier insbesondere der Bodenflächenbelag kann Nutzer in bestimmte Richtungen lenken, wobei unterschiedliche mechanische Qualitäten der Materialien ebenso eine Rolle spielen wie Farbe, Helligkeit und das Reflexionsverhalten (FGSV 2011, S. 45 ff.).

Beispiel: Umgestaltung Kirchplatz St. Stephan, Karlsruhe

Nach dem 2. Weltkrieg diente der Platz lange Zeit nur als Autoparkplatz, zeitweilig auch als Fahrradabstellfläche, die als solche jedoch keine Akzeptanz fand, oder als Ausweichquartier für den Wochenmarkt. Einen Umbruch leitete der Umzug des Kammertheaters in das Gebäude der ehemaligen Landeszentralbank in der Herrenstraße, auf der Nordwestseite des Platzes, ein. Das dortige Restaurant übernahm im Frühjahr 2005 die Außenbewirtschaftung auf einem Teil des Platzes. Ende Juli 2005 wurden der Brunnen und der Spielplatz auf anderen Teilen des Platzes eröffnet.

Die Umgestaltung hat aus dem westlichen Vorplatz der St. Stephankirche einen attraktiven Ort geschaffen (vgl. Abb. 2.16). Der zentrale und gleichzeitig intim erscheinende Platz vor der architektonisch wertvollen St. Stephankirche, von Weinbrenner errichtet, kommt jetzt besser zur Geltung. Die Gebäude der ehemaligen Landeszentralbank (heute Restaurant „Alte Bank“ und Kammertheater) sowie die Landesbibliothek und das Gothaer Haus erhalten einen adäquaten Mittelpunkt. Der neue Bodenbelag und die gestalteten Begrenzungslinien geben dem Platz klare Konturen und physischen Halt. Die Möblierung mit Bänken, Spielgeräten und einem Wasserspielplatz sowie das Angebot einer Terrassengastronomie erhöhen die Attraktivität des innerstädtischen Raums als Bewegungs-, aber auch als Pausenraum.

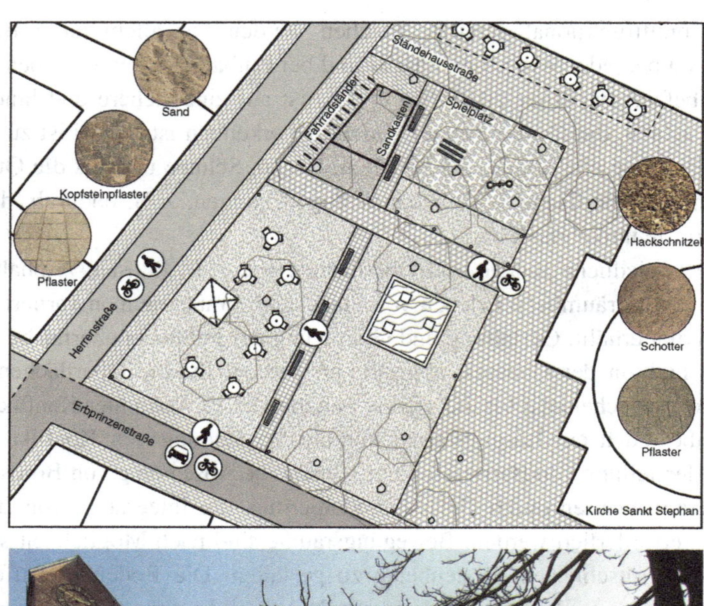

Abb. 2.16 Kirchplatz St. Stephan. Der Kirchplatz St. Stephan wurde von einem Parkplatz zu einer Platzfläche mit Außengastronomie, Wasserspielen und Spielplatz umgestaltet. Hochwertiges Stadtmöbel und differenzierter Einsatz verschiedener Materialien für die Oberflächen machen den Platz zu einem vielseitig benutzbaren Stadtraum. (Grafik: Philip Flögel, Foto: Monika Müller-Gmelin, Stadtplanungsamt Karlsruhe) ◀

Vegetation und Bepflanzung

Wesentlicher Bestandteil der räumlichen Gestaltung von öffentlichen Verkehrsräumen ist die Bepflanzung. Grüne Gestaltungselemente wie Baumreihen, Baumdächer, Hecken, Beete oder Rabatten gliedern und zonieren Flächen und Räume sowohl horizontal als auch vertikal. Sie ermöglichen sanfte Übergänge, Zäsuren oder Raumbildung z. B. durch Schattenspender. Pflanzen wirken zudem regulierend auf das Kleinklima, senken die Temperatur und erhöhen die Luftfeuchtigkeit in steinerner Umgebung. Bäume sind wichtige gestalterische Mittel – solitär, in Reihen und Gruppen; Baumdächer bildende Haine gehören zur elementaren Ausstattung öffentlicher Räume. Sie können eine mit Gebäuden vergleichbare räumliche und damit wichtige stadtgestalterische Wirkung entfalten. Bäume können städtebauliche Akzente setzen, sie können Räume voneinander abschirmen oder zwischen ihnen vermitteln. Bepflanzungen sind – wie alle anderen Gestaltungselemente im öffentlichen Raum, den örtlichen Gegebenheiten anzupassen (FGSV 2011, S. 51–58). Bei der Wahl der Grünelemente sind die Art des Baumes ebenso zu bedenken wie der entstehende Raum in Größe, Zuschnitt und Atmosphäre. Die gezielte Platzierung von Bäumen ermöglicht verschiedene Gestaltungsspielräume. Eine lange Reihe aus Bäumen einer Art kann den Blick leiten. An Straßen beidseitig entlang gepflanzte Bäume können dachähnliche oder tunnelförmige Wirkungen entfalten. Mit entsprechendem Schnitt kann die formale Wirkung der Bäume verstärkt werden, der Pflegeaufwand ist allerdings hoch. Frei verteilte Bäume oder Baumgruppen in unterschiedlichen Dichten können gestalterische Kontrapunkte zu harten Gebäudekanten setzen (Roser 2010, S. 276).

Stadtmöbel und Haltestellen

Gestaltungsrelevant für das Stadtbild sind auch die Stadtmöbel. Zumeist handelt es sich dabei um fest installierte Elemente, die die Nutzung von Teilen des öffentlichen Raumes zielgerichtet ermöglichen oder erleichtern sollen wie etwa das Kommunizieren, Informieren, Erholen, Spielen oder Verweilen bzw. verhindern sollen wie beispielsweise unerlaubtes Betreten. Hierzu gehören Bänke, Papierkörbe, Leuchten, und Informationstafeln. Eine Vielzahl sogenannter Stadtmöbel sind im öffentlichen Raum unterzubringen: Sitzmöbel, unterschiedliche Banksysteme, Papierkörbe, Baumscheiben, Pflanzkübel, Geländer, Abstellanlagen für Fahrräder u. v. m. Ferner bestimmen auch Informations- und Leitsysteme, Haltestellen des öffentlichen Nahverkehrs, Verkehrsleiteinrichtungen, Mastleuchten, Poller, Lärm- und Sichtschutzwände das Bild des städtischen Raums (vgl. FSGV 2011, S. 65–73). Gestalterisch aufeinander abgestimmte Elemente wirken sich positiv auf das Stadtbild aus. Auch Haltestellen des öffentlichen Nahverkehrs können zu attraktiven stadträumlichen Orten werden, die mehr sind als nur ein Platz zum Ankommen, Umsteigen oder Wegfahren. Mit hochwertigen Architekturen können auch sie stadträumliche Identitäten in der Stadt ausbilden (vgl. Abb. 2.17).

Heute ist der öffentliche Raum von einer immer größeren Anzahl der verwendeten Stadtmöbel gekennzeichnet, die Standorte im immer knapper werdenden Stadtraum beanspruchen. Zusätzlich gibt es private Ansprüche: Außenbewirtungsflächen, ggf. mit Heizsäulen, Flächen für Auslagen der Geschäfte, Werbung in Form von Litfaßsäulen oder Vitrinen. Auch der Umgang mit Kunst im öffentlichen Raum (Brunnen, Skulpturen) ist bei der Frage der Gliederung des Raums einzubeziehen. Das Erfordernis von Ladeinfrastruktur für Elektrofahrzeuge ist absehbar. In vielen Städten kommt es in den letzten Jahren zu einer fast unüberschaubaren Diversifizierung der Freiraumelemente mit allen negativen Auswirkungen auf das Stadtbild. Einstmals homogen entwickelte Freiräume gibt es kaum noch, Stadtbilder werden immer beliebiger und austauschbarer. Gleichzeitig werden Straße und Plätze verstärkt von Nutzungen in Anspruch genommen, die oft nur indirekten Bezug zur Funktion des öffentlichen Raumes haben, diesen sogar teilweise nur als preisgünstige Standortalternative betrachteten (z. B. Einrichtungen der

Abb. 2.17 Haltestellen für die Stadtbahnen in Karlsruhe. Auf Grundlage eines Gestaltungswettbewerbes entstanden hochwertige Haltestellen der Nordstadtbahn. Das Haltestellenmobiliar entwickelt sich aus einem Set einzelner Stahlrahmen mit bedruckten Glasfüllungen. Die rückwärtige Verglasung der Südoststadtbahn ist mit einem halbabstrakten Schilfmuster bedruckt, die Dachgläser sind mattiert. Alle Vitrinen und Streckeninformationen sind in einer dunkelroten Box zusammengefasst, die auch Elektroverteiler enthält. (Fotos: Monika Müller-Gmelin, Stadtplanungsamt Karlsruhe)

Telekom/Mobilfunkdienste, von Ver- und Entsorgungsunternehmen, Verteilboxen von Post und Onlinehandel). Der Barrierefreiheit ist Rechnung zu tragen, mit Hindernisfreiheit, niveaugleichen Einstiegen in Busse und Bahnen, Ruhebänken im öffentlichen Raum. Andere Funktionselemente (z. B. des öffentlichen Nahverkehrs) haben indessen eine Reihe von Sicherheitsansprüchen zu erfüllen, was für sich genommen bereits eine starke Inanspruchnahme des Stadtraumes nach sich zieht. Nicht zuletzt führen subjektiv durchaus begründete gestalterische Entscheidungen in Bezug auf einzelne Elemente zu einer im großen Kontext nicht gewollten Diversifizierung (LH Dresden 2013). Hier kommt es darauf an, im Gestalt-, Material- und Farbkonzept auch bei der Möblierung eine Balance zwischen Funktionalität und erwünschter Raumwirkung zu finden. Ein häufiger Fehler ist die Übermöblierung von Plätzen und eine zu große Material- und Formenvielfalt der Möbel (Bott 2010, S. 224). Eine hochwertige Ausstattung hingegen, die einerseits die Charakteristik des jeweiligen Quartiers und Stadtraumes berücksichtigt und gleichzeitig die Vielzahl der Elemente aufeinander abstimmt, erhöht die Attraktivität des Stadtraumes.

Hochwertiges, sorgfältig platziertes Stadtmobiliar soll nicht den Stadtraum dominieren, sondern ihn in seinem jeweiligen Charakter stärken. Ziel sollte es auch sein, einheitlicheres Erscheinungsbild der Außenbewirtung zu erreichen. Dies kann durch Beratung und Beteiligung der betroffenen Gastronomiebetriebe erreicht werden oder durch die Erlassung einer Gestaltungssatzung für einzelne Straßenbereiche. Für eine höhere Aufenthaltsqualität in puncto Sauberkeit sind organisatorische Abläufe der Reinigung zu verbessern, die Anbringungsorte und Gestaltung von Müllbehältnissen und Unterflursammelbehältern, die Standorte für Glas- und Kleidercontainer zu regeln sowie ggf. ordnungsrechtliche Maßnahmen zu veranlassen. Viele Städte, so z. B. Dresden, haben daher Gestaltungsbücher als verwaltungsinterne Leitlinien entwickelt, um der Austauschbarkeit und Belanglosigkeit des Stadtbildes, aber auch der „Übermöblierung" zu begegnen (vgl. LH Dresden 2016; Abb. 2.18).

Licht

Das Aufgabenspektrum der Beleuchtung im öffentlichen Raum hat sich in den letzten Jahren kontinuierlich gewandelt. Seit der Einführung der Gasleuchten im 19. Jahrhundert hat sich künstliche Beleuchtung der Stadt zum Gestaltungsthema weiterentwickelt. Der weitaus größte Teil der bürgerlichen Kultur findet außerhalb und nach dem streng im Arbeitsrhythmus geregelten Erwerbsleben in den Abendstunden statt. Bereits im 19. Jahrhundert begann sich das öffentliche Leben in den Stadtraum hinaus zu entwickeln. Der „Flaneur" genoss das ungezielte Umherstreifen in der Stadt – gerade auch bei Nacht. Heute reicht die Funktion städtischen Lichts von der Orientierungshilfe bei der Dunkelheit über die Gewährung von Verkehrssicherheit bis hin zur Erfüllung gestalterischer Aufgaben im Stadtbild bei Nacht.

Die Beleuchtung von Straßen und Plätzen stellt eine zusätzliche Orientierungsmöglichkeit und auch ein Attraktivitätselement dar. Gerade bei der Erscheinung der Freiflächen bei Nacht geht es also nicht primär darum, flächendeckend eine bestimmte Luxzahl zu erreichen, sondern um die gezielte Inszenierung der Stadt in der Nacht. Sinnvollerweise sollten die eingesetzten Effekte in das Gesamtkonzept eines „Lichtplans einer Stadt eingebunden werden." Eine durchgängige Lichtsprache, welche durch

Abb. 2.18 Stadtmöbel in Karlsruhe. Hochwertige Gestaltungselemente leisten einen Beitrag zur Stärkung des Stadtbildes. (Fotos: Engel [Rundbank]/Monika Müller-Gmelin, Stadtplanungsamt Karlsruhe [andere])

weithin ersichtliche Orientierungspunkte unterstützt wird, hilft Ortsfremden wie auch Ansässigen, sich besser im nächtlichen Stadtraum zurechtzufinden.

Licht(rahmen)pläne unterstützen ein abgestimmtes Nachtbild der vielfältigen Stadträume, indem sie die wichtigsten städtischen Verbindungslinien, Plätze und Monumente betonen (Bott 2010, S. 225). Beleuchtungsart und Lichtstärke müssen auf die jeweiligen stadträumlichen Situationen abgestimmt werden. Auch die ESG verweisen darauf, dass Beleuchtung weit mehr zu leisten hat als die Gewährleistung von Verkehrssicherheit und sozialer Sicherheit. Vielmehr geht es darum, auch in Dämmerung und Dunkelheit städtebauliche Strukturen herauszustellen und Atmosphären zu unterstützen (FSGV 2011, S. 60–64). Durch Lichtplanungen sollen die Beleuchtung der Stadt bewusster gestaltet und der unverwechselbare Charakter der Stadt auch nachts hervorgehoben werden (vgl. Abb. 2.19).

Abb. 2.19 Licht als Gestaltungsmittel. Besondere Beleuchtung unterstützt stadträumliche Qualitäten am Kirchplatz St. Stephan und Elsässer Platz in Karlsruhe. (Fotos: Monika Müller-Gmelin, Stadtplanungsamt Karlsruhe)

Literatur

Bickelbacher P (2015) Kommunale Verkehrsplanung. Dringende Erfordernisse und oft traurige Realität nachhaltiger Mobilität. Planerin 5(15):27–29

Bott H (2010) Stadtgestaltung. In: Bott H, Jessen J, Pesch F (Hrsg) Lehrbausteine Städtebau Basiswissen für Entwurf und Planung. Universität Stuttgart Städtebau-Institut, Stuttgart, S 217–226

Braum M, Klauser W (2013) Wieso Mobilität kultiviert werden muss. In: Braum M, Klauser W (Hrsg) Baukultur Verkehr. Orte, Prozesse, Strategien. Park Books, Zürich, S 6–9

Bundesamt für Umwelt (BAFU) (2011) Nachhaltige Gestaltung von Verkehrsräumen im Siedlungsbereich. Grundlagen für Planung, Bau und Reparatur von Verkehrsräumen in Bern. Stadtbausteine Karlsruhe. Elemente der Stadtlandschaft. http://www.bafu.admin.ch/publikationen/publikation/01601/index.html?lang=de. Zugegriffen: 3. März 2016

Bundesinstitut für Bau-, Stadt- und Raumforschung (BBSR) im Bundesamt für Bauwesen und Raumordnung (BBR) (2015a) Neue Mobilitätsformen, Mobilitätsstationen und Stadtgestalt. Kommunale Handlungsansätze zur Unterstützung neuer Mobilitätsformen durch die Berücksichtigung gestalterischer Aspekte. Bonn. http://www.bbsr.bund.de/BBSR/DE/FP/ExWoSt/Studien/2013/Mobilitaetsformen-Mobilitaetsstationen/01_Start.html?nn=422618&docId=636762¬First=true. Zugegriffen: 2. Apr. 2016

Bundesinstitut für Bau-, Stadt- und Raumforschung (BBSR) im Bundesamt für Bauwesen und Raumordnung (BBR) (2015b) Die Innenstadt und ihre öffentlichen Räume. Erkenntnisse aus Klein- und Mittelstädten. Bonn

Canzler W (2013) Verkehr beginnt im Kopf. In: Braum M, Klauser W (Hrsg) Baukultur Verkehr. Orte, Prozesse, Strategien. Park Books, Zürich, S 66–75

Einsele M, Kilian A (1997) Stadtbausteine Karlsruhe. Lehrstuhl für Städtebau und Entwerfen, University, Karlsruhe

Engel B (2004) Öffentliche Räume in den Blauen Städten Russlands. Wasmuth, Tübingen

Florida R (2012) The rise of the creative class – revisited. Perseus Books Group, New York

Forschungsgesellschaft für Straßen und Verkehrswesen (2007) Richtlinie für die Anlage von Stadtstraßen (RASt). Forschungsgesellschaft für Straßen und Verkehrswesen, Köln

Forschungsgesellschaft für Straßen und Verkehrswesen, Arbeitsgruppe Straßenentwurf (2011) Empfehlungen zur Straßenraumgestaltung innerhalb bebauter Gebiete, ESG R2. Forschungsgesellschaft für Straßen und Verkehrswesen, Arbeitsgruppe Straßenentwurf, Köln

Garde J, Jansen H, Bläser D (2014) Mobilstationen – Bausteine für eine zukunftsfähige Mobilität in der Stadt. http://conference.corp.at/archive/CORP2014_139.pdf. Zugegriffen: 18. März 2016

Güller P, Breu T (Hrsg) (1996) Städte mit Zukunft. Ein Gemeinschaftswerk. Synthese des nationalen Forschungsprogrammes 25 „Stadt und Verkehr". Zürich, VDF

Haag M (2013) Stadtverkehr und Baukultur. In: Braum M, Klauser W (Hrsg) Baukultur Verkehr. Orte, Prozesse, Strategien. Park Books, Zürich, S 116–125

Harald H (2014) Schöne Straßen und Plätze. Funktion Sicherheit Gestaltung. Kirschbaum, Bonn

Hesse M (1999) Mobilität und Verkehr in Ostdeutschand. Diskussionspapier Nr. 2 (draft), published by the Institute for Regional Development and Structural Planning, Erkner. http://www.irs-net.de/download/berichte_5.pdf. Zugegriffen: 25. März 2016

Kenworthy J (2010) Die Stadt nach dem Öl: Die Geschichte der Zukunft der Stadt. Archplus 196–197, 94

Kölz G (2010) Städtischer Verkehr. In: Bott H, Jessen J, Pesch F (Hrsg) Lehrbausteine Städtebau Basiswissen für Entwurf und Planung. Universität Stuttgart Städtebau-Institut, Stuttgart, S 229–246

Krau I (2003) Zukunft München 2030. Band 4: Mobilität und Kommunication. München. http://www.muenchen2030.de/html/veroeffentlichungen/artikel/MUC_2030_4_MobilKomm_schlank.pdf. Zugegriffen: 10. März 2016

Krug H (2009) Alte und neue Leitbilder. 20 Jahre Integration von Siedlung und Verkehr. PlanerIN 1(9):26–28

Landeshauptstadt Dresden, Geschäftsbereich Stadtentwicklung (2013) Dresdner Standard. Gestaltungshandbuch öffentlicher Raum. https://www.dresden.de/media/pdf/stadtplanung/stadtplanung/spa_stadtgestaltung_gestaltungshandbuch_GHB3_Handbuch_131105.pdf. Zugegriffen: 15. März 2016

Lattner BJ, Feitenhansl R (2007) Stille Zeitzeugen. 900 Jahre Karlsruher Architektur. Heilbronn. http://www.bj-lattner.de/Projekte/pdfs/11_Stille-Zeitzeugen_Karlsruhe.pdf. Zugegriffen: 20. Jan. 2016

Lippold C (2015) Der Elsner 2016: Handbuch für Straßen- und Verkehrswesen. Planung, Bau, Erhaltung, Verkehr, Betrieb. Elsner, Otto

Lunecke MGH (2005) Instrumente zur Planung und Gestaltung des öffentlichen Straßenraumes in Deutschland und deren Anwendungschancen in Chile. https://depositonce.tu-berlin.de/handle/11303/1560. Zugegriffen: 27. März 2016

Pesch F, Werrer S (2010) Der öffentliche Raum. In: Bott H, Jessen J, Pesch F (Hrsg) Lehrbausteine Städtebau. Basiswissen für Entwurf und Planung. Universität Stuttgart Städtebau-Institut, Stuttgart, S 199–216

Pohl T (2009) Entgrenzte Stadt. Räumliche Fragmentierung und zeitliche Flexibilisierung. transcript, Bielefeld

Reicher C (2012, 2013) Städtebauliches Entwerfen. Springer, Wiesbaden

Roser F (2010) Landschaftsarchitektur und Freiraumplanung. In: Bott H, Jessen J, Pesch F (Hrsg) Lehrbausteine Städtebau. Basiswissen für Entwurf und Planung. Universität Stuttgart Städtebau-Institut, Stuttgart, S 265–280

Sieverts T (1997) Zwischenstadt: Zwischen Ort und Welt, Raum und Zeit, Stadt und Land. Vieweg + Teubner, Wiesbaden

Stadt Karlsruhe (Hrsg) (2015) Auf dem Weg zum Räumlichen Leitbild. Stadt Karlsruhe, Karlsruhe

Stadt Karlsruhe, Stadtplanungsamt (2009a) Kaiserstraße und Karl-Friedrich-Straße. Neugestaltung der Karlsruher Innenstadt vom Mühlburger Tor zum Durlacher Tor, vom Marktplatz zum Ettlinger Tor. Planungswettbewerb nach RPW 2008. Stadt Karlsruhe, Stadtplanungsamt, Karlsruhe

Stadt Karlsruhe, Stadtplanungsamt (2009b) Lameyplatz Karlsruhe – Mühlburg. Planerworkshop. Aspekte der Stadtplanung Nr. 32. Dez. 2009. Stadt Karlsruhe, Stadtplanungsamt, Karlsruhe

Stadt Karlsruhe, Stadtplanungsamt (2012) Karlsruhe 2020 – Integriertes Stadtentwicklungskonzept. Stadt Karlsruhe, Stadtplanungsamt, Karlsruhe

Stadtplanungsamt: Karlsruhe (2013) 10 Fragen an Karlsruhe. Eine Voruntersuchung zum Räumlichen Leitbild. Stadtplanungsamt: Karlsruhe, Karlsruhe

Stadt Karlsruhe Stadtplanungsamt (2013) Verkehrsentwicklungsplan Karlsruhe. Stadt Karlsruhe Stadtplanungsamt, Karlsruhe

Stadt Karlsruhe, Stadtplanungsamt (2014) Planungswerkstatt. Entwicklungsachse Durlacher Allee. Stadt Karlsruhe, Stadtplanungsamt, Karlsruhe

Venhoeven T, ten Doeschate R (2013) Die mobile Stadt – auf Holländisch. In: Braum M, Klauser W (Hrsg) Baukultur Verkehr. Orte, Prozesse, Strategien. Park Books, Zürich, S 44–55

3 Netzplanung und Netzgestaltung

Regine Gerike und Dirk Vallée

Zusammenfassung

Die funktionale Gliederung und strategische Planung von Verkehrswegenetzen ist die notwendige Voraussetzung für die konkrete Ausgestaltung dieser Netze in Bau und Betrieb. Besonders städtische Straßennetze erfüllen eine Vielzahl verkehrlicher und nichtverkehrlicher Funktionen, welche auf Basis einer konsistenten funktionalen Netzgliederung priorisiert, abgewogen und zielgerichtet umgesetzt werden können. In diesem Kapitel wird zunächst die Systematik zur funktionalen Gliederung von Verkehrswegenetzen entsprechend den Richtlinien für integrierte Netzgestaltung (RIN 2008) eingeführt. Im Anschluss wird die Methodik zur Bewertung von Angebotsqualitäten auf der Ebene von Verbindungen und Netzabschnitten vorgestellt. Das Grundprinzip der funktionalen Gliederung von Verkehrsnetzen nach RIN (2008) ist ein zweidimensionales Matrixsystem, in dem jedem Netzabschnitt zum einen entsprechend seiner verkehrlichen Bedeutung für den fließenden Verkehr eine Verbindungsfunktionsstufe und zum anderen entsprechend seiner Bedeutung für nichtverkehrliche Funktionen eine Kategoriengruppe zugewiesen werden. Die Angebotsqualität einzelner Netzabschnitte wird über den Fahrtgeschwindigkeitsindex bewertet, welcher angestrebte und tatsächliche Fahrtgeschwindigkeiten miteinander vergleicht.

R. Gerike (✉)
TU Dresden, Professur für Integrierte Verkehrsplanung und Straßenverkehrstechnik, Dresden, Sachsen, Deutschland
E-Mail: regine.gerike@tu-dresden.de

D. Vallée
Institut für Stadtbauwesen und Stadtverkehr, RWTH Aachen, Aachen, Nordrhein-Westfalen, Deutschland
E-Mail: vallee@isb.rwth-aachen.de

D. Vallée (verstorben) et al. (Hrsg.), *Stadtverkehrsplanung Band 3*,
https://doi.org/10.1007/978-3-662-59697-5_3

3.1 Einführung

Ein wesentliches Ziel der Verkehrsplanung ist die Gewährleistung von Erreichbarkeiten (siehe Kap. 1 in Band 1): Personen und Güter sollen die Orte, an denen sie ihre Aktivitäten ausüben, sicher und komfortabel erreichen können. Lage und Ausstattung der Aktivitätsziele werden durch die Raumplanung bestimmt. Die Verkehrsplanung ist für die Verbindung der Quellen und Ziele über Verkehrsnetze verantwortlich. Nur in einer abgestimmten Zusammenarbeit der beiden Disziplinen können Erreichbarkeiten gewährleistet werden als notwendige Voraussetzung für die erfolgreiche Entwicklung unserer arbeitsteiligen Gesellschaften.

Die Netzplanung als Gegenstand dieses Kapitels befasst sich mit der funktionalen Gliederung und strategischen Ausrichtung von Verkehrsnetzen. Auf strategischer Ebene plant sie die Lage von Strecken und Knoten als wichtigste Bestandteile der Verkehrsnetze sowie deren funktionale Gliederung. Verkehrsnetze werden für alle Verkehrsträger entwickelt, wobei für den Stadtverkehr die Verkehrsträger Straße und Schiene die höchste Relevanz haben. Die Knoten von Verkehrsnetzen umfassen dabei Verknüpfungen innerhalb eines Verkehrsträgers z. B. Kreuzungen, Abzweige oder Weichen sowie auch Verknüpfungspunkte zwischen verschiedenen Verkehrsträgern und -modi (z. B. Fuß, Rad, öffentlicher Personenverkehr [ÖPV] und motorisierter Individualverkehr [MIV]). Letztere gewinnen vor dem Hintergrund einer zunehmend inter- und multimodal ausgerichteten Verkehrsplanung (siehe Kap. 7 in Band 1) zunehmend an Bedeutung.

Vor allem städtische Straßennetze erfüllen eine Vielzahl verschiedener Funktionen, welche sich in die folgenden beiden Gruppen einteilen lassen:

- Verkehrliche Funktionen: Durchleiten, Verbinden, Sammeln, Erschließen
  Straßen verbinden räumliche Quellen und Ziele für Personen- und Güterverkehre innerhalb und außerhalb des Stadtgebiets (Durchleiten, Verbinden). Straßen sammeln Quellverkehre und verteilen Zielverkehre aus dem/in das jeweils anliegende(n) Gebiet (Sammeln). Straßen erschließen direkt angrenzende Baugrundstücke (vgl. § 127 BauGB), sodass diese zuverlässig an eine öffentliche Verkehrsfläche angrenzen (Erschließen). Straßen müssen zudem Querungsmöglichkeiten anbieten, um einen Austausch zwischen den jeweils angrenzenden seitenräumlichen Nutzungen zu ermöglichen. Das Gewicht der jeweiligen Funktionen des Durchleitens, Verbindens, Sammelns und Erschließens wird durch die Netzplanung bestimmt. Es variiert für die einzelnen Netzelemente und kann sich zudem auf einem Netzelement für jede Verkehrsart Fuß, Rad, ÖPV und MIV unterscheiden. Die Zielgröße für sämtliche Funktionen in dieser Gruppe ist die Gewährleistung einer sicheren und verträglichen Bewegung von Personen und Gütern mit hohen Verkehrsqualitäten.
- Nichtverkehrliche Funktionen, Aufenthaltsfunktionen
  Gehl (2010) unterteilt die Funktionen in dieser Gruppe in 1) notwendige Aktivitäten wie z. B. Warten oder auch Sitzen zum Ausruhen, 2) optionale Aktivitäten wie z. B. das Betrachten von Auslagen vor Geschäften, die Nutzung von Sitzmöglichkeiten vor Restaurants, das Bummeln, Verweilen, Arbeiten oder Essen und 3) soziale Aktivi-

täten wie z. B. miteinander Reden oder auch Spielen. Ziel der Planung von Aufenthaltsmöglichkeiten ist die Maximierung des Produkts aus der Anzahl der Aktivitäten in einem Netzelement und deren Dauer, indem z. B. möglichst viele Menschen möglichst lange den verschiedenen Aktivitäten der drei oben genannten Gruppen nachgehen. Im Unterschied zu den verkehrlichen Funktionen geht es hier nicht vordergründig um die Bewegung, sondern um die Ermöglichung und ggf. Förderung von Aktivitäten direkt im Straßenraum. Art und Umfang von Aktivitäten des Aufenthalts auf einem Netzelement werden vor allem durch die anliegenden seitenräumlichen Nutzungen bestimmt. Größere Flächen und höhere Qualitäten der Angebote zum Aufenthalt erhöhen zudem die Nachfrage (Gehl 2010).

Eine Art Sonderstellung nehmen die verkehrlichen Funktionen des ruhenden Verkehrs ein (Parken, Liefern und Be-/Entladen), welche derzeit durch ein dynamisches Wachstum gekennzeichnet sind und hohe Anforderungen an die Straßenraumgestaltung stellen. Diese Funktionen werden in Regelwerken und in der Literatur zum Teil zu den verkehrlichen, zum Teil zu den nichtverkehrlichen Funktionen gezählt. Die RASt (2006) ordnet Liefer- und Ladevorgänge der Erschließungsfunktion von Stadtstraßen zu, da diese sich aus den dort beginnenden und endenden Ortsveränderungen ergeben.

Jones und Boujenko (2011) (siehe auch Gerike und Jones (2015)) verzichten auf die Differenzierung der verschiedenen Funktionen innerhalb der ersten Gruppe der verkehrlichen Funktionen und unterscheiden nur nach „Link" und „Place". „Link" meint hierbei alle Funktionen des fließenden Verkehrs in der ersten Gruppe; „Place" entspricht der zweiten Gruppe rund um die Nutzung der Straßenfläche für nichtverkehrliche Zwecke, hier einschließlich auch aller mit ruhendem Verkehr verbundenen Aktivitäten.

Besonders in innerstädtischen Bereichen liegen auf einem Straßenabschnitt häufig mehr Funktionen und Anforderungen an die Flächennutzung, als mit der verfügbaren Fläche realisiert werden können. Dies betrifft Flächenkonkurrenzen innerhalb der Gruppen, wenn z. B. eine jeweils separate Führung von MIV, ÖPV und Radverkehr nicht möglich ist, als auch Konkurrenzen zwischen den Gruppen, wenn z. B. Flächen des ruhenden Verkehrs oder ein Angebot von Aufenthaltsflächen mit Flächen des fließenden Verkehrs abgewogen werden müssen. Diese Fragen werden im Rahmen des Stadtstraßenentwurfs in Kap. 4 diskutiert.

Die funktionale Gliederung und strategische Weiterentwicklung von Verkehrsnetzen als Input für den Entwurf von Verkehrsanlagen werden in Deutschland auf der Basis der Richtlinien für Integrierte Netzgestaltung (RIN 2008) vorgenommen. Das Grundprinzip der funktionalen Gliederung von Verkehrsnetzen nach RIN (2008) ist ein zweidimensionales Matrixsystem, welches sich an den zuvor genannten Gruppen der verkehrlichen Funktionen und der nichtverkehrlichen Funktionen orientiert. Die RIN (2008) weisen jedem Netzelement jeweils eine Kategorie für jede der beiden Gruppen zu. Jedes Netzelement wird zum einen entsprechend seiner verkehrlichen Bedeutung für den fließenden Verkehr für alle Verkehrsarten eingestuft mithilfe von sogenannten Verbindungsfunktionsstufen und zum anderen entsprechend seiner Bedeutung für nicht verkehrliche Funktionen über sogenannte Kategoriengruppen. Die RIN (2008) ermöglichen darüber hinaus eine Bewertung der Angebotsqualität von Verkehrsnetzen auf verschiedenen räumlichen Ebenen. Sie sind damit ein zentraler Bestandteil regionaler und städtischer Verkehrsentwicklungspläne, von Einzelverkehrsplänen wie z. B. Radverkehrskonzepten oder Nahverkehrsplänen sowie auch von Raumordnungsplänen auf den verschiedenen räumlichen Ebenen der Stadt, Region und der Bundesländer.

Die Relevanz eines Netzelements für den fließenden Verkehr wird durch die Bedeutung der Quellen und Ziele bestimmt, die über das Element verbunden werden, welche wiederum durch die Raumplanung festgelegt wird. Die Relevanz der nichtverkehrlichen Funktionen bestimmt sich aus den seitenräumlichen Nutzungen sowie städtebaulichen Anforderungen an die Straße als öffentlicher Raum. Die Netzplanung ist damit die Schnittstelle zwischen der Raum- und der Verkehrsplanung. Sichere und leistungsfähige Verkehrsnetze sind eine notwendige Voraussetzung für das Funktionieren unserer Gesellschaft und die erfolgreiche Entwicklung von Städten und Regionen. Attraktive Straßen- und öffentliche Räume mit hohen Aufenthaltsqualitäten sind eine notwendige Voraussetzung für ökonomisch erfolgreiche, gesunde und zukunftsfähige Städte.

Die RIN (2008) umfassen Netze für den Kfz-Verkehr, öffentlichen Personenverkehr (Eisenbahn, U-Bahn, Straßenbahn, Bus etc.), Radverkehr und den Fußgängerverkehr. Sie stellen damit Konsistenz in der funktionalen Gliederung und strategischen Ausrichtung der jeweiligen Netze sicher. Die Systematik der RIN (2008) zur funktionalen Gliederung der Verkehrsnetze basiert auf dem System der zentralen Orte (siehe Abschn. 3.2.1) und gilt damit zunächst vor allem für die zwischengemeindlichen Verbindungen von Städten und Regionen untereinander. Die zugrunde liegenden Prinzipien der funktionalen Gliederung mit der Unterscheidung in Verbindungsfunktionen zum einen und Anforderungen aus dem verkehrswegeseitigen Umfeld zum anderen lassen sich jedoch direkt auch auf innerstädtische Verkehrswegenetze anwenden. Die RIN (2008) geben dafür eine Hilfestellung zur Definition innergemeindlicher Zentralitäten (siehe Abschn. 3.2.1).

In diesem Kapitel wird in Abschn. 3.2 zunächst die Systematik zur funktionalen Gliederung von Verkehrsnetzen nach RIN (2008) eingeführt. Im Anschluss werden Vorgaben für Angebotsqualitäten auf der Ebene von Verbindungen und Netzabschnitten vorgestellt. Netzabschnitte sind als „Folge von Netzelementen auf einem Verkehrsweg mit gleicher Verbindungsfunktionsstufe und gleicher Kategoriengruppe" definiert (RIN 2008, S. 30) und die kleinste räumliche Einheit, für die die RIN (2008) Verfahren zur Bestimmung von Angebotsqualitäten enthält. Netzabschnitte stellen damit die Schnittstelle dar zwischen netzplanerischen Angebotsqualitäten von Verkehrsnetzen und der straßenverkehrstechnischen Bewertung einzelner Netzelemente, welche für die Bemessung der Verkehrsanlagen (siehe Kap. 11 in Band 2) und den Straßenentwurf (siehe Kap. 4) notwendig sind.

Verbindungen als „gerichtete Verknüpfung zweier Orte bzw. Verkehrszellen" (RIN 2008, S. 30) beschreiben die im Vergleich zu Netzabschnitten deutlich großräumigere Erreichbarkeit z. B. von zentralen Orten oder von Stadtteil-/Ortszentren innerhalb einer Gemeinde untereinander. Die in den RIN (2008) für diese Ebene bereitgestellten Verfahren zur Bestimmung von Angebotsqualitäten korrespondieren damit direkt mit raumplanerischen Zielen, sind aber als Ganzes nur begrenzt entwurfsrelevant.

Beide räumliche Ebenen der Netzabschnitte und der Verbindungen bedingen einander. Defizite in Angebotsqualitäten auf einzelnen Verbindungen können z. B. besser verstanden werden mit Kenntnis der Qualitäten auf den Netzabschnitten dieser Verbindung. Die Relevanz von Defiziten in der Angebotsqualität einzelner Netzabschnitte kann mithilfe einer Analyse der Qualität der Verbindung, die über den jeweiligen Netzabschnitt verläuft, besser beurteilt werden.

Netze entstehen erst, wenn Abschnitte miteinander verknüpft werden. Den Verknüpfungspunkten innerhalb eines Verkehrsträgers als auch zwischen verschiedenen Verkehrsträgern kommt in der Netzplanung deshalb eine spezifische Bedeutung zu (siehe Abschn. 3.4). Typische Anwendungsfelder der Netzgestaltung wie z. B. der Stadtstraßenentwurf (siehe Abschn. 3.5) tragen zur Veranschaulichung von Problemstellungen und Herangehensweisen bei. Zusammenfassende Bemerkungen und ein Ausblick auf künftige Herausforderungen geben einen Eindruck von Sachstand und Zukunft der Netzgestaltung (siehe Abschn. 3.6).

3.2 Bestimmung der Verkehrswegekategorien

3.2.1 Grundlagen der funktionalen Gliederung von Verkehrsnetzen auf Basis der Richtlinien für Integrierte Netzgestaltung

Da die Vorgehensweise der Kategorisierung bei städtischen Netzen aus derjenigen der zwischengemeindlichen Netze abgeleitet wurde, erscheint es zweckmäßig, sich zunächst mit Ansatz und Grundgedanken dieser Netze zu befassen.

Das Postulat der Gleichwertigkeit der Lebensverhältnisse (§ 1 ROG) und die Grundsätze der Raumordnung sind für Deutschland im Raumordnungsgesetz (ROG) festgelegt: „Die Versorgung mit Dienstleistungen und Infrastrukturen der Daseinsvorsorge, insbesondere die Erreichbarkeit von Einrichtungen und Angeboten der Grundversorgung für alle Bevölkerungsgruppen, ist zur Sicherung von Chancengerechtigkeit in den Teilräumen in angemessener Weise zu gewährleisten; dies gilt auch in dünn besiedelten Regionen. Die soziale Infrastruktur ist vorrangig in zentralen Orten zu bündeln." (§ 2 ROG).

Zur effizienten Gewährleistung einer flächendeckenden Daseinsvorsorge werden die Gemeinden entsprechend ihrer raumordnerischen Bedeutung in Gemeinden mit und ohne zentralörtliche Funktionen eingeteilt. Zentrale Orte sind Städte und Gemeinden mit Bedeutungsüberschuss, sie übernehmen über die Deckung des Bedarfs der eigenen Wohnbevölkerung hinaus Versorgungsfunktionen für die Bevölkerung in ihrem jeweiligen Einzugsbereich. Zentrale Orte höherer Stufen übernehmen dabei die Versorgungsfunktion auch der jeweils nachfolgenden Zentralitätsstufen. Gemeinden ohne zentralörtliche Funktion sind auf die Versorgung durch die zentralen Orte angewiesen. Dieses System der zentralen Orte ist traditionell die Grundlage der Raumordnung in Deutschland und wird in den aktuellen Leitbildern der Ministerkonferenz für Raumordnung (MKRO) für die Raumentwicklung in Deutschland weiter gestärkt (MKRO 2016; siehe auch BBSR 2017).

Die RIN (2008) greifen das Prinzip der zentralörtlichen Gliederung der Räume auf und bestimmen die sogenannte Verbindungsfunktionsstufe einer Verbindung über die zentralörtliche Bedeutung der Räume, die jeweils verbunden werden. Die Verbindungsbedeutung der Verkehrsnetze ergibt sich damit aus der raumordnerischen Bedeutung der Zentren, die miteinander verbunden werden: Je höher die Bedeutung der zu verbindenden Räume ist, desto höher ist auch die Verbindungsfunktionsstufe der relevanten Verkehrsnetze. Die RIN (2008, S. 9) unterscheiden die folgenden Zentralitätsstufen:

- Metropolregionen (MR): „große Wirtschaftsräume mit internationaler und nationaler Ausstrahlung“
- Oberzentren (OZ): „Verwaltungs-, Versorgungs-, Kultur- und Wirtschaftszentren für die höhere spezialisierte Versorgung“
- Mittelzentren (MZ): „Zentren zur Deckung des gehobenen Bedarfes bzw. des selteneren spezialisierten Bedarfes und als Schwerpunkte für Gewerbe, Industrie und Dienstleistungen“
- Grundzentren (GZ): „Unter- und Kleinzentren dienen als Zentren der Grundversorgung der Deckung des täglichen Bedarfes für den jeweiligen Nahbereich“
- Gemeinden ohne zentralörtliche Funktion (G), alle übrigen Gemeinden

Tab. 3.1 zeigt die Verbindungsfunktionsstufen, die in den RIN (2008) für die Verbindungen der verschiedenen Zentralitätsstufen festgesetzt sind. Unterschieden wird zwischen Verbindungen, die der Versorgungsfunktion eines Zentrums dienen, und Verbindungen, die den Austausch zwischen den Zentren ermöglichen. Die höchste Verbindungsfunktionsstufe 0 haben Verbindungen zwischen Metropolregionen. Die geringste Stufe V ist für Verbindungen von Grundstücken zu Gemeinden/Gemeindeteilen ohne zentralörtliche Funktion vorgesehen. Abb. 3.1 ist eine matrixartige Darstellung des Systems der Verbindungsfunktionsstufen, aus welcher auch die Einstufung von Verbindungen untereinander ersichtlich ist.

Das System der Verbindungsfunktionsstufen gilt für alle Verkehrssysteme und wird über sogenannte Dreiecksnetze aus Luftlinienverbindungen zwischen dem zu betrachtenden Ort und allen benachbarten Orten, im ersten Schritt ohne Bezug zum physischen Verkehrsnetz, aufgebaut. Betrachtet werden hierbei zunächst die Verbindungen von einem Zentrum einer Stufe zu seinem nächst und übernächst gelegenen Nachbarn gleicher Stufe (Austauschfunktion). Weitere Verbindungen zu zentralen Orten der gleichen Stufe werden ergänzt, wenn zu diesen besonders intensive verkehrliche Verflechtungen bestehen, sowie auch ggf. fehlende Verbindungen zu Zentren der jeweils nächsthöheren Stufe (Versorgungsfunktion). Auf- bzw. Abwertungen der Verbindungsfunktionsstufen um eine Stufe können bei besonders stark bzw. besonders schwach ausgeprägten verkehrlichen Verflechtungen zwischen den Räumen oder einem hohen Anteil an Transitverkehr sinnvoll sein.

Die Übertragung der Luftliniennetze auf das reale Verkehrswegenetz der einzelnen Verkehrssysteme erfolgt in der Regel in zwei Schritten. Im ersten Schritt werden mögliche Routen nach der Direktheit der Verbindung (kürzester Weg) und der Reise-

Tab. 3.1 Beschreibung der Verbindungsfunktionsstufen. (Quelle: RIN 2008, Tab. 4)

Verbindungsfunktionsstufe		Einstufungskriterien		Beschreibung
Stufe	Bezeichnung	Versorgungsfunktion	Austauschfunktion	
0	Kontinental	–	MR-MR	Verbindung zwischen Metropolregionen
I	Großräumig	OZ-MR	OZ-OZ	Verbindung von Oberzentren zu Metropolregionen und zwischen Oberzentren
II	Überregional	MZ-OZ	MZ-MZ	Verbindung von Mittelzentren zu Oberzentren und zwischen Mittelzentren
III	Regional	GZ-MZ	GZ-GZ	Verbindung von Grundzentren zu Mittelzentren und zwischen Grundzentren
IV	Nahräumig	G-GZ	G-G	Verbindung von Gemeinden/Gemeindeteilen ohne zentralörtliche Funktion zu Grundzentren und Verbindung zwischen Gemeinden/Gemeindeteilen ohne zentralörtliche Funktion
V	Kleinräumig	Grst-G	–	Verbindung von Grundstücken zu Gemeinden/Gemeindeteilen ohne zentralörtliche Funktion

MR Metropolregion, OZ Oberzentrum, MZ Mittelzentrum, auch innergemeindliches Mittelzentrum, GZ Grundzentrum, Unter- und Kleinzentren, auch innergemeindliches Grundzentrum, G Gemeinde/Gemeindeteile ohne zentralörtliche Funktion, Grst Grundstück, – nicht vorhanden

zeit (schnellster Weg) geprüft. Dabei empfiehlt sich eine rechnergestützte Ermittlung der Reisezeiten und Luftliniendistanzen unter Zuhilfenahme von Verkehrsmodellen, Navigations- und Routingsoftware, oder Fahrplanauskunftssystemen. Wird eine Umlegung mittels eines Verkehrsmodells berechnet, soll ein nahezu freier Verkehrsfluss unter Berücksichtigung aller baulichen und verkehrsrechtlichen Gegebenheiten angenommen werden. In Stadtregionen kann die Einbeziehung zusätzlicher Zeitverluste an Knotenpunkten z. B. über Abbiegezuschläge sinnvoll sein. Bei der Übertragung auf das reale Netz ist es erforderlich, einen Ausgleich zwischen den meist divergierenden Zielen einer guten Verbindungsqualität, den städtebaulichen Zielen sowie denen des

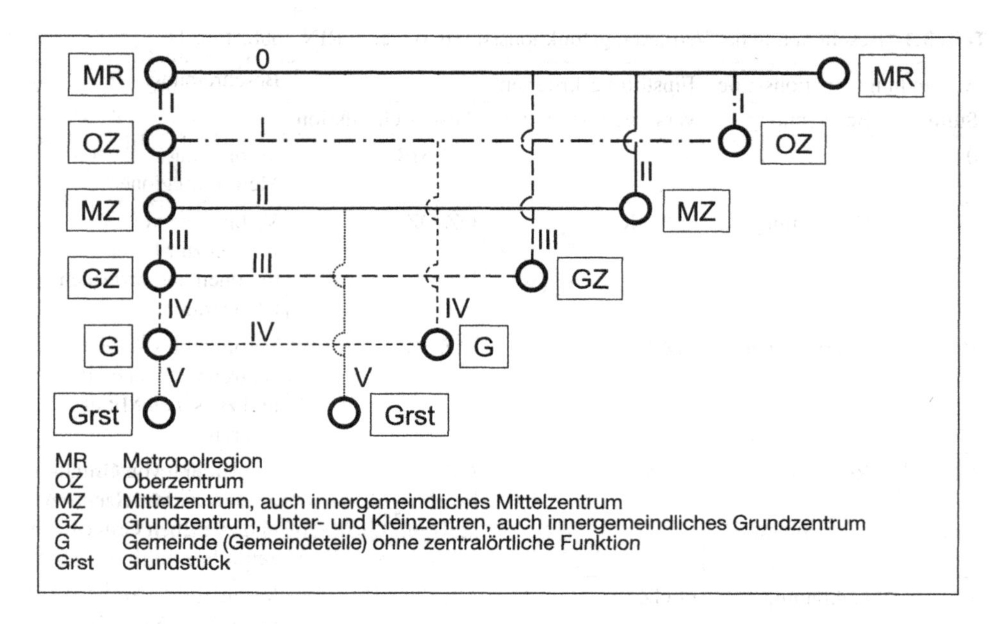

Abb. 3.1 Matrix der Verbindungsfunktionsstufen. (Quelle: RIN 2008, Abb. 5)

Umweltschutzes und der Verkehrssicherheit zu suchen. Daher muss in einem zweiten Schritt geprüft werden, inwieweit die rechnerisch ermittelten Routen zur Aufnahme der verkehrlichen Aufgaben aus der jeweiligen Verbindungsfunktionsstufe geeignet sind. Dieses geschieht unter Berücksichtigung der Bündelung von Verkehrsströmen, der Entlastung bebauter oder sonstiger schützenswerter Gebiete und der Führung auf verkehrssicheren Routen. Die RIN (2008) geben im Anhang A1 Hinweise für die Durchführung der funktionalen Gliederung. Letztlich sollen Verkehrswege bzw. Verbindungen ausgewählt werden, die aufgrund ihrer bereits vorhandenen Ausbaueigenschaften und Sicherheitsmerkmale für die Übernahme der jeweiligen Verbindungsfunktionsstufe geeignet sind oder dafür entwickelt werden sollen und können.

Als Ergebnis der Übertragung der Verbindungsfunktionsstufen auf das reale Netz einzelner Verkehrssysteme liegen Überlagerungen auf einzelnen Netzabschnitten vor, welche für unterschiedliche Verkehrsarten zu verschiedenen Verbindungen unterschiedlicher Hierarchiestufe gehören können. Die Bestimmung der maßgebenden Verbindungsfunktionsstufe eines Netzelements orientiert sich in der Regel an der jeweils höchsten Verbindungsfunktionsstufe auf diesem Netzelement. Anpassungen der Verbindungsfunktionsstufen können notwendig sein, wenn sich entlang eines Verkehrswegs als Folge von Netzelementen unterschiedliche Verbindungsfunktionsstufen ergeben. Als Ergebnis dieser Schritte liegt für jeden Netzabschnitt des betrachteten Verkehrsnetzes eine maßgebende Verbindungsfunktionsstufe vor.

Für die funktionale Gliederung und Kategorisierung der zwischengemeindlichen Verbindungen bilden die zentralen Orte aus den Landesentwicklungs- und Regionalplänen die Grundlage. Für innergemeindliche Verbindungen ergibt sich eine analoge Vorgehens-

Tab. 3.2 Innergemeindliche Zentralitäten. (Quelle: RIN 2008, Tab. 3)

	Innergemeindliche Zentralitäten		
	Hauptzentrum	Stadtteil- oder Ortszentrum	Ortsteilzentrum
Metropolregion (MR)	OZ	MZ	GZ
Oberzentrum (OZ)	MZ	GZ	G
Mittelzentrum (MZ)	GZ	G	G

weise aus der Bedeutung der jeweiligen Stadt- und Ortsteile sowie der städtebaulichen Konzentrationsbereiche. Solche städtebaulichen Konzentrationsbereiche lassen sich nach den innergemeindlichen Zentralitäten in Hauptzentrum, Stadtteil- oder Ortszentrum, Ortsteilzentrum und Ladengruppe (Kleinzentrum) gliedern, in denen wichtige öffentliche und private Einrichtungen (u. a. Arbeitsplatzschwerpunkte, Verwaltungs-, Bildungs- oder Dienstleistungseinrichtungen, Einkaufszentren, Freizeit, Kultur, Sport) vorhanden sind. Ihre Lage, Abgrenzung und Bedeutung sind durch kommunale Planungen festzulegen. Die RIN (2008) empfehlen, das Hauptzentrum eines zentralen Ortes um eine Zentralitätsstufe tiefer als den zentralen Ort selbst einzustufen, da das Hauptzentrum eine geringere Bedeutung hat als der zentrale Ort als Ganzes. Die Stadtteil- und Ortszentren werden dementsprechend jeweils um eine Zentralitätsstufe tiefer als das Hauptzentrum eingestuft. Tab. 3.2 zeigt die aus diesem Ansatz folgenden innergemeindlichen Zentralitäten.

Über die Verbindungsfunktion eines Netzabschnitts hinaus werden die Anforderungen aus dem verkehrswegeseitigen Umfeld für die funktionale Gliederung der Verkehrsnetze berücksichtigt. Jedem Netzabschnitt werden in Abhängigkeit von der Verkehrsart, Art, Lage und Umfeld des Verkehrswegs Kategoriengruppen zugewiesen. Über die Kombination der Verbindungsfunktionsstufe und der Kategoriengruppe wird letztlich die Verkehrswegekategorie eines jeden Netzabschnitts bestimmt. Damit ist die funktionale Gliederung der Netze abgeschlossen. Die Systematik der Kategoriengruppen unterscheidet sich für die einzelnen Verkehrsarten und wird daher im Folgenden in jeweils einem Abschnitt für die Verkehrsarten Kfz, ÖPV, Fußgänger- und Radverkehr separat beschrieben. Abb. 3.2 fasst das Vorgehen zur Bestimmung der Verkehrswegekategorien nach RIN (2008) zusammen.

3.2.2 Kategorien der Verkehrswege im Kfz-Verkehr

Neben der Verbindungsfunktion haben Straßen besonders im innerstädtischen Bereich eine Vielzahl weiterer Funktionen, welche unter dem Begriff der nichtverkehrlichen Funktionen zusammengefasst werden. Die Art und Intensität der nichtverkehrlichen Anforderungen an den Straßenraum werden durch den Gebietscharakter, die Umfeldnutzungen sowie auch durch die jeweilige straßenräumliche Situation (z. B. verfügbare Breiten, Begrenzungen und Verlauf des Straßenraums) geprägt und sind durch eine hohe Individualität in der Art der Nutzungen gekennzeichnet. Die RIN (2008) nutzen zur Berücksichtigung dieser Funktionen in der funktionalen Gliederung der Netze nicht die Funktionen selbst, sondern die prägenden Rahmenbedingungen und

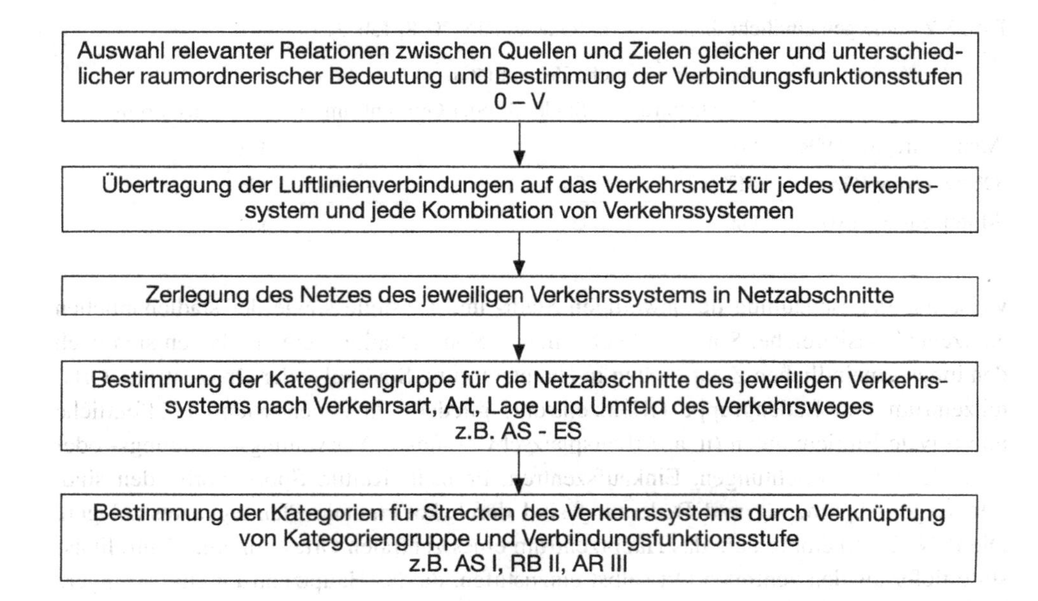

Abb. 3.2 Ableitung der Verkehrswegekategorien aus der funktionalen Gliederung der Verkehrsnetze. (Quelle: RIN 2008, Abb. 3)

führen für den Kfz-Verkehr die in Abb. 3.3 dargestellten fünf Kategoriengruppen ein, welche hauptsächlich nach ihrer Lage „außerhalb bebauter Gebiete", „im Vorfeld und innerhalb bebauter Gebiete" sowie ausschließlich „innerhalb bebauter Gebiete" unterschieden werden. Dabei treten außerhalb bebauter Gebiete die Kategoriengruppen Autobahnen AS und Landstraßen LS auf. Für innerstädtische Bereiche wird anhand der Lage des jeweiligen Netzabschnitts im Stadtgebiet sowie der angrenzenden Bebauung differenziert. Unterschieden werden anbaufreie Straßen (ohne Grundstückszufahrten) als Hauptverkehrsstraßen der Kategoriengruppe VS, angebaute Straßen (mit Grundstückszufahrten) als Hauptverkehrsstraßen der Kategoriengruppe HS sowie Erschließungsstraßen der Kategoriengruppe ES. Die RIN (2008, S. 14) definieren die Lage eines Netzabschnitts als „innerhalb bebauter Gebiete", wenn „für den Straßennutzer die Bebauung als zusammenhängend erscheint". Netzabschnitte im Vorfeld bebauter Gebiete sind durch „locker zusammenhängende" Bebauung gekennzeichnet.

Für jede Kategoriengruppe geben die RIN (2008) eine ausführliche Beschreibung an, um die Bestimmung der Kategoriengruppe für jeden Netzabschnitt zu erleichtern (RIN 2008, S. 14 f.). Für die Stadtverkehrsplanung sind vor allem die Kategoriengruppen VS, HS und ES relevant:

- „Die Kategoriengruppe VS (anbaufreie Hauptverkehrsstraßen) umfasst anbaufreie Straßen im Vorfeld oder innerhalb bebauter Gebiete. Die Straßen übernehmen im Wesentlichen Verbindungsfunktionen (Verbindungsstraßen). Im Vorfeld

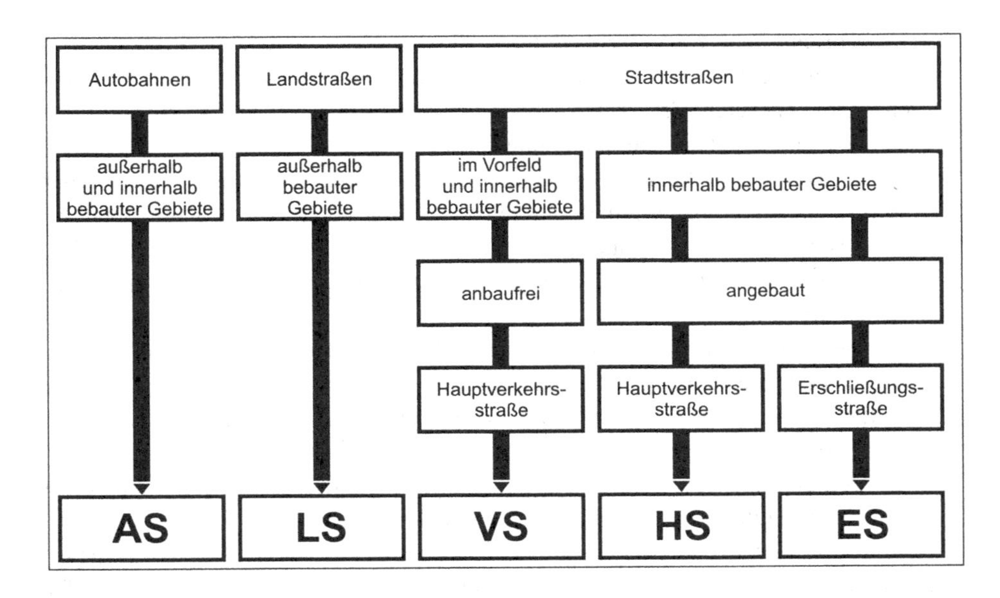

Abb. 3.3 Kategoriengruppen für Straßen. (Quelle: RIN 2008, Abb. 6)

bebauter Gebiete handelt es sich um die Fortsetzung der Straßen der Kategoriengruppe LS bei der Annäherung an größere zusammenhängend bebaute Gebiete. Die Straßenseitenräume sind häufig geprägt von einer lockeren Bebauung mit Einrichtungen der tertiären Nutzung, deshalb bleibt die Erschließungsfunktion gering. Die Straßen sind einbahnig oder zweibahnig, die Verknüpfung mit dem übrigen Straßennetz erfolgt überwiegend durch plangleiche Knotenpunkte mit Lichtsignalanlage oder Kreisverkehren. Die zulässige Höchstgeschwindigkeit beträgt im Vorfeld bebauter Gebiete in der Regel 70 km/h und innerhalb bebauter Gebiete in der Regel 50 km/h. Hinsichtlich der straßenrechtlichen Widmung kann es sich um Bundes-, Landes- bzw. Staats-, Kreis- oder Gemeindestraßen handeln.

- Die Kategoriengruppe HS (angebaute Hauptverkehrsstraßen) umfasst ein- oder zweibahnige angebaute Straßen innerhalb bebauter Gebiete, die im Wesentlichen der Verbindung dienen bzw. den Verkehr aus Erschließungsstraßen sammeln. Sie übernehmen in der Regel auch die Linien des öffentlichen Personenverkehrs. Sie können auch Bestandteile zwischengemeindlicher Verbindungen sein (Ortsdurchfahrten). Die Straßen sind einbahnig oder zweibahnig ausgebildet. Die Verknüpfung mit Straßen der gleichen Kategoriengruppe erfolgt im Allgemeinen durch plangleiche Knotenpunkte mit Lichtsignalanlage oder Kreisverkehren. Da die angrenzenden baulichen Nutzungen unmittelbar von der Straße erschlossen werden, sind die Straßen durch Flächen des ruhenden Verkehrs geprägt. Die zulässige Höchstgeschwindigkeit beträgt in der Regel 50 km/h. Hinsichtlich der straßenrechtlichen Widmung kann es sich um Bundes-, Landes- bzw. Staats-, Kreis- oder Gemeindestraßen handeln.

- Die Kategoriengruppe ES (Erschließungsstraßen) umfasst angebaute Straßen innerhalb bebauter Gebiete, die im Wesentlichen der unmittelbaren Erschließung der angrenzenden bebauten Grundstücke oder dem Aufenthalt dienen. Darüber hinaus übernehmen die Straßen die Anbindung (flächenhafte Erschließung) der durch Wohnen, Arbeiten und Versorgung geprägten angrenzenden Ortsteile. Die Straßen sind grundsätzlich einbahnig und untereinander mit plangleichen Knotenpunkten ohne Lichtsignalanlagen verknüpft. Die Verknüpfung mit Straßen der Kategoriengruppe HS erfolgt durch plangleiche Knotenpunkte mit oder ohne Lichtsignalanlage oder Kreisverkehre. In besonderen Fällen dienen sie dem öffentlichen Personenverkehr; sie nehmen wesentliche Teile des innerörtlichen Radverkehrs auf. Nicht zuletzt deshalb beträgt die zulässige Höchstgeschwindigkeit in vielen Fällen 30 km/h. Hinsichtlich der straßenrechtlichen Widmung handelt es sich in der Regel um Gemeindestraßen."
- Aus der Verknüpfung der Verbindungsfunktionsstufe mit der Kategoriengruppe eines Straßennetzabschnittes ergeben sich die in Tab. 3.3 dargestellten Verkehrswegekategorien für den Kfz-Verkehr. Für die Planung besonders geeignete Verkehrswegekategorien liegen nahe der Diagonale der Matrix: Hohe Verbindungsfunktionsstufen bestehen auf Außerortsstraßen oder anbaufreien Hauptverkehrsstraßen. Niedrige Verbindungsfunktionsstufen werden mit den Kategoriengruppen HS und ES kombiniert, für welche intensive seitenräumliche Nutzungen typisch sind. Die grau hinterlegten Kombinationen sind möglich, bergen aber Konfliktpotenzial. Mit einem Strich gekennzeichnete Verkehrswegekategorien werden nicht empfohlen. Die für hohe Verbindungsfunktionsstufen angestrebten hohen Fahrtgeschwindigkeiten sind z. B. nicht verträglich mit gleichzeitig hohen Anforderungen aus dem verkehrswegeseitigen Umfeld. Ein Zusammentreffen derartiger Funktionen auf Netzabschnitten sollte bereits in der Übertragung der Luftliniennetze auf die realen Verkehrsnetze im Zuge der Bestimmung der maßgebenden Verbindungsfunktionsstufe geprüft und vermieden werden.

3.2.3 Kategorien der Verkehrswege für den öffentlichen Personenverkehr (ÖPV)

Verkehrswege für den öffentlichen Personenverkehr sind stets eine Kombination aus dem Fahrweg als physischer Infrastruktur (Schienen und Straßen) und dem Linienangebot bzw. Fahrplan für die Fahrgastbedienung. Linienbusse des öffentlichen Personenverkehrs nutzen die Straßen größtenteils gemeinsam mit dem Kfz-Verkehr. Die funktionalen Gliederungen der Verkehrsnetze des Kfz-Verkehrs und des Linienbusverkehrs müssen diese gemeinsame Nutzung von Flächen berücksichtigen und gut aufeinander abgestimmt werden.

Tab. 3.3 Verknüpfungsmatrix zur Ableitung der Verkehrswegekategorien für den Kfz-Verkehr. (Quelle: RIN 2008, Tab. 5)

Kategoriengruppe / Verbindungs-funktionsstufe		Autobahnen	Landstraßen	anbaufreie Hauptverkehrs-straßen	angebaute Hauptverkehrs-straßen	Erschließungs-straßen
		AS	LS	VS	HS	ES
kontinental	0	AS 0		–	–	–
großräumig	I	AS I	LS I		–	–
überregional	II	AS II	LS II	VS II		–
regional	III	–	LS III	VS III	HS III	
nahräumig	IV	–	LS IV	–	HS IV	ES IV
kleinräumig	V	–	LS V	–	–	ES V

AS I	vorkommend, Bezeichnung der Kategorie
(grau)	problematisch aufgrund von Konflikten aus Funktionsüberlagerungen
–	nicht vorkommend oder nicht vertretbar

Die Kategoriengruppen der RIN (2008) unterscheiden für den ÖPV zunächst nach Fern- und Nahverkehr und im zweiten Schritt nach den folgenden drei Arten von Fahrwegen:

- Unabhängiger Fahrweg, welcher vom übrigen Verkehr vollkommen unabhängig geführt wird.
- Besonderer Fahrweg, welcher im Verkehrsraum öffentlicher Straßen liegt, aber vom übrigen Verkehr durch Bordsteine, Schutzeinrichtungen, Hecken, Baumreihen oder andere ortsfeste Hindernisse getrennt ist.
- Straßenbündiger Fahrweg, welcher gemeinsam mit dem Kfz-Verkehr oder in Fußgängerzonen geführt wird einschließlich Fahrwegen, die vom übrigen Verkehr nur durch Markierungen getrennt sind.

Im dritten Schritt wird nach der Lage des Fahrwegs unterschieden, um systematische Unterschiede für Fahrwege inner- und außerorts zu berücksichtigen. Innerorts sind z. B. die Haltestellen-/Stationsabstände und damit auch die erreichten Beförderungsgeschwindigkeiten niedriger. Auch die Betriebskonzepte unterscheiden sich z. B. in den verwendeten Fahrzeugtypen oder der Fahrplangestaltung. Abb. 3.4 zeigt die aus dieser Systematik entstehende funktionale Gliederung von Netzen des öffentlichen Verkehrs sowie auch die Einordnung der verschiedenen Angebotsformen.

Die in Abb. 3.4 dargestellten sechs Kategoriengruppen lassen sich wie folgt charakterisieren (RIN 2008, S. 16):

- Fernverkehrsbahn (FB): Fahrplanangebote im Schienenpersonenfernverkehr (SPFV), werden in der Regel bis in die Zentren der Städte geführt, unabhängiger Bahnkörper
- Nahverkehrsbahn (NB): Fahrplanangebote im Schienenpersonennahverkehr (SPNV) außerhalb bebauter Gebiete, unabhängiger Bahnkörper
- Unabhängige Bahn (UB): Fahrplanangebote von U-Bahnen, S-Bahnen, Stadtbahnen und Schienenpersonennahverkehr innerhalb bebauter Gebiete, unabhängiger Bahnkörper
- Stadtbahn (SB): Fahrplanangebote der Stadtbahnen und Straßenbahnen innerhalb bebauter Gebiete, an den lichtsignalgesteuerten Knotenpunkten des Straßenverkehrs meist bevorrechtigt, besondere Bahnkörper
- Tram/Bus (TB): Fahrplanangebote von Straßenbahnen und Stadtbahnen innerhalb bebauter Gebiete, straßenbündiger Fahrweg sowie Buslinien
- Regionalbus (RB): Fahrplanangebote im Regionalbusverkehr außerhalb bebauter Gebiete, straßenbündiger Fahrweg

In der strategischen Stadtverkehrsplanung sind sämtliche Kategoriengruppen relevant für die Stärkung inter- und multimodaler Verkehrssysteme unter Einbeziehung auch von Fernverkehren. Für den Stadtstraßenentwurf sind besondere und straßenbündige Fahr-

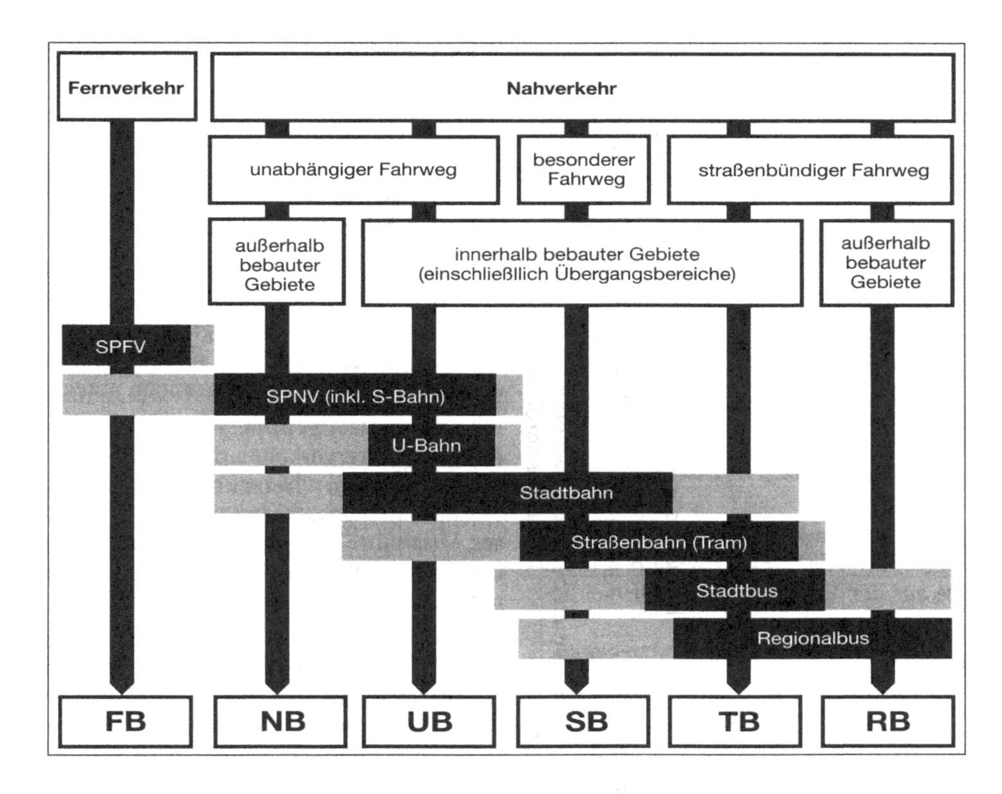

Abb. 3.4 Kategoriengruppen für den öffentlichen Verkehr. (Quelle: RIN 2008, Abb. 7)

wege zu berücksichtigen und in die Abwägung der verschiedenen Anforderungen an den Straßenraum einzubeziehen (vgl. Kap. 4).

Über die Verknüpfung der Verbindungsfunktionsstufe und der Kategoriengruppe eines Netzabschnittes ergeben sich die in Tab. 3.4 dargestellten Verkehrswegekategorien als Eingangsgröße für Entwurf und Gestaltung der Anlagen für den öffentlichen Verkehr (vgl. Kap. 5).

3.2.4 Kategorien der Verkehrswege im Fußgänger- und Radverkehr

Fußgänger- und Radverkehre haben besonders im innerstädtischen Bereich eine hohe und steigende Bedeutung in ihrer verkehrlichen Funktion zur Gewährleistung von Erreichbarkeiten und zur Entlastung der Verkehrssysteme der individuellen und öffentlichen motorisierten Verkehre. Fußgänger- und Radverkehre unterstützen darüber hinaus verschiedene weitere Ziele des Umweltschutzes, der Stärkung körperlicher Aktivität im Rahmen der Gesundheitsförderung und der Stadtplanung (vgl. Kap. 8 und Kap. 9). Für die Planung von Netzen für den Fußgänger- und Radverkehr zu beachten

Tab. 3.4 Ableitung der Verkehrswegekategorien für den öffentlichen Verkehr. (Quelle: RIN 2008, Tab. 7)

Kategoriengruppe / Verbindungs-funktionsstufe		Fernverkehr	Nahverkehr				
			unabhängiger Fahrweg		besonderer Fahrweg	straßenbündiger Fahrweg	
			außerhalb bebauter Gebiete	innerhalb bebauter Gebiete (einschließlich Übergangsbereiche)			außerhalb bebauter Gebiete
		FB	NB	UB	SB	TB	RB
kontinental	0	FB 0					
großräumig	I	FB I	NB I				
überregional	II		NB II	UB II	SB II	TB II	RB II
regional	III		NB III	UB III	SB III	TB III	RB III
nah-/kleinräumig	IV/V				SB IV	TB IV	RB IV

sind die hohe Umwegs- und Steigungssensitivität, die vergleichsweise kurzen zurückgelegten Distanzen und die hohe Verletzlichkeit von Fußgängern und Radfahrern als ungeschützte Verkehrsteilnehmer aus allen Personengruppen der Gesellschaft. Kinder und Jugendliche sowie auch ältere Personen benötigen z. B. sichere und bevorzugt vom Kfz-Verkehr getrennte Radverkehrsanlagen; Berufspendler präferieren schnelle Verbindungen; für die touristische Nutzung sind gut befahrbare Radverkehrsanlagen nach Möglichkeit abseits der Hauptstraßen mit hohem Erlebniswert und verlässlicher Wegweisung besonders geeignet (ERA 2010). Für den Fußgängerverkehr sind neben der Verkehrssicherheit und Umwegfreiheit die Sicherheit vor kriminellen Übergriffen, Barrierefreiheit, das leichte Vorankommen mit hinreichender Bewegungsfreiheit und eine ansprechende Gestaltung der Straßenräume sowie der angrenzenden Bebauung und Räume fördernde Faktoren.

Die Kategoriengruppen der RIN (2008) unterscheiden für den Fußgänger und den Radverkehr zwischen außerorts (Radverkehr: AR, Fußgängerverkehr: AF) und innerorts (Radverkehr: IR, Fußgängerverkehr: IF). Im Radverkehr wird darüber hinaus nach Verbindungsfunktionsstufen II bis V differenziert. Tab. 3.5 zeigt die Verkehrswegekategorien für den Radverkehr nach RIN (2008), ergänzt um die erläuternde Beschreibung gemäß den Empfehlungen für Radverkehrsanlagen (ERA 2010). Die Kategoriengruppe IF für den Fußgängerverkehr wird in den RIN (2008) nicht weiter nach Verbindungsfunktionsstufen ausdifferenziert. Sie umfasst „Verkehrswege für den Fußgängerverkehr innerhalb bebauter Gebiete, die vorrangig vom alltäglichen Fußgängerverkehr genutzt werden" und schließt auch Fußgängerverkehrsanlagen ein, „die vorrangig dem Verweilen im öffentlichen Raum, dem Einkaufsbummel und dem Spielen dienen." (RIN 2008,

Tab. 3.5 Verkehrswegekategorien für den Radverkehr nach RIN. (Quelle: ERA 2010, Auszug Tab. 1)

Kategorie	Bezeichnung	Beschreibung
IR II	Innergemeindliche Radschnellverbindung	Verbindung für Alltagsradverkehr auf größeren Entfernungen (z. B. zwischen Hauptzentren, innerörtliche Fortsetzung einer Stadt-Umland-Verbindung)
IR III	Innergemeindliche Radhauptverbindung	In Oberzentren: Verbindung von Stadtteilzentren zum Hauptzentrum und zwischen Stadtteilzentren
IR IV	Innergemeindliche Radverkehrsverbindung	Verbindung von Stadtteilzentren zum Hauptzentrum der Mittel- und Grundzentren, Verbindung von Stadtteil-/Ortsteilzentren untereinander sowie zwischen Wohngebieten und allen wichtigen Zielen
IR V	Innergemeindliche Radverkehrsanbindung	Anbindung aller Grundstücke und potenziellen Quellen und Ziele

S. 18) Die Empfehlungen für Fußgängerverkehrsanlagen (EFA 2002) differenzieren die Ausstattung von Fußgängeranlagen weiter, indem zunächst in Abhängigkeit der seitenräumlichen Nutzung und der Kfz-Verkehrsstärken Grundanforderungen an Anlagen des Fußgängerverkehrs, beschrieben über Breiten im Seitenraum und Maßnahmen im Querverkehr, angegeben werden. Über die Grundanforderungen hinaus sind wichtige Infrastruktureinrichtungen für die Planung von Fußgängeranlagen durch Breitenzuschläge zum Seitenraum zu berücksichtigen. Diese gestufte und damit auch hierarchisierende Planung von Fußgängerverkehrsanlagen und -netzen steht zwischen der Netzplanung und dem straßenräumlichen Entwurf und sollte daher in beiden Planungsstufen berücksichtigt werden. National und international arbeiten verschiedene Kommunen an Fußverkehrsstrategien, die auch die Entwicklung von Fußverkehrsnetzen beinhalten (vgl. Kap. 8). Als Beispiel hierfür sei die Fußverkehrsstrategie des Landes Berlin angeführt. Hier werden Fußwegenetze für Teilbereiche entwickelt und aufgewertet unter besonderer Berücksichtigung von Wegen zu Haltestellen der öffentlichen Verkehrsmittel sowie von 20 sogenannten grünen Hauptwegen (Senatsverwaltung für Stadtentwicklung und Umwelt Berlin 2011).

3.3 Bewertung der Angebotsqualität von Verbindungen und Netzabschnitten

Das Ziel der strategischen Planung von Verkehrsnetzen ist die Gewährleistung von Erreichbarkeiten, für welche in der Raumplanung Zielgrößen vorgegeben werden. Die RIN (2008) nutzen die Vorgaben der Ministerkonferenz für Raumordnung (MKRO) für die Erreichbarkeiten zentraler Orte von beliebigen Wohnstandorten aus sowie benachbarter zentraler Orte gleicher Zentralitätsstufe als Basis der funktionalen Gliederung und Netzbewertung (siehe Tab. 3.6). Die Einhaltung der in Tab. 3.6 gelisteten Zielgrößen in Kombination mit einer adäquaten Ausstattung der zentralen Orte soll die flächendeckende Versorgung der Bevölkerung mit zentralen Einrichtungen und damit die im Raumordnungsgesetz vorgegebenen gleichwertigen Lebensbedingungen sicherstellen. Defizite in den Erreichbarkeiten können raumordnerische Ursachen haben oder in einer ungenügenden Verkehrserschließung begründet sein. Die im Folgenden beschriebenen Grundprinzipien zur Bewertung der Angebotsqualitäten von Verkehrsnetzen gelten gleichermaßen für die außerörtlichen Verbindungen zentraler Orte wie auch für die Verbindung innerörtlicher Zentren sowie die jeweils dazugehörigen Netzabschnitte.

Die RIN (2008) formulieren kein eigenständiges Qualitätskriterium für die in Tab. 3.6 aufgeführten Zielgrößen, sondern übersetzen diese in Kenngrößen zur Bewertung der Angebotsqualität von Verkehrsnetzen, welche über die Verkehrsplanung gestaltet werden können. Die Bewertung der Angebotsqualität erfolgt auf zwei Ebenen, den Verbindungen und den Netzabschnitten. Verbindungsbezogene Angebotsqualitäten sind nahe an raumordnerischen Zielen und Planungen, da sie die Qualität der Verknüpfung von (zentralen)

Tab. 3.6 Zielgrößen für Erreichbarkeiten. (Quelle: eigene Darstellung nach RIN 2008, Tab. 1, 2)

Zentraler Ort	Zielgrößen für die Erreichbarkeit zentraler Orte von Wohnstandorten [Reisezeit in Minuten]		Zielgrößen für die Erreichbarkeit zentraler Orte von benachbarten zentralen Orten gleicher Zentralitätsstufe [Reisezeit in Minuten]	
	Mit Pkw	Mit öffentlichem Verkehr	Mit Pkw	Mit öffentlichem Verkehr
Grundzentrum	≤ 20	≤ 30	≤ 25	≤ 40
Mittelzentrum	≤ 30	≤ 45	≤ 45	≤ 65
Oberzentrum	≤ 60	≤ 90	≤ 120	≤ 150
Metropolregion			≤ 180	≤ 180

Tab. 3.7 Kriterien und Kenngrößen zur Beschreibung der verbindungsbezogenen Angebotsqualität. (Quelle: RIN 2008, Tab. 11)

Kriterium	Kenngröße
Zeitaufwand	• Luftliniengeschwindigkeit • Reisezeitverhältnis
Direktheit	• Umwegfaktor • Umsteigehäufigkeit

Orten beschreiben. Eine Verbindung besteht aus verschiedenen Netzabschnitten als Folge von Netzelementen mit gleicher Verbindungsfunktionsstufe und gleicher Kategoriengruppe. Die Qualitätsvorgaben der RIN (2008) für einzelne Netzabschnitte sind damit näher am Straßenentwurf und an straßenverkehrstechnischen Maßnahmen. Sie sind notwendig, um die Ursachen für Defizite auf den einzelnen Netzabschnitten selbst, aber auch auf der Ebene von Verbindungen zu finden und zu beheben. Die Bewertung der Angebotsqualität erfolgt durchgehend und konsistent mit dem HBS (2015, siehe Kap. 11 in Band 2) aus Nutzersicht.

Tab. 3.7 zeigt die Kriterien und Kenngrößen der RIN (2008) zur Beschreibung der verbindungsbezogenen Angebotsqualität. Der Zeitaufwand, beschrieben durch die Luftliniengeschwindigkeit, ist das aus Nutzersicht entscheidende Kriterium zur Bewertung der verbindungsbezogenen Angebotsqualität. Die Luftliniengeschwindigkeit ist definiert als Quotient aus der Luftlinienentfernung und der Reisezeit. Sie berücksichtigt die zurückgelegte Entfernung und die gefahrenen Geschwindigkeiten und eignet sich damit für den Vergleich des Zeitaufwandes zwischen Verbindungen unterschiedlicher Entfernung in einer Quelle-Ziel-Relation. Die Reisezeit enthält die Zugangs- und Abgangszeit, Wartezeiten sowie die Fahrt- bzw. Beförderungszeit einer Ortsveränderung. Das Reisezeitverhältnis kann hinzugezogen werden für direkte Vergleiche zwischen dem Pkw-Verkehr und dem öffentlichen Verkehr. Wenn Defizite im Zeitaufwand auftreten, sollte das Kriterium Direktheit ergänzend hinzugezogen werden. Der Umwegfaktor als Quotient aus Reiseweite und Luftlinienentfernung zwischen Quell- und Zielort sowie Umsteigehäufigkeiten im öffentlichen Verkehr können Ursachen für Defizite im Zeitaufwand aufdecken. Weitere Kriterien zur Bewertung der verbindungsbezogenen Angebotsqualität wie z. B. die Sicherheit, Kosten, Zuverlässigkeit einschließlich Anschlusssicherheit und Komfort sollten hinzugezogen werden, wenn sie mit vertretbarem Aufwand ermittelt werden können.

Die Ermittlung der Kenngrößen kann für bestehende Netze mithilfe von Messfahrten, Modellrechnungen oder durch die Anwendung von Routenplanern und Fahrplanauskunftssystemen erfolgen. Für geplante Netze sind modellgestützte Analysen der verbindungsbezogenen Angebotsqualitäten notwendig. Die Bewertung der ermittelten Kenngrößen für jede Verbindung erfolgt über sechs sogenannte Stufen der Angebotsqualität (SAQ), welche von SAQ A (sehr gute Qualität) bis SAQ F (unzureichende Qualität) reichen. Diese einheitliche Bewertungsskala ist konsistent mit den sechs Qualitätsstufen des Verkehrsablaufs (QSV) des HBS (2015, siehe auch

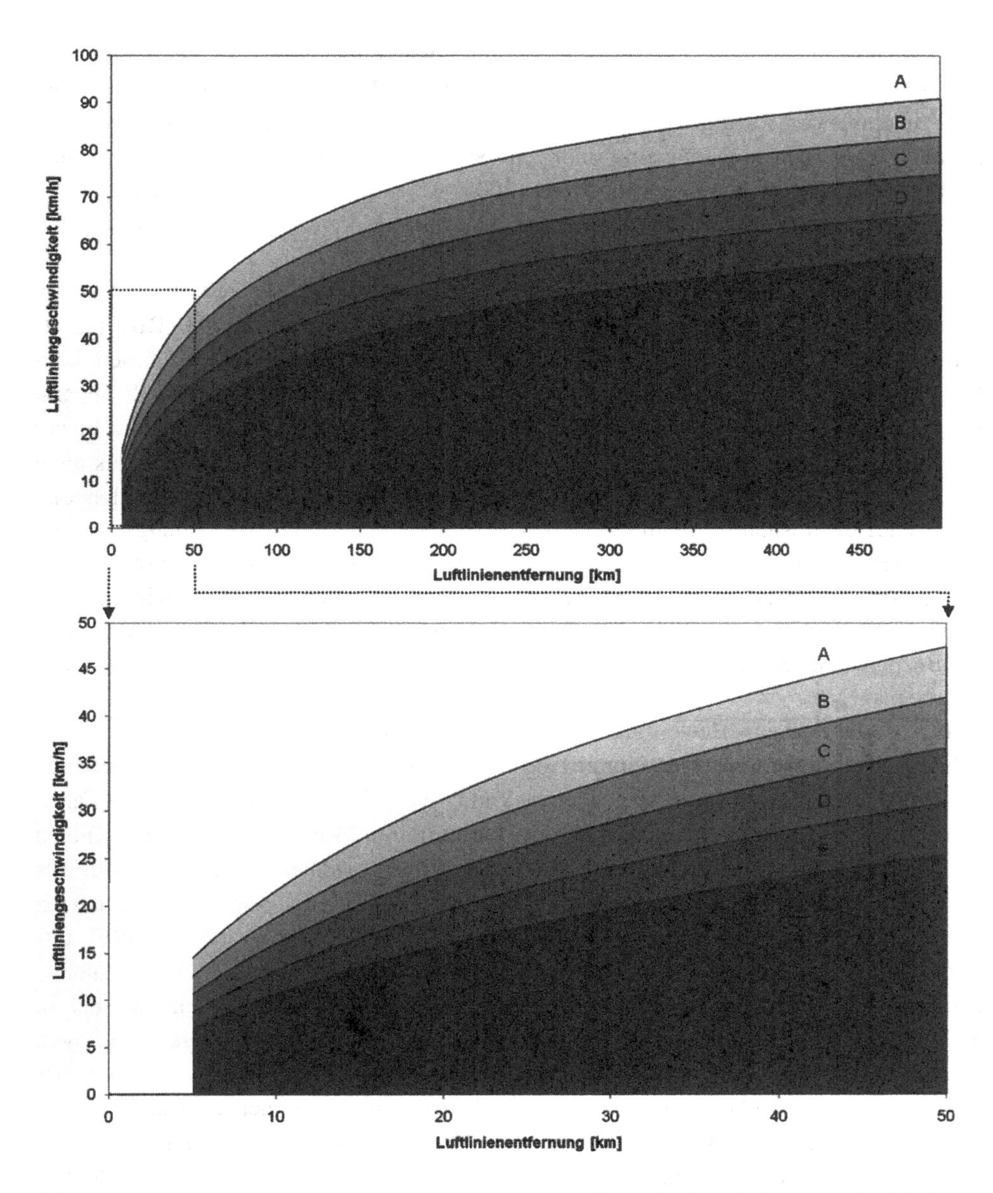

Abb. 3.5 Stufen der Angebotsqualität SAQ A bis SAQ F für die Luftliniengeschwindigkeit im Pkw-Verkehr. (Quelle: RIN 2008, Abb. 15)

Kap. 11 in Band 2) und ermöglicht die Vergleichbarkeit unterschiedlicher Kenngrößen der Angebotsqualität. Zudem erleichtern die SAQ den Entscheidungsträgern die Festlegung von Vorgaben für die Angebotsqualität. Abb. 3.5 zeigt beispielhaft die Qualitätsstufen für die Luftliniengeschwindigkeit im Pkw-Verkehr, wie sie im Anhang A2 der RIN (2008) angegeben werden. Sie sind auf der Grundlage erster Analysen entstanden und Gegenstand kontinuierlicher Weiterentwicklung (siehe z. B. Leerkamp et al. 2016). Die Abbildung zeigt die Abhängigkeit der SAQ von der Luftlinienentfernung. Mit zunehmender Luftlinienentfernung steigen die Ansprüche an die Geschwindigkeiten, sodass bei größeren Entfernungen bei gleichen Luftliniengeschwindigkeiten niedrigere SAQ erreicht werden. Die RIN (2008) geben keine Zielgrößen für die Qualitätskriterien vor, sondern legen deren Festsetzung in die Verantwortung der jeweiligen Entscheidungsträger.

Die Bewertung der Angebotsqualität von Netzabschnitten erfolgt mithilfe eines Vergleichs von angestrebten mit tatsächlichen Fahrtgeschwindigkeiten. Die RIN (2008) geben angestrebte mittlere Fahrtgeschwindigkeiten als Bandbreiten vor für den Kfz-Verkehr, den öffentlichen Personenverkehr und den Alltagsradverkehr, jeweils separat für einzelne Verkehrswegekategorien. Der Bewertung zugrunde gelegt wird die in der Bemessungsstunde vorliegende bzw. zu erwartende Fahrtgeschwindigkeit, um Aussagen zu erzielen, „mit welcher Qualität ein Netzabschnitt unter den infrastrukturellen und netzplanerischen Randbedingungen die netzplanerisch angestrebte Verbindungsfunktion erfüllt" (HBS 2015, S. 8). In Kombination mit den zusätzlich in den RIN (2008) jeweils angegebenen Standardentfernungsbereichen lassen sich die Fahrtgeschwindigkeiten wieder in Erreichbarkeitsgrößen übersetzen, wie sie in Tab. 3.6 angegeben sind, sodass der Bezug zwischen den Zielgrößen der verschiedenen räumlichen Ebenen durchgehend gegeben ist.

Ein Verfahren zur Bewertung der Angebotsqualität auf Basis der angestrebten Fahrtgeschwindigkeiten wird durch das HBS (2015) vorgegeben. Notwendige Eingangsgrößen zur Anwendung dieses Verfahrens sind die mittleren Pkw-Fahrtgeschwindigkeiten auf allen Strecken und die mittleren Wartezeiten an allen Knoten des Netzabschnitts, wie sie mithilfe des HBS (2015) ermittelt werden können. Als Voraussetzung für die Anwendung des Verfahrens sollte keine dieser Einzelanlagen überlastet sein und die niedrigste Qualitätsstufe F des Verkehrsablaufs QSV aufweisen. Das Kriterium der Angebotsqualität eines Netzabschnitts ist der sogenannte Fahrtgeschwindigkeitsindex, welcher sich nach HBS (2015) als Quotient aus der in der Bemessungsstunde zu erwartenden mittleren Pkw-Fahrtgeschwindigkeit auf dem Netzabschnitt und der gemäß RIN (2008) für die jeweilige Verkehrswegekategorie angegebenen angestrebten mittleren Fahrtgeschwindigkeit berechnet. Den als Ergebnis vorliegenden Indexwerten werden wie auch den Kenngrößen der verbindungsbezogenen Angebotsqualität sechs Stufen der Angebotsqualität SAQN A (beste Qualität) bis SAQN F (schlechteste Qualität) zugeordnet.

Die Bewertung der Angebotsqualität im straßengebundenen ÖPV erfolgt analog, indem die unter optimalen Bedingungen erreichbare mittlere Beförderungsgeschwindigkeit in Beziehung gesetzt wird zu einer unter optimalen Bedingungen erreichbaren Beförderungsgeschwindigkeit.

3.4 Gestaltung von Verknüpfungspunkten

Im Rahmen einer integrierten Netzgestaltung erlangen Verknüpfungspunkte hinsichtlich Lage, Größe und Ausstattung eine zunehmend wichtiger werdende Bedeutung. Verknüpfungspunkte sollen intermodale Wegeketten erleichtern, den dafür erforderlichen Anforderungen wie einfache Orientierung und Auffindbarkeit genügen und Abstellmöglichkeiten für Fahrräder und Pkw vorhalten.

Zu den Verknüpfungspunkten zählen Park+Ride (P+R)-, Bike+Ride (B+R)-Anlagen, Mitfahrerparkplätze, aber auch Umsteigehaltestellen bzw. Knoten des ÖV. Ihre Bedeutung ergibt sich aus den Kategorien der verknüpften Verkehrswege und -arten. Große und bedeutende Verknüpfungspunkte wie z. B. Hauptbahnhöfe verknüpfen in der Regel mehrere Verkehrsarten und unterschiedliche Systeme einer Verkehrsart (z. B. ICE, Regionalverkehr, S-Bahn, Stadtbahn); kleinere Verknüpfungspunkte wie z. B. eine Bushaltestelle nur den Rad- und Fußgängerverkehr mit dem öffentlichen Verkehr. Die Lage und Gestaltung der Verknüpfungspunkte sollen neben der reinen Verknüpfung und dem Wechsel der Verkehrsart auch die Erreichbarkeit mit unterschiedlichen Verkehrsarten für Zu- und Abgang sicherstellen. Zudem sind verkehrliche und nichtverkehrliche Funktionen (siehe Tab. 3.8) sowie deren Wechselwirkungen zu berücksichtigen.

P+R-Anlagen dienen der Verknüpfung zwischen dem motorisierten Individualverkehr und dem öffentlichen Personenverkehr (siehe auch Kap. 5 sowie Abschn. 4.5.4 und 7.5.4). Sie sollen auf Bahnhöfen und Haltestellen konzentriert werden, an denen eine gute Verbindungsqualität im öffentlichen Verkehr besteht. Für die Attraktivität sind eine leistungsfähige und umfeldverträgliche Anbindung sowie ein ausreichendes Angebot an Parkmöglichkeiten wichtig. Hinsichtlich der Lage ist eine Abwägung zwischen dezentralen oder peripheren Standorten mit oft guter Pkw-Erreichbarkeit, aber Nachteilen hinsichtlich des öffentlichen Verkehrsangebotes und der sozialen Sicherheit zu treffen. An Bahnhöfen, großen Knoten des öffentlichen Verkehrs sowie Flughäfen sollten zusätzlich sogenannte Kiss+Ride-Plätze für Hol- und Bringverkehre sowie Abstellmöglichkeiten für die Entgegennahme bzw. Rückgabe von Mietwagen vorgesehen werden. Auch ist, vor dem Hintergrund des steigenden Anteils von Elektrofahrzeugen, eine ausreichende Ausstattung mit Schnell- und Normalladeinfrastruktur vorzusehen (vgl. Vallée 2016).

B+R-Anlagen dienen der Verknüpfung zwischen dem Radverkehr und dem öffentlichen Personenverkehr (siehe auch Abschn. 9.6.1). Sie sollten an möglichst vielen Haltestellen und Bahnhöfen vorhanden sein und als flächenhaftes, den öffentlichen Personenverkehr unterstützendes Konzept geplant werden. Eine Abstimmung mit Fahrradverleihsystemen kann den Verbund der umweltfreundlichen Verkehrsmittel aus öffentlichem Verkehr, Fahrrad und zu Fuß gehen zusätzlich stärken. Bei der Gestaltung von B+R-Anlagen sind die Sicherheit gegen Diebstahl und Vandalismus ein ganz wesentlicher Aspekt. Ergänzend zu den Abstellmöglichkeiten können abschließbare Fahrradboxen oder Fahrradstationen sowie Lademöglichkeiten für Pedelecs angeordnet

Tab. 3.8 Nutzungsansprüche an Verknüpfungspunkte. (Quelle: RIN 2008, Tab. 16)

Funktion		Funktionsbezogene Nutzungsansprüche und Anforderungen
Verkehrlich	Verbindung	• Verkehrsqualität • Kapazität
	Verknüpfung/Erschließung	• Angebot systeminterner und systemübergreifender Verknüpfungen • Komfort bei der Verknüpfung • Leichte Zugänglichkeit für motorisierten und nichtmotorisierten Individualverkehr • Leichte Zugänglichkeit für Personen mit Mobilitätsbehinderung (Barrierefreiheit) • Anlagen für den ruhenden Verkehr (P+R, B+R) • Information über Anschlussverbindungen • Unterstützung von Orientierung, Begreifbarkeit
Nichtverkehrlich	Aufenthalt	• Immaterielle Ansprüche wie Verweilen, Erleben, Kommunikation • Sicherheit und Komfort (soziale Kontrolle, Helligkeit, Witterungsschutz usw.)
	Städtebauliche Integration	• Struktur, Qualität der Flächennutzungen • Einbindung in das städtische Umfeld • Architektonische Qualität, Gestaltung und Identität • Entwicklungspotenziale im Umfeld
	Natur und Landschaft	• Ökologische Aspekte • Landschaftliche Einbindung
	Ergänzende Nutzungen	• Einzelhandel, Bank, Dienstleistungen • Gastronomie • Reklame • Veranstaltungs- und Tagungseinrichtungen • Versorgungseinrichtungen (Kiosk, Toiletten, Telefon usw.)

werden. Attraktive Mitnahmemöglichkeiten von Fahrrädern in öffentlichen Verkehrsmitteln fördern diese intermodale Verknüpfung. Die Netzplanung sollte generell eine gute Verknüpfung zwischen Radverkehr und den ÖV-Haltestellen mit geeigneter Zuwegung berücksichtigen.

Mitfahrerparkplätze dienen der Verknüpfung des Pkw-Verkehrs untereinander und der Bildung von Fahrgemeinschaften, womit das Fahrzeugaufkommen reduziert werden kann. Sie sollten möglichst an Zufahrten zu Straßen mit höherrangigen Verbindungsfunktionsstufen vorgesehen werden.

Umsteigepunkte der öffentlichen Verkehrsmittel dienen der Verknüpfung der einzelnen Verkehrsmittel untereinander und der Vereinfachung der Umsteigebeziehungen durch die Schaffung kurzer Übergangszeiten. Sie sollen deshalb möglichst in zentraler Lage angeordnet und baulich sowie betrieblich so angelegt werden, dass kurze Wegezeiten gewährleistet sind und der Gepäcktransfer beim Übergang möglichst komfortabel zu bewerkstelligen ist. Grundsätzlich sollten folgende Gestaltungsgrundsätze und Qualitätsanforderungen berücksichtigt werden:

- kurze und komfortable Wege zwischen den Verkehrsmitteln,
- bei unvermeidbaren längeren Wegen möglichst Witterungsschutz,
- hindernisfreie Wege mit der Möglichkeit, Gepäck bequem zu transportieren (ggf. Unterstützung bei der Gepäckbeförderung),
- Schutz gegen Diebstahl und Vandalismus durch geeignete Möglichkeit, Fahrzeuge abzustellen und Gepäck aufzubewahren,
- Förderung der sozialen Sicherheit durch Einsehbarkeit und ausreichende Beleuchtung (Angsträume vermeiden),
- uneingeschränkte Benutzbarkeit für mobilitätsbehinderte Personen (z. B. Bordsteinabsenkungen, taktile Elemente) (RIN 2008, S. 28).

3.5 Anwendungsfelder der Netzplanung

Die strategische Planung und funktionale Gliederung von Verkehrsnetzen steht am Beginn des Planungsprozesses und ist eine zwingende Voraussetzung für die erfolgreiche Umsetzung der darauf folgenden Schritte. Besonders im städtischen Bereich ist die Summe aller an ein Netzelement gestellten Anforderungen in der Regel größer als die verfügbare Fläche. Eine konsistente Netzplanung priorisiert die Anforderungen und erlaubt so eine nachrangige Erfüllung einzelner Funktionen auf der Ebene einzelner Netzelemente bei gleichzeitiger Erfüllung sämtlicher Funktionen auf Netzebene. Die Kategorie eines Netzelements kann dabei unterschiedlich sein für die verschiedenen Verkehrsarten des Kfz-Verkehrs, des öffentlichen Personenverkehrs, des Fußgänger- und Radverkehrs. Radverkehrsanlagen auf einer Hauptverkehrsstraße können z. B. nachrangig priorisiert werden, wenn parallel eine Fahrradstraße als hoch priorisierte Radverkehrsverbindung verläuft.

Die funktionale Gliederung der Verkehrsnetze ist eine maßgebende Eingangsgröße für die Aufstellung strategischer Verkehrsentwicklungspläne auf den verschiedenen Ebenen wie z. B. der Bundesverkehrswegeplanung auf Bundesebene bis hin zu kommunalen Verkehrsentwicklungsplänen, aber auch von sektoralen Konzepten z. B. für den Radverkehr oder den öffentlichen Personenverkehr.

Die in den RIN (2008) vorgegebenen Verkehrswegekategorien werden von den verschiedenen Entwurfsregelwerken direkt aufgegriffen. Für den Stadtstraßenentwurf maßgebend sind zunächst die RASt (2006), welche mit Referenz zur RIN (2008) den eigenen Geltungsbereich abgrenzen. Als Gegenstand der RASt (2006) werden der Entwurf von Erschließungsstraßen sowie angebauter und anbaufreier Hauptverkehrsstraßen mit plangleichen Knotenpunkten und damit die Kategoriengruppen VS, HS und ES der RIN (2008) definiert (siehe Tab. 3.3). Die einzelnen Kategoriengruppen werden verbal identisch zur RIN (2008, siehe Abschn. 3.2.2) beschrieben und so erste wichtige Grundsätze für den Entwurf wie z. B. die anzusetzenden zulässigen Höchstgeschwindigkeiten festgelegt. Auch in den weiteren Schritten wird der Entwurf nach RASt (2006) an den RIN (2008) ausgerichtet. Die typischen Entwurfssituationen der RASt (2006) sind direkt immer einer oder mehreren Verkehrswegekategorien nach RIN (2008) zugeordnet und auch im individuellen Entwurf wird in der Beschreibung der verschiedenen Entwurfselemente immer wieder auf die Funktionen nach RIN (2008) verwiesen (siehe Abschn. 4.1.2). Auch die ERA (2010) greifen die Verkehrswegekategorien nach RIN (2008) auf und entwickeln die eigenen Entwurfsprinzipien darauf aufbauend. Die Empfehlungen für Anlagen des öffentlichen Personenverkehrs (EAÖ 2013) grenzen ihren Geltungsbereich auf die Kategoriengruppen SB, TB und RB nach RIN (2008) ein (siehe Abb. 3.3).

3.6 Ausblick

Die räumliche Planung, bestehend aus der Landes-, Regional- und Flächennutzungsplanung, gibt die Grundstruktur und Verteilung von Standorten für Wohnen, Arbeiten, Einkaufen, Freizeit, Bildungs-, Kultur- und Sporteinrichtungen vor. Die Verkehrsplanung klassifiziert Netze und priorisiert diese damit, um die räumlichen Quellen und Ziele entsprechend ihrer räumlichen Bedeutung und der Stärke der Verkehrsbeziehungen angemessen zu verbinden. Die strategische Netzplanung ist damit das verknüpfende Element zwischen der Raum- und der Verkehrsplanung.

Die Grundlagen für die Gestaltung der Verkehrsnetze leiten sich aus gesellschaftspolitischen Wertvorstellungen ab, z. B. Direktheit, Schnelligkeit, Umweltschutz, Verkehrssicherheit, und sollen in erster Linie die Erreichbarkeit von Räumen, Städten und Stadtteilen sowie deren Verbindung untereinander ermöglichen. Denn die Erreichbarkeit beeinflusst maßgeblich die Lagegunst sowie die strukturellen Entwicklungschancen von Räumen oder Stadtteilen als Wohn- und Wirtschaftsstandort. Das Verkehrssystem als Ganzes kann lagebedingte Rahmenbedingungen von Räumen zwar nicht kompensieren, aber deren Erreichbarkeiten verbessern. Insofern ist die Verkehrsnetzplanung ein Instrument zur Unterstützung raumordnerischer und städtebaulicher Ziele und kann sowohl Entwicklungshemmnisse mindern und Entwicklungschancen fördern als auch zur Entlastung von Räumen und Stadtteilen von Verkehr und negativen Umweltwirkungen beitragen.

Die Netzplanung ist damit ein mächtiges Instrument, welches Netzelemente bezüglich verkehrlicher und nichtverkehrlicher Funktionen hierarchisiert. Sie erlaubt damit eine gezielte Bündelung von Funktionen auf dafür geeigneten Netzelementen bei gleichzeitiger Entlastung von anderen Funktionen.

Die funktionale Gliederung der Verkehrsnetze wird aus der Bedeutung der zu verbindenden zentralen Orte bzw. innerstädtisch der städtebaulichen Konzentrationsbereiche mit zentralörtlichen Funktionen sowie den Anforderungen aus dem verkehrswegeseitigen Umfeld abgeleitet. So werden hochrangige Strecken mit besonderer Bedeutung für die Verbindung von Quellen und Zielen hoher Hierarchiestufen von den weniger bedeutenden separiert. Für die hochrangigen Strecken steht dann beim Entwurf die Verbindungsfunktion und damit die Erreichbarkeit, Geschwindigkeit und Verkehrsqualität im Vordergrund, während bei den Strecken mit geringerer Verbindungsfunktionsstufe die nichtverkehrlichen Funktionen und die städtebaulichen Anforderungen bei der Gestaltung des Straßenraumes wesentlich stärker berücksichtigt werden sollen.

Die Netzplanung ist die Basis des Stadtstraßenentwurfs. Innerhalb bebauter Gebiete überlagert sich regelmäßig die Verbindungsfunktion einer Straße mit der Erschließungs- bzw. Aufenthaltsfunktion. Insofern entsteht eine Nutzungskonkurrenz, die umso problematischer ist, je ausgeprägter die Nutzungsansprüche aus den Funktionen zusammentreffen. Daher ist es die Hauptaufgabe der Verkehrsnetzgestaltung, auf eine Trennung bzw. mindestens Priorisierung der Funktionen hinzuwirken und damit die Basis für die Suche nach verträglichen Lösungen zu schaffen, indem keine der Funktionen in unzumutbarer Weise durch eine andere beeinträchtigt wird.

Die aktuelle Methodik der Regelwerke des Straßen- und Verkehrswesens behandelt die Gestaltung großräumiger, regionaler und städtischer Verkehrsnetze konsistent über alle Verkehrsträger und -arten Fuß, Rad, ÖPV, MIV. Dabei sind grundsätzlich sowohl der Personen- als auch der Güterverkehr zu betrachten. Allerdings gibt die räumliche Planung bisher nur zentrale Orte aus der Perspektive der Ausstattung und Erreichbarkeit für die Menschen vor, sodass der Güterverkehr bisher regelmäßig nicht adäquat berücksichtigt wird (vgl. u. a. Klemmer 2016).

Die Bedeutung der funktionalen Gliederung von Verkehrsnetzen wird künftig weiter steigen. Städte wachsen und damit auch die Anforderungen an die Verkehrssysteme und -netze. Eine höhere Automatisierung motorisierter Verkehre erfordert möglicherweise eine deutlichere Trennung von Funktionen in öffentlichen Straßenräumen und damit verbunden die Abgrenzung von Netzen im Mischverkehr, in denen z. B. Fußgänger und Radfahrer Vorrang haben.

Literatur

Bundesinstitut für Bau-, Stadt- und Raumforschung (BBSR) im Bundesamt für Bauwesen und Raumordnung (BBR) (2017) Raumordnungsbericht 2017: Daseinsvorsorge sichern. Bonn. http://www.bbsr.bund.de/. Zugegriffen: 18. Juni 2018

EAÖ (2013) Empfehlungen für Anlagen des öffentlichen Personenverkehrs, (FGSV – Herausgeber). FGSV, Köln
EFA (2002) Empfehlungen für Fußgängerverkehrsanlagen, (FGSV – Herausgeber). FGSV, Köln
ERA (2010) Empfehlungen für Radverkehrsanlagen, (FGSV – Herausgeber). FGSV, Köln
Gehl J (2010) Cities for people. Island Press, Washington
Gerike R, Jones P (2015) Strategic network planning for cycling as part of an integrated approach. In: Gerike R, Parkin J (Hrsg) Cycling futures, from research into practice. Ashgate, Burlington
HBS (2015) Handbuch für die Bemessung von Straßenverkehrsanlagen, (FGSV – Herausgeber). FGSV, Köln
Jones P, Boujenko N (2011) Street planning and design using ‚link' and ‚place'. Journeys 6:7–15
Klemmer J (2016) Entwicklung einer Methodik zur funktionalen Gliederung von Netzen des Güterverkehrs und zur Bewertung der Angebotsqualität. Dissertation an der Bergischen Universität Wuppertal
Leerkamp et al. (2016) Ableitung von Vorgaben zur Bestimmung der maßgebenden Verbindungsfunktionsstufe und von Qualitätsstufen zur Bewertung der verbindungsbezogenen Angebotsqualitäten in Straßennetzen. Forschung Straßenbau und Straßenverkehrstechnik, Bd 1121. BMVI, Bergisch Gladbach
Ministerkonferenz für Raumordnung (MKRO) (2016) Leitbilder und Handlungsstrategien für die Raumentwicklung in Deutschland. https://www.bmvi.de/DE/Themen/Raumentwicklung/Leitbilder/leitbilder.html. Zugegriffen: 18. Juni 2018
RASt (2006) Richtlinie für die Anlage von Stadtstraßen 2006; Forschungsgesellschaft für Straßen- und Verkehrswesen (FGSV – Herausgeber). FGSV, Köln
RIN (2008) Richtlinie für integrierte Netzgestaltung 2008; Forschungsgesellschaft für Straßen- und Verkehrswesen (FGSV – Herausgeber). FGSV, Köln
Senatsverwaltung für Stadtentwicklung und Umwelt Berlin (2011) Fußverkehrsstrategie für Berlin: Ziele, Maßnahmen, Modellprojekte. Broschüre. Kurzfassung. http://www.berlin.de/senuvk/verkehr/politik_planung/fussgaenger/index.shtml. Zugegriffen: 18. Juni 2018
Vallée D (2016) Leitthema Verkehr – Erreichbarkeit zentraler Orte. In: Greiving S, Flex F (Hrsg) Neuaufstellung des zentrale Orte Konzepts in Nordrhein-Westfalen, Bd 17. Arbeitsberichte der Akademie für Raumforschung und Landesplanung (ARL), Hannover, S 53–61

Strecken und Knotenpunkte im Straßenverkehr

4

Wolfgang Haller und Sabrina Stieger

Zusammenfassung

Der Beitrag „Strecken und Knotenpunkte im Straßenverkehr" beschäftigt sich einleitend mit entwurfsmethodischen Fragen und zeigt die Entwicklung des Regelwerkes im Wandel der Zeit. Der im derzeit geltenden Regelwerk der FGSV verfolgte entwurfsmethodische Ansatz der Städtebaulichen Bemessung und des Straßenraumentwurfs sowie die beim Entwerfen zu berücksichtigenden Ziele und Bewertungskriterien werden erläutert. Die Nutzungsansprüche in städtischen Straßenräumen und die Bildung von straßenräumlichen Abschnitten werden mithilfe von Beispielen veranschaulicht. Gezeigt wird, wie daraus – je nach Gewichtung einzelner Kriterien – unterschiedliche Entwurfs- und Gestaltungskonzepte entwickelt werden können. Für die Kategorien von Hauptverkehrsstraßen, anbaufreien Hauptverkehrsstraßen sowie Erschließungsstraßen und -wegen werden die wesentlichen Entwurfselemente vorgestellt. Zum Entwurf von Knotenpunkten werden wesentliche Knotenpunktformen erläutert und es wird die Einbindung von verkehrlichen Knotenpunkten in Stadtplätze thematisiert.

W. Haller (✉) · S. Stieger
SHP Ingenieure GbR, Hannover, Deutschland
E-Mail: w.haller@shp-ingenieure.de

S. Stieger
E-Mail: s.stieger@shp-ingenieure.de

D. Vallée (verstorben) et al. (Hrsg.), *Stadtverkehrsplanung Band 3*,
https://doi.org/10.1007/978-3-662-59697-5_4

4.1 Grundlagen des Entwurfs

4.1.1 Entwurf von Straßenräumen im Wandel der Zeit

Im Städtebau des 19. und beginnenden 20. Jahrhunderts war der Straßenentwurf fest eingebunden in die städtebauliche Gesamtplanung. Der Entwurf von Straßenräumen war auch – und in manchen Bereichen sicher überwiegend – eine künstlerische Aufgabe und einer der wesentlichen städtebaulichen Gestaltungsbereiche. Entworfen wurden Straßen- und Platzräume, die vielfältige funktionale und repräsentative Aufgaben zu erfüllen hatten (Abb. 4.1). Da der Straßenbau überwiegend eine handwerkliche Arbeit war, wurden individuelle, regionale Lösungen begünstigt. Aus heutiger Sicht war damals zumindest bei Hauptverkehrsstraßen ein hohes Maß an individueller Gestaltqualität erkennbar.

Mit zunehmender Motorisierung wurde die städtebauliche Gesamtaufgabe in mehrere sektorale Fachplanungen aufgegliedert. Straßen wurden vorrangig nach den Anforderungen des Kraftfahrzeugverkehrs entworfen und gebaut. Die Multifunktionalität der Straßenräume geriet mehr und mehr ins Hintertreffen. Die Massenmotorisierung in der Phase des Wiederaufbaus nach dem Zweiten Weltkrieg führte zu Verkehrsmengen im Kraftfahrzeugverkehr, die die vorhandenen innerstädtischen Straßennetze nicht mehr befriedigend bewältigen konnten. Die Folge war eine weitgehende funktionale Separation in den Straßenräumen und der großmaßstäbliche Aus- und Neubau der Straßennetze. Diese Entwicklung wurde von der überwiegenden Mehrheit der Gesellschaft getragen und entsprach weitgehend dem städtebaulichen Leitbild des Wiederaufbaus. In Hauptverkehrsstraßen führte dies zu überwiegend monofunktional am

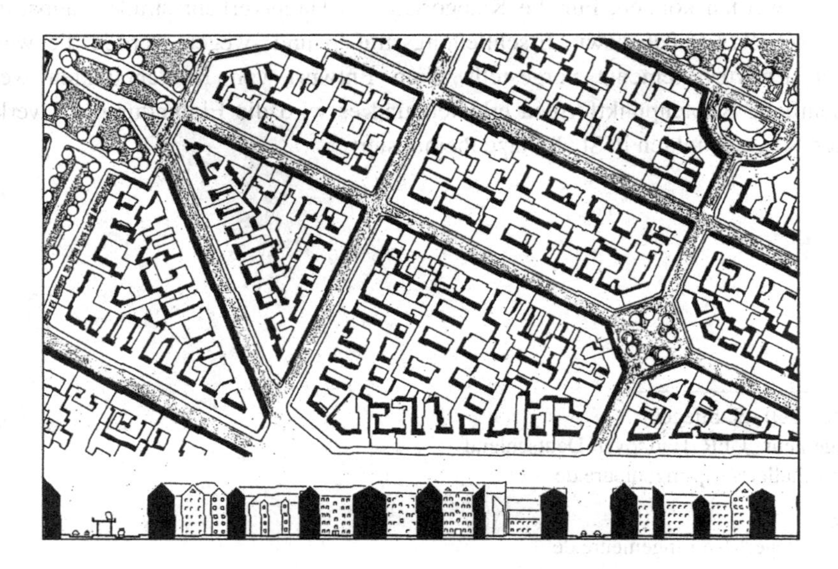

Abb. 4.1 Straßen- und Platzräume in einem gründerzeitlichen Stadtquartier

Kraftfahrzeugverkehr ausgerichteten Straßenräumen. Aber auch in Anliegerstraßen wurden die sozialen Funktionen der Straßenräume weitgehend außer Acht gelassen.

Hauptgegenstand der Anfang der 70er-Jahre aufkommenden Kritik an der überwiegend verkehrstechnisch ausgerichteten Straßengestaltung war die mangelhafte städtebauliche Integration der Straßen, die ungenügende Berücksichtigung der nichtmotorisierten Verkehrsteilnehmer und der sozialen Funktionen der Straßenräume (Abb. 4.2). Diese Kritik führte in den 80er-Jahren zu einem fruchtbaren Dialog zwischen Stadtplanern, Freiraumplanern, Architekten und Verkehrsplanern. Als Ergebnis ist die Hinwendung zu interdisziplinären Planungsansätzen und die zunehmende Bereitschaft festzustellen, in fachübergreifenden Planungsgruppen zu arbeiten.

Der kurze historische Rückblick zeigt eine grundlegende Veränderung der Planungs- und Entwurfsmethodik in der Straßenraumgestaltung von der integrierten städtebaulich-künstlerischen Aufgabe über überwiegend technisch-funktionale Fachplanungen bis zur Rückbesinnung auf interdisziplinäre Planungsansätze.

Die Betrachtung der Entwurfsrichtlinien für Straßenverkehrsanlagen zeigt, dass sich das Instrumentarium ebenfalls von multifunktional-städtebaulichen Entwurfsrichtlinien über vorwiegend monofunktional-technische Regelwerke zu integrierten städtebaulichen und verkehrlichen Planungs- und Entwurfshinweisen entwickelt hat. Stadtgestalterische

Abb. 4.2 Straßenraum mit dominanter Ausrichtung am Kraftfahrzeugverkehr (Die in der Bildunterschrift mit (*) markierten Fotos stammen von den Verfassern)

Gesichtspunkte sowie Fragen der Raumbildung und -gliederung spielten in den Entwurfsrichtlinien der 1960er- und 70er-Jahre gegenüber verkehrstechnischen Begriffen wie Sicherheit und Leichtigkeit des Verkehrs, Leistungsfähigkeit der Verkehrsanlagen und Wirtschaftlichkeit so gut wie keine Rolle. Hinzu kommt, dass Aspekte wie Sicherheit und Leichtigkeit des Verkehrs überwiegend auf den Kraftfahrzeugverkehr bezogen waren und Fußgänger und Radfahrer als nachrangig betrachtet wurden.

Mit den Empfehlungen für die Anlage von Erschließungsstraßen EAE (FGSV 1995) ist im Jahre 1985 in Zusammenarbeit zwischen dem damaligen Bundesminister für Raumordnung, Bauwesen und Städtebau und der Forschungsgesellschaft für Straßen- und Verkehrswesen erstmalig ein Regelwerk vorgelegt worden, das die Erschließungsplanung und den Entwurf von Straßenräumen wieder als eine städtebauliche Planungs- und Entwurfsaufgabe begreift und damit wegkommt von der überwiegend sektoralen und verkehrlichen Betrachtungsweise früherer Entwurfsrichtlinien. Auch die Empfehlungen für die Anlage von Hauptverkehrsstraßen EAHV (FGSV 1993) aus dem Jahre 1993 betrachteten den Straßenraumentwurf als integrierte städtebauliche und verkehrliche Aufgabe.

Die im Jahre 2006 vorgestellten Richtlinien für die Anlage von Stadtstraßen RASt (FGSV 2006) fassen die EAE 85 (FGSV 1995) und die EAHV 93 (FGSV 1993) zusammen und aktualisieren sie auf der Grundlage neuer Erkenntnisse, die teilweise schon in andere Regelwerke Eingang gefunden hatten (z. B. EFA [FGSV 2002], EAR [FGSV 2005]), Merkblatt Kreisverkehre (FGSV 2006/1). Ergänzende Hinweise enthalten die Empfehlungen für Radverkehrsanlagen ERA (FGSV 2010) und die Hinweise zu Straßenräumen mit besonderem Querungsbedarf H SBQ (FGSV 2014).

Trotz dieser insgesamt positiven Einschätzung der Entwicklung des Regelwerkes und der vielen guten Beispiele, die oft in der interdisziplinären Zusammenarbeit von Verkehrsplanern, Freiraumplanern und Stadtplanern entstanden sind, sind in der Praxis aber auch heute immer noch erschreckend sektorale Entwurfsansätze anzutreffen. Ursache hierfür sind in der Regel nicht die Entwurfsrichtlinien selbst, sondern eher die Finanzierungsmodalitäten, die häufig keinen Spielraum für städtebaulich integrierte Planungen lassen. Die sektorale Gliederung der Verwaltungen trägt ebenfalls häufig nicht zu ressortübergreifenden Betrachtungen bei. Verwaltungsinterne Abstimmungstermine über Planungsprojekte tragen gelegentlich die Züge von Machtkämpfen zwischen Stadtplanung, Verkehrsplanung, Tiefbau und Straßenverkehrsbehörden. Es ist deshalb umso wichtiger, dass entwurfsmethodische Überlegungen am Anfang des straßenräumlichen Gestaltens stehen. In den RASt (FGSV 2006) haben entwurfsmethodische Ausführungen deshalb einen hohen Stellenwert.

4.1.2 Straßenraumentwurf als Entwurfsmethodik

Straßenplanung innerhalb bebauter Gebiete ist Teil des Städtebaus und kann nicht als isolierte Fachplanung gesehen werden. Sie ist Teil der Straßenraumgestaltung und wird im Straßenraumentwurf zu einer angemessenen Gesamtgestaltung zusammengeführt.

Die Entwurfsmethodik der RASt verfolgt grundsätzlich einen Zwei-Wege-Ansatz. Der erste Weg sieht einen geführten Entwurfsvorgang vor. Ausgehend von zwölf typischen Entwurfssituationen:

- Anbaufreie Straße
- Verbindungsstraße
- Industriestraße
- Gewerbestraße
- Hauptgeschäftsstraße
- Örtliche Geschäftsstraße
- Örtliche Einfahrtsstraße
- Dörfliche Hauptstraße
- Quartiersstraße
- Sammelstraße
- Wohnstraße
- Wohnweg

werden in Abhängigkeit von maßgebenden Randbedingungen Querschnitte empfohlen. Diese Randbedingungen sind:

- die entwurfsprägenden Nutzungsansprüche
- der ÖPNV (Bus oder Straßenbahn)
- die Verkehrsstärke im Kraftfahrzeugverkehr
- die verfügbare Straßenraumbreite

Daraus werden systematisch Querschnitte abgeleitet und zur Anwendung empfohlen. Eine Entwurfsaufgabe, beispielsweise der Entwurf zur Umgestaltung einer Ortsdurchfahrt, kann abschnittsweise aus mehreren unterschiedlichen typischen Entwurfssituationen bestehen.

Der zweite Weg ist der individuelle Entwurfsvorgang und geht von den straßenraumspezifischen Nutzungsansprüchen aus. Er führt über die sogenannte städtebauliche Bemessung – die gleichwertige Berücksichtigung aller Straßenraumnutzer – zu einem umfangreichen Katalog von Elementen. Aus diesen Elementen kann der Entwurf einzelfallbezogen zusammengestellt werden. Dabei ist zu beachten, dass der Entwurfsprozess nicht linear abläuft, sondern vielfältige Rückkopplungen auch in die gesamtplanerische Ebene hat (Abb. 4.3).

Die Abkehr vom früher ausschließlich empfohlenen individuellen Entwurf ist eine Reaktion auf die praktische Erfahrungen mit den Entwurfsempfehlungen EAE und EAHV: Es hat sich gezeigt, dass viele Entwurfsbearbeiter mit dem einzelfallbezogenen Entwerfen überfordert sind und viele Entwurfsaufgaben tatsächlich auch nicht so individuell entworfen werden müssen. Die Autoren der RASt gehen davon aus, dass die typischen Entwurfssituationen etwa drei Viertel der „Standardsituationen“ abdecken.

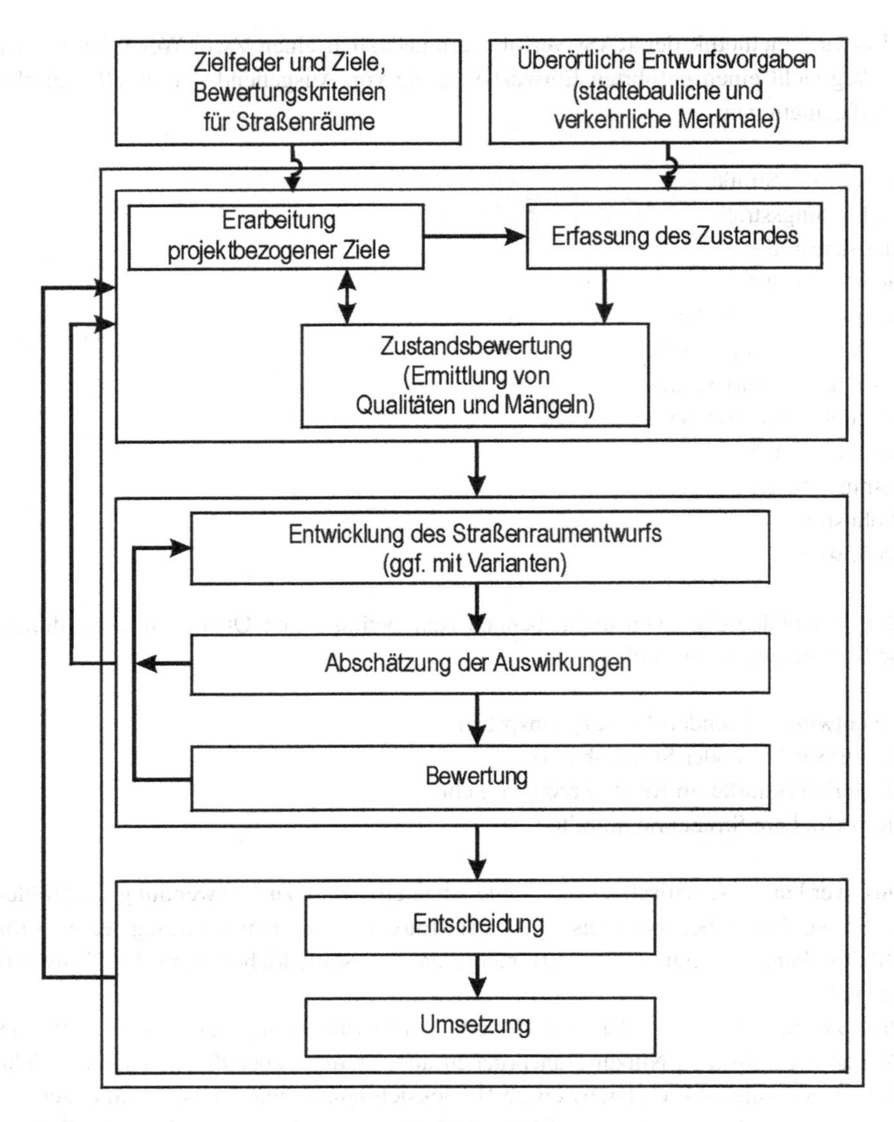

Abb. 4.3 Ablauf eines Straßenraumentwurfes (FGSV 2006)

Die Empfehlungen zur Straßenraumgestaltung innerhalb bebauter Gebiete ESG (FGSV 2011) definieren die Stellung des Straßenraumentwurfes im Spannungsfeld von Stadt- und Verkehrsplanung. Mehr noch als die RASt fordern die ESG ergänzend zur umfassenden Behandlung der materiellen Anforderungen die integrale Berücksichtigung immaterieller Ansprüche an den Straßenraum im Rahmen des „Stadtgestalterischen Beitrages". Die „Städtebauliche Bemessung", d. h. die Bemessung vom Rand des Straßenraums zur Mitte und nicht umgekehrt, ist der zentrale entwurfsmethodische Beitrag (vgl. Kap. 4 in Band 2).

Die Entwurfsmethodik des Straßenraumentwurfes kann helfen, an Einzelansprüchen orientierte, sektoral optimierte Entwürfe weitgehend zu vermeiden. Während der Entwurfsbearbeitung ist die inhaltliche Auseinandersetzung mit den divergierenden materiellen und immateriellen Ansprüchen in Straßenräumen zu führen und eine konsensfähige Abwägung durchzuführen. Der Straßenraumentwurf bewirkt einen Ausgleich zwischen materiellen und immateriellen Ansprüchen und ist somit eine Synthese aus Funktionalität und individueller Gestaltqualität.

4.1.3 Ziele und Bewertungskriterien

Planung und Entwurf von innerörtlichen Straßenräumen orientieren sich an überörtlichen Vorgaben und an straßenraumspezifischen Zielen. Die Ziele unterliegen einem gesellschaftlichen Wandel. Wegen der hohen Wertigkeit von Verkehrssicherheit und straßenräumlicher Qualität, der Chancengleichheit bei der Verkehrsteilnahme und der Wohnqualität in den Städten und Gemeinden ist es häufig – wenn nicht in der Regel – unumgänglich, die Menge oder zumindest die Ansprüche des motorisierten Individualverkehrs an Geschwindigkeit und Komfort zu reduzieren und dadurch die umweltfreundlichen Verkehrsarten zu fördern.

Hauptziele des Straßenraumentwurfs sind die Funktionsfähigkeit des Straßenraumes und seine ortsspezifische Gestaltung. Voraussetzung für die Überprüfung der Funktionsfähigkeit ist, dass der Straßenraum in seiner ganzen Vielfalt erfasst und unter Abwägung aller Nutzungsansprüche und sozialen Erfordernisse in der jeweiligen Bedeutung bewertet wird. Die Einzelziele lassen sich folgenden Zielfeldern zuordnen:

- Verkehr,
- Verkehrssicherheit,
- Umfeldverträglichkeit,
- Soziale Brauchbarkeit
- Straßenraumgestalt,
- Wirtschaftlichkeit.

Die Gewichtung der Zielfelder und der Ziele untereinander kann in der Regel nur problemorientiert für eine konkrete Entwurfsaufgabe erfolgen. Generelle Anspruchsniveaus und Zumutbarkeitsgrenzen lassen sich für die Bewertungskriterien im Allgemeinen nicht angeben. Im Einzelfall können sich aufgrund örtlicher Besonderheiten auch weitere oder andere Ziele und Bewertungskriterien ergeben.

Die im Zielfeld **Verkehr** beschriebene verkehrliche Qualität eines Straßenraumes wird wesentlich von der Verkehrssicherheit für alle Verkehrsteilnehmer und der Qualität des Verkehrsablaufes bestimmt. Besondere Bedeutung für die Verkehrssicherheit haben die Geschwindigkeiten des Kraftfahrzeugverkehrs, die Übersichtlichkeit im Straßenraum, ausreichend dimensionierte Verkehrsflächen für Fußgänger und Radfahrer und sichere Querungsmöglichkeiten. Den Kraftfahrern ist die aufgrund der übrigen Straßenraumnutzungen angemessene Fahrweise gestalterisch zu verdeutlichen. Allerdings kann diese Geschwindigkeit in der Regel baulich nicht erzwungen werden. Im Idealfall ist die Straße selbsterklärend und zeigt durch die Gestaltung, welches Verhalten erwartet wird.

Schwächere Verkehrsteilnehmer, insbesondere ältere Menschen, Behinderte und Kinder, erfordern ein besonderes Augenmerk, da von diesen Personengruppen volle Aufmerksamkeit, Wahrnehmung, Reaktionsfähigkeit und Regelbeachtung nicht immer erwartet werden können. Das Gesetz zur Gleichstellung behinderter Menschen (BGG) (BMJustiz 2016) soll eine Benachteiligung von Menschen mit Behinderungen beseitigen bzw. verhindern sowie die gleichberechtigte Teilhabe von Menschen mit Behinderungen am Leben in der Gesellschaft gewährleisten und ihnen eine selbstbestimmte Lebensführung ermöglichen. So ist im BGG u. a. eine gesetzliche Verpflichtung geschaffen worden, öffentliche Wege, Plätze und Straßen sowie öffentlich zugängliche Verkehrsanlagen und Beförderungsmittel im öffentlichen Personenverkehr barrierefrei zu gestalten. Das Regelwerk der Forschungsgesellschaft wurde deshalb im Jahre 2011 mit den Hinweisen für barrierefreie Verkehrsanlagen H BVA (FGSV 2011/1) ergänzt. In der Folge wird die Gestaltung stärker als bisher an den Belangen behinderter Menschen ausgerichtet werden müssen. Wesentliche Merkmale sind taktile Elemente zur Führung sehbehinderter Menschen, Bordabsenkungen und behindertengerechte Rampen, aber auch behindertengerechte Informationssysteme und akustische Zeichen an Lichtsignalanlagen (Abb. 4.4).

Die Beurteilung der **Verkehrsqualität** erfolgt einheitlich nach den im Handbuch für die Bemessung von Straßenverkehrsanlagen HBS (FGSV 2015 – siehe Kap. 11 in Band 2) angegebenen Verkehrsqualitätsstufen, die über die Wartezeiten grundsätzlich für alle Verkehrsteilnehmer gelten. Im Planungsprozess müssen für alle Verkehrsteilnehmer Verkehrsqualitäten bestimmt werden. In der Praxis zeigt sich, dass insbesondere die Verkehrsqualitäten für den Fußverkehr eher selten ermittelt und mit in die Abwägung eingebracht werden. Die für den Fußverkehr geltende maximale Wartezeit von 70 s an Knotenpunkten mit Lichtsignalanlage kann bei den häufig verwendeten Umlaufzeiten von > 90 s oft nicht eingehalten werden. Stadtgerechte Umlaufzeiten können deshalb in der Regel nicht größer als 90 s sein.

Die im Einzelfall erwünschten Qualitäten des Verkehrsablaufes sind abhängig von der maßgebenden Funktion der Straßenräume, den Umfeldnutzungen und der straßenräumlichen Situation. Im Zuge von Hauptverkehrsstraßen sind in der Regel Geschwindigkeiten von 50 km/h anzustreben. In engen Ortsdurchfahrten, vor sensiblen Einrichtungen, bei starken Nutzungsverflechtungen, beispielsweise in Geschäftsstraßen, oder aus Gründen des Lärmschutzes und zur Reduzierung der Schadstoffbelastung können die verträglichen Geschwindigkeiten aber auch bei 30 oder 40 km/h liegen. Da Leistungsfähigkeit und Qualität des Verkehrsablaufes innerörtlicher Straßen in der Regel durch Knotenpunkte und nutzungsbedingte, örtliche und zeitlich wechselnde Störungen bestimmt werden, haben abschnittsweise geringere Geschwindigkeiten als 50 km/h nur wenig Einfluss auf die Reisegeschwindigkeit und die Verkehrsqualität im Kraftfahrzeugverkehr.

Abb. 4.4 Barrierefreie Gestaltung an Querungsstellen und Anlagen des ÖPNV (*)

In Erschließungsstraßen steht die Qualität des Fuß- und Radverkehrs im Vordergrund. Der Verkehrsablauf im Kraftfahrzeugverkehr soll mit langsamen Geschwindigkeiten, aber trotzdem stetig erfolgen, um eine möglichst geringe Lärm- und Abgasemission zu erzielen. Während bei entsprechender Neugestaltungen von Straßenräumen in der Regel auf separate verkehrsberuhigende Maßnahmen verzichtet werden kann, kann in bestehenden Straßenräumen durch den maßvollen Einsatz verkehrsberuhigender Elemente zur Geschwindigkeitsreduzierung beigetragen werden. Der Radverkehr wird auf der Fahrbahn mitgeführt, da die Geschwindigkeiten mit der des Kraftfahrzeugverkehrs ähnlich sind und die Fahrbahnführung für den Radverkehr die schnellste und sicherste Führungsform in Erschließungsstraßen darstellt. Im Einzelfall können Fahrradstraßen zur Bündelung des Radverkehrs von Vorteil sein (vgl. Kap. 9).

Im Zielfeld **Verkehrssicherheit** gilt es durch eine sorgfältige Analyse, mögliche Defizite in der Straßenraumgestaltung aufzudecken. Dies kann bei bestehenden Straßen beispielsweise durch die Auswertung vorhandener Unfalldaten erfolgen. Bei der Planung ist im Hinblick auf eine hohe Verkehrssicherheit insbesondere die Freihaltung der erforderlichen Sichtfelder an Querungsstellen sowie an Einmündungen untergeordneter Straßen maßgebend (vgl. Kap. 10). Bei Nichteinhaltung der Sichtfelder kann ein hohes Konfliktpotenzial zwischen ein- und abbiegenden Fahrzeugen und im Seitenraum geführtem Radverkehr entstehen. Zur Verbesserung der Überquerbarkeit kann auch eine Reduzierung der zulässigen Höchstgeschwindigkeit sinnvoll sein. In den vergangenen Jahren hat sich zudem die Bewertung der Verkehrssicherheit bereits während der Planung von Neu-, Um- oder Ausbaumaßnahmen von Straßen in Form von Sicherheitsaudits durchgesetzt. Durch die Prüfung eines unabhängigen Auditors können so Planungsfehler häufig vor der Umsetzung erkannt und entsprechend darauf reagiert werden (siehe Kap. 10).

Die im Zielfeld **Umfeldverträglichkeit** beschriebene Umfeldqualität der Straßenräume wird maßgebend durch die Verkehrsimmissionen (Lärm, Luftverunreinigungen und Erschütterungen) bestimmt (siehe Kap. 5 in Band 2). Da die Verkehrsimmissionen von der Verkehrsstärke, der Geschwindigkeit, der Fahrweise und der Verkehrszusammensetzung abhängen, lassen sie sich durch den Entwurf und die Gestaltung von Straßen nur bedingt beeinflussen. Von besonderer Bedeutung sind die Gleichmäßigkeit und Stetigkeit von Verkehrsabläufen im Kraftfahrzeugverkehr sowie eine verhaltene Fahrweise mit niedrigen Drehzahlen. Die Störwirkung von Verkehrslärm auf Anwohner und Straßenraumnutzer lässt sich psychologisch verringern, wenn der Straßenraum gut gestaltet ist (Kompensationseffekt) und der Kraftfahrzeugverkehr optisch nicht dominiert.

Die funktionale Trennwirkung ist besonders an Hauptverkehrsstraßen von Bedeutung. Zur Verringerung der Trennwirkung eignen sich Querungsstellen in dichter Folge. Sofern diese mit Lichtsignalanlagen ausgestattet werden müssen, hat dies unmittelbare Auswirkungen auf den Fahrverkehr und setzt der Dichte der Querungsstellen Grenzen. Als Alternativen bieten sich auf Straßen mit besonderem Querungsbedarf im Einzelfall Lösungen nach dem Shared-Space-Prinzip an (FGSV 2014).

Die Trennwirkung ist aber nicht allein von Wartezeiten beim Queren abhängig, Trennwirkung wird auch subjektiv empfunden. Von wesentlicher Bedeutung sind neben den Verkehrsstärken insbesondere die Fahrgeschwindigkeiten im Kraftfahrzeugverkehr. Maßnahmen zur Straßenraumgestaltung können ebenfalls die Trennwirkung reduzieren, beispielsweise durch eine angemessene, den Seitenräumen angepasste Materialwahl.

Das Zielfeld **Soziale Brauchbarkeit** beschreibt in unterschiedlichen Teilzielen wie Orientierung, Identifikation, Identität oder Aneignung die immateriellen Qualitäten eines Straßenraumes. Die Kriterien sind zwar stark durch individuelle und gefühlsmäßige Bezüge geprägt, die Qualität eines Straßenraumes lässt sich aber eben

Abb. 4.5 Orientierung im Straßenraum (Hildesheim) (*)

nicht ausschließlich funktional bewerten. *Orientierung* betrifft das Grundbedürfnis der Menschen, sich sowohl in räumlichen Strukturen als auch in Situationen, die ein bestimmtes Verhalten erfordern, zurechtzufinden. Die raumbezogene Orientierung basiert u. a. auf Prägnanz und Übersicht, Einprägsamkeit und Maßstab. Dies lässt sich beispielsweise durch das Freihalten von Sichtbezügen, prägnante Oberflächenmaterialität oder quartierstypische Ausstattungselemente umsetzen (Abb. 4.5).

Identifikation oder Aneignung setzt eine positive, individuelle emotionale Beziehung zu einem Ort voraus. Sie umfasst Interesse, Engagement, Verantwortungsgefühl und Stolz. Sie entwickelt sich insbesondere durch die Verantwortlichkeit für ein „Territorium", die Möglichkeit der Darstellung eigener Werte und der Kreativität. Private oder privat benutzbare Bereiche im Straßenraum fördern das Interesse für die öffentlichen Bereiche und die eigene Repräsentation im Straßenraum, für Selbstgestaltung und Veränderung. Beteiligung an der Planung und Mitwirkung an Veränderungen sind immer ein wirkungsvoller Ansatz für individuelle Identifikation. (Halb-) private Innenhöfe können so zu einem wichtigen Bindeglied mit hoher sozialer Brauchbarkeit zwischen öffentlichen Räumen werden (Abb. 4.6).

Abb. 4.6 Identifikation und Aneignung in einem halböffentlichen Straßenraum (*)

Identität entwickelt sich immer dann, wenn eine unzweifelhafte Vorstellung von ortsspezifischen oder ortstypischen Eigenschaften aufgebaut werden kann. Identitätsbildende Komponenten sind lokale Eigenart, Originalität, lokale Bedeutung, Milieu und Unverwechselbarkeit. Lokale Eigenart und Originalität lebt von den Unterscheidungs- und Abgrenzungsmöglichkeiten gegenüber anderen Orten und kann sich beispielsweise in einer Geschäftsstraße mit überwiegend lokalen Händlern und einem dadurch unverwechselbaren Flair ausdrücken (Abb. 4.7). Standardisierung hingegen mit immer gleichen Entwurfs- und Ausstattungselementen nivelliert lokale Eigenart.

Anregung betrifft das Bedürfnis der Menschen, sich mit ihrer Umwelt auseinanderzusetzen. Inwieweit ein Raum anregend wirkt, hängt davon ab, welche Möglichkeiten der Betätigung dort vorhanden sind; sie sollten begünstigt, aber nicht aufgezwungen werden. Der Spielraum für individuelle Interpretation sollte möglichst groß sein und kann sich vom Verweilen bis hin zu sportlicher Aktivität erstrecken (Abb. 4.8).

Das Zielfeld **Straßenraumgestalt** beschreibt die stadträumlichen Qualitäten eines Straßenraumes. Jeder Straßenraum sollte ein Gestaltungsleitbild haben, dem straßenräumlich wirksame Elemente zugeordnet werden. Durch einprägsame ortstypische Merkmale wird die Orientierung im Quartier unterstützt. Darüber hinaus ist es wichtig, die

Abb. 4.7 Lokale Eigenart und Milieu prägen den Straßenraum (*)

Gebietscharakteristik zu stärken, die Möglichkeiten zur Identifikation mit dem Straßenraum zu fördern und wichtige historische Bezüge verständlich darzustellen (siehe Kap. 2).

Die formale Ausprägung und Maßstäblichkeit der Entwurfselemente innerhalb eines Straßenraumes sollten mit der Bebauung übereinstimmen. Die Straßenhierarchie soll in der Raumfunktion zum Ausdruck kommen. Unter Verzicht auf gestalterischen Schematismus sollen Identität, Anregung und Schönheit vermittelt werden.

Die im Zielfeld **Wirtschaftlichkeit** aufgeführten Kriterien zur Beurteilung der Wirtschaftlichkeit eines Straßenum- bzw. -neubaus beschränken sich nicht nur auf Fragen der Kosten oder des Flächenverbrauchs. Einzubeziehen sind vielmehr alle verkehrlichen und städtebaulichen Nutzen. Kosteneinsparungen können insbesondere durch Flächenreduzierungen, sparsame Entwurfs- und Baustandards und daraus folgende niedrige Herstellungskosten erreicht werden. Jedoch ist zu prüfen, ob sich solche Beschränkungen nicht ungünstig auf die Betriebs- und Unterhaltskosten auswirken. Deshalb sind die Kosten immer unter Beachtung der gesamten Nutzungsdauer zu betrachten (siehe Kap. 12 in Band 2).

4.1.4 Städtebauliche und straßenräumliche Merkmale

Städtebauliche Merkmale und die straßenräumliche Situation sind in hohem Maße entwurfsprägend. Wegen ihrer im Rahmen des Straßenraumentwurfes oft beschränkten

Abb. 4.8 Möglichkeiten zur Betätigung in einem Straßenraum (*)

Veränderbarkeit sind sie in der Regel als örtliche Entwurfsvorgaben zu behandeln. Aus dem Gebietstyp ergeben sich erste Anhaltspunkte für den ganzheitlichen Entwurf von Straßen. In den Gebietstypen kommen vor allem städtebaulich-historische Bezüge zum Ausdruck. Das dem Gebiet zugrunde liegende städtebauliche Leitbild (siehe Kap. 4 in Band 1) bietet Anknüpfungspunkte zur Entwicklung eines möglichen Leitthemas für die Straßenraumgestaltung. Hierbei sind stets örtliche Gegebenheiten, wie Wegeachsen und Blickbeziehungen zu berücksichtigen (Abb. 4.9).

Die straßenräumliche Situation wird geprägt durch die Begrenzung, die Breite und den Verlauf des Straßenraumes. Sie ist die wesentliche Grundlage für mögliche Flächen-

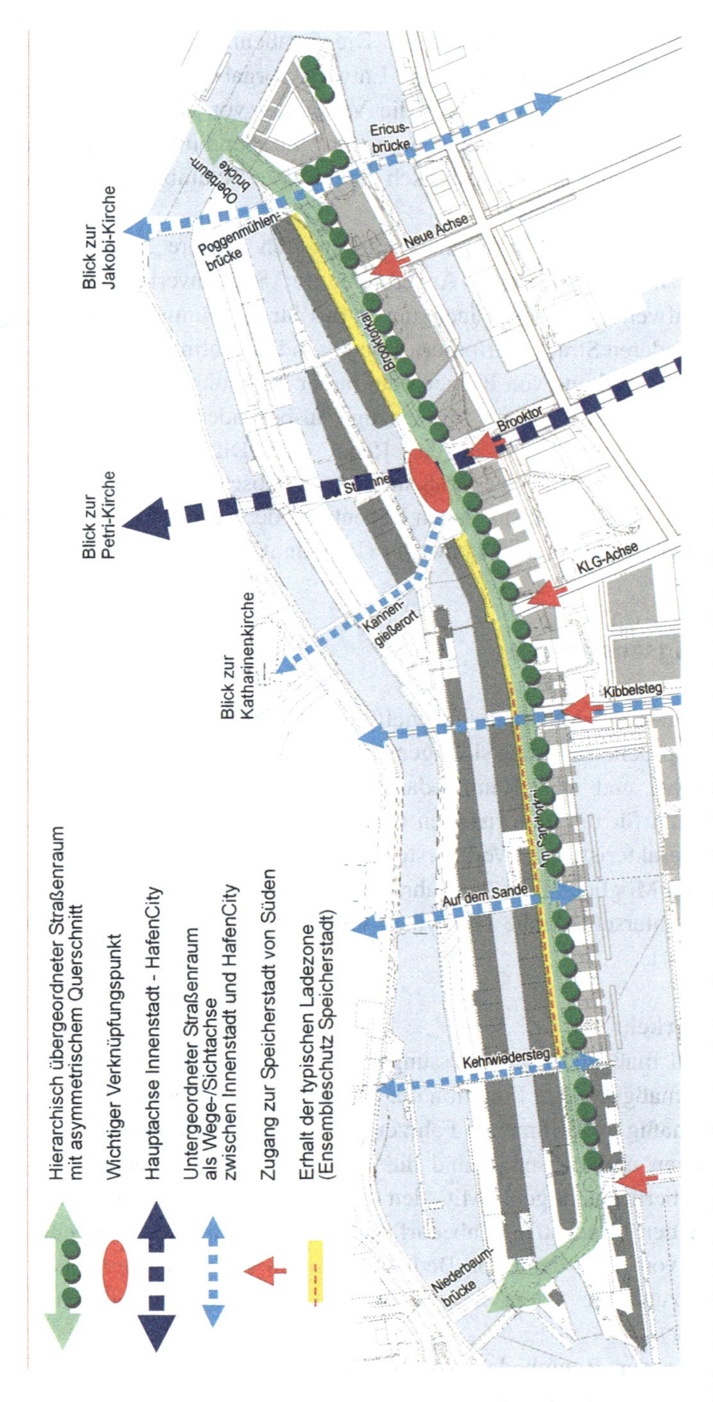

Abb. 4.9 Städtebaulich-straßenräumliches Konzept Brooktorkai/Am Sandtorkai, HafenCity Hamburg

dispositionen im Straßenraum sowie für die räumliche Konzeption und gestalterische Durcharbeitung des Straßenraumentwurfes. Die Straßenraumbreite wird in den Entwurfsbeispielen der RASt als maßgebliche Entwurfsvorgabe betrachtet. Von der Breite des Straßenraumes hängt es ab, ob nur die Verteilung von Flächendefiziten oder die Verlagerung von Nutzungsansprüchen in andere Straßenräume infrage kommt und mit welchen Mitteln eine stadtgestalterisch erwünschte Raumbildung und die Raumgliederung erreicht werden kann.

Aus dem Verlauf des Straßenraumes ergeben sich weitere Randbedingungen für den Straßenraumentwurf. Markante Änderungen im Straßenverlauf, wie z. B. räumlich wirksame Aufweitungen oder Einengungen des Straßenraumes, Einmündungen oder Kreuzungen mit anderen Straßen, erfordern eine besondere Aufmerksamkeit beim Entwurf und können in der Gestaltung von Plätzen oder in der Betonung der Raumfolge zum Ausdruck kommen. Im Verlauf längerer Straßenzüge, insbesondere an Hauptverkehrsstraßen und Sammelstraßen, ergibt sich in der Regel eine Differenzierung in Abschnitte (Abb. 4.10). Anhaltspunkte für eine straßenräumliche Abschnittsbildung können sich als Änderungen der städtebaulich-historischen Bedeutung, der Art der Begrenzung, der Breite und des Verlaufes des Straßenraumes bzw. der Umfeldnutzungen ergeben.

4.1.5 Nutzungsansprüche

Beim Entwurf von Straßenräumen sind vielfältige qualitativ und quantitativ beschreibbare Nutzungsansprüche zu berücksichtigen. Während die Quantifizierung der generellen Nutzungsansprüche und des Raumbedarfs für einige Nutzungen Schwierigkeiten bereitet, lassen sich für die motorisierten und nichtmotorisierten Verkehrsarten aus den Abmessungen charakteristischer Verkehrsteilnehmer und ihrer Fahrzeuge sowie aus den fahrgeometrischen Möglichkeiten der Fahrzeuge Verkehrsräume, lichte Räume und Verkehrsflächen für unterschiedliche fahrdynamische und fahrgeometrische Komfortstufen entwickeln (Tab. 4.1).

Kraftfahrzeugverkehr
Das im Einzelfall maßgebende Bemessungsfahrzeug muss aufgrund der Grundstücksnutzung und der maßgebenden Funktion der Straße ermittelt werden. Es ist in der Regel das größte regelmäßig vorkommende Fahrzeug. Bei der Kurvenfahrt – insbesondere von Lastkraftfahrzeugen und Bussen – sind die Schleppkurven der nachlaufenden inneren Hinterräder zu berücksichtigen. Mit den Rechenprogrammen zur Schleppkurvenermittlung kann der Mindestflächenbedarf für beliebig wählbare Fahrzeuge bestimmt werden. Dies ist vor allem dann von Bedeutung, wenn selten vorkommende Fahrzeuge der Bemessung zugrunde gelegt werden sollen (z. B. landwirtschaftliche Fahrzeuge, Schwertransporter).

Grunddaten für den Raumbedarf von Kraftfahrzeugen ergeben sich aus den Fahrzeugabmessungen, der bei gerader Fahrt, bei Kurvenfahrt und beim Ein- und Ausparken

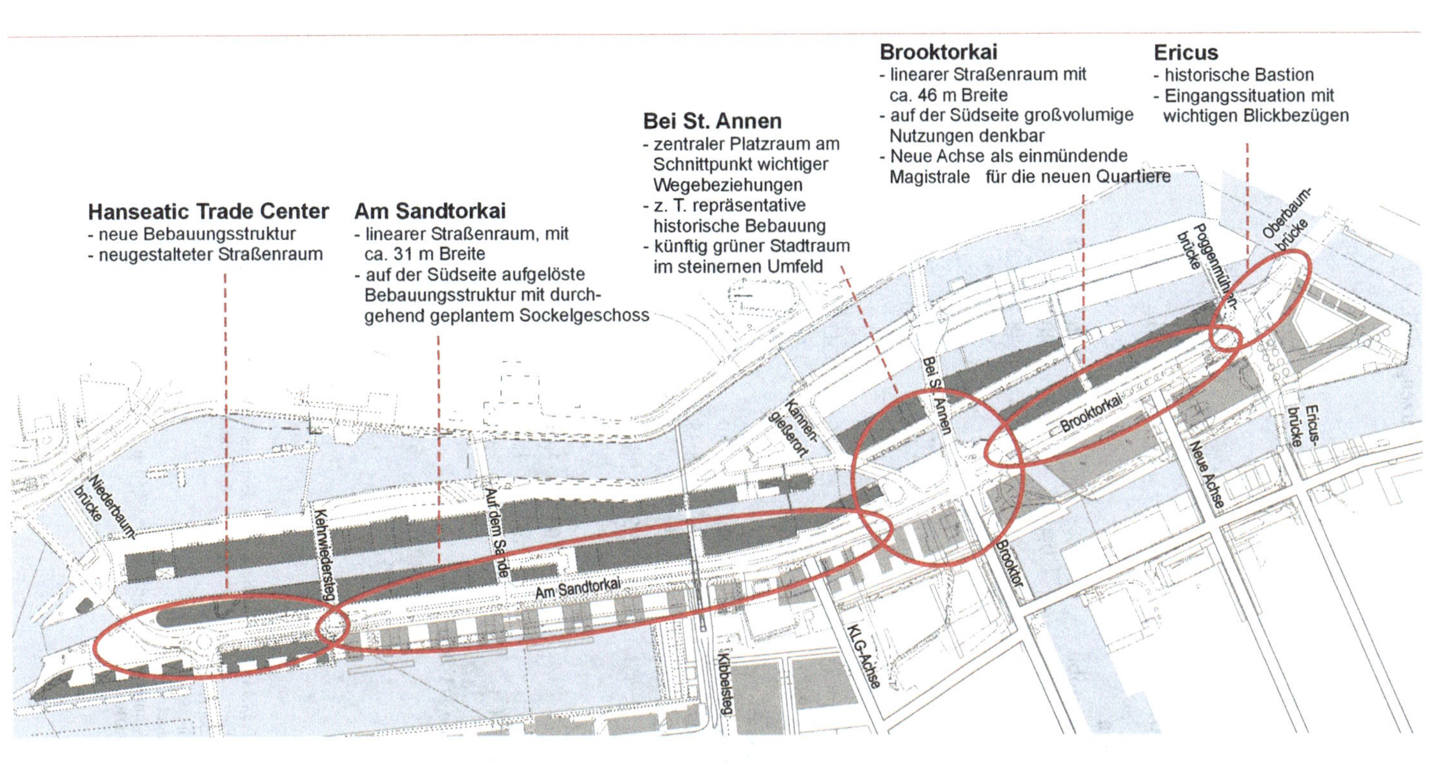

Abb. 4.10 Gliederung in straßenräumliche Abschnitte Brooktorkai/Am Sandtorkai, HafenCity Hamburg

Tab. 4.1 Grunddaten bemessungsrelevanter Fahrzeuge (FGSV 2001)

Fahrzeugart	Außenabmessungen						
	Länge	Radstand	Überlänge		Breite	Höhe	Wendekreisradius außen
			vorn	hinten			
	[m]	[m]	[m]	[m]	[m]	[m]	[m]
Personenkraftwagen	4,74	2,70	0,94	1,10	1,76	1,51	5,85
Lastkraftwagen:							
Transporter/Wohnmobil	6,89	3,95	0,96	1,98	2,17	2,70	7,35
Kleiner Lkw (2-achsig)	9,46	5,20	1,40	2,86	2,29	3,80	9,77
Großer Lkw (3-achsig)	10,10	5,30 [1])	1,48	3,32	2,50 [4])	3,80	10,05
Lastzug:	18,71						
Zugfahrzeug (3-achsig) [1])	9,70	5,28 [1])	1,50	2,92	2,50 [4])	4,00	10,30
Anhänger (2-achsig)	7,45	4,84	1,35 [3])	1,26	2,50	4,00	10,30
Sattelzug:	16,50						
Zugmaschine (2-achsig)	6,08	3,80	1,43	0,85	2,50 [4])	4,00	7,90
Auflieger (3-achsig) [1])	13,61	7,75 [1])	1,61	4,25	2,50	4,00	7,90
Kraftomnibusse:							
Reise-, Linienbus 12,00 m	12,00	5,80	2,85	3,35	2,50 [4])	3,70 [6])	10,50
Reise-, Linienbus 13,70 m [2])	13,70	6,35 [2])	2,87	4,48	2,50 [4])	3,70 [6])	11,25
Reise-, Linienbus 15,00 m [2])	14,95	6,95 [2])	3,10	4,90	2,50 [4])	3,70 [6])	11,95
Gelenkbus	17,99	5,98/5,99	2,65	3,37	2,50 [4])	2,95	11,80
Müllfahrzeuge:							
2-achsig (2 Mü)	9,03	4,60	1,35	3,08	2,50 [4])	3,55	9,40
3-achsig (3 Mü)	9,90	4,77 [1])	1,53	3,60	2,50 [4])	3,55	10,25
3-achsig (3 MüN) [2])	9,95	3,90	1,35	4,70	2,50 [4])	3,55	8,60
Höchstwerte der StVZO:					2,55 [4])[5])	4,00 [6])	12,50
Kraftfahrzeug	12,00						
Anhänger	12,00						
Lastzug	18,75						
Sattelzug	16,50						
Gelenkbus	18,00						

[1]) Bei 3-achsigen Fahrzeugen ist die hintere Tandemachse zu einer Mittelachse zusammengefasst
[2]) Bei 3-achsigen Fahrzeugen mit Nachlaufachse entspricht der Radstand dem Wert zwischen der vorderen Achse der hinteren Tandemachse
[3]) Ohne Deichsellänge
[4]) Ohne Außenspiegel
[5]) Aufbauten von klimatisierten Fahrzeugen bis 2,60 m
[6]) Als Doppelstock-Bus 4,00 m

zugrunde gelegten Fahrweise (fahrdynamischer oder fahrgeometrischer Komfort) und den für die gewählten Fahrweisen erforderlichen Bewegungsspielräumen.

Die Wahl des Bemessungsfahrzeuges und des Begegnungs-, Überhol- oder Vorbeifahrtfalles, der dem Entwurf punktuell oder durchlaufend zugrunde gelegt werden soll, ergibt sich aus der Abwägung der unterschiedlichen Nutzungsansprüche. Die Wahl eines bestimmten Begegnungsfalls oder Bemessungsfahrzeuges schließt nicht aus, dass größere Fahrzeuge die Verkehrsflächen unter Mitbenutzung von Gegenfahrstreifen oder Ausweichstellen befahren können. Ein anderes Beispiel kann die punktuelle Einengung der Fahrbahn zur Stärkung wichtiger Querbeziehungen im Fußverkehr sein, die ein Begegnen großer Fahrzeuge in diesem Bereich ausschließt (Abb. 4.11 und 4.12). Häufig kann auch die straßenräumliche Situation das Bemessungsfahrzeug und den maßgebenden Begegnungsfall beeinflussen. Dies ist besonders in eng bebauten Altstadtgebieten der Fall.

Öffentlicher Personennahverkehr

Ein gut funktionierender öffentlicher Personennahverkehr ist eine wesentliche Voraussetzung für einen umfeld- und sozialverträglichen Stadtverkehr, da bei gleicher Beförderungsleistung die Verkehrssicherheit im öffentlichen Personennahverkehr höher

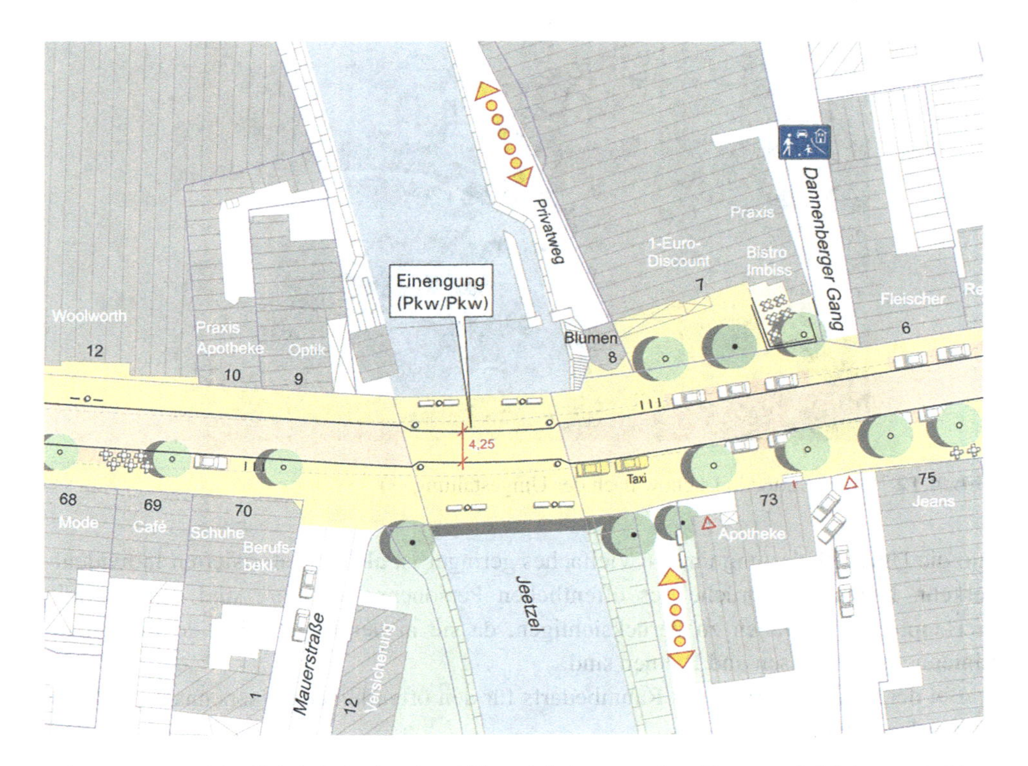

Abb. 4.11 Variable Fahrbahnbreite in Abhängigkeit von der Bau- und Nutzungsstruktur. (Lüchow, eigene Darstellung)

Abb. 4.12 Lange Straße in Lüchow nach der Umgestaltung (*)

und die Umweltbelastung um ein Vielfaches geringer ist als im motorisierten Individualverkehr. Nutzungsansprüche des öffentlichen Personennahverkehrs sind insbesondere in Hauptverkehrsstraßen zu berücksichtigen, da sie in der Regel wichtige Routen im Liniennetz von Bussen und Bahnen sind.

Bei der Quantifizierung des Raumbedarfs für den öffentlichen Personennahverkehr ist zu beachten, dass

- die aus Attraktivitätsgründen angestrebte geringe Beförderungszeit häufig zügige Fahrweisen erfordert, für die entsprechende Fahrbahnbreiten vorzusehen sind,

- Linienbusse Abmessungen haben können, die die Grenzwerte der StVZO erreichen und einschließlich der beidseitigen Außenspiegel bis zu 3,10 m breit sein können,
- für den Mindestflächenbedarf der Linienbusse bei Kurvenfahrt von großer Bedeutung ist, ob Gegenfahrstreifen ganz oder teilweise mitbenutzt werden können,
- für die Fahrzeugüberhänge und Wagenkastenausschläge bei der Kurvenfahrt Mehrbreiten erforderlich sind und
- an Haltestellen zusätzliche Flächen für wartende Fahrgäste und für die Ausstattung der Haltestellen berücksichtigt werden müssen.

Aus den Fahrzeugbreiten der Busse und Breitenzuschlägen ergeben sich für Begegnen und Vorbeifahren Verkehrsräume von 6,50 m bzw. 6,00 m bei eingeschränktem Bewegungsspielraum (Abb. 4.13).

Aus den Fahrzeugbreiten der schienengebundenen Verkehrsmittel W (nach VDV-Empfehlung W = 2,40 m bei Straßenbahnen und W = 2,65 m bei Stadtbahnen) ergibt sich im Begegnungsfall eine Mindestbreite des Verkehrsraumes von 2W + 1,00 m (Sicherheitsräume von 0,40 m zwischen den Fahrzeugen und jeweils 0,30 m an den Außenseiten, s. Abb. 4.14).

Die städtebauliche Integration schienengebundener Verkehrsmittel (vgl. Abschn. 7.3.2) ist häufig schwierig, da deren Anforderungen nach einem möglichst unabhängigen Fahrweg und möglichst wenig Querungen den Anforderungen der anderen Straßenraumnutzer nach möglichst großer Durchlässigkeit in der Regel widersprechen. Der vielfach berechtigten Forderung der Verkehrsbetriebe nach besonderen Bahnkörpern stehen in der Praxis bewährte Beispiele mit teilweise überfahrbaren Bahnkörpern oder der gemeinsamen Nutzung des Straßenraumes durch den schienengebundenen Verkehr und den Kraftfahrzeugverkehr gegenüber. Beispiele enthalten die Empfehlungen für Anlagen des öffentlichen Personennahverkehrs EAÖ (FGSV 2013a, siehe auch Kap. 7).

Besonders problematisch sind Haltestellen der Straßen- und Stadtbahnen mit Hochbahnsteig, da sie den Straßenraum über die gesamte Länge der Haltestellen – mit barrierefreien Zugängen teilweise bis 100 m – in Querrichtung undurchlässig machen (Abb. 4.15). Straßen- oder Stadtbahnsysteme mit Niederflurtechnik weisen dabei große Vorteile auf, da die Barrierewirkung deutlich reduziert werden kann. Bewährt haben sich auch Kaphaltestellen und bereichsweise angehobene Fahrbahnen (Abb. 4.16).

Radverkehr

Nutzungsansprüche des Radverkehrs resultieren aus der Bedeutung und der Lage der Straße innerhalb des gesamtgemeindlichen Netzes von Wegebeziehungen für den Radverkehr. Die Ausprägung der Nutzungsansprüche wird vorrangig bestimmt durch die Verbindungsbedeutung, Sicherheitsaspekte und den angestrebten Fahrkomfort (siehe Kap. 3 und 9).

Differenziert man die Bedeutung einer Straße nach ihrer Verbindungs- bzw. Erschließungsfunktion für den Radverkehr, lassen sich zwei Teilkollektive von Radfahrern mit unterschiedlichem Fahrverhalten unterscheiden: durchfahrende, schnelle Radfahrer und seitenraumbezogene, langsame Radfahrer. Die häufig naheliegende Lösung, die schnellen, routinierten Radfahrer auf der Fahrbahn zu belassen und die langsamen

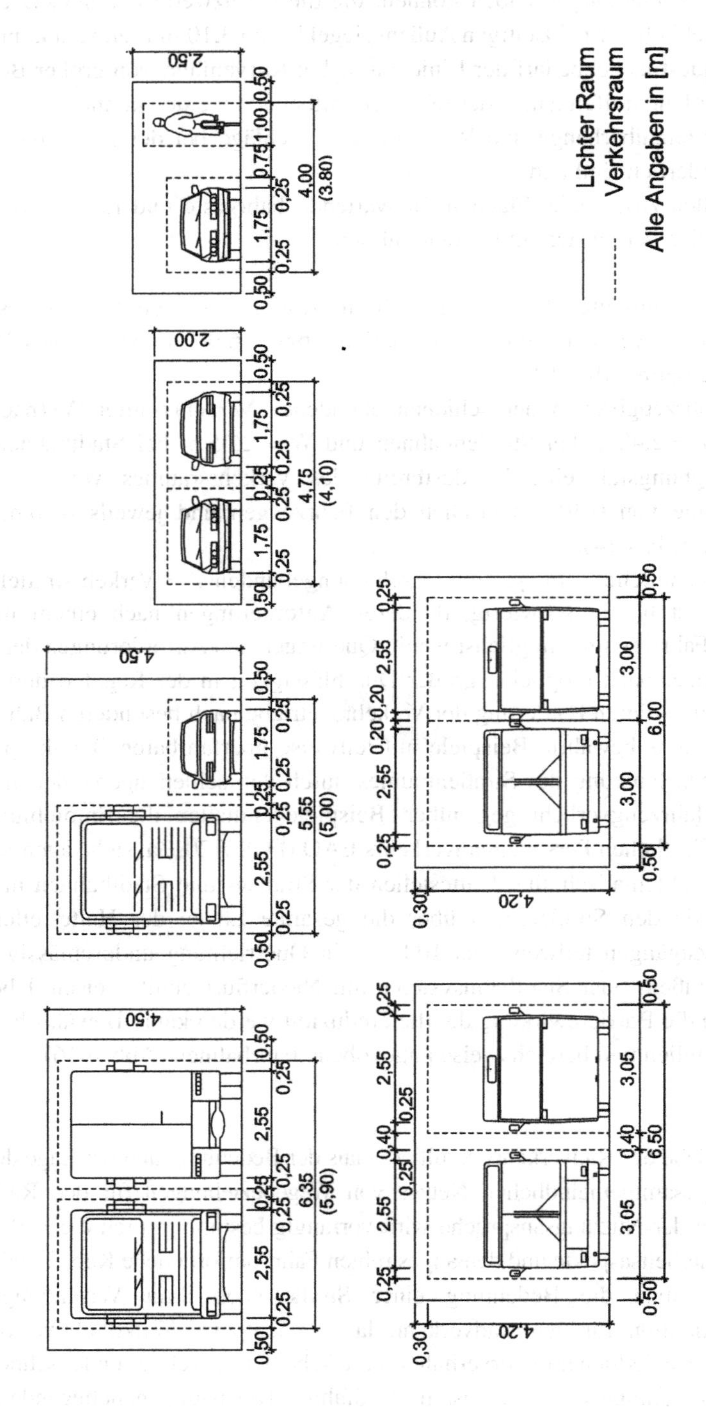

Abb. 4.13 Grunddaten für Verkehrsräume und lichte Räume bei Begegnungsfällen mit uneingeschränkten Bewegungsspielräumen (FGSV 2006)

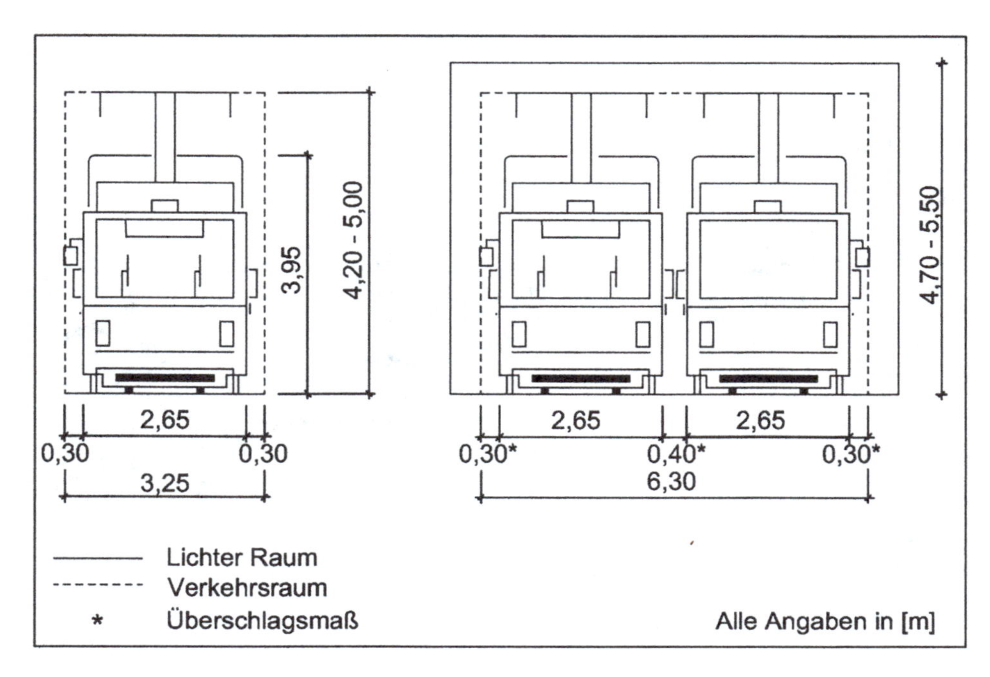

Abb. 4.14 Verkehrsraum für Straßen- und Stadtbahnen (FGSV 2006)

Abb. 4.15 Städtebaulich schwer integrierbare Hochbahnsteige (Hannover) (*)

Abb. 4.16 Einstiegshilfe an einer Haltestelle bei Niederflurtechnik (Kassel) (*)

Radfahrer in die Seitenräume zu nehmen, ist nach der StVO-Novelle vom 1.04.2013 und einem Grundsatzurteil des Bundesverwaltungsgerichtes aus dem Jahre 2010 – das die Neubewertung der Benutzungspflicht von Radverkehrsanlagen zur Folge hatte – möglich, sofern das Gefährdungspotenzial für Radfahrer beim Befahren der Fahrbahn gering ist. Bei der Quantifizierung des Raumbedarfs für die Führung des Radverkehrs im Seitenraum hoch belasteter Hauptverkehrsstraßen ist zu beachten, dass auch bei beidseitigen Radverkehrsanlagen mit Radverkehr in Richtung und Gegenrichtung gerechnet werden muss.

In Geschäftsstraßen bewirkt die Führung des Radverkehrs im Seitenraum häufig Nutzungskonflikte mit dem Fußverkehr und mit der auf die Gehwege ausgelagerten geschäftlichen Nutzung. Sofern Radfahrstreifen oder Schutzstreifen nicht möglich sind, bietet sich die gemeinsame Nutzung der Fahrbahn mit dem Kraftfahrzeugverkehr an. Eine Beschränkung der zulässigen Geschwindigkeit auf 20 bis 30 km/h ist dann aber unerlässlich. In besonders schmalen Straßenräumen kann auch eine gemeinsame Führung von Rad- und Straßenbahnverkehr eine Lösung sein (Abb. 4.17). In den Übergangsbereichen ist auf die sichere Führung des Radverkehrs über die Schiene zu achten.

Fußverkehr und soziale Ansprüche

Fußverkehr und soziale Ansprüche sind in Straßenräumen nur schwer gegeneinander abgrenzbar, weil diese Nutzungen oft ineinander übergehen und sich in der Raumnutzung überdecken können. Maßgebend für den Entwurf und die Gestaltung von Straßenräumen sind daher nicht so sehr linear durchlaufende Verkehrsräume konstanter

Abb. 4.17 Führung des Radverkehrs im Gleisbereich der Stadtbahn (Graz) (*)

Breite, sondern in ihren Abmessungen wechselnde, flexibel nutzbare Räume, die die notwendigen Verkehrsräume des Fußverkehrs sowie die öffentlichen Aufenthalts- und Spielflächen enthalten, abschnittsweise aber auch die halböffentlichen Übergangsbereiche zwischen Straße und Bebauung (Hauseingangsbereiche, Nischen, hausnahe Ruhezonen) oder private Flächen einbeziehen können (Abb. 4.18).

Die Ausprägung der Nutzungsansprüche variiert stark in Abhängigkeit von der Randbebauung, der Umfeldnutzung, der Lage und Bedeutung der Straße innerhalb des Wegenetzes für den Fußverkehr. Aber auch Tageszeit, Witterungsverhältnisse, Helligkeit und eine Vielzahl quantitativer Größen haben Einfluss auf die Ausprägung der Nutzungsansprüche. Ein besonderer Nutzungsanspruch des Fußverkehrs ist der Querungsbedarf (Abb. 4.19). Insbesondere in Straßenräumen mit intensiver Nutzungsmischung (z. B. Geschäftsstraßen) sind in kurzen Abständen oder auf die gesamte Länge geeignete Querungsmöglichkeiten einzurichten (vgl. Kap. 8).

Grundmaße für die Verkehrsräume des Fußverkehrs lassen sich aus der Grundbreite zweier nebeneinandergehenden bzw. sich begegnenden Fußgängern von 1,80 m und den mindestens erforderlichen Bewegungsspielräumen zusammensetzen (Abb. 4.20). Aus den Grundmaßen für die Verkehrsräume, den Breitenzuschlägen zur Berücksichtigung fester und beweglicher Hindernisse, den Zusatzbreiten für besondere Belange und dem Raum-

Abb. 4.18 Halböffentlicher Bereich zwischen Straße und Bebauung (Wolfsburg) (*)

Abb. 4.19 Besonderer Querungsbedarf beim Übergang einer Geschäftsstraße zur S-Bahn-Haltestelle (Hamburg) (*)

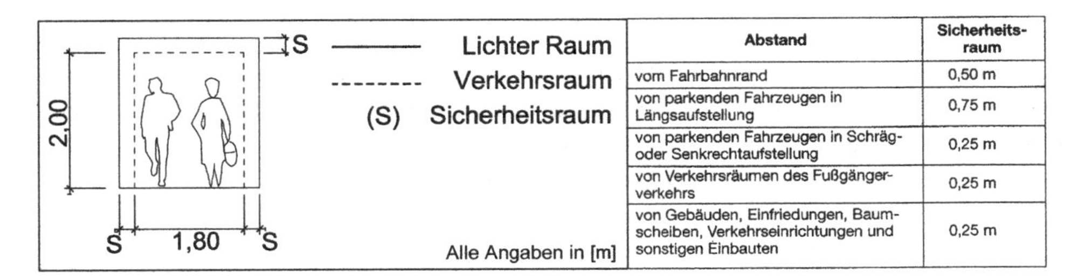

Abstand	Sicherheits-raum
vom Fahrbahnrand	0,50 m
von parkenden Fahrzeugen in Längsaufstellung	0,75 m
von parkenden Fahrzeugen in Schräg- oder Senkrechtaufstellung	0,25 m
von Verkehrsräumen des Fußgänger-verkehrs	0,25 m
von Gebäuden, Einfriedungen, Baum-scheiben, Verkehrseinrichtungen und sonstigen Einbauten	0,25 m

Abb. 4.20 Verkehrsraum für Fußgänger (FGSV 2006)

bedarf der im Gehbereich zu verlegenden Leitungen ergibt sich die Gehwegbreite, die bei straßenbegleitenden Gehwegen nach Möglichkeit 2,30 m nicht unterschreiten soll. Vielfach ist jedoch eine deutlich größere Breite zweckmäßig. Geringere Breiten sind vertretbar, wenn bei beengten Verhältnissen andernfalls auf Gehflächen verzichtet werden müsste.

Begrünung
Nutzungsansprüche der Begrünung von Straßenräumen resultieren aus ökologischen und gestalterischen Anforderungen. Hierbei ist zu unterscheiden zwischen großräumigen Gesichtspunkten (Trennung bzw. Zusammenhang stadtökologisch bedeutsamer Systeme und deren gestalterische Verdeutlichung) und kleinräumigen Gesichtspunkten (Anordnung, Erhaltung von Pflanzflächen und Bäumen, Begrenzung der Flächenversiegelung, gestalterische Verdeutlichung von Bereichen unterschiedlicher Funktion).

Grundmaße für den Raumbedarf der Begrünung ergeben sich aus den für günstige Lebensbedingungen erforderlichen unversiegelten Pflanzflächen und den Mindestabständen zwischen Pflanzen und anderen festen ober- und unterirdischen Bestandteilen des Straßenraumes. In bestehenden Straßen lassen sich diese Mindestabstände wegen der vorgegebenen Lage unterschiedlicher Leitungen und der verfügbaren Straßenraumbreite häufig nicht einhalten. In diesen Fällen kann der Abstand zu unterirdischen Leitungen auf 1,00 m verringert werden. Bei Abständen von weniger als 2,50 m zwischen Stammachse und Ver- bzw. Entsorgungsleitung werden in der Regel Leitungsschutzmaßnahmen erforderlich (FGSV 1989, 2013b).

Für Bäume sollte ein Entwicklungsraum von mindestens 12m^3 zur Verfügung stehen. Ebenfalls von Bedeutung für die Lebensbedingungen der Bäume ist der Verschattungsgrad des Straßenraumes.

4.1.6 Entwicklung von Gestaltungskonzepten

Die kreative Entwicklung von Gestaltungskonzepten erfordert in hohem Maße Einfühlungsvermögen in die spezifische straßenräumliche Situation. Die Vielzahl der Ziele, Nutzungsansprüche und Entwurfsvorgaben der Straßenräume zwingt in der Regel zu Kompromissen, um für alle Nutzungsarten die Mindestanforderungen zu gewährleisten und den spezifischen städtebaulichen und straßenräumlichen Ansprüchen gerecht zu werden.

Grundsätzlich zu fordern ist in allen Fällen die intensive Auseinandersetzung mit den Einsatzmöglichkeiten und -bedingungen der verschiedenen Entwurfselemente, insbesondere auch hinsichtlich ihrer Kombinationsmöglichkeiten und ihrer gestalterischen Einpassung. Unverzichtbar ist während der Entwurfsphase auch eine direkte Auseinandersetzung mit der Örtlichkeit und dem Gesamtraum.

Um die möglichen Auswirkungen unterschiedlicher Schwerpunkt- und Prioritätssetzungen anschaulich zu machen, wird es in der Regel notwendig sein, für einen speziellen Straßenraum mehrere Konzept- bzw. Entwurfsvarianten zu erarbeiten. Häufig gibt es nicht nur eine richtige Lösung, sondern verschiedene Handlungsansätze, deren Abwägung ein sensibler Prozess ist. So kann für eine vielbefahrene Hauptgeschäftsstraße die Umgestaltung zu einem Shared-Space-Bereich mit wenig ruhendem Verkehr und Mittelstreifen als lineares Querungselement eine ebenso gute Lösung sein wie eine klassische Straßenraumgestaltung mit Stellplätzen niveaugleich im Seitenraum und zahlreichen Querungshilfen. Als Grundlage für die Bewertung sind die Auswirkungen alternativer Gestaltungskonzepte abzuschätzen und immer auch die Akteure vor Ort mit einzubeziehen.

Beispiel: Brabeckstraße in Hannover

Der hier betrachtete Abschnitt der Brabeckstraße bildet das geschäftliche Zentrum des Stadtteils Kirchrode mit beidseitigem Geschäftsbesatz und starken Querbezügen. Gleichzeitig fungiert die Brabeckstraße als Zubringer zur Bundesstraße B 65 und weist eine Verkehrsbelastung von etwa 11.000 Kfz/24 h auf. Sie stellt zudem eine wichtige Verbindungsachse im Radverkehr dar. Ziel des Gestaltungskonzeptes war es, sämtlichen Nutzungsansprüchen gerecht zu werden. Es erfolgte eine Abwägung zwischen der Führung des Radverkehrs auf Radfahrstreifen, die ein ungestörtes Flanieren in den Seitenräumen ermöglicht jedoch eine größere Fahrbahnbreite erfordert, und der Anlage straßenbegleitender Radwege, die die Erreichbarkeit der Geschäfte mit dem Rad verbessert. Da sich eine größere Fahrbahnbreite bei Markierung von Radfahrstreifen negativ auf die Querungsqualität auswirkt und zudem die Radverkehrsführung in den angrenzenden Straßenzügen ebenfalls auf straßenbegleitenden Radwegen erfolgt, hat man sich für eine Radverkehrsführung im Seitenraum entschieden. Zur Unterstützung des hohen Querungsbedarfes ist auch die Anlage eines Mittelstreifens in Anlehnung an die Hinweise zu Straßenräumen mit besonderem Querungsbedarf (FGSV 2014) angedacht worden. Eine Umsetzung wäre jedoch nur zulasten der Seitenräume möglich gewesen, deren attraktiver Gestaltung im Abwägungsprozess eine höhere Bedeutung beigemessen wurde (Abb. 4.21). Um die Querung der Fahrbahn dennoch zu erleichtern und eine verträglichere Abwicklung von Längs- und Querverkehr zu erreichen, ist eine häufige Unterbrechung der Parkstreifen vorgesehen. Eine Reduzierung der zulässigen Geschwindigkeit auf 20 km/h und eine Ausweisung als verkehrsberuhigter Geschäftsbereich kann ebenfalls zur Verbesserung der Querbarkeit beitragen.

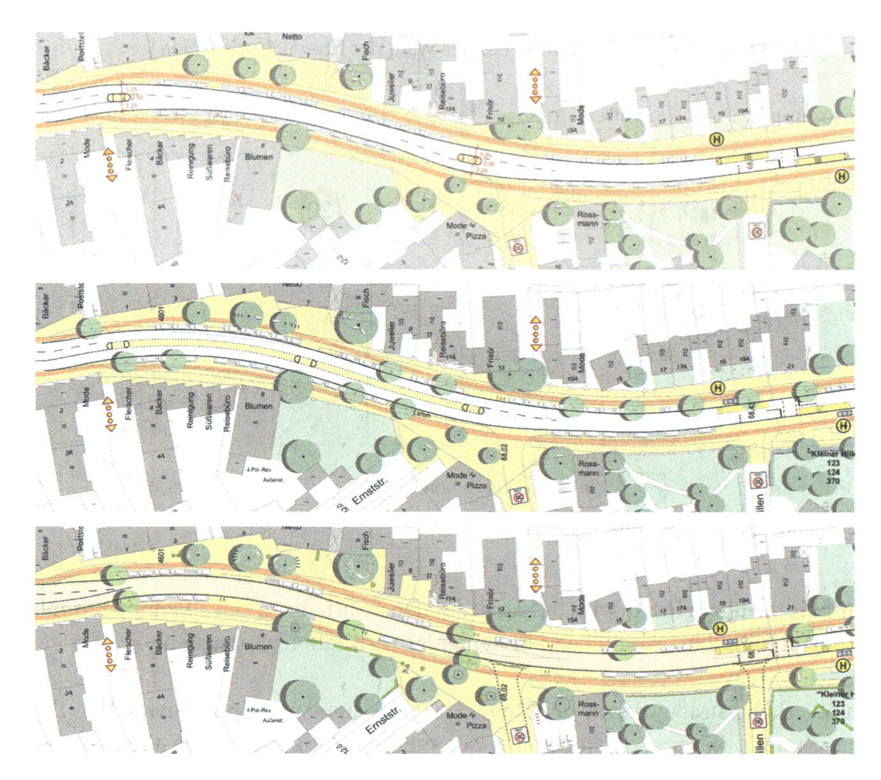

Abb. 4.21 Abwägung unterschiedlicher Gestaltungskonzepte (Beispiel: Brabeckstraße Hannover – eigene Darstellung)

Eine transparente Dokumentation der mit dem Straßenraumentwurf verfolgten Ziele, deren Zielerreichung und Anspruchsniveaus bieten insbesondere den politischen Verantwortungsträgern eine Entscheidungsgrundlage. Sie hilft den Betroffenen und den Entscheidungsträgern, die Leitidee und die Ableitung des Entwurfes nachzuvollziehen, sowie die notwendigen Entscheidungen zu treffen. ◀

4.1.7 Entwurfsprinzipien für Straßen und Wege

Für die bauliche Gestaltung von Straßen und Wegen werden in den RASt (FGSV 2006) zwei Entwurfsprinzipien unterschieden (Tab. 4.2):

- Beim **Trennungsprinzip** wird für den Fahrverkehr eine in der Regel durch Borde, Bordrinnen oder Muldenrinnen baulich abgetrennte Fahrbahn geschaffen. Mischnutzung ist in den Seitenräumen möglich.

Tab. 4.2 Einheit von Entwurf und Betrieb bei der Wahl der Entwurfsprinzipien

Entwurfsprinzip	Straßentyp			Geschwindigkeitsbeschränkung				
	Haupt-verkehrs-straße	Sammel-straße	Anlieger-straße/ -weg	50	30	30 ZONE	20 ZONE Verkehrsberuhigter Geschäftsbereich	
Trennungsprinzip	■	■	□	■	■	▨	▨	□
Mischungs-prinzip	□	▨	■	□	▨	■	■	■

■ In der Regel anzuwendendes Entwurfsprinzip
▨ Im Einzelfall mögliches Entwurfsprinzip
□ In der Regel kein mögliches Entwurfsprinzip

- Beim **Mischungsprinzip** wird versucht, in den Fahrbahnen oder Fahrgassen mehrere Nutzungen möglichst weitgehend miteinander verträglich zu machen.

Bei Hauptverkehrsstraßen ist in der Regel das Trennungsprinzip anzuwenden. Derartig gestaltete Straßen können entweder mit der innerorts üblichen Höchstgeschwindigkeit von 50 km/h (in besonderen Einzelfällen auch mit einer höheren Geschwindigkeit) oder in Abhängigkeit von der örtlichen Situation mit geringerer Geschwindigkeit betrieben werden. In Sammelstraßen mit einer zulässigen Geschwindigkeit von maximal 30 km/h kann je nach örtlicher Situation auch das Mischungsprinzip zum Einsatz kommen. Zur Betonung kürzerer Straßenabschnitte oder nutzungsintensiver Plätze – beispielsweise in Geschäftsbereichen – ist zudem auch eine Gestaltung nach dem „Shared-Space-Prinzip" möglich. Dieses Prinzip sieht eine Gestaltung des Straßenraumes vor, bei dem Verkehr, Verweilen und andere räumliche Funktionen im Gleichgewicht sind. Eine gegenseitige Rücksichtnahme ist Voraussetzung und sensibilisiert alle Verkehrsteilnehmer. Während bei der Gestaltung solcher Bereiche in den Niederlanden – dem Ursprungsland des „Shared Space" – klare Kanten oft zugunsten einer Mischverkehrsfläche aufgelöst werden, wird diese Gestaltung in Deutschland im Zuge von Hauptverkehrsstraßen und Sammelstraßen oft abgelehnt. Ein Kompromiss ist hier die Anordnung eines verkehrsberuhigten Geschäftsbereiches mit einer zulässigen Geschwindigkeit von 20 km/h. Die Forschungsgesellschaft für Straßen- und Verkehrswesen hat jedoch im Jahre 2014 mit der Herausgabe eines Gestaltungsleitfadens zu Anwendungsmöglichkeiten des „Shared Space"-Gedankens (FGSV 2014) reagiert, der eine Annäherung an die niederländischen Beispiele bei gleichzeitiger Einhaltung der StVO aufzeigt.

In Anliegerstraßen und -wegen wird vorrangig das Mischungsprinzip angewendet. Diese Straßen sind in der Regel Bestandteile von Tempo-30-Zonen oder können als verkehrsberuhigte Bereiche (Zeichen 325/326 StVO) betrieben werden, wenn die hierfür erforderlichen Voraussetzungen vorliegen.

Mit der Wahl des Entwurfsprinzips erfolgt bereits eine gewisse Festlegung auf eine spätere Betriebsweise, da Entwurf und Betrieb grundsätzlich als Einheit zu sehen sind. Viele in der Praxis vorhandene Probleme mit Mischflächen, die mit Zeichen 325/326 StVO beschildert sind, beruhen auf Entwurfsfehlern (z. B. nicht kenntlich gemachte Stellplätze, ungenügende Maßnahmen zur Geschwindigkeitsdämpfung). Während der Entwurfsbearbeitung ist deshalb eine frühzeitige Abstimmung mit der die Verkehrszeichen anordnenden Behörde ratsam.

4.2 Entwurf von Hauptverkehrsstraßen

4.2.1 Grundsätze

Angebaute städtische Hauptverkehrsstraßen sind in der Regel wesentliche Bestandteile gesamtstädtischer Straßennetze und dadurch mehr oder weniger stark mit Kraftfahrzeugverkehr belastet. Sie sind gleichzeitig aber oft auch Hauptgeschäftsstraßen, kulturelles und kommunikatives Stadtteilzentrum mit vielfältigen Nutzungszusammenhängen und Verflechtungen zwischen den Gebieten beidseitig der Straße. Sie sind in der Regel nicht am Rand, sondern eher in der Mitte von Quartieren. Die damit verbundenen Konflikte zwischen Verbindungs-, Erschließungs- und Aufenthaltsfunktion machen diese Straßen besonders problematisch.

Die Abwägung von Nutzungsansprüchen führt insbesondere bei stark eingeschränkter Flächenverfügbarkeit zu Kompromissen in der Flächenzuweisung, um für alle Nutzungsarten die Mindestanforderungen zu gewährleisten. Häufig ergeben sich bessere Lösungen, wenn auf einzelne Nutzungen verzichtet wird. Eine verlagerbare Nutzung ist häufig der ruhende Verkehr, der an anderer Stelle untergebracht werden kann. Schließlich besteht kein Anspruch auf einen Stellplatz in unmittelbarer Nähe zum Hauseingang und der ruhende Verkehr beansprucht nicht nur viel Platz, sondern schränkt auch die Sicht beim Queren der Fahrbahn ein.

Zusätzlich sind im Straßenraum außer den reinen Verkehrsflächen auch ausreichend große Flächen für die nichtverkehrlichen Nutzungsansprüche bereitzustellen. Auch bei wenig eingeschränkter Flächenverfügbarkeit ergeben sich aufgrund der sich überlagernden und miteinander konkurrierenden Ansprüche Konflikte, die die soziale Brauchbarkeit der Straßenräume infrage stellen.

Hauptziel der Entwurfsmaßnahmen ist in Hauptgeschäftsstraßen die Sicherung einer möglichst weitgehenden Nutzungsverträglichkeit auf begrenzten Flächen. Um dies zu erreichen, muss durch Entwurfs- und Gestaltungsmaßnahmen eine gute städtebauliche Integration angestrebt werden. Städtebauliche Integration bedeutet, auch verkehrlich stark belastete Straßen so zu gestalten, dass der Kraftfahrzeugverkehr unter vorrangiger Beachtung der Ansprüche des ÖPNV langsam aber stetig fließt, die Straße leicht und sicher querbar ist und durch eine entsprechende Flächenaufteilung möglichst viel Platz für Radfahrer und Fußgänger, aber auch für Geschäftsauslagen, Kinderspiel und dergleichen geschaffen wird. Durch eine städtebaulich angemessene Gestaltung soll eine möglichst große Kompensationswirkung erzielt werden. Angebaute Hauptverkehrsstraßen werden in der Regel nicht fahrdynamisch, sondern fahrgeometrisch bemessen. Allerdings wird im Normalfall der Begegnungsfall Lastzug/Lastzug, Bus/Bus – ggf. mit eingeschränkten Bewegungsspielräumen – der Bemessung zugrunde gelegt.

4.2.2 Entwurfs- und Gestaltungselemente für Hauptverkehrsstraßen

Die für den Entwurf innerörtlicher Hauptverkehrsstraßen maßgebenden Richtlinien für die Anlage von Stadtstraßen RASt (FGSV 2006) enthalten detaillierte Aussagen zu allen Entwurfs- und Gestaltungselementen. Die folgenden Ausführungen beschränken sich auf einige wesentliche Elemente.

Durchgehende Fahrbahnen
Entgegen den Festlegungen früherer Regelwerke enthalten die RASt (FGSV 2006) keine Regelquerschnitte, auch wenn stärker als bisher „typische" Entwurfssituationen mit unterschiedlich möglichen Querschnitten dargestellt werden. Die praktischen Erfahrungen mit einer Vielzahl unterschiedlicher gut funktionierender Lösungen zeigt, dass

- zweckmäßige Fahrbahnquerschnitte in der Regel nur aus dem Lageplan und dem Umfeld verständlich werden,
- Fahrbahnquerschnitte häufig aus dem Entwurfsstandard der angrenzenden Knotenpunkte herleitbar sind,
- insbesondere der ruhende und liefernde Verkehr sowie Fußgänger und Radfahrer angepasste Fahrbahnquerschnitte für den Einzelfall erfordern,
- die Funktionen einzelner Querschnittsbestandteile wegen der Abhängigkeit von den Umfeldnutzungen und den zeitlich veränderlichen Nutzungsansprüchen örtlich und zeitlich wechseln können und
- Leistungsfähigkeiten und Qualitäten des Verkehrsablaufes vorrangig von den Knotenpunkten und den örtlich wechselnden „Störungen" (z. B. durch Ein- und Ausparker) abhängen und nicht vom Fahrbahnquerschnitt.

Als Anhaltswerte für die Leistungsfähigkeit können die in Tab. 4.3 zusammengestellten Verkehrsstärken gelten.

An zweistreifigen Straßen ist eine Fahrbahnbreite von 6,50 m die Regel. Bei geringem Linienbus- oder Schwerlastverkehr genügt eine Fahrbahnbreite von 6,00 m. Größere Fahrbahnbreiten als 6,50 m sind in der Regel nur bei dominierendem Schwerlastverkehr – beispielsweise in Industrie- und Gewerbegebieten – zweckmäßig und wenn die Belange der nichtmotorisierten Verkehrsteilnehmer eine untergeordnete Rolle spielen.

Tab. 4.3 Anhaltswerte für abwickelbare Verkehrsstärken [Kfz/h]

Fahrbahn	Normal	Überbreit
Fahrbahn		
zweistreifig	1.400 bis 2.200	1.800 bis 2.600
Richtungsfahrbahn		
zweistreifig	1.800 bis 2.600	1.400 bis 2.200[a]

[a]einstreifig überbreit

Ungünstig zu bewerten sind Fahrbahnbreiten zwischen 6,00 m und 7,00 m, jedoch bei Verkehrsstärken über 400 Kfz/h und Führung des Radverkehrs im Mischverkehr auf der Fahrbahn, da der Radverkehr im Begegnungsfall Kraftfahrzeug/Kraftfahrzeug nicht mit ausreichendem Sicherheitsabstand überholt werden kann. In diesem Fall ist zu prüfen, ob die vorhandenen Flächen ausreichen, um Schutzstreifen anzulegen.

Fahrbahnen mit Zwischenbreiten vermindern die großen Leistungsfähigkeitsdifferenzen zwischen zwei- und vierstreifigen Fahrbahnen. Sie sollen ständig oder zeitweise eine flexible Nutzung von Fahrbahnteilen ermöglichen und Störungen des fließenden Verkehrs durch Überbreiten verringern. Bewährt haben sich dreistreifige Querschnitte, bei denen der mittlere Fahrstreifen abwechselnd als Linksabbiegestreifen oder als Querungshilfe genutzt wird. Überbreite Fahrbahnen ermöglichen zwar auch eine flexible Nutzung der Fahrbahnfläche, haben aber oft den Nachteil der überhöhten Fahrgeschwindigkeiten und der schlechten Querbarkeit für Fußgänger.

Richtungsfahrbahnen müssen nicht grundsätzlich nach dem Überholfall Lkw/Lkw bzw. Bus/Bus bemessen werden, sodass im Einzelfall Fahrstreifenbreiten von weniger als 2,75 m zur Anwendung kommen können.

Abbiegestreifen und Aufstellbereiche

Linksabbiegestreifen und Aufstellbereiche werden innerhalb bebauter Gebiete vorrangig aus Gründen der Qualität des Verkehrsablaufes und der Leistungsfähigkeit angeordnet. An Knotenpunkten von Hauptverkehrsstraßen mit vier oder mehr Fahrstreifen sowie an Knotenpunkten mit Lichtsignalanlagen sind Linksabbiegestreifen in der Regel erforderlich. An Knotenpunkten zweistreifiger Straßen richtet sich der Einsatz der unterschiedlichen Formen zur Führung der Linksabbieger vorrangig nach der Anzahl der Linksabbieger im Verhältnis zur Verkehrsstärke auf der übergeordneten Straße. Es ist zweckmäßiger, kurze Linksabbiegestreifen oder schmale Aufstellbereiche mit geringsten Abmessungen anzulegen als ganz auf sie zu verzichten.

Prinzipiell sind an Hauptverkehrsstraßen drei Formen der Führung von Linksabbiegern anwendbar (Abb. 4.22). Linksabbiegestreifen und Aufstellbereiche setzen sich an Hauptverkehrsstraßen aus der Verziehungsstrecke L_Z und der Aufstellstrecke L_A zusammen. Die Länge der Verziehungsstrecke L_Z ergibt sich aus dem notwendigen

Verbreiterungsmaß i und der zulässigen Geschwindigkeit V_{zul} nach der Formel $L_Z = V_{zul} \times \sqrt{i}/3$. Im Zuge angebauter Hauptverkehrsstraßen reichen jedoch meist kürzere Verziehungsstrecken von 10 m bis 20 m aus. Eine Aufstellstrecke L_A an Knotenpunkten ohne Lichtsignalanlage sollte in der Regel eine Länge von 20 m, mindestens jedoch von 10 m aufweisen. Aus gestalterischen Gründen ist der mehrfache Wechsel der Fahrbahnbreite für die Einrichtung von Abbiegestreifen und Aufstellbereichen häufig unerwünscht. Fahrbahnquerschnitte mit konstanter Fahrbahnbreite sind städtebaulich oft besser integrierbar und harmonieren mit den städtebaulichen Achsen und Kanten.

Zur Führung von Rechtsabbiegern sind an Hauptverkehrsstraßen Eckausrundungen, die fahrgeometrischen Anforderungen genügen, in den meisten Fällen ausreichend. Dreiecksinseln sollen an Knotenpunkten von zweistreifigen Verkehrsstraßen in der Regel nicht angewendet werden, da die zügige Führung im Widerspruch zur Wartepflicht gegenüber parallel geführten Fußgängern und Radfahrern steht. Bei sehr stark belasteten, großflächigen Knotenpunkten von Hauptverkehrsstraßen mit vier oder mehr Fahrstreifen können Dreiecksinseln zur Führung des Fußgängerverkehrs und zur Erhöhung der Leistungsfähigkeit der Lichtsignalanlagen im Einzelfall zweckmäßig sein. Auch in diesen Fällen kann sich aus der Abwägung der erforderlichen Leistungsfähigkeit mit Belangen des Radverkehrs und des Umfeldes der Verzicht auf Dreiecksinseln und Rechtsabbiegestreifen ergeben.

Vorgezogene Seitenräume und Einengungen

Vorgezogene Seitenräume und Einengungen dienen vor allem dazu,

- Hauptrichtungen der Wege von Fußgängern und Radfahrern zu verdeutlichen,
- das Queren von Fahrbahnen für Fußgänger und Radfahrer zu erleichtern,
- den Sichtkontakt zwischen Kraftfahrern und querenden Fußgängern durch die Unterbrechung von Parkstreifen zu verbessern,
- das optische Übergewicht breiter Fahrbahnen in Straßenräumen zu mildern und
- Änderungen der Streckencharakteristik, z. B. an Ortseinfahrten, zu verdeutlichen.

Einengungen sollen mindestens 5 m lang sein. Sie sollen mindestens 0,60 m schmaler sein als die angrenzenden Streckenabschnitte. Größere Breitenreduktionen verbessern die Erkennbarkeit, im Zuge von Hauptverkehrsstraßen sollte jedoch die Standardfahrbahnbreite nicht unterschritten werden. Einengungen müssen durch Borde eingeleitet werden und durch ergänzende vertikale Elemente wie ausreichende Beleuchtung jeder Zeit eindeutig erkennbar sein (Abb. 4.23).

Einengungen mit einer Fahrbahnbreite von 4,75 m sind in der Regel nur bei Verkehrsstärken bis etwa 500 Kfz/h und geringen Schwerverkehrsanteilen anwendbar. Sie sollen funktional und gestalterisch begründbar sein und nicht als Schikane wirken.

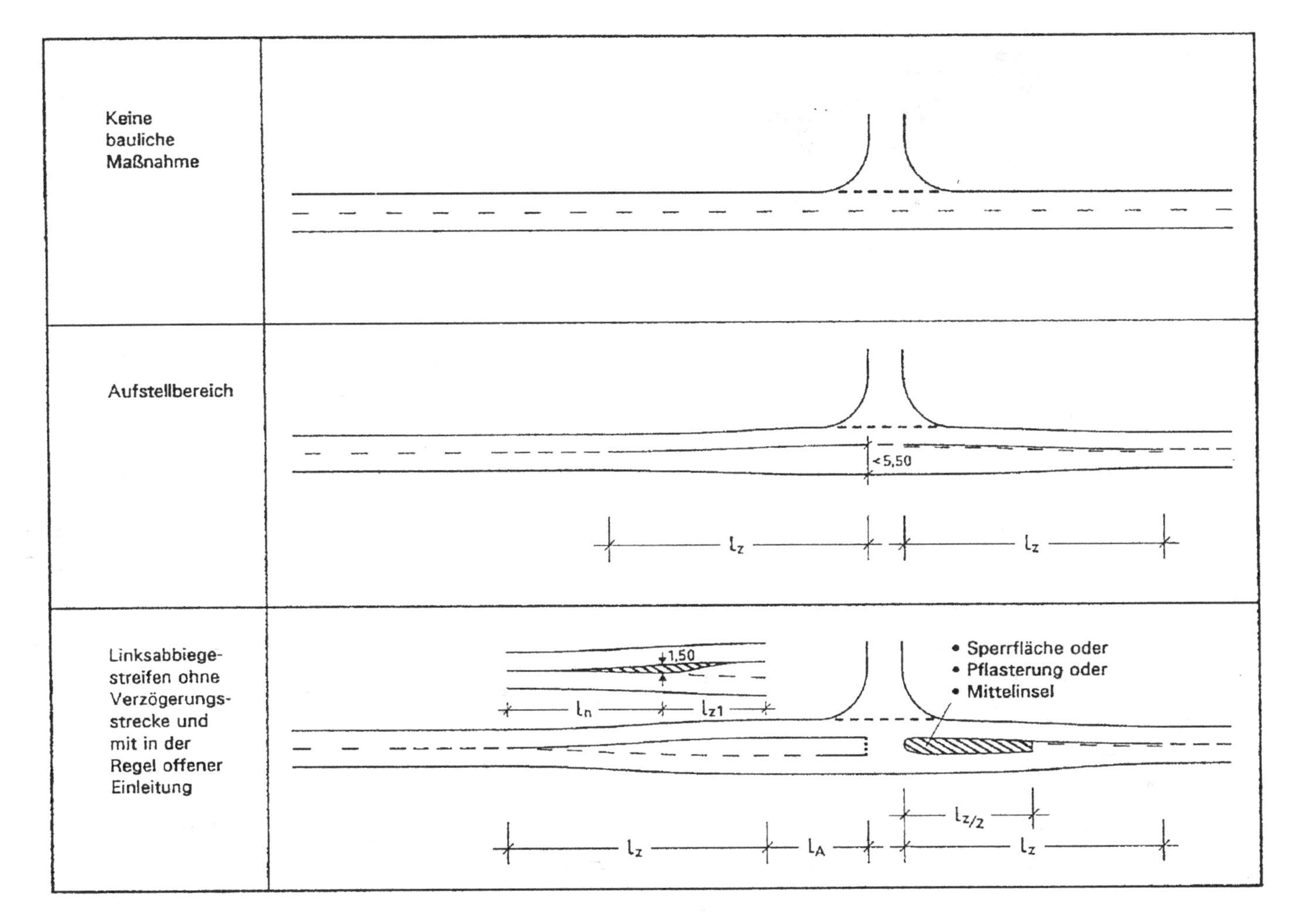

Abb. 4.22 Formen zur Führung von Linksabbiegern (FGSV 2006)

Abb. 4.23 Straßenräumliche Einengung mit vertikalen Elementen (*)

Inseln

Inseln dienen an Streckenabschnitten und an Knotenpunkten von Hauptverkehrsstraßen generell

- der Führung von Kraftfahrzeugströmen,
- dem Schutz von Fußgängern und Radfahrern,
- der Verbesserung der Querbarkeit von Fahrbahnen durch die Teilung von Querungslängen und Trennung nach Fahrzeugströmen,
- als Standorte für Verkehrseinrichtungen und
- bei Ausstattung mit Bäumen auch der räumlichen Gliederung von Straßenräumen sowie der Verdeutlichung einer besonderen Situation (z. B. an Ortseinfahrten).

Mittelinseln können als Querungshilfen in kurzen Abständen eingesetzt werden (vgl. auch Kap. 8). Dadurch kann auch bei großen Verkehrsstärken die Querbarkeit der Fahrbahn sichergestellt werden. In überfahrbare Mittelstreifen und optisch gegliederte Zwischenquerschnitte können zusätzlich Mittelinseln eingebaut werden, um außer der linearen Querbarkeit zusätzliche punktuelle Querungsstellen zu schaffen oder zu sichern (Abb. 4.24).

Mittelinseln, die zu einer unsymmetrischen Verschwenkung führen, haben in der Regel eine größere geschwindigkeitsdämpfende Wirkung als symmetrisch ausgeführte

Abb. 4.24 Überfahrbarer Mittelstreifen mit integrierter Mittelinsel (Ulm) (*)

Verschwenkungen. Allerdings sind unsymmetrische Verschwenkungen häufig aus gestalterischen Gründen nicht zu empfehlen, insbesondere dann, wenn die straßenbegleitende Bebauung und der Fahrbahnverlauf dadurch in Widerspruch zueinander geraten. Zur nachträglichen Unterbringung von Mittelinseln sind auch Sperrflächen gegenüber von Linksabbiegestreifen geeignet.

Radverkehrsanlagen (vgl. auch Kap. 9)

Die Wahl der im Einzelfall zweckmäßigen Radverkehrsanlagen wird von einer Vielzahl von Einflussfaktoren – wie Verkehrsstärke, Schwerverkehrsanteil und zulässige Geschwindigkeit – bestimmt (Abb. 4.25). Neben dem aktuellen Regelwerk ist insbesondere auch die aktuelle Rechtsprechung zu beachten. Nach einem Grundsatzurteil des Bundesverwaltungsgerichtes dürfen Radfahrer im Regelfall auf der Fahrbahn fahren. Städte und Gemeinden dürfen nur im Ausnahmefall Radwege als benutzungspflichtig kennzeichnen (Az.: BVerwG 3C 42.09) (BVerwG 2010). Das Gericht stellte klar, dass Radwege nur dann als benutzungspflichtig gekennzeichnet werden dürfen, wenn aufgrund besonderer örtlicher Verhältnisse eine erheblich erhöhte Gefährdung für die Verkehrsteilnehmer besteht (§ 45 Absatz 9 der Straßenverkehrsordnung – StVO). Eine

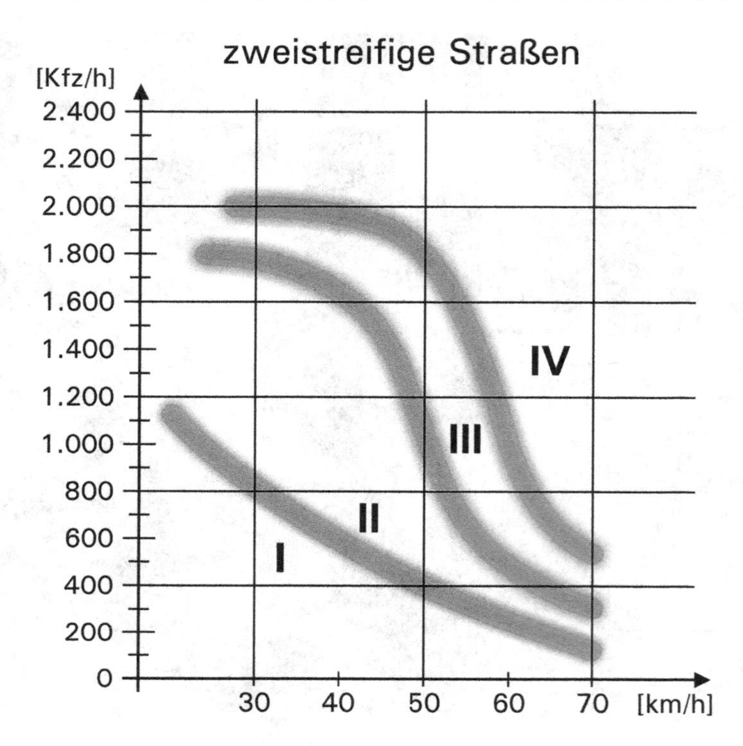

Abb. 4.25 Einsatzgrenzen unterschiedlicher Radverkehrsführungen bei zweistreifigen Stadtstraßen in Abhängigkeit von zulässiger Höchstgeschwindigkeit und der Verkehrsstärke im Gesamtquerschnitt (FGSV 2010)

Radverkehrsanlage kann zwar eingerichtet werden, sie ist dann aber nicht benutzungspflichtig. In der Praxis hat sich häufig als einvernehmliche Regelung herausgestellt, für besonders schutzbedürftige und langsame Radfahrer die Mitbenutzung der Gehwege zuzulassen (Zeichen 241 StVO mit Zusatzschild „Radfahrer frei!").

Belastungsbereich I
Führung des Radverkehrs im Mischverkehr auf der Fahrbahn
Belastungsbereich II:
Führung des Radverkehrs auf der Fahrbahn, ergänzt um ein zusätzliches Angebot (Freigabe des Seitenraumes oder Schutzstreifen)
Belastungsbereich III:
Trennung von Kfz- und Radverkehr kann aus Sicherheitsgründen erforderlich sein
Belastungsbereich IV:
Trennung von Kfz- und Radverkehr geboten

Die Führung des Radverkehrs auf der Fahrbahn kommt insbesondere bei hohen Nutzungsintensitäten in engen Seitenräumen, geringem Geschwindigkeitsniveau im Kraftfahrzeugverkehr, geringen Verkehrsstärken (700 bis 1.000 Kfz/h, in Abhängigkeit von der Fahrbahnbreite) und geringen Schwerverkehrsanteilen in Betracht. Obwohl die tatsächliche Verkehrssicherheit häufig für die Führung des Radverkehrs auf der Fahrbahn spricht, ist die Akzeptanz bei einem Teil der Radfahrer oft gering, sodass regelwidrig die Seitenräume befahren werden.

Schutzstreifen bieten eine Alternative zur Führung im Mischverkehr, wenn

- dem Radverkehr am Fahrbahnrand eine eigene Fläche zugewiesen werden soll, die vom Kraftfahrzeugverkehr nur im Begegnungsfall überfahren werden darf,
- das Schwerverkehrsaufkommen bei unter 1000 Fahrzeugen pro Tag liegt.

Die Einrichtung von Schutzstreifen ist bei einer Fahrbahnbreite von mindestens 7,00 m möglich. Parallel zu parkenden Fahrzeugen wird zudem ein Sicherheitstrennstreifen von 0,50 m erforderlich. Ortsabhängig kann auch die Markierung eines einseitigen Schutzstreifens sinnvoll sein, wenn beispielsweise in Gegenrichtung ein breiter Seitenraum vorhanden ist, der die Freigabe für den Radverkehr zulässt. Einseitige Schutzstreifen sind ab einer Fahrbahnbreite von 6,00 m realisierbar. Seit der Novellierung der Straßenverkehrsordnung (StVO) im Jahre 2013 ist der Schutzstreifen als gleichwertige Radverkehrsanlage anerkannt.

Radfahrstreifen, die immer benutzungspflichtig sind, kommen in Betracht, wenn

- ausreichende Sicherheitsabstände eingehalten und die Geschwindigkeiten des Kraftfahrzeugverkehrs ein radverkehrsverträgliches Niveau von $\leq$50 km/h aufweisen,
- eine widerrechtliche Mitbenutzung durch ruhenden und liefernden Kraftfahrzeugverkehr unwahrscheinlich ist und
- Radwege in den Seitenräumen bei hohen Nutzungsintensitäten problematisch sind.

Häufig können durch die Verschmälerung von Fahrstreifen sowie durch den Verzicht auf Fahrstreifen bzw. Parkstreifen schnell und kostengünstig vollwertige Radverkehrsanlagen geschaffen werden. Ein wesentlicher Vorteil von Radfahrstreifen ist darin zu sehen, dass sie in der Regel richtungskonform befahren werden, was sich positiv auf die Verkehrssicherheit auswirkt. An Knotenpunkten werden linksabbiegende Radfahrer auf Radfahrstreifen direkt ohne vollen Signalschutz (freies Einordnen und Spurwechseln), direkt mit vollem Signalschutz (Radfahrerschleuse) oder indirekt mit/ohne vollem Licht-

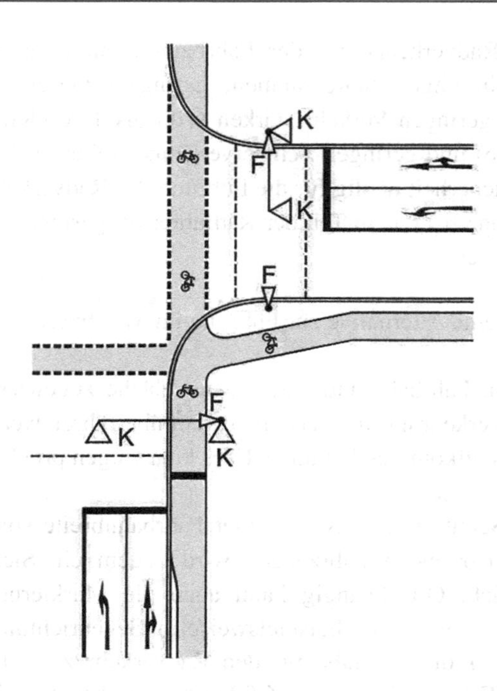

Abb. 4.26 Radverkehrsführung mit Heranführung des Radverkehrs an den Fahrbahnrand (FGSV 2010)

signalschutz (auf Radfahrerfurten) geführt. Bewährt haben sich auch duale Führungsformen, die routinierten Radfahrern das direkte Linksabbiegen ermöglichen, weniger versierten Radfahrern aber die Möglichkeit des indirekten Linksabbiegens nahelegen.

Straßenbegleitende Radwege werden empfohlen, wenn

- die Seitenraumbreiten oder die Nutzungsintensitäten Konflikte zwischen Radfahrern und Fußgängern im Längs- und Querverkehr nicht erwarten lassen,
- das Parken und Laden auf der Fahrbahn nicht zu vermeiden ist,
- in Parkstreifen häufig ein- und ausgeparkt wird,
- der Anteil ungeübter Radfahrer groß ist und das Freihalten der erforderlichen Sichtfelder an Knotenpunkten und Grundstückszufahrten vom ruhenden Kraftfahrzeugverkehr zu gewährleisten ist.

Nachteilig ist die insgesamt unbefriedigende Sicherheitsbilanz von unattraktiven Radwegen, die nachträglich in den Gehbereichen abmarkiert werden, und von Radwegeführungen an Knotenpunkten. Zur Ausschaltung dieser Nachteile ist es günstig, Radwege etwa 10 bis 20 m vor der einmündenden Straße an den Fahrbahnrand heranzuführen und auf Fahrbahnhöhe abzusenken (Abb. 4.26). Problematisch ist ferner das hohe Unfall-

Abb. 4.27 Städtischer Straßenraum (*)

Abb. 4.28 Dörflicher Straßenraum (*)

potenzial zwischen Radverkehr entgegen der Fahrtrichtung und ab- bzw. einbiegenden Kraftfahrzeugen (UDV 2013b).

Fußverkehrs- und Aufenthaltsflächen (vgl. auch Kap. 8)
Die Seitenräume städtisch geprägter Straßenräume weisen häufig voneinander getrennte Raumteile wie Gehwege, Verweilflächen, Parkflächen, Wirtschaftsflächen, Radwege auf (Abb. 4.27). Demgegenüber vermischen sich die Nutzungen in den Seitenräumen dörflich geprägter Straßenräume (Abb. 4.28). Oberflächengestaltung und Materialwahl für die Seitenräume sind von den jeweiligen Funktionen und Nutzungsbedingungen und aus der stadtgestalterischen Einordnung der Flächen abzuleiten. Die verwendeten Materialen sollen die beabsichtigten Funktionsbereiche verdeutlichen.

Straßenbegleitende Gehwege sind in der Regel an allen Hauptverkehrsstraßen erforderlich. Sie sollen nach Möglichkeit nicht schmaler als 2,30 m sein. Vielfach ist aber eine deutlich größere Breite zweckmäßig. In Bereichen mit intensiven Umfeldnutzungen (z. B. Geschäfts- und Wohnnutzungen in Stadtkerngebieten) ist für Gehwege entlang der Hauptverkehrsstraßen eine durchlaufende Mindestbreite von 3,00 m

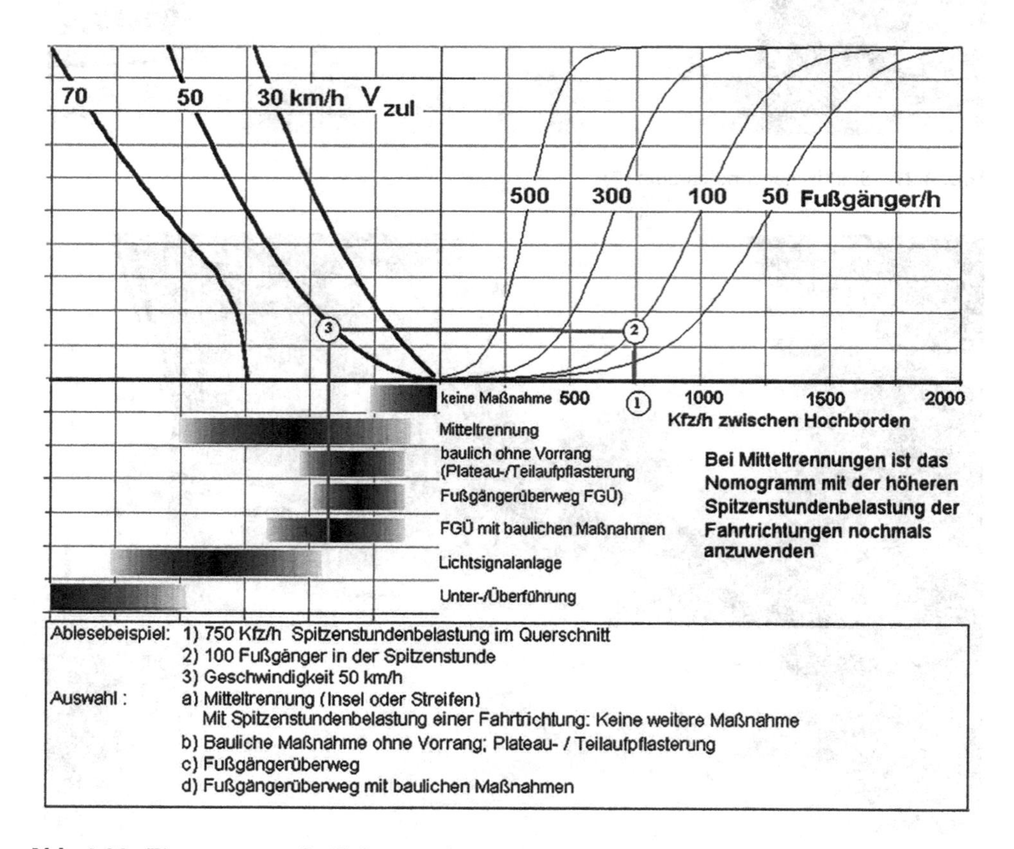

Abb. 4.29 Einsatzgrenzen für Fußgängerüberwege und andere Querungshilfen (FGSV 2010)

anzustreben. Die über die erforderlichen Gehstreifen oder Gehbereiche hinausgehenden Aufweitungen und Vorflächen sollen nach Möglichkeit unabhängig von den Eigentumsgrenzen in integrierte Seitenraumgestaltungen einbezogen werden.

Furten und Überwege an Fahrbahnen sind gesicherte Querungshilfen für gebündelten Fußgängerquerverkehr. Sie werden angewendet, wenn aufgrund der Stärke des Kraftfahrzeugverkehrs ungesicherte Querungshilfen nicht mehr ausreichen oder wenn bei linienhaftem Querungsverhalten für schwache Verkehrsteilnehmer (Kinder, alte Menschen) zusätzlich gesicherte Querungsstellen zweckmäßig sind (z. B. an Haltestellen oder im Zuge von Schulwegen). Diese Anlagen sind jedoch nicht in der Lage, die Fußgängerquerungen generell auf wenige Querungsstellen zu bündeln. Abb. 4.29 zeigt die Einsatzgrenzen für Fußgängerüberwege, Fußgängerfurten und andere Querungshilfen.

Nach wie vor umstritten sind **Fußgängerüberwege (Zebrastreifen)**. Neuere Untersuchungen (UDV 2013a) zeigen, dass Fußgängerüberwege sichere Querungsmöglichkeiten darstellen, sofern sie regelkonform ausgebildet sind. Besonders wichtig ist dabei die gute Erkennbarkeit der Querungsanlage durch Beschilderung, Markierung und Beleuchtung sowie die Sicherstellung guter Sichtbeziehungen zwischen Fußgängern und Kraftfahrzeugführern. Als besonders günstig bei großen Verkehrsstärken ist auch die Kombination von Fußgängerüberwegen mit Mittelinseln einzuschätzen.

Furten mit Lichtsignalanlage sind die sichersten Querungsstellen für Fußgänger und Radfahrer. Nachteilig sind die steuerungsbedingten Erhöhungen der Wartezeiten für Fußgänger im Vergleich zu anderen Querungshilfen und die dadurch entstehende Missachtung des Rotlichtes.

Eckausrundungen

An Knotenpunkten werden die Fahrbahnränder mit Eckausrundungen verbunden. Für die Bemessung der Eckausrundung ist zu beachten, dass das situationsabhängig gewählte Bemessungsfahrzeug die Eckausrundung zügig befahren kann. Das größte nach der StVZO zulässige Fahrzeug muss den Knotenpunkt zumindest mit geringer Geschwindigkeit und ggf. unter Benutzung von Gegenfahrstreifen befahren können. Inwieweit die Mitbenutzung von Gegenfahrstreifen beim Ein- und Abbiegen in Kauf genommen werden kann, richtet sich nach der Häufigkeit und dem Maß der Mitbenutzung sowie nach den dadurch verursachten Behinderungen auf der durchgehenden Fahrbahn.

Als Eckausrundung kommen generell der einfache Kreisbogen und die dreiteilige Kreisbogenfolge (Korbbogen) in Betracht. Die dreiteilige Kreisbogenfolge hat insbesondere an Knotenpunkten stark belasteter Hauptverkehrsstraßen Vorteile, da sie der Schleppkurve der Kraftfahrzeuge besser angepasst ist als der Kreisbogen. Vorteile des einfachen Kreisbogens sind dagegen die kürzere Tangentenlänge der Eckausrundung sowie gestalterische Aspekte (Abb. 4.30).

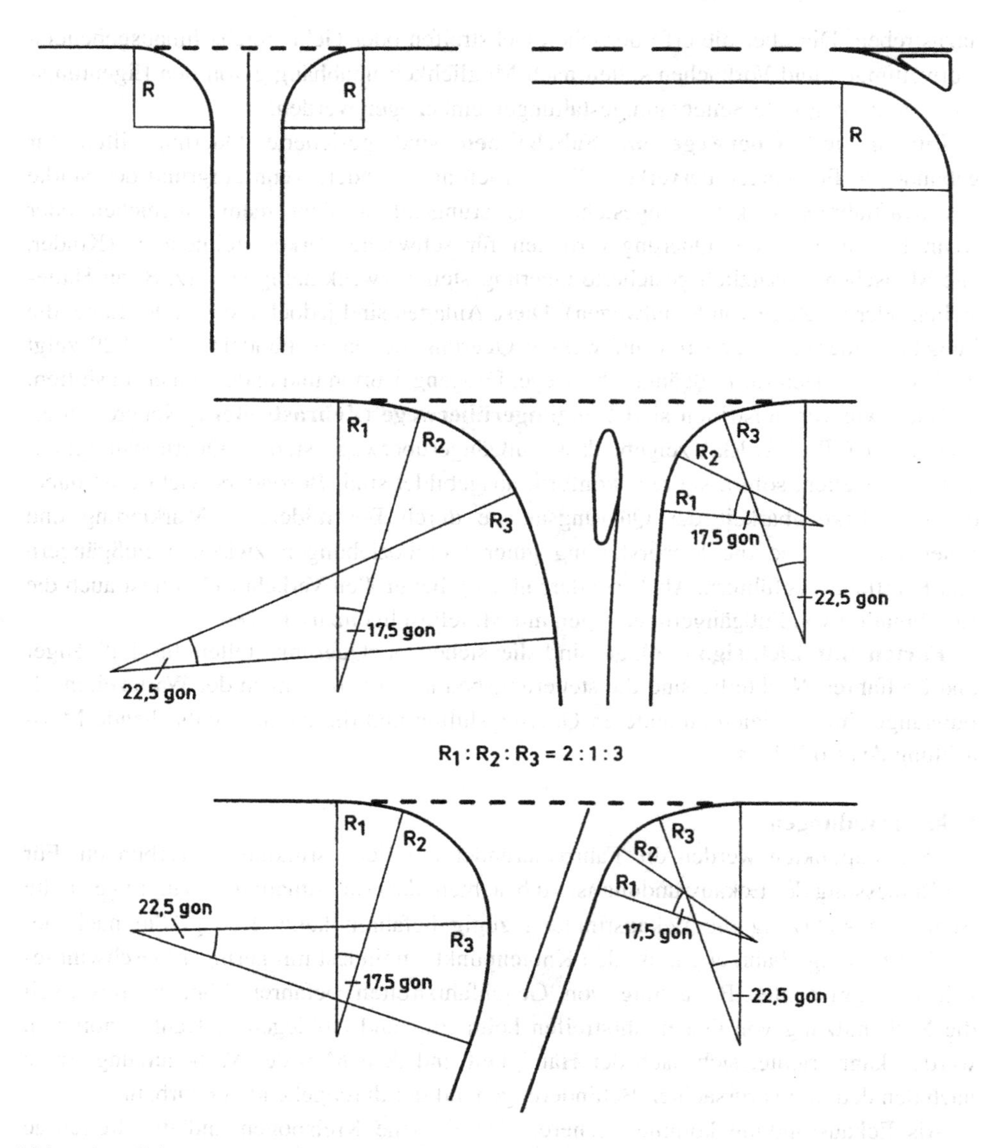

Abb. 4.30 Eckausrundungen an Knotenpunkten (FGSV 2006)

Sichtfelder

Knotenpunkte, Gehwegüberfahrten und Querungsstellen müssen aus einer Entfernung erkennbar sein, die es den Kraftfahrern gestattet, ggf. vor ein- und ausbiegenden Kraftfahrzeugen sowie vor querenden Radfahrern und Fußgängern anzuhalten. Zusätzlich müssen an diesen Stellen aus Gründen der Verkehrssicherheit für wartepflichtige Kraftfahrer, Radfahrer und Fußgänger Mindestsichtfelder zwischen 0,80 m und 2,50 m

Tab. 4.4 Erforderliche Haltesichtweite S_h [m] und Schenkellänge l [m] der Sichtfelder für die Anfahrsicht (FGSV 2006)

	Geschwindigkeit V_{zul} [km/h]				
	30	40	50	60	70
Haltesichtweite S_h [m]	22	33	47	63[a]	80[a]
Anfahrsicht l [m]	30	50	70	85	110

[a]bei Straßenlängsneigung von 0 %

Höhe von ständigen Sichthindernissen, parkenden Fahrzeugen und sichtbehinderndem Bewuchs freigehalten werden. Bäume, Lichtmasten, Signalgeber und Ähnliches sind innerhalb der Sichtfelder möglich.

Die Größe der Sichtfelder richtet sich nach der im Annäherungsbereich des Gefahrenpunktes zulässigen Geschwindigkeit V_{zul}. Nachzuweisen sind an Hauptverkehrsstraßen Sichtfelder für die Haltesicht, die Anfahrsicht sowie Sichtfelder für Fußgänger und Radfahrer. Für die Sicherheit des Radlängsverkehrs sind darüber hinaus gute Sichtbeziehungen zwischen rechts- bzw. linksabbiegenden Kraftfahrern und Radfahrern an Knotenpunkten und Gehwegüberfahrten von Bedeutung.

Die Haltesicht ist eine für die Sicherheit einer Straßenverkehrsanlage notwendige Mindestanforderung. Ein rechtzeitiges Anhalten von Kraftfahrzeugen ist möglich, wenn die in Tab. 4.4 angegebenen Haltesichtweiten s_h zur Verfügung stehen.

Als Anfahrsicht wird die Sicht bezeichnet, die ein Kraftfahrer haben muss, der mit einem Abstand von 3,00 m vom Fahrbahnrand der übergeordneten Straße wartet, um mit einer zumutbaren Behinderung bevorrechtigter Kraftfahrzeuge aus dem Stand in die übergeordnete Straße einfahren zu können (Abb. 4.31). Dies ist gewährleistet, wenn

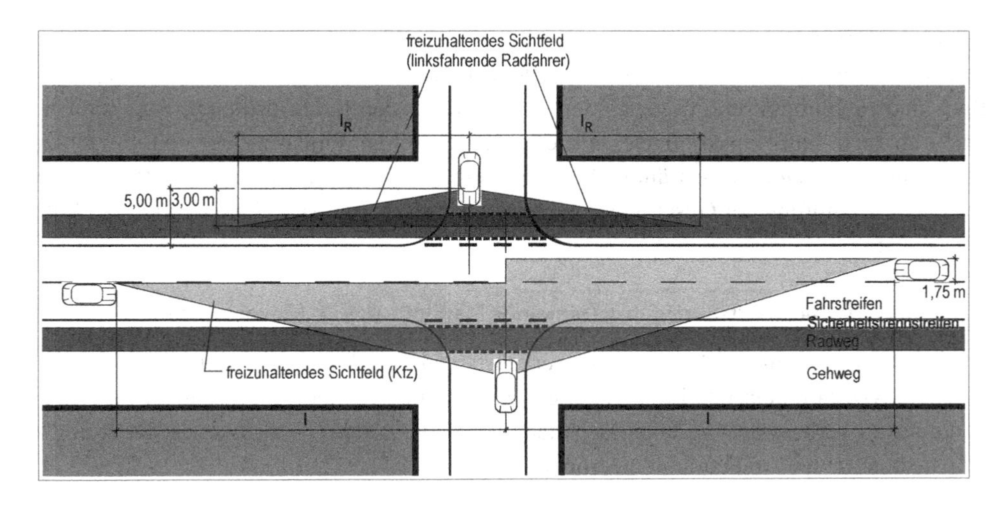

Abb. 4.31 Anfahrsicht an Knotenpunkten (FGSV 2006)

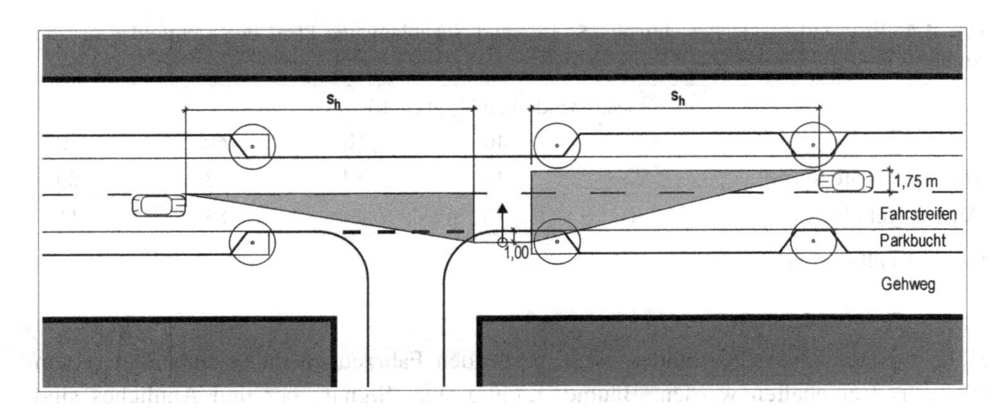

Abb. 4.32 Sichtfelder an Querungsstellen (FGSV 2006)

Sichtfelder freigehalten werden, deren Schenkellänge l in der übergeordneten Straße die in Tab. 4.4 enthaltenen Werte aufweisen.

Für die Übersichtlichkeit auf Überwegen und Warteflächen von Fußgängern und Radfahrern sind an Querungsstellen Sichtfelder mit 1,00 m Schenkellänge senkrecht zur Fahrrichtung und mit der Haltesichtweite nach Tab. 4.4 in Fahrtrichtung des Kraftfahrzeugverkehrs sicherzustellen (Abb. 4.32). Bei Querungsstellen an Knotenpunkten sind die Sichtfelder für Fußgänger und Radfahrer in der Regel kleiner als die Sichtfelder der Anfahrsicht für den Kraftfahrzeugverkehr.

4.2.3 Typische Entwurfssituationen – Beispiele

Dörfliche Ortsdurchfahrten

Dörfliche Ortsdurchfahrten sind gekennzeichnet durch eine landwirtschaftlich geprägte Bau- und Siedlungsstruktur. Sie führen in der Regel durch den örtlichen Kernbereich, wodurch sich Nutzungskonflikte mit der verkehrlichen Funktion der klassifizierten Straße ergeben. Die straßenräumliche Gliederung in ablesbare Teilabschnitte und die wirksame Dämpfung der Geschwindigkeiten im Kraftfahrzeugverkehr sind wichtige Entwurfsziele.

Beispiel: Dörfliche Ortsdurchfahrt, Gemeinde Marklohe (L 351) Niedersachsen

Ziel war es, unter Erhalt der verkehrlichen Funktionsfähigkeit der mit ca. 6.000 Kfz/24 h belastete Landesstraße die Verkehrssicherheit für Fußgänger und Radfahrer zu verbessern, die Oberflächenentwässerung neu zu ordnen sowie die Aufenthaltsqualität im Straßenraum zu erhöhen.

Entsprechend dem dörflichen Charakter wurde der etwa 1 km lange Streckenabschnitt nach dem „weichen" Trennungsprinzip mit halbhohen Borden (6 cm) bzw. Muldenrinnen umgestaltet (Abb. 4.33 und 4.34). Im Hinblick auf die relativ seltenen Busbegegnungsfälle, den zeitweise aber höheren Anteil an landwirtschaftlichem Verkehr wurde eine Fahrbahnbreite von 6,20 m gewählt. Im zentralen, kurvigen Bereich ergeben sich punktuell Engstellen. Alle Bushaltestellen sind barrierefrei ausgebildet, im Ortskern halten die Busse auf der Fahrbahn.

Die relativ geringe Verkehrsstärke hätte prinzipiell eine Führung des Radverkehrs auf der Fahrbahn, ergänzt durch die Freigabe der Seitenräume für Radfahrer, erlaubt; wegen der bereichsweisen kurvigen Straßenführung und der bewegten Topografie wurde aus Gründen der Verkehrssicherheit jedoch die Anlage beidseitiger, gemeinsamer Rad- und Gehwege favorisiert. Am Übergang zum abschnittweise einseitig geführten gemeinsamen Rad- und Gehweg sowie an der Ortseinfahrt sind Mittelinseln als Querungshilfen bzw. zur Geschwindigkeitsdämpfung angeordnet. Im Ortskern wurde – auch zur Schulwegsicherung – eine bedarfsgesteuerte Fußgängerfurt angelegt.

Halbhohe Rundborde erlauben den weitgehenden Verzicht auf Bordabsenkungen an Grundstückszufahrten. In aufgeweiteten Straßenraumbereichen wurden keine „klassischen" Parkbuchten angelegt, sondern entsprechend der dörflichen Situation

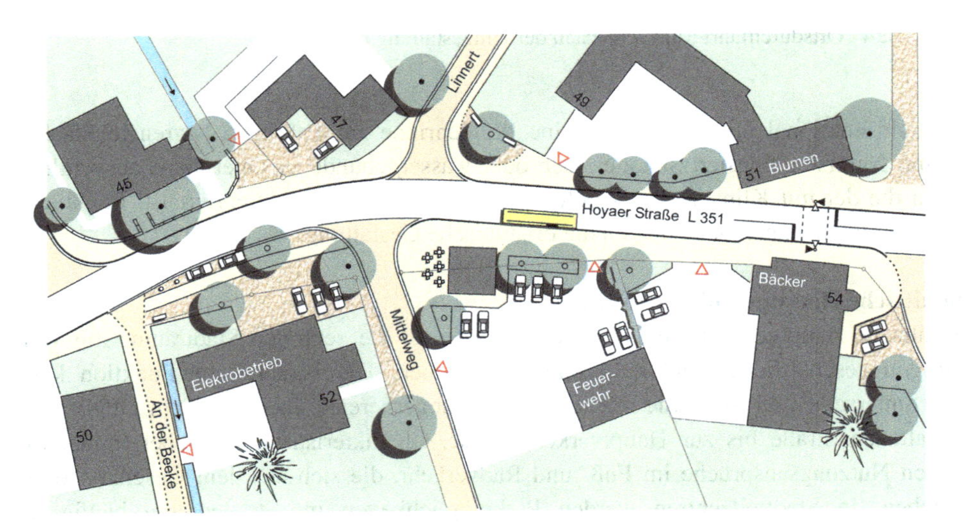

Abb. 4.33 Dörfliche Ortsdurchfahrt mit straßenräumlicher Einengung für etwa 6.000 Kfz/24 h (Lageplan)

Abb. 4.34 Ortsdurchfahrt Marklohe nach der Umgestaltung (*)

multifunktional nutzbare, durch eine Muldenrinne zur Fahrbahn begrenzte Flächen mit Natursteinpflaster, Schotterrasen oder wassergebundener Oberfläche ausgebildet, in die der mit Klinkerpflaster befestigte Rad- und Gehweg integriert ist. Punktuelle Baumpflanzungen unterstützen die ortstypische Gestaltung. ◀

Städtische Hauptgeschäftsstraßen

Städtische Hauptgeschäftsstraßen sind in der Regel die zentralen Stadträume mit vielfältigen geschäftlichen und kulturellen Funktionen. Die verkehrliche Funktion kann sehr unterschiedlich sein: Sie reicht vom Fußgängerbereich über eine dem ÖPNV vorbehaltenen Straße bis zur Hauptverkehrsstraße. Charakteristisch sind aber immer die hohen Nutzungsansprüche im Fuß- und Radverkehr, die sich aus dem Geschäftsbesatz ergeben. In Stadtteilzentren werden Parkmöglichkeiten im Straßenraum häufig als Voraussetzung für den geschäftlichen Erfolg betrachtet und sind deshalb in der Praxis die am meisten diskutierte Entwurfsfrage.

Beispiel: Städtische Hauptverkehrsstraße, Pappelstraße in Bremen

Die Pappelstraße ist die zentrale Geschäftsstraße des Stadtteils Bremen-Neustadt mit wichtiger örtlicher Erschließungs- und Aufenthaltsfunktion. Zwei- bis viergeschossige, geschlossene Bebauung begrenzt den nur ca. 17 m breiten Straßenraum. Durch die Umgestaltung sollte das Nebenzentrum attraktiviert und, unter Abwägung der Interessen des örtlichen Einzelhandels, eine Reduzierung des gebietsfremden Durchgangsverkehrs und der Verkehrsbelastung von bis zu 8.000 Kfz/24 h erreicht werden.

Die Straße wurde nach dem „weichen“ Trennungsprinzip mit niedrigen Borden (ca. 4 cm) umgestaltet (Abb. 4.35 und 4.36). Die Fahrbahn ist im Hinblick auf die häufigen Busbegegnungsfälle 6,50 m breit. Die Bushaltestellen wurden barrierefrei als Buskaps ausgebildet. Der Radverkehr wird auf der Fahrbahn geführt. Eine Geschwindigkeitsbeschränkung auf 30 km/h dient der Verkehrssicherheit und unterstützt die Aufenthaltsfunktion des Straßenraumes. Durch eine Bewirtschaftung der Parkstände konnte die Situation im ruhenden Kraftfahrzeugverkehr und im Lieferverkehr trotz einer Reduzierung der Stellplatzanzahl verbessert werden.

Wegen des engen Straßenraumes war nur eine einseitige Baumreihe möglich. Daraus ergab sich – in Anlehnung an die historische Situation – ein asymmetrischer Querschnitt, der am zentralen Marktplatzbereich verspringt und den Straßenzug in

Abb. 4.35 Städtische Hauptgeschäftsstraße mit Verkehrsfunktion (8.000 Kfz/24 h) (*)

Abb. 4.36 Niveaugleich im Seitenraum angeordnete Parkstände (*)

zwei Teilbereiche gliedert. Eine einheitliche, fußgängerfreundliche Gestaltung wird durch die niedrigen Borde und die niveaugleich im Seitenraum angeordneten Parkstände erreicht, die bei Nichtbelegung durch Kraftfahrzeuge von Fußgängern genutzt werden können oder – auch zeitweise – als Freisitzbereiche von gastronomischen Einrichtungen dienen. Ein attraktives Erscheinungsbild entsteht durch die einheitliche Materialwahl mit einem hohen Anteil an Natursteinkleinpflaster, das für die Parkstände, die Rinnen und die Bänderung des Betonsteinplattenbelages verwendet wurde. ◄

Hauptverkehrsstraßen mit Straßenbahn

Der Führung von Straßenbahnlinien im Zuge von Hauptverkehrsstraßen ist in starkem Maße entwurfsprägend, da die verkehrliche Zielsetzung der Beschleunigung des ÖPNV hohe entwurfstechnische und betriebliche Anforderungen stellt. In der planerischen Abwägung spielt in der Regel die Führung der Straßenbahn auf einem besonderen Bahnkörper oder straßenbündig gemeinsam mit dem Kraftfahrzeugverkehr eine zentrale Rolle. Die Ausgestaltung der Haltestellen ist maßgeblich von der fahrzeugbedingten

Einstiegshöhe abhängig. Vorteilhaft für die städtebauliche Integration sind niedrige Einstiegshöhen und Bahnkörper, die möglichst wenig trennend wirken. Die konkurrierenden Nutzungsansprüche, wie die Querbarkeit der Straße für Fußgänger und Radfahrer oder der Flächenanspruch des ruhenden Verkehrs können dann besser berücksichtigt werden.

Beispiel: Hauptverkehrsstrasse mit Straßenbahn, Goethestraße in Kassel

Der Straßenzug Germaniastraße/Goethestraße weist eine Länge von 750 m auf und liegt im Kassler Quartier „Vorderer Westen". Er stellt eine wichtige Querverbindung dar und weist eine Verkehrsbelastung von etwa 11.000 Kfz/24 h auf. Vor seiner Umgestaltung in den Jahren 2012/2013 war der zentrale Abschnitt, der ehemalige Kaiserplatz, geprägt von beidseitigen Richtungsfahrbahnen, drei Baumreihen, Schrägstellplätzen und einer Gleistrasse. Die Aufenthaltsqualität in den schmalen Seiten-

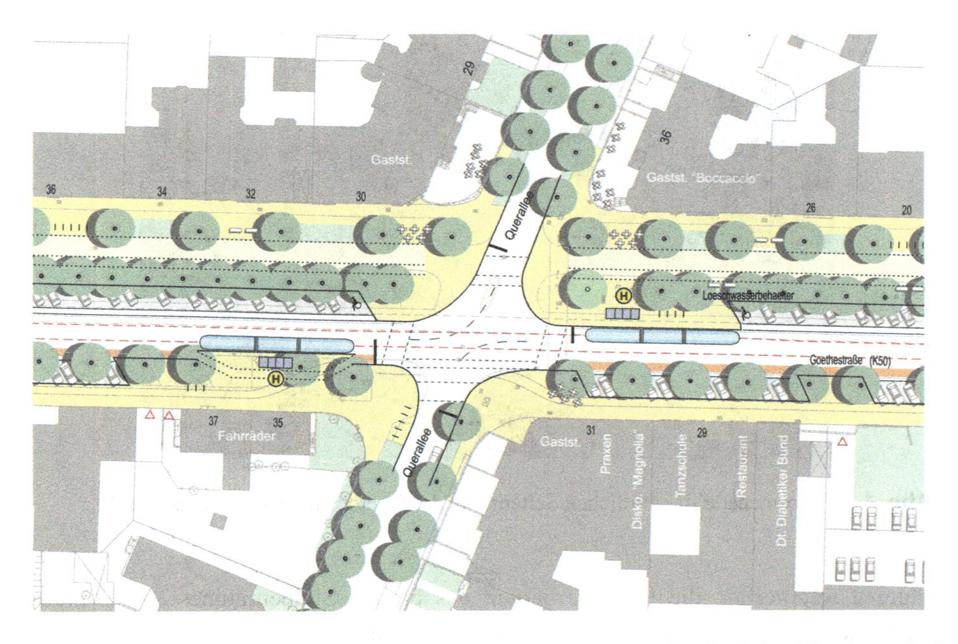

Abb. 4.37 Hauptverkehrsstraße mit straßenbündiger Führung der Straßenbahn (Goethestraße in Kassel)

Abb. 4.38 Promenade im nördlichen Seitenraum der Goethestraße und Haltestelle (*)

räumen war gering, die Überquerbarkeit des breiten Straßenraumes eingeschränkt. Radverkehrsanlagen bestanden vor dem Umbau nicht.

Die Umgestaltung mit asymmetrischem Querschnitt ermöglichte auf der Nordseite die Ausbildung einer großzügigen Promenade (Zufahrt in die Grundstücke, Müllfahrzeuge frei), in der auch der Radverkehr in beiden Richtungen geführt wird. So wurden besondere Nutzungsmöglichkeiten (Gastronomie, Spiel- und Aufenthalt, Märkte ...) für das Quartier geschaffen. Die Bäume der nördlichen Baumreihe wurden in die Promenade integriert und durch Sitzblöcke eingefasst. Durch die geänderte Verkehrsführung konnte im Anschluss an die Promenade in Sichtachse zum Herkulesdenkmal ein Platz geschaffen werden. Durch das Abrücken der Fahrbahn von der nördlich gelegenen Wohnbebauung wurde eine spürbare Lärmentlastung der Anwohner erreicht. Auf der Südseite verläuft die zweistreifige Fahrbahn mit straßenbündiger Gleistrasse. Durch eine Priorisierung der Tram an den Lichtsignalanlagen fungiert diese als Pulkführerin, wodurch die Beeinflussung der Fahrzeit und -geschwindigkeit durch den motorisierten Individualverkehr minimiert wird. Südlich der Fahrbahn wurde zudem ein Schutzstreifen für Radfahrer in Richtung Innenstadt angelegt. Im Hinblick auf die hohe Stellplatzauslastung wurden beidseitig der Fahrbahn zahlreiche Senkrechtparkstände angelegt (Abb. 4.37 und 4.38). Bei der Umgestaltung sind sämtliche Anforderungen der Barrierefreiheit berücksichtigt worden. ◄

4.3 Entwurf von anbaufreien Hauptverkehrsstraßen

Grundsätze

Anbaufrei geführte Hauptverkehrsstraßen innerhalb bebauter Gebiete sind heute in den meisten deutschen Städten unverzichtbare Bestandteile der städtischen Hauptverkehrsstraßennetze. Ein Großteil dieser Straßen ist in der Phase des Wiederaufbaues oder in den 70er- und 80er-Jahren entstanden. Ein Beispiel hierfür ist das Tangentennetz der Stadt Hannover. Aber auch viele Klein- und Mittelstädte verfügen abschnittsweise über anbaufrei geführte Hauptverkehrsstraßen, die häufig die Innenstädte oder andere Stadtquartiere entlasten. Anbaufreie Hauptverkehrsstraßen sind häufig ein Synonym für die autogerechte Stadt, auch wenn sie autoreduzierte oder -freie Bereiche oft erst ermöglicht haben.

Anbaufrei geführte Straßen dienen innerhalb bebauter Gebiete als Stadtautobahnen oder Hauptverkehrsstraßen vorrangig dem Nahverkehr. Die Bündelung von Kraftfahrzeugverkehr zur Entlastung bebauter Gebiete, die Bewältigung großer Verkehrsstärken auf kurzen Entfernungen und die Umfeldqualität haben daher eine größere Bedeutung als hohe Geschwindigkeiten und eine zu allen Tageszeiten gute Qualität des Verkehrsablaufes.

Beim Entwurf dieser Straßen in der zweiten Hälfte des letzten Jahrhunderts haben Verkehrssicherheit, Leistungsfähigkeit, Leichtigkeit des Verkehrsablaufes und Wirtschaftlichkeit im Vordergrund gestanden. Das Straßenumfeld, die Straßenraumgestalt und die Auswirkungen auf die unmittelbaren Anwohner solcher Straßen hatten einen vergleichsweise geringen Stellenwert. Inzwischen spielt die städtebauliche Integration derartiger Hochleistungsstraßen eine wachsende Rolle, da nur so aus reinen Verkehrsräumen identitätsbildende Orte werden können. In der öffentlichen Wahrnehmung spielen spektakuläre Projekte wie der Rheinufertunnel in Düsseldorf oder die abschnittsweise Einhausung des mittleren Ringes in München eine große Rolle, obwohl gerade diese Projekte keine Abkehr von der autogerechten Stadt darstellen, sondern im Gegenteil oftmals den Kraftfahrzeugverkehr weiter begünstigen. In vielen Städten gibt es aber auch Bemühungen, teilplanfrei geführte Straßen zumindest abschnittsweise wieder in plangleich geführte Straßen zurück zu wandeln, um die städtebauliche Integration zu verbessern. Beispiele hierfür sind die Planungen zur besseren Querbarkeit der Konrad-Adenauer-Straße in Stuttgart oder der bereits realisierte Umbau des Ägidientorplatzes in Hannover, der Ende der 90er-Jahre des

Abb. 4.39 Der Aegidientorplatz in Hannover mit Hochstraße vor dem Umbau (*)

Abb. 4.40 Nach dem Umbau ist der Aegidientorplatz wieder als städtischer Platzraum erlebbar (*)

letzten Jahrhunderts durch den Abriss der Hochstraße eine städtebauliche Integration des Straßenzuges möglich machte (Abb. 4.39 und 4.40). Der Brückenschlag zwischen städtebaulicher Integration einer Hochleistungsstraße und dem zweifellos wichtigen Schutz der Anwohner vor Lärm- und Abgasimmission bedarf eines sensiblen Abwägungsprozesses.

Untertunnelungen können abschnittsweise zu einer Verbesserung der Umfeldqualität beitragen, im Bereich der unvermeidlichen Tunnelportale massieren sich jedoch visuelle Brüche im Stadtbild und konzentrierte Emissionen. Auch die enormen Folgekosten von Tunnelstrecken machen dieses Element nur vereinzelt einsetzbar.

Im Gegensatz zu angebauten Hauptverkehrsstraßen können anbaufreie Hauptverkehrsstraßen fahrdynamisch bemessen werden. Größere Entwurfsgeschwindigkeiten als 80 km/h sollen innerhalb bebauter Gebiete auch dann nicht gewählt werden, wenn aufgrund des Umfeldes ein höherer Ausbaustandard möglich wäre. In der Regel verbessert eine Entwurfsgeschwindigkeit von 60 km/h die Möglichkeiten zur städtebaulichen Integration. Aus Gründen des Immissionsschutzes ist eine Geschwindigkeitsbeschränkung auf 60 km/h, in Ausnahmefällen bis 80 km/h zwingend erforderlich.

Die Möglichkeiten zur sinnvollen Anwendung anbaufrei geführter Hauptverkehrsstraßen sind im Übergangsbereich zu Außerortsstrecken – also in der Regel im Weichbild der Städte – erheblich größer als in dichter besiedelten Räumen, da im Übergangsbereich häufig großmaßstäbliche Bebauung vorherrscht und durch die disperse Bebauungsstruktur funktionale Beziehungen, die durch die Straße gestört werden könnten, selten ausgeprägt sind.

Fahrbahnen

Anbaufrei geführte Hauptverkehrsstraßen können zweistreifig oder vier- und mehrstreifig ausgebildet werden, wobei die Trennwirkung der Straße mit zunehmender Fahrstreifenanzahl ebenfalls ansteigt. Bei vier- und mehrstreifigen Straßen sollte auf einen Mittelstreifen nicht verzichtet werden, da die Trennung der Fahrtrichtungen einen erheblichen Sicherheitsgewinn bewirkt, der Mittelstreifen zur Aufnahme von Begrünung dienen kann und die Querbarkeit in Verbindung mit einer Geschwindigkeitsbeschränkung verbessert werden kann.

Knotenpunkte

Die Charakteristik anbaufrei geführter Hauptverkehrsstraßen wird innerhalb bebauter Gebiete maßgebend durch die Knotenpunkte geprägt. Deshalb kommt der Auswahl der Knotenpunktsysteme besondere Bedeutung zu. Grundsätzlich sind folgende Knotenpunkte möglich:

- **Planfreie Knotenpunkte:** Die „klassische" Stadtautobahn hat – in der Regel ausschließlich – planfreie Knotenpunkte. Die Knotenpunkte werden nach den RAA (FGSV 2012) entworfen und bemessen. Gegenüber Autobahnen außerorts wird Stadtautobahnen mit unterschiedlichen Entwurfs- und Betriebsmerkmalen und deutlich geringeren Fahrgeschwindigkeiten Rechnung getragen. Dies gilt für die Längen von Ein- und Ausfädelungsstreifen (150 m bei einbahnigen, 200 m bei zweibahnigen

Straßen statt 250 m), den Einsatz von Verflechtungsstreifen, für Radien von Rampen und für Ausstattungselemente wie die Wegweisung.

- **Plangleiche Knotenpunkte:** Die in bebaute Bereiche am besten integrierbare Hochleistungsstraße weist plangleiche Knotenpunkte auf. Die Knotenpunkte sind in der Regel signalisiert.
- **Planfreie und plangleiche Knotenpunkte gemischt:** Infolge der großen Entwicklungslängen planfreier Knotenpunkte ist die häufig erwünschte dichte Knotenpunktfolge bei ausschließlich planfreien Knotenpunkten entweder gar nicht oder nur mit großem Aufwand möglich. Auch das nachträgliche Einfügen von Knotenpunkten ist häufig nur dann möglich, wenn zwischen planfreien Knotenpunkten ein plangleicher Knotenpunkt eingerichtet werden kann. Damit kann der unterschiedlichen Sensibilität der Umfelder und den unterschiedlichen verkehrlichen Anforderungen flexibel begegnet werden. Die Praxis zeigt, dass sich solche Lösungen bewähren und gerade auf innerörtlichen Hochleistungsstraßen eine durchgehend einheitliche Strecken- und Knotenpunktcharakteristik nicht erforderlich ist.

4.4 Entwurf von Erschließungsstraßen und -wegen

4.4.1 Grundsätze

Erschließungsstraßen und -wege sind im Gegensatz zu Hauptverkehrsstraßen in der Regel weniger stark mit Kraftfahrzeugverkehr belastet und haben keine verkehrlichen Verbindungsfunktion. Die Bemessung erfolgt grundsätzlich unter Verzicht auf fahrdynamische Gesichtspunkte. Verkehrsberuhigende Elemente sind in Erschließungsstraßen und -wegen – abgesehen von Straßen in Industrie- und Gewerbegebieten – die Regel. Die Straßen und Wege sind überwiegend Bestandteile von Tempo-30-Zonen oder verkehrsberuhigten Bereichen (Zeichen 325/326 StVO). Auf separate Radverkehrsanlagen kann in der Regel verzichtet werden.

Noch stärker als beim Entwurf von Hauptverkehrsstraßen sind bei der Gestaltung von Erschließungsstraßen und -wegen der Gebietstyp und das straßenräumliche Umfeld entwurfsprägend, beispielsweise je nachdem, ob es sich bei der Straße um eine in einem gründerzeitlichen, stadtkernnahen Altbauquartier, in einem Wohngebiet in Stadtrandlage oder um eine dörflich anmutende Situation handelt.

Neben der Beachtung allgemeiner verkehrlicher, städtebaulicher und wirtschaftlicher Ziele stellen auch bei Erschließungsstraßen und -wegen die Nutzungsansprüche an die Straßenräume die wesentliche Entwurfsgrundlage dar. Da auch hier die Nutzungsansprüche nicht immer voll befriedigt werden können, bedarf es der Abwägung und des Ausgleichs von Nutzungsansprüchen. Als Ergebnis ist immer ein Wohnumfeld zu schaffen, das ein Höchstmaß an individueller Attraktivität bietet.

4.4.2 Entwurfs- und Gestaltungselemente für Erschließungsstraßen und -wege

Die RASt (FGSV 2006) enthalten detaillierte Aussagen zu allen Entwurfselementen. Die folgenden Ausführungen beschränken sich auf einige wesentliche und für Erschließungsstraßen typische Entwurfselemente in ausgewählten Gebietstypen.

In **stadtkernnahen Altbaugebieten** ist eine ausgeprägte Straßennetzhierarchie häufig nicht vorhanden. Anliegerstraßen sind „normale" Stadtstraßen mit Wohnfunktion und können verkehrlich sehr unterschiedlich sein. Die RASt enthalten daher mehrere Varianten für Anliegerstraßen, mit denen unter Beachtung der oft gravierenden Nutzungskonkurrenzen spezielle örtliche Gegebenheiten und unterschiedliche Verkehrsverhältnisse berücksichtigt werden können.

In die Überlegungen eines im Einzelfall zweckmäßigen Straßen- und Wegetyps und zur Gestaltung des Straßenraumes ist die Nutzungs- und Freiflächensituation auf den angrenzenden Grundstücken einzubeziehen. Insbesondere ist zu klären, welche Freiflächenangebote geschaffen oder erhalten werden können und welche Möglichkeiten zur Unterbringung der Stellplätze der Anwohner außerhalb des Straßenraumes (Sammelstellplätze, Innenhöfe, Wohnparkhäuser) bestehen. Die befriedigende Beantwortung der Parkraumnachfrage ist in stadtkernnahen Altbaugebieten von zentraler Bedeutung. Die Unterbringung des

Abb. 4.41 Neue, attraktive Freiräume in dicht bebauten Quartieren durch das „Stadtplatzprogramm" in Hannover (*)

Abb. 4.42 Erschließung neuer Wohngebiete mit Mischflächen (Hannover) (*)

ruhenden Verkehrs im Straßenraum kann angesichts der konkurrierenden Anforderungen nicht die Lösung sein. Langfristig werden flächensparende, mechanische Wohnparkhäuser einen wesentlichen Beitrag zur Lösung der Parkraumprobleme leisten müssen.

Impulse zur Attraktivierung des Wohnumfeldes sind auch von Stadtplatzprogrammen zu erwarten, bei denen Teile von Straßenräumen dem Verkehr entzogen und gezielt als Freiräume gestaltet werden. Ein erfolgreiches Beispiel hierfür ist das Stadtplatzprogramm der Stadt Hannover (Landeshauptstadt Hannover 2015, Abb. 4.41).

In **Wohngebieten in Orts- oder Stadtrandlage** sind zwei wesentliche Aufgabenbereiche zu unterscheiden: Die Planung neuer Baugebiete und der Umbau von Straßen und Wegen in bestehenden Baugebieten, überwiegend der 1950-er und 1960-er Jahre. Entsprechend zahlreich sind die für diese Aufgaben anwendbaren Straßen- und Wegetypen.

In **neuen Baugebieten** werden durch die Straßennetzstruktur bereits Aspekte der flächenhaften Verkehrsberuhigung berücksichtigt. Häufig lassen sich große Bereiche flächenhaft mit Anliegerwegen erschießen, die nach dem Mischungsprinzip entworfen sind (Abb. 4.42). Häufig werden auch Teilbereiche neuer Wohnquartiere autofrei gestaltet. Durch die Anordnung einer Quartiersgarage in Randlage bleiben die Straßenräume frei vom fließenden und ruhenden Kraftfahrzeugverkehr und bieten Raum für vielfältige Nutzungen (Abb. 4.43). Nachdem Rasternetze bei neuen Baugebieten lange keine große Rolle gespielt haben, erleben diese seit einigen Jahren wieder eine Renaissance. Positive Merkmale sind die Klarheit der dadurch ent-

Abb. 4.43 Autofreies Quartier mit Quartiersgarage in Wien (*)

stehenden Straßenräume, die deutliche Abgrenzung öffentlicher und privater Räume, die hierarchische Neutralität und die Offenheit gegenüber Nutzungsänderungen (Abb. 4.44).

Beim Umbau von Straßen und Wegen in bestehenden **Baugebieten der 1950er Jahre** und später geht es primär um die Reduzierung der Verkehrsflächen zugunsten anderer Nutzungen. Ferner können die Straßenräume durch die Umgestaltung eine höhere Aufenthaltsqualität erreichen. Allerdings ist bei der Umgestaltung darauf zu achten, dass das Typische des Straßenraumes durch allzu schematisch angewandte Elemente nicht verloren geht. Gerade Straßenräume der 1960er Jahre zeichnen sich durch eine formale

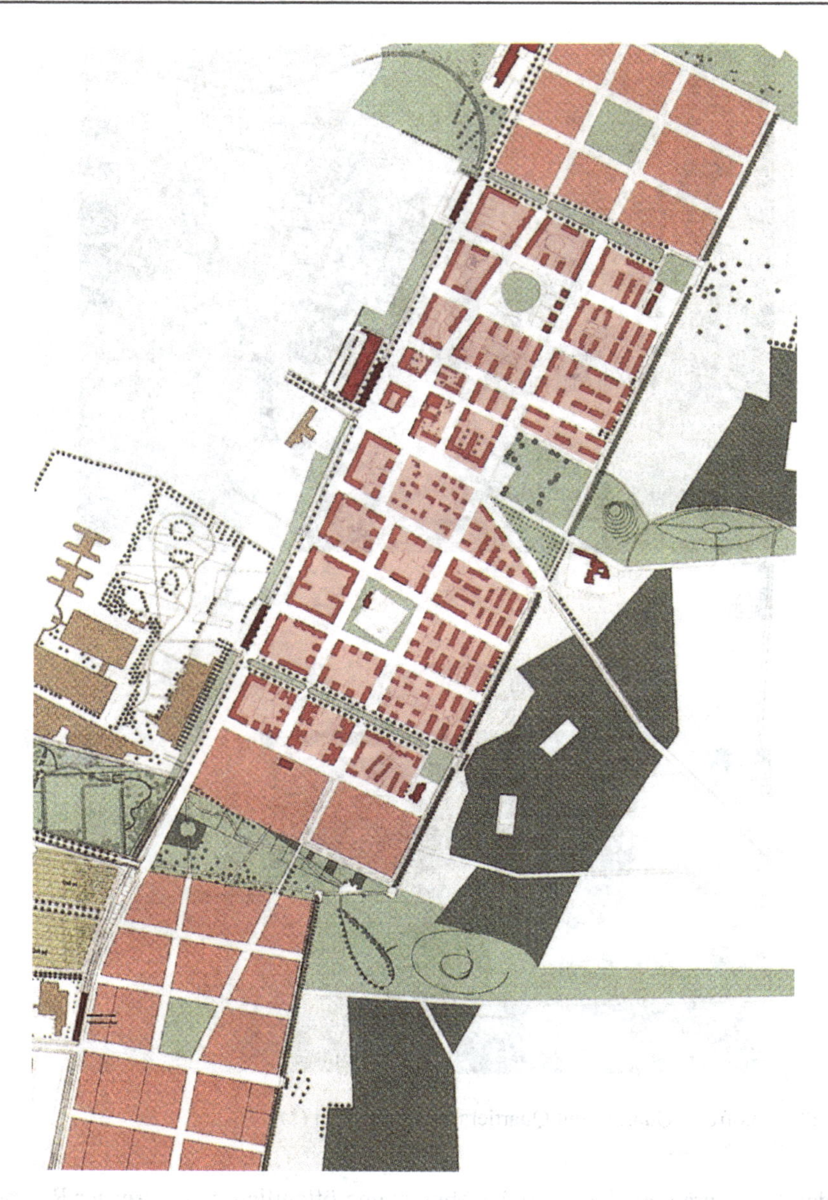

Abb. 4.44 Rasternetz als hierarchisch neutrale Erschließungsstruktur; Beispiel: Kronsberg Hannover (Landeshauptstadt Hannover 1999)

Abb. 4.45 Umgestaltung der Erschließungsstraßen in einer Plattenbausiedlung zur Stärkung der Freiraumfunktion; Beispiel Göttingen Grone (*)

Großzügigkeit aus, die durch kleinteilige verkehrsberuhigende Elemente schnell verloren gehen kann.

Ein weiteres Betätigungsfeld zum Umbau von Erschließungsstraßen bieten die **Großwohnsiedlungen.** Neben einer Neuordnung des Parkens geht es primär um eine Neudefinition der Freianlagen als unmittelbare Wohnumfeldsituation und Hauseingangszone. Durch die Nachnutzung eines in Teilen obsoleten Parkdecks kann beispielsweise ein attraktiver Quartiersplatz mit Spiel- und Aufenthaltsqualität entstehen (Abb. 4.45).

Abb. 4.46 Erhaltung der dorftypischen Elemente trotz funktionaler Umgestaltung (Uchte) (*)

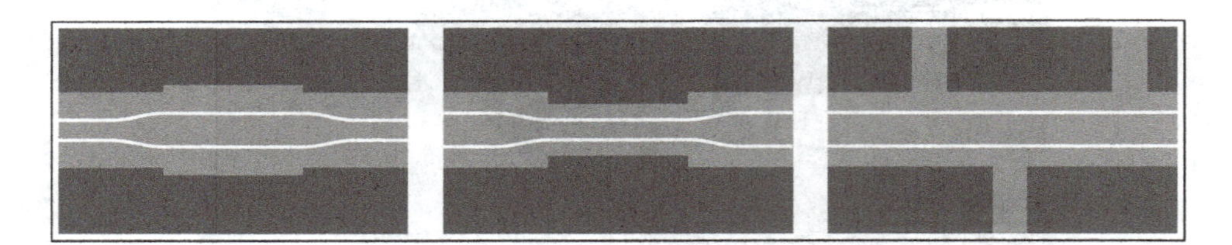

Abb. 4.47 Variable Fahrbahnbreite in Abhängigkeit von der Bau- und Nutzungsstruktur

Solche Lösungsansätze sind in der Regel nur in der Zusammenarbeit von Verkehrsplanern und Freiraumplanern zu entwickeln.

In **dörflichen Gebieten** ist die weitgehende Differenzierung der Netzelemente schwierig, weil die meisten Dorfstraßen direkt in die Ortsdurchfahrten einmünden und die Straßenhierarchie nur schwach ausgeprägt ist. Die in den RASt zusammengestellten Entwurfselemente berücksichtigen die in dörflichen Bereichen typische Durchmischung unterschiedlicher Funktionsbereiche und die häufig durch unregelmäßige Strukturen geprägten straßenräumlichen Situationen. Gerade in dörflichen Straßenräumen ist eine hohe gestalterische Sensibilität erforderlich, um das Dorftypische zu erhalten und es nicht durch vorstädtische Elemente zu überformen (Abb. 4.46).

Fahrbahnen, Fahrgassen und Einengungen

Verkehrlich ergibt sich die wünschenswerte Fahrbahn-/Fahrgassenbreite aus den gewählten Bemessungsfahrzeugen, den maßgebenden Begegnungsfällen und der angestrebten Geschwindigkeit. Diese Ansprüche sind mit städtebaulichen und stadtgestalterischen Belangen abzuwägen. Fahrbahnen und Fahrgassen von Erschließungsstraßen müssen nicht in einheitlicher Breite durchlaufen, vielmehr ist sowohl aus verkehrlicher als auch aus städtebaulicher Sicht eine variable Fahrbahn-/ Fahrgassenbreite häufig wünschenswert (Abb. 4.47).

Bei Linienbusverkehr ist eine Fahrbahnbreite von 6,00 m ausreichend, wenn ein Begegnen mit verminderter Geschwindigkeit vertretbar ist (vgl. auch Abschn. 7.4.5). In der Praxis fordern allerdings viele Verkehrsbetriebe bei Linienbusverkehr eine Fahrbahnbreite von 6,50 m, um die Leichtigkeit des ÖPNV zu erhöhen. Sind Ausweichstellen vorhanden und ein regelmäßiges Begegnen von Linienbussen nicht zu erwarten, genügt eine Breite von 4,75 m. Eine Fahrbahnbreite von 4,75 m reicht immer dann aus, wenn weniger als 30 Lkw/Sp.h anzunehmen sind, in Abständen von etwa 50 m bis max. 100 m für die Begegnung von zwei Lastkraftwagen geeignete Ausweichstellen, platzartige Aufweitungen, mitbenutzbare Grundstückszufahrten oder entsprechend bemessene Versätze zur Verfügung stehen und die einzelnen Straßenabschnitte überschaubar sind.

Die für Fahrgassen in Mischflächen häufig anwendbare Breite von 4,00 m erlaubt das Befahren von Personenkraftwagen im Gegenverkehr. Beobachtungen zeigen allerdings, dass viele Kraftfahrer den Begegnungsfall vermeiden und in einem aufgeweiteten Teilbereich halten. Als Kompromiss kann eine Breite von 4,25 m bis 4,50 m gelten.

Durch Einengungen in Fahrbahnen/Fahrgassen entstehen in Verbindung mit vertikalen Elementen optisch abgeschlossene Teilräume, die Kraftfahrer zum Fahren mit gleichmäßig niedrigen Geschwindigkeiten und zur Konzentration auf die unmittelbar überschaubaren Bereiche des Straßenraumes veranlassen. Im Gegensatz zu Versätzen und Verschwenkungen ergeben sich durch Einengungen im Allgemeinen keine gestalterischen Widersprüche zu den Baufluchten bestehender Straßenräume. Einengungen verbessern die Überquerbarkeit und sollen daher insbesondere im Zuge von Hauptrichtungen der Wege von Fußgängern und Radfahrern angeordnet werden. Einengungen sollen mindestens 0,60 m schmaler als die anschließenden Fahrbahnen und 5 bis 10 m lang sein. Kurze einspurige Einengungen sind bei Verkehrsstärken bis zu etwa 500 Kfz/h anwendbar.

Versätze

Durch Versätze entstehen in Längsrichtung optisch abgeschlossene Teilräume, die die Kraftfahrer veranlassen sollen, langsam zu fahren und sich auf die unmittelbar überschaubaren Bereiche im Straßenraum zu konzentrieren. Insbesondere bei einer deutlichen Versatztiefe ist die geschwindigkeitsdämpfende Wirkung von Versätzen unbestritten. Versätze sind jedoch häufig gestalterisch problematisch, insbesondere dann, wenn sie ohne Bezug zur straßenräumlichen Situation angeordnet werden. Überzeugender sind Versätze, die mit der Bebauung oder Bepflanzung übereinstimmen, z. B.

Abb. 4.48 Eine Teilaufpflasterung markiert den Übergang zu einem Stadtteilpark (*)

durch Verbindungen mit wechselseitig angeordneten, gut begrünten und gestalteten Parkständen oder durch die Gestaltung als eigenständige Bereiche. Versätze dürfen nicht dazu führen, dass entgegenkommende Radfahrer übersehen werden.

Teilaufpflasterungen

Teilaufpflasterungen sollen Kraftfahrern optisch und fahrdynamisch zu langsamer Fahrweise veranlassen und die Querbarkeit von Fahrbahnen/Fahrgassen für Fußgänger und Radfahrer erleichtern. Sie sollen daher im Zuge von Hauptrichtungen der Wege von Fußgängern und Radfahrern angeordnet werden. Teilaufpflasterungen bestehen aus einer ganz oder annähernd auf die Gehbereiche angehobenen Fläche und zwei Rampen, deren Länge sich nach der Höhe des Bordes und der Rampenneigung richtet. Teilaufpflasterungen von 1:25 bis 1:15 gelten als optisch wirksam. Rampenneigungen von mehr als 1:25 sind prinzipiell auch von Linienbussen befahrbar. Allerdings sollten die Zweckmäßigkeit des Elementes sowie die Materialwahl bei Linienbusverkehr sehr sorgfältig geprüft werden, da bei Teilaufpflasterungen immer schalltechnische Nachteile auftreten können und auch die bautechnischen Probleme häufige Ärgernisse in der Praxis sind. Fahrdynamisch wirksame Teilaufpflasterungen sollen Rampenneigungen von 1:10 bis 1:7 aufweisen. Teilaufpflasterungen sind in Knotenpunkten, Versätzen und an Über-

Abb. 4.49 Teilaufpflasterung als Übergang in eine Tempo-30-Zone (*)

gangsbereichen zu höheren Straßen anwendbar. In Verbindung mit Belagswechseln können sie den Übergangsbereich vom Hauptverkehrsstraßennetz zu Tempo-30-Zonen wirkungsvoll verdeutlichen (Abb. 4.48). Bewährt haben sich Teilaufpflasterungen auch in den Einmündungsbereichen von Erschließungsstraßen in Hauptverkehrsstraßen, wodurch der Beginn der Tempo-30-Zone gut verdeutlicht und der Radverkehr auf Radwegen entlang der Hauptverkehrsstraße deutlich bevorrechtigt werden kann (Abb. 4.49).

Wendeanlagen

Wendeanlagen können durch die Gestaltung der Erschließungsnetze vermieden werden. Sind sie trotzdem erforderlich, sollen sie nach Möglichkeit immer in Plätze einbezogen werden. Sie müssen daher neben den fahrgeometrischen Erfordernissen in der Regel auch städtebaulich begründeten Anforderungen genügen. Die Größe von Wendeanlagen ist maßgebend von der Größe des Bemessungsfahrzeuges und der erwünschten Fahrweise abhängig. In Wohngebieten ist das örtliche Müllfahrzeug in der Regel das Bemessungsfahrzeug.

4.5 Entwurf von Knotenpunkten und Plätzen

4.5.1 Grundsätze

Knotenpunkte sind Schnittpunkte im städtischen Raumnetz und von daher städtebaulich immer besondere Orte. Sie sind auch verkehrlich besondere Orte, da sich an Knotenpunkten Verkehrsströme schneiden und zur verkehrssicheren und qualitätvollen Abwicklung der Verkehre geeignete Entwurfsmaßnahmen ergriffen werden müssen. Zur umfassenden Bewertung der Verkehrsabläufe werden zunehmend Verfahren der Verkehrssimulation angewendet.

Verkehrliche Knotenpunkte sind häufig städtebaulich wichtige Plätze, bedeutende Freiräume und oftmals wesentliche Identifikationspunkte in der Stadt (vgl. Kap. 2 und 4 in Band 2). Beispielsweise sind in gründerzeitlichen Stadtquartieren Plätze oft Schmuckplätze mit eigenständigem, repräsentativem Charakter (vgl. Abb. 4.1). Das Raumnetz einer Stadt wird in der Regel stärker über die Plätze als über die sie verbindenden Straßenräume beschrieben. Plätze weisen besondere Eigenheiten auf, sei es über die Gestaltung, die Randnutzung oder die historische Bedeutung.

Beim verkehrlichen Entwurf von Knotenpunkten ist die städtebauliche Bedeutung des Ortes immer angemessen zu berücksichtigen. Da sich an Knotenpunkten auch die verkehrlichen Anforderungen kumulieren, ist der Knotenpunktentwurf vor allem in Bestandsgebieten immer eine anspruchsvolle Aufgabe. Die funktionalen Randbedingungen, beispielsweise in gründerzeitlichen Platzräumen, haben sich im Laufe der Zeit gewandelt. Die heutigen verkehrlichen Anforderungen sind bestimmt durch den Kraftfahrzeugverkehr, den ÖPNV sowie die verkehrssichere und qualitätvolle Führung der Fußgänger und Radfahrer.

4.5.2 Knotenpunktformen – Beispiele

In städtischen und dörflichen Bereichen grundsätzlich anwendbar sind die Knotenpunktformen Kreuzung/Einmündung und Kreisverkehr. Die Notwendigkeit einer Lichtsignalanlage ergibt sich aus der erforderlichen Verkehrsqualität und Überlegungen zur Verkehrssicherheit.

Kreuzungen und Einmündungen sind sowohl im Hauptverkehrsstraßennetz (Abb. 4.50) als auch zwischen Anlieger- und Sammelstraßen (Abb. 4.51) die gebräuchlichste Knotenpunktform. Mit Lichtsignalanlagen sind große Kapazitäten und eine vergleichsweise gute Verkehrssicherheit zu erzielen.

Kleine Kreisverkehre (FGSV 2006/1) haben Ende des 20. Jahrhunderts in Deutschland eine Renaissance erfahren. Gründe hierfür sind die hohe Verkehrssicherheit für alle Verkehrsteilnehmer, der flüssige Verkehrsablauf mit geringen Wartezeiten und der Verzicht auf sonst notwendige Lichtsignalanlagen. Erwähnenswert ist auch die gute Akzeptanz der Knotenpunktform in der Bevölkerung. Eine Übersicht über die bei unter-

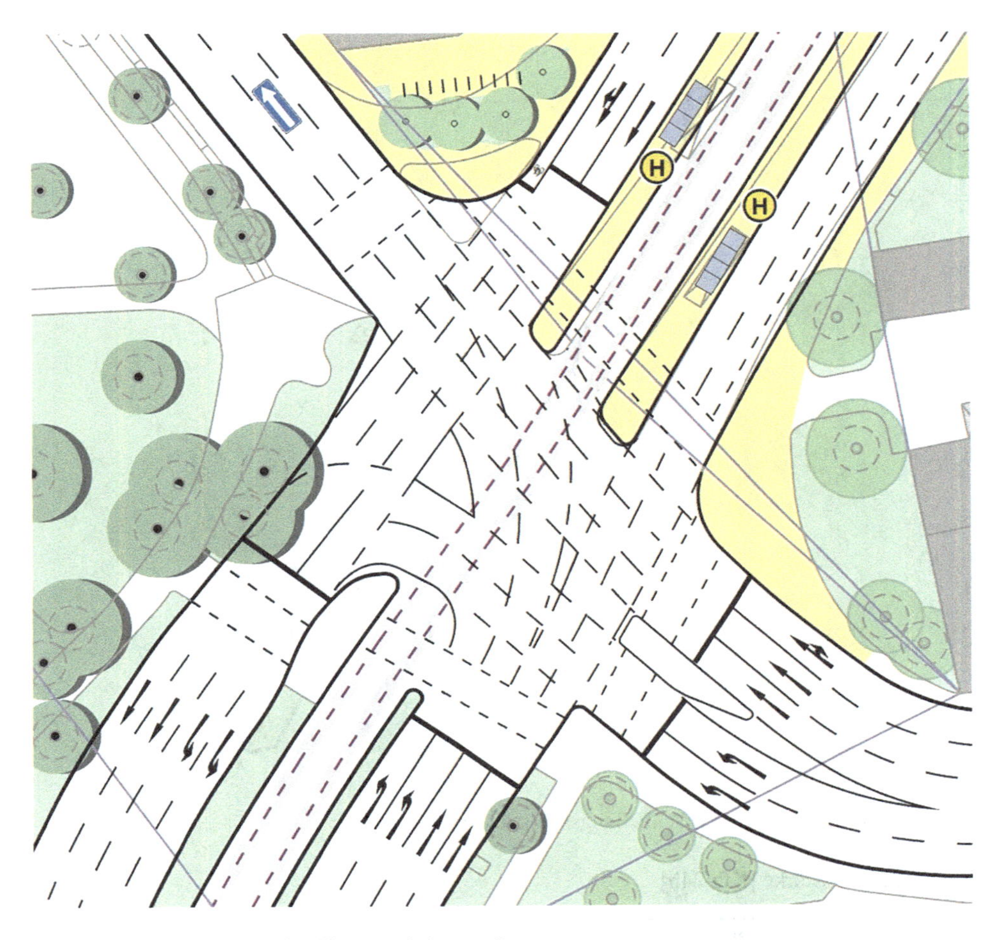

Abb. 4.50 Kreuzung zweier Hauptverkehrsstraßen

schiedlichen Kreisverkehren abwickelbaren Verkehrsstärken innerhalb bebauter Gebiete gibt Abb. 4.52.

Kreisverkehre sind richtungsneutral und können vor allem in hierarchischen Straßennetzen zu einem Verlust an Orientierung führen. Bei entsprechender Gestaltung können sie jedoch auch zu einem identitätsstiftenden Element werden. Da sie durch den Flächenanspruch und die Formgebung gestalterisch dominant wirken, sind sie in städtischen Straßen- und Raumnetzen nur vereinzelt und gezielt anwendbar. Trotzdem werden sich kleine Kreisverkehre wegen der unbestreitbaren verkehrlichen Vorteile in Zukunft noch stärker verbreiten. Typische Anwendungsfälle ergeben sich in klassifizierten Ortsdurchfahrten, an Ortseinfahrten zur Geschwindigkeitsdämpfung oder an vielarmigen Knotenpunkten.

Eine Erweiterung des Entwurfsrepertoires ergibt sich durch den zunehmenden Einsatz von Minikreisverkehren im Bereich von Sammelstraßen und schwach bis mäßig belasteten

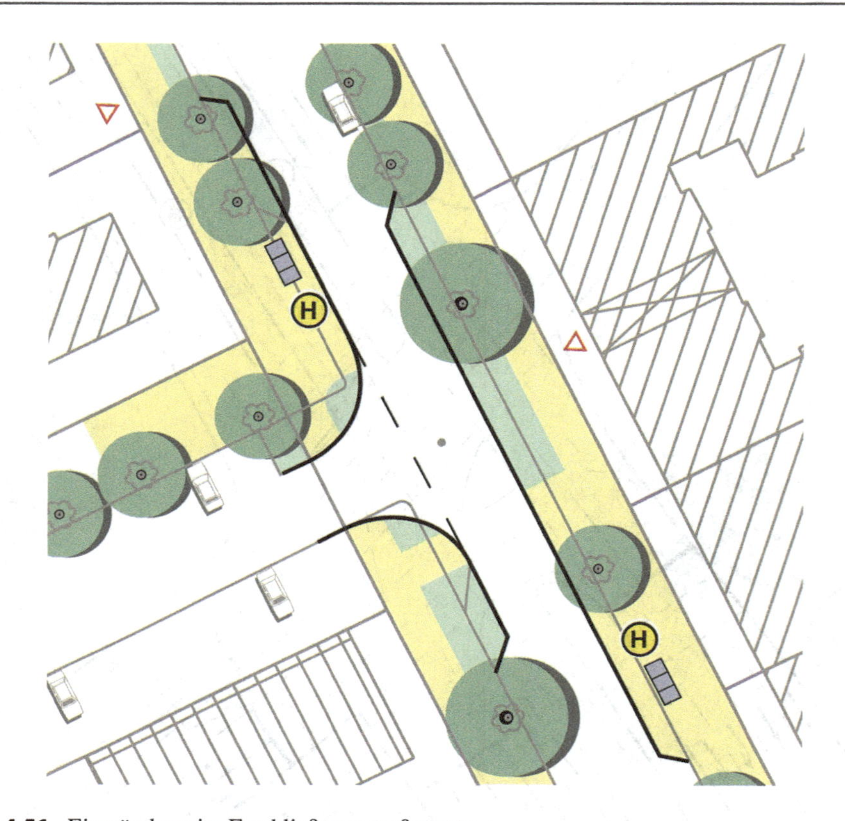

Abb. 4.51 Einmündung im Erschließungsstraßennetz

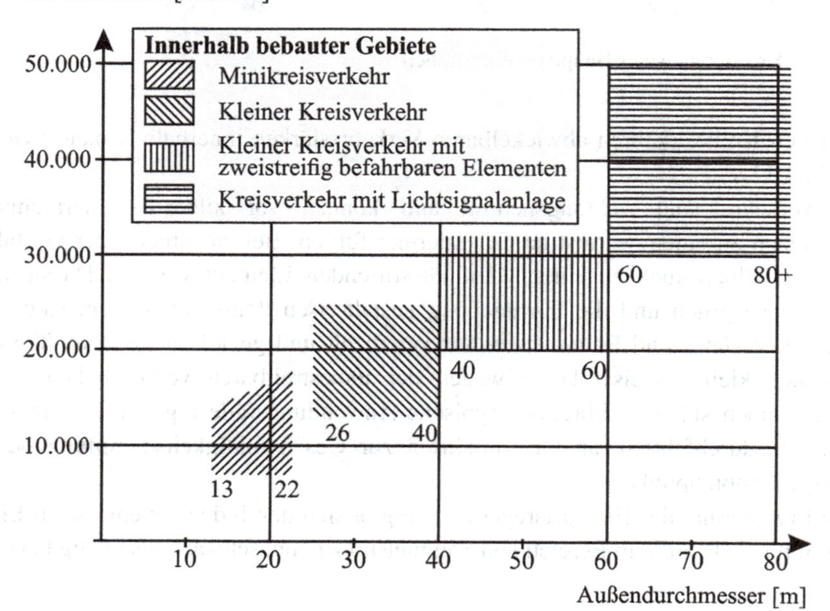

Abb. 4.52 Kapazität unterschiedlicher Formen von Kreisverkehren (FGSV 2006/1)

Abb. 4.53 Minikreisverkehr (*)

Abb. 4.54 Turbokreisverkehr in Cottbus (*)

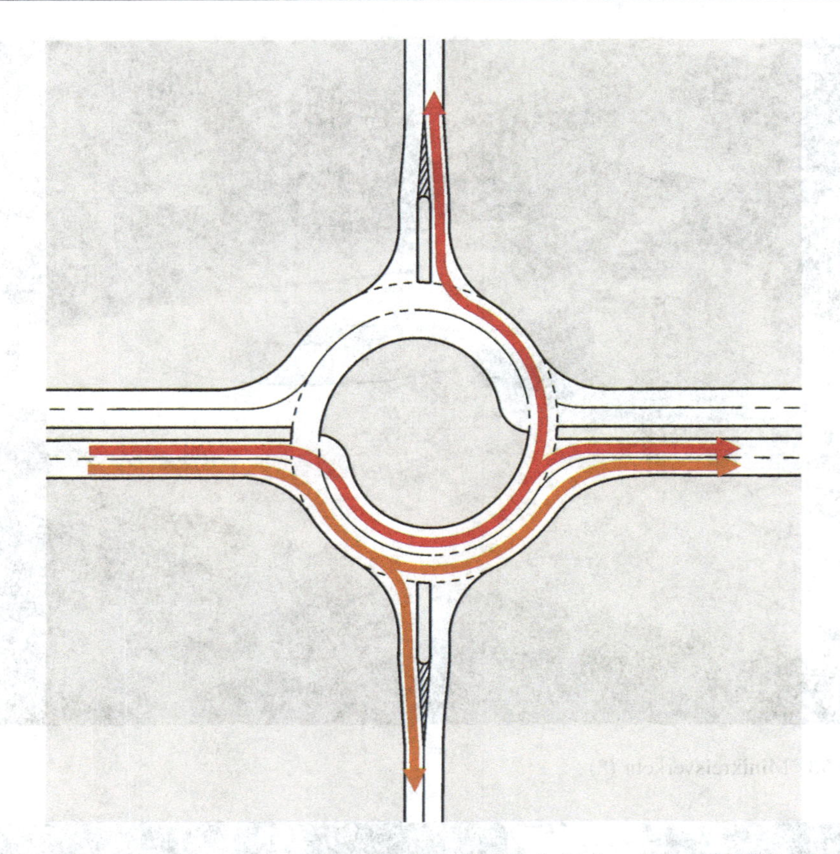

Abb. 4.55 Vermeidung von Fahrwegüberschneidung bei Turbokreisverkehren (FGSV 2014/1)

Hauptverkehrsstraßen. Minikreisverkehre zeichnen sich durch einen Außendurchmesser von 13 bis 22 m aus und haben für das Befahren mit Schwerfahrzeugen eine überfahrbare Kreisinsel (Abb. 4.53). Diese sollte jedoch gegenüber der Fahrbahn um 4 bis 5 cm erhaben sein, um ein Überfahren durch den Pkw-Verkehr zu erschweren.

Kreisverkehre werden zunehmend auch bei größeren Verkehrsstärken eingesetzt. Maßnahmen zur schrittweisen Kapazitätssteigerung sind die Anlage von separaten Rechtsabbiegestreifen (Bypässe), die Verbreiterung der Kreisfahrbahn, sodass sich eine (fast) zweistreifige Befahrbarkeit ergibt, sowie die Einrichtung von zweistreifigen Zufahrten (FGSV 2006). Untersuchungen zeigen, dass auch kleine Kreisverkehre mit zweistreifig befahrbaren Elementen eine hohe Verkehrssicherheit aufweisen und insbesondere dann, wenn wenig oder gar kein Fußgänger- und Radverkehr auftritt, empfohlen werden können.

Turbokreisverkehre sind eine Entwicklung aus den Niederlanden, sie kommen seit einigen Jahren aber auch in Deutschland zum Einsatz (Abb. 4.54). Bei Turbokreisverkehren handelt es sich um abschnittsweise mehrstreifige Kreisverkehre, bei denen durch Vorsortierung der Fahrzeugströme in den Kreiszufahrten und Ansetzen zusätzlicher Fahrstreifen an der Innenseite der Kreisfahrbahn, Fahrstreifenwechsel auf der Kreisfahrbahn und Fahrwegüberschneidungen in den Kreisausfahrten vermieden werden (Abb. 4.55). Dadurch kann die Verkehrssicherheit gegenüber großen Kreisverkehren entschieden verbessert werden. Aufgrund ihrer Größe, aber auch wegen der auszuschließenden Bevorrechtigung von Fußgängern- und Radfahrern kommen Turbokreisverkehre vorwiegend außerhalb bebauter Gebiete zum Einsatz. Turbokreisverkehre können Verkehrsstärken bis 40.000 Kfz/24 h abwickeln (FGSV 2014/1).

Beispiel: Knotenpunkt mit Lichtsignalanlage, Hohenfelder Bucht in Hamburg

Die Hohenfelder Brücken im Straßenzug Schwanenwik bilden auf der östlichen Alsterseite die Verbindung vom Zentrum zum Hamburger Norden und Osten. Sie gehören

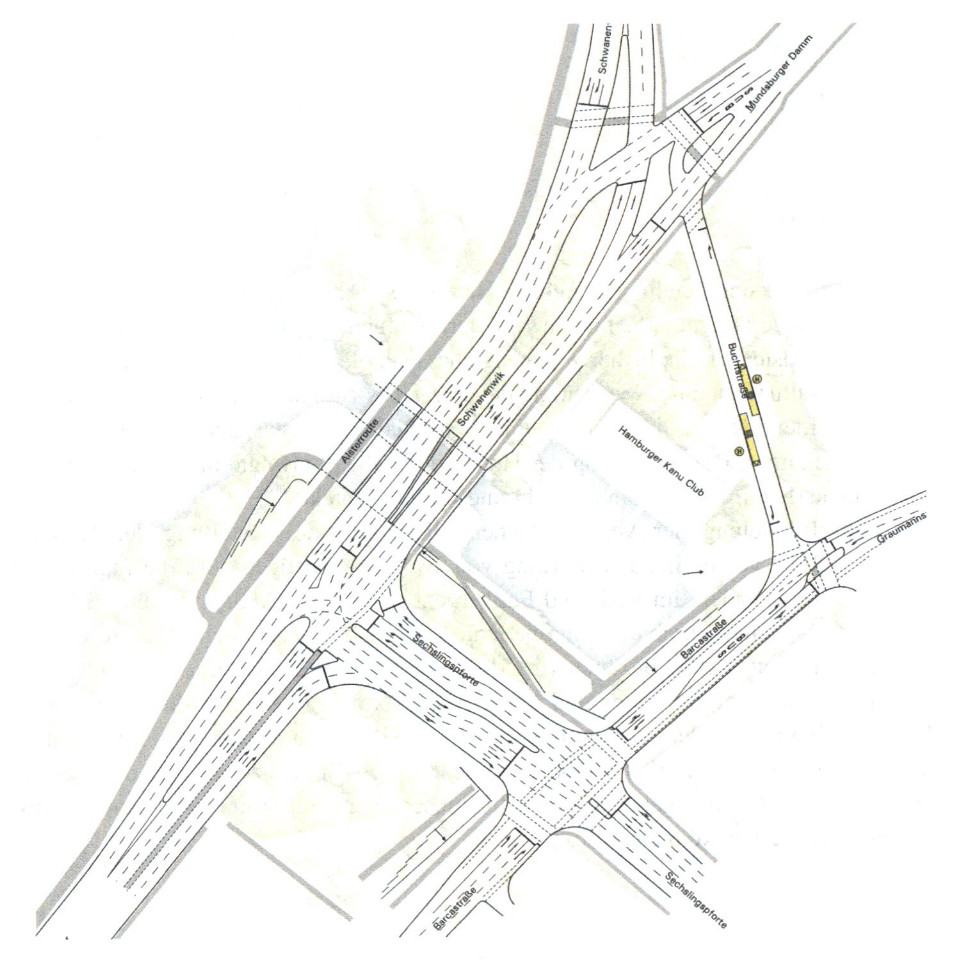

Abb. 4.56 Entwurf zur Umgestaltung der Hohenfelder Bucht (SHP Ingenieure mit nsp landschaftsarchitekten stadtplaner)

Abb. 4.57 Überprüfung der Verkehrsqualität und Visualisierung des Verkehrsablaufens mithilfe der Verkehrssimulation

zu den am stärksten befahrenen Achsen Hamburgs (DTVw ca. 60.000 Kfz/24 h). Auf der Westseite verläuft außerdem eine sehr stark frequentierte Rad- und Fußgängerachse entlang der Alster, für die bisher keine angemessene Flächenverfügbarkeit besteht. Ziel der Umgestaltung ist eine Neuordnung des Bereiches zur Aufwertung des Stadtraumes mit neuer Identität und hohen freiräumlichen Qualitäten unter Berücksichtigung des Denkmalschutzes. Die Gestaltung der Hohenfelder Bucht erfolgte in interdisziplinärer Zusammenarbeit mit Stadtplanern und Landschaftsarchitekten.

Durch Bündelung der Verkehrsflächen, die kompakte Gestaltung der Knotenpunkte und die verkehrliche Abwertung von zwei Straßenzügen wird die funktionale Situation insbesondere im Rad- und Fußverkehr verbessert (Abb. 4.56). Die Brücken werden aufgeweitet, durch die filigrane Brückenkonstruktion entsteht eine großzügige Öffnung mit neuen Blickbezügen zur Alster. Eine Stufenanlage an der Bucht öffnet den Straßenraum zum Wasser und bindet das Wohnumfeld an. Mithilfe einer Verkehrssimulation mit dem Programmsystem VISSIM konnte nachgewiesen werden, dass die maßgeblichen Verkehrsbeziehungen in den Spitzenzeiten mit den seitens der Hansestadt vorgegebenen signaltechnischen Anforderungen leistungsfähig abgewickelt werden können (Abb. 4.57).◀

Beispiel: Kleiner Kreisverkehr, Olof-Palme-Platz in Stralsund

Der Olof-Palme-Platz ist ein bedeutender Verkehrsknotenpunkt innerhalb des Altstadtringes bzw. den historischen Wallanlagen von Stralsund. Vor dem Umbau im Jahre 2007 bestand eine Umfahrung des Theaters Vorpommern im Einrichtungsverkehr, welche sich funktional und gestalterisch unbefriedigend darstellte. Mit dem Ziel

Abb. 4.58 Olof-Palme-Platz in Stralsund nach der Umgestaltung

einer Wiederherstellung dieses Bereiches als Dreiecksfläche mit umlaufender Allee entsprechend der Straßenführung aus dem 19. Jahrhundert („Jühlkesches Projekt“) sowie einer besseren Verknüpfung mit der Altstadt (Weltkulturerbe) erfolgte eine Aufhebung der Blockumfahrt. Durch die Ausbildung von zwei Kreisverkehren an den Knotenpunkten Knieperwall/Mönchstraße und Olof-Palme-Platz/Knieperwall/Sarnowstraße konnte der Verkehrsablauf und die Situation im Bus- und Radverkehr verbessert werden (Abb. 4.58). Die Straße zwischen Theater und Stadtmauer wurde verkehrlich abgewertet und als Bus- und Radverkehrstrasse nach dem „weichen“ Trennungsprinzip gestaltet.

◀

Beispiel: Minikreisverkehr, Knotenpunkt L 79/L 80 in Hunteburg

Der Knotenpunkt Hauptstraße (L 79)/Dammer Straße (L 80) war vor der Umgestaltung als vorfahrtgeregelter Knotenpunkt ausgebildet, wobei die Vorfahrt der Hauptstraße oblag. Die Verkehrsbelastung liegt im Zuge der Hauptstraße zwischen 6.500 und 7.000 Kfz/24 und in der Dammer Straße bei 6.000 Kfz/24 h. Besonders problematisch für die Ortsdurchfahrt stellt sich das verhältnismäßig hohe Schwerverkehrsaufkommen von etwa 12 % dar. Eine Querungshilfe gab es vor dem Umbau nur in der stark aufgeweiteten Zufahrt Dammer Straße, wodurch sich die Querung der Hauptstraße insbesondere für die Bewohner des anliegenden Pflegeheims St. Agnes als schwierig darstellte.

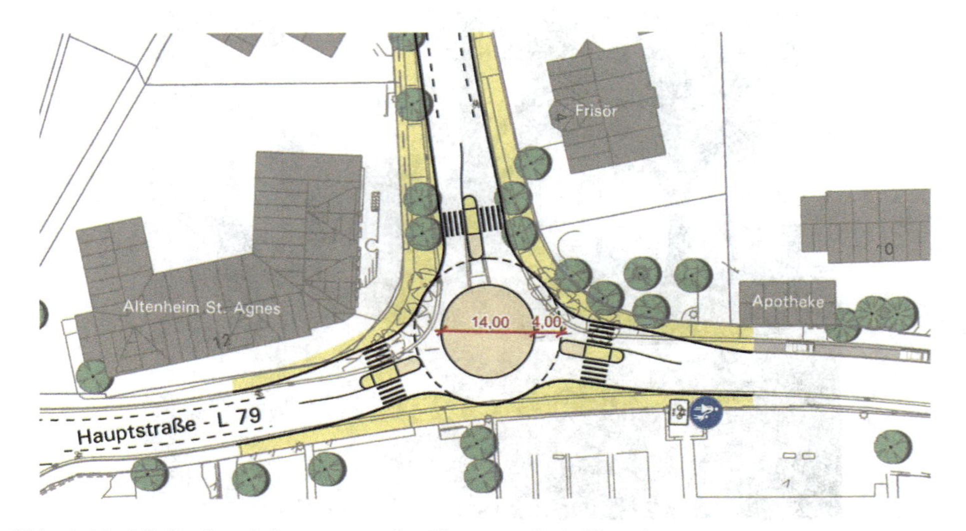

Abb. 4.59 Minikreisverkehr am zentralen Knotenpunkt in Hunteburg

Durch die Umgestaltung des Knotenpunktes zu einem Minikreisverkehr konnte eine Reduzierung der Fahrgeschwindigkeiten im Ortskern erreicht werden. Die Kreisinsel, die bei Minikreisverkehren grundsätzlich überfahrbar ausgebildet wird, wurde in Hunteburg in Prägeasphalt ausgeführt. Dieser stellt sich optisch wie eine gepflasterte Fläche dar und wird gleichzeitig der hohen Schwerverkehrsbelastung gerecht. Die Querbarkeit wurde durch die Anordnung von Fußgängerüberwegen in allen Zufahrten entschieden verbessert. Der Radverkehr, der im Zuge der Ortsdurchfahrt seit der Umgestaltung auf Schutzstreifen geführt wird, befährt die Kreisfahrbahn im Mischverkehr (Abb. 4.59). ◀

4.5.3 Stadtplätze

Beispiel: Stadtplatz, Marktplatz in Leopoldshöhe

Der Marktplatz von Leopoldshöhe wird durch drei Straßen flankiert, welche als verkehrsberuhigter Geschäftsbereich (Tempo-30-Zone) ausgewiesen und nach dem „weichen“ Trennungsprinzip – Tiefborde und Rinnen zur Separation von Fahrbahn und Seitenräumen – gestaltet sind. Die Fahrbahnbreite beträgt lediglich 6,00 m und die Längsparkstände sind niveaugleich in den Seitenräumen angeordnet. Die Stellplätze auf dem Marktplatz, an dem auch die zentrale Bushaltestelle liegt, sind direkt von den Verbindungsstraßen anfahrbar, sodass die Platzfläche frei bleibt. In die Platzfläche ist „Leopolds Fadenkreuz“, das auf die Entstehungsgeschichte von Leopoldshöhe im Schnittpunkt von vier Kirchengemeinden aufmerksam macht, integriert. Die vier Richtungen sind als Schriftzug (Bronze-Inlays) in den Bodenbelag eingelassen. Die Betonmaterialien weisen eine helle Farbgebung auf und das rautenförmige Betongroßpflaster des Marktplatzes wurde in seiner Geometrie und Abmessung auf die Platzgröße angepasst (Abb. 4.60 und 4.61). Die Gestaltung des Marktplatzes und der angrenzenden Straßen erfolgte in interdisziplinärer Zusammenarbeit mit Landschaftsarchitekten.

Abb. 4.60 Marktplatz in Leopoldshöhe (Entwurf Lohaus + Carl, Landschaftsarchitekten + Stadtplaner mit SHP Ingenieure)

Abb. 4.61 Marktplatz in Leopoldshöhe nach der Umgestaltung (*) ◄

4.5.4 Plätze des öffentlichen Personennahverkehrs

Bahnhofsvorplätze und zentrale Omnibusbahnhöfe sind die Visitenkarten des Nahverkehrs. Die Funktionalität allein reicht nicht aus, um aus einem Verkehrsplatz einen attraktiven Stadtplatz zu machen. Die Gestaltqualität ist deshalb mindestens so wichtig wie die Funktionalität des Platzes. Die Gestaltung von urbaner Straßenbahninfrastruktur und generell die Integration von Anlagen des öffentlichen Personennahverkehrs in städtische Strukturen ist eine Aufgabe, die nur in interdisziplinärer Zusammenarbeit gelingen kann (VDV 2016).

Funktionale Anforderungen
Bahnhofsvorplätze und zentrale Omnibusbahnhöfe sind verkehrliche Schnittstellen zwischen den unterschiedlichen Formen der öffentlichen Verkehrsmittel (Schienenpersonenverkehr, Stadtbahnverkehr, regionaler Busverkehr, Stadtbusverkehr, Taxen) und der individuellen Verkehrsmittel (zu Fuß, Radverkehr, Kraftfahrzeugverkehr). Die einzelnen Elemente müssen ausreichend, d. h. nachfragegerecht und prognosesicher dimensioniert sein. Dies gilt beispielsweise für Haltepositionen für Regional- und Stadtbusse, Kurzzeitparkplätze, P+R- und B+R-Anlagen sowie Taxenstandplätze

Prognosesicherheit erfordert auch ein gewisses Maß an Flexibilität im Entwurf, d. h. einzelne Nutzungsbereiche müssen ohne großen Aufwand einer anderen Funktion zugeführt werden können und es sollten immer Flächen für die Erweiterbarkeit vorgehalten werden, eine Forderung, die in der Praxis oft an der Finanzierung scheitert.

Die zweckmäßige Zuordnung der Funktionsbereiche ist ein wesentliches Qualitätsmerkmal. Eine optimale Verknüpfung der Verkehrsmittel mit möglichst kurzen, direkten Wegen ist anzustreben. Das Ziel der möglichst kurzen Wege darf aber nicht dazu führen, dass der Bahnhofsvorplatz seiner Funktion als repräsentativer Stadtplatz nicht mehr gerecht wird oder die Orientierung auf dem Platz verloren geht.

Barrierefreiheit
Die Forderung nach umfassender Barrierefreiheit im Verkehr hat durch das Gesetz zur Gleichstellung behinderter Menschen (BGG) (BMJustiz 2016) besonderen Nachdruck erhalten. Voraussetzung für die Förderung von Nahverkehrsanlagen nach dem Gemeindeverkehrsfinanzierungsgesetz (GVFG) ist, dass das Vorhaben Belange behinderter und anderer Menschen mit Mobilitätsbeeinträchtigung berücksichtigt und den Anforderungen der Barrierefreiheit möglichst weitgehend entspricht. In der Praxis sind deshalb auf Bahnhofsvorplätzen oder zentralen Omnibusbahnhöfen taktile Leitsysteme, der barrierefreie Zugang zum Bussteig oder zum Bahnsteig mit Rampen oder Aufzügen ebenso Standard wie bei Stadtbahn- und Bussystemen der niveaugleiche Ein-

Abb. 4.62 Markante Dachkonstruktion am ZOB in Haldensleben (*)

stieg. Um kommunikative Barrieren abzubauen, kommen zunehmend Informationssysteme mit optischer und akustischer Anzeige zum Einsatz. Ein neues Feld ist der barrierefreie Zugang zu den neuen Medien, die zunehmend als Informationssysteme eingesetzt werden. Die Anforderungen der Barrierefreiheit müssen in den Gesamtentwurf integriert werden, sie sind nichts Zusätzliches oder nachträglich Aufgesetztes. Auch die Anforderungen an die Barrierefreiheit unterliegen allerdings der Abwägung.

Gestaltqualität

Die Gestaltung eines Bahnhofsvorplatzes oder einer zentralen Haltestelle muss der städtebaulichen Bedeutung entsprechen. In der Regel sind derartige Plätze immer wichtige zentrale Freiräume, die auch eine repräsentative Funktion wahrnehmen und folglich nicht nur nach dem Gebrauchswert zu beurteilen sind. Dies kann sich beispielsweise in der Großzügigkeit der Anlage, der hochwertigen Materialwahl oder in einer besonderen Art der Beleuchtung ausdrücken. Auf einige wichtige Elemente sei exemplarisch hingewiesen:

- **Witterungsschutz** ist an zentralen Umstiegshaltestellen notwendig und trägt sehr zur Zufriedenheit der ÖPNV-Nutzer bei. Aber auch hier ist nicht allein der Gebrauchswert maßgebend: Eine markante Dachkonstruktion kann sehr zur Unverwechselbarkeit eines Platzes beitragen (Abb. 4.62).

Abb. 4.63 Nachtbild am Bahnhofsvorplatz in Hannover (*)

- **Ausstattungselemente** wie Bänke, andere Sitzgelegenheiten oder Papierkörbe sind sorgfältig auszuwählen, weil sie auf einem großen Platz sehr markante Gestaltungselemente sind. Auch außerhalb kommerzieller Nutzungen muss es Möglichkeiten zum Aufenthalt geben.
- **Beleuchtungskonzepte** müssen einen Bahnhofsvorplatz hell und gleichmäßig ausleuchten. Dies darf aber nicht dazu führen, dass allein nach funktionalen Gesichtspunkten ausgeleuchtet wird. Die Ästhetik der Beleuchtung und das Tagbild der Beleuchtungskörper sind gleichbedeutende Kriterien (Abb. 4.63)
- **Wasser** ist ein belebendes Element auf jedem Stadtplatz und sollte auf einem repräsentativen Bahnhofsvorplatz nicht fehlen. Bei fehlendem Geld können Sponsoren helfen.
- Die **Materialwahl** muss so sein, dass ein dauerhaft positiver Eindruck entsteht. Helle Materialien wirken freundlicher als dunkle, der stärkere Reinigungsaufwand bei Verschmutzung ist aber zu berücksichtigen, da sonst bereits nach kurzer Zeit der positive Gesamteindruck empfindlich gestört sein kann. Billige Materialien zahlen sich an Bahnhofsvorplätzen und zentralen Omnibusbahnhöfen wegen der starken Beanspruchung nicht aus.

Insgesamt sollen Gebrauchswert und Repräsentationswert in einer ausgewogenen Balance stehen.

Beispiel: Plätze des öffentlichen Nahverkehrs, ZOB Neustadt a. Rbge

Vor der Umgestaltung waren der Bahnhofsvorplatz und der ZOB in Neustadt a. Rbge. primär verkehrlich ausgerichtet und boten kaum Aufenthaltsqualität. Durch die Umgestaltung wurden beide Bereiche gestalterisch und funktional integriert und die Wegeverbindung zur östlich gelegenen Innenstadt attraktiviert. Die Fußverkehrsströme werden nun auf dem Bahnhofsvorplatz gebündelt und zur neu entstandenen Promenade auf der Ostseite des ZOB geleitet. Neben der Aufwertung der Zuwegung zur Innenstadt dient die Promenade zudem als attraktive Vorfläche der geplanten Neubebauung östlich des ZOB. Die Gestaltung des ZOB Neustadt a. Rbge. erfolgte in interdisziplinärer Zusammenarbeit mit Stadtplanern, Architekten und Landschaftsarchitekten.

Der ZOB stellt eine kompakte Anlage mit einem Kombi-Bahnsteig – Bahn auf der West-, Bus auf der Ostseite – und einer Bushalteinsel in Nord-Süd-Richtung dar. Eine weitere Halteposition befindet sich direkt am Bahnhofsvorplatz. Die Haltekanten sind weitgehend im Sägezahnprofil ausgebildet. Die Befahrbarkeit der Haltestellenanlage ist bereits während der Planungsphase anhand von Schleppkurven und Fahrversuchen nachgewiesen worden. Die Bushalteinsel wird durch ein großzügiges, städtebaulich

Abb. 4.64 Bahnhofsvorplatz Neustadt a. Rbge. mit dynamischer Übersicht der Abfahrtzeiten. (Foto: Karin Pfitzner)

Abb. 4.65 Haltestelleninsel mit Überdachung. (Foto: Christian Stahl)

attraktives Dach überspannt (Abb. 4.65). Im nördlichen Bereich der Insel sind eine Servicestelle und ein WC untergebracht. Zur optimalen Fahrgastabwicklung wurde ein dynamisches Fahrgastinformationssystem eingerichtet. Auf dem Bahnhofsvorplatz wurde in diesem Zusammenhang eine dynamische Übersichtsanzeige installiert, die eine chronologische Übersicht der Abfahrtzeiten und -positionen zeigt (Abb. 4.64 und 4.65).

Die Straße Am Bahnhof nimmt nur ZOB- und Erschließungsverkehre auf. Im südöstlichen Bereich des Bahnhofsvorplatzes ist eine Vorfahrt für Taxen sowie Bring- und Holverkehre angeordnet.

Eine barrierefreie Ausbildung der Gleisunterführung verbessert die Anbindung der westlichen Wohnbereiche für Fußgänger und Radfahrer. Auf der Westseite des Bahnhofs ist mittelfristig der Ausbau der Park+Ride- und Bike+Ride-Anlagen vorgesehen, der auch den Neubau eines Parkdecks und eines Fahrradparkhauses vorsieht. ◄

Literatur

Bundesministerium der Justiz und für Verbraucherschutz (2016) Gesetz zur Gleichstellung von Menschen mit Behinderungen (Behindertengleichstellungsgesetz BGG) (Erstveröffentlichung 2002)

BVerwG, Urteil vom 18.11.2010 – 3 C 42.09 [ECLI:DE:BVerwG:2010:181110U3C42.09.0]

Forschungsgesellschaft für Straßen- und Verkehrswesen (FGSV) (1989) Merkblatt über Baumstandorte und unterirdische Ver- und Entsorgungsanlagen, Köln

Forschungsgesellschaft für Straßen- und Verkehrswesen (FGSV) (1993) Empfehlungen für die Anlage von Hauptverkehrsstraßen (EAHV), Köln

Forschungsgesellschaft für Straßen- und Verkehrswesen (FGSV) (1995) Empfehlungen für die Anlage von Erschließungsstraßen (EAE), Köln (Erstveröffentlichung 1985)

Forschungsgesellschaft für Straßen- und Verkehrswesen (FGSV) (2001) Bemessungsfahrzeuge und Schleppkurven zur Überprüfung der Befahrbarkeit von Verkehrsflächen, Köln

Forschungsgesellschaft für Straßen- und Verkehrswesen (FGSV) (2002) Empfehlungen für Fußgängerverkehrsanlagen (EFA), Köln

Forschungsgesellschaft für Straßen- und Verkehrswesen (FGSV) (2005) Empfehlungen für Anlagen des ruhenden Verkehrs (EAR), Köln

Forschungsgesellschaft für Straßen- und Verkehrswesen (FGSV) (2006) Richtlinien für die Anlage von Stadtstraßen (RASt), Köln

Forschungsgesellschaft für Straßen- und Verkehrswesen (FGSV) (2006/1) Merkblatt für die Anlage von Kreisverkehren, Köln

Forschungsgesellschaft für Straßen- und Verkehrswesen (FGSV) (2008/korrigiert 2012) Richtlinien für die Anlage von Autobahnen (RAA), Köln

Forschungsgesellschaft für Straßen- und Verkehrswesen (FGSV) (2010) Empfehlungen für Radverkehrsanlagen (ERA), Köln

Forschungsgesellschaft für Straßen- und Verkehrswesen (FGSV) (2011) Empfehlungen zur Straßenraumgestaltung innerhalb bebauter Gebiete (ESG), Köln

Forschungsgesellschaft für Straßen- und Verkehrswesen (FGSV) (2011/1) Hinweise für barrierefreie Verkehrsanlagen (H BVA), Köln

Forschungsgesellschaft für Straßen- und Verkehrswesen (FGSV) (2013a) Empfehlungen für Anlagen des öffentlichen Personennahverkehrs (EAÖ), Köln

Forschungsgesellschaft für Straßen- und Verkehrswesen (FGSV) (2013b) Merkblatt Bäume, unterirdische Leitungen und Kanäle, Köln

Forschungsgesellschaft für Straßen- und Verkehrswesen (FGSV) (2014) Hinweise zu Straßenräumen mit besonderem Querungsbedarf – Anwendungsmöglichkeiten des „Shared Space"-Gedankens (HSBQ), Köln

Forschungsgesellschaft für Straßen- und Verkehrswesen (FGSV) (2014/1) Arbeitspapier Turbokreisverkehre, Köln

Forschungsgesellschaft für Straßen- und Verkehrswesen (FGSV) (2015) Handbuch für die Bemessung von Straßenverkehrsanlagen (HBS), Köln

Gesamtverband der Deutschen Versicherungswirtschaft e. V., Unfallforschung der Versicherer (UDV) (2013) Untersuchungen zur Sicherheit von Zebrastreifen, Berlin

Gesamtverband der Deutschen Versicherungswirtschaft e. V., Unfallforschung der Versicherer (UDV) (2013). Innerörtliche Unfälle mit Fußgängern und Radfahrern, Berlin

Landeshauptstadt Hannover (1999) Weltausstellung und Stadtteil Kronsberg, Hannover

Landeshauptstadt Hannover (2015) Öffentliche Räume zum Leben – Stadträume neu gestalten, Hannover

Verband Deutscher Verkehrsunternehmen VDV (2016) Gestaltung von urbaner Straßenbahninfrastruktur – Handbuch für die städtebauliche Integration, Köln

Grundlagen und Formen des ÖPNV

5

Carsten Sommer und Volker Deutsch

Zusammenfassung

Der ÖPNV ist als Rückgrat für ein nachhaltiges Verkehrsgeschehen unverzichtbar und hat durch seine Bündelungsfunktion von Verkehrsströmen Vorteile gegenüber dem privaten Pkw bei allen drei Dimensionen der Nachhaltigkeit (sozial, ökologisch, ökonomisch). Im Rahmen der Daseinsvorsorge ermöglicht er eine angemessene Erreichbarkeit von Infrastruktur- und Versorgungseinrichtungen und sichert somit die soziale Teilhabe vieler Menschen. Die wettbewerbs- und unternehmensrechtliche Organisation des ÖPNV wird durch das Personenbeförderungsgesetz (PBefG) und durch das Allgemeine Eisenbahngesetz (AEG) für den Schienenpersonennahverkehr geregelt. Die Finanzierung des ÖPNV ist u. a. im Regionalisierungsgesetz des Bundes (RegG) und in den Nahverkehrsgesetzen der Länder festgelegt. Auf Basis der gesetzlichen Grundlagen sind Aufgabenträger, Verkehrsunternehmen und Genehmigungsbehörden für den ÖPNV verantwortlich. Der ÖPNV besteht aus aufeinander abgestimmten und sich ergänzenden Angebotsformen, die sich durch unterschiedliche Einsatzbereiche und verkehrliche Funktionen unterscheiden. Diese sind miteinander verknüpft, um dem Kunden ein durchgehendes Angebot zu gewährleisten. Grundsätzlich können die Angebotsformen hinsichtlich Rechtsrahmen, Bedienungsqualität, Beförderungsqualität und Kapazität in klassischen Linienverkehr sowie flexible und alternative Angebotsformen unterschieden werden.

C. Sommer (✉)
Fachgebiet Verkehrsplanung und Verkehrssysteme, Universität Kassel, Kassel, Deutschland
E-Mail: c.sommer@uni-kassel.de

V. Deutsch
VDV – Verband Deutscher Verkehrsunternehmen e. V, Köln, Deutschland
E-Mail: deutsch@vdv.de

D. Vallée (verstorben) et al. (Hrsg.), *Stadtverkehrsplanung Band 3*,
https://doi.org/10.1007/978-3-662-59697-5_5

5.1 Grundlagen und Begriffe

5.1.1 Begriffsbestimmungen

Öffentlicher Personennahverkehr (ÖPNV) wird nach dem Gesetz zur Regionalisierung des Schienenpersonennahverkehrs definiert als „die allgemein zugängliche Beförderung von Personen mit Verkehrsmitteln im Linienverkehr, die überwiegend dazu bestimmt sind, die Verkehrsnachfrage im Stadt-, Vorort- oder Regionalverkehr zu befriedigen.“ (§ 2 RegG) In den grundlegenden gesetzlichen Regelungen wird der ÖPNV durch die Reiseweite und Reisezeit vom öffentlichen Personenfernverkehr abgegrenzt. Wenn die Mehrzahl der Fahrgäste weniger als 50 km auf ihrem Weg zurücklegen oder unter einer Stunde unterwegs sind, erfolgt eine Einordnung in den Nahverkehr (vgl. § 2 RegG, § 8 Abs. 1 PBefG, § 147 SGB IX).

Der landgebundene ÖPNV lässt sich anhand der Verkehrsmittel und der rechtlichen Grundlagen in den öffentlichen Straßenpersonennahverkehr (ÖSPV) und den Schienenpersonennahverkehr (SPNV) einteilen (Tab. 5.1). Da die Verkehrsmittel beim ÖSPV in der Regel vollständig oder teilweise den Verkehrsraum öffentlicher Straßen benutzen, ergeben sich im Gegensatz zum SPNV Behinderungen im Betriebsablauf, die durch den Kfz-Verkehr verursacht werden. Aufgrund der eher geringen Bedeutung des Fährverkehrs wird dieser im Folgenden nicht betrachtet.

Unabhängig von den rechtlichen Definitionen und den daraus folgenden planerischen und betrieblichen Erfordernissen sind sämtliche allgemein zugänglichen Verkehrsdienstleistungen, also auch Car-, Bike- und Ridesharing, dem öffentlichen Verkehr zuzuordnen. Diese umfassende Definition ist wichtig für die ÖPNV-Planung, da der Kunde

Tab. 5.1 Unterschiede zwischen ÖSPV und SPNV

	ÖSPV	SPNV
Verkehrsmittel	Kraftfahrzeuge (Busse, Pkw), Straßenbahnen (inkl. U-Bahnen, Schwebebahnen und ähnliche Bahnen besonderer Bauart)	Eisenbahn
Fahrweg	Öffentliche Straße, ggf. mit eigenem Fahrweg (Bussonderfahrstreifen) bei Kraftfahrzeugen Straßenbündiger, besonderer oder unabhängiger Bahnkörper bei Straßenbahnen unabhängiger Bahnkörper bei U-Bahnen	Bahnanlage mit Bahnkörper
Rechtsgrundlage für Ordnungsrahmen	Personenbeförderungsgesetz (PBefG)	Allgemeines Eisenbahngesetz (AEG)
Rechtsgrundlage für Betrieb	Verordnung über den Betrieb von Kraftfahrunternehmen (BOKraft) Verordnung über den Bau und Betrieb von Straßenbahnen (BOStrab)	Eisenbahn-Bau- und Betriebsordnung (EBO)

keine Unterscheidung der öffentlich zugänglichen Angebote nach Verkehrsmittel oder Rechtsgrundlage trifft, sondern ein möglichst umfassendes Angebot erwartet, das seiner Mobilität gerecht wird. Eine kundenorientierte ÖPNV-Planung kann daher nur gelingen, wenn u. a. bei den Planenden ein umfassendes Verständnis vom Planungsgegenstand vorhanden ist. Darüber hinaus zeigen Studien enge Wechselwirkungen zwischen dem klassischen ÖPNV und den Sharing-Angeboten (Sommer et al. 2016):

- Eine hohe Qualität des klassischen ÖPNV ist eine wesentliche Voraussetzung für die Nutzung von Car- und Bikesharing (Bus und Bahn als Rückgrat eines multimodalen Verhaltens).
- Die öffentlichen Individualverkehrsmittel erhöhen die Flexibilität und Attraktivität des gesamten öffentlichen Verkehrs und erleichtern damit das Leben ohne privaten Pkw.

Daher werden in diesem Kapitel alle öffentlich zugänglichen Verkehrsangebote, die die Verkehrsnachfrage im Nahbereich befriedigen, unter dem Begriff ÖPNV subsumiert (vgl. Abschn. 5.2).

5.1.2 Bedeutung des ÖPNV

Der ÖPNV ist für ein nachhaltiges Verkehrsgeschehen unverzichtbar und hat durch seine Systemeigenschaften Vorteile gegenüber dem privaten Pkw bei allen drei Dimensionen der Nachhaltigkeit (sozial, ökologisch, ökonomisch). Im Rahmen der Daseinsvorsorge sorgt er für eine angemessene Erreichbarkeit von Infrastruktur- und Versorgungseinrichtungen und sichert somit die soziale Teilhabe vieler Menschen. Insbesondere Personen, die dauerhaft oder zeitweise nicht über einen Pkw verfügen, sind auf den ÖPNV angewiesen. Im Jahr 2017 besaßen etwa 22 % der Haushalte in Deutschland keinen Pkw (Infas et al. 2018). Etwa 30 % der deutschen Bevölkerung verfügten im Jahr 2008 nicht, etwa 9 % nur gelegentlich über einen Pkw (Infas/DLR 2010). Dazu zählen vor allem Kinder, Jugendliche, Studierende, ältere Personen und Personen mit geringem Einkommen.

Das Risiko, bei einem Verkehrsunfall tödlich zu verunglücken, ist mit dem privaten Pkw deutlich größer als mit öffentlichen Verkehrsmitteln. Bezogen auf einen Personenkilometer ist das Todesrisiko im Pkw gegenüber Bus und Straßenbahn etwa 16-mal, gegenüber der Eisenbahn etwa 72-mal höher (Vorndran 2010).

Umwelt und Klima werden durch die ÖPNV-Nutzung in der Regel geringer belastet als durch den privaten Pkw. Im deutschlandweiten Mittel verursacht der ÖPNV nur die Hälfte der spezifischen CO2-Emissionen (g/Pkm) des privaten Pkws und verbraucht pro Personenkilometer ca. 80 % weniger Energie. Diese Zahlen basieren auf den mittleren Besetzungsgraden der Verkehrsmittel und mittleren Anteilswerten der Flottenzusammensetzung in Deutschland (IFEU 2013). Diesel-Busse, die die Abgasnorm EURO 6 erfüllen, stoßen im realen Betrieb weniger als die Hälfte der NOx-Emissionen aus als Diesel-Pkw derselben Abgasnorm (ICCT 2016). In Ballungsräumen, in denen etwa jeder vierte bis sechste Weg mit öffentlichen Verkehrsmitteln zurückgelegt wird, sorgt der ÖPNV für eine erheblich geringere Verkehrsdichte im Kfz-Verkehr. Ohne den ÖPNV würden Staus und dauerhaft überlastete Straßen das Verkehrsgeschehen im Ballungsraum dominieren, mit der Folge negativer Wirkungen auf Umwelt und Lebensqualität.

Dem Verkehrsteilnehmer kostet die ÖPNV-Nutzung deutlich weniger als die Nutzung des eigenen Pkw. Bei einem Vergleich der Out-of-pocket-Kosten des Pkws (Kraftstoffkosten, Park- und Straßenbenutzungsgebühren) mit den Kosten für die ÖPNV-Nutzung hängt das Ergebnis sehr stark von den spezifischen Rahmenbedingungen ab (u. a. ÖPNV-Tarif, Fahrausweisart, Pkw-Fahrzeugtyp, Antriebsart des Pkws). Eine Jahreskarte im ÖPNV ist häufig kostengünstiger als der Betrieb eines Pkws (Out-of-pocket-Kosten). Auch aus Sicht der Kommunen ist der ÖPNV in der Regel effizienter als der Kfz-Verkehr. Anhand von drei Beispielstädten konnte nachgewiesen werden, dass im ÖNPV eine höhere Kostendeckung als im Pkw-Verkehr vorliegt. Dabei wurden sämtliche kommunale Aufwendungen und Erlöse im Verkehrsbereich inkl. der Infrastrukturkosten betrachtet und nach dem Nutzer- bzw. Verursacherprinzip auf die Verkehrssysteme aufgeteilt (vgl. Saighani et al. 2017).

Während private Pkw im Mittel etwa eine Stunde pro Tag genutzt werden, beträgt die Einsatzzeit von öffentlichen Verkehrsmitteln mehrere Stunden pro Tag, Stadtbahn- und U-Bahn-Fahrzeuge sind bis zu 20 Stunden im Einsatz. Darüber hinaus liegt die Lebensdauer von öffentlichen Verkehrsmitteln über der von privaten Pkw. Die Lebensdauer eines Schienenfahrzeugs wird in der Regel mit 20 bis 25 Jahren angesetzt, die tatsächliche Nutzungsdauer ist häufig höher.

Öffentliche Verkehrsmittel benötigen deutlich weniger Fläche als Pkw. Ohne Berücksichtigung des ruhenden Verkehrs benötigt der Pkw-Verkehr bei einer Geschwindigkeit von 50 km/h etwa 9-mal mehr Fläche als der Einsatz von Bussen; gegenüber der Tram ist die Flächeninanspruchnahme ca. 15-mal höher. Dabei wird im Pkw-Verkehr ein mittlerer Besetzungsgrad von 1,4 Personen und in den öffentlichen Verkehrsmitteln eine Besetzung von 20 % angenommen. „Die Flächen ergeben sich aus Fahrzeuglänge und Breite der benötigten Verkehrsflächen sowie dem zugehörigen Bremsweg plus doppeltem Reaktionsweg als Sicherheitsabstand.“ (Randelhoff 2015)

5.1.3 Organisation des ÖPNV

Die Organisation des ÖPNV in Deutschland wird durch die unterschiedlichen politischen Ebenen bestimmt. Die Europäische Union gibt den verkehrspolitischen Rahmen vor und hat vor allem im Wettbewerbsrecht Vorgaben und Anforderungen an die Mitgliedsstaaten definiert (im Wesentlichen Verordnung (EG) 1370/2007, Richtlinie 91/440/EWG, Richtlinie 2001/14/EG). Auf der Bundesebene werden die wettbewerbs- und unternehmensrechtlichen Aspekte durch das Personenbeförderungsgesetz (PBefG) für den ÖSPV und durch das Allgemeine Eisenbahngesetz (AEG) für den SPNV geregelt. Die politische

Tab. 5.2 Zuordnung unterschiedlicher Einnahmequellen zu Eigen- und Gemeinwirtschaftlichkeit. (Fiedler 2015)

Eigenwirtschaftlichkeit	Gemeinwirtschaftlichkeit
Fahrgeldeinnahmen	Ausgleichszahlungen des Aufgabenträgers
Sonstige am Markt erzielte Unternehmenserlöse	Zuschüsse anderer öffentlicher Stellen
Ausgleichszahlungen nach § 45a PBefG	Verlustausgleich im Querverbund
Ausgleichszahlungen nach § 145 ff. SGB IX	Verbundfinanzierung außerhalb allgemeiner Vorschriften
Ausgleichszahlungen aufgrund anderer allgemeiner Vorschriften (z. B. für Verbundtarif)	…

Verantwortung und die Finanzierung des ÖPNV werden im Regionalisierungsgesetz des Bundes (RegG) und in den Nahverkehrsgesetzen der Länder festgelegt.

Im Rahmen der Liniengenehmigung bzw. der Vergabe von ÖPNV-Leistungen ist zwischen eigen- und gemeinwirtschaftlichen Leistungen zu unterscheiden (Tab. 5.2). Eigenwirtschaftlichkeit bedeutet, dass sämtliche Kosten für die Leistungserstellung durch die erzielten Leistungsentgelte gedeckt sind, d. h. mindestens eine Kostendeckung erzielt wird. Nach § 8 Abs. 4 PBefG zählen zu den Leistungsentgelten nicht nur Fahrgeldeinnahmen und sonstige Unternehmenserträge im handelsrechtlichen Sinne, sondern auch Ausgleichszahlungen aufgrund allgemeiner Vorschriften. Dazu zählen Ausgleichszahlungen für die Beförderung von Personen mit Zeitfahrausweisen des Ausbildungsverkehrs nach § 45a PBefG, Ausgleichszahlungen für die unentgeltliche Beförderung von Schwerbehinderten nach § 145 ff. SGB IX sowie Zahlungen zum Ausgleich von konkreten Nachteilen, die aus der Festlegung von Höchsttarifen folgen (z. B. Einnahmenverluste durch die Anwendung eines Verbundtarifes, der ein geringeres Preisniveau aufweist als der unternehmenseigene Tarif). Darüber hinaus gehende Zuschüsse der öffentlichen Hand[1] führen zur Gemeinwirtschaftlichkeit der Leistungen, da ohne diese Zuschüsse eine kostendeckende Leistungserstellung nicht mehr gegeben wäre. Gemeinwirtschaftliche Leistungen erfordern den Abschluss eines öffentlichen Dienstleistungsauftrags (öDA), in dem die gemeinwirtschaftlichen Verpflichtungen (z. B. Vorgaben zur Bedienungshäufigkeit) und die Höhe der Ausgleichszahlungen zu deren Erfüllung fixiert sind. Vor dem Hintergrund einer effizienten Verwendung der Steuermittel hat der Gesetzgeber bei der Liniengenehmigung eigenwirtschaftlichen Anträgen Vorrang vor öffentlichen Dienstleistungsaufträgen eingeräumt (§ 8, Abs. 4 PBefG). Obwohl der Gesetzgeber von der eigenwirtschaftlichen Leistungserbringung als Regelfall ausgeht, erfolgen in der Praxis überwiegend gemeinwirtschaftliche Genehmigungen auf Basis von öffentlichen Dienstleistungsaufträgen.

[1]Ausgleichsleistungen nach Artikel 3 Abs. 1 der Verordnung (EG) Nr. 1370/2007.

Das RegG bildet die Grundlage für die Organisation des ÖPNV in Deutschland. Für die SPNV sind die Bundesländer verantwortlich, wobei einige Länder die gesamte oder Teile dieser Verantwortung an regionale Organisationen wie Zweckverbände oder Verkehrsverbünde weitergegeben haben. Die Verantwortung für den ÖSPV wird in den Nahverkehrsgesetzen der Länder geregelt, häufig sind die Landkreise und kreisfreien Städte für den ÖSPV zuständig. Nach Artikel 106a des Grundgesetzes steht dem ÖPNV als Teil der Daseinsvorsorge ein Betrag aus dem Steueraufkommen des Bundes zu. Daher erhalten die Länder seit der Regionalisierung des ÖPNV im Jahr 1996 die sogenannten Regionalisierungsmittel, deren Höhe und Verteilung zwischen den Ländern im RegG festgelegt werden. Mit diesen Mitteln soll vor allem der SPNV finanziert werden.

Auf Basis der zuvor genannten gesetzlichen Grundlagen ergeben sich neben dem Kunden drei Akteure, die für den ÖPNV verantwortlich sind: Aufgabenträger, Verkehrsunternehmen und Genehmigungsbehörde. Durch die wettbewerbsrechtlichen Vorgaben auf der einen und dem Ziel der Daseinsvorsorge auf der anderen Seite ist es erforderlich, die politischen und unternehmerischen Aufgaben zu trennen.

- Der Aufgabenträger ist für die strategische Planung, Organisation und Finanzierung des ÖPNV verantwortlich. Er definiert im Nahverkehrsplan die Zielvorgaben der ÖPNV-Entwicklung und legt damit auch die „ausreichende und angemessene Bedienungsqualität" für sein Planungsgebiet fest. Als Besteller von gemeinwirtschaftlichen Leistungen ist er für die Wettbewerbsstrategie zuständig und übernimmt die Vorbereitung und Durchführung der Vergabe sowie das Vertragscontrolling. Im Gegensatz zum Zwei-Ebenen-Modell werden beim Drei-Ebenen-Modell die Aufgaben des Aufgabenträgers in eine Politik- und Managementebene aufgeteilt. Während die Politikebene die Ziele der ÖPNV-Entwicklung definiert und den Finanzrahmen festlegt, liegen auf der Managementebene die konkreten Planungs- und Bestelleraufgaben. Diese Trennung in zwei Ebenen äußert sich in der Regel institutionell in einer Aufgabenträgerorganisation des Landes bzw. des Landkreises oder der kreisfreien Stadt (z. B. die Bayerische Eisenbahngesellschaft als Aufgabenträgerorganisation des Freistaates Bayern oder die traffiQ als Aufgabenträgerorganisation der Stadt Frankfurt).
- Das Verkehrsunternehmen ist als Ersteller der Dienstleistung für die Betriebsdurchführung und alle damit verbundenen Aufgaben verantwortlich. Dazu zählen die Erstellung von Angeboten für ausgeschriebene Leistungen des Aufgabenträgers, Beantragung der Liniengenehmigungen, die Angebots- und Betriebsplanung (Fahr-, Umlauf- und Dienstplanung) sowie das Marketing (mit den operativen Feldern Leistung, Tarif, Vertrieb und Kommunikation). Innerhalb von Verkehrsverbünden[2]

[2]Rechtlicher und organisatorischer Zusammenschluss von Verkehrsunternehmen und/oder Gebietskörperschaften zur gemeinsamen bzw. abgestimmten Bearbeitung von Planungs- und Marketingaufgaben im ÖPNV.

werden häufig einige Aufgaben des Marketings auf den Verbund verlagert, insbesondere liegt die Tarifhoheit in der Regel beim Verbund. Darüber hinaus ist das Verkehrsunternehmen für die Beschaffung und Instandhaltung von Fahrzeugen zuständig. Falls das Unternehmen einen eigenen Fahrweg (Schienen) unterhält, übernimmt es auch Planung, Bau und Unterhaltung des Fahrweges, der Zugangsstellen und der Betriebstechnik.

- Die Genehmigungsbehörde wirkt im Rahmen ihrer Befugnisse und unter Beachtung des Interesses an einer wirtschaftlichen Verkehrsgestaltung an der Sicherstellung einer ausreichenden Verkehrsbedienung mit (§ 8 PBefG). Sie trifft bei eigenwirtschaftlichen Leistungen die Auswahlentscheidung, bei der die Vorgaben des Nahverkehrsplans zu berücksichtigen sind. Darüber hinaus kann sie eigenwirtschaftlichen Anträgen im Rahmen der Vergabe eines öffentlichen Dienstleistungsauftrags die Genehmigung versagen, wenn Vorgaben der Vorabbekanntmachung nicht eingehalten werden. Zusätzlich erfüllt die Genehmigungsbehörde ordnungsrechtliche Aufgaben, wie beispielsweise die Prüfung von Voraussetzungen des Berufszugangs (Zuverlässigkeit, Eignung) und die Prüfung der Verkehrssicherheit (§ 13 PBefG).

5.2 Angebotsformen des ÖPNV

5.2.1 Einführung

Der ÖPNV besteht aus aufeinander abgestimmten und sich ergänzenden Angebotsformen, die sich durch unterschiedliche Einsatzbereiche und verkehrliche Funktionen unterscheiden, aber miteinander verknüpft sind, um dem Kunden ein durchgehendes Angebot zu gewährleisten. Eine Angebotsform lässt sich vor allem hinsichtlich ihrer rechtlichen Grundlagen, Finanzierung, verkehrlichen Funktion, Kapazität und Einsatzbedingungen charakterisieren und gegenüber anderen abgrenzen. Allerdings sind die einzelnen Angebotsformen nicht immer scharf gegeneinander abgrenzbar, sondern können sich vor allem hinsichtlich Einsatzbedingungen sowie Bedienungs- und Beförderungsqualität überlappen.

Die Kenntnis der einzelnen Angebotsformen ist erforderlich, um im Rahmen der Nahverkehrsplanung einen an definierten Zielen ausgerichteten ÖPNV auf Basis zukünftiger Raum-, Siedlungs- und Nachfragestrukturen zu entwickeln. Grundsätzlich können die Angebotsformen in drei Typen eingeteilt werden:

- der klassische Linienverkehr,
- flexible Angebotsformen,
- alternative Angebotsformen.

> „Der klassische Linienverkehr lässt sich durch eine feste zeitliche und räumliche Bedienung charakterisieren, d. h. die im Fahrplan definierten Haltestellen werden entsprechend der definierten Ab- und Ankunftszeiten stets angefahren, unabhängig von der jeweiligen Verkehrsnachfrage. Demgegenüber werden bei den flexiblen Angebotsformen Fahrten nur bei einer konkreten, vorab angemeldeten Verkehrsnachfrage durchgeführt (Bedarfsverkehr). Der klassische Linienverkehr und die flexiblen Angebotsformen unterliegen dem Geltungsbereich des PBefG. Öffentlich zugängliche Verkehrsangebote, die nicht unter das PBefG fallen, werden den alternativen Angebotsformen zugeordnet." (BMVI 2016, S. 16)

In den folgenden Unterkapiteln werden die einzelnen Angebotsformen anhand ihrer Systemeigenschaften in Form eines tabellarischen Steckbriefes dargestellt. Dabei werden folgende Eigenschaften beschrieben:

- rechtlicher Rahmen,
- Einsatzbedingungen,
- Fahrzeuge,
- Kapazität (Berechnung der Leistungsfähigkeit unter definierten Annahmen),
- Netz/Betriebsform,
- Bedienungsqualität (Haltestelleneinzugsbereich, Fahrtenangebot/Taktfolge),
- Beförderungsqualität.

Bei der Beschreibung der Fahrzeuge werden Daten zur Platzanzahl gegeben. Dabei basiert die Angabe zu den Stehplätzen auf einem Flächenbedarf von 0,25 m² pro Person (VDV 2001). Dieser Flächenbedarf ist insbesondere bei einem hohen Anteil an Rollstuhlfahrern, Kunden mit Fahrrad oder Kinderwagen etc. sehr gering und sollte aus Gründen des Komforts kritisch geprüft und ggf. angepasst werden.

Die Beförderungsqualität wird dabei anhand folgender Eigenschaften beschrieben:

- Beförderungsgeschwindigkeit,
- Reisedauerverhältnis ÖPNV: MIV,
- Zuverlässigkeit und
- Komfort.

Die Beförderungsgeschwindigkeit ist nach FGSV (2010a) definiert als „die mittlere Geschwindigkeit eines ÖV-Fahrzeuges zwischen Anfangs- und Endhaltestelle bzw. auch auf einem Linienabschnitt." Sie hängt u. a. ab vom eingesetzten Verkehrsmittel, der Bauart des Verkehrsweges (und dann ggf. von den allgemeinen Verkehrsbedingungen), aber auch vom mittleren Haltestellenabstand und den Haltestellenaufenthaltszeiten" (FGSV 2010a, S. 10). Die Reisezeit umfasst den Zeitaufwand zwischen Beginn und Ende des Weges. Setzt man die Reisezeit einer Relation im ÖPNV mit der Reisezeit im MIV ins Verhältnis, ergibt sich das Reisedauerverhältnis ÖPNV: MIV.

„Die Zuverlässigkeit (oder Pünktlichkeit) einer Angebotsform wird durch Störungen, die im Wesentlichen durch Fahrzeuge anderer Verkehrssysteme, aber auch durch Fahrzeuge des eigenen Systems verursacht werden, beeinflusst. Sie wird beschrieben durch die qualitativen Abstufungen[3]

- hohe Zuverlässigkeit (nur sehr geringe Fahrplanabweichungen),
- mittlere Zuverlässigkeit (kleinere Fahrplanabweichungen),
- eingeschränkte Zuverlässigkeit (größere Abweichungen möglich)." (BMVI 2016)

Der Komfort beschreibt den Grad der Bequemlichkeit und des Wohlfühlens bei der Nutzung der ÖPNV-Angebote. Neben objektiven Kriterien wie Ausstattung und Innenraumgestaltung der Fahrzeuge, kostenfreie WLAN-Nutzung etc. hängt die Einschätzung des Komforts von der individuellen Wahrnehmung und Beurteilung der objektiven Kriterien sowie von externen Faktoren ab, die vom Verkehrsdienstleister nicht oder nur wenig beeinflusst werden können (z. B. das Verhalten anderer Kunden). Die hier vorgenommene Einordnung des Komforts in hoch, mittel und gering basiert auf objektiven Kriterien, die im Wesentlichen mit den Fahrzeugen, teilweise aber auch mit zusätzlichen Dienstleistungen zusammenhängen, die für eine Angebotsform charakteristisch sind (z. B. Reservierungsmöglichkeit, Zeitungsservice).

Die Steckbriefe basieren im Wesentlichen auf den Ergebnissen zweier Forschungsprojekte der Universität Kassel (2007; BMVI 2016) sowie auf Erkenntnissen aus Literatur, Erfahrungen der Autoren und Expertenbefragungen.

5.2.2 Klassischer Linienverkehr

5.2.2.1 Eigenschaften und Systeme

„Der klassische Linienverkehr ist durch feste Haltestellen, die in vorgegebener Reihenfolge nach einem festen Fahrplan bedient werden, gekennzeichnet. Beim Linienverkehr können die Fahrgäste davon ausgehen, dass die im Fahrplan ausgewiesenen Angebote auch tatsächlich durchgeführt werden. Die Anmeldung eines Fahrtwunsches durch einen Fahrgast ist daher nicht erforderlich." (BMVI 2016, S. 18).

Der Linienverkehr ist besonders bei einer regelmäßigen und stetigen Fahrgastnachfrage geeignet.

Die Angebotsformen im Linienverkehr lassen sich zunächst anhand des Verkehrsmittels und des Fahrweges sowie hinsichtlich der rechtlichen Grundlagen unterscheiden (vgl. Abb. 5.1). Der SPNV unterliegt den Gesetzen, Richtlinien und Normen des Eisen-

[3]In FGSV (2010a) wird eine Einstufung der Pünktlichkeit in Abhängigkeit der Verspätung und Beförderungsdauer in sechs Qualitätsstufen vorgenommen (siehe Tab. 14, S. 11). Dabei entspricht eine hohe Zuverlässigkeit den Qualitätsstufen A und B, eine mittlere den Qualitätsstufen C und D und eine eingeschränkte Zuverlässigkeit den Qualitätsstufen E und F.

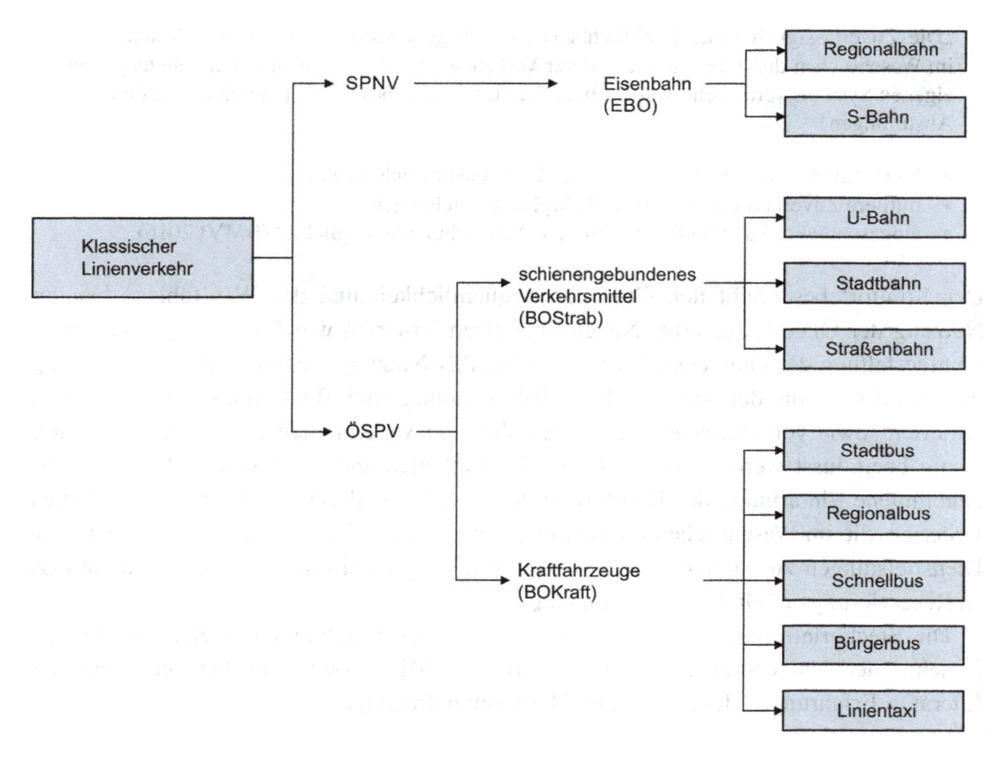

Abb. 5.1 Klassischer Linienverkehr

bahnverkehrs und verkehrt auf systemeigenen Schienenfahrwegen der Eisenbahn. Demgegenüber sind beim ÖSPV die Gesetze und Vorschriften des Straßenverkehrs zu beachten. Der ÖSPV kann in Angebotsformen mit schienengebundenen Verkehrsmitteln (Straßenbahn inkl. U-Bahn und Bahnen besonderer Bauart) und in Angebotsformen mit Kraftfahrzeugen – im Wesentlichen mit Bussen – unterschieden werden. Während Busse und Pkw sich den öffentlichen Straßenraum mit dem übrigen Kfz-Verkehr teilen müssen und nur selten einen eigenen Fahrweg erhalten (Busfahrstreifen), können bei Straßenbahnen die Behinderungen durch den Kfz-Verkehr bei besonderem Bahnkörper verringert oder bei unabhängigem Bahnkörper vollständig vermieden werden.

Darüber hinaus existieren Mischsysteme wie regionale Stadtbahnsysteme („Tram-Train"), die die wesentlichen Elemente von Stadtbahnen mit denen des Eisenbahnverkehrs verbinden (z. B. in Karlsruhe und Kassel), oder den Oberleitungsbus, der seinen Fahrstrom ähnlich einer Straßenbahn mittels Stromabnehmer aus einer Oberleitung bezieht. Auf diese Mischsysteme wird im Folgenden nicht eingegangen.

5.2.2.2 SPNV (Eisenbahnverkehr)

Zum SPNV zählen die beiden Angebotsformen Regionalbahn (Abb. 5.2 und 5.3) und S-Bahn (Abb. 5.4), deren Eigenschaften in Tab. 5.3 bzw. Tab. 5.4 dargestellt sind. Während Regionalbahnen das Umland von Ballungsräumen und ländliche Räume

Abb. 5.2 Regionalbahn

Abb. 5.3 Innenraum einer Regionalbahn in der Schweiz

Abb. 5.4 S-Bahn in Berlin

Tab. 5.3 Regionalbahn, nach Universität Kassel (2007)

Regionalbahn	
Rechtlicher Rahmen	• Gesetze, Richtlinien und Normen des Eisenbahnverkehrs (AEG, EBO)
Einsatzbedingungen	• Verbindung von Städten und Gemeinden auf nachfragestarken Achsen, sowohl in Ballungsräumen als auch im ländlichen Raum • Zubringer zum Fernverkehr • In Räumen empfehlenswert, die zu bedeutenden touristischen Zielgebieten gehören • Mindestnachfrage: 25–35 Pkm/Fz-km (definiert für einen Kostendeckungsgrad von 40 %); ab einer Nachfrage von mehr als 45 Pkm/Fz-km gelten Regionalbahnen als besonders erfolgreich • Einwohnerdichte des Bedienungsgebietes von über 200 E/km^2 günstig, weniger als 100 E/km^2 ungünstig • Maximales Reisedauerverhältnis ÖPNV zu MIV einer Verbindung von 1,25, da sonst die Verbindung von wahlfreien Verkehrsteilnehmern als nicht sehr attraktiv angesehen wird

(Fortsetzung)

Tab. 5.3 (Fortsetzung)

Regionalbahn	
Fahrzeuge	• Lokbespannte Züge mit herkömmlichen Personenwagen oder Doppelstockwagen bzw. Triebwagen; • Beispiele: – Lokbespannter Zug mit Diesellok der DB-Baureihe 245 (Höchstgeschwindigkeit: 160 km/h) – FLIRT-Niederflurzug (90 m in 5-teiliger Ausführung, Höchstgeschwindigkeit: 140 km/h, Beschleunigung: 0,87 m/s^2, 274 Sitzplätze) – Elektrotriebzug Bombardier Talent 2 (56 m in 3-teiliger Ausführung, Höchstgeschwindigkeit: 160 km/h, Beschleunigung: 1,1 m/s^2, 160–185 Sitzplätze)
Kapazität (Personen pro Spitzenstunde und Richtung)	• ca. 230 (z. B. FLIRT-Niederflurzug in 5-teiliger Ausführung mit 274 Sitzplätzen bei 85 % Auslastung, 60 min Zugfolge);
Netz oder Betriebsform	• Linienbetrieb im Taktverkehr (häufig integraler Taktfahrplan) • Generell angebotsorientierter Bedienungstakt (von Tageszeit und Wochentag abhängig, je nach Nachfrage 30 bis 120 min) • Nur feste Haltepunkte, die nach vorgegebenem Fahrplan bedient werden (auch Halt an Bedarfshaltepunkten möglich) • Haltestellenabstände zwischen 2 und 15 km, im Mittel 5 bis 8 km (abhängig von der Siedlungsstruktur) • Netz mit Ausrichtung auf Verdichtungsräume
Mittlere, reale Fahrgastzahlen	• 2.000–5.000 Fahrgäste/Tag und Linie in beiden Richtungen, Untergrenze: ca. 800–1.000 Fahrgäste/Tag (bezogen auf eine Streckenlänge von 10 bis 30 km)
Bedienungsqualität	• Max. Haltestelleneinzugsbereich: 500 bis 1.200 m (je nach Zentralität des Ortes) • Fahrtenangebot/ Taktfolge: 30 bis 120 min Takt (je nach Nachfrage)
Beförderungsqualität	• Beförderungsgeschwindigkeit: ca. 50 bis 80 km/h • Reisedauerverhältnis ÖPNV zu MIV: 1,0 bis 1,25 • Hohe bis mittlere Zuverlässigkeit (je nach Beeinflussung durch den Fernverkehr) • Hoher Komfort (in der Regel moderne Fahrzeuge, 1. Wagenklasse vorhanden, zum Teil Reservierungsservice, zum Teil Stromanschluss)

Tab. 5.4 S-Bahn

S-Bahn	
Rechtlicher Rahmen	• Gesetze, Richtlinien und Normen des Eisenbahnverkehrs (AEG, EBO)
Einsatzbedingungen	• Verbindung von Kernbereichen großer Städte mit dem Umland • Verbindung der Region zu wichtigen Verknüpfungspunkten des Fernverkehrs und zu großen Verkehrserzeugern (Messeplätze, Großsportanlagen) • Im Umland häufig gemeinsame Nutzung der Trassen mit Regional- und Fernverkehr • In Kernbereichen häufig Bündelung und linienreiner S-Bahnbetrieb bis hin zu unterirdischer Führung unter den Stadtzentren (sogenannte City- oder Stammstrecken z. B. in Frankfurt, München und Hamburg)
Fahrzeuge	• Elektrische Triebzüge, die für hohe Beförderungsleistungen und schnellen Fahrgastwechsel geeignet sind (hohe Beschleunigungswerte, reduziertes Sitzplatzangebot, viele und breite Türen) • Beispiele: – Elektrotriebwagen der DB-Baureihe 430 (68 m lang, Höchstgeschwindigkeit: 140 km/h, Beschleunigung: 1,0 m/s^2, 176 Sitz- und 296 Stehplätze) – Elektrotriebwagen der DB-Baureihe 474 (66 m lang, Höchstgeschwindigkeit: 100 km/h, Beschleunigung: 1,0 m/s^2, 208 Sitz- und 306 Stehplätze)
Kapazität (Personen pro Spitzenstunde und Richtung)	• ca. 12.000 (z. B. Langzug ET 474 mit 1.542 Plätzen, 65 % Auslastung, 5 min Zugfolge)
Netz oder Betriebsform	• Linienbetrieb im Taktverkehr • Generell angebotsorientierter Bedienungstakt (von Tageszeit und Wochentag abhängig, je nach Nachfrage 5 bis 15 min), Mindestzugfolgezeit: 120 s • Nur feste Haltestellen, die nach vorgegebenem Fahrplan bedient werden • Haltestellenabstände zwischen 500 und 1.000 m (im Kernbereich) und 3 bis 10 km außerorts (in Abhängigkeit von der Siedlungsdichte) • In monozentrischen Räumen häufig Radialnetze, die auf den Kernbereich des Zentrums ausgerichtet sind
Mittlere, reale Fahrgastzahlen	• 20.000–120.000 Fahrgäste/Tag und Linie in beiden Richtungen
Bedienungsqualität	• Max. Haltestelleneinzugsbereich: 500 bis 1.200 m (je nach Zentralität des Ortes) • Fahrtenangebot/ Taktfolge 5 bis 15 min Takt (je nach Nachfrage)
Beförderungsqualität	• Beförderungsgeschwindigkeit: ca. 40 bis 50 km/h • Reisedauerverhältnis ÖPNV zu MIV: ca. 1,0 bis 1,2 • Hohe bis mittlere Zuverlässigkeit (je nach Beeinflussung durch den Regional- und Fernverkehr) • Mittlerer Komfort (geringerer Sitzplatzanteil als bei Regionalbahn, kein WC, in der Regel höhengleicher Einstieg)

bedienen, werden S-Bahnen auf stark belasteten Achsen von Ballungsräumen und auf Relationen zwischen Kernbereichen großer Städte und dem Umland eingesetzt.

5.2.2.3 ÖSPV mit schienengebundenen Verkehrsmitteln

Die Angebotsformen des Straßenbahnverkehrs werden nach den Bestimmungen der BOStrab und nachgeordneter Regelwerke gebaut und betrieben. Sie werden als elektrisch betriebene „Massenverkehrsmittel" in der Regel in Ballungsräumen und Großstädten eingesetzt und dienen überwiegend der Erschließung städtischer Räume auf nachfragestarken Achsen. Nach § 4 PBefG können diese schienengebundenen Angebotsformen auch eigene Fahrwege aufweisen. Dabei wird unterschieden, ob die Gleisanlagen außerhalb oder abgegrenzt innerhalb des Verkehrsraums öffentlicher Straßen verlaufen. Die BOStrab definiert hierzu in § 16 die abgegrenzten Gleisanlagen als „besondere Bahnkörper" und die Strecken außerhalb der Straßen als „unabhängige Bahnkörper". Hinsichtlich Fahrweg, Fahrzeugen, Kapazität und Sicherungstechnik lassen sich drei Angebotsformen dieser Gruppe abgrenzen:

- U-Bahn,
- Straßenbahn,
- Stadtbahn.

Die U-Bahn (Tab. 5.5, Abb. 5.5 und 5.6) ist eine Stadtschnellbahn, die grundsätzlich unabhängig vom übrigen Verkehr geführt wird und deshalb im Kernbereich der Städte überwiegend Tunneltrassen oder seltener Hochstrecken aufweist. Im Gegensatz zu einer unterirdisch geführten Straßen- oder Stadtbahn erfolgt die Stromeinspeisung in die Fahrzeuge nicht mittels Oberleitung, sondern in der Regel über bodennahe Stromschienen. Aufgrund der geringen Zugfolgezeit und hohen Fahrgeschwindigkeit ist die U-Bahn die leistungsfähigste Angebotsform des ÖPNV und daher bei besonders hoher Fahrgastnachfrage geeignet. Häufig wird bei der Zugsicherung auf eine linienförmige Zugbeeinflussung zurückgegriffen. Der Zug fährt nach bestätigter Fahrgastabfertigung durch den Fahrer automatisch ohne weiteren Eingriff bis zum nächsten Halt. Ortsfeste Signale dienen als Rückfallebene.

Die Straßenbahn (Tab. 5.6, Abb. 5.7) verkehrt überwiegend innerhalb des öffentlichen Straßenraums, wobei der Fahrweg vorteilhaft als besonderer Bahnkörper ausgeführt sein sollte. Ursprünglich hat sich die klassische Straßenbahn ihren Verkehrsraum mit dem Kfz-Verkehr geteilt und nur in Ausnahmefällen einen besonderen Bahnkörper genutzt. Straßenbahnen fahren anders als U- und Stadtbahnen in der Regel auf Sicht. Da sie den öffentlichen Straßenraum nutzen, sind die Regeln der Straßenverkehrsordnung (StVO) zu beachten.

Die Stadtbahn (Tab. 5.7, Abb. 5.8 und 5.9) stellt eine Weiterentwicklung der Straßenbahn dar: Aufgrund des stark steigenden MIV in den 1960er- und 1970er-Jahren hat sich die Beförderungsqualität der damals häufig gemeinsam mit dem Kfz-Verkehr geführten Straßenbahn zunehmend verschlechtert. Da der Neubau einer klassischen U-Bahn zu teuer war und häufig nicht der erwarteten Fahrgastnachfrage entsprach,

Tab. 5.5 U-Bahn

U-Bahn	
Rechtlicher Rahmen	• Genehmigung nach § 42 PBefG (Linienverkehr) • Regelung des Betriebs nach BOStrab
Einsatzbedingungen	• Verbindung dicht besiedelter Räume mit Gebieten zentraler Funktionen in Ballungsräumen • Nachfragestarke Achsen in großen Großstädten, selten Anbindung von Umlandgemeinden an die Kernstadt
Fahrzeuge	• Elektrische Triebzüge, die für hohe Beförderungsleistungen und schnellen Fahrgastwechsel geeignet sind (hohe Beschleunigungswerte, reduziertes Sitzplatzangebot, viele und breite Türen, auf den Bahnsteig abgestimmter höhengleicher Ein- und Ausstieg), häufig auf vollständiger Länge durchgehend begehbar • In der Regel Zweirichtungsfahrzeuge
Kapazität (Personen pro Spitzenstunde und Richtung)	• ca. 7.160 (z. B. München: Langzug der MVG-Baureihe C1 mit 918 Plätzen, 65 % Auslastung, 5 min Zugfolge) • ca. 17.000 (z. B. Wien: Triebzug vom Type V der Wiener Linien mit 878 Plätzen, 65 % Auslastung, 2 min Zugfolge)
Netz oder Betriebsform	• Linienbetrieb im Taktverkehr • Generell angebotsorientierter Bedienungstakt (von Tageszeit und Wochentag abhängig, je nach Nachfrage 2 bis 10 min), Mindestzugfolge: 90 s • Nur feste Haltestellen, die nach vorgegebenem Fahrplan bedient werden • Haltestellenabstände zwischen 750 und 1.200 m, Untergrenze: 500 m (sonst können schnelle Beförderungsgeschwindigkeiten nicht garantiert werden) • Teilweise linienreiner Betrieb, d. h., eine U-Bahn-Strecke wird durch eine Linie bedient (weniger Aufwand bei der technischen Sicherung) • Vollautomatischer Betrieb ohne Fahrer möglich (Beispiele: Nürnberg, Vancouver)
Mittlere, reale Fahrgastzahlen	• 100.000–200.000 Fahrgäste/Tag und Linie in beiden Richtungen
Bedienungsqualität	• Max. Haltestelleneinzugsbereich: 500 bis 600 m (je nach Stadtbereich, im Kernbereich geringer als im Außenbereich einer Stadt) • Fahrtenangebot/ Taktfolge: 2 bis 10 min Takt (je nach Nachfrage)
Beförderungsqualität	• Beförderungsgeschwindigkeit: ca. 30 bis 40 km/h • Reisedauerverhältnis ÖPNV zu MIV: <1,0 • Hohe Zuverlässigkeit (keine Beeinflussung durch den übrigen Verkehr) • Mittlerer Komfort

Abb. 5.5 U-Bahn-Gliederzug Typ C (MVG)

Abb. 5.6 U-Bahnstation mit weitläufiger Zugangsanlage mit Verteilerebene (Madrid)

Tab. 5.6 Straßenbahn

Straßenbahn	
Rechtlicher Rahmen	• Genehmigung nach § 42 PBefG (Linienverkehr) • Regelung des Betriebs nach BOStrab
Einsatzbedingungen	• Verbindung dicht besiedelter Räume mit Gebieten zentraler Funktionen (häufig Stadtzentren) in Ballungsräumen, auch in mittelgroßen Städten • Nachfragestarke Achsen in Städten entlang von Hauptverkehrsstraßen
Fahrzeuge	• Elektrischer Triebwagen, ggf. im gesteuerten Verband mit weiteren Trieb- oder Beiwagen (Höchstgeschwindigkeit: je nach Modell bis 80 km/h) • Max. Zuglänge 75 m und Fahrzeugbreite 2,20–2,65 m • Häufig Einrichtungsfahrzeuge
Kapazität (Personen pro Spitzenstunde und Richtung)	• ca. 1.330 (2,40 m breites, fünfteiliges Multigelenkfahrzeug mit 170 Plätzen, 65 % Auslastung, 5 min Zugfolge)
Netz oder Betriebsform	• Linienbetrieb im Taktverkehr • generell angebotsorientierter Bedienungstakt (von Tageszeit und Wochentag abhängig, je nach Nachfrage 5 bis 15 min) • Nur feste Haltestellen, die nach vorgegebenem Fahrplan bedient werden • Haltestellenabstände zwischen 300 und 600 m, in den Randbereichen der Städte bis 800 m
Mittlere, reale Fahrgastzahlen	• 10.000–30.000 Fahrgäste/Tag und Linie in beiden Richtungen
Bedienungsqualität	• Max. Haltestelleneinzugsbereich: 300 bis 500 m (je nach Stadtbereich, im Kernbereich geringer als im Außenbereich einer Stadt) • Fahrtenangebot/ Taktfolge: 5 bis 15 min Takt, selten 30 min Takt (je nach Nachfrage)
Beförderungsqualität	• Beförderungsgeschwindigkeit: ca. 15 bis 25 km/h • Reisedauerverhältnis ÖPNV zu MIV: < 1,0 - 1,2 • Mittlere Zuverlässigkeit (je nach Beeinflussung durch übrigen Verkehr) • Mittlerer Komfort

Abb. 5.7 Straßenbahn in Dresden. (Foto: Groneck, Ch.)

Tab. 5.7 Stadtbahn

Stadtbahn	
Rechtlicher Rahmen	• Genehmigung nach § 42 PBefG (Linienverkehr) • Regelung des Betriebs nach BOStrab
Einsatzbedingungen	• Verbindung dicht besiedelter Räume mit Gebieten zentraler Funktionen (häufig Stadtzentren) in Ballungsräumen • Verbindung von Kernbereichen großer Städte mit dem näheren Umland • In Kernbereichen häufig Bündelung und unterirdische Führung unter den Stadtzentren („U-Stadtbahn“) • Bevölkerungsdichte im Bedienungskorridor > 2.000 Einwohner/km^2
Fahrzeuge	• Elektrischer Triebwagen, ggf. im gesteuerten Verband mit weiteren Triebwagen (Höchstgeschwindigkeit: je nach Modell bis 80 km/h), ggf. mit Übergang zwischen einzelnen Fahrzeugen • Max. Zuglänge 75 m und Fahrzeugbreite 2,20–2,65 m • In der Regel Zweirichtungsfahrzeuge

(Fortsetzung)

Tab. 5.7 (Fortsetzung)

Stadtbahn	
Kapazität (Personen pro Spitzenstunde und Richtung)	• ca. 2.750 (2,65 m breite Triebwagen in Doppeltraktion mit jeweils 176 Plätzen, 65 % Auslastung, 5 min Zugfolge)
Netz oder Betriebsform	• Linienbetrieb im Taktverkehr • Generell angebotsorientierter Bedienungstakt (von Tageszeit und Wochentag abhängig, je nach Nachfrage 5 bis 15 min), Mindestzugfolge: 90 s • Nur feste Haltestellen, die nach vorgegebenem Fahrplan bedient werden • Haltestellenabstände zwischen 500 und 2.000 m • Häufig lange Linienwege
Mittlere, reale Fahrgastzahlen	• 20.000–100.000 Fahrgäste/Tag und Linie in beiden Richtungen
Bedienungsqualität	• Max. Haltestelleneinzugsbereich: 400 bis 500 m (je nach Stadtbereich, im Kernbereich geringer als im Außenbereich einer Stadt) • Fahrtenangebot/ Taktfolge: 5 bis 15 min Takt (je nach Nachfrage)
Beförderungsqualität	• Beförderungsgeschwindigkeit: ca. 20 bis 40 km/h • Reisedauerverhältnis ÖPNV zu MIV: < 1,0–1,2 • Mittlere bis hohe Zuverlässigkeit (je nach Ausbauform und damit Beeinflussung durch übrigen Verkehr) • Mittlerer Komfort

Abb. 5.8 U-Stadtbahn in Bochum

Abb. 5.9 Hochflurige Stadtbahn als Vorrangsystem im Oberflächenverkehr (Stuttgart)

wurden wirtschaftliche und problemadäquate Lösungen zur Weiterentwicklung der Straßenbahn gesucht. Ein Vorläufer war die in den ersten Jahrzehnten nach dem Zweiten Weltkrieg propagierte Unterpflasterstraßenbahn (U-Strab), bei der die klassische Straßenbahn abschnittsweise im Tunnel geführt wurde, um besonders kritische Konfliktbereiche mit dem Kfz-Verkehr zu entschärfen. Heute umfasst die Angebotsform Stadtbahn alle weiterentwickelten Straßenbahnsysteme, bei denen besondere technische Maßnahmen zur Verbesserung der Beförderungszeit und der Zuverlässigkeit ergriffen werden. Ein wichtiger Unterschied zur U-Bahn besteht darin, dass bei der Stadtbahn ein durchgehend unabhängiger Bahnkörper nicht zwingend notwendig ist. In Abhängigkeit des Fahrwegs (Anteil des unabhängigen Bahnkörpers), der Fahrzeuggröße und des Haltestellenabstands orientiert sich die Stadtbahn entweder mehr in Richtung U-Bahn oder Straßenbahn (VDV 2014). Die weltweit realisierten Stadtbahnen zeigen, dass diese Angebotsform sowohl aus der klassischen Straßenbahn heraus entwickelt als auch von vornherein als neues System geplant bzw. gebaut werden kann.

Neben diesen drei Angebotsformen existieren weitere, weniger verbreitete Formen, die unter dem Begriff „Bahnen besonderer Bauart“ zusammengefasst werden. Die topografische Situation eines Gebiets kann dazu führen, dass die für die konventionelle Rad-Schiene-Technik notwendige Haftreibung nicht ausreicht. Ferner erfordert eine automatische Betriebsführung einer Kabinenbahn – beispielsweise auf Flughäfen – eine unabhängig geführte Trasse. Dies sind typische Anwendungsfälle der Bahnen besonderer Bauart, insbesondere dann, wenn die Nachfragestruktur einen Inselbetrieb ohne durchgehende Verbindung zum übrigen ÖPNV-Netz vertretbar erscheinen lässt. Zu den Bahnen besonderer Bauart gehören die Zahnrad-, die Standseil- und die Seilschwebebahnen. Auch Hängebahnen wie beispielsweise die Wuppertaler Schwebebahn gehören zu den „Bahnen besonderer Bauart".

Die technische Aufsicht über den ÖSPV mit schienengebundenen Verkehrsmitteln (einschließlich O-Busse) wird von der von einer Landesregierung bestimmten Technischen Aufsichtsbehörde (TAB) ausgeübt. Der Umfang der wahrzunehmenden Aufgaben ergibt sich aus den Vorgaben der BOStrab. Die Technischen Aufsichtsbehörden sind insbesondere als Bauaufsichtsbehörde, Betriebsaufsichtsbehörde und Zulassungsbehörde für Schienenfahrzeuge tätig. Die technische Aufsichtsbehörde kann sich bei der Ausübung ihrer technischen Aufsicht anderer sachkundiger Personen oder Stellen bedienen (§ 5 Abs. 2 BOStrab). Dazu gehört auch der Betriebsleiter nach § 8 BOStrab.

5.2.2.4 ÖSPV mit Kraftfahrzeugen (Busverkehr)

Innerhalb des ÖPNV gelten Busse als besonders universell einsetzbare öffentliche Verkehrsmittel. Diese Einschätzung resultiert in erster Linie aus der Eigenschaft, als straßengebundene Verkehrsmittel nicht auf einen speziellen Fahrweg angewiesen zu sein. Dies lässt, wenn geeignete öffentliche Straßen zur Verfügung stehen, eine sehr flexible Gestaltung der Linienführung zu und bringt den Bus in eine wirtschaftlich günstige Position, da er nur mit einem Teil seiner Wegekosten belastet wird. Die Tatsache, dass der Bus im übrigen Kfz-Verkehr „mitschwimmt", bringt ihn jedoch bei hohen Verkehrsbelastungen im Kfz-Verkehr an Grenzen, die sich negativ auf die Beförderungsqualität auswirken und damit die ohnehin von den Kunden wahrgenommenen Nachteile gegenüber den schienengebundenen Angebotsformen noch weiter vergrößern. In Verbindung mit infrastrukturellen und verkehrstechnischen Maßnahmen lässt sich der klassische Busverkehr bis zu einem Busbahn-System weiterentwickeln, bei dem die zuvor genannten Nachteile durch eigene ÖPNV-Trassen und Busfahrstreifen verringert bzw. im Idealfall vermieden werden können (vgl. Abschn. 7.4.1).

Der ÖSPV mit Kraftfahrzeugen lässt sich anhand des Fahrzeugtyps (Bus oder Pkw), des räumlichen Einsatzgebietes (Stadt oder Land), seiner überwiegenden verkehrlichen Funktionen (Verbindung oder Erschließung) und des Fahrertyps (erwerbsmäßig oder ehrenamtlich) in fünf Angebotsformen einteilen:

- Stadtbus,
- Regionalbus,
- Schnellbus,
- Linientaxi,
- Bürgerbus.

Entsprechend seiner Benennung verkehrt der Stadtbus (Tab. 5.8, Abb. 5.10) ausschließlich in städtischen Räumen. Seine Einsatzbedingungen sind vielfältig: Von der Verbindung einzelner Stadtteile auf direkt geführten, teilweise allein genutzten Bus-

Tab. 5.8 Stadtbus

Stadtbus	
Rechtlicher Rahmen	• Genehmigung nach § 42 PBefG (Linienverkehr) • Regelung des Betriebs nach BOKraft
Einsatzbedingungen	• Eigenständiges Verkehrssystem zur Erschließung von Großstädten oder als Ergänzung zu U-Bahn-, Stadtbahn- und Straßenbahnsystemen • Erschließung von Klein- und Mittelstädten mit 10.000 bis 50.000 Einwohnern
Fahrzeuge	• Standardgelenkbus (104–113 Sitz- und Stehplätze) • Standardlinienbus (64–75 Sitz- und Stehplätze) • Midibus (31–55 Sitz- und Stehplätze) • Minibus (max. 19 Sitzplätze) • Auch Doppelgelenkbus oder Buszug möglich (ca. 150 Plätze)
Kapazität (Personen pro Spitzenstunde und Richtung)	• ca. 880 (Standard-Gelenkbus mit 113 Plätzen, 65 % Auslastung, 5 min Busfolge)
Netz oder Betriebsform	• Linienbetrieb im Taktverkehr • Generell angebotsorientierter Bedienungstakt (von Tageszeit, Wochentag und Stadtgröße abhängig, je nach Nachfrage 5 bis 60 min) • Nur feste Haltestellen, die nach vorgegebenem Fahrplan bedient werden (gelegentlich auch Halt zum Aussteigen auf dem Linienweg außerhalb von Haltestellen) • Haltestellenabstände zwischen 200 und 500 m • Radialnetz bei Primärsystem, Tangentialverbindungen bei Ergänzungssystem
Mittlere, reale Fahrgastzahlen	• 2.000–15.000 Fahrgäste/Tag und Linie in beiden Richtungen
Bedienungsqualität	• Max. Haltestelleneinzugsbereich: 300 bis 500 m (je nach Zentralität des Ortes) • Fahrtenangebot/ Taktfolge: 5 bis 60 min Takt (je nach Nachfrage)
Beförderungsqualität	• Beförderungsgeschwindigkeit: ca. 10 bis 20 km/h • Reisedauerverhältnis ÖPNV zu MIV: ca. 1,2 bis 2,5 • Mittlere Zuverlässigkeit (je nach Beeinflussung durch übrigen Verkehr) • Mittlerer Komfort

Abb. 5.10 Vierachsiger Stadtbus als Gelenkfahrzeug

fahrstreifen bis hin zur Feinerschließung von einzelnen Stadtquartieren. In Städten mit schienengebundenen Verkehrsmitteln wird der Stadtbus häufig als Zubringerverkehrsmittel eingesetzt.

Der Regionalbus (Tab. 5.9, Abb. 5.11) ist die klassische Angebotsform für den ÖPNV in ländlichen Räumen. Als Grundangebot sichert er im eher dünn besiedelten ländlichen Raum die Erreichbarkeit von Schulen, Arbeitsplätzen und weiteren Zielgelegenheiten, in dem er Zentren mit den versorgten Orten verbindet. Neben dieser Flächenerschließung kann der Regionalbus bei größeren Orten auch eine innerörtliche Erschließung übernehmen. Aus dem Regionalbus heraus hat sich der Schnellbus und das Linientaxi entwickelt. Der Schnellbus (Tab. 5.10, Abb. 5.12) verbindet Zentren auf nachfragestarken Achsen, auf denen keine Regionalbahn verkehrt. Er erreicht durch größere Haltestellenabstände und eine Nutzung von Schnellstraßen und Ortsumgehungen höhere Beförderungsgeschwindigkeiten als der klassische Regionalbus. Beim Linientaxi (Tab. 5.11) handelt es sich um einen Einsatz von Pkw im Linienbetrieb mit regelmäßiger Bedienung fester Routen und Haltestellen. Das heißt, der Pkw ersetzt hier lediglich das größere Verkehrsmittel Bus.

Der Regionalbus kann neben der Personenbeförderung unter gewissen Rahmenbedingungen auch den Transport von Gütern übernehmen. Dieses in Deutschland unter dem Namen „Kombibus" entwickelte Angebot wurde im Jahr 2012 zuerst in der Ucker-

Tab. 5.9 Regionalbus, nach BMVI (2016)

Regionalbus	
Rechtlicher Rahmen	• Genehmigung nach § 42 PBefG (Linienverkehr) • Regelung des Betriebs nach BOKraft
Einsatzbedingungen	• Klassische Angebotsform in ländlichen Räumen, Sicherung des regionalen Grundangebotes • Verbindung von Städten und Gemeinden sowie Flächen- und Ortserschließung in der Region • Zum Teil Zubringerfunktion zum Schienenverkehr
Fahrzeuge	• Standardgelenkbus (104–113 Sitz- und Stehplätze) • Überlandbus (44–69 Sitzplätze) • Standardlinienbus (64–75 Sitz- und Stehplätze) • Midibus (31–55 Sitz- und Stehplätze) • Minibus (max. 19 Sitzplätze)
Kapazität (Personen pro Spitzenstunde und Richtung)	• ca. 150 (Gelenkbus 113 Plätze, 65 % Auslastung, zwei Fahrten pro Stunde)
Netz oder Betriebsform	• Linienbetrieb, teilweise im Taktverkehr • Teilweise angebotsorientierter Bedienungstakt (von Tageszeit und Wochentag abhängig, je nach Nachfrage 60 bis 120 min) • Häufig starke Ausdünnung des Angebotes außerhalb der Schulzeiten • Fahrtziele häufig Schulen, zum Teil umwegige Linienführung • Nur feste Haltestellen, die nach vorgegebenem Fahrplan bedient werden (gelegentlich auch Halt zum Aussteigen auf dem Linienweg außerhalb von Haltestellen) • Haltestellenabstände in der Ortslage zwischen 200 und 500 m, außerhalb der Ortslage auch 2 bis 3 km • Radialnetz bei Grundangebot, Tangentialverbindungen bei Ergänzungsangebot
Mittlere, reale Fahrgastzahlen	• 1.000–3.000 Fahrgäste/Tag und Linie in beiden Richtungen
Bedienungsqualität	• Max. Haltestelleneinzugsbereich: 300 bis 700 m (je nach Zentralität des Ortes) • Fahrtenangebot/ Taktfolge: wenn vertaktet, dann 60 bis 120 min Takt (je nach Nachfrage)
Beförderungsqualität	• Beförderungsgeschwindigkeit: ca. 20 bis 30 km/h • Reisedauerverhältnis ÖPNV zu MIV: ca. 1,5 bis 3,0 • Mittlere Zuverlässigkeit (je nach Beeinflussung durch übrigen Verkehr) • Mittlerer Komfort

Abb. 5.11 Regionalbus

Tab. 5.10 Schnellbus, nach BMVI (2016)

Schnellbus	
Rechtlicher Rahmen	• Genehmigung nach § 42 PBefG (Linienverkehr) • Regelung des Betriebs nach BOKraft
Einsatzbedingungen	• Verbindung von Zentren (häufig Mittel- und Oberzentren) auf nachfragestarken Achsen, auf denen keine Regionalbahn verkehrt
Fahrzeuge	• Überlandbus (44–69 Sitzplätze) • Doppeldeckerbus (83–87 Sitzplätze)
Kapazität (Personen pro Spitzenstunde und Richtung)	• ca. 110 (Überlandbus mit 57 Sitzplätzen, 100 % Auslastung, 30 min Busfolge)
Netz oder Betriebsform	• Linienbetrieb im Taktverkehr • Generell angebotsorientierter Bedienungstakt (von Tageszeit und Wochentag abhängig, je nach Nachfrage 30 bis 120 min) • Nur feste Haltestellen, die nach vorgegebenem Fahrplan bedient werden; hält nicht an jeder Haltestelle auf dem Fahrweg • Direkter (kürzester) Fahrweg zwischen den Zentren, ggf. Nutzung von Autobahnen und autobahnähnlichen Straßen • Haltestellenabstände zwischen 500 m (innerorts in den Zentren) und bis zu 10 km außerorts

(Fortsetzung)

Tab. 5.10 (Fortsetzung)

Schnellbus	
Mittlere, reale Fahrgastzahlen	• 1.000–3.000 Fahrgäste/Tag und Linie in beiden Richtungen
Bedienungsqualität	• Max. Haltestelleneinzugsbereich: 400 bis 700 m (je nach Zentralität des Ortes) • Fahrtenangebot/ Taktfolge: 30 bis 120 min Takt (je nach Nachfrage)
Beförderungsqualität	• Beförderungsgeschwindigkeit: ca. 30 bis 50 km/h • Reisedauerverhältnis ÖPNV zu MIV: ca. 1,1 bis 1,4 • hohe bis mittlere Zuverlässigkeit (je nach Beeinflussung durch übrigen Verkehr) • Hoher Komfort (z. B. hochwertige Bestuhlung, bessere Schallisolierung, Zeitungsservice)

Abb. 5.12 Schnellbus

mark eingeführt; inzwischen fährt der Kombibus auch in anderen Regionen Deutschlands. Ähnliche Angebote gibt es bereits seit Längerem u. a. in Skandinavien und Schottland. Güter wie Lebensmittel, Gepäckstücke u. a. werden sowohl in ungenutzten Räumen des Fahrgastraumes als auch im Kofferraum untergebracht. Neben speziellen Nutzfahrzeugen (Kombination aus Bus und Lkw mit einem geschlossenen Frachtabteil

Tab. 5.11 Linientaxi, nach BMVI (2016)

Linientaxi	
Rechtlicher Rahmen	• Genehmigung nach § 42 PBefG (Linienverkehr) • Regelung des Betriebs nach BOKraft
Einsatzbedingungen	• Geringes Fahrgastaufkommen, sodass ein Pkw einen Bus ersetzt • Einsatz in Gebieten, in denen geringe, aber ständige Verkehrsnachfrage besteht (ländliche Räume), Klein- und Mittelstädte in den Abendstunden und am Wochenende • Verkehrt oft als Teleskopbedienung[a] im Anschluss an einen Stadt- und Regionalbus • Betrieb oft durch private (Taxi-)Unternehmer im Unterauftrag von Linienverkehrsunternehmen
Fahrzeuge	• Kleinbus (max. 8 Sitzplätze) • Pkw (4 Sitzplätze)
Kapazität (Personen pro Spitzenstunde und Richtung)	• 7 (Kleinbus mit 8 Sitzplätzen, 85 % Auslastung, eine Fahrt pro Stunde)
Netz oder Betriebsform	• Linienbetrieb im Taktverkehr • Nur feste Haltestellen, die nach vorgegebenem Fahrplan bedient werden (gelegentlich auch Halt zum Aussteigen auf dem Linienweg außerhalb von Haltestellen) • Haltestellenabstände in der Ortslage zwischen 200 und 500 m, außerhalb der Ortslage auch 2 bis 3 km • Grundsätzlich linienförmiges Netz, aber auch linienförmiges Netz mit Flächenerschließung möglich • Anfang-/Endhaltestelle ist auf übergeordnetes Verkehrssystem ausgerichtet
Mittlere, reale Fahrgastzahlen	• 100–150 Fahrgäste/Tag und Linie in beiden Richtungen
Bedienungsqualität	• Max. Haltestelleneinzugsbereich: 300 bis 700 m (je nach Zentralität des Ortes) • Fahrtenangebot/ Taktfolge: 60 bis 120 min Takt (je nach Nachfrage)
Beförderungsqualität	• Beförderungsgeschwindigkeit: ca. 20 bis 40 km/h (je nach Einsatzgebiet in Stadtrandlage oder ländlicher Raum) • Reisedauerverhältnis ÖPNV zu MIV: ca. 1,5 bis 2,0 • Mittlere Zuverlässigkeit (je nach Beeinflussung durch übrigen Verkehr) • Hoher Komfort

[a]In Zeiten geringer Fahrgastnachfrage fährt der Stadt- oder Regionalbus bis zu einer Haltestelle vor der regulären Endhaltestelle. Die wenigen Fahrgäste, die darüber hinausgehende Haltestellen erreichen möchten, werden dann mit einem Linientaxi zu ihrer Zielhaltestelle befördert.

im hinteren Fahrzeugbereich) kommen bei Kombibus daher nur Überlandbusse infrage, die als Hochflurbusse mit Kofferräumen ausgestattet sind. Wesentliche Voraussetzungen für den Kombibus sind die Integration von Be- und Entladepunkten in das Liniennetz und ein integraler Taktfahrplan, der schnelle Verbindungen im gesamten Netz gewährleistet. Durch den Kombibus kann die Wirtschaftlichkeit des Regionalbusses erhöht werden; vor allem wird aber die gesamte Infrastruktur vor Ort – Nahversorgung, Einzelhandel, Tourismus u. Ä. – gestärkt (vgl. Monheim et al. 2014).

Bürgerbusse (Tab. 5.12) unterscheiden sich von den übrigen Angebotsformen des klassischen Linienverkehrs dadurch, dass der Betrieb auf ehrenamtlichem Engagement basiert. Durch die Übernahme des Fahrbetriebs sowie der Wartung und Reinigung der Fahrzeuge durch Ehrenamtliche (Bürgerbusverein) kann ein sehr kostengünstiges ÖPNV-Angebot aufrechterhalten werden. Zum Einsatz kommen in der Regel Kleinbusse, die je nach Zweck häufig nur zu bestimmten Tageszeiten im Nachbarortsverkehr eingesetzt werden.

5.2.3 Flexible Angebotsformen

> „Für den Einsatz in Zeiten und Räumen schwacher Nachfrage bieten sich zur Reduzierung des betrieblichen und finanziellen Aufwandes bedarfsgesteuerte Angebotsformen oder deren Kombination mit Linienverkehrsmitteln an. Für die Planung dieser flexiblen Angebotsformen – flexibel, da sie sich auf Nachfrageänderungen einstellen können – sind spezifische Einsatzbedingungen sowohl für bandförmige als auch für flächenhafte Bedienungsgebiete mit dispersen Siedlungsstrukturen zu berücksichtigten." (BMVI 2016, S. 23)

Anhand der Merkmale Fahrplanbindung (unter Berücksichtigung der Fahrtenbündelung) und Form des Bedienungsgebietes lassen sich fünf unterschiedliche Angebotsformen unterscheiden (Abb. 5.13 und Tab. 5.13):

- Bedarfslinienverkehr (Tab. 5.14),
- Richtungsbandbetrieb (Tab. 5.15),
- Sektorbetrieb (Tab. 5.16),
- Flächenbetrieb Tab. 5.17),
- Taxi/Mietwagen (Tab. 5.18).

Bedarfslinien- und Richtungsbandbetrieb weisen durch jeweils eine definierte Start- und Zielhaltestelle eine eindeutige Hin- bzw. Rückrichtung auf. Der Richtungsbandbetrieb lässt sich darüber hinaus in der Regel durch mindestens zwei fest bediente Haltestellen charakterisieren, die auch häufig als Verknüpfungspunkte zum übergeordneten Netz dienen. Beim Sektorbetrieb fallen Start- und Zielhaltestelle in einem einzigen Verknüpfungspunkt zusammen, in einem Umlauf werden sowohl Fahrgäste gesammelt als auch verteilt (eine Rundfahrt). Der Flächenbetrieb verkehrt im Gegensatz zu den anderen Angebotsformen nicht in Form von Umläufen. Da weder Start- noch Zielpunkt festgelegt

Tab. 5.12 Bürgerbus, nach BMVI (2016)

Bürgerbus	
Rechtlicher Rahmen	• Genehmigung in der Regel nach § 42 PBefG (Linienverkehr) • Regelung des Betriebs nach BOKraft
Einsatz-bedingungen	• Ergänzung des Linienverkehrs auf Strecken und zu Zeiten, die nicht bedient werden oder sich wirtschaftlich nicht rechnen • Erschließung von Gemeinden in der Regel dünn besiedelter Räume • Größe des Bedienungsgebiets max. 25 km^2 • Einzugsbereich: mindestens 800 Einwohner, die maximal 1.200 m von den Haltestellen entfernt wohnen • Aus wirtschaftlichen Gründen Benutzung des Systems durch mindestens 300, maximal 2.000 Fahrgäste pro Monat • Für Spät- und Wochenendverkehr weniger geeignet, da sich für diese Betriebszeiten nur wenige Fahrer gewinnen lassen • Ehrenamtliches Engagement – Bereitschaft von mindestens 20 Bürgern, Fahrzeug zu fahren (Voraussetzung: Besitz eines Führerscheins der Klasse B (III) für mindestens zwei Jahre und eines Personenbeförderungsscheins, Alter mindestens 21 Jahre) – Gründung von Vereinen zur Organisation und Durchführung des Betriebs, Angebotsplanung in der Regel durch Aufgabenträger oder Verkehrsunternehmen – Wartung, Reinigung und Abstellung des Busses werden häufig ehrenamtlich, Reparaturen und Instandhaltung häufig durch Verkehrsunternehmen vorgenommen
Fahrzeuge	• Kleinbus (max. 8 Sitzplätze), bei Fahrzeugen mit weniger als 9 Fahrgastplätzen ist der Führerschein der Klasse B (III) ausreichend
Kapazität (Personen pro Spitzenstunde und Richtung)	• 14 (Kleinbus mit 8 Sitzplätzen, 85 % Auslastung, 30 min Busfolge)
Netz oder Betriebsform	• Linienbetrieb (selten nach Bedarf)) • Linienführung sollte nachfrageorientiert angelegt sein, Konkurrenzsituation zum übrigen ÖPNV sollte vermieden werden • Nur feste Haltestellen, die nach vorgegebenem Fahrplan bedient werden • Haltestellenabstände in der Ortslage zwischen 200 und 500 m, außerhalb der Ortslage auch 2 bis 3 km
Mittlere, reale Fahrgastzahlen	• 20–50 Fahrgäste/Tag und Linie in beiden Richtungen
Bedienungs-qualität	• Max. Haltestelleneinzugsbereich: 400 bis 700 m (je nach Zentralität des Ortes) • Fahrtenangebot/ Taktfolge: sehr unterschiedlich, von einzelnen Fahrten bis zum 60-min-Takt
Beförderungs-qualität	• Beförderungsgeschwindigkeit: ca. 20 bis 30 km/h • Reisedauerverhältnis ÖPNV zu MIV: ca. 1,5 bis 3,0 • Mittlere bis hohe Zuverlässigkeit (je nach Beeinflussung durch übrigen Verkehr) • Mittlerer bis hoher Komfort (je nach Fahrzeugausstattung, z. B. mit barrierefreiem Einstieg)

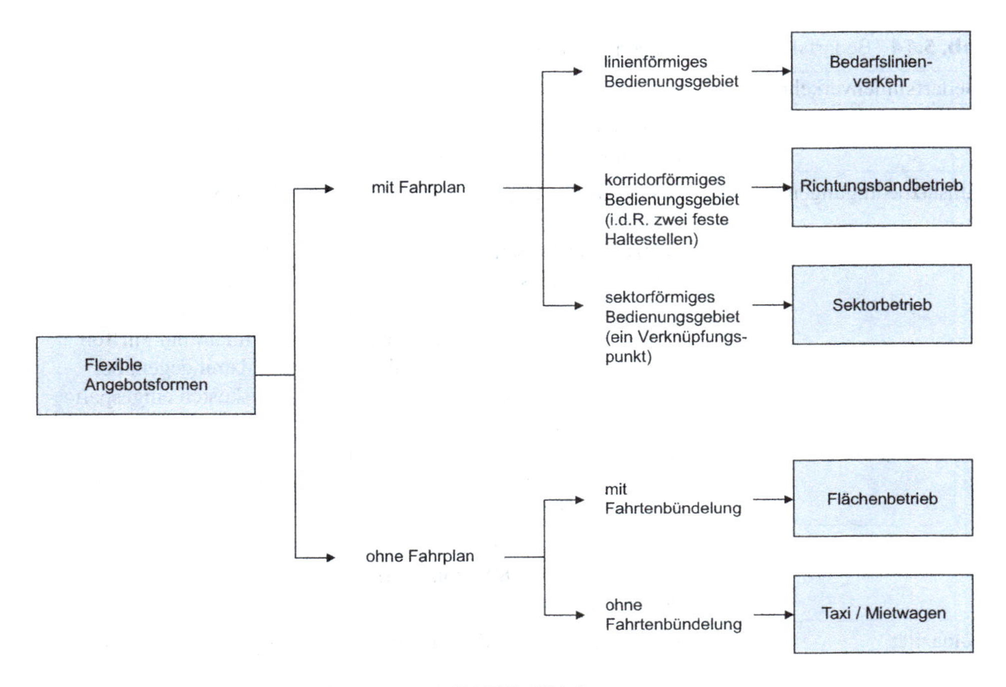

Abb. 5.13 Flexible Angebotsformen, nach BMVI (2016)

Tab. 5.13 Bezeichnungen für flexible Angebotsformen in der Praxis (Beispiele). (BMVI 2016)

Bedarfslinienverkehr	Richtungsbandbetrieb	Sektorbetrieb	Flächenbetrieb
TaxiBus (u. a. Münsterland, Rhein-Sieg-Kreis) Anruf-Linien-Taxi (ALT) (u. a. Verkehrsverbund Bremen-Niedersachsen) Rufbus (u. a. Rheingau-Taunus-Kreis, Waldeck-Frankenberg) Anruf-Sammel-Taxi (AST) (u. a. Pinneberg, Segeberg, Lauenburg, Schwalm-Eder-Kreis) Anruf-Sammel-Mobil (ASM) (u. a. Harburg)	Bus (u. a. Gummersbach, Münsterland, Grafschaft Bentheim)	Anruf-Sammel-Taxi (AST) (u. a. Hameln, Saarlouis, Bad Oldesloh, Waldeck-Frankenberg) Ruftaxi (u. a. Grafschaft Bentheim) Anruf-Sammel-Mobil (ASM) (u. a. Lüneburg) Veranstaltungs-Sammeltaxen (diverse)	AnrufBus (Leer, Ostholstein) Multibus (Heinsberg) PubliCar (Schweiz)

Tab. 5.14 Bedarfslinienverkehr, nach BMVI (2016)

Bedarfslinienverkehr	
Rechtlicher Rahmen	• Genehmigung nach § 42 PBefG (Linienverkehr) • Regelung des Betriebs nach BOKraft
Einsatzbedingungen	• Ersatz für den Regionalbus (vollständig oder in Schwachlastzeiten) • Ganztägiger Einsatz in Nebenkorridoren oder räumlich gestreckten Achszwischenräumen (Einwohnerdichte ohne Berücksichtigung der Verknüpfungspunkte[a] <400 Einwohner/km^2) • Wirtschaftlich nur sinnvoll, wenn in einem Umlauf nur ein Teil der Bedarfshaltestellen angefahren wird und damit gegenüber dem Regionalbus Fahrleistungen und Betriebskosten eingespart werden können • Anmeldung der Fahrtwünsche in einer Zentrale notwendig, Disposition der Fahrzeuge kann in der Regel ohne IT-gestützte Systeme erfolgen
Fahrzeuge	• Minibusse (max. 19 Sitzplätze) • Kleinbusse (max. 8 Sitzplätzen) • Pkw (4 Sitzplätze)
Kapazität (Personen pro Spitzenstunde und Richtung)	• 14 (Kleinbus mit 8 Sitzplätzen, 85 % Auslastung, zwei Fahrten pro Stunde) • 3 (Pkw mit 4 Sitzplätzen, 85 % Auslastung, eine Fahrt pro Stunde)
Netz oder Betriebsform	• Linienbetrieb nach Bedarf, teilweise vertaktet • Bedarfshaltestellen, die innerhalb eines vorgegebenen Zeitfensters nach einem Fahrplan bedient werden • Fahrzeugeinsatz in einer vorgegebenen festen Richtung, Haltestellenanfahrt ganz oder teilweise nachfrageabhängig • Abfahrtszeiten schwanken aufgrund des nachfrageabhängigen Routenverlaufs • Haltestellenabstände in der Ortslage zwischen 200 und 500 m, außerhalb der Ortslage auch 2 bis 3 km
Mittlere, reale Fahrgastzahlen	• 20–100 Fahrgäste/Tag und Linie in beiden Richtungen
Bedienungsqualität	• Max. Haltestelleneinzugsbereich: 400 bis 700 m (analog Regionalbus) • Fahrtenangebot/ Taktfolge: wenn vertaktet, dann 60 bis 120 min Takt (je nach Nachfrage)
Beförderungsqualität	• Beförderungsgeschwindigkeit: ca. 30 bis 40 km/h • Reisedauerverhältnis ÖPNV zu MIV: ca. 1,5 bis 2,5 • Mittlere bis hohe Zuverlässigkeit (je nach Beeinflussung durch übrigen Verkehr) • Mittlerer bis hoher Komfort (je nach Fahrzeugausstattung, z. B. mit barrierefreiem Einstieg)

[a]Die Einwohnerdichte, d. h., das Verhältnis von Einwohnern zu Fläche, bezieht sich auf die Einwohner der Siedlungsgebiete ohne die Orte, an denen eine Verknüpfung mit dem „höherrangigen" ÖPNV (Angebote des klassischen Linienverkehrs) stattfindet

Tab. 5.15 Richtungsbandbetrieb, nach BMVI (2016)

Richtungsbandbetrieb	
Rechtlicher Rahmen	• Genehmigung nach § 42 PBefG (Linienverkehr) • Regelung des Betriebs nach BOKraft
Einsatz-bedingungen	• Ganztägiger Einsatz in Nebenkorridoren oder räumlich gestreckten Achszwischenräumen (Einwohnerdichte ohne Berücksichtigung der Verknüpfungs-punkte <400 Einwohner/km²) (Anmerkung zur Einwohnerdichte vgl. Fußnote in Tab. 5.14) • Wirtschaftlich nur sinnvoll, wenn in einem Umlauf nur ein Teil der Bedarfshalte-stellen angefahren wird und damit gegenüber dem Regionalbus Fahrleistungen und Betriebskosten eingespart werden können • Anmeldung der Fahrtwünsche in einer Zentrale notwendig, Disposition der Fahr-zeuge kann häufig ohne IT-gestützte Systeme erfolgen • Unterschiedliche Formen: – Linienabweichung (fest bediente Grundroute mit bedarfsorientierter Abweichung, Erschließung von Siedlungsbändern mit wenigen, außerhalb gelegenen Siedlungen) – Linienaufweitung (Anschluss einer flächigen Erschließung mit Bedarfshalte-stellen an linienhafte Erschließung mit festen Haltestellen) – Korridorbetrieb (Anfang-/Endhaltestelle fest, dazwischen Bedarfshaltestellen mit geringerer Nachfrage)
Fahrzeuge	• Überlandbus (64–75 Sitz- und Stehplätze) • Standardlinienbus (64–75 Sitz- und Stehplätze) • Midibus (31–55 Sitz- und Stehplätze) • Minibusse (max. 19 Sitzplätze)
Kapazität (Personen pro Spitzenstunde und Richtung)	• ca. 50 (Überlandbus mit 75 Plätzen, 65 % Auslastung, eine Fahrt pro Stunde)
Netz oder Betriebsform	• Richtungsband mit einer in vorgegebener Richtung vorstrukturierten Flächen-bedienung einer bestimmten Bandbreite ohne feste Linienbindung • Kombination aus festen und Bedarfshaltestellen, die innerhalb eines vorgegebenen Zeitfensters nach einem Grobfahrplan bedient werden • Fahrzeugeinsatz in einer vorgegebenen festen Richtung, Haltestellenanfahrt ganz oder teilweise nachfrageabhängig • Abfahrtszeiten schwanken aufgrund des nachfrageabhängigen Routenverlaufs • Haltestellenabstände in der Ortslage zwischen 200 und 500 m, außerhalb der Orts-lage auch 2 bis 3 km
Mittlere, reale Fahrgastzahlen	• 500–1.000 Fahrgäste/Tag und Richtungsband in beiden Richtungen
Bedienungs-qualität	• Max. Haltestelleneinzugsbereich: 400 bis 700 m (analog Regionalbus) • Fahrtenangebot/ Taktfolge: wenn vertaktet, dann 60 bis 120 min Takt (je nach Nachfrage)
Beförderungs-qualität	• Beförderungsgeschwindigkeit: ca. 20 bis 40 km/h (abhängig von eingesetzten Fahr-zeugen und Bedienungsgebiet) • Reisedauerverhältnis ÖPNV zu MIV: ca. 1,5 bis 2,5 • Mittlere bis hohe Zuverlässigkeit (kürzere Reisezeiten, aber auch systembedingte Wartezeiten) • Mittlerer bis hoher Komfort (je nach Fahrzeugausstattung, z. B. mit barrierefreiem Einstieg)

Tab. 5.16 Sektorbetrieb, nach BMVI (2016)

Sektorbetrieb	
Rechtlicher Rahmen	• Genehmigung unter Anwendung des § 2 (6) PBefG teils nach § 42 PBefG (Linienverkehr), teils nach § 46 PBefG (Gelegenheitsverkehr), Entscheidung hängt davon ab, ob der Verkehr eher dem Linien- oder Gelegenheitsverkehr entspricht • Regelung des Betriebs nach BOKraft
Einsatzbedingungen	• Einsatz in Zeiten und Räumen geringer Verkehrsnachfrage, Einsatz bei geringer, unstetiger aber gerichteter Nachfrage, meist als Zubringerverkehr für den klassischen Linienverkehr (Umstieg am Verknüpfungspunkt) • Ganztägiger Einsatz in kompakten, dünn besiedelten Achszwischenräumen (Einwohnerdichte ohne Berücksichtigung der Verknüpfungspunkte <100 Einwohner/km²) (Anmerkung zur Einwohnerdichte vgl. Fußnote in Tab. 5.14), eher kleines Bedienungsgebiet (<100 km² Fläche) • Betriebsdurchführung häufig durch Taxi- oder Mietwagenunternehmen (erfordert leistungsstarkes Taxigewerbe vor Ort) • Anmeldung der Fahrtwünsche in einer Zentrale notwendig (je nach Größe des Bedienungsgebietes zwischen 30 und 90 min vor Fahrtantritt), IT-gestützte Disposition der Fahrzeuge in der Regel erforderlich • Häufig wird ein Zuschlag zum regulären ÖPNV-Tarif erhoben (aufgrund des taxiähnlichen Komforts mit Fahrt vor die Haustür)
Fahrzeuge	• Kleinbusse (max. 8 Sitzplätze) • Pkw (4 Sitzplätze)
Kapazität (Personen pro Spitzenstunde und Richtung)	• 14 (Kleinbus mit 8 Sitzplätzen, 85 % Auslastung, zwei Fahrten pro Stunde) • 3 (Pkw mit 4 Sitzplätzen, 85 % Auslastung, eine Fahrt pro Stunde)
Netz oder Betriebsform	• Sektorbetrieb ohne Linienbindung, häufig vertaktet • Sammeln und Verteilen der Fahrgäste erfolgt innerhalb einer Fahrt, d. h., es findet eine Rundfahrt statt, bei dem der Verknüpfungspunkt der Start- bzw. Zielhaltestelle entspricht • Zumeist eine feste Haltestelle (Verknüpfungspunkt), ansonsten Bedarfshaltestellen, aber auch Haustür-zu-Haustür-Bedienung nach einem Grobfahrplan (angenäherter Taktfahrplan) • Haltestellenanfahrt vom aktuellen Bedarf abhängig, Abfahrtszeiten schwanken aufgrund des nachfrageabhängigen Routenverlaufs • Haltestellenabstände in der Ortslage zwischen 200 und 500 m, außerhalb der Ortslage auch 2 bis 3 km
Mittlere, reale Fahrgastzahlen	• 40–100 Fahrgäste/Tag und Sektor, bei größeren Fahrgastzahlen aufgrund zusätzlich erforderlicher Fahrzeuge schnell unwirtschaftlich
Bedienungsqualität	• Max. Haltestelleneinzugsbereich im Sektor: 300 bis 500 m, ggf. Haustür-zu-Haustür-Bedienung • Fahrtenangebot/ Taktfolge: wenn vertaktet, dann 30 bis 120 min Takt (je nach Nachfrage)
Beförderungsqualität	• Beförderungsgeschwindigkeit: ca. 30 bis 50 km/h • Reisedauerverhältnis ÖPNV zu MIV: ca. 1,0 bis 2,5 • Mittlere bis hohe Zuverlässigkeit (kürzere Reisezeiten, aber auch systembedingte Wartezeiten) • Hoher Komfort (analog Pkw/Taxi)

Tab. 5.17 Flächenbetrieb, nach BMVI (2016)

Flächenbetrieb	
Rechtlicher Rahmen	• Genehmigung unter Anwendung des § 2 (6) PBefG nach § 46 PBefG (Gelegenheitsverkehr), in Ausnahmefällen auch nach § 42 PBefG (Linienverkehr) • Regelung des Betriebs nach BOKraft
Einsatzbedingungen	• Einsatz in Räumen sehr geringer Verkehrsnachfrage, die nicht bündelbare Fahrgastaufkommen besitzen (Flächenerschließung im Lokalverkehr) • In der Regel ab 15 Fahrgästen pro Stunde Ersatz des Flächenbetriebs durch Linienverkehr • Gangtägiger Einsatz in kompakten, dünn besiedelten Achszwischenräumen (Einwohnerdichte ohne Berücksichtigung der Verknüpfungspunkte < 100 Einwohner/km^2) • Einschränkung des Bedienungszeitraums in Räumen und/oder Zeiten, in denen der klassische Linienverkehr angeboten wird (Vermeidung eines Konkurrenzangebotes) • Anmeldung der Fahrtwünsche in einer Zentrale notwendig (je nach Größe des Bedienungsgebietes zwischen 30 und 90 min vor Fahrtantritt), IT-gestützte Disposition (online) der Fahrzeuge zwingend erforderlich • Häufig wird ein Zuschlag zum regulären ÖPNV-Tarif erhoben (aufgrund des taxiähnlichen Komforts mit Fahrt vor die Haustür) oder es gilt ein eigener Tarif
Fahrzeuge	• Minibusse (max. 19 Sitzplätze) • Kleinbusse (max. 8 Sitzplätzen)
Kapazität (Personen pro Spitzenstunde und Richtung)	• ca. 30 (Minibus mit 19 Sitzplätzen, 85 % Auslastung, zwei Fahrten pro Stunde)
Netz oder Betriebsform	• Flächenbetrieb, ohne Fahrplanbindung • Kein definiertes Netz, keine Haltestellen, deshalb räumliche Erschließung jedes Grundstücks innerhalb eines Bedienungsgebietes, umsteigefreie Verbindungen im Nahbereich • ggf. auch Ergänzungssystem zu anderen Angebotsformen (auf Haltestelle bzw. Verknüpfungspunkt ausgerichtet)
mittlere, reale Fahrgastzahlen	• 20–100 Fahrgäste/Tag und Fahrzeug
Bedienungsqualität	• In der Regel Haustür-zu-Haustür-Bedienung • Keine Fahrplanbindung, Definition eines Bedienungszeitraums (z. B. an Werktagen zwischen 7.00 und 20.00 Uhr)
Beförderungsqualität	• Beförderungsgeschwindigkeit: ca. 20 bis 40 km/h (abhängig vom Bedienungsgebiet und der Nachfrage bzw. deren Bündelung) • Reisedauerverhältnis ÖPNV zu MIV: ca. 1,0 bis 2,5 • Mittlere bis hohe Zuverlässigkeit (Abholungen durch Disposition 10 bis 15 min nach Bestellung realisierbar) • Hoher Komfort (analog Pkw/Taxi, Sicherheitsgefühl steigt durch Haustür-zu-Haustür-Bedienung)

Tab. 5.18 Taxi/Mietwagen

Taxi/Mietwagen	
Rechtlicher Rahmen	• Genehmigung nach § 46 PBefG (Gelegenheitsverkehr), entweder als Taxi nach § 47 PBefG oder als Mietwagen nach § 49 PBefG • Regelung des Betriebs nach BOKraft
Einsatzbedingungen	• Grundsätzlich keine räumliche und zeitliche Einschränkung • Taxi: Beförderungspflicht innerhalb des genehmigten Gebietes (Pflichtfahrgebiet) • Verfügbarkeit in dünn besiedelten ländlichen Räumen gering, da wenige, teilweise keine Taxi- oder Mietwagenunternehmen vor Ort vorhanden sind • Mietwagen: Anmeldung der Fahrtwünsche in einer Zentrale notwendig, • Taxi: Zustieg auch ohne Anmeldung an Taxiständen möglich • Eigener Taxi- bzw. Mietwagentarif
Fahrzeuge	• Kleinbusse (max. 8 Sitzplätzen) • Pkw (4 Sitzplätze)
Kapazität (Personen pro Spitzenstunde und Richtung)	• In der Regel nicht relevant, hängt von der Fahrzeuggröße ab
Netz oder Betriebsform	• Flächenbetrieb nach individuellem Wunsch, ohne Fahrplanbindung • Kein definiertes Netz, keine Haltestellen, deshalb räumliche Erschließung „jeder Adresse“
Mittlere, reale Fahrgastzahlen	• ca. 25–40 Fahrgäste/Tag und Fahrzeug
Bedienungsqualität	• Haustür-zu-Haustür-Bedienung • Keine Fahrplanbindung, Wartezeit bei Anmeldung des Fahrtwunsches hängt von vielen Faktoren ab (u. a. Nachfrage, Angebot, Buchungszeitpunkt, Anfahrweg)
Beförderungsqualität	• Beförderungsgeschwindigkeit: ca. 20 bis 50 km/h (abhängig vom Bedienungsgebiet) • Reisedauerverhältnis ÖPNV zu MIV: <1,0 bis 1,2 • Mittlere bis hohe Zuverlässigkeit (je nach Wartezeit) • Hoher Komfort

sind, existiert keine definierte Fahrtrichtung. (BMVI 2016, S. 23) Im Gegensatz zum Taxi findet beim Flächenbetrieb eine Bündelung der Fahrten statt, die Kunden müssen daher unter Umständen eine längere Wartezeit als beim Taxi in Kauf nehmen. In Abb. 5.14 sind die wesentlichen Merkmale der einzelnen flexiblen Angebotsformen systemvergleichend aufgeführt.

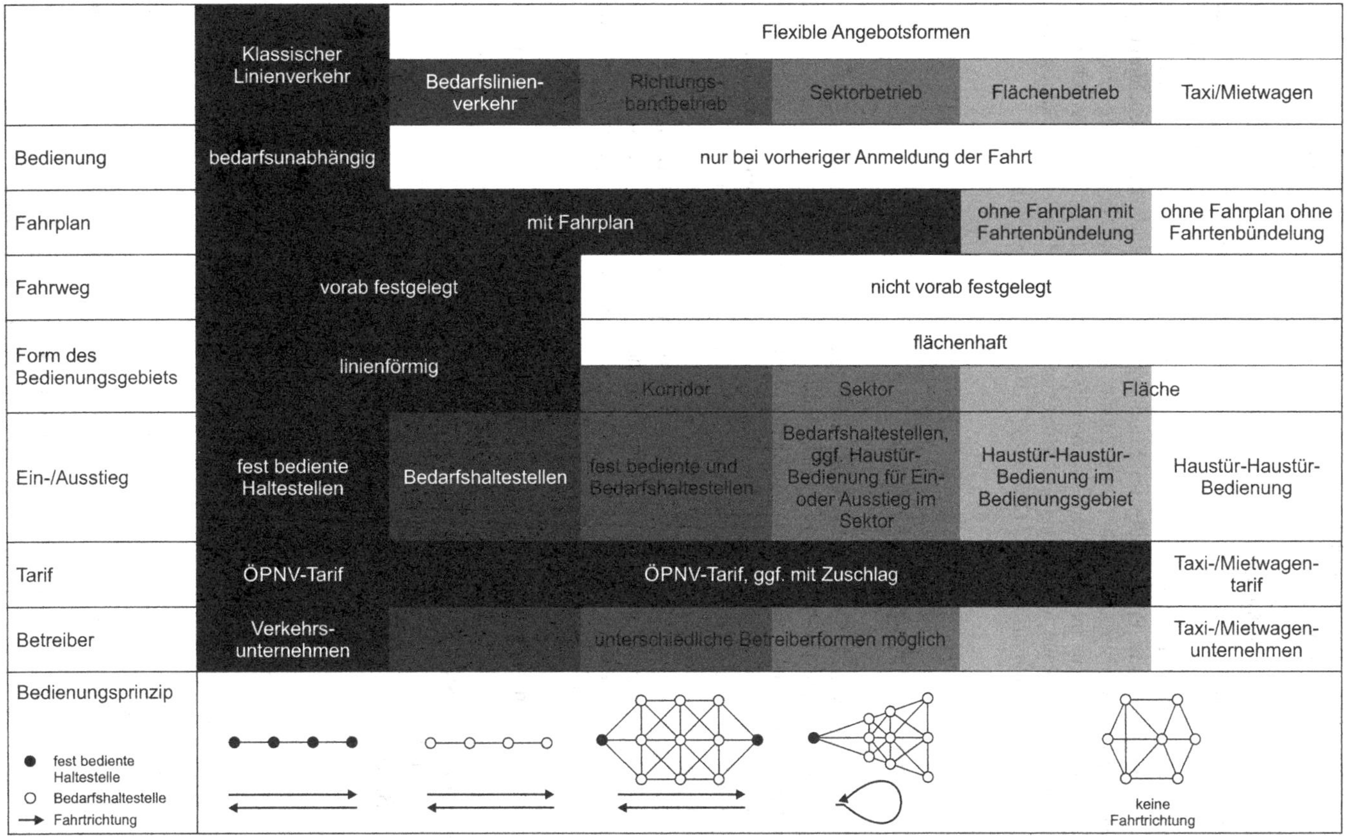

	Klassischer Linienverkehr	Flexible Angebotsformen				
		Bedarfslinienverkehr	Richtungsbandbetrieb	Sektorbetrieb	Flächenbetrieb	Taxi/Mietwagen
Bedienung	bedarfsunabhängig	nur bei vorheriger Anmeldung der Fahrt				
Fahrplan	mit Fahrplan				ohne Fahrplan mit Fahrtenbündelung	ohne Fahrplan ohne Fahrtenbündelung
Fahrweg	vorab festgelegt		nicht vorab festgelegt			
Form des Bedienungsgebiets	linienförmig		flächenhaft			
			Korridor	Sektor	Fläche	
Ein-/Ausstieg	fest bediente Haltestellen	Bedarfshaltestellen	fest bediente und Bedarfshaltestellen	Bedarfshaltestellen, ggf. Haustür-Bedienung für Ein- oder Ausstieg im Sektor	Haustür-Haustür-Bedienung im Bedienungsgebiet	Haustür-Haustür-Bedienung
Tarif	ÖPNV-Tarif	ÖPNV-Tarif, ggf. mit Zuschlag				Taxi-/Mietwagen-tarif
Betreiber	Verkehrs-unternehmen	unterschiedliche Betreiberformen möglich				Taxi-/Mietwagen-unternehmen
Bedienungsprinzip ● fest bediente Haltestelle ○ Bedarfshaltestelle → Fahrtrichtung					keine Fahrtrichtung	

Abb. 5.14 Merkmale der flexiblen Angebotsformen, weiterentwickelt nach Zistel (2016)

„Der Bürgerbus als Angebotsform des klassischen Linienverkehrs kann abweichend zum Regelfall auch im Bedarfslinienbetrieb eingesetzt werden. Flexible Angebotsformen werden in der Regel nach § 42 PBefG oder als Gelegenheitsverkehre nach § 49 PBefG genehmigt. [...]

Die flexiblen Angebotsformen haben sich in den letzten 30 Jahren schrittweise bis zur heutigen Ausprägung entwickelt. Obwohl das Personenbeförderungsgesetz (PBefG) klare Definitionen, insbesondere in der Unterscheidung zwischen Linienverkehr gem. § 42 PBefG, Gelegenheitsverkehr gem. §§ 46 und 49 PBefG und Verkehr mit Taxen gem. § 47 PBefG vorgibt, handelt es sich in der Praxis häufig um ‚Mischungen' auf der Basis dieser Genehmigungsformen. Viele Verkehrsunternehmen haben zudem spezielle Marketingbegriffe eingeführt, sodass inzwischen nicht mehr von einheitlichen Bezeichnungen für dieselbe Angebotsform ausgegangen werden kann, was besondere Anforderungen in der Marktkommunikation und in der Fahrgastinformation zur Folge hat (Tab. 5.13)." (BMVI 2016, S. 23 f.)

5.2.4 Alternative Angebotsformen

„Während der klassische Linienverkehr und die flexiblen Angebotsformen dem Wirkungsbereich des PBefG unterliegen, sind die alternativen Angebotsformen i. d. R. genehmigungsfrei. Die alternativen Angebotsformen nutzen Verkehrsdienstleistungen, die öffentlich verfügbar sind, aber [...] nicht professionelles Fahrpersonal einsetzen bzw. benötigen (Abb. 5.15). Während beim Car- und Bikesharing die Kunden selbst fahren, werden sie beim Ridesharing [...] von anderen Fahrern mitgenommen. Im Gegensatz zu den zuvor beschriebenen Angebotsformen gibt es bei alternativen Angebotsformen i. d. R. keine Beförderungsgarantie. D. h., die gewünschte Fahrt des Kunden findet nur statt, wenn ein entsprechendes Verkehrsmittel verfügbar oder eine relevante Mitfahrgelegenheit vorhanden ist." (BMVI 2016, S. 29).

Bei den alternativen Angebotsformen (vgl. auch Kap. 6 in Band 1) ist eine einmalige Registrierung bzw. Anmeldung vor der ersten Nutzung erforderlich. Die Nutzung dieser Angebotsformen basiert in der Regel auf einem eigenständigen, vom übrigen ÖPNV unabhängigen Tarif, wobei für Zeitkartenkunden häufig Rabatte bei der Nutzung von Car- und Bikesharing gelten.

„Unter Ridesharing (Tab. 5.19) werden öffentlich zugängliche Mitnahmesysteme verstanden, bei denen freie Plätze im privaten Pkw Dritten zur Verfügung gestellt und über eine in der Regel internetbasierte Plattform zugänglich gemacht werden. Ridesharing unterscheidet sich durch seine öffentliche Zugänglichkeit von privaten bzw. privat organisierten Mitnahmemöglichkeiten wie

- Fahrgemeinschaften (auf regelmäßig gefahrene Wegstrecken ausgelegte, private Organisation von Zusammenschlüssen),
- abgesprochenen Mitnahmen (auf Einzelfall ausgelegte Mitnahme im Familien- und Freundeskreis),
- Trampen (kostenlose Mitnahme in einem fremden Kfz),
- organisierten Fahrdiensten (Einsatz bei Veranstaltungen und Mitnahme auf Zuweisung)." (BMVI 2016)

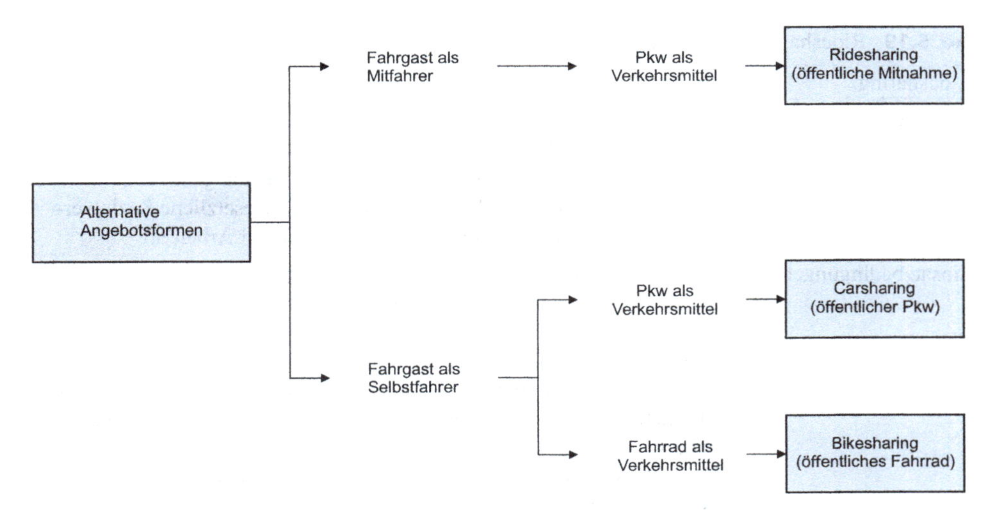

Abb. 5.15 Alternative Angebotsformen

Ridesharing kann den klassischen Linienverkehr und flexible Angebotsformen ergänzen und in das vorhandene ÖPNV-Angebot sowie in Tarif-, Vertriebs- und Fahrgastinformationssysteme integriert werden. Besonders im ländlichen Raum wurden seit etwa 2015 unterschiedliche integrierte Ridesharing-Ansätze konzipiert und getestet (u. a. „Mobilfalt" in Nordhessen, „Garantiert Mobil" im Odenwald, „Mitfahrnetzwerk Schwarzwald-Baar-Kreis", vgl. BMVI 2015, Schmitt und Sommer 2013).

Carsharing (Tab. 5.20) lässt sich als organisierte, gemeinschaftliche Nutzung von Kraftfahrzeugen definieren. Carsharing-Fahrzeuge sind gemäß einer Definition des Bundesministeriums für Verkehr und digitale Infrastruktur „Kraftfahrzeuge, die einer unbestimmten Anzahl von Fahrerinnen und Fahrern auf der Grundlage einer Rahmenvereinbarung zur selbstständigen Nutzung nach einem die Energiekosten einschließenden Zeit- und/oder Kilometertarif angeboten werden" (BMVBS 2013).

„Deutschland zeichnet sich dadurch aus, dass es weltweit den ausdifferenziertesten Carsharing-Markt hat. Dies trifft sowohl auf die Vielfalt der Angebote und Organisationsformen zu, in denen Carsharing-Angebote zur Verfügung gestellt werden, als auch auf die räumliche Verteilung. Nahezu alle Angebote in Großstädten werden als unternehmerisch organisierte Angebote (als GmbH oder AG) bereitgestellt, während in kleineren Städten und Gemeinden meist ehrenamtlich arbeitende Vereine bestehen. [...] Nachdem Carsharing in der Gründungsphase ausschließlich als stationsgebundenes Angebot entstanden ist, treten seit 2011 einige Anbieter aus der Automobilindustrie auf, die teilweise gemeinsam mit großen Autovermietungsunternehmen neue Carsharing-Angebote entwickelt haben. Diese zeichnen sich dadurch aus, dass ihre Fahrzeuge nicht an festen Stationen platziert werden,

Tab. 5.19 Ridesharing, nach BMVI (2016)

Ridesharing	
Rechtlicher Rahmen	• Keine Genehmigung nach PBefG erforderlich • Versicherungsrecht: Solange keine gewerbliche Absicht besteht, ist Ridesharing über die Pkw-Haftpflicht des Fahrers abgedeckt (keine zusätzliche Insassenunfallversicherung nötig). Gesetzliche Sozialversicherung deckt Unfälle auf dem Weg von und zur Arbeit ab
Einsatzbedingungen	• Unterschiedliche Nutzungsmöglichkeiten: geplante Fernverkehrsfahrten, regelmäßige Pendlerfahrten, spontan vermittelte Fahrten im Nah- und Regionalverkehr • IT-Plattform und/oder Telefonzentrale zur Vermittlung der Fahrtwünsche und Fahrtangebote erforderlich (in der Regel Vermittlung per Internet; seltener per Telefon); je nach Anbieter gebührenfreie oder gebührenpflichtige Vermittlung • Vor der ersten Nutzung in der Regel einmalige Anmeldung erforderlich (personalisiertes System) • Relativ geringe Wahrscheinlichkeit, dass Fahrtwunsch und Fahrtangebot räumlich und zeitlich zusammenfallen; dies gilt besonders im ländlichen Raum, da dort die Verkehrsnachfrage geringer ist als in anderen Räumen
Fahrzeuge	• Kleinbusse (max. 8 Sitzplätze) • Pkw (4 Sitzplätze)
Kapazität (Personen pro Spitzenstunde und Richtung)	• In der Regel nicht relevant, hängt von der Anzahl der Fahrer und der Fahrzeuggrößen ab
Netz oder Betriebsform	• Flächenbetrieb nach individuellem Wunsch, ohne Fahrplanbindung, aber Bindung an vorhandene Fahrtangebote • Kein definiertes Netz, keine Haltestellen, deshalb absolute räumliche Erschließung
Mittlere, reale Fahrgastzahlen	• Geringe Nutzung
Bedienungsqualität	• Haustür-zu-Haustür-Bedienung • keine Beförderungsgarantie
Beförderungsqualität	• Beförderungsgeschwindigkeit: ca. 20 bis 80 km/h (abhängig von konkreter Fahrt: Fern- oder Nahverkehr, innerorts oder außerorts und Ähnliches) • Reisedauerverhältnis ÖPNV zu MIV: 1,0 bis 1,2 (je nach Umweg) • Sehr geringe Zuverlässigkeit (für den Fahrtwunsch muss ein entsprechendes Angebot vorliegen) • Mittlerer bis hoher Komfort (je nach Fahrzeug und Fahrer)

Tab. 5.20 Carsharing, nach BMVI (2016)

Carsharing	
Rechtlicher Rahmen	• Keine Genehmigung nach PBefG erforderlich
Einsatzbedingungen	• Bedingungen bezüglich des Standorts: hohe Einwohnerdichte, Nähe zur Wohnbebauung, gute ÖPNV-Anbindung der Standorte; im ländlichen Raum häufig in der Nähe von Bahnhöfen • Wirtschaftlicher Betrieb bei 15–20 Kunden je Fahrzeug, 300 Carsharing-Mitglieder, 3–5 Fahrzeuge je Station, 4 Fahrten je Mitglied und Monat, Verleihdauer <6 h je Verleihvorgang, Inanspruchnahme > 2.350 km/Jahr und Kunde • IT-Plattform je nach Carsharing-Form und Angebot hilfreich oder erforderlich (Standortsuche, Reservierungsmöglichkeit und Ähnliches) • Nutzung für Kunden lohnt sich, wenn das eigene Fahrzeug – weniger als ca. 10.000 km pro Jahr („Break-Even-Wert", der je nach spezifischen Rahmenbedingungen zwischen 8.000 und 12.000 km liegen kann) und – selten für Fahrtzwecke mit langer Aktivitätendauer (Arbeiten, Ausbildung) genutzt wird • Vor der ersten Nutzung einmalige Anmeldung erforderlich (personalisiertes System)
Fahrzeuge	• Kleinbusse (max. 8 Sitzplätze) • Pkw (4 Sitzplätze)
Kapazität (Personen pro Spitzenstunde und Angebot)	• Berechnungsbeispiel: 36 (20 Fahrzeuge; durchschnittlicher Besetzungsgrad 2,0; 90 % Auslastung des Fuhrparks)
Netz oder Betriebsform	• Flächenbetrieb nach individuellem Wunsch, ohne Fahrplanbindung, aber Bindung an vorhandene Fahrzeuge und Fahrzeugstandorte • Kein definiertes Netz, je nach Carsharing-Form feste Stationen oder definiertes Gebiet, in dem die Fahrzeuge ausgeliehen und abgestellt werden • Kombination von stationsbasiertem und free-floating Carsharing möglich
mittlere, reale Fahrgastzahlen	• Im Mittel ca. 45 Kunden pro Fahrzeug bei stationsbasiertem, ca. 126 Kunden pro Fahrzeug bei free-floating Carsharing) • Geringe bis mittlere Nutzungshäufigkeit je Kunde: etwa 1 bis 5 Fahrten pro Monat (im stationsbasierten höher als beim free-floating Carsharing)
Bedienungsqualität	• Einzugsbereich Carsharing-Stellplatz: 300 bis 700 m (je nach Zentralität des Ortes) • Rund um die Uhr eigenständige Reservierungs-, Zugangs- und Abgabemöglichkeiten für das Fahrzeug • Keine „Beförderungsgarantie" (Notwendigkeit eines freien Fahrzeuges beim Ausleihen und eines freien Stellplatzes bei der Rückgabe)
Beförderungsqualität	• Beförderungsgeschwindigkeit: ca. 20 bis 80 km/h (abhängig von konkreter Fahrt: Fern- oder Nahverkehr, innerorts oder außerorts u. Ä.) • Reisedauerverhältnis ÖPNV zu MIV: 1,0 bis 1,5 (je nach Zu- und Abgangsweg zum/vom Stellplatz des Fahrzeuges) • Mittlere bis hohe Zuverlässigkeit (keine „Beförderungsgarantie", Verfügbarkeit kann in der Regel vorab über Internet und/oder Smartphone-App geprüft werden, Reservierung häufig möglich) • Hoher Komfort (je nach Carsharing-Form und Anbieter bzw. Wahl des Fahrzeugtyps)

Tab. 5.21 Vergleich des stationsbasierten mit dem free-floating Carsharing. (Nach Sommer et al. 2016)

	Stationsgebundene Carsharing-Angebote	Frei im Straßenraum verfügbare Carsharing-Angebote
Standorte	Fahrzeuge sind dezentral im Stadtgebiet an festen Stationen verteilt. Standorte richten sich nach Kundennachfrage und verfügbarem Platz.	Fahrzeuge sind innerhalb eines definierten Geschäftsgebietes verteilt. Der vorhergehende Kunde stellt das Fahrzeug auf einem legalen Parkplatz innerhalb des Geschäftsgebietes ab, der nachfolgende Kunde identifiziert den Standort auf dem Smartphone oder am PC.
Fahrtmuster	Fahrzeuge müssen wieder an der Station abgestellt werden, an der sie ausgeliehen wurden (keine Einwegfahrten).	Einwegfahrten innerhalb des definierten Geschäftsgebietes sind möglich (Flexibilität).
Reservierung	Fahrzeuge können lange im Voraus reserviert werden (Verlässlichkeit), nicht reservierte Fahrzeuge können auch spontan nach Reservierung über Handy genutzt werden.	Fahrzeuge können nicht im Voraus reserviert werden. Sie können lediglich 15 bis 30 min nach Ortung per Smartphone oder PC reserviert („vorbestellt“) werden.
Fahrzeugmodelle	Zumindest bei größeren Anbietern Fahrzeuge in jeder nachgefragten Größenordnung: Kleinwagen, Kombifahrzeuge, kleine Nutzfahrzeuge, Minibusse.	In der Regel nur eingeschränkte Modellpalette verfügbar.
Tarifform	Tarife basieren auf Zeit- und Kilometerkomponente, gestaffelt nach Fahrzeuggrößen.	Tarife basieren für die Mehrzahl der Fahrten auf reinen Minutentarifen. Für längere bzw. länger dauernde Fahrten und Vielfahrer gelten teilweise besondere Tarife.
Sonstige Tarifmerkmale	Einige Anbieter differieren nach Viel- und Wenigfahrer-Tarifen. Teilweise wird ein Monatsentgelt erhoben.	Ein reduzierter Warte- bzw. Parktarif ermöglicht das Halten der Fahrzeuge bei Erledigungen und Einkäufen für die Rückfahrt. Parkplatzgebühren (während der Nutzung oder nach dem Abstellen) sind im Tarif enthalten.

sondern frei im Straßenraum verteilt sind, sogenannte ‚free-floating' Angebote." (Sommer et al. 2016, S. 22).

Die wesentlichen Unterscheidungsmerkmale beider Carsharing-Formen sind in Tab. 5.21 dargestellt.

Das stationsgebundene Carsharing ist eine sehr gute Ergänzung zum klassischen Linienverkehr. Ein attraktiver Linienverkehr in Kombination mit Carsharing ermöglicht eine Mobilität ohne eigenen Pkw, die hinsichtlich Verfügbarkeit nahezu gleichwertig, jedoch hinsichtlich Nutzerkosten deutlich günstiger ist. Mehrere Untersuchungen haben gezeigt, dass Carsharing-Kunden überproportional häufig den klassischen ÖPNV nutzen (u. a. Krietemeyer 2012; Harmer und Cairns 2012).

„**Öffentliche Fahrradvermietsysteme (Bikesharing)** (Tab. 5.22) befinden sich frei zugänglich im öffentlichen Raum und ermöglichen das Mieten der Räder unabhängig von Öffnungszeiten. In der Regel können die öffentlichen Fahrräder an festen Stationen aus-

Tab. 5.22 Bikesharing, nach BMVI (2016)

Bikesharing	
Rechtlicher Rahmen	• Keine Genehmigung nach PBefG erforderlich
Einsatzbedingungen	• Großstädte, Räume mit hoher touristischer Bedeutung; Räume mit einer eher geringen Verfügbarkeit privater Fahrräder • Bedingungen bezüglich des Standorts: hohe Einwohnerdichte, Nähe zur Wohnbebauung, gute ÖPNV-Anbindung der Stationen; in der Nähe von Bahnhöfen • Bedienungsgebiet >10 km^2, Stationsdichte (zumindest im Kernbereich): 10–16 Stationen/km^2 • IT-Plattform und/oder Telefonzentrale zur Ausleihe und Abgabe der Fahrräder erforderlich (in der Regel per Internet; seltener per Telefon) • Vor der ersten Nutzung einmalige Anmeldung erforderlich (personalisiertes System)
Fahrzeuge	• Fahrräder • Pedelecs (selten)
Kapazität (Personen pro Spitzenstunde und Angebot)	• Hängt neben der Anzahl der Fahrräder im Wesentlichen von der Verteilung der Verkehrsnachfrage nach Quellen und Zielen sowie von der Redistribution der Räder ab • Berechnungsbeispiel: 875 (100 % Auslastung der Flotte, 500 Fahrräder, mittlere Dauer eines Leihvorgangs: 20 min; aufgrund der Lastrichtung (ungleichmäßige Verkehrsnachfrage) können nach einem Leihvorgang nur 50 % der Räder ausgeliehen werden)

(Fortsetzung)

Tab. 5.22 (Fortsetzung)

Bikesharing	
Netz oder Betriebsform	• Flächenbetrieb nach individuellem Wunsch, ohne Fahrplanbindung, aber Bindung an vorhandene Fahrräder und Fahrradstandorte • Kein definiertes Netz, praktisch begrenzt durch das von den Stationen erschlossene Gebiet (Bedienungsgebiet)
mittlere, reale Fahrgastzahlen	• Im Mittel etwa 0,1 bis 5 Fahrten pro Fahrrad und Tag (je nach Bedienungsgebiet/Stadt) • Geringe, mittlere Nutzungshäufigkeit je Kunde: etwa 0,3 bis 2,0 Fahrten im Monat
Bedienungsqualität	• Einzugsbereich Bikesharing-Stellplatz: 100 bis 200 m • Rund um die Uhr eigenständig Mieten und Rückgabe des Fahrrads möglich (in der Regel an definierten Stationen mithilfe des Mobiltelefons und/oder einer Kundenkarte) • Keine „Beförderungsgarantie" (Notwendigkeit eines verfügbaren Fahrrades beim Ausleihen)
Beförderungsqualität	• Beförderungsgeschwindigkeit: ca. 10 bis 20 km/h • Reisedauerverhältnis ÖPNV zu MIV: >1,0 bis 1,2 • Mittlere bis geringe Zuverlässigkeit (keine „Beförderungsgarantie", Verfügbarkeit kann in der Regel vorab über Internet und/oder Smartphone-App geprüft werden, Reservierung häufig nicht möglich) • Mittlerer Komfort (je nach Fahrradtyp, Zustand des Fahrrads und Witterung)

> geliehen und zurückgegeben werden, wobei Leih- und Rückgabestation nicht identisch sein müssen. Damit unterscheidet sich Bikesharing wesentlich vom herkömmlichen Fahrradverleih. Öffentliche Fahrradvermietsysteme sind i. W. in Großstädten verbreitet, während der traditionelle Fahrradverleih vor allem in Tourismusregionen zu finden ist." (BMVI 2016, S. 32) (vgl. Tab. 5.23)

Die räumlich ungleich verteilte Verkehrsnachfrage führt dazu, dass im Laufe der Zeit an einigen Stationen keine Fahrräder, an anderen Stationen deutlich mehr Fahrräder als vorgesehen verfügbar sind. Daher erfordern Bikesharing-Systeme eine Umverteilung der Räder von „vollgelaufenen" Stationen zu Stationen, an denen Räder fehlen (Redistribution).

Bikesharing ergänzt den klassischen Linienverkehr vor allem in Zeiten, in denen kein oder nur ein aus Kundensicht unattraktives Angebot vorhanden ist. So wurde beispielsweise das Fahrradvermietsystem „Konrad" in Kassel überproportional häufig in

Tab. 5.23 Unterschiede zwischen traditionellem Fahrradverleih und Bikesharing. (BMVI 2016)

Merkmale	Traditioneller Fahrradverleih	Bikesharing
Zugang	Personaldokument als Pfand	Mobiltelefon bzw. Kundenkarte nach Anmeldung
Fahrradmodell	Handelsüblich	Spezialanfertigung
Mietdauer	Eine Stunde bis mehrere Tage	Meist wenige Minuten bis wenige Stunden (auch mehrere Tage möglich)
Öffnungszeiten	Begrenzt	24 h
Netzcharakter	Nein	Ja
Rückgabeort	Identisch mit dem Ausgabeort	Beliebige Station innerhalb des Netzes
Personaleinsatz	Bei Ausgabe, Rückgabe und Wartung	Bei Wartung und Redistribution
Zielgruppe	Touristen	Bewohner, Pendler, Touristen
Finanzierung	In der Regel Nutzer („eigenwirtschaftlich“)	Werbeeinnahmen, Parkgebühren, Nutzer etc.

den Abend- und Nachtstunden sowie am Wochenende genutzt (Sommer 2014). Darüber hinaus kann Bikesharing helfen, „Überlastungen einzelner Linien zu vermindern und Lücken im ÖPNV-Liniennetz zu schließen.“ (BMVI 2014, S. 11)

Literatur

Gesetze und Verordnungen

AEG (2015) Allgemeines Eisenbahngesetz vom 27. Dezember 1993 (BGB1. I S 2378, 2396; 1994 I S 2439), zuletzt geändert am 28. Mai 2015 (BGB1. I S 824)

BOKraft (2015) Verordnung über den Betrieb von Kraftfahrunternehmen im Personennahverkehr vom 21. Juni 1975, (BGB1. I S 1573), zuletzt geändert am 31. August 2015 (BGB1. I S 1474)

BOStrab (2007) Verordnung über den Bau und Betrieb der Straßenbahnen (Straßenbahn-Bau und Betriebsordnung) vom 11. Dezember 1987 (BGB1. I, S 2648), zuletzt geändert am 10. Oktober 2019 (BGBl. I S. 1410)

EBO (2015) Eisenbahn-Bau und Betriebsordnung vom 8. Mai 1967 (BGB1. 1967 II S 1563), zuletzt geändert am 19. November 2015 (BGB1. I S 2105)

PBefG (2016) Personenbeförderungsgesetz vom 8. Oktober 1990, zuletzt geändert am 17. Februar 2016 (BGB1. I S 203, 231)

SGB IX (2001) Sozialgesetzbuch Neuntes Buch – Rehabilitation und Teilhabe behinderter Menschen – (Artikel 1 des Gesetzes v. 19.6.2001, BGBl. I S 1046)

Technische Regelwerke und Wissensdokumente

Forschungsgesellschaft für Straßen- und Verkehrswesen (Hrsg) (2010a) Empfehlungen für Planung und Betrieb des Öffentlichen Personennahverkehrs, Köln

Weitere Quellen

Bundesministerium für Verkehr und digitale Infrastruktur (Hrsg) (2015) Anpassungsstrategien zur regionalen Daseinsvorsorge – Empfehlungen der Facharbeitskreise Mobilität, Hausärzte, Altern und Bildung; Bundesamt für Bauwesen und Raumordnung, Bonn

Bundesministerium für Verkehr, Bau und Stadtentwicklung (2013) Bericht der Bundesregierung hinsichtlich des Sachstandes der Änderungen von Rechtsnormen im Hinblick auf Carsharing. Bericht an den Ausschuss für Verkehr, Bau und Stadtentwicklung des Deutschen Bundestages vom 29.01.2013

Bundesministerium für Verkehr und digitale Infrastruktur (Hrsg) (2016) Mobilitäts- und Angebotsstrategie in ländlichen Räumen – Planungsleitfaden für Handlungsmöglichkeiten von ÖPNV-Aufgabenträgern und Verkehrsunternehmen unter besonderer Berücksichtigung wirtschaftlicher Aspekte flexibler Bedienungsformen, Berlin

Fiedler LH (2015) Rechtliche Grundlagen im ÖPNV, Vorlesung an der Universität Kassel im Rahmen der Lehrveranstaltung „Planung des ÖPNV" im Wintersemester 2015/2016, Kassel

Harmer C, Cairns S (2012) Carplus annual survey of car clubs 2011/2012. Published project report PPR612, London

ICCT (2016) NOx emissions from heavy-duty and light-duty diesel vehicles in the EU: Comparison of real-world performance and current type-approval requirements, ICCT-Briefing. https://www.theicct.org/sites/default/files/publications/Euro-VI-versus-6_ICCT_briefing_06012017.pdf. Zugegriffen: 19. März 2018

IFEU (2013) Datenbank Umwelt und Verkehr Klimaschutz, Heidelberg

Infas Institut für angewandte Sozialwissenschaft/DLR Deutsches Zentrum für Luft- und Raumfahrt (2010) Mobilität in Deutschland 2008, Personendatensatz, Bonn

Infas Institut für angewandte Sozialwissenschaft, DLR Deutsches Zentrum für Luft- und Raumfahrt, IVT Research, Infas 360 (2018) Mobilität in Deutschland – Tabellarische Grundauswertung, Bonn

Krietemeyer H (2012) Effekte einer langjährigen Marketing-Kooperation zwischen dem Münchner Verkehrs- und Tarifverbund (MVV) und der Car-Sharing-Organisation STATTAUTO München. In: Loose W, Glotz-Richter M (Hrsg) Car-Sharing und ÖPNV – Entlastungspotenziale durch vernetzte Angebote. ksv-verlag, Köln, S 99–116

Monheim H, Muschwitz C, Reimann J, Thesen V, Michelmann H, Pitzen C, Sylvester A (2014) Nächster Halt: Lebensqualität – Kombination auf ganzer Linie. Leitfaden, Trier

Randelhoff M (2015) Vergleich unterschiedlicher Flächeninanspruchnahmen nach Verkehrsarten (pro Person), Homepage „Zukunft Mobilität", verfasst am 19.08.2014, aktualisiert am 05.02.2015, Homepage „Zukunft Mobilität". www.zukunft-mobilitaet.net. Zugegriffen: 19. März 2016

Saighani A, Leonhäuser D, Sommer C (2017) Verfahren zur ökonomischen Bewertung städtischer Verkehrssysteme. Straßenverkehrstechnik 61(10):695–704

Schmitt V, Sommer C (2013) „Mobilfalt“ – ein Mitnahmesystem als Ergänzung des ÖPNV in ländlichen Räumen. In: Proff H, Pascha W, Schönharting J, Schramm D (Hrsg) Schritte in die künftige Mobilität – Technische und betriebswirtschaftliche Aspekte. Springer Fachmedien, Wiesbaden

Sommer C (2014) Nachhaltige Mobilität durch geteilte Verkehrsmittel. Vortrag beim 12. Hessischen Mobilitätskongress 2014, House of Logistics and Mobility (HOLM). Frankfurt a. M.

Sommer C, Mucha E, Rossnagel A, Anschütz M, Loose W (2016) Umwelt- und Kostenvorteile ausgewählter innovativer Mobilitäts- und Verkehrskonzepte im städtischen Personenverkehr, Forschungsbericht, Forschungskennzahl 3712 96 101, Umweltforschungsplan des Bundesministeriums für Umwelt, Naturschutz, Bau und Reaktorsicherheit

Universität Kassel (2007) Zukunft des ÖPNV im ländlichen Raum – Planung und Betrieb vor dem Hintergrund der demografischen, siedlungsstrukturellen und fiskalischen Entwicklung, Fachgebiet Verkehrssysteme und Verkehrsplanung, Forschungsbericht FE-Nr. 70.0770/2005, Kassel

Vorndran I (2010) Unfallstatistik – Verkehrsmittel im Risikovergleich. Wirtschaft und Statistik 12(2010)

Verband Deutscher Verkehrsunternehmen (Hrsg) (2001) Verkehrserschließung und Verkehrsangebot im ÖPNV, VDV-Schrift 4, Köln

Verband Deutscher Verkehrsunternehmen (Hrsg) (2014) Stadtbahnsysteme/Light Rail Systems: Grundlagen – Technik – Betrieb – Finanzierung/ Priciples – Technology – Operation – Financing. DVV Media Group, Köln

Zistel M (2016) Perspektiven und Grenzen des ÖPNV auf dem Land, Vortrag im Rahmen der ADAC-Expertenreihe 2016 „Mobilitätssicherung im ländlichen Raum“, Gera

6 Nahverkehrsplanung und Netzgestaltung des ÖPNV

Carsten Sommer und Volker Deutsch

Zusammenfassung

Die Vernetzung aller Angebote erfolgt durch den Aufgabenträger, der den ÖPNV strategisch für seinen Raum plant. Dabei wird ein Nahverkehrsplan erstellt, der in erster Linie an die Genehmigungsbehörde gerichtet ist und es damit den Aufgabenträgern ermöglicht, ihre planerischen Vorstellungen bei der Genehmigung von Verkehrsleistungen einzubringen. In der Regel enthält der Nahverkehrsplan auch ein Verkehrsentwicklungsprogramm, aus dem die angestrebten Maßnahmen zu Angebotsentwicklung und -verbesserung ersichtlich sind sowie ein Finanzierungskonzept, das auch eine Kostenschätzung geplanter Projekte und Vorhaben enthält. Herausforderung des Nahverkehrsplanes ist die Entwicklung eines attraktiven ÖPNV-Netzes. Eine kompakte und dichte Siedlungsstruktur ist dabei eine wesentliche Voraussetzung. Sie verbessert die Wirtschaftlichkeit des ÖPNV und führt zu höheren Fahrgasterlösen bei geringerem Betriebsaufwand. Die Ausgangsbasis für eine nachfragegerechte Liniennetzgestaltung ist die Kenntnis der Quelle-Ziel-Beziehungen im ÖPNV des Planungsraums, differenziert nach Zeitraum und Personengruppen. Die Verkehrserschließung erfolgt dabei über mehrstufige Verkehrssysteme. Hierbei übernimmt die Schiene als Primärsystem mit vergleichsweise kurzen Beförderungszeiten die Beförderung zwischen Verknüpfungspunkten bzw. Aufkommensschwerpunkten. Dem Sekundärsystem Straßenbahn und/oder Bus kommt Zubringer- und Verteilerfunktion zu, ergänzt durch flexible und alternative Angebotsformen.

C. Sommer (✉)
Fachgebiet Verkehrsplanung und Verkehrssysteme, Universität Kassel, Kassel, Deutschland
E-Mail: c.sommer@uni-kassel.de

V. Deutsch
VDV – Verband Deutscher Verkehrsunternehmen e. V., Köln, Deutschland
E-Mail: deutsch@vdv.de

D. Vallée (verstorben) et al. (Hrsg.), *Stadtverkehrsplanung Band 3*,
https://doi.org/10.1007/978-3-662-59697-5_6

6.1 Nahverkehrsplanung

6.1.1 Definition, Bedeutung und Bindung des Nahverkehrsplans

Als Nahverkehrsplanung wird die strategische Planung des ÖPNV für das Gebiet eines Aufgabenträgers bezeichnet. Im Rahmen dieser strategischen Planung legt der Aufgabenträger Ziele, Standards und Maßnahmen für eine Weiterentwicklung des ÖPNV für einen Zeitraum von etwa fünf bis zehn Jahren fest. Die Nahverkehrsplanung ist wie alle strategischen Planungen ein dauerhafter Prozess, dessen Ergebnisse im sogenannten Nahverkehrsplan fixiert werden. Als sektorale Planung ist sie der integrierten Verkehrsentwicklungsplanung untergeordnet, die häufig für noch längerfristige Planungszeiträume Ziele und Maßnahmen definiert. Die in der Verkehrsentwicklungsplanung festgelegten Ziele und Maßnahmen gehen häufig als Vorgaben in die Nahverkehrsplanung ein und werden dort zum Teil genauer spezifiziert. Andererseits werden auch die Ergebnisse der Nahverkehrsplanung bei der Verkehrsentwicklungsplanung berücksichtigt.

Der Nahverkehrsplan basiert rechtlich im Wesentlichen auf dem PBefG (§ 8, § 8a und § 13) sowie auf den jeweiligen ÖPNV-Gesetzen der Länder, soweit diese vorliegen und entsprechende Aussagen dazu getroffen werden. Das PBefG weist den Aufgabenträgern entscheidende Aufgaben für die Sicherstellung einer „ausreichenden Bedienung" mit öffentlichen Verkehrsdienstleistungen zu; dazu können die Aufgabenträger Anforderungen zu Umfang und Qualität des Verkehrsangebots im Nahverkehrsplan definieren. Auch wenn der Nahverkehrsplan im PBefG weitgehend vorausgesetzt wird, existiert formal keine Pflicht zur Planerstellung.

Im Unterschied beispielsweise zum Bebauungsplan ist der Nahverkehrsplan keine Rechtsnorm. Er ist „aber auch (anders als Fachpläne etwa nach Straßen- oder Eisenbahnrecht […]) kein Verwaltungsakt im Sinne des § 35 VwVfG […], weil ihm keine verbindliche Außenwirkung zukommt." (Heinze et al. 2014, S. 125) Der Nahverkehrsplan ist in erster Linie an die Genehmigungsbehörde gerichtet und ermöglicht den Aufgabenträgern somit ihre planerischen Vorstellungen bei der Genehmigung von Verkehrsleistungen einzubringen; er ist daher ein „innerbehördlicher Mitwirkungsakt und ähnelt formell einer Verwaltungsvorschrift" (Heinze et al. 2014, S. 126) Wenn eine Beteiligung nach § 8 PBefG stattgefunden hat, muss die Genehmigungsbehörde den Nahverkehrsplan bei der

- Erteilung von Liniengenehmigungen,
- Zustimmung von Beförderungsentgelten und
- Zustimmung von Fahrplänen

berücksichtigen. Bei konkurrierenden eigenwirtschaftlichen Anträgen bildet der Nahverkehrsplan den Maßstab für die Auswahl der Bewerber. Das Verkehrsunternehmen mit dem „besten" Verkehrsangebot erhält die Genehmigung, wobei Ziele und Anforderungen des Nahverkehrsplans bei der Beurteilung der Anträge maßgebend sind. Bei nur einem eigenwirtschaftlichen Antrag kann dieser abgelehnt werden, wenn dieser nicht im Einklang mit dem Nahverkehrsplan steht. Bei der Ausschreibung von gemeinwirtschaftlichen Leistungen sind die Verdingungsunterlagen für die Auswahl entscheidend und nicht der Nahverkehrsplan. Das heißt, der Aufgabenträger muss seine Anforderungen und Standards an die Verkehrsleistungen in die Vorabbekanntmachung aufnehmen. Er kann dazu auch auf bestimmte Inhalte des Nahverkehrsplans verweisen.

Darüber hinaus hat der Nahverkehrsplan Bedeutung bei der sogenannten Linienbündelung, d. h., dem Zusammenfassen von einzelnen Linien zu zusammenhängenden Teilnetzen bzw. Linienbündeln. Durch die Linienbündelung kann eine integrierte Bedienung von Teilräumen, die sich durch verkehrliche Verflechtungen auszeichnen, und eine möglichst wirtschaftliche Bedienung durch die Nutzung von Synergieeffekten bei Fahrzeug- und Personaleinsatzplanung erreicht werden. Ertragsschwache, für die Daseinsvorsorge notwendige Linien, können durch die Kombination mit ertragsstarken Linien innerhalb eines Bündels erhalten werden. Die im Nahverkehrsplan definierten Linienbündel sind von der Genehmigungsbehörde sowohl bei eigenwirtschaftlichen Anträgen als auch bei der Ausschreibung von gemeinwirtschaftlichen Leistungen zu berücksichtigen. Eine gebündelte Genehmigung wird durch § 9 Abs. 2 PBefG explizit ermöglicht.

Zusätzlich bindet der Nahverkehrsplan den Aufgabenträger selbst an die beschlossenen Ziele, Anforderungen und Maßnahmen. In einigen Bundesländern (z. B. in Niedersachsen) ist der Nahverkehrsplan Grundlage für finanzielle Zuwendungen für Investitionen und andere Fördermaßnahmen.

6.1.2 Inhalte, Bedienungsstandards

Der Nahverkehrsplan enthält die verkehrspolitischen Vorstellungen zur Entwicklung des ÖPNV des zuständigen Aufgabenträgers. Nach § 8 PBefG bildet der Nahverkehrsplan den Rahmen für die Entwicklung des ÖPNV, soweit Umfang, Qualität, Umweltqualität und Integration in das gesamte Verkehrssystem betroffen sind. Wesentliche Inhalte sind damit Aussagen zum Umfang des ÖPNV-Angebots (u. a. Linienführungen, Haltestellen, Angebotsformen, Bedienungszeiten und -häufigkeit), dessen Qualität (u. a. Fahrzeugstandards, Vorgaben zur Fahrgastinformation) sowie die Vernetzung des ÖPNV mit anderen Verkehrssystemen (u. a. Park-and-Ride-Anlagen, Carsharing-Stationen). Der „Rahmencharakter" des Nahverkehrsplans bedeutet nicht, dass keine Detailregelungen enthalten sein dürfen (vgl. Heinze et al. 2014, S. 127).

Bei der Aufstellung des Nahverkehrsplans sind die Belange der in ihrer Mobilität oder sensorisch eingeschränkten Menschen zu berücksichtigen. Mit der Ratifizierung der UN-Behindertenrechtskonvention hat sich die Bundesregierung verpflichtet, die notwendigen Voraussetzungen für die Inklusion aller Bevölkerungsgruppen in der Gesellschaft zu schaffen. Daher soll laut PBefG das Ziel einer „vollständigen" Barrierefreiheit bis zum 1. Januar 2022 erreicht werden, wobei die Aufgabenträger vom genannten Zeitpunkt abweichen können, wenn im Nahverkehrsplan Ausnahmen konkret benannt und begründet werden. Der unbestimmte Rechtsbegriff „vollständige Barrierefreiheit" zeigt die hohe Bedeutung des Ziels, wobei eine vollständige technische und wirtschaftliche Umsetzung nicht möglich ist (vgl. Reinberg-Schüller 2013).

Neben den genannten, eher allgemeinen Aussagen des PBefG werden in den ÖPNV-Gesetzen der Länder die Mindestinhalte des Nahverkehrsplans präzisiert (mit Ausnahme des Landes Hamburg, das kein eigenes ÖPNV-Gesetz erlassen hat). So sollen beispielsweise in Hessen die Nahverkehrspläne Folgendes enthalten:

1. eine Bestandsaufnahme, Analyse und Prognose des Gesamtverkehrs einschließlich der Verkehrsinfrastruktur,
2. eine Bewertung der Feststellungen nach Nr. 1,
3. das Strecken- und Liniennetz sowie Vorgaben zur Verkehrsabwicklung, insbesondere zu Bedienungs- und Verbindungsstandards sowie zur Beförderungs- und Erschließungsqualität,
4. Aussagen über Schnittstellen zum regionalen Verkehr und zu den anderen Verkehrsträgern,
5. Aussagen zur barrierefreien Gestaltung des öffentlichen Personennahverkehrsangebots nach § 8 Abs. 3 Satz 3 des PBefG
6. ein Verkehrsentwicklungsprogramm, aus dem die angestrebten Maßnahmen zur Angebotsentwicklung und -verbesserung ersichtlich sind,
7. Anforderungen an Fahrzeuge und die sonstige Verkehrsinfrastruktur,
8. ein Finanzierungskonzept, das auch eine Kostenschätzung geplanter Projekte und Vorhaben enthält, sowie ein Investitionsprogramm mit Prioritätensetzung und ein Organisationskonzept." (Hessisches ÖPNVG 2005)

Die Mindestinhalte sind in den meisten Bundesländern identisch, trotz abweichender Formulierungen im Detail. Neben dem Verkehrsangebot werden in den Nahverkehrsplänen häufig auch die Themenfelder Tarif, Vertrieb sowie Information und Kommunikation aufgegriffen. Entsprechend der in Abschn. 5.2 dargestellten Angebotsformen sollten nicht nur der klassische Linienverkehr, sondern auch flexible und alternative Angebotsformen (Bedarfsverkehr, Sharing-Angebote) berücksichtigt werden.

Eine zentrale Aufgabe der Nahverkehrsplanung ist die Festlegung einer „ausreichenden Bedienung" mit öffentlichen Verkehrsleistungen für den entsprechenden Planungsraum. Die Sicherstellung einer ausreichenden Bedienung folgt aus raumplanerischen, ökologischen und ökonomischen Prinzipien, die in entsprechenden Gesetzen (u. a. Raumordnungsgesetze, Baugesetzbuch) definiert sind (im Wesentlichen Daseinsvorsorge, Nachhaltigkeit, Umweltschutz, Erreichbarkeit). Eine „ausreichende Bedienung" kann als ein den öffentlichen Interessen angemessenes Angebotsniveau definiert werden.

Eine genaue Festlegung, was eine ausreichende Bedienung ist bzw. welche konkreten Bedienungsstandards bei einer ausreichenden Bedienung gelten, existiert nicht. Die Definition einer ausreichenden Bedienung ist eine politische Entscheidung des Aufgabenträgers; je nach Bedeutung des ÖPNV werden bei vergleichbaren objektiven Rahmenbedingungen höhere oder geringe Standards definiert. Da der Aufgabenträger für die Finanzierung der Angebote verantwortlich ist, spielt bei der Festlegung einer ausreichenden Bedienung das vorhandene Finanzbudget in der Praxis eine wesentliche Rolle. Daneben führen objektive Kriterien wie die Verkehrsnachfrage, Raum- und Siedlungsstruktur und Zentralität der betrachteten Orte zu differenzierten Bedienungsstandards. Zur Unterstützung bei der Festlegung von Bedienungsstandards können Orientierungswerte aus Regelwerken oder Leitfäden einzelner Bundesländer genutzt werden (u. a. Richtlinien für integrierte Netzgestaltung (FGSV 2009), Verkehrerschließung, Verkehrangebot und Netzqualität im ÖPNV (VDV 2019), Leitlinien zur Nahverkehrsplanung in Bayern (Bayern 1998), Leitfaden für Nahverkehrspläne in Hessen (Hessen 1998), Arbeitshilfe für Nahverkehrspläne in Nordrhein-Westfalen (NRW 1996)). In FGSV (2010) wurden viele Empfehlungen entsprechender Regelwerke und Leitfäden zusammengefasst und aufbereitet. Die wesentlichen Kriterien, zu denen Standards definiert werden, sind

- die Erreichbarkeit zentraler Orte und wichtiger Zielgelegenheiten,
- Kriterien der Bedienungsqualität (u. a. Bedienungshäufigkeit, Erschließungsqualität, Geschwindigkeit, Reisezeitverhältnis ÖPNV zu MIV),
- Kriterien der Beförderungsqualität (u. a. Pünktlichkeit, Anschlusssicherheit, Platzverfügbarkeit),
- Kriterien des barrierefreien Zugangs (u. a. Zugänglichkeit der Infrastruktur und Fahrzeuge, Erwerb der Fahrtberechtigung, Zugänglichkeit und Verständlichkeit von Informationen).

In den folgenden Tabellen sind exemplarisch für einzelne Kriterien Orientierungswerte für die Festlegung von Standards dargestellt (FGSV 2010) (vgl. auch Kap. 3). Die Erreichbarkeit eines benachbarten gleichen oder höherrangigen zentralen Ortes (Oberzentrum OZ, Mittelzentrum MZ, Unterzentrum UZ) von einem Ort beliebiger Zentralität ist in Tab. 6.1 angegeben. Dabei bezieht sich die Erreichbarkeit auf die Reisezeit zwischen den Orten.

> „Die Größe von Haltestelleneinzugsbereichen (Luftlinie) wirkt sich direkt auf die Erschließung eines Gebietes durch den ÖPNV aus, weil damit die maximal zumutbare Länge des Fußweges vom Ausgangspunkt zur Einstiegshaltestelle bzw. von der Ausstiegshaltestelle zum Zielort definiert wird. Dabei gilt eine bebaute Fläche als erschlossen, wenn mindestens 80 % der Bebauung in die Haltestelleneinzugsbereiche entfallen.“ (FGSV 2010, S. 8)

Tab. 6.1 Erreichbarkeit zentraler Orte (maximale Reisezeit) (FGSV 2010)

Nächster zentraler Ort	Erreichbarkeit in Minuten		
	Im Agglomerationsraum	Im verstädterten Raum	Im ländlichen Raum
OZ	≤60	≤75	≤90
MZ	≤30	≤37,5	≤45
UZ	≤20	≤25	≤30

Tab. 6.2 Haltestelleneinzugsbereiche (FGSV 2010)

Gemeindeklasse	Haltestelleneinzugsbereich (m)	
	Bus/Strab*	SPNV**
OZ	300 bis 500	400 bis 800
MZ	300 bis 500	400 bis 800
UZ	400 bis 600	600 bis 1.000
G	500 bis 700	800 bis 1.200

In den Außenbereichen der Zentren sind auch größere Einzugsbereiche möglich
*Strab = Straßenbahn
**SPNV = Schienenpersonennahverkehr

Der Haltestelleneinzugsbereich ist ein wichtiger Indikator der Erschließungsqualität, Tab. 6.2 enthält Empfehlungen für Haltestelleneinzugsbereiche. Die Größe der Haltestelleneinzugsbereiche nimmt mit zunehmender Zentralität der Orte ab, in Gemeinden ohne zentralörtliche Einrichtungen (G) werden der Bevölkerung die längsten Fußwege zu den Haltestellen zugemutet.

In Tab. 6.3 sind Empfehlungen für die Bedienungshäufigkeit zwischen benachbarten Gemeinden gleicher oder unterschiedlicher Zentralität zusammengestellt.

> „Neben der Zentralität einer Gemeinde, die als Synonym für ihre verkehrliche Bedeutung angesehen werden kann, weist auch die auf einer Relation zwischen zwei Gemeinden vorhandene Qualität der Verkehrsinfrastruktur auf die Bedeutung einer Relation hin. Deshalb wird die Qualität der Verkehrsinfrastruktur ebenfalls zur Beschreibung der Bedeutung einer Verkehrsrelation wie folgt herangezogen:
>
> - Verkehrsband 1. Ordnung (1.O): zeichnet sich durch ein sehr gut ausgebautes Schnellverkehrssystem auf Straße und Schiene aus,
> - Verkehrsband 2. Ordnung (2.O): verfügt über bedeutsame Straßenverbindungen und teilweise auch über eine Bahnverbindung,
> - Verkehrsband 3. Ordnung (3.O): weist in der Regel nur eine Straßenverbindung auf.
>
> Außerdem werden auch Relationen außerhalb von Verkehrsbändern mit einer geringen Qualität der Verkehrsinfrastruktur (4.O) in die Betrachtung einbezogen.“ (ebenda, S. 9)

Tab. 6.3 Bedienungshäufigkeit zwischen benachbarten Gemeinden, Fahrtenpaare pro Schultag (FGSV 2010)

Relation	Agglomerationsraum Verkehrsband				Verstädterter Raum Verkehrsband				Ländlicher Raum Verkehrsband			
	1.O.	2.O.	3.O.	4.O.	1.O.	2.O.	3.O.	4.O.	1.O.	2.O.	3.O.	4.O.
OZ bis MZ	80	55	40	25	50	40	35	20	35	25	20	15
OZ bis UZ	70	45	40	25	45	30	30	15	30	20	15	15
OZ bis G	40	30	20	20	40	25	20	10	20	20	15	10
MZ bis MZ	55	40	30	25	40	30	25	20	35	20	15	15
MZ bis UZ	50	40	30	25	40	30	20	10	25	20	10	10
MZ bis G	40	30	20	20	30	25	20	10	20	20	10	10
UZ bis UZ	50	35	30	20	40	25	20	10	25	20	10	10
UZ bis G	40	25	20	20	30	25	20	10	20	15	10	10

1.O. = Verkehrsband 1. Ordnung
2.O. = Verkehrsband 2. Ordnung
3.O. = Verkehrsband 3. Ordnung
4.O. = Verkehrsband 4. Ordnung

Tab. 6.4 Taktfolge innerhalb von Gemeinden (FGSV 2010)

Gemeindeklasse	Taktfolgezeit (min) für NVZ		
	Im Agglomerationsraum	Im verstädterten Raum	Im ländlichen Raum
OZ	5 bis 15	15	
MZ	15 bis 30	30 bis 60	30 bis 60
UZ	30 bis 60	30 bis 60	60
G	$\geq$60	$\geq$60	$\geq$60

In den Außenbereichen der Zentren sind auch größere Taktfolgezeiten möglich, während in den Kernzonen ggf. eine weitere Verdichtung vorgenommen werden kann.

Innerhalb von Gemeinden werden die in Tab. 6.4 angegebenen Taktfolgen empfohlen.

Das Reisezeitverhältnis ÖPNV zu MIV ist ein wichtiger Einflussfaktor auf die Verkehrsmittelwahl. Zur Bewertung des Reisezeitverhältnisses werden analog zum HBS sechs Qualitätsstufen definiert, wobei die Qualitätsstufe D („ausreichend") dem empfohlenen Mindeststandard entspricht (Tab. 6.5). Die Festlegung der Qualitätsstufen erfolgt nach den Richtlinien für integrierte Netzgestaltung (FGSV 2009).

Tab. 6.5 Reisezeitverhältnis ÖPNV zu MIV (FGSV 2010)

Qualitätsstufe	Reisezeitverhältnis (ÖPNV zu MIV)
A	<1,0
B	1,0 bis <1,5
C	1,5 bis <2,1
D	2,1 bis <2,8
E	2,8 bis <3,8
F	≥3,8

6.1.3 Planungsablauf

Die Nahverkehrsplanung orientiert sich an dem in den Empfehlungen für Verkehrsplanungsprozesse (EVP) (FGSV 2018) beschriebenen Planungsablauf (Abb. 6.1) und lässt sich in die fünf aufeinander aufbauenden Phasen Orientierung, Problemanalyse, Maßnahmenuntersuchung, Abwägung und Entscheidung sowie Umsetzung und Monitoring gliedern (siehe Band 1, Kapitel 1). Zwischen den fünf fachlichen Phasen bestehen Rückkopplungen, d. h., Ergebnisse einer Planungsphase können dazu führen, dass Arbeitsschritte vorheriger Phasen nochmals durchlaufen werden. Wie bei vielen Verkehrsplanungsaufgaben spielt auch bei der Nahverkehrsplanung der Beteiligungsprozess eine wichtige Rolle, der parallel zur fachlichen Bearbeitung abläuft.

Orientierung

In der Phase der Orientierung werden Mängelhinweise und Konzeptvorschläge von außen gesammelt (z. B. Hinweise von Fahrgastverbänden und Verkehrsunternehmen, Ergebnisse von Kundenbefragungen etc.), Entscheidungen anderer Fachplanungen oder Planungsebenen auf Relevanz für die Nahverkehrsplanung geprüft sowie für die Nahverkehrsplanung relevante Rahmenbedingungen im Sinne eines kontinuierlichen Monitorings beobachtet (z. B. neue Strukturdatenprognosen). Je nach Bedeutung der Hinweise, Entscheidungen oder geänderten Rahmenbedingungen für die Nahverkehrsplanung werden ggf. weitere Arbeitsschritte im Planungsprozess ausgelöst: Geänderte gesetzliche Vorgaben können beispielsweise zu Änderungen im Zielsystem und darauf aufbauend zu neuen Maßnahmen führen. Eine neue Bevölkerungsprognose kann z. B. die Anpassung des Planungsinstrumentariums (z. B. ein vorhandenes Verkehrsnachfragemodell) erfordern, neue Verkehrsnachfrageprognosen auslösen und darauf aufbauend ebenfalls zu neuen Maßnahmen führen.

Problemanalyse

Die Problemanalyse umfasst die drei Arbeitsschritte

- Definition der Ziele und Standards,
- Analyse des Zustandes und die
- Mängelanalyse,

die in der Regel parallel bzw. rückgekoppelt bearbeitet werden.

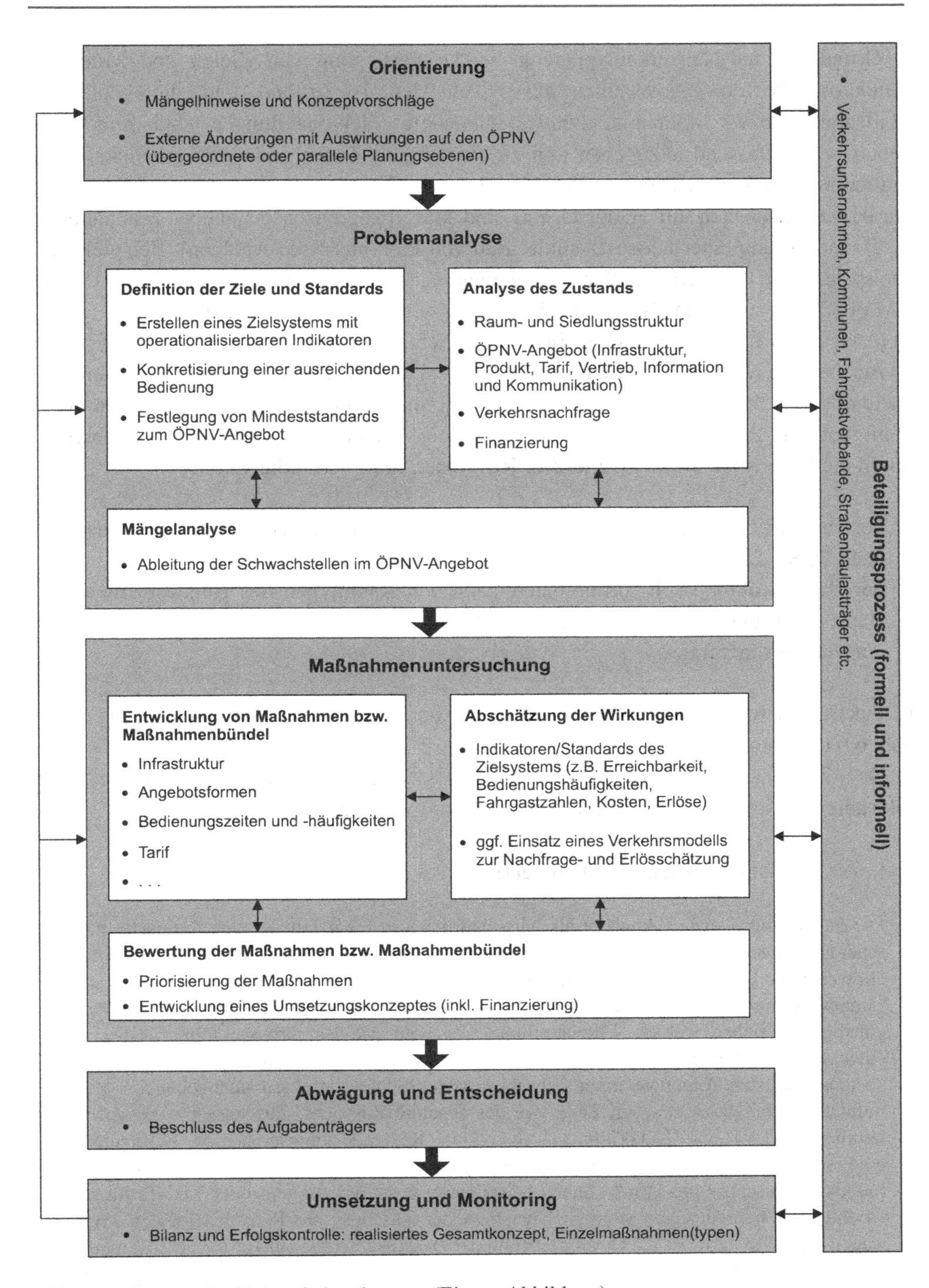

Abb. 6.1 Prozess der Nahverkehrsplanung. (Eigene Abbildung)

Grundlage der Nahverkehrsplanung ist die Festlegung von Zielen und Mindeststandards, die den Bewertungsmaßstab für den Ist-Zustand und die geplanten Maßnahmen bzw. Maßnahmenbündel darstellen. Zielvorstellungen sind möglichst genau und umfassend anzugeben und zu eindeutigen Zielen und operationalisierbaren Indikatoren zu konkretisieren. Ziele (z. B. gute Erreichbarkeit von zentralen Orten, attraktive Reisezeiten auf Hauptachsen) sind klar abzugrenzen gegenüber Maßnahmen (z. B. Einführung einer neuen Buslinie, Bau von Park-and-Ride-Anlagen). Beispiele für Zielsysteme im Bereich der Nahverkehrsplanung sind u. a. in Tsakarestos (2014) und BMVI (2016) zu finden. Neben der Festlegung einer „ausreichenden Bedienung“ stellt sich vor allem für Aufgabenträger in den ländlichen Räumen häufig die Frage, was ein „wirtschaftlich vertretbares Angebot“ ist (siehe Exkurs). Die Festlegung der Mindeststandards zur Bedienungsqualität (Angebotsform, Bedienungszeitraum, Bedienungshäufigkeit und Ähnliches) erfolgt in der Regel in Abhängigkeit definierter Netzebenen, durch die Unterschiede von Quelle-Ziel-Relationen bzw. Verbindungen bei

- der verkehrlichen Funktion (z. B. charakterisiert über die Verbindungsfunktionsstufe nach FGSV 2009),
- der Raumstruktur (z. B. differenziert nach den Raumtypen des Bundesinstituts für Bau-, Stadt- und Raumforschung (BBSR)) und
- der Verkehrsnachfrage

berücksichtigt werden. Ein Beispiel für diese Hierarchisierung des ÖPNV-Netzes ist in Tab. 6.6 dargestellt.

Das Zielsystem und die definierten Mindeststandards sollten idealerweise vom relevanten Entscheidungsgremium (z. B. Kreistag) verabschiedet werden.

Exkurs: Was ist ein „wirtschaftlich vertretbares Angebot“?

Die Festlegung, welches Angebot als wirtschaftlich vertretbar gilt, ist eine politische Entscheidung, Die für die Planung Verantwortlichen können mit ihren Kenntnissen lediglich Hinweise zur Unterstützung der Entscheidungsfindung liefern. Gegenüber konventionellen Linienverkehren können Bedarfsverkehre bei geringer Nachfrage in der Regel kostengünstiger betrieben werden. Ehrenamtliche Angebote wie Bürgerbusse führen meist zu einer weiteren Verringerung der Betriebskosten. Dennoch kann der Betrieb auch der kostengünstigsten Angebote unter betriebswirtschaftlichen Aspekten unangemessen sein. Indikatoren der ökonomischen Ziele wie der absolute Zuschuss, Zuschuss pro Personenkilometer (Pkm) und Nutzkilometer (Nutzkm), Kostendeckungsgrad und Besetzungsgrad sind geeignet, um die politische Entscheidung zu unterstützen (Tab. 6.7). Beim Indikator „Zuschuss pro Pkm“ können beispielsweise die Mietwagen- oder Taxi-Tarife zur Orientierung herangezogen werden: Übersteigt der Zuschuss pro Pkm den lokalen Mietwagen- oder Taxitarif, ist die Gewährleistung der Daseinsvorsorge auf Basis von Taxen oder Mietwagen kostengünstiger als das untersuchte Angebot. Flexible Angebote sollten auch

Tab. 6.6 Beispiel für die Einteilung in Netzebenen (Märkischer Kreis 2016, S. 67 f.)

Netzebene	Charakterisierung der Netzebene
„Achse“	• Relationen zwischen Oberzentren bzw. zwischen Ober- und Mittelzentren, mit ausgeprägter Quelle-/Zielbeziehung • Direkte Verbindungen mit hohem Nachfragepotenzial • Erschließungsfunktion wird innerhalb des Bedienungskorridors nur auf direktem Linienweg übernommen; bedeutende Sonderziele können hiervon ausgenommen werden
„Hauptverbindungen“	• Relationen zwischen Mittelzentren, zwischen Grund- bzw. ländlichen Zentren und Oberzentren, zwischen Mittel- und Grundzentren, mit bedeutender Quelle-/Zielbeziehung • Möglichst direkte Verbindungen mit erhöhtem Nachfragepotenzial, können in Teilabschnitten Erschließungsfunktion in angrenzenden Bereichen übernehmen
„Nebenverbindungen“	• Gemeindeübergreifende Verbindungen mit Erschließungsfunktion • Verbindungen mit moderatem Nachfragepotenzial bzw. moderater Quelle-/Zielbeziehung
„Spezialverbindungen“	• Verbindungen mit zeitlicher und/oder örtlicher Sondernachfrage beispielsweise Schulverkehre sowie Arbeits-, Schicht- oder Werkverkehr)
„Erschließungsverkehre Kernbereich“	• Erschließung verdichteter, multifunktionaler Kernbereiche innerhalb der Ober- und Mittelzentren (hohe Wohn-, Bebauungs- und Arbeitsplatzdichte) mit vielfältigen Quelle-/Zielbeziehungen in der Binnenbeziehung zu den umliegenden Siedlungsbereichen
„Erschließungsverkehre verdichteter Bereich“	• Erschließung städtischer Gebiete mit geschlossener, verdichteter Bebauung; Innenstadt sowie angrenzender Wohn- und Gewerbegebiete mit moderatem Binnenverkehr
„Erschließungsverkehre Ortsteile und Siedlung“	• Erschließung von Siedlungsrändern, Siedlungsflächen und Ortsteilen, abseits der verbindenden Korridore, mit eingeschränkter Versorgungssituation • Erschließung von solitär liegenden Gewerbegebieten

Tab. 6.7 Orientierungswerte zur Abschätzung des „wirtschaftlich vertretbaren“ Angebots (BMVI 2016)

Indikatoren des Zielsystems	Orientierungswerte
Absoluter Zuschuss	Zuschuss für andere Verkehrsangebote und/oder öffentliche Dienstleistungen der Daseinsvorsorge (z. B. Theater, Schwimmbad)
Zuschuss pro Pkm	Taxi-/Mietwagentarif (Preis/km)
Zuschuss pro Nutzkm	Zuschuss im klassischen Linienverkehr (im Vergleich zu flexiblen Angebotsformen)
Kostendeckungsgrad	Kostendeckungsgrade anderer öffentlicher Einrichtungen
Besetzungsgrad	Besetzungsgrad im privaten Pkw-Verkehr (1,2 Personen/Pkw)

einen geringeren Zuschuss pro Nutzkm aufweisen als vergleichbare Angebote im Linienverkehr. Die Entscheidung über die Einstellung eines Angebotes aus betriebswirtschaftlichen Gründen sollte jedoch

- vor dem Hintergrund der Alternativen (z. B. andere Angebotsformen),
- in Zusammenhang mit weiteren Zielen der integrierten Raum- und Verkehrsplanung und
- unter Berücksichtigung volkswirtschaftlicher Effekte (Erreichbarkeit, soziale Teilhabe etc.)

getroffen werden. (BMVI 2016, S. 44)

„Die Analyse des Zustandes dient dazu, die gegenwärtige verkehrliche Situation inkl. der Einflussgrößen (Demografie, Raum- und Siedlungsstruktur etc.) und ihrer Auswirkungen sowie die bisherige Entwicklung der Verkehrsnachfrage und ihre Determinanten detailliert zu erfassen und zu untersuchen. Im Rahmen dieses Arbeitsschrittes sollen die Zusammenhänge zwischen Ursachen und Wirkungen aufgezeigt und wenn möglich quantifiziert werden. Die Ergebnisse der Analysen sind u. a. auch die Grundlage für die anschließende Mängelanalyse.“ (ebenda, S. 45).

Im Detail sollten folgende Daten aufbereitet und analysiert werden:

- Daten zur Raum- und Siedlungsstruktur (Einwohner, Arbeitsplätze, Schulplätze u. a.),
- Daten zum Angebot des ÖPNV (Verkehrs-, Tarif-, Vertriebs- und Informationsangebot),
- Daten zum Mobilitätsverhalten der Bevölkerung,
- Daten zur Verkehrsnachfrage (insgesamt und im ÖPNV),
- wirtschaftliche Daten des ÖPNV (Erlöse, Kosten, Finanzierungsquellen und Ähnliches).

In den Abb. 6.2, 6.3 und 6.4 sind Beispiele für Ergebnisse der Zustandsanalyse aus dem Nahverkehrsplan der Region Hannover dargestellt.

Im Rahmen der Mängelanalyse werden die Ergebnisse der Zustandsanalyse den definierten Zielen bzw. Mindeststandards gegenübergestellt (Vergleich von Ist- und Soll-Zustand). Die abgeleiteten Mängel, d. h. nicht erfüllte Standards, sind die Grundlage für die in der nächsten Phase durchgeführte Maßnahmenuntersuchung. In Abb. 6.5 ist exemplarisch ein Ergebnis der Mängelanalyse aus dem Nahverkehrsplan Hannover dargestellt. Bei diesem Beispiel werden die Siedlungsflächen, die nicht die Kriterien der Mindestbedienung erfüllen, in gelber oder roter Farbe dargestellt (d. h., die Siedlungsfläche befindet sich außerhalb eines maximalen Einzugsbereiches einer Haltestelle, an der eine minimale Bedienungshäufigkeit pro Tag eingehalten wird).

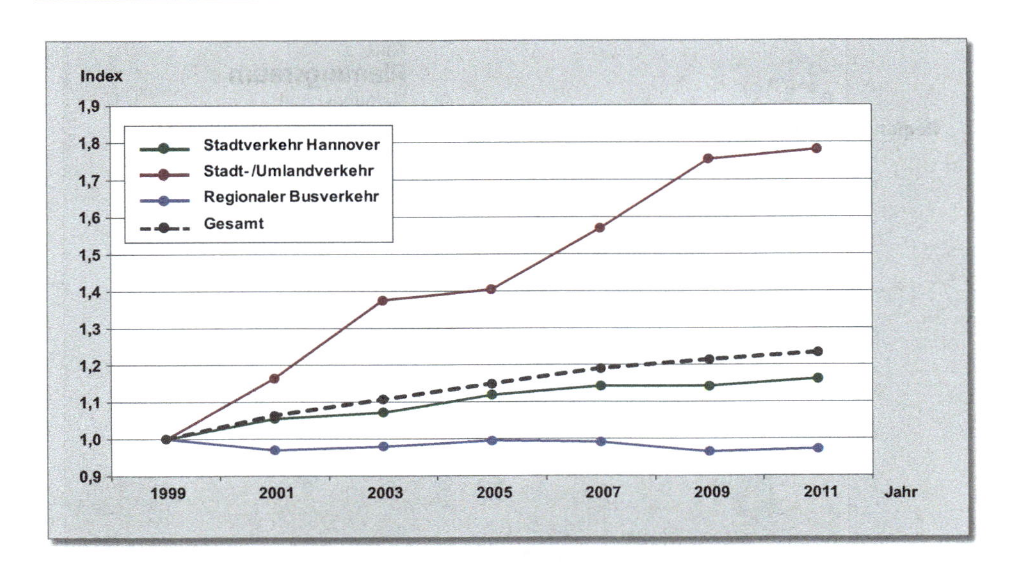

Abb. 6.2 Analyse des Zustandes (Beispiel): Entwicklung der Fahrgastnachfrage im Großraum Verkehr Hannover (GVH) nach Verkehrsarten. (Region Hannover 2015, S. 58)

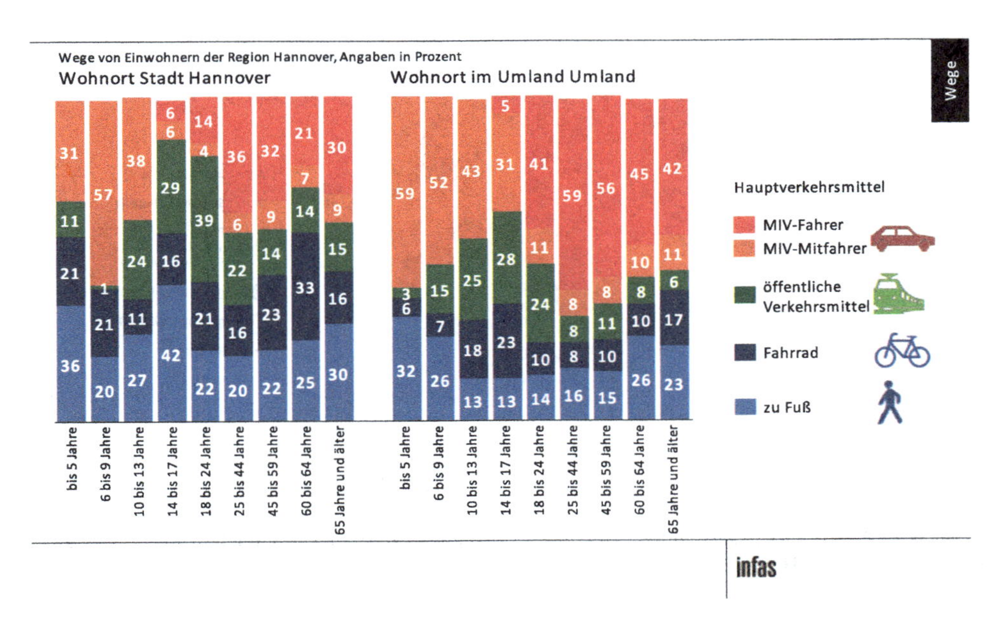

Abb. 6.3 Analyse des Zustandes (Beispiel): Modal-Split nach Altersgruppen der Einwohner der Region Hannover. (Region Hannover 2015, S. 87)

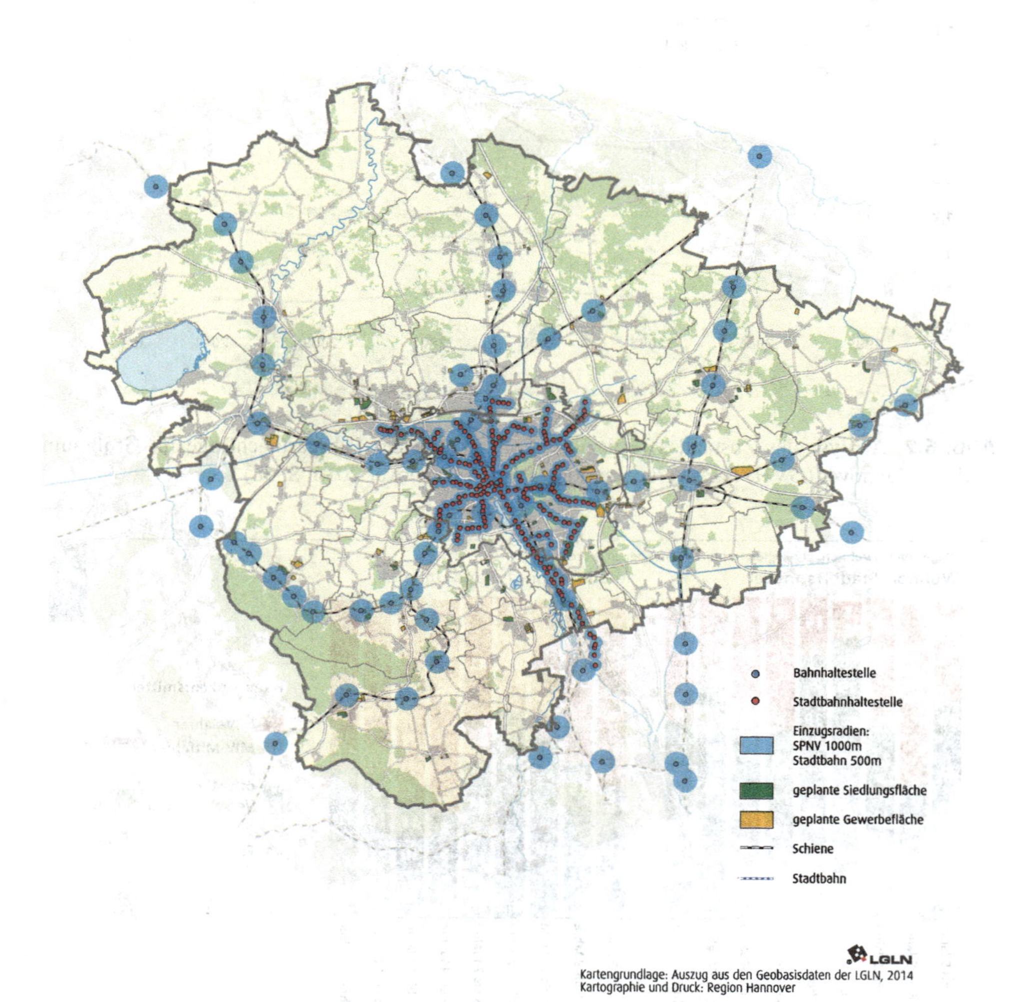

Abb. 6.4 Analyse des Zustandes (Beispiel): Siedlungs- und Gewerbeflächen in der Region Hannover. (Region Hannover 2015, S. 80)

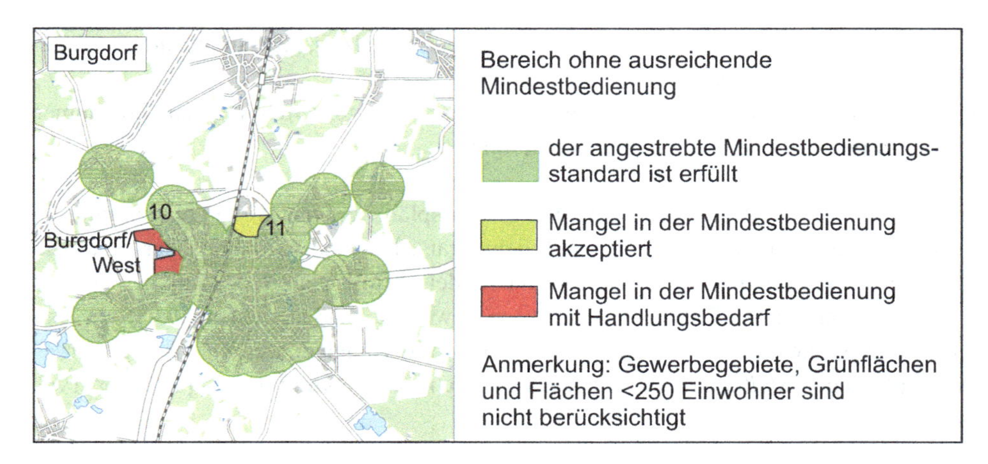

Abb. 6.5 Mängelanalyse (Beispiel): Siedlungsflächen ohne ausreichende Mindestbedienung in Burgdorf (Region Hannover 2015, S. 115)

Maßnahmenuntersuchung

In der Phase der Maßnahmenuntersuchung werden auf Basis der Mängelanalyse Maßnahmen bzw. Maßnahmenbündel entwickelt, die entsprechend der definierten Ziele der Weiterentwicklung des ÖPNV im Planungsraum dienen. Die aus der Mängelanalyse abgeleiteten und/oder von anderen Akteuren vorgeschlagenen Maßnahmen werden hinsichtlich ihrer erwünschten und unerwünschten Wirkungen bewertet. Die Wirkungsabschätzung sollte dabei auf dem definierten Zielsystem basieren, d. h., für die einzelnen Indikatoren des Zielsystems werden die Wirkungen der entwickelten Maßnahmen abgeschätzt. Damit ist ein transparenter Vergleich zwischen Zielen bzw. Mindeststandards einerseits und Wirkungen der Maßnahmen andererseits, aber auch zwischen den Wirkungen alternativer oder vergleichbarer Maßnahmen möglich, der die Bewertung der Maßnahmen erleichtert. So können u. a. mit dem Zielsystem unverträgliche Maßnahmen ausgeschlossen werden, z. B. wenn die laufenden Kosten einer Maßnahme den vorgegebenen Kostenrahmen überschreiten (Verträglichkeitsanalyse). Der Vergleich von Wirkungen gleichartiger Maßnahmen wie z. B. der barrierefreie Ausbau von Haltestellen unterstützt eine Rangreihung gleichartiger Maßnahmen (Wirkungsanalyse). Modelle unterschiedlicher Komplexität können je nach Aufgabenstellung und Maßnahme die Wirkungsabschätzung unterstützen (z. B. Verkehrsnachfragemodelle (vgl. Kap. 9 in Band 2), Verfahren zur Erlös- und Kostenschätzung etc.).

Die Maßnahmenuntersuchung sollte sich nicht nur auf das Verkehrsangebot (Infrastruktur, Fahrzeuge, Fahrplan) beschränken, sondern darüber hinaus

- tarifliche Maßnahmen (Weiterentwicklung des ÖPNV-Tarifs),
- vertriebliche Maßnahmen (Weiterentwicklung des Vertriebssystems),
- Maßnahmen im Bereich der Information und Kommunikation (z. B. Werbemaßnahmen, Einrichtung oder Weiterentwicklung einer Mobilitätszentrale, Weiterentwicklung der Fahrgastinformation),

- organisatorische Maßnahmen (z. B. Schulzeitstaffelung, Zusammenarbeit unterschiedlicher Akteure),
- Finanzierungsmaßnahmen (zusätzliche Maßnahmen zur Erhöhung der Einnahmen wie Sponsoring oder Nutznießerfinanzierung)

untersuchen. In der Praxis sind viele Nahverkehrspläne auf die Weiterentwicklung des Verkehrsangebots fokussiert. Aufgrund demografischer und ökonomischer Rahmenbedingungen werden die anderen Maßnahmenfelder zukünftig an Bedeutung gewinnen.

Als Ergebnis dieser Planungsphase liegen bewertete Maßnahmen vor, die den Entscheidungsgremien zur Abwägung und Entscheidung vorgelegt werden. Häufig werden die empfohlenen Maßnahmen hinsichtlich ihres Umsetzungszeitpunktes priorisiert (vgl. Abb. 6.6).

Abwägung und Entscheidung

„Während es Aufgabe der Planungsverantwortlichen ist, im Rahmen der Wirkungsanalyse und Bewertung [..] das Abwägungsmaterial aufzubereiten und den Abwägungsvorgang vorzubereiten, ist die Abwägung gleichermaßen Recht wie Pflicht der Entscheidungsgremien. Die Abwägung unterliegt damit der öffentlichen Kontrolle. Der Abwägungsvorgang wird mit der Entscheidung über [die Maßnahmen der Nahverkehrsplanung] abgeschlossen. Abwägung und Entscheidung unterliegen im Gegensatz zu den anderen Phasen keiner Beteiligung." (BMVI 2016, S. 71)

Der Nahverkehrsplan wird vom politischen Gremium des Aufgabenträgers beschlossen.

Umsetzung und Monitoring

Die Umsetzung der beschlossenen Maßnahmen sollte im Rahmen eines kontinuierlichen Monitorings geprüft werden, und zwar nach folgenden Aspekten:

- „Prüfung, ob die in der Problemanalyse festgestellten Mängel durch (die umgesetzten Maßnahmen) behoben und ob die erarbeiteten Zielvorstellungen erreicht werden konnten (Wirkungskontrolle),
- Prüfung, ob die zugrunde liegenden Zielvorstellungen noch gültig sind (Zielkontrolle),
- Prüfung, ob das geplante Konzept verkehrlich, organisatorisch, finanziell und zeitlich in der vorgesehenen Weise durchgeführt wurde (Maßnahmenkontrolle).

Erkenntnisse aus der Wirkungskontrolle können im Idealfall bereits im laufenden Realisierungsprozess berücksichtigt werden." (ebenda, S. 72). Je nach Ergebnis der Prüfung ergeben sich ggf. Anpassungen am Zielsystem und/oder am Handlungskonzept.

Analog zu anderen Planungsaufgaben sollte auch bei der Nahverkehrsplanung die fachliche Bearbeitung durch einen parallel laufenden Beteiligungsprozess ergänzt werden. Neben der gesetzlich vorgeschriebenen formellen Beteiligung bei der Aufstellung des Nahverkehrsplans sind auch informelle Verfahren zu berücksichtigen (vgl. Kap. 13 in Band 2).

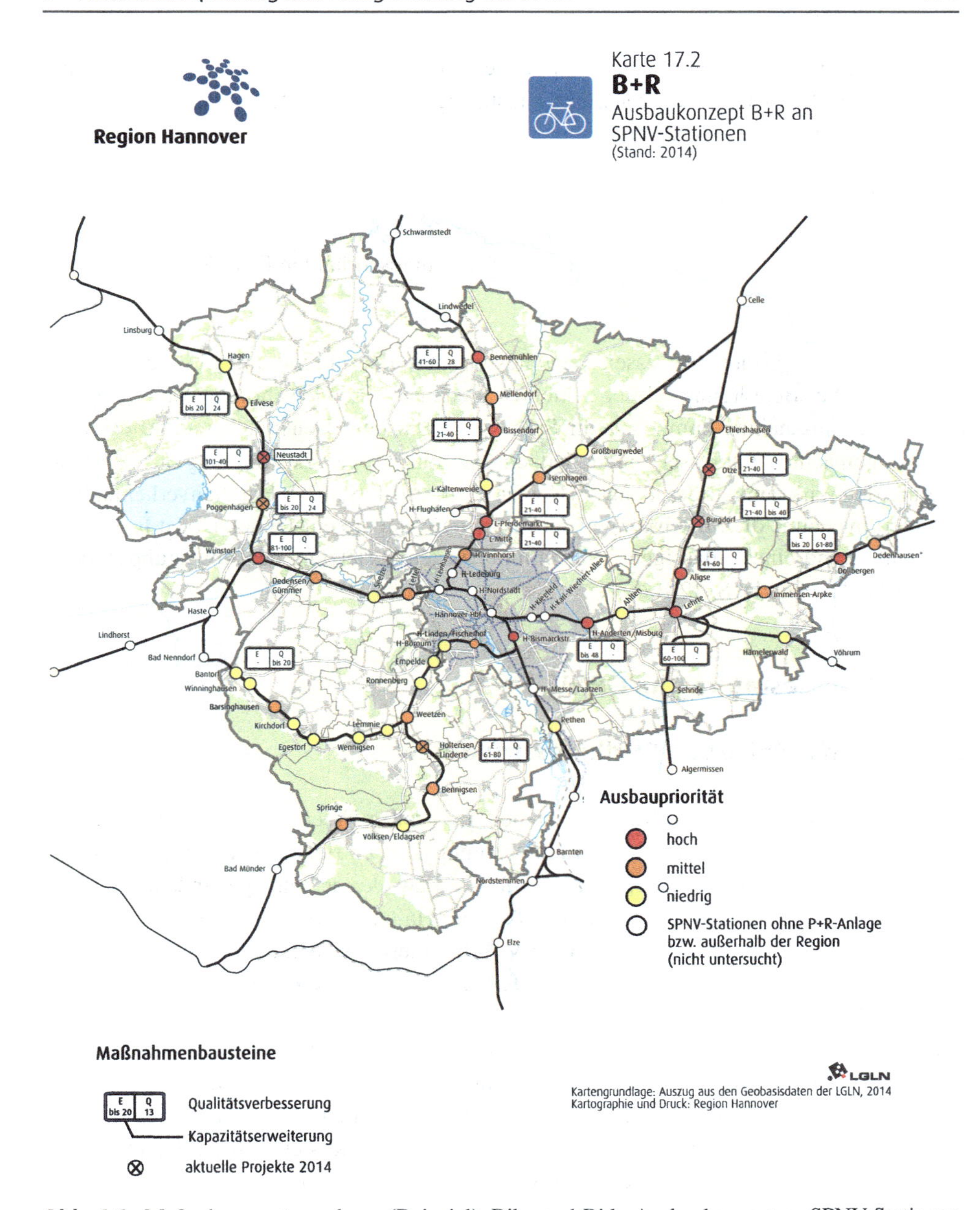

Abb. 6.6 Maßnahmenuntersuchung (Beispiel): Bike-and-Ride-Ausbaukonzept an SPNV-Stationen (Region Hannover 2015, S. 178)

Die im formellen Verfahren zu beteiligenden Akteure sind im PBefG und in den entsprechenden ÖPNV-Gesetzen der Länder festgelegt. Laut § 8 PBefG sind bei der Aufstellung des Nahverkehrsplans die

- Verkehrsunternehmen,
- Behindertenbeauftragten oder -beiräte,
- Verbände der in ihrer Mobilität oder sensorisch eingeschränkten Fahrgäste,
- Fahrgastverbände

anzuhören und ihre Interessen angemessen und diskriminierungsfrei zu berücksichtigen. Die Beteiligung dieser Akteure „bedeutet die Gewährung von Gelegenheit zur Einflussnahme zumindest im Sinn von Anhörung, Benehmen und Abwägung geltend gemachter Interessen, nicht jedoch im Sinne einer Zustimmung als Voraussetzung der Wirksamkeit des Plans." (Heinze et al. 2014, S. 128) Ein Nahverkehrsplan, der allerdings ohne die Mitwirkungen der genannten Akteure entstanden ist, ist fehlerhaft und „auf Grund eines zulässigen Rechtsmittels wegen Verletzung des Abwägungsgebots aufzuheben". (ebenda, S. 128).

6.2 Netzgestaltung im ÖPNV

6.2.1 ÖPNV-Netze und Siedlungsstrukturen

Siedlungsstrukturen und ÖPNV-Netz stehen in großer Wechselwirkung zueinander. Bei einer integrierten Stadt- und Verkehrsplanung konzentriert sich die Siedlungsentwicklung in der Nähe der Haltepunkte des SPNV bzw. des schienengebundenen ÖSPV, im Idealfall ist die Siedlungsdichte in der Nähe der Haltepunkte am größten. Das ermöglicht ein hochwertiges und effizientes ÖPNV-Achsennetz. Flächenhafte Siedlungsgebiete mit mäßiger Dichte erfordern dagegen eine feinere, verästelte Netzstruktur.

Aufgelöste, flächenhafte Siedlungsstrukturen, die hohe Umweganteile bzw. Stichfahrten bei gleichzeitig geringer Nachfrage notwendig machen, führen zu verkehrlich, betrieblich und betriebswirtschaftlich extrem ungünstigen Netzformen. Solche dispersen, weitgehend entmischten Strukturen geringer Dichte führen zwangsläufig zur MIV-Nutzung, weil attraktive ÖPNV-Angebote bei vertretbarem Kostenaufwand kaum umzusetzen sind. Steigende Verkehrskosten, Stau und Umweltbelastungen sind die Folge.

Eine kompakte und dichte Siedlungsstruktur ist Voraussetzung für ein attraktives ÖPNV-Netz. Sie verbessert die Wirtschaftlichkeit des ÖPNV und führt zu höheren Fahrgasterlösen bei geringerem Betriebsaufwand. Nachverdichtungen im Bestand sichern gegenüber der Entwicklung neuer Standorte in der Peripherie Erreichbarkeit mit geringem Zusatzaufwand (Deutsch et al. 2016).

6.2.2 Netzgestaltung als Teil der Angebotsplanung im ÖPNV

Die Netzgestaltung für den ÖPNV hat zunächst das Ziel, ein mit den verfügbaren bzw. vorgesehenen Verkehrsmitteln befahrbares Streckennetz festzulegen. Ähnlich wie beim Kfz-Verkehr muss dieses Netz bestimmten Kriterien genügen und so den Erfordernissen gerecht werden, die sich aus der räumlichen Verteilung und aus dem Umfang der Verkehrsnachfrage ergeben.

Anders als beim Kfz-Verkehr, bei dem sich die Routenbildung weitgehend individuell innerhalb des befahrbaren Streckennetzes vollzieht, schließt die Netzgestaltung im ÖPNV darüber hinaus die Festlegung von Haltestellen und die Definition eines sie verbindenden Liniennetzes mit ein. Dies ist die räumliche Komponente der eigentlichen Angebotsgestaltung im ÖPNV, die ihre Grenzen im zur Verfügung stehenden bzw. projektierten Streckennetz hat. Sie muss sich einerseits an dem Ziel orientieren, einen größtmöglichen Nutzen für die (potenziellen) Kunden zu bieten. Andererseits muss das entworfene Liniennetz dem Betreiber eine wirtschaftliche Abwicklung ermöglichen. Das Liniennetz mit den Haltestellen ist Ausgangsbasis für die weiteren Schritte der Angebotsplanung im ÖPNV, der Angebotsbemessung und der Fahrplangestaltung. Im Rahmen der Angebotsbemessung sind zwei Variablen zu bestimmen: die Platzkapazität bzw. die Größe der eingesetzten Fahrzeuge und darauf aufbauend die Bedienungshäufigkeit. Letztere ist nicht allein von der erwarteten Verkehrsnachfrage abhängig, sondern muss auch Attraktivitätsgesichtspunkte berücksichtigen. Zur Fahrplangestaltung gehört, das Angebot weiter zu konkretisieren, indem der Zeitbedarf zwischen den Haltestellen, Ankunfts- und Abfahrtszeiten an den Haltestellen und damit auch die zeitliche Lage der einzelnen Linien zueinander (Verknüpfung) festgelegt werden.

Damit sind die für den Kunden relevanten Merkmale des ÖPNV-Angebots fixiert. Bei den Verkehrsunternehmen selbst schließt sich weiterer Planungsbedarf für den Fahrzeug- und Personaleinsatz an. Zwischen den einzelnen Komponenten der Angebotsplanung bestehen Abhängigkeiten, sodass die Liniennetzgestaltung nie losgelöst von der Angebotsbemessung und der Fahrplangestaltung erfolgen kann. Auch Gesichtspunkte des Fahrzeug- und Personaleinsatzes können Rückwirkungen auf die Komponenten der eigentlichen Angebotsgestaltung haben.

6.2.3 Einflüsse auf die Netzgestaltung

Die Faktoren, die im ÖPNV die Liniennetzgestaltung beeinflussen, lassen sich unterschiedlichen Bereichen zuordnen. Die kundenorientierten verkehrlichen Vorgaben resultieren unmittelbar aus dem Umfang und der Struktur der Verkehrsnachfrage. Faktoren, die im Interessensbereich des Betreibers öffentlicher Verkehrsmittel liegen, sind in der Regel technische, betriebliche und betriebswirtschaftliche Gesichtspunkte. Dazu kommen Einflüsse, die der Allgemeinheit zuzuordnen sind: verkehrs- oder ordnungspolitische Vorgaben, die auf kommunalpolitische Zielsetzungen oder auf das Personenbeförderungsrecht zurückgehen, aber auch volkswirtschaftliche Aspekte, letzteres vor allem dann, wenn Vorleistungen bei der Verkehrsinfrastruktur erforderlich sind.

Nachfrageorientierte Faktoren

Die entscheidende Ausgangsbasis für eine nachfragegerechte Liniennetzgestaltung ist die Kenntnis der Quelle-Ziel-Beziehungen im ÖPNV des Planungsraums, differenziert nach Zeitraum und Personengruppe. Die quantitativen relationsbezogenen Nachfragedaten spiegeln die Siedlungsstruktur, die Siedlungsdichte und die räumliche Verteilung der einzelnen Nutzungen im Planungsraum wider. Da hier sowohl der Ist-Zustand als auch zukünftige, durch andere Entwicklungen beeinflusste Zustände interessieren, dienen als Datengrundlage der Liniennetzgestaltung die Ergebnisse von Nachfrageerhebungen bzw. Prognosemethoden. Auch im ÖPNV könnte die Bedeutung von computergestützten Erhebungsverfahren (Smartphone-Tracking, E-Ticketing) bei der nachfragegerechten Liniennetzgestaltung zunehmen. Die Auslastung einzelner Kurse lassen sich auch durch das elektronische Fahrgeldmanagement bzw. Zähleinrichtungen in den Fahrzeugen ermitteln. Vor dem Hintergrund der Kenndaten der Nachfrage ergibt sich für die Liniennetzgestaltung die Aufgabe, bei einem möglichst großen Anteil ausgeprägter Verkehrsströme eine Bedienung ohne Umsteigevorgänge anzubieten.

Technische, betriebliche und betriebswirtschaftliche Faktoren

Wesentliche technische Einflussgrößen für die Gestaltung von Liniennetzen sind die spezifischen Merkmale der eingesetzten Verkehrssysteme. So sind die klassischen Schnellbahnen (U- und S-Bahn) mit großen Haltestellenabständen und hoher Beförderungsleistung für achsenförmige Erschließungen prädestiniert. Im Gegensatz dazu ist der Bus ein für die Fläche geeignetes Verkehrsmittel. In seiner konventionellen Version ist der Bus auf keine fahrwegseitigen Spurführungs- oder Energieversorgungseinrichtungen angewiesen. Er kann so, wenn bestimmte fahrdynamische Mindestanforderungen eingehalten sind, das für den Kfz-Verkehr vorgehaltene Straßennetz mitbenutzen. Das Merkmalsspektrum zwischen Schnellbahn und Bus decken Stadtbahnen und Straßenbahnen ab, wobei bei der modernen Stadtbahn zumindest in den Außenbereichen monozentrischer Verdichtungsräume eher ein achsenförmiger Netzaufbau vergleichbar den Schnellbahnen zur Anwendung kommt. Herkömmliche Straßenbahnen mit kleinen Fahrzeugeinheiten und geringen Haltestellenabständen haben dichtere Netze, die flächenhaft angelegt sind und so in ihrem Erschließungscharakter oft dem Stadtbus nahekommen.

Die von der Forderung nach einem unabhängigen Fahrweg bei Schnellbahnen und schnellbahnähnlichen Stadtbahnen ausgehenden Defizite bei der flächenhaften Erschließung führen zu mehrstufigen Verkehrssystemen. Dabei übernimmt die Schnellbahn als Primärsystem mit vergleichsweise kurzen Beförderungszeiten den Transport zwischen Verknüpfungspunkten bzw. Aufkommensschwerpunkten. Dem Sekundärsystem Straßenbahn und/oder Bus kommt Zubringer- und Verteilerfunktion zu, ergänzt durch flexible und alternative Angebotsformen. Diese „Arbeitsteilung" der Verkehrsmittel hat Auswirkungen auf die Netzgestaltung, da der Einsatz mehrerer Verkehrssysteme mit jeweils systemspezifischer Funktion zur Überlagerung von Netzgrundformen führt und damit jedes der beteiligten Verkehrsmittel für sich eine homogenere Netzform erhält.

Zu den technischen und betrieblichen Faktoren gehören auch alle Aspekte, die den Fahrweg betreffen. Bei den Schnellbahnen bezieht sich dies auf die Frage, ob die Schaffung eines unabhängigen Fahrwegs (Tieflage, Hochlage, eigener Bahnkörper) mit vertretbarem Aufwand bautechnisch zu realisieren ist. Bei Systemen, die das Straßennetz mitbenutzen, spielt eine wesentliche Rolle, ob das bestehende oder projektierte Straßennetz den ÖPNV-spezifischen Anforderungen an die Trassierungselemente gerecht wird, die aus fahrzeugspezifischen und fahrdynamischen Grenzwerten sowie aus den Erfordernissen der Verkehrssicherheit resultieren.

Weiter kommt bei Straßenbahnen und Bussen hinzu, dass deren Pünktlichkeit und Zuverlässigkeit in hohem Maß von der Qualität des übrigen Verkehrsflusses abhängen. Die Gestaltung solcher im öffentlichen Straßenraum verlaufender Liniennetze wird also auch beeinflusst von der

- Belastung von Strecken durch den Kfz-Verkehr,
- Leistungsfähigkeit und Störungsempfindlichkeit einer Strecke,
- Möglichkeit partiell eigener Fahrwege mit Bevorrechtigung an Lichtsignalanlagen,
- sonstigen Verkehrsregelungen (Signalisierung, Vorfahrtregelung, Verkehrs- und Geschwindigkeitsbegrenzungen).

Um Fahrpersonal und Fahrzeuge wirtschaftlich einzusetzen, muss bei der Gestaltung des Liniennetzes auch von vornherein berücksichtigt werden, wie Wagenumläufe gebildet werden können.

Zu den Kriterien, die in diesem Zusammenhang von Bedeutung sind, gehören

- Vermeidung unwirtschaftlicher Standzeiten,
- gleichmäßige Angebotsauslastung (besonders wichtig bei Durchmesserlinien),
- geeignete Kehrmöglichkeiten, um den Fahrzeugeinsatz der räumlichen Belastungsverteilung bestmöglich anzupassen,
- Lage der Depots, um Zeitdauer und Wegelängen für Ein- und Ausrückfahrten in vertretbaren Grenzen zu halten.

Faktoren im Interesse der Allgemeinheit

Gerade bei der Trassenfindung für öffentliche Verkehrssysteme sind die Interessen der Allgemeinheit berührt. So kann die fehlende Durchsetzbarkeit einer bestimmten Streckenführung Zwänge verursachen, die zu einem Verzicht auf die aus Sicht der Kunden und der Betreiber optimale Linienführung führt. Dies trifft vor allem für dichtbesiedelte Wohngebiete, städtebaulich empfindliche Bereiche und naturlandschaftlich wertvolle Gebiete zu, wo neben dem baulichen Eingriff auch Aspekte der Emissionsbeeinträchtigung eine Rolle spielen.

Grundsätzlich unterliegen Verkehrsprojekte einem Legitimationsprozess, der die Dynamik gesellschaftlicher Entwicklungen (u. a. Vertrauensverlust der Politik, Individualisierung, Teilhabebedürfnis, Mobilisierungspotenzial, stärkere Gewichtung von Einzelinteressen, Wissensverteilung durch Internet) berücksichtigen muss. Das Selbstverständnis zur offenen Kommunikation und Dialogorientierung bietet vor diesem Hintergrund neue Chancen bei der Akzeptanz von Verkehrsprojekten (VDI 2015). Entsprechend sind Anwohner, zukünftige Nutzer und Interessierte in den Gestaltungsprozess einzubeziehen. Entscheidungen sind dagegen unter Berücksichtigung des Gemeinwohls in den dafür zuständigen Gremien zu treffen (VDV 2013).

Verkehrspolitische Vorstellungen artikulieren sich u. a. in der Vorgabe besonderer Bedienungsstandards im Nahverkehrsplan, die sich unmittelbar auf die Liniennetzgestaltung auswirken. Sie können aber auch dem Integrationsgedanken besondere Priorität zumessen und so Anlass sein, planerisch von vornherein ein mehrstufiges Verkehrssystem zu verfolgen.

6.2.4 Linien- und Netzbildung

6.2.4.1 Linienformen

Die aus Kundensicht bedeutsamen verkehrlichen Kriterien, wichtige Ziele ohne Umsteigen zu erreichen, die Beförderungszeiten auch bei kombinierter Benutzung mehrerer Verkehrsmittel kurz zu halten und in und zwischen vergleichbaren Verkehrsräumen ein qualitativ ähnliches Verkehrsangebot zu bieten, haben im öffentlichen Personennahverkehr zu Grundmustern der Linien- und Netzformen geführt, die sich nach ihrer geometrischen Struktur unterscheiden lassen (Abb. 6.7).

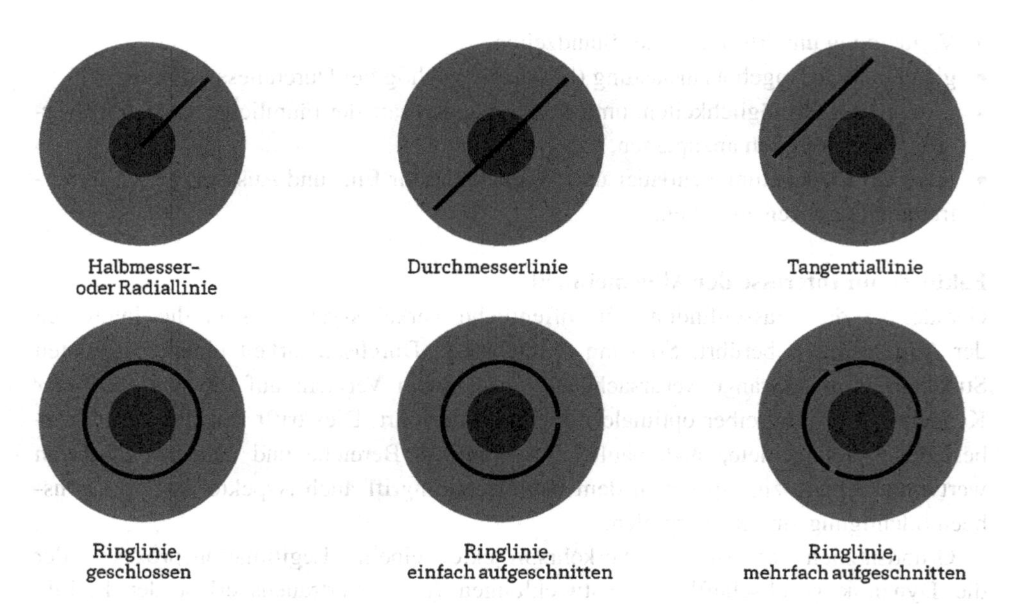

Abb. 6.7 Grundmuster der Linienformen

Halbmesser- bzw. Radiallinien
Halbmesserlinien (siehe Abb. 6.7) werden eingerichtet, wenn der größte Teil der Verkehrsbeziehungen des betrachteten Planungsraums Quelle bzw. Ziel in einem zentralen Bereich hat. Je nach räumlicher Ausdehnung dieses Zentrums kann es notwendig sein, es mit den radialen Linien zu durchqueren, um für vergleichsweise kurze Restdistanzen Umstiege zu vermeiden.

Der Betrieb solcher Linien erfordert im zentralen Bereich Wende- und Abstellmöglichkeiten für die eingesetzten Verkehrsmittel. Diese Forderung kann in engen Innenstadtbereichen oft nicht erfüllt werden. Sie kann dann trotz offensichtlicher verkehrlicher Vorteile von Radiallinien zu anderen Lösungen (z. B. Durchmesserlinien) führen.

Ein typischer Anwendungsfall für Radiallinien ist der Regionalverkehr monozentrischer Räume, bei dem die Linien zu einem zentralen Ziel (z. B. Zentraler Omnibusbahnhof (ZOB)) geführt werden. Von dort erfolgt dann die Feinverteilung der Fahrgäste mit anderen, auf die innerstädtische Verkehrsbedienung ausgerichteten Verkehrsmitteln.

Durchmesserlinien
Die Bildung von Durchmesserlinien (siehe Abb. 6.7) ist von Vorteil, wenn neben den typischen Radialbeziehungen von und zum Zentrum ein beträchtlicher Teil der Nachfrage Quelle bzw. Ziel in einem außerhalb des Zentrums liegenden Verkehrsgebiet hat. Ein charakteristischer Anwendungsfall für Durchmesserlinien ist auch, wenn es innerhalb des Zentrums keinen eindeutigen Aufkommensschwerpunkt gibt, der mit einer zentralen Haltestelle erschlossen werden könnte. Insofern befindet sich bereits die bei den Halbmesserlinien erwähnte Verlängerung innerhalb des Zentrums am Übergang von der Radial- zur Durchmesserlösung.

Betrieblich haben Durchmesserlinien Vor- und Nachteile. Voraussetzung für einen insgesamt wirtschaftlichen Betrieb von Durchmesserlinien ist, dass beide Linienäste eine ähnliche Stärke des Fahrgastaufkommens haben und sich so für jeden Ast ein vertretbares Verhältnis zwischen Angebot und Nachfrage einstellt. Günstig auf den Fahrzeugbedarf und eventuell auf den Personalbedarf wirkt sich der geringere Anteil der Wendezeiten an den Umlaufzeiten aus. Andererseits kann die gegenüber einer radialen Linie im Allgemeinen längere Linienführung zu einer höheren Störanfälligkeit führen, die größere Zeitpuffer an den Linienenden notwendig macht. Entsprechend den beschriebenen Merkmalen sind Durchmesserlinien vor allem in Großstädten anzutreffen, bei denen die Verkehrsströme zentrisch auf einen flächenhaften Nachfrageschwerpunkt ausgerichtet sind und in denen die einzelnen radialen Beziehungen eine ähnliche Stärke aufweisen.

Tangential- und Ringlinien
Ergeben sich aus der Flächennutzung und den daraus resultierenden Verkehrsströmen ausgeprägte Beziehungen, die nicht über den Aufkommensschwerpunkt des betrachteten Raumes (z. B. Stadtzentrum) abgewickelt werden müssen, so kann es verkehrlich und

betrieblich sinnvoll sein, Tangentiallinien (Abb. 6.7) einzurichten. Tangentiallinien ergeben sich oft als Ergänzung bestehender radial ausgerichteter Liniennetze, wenn neue Wohn- und/oder Arbeitsplatzschwerpunkte im peripheren Bereich eines verdichteten Raumes entstehen. Wirtschaftlich vertretbar sind solche ergänzenden Tangenten aber nur, wenn eine angemessene Verkehrsnachfrage besteht und diese auch ein entsprechendes Fahrgastaufkommen erwarten lässt.

Ringlinien (Abb. 6.7) stellen erweiterte Formen der Tangentiallinien dar, wobei die Verbindung aller zu bedienenden Potenziale zu einer ringartigen Linienform führt. Abgesehen von dem Problem, eine weitgehend homogene Auslastung des Angebots zu erreichen, treten bei Linien, die in der Funktion großräumiger konzentrischer Ringe um großstädtische Zentren geführt werden, vor allem Probleme bei der zuverlässigen Betriebsabwicklung auf, da hochbelastete radiale Ein- und Ausfallstraßen gekreuzt werden müssen. Deshalb sind die meisten realisierten Ringlinien „unechte" Ringlinien, die an einer Stelle aufgeschnitten sind und an Orten, an denen die notwendigen Ausgleichszeiten vorgesehen werden können, zwei räumlich identische Endpunkte erhalten. Beim Entwurf solcher „unechter" Ringlinien ist wichtig, dass die Lage des Endpunktes auch einen gewissen Brechpunkt in den tangentialen Verkehrsströmen darstellt.

Mit der Einführung weiterer Endpunkte in einem ringförmigen Erschließungssystem um großstädtische Zentren lassen sich Ringlinien in weitere verkehrlich und betrieblich sinnvolle Abschnitte auflösen. Die bei solchen mehrfach aufgeschnittenen Ringlinien entstehende Angebotsstruktur entspricht einem Aneinanderketten von Tangentiallinien.

Verbreitung haben Ringlinien in der Praxis vor allem gefunden, wenn in Neubaugebieten (Wohnnutzung und gewerbliche Nutzung) im Zuge einer ringförmigen Erschließungsstraße ein ÖPNV-Angebot einzurichten ist. In dieser Funktion sind Ringlinien meist Teil eines mehrstufigen Verkehrssystems, indem sie Zubringer- und Verteileraufgaben zum übergeordneten System (z. B. Stadtbahn) übernehmen. Sie werden aber auch in einer höheren Hierarchiestufe zur Verbindung von bedeutenden, außerhalb des Stadtzentrums gelegenen Aufkommensschwerpunkten eingerichtet und nutzen dabei häufig die zum Hauptstraßennetz zählenden Ringstraßen.

6.2.4.2 Netzformen

Aus den geometrischen Merkmalen einzelner Linien ergeben sich in der Überlagerung zum Streckennetz eines Raumes Netzgrundformen, die sich wie einzelne Linien nach ihrer geometrischen Struktur unterscheiden lassen. In diesem Sinne ergibt die Überlagerung von Radial- bzw. Durchmesserlinien, die alle auf denselben zentralen Bereich ausgerichtet sind, ein Radialnetz (siehe Abb. 6.8). Diese Netzform ist charakteristisch für monozentrische Räume.

Polyzentrische Räume, bei denen mehrere Zentren in unterschiedlichen Richtungen miteinander zu verbinden sind, führen zu Rasternetzen (Abb. 6.8) als charakteristischer Netzform. Dabei sind je nach topografischen und verkehrlichen Randbedingungen rechteckige oder dreieckige Rasternetze als Netzgestalt möglich. Eine weitere Variante innerhalb der geometrischen Untergliederung von Netzgrundformen ist das Ringnetz (Abb. 6.8), das sich aus konzentrisch angeordneten Erschließungsringen zusammensetzt.

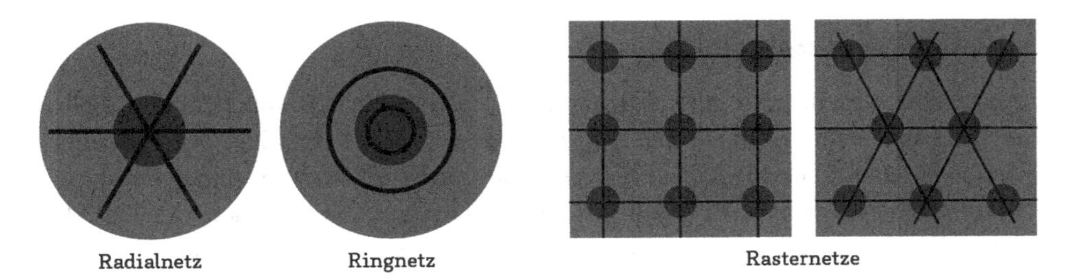

Abb. 6.8 Grundmuster der Netzformen

Für die praktische Umsetzung gilt allerdings einschränkend, dass die beschriebenen geometrischen Netzstrukturen in dieser reinen Form kaum verwirklicht werden. ÖPNV-Netze sind in der Regel Mischformen dieser einfachen Grundstrukturen. Bei vielen realisierten Radialnetzen ist der theoretische Schnittpunkt der Radial- bzw. Durchmesserlinien so aufgelöst, dass dort eine rasterförmige Netzstruktur entsteht, aus der sich dann z. B. in Form von Innenstadttangenten eine flächenhaftere Erschließung des Kernbereichs ergibt. Eine andere Form, mit der solche zentrale Knoten von Radialnetzen aufgelöst werden, ist die über mehrere Haltestellen im Kernbereich verlaufende Parallelführung der Radial- bzw. Durchmesserlinien, die vor allem bei einer gestreckten räumlichen Siedlungsstruktur im Kernbereich von Vorteil ist. Mit einer räumlichen Auflösung des zentralen Bedienungsbereichs wird in der Regel auch eine Entzerrung der Umsteigerströme erreicht.

Die Kombination mehrerer Netzgrundformen ist auch ein charakteristisches Merkmal für die Netze mehrstufiger Verkehrssysteme. So kann sich aus dem Ansatz, das Primärsystem (z. B. ein Schnellbahnsystem oder Hauptlinien eines Busverkehrssystems) am Verlauf der Hauptverkehrsachsen zu orientieren, für diese Komponente des Angebots ein Radialnetz ergeben, das durch ringförmige oder tangentiale Zubringerlinien überlagert wird, sodass insgesamt die Mischform des Radial-Ring-Netzes entsteht.

Typisch für Netze mehrstufiger Verkehrssysteme ist auch die Überlagerung mehrerer gleich strukturierter Netzgrundformen, z. B. wenn auf wichtige Verknüpfungspunkte radialer Primärnetze lokale Radialnetze ausgerichtet werden.

6.2.4.3 Optimierung eines Liniennetzes

Während bei Tangential-, Ring- und radialen Zubringerlinien meist der verfügbare Fahrweg und die Nachfrageströme keine allzu große Bandbreite bei der Umsetzung in ein Liniennetz zulassen, gibt es bei Radialnetzen, die zentrale Bereiche erschließen, eine gewisse Variationsbreite, wie auf solchen Streckennetzen eine sinnvolle Konfiguration von Radial- und/oder Durchmesserlinien zu konzipieren ist. Um die Vorgehensweise zu verdeutlichen, wird auf ein synthetisches Beispiel zurückgegriffen, das auf der Empfehlung des Verbandes Deutscher Verkehrsunternehmen (VDV) zur Linienoptimierung (VDV 1992) basiert.

Beispiel: Liniennetzoptimierung

Ausgehend von dem in Abb. 6.9 dargestellten Streckennetz mit den Haltestellen A bis I und dem für die Bedienung wichtigen zentralen Bereich, den die Haltestellen D und F erschließen, ergibt sich als erste Liniennetzvariante mit einem Minimum an Linienüberlagerung ein sogenanntes „Achsenliniennetz" (siehe Abb. 6.10). Die Konsequenzen, die ein solches einfaches Liniennetz hat, sind offensichtlich: Beziehungen zwischen E und A, B, C, H, I sowie zwischen G und A, B, C, H, I können nur mit Umsteigen erreicht werden. Ob diese zweifellos betriebswirtschaftlichen Gesichtspunkten entgegenkommende Liniennetzstruktur auch die Nachfrage ausreichend berücksichtigt, wird also entscheidend davon abhängen, welche Stärke die einzelnen Verkehrsbeziehungen aufweisen.

Eine Liniennetzvariante, die daran orientiert ist, die Direktverbindungen zu maximieren, stellt das sogenannte „Nachfrageliniennetz" dar (siehe Abb. 6.11). Abgesehen von Situationen, in denen praktisch identische Stärken aller Beziehungen auf hohem absolutem Niveau vorliegen, sind solche Lösungen im Allgemeinen unrealistisch, da sie zu wirtschaftlich nicht vertretbaren Betriebsführungs- und Fahrzeugvorhaltungskosten führen, bzw. wenn im zentralen Bereich der betriebliche Aufwand in einem vernünftigen Verhältnis zur Nachfrage stehen soll, sich in den Außenbereichen Bedienungshäufigkeiten ergeben, die nicht ausreichend attraktiv sind.

Die beiden Extreme „Achsenliniennetz" und „Nachfrageliniennetz" zeigen, dass in der planerischen Praxis ein relatives Optimum gefunden werden muss, das

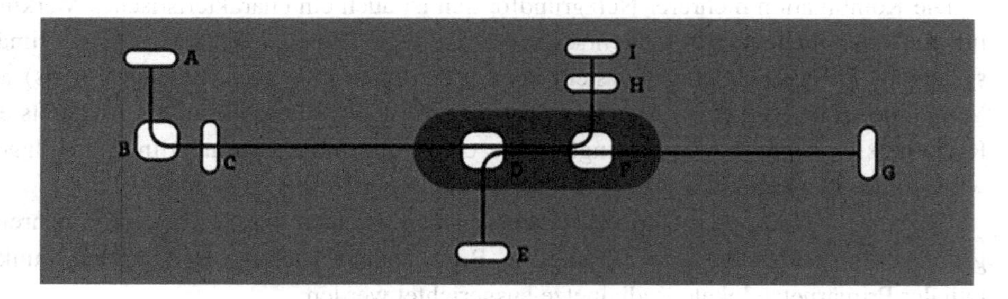

Abb. 6.9 Streckennetz

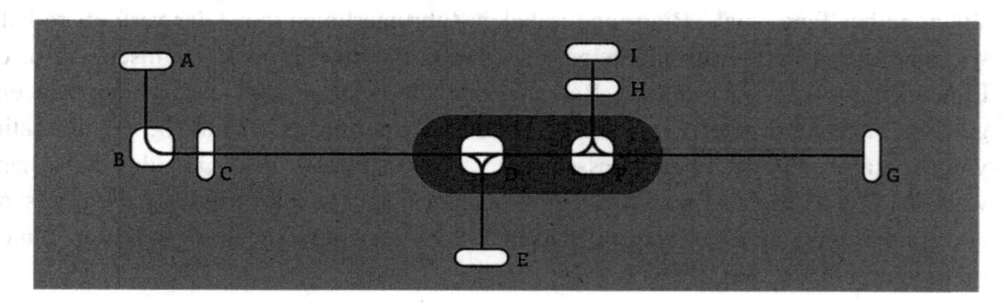

Abb. 6.10 Achsenliniennetz

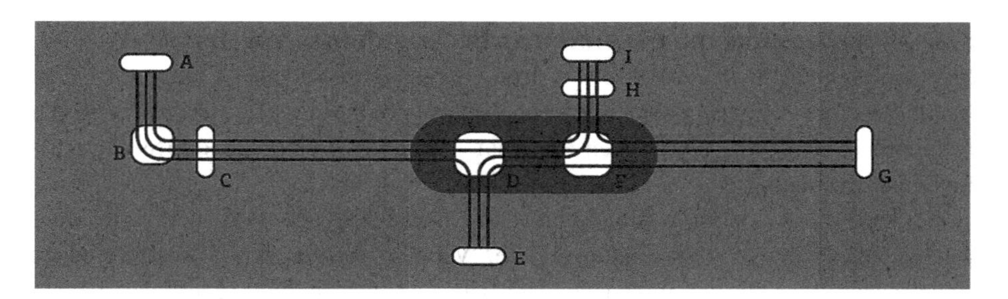

Abb. 6.11 Nachfragelininennetz

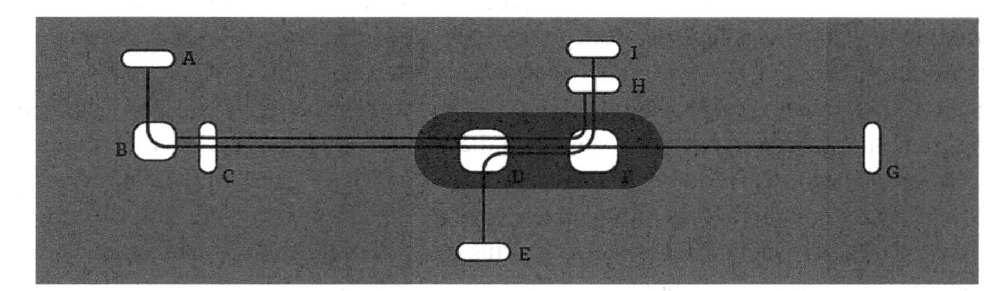

Abb. 6.12 Bedarfsliniennetz

einen Kompromiss zwischen den wirtschaftlichen Belangen des Unternehmens und dem Ziel darstellt, für den Kunden möglichst attraktiv zu sein. Ausgehend von dem erwähnten Beispiel könnte eine solche realistische Lösung das in Abb. 6.12 gezeigte „Bedarfsliniennetz" sein, bei dem Direktverbindungen auf die nachfragestärksten Relationen beschränkt werden. Gegenüber dem Achsenliniennetz hat es den Vorteil, dass mehr Fahrgäste ihr Ziel direkt erreichen. Betrieblich ist darüber hinaus von Vorteil, dass es bei Störungen auf einem Streckenabschnitt nicht zum völligen Ausfall des Angebots auf dem jenseits des zentralen Bereichs gelegenen Teilnetz kommt. So würde beim Achsenliniennetz bei einer Betriebsstörung auf der Strecke C–D auch die Strecke I–F ohne Bedienung bleiben.

Der höhere Grad an Linienüberlagerung beim „Bedarfsliniennetz" und vor allem beim „Nachfrageliniennetz" führt zu einer notwendigen „Verzahnung" der Fahrpläne der einzelnen Linien. Dabei kann zu Zeiten einer geringen Nachfrage (Nachtverkehr) angestrebt werden, dass die Linien einen zentralen Verknüpfungspunkt auf der Strecke D–F zur gleichen Zeit erreichen, um gesicherte Anschlüsse anbieten zu können. Zu Zeiten einer höheren Frequenz (Tagesverkehr) kann es wiederum das Ziel sein, auf einer Stammachse mit großer Nachfrage (Strecke D–F bzw. C–F) ein verdichtetes Angebot im aufeinander abgestimmten Taktverkehr anzubieten. So kann beispielsweise mit zwei Linien (A–G und C–H), die im 20-min-Takt, und einer Linie, die im 10-min-Takt betrieben wird (H–E), auf der Stammachse ein linienübergreifender, attraktiver 5-min-Takt gebildet werden. Das Beispiel zeigt die Abhängigkeiten auf, die die Fahrplankonstruktion erschweren und die Bandbreite möglicher Fahrplanlagen einengen. ◀

6.2.4.4 Anpassung von Liniennetzen bei Nachfrageschwankungen

Im vorausgegangenen Abschnitt wurde dargestellt, welche Liniennetzvariationen innerhalb eines vorgegebenen Streckennetzes möglich sind. Hierfür sind – neben den erwähnten betriebswirtschaftlichen Kriterien – vor allem Umfang und Struktur der Nachfrage entscheidend.

Es stellt sich deshalb die Frage, ob angesichts der von der tageszeit- und wochentagsabhängigen Schwankungen der Verkehrsnachfrage und Veränderungen der Nachfragestruktur starre Liniennetze, die heute ein wesentliches Merkmal der meisten ÖPNV-Angebote sind, ihrer Aufgabe gerecht werden. Müssten stattdessen nicht Liniennetze angestrebt werden, die sich entsprechend diesen Schwankungen verändern und zumindest auf die gängigen Kategorien der Verkehrszeiten (Haupt-, Normal- und Schwachverkehrszeit) sowie auf relevante Wochentagstypen (Montag bis Freitag, Samstag, Sonntag) zugeschnitten sind? Die Probleme, einen solchen theoretisch berechtigten Ansatz umzusetzen, stellen an die Verfügbarkeit qualifizierter, kontinuierlich erhobener Daten der Verkehrsbeziehungen in einem ÖPNV-Netz größte Anforderungen. Je stärker zeitorientiert Netze differenziert werden, desto höher sind die Anforderungen an die Matrizen der Quelle-Ziel-Beziehungen für kurze Zeitintervalle. Unabhängig davon, ob sich ein immer größerer Fahrgastkreis über eine Smartphone-App in Echtzeit informieren könnte, darf ein tageszeitlicher und wochentags abhängiger Wechsel der Linienführung und Fahrplanlagen nicht im Widerspruch zu der Erwartungshaltung eines verlässlichen Grundangebotes stehen. Der regelmäßige Fahrgast möchte sich nach heutigem Verständnis bei Basisinformationen nicht immer wieder zeitabhängig neu orientieren müssen.

Die Überlegungen verdeutlichen, dass im Linienverkehr bei der zeitlichen Anpassung von ÖPNV-Netzen an Nachfrageschwankungen behutsam vorgegangen werden muss. Ausnahme bilden hier vor allem Räume und Zeiten mit sehr schwacher Verkehrsnachfrage, in denen sich ein bedarfsorientierter Betrieb mit flexiblen und alternativen Angebotsformen, teilweise ohne Linienbindung, anbietet.

6.2.5 Methoden des Linien- und Netzentwurfs

6.2.5.1 Einbindung in den Planungsprozess

Der Entwurf von Linien und Liniennetzen im ÖPNV ist Teil des Planungsprozesses, an dessen Ende die Entscheidung für ein bestimmtes Angebot steht. Der Linien- und Netzentwurf ist einer eingehenden Problemanalyse nachgeordnet. Sie umfasst die Analyse des Ist-Zustandes, eine Mängelanalyse (u. a. in Bezug darauf, ob das Angebot den Kundenerwartungen entspricht) und die Erarbeitung von Planungszielen. In der eigentlichen Entwurfsphase sind neben der Entwicklung von Varianten des räumlichen Angebots auch deren Auswirkungen abzuschätzen, sodass dieser Arbeitsschritt mit einer Bewertung der erarbeiteten Varianten abschließt und so eine qualifizierte Entscheidungshilfe für die anschließende Entscheidungsphase liefert.

6.2.5.2 Ausgangsinformationen

Unabhängig von den gewählten Verfahren zur Entwicklung von Netzen ist eine Reihe von Ausgangsinformationen über die Situation im Planungsraum unerlässlich. Grunddaten über die Nachfrage sind im Wesentlichen Kenntnisse über die Verkehrsbeziehungen des Planungsgebiets, die als Quelle-Ziel-Matrizen verkehrszellen- oder haltestellenbezogen zur Verfügung stehen und möglichst nach Verkehrszeiten sowie nach Fahrtzwecken differenziert sein sollten. In diesem Zusammenhang ist wichtig, ob es sich bei dem verfügbaren Material um Daten handelt, die Umfang und Struktur der ÖPNV-Nachfrage im Ist-Zustand widerspiegeln, oder ob diese Daten Ergebnisse integrierter Verkehrsplanungen (Verkehrsentwicklungsplanung) sind, die möglicherweise mithilfe eines Verkehrsnachfragemodells die Wirkung bestimmter Planfälle unterstellt haben. In beiden Fällen muss bei der abschließenden Bewertung darauf geachtet werden, inwieweit die einzelnen Netzvarianten die ÖPNV-Nachfrage verändern, indem sie z. B. zu Verlagerungen vom Individualverkehr oder zu induziertem öffentlichen Neuverkehr führen.

Zu den Grunddaten, die in Zusammenhang mit dem bisherigen und künftigen Angebot stehen, gehören:

- Lage von vorhandenen und potenziellen Haltestellen im Planungsgebiet,
- Eignung der Haltestellen als End- bzw. Anfangspunkt von Linien,
- Zusammenstellung der befahrbaren Strecken bzw. Streckenvarianten zwischen den Haltestellen mit Angabe der Entfernung und Fahrtzeit,
- Kapazität sowie Fahrzeugvorhaltungs- und Betriebsführungskosten der Fahrzeuge, die eingesetzt werden können.

Darüber hinaus sind Informationen über bestimmte Randbedingungen erforderlich. Dazu gehören generelle Planungsziele, die sich aus bestimmten verkehrspolitischen oder unternehmenspolitischen Vorstellungen ergeben und konkrete Vorgaben, z. B., dass bestimmte Linien eines bestehenden Netzes nicht verändert werden dürfen. Im zuletzt genannten Fall sind Haltestellenfolge, Betriebsprogramm und Fahrzeugeinsatz dieser Linien von Interesse. Eine wichtige Randbedingung stellt auch die Durchsetzbarkeit dar. Es ist möglich, dass ein nach objektiven Kriterien optimiertes Netz im politischen Raum nicht akzeptiert wird. Grundsätzlich sind Beteiligungs- und Kommunikationsprozesse erforderlich (vgl. auch Kap. 13 in Band 2). Sie sollten aufzeigen, wie sich die Mobilität für die Bürger einer Stadt verbessert.

6.2.5.3 Verfahren

Die Bandbreite der Verfahren zur Bildung von Liniennetzen reicht von der traditionellen Vorgehensweise, die sich weitgehend der praktischen Anschauung und auf Erfahrung gestützter Intuition bedient, bis zu rechnergestützten Planungsverfahren. Auch beim Einsatz der Informationstechnik ist planerischer Sachverstand, Vorstellungsvermögen und Erfahrung gefordert. Die Vielzahl der Varianten, die mithilfe der Informationstechnik gebildet und geprüft werden können, beinhaltet bereits eine vorläufige Fahrplan- und Dienstplanung, sodass die Eignung eines Liniennetzes vergleichend abgeschätzt werden kann. Eine Bewertung der Ergebnisse erfolgt anhand von Kenngrößen, mit denen die Belange des Kunden und des Betreibers berücksichtigt werden, z. B.

- Anzahl der einzusetzenden Fahrzeuge, differenziert nach Fahrzeugtypen,
- Wagen- und/oder Zugkilometer pro Zeiteinheit,
- Wirkungsgrad Fahrpersonal,
- aus dem Fahrzeugeinsatz resultierende Kosten,
- Fahrgastnachfrage im Bedienungsgebiet,
- Modal Split im Bedienungsgebiet,
- Summe der Beförderungszeiten oder mittlere Beförderungszeit,
- Anzahl/Anteil der Direktfahrer,
- Anzahl/Anteil der Einmalumsteiger und Mehrfachumsteiger,
- Erfüllungsgrad (Anteil der erfüllbaren Fahrtwünsche) der vorgegebenen Fahrtenmatrix,
- Beförderungsqualität (Anteil der auf Sitzplätzen beförderten Fahrgäste) im für die Bemessung einer Linie maßgebenden Querschnitt (vgl. VDV 1992).

Bei der Ermittlung verkehrlicher Kenngrößen kann ein Verkehrsnachfragemodell (vgl. Kap. 9 in Band 2) unterstützen, in dem die Wirkungen definierter Netzvarianten (Planfälle) mithilfe des Modells abgeschätzt werden. Dabei ist darauf zu achten, dass das Modell für die konkrete Planungsaufgabe geeignet ist und beispielsweise veränderte Zu- und Abgangswege, Taktveränderungen und Umsteigevorgänge realitätsnah abbildet (Maßnahmensensitivität).

Ob Kunden- und Betreiberaspekte für die Ergebnisbewertung ausreichen, hängt u. a. auch von der Frage ab, welche Investitionsaufwendungen mit der Realisierung eines solchen Netzes verbunden sind. Insbesondere bei Netzen für Schienenbahnen kann die Einbeziehung der Nutzenseite der Allgemeinheit von Bedeutung sein. Solche umfassenderen Bewertungen müssen dann in Nutzen-Kosten-Untersuchungen erfolgen, die eine Bewertung unter betriebs- und gesamtwirtschaftlichen Aspekten ermöglichen (siehe Kap. 12 in Band 2).

Literatur

Gesetze und Verordnungen

Hessisches ÖPNVG: Gesetz über den öffentlichen Personennahverkehr in Hessen (ÖPNVG) vom 1. Dezember 2005 (GVBl. I S 786), zuletzt geändert am 29. November 2012 (GVBl. I S 466)

PBefG (2016) Personenbeförderungsgesetz vom 8. Oktober 1990, zuletzt geändert am 17. Februar 2016 (BGB1. I S 203, 231)

VwVfG: Verwaltungsverfahrensgesetz in der Fassung der Bekanntmachung vom 23. Januar 2003 (BGBl. I S. 102), das zuletzt durch Artikel 5 Absatz 25 des Gesetzes vom 21. Juni 2019 (BGBl. I S. 846)

Technische Regelwerke und Wissensdokumente

Forschungsgesellschaft für Straßen- und Verkehrswesen (Hrsg) (2009) Richtlinien für integrierte Netzgestaltung (RIN). FGSV-Verlag, Köln

Forschungsgesellschaft für Straßen- und Verkehrswesen (Hrsg) (2010) Empfehlungen für Planung und Betrieb des Öffentlichen Personennahverkehrs, Köln

Forschungsgesellschaft für Straßen- und Verkehrswesen (Hrsg) (2018) Empfehlungen für Verkehrsplanungsprozesse (EVP), Köln

Verband Deutscher Verkehrsunternehmen (Hrsg) (2019) Verkehrserschließung und Verkehrsangebot im ÖPNV, VDV-Schrift 4, Köln

Verein Deutscher Ingenieure (Hrsg) (2015) Frühe Öffentlichkeitsbeteiligung bei Industrie- und Infrastrukturprojekten, VDI-Richtlinie 7000, Düsseldorf

Verband Deutscher Verkehrsunternehmen (Hrsg) (1992) Linienoptimierung, VDV-Schrift 2, Köln.

Verband Deutscher Verkehrsunternehmen (Hrsg) (2013) Kommunikation von ÖPNV-Großvorhaben, VDV-Mitteilung 10014, Köln.

Weitere Quellen

Bayern (1998) Leitlinien zur Nahverkehrsplanung in Bayern, Bayerisches Staatsministerium für Wirtschaft, Verkehr und Technologie, München

Bundesministerium für Verkehr und digitale Infrastruktur (Hrsg) (2016) Mobilitäts- und Angebotsstrategie in ländlichen Räumen – Planungsleitfaden für Handlungsmöglichkeiten von ÖPNV-Aufgabenträgern und Verkehrsunternehmen unter besonderer Berücksichtigung wirtschaftlicher Aspekte flexibler Bedienungsformen, Berlin

Deutsch V, Beckmann KJ, Gertz C, Gies J, Huber F, Holz-Rau C (2016): Integration von Stadtplanung und ÖPNV für lebenswerte Städte. Der Nahverkehr, Jahrgang 34(4):28–36.

Hessen (1998) Leitfaden zur vergleichenden Beurteilung von ÖPNV-Fahrtenangeboten in den Landkreisen des Landes Hessen, Hessisches Ministerium für Wirtschaft, Verkehr und Landesentwicklung, Landesamt für Straßen- und Verkehrswesen, Wiesbaden

Heinze C, Fehling M, Fiedler LH (2014) Personenbeförderungsgesetz – Kommentar, 2. Aufl. Beck, München

Kreis Märkischer (Hrsg) (2016) Nahverkehrsplan 2017–2022. Entwurf, Kassel

NRW (1996) Arbeitshilfe für Nahverkehrspläne in Nordrhein-Westfalen, Ministerium für Wirtschaft, Mittelstand, Technologie und Verkehr des Landes Nordrhein-Westfalen, Düsseldorf

Region Hannover (2015) Nahverkehrsplan 2015, Beiträge zur regionalen Entwicklung Nr. 138, Hannover.

Reinberg-Schüller H (2013) Vollständige Barrierefreiheit: für wen, wie, wo und bis wann? Der Nahverkehr 2013

Tsakarestos A (2014) Weiterentwicklung der Methodik zur Nahverkehrsplanung für ländliche Räume vor dem Hintergrund veränderter Randbedingungen, Schriftenreihe des Lehrstuhls für Verkehrstechnik der TU München, Heft 14, München

7 Planung und Entwurf von Anlagen des ÖPNV

Carsten Sommer und Volker Deutsch

Zusammenfassung

Im Rahmen der Angebotsbemessung sind die Platzkapazität bzw. die Größe der einzusetzenden Fahrzeuge und darauf aufbauend die Bedienungshäufigkeit festzulegen. Bei den Verkehrsunternehmen schließen sich weitere Planungen für den Bedarf von Fahrzeug und Personal an. Die hochwertigen und leistungsfähigen Formen des ÖPNV benötigen darüber hinaus im Stadtverkehr eigene Anlagen (Haltestellen mit barrierefreiem Zugang, Verknüpfungsanlagen und Fahrwege), die die kommunale Verwaltung und Verkehrsunternehmen gemeinsam planen. Dabei ist über die Aufteilung von Verkehrsflächen zwischen dem Kfz-Verkehr und dem ÖPNV, Rad- und Fußverkehr zu entscheiden. Bei einer am Prinzip der Nachhaltigkeit orientierten Neuverteilung der Flächen zwischen den Verkehrssystemen müssen Leistungsfähigkeit, Flächenverbrauch, Energiebedarf und externe Effekte als Bewertungsschlüssel einfließen. Dennoch orientiert sich häufig die Aufteilung von Verkehrsflächen für Fahrwege der öffentlichen Verkehrsmittel und die Verkehrssteuerung vorrangig an den Ansprüchen des Kfz-Verkehrs. Neben der Planungsprämisse eines verlässlichen und beschleunigten ÖPNV müssen bei den Anlagen des öffentlichen Verkehrs auch Aspekte der Stadtgestaltung berücksichtigt werden. Ebenso sind die Belange des Fuß- und Radverkehrs zu beachten.

C. Sommer (✉)
Fachgebiet Verkehrsplanung und Verkehrssysteme, Universität Kassel, Kassel, Deutschland
E-Mail: c.sommer@uni-kassel.de

V. Deutsch
VDV – Verband Deutscher Verkehrsunternehmen e. V., Köln, Deutschland
E-Mail: deutsch@vdv.de

D. Vallée (verstorben) et al. (Hrsg.), *Stadtverkehrsplanung Band 3*,
https://doi.org/10.1007/978-3-662-59697-5_7

7.1 Übergeordnete Entwurfsziele

Die Aufteilung von Verkehrsflächen für Fahrwege und die Verkehrssteuerung orientieren sich noch immer vorrangig an den Ansprüchen des Kfz-Verkehrs. Bei einer am Prinzip der Nachhaltigkeit orientierten Neuverteilung zwischen den Verkehrsmitteln müssen Leistungsfähigkeit, Flächenverbrauch, Energiebedarf und externe Effekte als Bewertungsschlüssel einfließen. Damit der ÖPNV als vollwertige Pkw-Alternative akzeptiert und eine Änderung in der Wahl des Verkehrsmittels als Beitrag zum Klimaschutz gefördert wird, empfiehlt sich eine Hierarchisierung mit Vorrang für den ÖPNV. Im Gesamtverkehr gehört bei der Steuerung von Lichtsignalanlagen auch eine Grünzeiten-Priorisierung nach der „Personenkapazität je Fahrzeug" statt der reinen „Fahrzeugzahl" dazu. Die Belange der Fußgänger und Fahrradfahrer sind ebenfalls stärker zu berücksichtigen. Eine Stärkung des ÖPNV, Fuß- und Radverkehrs durch mehr Flächen und Grünzeiten sollte vor allem zulasten des Kfz-Verkehrs umgesetzt werden.

Die Beschleunigung des ÖPNV ist eine Daueraufgabe, um verlässliche und in der Reisezeit konkurrenzfähige Verkehrsangebote trotz der Abhängigkeit von Straßenverkehr und Stau anbieten zu können, und ist übergeordnetes Ziel bei dem Entwurf von Fahrwegen des ÖPNV.

Neben der Planungsprämisse eines verlässlichen und beschleunigten ÖPNV sollte bei dem Entwurf von Fahrwegen auch eine städtebauliche Orientierung verfolgt werden. Technische und gestalterische Aspekte werden dabei „integriert", also gleichberechtigt behandelt, wobei die Funktionalität gewährleistet sein muss. Verkehrsanlagen des ÖPNV können sich bei einer sorgfältigen Entwurfsplanung, die ein Gestaltungskonzept einschließt, sehr gut in Stadträume einfügen.

Die städtebauliche Qualität der Stadträume hängt insbesondere vom Flächenbedarf und den Belastungen durch den Kfz-Verkehr und dessen Stellplatzverfügbarkeit ab. Die Beispiele der neuen französischen Straßenbahnen zeigen (Abb. 7.1), dass bei Reduktion des Kfz-Verkehrs auf den Einfallstraßen bzw. im Stadtzentrum und integrierter Gestaltung der Anlagen des ÖPNV die Stadträume aufgewertet werden und „Platz zum Leben" in der Stadt geschaffen werden kann (Groneck 2003). Eine hohe städtebauliche Qualität, die einen Beitrag für eine lebenswerte Stadt leistet, kann die politische und gesellschaftliche Akzeptanz einer solchen Maßnahme entscheidend fördern. Ein ÖPNV auf eigenen städtebaulich integrierten Trassen kann somit zum Motor der Stadtentwicklung werden. Dazu sind gestalterische und städtebauliche Aspekte von Anfang an in die technische Planung einzubeziehen. Folgende Hinweise beziehen sich in erster Linie auf technische und betriebliche Zusammenhänge.

Abb. 7.1 Französisches Beispiel eines Rückbaus der Kfz-Fahrbahn zugunsten eines besonderen Bahnkörpers. Seitenbahnsteige und Querungen sind integriert (Lyon). (Foto: Groneck, Ch.)

7.2 Technische Vorschriften für den Entwurf

Der Entwurf eines Straßenraumes mit Anlagen des öffentlichen Verkehrs muss Eigenschaften und Anforderungen aller in ihm integrierten Betriebsanlagen wie Fahrwege, Haltestellen und Fahrleitung sowie der auf diesen verkehrenden Straßenbahnen und Linienbusse berücksichtigen.

Gesetzliche Grundlagen sind für Straßenbahnen das PBefG sowie die aufgrund des PBefG erlassenen Verordnungen, insbesondere die BOStrab. Für Busse gilt die Straßenverkehrszulassungsordnung (StVZO).

Bei dem Entwurf von ÖPNV-Trassen und sonstigen Betriebsanlagen im Verkehrsraum öffentlicher Straßen sind technische Veröffentlichungen der FGSV (Forschungsgesellschaft für Straßen- und Verkehrswesen) und des Fachverbandes VDV (Verband Deutscher Verkehrsunternehmen) zu beachten. Grundmaße für Verkehrsräume und lichte Räume von Bussen sind in den „Richtlinien für die Anlage von Stadtstraßen" (FGSV 2006) aufgeführt.

Die FGSV-Empfehlungen für „Anlagen des öffentlichen Verkehrs" (EAÖ) (FGSV 2013) basieren auf den RASt und regeln, wie ergänzende technische Sachverhalte geplant oder realisiert werden sollten. In den „Hinweisen für den Entwurf von Verknüpfungsanlagen des öffentlichen Personennahverkehrs" (HVÖ) (FGSV 2009) werden die planerischen Sachverhalte von Umsteigeanlagen erläutert.

Das Maßnahmenspektrum zur „Beschleunigung des ÖPNV mit Straßenbahnen und Bussen“ wird in FGSV (1999) sowie in den „Bevorrechtigungsmaßnahmen für den ÖPNV im städtischen Verkehrsmanagement“ (FGSV 2018) umfassend erörtert. Diese Veröffentlichungen erläutern, wie Beschleunigungsmaßnahmen zweckmäßigerweise behandelt werden können oder schon erfolgreich behandelt worden sind.

In der Blauen Buchreihe des VDV sind aktuelle Wissensstände dokumentiert. Grundlage für das Systemverständnis Straßenbahn ist die Fachveröffentlichung des VDV „Stadtbahnsysteme in Deutschland“ (VDV 2014a). Für die städtebauliche Integration werden umfassend Hinweise in „Gestaltung von urbaner Schieneninfrastruktur – Handbuch für die städtebauliche Integration“ (VDV 2016) gegeben.

7.3 Gestaltung des Fahrweges vom ÖSPV mit schienengebundenen Verkehrsmitteln

7.3.1 Trassierungs- und Entwurfselemente

Die BOStrab enthält bahnspezifische Grundsatzforderungen, deren Festlegung im Interesse von Sicherheit und Ordnung notwendig ist. Die Konkretisierung der Grundsatzforderungen der BOStrab erfolgt in verschiedenen Richtlinien. Dadurch ist eine kurzfristige Anpassung an neue technische Entwicklungen jederzeit möglich.

Die Grundlage für Trassierungsüberlegungen bilden die „Trassierungsrichtlinien“ (VDV 2014b), die in Ergänzung zur BOStrab erlassen sind. Sie regeln, wie die Lage des Fahrweges der Straßenbahnen im Grund- und Aufriss einheitlich bestimmt werden kann. Die Trassierungsrichtlinien schreiben die Erfordernisse fest, die aus Gründen der Sicherheit und eines ordnungsgemäßen Betriebsablaufes einzuhalten sind.

Entwurfsgeschwindigkeit

Die Trassierungsrichtlinien enthalten Empfehlungen für die Festlegung einer Entwurfsgeschwindigkeit. Ausgehend von der Entwurfsgeschwindigkeit lassen sich die notwendigen Trassierungselemente berechnen.

Die Entwurfsgeschwindigkeit soll unter Berücksichtigung vorhandener und künftiger Fahrzeuge für straßenbündige und besondere Bahnkörper nicht kleiner als 50 km/h, für unabhängige Bahnkörper nicht kleiner als 70 km/h sein. Die Ausbaugeschwindigkeit wird deshalb in der Regel bei U-Bahnen mit 100 bis 120 km/h und bei Stadtbahnen mit 80 km/h festgelegt. Sie soll für das gesamte Streckennetz oder für größere zusammenhängende Teile einheitlich gewählt werden. Bei Straßenbahnen liegt die Entwurfsgeschwindigkeit bei 50 bis 70 km/h.

Trassierungselemente

Zu den Trassierungselementen gehören die Gerade, der Gleisbogen und die Überhöhung, der Übergangsbogen und die Überhöhungsrampe sowie Längsneigung und Neigungswechsel. In (VDV 2014a) sind die Grundformeln für die Berechnung der einzelnen Trassierungsparameter enthalten.

Mit der richtigen Wahl der Trassierungselemente wird das Ziel verfolgt, kurze Fahrtzeiten für die Schienenbahnen zu ermöglichen. Noch immer hat für den Nutzer die Reisezeit eine große Bedeutung bei der Bewertung eines Verkehrssystems. Für den Betreiber bedeuten verkürzte Fahrzeugumläufe eine Reduzierung der eingesetzten Fahrzeuge und einen geringeren Fahrpersonalbedarf. Daneben hat die Trassierung in Grund- und Aufriss einen entscheidenden Einfluss auf den Fahrkomfort. Bogenhalbmesser und Längsneigung sollen fahrdynamisch günstig sein und hohe Geschwindigkeiten zulassen. Sofern Gleisradien und Streckenneigungen nicht durch den Verlauf von vorhandenen Straßen vorgegeben sind, sind sie deshalb möglichst großzügig zu wählen.

Grenzwerte
Für einen sicheren Fahrbetrieb mit hohem Fahrkomfort sind einige Grenzwerte zu beachten.

- Bei Fahrt durch Gleisbogen soll die Querbeschleunigung nicht größer als 0,65 m/s^2 sein.
- Die Überhöhung des Gleisbogens wird mit maximal 150 mm und nur in Ausnahmefällen bis 165 mm festgelegt. Im Bereich von Haltestellen sind die Bahnsteiggleise ohne Überhöhung auszuführen.
- Der erforderliche Gleisbogenhalbmesser lässt sich gemäß Entwurfsgeschwindigkeit unter Berücksichtigung der maximalen Querbeschleunigung und der Gleisüberhöhung berechnen.
- Aufgrund der Fahrzeuggeometrie und niederfluriger Fahrwerkskonstruktionen liegt bei Straßenbahnen der minimale Gleisbogenhalbmesser bei 25 m. Als Orientierungswert für Stadtbahnen können 50 m angegeben werden. Enge Bögen erhöhen die Fahrgeräusche der Schienenbahn und den Verschleiß an Rad und Schiene. Sie sollten nur in Ausnahmefällen zur Anwendung kommen.
- Zwischen Gerade und Gleisbogen soll der Übergangsbogen als Klothoide ausgelegt werden, sodass der Querruck möglichst klein wird. Der Querruck darf nicht größer sein als 0,67 m/s^2.
- Anfahr- und Bremsvermögen der Fahrzeuge sind auf die Längsneigung der Strecke abzustimmen. Die Längsneigung soll im Regelfall den Wert von 40 Promille nicht überschreiten. Bei Bahnen mit großer Straßenabhängigkeit kann die örtliche Topografie in Ausnahmefällen darüber hinausgehende Neigungen mit Werten bis 85 Promille erforderlich machen.
- Die Ausrundung von Neigungswechseln bestimmen auch Entwurfsgeschwindigkeit, Topografie und Fahrkomfort. Bei unabhängigen Bahnen sollte ein Mindestradius von 2.000 m nicht unterschritten werden.

In Ergänzung zu den Trassierungsrichtlinien müssen bei den Planungen für Tunnelabschnitte von U-Bahnen und (U-)Stadtbahnen die „Tunnelbaurichtlinien" (VDV 1991) Beachtung finden. In ihnen sind insbesondere nähere Ausführungen zum Tunnelquerschnitt und zur Haltestellengestaltung enthalten.

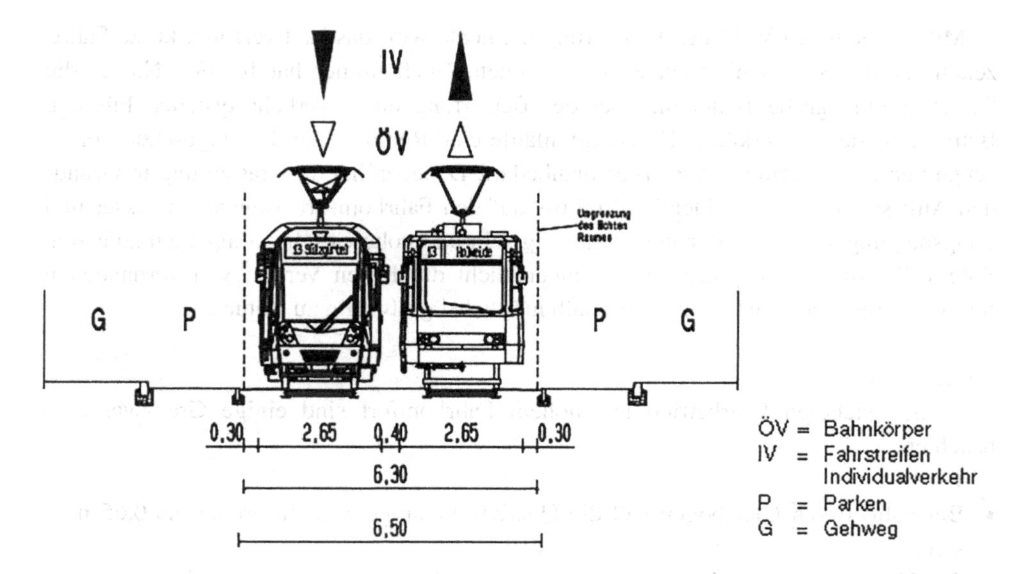

Abb. 7.2 Beispielhafter Regelquerschnitt einer Straßenbahn auf straßenbündigem Bahnkörper bei Fassadenabspannung der Oberleitung

Lichtraumprofil
Anforderungen an das Lichtraumprofil finden sich in den „BOStrab-Lichtraum-Richtlinien" (VDV 1996). Ihre Kenntnis ist für die Stadt- und Verkehrsplanung wichtig, um entsprechende Flächen im Straßenraumquerschnitt für die Schienenbahnen zur Verfügung stellen zu können. Im Wesentlichen werden bei der Berechnung neben der Fahrzeugbreite fahrdynamische Zuschläge, Sicherheitsräume und Flächenbedarfe für Oberleitungsmasten berücksichtigt. Im Gleisbogen führen Hüllkurve und Gleisüberhöhung zu einem größeren Flächenbedarf. In einer ersten Näherung kann auf Regelquerschnitte zurückgegriffen werden (Abb. 7.2). Beispiele finden sich in FGSV (2013). Im Straßenraumquerschnitt kann weiterer Flächenbedarf für Entwurfselemente wie Mittelbahnsteige, Seitenbahnsteige in Insellage, Seitenstreifen und Aufstellflächen bei Anlagen für Querungen entstehen.

7.3.2 Stadtbahnstrecken im Straßenraum

Stadtbahnen können wie U-Bahnen auf Strecken sowohl im Tunnel als auch in Hochlage verkehren. Ein wesentliches Element eines Stadtbahnsystems ist jedoch der Fahrweg im Straßenraum. Die Stärken der Stadtbahn sind in der vielfältigen Möglichkeit der Fahrweggestaltung zu sehen. Um betrieblich optimale Rahmenbedingungen zu schaffen, sollte eine weitgehende, städtebaulich verträgliche Trennung der Fahrwege von öffentlichem und individuellem Verkehr angestrebt werden.

Die Planung des Fahrwegs von Stadtbahnen ist als ganzheitlicher Straßenraumentwurf eine Aufgabe mit komplexer Zielsetzung. Es gilt, die betrieblichen Anforderungen an einen modernen Stadtbahnbetrieb mit den sonstigen vielfältigen Nutzungsansprüchen durch Wohnnutzung und Geschäftsbetrieb miteinander zu verbinden. Dies setzt differenzierte Lösungsansätze voraus, die auch in sensiblen Teilbereichen eine städtebauliche Integration von Bahnkörpern der Stadtbahn in das Stadtumfeld ermöglichen (siehe auch Kap. 2 und 4). Die städtebauliche Integration beinhaltet in der Regel die Neugestaltung des Straßenraums von Fassade zu Fassade. Der Fahrweg der Stadtbahn im Straßenraum bietet die Chance einer sehr guten ÖPNV-Erschließung mit einer leichten Zugänglichkeit zum System sowie der damit verbundenen Aufwertung von Straßenraum und Wohnquartier.

Abgrenzung des Fahrwegs vom übrigen Verkehrsraum
Die Abgrenzung des Fahrwegs vom übrigen Verkehrsraum kann prinzipiell auf drei Arten erfolgen, durch

- straßenorganisatorische und verkehrslenkende Maßnahmen,
- Materialwechsel des Fahrbahnbelages bzw. besondere Markierungen der Gleisbereiche im Straßenraum bei straßenbündigen Bahnkörpern,
- bauliche Abtrennung des Fahrwegs bei besonderen Bahnkörpern (vgl. § 15 (6) BOStrab).

Ziel ist neben Wirtschaftlichkeitsaspekten eine hohe Betriebsstabilität, sodass vor allem aus Kundensicht ein netzweit pünktlicher Betrieb mit hoher Anschlusssicherheit gewährleistet werden kann. Der Bau eines getrennten, städtebaulich verträglichen Bahnkörpers bietet sich an, sofern eine hohe Leistungsfähigkeit erforderlich ist und eine Neuverteilung von Verkehrsfläche zugunsten des Umweltverbundes angestrebt wird. Durch getrennte Bahnkörper wird die Leistungsfähigkeit des ÖPNV substanziell verbessert, sodass Verkehrsreduzierungen im MIV ohne Einschränkung der Mobilität erreicht werden können.

Verbesserter Verkehrsfluss bei straßenbündigen Bahnkörpern
Die Abgrenzung des Fahrwegs vom übrigen Verkehrsraum kann durch straßenorganisatorische und verkehrslenkende Maßnahmen erfolgen, die meist ohne großen baulichen Aufwand zu verwirklichen sind. Ihre Umsetzung erfordert jedoch ein Konzept für den gesamten zu verbessernden Straßenraum.

Die Maßnahmen zielen im Wesentlichen darauf ab, den Straßenraum so zu gestalten, dass auch bei fehlender Abgrenzung genügend Fahrfläche für den Kraftfahrzeugverkehr neben dem Gleisbereich vorhanden ist. Dies können verkehrslenkende Maßnahmen und eine restriktive Behandlung des ruhenden Verkehrs in einzelnen Straßenzügen zur Folge haben. Für den Lieferverkehr sind ebenfalls besondere Maßnahmen zu entwickeln.

Eine wesentliche Störquelle für einen zügigen Stadtbahnbetrieb stellen auch Abbiegespuren im Gleisbereich dar. Sie sollten deshalb vermieden werden oder, wenn dies unvermeidbar ist, durch verkehrstechnische Maßnahmen rechtzeitig von aufgestauten Kraftfahrzeugen geräumt werden können.

Ein Materialwechsel oder Markierungen der Gleisbereiche im Straßenraum verschaffen dem Schienenverkehrsmittel gegenüber dem Individualverkehr bessere Geltung und können die Leistungsfähigkeit der Schienenverkehrsmittel auf straßenbündigen Bahnkörpern deutlich verbessern. Sie hindern den Kraftfahrzeugverkehr jedoch nicht – oft auch regelwidrig – den Bahnkörper mitzubenutzen.

Grundsätzlich sollte innerhalb eines Straßenzuges alles vermieden werden, was die Autofahrer zu überraschendem und unbedachtem Ausschwenken auf den straßenbündigen Bahnkörper verleiten könnte. Folgende Maßnahmen sind hierfür hilfreich:

- Eine gut erkennbare Straßenführung, gute Sicht für alle Verkehrsteilnehmer und eine gute Erkennbarkeit der Fahrspuren können vorbeugend wirken.
- Leitlinien als durchgehende Breitstrich-Markierung des Schienenfahrwegs sind vielerorts in Gebrauch. Sie werden trotz eingeschränkter Wirksamkeit als erster Schritt für einen zügigeren Stadtbahnbetrieb angesehen. Sie können kurzfristig und ohne großen Aufwand angebracht werden. Aus städtebaulichen Erwägungen sollte eine Breitstrich-Linie einer Sperrfläche vorgezogen werden.
- Die Hervorhebung des Gleisbereiches kann auch durch optische Veränderungen beim Fahrbahnbelag erfolgen. Möglich sind beispielsweise Pflasterungen des Bahnkörpers, wenn die angrenzenden Fahrspuren in Asphalt oder Beton ausgeführt sind, oder unterschiedliche Farbgebung für die einzelnen Straßenbeläge (Abb. 7.3).

In Straßenräumen mit eingeschränkter Flächenverfügbarkeit, die keinen vom Kfz-Verkehr getrennten Fahrweg für den ÖPNV erlauben, können durch den Einsatz der dynamischen Straßenraumfreigabe für den Schienenverkehr Störungen durch den fließenden Kfz-Verkehr vermieden werden (Abb. 7.4). Der Straßenbahn wird dabei zu Beginn der Engstelle durch eine Lichtsignalanlage die bevorrechtigte Einfahrt ermöglicht, der Kfz-Verkehr wird gleichzeitig zurückgehalten. Die Straßenbahn kann den Streckenabschnitt dann im Mischverkehr konfliktarm als Pulkführer befahren. Dabei ist ein Abfließen des vorauslaufenden Kfz-Verkehrs sicherzustellen. Einzelmaßnahmen sind das rechtzeitige Räumen von Kreuzungen, keine wartenden Linksabbieger im Gleisbereich, das Vermeiden von häufigen Parkvorgängen, die Anordnung und Freihaltung von Lieferzonen sowie getrennte Radverkehrsanlagen.

Eigener Fahrweg der Stadtbahn innerhalb des Straßenraumes

Die Qualität des Stadtbahnangebotes wird wesentlich mitbestimmt durch die Art und den Umfang der Trennung des Fahrwegs der Stadtbahn von den Verkehrswegen des Kfz-Verkehrs. Insofern kommt der Abgrenzung des Fahrwegs der Stadtbahn im Straßenraum durch bauliche Maßnahmen eine besondere Bedeutung zu. Sie sollen das Befahren des Bahnkörpers vermeiden oder erschweren. Durch die bauliche Trennung der Fahrwege von öffentlichem und individuellem Verkehr entsteht der besondere Bahnkörper für die

Abb. 7.3 Hervorhebung des Gleisbereiches durch die optische Gestaltung der Fahrbahnoberfläche (Kassel)

Abb. 7.4 Dynamische Straßenraumfreigabe. Die Stadtbahn fährt als Pulkführer in die Engstelle (Köln)

Stadtbahn. Er liegt im Verkehrsraum öffentlicher Straßen und ist nach § 16 BOStrab vom übrigen Verkehr durch Bordsteine, Hecken, Baumreihen oder andere ortsfeste Hindernisse getrennt.

Es ist zu prüfen, inwieweit eine Umverteilung vorhandener Straßenflächen einen eigenen Bahnkörper erst ermöglicht. Weiterreichende Überlegungen können deshalb dahingehen, die Flächen des Straßenverkehrs zugunsten der Stadtbahn zu reduzieren. Dies kann im Zusammenhang mit Verkehrsberuhigungsmaßnahmen zur Sperrung einzelner Straßenzüge für den Kfz-Verkehr führen, die jedoch für Stadtbahnen und den nichtmotorisierten Verkehr weiterhin offenbleiben.

Welche Maßnahmen die bauliche Trennung der Verkehrswege umfasst, wird anhand der verschiedenen Bauformen deutlich. Die unterschiedlichen Bauformen bedeuten auch Qualitätsstufen für den Stadtbahnbetrieb, für dessen Wirtschaftlichkeit und dessen Beitrag zur Verringerung der Umweltbelastung. Die Abgrenzung des besonderen Bahnkörpers reicht innerstädtisch von erhöhten Bordsteinen bis zum Rasengleis:

- Durch den Einbau von Bordsteinen parallel zum Stadtbahnfahrweg wird der eigentliche Gleisbereich zum besonderen Bahnkörper. Dabei wird der gesamte Gleiskörper auf Bordsteinhöhe angehoben. Bei dieser geschlossenen Oberbauform werden als Gleise Rillenschienen verwendet. Eine Notüberfahrbarkeit bleibt bestehen.
- Offene Oberbauformen wie der Rasenbahnkörper bringen die größtmögliche Trennung der Fahrwege. Die Herstellung derartiger Bahnkörper kann beim Ausbau bestehender Strecken oft ein Platzproblem darstellen. Sie ist jedoch als Forderung für einen hochwertigen Schienenverkehr bei modernen Stadtbahnsystemen anzusehen. Bei einem hochstehenden Rasen werden ebenfalls Rillenschienen verwendet (Abb. 7.5).

Bei allen Oberbauformen ist im innerstädtischen Bereich eine angemessene städtebauliche Integration das Ziel, die im Einklang mit der umgebenden Bebauung, Aufenthaltsqualität und Nutzung der Seitenbereiche, Raumwahrnehmung und Raumproportionen sowie der straßenbegleitenden Grün- und Freiraumstruktur steht. Umfassende Hinweise für eine städtebauliche Integration der Straßenbahninfrastruktur finden sich in VDV (2016).

Oberbauformen als gestaltendes Element

Innerstädtisch wird bei einem geschlossenen Oberbau häufig eine Pflastereindeckung mit Rillenschiene verwendet. Sofern eine Mitnutzung durch den Kfz-Verkehr vorgesehen werden muss, kommen Asphalt oder Beton als Eindeckung zum Einsatz.

Zu den optisch ansprechenden offenen Oberbauformen zählt der Rasenbahnkörper (Abb. 7.6). Bei einem Rasenbahnkörper wird der Bereich zwischen und neben den Schienen durch Humus oder Grasbewuchs eingedeckt. Dadurch liegen die Lärmwerte beim Rasenbahnkörper bei den im Straßenraum üblicherweise gefahrenen Geschwindigkeiten um 5

Abb. 7.5 Bauliche Abgrenzung eines Rasenbahnkörpers durch hohe Borde

Abb. 7.6 Bahnkörper mit hochstehendem Rasen im Stadtraum (Frankfurt)

bis 10 dB(A) unter den Werten der geschlossenen Oberbauformen. Der Rasenbahnkörper weist Vorteile bei der Wärme- und Wasserableitung auf. Er passt sich besonders gut in die Umgebung ein und reduziert den Anteil asphaltierter Straßenflächen. Rasenbahnkörper führen zu einer höheren gesellschaftlichen Akzeptanz eines innerstädtischen Schienenweges und zu einem Imagegewinn für das Verkehrsunternehmen.

Der Schotterbahnkörper, Regeloberbau im Eisenbahnverkehr, ist im Bau und in der Unterhaltung die wirtschaftlichste Lösung von allen Bahnkörperformen. Der Schotterbahnkörper sollte wegen seiner Trennwirkung aber ausschließlich in städtebaulich weniger sensiblen Gebieten zum Einsatz kommen.

Der schotterlose Oberbau – sogenannte „Feste Fahrbahn" – zeichnet sich durch seine geringe Bauhöhe aus. Er wird vorwiegend auf Brücken- oder Tunnelstrecken verwendet. Im Gegensatz zur Rillenschiene ist hier die Vignolschiene auf eine Betontragplatte sichtbar montiert. Zur Erhöhung der optischen Qualität kann in öffentlichen Bereichen eine Holzabdeckung zur Anwendung kommen.

Grundsätze für den Oberbau beinhalten die „Oberbau-Richtlinien und die Oberbau-Zusatzrichtlinien für Bahnen nach der BOStrab" (VDV 1995). Zu beachten sind ferner die „Technische Regeln für die Spurführung von Schienenbahnen nach der Verordnung über den Bau und Betrieb der Straßenbahnen" (Technische Regeln Spurführung TR Sp). Weiterführende Überlegungen zur technischen Konstruktion der Oberbauformen sind in „Fahrwege der Bahnen im Nah- und Regionalverkehr in Deutschland" (VDV 2007) aufgeführt.

Fahrleitung als Teil des Fahrweges

Der Betrieb von Straßenbahnen erfordert eine Oberleitungsanlage zur Fahrstromversorgung. Zum Bild des Fahrweges der Stadtbahn im Straßenraum gehört deshalb eine Fahrleitung mit Mittel- oder Seitenmasten, sofern eine Fassadenabspannung nicht möglich ist (Abb. 7.7).

Die optische Wirkung der Fahrleitungsanlagen prägt die Charakteristik des Straßenzuges stark mit. Damit diese Anlagen nicht als Fremdkörper im Straßenraum empfunden werden und die Akzeptanz des Systems Stadtbahn insgesamt steigt, ist bei der Planung und Systemfestlegung ein Optimum zwischen den technischen Anforderungen und einer städtebaulich integrierten Gestaltung zu finden.

Oberleitungsbauweisen lassen sich in einfache und kettenartige Systeme gliedern. Die Anwendung einer bestimmten Oberleitungsbauart hängt aus technischer Sicht von der Trassierung, den Mastabständen, den Fahrzeugtypen und deren Energiebedarf, der Streckengeschwindigkeit sowie der langfristig möglichen Taktfolge ab. In gestalterischer Hinsicht sind das städtebauliche Umfeld und der gewünschte Raumeindruck maßgebend. Wie bei allen technischen Infrastrukturen sind auch Aspekte der Bau- und Unterhaltungskosten zu beachten.

Technische Anforderungen sind in der VDV-Schrift „Oberleitungsanlagen für Straßen- und Stadtbahnen" (VDV 2003) enthalten. Hinweise zur städtebaulichen Integration der Oberleitungsanlagen werden in VDV (2016) gegeben.

Abb. 7.7 Einreihige Oberleitungsmasten mit integrierter Stadtbeleuchtung (Marseille)

7.3.3 Überfahrten und Querungen

Ein Systemmerkmal der Stadtbahn ist die niveaugleiche Kreuzung durch andere Verkehrsteilnehmer. Dabei wird unterschieden in Überfahrten für Kraftfahrzeuge und Querungen für Fußgänger. Überfahrten und Querungen unterscheiden sich in ihrer Funktion. Auf den Stadtbahnbetrieb wirken sich beide nachteilig aus, denn sie beeinflussen einen zügigen Fahrtablauf der Bahn.

Zum Schutz aller Verkehrsteilnehmer müssen Überfahrten und Querungen besonders gesichert werden. Bei der Planung und dem Bau von Stadtbahnstrecken im Straßenraum ist diesen Bereichen deshalb besondere Aufmerksamkeit zu schenken. Beide Formen kommen sowohl einzeln als auch gemeinsam vor.

Anordnung von Überfahrten
Überfahrten über die Stadtbahngleise liegen vor allem in Bereichen von Verkehrsknotenpunkten. Für einen modernen Stadtbahnbetrieb besteht die grundlegende Forderung, Überfahrten nur an ausgewählten Stellen zuzulassen und ihre Anzahl zu minimieren. Bei der Stadtbahnplanung ist deshalb die Festlegung der Kreuzungspunkte im Rahmen eines Gesamtverkehrskonzepts durchzuführen. Im Einzelnen kann es auch notwendig werden, zur Verbesserung des Stadtbahnbetriebs vorhandene Kreuzungsbereiche zu schließen.

Die Überfahrten an Verkehrsknotenpunkten werden in der Regel signalisiert. Eine Spurenorganisation für den Kfz-Verkehr, insbesondere mit separaten Linksabbiegespuren, kann die Bevorrechtigung der Stadtbahn bei der Signalisierung erleichtern. Überhaupt ist bei der Knotenpunktgestaltung zu prüfen, welche Fahrbeziehungen zwingend notwendig sind. Umwege und sonstige Nachteile für den Kfz-Verkehr sollen jedoch bei der Beschränkung von Querungen bzw. bei der Festlegung von Abbiegeverboten in Grenzen gehalten werden.

Für Überfahrten bei unabhängigen Bahnkörpern ist in jedem Fall eine technische Sicherung notwendig, wenn mehr als 100 Kfz täglich den Bahnkörper überqueren. Nach der BOStrab sind diese Bahnübergänge durch Andreaskreuze zu kennzeichnen und durch eine zweifeldrige Lichtsignalanlage zu sichern. Auf den Bahnübergängen hat der Straßenbahnverkehr vor dem Straßenverkehr Vorrang. Die Bahn nimmt nicht am Straßenverkehr teil. Wenn Überfahrten bei besonderen Bahnkörpern gleichermaßen gesichert sind, zählen diese ebenso zu den Bahnübergängen.

Besondere Sicherungsmaßnahmen an Querungsstellen

Auf Querungsstellen über Gleisanlagen überquert der nichtmotorisierte Verkehr die Stadtbahn. Querungsstellen sollten unter Abwägung der Ansprüche des Fuß- und Radverkehrs möglichst auf Straßenkreuzungen und Haltestellen beschränkt werden. Bei Stadtbahnen mit einem großen Anteil von eigenem Fahrweg auf besonderem oder unabhängigem Bahnkörper lassen sich jedoch Querungsstellen auch auf der Strecke nicht vermeiden. An diesen Querungsstellen sind besonders hohe Sicherheitsanforderungen zu stellen. In den EAÖ (FGSV 2013) sind verschiedene Überquerungsstellen für Fußgänger außerhalb des Haltestellenbereiches dargestellt.

Bei der Planung von Querungsstellen für Fußgänger und Radfahrer muss die Wahrnehmung der Straßenbahn bzw. Stadtbahn sichergestellt werden, der Gleisbereich deutlich kenntlich gemacht und durch die bauliche Gestaltung der Querungsstelle ein unbeabsichtigtes Überqueren vermieden werden. Grundsätzlich kommen bei der Anlage von Querungsstellen als Bauform

- die Z-Führung/Führung im Versatz (Abb. 7.8 und 7.9) und
- die geradlinige Führung

zur Ausführung. Ob hierbei eine signaltechnische Sicherung erforderlich ist, ist auf Grundlage der örtlichen Situation zu entscheiden. Die wichtigsten Voraussetzungen, um auf eine Signalisierung zu verzichten, sind gemäß den EAÖ:

- Die Gleisquerung befindet sich außerhalb von signalisierten Knotenpunkten.
- Die Gleisquerung muss für Fußgänger, Radfahrer und in ihrer Mobilität eingeschränkte Personen sowohl bei Tag als auch bei Nacht deutlich erkennbar sein.

Abb. 7.8 Querungsstelle über eine Gleisanlage in „Z-Form" (München)

Abb. 7.9 Querungsstelle in Kombination mit einem Fußgängerüberweg (Mannheim)

- Die Gleistrasse muss auf einer ausreichenden Länge (abhängig von der Fahrgeschwindigkeit) und auch bei Nacht gut einsehbar sein. Eine spezielle Beleuchtung der Querungsstelle kann zur Erhöhung der Sicherheit für Fußgänger nachhaltig beitragen.
- Als Grundform sollte die „Z-Form“ gewählt werden. Dadurch wird die Blickrichtung des Fußgängers bewusst in Richtung der herannahenden Bahn umgelenkt.
- Umlaufsperren („Drängelgitter“) sind so großzügig zu dimensionieren, dass auch überbreite Kinderwagen (Zwillingskinderwagen), Fahrradanhänger oder Rollstühle passieren können.

Bei einer Signalisierung ist aufgrund der Barrierefreiheit das Zwei-Sinne-Prinzip[1] zu beachten. Signalisierte Gleisquerungen sind für blinde und sehbehinderte Menschen besser zu nutzen. Eine signaltechnische Sicherung des Gleisbereiches erfolgt vom Kfz-Verkehr unabhängig durch eine Rot-Dunkel-Schaltung oder durch ein Warnlicht (gelbes Springlicht). Die Sicherung durch Rot-Dunkel-Schaltung oder Warnlicht ist wegen der flexibleren Abstimmung von Nahverkehrsfahrzeugen und querenden Fußgängern (entfallende Mindestgrünzeiten) einer Vollsignalisierung (Rot/Grün) vorzuziehen. Grundsätzlich ist einer einheitlichen Lösung für die Signalisierung im gesamten Stadtgebiet der Vorzug zu geben.

Eine Rot-Grün-Signalisierung ist erforderlich, wenn zwischen ÖPNV-Trasse und Fahrbahn keine Aufstellfläche angeordnet werden kann. In diesen Fällen muss die komplette Querung durchsignalisiert werden (vgl. § 16 Abs. 8 BOStrab).

Unabhängig von den genannten Aspekten der Signalisierung ist darauf zu achten, dass zur besseren Beachtung der Signalisierung durch die Fußgänger das Signal unmittelbar nach dem Passieren des Nahverkehrsfahrzeuges erlischt. Die Sicherung der ÖPNV-Trasse sollte, um eine höhere Auffälligkeit (auch gegenüber der Fahrbahnfurtsignalisierung) zu erzielen, mit großen Streuscheiben (300 mm Durchmesser) erfolgen.

7.3.4 Beschleunigung der Stadtbahn

Wegen der grundsätzlichen Bedeutung für die Funktionsfähigkeit der Städte sind die öffentlichen Verkehrsmittel an Lichtsignalanlagen besonders zu berücksichtigen (FGSV 2015b). Hohe Zeitverluste an Lichtsignalanlagen beeinträchtigen dauerhaft die Zuverlässigkeit des ÖPNV, eine gleichmäßige Fahrzeugbesetzung sowie die Einhaltung planmäßiger Anschlüsse. Fahrzeitanalysen zeigen regelmäßig, dass ohne Qualitätsmanagement auf den einzelnen Linien LSA-Verluste im Mittel zwischen 10 und 20 %

[1]Die barrierefreie Nutzung des öffentlichen Raumes erfordert eine Informationsübermittlung, die mindestens zwei der drei Sinne Sehen, Hören und Tasten anspricht.

vorhanden sein können, die im Tagesverlauf streuen und eine netzweite Anschlusssicherheit erschweren (siehe auch Abschn. 14.4). Ein Verfahren zur Bewertung der Verlustzeiten befindet sich in dem Kapitel S7 des „Handbuchs für die Bemessung von Straßenverkehrsanlagen" (HBS) (FGSV 2015a).

Die Bevorrechtigung an Lichtsignalanlagen bringt für öffentliche Verkehrsmittel eine Reihe von Nutzen mit sich:

- Aus Kundensicht wird die netzweite Pünktlichkeit und Regelmäßigkeit der öffentlichen Verkehrsmittel verbessert. Die Anschlusssicherheit wird erhöht.
- Das öffentliche Verkehrsmittel wird gegenüber dem Kfz-Verkehr sichtbar bevorzugt und im Verkehrsträgervergleich konkurrenzfähig.
- Die Fahrzeiten und, als Folge davon, die Umlaufzeiten verringern sich, was zu Fahrzeugeinsparungen führen kann.
- Die personenbezogenen Wartezeiten verringern sich wegen der im Vergleich zur Zahl der Kfz-Insassen großen Zahl an Fahrgästen in einem Zug besonders stark.
- Die Brems- und Anfahrvorgänge und damit Verschleiß und Energieverbrauch werden vermindert.

Fahrtverlauf beim Schienenverkehrsmittel

Der Zeit-Weg-Ablauf des Schienenverkehrsmittels unterscheidet sich sehr stark vom Kfz-Verkehr. Er ist charakterisiert durch gegenüber dem Kfz-Verkehr unterschiedliche Beschleunigungswerte und teilweise andere Höchstgeschwindigkeiten. Entlang einer Strecke sind Haltestellen vorhanden, die eine große Streubreite bei den Haltestellenaufenthaltszeiten aufweisen können. Durch die längeren Bremswege der Schienenverkehrsmittel ergeben sich größere Signalsichtzeiten. Aus verkehrstechnischer Sicht ist zudem eine Bahn, auch bei dichter Zugfolge, ein seltenes Ereignis, während der Kfz-Verkehr in zeitlicher Hinsicht eine Dauergröße darstellt.

Während beim Kfz-Verkehr die Einrichtung fester Grüner Wellen zwischen benachbarten Lichtsignalanlagen in vielen Fällen noch die beste Lösung darstellt, kommt die Einrichtung fester Grüner Wellen den spezifischen Bedürfnissen des Schienenverkehrsmittels nicht entgegen. Eine Anpassung fester Grüner Wellen an den Fahrtverlauf des Schienenverkehrsmittels ist wegen der verbleibenden Streuungen im Fahrtablauf der Bahn nicht sinnvoll. Für die Bahn und den Kfz-Verkehr sind somit Signalsteuerungen anzuwenden, die für die Bahn auf Bedarf eine Freigabe immer dann zuteilen, wenn die Bahn sich der Lichtsignalanlage nähert.

Signalisierung und Knotenpunktentwurf

Signalisierung und Knotenpunktentwurf einschließlich störungsfreier Zulauf müssen als Einheit angesehen werden. Die Qualität einer Signalisierung, die die Bahn bevorrechtigt, hängt auch von der Ausgestaltung des Knotenpunktes ab. Vor der Detailplanung der Signalsteuerung sollte deshalb untersucht werden, ob nicht durch bauliche

Veränderungen am Knotenpunkt bessere Randbedingungen für eine verkehrsabhängige Signalisierung geschaffen werden können. Denkbar sind hier die Aufhebung von Abbiegebeziehungen, die Einführung bedingt verträglicher Verkehrsströme beim abbiegenden Kfz-Verkehr sowie die Teilung von Fußgängerquerungen. Die EAÖ gibt Hilfestellung bei dem Entwurf von Knotenpunkten unter Berücksichtigung der Belange des ÖPNV.

Die signaltechnische Bevorrechtigung des ÖPNV wird im Wesentlichen durch folgende Maßnahmen erreicht:

- Verlängerung bzw. Verkürzung von Freigabezeiten zugunsten des ÖPNV,
- Berücksichtigung zusätzlicher ÖPNV-Freigabephasen,
- Ermöglichung eines Phasentauschs (azyklischer Phasenablauf) zugunsten des ÖPNV,
- Räumung blockierender Fahrzeuge bei ÖPNV-Annäherung,
- Sicherstellung der Haltestelleneinfahrt bei Haltestellen unmittelbar vor dem Knotenpunkt,
- Nachfahrsperre bei Haltestellenlage in der Knotenausfahrt.

Sofern im Rahmen des städtischen Verkehrsmanagements keine Reduzierung der Gesamtleistungsfähigkeit für den Kfz-Verkehr durch die Bevorrechtigung der Bahn an Lichtsignalanlagen gewünscht wird, ist es sinnvoll, neben der Bahn auch den Kfz-Verkehr an einem Knotenpunkt zu erfassen. In Signalumläufen ohne Bahneingriff kann dann abhängig von den Verkehrsstärken im Kfz-Verkehr den zuvor gekürzten Kfz-Signalgruppen mehr Freigabezeit als im Grundzustand der Signalisierung zugeteilt werden. Durch eine Berücksichtigung der Fahrplanlage (zu früh, pünktlich, zu spät) kann die Wirksamkeit eines Eingriffs verbessert werden. Behinderungen des Kfz-Verkehrs lassen sich dadurch minimieren. Voraussetzung ist die zuverlässige Ermittlung und Übertragung der Fahrplanlage zum Steuergerät. Bei einer Verfrühung kann ein Eingriff möglicherweise entfallen, bei Verspätungen kann die Eingriffsintensität erhöht werden. Eine Berücksichtigung der Fahrplanlage erhöht jedoch den Planungsaufwand.

Der signaltechnische Planungsprozess wird in dem Wissenspapier „Bevorrechtigungsmaßnahmen für den ÖPNV im städtischen Verkehrsmanagement" (FGSV 2018) erläutert. Dort werden auch Anforderungen an ein fortlaufendes Qualitätsmanagement beschrieben. Die RiLSA (FGSV 2015b) sowie die ergänzenden „Hinweise zum Qualitätsmanagement an Lichtsignalanlagen" (FGSV 2014) befassen sich mit der Pflege von Lichtsignalsteuerungsprogrammen und der dazu erforderlichen Detektierungen (vgl. auch Abschn. 14.4). Wichtig ist es, die Zuständigkeiten zwischen Verkehrsunternehmen und dem Betreiber der Lichtsignalanlagen eindeutig festzulegen. Die Überprüfung der projektierten Parameter kann allein beim Verkehrsunternehmen bzw. Betreiber, aber auch in Kooperation erfolgen.

7.4 Gestaltung des Fahrweges beim Busverkehrssystem

7.4.1 Systemcharakter beim Bus

Ein Stadtbahnsystem auf eigenen Fahrwegen hebt sich deutlich von dem Linienbusverkehr ab. Der gemeinsam mit dem Kfz-Verkehr geführte konventionelle Linienbusverkehr erleidet Zeitverluste im Stau und verfügt nur lückenhaft über eigene Verkehrsanlagen im öffentlichen Straßennetz.

Dennoch ist der Busverkehr „Stütze" des ÖPNV. Er verdankt diese Entwicklung der Anspruchslosigkeit, die er an seine Infrastruktur stellt. Da er sich aber die Straße mit dem Kfz-Verkehr teilt, wird er wie dieser besonders in den Hauptverkehrszeiten stark behindert, sodass einem verlässlichen Betrieb Grenzen gesetzt sind. Im Folgenden werden insbesondere kurzfristig umsetzbare Maßnahmen und Elemente vorgestellt, die zu einer Weiterentwicklung des Busverkehrs zu einem Busverkehrssystem führen. Wie bei schienengebundenen Angebotsformen führen verkehrsrechtliche und verkehrstechnische Maßnahmen sowie eine bauliche Abtrennung des Fahrwegs zur ÖPNV-Trasse zu unterschiedlichen Ausbaustufen bis hin zu einem „Busbahn"-System (Abb. 7.10). Während bei der Straßenbahn der besondere Bahnkörper bei der Fahrwegplanung ein Schlüsselelement darstellt, ist beim Busverkehr der partielle Bus(sonder)fahrstreifen

Abb. 7.10 Busbahn-Systeme wie in Nantes setzen eine straßenbahnähnliche Planung voraus

– jeweils in Kombination mit einer störungsfreien Zuführung und Bevorrechtigung an Lichtsignalanlagen – wesentliches Element eines netzweiten verlässlichen Betriebs.

Hinsichtlich der Ausbaustufen kann der Busverkehr wie folgt unterschieden werden:

- Der Einsatz von Standardbussen ohne koordinierte Beschleunigung stellt die konventionelle Personenbeförderung im Busverkehr dar, in den Ballungsräumen als Stadtbus, in der Region als Regionalbus (vgl. Abschn. 5.2.2.4). Für ein Verkehrsunternehmen entsteht kein oder nur eingeschränkter Investitionsaufwand für die Fahrwege. Verbreitet sind Ansätze einer Produktdifferenzierung des Verkehrsangebotes (z. B. Metrobus, Nachtexpress).
- Das Konzept eines Busverkehrssystems beschreibt eine hochwertige, flexible Ausbaustufe mit flächendeckender Erschließung, bei der sämtliche Einzelkomponenten der Personenbeförderung als ein zusammenhängender Gesamtkomplex gesehen werden (Verkehrsangebot, Fahrgastbedienung, Haltestelle, Fahrweg, Betrieb, Fahrzeug, Systemvermarktung). Voraussetzung ist ein nach verkehrstechnischen Gesichtspunkten angemessenes Beschleunigungsprogramm.
- Als Leistungsendstufe wird ein „Busbahn"-System bezeichnet. Es ist ein netzstrukturierendes Verkehrssystem auf Basis moderner Bustechnologien. Bei der Planung werden neben den verkehrlichen Ansprüchen und den Systemanforderungen insbesondere die Belange der Stadtentwicklung berücksichtigt.

Das Konzept eines Busverkehrssystems mit seiner Leistungsendstufe „Busbahn" beinhaltet, dass für den Betrieb der Busse der Leitgedanke „Fahrzeug und Fahrweg als System" gleichermaßen gilt und bei der Fahrwegplanung baulich getrennte ÖPNV-Trassen oder Bussonderfahrstreifen zum Einsatz kommen sollten. Als Fahrzeuge können Großraumbusse eingesetzt werden. An allen Haltestellen ermöglicht eine geradlinige Anfahrt einen barrierefreien Zugang. Eine eigene Designsprache der Entwurfselemente und individualisierte Fahrzeuge erleichtern eine Markenführung. Dynamische Informations- und Leitsysteme sowie eTicketing sind selbstverständlich. Die Netzstruktur und Systemkonzeption basieren auf einem kommunalpolitischen Gesamtverkehrskonzept. Insbesondere ergänzende Zubringer- und Verteilverkehre sowie Park-and-Ride- und Bike-and-Ride-Anlagen werden integriert.

Für die Leistungsendstufe eines „Busbahn"-Systems, die konsequent als „bahnähnliches" System geplant und betrieben wird, kann auch eine der Straßenbahn vergleichbare Wirksamkeit – z. B. im Bereich der ökonomischen Folgewirkungen oder des Nachfragepotenzials – erzielt werden. Voraussetzung ist ein störungsfreier und städtebaulich integrierter Fahrweg, der wie eine moderne Straßenbahnlinie realisiert, vermarktet und betrieben wird. Damit kann auch in der Wahrnehmung des Fahrgastes ein vergleichbarer Qualitätsmaßstab beider Systeme erreicht werden (FGSV 2008).

Abb. 7.11 Der 2-achsige Standardbus mit 12 m Fahrzeuglänge findet häufige Anwendung, hier als Hybridbus. Im Stadtverkehr kann eine dreitürige Ausführung zum Einsatz kommen (Hannover)

Abb. 7.12 Beispiel eines Doppelgelenkbusses (Metz)

7.4.2 Grundlagen im Busverkehr

Die Verkehrsunternehmen setzen im Linien- und Gelegenheitsverkehr in der Regel niederflurige Fahrzeuge ein (Abb. 7.11 und 7.12), die sich je nach Angebotsform, Fahrgastnachfrage und Einsatzbereich in der Größe und Bauart unterscheiden (vgl. Abschn.

5.2.2.4). Die maximal zulässigen Maße der Busse sind in § 32 StVZO festgelegt und betragen in der Breite 2,55 m (mit Spiegel etwa 3,05 m), in der Höhe 4,00 m, in der Länge 13,50 m bei 2-achsigen Bussen bzw. 15,00 m bei 3-achsigen Normalbussen und 18,75 m bei Gelenkbussen (vgl. Abschn. 4.1.5). Mit einer Ausnahmegenehmigung der Straßenverkehrsbehörde können Doppelgelenkbusse und Buszüge mit bis zu 25,00 m Länge eingesetzt werden.

Moderne Busse werden in der Regel mit einem Diesel-, selten mit einem Erdgasantrieb der Abgasnorm EURO 6 beschafft. Die Verkehrsunternehmen investieren auch in Hybrid-Dieselbusse, die nur teilweise elektrisch betrieben werden. Die Bereitstellung von Kraftstoffen aus erneuerbaren Ressourcen gewinnt an Bedeutung. Ein breiter Einsatz von Elektrobussen, beispielsweise mit einem Brennstoffzellen- oder Batterieantrieb, wird durch EU-weite Quoten der Clean-Vehicles-Richtlinie unbenommen erheblicher Mehrinvestitionen vorgegeben. Konventionelle Obussysteme, die eine zweipolige Fahrdrahtanlage erfordern, finden sich in Deutschland nur in den Städten Solingen, Esslingen und Eberswalde.

Aus Gründen eines flexiblen und wirtschaftlichen Fahrzeugeinsatzes ist ein Verkehrsunternehmen bestrebt, die vorhandenen Fahrzeugtypen im gesamten Liniennetz zu jeder Zeit einsetzen zu können. Fahrwege und Haltestellen sollten daher möglichst von allen Fahrzeugen des Linienverkehrs befahrbar sein. Ist in Ausnahmefällen aus städtebaulichen Gründen oder anderen Sachzwängen in Wohngebieten eine Beschränkung auf einen bestimmten Fahrzeugtyp erforderlich, so sind frühzeitige Abstimmungen der Planungsbehörden mit dem Verkehrsunternehmen notwendig.

Fahrgassenbreite in der Geraden und in Kurven

Das Grundmaß der Fahrgassenbreite in der Geraden beträgt für Linienbusse im Einrichtungsverkehr mindestens 3,50 m und im Zweirichtungsverkehr 6,50 m. In den „Richtlinien für die Anlage von Stadtstraßen (RASt)" (FGSV 2006) wird die minimale Breite von Erschließungsstraßen, auf der sich Linienbusse begegnen können, mit 6,00 m angegeben. Begegnungen erfordern dann aber zentimetergenaues Fahren bei Schrittgeschwindigkeit, was betrieblich nachteilig ist. Eine Fahrgassenbreite von 6,00 m im Begegnungsverkehr sollte deshalb die Ausnahme bleiben (vgl. auch Abschn. 4.4.2).

Auch in den RASt sind Standardfahrstreifenbreiten für den Linienbus- und Schwerlastverkehr empfohlen, in Abhängigkeit der Flächenverfügbarkeit und dem Anteil des Linienbus- bzw. Schwerlastverkehrs. Die Möglichkeit, für Linksabbieger bei beengten Verhältnissen eine Fahrstreifenbreite von kleiner als 3,00 m zu wählen, ist gemäß den EAÖ zu vermeiden, wenn Busse auf dem Linksabbiegestreifen geführt werden müssen.

Der Mindestflächenbedarf von Linienbussen in Kurven sowie beim Ein- und Abbiegen und beim Befahren von Wendeschleifen und Haltestellenbuchten wird durch die Fahrgeometrie der eingesetzten Busse und durch den zu fahrenden Richtungsänderungswinkel bestimmt. In den RASt sind Angaben über die Verbreiterungsmaße enthalten, die den Fahrgassenbreiten der Geraden hinzuzurechnen sind. In den EAÖ sind für verschiedene Richtungsänderungswinkel Schleppkurven der verschiedenen Fahrzeuge abgebildet. Beim Entwurf von Eckausrundungen in Knotenpunkten, Haltestellen, Verknüpfungsanlagen und Kurven im Linienverlauf empfiehlt es sich, den Flächenbedarf der Linienbusse mithilfe von Schleppkurvenschablonen bzw. mit EDV-gestützten Schleppkurvenprogrammen im konkreten Planungsfall zu überprüfen. Gegebenenfalls kann eine Planung auch durch Fahrversuche in der Örtlichkeit überprüft werden, z. B. wenn Elemente der Verkehrsberuhigung (Inseln, Versätze) eingebaut werden sollen oder wenn auf einer Strecke ein anderer Bustyp eingesetzt wird. Gegebenenfalls ist es hilfreich, Entwurfselemente auf dem Betriebshof einzumessen, mit Schwellen provisorisch nachzubilden und Fahrmanöver mit unterschiedlichen Fahrzeugtypen durchzuführen.

In den RASt wird bei Buswendeschleifen ein Wenderadius von 12,50 m angegeben (innerer Halbmesser 5,00 m), der damit den Mindestanforderungen an die Kurvenlaufeigenschaften entspricht (§ 32 d StVZO, innerer Halbmesser 5,30 m). Dabei ist zusätzlich eine Freihaltezone von 1,50 m ab äußerem Bordstein erforderlich. Für den regelmäßigen Betrieb mit Großraumbussen eignen sich bei Buswendeschleifen für den inneren Halbmesser 8,00 m und den äußeren Halbmesser 15,00 m (FGSV 2013, S. 95).

7.4.3 Busfahrweg im öffentlichen Straßenraum

Die Entwurfselemente zur Beschleunigung des Schienenverkehrs können in ihrer Funktionsweise sinngemäß auch auf den Busverkehr übertragen werden. Wie der Schienenverkehr kann auch der Busverkehr mit dem übrigen Verkehr geführt oder durch besondere Fahrstreifen von ihm getrennt werden. Sofern der Busverkehr gemeinsam mit dem übrigen Kfz-Verkehr geführt wird, sollen die Straßen so bemessen und gebaut werden, dass der öffentliche Verkehr sicher, zuverlässig und zügig durchgeführt werden kann. Hierzu ist die eigentliche Straßenplanung durch geeignete rechtliche und betriebliche Maßnahmen zu ergänzen, um den Busverkehr zu fördern.

Eine wichtige Voraussetzung für die Durchführung eines ungestörten Busverkehrs ist eine ausreichende Breite der Fahrbahn. Ist der Verkehrsraum durch ruhenden Verkehr eingeschränkt, sollte im betreffenden Abschnitt das Parken (Halten) untersagt werden. Für Lieferverkehr und als Parkmöglichkeit sind dann Längsparkstreifen vorzusehen. Dabei soll ein zügiges Ein- und Ausparken gewährleistet sein. Ist die Anlage von Längsparkstreifen nicht möglich, kann die Einrichtung eines Haltverbotes (Zeichen 283 StVO, in Ausnahmefällen mit tageszeitlicher Beschränkung) im Interesse eines leistungsfähigen öffentlichen Nahverkehrs notwendig sein. Aus Gründen der Verkehrssicherheit sind in Straßen mit Linienbusverkehr Senkrechtparkstände nicht empfehlenswert.

Falschparker können erhebliche Störungen des Busverkehrs verursachen. Durch geeignete bauliche Maßnahmen kann ein Falschparken schon oft von vornherein verhindert werden, z. B. im Haltestellenbereich durch die Anlage von Haltestellenkaps. In Abstimmung mit der Stadtverwaltung empfiehlt sich die Organisation einer konsequenten Parkraumüberwachung.

Zur Beschleunigung des öffentlichen Verkehrs sollten Straßen mit Linienbusverkehr als Vorfahrtstraßen gekennzeichnet werden, um einen zügigen Fahrtablauf und eine Minimierung der Wartezeiten zu gewährleisten. Eine besondere Bedeutung kommt wie bei den Schienenbahnen auch beim Bus der Bevorrechtigung an Lichtsignalanlagen zu.

Zur Beschleunigung des Busverkehrs können für den Linienverkehr auch Ausnahmegenehmigungen von Verboten, die durch Vorschriftszeichen, Richtzeichen oder Verkehrseinrichtungen angeordnet sind, einen wesentlichen Beitrag leisten. Die Straßenverkehrsbehörden können nach § 46 StVO in bestimmten Einzelfällen entsprechende Ausnahmen genehmigen.

Die Mitbenutzung von Fahrstreifen durch Linienbusse in Abweichung von der vorgeschriebenen Fahrtrichtung an (signalgesteuerten) Knotenpunkten ist grundsätzlich möglich, sofern die Sicherheit des Verkehrsablaufs und die Begreifbarkeit für alle Verkehrsteilnehmer gewährleistet werden kann. Für den geradeausfahrenden Linienbusverkehr ist es oft von Vorteil, wenn von ihm schwach belastete Abbiegefahrstreifen mitbenutzt werden können. Der Abbiegefahrstreifen hat dann den Effekt eines Bussonderfahrstreifens. Wird bei schwachem Rechtsabbiegeverkehr und starkem geradeausfahrenden Verkehr vom Linienbus der Rechtsabbiegefahrstreifen mitbenutzt, um z. B. direkt die hinter dem Knotenpunkt liegende Haltestelle anzufahren, kann der Bus am rückstauenden Geradeausverkehr vorbeifahren. Die Wartezeiten an der Signalanlage können dadurch minimiert werden.

Denkbar ist auch, Linienbusse aus Geradeausspuren abbiegen und in einen Bussonderfahrstreifen oder eine Haltestellenbucht einfahren zu lassen. Auch zur Vermeidung von Umwegen, z. B. „Blockumfahrungen" oder andere für den Bus ungünstige Linienführungen, kann es sinnvoll sein, zusammen mit einer geeigneten Signalsteuerung Linienbussen das Linksabbiegen zu genehmigen bei für den Kfz-Verkehr anderen Fahrtrichtungsgeboten.

7.4.4 Trennung der Fahrwege beim Busverkehr

Die Einrichtung von Bussonderfahrstreifen (sogenannte „Busspuren") ist eine Maßnahme zur Verbesserung der Qualität des Linienverkehrs an kritischen Stellen im Netz. Die getrennte Führung vom übrigen Kfz-Verkehr kann die Leistungsfähigkeit des Busverkehrs erhalten bzw. steigern. Bussonderfahrstreifen ermöglichen dem Linienverkehr, sich unabhängig vom übrigen Kfz-Verkehr fortzubewegen und an regelmäßig auftretenden Staus des Individualverkehrs vorbeizufahren. Sie tragen somit zu einem verbesserten Betriebsablauf, zur Harmonisierung des Fahrtablaufs, zur besseren Einhaltung des Fahrplans, zur Entlastung der Busfahrer sowie zur Reduktion von Schadstoffemissionen bei (Abb. 7.13).

Abb. 7.13 Bussonderfahrstreifen in Mittellage erhöhen die Verlässlichkeit im Linienbusverkehr (Münster)

Verkehrstechnische Einsatzgrenzen für Bussonderfahrstreifen
Insbesondere in Straßen vor stark belasteten Knotenpunktzufahrten können Bussonderfahrstreifen besondere Vorteile bringen. Rückstaus vor signalgeregelten Knotenpunkten können umfahren, und mit Sondersignalen kann dem Busverkehr bevorzugte Fahrtfreigabe erteilt werden. Die Anlage von Bussonderfahrstreifen und die Beeinflussung von Lichtsignalanlagen durch den Bus sind sich ergänzende Maßnahmen. Oftmals ist ein Bussonderfahrstreifen Voraussetzung für eine wirkungsvolle signaltechnische Bevorrechtigung an einem Knotenpunkt. Die Notwendigkeit zur Einrichtung von Bussonderfahrstreifen ergibt sich allgemein aus hohen Fahrzeitverlusten, insbesondere während der Spitzenzeiten des Verkehrs sowie aus den heutigen bzw. künftig zu erwartenden Verkehrsbelastungen in Verbindung mit anderen bei der Planung zu beachtenden Kriterien.

Die Verwaltungsvorschrift zur Straßenverkehrsordnung (VwV-StVO 2015) grenzt den Anwendungsbereich von Bussonderfahrstreifen ein. Die Anordnung soll gemäß VwV-StVO in der Regel nur dann erfolgen, wenn in der Verkehrsspitze mindestens 15–20 Busse pro Stunde verkehren. Die Anlage eines Bussonderfahrstreifens wird erleichtert, wenn er von mehreren Buslinien genutzt werden kann, da durch die Linienbündelung eine Steigerung der Fahrtenhäufigkeit erreicht wird. Bei der Beurteilung der Angemessenheit von Bussonderfahrstreifen soll jedoch auf die Anwendung starrer Bemessungsgrenzwerte für die Mindestfahrtenhäufigkeit verzichtet werden (FGSV 1999). Oftmals werden heute auch Bussonderfahrstreifen eingerichtet, auf denen nur 5–10 Busse pro Stunde in der Verkehrsspitze verkehren, wenn diese durch den übrigen Kfz-Verkehr erheblich behindert werden.

Abb. 7.14 ÖPNV-Trasse mit gemeinsamer Nutzung von Bussen und Straßenbahnen (Augsburg)

Gestaltung und Kennzeichnung von Bussonderfahrstreifen

Die Anwendung von Bussonderfahrstreifen ist in allen Lagen innerhalb des Straßenquerschnitts möglich (Seitenlage oder Mittellage). In Einbahnstraßen kann ein Bussonderfahrstreifen auch in Gegenrichtung eingerichtet werden. Falschparken tritt bei diesem Anwendungsfall nicht auf. Die Regelbreite von Bussonderfahrstreifen beträgt in der Geraden 3,50 m. Die EAÖ verweisen auf die in der VwV-StVO zu § 41/Zeichen 245 angegebene Mindestbreite von 3,00 m.

- Vorteilhaft kann auch die Mitbenutzung einer vom übrigen Kfz-Verkehr abgetrennten Gleiszone bzw. des eigenen Bahnkörpers der Straßen-/Stadtbahn durch im gleichen Straßenabschnitt verkehrende Linienbusse sein (Abb. 7.14). Erforderlich hierfür ist eine ausreichende Breite der Gleiszone oder des Bahnkörpers.
- In Sonderfällen können Bussonderfahrstreifen auch in Mittellage im Richtungswechselbetrieb eingerichtet werden. Wechselverkehrszeichen und eine darauf abgestimmte Beschilderung bzw. Markierung sind zwingend notwendig. Haltestellen können signalgesichert aus der Mittellage heraus am Fahrbahnrand angefahren werden.

- Eine Sonderform ist der alternierende Bussonderfahrstreifen, der sich dann anbietet, wenn nur eine dreistreifige Fahrbahn zur Verfügung steht. Dabei wird der Bus auf einem Bussonderfahrstreifen in Mittellage am Rückstau eines lichtsignalgeregelten Knotenpunktes vorbeigeführt. Im Knotenpunktbereich funktioniert der Bussonderfahrstreifen als Busschleuse, und aus der Mittellage wechselt der Bus auf den Kfz-Fahrstreifen, da in Gegenrichtung der Fahrstreifen ebenfalls zur Heranführung an den Knotenpunkt benötigt wird. Etwa in der Hälfte des Streckenabschnittes, zwischen zwei Knotenpunkten, noch vor dem Beginn des Rückstaus, wechselt der Bus wieder in Mittellage. So kann für beide Richtungen mit nur einem Bussonderfahrstreifen in Mittellage eine störungsfreie Heranführung an die Knotenpunkte ermöglicht werden.

Die Kennzeichnung des Bussonderfahrstreifens erfolgt durch Zeichen 245 StVO (Linienomnibusse) evtl. mit Zusatzschildern, die die zeitliche Begrenzung regeln. Die Fahrstreifen sind mit ununterbrochenen Linien (Z 295 StVO) bzw. bei zeitlicher Begrenzung mit einer unterbrochenen Linie (Z 340 StVO) seitlich abgegrenzt. Die Fahrbahnschriftmarkierung „BUS", die in regelmäßigen Abständen aufgebracht wird, soll die Kennzeichnung unterstützen.

Mitbenutzung durch Taxen, Fernbusse und Elektrofahrzeuge
Bussonderfahrstreifen werden zur Beschleunigung des Busverkehrs eingerichtet; eine Mitbenutzung durch andere Verkehrsteilnehmer soll nur dann erwogen werden, wenn ihr eigentlicher Zweck nicht infrage gestellt wird. Grundsätzlich kann Taxen das Mitbenutzen von Bussonderfahrstreifen gestattet werden; dies ist durch ein Zusatzschild zum Zeichen 245 StVO anzuzeigen.

Taxen sollen Bussonderfahrstreifen nur dann mitbenutzen, wenn sichergestellt werden kann, dass der Busbetrieb nicht behindert wird, z. B. durch Anhalten, um Taxifahrgäste ein- bzw. aussteigen zu lassen, oder bei Leistungseinbußen an Lichtsignalanlagen. Ungeeignet kann die Mitbenutzung von Bussonderfahrstreifen durch Taxen insbesondere dann sein, wenn innerhalb des Bussonderfahrstreifens Induktionsschleifen zur Beeinflussung von Lichtsignalanlagen verlegt sind und eine Bevorrechtigung auch von Taxen angefordert werden kann, dies aber unerwünscht ist. Taxen können nicht auf Bussonderfahrstreifen zugelassen werden, die zu Lichtsignalanlagen mit Fahrsignalen nach BOStrab oder mit Freigabezeitanforderung führen. Die gleichen Einschränkungen gelten für Fernbusse, Reisebusse und Busse im Gelegenheitsverkehr. Zusätzlich ist mit ortsunkundigem Fahrpersonal zu rechnen.

Eine Trennung vom Fahrweg des übrigen Kfz-Verkehrs durch Bussonderfahrstreifen ist zweckmäßig, um einen pünktlichen und wirtschaftlichen Betrieb des ÖPNV zu gewährleisten. Eine Teilfreigabe von Bussonderfahrstreifen für E-Kfz (oder Kfz mit Mehrfachbesetzung) ist kontraproduktiv, da die Störwahrscheinlichkeit im ÖPNV steigt und nicht gemäß Zielsetzung reduziert wird. Eine Freigabe ist deshalb abzulehnen. Der Abwägungsprozess ist in „Elektromobilitätsgesetz (EmoG) – Freigabemöglichkeiten von Busspuren für private Elektroautos" (Deutscher Städtetag und VDV 2015) gegenübergestellt.

Mitbenutzung durch Fahrradverkehr (siehe auch Abschn. 9.4.4)
Die Verwaltungsvorschriften zur StVO verlangen bei der Einrichtung von Bussonderfahrstreifen, dass für den Radverkehr besondere Sicherheitsvorkehrungen getroffen werden müssen. Radverkehr soll auf Radwegen oder anderen Straßen geführt werden bzw. er ist auszuschließen, wenn sich Radfahrer zwischen dem Bus- und übrigem Kfz-Verkehr fortbewegen müssten.

Fahrradverkehr sollte auf Bussonderfahrstreifen in der Regel nicht zugelassen werden, da der langsame Radverkehr den Busverkehr erheblich behindern kann, insbesondere dann, wenn die Radfahrer bei zu schmalem Fahrstreifenbreiten nicht überholt werden können bzw. ein passgenauer Eingriff in den Signalplan durch nicht planbare Anfahrgeschwindigkeiten verhindert wird. Verbesserungen des Radverkehrs sollten zunächst eine Neuverteilung der Kfz-Verkehrsflächen prüfen und nicht zulasten des ÖPNV gehen.

In Ausnahmefällen, z. B. auf Gefällstrecken, wird vereinzelt Radverkehr auf Bussonderfahrstreifen zugelassen, wenn keine andere Führung des Radverkehrs möglich ist und ein Bussonderfahrstreifen ansonsten nicht eingerichtet werden könnte. Aus den genannten Gründen sollten dies jedoch Ausnahmen bleiben.

Bevorrechtigungsmaßnahmen beim Bus
Noch mehr als die Straßenbahn fährt der Bus auf Flächen, die auch von anderen Verkehrsarten benutzt werden. Eine Signalsteuerung, die den Bus bevorrechtigt, muss deshalb auch die Verkehrssituation vor allem des übrigen Kfz-Verkehrs berücksichtigen. So ist eine Freigabezeitzuteilung für den Bus z. B. wenig sinnvoll, wenn andere Fahrzeuge den Bus daran hindern, den Knotenpunkt überhaupt zu erreichen.

Bei der Bevorrechtigung von Bussen an Lichtsignalanlagen ist deshalb eine netzweite Planung wichtig (vgl. Abschn. 14.4). Lichtsignalanlagen, die abseits des Fahrweges der Busse liegen, können z. B. eine Funktion als Zuflussdosierer übernehmen, um die Straßen mit Busverkehr von Überstauungen freizuhalten („Pförtneranlagen“ bzw. „dynamische Zuflusssteuerung“).

Buskaps in Streckenabschnitten vor Knotenpunkten können ebenfalls die Funktion einer Zuflussdosierung übernehmen, sofern ein Überholen ausgeschlossen wird. Der Bus fährt dann als Pulkführer passgenau auf einen geräumten und gleichzeitig zuflussfreien Knotenpunkt und kann dort bevorrechtigt werden. Zuvor hinter dem Bus wartende Kfz werden mittels verlängerter Grünphase ebenfalls über den Knotenpunkt geführt und können an der nächsten Haltestelle mit Überholmöglichkeit passieren.

Bei großem Verkehrsaufkommen des Kfz-Verkehrs und bei Überlastungen sind Bussonderfahrstreifen als ergänzende Maßnahme zur Lichtsignalbevorrechtigung zur Vermeidung von Verlustzeiten besonders wichtig und sollten deshalb gemeinsam mit der Signaltechnik geplant werden (Abb. 7.15). Auf Bussonderfahrstreifen kann die Anforderung des Busses für die Lichtsignalanlage über eigene Induktionsschleifen erfolgen. Sind keine Bussonderfahrstreifen in Knotenpunktnähe vorhanden, muss die Erfassung des Busses über Funk, Infrarot oder Mobilfunk erfolgen.

Abb. 7.15 Bussonderfahrstreifen an einem Knotenpunkt in Kombination mit einer Lichtsignalbevorrechtigung (Mannheim)

7.4.5 Busverkehr und Verkehrsberuhigungsmaßnahmen

Bei der Einrichtung von verkehrsberuhigten Gebieten und Straßen kann zwischen folgenden Möglichkeiten unterschieden werden:

- verkehrsberuhigte Bereiche und Fußgängerzonen,
- Zonen-Geschwindigkeitsbeschränkungen,
- verkehrsbeschränkende und verkehrslenkende Maßnahmen.

Die Attraktivität des ÖPNV soll durch Verkehrsberuhigungsmaßnahmen nicht verschlechtert werden. Straßen, auf denen öffentliche Verkehrsmittel verkehren, sollen deshalb nicht in die Verkehrsberuhigung einbezogen werden. Dies gilt insbesondere auch für die Schienenbahnen.

Es empfiehlt sich, bei der Planung von Verkehrsberuhigungsmaßnahmen zunächst ein Netz von leistungsfähigen Straßen mit maßgebender Verbindungsfunktion festzulegen, die nicht beruhigt werden und die Vorfahrtsberechtigung behalten (Vorbehaltsnetz). In dieses Vorbehaltsnetz sind Straßen mit Linienverkehr einzubeziehen.

Müssen aufgrund örtlicher Gegebenheiten dennoch Straßen mit Busverkehr in die Verkehrsberuhigung miteinbezogen werden und ist eine alternative Linienführung nicht möglich, so sind folgende Grundsätze zu beachten:

- Der vom Bus befahrene verkehrsberuhigte Abschnitt sollte möglichst kurz sein.
- Die angewandten Maßnahmen zur Verkehrsberuhigung müssen die möglichen Auswirkungen auf das Fahrverhalten der Busse und auf die Fahrgäste berücksichtigen.

Abb. 7.16 Linienbusverkehr mit angepasster Geschwindigkeit in einer Fußgängerzone (Bochum)

- Ist eine Absenkung der Reisegeschwindigkeit unvermeidbar, sollten auf anderen Streckenabschnitten geeignete Beschleunigungsmaßnahmen einen Ausgleich schaffen.

Die Möglichkeiten, die in verkehrsberuhigten Bereichen eingetretenen Fahrzeitverluste durch Beschleunigungsmaßnahmen im übrigen Netz wieder auszugleichen, sind in der Regel gering. Die Fahrzeitverlängerungen führen je nach örtlichen Gegebenheiten zu einem Mehraufwand an Personal und an Bussen.

Verkehrsberuhigte Bereiche und Fußgängerzonen
Das Befahren von verkehrsberuhigten Bereichen (Zeichen 325 StVO mit geforderter Schrittgeschwindigkeit von 7 km/h) ist zu vermeiden. Bei der Planung von Fußgängerbereichen (Zeichen 242 StVO) sind die Belange des ÖPNV, insbesondere die Linienführung und Anordnung von Haltestellen, zu berücksichtigen.

Soll die Fußgängerzone auch durch Buslinien zentral erschlossen werden, so kann dies durch

- das Führen der Buslinien und Anordnen der Haltestellen am Rande der Fußgängerzonen,

- das Führen der Buslinien auf allgemeinen Verkehrsstraßen, die den Fußgängerbereich kreuzen und unterbrechen, erfolgen.
- Sofern eine derartige Erschließung nicht möglich ist, kann der Bus innerhalb des Fußgängerbereichs geführt werden, wenn die Fahrbahn entsprechend gestaltet wird (Abb. 7.16).

Es wird empfohlen, die Fahrgassen für Busse innerhalb von Fußgängerbereichen abzugrenzen und für die Fußgänger als solche erkennbar zu gestalten (beispielsweise durch unterschiedliche Art der Pflasterung, Materialwechsel, Poller, Pfosten, Anpflanzungen).

Tempo-30-Zonen
Kann eine vom Bus befahrene Straße nicht in das Vorbehaltsnetz aufgenommen und auch eine andere Linienführung für den Busverkehr nicht verwirklicht werden, sollte sich die Zonen-Geschwindigkeitsbeschränkung auf einen kurzen Streckenabschnitt beschränken. Zu berücksichtigen ist auch, dass die Einführung der Regelung „Rechts vor Links" an Knotenpunkten innerhalb von Tempo-30-Zonen bei Busverkehr nicht geeignet ist. Die Fahrzeitverluste durch die Einrichtung von Tempo-30-Zonen liegen bei etwa 30 s auf 1.000 m.

Bauliche Maßnahmen zur Geschwindigkeitsdämpfung sollen vorrangig dort eingesetzt werden, wo der Bus ohnehin langsam fahren muss wie an Einmündungen, Kreuzungen, Haltestellen oder Querungsstellen, um die Beeinträchtigung des Busverkehrs klein zu halten. Für den Busverkehr verträglich können Fahrgassenversätze und Fahrbahneinengungen gestaltet werden. Werden Fahrgassenversätze (siehe Abb. 7.17) mit Haltestellen kombiniert, so können die fahrdynamischen Auswirkungen, insbesondere die auf die Fahrgäste wirkende Querbeschleunigung, vermindert werden. Fahrbahneinengungen sind für Linienbusse meistens besser befahrbar als Fahrbahnversätze. Die Häufigkeit der Begegnungsfälle Bus/Bus bzw. Bus/Lkw, die das Anhalten des Linienbusses erforderlich machen, muss jedoch berücksichtigt werden. Besondere Aufmerksamkeit ist auch dem ruhenden Verkehr zu widmen, der zu Behinderungen des Busverkehrs führen könnte.

Alle baulichen Elemente zur Geschwindigkeitsdämpfung in Tempo-30-Zonen sind in jedem Fall hinsichtlich einer Befahrbarkeit durch Linienbusse zu überprüfen. Fahrdynamisch wirksame Schwellen sind wegen der Sicherheitsrisiken, d. h. die auf stehenden Fahrgästen einwirkenden Beschleunigungskräfte, für den Busverkehr nicht verträglich. Als Schwellenbauform eignen sich nur mittig im Fahrstreifen erhöhte Asphaltkissen, die so dimensioniert sind, dass Busse mit ihrem breiten Radstand eben abrollen können, während Pkw die Schwelle überrollen müssen.

Verkehrsbeschränkende und verkehrslenkende Maßnahmen
Im Rahmen der Verkehrsberuhigung werden auch verkehrslenkende Maßnahmen eingesetzt. Diese können so angelegt sein, dass sie den Busverkehr nicht behindern, sondern häufig sogar fördern können. Um gebietsfremden Verkehr (Durchgangsverkehr) von bestimmten Straßen eines Stadt-, speziell Wohngebiets fernzuhalten, können Fahrverbote oder Sperrungen von Straßenabschnitten für den Kraftfahrzeugverkehr als geeignete

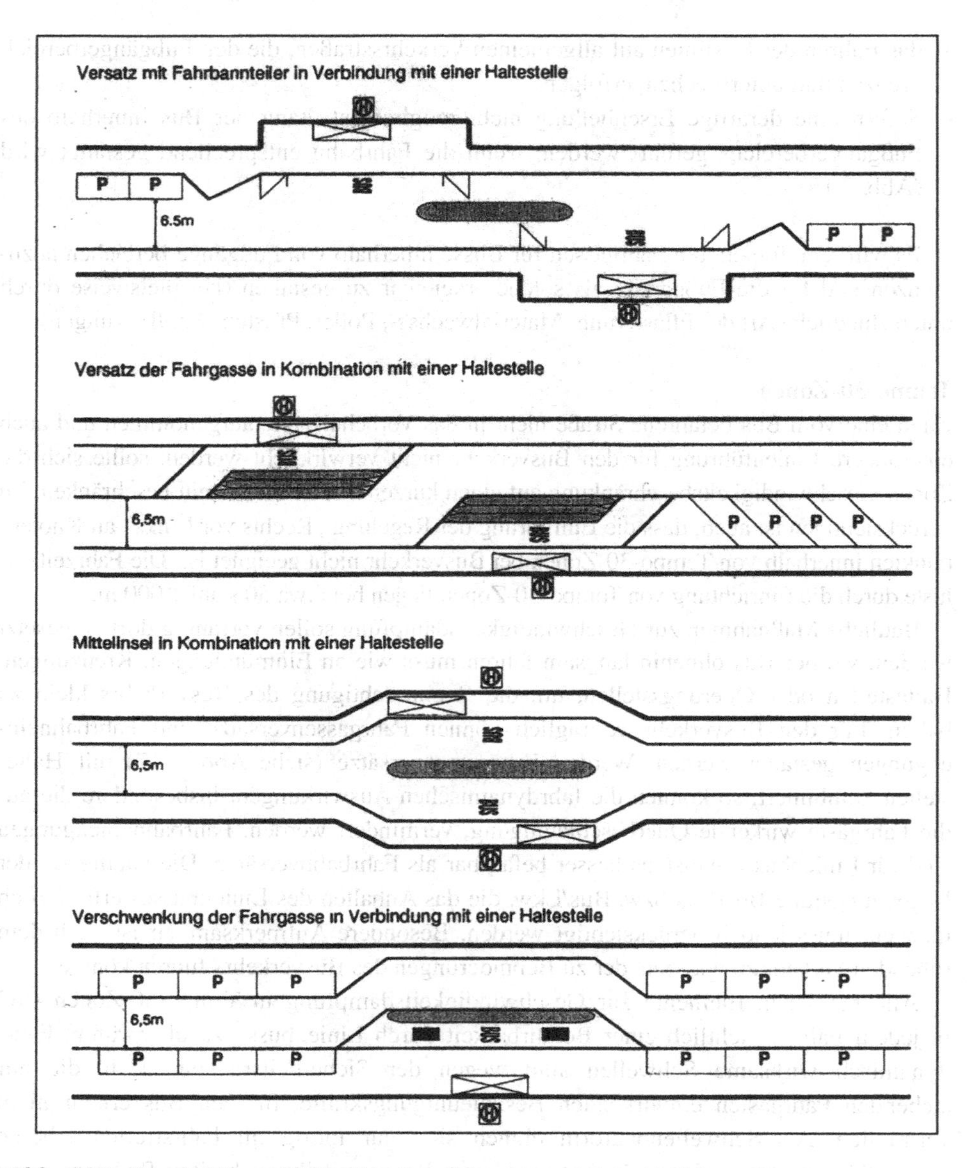

Abb. 7.17 Prinzipskizzen der Kombination Fahrgassenversätze mit Haltestellen

Maßnahme in Betracht kommen (Zeichen 250 StVO „Verbot für Fahrzeuge aller Art", Zeichen 267 StVO „Verbot der Einfahrt", Abbiegegebote). Wird der ÖPNV durch Zusatzbeschilderung zugelassen, können sowohl eine gewünschte gute Quartiererschließung durch den öffentlichen Verkehr als auch eine günstige direkte Linienführung erreicht werden. In Sonderfällen kann beispielsweise der Einbau von Schranken (siehe Abb. 7.18), die vom Linienbus geöffnet werden können, vorgesehen werden.

Abb. 7.18 Sperrung eines Straßenabschnittes für den Kraftfahrzeugverkehr. Anstelle von Schranken können in sensiblen Bereichen auch Poller verwendet werden (Maastricht)

7.5 Planung und Entwurf von Haltestellen

7.5.1 Vorbemerkungen

Haltestellenstandorte werden in engem Zusammenhang mit der Netzplanung festgelegt. Die Lage wird örtlich bestimmt durch die Nutzungsintensität je nach Siedlungsstruktur und durch die straßenräumliche Situation. Haltestellen sind sowohl Elemente des Fahrwegs als auch des Fahrbetriebs. Sie bilden die Nahtstelle zwischen den Nutzern der öffentlichen Verkehrsmittel und deren Betreibern. Insofern kommt der Zugänglichkeit der Haltestellen und ihrer Ausgestaltung eine besondere Bedeutung zu. Haltestellen können das Image des öffentlichen Verkehrsangebotes wesentlich beeinflussen. Aspekte der städtebaulichen Integration und der Barrierefreiheit sind zu beachten.

Die Reisegeschwindigkeit für die Fahrgäste wird einerseits durch die Entfernung zur Haltestelle, andererseits durch den Haltestellenabstand beeinflusst. Das ist bei der Festlegung der Haltestellen zu berücksichtigen. Haltestellenabstand und -einzugsbereich hängen im Wesentlichen von der Angebotsform und der mit der räumlichen Lage ver-

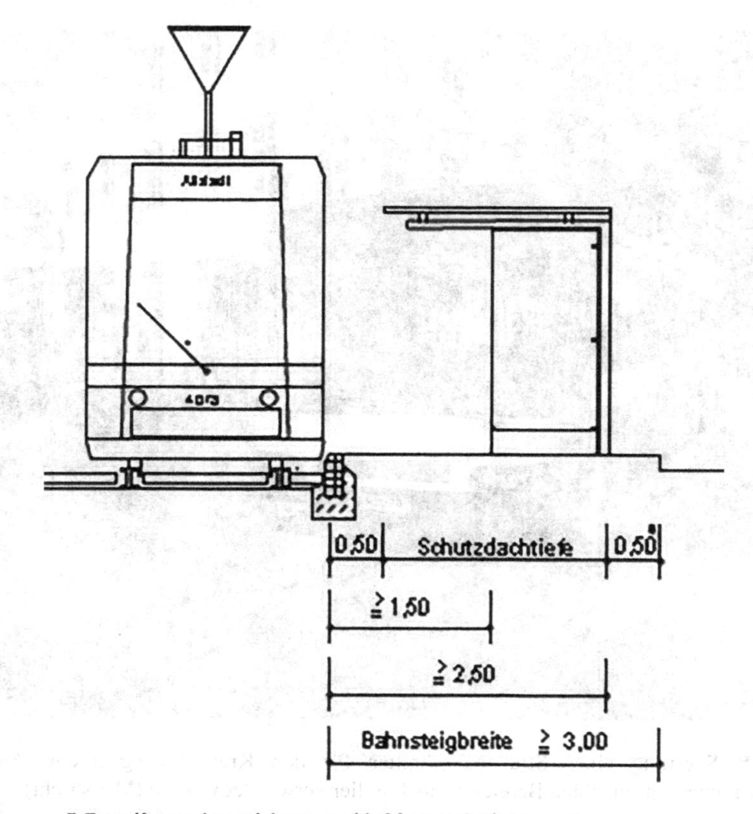

Abb. 7.19 Abmessungen für Warteflächen mit Wetterschutzeinrichtungen an Straßenbahnhaltestellen. (EAÖ)

bundenen Nutzungsintensität der Haltestelle (Innenstadt, Außenbereich der Stadt, ländlicher Raum und Ähnliches) ab. Konkrete Werte sind in Tab. 6.2 aufgeführt.

7.5.2 Stadtbahnhaltestellen im Straßenraum

Stadtbahnhaltestellen im Straßenraum liegen in der Regel im Bereich von Verkehrsknotenpunkten. Sie können sowohl hinter als auch vor dem Knoten angeordnet sein. Bei der Haltestellenlage vor dem Knotenpunkt kann die Rotphase einer Lichtsignalanlage gleichzeitig zum Fahrgastwechsel genutzt werden. Wenn eine verkehrsabhängige Steuerung für die Stadtbahn gegeben ist oder eine Grüne Welle geschaltet wird, kann auch die Lage hinter der Kreuzung günstig sein. Kurze und vor allem sichere Zuwege zur Haltestelle werden häufig nur durch lichtsignalgeregelte Überwege ermöglicht.

Abb. 7.20 Barrierefreier Zugang zu einem hochflurigen Mittelbahnsteig (Bonn)

Abb. 7.21 Straßenbahnhaltestellen mit Fahrbahnanhebung eignen sich bei Flächenkonkurrenzen, da der Seitenraum platzsparend als Wartefläche genutzt werden kann (Freiburg)

Haltestellen im Straßenraum in Insellage liegen in der Mitte der Fahrbahn. Diese Haltestelleninseln (mit Seitenbahnsteigen oder Mittelbahnsteigen) sind entsprechend dem Verkehrsaufkommen ausreichend zu dimensionieren. Der Abstand zwischen Bahnsteigkante und Einbauten sollte gemäß BOStrab eine Mindestnutzbreite von 2,00 m, bei Haltestellen im Verkehrsraum öffentlicher Straßen ein Maß von 1,50 m haben. Gemäß den EAÖ wird eine nutzbare Mindestbreite von 2,50 m empfohlen (Abb. 7.19).

Möglichst höhengleiche und spaltfreie Einstiegsverhältnisse sollen einen barrierefreien, zügigen und sicheren Fahrgastwechsel ermöglichen. Die Reststufe und Spaltbreite zwischen Bahnsteig und Fahrzeug sollte im Idealfall zwischen 0 mm und 50 mm betragen. Unter Erschwernissen sind aber auch Maße von 50 mm und 100 mm noch vertretbar.

Jeder Bahnsteig muss über mindestens einen barrierefreien Zugangsweg zu erreichen sein (Abb. 7.20). Hierbei ist auf eine Durchgangsbreite von mindestens 0,90 m zu achten. Hindernisse, z. B. durch Bordsteinkanten oder einen unebenen Bodenbelag (Kopfsteinpflaster) sind zu vermeiden. Die Bahnsteige müssen ebenerdig erreichbar sein. Ist dies nicht möglich, kann eine Erschließung über eine Rampe erfolgen, deren Längsneigung allerdings 6 % nicht übersteigen darf. Die 1,20 m breite Rampe darf maximal eine Länge von 6,00 m besitzen, danach ist ein Zwischenpodest von 1,20 bis 1,50 m Länge, mit einer maximalen Querneigung von 1,50 bis 2,50 % erforderlich.

Haltestellen mit Wartebereichen im Seitenraum unterscheiden sich in Haltestelle am Fahrbahnrand (Gleise werden aus der Fahrbahnmitte an die Bahnsteigkante verschwenkt), Haltestellenkap (Seitenbereich oder Gehweg werden bis an die Fahrbahn vorgezogen) oder bei Niederflurbahnen in Haltestellen mit Fahrbahnanhebung. Bei der letztgenannten Bauform befindet sich die Wartefläche im Seitenraum, also im Gehwegbereich (Abb. 7.21). Der Ein- und Ausstieg findet hierbei auf der Fahrbahn statt. Für einen nahezu stufenlosen Ein- und Ausstieg wird die Fahrbahn im Bereich der Haltestelle angehoben. Beim Halt der Straßenbahn muss der parallele Kfz-Verkehr gestoppt werden, um den Fahrgastwechsel abzusichern.

Der Radverkehr kann bei Straßenbahnhaltestellen als Anhebung vor der Wartefläche oder im Seitenraum geführt werden. Damit wird die Sturzgefahr, wenn Schienen im Haltestellenbereich gekreuzt werden, vermieden. Bei ausreichend breiten Seitenräumen und Warteflächen ist der Radweg hinter dem Witterungsschutz zu führen (FGSV 2010). Mischverkehrsflächen im Seitenraum sollten vermieden werden. In den EAÖ sind in Prinzipskizzen die möglichen Anordnungen von Straßenbahnhaltestellen im Straßenraum dargestellt.

Die vielfältigen, zum Teil konträren Anforderungen bei gleichzeitiger Flächenkonkurrenz unter Berücksichtigung der Umfeldnutzung erfordern Abwägungsprozesse. Ferner ist die Integration von Bahnsteigen eine wichtige Aufgabe der Stadtgestaltung. Bei allem Gestaltungsaufwand sollte beachtet werden, dass ein einheitliches Erscheinungsbild des Verkehrsunternehmens erhalten bleibt und die Haltestellen gleich nutzbar sind. Haltestellenkennzeichnung, Wetterschutz, Sitzgelegenheit, ausreichende Beleuchtung, verkehrliche und tarifliche Informationen sowie ggf. ein Fahrscheinautomat gehören zum Standard von oberirdischen Stadtbahnhaltestellen. Empfehlenswert ist die Abstimmung eines Gestaltungskonzepts (VDV 2016).

In § 31 der BOStrab sowie in den Tunnelbaurichtlinien werden nähere Ausführungen zur Ausgestaltung von Haltestellen der U-Bahn bzw. U-Stadtbahn in unterirdischen Streckenabschnitten getroffen.

7.5.3 Bushaltestellen im Straßenraum

Bei der Anordnung von Haltestellen im Straßenraum sind auch beim Bus betriebliche, fahrgastbezogene und örtliche Gesichtspunkte sowie gestalterische Aspekte zu berücksichtigen. Oft muss gerade beim Bus zwischen verschiedenen Forderungen abgewogen und ein Kompromiss bei der Standortfestlegung gefunden werden.

Bushaltestellen werden im Allgemeinen in Seitenlage am Fahrbahnrand angeordnet. An Kreuzungen und Einmündungen ohne Lichtsignalanlagen werden Haltestellen in der Regel in Fahrtrichtung hinter dem Knotenpunkt angelegt. Für die Fußgänger wird eine höhere Verkehrssicherheit beim Überqueren der Fahrbahn erreicht, da das Sichtfeld nicht durch haltende Busse beeinträchtigt wird. Die Anlage der Haltestellen hinter dem Knotenpunkt kann auch an signalisierten Kreuzungen von Vorteil sein, weil die während der Sperrzeiten verursachten Zeitlücken im Fahrzeugstrom für von der Haltestelle abfahrende Busse genutzt werden können.

Im Interesse der Erreichbarkeit bei starkem Umsteigeverkehr oder im Zuge koordinierter Lichtsignalsteuerungen kann es günstig sein, die Haltestelle vor dem Knotenpunkt vorzusehen. Auf die Sicherheit der Fahrgäste ist dann besonders zu achten.

Eine Haltestellenanordnung in der Knotenpunktzufahrt erfordert besondere Regelungen für die Ausfahrt der Busse. Eine zurückgesetzte Haltelinie für den Individualverkehr sowie ein Sondersignal ermöglichen eine zügige Abfahrt von der Haltestelle. So wird auch das gefahrlose Einfädeln in den Verkehrsstrom und ggf. die Abschirmung gegen rechtsabbiegende Fahrzeuge erreicht (ÖPNV-Vorlaufphase oder Busschleuse).

Bei einer Grünen Welle kann es vorteilhaft sein, die Haltestellen abwechselnd vor und hinter den Knotenpunkten anzulegen. An Fußgängerüberwegen sollen die Haltestellen grundsätzlich unter Beachtung der Sichtverhältnisse hinter diesen angelegt werden (BMVBW 2001). Die möglichen Anordnungen von Haltestellen im Straßenraum sind in den EAÖ dargestellt.

Bushaltestellen werden mit dem Haltestellenschild (Zeichen 224 StVO) gekennzeichnet. Das Parken ist je 15 m vor und hinter dem Haltestellenschild unzulässig. Zusätzlich sollte die Haltestelle mit der Fahrbahnmarkierung „BUS" kenntlich gemacht werden. Mit der Grenzmarkierung (Zeichen 299 StVO) kann die vorgeschriebene Haltverbotszone verdeutlicht oder verlängert werden. Auch kann ein absolutes Haltverbot mit Zeichen 283 StVO sinnvoll sein.

Haltestellenformen

Bushaltestellen (siehe Abb. 7.22) können als Busbucht, am Fahrbahnrand oder als Haltestellenkap angeordnet oder ausgebildet werden. Haltestellenkaps, bei denen die Haltestelle an einem vorgezogenen Fahrbahnrand liegt, weisen viele Vorteile auf. Durch den zur Straßenmitte hin versetzten Bordstein kann der Bus geradlinig die Haltestelle anfahren, was insbesondere die Sicherheit für stehende Fahrgäste verbessert. Der Bus kommt mit allen Türen direkt am Bordstein zum Stehen.

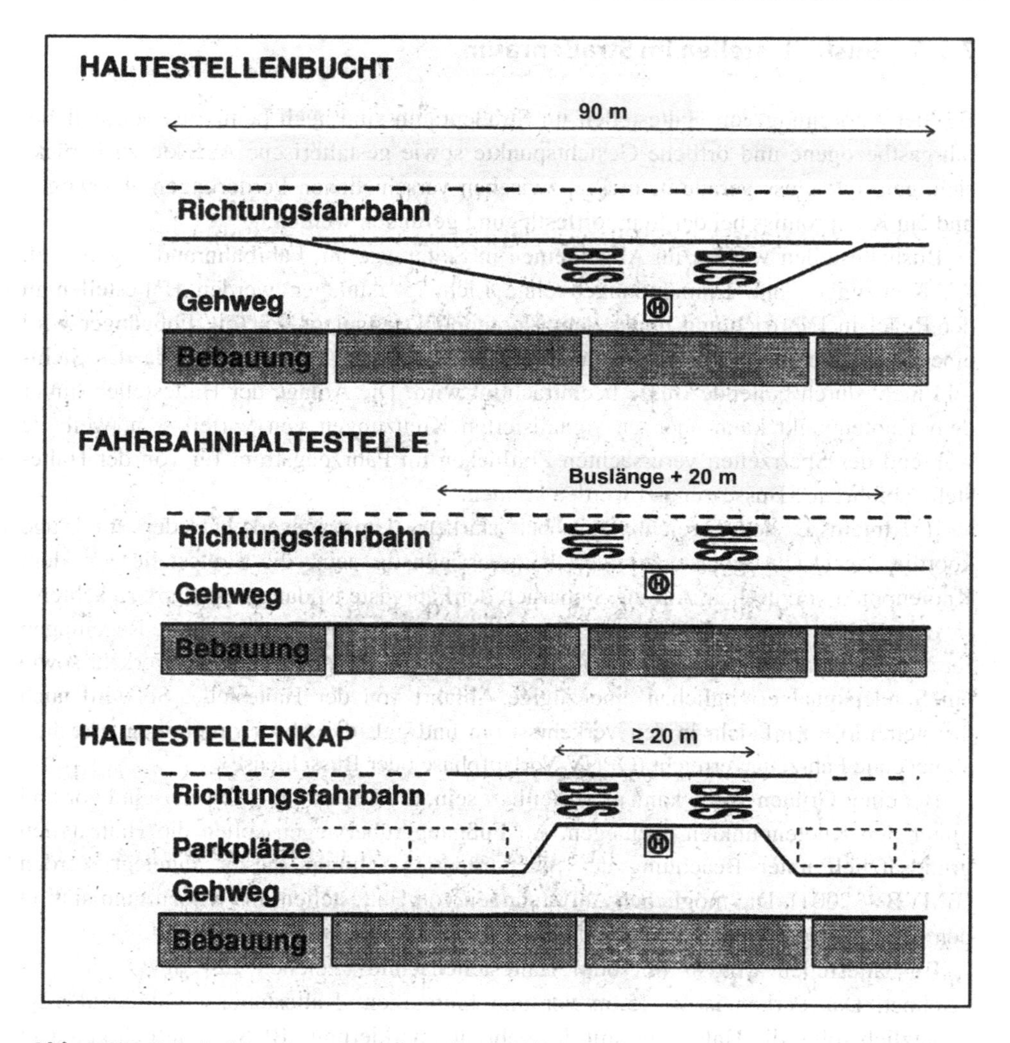

Abb. 7.22 Prinzipskizzen von Bushaltestellen und ihre Bauformen

Das Wiedereinfädeln in den fließenden Verkehr entfällt, von der Haltestelle kann zügig abgefahren werden. Die Länge der Haltestelle sollte beim Haltestellenkap gleich der Fahrzeuglänge sein.

Die besondere Form der Haltestelle erleichtert das Freihalten des Haltestellenbereichs von verbotswidrig parkenden Fahrzeugen. Dies wird verstärkt, wenn die Haltestellenkaps soweit vorgezogen sind, dass direkt vor und hinter der Haltestelle Parkstände angelegt werden können. Durch die große Tiefe der Wartefläche können Einrichtungen für Fahrgäste, insbesondere der Wetterschutz, leichter untergebracht werden.

Voraussetzung für die Ausbildung einer Haltestelle als Buskap sind kurze Aufenthaltszeiten. Endhaltestellen oder Haltestellen, an denen planmäßig Anschlüsse

Abb. 7.23 Die geradlinige Anfahrt eines Buskaps sichert einen barrierefreien Ein- und Ausstieg. Die Kantenlänge beschränkt sich auf die Fahrzeuglänge des Busses

abgewartet werden müssen, sind deshalb nicht geeignet. An Haltestellenkaps sollte das Linksüberholen des Busses durch andere Fahrzeuge mit geeigneten Maßnahmen verhindert werden.

Ausführungen von Haltestellenkaps zeigen, dass diese Haltestellenform allen anderen Haltestellenformen hinsichtlich der Verkehrssicherheit, des Betriebsablaufes und des behindertengerechten Zugangs überlegen ist (Abb. 7.23). Befürchtungen, dass es durch die Anordnung von Haltestellenkaps und die durch den Bushalt bedingte kurzzeitige „Sperrung" der Straße zu Beschränkungen des Kfz-Verkehrs kommen würde, haben sich nicht bestätigt. Die Haltestellenaufenthaltszeiten an Haltestellenkaps sind geringer als an Busbuchten, da sich die Ein- und Ausstiegsverhältnisse verbessern und sich das An- und Abfahren der Busse erleichtert.

Haltestellen am Fahrbahnrand haben ähnliche Eigenschaften wie Haltestellenkaps. Sie werden jedoch oft von verbotswidrig abgestellten Fahrzeugen zugeparkt, was einen sicheren Busbetrieb erheblich beeinflusst. Auch kann das gelegentlich notwendige Einfädeln in den fließenden Verkehr den Busbetrieb nachteilig beeinflussen.

Busbuchten sind dann erforderlich, wenn längere Haltestellenaufenthaltszeiten zu erwarten sind. Dies ist besonders an Endpunkten und an Haltestellen mit starkem Fahrgastaufkommen gegeben. Busbuchten als Busschleuse ermöglichen einen Haltestellenstandort vor signalgeregelten Knotenpunkten. Dabei kann aus der Haltestelle geradlinig in den Knotenpunkt eingefahren werden. Um Busbuchten auch in der Knotenausfahrt zu vermeiden, kann die entsprechende Fahrstreifenbreite an der Haltestelle auf 5,50 m erhöht werden.

Im Gegensatz zu den anderen Haltestellen haben Busbuchten einen großen Flächenbedarf und sind stadtgestalterisch ungünstig. Die S-förmige Fahrkurve beim Ein- und Ausfahren ist für die Fahrgäste im Fahrzeug fahrdynamisch ungünstig. Das Wiederein-

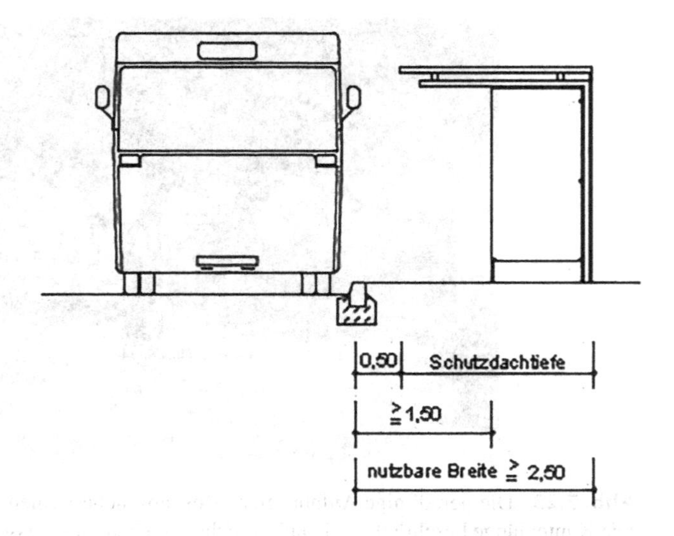

Abb. 7.24 Abmessungen für Warteflächen mit Wetterschutzeinrichtungen an Bushaltestellen. Der Kopffreiraum sollte 2,30 m betragen. (EAÖ)

fädeln in den fließenden Verkehr stellt ein potenzielles Unfallrisiko dar und ist oftmals mit Wartezeiten verbunden. Haltestellenkaps sowie Haltestellen am Fahrbahnrand sind deshalb der Vorzug vor Haltestellen mit Busbuchten zu geben.

Empfehlungen für die Radverkehrsführung werden in den EAÖ (2013) und den ERA (2010) gegeben.

Bemessung von Bushaltestellen

Bei der Bemessung von Haltestellen müssen vor allem betriebliche, verkehrliche und fahrgeometrische Gesichtspunkte berücksichtigt werden. Neben der gewählten Haltestellenform sind das prognostizierte Fahrgastaufkommen sowie die Anzahl und Art der gleichzeitig haltenden Busse für den Flächenbedarf maßgebend. Durch die richtige Haltestellengestaltung müssen auch ein möglichst zügiges An- und Abfahren und ein paralleler Bushalt an der Bordsteinkante erreicht werden. Wartende Fahrgäste dürfen nicht durch ausschwenkende Fahrzeugüberhänge gefährdet werden. Bei Gelenkzügen muss der Fahrer eine ausreichende Sicht auf alle Türen haben.

Im Gegensatz zum Haltestellenkap benötigt man für den Halt am Fahrbahnrand je nach An- und Abfahrtsbeschränkungen eine wesentlich größere Länge. Die Längenentwicklung von Busbuchten für einen barrierefreien Ein- und Ausstieg wird aufgrund von Fahrversuchen mit rund 90 m angegeben (FGSV 2006). Für die Breite des Bushalteplatzes werden 3,00 m empfohlen. Die nutzbare Mindestbreite aller Bauformen soll im Seitenbereich gemäß den EAÖ 2,50 m betragen (Abb. 7.24).

Aus Gründen der Barrierefreiheit, des Komforts und zur Beschleunigung des Fahrgastwechsels sollten ein möglichst niveaugleicher Ein- und Ausstieg angestrebt werden. Dabei ist ein Spaltmaß und Stufenmaß zwischen Fahrzeugboden und Haltestellenkante von jeweils maximal 5 cm anzustreben. Dies lässt sich im Busbereich derzeit in der Regel nur mit Bordhöhen von mindestens 22 cm erreichen. Damit kann die Reststufe

Abb. 7.25 Eine geradlinige An- und Abfahrt vorausgesetzt können mit Formsteinen Kantenhöhen bis 30 cm umgesetzt werden (Zuidtangente Amsterdam)

in Kombination mit dem einseitigen Absenken des Busses (Kneeling) soweit reduziert werden, dass in vielen Fällen trotz leicht vergrößertem Spalts auf fahrzeuggebundene Einstiegshilfen verzichtet werden kann. Verschiedene Kommunen haben mit Bordhöhen bis zu 24 cm inzwischen mehrjährige, gute Erfahrungen gesammelt. In einigen Fällen wurden auch Busborde bis 30 cm Höhe verbaut, z. B. bei Mischbetrieb mit der Straßenbahn. Der Bus senkt hier nicht mehr ab, da die Reststufe in das Fahrzeug nur noch gering (ca. 2 cm) ist. In der Regel vergrößert sich bei dieser Lösung jedoch der Spalt weiter, da ein nahes Heranfahren an den Bord für das Fahrpersonal schwierig ist (Abb. 7.25).

Beim Einbau hoher Busborde sind in Abhängigkeit der konkreten Ausführung mehrerer Aspekte bei der Planung zu beachten, so beispielsweise

- die Möglichkeit einer ausreichend langen, geradlinigen Anfahrt des Bordes (in der Regel Buskap oder Fahrbahnrandhaltestelle),
- das wirkungsvolle Unterbinden von Falschparkern im An- und Abfahrtbereich des Bordes,
- ein abgestuftes Höhenkonzept, um ein Auflaufen oder Anstoßen mit der Karosserie zu vermeiden,

Abb. 7.26 Verknüpfungspunkt Bus und Straßenbahn

- eine Überprüfung des Fuhrparks hinsichtlich Karosserieüberständen und Türsystemen (bei Außenschwingtüren kann der Bus nicht abgesenkt werden) und
- die an der Haltestelle eingesetzten Fahrzeuge (z. B. Kleinbusse, Taxis).

Kommt der Einsatz hoher Busborde nicht infrage, können fahrzeuggebundene Einstiegshilfen zum Einsatz kommen. Mit diesen können Reststufe und Restspalt wirksam überbrückt werden. Im praktischen Einsatz bewährt hat sich hier vor allem die manuelle Klapprampe. Allerdings sollten die Bordhöhen 18 cm nicht unterschreiten, damit auch bei ungünstigen Neigungsverhältnissen der Fahrbahn und Seitenräume eine Rampenneigung von 12 % nicht überschritten wird. Diese Neigung ist von einem Teil der Rollstuhlnutzer noch selbstständig zu bewältigen, kann aber in einigen Fällen Personalunterstützung nach sich ziehen. In den Fahrzeugen dienen Mehrzweckplätze in Türnähe mit einer Größe von 1,50 m × 1,50 m als Stellplatz für Kinderwagen und Rollstühle.

7.5.4 Verknüpfungspunkte öffentlicher Verkehrsmittel

In vielen Ballungsräumen wird heute entsprechend der Verkehrsnachfrage eine abgestufte Verkehrsbedienung vorgenommen. Durch den Einsatz verschiedener Verkehrssysteme müssen besondere Verknüpfungspunkte geplant werden (Abb. 7.26). Der Fahrgast muss beim Umsteigen an solchen Anlagen Fußwege und Wartezeiten in Kauf nehmen. Die Art der Verknüpfung der verschiedenen Verkehrsmittel ist deshalb mitbestimmend für die Qualität des Verkehrsangebotes. Das gilt auch für die Umsteigehaltestellen innerhalb eines Verkehrssystems. Verknüpfungspunkte müssen kurze Umsteigewege aufweisen.

Um kurze Umsteigezeiten zu gewährleisten, ist eine gute Orientierung und Begreifbarkeit der einzelnen Umsteigebereiche notwendig. Die Fahrgastinformation muss systematisch und umfassend gestaltet sein und soll vom Fahrgast schnell erkannt und von ihm gut lesbar sein.

Aktuelle Lautsprecherdurchsagen können die optische Information unterstützen. Ausreichende Beleuchtung und ansprechende Form- und Farbgebung der Umsteigeanlage verbessern die Situation für die wartenden Fahrgäste. In jedem Fall ist ein angemessener Wetterschutz bei Umsteigeanlagen notwendig. Eine einfache Instandhaltung und Reinigung sind wichtig, damit über die lange Nutzungsdauer ein ansprechender Zustand erhalten bleibt.

Entscheidend für die Akzeptanz einer Umsteigebeziehung ist auch die fahrplanmäßige Anschlusssicherung. Unter der Voraussetzung, dass Beschleunigungsmaßnahmen einen verlässlichen Fahrbetrieb auch in den Hauptverkehrszeiten sicherstellen, und unter Einbeziehung moderner Betriebssteuerungssysteme können kurze Anschlussbeziehungen mit kurzen Umsteigezeiten geplant und gesichert werden. Dem Fahrgast kann dabei angezeigt werden, wie viel Zeit ihm noch zum Umsteigen auf das Anschlussverkehrsmittel zur Verfügung steht. Dem Fahrer des Anschlussverkehrsmittels kann bei Verspätung des Zubringers eine Wartezeit signalisiert werden.

In den „Hinweisen für den Entwurf von Verknüpfungsanlagen des öffentlichen Personennahverkehrs (HÖV)" (FGSV 2009) sind verschiedene Grundformen der Verknüpfung für endende, sich kreuzende oder berührende Linien dargestellt. Anhand zahlreicher Beispiele werden Lösungen für Verknüpfungspunkte an der Oberfläche aufgezeigt, die auf verschiedenen Grundformen für Haltestellenanordnungen basieren können. In FGSV (2009) sind auch Bemessungshinweise für Bahnsteige, feste Treppen, Rampen, Fahrsteige, Fahrtreppen und Aufzüge enthalten. Planungshinweise für Bushaltestellen beziehen sich u. a. auch auf Fälle, in denen mehrere Busse gleichzeitig eine Haltestelle benutzen müssen, insbesondere beim Aufstellen parallel zur Fahrbahnkante und bei sägezahnförmiger Aufstellung am Bussteig.

Neben den herkömmlichen Verkehrsmitteln wie Kfz, Bus und Bahn, Fernbus und Fahrrad werden alternative Angebotsformen (siehe Abschn. 5.2.4) weiter an Bedeutung zunehmen. Vor diesem Hintergrund können geeignete ÖPNV-Schwerpunkthaltestellen in der Kombination mit anderen Verkehrsangeboten zumeist unterschiedlicher Anbieter bzw. Serviceangeboten zu sogenannten „Mobilitätsstationen" aufgewertet werden. Mobilitätsstationen stehen für die Vernetzung des klassischen öffentlichen Personenverkehrs mit alternativen Angebotsformen wie Car- und Bikesharing.

Entsprechend der zusätzlichen Angebote werden die Verknüpfungspunkte ergänzt durch Infrastruktureinrichtungen wie Stellplätze für Carsharing-Fahrzeuge, E-Stehroller, Fahrradabstellanlagen, Ladesäulen für Pedelecs, E-Bikes oder E-Carsharing und eine Taxistation. Sofern Mobilitätsstationen in zentralen Stadträumen liegen, sollten sie auf Pkw-Stellplätze und einen klassischen Mietwagenverleih verzichten, da dadurch Kfz-Verkehr in sensiblen Stadträumen erzeugt wird. Das gilt auch bei Verwendung von Elektrofahrzeugen. Die Mobilitätsstationen sollten modular aufgebaut werden und in der Fläche erweiterbar sein, um auf mögliche Nachfragesteigerungen und neue Angebote bzw. Anbieter reagieren zu können. Über das direkte Umfeld einer Mobilitätsstation hinaus sollten die Wegenetze überprüft und, wenn notwendig, neu aufgeteilt werden.

Die Planung einer Mobilitätsstation gelingt nur durch die frühzeitige Einbindung aller Akteure. In der Regel sind dies Aufgaben- und Planungsträger, Verkehrsunternehmen, Betreiber der ergänzenden Mobilitätsangebote sowie Sponsoren und Fördermittelgeber. Für den Aufbau einer Ladeinfrastruktur ist auch der Energieversorger einzubinden.

Neben attraktiven baulichen Voraussetzungen erfordern Mobilitätsstationen auch immer einen digitalen Zugang zu den Reservierungs- und Buchungsfunktion der Angebote. Ergänzt werden kann der Zugang mit stationären Informationsterminals. Ebenso könnte der Standort einer Mobilitätszentrale, die Fragen rund um das kommunale Mobilitätsmanagement beantwortet, an einer Mobilitätsstation liegen.

7.6 Barrierefreiheit im öffentlichen Raum

7.6.1 Vorbemerkungen

Die Verbesserung der Mobilitätschancen aller Menschen, einschließlich mobilitätseingeschränkter Personen, mittels öffentlicher Verkehrsmittel ist in Deutschland als bedeutsames gesellschaftspolitisches Ziel erkannt und anerkannt. Das ist der Hintergrund für das am 1. Mai 2002 in Kraft getretene Behindertengleichstellungsgesetz (BGG), das im rechtlichen Rahmen Barrierefreiheit definiert und die Rechte mobilitätsbehinderter Menschen stärkt. Vom Bund und von den Ländern als Zuschussgeber werden Neubeschaffungen, Neu- und Umbauten insbesondere mit Mitteln des Gemeindeverkehrsfinanzierungsgesetzes (GVFG), des Regionalisierungsgesetzes (RegG) und des Entflechtungsgesetzes (EntflechtG) nur finanziert, wenn sie den Kriterien der Barrierefreiheit entsprechen.

Die barrierefreie Gestaltung von Anlagen und Fahrzeugen ist nicht nur ein wichtiges Nutzungskriterium für Mobilitätsbehinderte, sondern sie steigert in der Regel für alle Kundengruppen die Attraktivität und Qualität des öffentlichen Personennahverkehrs. Zu den Personen, die als mobilitätseingeschränkt anzusehen sind, gehören Menschen mit sehr verschiedenen Fähigkeiten und unterschiedlichen Schwierigkeiten bei der Benutzung öffentlicher Verkehrsanlagen und Verkehrsmittel. Als mobilitätseingeschränkt gelten Personen, die wegen dauernder Beeinträchtigung oder akuter Erkrankung – Blinde/Sehbehinderte, Gehörlose/Hörbehinderte, Rollstuhlbenutzer, Gehbehinderte, Greifbehinderte, geistig Behinderte, Orientierungsbeeinträchtigte, ältere Menschen, Kleinwüchsige/Kinder – und wegen temporärer Behinderungen oder in bestimmten Situationen – mit Gepäck, Kinderwagen, Verletzungen – in ihrer Mobilität eingeschränkt sind.

7.6.2 Rechtlicher Rahmen

Bund, Länder und Kommunen haben in einschlägigen gesetzlichen Regelungen und Richtlinien die Rechte mobilitätseingeschränkter Menschen festgeschrieben. Konkretisiert werden die Rechte behinderter Menschen durch das Behindertengleichstellungsgesetz (BGG). Das Bundesgesetz richtet sich gegen die Benachteiligung von Behinderten und fördert den Integrationsgedanken. Das BGG verankert die Forderung behinderter Menschen nach gleichberechtigter Teilhabe an allen Lebensbereichen und selbstbestimmter Lebensführung nachdrücklich ohne fremde Hilfe. Als Folgerung hieraus ergibt sich die Zielvorgabe nach der barrierefreien Gestaltung der Lebensbereiche.

Um die Belange behinderter Menschen im Sinne der Herstellung der Barrierefreiheit wirksam zu berücksichtigen, wird die Förderung von Maßnahmen mit Fördermitteln an die Bedingung der Beteiligung entsprechender Behindertenbeauftragter/Behindertenbeiräte bei der Vorhabenplanung geknüpft. Ein Anhörungsrecht ist zu beachten. Bei frühzeitiger Beteiligung können Hauptprobleme und Defizite schneller erkannt und Planungsmängel vermieden werden, deren nachträgliche Behebung – soweit überhaupt möglich – meist mit hohen Kosten verbunden ist.

Das Ziel der Barrierefreiheit lässt sich in wenigen Jahren nicht vollständig erreichen. Dies hängt insbesondere mit der Lebensdauer vorhandener, seinerzeit noch nicht barrierefrei konzipierter Infrastruktureinrichtungen zusammen. Eine nachträgliche Anpassung in Abhängigkeit der technischen und finanziellen Möglichkeiten wird schrittweise realisiert werden. Die dabei in § 8 Abs. 3 PBefG vorgegebene Zielsetzung nach einer vollständigen Barrierefreiheit im öffentlichen Personennahverkehr bis zum 01.01.2022 hat wie die ebenfalls enthaltenen unbestimmten Rechtsbegriffe („Belange der in ihrer Mobilität oder sensorisch eingeschränkten Menschen“, „vollständige Barrierefreiheit“) zu unterschiedlichen Interpretationen geführt. Die Vorschriften des PBefG richten sich unmittelbar an die für die Aufstellung der Nahverkehrspläne zuständigen Aufgabenträger. Die Verkehrsunternehmen sind nach dem PBefG bei der Aufstellung des Nahverkehrsplans frühzeitig zu beteiligen. Insofern besteht aufseiten der Verkehrsunternehmen bezüglich der Auslegung und Umsetzungsmöglichkeiten bzw. -grenzen einer „vollständigen Barrierefreiheit“ eine Abstimmungsmöglichkeit mit dem Aufgabenträger, um vor Ort allgemeine Standards und Zielvereinbarungen festzulegen (VDV 2013, 2015). Kompromisse können z. B. wegen der Topografie oder der technischen Machbarkeit sowie aus Gründen der wirtschaftlichen Verhältnismäßigkeit notwendig werden. Allerdings müssen diese Gründe hierfür geprüft und mit den Behindertengremien abgestimmt sein.

Für die bauliche Umsetzung gelten DIN-Normen für die Herstellung von Barrierefreiheit. Als wichtiger Grundsatz für die Konzeption muss gelten, dass den Bedürfnissen aller Fahrgäste möglichst Rechnung getragen wird. Empfohlene Normen sind: DIN 18040-3 „Barrierefreies Bauen – Öffentlicher Verkehrs- und Freiraum“, DIN 32984 „Bodenindikatoren“, DIN 32975 „Gestaltung visueller Informationen im öffentlichen

Raum zur barrierefreien Nutzung“, die von den zuständigen Aufgabenträgern berücksichtigt (abgewogen) werden. Hilfestellung geben auch die „Hinweise für barrierefreie Verkehrsanlagen“ (H BVA) (FGSV 2011).

Für die fahrzeugtechnische Umsetzung im Busbereich gilt die EU-Busrichtlinie. In der Richtlinie 2001/85/EG (EU 2006) über besondere Vorschriften für Fahrzeuge zur Personenbeförderung mit mehr als acht Sitzplätzen außer dem Fahrersitz sind präzise Vorschriften in Bezug auf technische Einrichtungen für Fahrgäste mit eingeschränkter Mobilität enthalten, u. a. auch zur Ausstattung von Rollstuhlstellplätzen.

7.6.3 Barrierefreie Verbindungen von Tür zu Tür

Bei der Betrachtung einer Fahrt aus Sicht der Verkehrsteilnehmer wird erkennbar, dass es nicht ausreicht, einzelne Verkehrsmittel und Verkehrsanlagen fahrgastfreundlich und behindertengerecht zu gestalten. Der ÖPNV muss als komplexes System begriffen werden. Damit das jeweilige Ziel ohne besondere Erschwernisse erreichbar wird, sollten barrierefreie Verbindungen von Tür zu Tür ermöglicht werden.

Jede Fahrt mit seinen einzelnen Etappen wird begleitet von entsprechenden Informationen. Vor Beginn der Fahrt und während des gesamten Fahrtverlaufs müssen die relevanten Informationen wie Fahrplanzeiten, Fahrpreise und Tarife jeweils bedarfsgerecht und verständlich verfügbar sein (z. B. Fahrplanbuch, Internet, Servicenummern, Aushänge vor Ort, Smartphone-App des Verkehrsverbundes oder des Verkehrsunternehmens). Ein durchgängiges Informations- und Wegeleitsystem ist zur leichteren Orientierung erforderlich. Zunehmend werden Informationen, Verfügbarkeiten des Angebots einschließlich Ticketkauf über digitale Plattformen dynamisch ergänzt, sofern ein Smartphone benutzt wird. Dadurch kann auch das Störfallmanagement verbessert werden.

Literatur

Gesetze und Verordnungen

AEG (2015) Allgemeines Eisenbahngesetz vom 27. Dezember 1993 (BGB1. I S 2378, 2396; 1994 I S 2439), zuletzt geändert am 28. Mai 2015 (BGB1. I S 824)

BGG (2007) Behindertengleichstellungsgesetz vom 27. April 2002 (BGB1. I, S 1467, 1468), zuletzt geändert am 19. Dezember 2007 (BGB1. I S 3024, 3034)

BOKraft (2015) Verordnung über den Betrieb von Kraftfahrunternehmen im Personennahverkehr vom 21. Juni 1975, (BGB1. I S 1573), zuletzt geändert am 31. August 2015 (BGB1. I S 1474)

BOStrab (2007) Verordnung über den Bau und Betrieb der Straßenbahnen (Straßenbahn-Bau und Betriebsordnung) vom 11. Dezember 1987 (BGB1. I, S 2648), zuletzt geändert am 10. Oktober 2019 (BGBl. I S. 1410)

EBO (2015) Eisenbahn-Bau und Betriebsordnung vom 8. Mai 1967 (BGB1. 1967 II S 1563), zuletzt geändert am 19. November 2015 (BGB1. I S 2105)

PBefG (2016) Personenbeförderungsgesetz vom 8. Oktober 1990, zuletzt geändert am 17. Februar 2016 (BGB1. I S 203, 231)

SGB IX (2001) Sozialgesetzbuch Neuntes Buch – Rehabilitation und Teilhabe behinderter Menschen – (Artikel 1 des Gesetzes v. 19.6.2001, BGBl. I S 1046)

StVO (2015) Straßenverkehrs-Ordnung vom 6. März 2013 (BGB1. I S 367), zuletzt geändert am 15. September 2015 (BGB1. I S 1573)

StVZO (2015) Straßenverkehrs-Zulassungs-Ordnung vom 28. September 1988 (BGB1. I, S 1793), zuletzt geändert am 3. März 2015 (BGB1. I S 243, 245)

Technische Regelwerke und Wissensdokumente

Bundesminister für Verkehr, Bau- und Wohnungswesen (Hrsg) (2001) Richtlinien für die Anlagen und Ausstattung von Fußgängerüberwegen (R-FGÜ), Köln (FGSV 252)

DIN 32975 (2009) Gestaltung visueller Informationen im öffentlichen Raum zur barrierefreien Nutzung

DIN 32984 (2011) Bodenindikatoren im öffentlichen Raum

DIN 18040-3 (2014) Barrierefreies Bauen, Planungsgrundlagen, Teil 3: Öffentlicher Verkehrs- und Freiraum

Forschungsgesellschaft für Straßen- und Verkehrswesen (Hrsg) (1999) Merkblatt für Maßnahmen zur Beschleunigung des öffentlichen Personennahverkehrs mit Straßenbahnen und Bussen, Köln (FSGV 114)

Forschungsgesellschaft für Straßen- und Verkehrswesen (Hrsg) (2006) Richtlinien für die Anlage von Stadtstraßen (RASt), Köln (FGSV 200)

Forschungsgesellschaft für Straßen- und Verkehrswesen (Hrsg) (2008) Hinweise zu Systemkosten von Busbahn und Straßenbahn bei Neueinführung, Köln (FGSV 150)

Forschungsgesellschaft für Straßen- und Verkehrswesen (Hrsg) (2009) Hinweise für den Entwurf von Verknüpfungsanlagen des öffentlichen Personennahverkehrs (H VÖ), Köln (FGSV 236)

Forschungsgesellschaft für Straßen- und Verkehrswesen (Hrsg) (2010) Empfehlungen für Radverkehrsanlagen (ERA), Köln (FGSV 284).

Forschungsgesellschaft für Straßen- und Verkehrswesen (Hrsg) (2011) Empfehlungen zur Straßenraumgestaltung innerhalb bebauter Gebiete (ESG), Köln (FGSV 230)

Forschungsgesellschaft für Straßen- und Verkehrswesen (Hrsg) (2011) Hinweise für barrierefreie Verkehrsanlagen (H BVA), Köln (FGSV 212)

Forschungsgesellschaft für Straßen- und Verkehrswesen (Hrsg) (2013) Empfehlungen für Anlagen des öffentlichen Personennahverkehrs (EAÖ), Köln (FGSV 289)

Forschungsgesellschaft für Straßen- und Verkehrswesen (Hrsg) (2014) Hinweise zum Qualitätsmanagement an Lichtsignalanlagen (H-QML), Köln (FGSV 321/3)

Forschungsgesellschaft für Straßen- und Verkehrswesen (Hrsg) (2015a) Handbuch für die Bemessung von Straßenverkehrsanlagen (HBS), Köln (FGSV 299)

Forschungsgesellschaft für Straßen- und Verkehrswesen (Hrsg) (2015b) Richtlinien für Lichtsignalanlagen – Lichtzeichenanlagen im Straßenverkehr (RiLSA), Köln (FGSV 321)

Forschungsgesellschaft für Straßen- und Verkehrswesen (Hrsg) (2018) Bevorrechtigungsmaßnahmen für den ÖPNV im städtischen Verkehrsmanagement, Köln (in Bearbeitung)

Verband Deutscher Verkehrsunternehmen (Hrsg) (1991) Tunnelbaurichtlinie nach der Verordnung über den Bau und Betrieb von Straßenbahnen (BOStrab-Tunnelbaurichtlinie), Köln

Verband Deutscher Verkehrsunternehmen (Hrsg) (1995) Oberbau-Richtlinien und Oberbau-Zusatzrichtlinien (OR/OR-Z) des VDV für Bahnen nach der Verordnung über den Bau und Betrieb von Straßenbahnen (BOStrab), VDV-Schrift 600, Köln (Neufassung in Bearbeitung)

Verband Deutscher Verkehrsunternehmen (Hrsg) (1996) BOStrab-Lichtraum-Richtlinien: Vorläufige Richtlinien für die Bemessung des lichten Raums von Bahnen nach der Verordnung über den Bau und Betrieb von Straßenbahnen (BOStrab-Lichtraum-Richtlinien), Köln

Verband Deutscher Verkehrsunternehmen (Hrsg) (2000) Stadtbus – mobil sein in Klein- und Mittelstädten, Köln. ISBN: 3-87094-642-3

Verband Deutscher Verkehrsunternehmen (Hrsg) (2003) Oberleitungsanlagen für Straßen- und Stadtbahnen, VDV-Schrift 550, Köln

Verband Deutscher Verkehrsunternehmen (Hrsg) (2006) Technische Regeln für die Spurführung von Schienenbahnen nach der Verordnung über den Bau und Betrieb der Straßenbahnen (BOStrab), Technische Regeln Spurführung (TR Sp), Köln

Verband Deutscher Verkehrsunternehmen (Hrsg) (2007) Fahrwege der Bahnen im Nah- und Regionalverkehr in Deutschland, Köln. ISBN: 978–3-87094-674-6

Verband Deutscher Verkehrsunternehmen (Hrsg) (2013) Praxisleitfaden zum PBefG, VDV-Mitteilung 9056, Köln

Verband Deutscher Verkehrsunternehmen (Hrsg) (2014a) Stadtbahnsysteme/Light Rail Systems: Grundlagen – Technik – Betrieb – Finanzierung/Priciples – Technology – Operation – Financing. DVV Media Group, Köln

Verband Deutscher Verkehrsunternehmen (Hrsg) (2014b) Richtlinien für die Trassierung von Bahnen nach der Verordnung über den Bau und Betrieb von Straßenbahnen (BOStrab-Trassierungsrichtlinien), Köln

Verband Deutscher Verkehrsunternehmen (Hrsg) (2015) Barrierefreiheit in der Nahverkehrsplanung gemäß PBefG, VDV-Mitteilung 7038, Köln

Verband Deutscher Verkehrsunternehmen (Hrsg) (2016) Gestaltung von urbaner Schieneninfrastruktur – Handbuch für die städtebauliche Integration, Köln. ISBN: 978–3-9811679-2-4

VwV-StVO (2015) Verwaltungsvorschrift zur Straßenverkehrsordnung vom 22. Oktober 1998, zuletzt geändert am 22. September 2015 (BAnz AT, B5)

Weitere Quellen

Bundesanstalt für Straßenwesen (o. J.) Forschungsvorhaben FE82.0613 „Verkehrssicherheit von Überquerungsstellen für Fußgänger und Radfahrer über Straßenbahn- und Stadtbahnstrecken" (in Bearbeitung)

Bundesministerium für Verkehr und digitale Infrastruktur (Hrsg) (2014) Innovative Öffentliche Fahrradverleihsysteme – Ergebnisse der Evaluation und Empfehlungen aus den Modellprojekten; Berlin

Deutscher Städtetag, Verband Deutscher Verkehrsunternehmen (Hrsg) (2015) EmoG – Freigabemöglichkeiten von Busspuren für private Elektroautos, VDV-Mitteilung 06/2015, Köln

Europäische Union (Hrsg) (2006) Richtlinie 2001/85/EG des Europäischen Parlaments und des Rats vom 20. November 2001 über besondere Vorschriften für Fahrzeuge zur Personenbeförderung mit mehr als acht Sitzplätzen außer dem Fahrersitz, geändert durch Richtlinie 2006/96/EG des Rates vom 20. November 2006

Groneck C (2003) Neue Straßenbahnen in Frankreich. EK-Verlag GmbH, Freiburg. ISBN-13: 9783882558449

Kolks W, Fiedler J (Hrsg) (1997) Verkehrswesen in der kommunalen Praxis. Planung, Bau, Betrieb, Bd. 1. Erich Schmidt Verlag, Berlin. ISBN: 3-503-039724

Nahmobilität und Fußverkehr

8

Gebhard Wulfhorst

Zusammenfassung

Nahmobilität ist ein wesentlicher Bestandteil des Stadtverkehrs. In gut strukturierten Stadträumen werden mehr als die Hälfte aller Wege zu Fuß oder mit dem Fahrrad zurückgelegt, Verknüpfungen zwischen unterschiedlichen Verkehrsmitteln finden in der Regel zu Fuß statt, der Radverkehr zeigt erhebliche Wachstumspotenziale. Für die Zukunft der urbanen Mobilität gilt es, diese Mobilitätsformen weiter zu stärken. Die „Stadt der kurzen Wege", die sichere und komfortable Gestaltung der öffentlichen Räume und attraktive Verkehrsanlagen für den Fuß- und Radverkehr sind wichtige Voraussetzungen für die Nahmobilität und damit für die Stärkung des nichtmotorisierten Verkehrs. In den folgenden Abschnitten werden die grundlegenden Ziele und Bausteine der Nahmobilität (8.2) dargestellt. Die spezifischen Fragestellungen des Radverkehrs werden ergänzend in Kap. 9 behandelt.

8.1 Nahmobilität

8.1.1 Grundlagen und Bedeutung

8.1.1.1 Bedeutung der Nahmobilität als wesentlicher Baustein des Stadtverkehrs

Nahmobilität ist gefragt. Bisher bestand die Gefahr, dass der Fuß- und Radverkehr in der Stadtverkehrsplanung vernachlässigt wurde (vgl. Beckmann und Wulfhorst 2003).

G. Wulfhorst (✉)
Professur für Siedlungsstruktur und Verkehrsplanung, Technische Universität München, München, Deutschland
E-Mail: gebhard.wulfhorst@tum.de

D. Vallée (verstorben) et al. (Hrsg.), *Stadtverkehrsplanung Band 3*,
https://doi.org/10.1007/978-3-662-59697-5_8

Heute findet Nahmobilität als Mobilitätskategorie und Strategie Eingang in zahlreiche kommunale Verkehrskonzepte. Konsequenterweise erscheinen die Fragen der Nahmobilität zum ersten Mal auch als eigenständiges Kapitel in diesem Werk.

Dem nichtmotorisierten Verkehr (NMV) kommt als „dritter Säule" neben dem motorisierten Individualverkehr (MIV) und dem öffentlichen Personennahverkehr (ÖPNV) eine wesentliche Bedeutung in der lokalen Verkehrsplanung zu. Es wird angestrebt, mit dem Begriff der „aktiven Mobilität" eine neue Mobilitätskategorie zu etablieren (vgl. Schindler et al. 2009). In urban strukturierten Quartieren und Ortsteilen werden mehr als die Hälfte aller Wege zu Fuß oder mit dem Rad zurückgelegt. Der Fußwegeanteil an allen Verkehrsarten stabilisiert sich – nach jahrzehntelangem Rückgang – bundesweit bei etwa 25 %, in Städten bei 30 % und mehr (vgl. Erhebungen Mobilität in Deutschland, Infas, DLR, 2009 und Mobilität in Städten SrV, Ahrens 2014). Der Radverkehrsanteil ist in vielen Städten stark steigend, in München z. B. von 10 % in 2002 auf 17 % in 2011 (vgl. LHM 2013). Im Binnenverkehr auch kleinerer Städte und Gemeinden überwiegen die nichtmotorisierten Wege häufig gegenüber der Anzahl an Wegen im MIV und ÖPNV, auch wenn dies im Straßenbild nicht ablesbar ist. Hinzu kommt, dass viele kurze Fuß- und Radwege in den gängigen Befragungen und Statistiken nicht vollständig berichtet werden und damit unterrepräsentiert sind. Letztlich werden auch bei längeren Wegen mit dem öffentlichen Verkehr oder dem privaten Pkw wichtige Etappen zur Verknüpfung und Erschließung zu Fuß zurückgelegt.

8.1.1.2 Definitorische Einordnung

Die Abgrenzung und begriffliche Einordnung der Nahmobilität stellt durchaus eine Herausforderung dar. Nach den Hinweisen zur Nahmobilität (FGSV 2014, S. 5) bezieht sich Nahmobilität „auf kurze Wege, auf Angebote und Gelegenheiten, die es ermöglichen, Aktivitäten in der Nähe, im Quartier oder Ortsteil auszuüben". Zunächst ist der Begriff damit aus wissenschaftlicher Sicht nicht auf einzelne Verkehrsarten ausgerichtet, die damit verbundenen „Strategien zielen jedoch auf eine Stärkung des Fuß- und Radverkehrs in integrierten, lokalen Konzepten" (FGSV 2014, S. 5).

Im Vordergrund stehen also Wege im Wohnumfeld, aber auch in der Nähe des Arbeitsstandortes, der Schule oder Ausbildungsstätte. Im Wesentlichen werden eigenständige Fuß- und Radwege auf Quartiers- und Ortsteilebene in einem Einzugsbereich von bis zu etwa zwei Kilometern adressiert, dabei sind aber auch die Verknüpfungen zum öffentlichen Verkehr (z. B. Zugang und Abgang von Bahnstationen) und die Abstimmung mit dem Kfz-Verkehr (z. B. Konflikte mit ruhendem Verkehr im öffentlichen Straßenraum) zu berücksichtigen. Zahlreiche Qualitätsanforderungen der Nahmobilität gelten auch für Etappen, die zu Fuß oder mit dem Rad in Verbindung mit motorisierten Verkehrsmitteln zurückgelegt werden. Andererseits geht der Radverkehr ggf. deutlich über den lokalen Bereich hinaus, sodass z. B. überörtliche Radrouten und Radschnellverbindungen für Elektrofahrräder gesondert zu behandeln sind (vgl. Kap. 9). Auch ist darauf zu achten, dass (individuelle) Nahmobilität begrifflich nicht mit (öffentlichem)

Nahverkehr verwechselt wird. Lokale ÖPNV-Konzepte wie Quartiersbusse und übergeordnete ÖV-Strategien können die Stärkung des Fuß- und Radverkehrs bestens ergänzen, unterliegen aber spezifischen eigenen Anforderungen. Zahlreiche neue Formen der Mikromobilität, wie z. B. Elektro-Scooter-Verleihsysteme (E-Scooter-Sharing), erfordern eine ergänzende Klärung der Begrifflichkeiten und Potenziale sowie eine konzeptionelle Integration in Stadträume und Verkehrsnetze.

8.1.2 Zielsetzungen

8.1.2.1 Nahmobilität als Beitrag zur nachhaltigen Standort- und Verkehrsentwicklung

Nahmobilität soll den Fuß- und Radverkehr auf lokaler Ebene stärken, in Quartieren und Ortsteilen ganz unterschiedlicher städtischer oder auch ländlich geprägter Strukturen. Die damit verbundenen Konzepte und Strategien beziehen sich auf Kernbestandteile der kommunalen Verkehrsplanung. Es gilt, diese bei allen wesentlichen Planungen ganzheitlich zu berücksichtigen, zumal die möglichen Wirkungen in Bezug auf zurückgelegte Distanzen, Fahrzeugkilometer, Kosten- und Energieaufwände, Lärm-, Schadstoff- und Klimagasemissionen von übergeordneter Bedeutung sind. Gleichermaßen ist es von Bedeutung, dass städtebauliche Konzepte für die Immobilien- und Quartiersentwicklung von Beginn an die Prinzipien der Nahmobilität berücksichtigen und so die Voraussetzung und Bedingungen zur Förderung des Fuß- und Radverkehrs schaffen (z. B. bezüglich der Dichte, Nutzungsmischung und kleinteiligen fußläufigen Erschließung, der Sicherung von Fahrradabstellmöglichkeiten und/oder der Steuerung der auf privatem Grund nachgewiesenen und öffentlich bereitgestellten Pkw-Stellplätze). Auch in der Bestandsentwicklung (z. B. Sanierungsgebiete, Verkehrsberuhigungsmaßnahmen, Innenentwicklung, Nachverdichtung) sind die Strategien der Nahmobilität für die Gestaltung der urbanen Mobilität von wesentlicher Bedeutung. Dies gilt umso mehr, wenn sich auf der Grundlage von innovativen Angebotsformen (z. B. Carsharing, Bikesharing, automatisierten Fahrzeugen oder Parkvorgängen) neue Vernetzungsmöglichkeiten und Gestaltungsspielräume ergeben.

Nahmobilität stellt einen der wenigen Bereiche dar, in denen der individuelle Nutzen (z. B. Gesundheitsaspekte) und der gesellschaftliche Nutzen (z. B. Stadtverträglichkeit) miteinander in Einklang gebracht werden können und damit ein wichtiger Impuls für die Umsetzung einer nachhaltigen Entwicklung gesetzt werden kann (vgl. AGFS 2010).

Nahmobilität dient der Umsetzung des Leitbilds der „Stadt der kurzen Wege“. Dem Trend von Konzentrationswirkungen in der Standortentwicklung und der Zunahme der zurückgelegten Distanzen und im Verkehrssektor wird die Stärkung von Vielfalt und Nähe auf lokaler Ebene entgegengesetzt. Letztlich steht der Mensch im Mittelpunkt dieser Strategieentwicklung.

8.1.2.2 Erfolgsfaktoren und Rahmenbedingungen

Es lassen sich zahlreiche Motive und erfolgversprechende Charakteristika für Nahmobilität aufführen (vgl. FGSV 2014, S. 6 f.):

- Nahmobilität ist als aktive Mobilitätsform gesund und trägt durch die persönliche Begegnung im öffentlichen Raum wesentlich zur sozialen Integration und Belebung von urbanen Standorten bei.
- Nahmobilität hat vor dem Hintergrund des demografischen Wandels besondere Bedeutung – sowohl für den Erhalt der Mobilität im Alter als auch für eine eigenständige Entwicklung in der Jugend.
- Nahmobilität ist effizient – vor allem in Bezug auf die Flächeninanspruchnahme – und damit in wachsenden Städten mit begrenzten Ressourcen von besonderer Bedeutung für die Gestaltung des öffentlichen Raums.
- Nahmobilität ist – auf kürzeren Distanzen – konkurrenzfähig schnell und flexibel gegenüber anderen Verkehrsmitteln, einfach zugänglich (z. B. ohne Führerschein und Fahrschein), kostengünstig und bezahlbar.
- Nahmobilität kann lokal positive ökonomische Effekte entfalten, insbesondere wenn die Aufenthaltsqualität und die Aufenthaltsdauer an zentralen Standorten erhöht werden.
- Nahmobilität ist stadt-, umfeld- und umweltverträglich, weil keine lokalen Schadstoffe und wenig Lärm entstehen und das globale Klima geschützt wird.

Der Erfolg der Nahmobilität ist jedoch gleichermaßen auf die Entwicklung und Sicherung entsprechender Rahmenbedingungen angewiesen (vgl. FGSV 2014, S. 8):

- Nahmobilität ist in der Reichweite beschränkt und braucht deshalb Ziele in der Nähe, die nur über eine sorgfältige Entwicklung der Siedlungs- und Freiraumstruktur gesichert werden können.
- Nahmobilität kann für sich alleine nicht alle Mobilitätsbedürfnisse abdecken und ist daher auf die Vernetzung mit anderen Verkehrsmitteln und Mobilitätsdienstleistungen angewiesen – schafft aber auch die Voraussetzung für deren Nutzung.
- Nahmobilität braucht barrierefrei zugängliche Flächen in ausreichendem Umfang im häufig von zahlreichen Nutzungskonflikten umkämpften öffentlichen Räumen (z. B. Parken, Geschäftsauslagen, baustellenbedingte Nutzungseinschränkungen auf Geh-/Radwegen).
- Nahmobilität braucht besonderen Schutz und die Aufmerksamkeit für die Verkehrssicherheit und soziale Sicherheit im öffentlichen Raum.
- Nahmobilität kommt in den bisherigen Datengrundlagen und Modellinstrumenten zur Wirkungsabschätzung in der Regel zu kurz, geeignete Methoden und Verfahren sind für eine nützliche Anwendung entsprechend weiterzuentwickeln.
- Nahmobilität ist kein „Selbstläufer“, sondern muss konsequent im kommunalen Verwaltungshandeln integriert und unter Beteiligung der Nutzer als lokalen Experten planerisch gesichert werden.

- Nahmobilität benötigt ein förderliches Klima, wobei noch mehr als die Witterungsbedingungen oder die Topografie die Fragen der Einstellung, Prioritätensetzung und Angebotsqualitäten für eine zukunftsfähige Mobilitätskultur von Bedeutung sind.

Inzwischen liegen zahlreiche Publikationen zur Förderung der Nahmobilität vor (vgl. auch weiterführende Literatur in den Quellenangaben). Im Folgenden wird ein knapper Überblick über wesentliche Bausteine der Nahmobilität gegeben, der auf den Hinweisen zur Nahmobilität (FGSV 2014) aufbaut.

8.1.3 Nahmobilität – Strategien zur Stärkung des Fuß- und Radverkehrs auf lokaler Ebene

8.1.3.1 Bausteine der Nahmobilität

Abb. 8.1 zeigt die verschiedenen Bausteine, die für die schrittweise Entwicklung und erfolgreiche Realisierung von Nahmobilitätskonzepten empfohlen werden. Die Strategien zur Stärkung des Fuß- und Radverkehrs auf lokaler Ebene bauen auf diesen Grundlagen auf und werden anschließend jeweils kurz beschrieben.

In den Abschn. 8.2 Fußverkehr und Kap. 9 Radverkehr erfolgt eine Konkretisierung für den Fuß- und Radverkehr und die Darstellung der jeweils spezifischen Anforderungen an den Entwurf und die Gestaltung der entsprechenden Verkehrsanlagen.

8.1.3.2 Grundlagen der konzeptionellen Entwicklung

1. Lokales Mobilitätsverhalten erkunden

Um die Rahmenbedingungen der Nahmobilität genauer zu verstehen, gilt es die Verhaltensmuster der Alltagsmobilität zu analysieren. In den letzten Jahren sind in vielen Städten zunehmende Radverkehrsanteile und mindestens stabile Fußweganteile zu verzeichnen, die auf eine mögliche Trendwende hindeuten. Gerade im urbanen Raum nimmt der Pkw-Besitz ab und die Nutzung von Car- und Bikesharing-Angeboten und

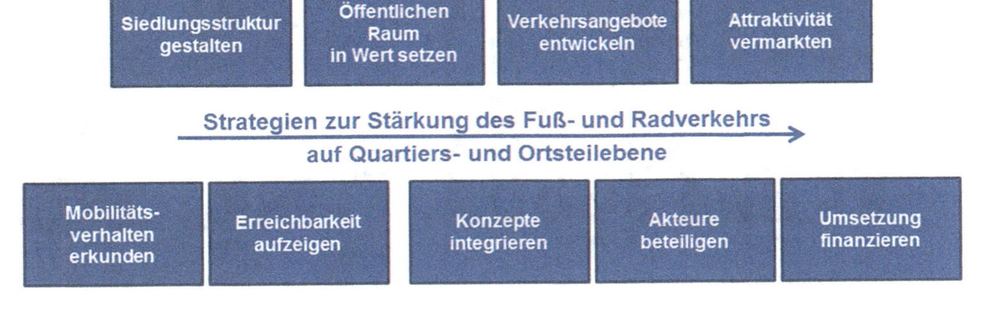

Abb. 8.1 Bausteine zur strategischen Entwicklung der Nahmobilität (in Anlehnung an FGSV 2014, S. 11)

anderen innovativen Mobilitätsformen zu. Nicht nur die junge Generation nutzt den öffentlichen Raum intensiver, auch die ältere Generation achtet zunehmend auf Versorgungsqualität, Einkaufs- und Freizeitgelegenheiten in der Nähe.

Um das Mobilitätsverhalten besser zu verstehen, ist eine entsprechend hochwertige Datenerhebung notwendig, also Beobachtungen und Befragungen, welche die Erfahrungen und Bedürfnisse der Nutzer aufgreifen. Bei klassischen Haushaltsbefragungen ist (vgl. auch Kap. 2 in Band 2) bei der Gestaltung der Wegeprotokolle darauf zu achten, dass auch die kurzen Wege zu Fuß und mit dem Rad explizit abgefragt und in vollem Umfang erfasst werden. Dabei ist zu berücksichtigen, dass in der Regel lediglich die lokale Bevölkerung in die Erhebung einbezogen wird, nicht aber die Beschäftigten, Besucher und Kunden aus Nachbarkommunen. Der überörtliche Verkehr mag zwar für die Nahmobilität weniger geeignet erscheinen, generiert aber ggf. dennoch zahlreiche Wege zu Fuß (z. B. zwischen unterschiedlichen Einkaufsgelegenheiten im Innenstadtbereich) oder mit dem Rad (z. B. mithilfe eines Fahrradverleihsystems). Darüber hinaus würde sich der Fuß- und Radverkehrsanteil deutlich höher darstellen, wenn die einzelnen Etappen der Wege berücksichtigt würden. Eine detaillierte Analyse der Teilwege kann wichtige Erkenntnisse über die Verknüpfung unterschiedlicher Verkehrsmittel ermöglichen und so die Potenziale (und Defizite) der Nahmobilität aufzeigen.

Wichtig ist, dass bei der verkehrspolitischen Zielsetzung nicht mehr nur der Pkw-Verkehr und der öffentliche Verkehr im Vordergrund stehen, sondern stets ein vollständiger Modal Split unter Berücksichtigung des Fuß- und Radverkehrs analysiert und beraten wird (vgl. Abb. 8.2). Vielfach wird gefordert, die Verkehrsmittelwahl in Relation zur Verkehrsleistung (zurückgelegte Personen- bzw. Tonnenkilometer) zu bewerten, sodass die Fuß- und Radverkehrsanteile verschwindend gering werden. Im Sinne der Nahmobilität sollte sich die Bewertung jedoch auf die Anzahl der Aktivitäten und Wege beziehen, die zu Fuß

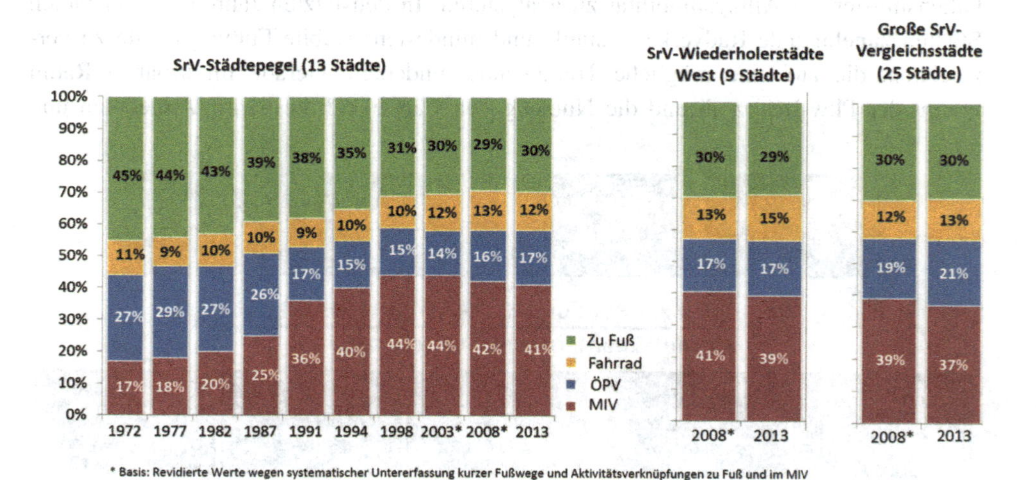

Abb. 8.2 Aufkommensbezogener Modal Split an Werktagen (Ahrens 2014, S. 26)

und mit dem Rad erreicht werden können. Die Entfernungen, Wegehäufigkeiten und die folglich zurückgelegten (Fahrzeug-)Kilometer spielen dabei durchaus eine entscheidende Rolle. So könnte beispielsweise auch ein wöchentlicher Einkaufsweg mit dem Pkw zu einem Supermarkt in einer Distanz von 15 km (einfache Wegstrecke) durch alltägliche Einkaufswege mit dem (Lasten-)Fahrrad in der Nähe (2,5 km Wegstrecke) ersetzt werden – und als mehr Mobilität mit weniger Verkehr interpretiert werden.

Bei Verkehrszählungen auf Quartiersebene und insbesondere bei Knotenstromzählungen an Verkehrsknoten ist systematisch sicherzustellen, dass die Fuß- und Radverkehrsbeziehungen vollständig erfasst werden. Neben (manuellen) Stichprobenzählungen bieten sich Video- oder Infrarot-Aufzeichnungen an, sodass die Frequentierung der Querschnitte und Knotenpunkte im Fuß- und Radverkehr über einen größeren Zeitraum beobachtet werden kann. Als Dauerzählstellen für den Radverkehr haben sich neben klassischen Schlauchzählungen auch speziell abgestimmte Induktionsschleifen bewährt (siehe Kap. 2 in Band 2).

Die Nutzungsintensitäten und die Frequentierung von bestimmten Einrichtungen sind sehr stark beeinflusst von deren Lage und Funktion. Es ist daher empfehlenswert Verkehrszählungen zum Fußverkehr ggf. mehrfach zu unterschiedlichen Zeiten, an unterschiedlichen Orten durchzuführen (z. B. Wochenmarkt, Schichtwechsel, Schulbeginn, …).

Diese Datengrundlagen sind auch für die Modellbildung und verbesserte Wirkungsabschätzung bei der Umsetzung von Maßnahmen zur Förderung des Fuß- und Radverkehrs von zunehmender Bedeutung. Neben der mikroskopischen Simulation des kleinräumigen Verkehrsverhaltens besteht vor allem in Bezug auf die gleichwertige Berücksichtigung des Fuß- und Radverkehrs in makroskopischen Verkehrsnachfragemodellen weiterhin erheblicher Entwicklungsbedarf (vgl. Okrah 2016).

2. Siedlungsstruktur kompakt, vielfältig und attraktiv gestalten

Voraussetzung für kurze Wege ist eine geeignete räumliche Struktur. Nur wenn Ziele in der Nähe erreichbar sind, können die Potenziale des Fuß- und Radverkehrs ausgeschöpft werden. Die Vielfalt von Gelegenheiten (Nutzungsmischung) ist dabei noch wichtiger als die grundlegende Dichte an Einwohnern oder Arbeitsplätzen. Von entscheidender Bedeutung für die Entwicklung von vielfältigen Nutzungsstrukturen in kompakten Siedlungsbereichen ist dabei die kommunale Bauleitplanung.

Die mit der Baurechtsnovelle 2017 neu eingeführte Kategorie der „Urbanen Gebiete“ bietet dabei wertvolle Ansatzpunkte für eine intensivere Wohnnutzung in gemischt genutzten Innenstadtlagen und an gewerblich geprägten Standorten, in Verbindung mit sozialen, kulturellen und sonstigen Einrichtungen (vgl. § 6a BauNVO). Mit dem Ziel der Innenentwicklung trägt dies dazu bei, die funktionale Trennung von unterschiedlichen Nutzungen zu überwinden und im Sinne der Leipzig-Charta eine urban gemischte Stadt zu fördern. So werden mit einer maximalen Geschossflächenzahl von 3,0 deutlich höhere Dichten als in bisherigen Mischgebieten zulässig.

Der Konzentration von großflächigen Einrichtungen an peripheren Standorten ist auch durch Konzepte der Nahversorgung und Naherholung entgegenzuwirken. Dabei unterliegt die Standortentwicklung unterschiedlichen Trends. Einerseits entdecken ökonomische Akteure die zentralen Standorte mit einer multi-modalen Verkehrserschließung wieder für ihre Standortinvestitionen (z. B. IKEA in Hamburg-Altona), andererseits kann bereits ein großflächiger Supermarkt am Kreisverkehr der örtlichen Umgehungsstraße die Bemühungen der Innenentwicklung und Belebung der Ortsmitte – und damit die Potenziale für fußläufige Erreichbarkeit – zunichte machen. Abb. 8.3 veranschaulicht die Bedeutung der Lage und Ausrichtung des Einzelhandels. Während in integrierter Lage (links) bei einer Wohndichte von 60 Bewohnern/ha bereits in einem engen Radius von 500 m ein interessantes Kundenpotenzial von 5.000 Bewohnern besteht, ist die nahräumliche Erreichbarkeit bei einer Orientierung an der Umgehungsstraße (rechts) deutlich schlechter. Während Einkäufe und Erledigungen in der näheren Umgebung zu 44 % zu Fuß und 12 % mit dem Rad erledigt werden, liegt der Pkw-Anteil bei Einkaufszentren am Stadtrand bei über 80 % (Infas und DLR 2010).

Eine wesentliche Einflussgröße auf das alltägliche Mobilitätsverhalten ist die private Pkw-Verfügbarkeit. Die Regelungen von kommunalen Stellplatzsatzungen, die Potenziale von Carsharing-Angeboten und die Gestaltung von quartiersbezogenen Parkraummanagement-Konzepten sind damit ebenfalls wichtige Parameter für die Nahmobilität.

3. Erreichbarkeiten im kleinteiligen Fuß- und Radwegenetz aufzeigen
Die Verbindung von städtebaulicher Ausstattungsqualität der Quartiere und der Verkehrsangebotsqualität in den Wegenetzen kann durch die Erreichbarkeit ausgedrückt werden. Dieses grundlegende methodische Konzept für eine integrierte Standort- und Verkehrsentwicklung beruht auf einer Beschreibung der Erreichbarkeit als innerhalb eines Budgets zugänglicher Gelegenheiten (vgl. Hansen 1959; Geurs und van Wee 2004).

$$A_i = \sum_j D_j f(c_{ij})$$

Dabei beschreibt A_i die Erreichbarkeit („Accessibility“) des Ausgangsstandortes i, D_j die Ausstattungsqualität der potenziellen Zielstandorte (z. B. Anzahl der Einwohner,

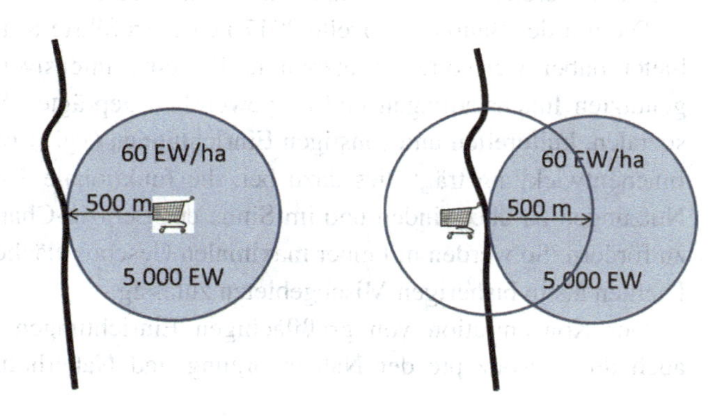

Abb. 8.3 Integrierte und periphere Lage des Einzelhandels (in Anlehnung an BBE 2009)

Arbeitsplätze, Einkaufsgelegenheiten,) und $f(c_{ij})$ eine Widerstandsfunktion anhand der generalisierten Kosten, wobei neben Zeit und monetären Beträgen auch der Komfort einfließen sollte.

Die Erreichbarkeit der Standorte ist im kleinteiligen Wegenetz zu beurteilen und zu sichern. Es bietet sich an, hier eine netzfeine Abbildung der Zugangsqualitäten vorzunehmen (z. B. auf der Grundlage von Open Street Data). GIS-gestützte Analysemethoden ermöglichen die Berücksichtigung der kleinteiligen Netzstruktur und der Topografie.

Mit entsprechenden Erreichbarkeitsmaßen kann aufgezeigt werden, an welcher Stelle Potenziale zur Entwicklung bestimmter Nutzungen vorhanden sind (z. B. Kundenpotenzial für einen Einzelhandel) und wie sich Veränderungen im Rad- und Fußwegenetz (z. B. Lückenschluss, Fußgängerunterführung am Bahnhof) auf die Zugänglichkeit von Standorten auswirken. Es lässt sich auch untersuchen, wie sich die Entwicklung oder Schließung von Einrichtungen der sozialen oder ärztlichen Versorgung auf die Daseinsvorsorge auswirken.

Abb. 8.4 zeigt den fußläufigen Einzugsbereich einer Bahnstation. Es wird deutlich, wie stark die Zugänglichkeit von (Etappen-)Zielen aufgrund von Barrieren (z. B. Bahndamm, Hauptverkehrsstraßen, Brachflächen) eingeschränkt sein kann. Neben den Abweichungen von einer theoretisch kreisrunden Potenzialfläche gilt es, auch die Qualität der Wege-

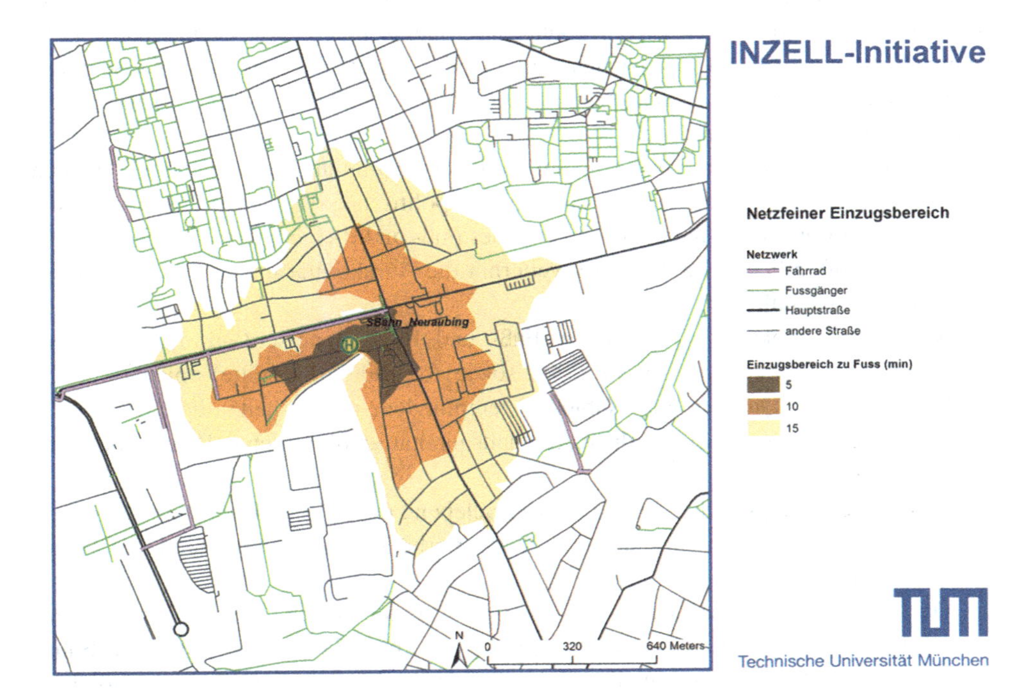

Abb. 8.4 Netzfeiner Einzugsbereich eines S-Bahnhofs in München (TUM 2015)

netze angemessen zur beschreiben. So könnte aufgrund von wahrgenommenen Fuß- und Radwegequalitäten ein Maß für die entsprechenden Verkehrsqualitätsstufen („Level of Service") definiert werden (vgl. Wulfhorst et al. 2017 und Kap. 3).

4. Den öffentlichen Raum in Wert setzen
Der öffentliche Raum ist begrenzt, er kann als die wertvollste Ressource angesehen werden, die eine Stadt aufweist. Es gilt, sich der Bedeutung des öffentlichen Raums und seiner Qualitäten bewusst zu werden (vgl. auch Kap. 2). Als identitätsstiftendes Element und als kulturelle Errungenschaft einer freien und offenen Gesellschaft sollte der öffentliche Raum geschützt und weiterentwickelt werden. Dies scheint auch angesichts zunehmender Bedrohungen – von der Kommerzialisierung und Individualisierung bis hin zu terroristischen oder kriminellen Schreckensszenarien – von besonderer Bedeutung zu sein.

Individuelle Sicherheit ist Voraussetzung für die Nutzung des öffentlichen Raums zu Fuß oder mit dem Rad, auch in Bezug auf die Verknüpfungsfunktion mit öffentlichen Verkehrsmitteln. Die Belebung der Straßenräume zu unterschiedlichen Tages- und Nachtzeiten und die damit verbundene soziale Kontrolle ist einer technischen Überwachung (z. B. durch Video) in der Regel vorzuziehen.

Offen ist ebenfalls die Frage, inwieweit sich in Zukunft individualisierte Mobilitätsdienstleistungen, autonome, also selbstfahrende Fahrzeuge auf die Gestaltungsqualität des öffentlichen Raums auswirken. Können effiziente Lösungen entwickelt werden, die den fließenden und ruhenden Kfz-Verkehr auf weniger Fläche abwickeln, sodass Freiräume für die Nahmobilität gewonnen werden, oder besteht die Gefahr, dass zusätzliche Verkehrsmengen und Prioritätensetzungen entstehen, welche den nichtmotorisierten Verkehr weiter an den Rand drängen?

Die räumlichen Konflikte in Bezug auf die Flächenaufteilung im Straßenraum werden in jedem Fall bleiben. Es bedarf daher einer politischen Prioritätensetzung für die angemessene Berücksichtigung der Belange des Fuß- und Radverkehrs. Die Gestaltungsqualität des öffentlichen Raums wird weiterhin die Attraktivität und die Akzeptanz der Nahmobilität beeinflussen.

Neben der objektiven Qualität der Fuß- und Radwegenetze (vgl. Richtlinie zur Integrierten Netzgestaltung, FGSV 2008 sowie folgende Abschnitte) spielen für die wahrgenommene Qualität die subjektiv empfundene Sicherheit, die individuelle Informiertheit, der Komfort und die Aufenthaltsqualität im öffentlichen Raum eine große Rolle.

Eine abwechslungsreiche Gestaltung und Belebung des öffentlichen Raums kann beispielsweise die subjektiv empfundene Sicherheit erhöhen und den empfundenen Wegeaufwand reduzieren.

Da Umwege als besonders unangenehm wahrgenommen werden, ist in entsprechenden Situationen anzustreben, Querungen über Hauptverkehrsstraßen, Bahnanlagen etc. sicherzustellen und Verknüpfungen (z. B. zwischen dem öffentlichem

Straßenraum und öffentlichem Grün in einem Wohngebiet) auch über privaten Grund zu ermöglichen – ggf. durch die Sicherung eines öffentlichen Wegerechts.

Die Belange der Barrierefreiheit (vgl. auch Abschn. 7.6) sind nicht nur aufgrund der gesetzlichen Regelungen zu berücksichtigen (vgl. Abschn. 8.2), sondern tragen wesentlich dazu bei, dass unterschiedliche Personen und Zielgruppen das öffentliche Wegenetz nutzen können. Neben der älteren Generation, für die eine barrierefreie Gestaltung an Bedeutung gewinnt, ist auch die Förderung von selbstbestimmten Wegen in der Jugend wichtig für die persönliche Entwicklung.

Diese Belange sind insbesondere in den konkreten Straßenraumentwurf zu integrieren (vgl. Kap. 4 in Band 2, sowie Abschn. 4.1.5 und 4.5.4).

5. Vernetzte Verkehrsangebote entwickeln

Fuß- und Radverkehr sind auf attraktive Wegebeziehungen angewiesen. Die Angebots- und Verknüpfungsqualität ist so auszurichten, dass durch Lückenschlüsse durchgängige Verbindungen ermöglicht und durch eine engmaschige Vernetzung Umwege vermieden werden.

Ausgehend von der räumlichen Struktur und den Wunschlinien, welche die wesentlichen Quellen und Ziele, sowie ggf. wichtige Verkehrsknotenpunkte, ÖPNV-Stationen miteinander verbinden, können Netzhierarchien für den Fuß- und Radverkehr entwickelt werden (vgl. Abb. 8.5).

Es bietet sich eine Gliederung in Haupt- und Nebenrouten an, die auf das lokale Straßen- und Wegenetz abgestimmt werden müssen. Die Gestaltung der entsprechenden Verkehrsanlagen im Rad- und Fußverkehr wird in den folgenden Kapiteln ausführlich behandelt (vgl. Abschn. 8.2, Kap. 9).

Neben möglichst direkten Wegebeziehungen für den Alltagsverkehr sind auch touristische Routen mit entsprechender Umfeld- und Landschaftsqualität zu berücksichtigen. So kann den Anforderungen unterschiedlicher Situationen Rechnung getragen werden. In Untersuchungen zum Zu- und Abgang zu Bahnstationen wurde beispielsweise anhand von Befragungen erkannt, dass auch Hin- und Rückweg („schnell" zum Bahnhof; „schön" zurück) sich in ihrer Charakteristik deutlich unterscheiden können (vgl. Bahn.Ville-Konsortium 2010). Gegebenenfalls kann ein differenziertes Angebot auf einem gemeinsamen Wegeabschnitt auch unterschiedlichen Zielgruppen gerecht werden. So erlaubt die Aufhebung der Radwegebenutzungspflicht beispielsweise, den Radverkehr auf der Fahrbahn zu führen und gleichzeitig schutzbedürftigeren Verkehrsteilnehmern das Radfahren auf einem parallel weitergeführten Radweg zu ermöglichen.

Zum Netz gehören beim Radverkehr auch die Abstellmöglichkeiten im öffentlichen und privaten Raum. In vielen Kommunen werden daher neben der Stellplatzsatzung für den Pkw auch Regelungen oder Satzungen für Fahrradabstellplätze getroffen. Darüber hinaus sind an aufkommensstarken Standorten Fahrradabstellanlagen in ausreichender Zahl, Vielfalt und Qualität vorzusehen.

Die Vernetzung mit dem leistungsfähigen öffentlichen Verkehr ist ein wesentliches Rückgrat für die Nahmobilität und ermöglicht Wege- und Aktivitätenketten unabhängig

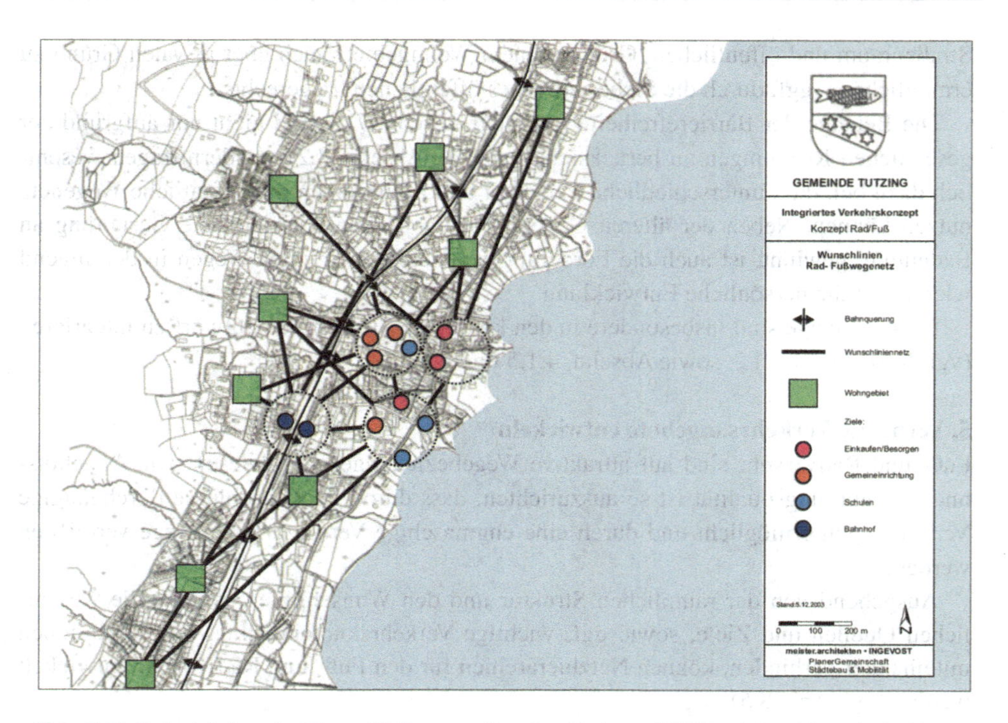

Abb. 8.5 Beispiel für ein Wunschliniennetz für den Rad- und Fußverkehr (Gemeinde Tutzing 2003)

vom privaten Pkw. Bei Einkaufswegen kann beispielsweise eine Verknüpfung mit dem ÖV-Weg („Einkaufen unterwegs") gefördert werden, in dem Einzelhandelseinrichtungen bewusst an den ÖV-Knoten angesiedelt werden. Auf lokaler Ebene könnte die Akzeptanz von Fußwegen auch erhöht werden, in dem beim Einkauf der Rückweg mit einem Quartiersbus erfolgen kann.

Fahrradverleihsysteme (Bikesharing) und auch die Verknüpfung zwischen Fahrrad und öffentlichem Verkehr (B+R, Fahrradmitnahme) können dazu beitragen, die Nutzung des Fahrrads flexibler zu machen.

Lokale Lieferdienste oder die Vernetzung auf der letzten Meile werden zunehmend auch mit (Lasten)Fahrrädern realisiert. Lieferboxen, die eine Anlieferung zu jeder Zeit ermöglichen und entweder fußläufig im Quartier erreicht werden können oder an ÖV-Knotenpunkten zugänglich sind, können zu einer Reduktion des kleinräumigen Service- und Lieferverkehrs beitragen. Die lokale Auslieferung kann ebenfalls durch einen Fahrradkurier erfolgen und ggf. durch einen Concierge-Service unterstützt werden (vgl. z. B. entsprechende Pilotprojekte in München im Rahmen von City2Share oder CIVITAS ECCENTRIC).

Carsharing trägt in unterschiedlicher Form und unterschiedlichem Umfang dazu bei, vom eigenen Auto unabhängig zu sein und damit die Pkw-Ausstattung in urbanen Quartieren niedrig zu halten bzw. den Bedarf der privaten Motorisierung zu reduzieren. Bei geringem Pkw-Besitz und Nutzung von Carsharing-Angeboten wird das Mobilitätsverhalten deutlich stärker multimodal und situationsangepasst. Eine gute Vernetzung mit Carsharing-Angeboten kann den Parkraumbedarf in Stadtquartieren reduzieren und damit auch die Nahmobilität fördern.

6. Attraktivität der Nahmobilität vermarkten

Wenn das Zu-Fuß-Gehen und das Radfahren als attraktiv gelten und gestärkt werden sollen, gilt es, die Qualität der Nahmobilität zu vermarkten. Es gibt zahlreiche Strategien und Maßnahmen des Mobilitätsmanagements (vgl. Kap. 6 in Band 1), der Information, Kommunikation und Beratung, welche das Mobilitätsverhalten beeinflussen können.

Dies beginnt bei einer adäquaten Beschilderung der Ziele und Wege. Für den Radverkehr haben sich inzwischen einheitliche Standards weitgehend durchgesetzt, die wichtige lokale Ziele und die jeweiligen Entfernungen dorthin im Netz durchgängig ausweisen (vgl. Kap. 9). Auch für den Fußverkehr ist es von besonderer Bedeutung, die Potenziale der fußläufigen Erreichbarkeit im öffentlichen Raum zu verdeutlichen. Neben klassischen Wegweisern haben sich kartengestützte Stelen bewährt, welche die Ziele räumlich verorten und in einem standortangepassten Einzugsbereich die jeweilige Nähe (in Minuten Fußweg) aufzeigen (vgl. „Legible London“).

Auch die mobile Navigation mithilfe von kartengestützten Apps kann dazu beitragen, die Erreichbarkeit zu Fuß ins Bewusstsein zu rücken, Radrouten und Verknüpfungen mit dem öffentlichen Verkehr aufzuzeigen. So sollte standardmäßig bei der Routing-Information zu einem Ziel der Weg zu Fuß und mit dem Rad gleichberechtigt neben dem Pkw, dem ÖV oder weiteren Mobilitätsdienstleistungen ausgewiesen werden. Auch für den Zugang zum Bahnhof oder zum Carsharing-Fahrzeug werden im Wesentlichen die Fußwege einschließlich der Distanzen im nutzbaren Wegenetz angezeigt. Bei der ÖV-Auskunft kann die Verknüpfung mit dem Rad (z. B. B+R, Verleihsysteme) den Einzugsbereich der Stationen erheblich erweitern – sie sollte daher jeweils als Option mit angeboten werden (vgl. z. B. EU-Projekt PUMAS).

Darüber hinaus können gezielte Strategien zur Wahrnehmung und In-Wert-Setzung der „aktiven Mobilität“ entwickelt werden. Neben den Argumentationen zu Energie und Klimaschutz (z. B. Kampagne in NRW: „Ich bin die Energie“; Marketing des UBA: „Kopf an Motor aus“) und ggf. Kostenvorteilen zeigen individuelle Gesundheitsaspekte besondere Erfolge. Seit vielen Jahren werden beispielsweise mit Unterstützung von Krankenkassen Programme zum betrieblichen Mobilitätsmanagement durchgeführt, die Alternativen im täglichen Berufsverkehr aufzeigen, wie etwa der Wettbewerb „Mit dem Rad zur Arbeit“. Es wird auch beobachtet, dass in hoch belasteten Innenstadtbereichen Fußwege als Alternative zum (oft überlasteten) öffentlichen Verkehr vermarktet werden (z. B. fußläufiger Zugang vom Hauptbahnhof zum Oktoberfest in München).

8.1.3.3 Umsetzung von Nahmobilitätskonzepten

7. Nahmobilitätskonzepte entwickeln und in die kommunale Praxis integrieren
Nahmobilitätskonzepte können gezielt als eigenständige Beiträge zur Ortsentwicklung, zur lokalen Stadt- und Quartiersentwicklung etabliert werden. Dies findet in der kommunalen Praxis zunehmend auch bei der Entwicklung von neuen Standorten statt (z. B. in München Freiham, vgl. Abb. 8.6).

Auch im Bestand sind Nahmobilitätskonzepte von großer Bedeutung, um die vorhandenen Potenziale zu nutzen und ggf. Hemmnisse abzubauen. Modellprojekte finden sich insbesondere in gründerzeitlichen Stadterweiterungsgebieten, die von einem großen Maß an städtebaulicher Dichte und Mischung, aber von einem hohen Parkdruck geprägt sind (z. B. Frankfurter Nordend).

Gleichzeitig ist es erforderlich, dass die Belange der Nahmobilität in klassischen Planungsverfahren (Verkehrsentwicklungsplanung, Bauleitplanung, Vorhabengenehmigung, …) angemessen berücksichtigt werden. Dazu ist es möglicherweise sinn-

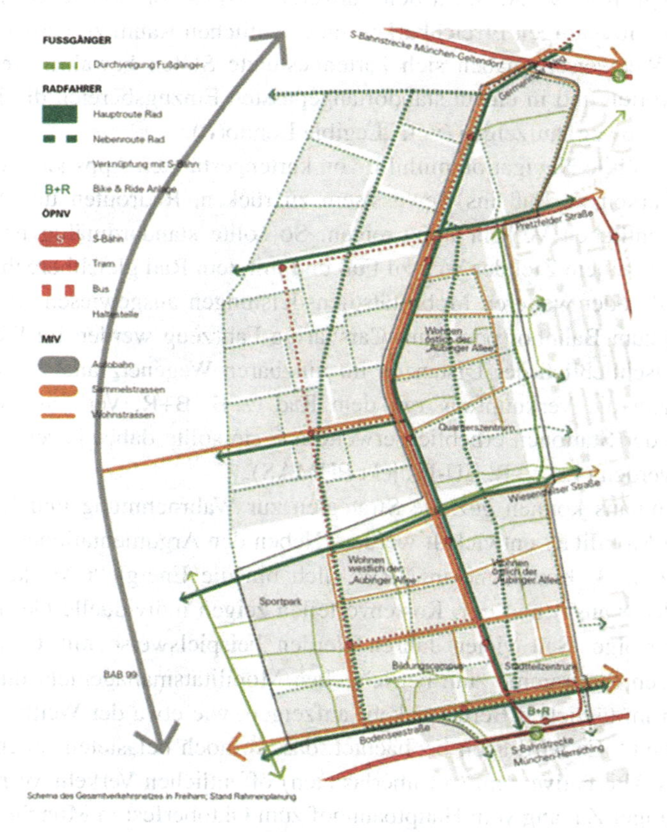

Abb. 8.6 Nahmobilitätskonzept München Freiham (LHM 2013)

voll, in der kommunalen Verwaltung einen „Nahmobilitätsbeauftragten“ zu benennen (vgl. Radverkehrsbeauftragte). Er kann die Interessen des nichtmotorisierten Verkehrs gebündelt vertreten und als zentraler Ansprechpartner für Politik, Verwaltung und Bürgerschaft dienen. Es ist auch möglich, die Aspekte der Nahmobilität als öffentlichen Belang auszuweisen und damit die Stellungnahmen eines Trägers dieses öffentlichen Belangs formal in die Abwägung der jeweiligen Planungsverfahren einzubringen.

Es bietet sich an, dass die Zielsetzungen und kommunalen Strategien der Nahmobilität in einem politischen Grundsatzbeschluss festgehalten und so mit dem notwendigen politischen Rückhalt und den notwendigen Ressourcen verankert werden.

Aber auch im Kleinen gilt es, die Belange der Nahmobilität zu berücksichtigen, z. B.

- bei der Festsetzung der Erdgeschossnutzung in der Bauleitplanung als öffentlich zugängliche, gewerbliche, gastronomische oder ähnliche Einrichtungen;
- bei Planung und Steuerung von Lichtsignalanlagen, um die Bedürfnisse des Fußverkehrs (z. B. ausreichende Freigabezeiten) und Radverkehrs (ggf. Koordinierung) angemessen zu berücksichtigen;
- bei der Parkraumüberwachung, insbesondere der Ahndung des Falschparkens auf Geh- und Radwegen;
- beim Winterdienst (Prioritäten für das Räumen von Fuß- und Radverkehrsanlagen);
- bei der Regelung für den Fuß- und Radverkehr („Umleitungen“) bei Baumaßnahmen und temporären Eingriffen in den Seitenraum;
- bei der Oberflächenwiederherstellung nach baubedingten Aufbrüchen oder Straßenbauarbeiten.

8. Lokale Nutzer als Experten beteiligen

Die Kooperation der verschiedenen Akteure aus Politik, Verwaltung, Verbänden und Wirtschaft ist für die erfolgreiche Umsetzung von Nahmobilitätskonzepten sehr wichtig. Dabei sind die Prozesse der Beteiligung vor Ort zu gestalten und an die konkrete Situation anzupassen (siehe Kap. 13 in Band 2).

Die größten Experten für die Nahmobilität sind diejenigen, die die Quartiere täglich nutzen, als Bewohner, Beschäftigte und Besucher. Diese lokalen Nutzer kennen die Situation vor Ort am besten und können daher auf kleinteilige Barrieren und Hemmnisse (z. B. eingeschränkte Sichtbeziehungen beim Überqueren) ebenso hinweisen wie auf wichtige Potenziale (z. B. Lückenschluss im Radroutennetz).

Die Nutzer sollten daher für die Erarbeitung von Strategien und vor allem von konkreten Lösungsvorschlägen und Maßnahmen angemessen beteiligt werden. Dabei bieten sich verschiedene Formate der Beteiligung in der Analyse- und Konzeptionsphase an. Beispielsweise hat es sich bewährt, Stadtteilspaziergänge ggf. mit bestimmten Bevölkerungsgruppen (Kinder, mobilitätseingeschränkte Personen, …) und politischen Vertretern gemeinsam durchzuführen, um auf spezifische Belange vor Ort aufmerksam zu machen. Konkrete Maßnahmen können in Workshops vorgeschlagen und gemeinsam mit den Planungsexperten entwickelt werden; bei der Auswahl von Veranstaltungsort, Zeit und Teilnehmern (ggf. über Zufallsstichprobe und Aufwandsentschädigung) ist darauf zu achten, dass eine möglichst breite Beteiligung stattfindet.

Eine besondere Form der direkten Beteiligung einer zufällig ausgewählten Gruppe stellen sogenannte Bürgergutachten dar, die z. B. bei der Entwicklung des Nahmobilitätskonzeptes für die Isarvorstadt/Ludwigsvorstadt oder das Kunstareal in München erfolgreich eingesetzt worden sind. In mehreren Workshopterminen wird eine Gruppe von Bürgern mit der Beurteilung der Situation, der Zielentwicklung und der Erarbeitung von Lösungsvorschlägen beauftragt. Die Ergebnisse werden unter professioneller Moderation und fachlicher Anleitung erarbeitet und als neutraler Vorschlag den demokratisch legitimierten Gremien zur weiteren Behandlung vorgelegt. Wichtig erscheinen, über das Gutachten hinaus, eine kontinuierliche Begleitung des Umsetzungsprozesses und die Evaluation der Maßnahmen.

9. Umsetzung finanzieren

Nicht zuletzt gilt es, für die Stärkung der Nahmobilität die notwendigen Ressourcen bereitzustellen. Dies umfasst neben einer angemessenen personellen Ausstattung insbesondere die Finanzierungs- und Förderbedingungen.

Bei entsprechendem Engagement kann dazu – insbesondere in größeren Kommunen – eine eigene Haushaltsposition geschaffen werden (z. B. in München als eine Nahmobilitätspauschale angelegt), die auch den politischen Stellenwert der damit verbundenen Maßnahmen verdeutlicht.

Die klassisch erhobenen Erschließungsbeiträge sollten gezielt für die attraktive Gestaltung von Angeboten im Fuß- und Radverkehr genutzt werden.

Auch private Dritte können bei der Standortentwicklung auf der Grundlage von konzeptionellen Zielvereinbarungen und städtebaulichen Verträgen an der Finanzierung beteiligt werden.

Darüber hinaus sollten die bestehenden Förderprogramme und -mechanismen standort- und projektbezogen gebündelt werden. So ist zu prüfen und sicherzustellen, dass beispielsweise Förderbedingungen aus dem Gemeindeverkehrsfinanzierungsgesetz (z. B. in Bezug auf Verkehrssicherheit) mit den Rahmenbedingungen der Städtebauförderung (z. B. in Bezug auf Gestaltungsqualität) und ggf. weiteren Förderkulissen abgeglichen und für ein abgestimmtes Maßnahmenprogramm vor Ort nutzbar gemacht werden kann. Die Förderbedingungen sind in Bezug auf die Belange der Nahmobilität weiterzuentwickeln (z. B. in Bezug auf förderfähige Kosten und Bagatellgrenzen).

Nahmobilitätsprojekte sind in der Regel mit relativ geringem Aufwand umsetzbar. Innovative Lösungen können auch temporär, flexibel eingesetzt werden. Für die Umsetzung von neuen und situationsangepassten Ansätzen sollten zukünftig auch Experimente stärker gefördert und dann konsequent evaluiert werden, um tragfähige Ideen für übertragbare Lösungen zu generieren. Es wird angeregt, lokal oder in übergeordneten Programmen (z. B. ExWoSt) entsprechende Wettbewerbe auszuloben, um gute Lösungen zu gestalten.

8.1.4 Ausblick

Nahmobilität ist eine wesentliche Grundlage der urbanen Mobilität und damit zentraler Bestandteil der Stadtverkehrsplanung.

Mehr als die Hälfte aller Wege im städtischen Kontext können der Nahmobilität zugerechnet werden. Dennoch werden bisher vielfach die Prioritäten, einschließlich der personellen und finanziellen Ressourcen, auf große Infrastrukturprojekte im Straßenbau oder im Schienenverkehr gelenkt. Diese Projekte dienen eher der Förderung des öffentlichen Personennahverkehrs und des motorisierten Individualverkehrs – für den Fuß- und Radverkehr gibt es deutlich weniger Lobbyarbeit und ökonomische Interessen.

Allerdings verändern sich die Grundlagen der urbanen Mobilität dramatisch. Der individuelle Fahrzeugbesitz scheint in den Städten an Bedeutung zu verlieren, die Sharing Economy bietet Potenziale für soziale Innovationen und neue Verkehrsangebote. Technologische Entwicklungen vor allem im Bereich der mobilen Kommunikation, Digitalisierung und Automatisierung ermöglichen völlig neue Mobilitätsdienstleistungen und Geschäftsmodelle. Die lokalen Umwelt- und Gesundheitsbelastungen und globale Klimagefahren verschärfen die Notwendigkeit einer Verkehrswende.

Vor diesem Hintergrund werden die Fragen der Nahmobilität weiter an Bedeutung gewinnen. Es scheint wichtiger denn je, den öffentlichen Straßenraum als individuell nutzbaren und lebenswerten urbanen Raum zu gestalten und den stadtverträglichen Mobilitätsformen einen angemessenen Platz zu verschaffen.

Wesentliche Aufgaben für die weitere Stärkung des Fuß- und Radverkehrs auf Quartiers- und Ortsteilebene könnten daher sein (vgl. FGSV 2014):

- die Verbesserung der Datengrundlagen für den nichtmotorisierten Verkehr,
- die modellgestützte Abbildung, Wirkungsabschätzung und Evaluation von Maßnahmen,
- die generelle Integration der Nahmobilität in den kommunalen Straßenraumentwurf,
- die Bereitschaft und der Mut zum Experiment in spezifischen lokalen Situationen,
- die Identifikation und Vernetzung der relevanten Akteure,
- eine konsequente Verankerung der Nahmobilität in übergeordneten Politiken,
- die Berücksichtigung der Kostenvorteile sowie
- eine standortspezifische, ressortübergreifende finanzielle Förderung.

8.2 Fußverkehr in der Stadt

8.2.1 Bedeutung des Zu-Fuß-Gehens

Das Zu-Fuß-Gehen ist die Grundlage unserer menschlichen Fortbewegung, wenn das Zu-Fuß-Gehen schwerfällt, sind wir mobilitätseingeschränkt. Zu Fuß beginnen und beenden wir jeden Weg, auch wenn andere Verkehrsmittel genutzt und miteinander verknüpft werden. Ein solcher Weg im Sinne der Alltagsmobilität beginnt an der Türschwelle bzw., bezogen auf den öffentlichen Raum, an der Grundstücksgrenze. Im Zusammenspiel zwischen privatem und öffentlichem Raum, zwischen Gebäude und Straßenraum entsteht Städtebau als strukturelle Gestaltqualität eines Quartiers, eines Ortes, einer Stadt. Die grundlegendste aller Verkehrsarten, das Zu-Fuß-Gehen, ist Voraussetzung für lebendige Städte und Gemeinden. Die Straße entwickelt und umfasst unterschiedliche Funktionen: Erschließung, Verbindung, aber auch Aufenthalt. Der öffentliche Raum ermöglicht Begegnung und wo Menschen sich begegnen, entsteht Leben. Mit einem Klassiker der integrierten Stadt- und Verkehrsplanung lässt es sich wie folgt ausdrücken: „Der Grad der Freiheit und Ungestörtheit, mit dem Menschen zu Fuß gehen und in die Gegend schauen können, bietet einen guten Maßstab für die Beurteilung der zivilisatorischen Eigenschaften eines Stadtgebietes." (Buchanan 1964) Und damals wie heute gilt – leider immer noch: „An diesem Maßstab gemessen, lassen viele unserer Städte noch Einiges zu wünschen übrig" (ebd.).

Viele Städte bemühen sich indessen um eine Aufwertung des Zu-Fuß-Gehens und gestalten zumindest ihre Innenstädte fußgängerfreundlich. Verkehrsberuhigungsmaßnahmen und Sanierungsgebiete haben seit den 1980er-Jahren zu einer Stärkung des quartiersbezogenen, kleinteiligen, nichtmotorisierten Verkehrs beigetragen. Heute wird sowohl in Bestandsquartieren als auch bei Neubaugebieten auf den Fußverkehr besonderer Wert gelegt.

Im Jahr 2002 sind mit den Empfehlungen für Fußgängerverkehrsanlagen EFA (FGSV 2002) wichtige Grundlagen für eine gleichberechtigte Wahrnehmung des Fußverkehrs im städtischen Gefüge gelegt worden. Diese Prioritätensetzung ist nicht selbstverständlich und war nicht immer so gegeben. Es sei daran erinnert, dass das veraltete Regelwerk für Anlagen des Fußgängerverkehrs von 1972 Mitte der 80er-Jahre ersatzlos zurückgenommen wurde. Die angemessene Berücksichtigung der Belange des Fußverkehrs bleibt auch für die Zukunft ein wichtiger Prozess. Die aktuellen Empfehlungen werden daher kontinuierlich überprüft und weiterentwickelt.

Viele Überlegungen haben 2006 Eingang in die verbindlichen Richtlinien zur Anlage von Stadtstraßen RASt 06 (FGSV 2006) gefunden. Hier wurde – neben den „Typischen Entwurfssituationen" – die Möglichkeit und der Anspruch formuliert, den Straßenraum vom Rand aus zu planen und mit der sogenannten „Städtebaulichen Bemessung" ein entsprechendes Verfahren eingeführt (vgl. Kap.4).

Barrierefreiheit gehört heute – auch aufgrund klarer gesetzlicher Anforderungen – selbstverständlich zu einer sozial nachhaltigen Verkehrsplanung. Mit zunehmendem Bewusstsein und zunehmender Berücksichtigung der Belange mobilitätseingeschränkter Gruppen bei der Infrastrukturgestaltung ist das Regelwerk durch die „Hinweise für barrierefreie Verkehrsanlagen" (FGSV 2011) ergänzt worden. Nach dem Konzept des „Design für alle" werden Lösungen angestrebt, von denen eine Vielzahl von Verkehrsteilnehmern profitieren.

Die grundlegende Bedeutung des Fußverkehrs ist erkannt – und wird auch in den Hinweisen zur Nahmobilität (FGSV 2014) als strategischer Baustein behandelt.

Etwa ein Drittel aller Wege in urbanen Quartieren wird auch heute noch vollständig zu Fuß zurückgelegt. Der Abwärtstrend in den Jahrzehnten der Massenmotorisierung scheint gestoppt (vgl. Erhebungsdaten aus MiD, SrV, Mobilitätspanel; vgl. Kap. 2 in Band 2). Es bleibt jedoch wichtig, den Fußverkehr als vollwertige und gleichberechtigte Verkehrsart im Modal Split der urbanen Mobilität zu verstehen. Auch wenn diese Form der aktiven Mobilität in der Regel ohne weitere Mobilitätswerkzeuge als die eigenen Füße bzw. Schuhe auskommt und damit von mancher Seite aus rechtlicher bzw. definitorischer Sicht nicht als „Verkehrsmittel" anerkannt wird, muss der Fußverkehr als eigenständige Form der Fortbewegung ernst genommen werden (vgl. Brög 2014).

Außerdem ist zu berücksichtigen, dass auch beim Zu- und Abgang zum öffentlichen Verkehr, beim Umsteigen zwischen verschiedenen Verkehrsmitteln, beim Weg zum Parkplatz oder beim Abstellen des Fahrrads immer ein mehr oder weniger kurzes Stück des Gesamtweges, eine Etappe, zu Fuß zurückgelegt wird (siehe auch Kap. 1 in Band 2).

Auch wenn das Zu-Fuß-Gehen an der Verkehrsleistung, also den im Verkehrssektor insgesamt zurückgelegten Personenkilometern, nur einen geringen Anteil hat, kann dennoch festgestellt werden, dass der Fußverkehr die wichtigste Verkehrsart in einer Stadt darstellt, weil er grundlegend ist für die Vernetzung.

Das Zu-Fuß-Gehen nimmt dabei vielfältigste Formen an, vom alltäglichen Weg zur Schule, zum Einkaufen oder zur Bushaltestelle über den Shopping-Bummel oder das Ausgehen im Quartier bis hin zum Spaziergang oder Joggen als eigenständiger Aktivität. Jung und Alt gehen zu Fuß, mit unterschiedlichen Geschwindigkeiten und Bedürfnissen; alleine, zu zweit oder in Gruppen, mit dem Kinderwagen, dem Tretroller oder dem Fahrrad (schiebend bzw. als Kind mit Fahrrad auf dem Gehweg), mit Regenschirm und Rollkoffer, Rollstuhl oder Rollator.

Trotz der inzwischen klaren Richtlinien mangelt es in der Praxis sehr häufig an einer konsequenten Umsetzung von attraktiven Rahmenbedingungen für den Fußverkehr. Der Seitenraum ist dem Konkurrenzkampf der übrigen, oft weniger flexiblen Verkehrsmittel und deren Raumansprüchen ausgesetzt.

Den grundlegenden Anforderungen ist bei der Entwicklung von Fußwegenetzen, beim Entwurf von Verkehrsanlagen, beim Betrieb von Lichtsignalanlagen und beim Straßenunterhalt (z. B. Winterdienst) Rechnung zu tragen. Durchgängige Routen in vollständigen Wegenetzen sind von besonderer Bedeutung, denn Fußgänger sind besonders umwegempfindlich und wählen die kürzeste Route, im Zweifelsfall auch über Hindernisse und gefährliche „Abkürzungen".

Letztlich gilt es, das Zu-Fuß-Gehen als gesunde und stadtverträgliche Form der Fortbewegung attraktiv und sicher zu machen und als wesentlichen Baustein der urbanen Mobilität zu vermarkten.

8.2.2 Ziele für den Fußverkehr in der Stadt

Das Ziel einer jeden Kommune, die eine nachhaltige urbane Mobilität anstrebt und das Verkehrsgeschehen stadtverträglich gestalten möchte, muss es sein, das Zu-Fuß-Gehen so attraktiv, komfortabel und sicher wie möglich zu machen. Es gilt, mit dem Fußverkehr ein konkurrenzfähiges Angebot für viele unterschiedliche Zielgruppen und Gelegenheiten zu schaffen. Letztlich trägt es zur Lebensqualität einer Stadt bei, wenn möglichst viele Wege zu Fuß zurückgelegt werden.

Voraussetzung dafür ist, dass die räumliche Struktur kurze Wege ermöglicht und die unterschiedlichen Verkehrsangebote hochwertig miteinander verknüpft werden.

Die Standortentwicklung einer Stadt sollte sich demnach stets am Mensch, am Zu-Fuß-Gehen orientieren. Fußverkehrspolitik, Fußverkehrsstrategien und -planungen gehen einher mit der kommunalen Bauleitplanung, der Entwicklung von Einzelhandelskonzepten oder z. B. der Planung von Schulstandorten und Kinderbetreuungseinrichtungen, der Gestaltung von Jugendtreffs und Seniorenzentren.

Für die Anlagen des Fußverkehrs ergeben sich insbesondere folgende Anforderungen (vgl. EFA, FGSV 2002):

- hohe Verkehrssicherheit,
- objektiv und subjektiv hohe soziale Sicherheit,
- direkte, umwegfreie Verbindungen und klare Orientierung, Übersichtlichkeit, Begreifbarkeit,
- ausreichende Bewegungsfreiheit und angemessene Dimensionierung,
- Minimierung von Hindernissen und Widerständen, von Störungen durch andere Verkehrsteilnehmer und
- eine ansprechende, maßstäbliche, komfortable, barrierefreie Gestaltung.

Die Konzepte und Entwürfe der Fußwegeplanung sollten im Detail unter Beteiligung von Betroffenen, mit Verbänden und Fachexperten durchgeführt, in den Verwaltungsprozessen verankert und in die strategische Politikgestaltung eingebracht werden. Entscheidend ist eine konsequente Berücksichtigung der Belange des Fußverkehrs in der Abwägung und die Umsetzung der bestehenden Ansätze in die Praxis.

8.2.3 Grundlegende Methoden

8.2.3.1 Städtebauliche Voraussetzungen: Density, Diversity, Design

Mit dem Schlagwort der 3D – (vgl. Cervero und Kockelman 1997) werden die grundsätzlichen Voraussetzungen für kurze Wege zu Fuß benannt:

- „Density“ – die städtebauliche Dichte ermöglicht eine Vielzahl an Gelegenheiten auf engem Raum, wobei eher die Kompaktheit der Strukturen, also die Nähe im

Vordergrund stehen sollte als die Konzentration von (monofunktional strukturierten) Nutzungen. Eine hohe Einwohnerzahl in einer Großwohnsiedlung allein schafft noch keine Urbanität. Mittelalterliche Städte, die auf das Zu-Fuß-Gehen ausgerichtet waren, hatten selten mehr als zwei Kilometer Durchmesser, sodass alle Ziele innerhalb der Stadtmauer in maximal einer halben Stunde erreicht werden konnten. Heute ist die Entfernungsempfindlichkeit häufig höher, aber immer noch werden über 70 % aller Wege bis zu einem Kilometer und über 30 % aller Wege zwischen ein und zwei Kilometer zu Fuß zurückgelegt (MiD 2008). 85 % der alltäglichen Fußwege sind maximal 1–1,5 km lang, wobei je nach Wegezweck und Bevölkerungsgruppe große Spannweiten in den zurückgelegten Distanzen bestehen.

- „Diversity" – mehr noch als die Dichte ist die Vielfalt an Nutzungen entscheidend für die Möglichkeit, Wege zur Arbeit, zum Einkauf und zur Versorgung sowie in der Freizeit zu Fuß zurückzulegen. Es kommt also auf die Nutzungsmischung an. Statt einer funktionalen Gliederung der Stadt in unterschiedliche Wohn-, Gewerbe- und Industriegebiete (vgl. Charta von Athen) sollten gemischte, urbane Standorte entwickelt werden (vgl. Leipzig Charta). Auch in Wohngebieten werden andere verträgliche Arten der baulichen Nutzung angestrebt und in innerstädtischen Kerngebieten, gewerblich geprägten Arealen oder z. B. Kultur- und Bildungsstandorten sollte das Wohnen erhalten und gefördert werden. Ein ausgewogenes Verhältnis von Einwohnern und Arbeitsplätzen kann die Pendlerdistanzen reduzieren. Die mit der Novellierung des Baurechts neu eingeführte Gebietskategorie „Urbanes Gebiet" bietet Potenziale zur Entwicklung von verdichtetem Wohnungsbau in zentraler Lage in Verbindung mit Gewerbe, sozialer und kultureller Infrastruktur und trägt damit zur Innenentwicklung und Nutzungsmischung bei.
- „Design" – dabei geht es um mehr also nur die architektonische Gestaltung, sondern um städtebauliche Qualitäten der Quartiere einschließlich der kleinteiligen Wegenetze. Eine direkte Wegeführung ermöglicht geringe Entfernungen und schafft Orientierung. Blickachsen auf das (Etappen-)Ziel (z. B. den Bahnhof) und eine abwechslungsreiche Gestaltung der Umgebung verringern die subjektiv wahrgenommene Distanz. Belebte Straßenräume und Nachbarschaften mit öffentlich genutzten Erdgeschosszonen erhöhen die soziale Kontrolle und fördern die soziale Sicherheit; nicht einsehbare Ecken, Unter- und Überführungen sind zu vermeiden.

8.2.3.2 Ein Wegenetz für den Fußverkehr

Das Zu-Fuß-Gehen benötigt als vollwertige Verkehrsart ein entsprechend strukturiertes Wegenetz, grundlegende Aussagen zur Abstimmung mit den anderen Verkehrsarten finden sich bisher insbesondere in den Richtlinien für die integrierte Netzgestaltung (RIN) (FGSV 2008) (vgl. auch Abschn. 3.2.4). An das Fußverkehrsnetz werden dabei besondere Anforderungen gestellt (vgl. auch die Anforderungen in den EFA, siehe Abschn. 8.2.2).

Das Fußwegenetz sollte auf der Grundlage eines Wunschliniennetzes aufbauen. Das Wunschliniennetz stellt ein Angebotsnetz dar, das die wichtigsten Ziele innerhalb des fußläufigen Einzugsbereichs (z. B. Schulen, Einkaufsschwerpunkte, Freizeitziele,

Knotenpunkte der öffentlichen Verkehrsmittel …) in direkter Luftlinie miteinander verbindet. Dieses idealisierte Netz wird dann mit den tatsächlich vorhandenen Netzelementen verglichen, sodass konkrete Maßnahmen zur Verbesserung der Wegebeziehungen abgeleitet werden können.

Es wird empfohlen, Hierarchien für das Fußwegenetz zu definieren, z. B. als Haupt- und Nebenrouten, die bestimmte Funktionen einnehmen (vgl. Abb. 8.7).

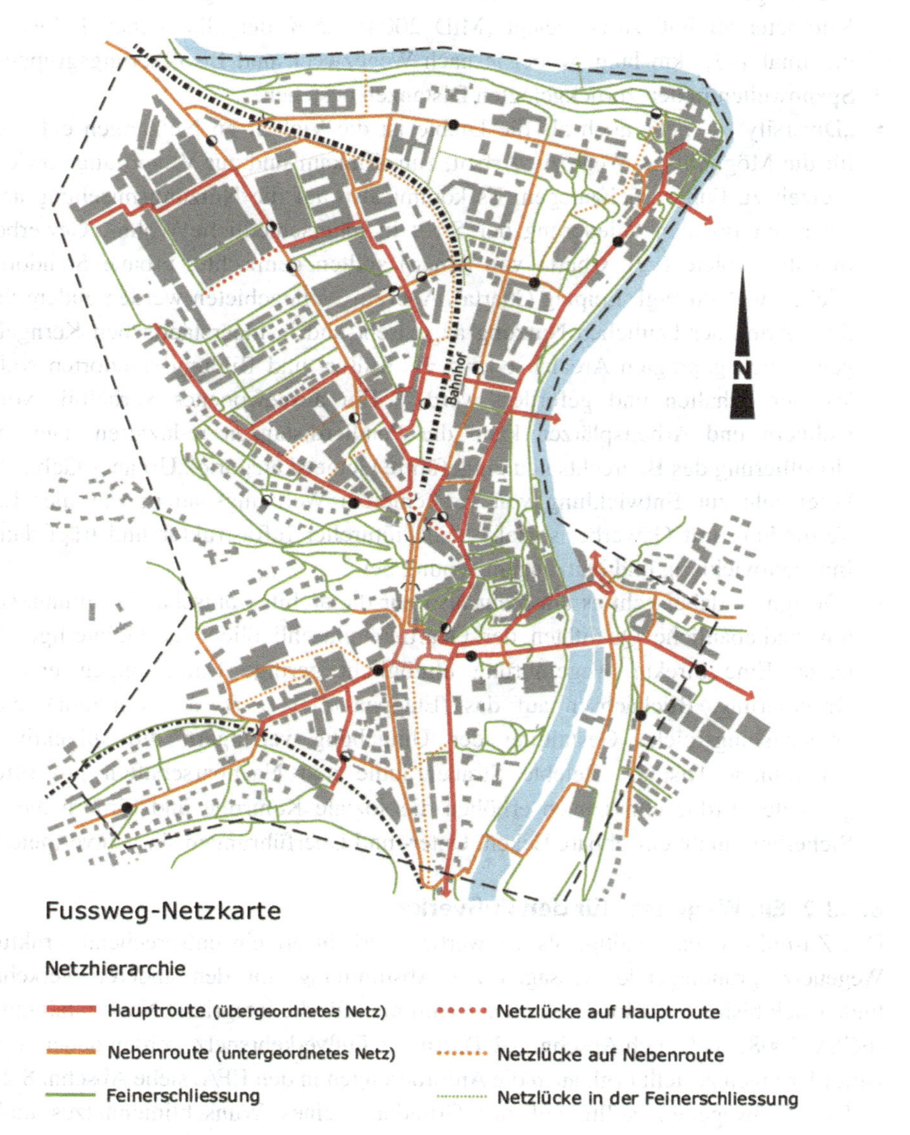

Abb. 8.7 Netzhierarchien und Netzlücken, Fußwegkonzept Stadt Baden (CH), Fussverkehr Schweiz, (www.fussverkehr.ch)

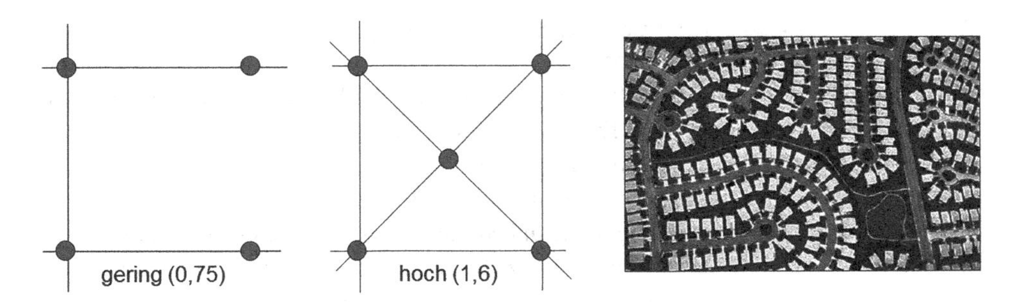

Abb. 8.8 Konnektivität: Vernetzungsgrad eines Wegenetzes: Anzahl Kanten zu Anzahl Knoten. (Foto rechts: amerikanische Suburb mit geringem Vernetzungsgrad, Quelle: http://www.triplepundit.com)

Die Netzgestaltung kann unterschiedliche Ausbauformen umfassen, von der Fußgängerzone oder Fußgängern vorbehaltenen Platzbereichen und eigenständigen Fußwegen, über straßenbegleitende Gehwege im Trennprinzip bis hin zu einer gemeinsamen Führung mit dem Kfz-Verkehr im Mischprinzip bei Wohnwegen, in ländlich geprägten Straßenzügen, als verkehrsberuhigter Bereich oder „Shared Space".

Für attraktive fußläufige Beziehungen ist ein hoher Vernetzungsgrad anzustreben. Mit dem Maß der Konnektivität kann der Grad der Vernetzung auch quantitativ bestimmt werden (Anzahl der Kanten zu Anzahl der Knoten, vgl. Abb. 8.8). Experten schätzen, dass mindestens eine Konnektivität von 1,4 erzielt werden sollte, um das Zu-Fuß-Gehen attraktiv zu machen, d. h., dass eine Blockrandbebauung (mit Konnektivität = 1,0) dazu nicht ausreichend ist (vgl. Newman und Kenworthy 2015).

Trampelpfade deuten auf eine mangelnde Direktheit und Durchlässigkeit dieser Netze hin. Auch historisch sind so einige Durchlässe und kleinteilige Verknüpfungen entstanden (z. B. die „Gangerl" zwischen einzelnen Parzellen in bayerischen Dörfern oder die versteckten „traboules" in der Gebäudestruktur der Altstadt von Lyon). Um die Durchgängigkeit des Fußwegenetzes zu sichern, ist es anzustreben, dass innerhalb bebauter Gebiete auch auf privatem Grund ein öffentliches Wegerecht zugestanden wird, z. B. um zusätzliche Verbindungen zwischen dem öffentlichen Straßenraum und dem öffentlichen Grünraum zu schaffen oder um den direkten Zugang zu wichtigen Zielen wie Bahnhöfen, Plätzen oder Knotenpunkten zu sichern. Das Einzäunen von größeren privaten Wohnanlagen (oder gar das Schaffen von sogenannten „gated communities") ist in diesem Sinne zu vermeiden.

Es hat sich gezeigt, dass ein engmaschiges Fußwegenetz von besonderer Bedeutung ist, um Umwege zu vermeiden. Fußgänger suchen den kürzesten Weg, sie werden ihn auch dann finden, wenn er nicht zulässig und ggf. gefährlich ist (z. B. Querung von Bahnanlagen, Mittelstreifen an Hauptverkehrsstraßen). Sie werden ihn andererseits meiden, wenn die soziale Sicherheit nicht erfüllt ist bzw. subjektiv ein Gefahrenpotenzial vorhanden ist (z. B. Unterführungen, schlecht beleuchtete Wege).

8.2.3.3 Fußläufige Erreichbarkeit als Vernetzung von Raumstruktur und Verkehrsangebot

Wie in Abschn. 8.1 ausgeführt, kann die Qualität der fußläufigen Vernetzung zwischen verschiedenen Standorten mit Erreichbarkeitsindikatoren aufgezeigt werden. Dabei fließen neben den räumlichen Ausstattungsmerkmalen der Standorte Reisezeit, Kosten und Komfort als Widerstandsparameter aus dem Verkehrsangebot ein.

Für die Widerstandsermittlung sollte unbedingt eine Abbildung der Wegebeziehungen im tatsächlichen Fußwegenetz erfolgen (z. B. anhand von online verfügbaren Datengrundlagen) und nicht nur in Form theoritischer Einzugsbereiche.

Für die Beurteilung des wahrgenommenen Widerstands, des Wegeaufwands und Komforts kommt eine qualitative Bewertung dieses Wegenetzes hinzu. Dazu müssten beispielsweise spezifisch auf die Belange des Fußverkehrs abgestimmte Qualitätsverkehrsstufen (QVS, „Level of Service") weiterentwickelt werden (vgl. Kap. 3). Bislang gibt es nur wenige Studien über das Widerstandsempfinden von Fußgängern gegenüber qualitativen Aspekten des Wegenetzes (vgl. Bahn.Ville-Konsortium 2010, www.walkalitics.com oder eine Studie zum Zugang zur Bahn, vgl. Wulfhorst 2016).

Die Gehgeschwindigkeiten von Fußgängern variieren sehr stark zwischen unterschiedlichen Gruppen von Verkehrsteilnehmern und Wegezwecken. Während junge, gesunde Fußgänger im Alltagsverkehr eine Geschwindigkeit von etwa 5 km/h erzielen – und beim schnellen Gehen, Laufen oder Joggen etc. noch deutlich mehr (bis zu etwa 10–15 km/h), beträgt die Gehgeschwindigkeit vieler mobilitätseingeschränkter Menschen zwischen 0,5 und 0,8 m/s (entspricht ca. 2–3 km/h).

Gemäß einer Untersuchung der BASt (Alrutz et al. 2012) erreichen 88 % aller Fußgänger und 50 % der Älteren beim Queren an signalisierten Knotenpunkten eine Gehgeschwindigkeit 1,2 m/s, aber nur 15 % der mobilitätseingeschränkten Personen (z. B. mit Rollator). Den Mindestwert der Räumgeschwindigkeit laut RiLSA von 1,0 m/s erreichen 85 % aller Älteren und ca. 50 % aller Personen mit Mobilitätseinschränkungen. Nur 28 % aller Fußgängerinnen und Fußgänger erreichen den nach RiLSA maximal für die Räumgeschwindigkeit ansetzbaren Wert von 1,5 m/s (FGSV 2014).

Vor diesem Hintergrund wird empfohlen, die angenommenen Räumgeschwindigkeiten bei der Steuerung der Lichtsignalanlagen zu überprüfen und den Regelwert von 1,2 m/s nach Möglichkeit auf 1,0 m/s zu reduzieren (vgl. H BVA, FGSV 2011).

Bei Erreichbarkeitsanalysen wird in der Regel ein Wert von 4 km/h als mittlere Gehgeschwindigkeit hinterlegt – dies entspricht einer Reichweite von einem Kilometer in 15 min (vgl. Abb. 8.9).

8.2.3.4 Verkehrssicherheit

Ein entscheidender Punkt ist die Beurteilung und Verbesserung der Verkehrssicherheit. Fußgänger sind Kollisionen weitestgehend schutzlos ausgeliefert, daher sind kritische Infrastrukturen (vor allem Knotenpunkte und Überquerungseinrichtungen) so sicher wie möglich zu gestalten. Ausreichende Sichtbeziehungen und angemessene Geschwindigkeiten des Kfz-Verkehrs sind die entscheidenden Einflussgrößen für die Sicherheit von Fußgängern im Straßenverkehr.

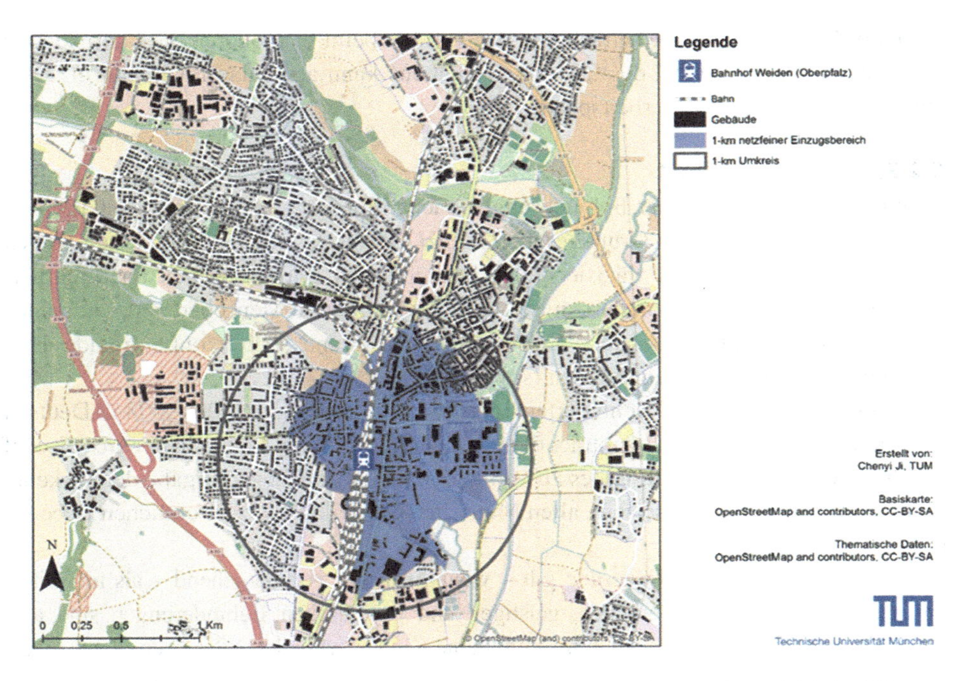

Abb. 8.9 Fußläufiger Einzugsbereich eines Bahnhofs (Weiden in der Oberpfalz) im Wegenetz von 15 min im Vergleich zum theoretischen Einzugsbereich (Wulfhorst 2016)

Bei Entwurfsplanungen für den öffentlichen Straßenraum ist ein Sicherheits-Audit vorzusehen, das insbesondere die Belange des Fußverkehrs in den Blick nimmt (siehe auch Abschn. 10.4).

Für eine detaillierte Verkehrssicherheits-Beurteilung sei auf die Empfehlungen für die Sicherheitsanalyse von Straßennetzen (ESN) verwiesen. Wenn das ermittelte Sicherheitspotenzial (SiPo) größer ist als 50 % der Grundunfallkostendichte (gUKD), stellt dies ein Zeichen für bestehende Defizite dar. Für die lokale Situation ist eine Auswertung der Unfalltypensteckkarten der Polizei in der Regel aufschlussreich. Diese kann ortsbezogen über alle polizeilich erfassten Unfälle (z. B. jährlich) oder über alle schweren Unfälle (z. B. 3-Jahreskarte) erfolgen.

- Überschreiten-Unfälle (ÜS) können auf mangelnde lineare Querungsmöglichkeiten hinweisen (z. B. Mittelstreifen, Sichtkontakt verbessern durch Unterbrechung der Stellplätze, vorgezogenen Seitenraum oder Geschwindigkeitsdämpfung).
- Unfälle an bestimmten Stellen bieten Anlass zur Prüfung bzw. Verbesserung der Querungshilfen, vor allem an den entsprechenden Knotenpunkten.
- Personenschäden deuten tendenziell auf zu hohe Geschwindigkeiten hin.

Im Bestand sind auch Erhebungen zum Bewegungs- und Konfliktverhalten im Straßenraum möglich. Bei der Konfliktbeobachtung werden beispielsweise alle „Beinahe-Unfälle" und Ausweichmanöver bei kritischen Situationen beobachtet und markiert. Eine Schwerpunktbetrachtung der Vorfälle beim Überqueren der Fahrbahn, der Rotlicht-Missachtung bzw. des Querungsverhaltens kann aufschlussreich sein in Bezug auf mögliche Verkehrssicherheitspotenziale.

8.2.3.5 Barrierefreiheit

„Niemand darf wegen seiner Behinderung benachteiligt werden", so lautet seit 1994 das Diskriminierungsverbot im Grundgesetz (GG Art. 3, Absatz 3). Das Behinderten-Gleichstellungsgesetz (§ 4 BGG) präzisiert 2002 bezüglich der Barrierefreiheit für öffentliche Räume und Verkehrsanlagen, dass diese „auch für behinderte Menschen in der allgemein üblichen Weise, ohne besondere Erschwernis und grundsätzlich ohne fremde Hilfe zugänglich und nutzbar" sein müssen (siehe auch Abschn. 7.6).

Ziel ist es – wie die UN Behindertenrechtskonvention im Jahr 2006 (2008 in Deutschland ratifiziert) klarstellt – Beeinträchtigungen der Teilhabe am Leben in der Gesellschaft durch die Gestaltung des Umfeldes zu vermeiden und abzubauen. Aufgabe der Verkehrsraumgestaltung muss es also sein, allen Menschen die Teilhabe am öffentlichen Leben zu ermöglichen.

Etwa ein Drittel der Bevölkerung gilt – wenn auch nur vorübergehend – als mobilitätseingeschränkt. Neben körperlichen, geistigen und psychischen Behinderungen sind auch ältere Menschen, stark Übergewichtige und kleine Kinder, erkrankte Menschen, Schwangere, Personen mit Kinderwagen oder Gepäck im weiteren Sinne mobilitätsbehindert.

Die barrierefreie Gestaltung von Verkehrsanlagen ist angesichts des demografischen Wandels auch eine Frage der Zukunftssicherung – allein die Zahl der über 75-Jährigen wird sich nach bisherigen Vorausschätzungen bis 2050 mehr als verdoppeln.

Eine barrierefreie Gestaltung sollte den Prinzipien des „Design für alle" („design for all", „inclusive design") folgen. Die gesetzlich geforderte Gleichstellung behinderter Menschen hängt maßgeblich von der Qualität der Gestaltung des öffentlichen Raums ab – und kommt letztlich allen zugute.

Auf eine angemessene Berücksichtigung der unterschiedlichen Bedürfnisse und Wünsche ist – auch durch entsprechende Beteiligung und Einbindung der Betroffenen – zu achten. Ein Grundprinzip ist dabei, mindestens zwei Sinne (Sehen, Hören, Fühlen) anzusprechen.

Es können sich regelmäßig auch Zielkonflikte ergeben wie z. B.

- zwischen unterschiedlichen Formen der Behinderung (z. B. räumliche Orientierung für Sehbehinderte vs. niveaugleiche Gestaltung für Gehbehinderte),
- zwischen Barrierefreiheit (z. B. Bodenindikatoren) und architektonischem Gestaltungsleitbild (z. B. Denkmalschutz) oder
- zwischen Belangen des Fußverkehrs und anderen Nutzungen im Straßenraum (Kfz-Verkehr, Außengastronomie).

Die unterschiedlichen Belange sind jeweils angemessen zu berücksichtigen und im konkreten Fall abzuwägen. Dabei kommen regelmäßig die folgenden Grundfunktionen barrierefreier Räume zum Einsatz (vgl. FGSV 2014):

- die Zonierung für hindernisfreie Bereiche
- die Nivellierung für möglichst stufenlose Übergänge
- die Linierung für taktile Leitlinien/-streifen zur durchgängigen Ertastbarkeit
- die Kontrastierung zur visuell, taktil und akustisch kontrastreichen Gestaltung.

Inzwischen bestehen vielfältige Strategien für die Umsetzung der Zielsetzungen zur Barrierefreiheit, im Rahmen der Initiative „Bayern barrierefrei 2023“ ist beispielsweise ein Leitfaden und ein Werkbericht für die barrierefreie Gestaltung des öffentlichen Raums in Kommunen entwickelt worden (OBB 2015, vgl. Abb. 8.10).

Für eine erfolgreiche Umsetzung und dauerhafte Nutzbarkeit ist in besonderem Maße auf eine korrekte Ausführung (und eine entsprechende Abnahme!) sowie auf den funktionalen Erhalt, Betrieb, Unterhalt, Instandhaltung und Erneuerung zu achten.

8.2.4 Anlagen für den Fußverkehr

8.2.4.1 Entwurfsprozess

Für einen angemessenen Entwurf des Straßenraums ist die konkrete Auseinandersetzung mit der Örtlichkeit erforderlich. Die RASt 06 bietet dazu neben Standardquerschnitten für „Typische Entwurfssituationen“ auch ein Verfahren zur Berücksichtigung der Ansprüche der Randnutzungen: die „Städtebauliche Bemessung“ (vgl. Abschn. 4.5 in Band 2, und Abschn. 4.1.2). Dabei werden vor allem berücksichtigt:

- Randbereiche für Nutzungsansprüche der angrenzenden Bebauung
- Flächen im Seitenraum für den Fußverkehr (ggf. Radverkehr)
- Aufteilung des Straßenraums in angenehmer Maßstäblichkeit (Eine Aufteilung Höhe : Breite : Höhe von 30:40:30 wird als angenehm empfunden)

Die Empfehlungen zur Anlage von Fußgängerverkehrsanlagen (FGSV 2002) beschreiben erstmals folgende Schritte zur Entwurfskonkretisierung:

1. Grundausstattung nach der Umfeldnutzung und der Verkehrsbedeutung (DTV) festlegen. Daraus ergeben sich im Wesentlichen die erforderliche Breite im Seitenraum und geeignete Maßnahmen im Querschnitt (z. B. 2,50 m Seitenraumbreite und vorgezogene Seitenräume bei geschlossener, maximal 3-geschossiger Bebauung geringer Dichte und weniger als 5.000 Kfz/24h Querschnittsbelastung; vgl. FGSV 2002, S. 15)
2. Ermittlung von besonderen Anforderungen im Einflussbereich von wichtigen Infrastruktureinrichtungen (z. B. im Umkreis von 500 m um einen Bahnhof, FGSV 2002, S. 17)
3. Prüfung, ob an bestimmten Stellen und zu bestimmten Zeiten eine sehr hohe Zahl von Fußgängern zu erwarten ist (z. B. in Fußgängerzonen, Sportzentren, Veranstaltungshallen/-gelände, Einkaufszentren). Entsprechende Anlagen sind im Einzelfall auf Fußgängerbelange abzustimmen und ggf. die nutzbare Breite einer Gehfläche in Abhängigkeit von der Verkehrsstärke zu bemessen (HBS Teil S Stadtstraßen, Anlagen für den Fußgängerverkehr, FGSV 2015).

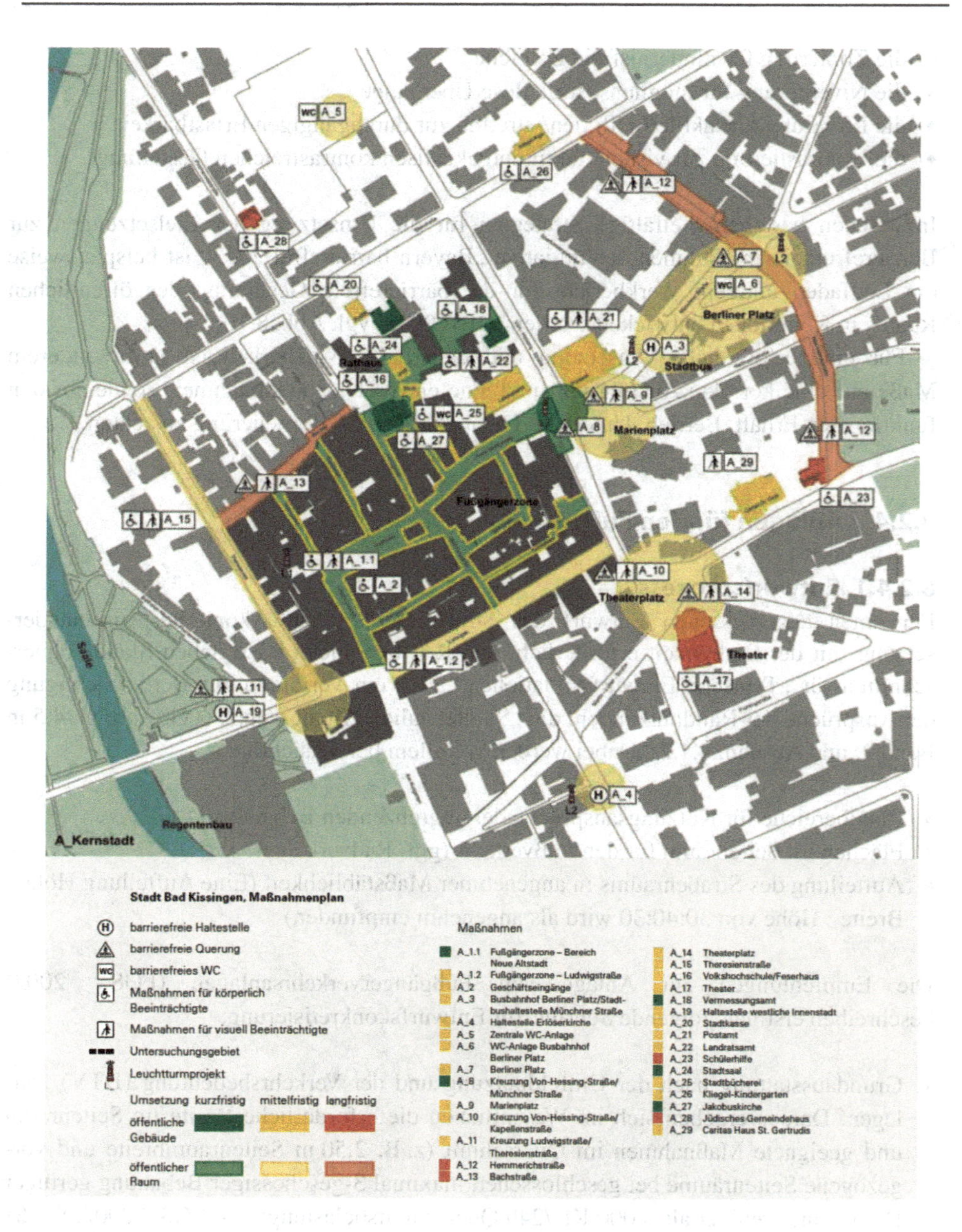

Abb. 8.10 Exemplarischer Maßnahmenplan für die barrierefreie Gestaltung eines Stadtzentrums (Bad Kissingen), (OBB 2015, S. 44)

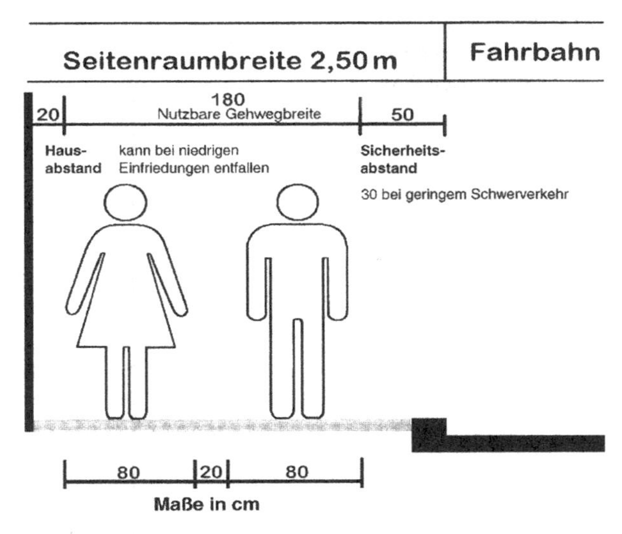

Abb. 8.11 Grundmaße des Fußverkehrs (FGSV 2002, S. 16)

8.2.4.2 Entwurfselemente

Spezifischer Raumbedarf und Dimensionierung des Seitenraums – im Regelfall 2,50 m

Für die Ermittlung der Anforderungen an den Seitenraum wird im Standardfall die Begegnung von zwei Fußgängern inkl. Begegnungsabstand zugrunde gelegt (vgl. Abb. 8.11). Daraus ergibt sich ein Verkehrsraum von 1,80 m Breite und 2 m Höhe. Der Sicherheitsabstand zur Bebauung (Oberstreifen) beträgt mindestens 20 cm (gegenüber Einbauten, Baumscheiben oder Ähnlichem 25 cm, bei niedrigen Einfriedungen kann dieser entfallen). Der Sicherheitsabstand zum Fahrbahnrand (Unterstreifen) beträgt in der Regel mindestens 50 cm (bei geringem Schwerverkehr 20 cm, bei Längsparken 0,75 cm, bei Schrägparken und Senkrechtparken 0,25 cm).

Der Sicherheitsraum zum Radverkehr kann sich überlagern. Bei parallel geführtem, straßenbegleitendem Radweg sollte dieser höhenmäßig mit einer Kante oder einem Bord getrennt bzw. bei höhengleicher Führung mit einem Begrenzungsstreifen mit anderem Material 0,30 m klar abgegrenzt werden, damit Konflikte zwischen Rad- und Fußverkehr minimiert werden.

Daraus ergibt sich eine Seitenraumbreite im Regelfall von 2,50 m, die auch in die Richtlinien zur Anlage von Stadtstraßen verbindlich aufgenommen worden ist (FGSV 2006).

Rollstuhl, Kinderwagen oder Rollator haben eine Breite von mindestens 90 cm, im Begegnungsfall mit 20 cm Begegnungsabstand ist ein Verkehrsraum von 2,00 m freizuhalten. Bei Manövern der Kurvenfahrt sind zusätzlich die Radien und Sicherheitsabstände zu berücksichtigen (vgl. Abb. 8.12). Die H BVA empfehlen daher 2,70 m als Breite für den Seitenraum (FGSV 2014).

Abb. 8.12 Flächenbedarf für einen Rollstuhl bei Kurvenfahrt nach RASt 06 (FGSV 2006, S. 29)

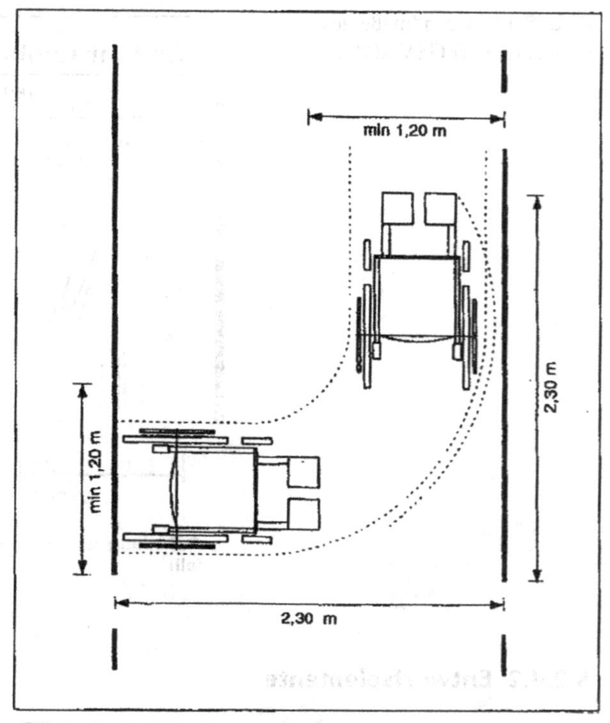

Die Längsneigung von Gehwegen sollte auf max. 6 % – möglichst auf kleiner<3 % (H BVA) – begrenzt werden. Ansonsten sind wie bei einer Rampe Podeste einzubauen.

Die Querneigung kann für mobilitätseingeschränkte Personen besonders problematisch sein. Bei zu großer Neigung und Unebenheiten besteht die Gefahr des Abdriftens von Rollator oder Rollstuhl. Als Querneigung wird daher max. 2–3 % empfohlen (vgl. H BVA), wobei auch auf die Entwässerung zu achten ist (bei 2,5 % in Verbindung mit Längsneigung ist Entwässerungsgefälle gegeben). Die Absenkung an Grundstückszufahrten zum Fahrbahnniveau sollte nach Möglichkeit innerhalb des Sicherheitsraums (Unterstreifen) vorgesehen werden.

Besonders wichtig ist neben einem korrekten Entwurf eine gute Ausführung. Beim Gehweg sollte auf ebene Gehwegplatten und (auch bei Regen) rutschfeste Beläge Wert gelegt werden. Bei der Nutzung durch Straßenreinigungsfahrzeuge oder den Winterdienst muss eine Durchfahrtsbreite von mindestens 1,50 m gewährleistet sein.

Seitenräume für den Fußverkehr dienen auch der Begegnung und dem Aufenthalt – je nach Straßentyp sind daher auch größer dimensionierte Flächen angemessen (vgl. RASt 06, FGSV 2006):

- bei örtlichen Geschäftsstraßen beispielsweise 4,00 m (3,00 m bei parallel geführtem Radweg),
- in Hauptgeschäftsstraßen 5,00 m (4,00 m bei anliegendem Radweg).

Auch bei zusätzlichen Flächenbedarfen aus städtebaulichen oder gestalterischen Gründen, z. B. in kulturell bedeutsamen Straßenräumen, sollen die funktional erforderlichen Flächen für den Fußverkehr nicht eingeschränkt werden (EFA/FGSV 2002, S. 11).

Lediglich bei beengten Ortsdurchfahrten mit ausgeprägter Verbindungsfunktion und bei geringem Fußverkehrsaufkommen kann laut RASt beidseitig ein Gehweg mit 1,50 m Breite ausgeführt werden.

Bietet der Querschnitt mehr Raum als für die Dimensionierung aller Querschnittselemente der Verkehrsfunktionen erforderlich, soll die Flächenreserve für den Fußverkehr (ggf. Radverkehr) und den Aufenthalt zur Verfügung gestellt werden.

Wenn nicht genügend Raum für alle Querschnittselemente zur Verfügung stehen, soll eher auf einzelne Elemente verzichtet oder der Umfang reduziert werden (z. B. Verzicht auf Parkstreifen, Radverkehrsanlagen – stattdessen Führung auf der Fahrbahn, Reduzierung Fahrstreifenanzahl, Einrichtung Einrichtungsverkehr, Verringerung der Fahrstreifenbreite), als die Verkehrsräume für den Fußverkehr einzuschränken (FGSV 2002, S. 17).

Gegebenenfalls sollte eine städtebauliche Bemessung stattfinden und eine Abwägung der Belange der unterschiedlichen Verkehrsmittel getroffen werden. Dabei sollte dem Fußgänger besondere Beachtung geschenkt werden, Verkehrssicherheit geht hier vor Verkehrsfluss (!) – siehe StVO-Verwaltungsvorschriften (vgl. Initiative FUSS e. V.)

In ausgewählten Situationen können Platzbereiche und Straßenräume auch vollständig dem Fußverkehr vorbehalten bleiben. Fußgängerzonen und entsprechende Fußgängerbereiche stehen zunächst ausschließlich dem Fußgänger zur Verfügung. Zu prüfen sind jedoch auch die Durchlässigkeit für den Radverkehr (z. B. nachts), die Vernetzung mit dem ÖPNV (ggf. durch eine eigenständige Führung) und die Anlieferung (in der Regel außerhalb der Geschäftszeiten). Eine monofunktionale Nutzung der Straßenräume ist tendenziell zu vermeiden.

Führung des Fuß- und Radverkehrs

Eine gemeinsame Führung von Rad- und Fußverkehr ist zu vermeiden. Die möglichen Konflikte zwischen dem Fuß- und dem Radverkehr sind erheblich. Andere Optionen sind zu prüfen, in der Regel ist ein Schutzstreifen oder Radfahrstreifen auf der Fahrbahn vorzuziehen.

In jedem Fall muss der Radverkehr bei Mitbenutzung des Gehwegs auf den Fußgänger Rücksicht nehmen. Wenn eine gemeinsame Führung erfolgt, dann sollte diese als straßenbegleitender Gehweg (Zeichen 239 StVO) mit Zusatzzeichen 1022–10 „Radfahrer frei" festgesetzt werden, weil dann der Gehweg für den Radverkehr nicht benutzungspflichtig ist. Es ist für eine ausreichende Breite Sorge zu tragen – abhängig von der Anzahl der Radfahrer und Fußgänger in (derselben) Spitzenstunde (vgl. Kap. 9; FGSV 2002).

Trenn- und Mischprinzip

Neben der Trennung von Fahrbahn und Seitenraum kann insbesondere in verkehrsberuhigten Bereichen eine gemeinsame Führung des Fußverkehrs mit dem Kfz-Verkehr erfolgen – auf der Grundlage gegenseitiger Rücksichtnahme und angepasster Geschwindigkeit.

Eine weiche Separation zwischen Seitenraum und Fahrbahn ist grundsätzlich bei Verkehrsstärken von kleiner 400 Kfz/h in der Spitzenstunde und einer zulässigen Höchstgeschwindigkeit von 30 km/h oder weniger möglich.

Auch bei „Shared Space"-Konzepten oder niveaugleichen Lösungen sollte für Mobilitätseingeschränkte (vor allem Sehbehinderte, ältere Menschen mit Orientierungsschwierigkeiten) ein klar abgegrenzter, vom Kfz-Verkehr geschützter Seitenraum mit einem taktilen Leitsystem gesichert werden.

Borde

An Querungsstellen sind die Bordsteinkanten abzusenken und Borde möglichst als niedrige Borde auszuführen. 3 cm Bordhöhe haben sich als geeigneter Kompromiss erwiesen zwischen Sehbehinderten, die eine Tasthilfe benötigen, und Rollstuhlfahrern bzw. Rollator-Nutzern, die auf einen möglichst geringen Niveauunterschied angewiesen sind. Zudem kann so auch die Wasserführung gewährleistet werden. Der Bord sollte rechtwinklig ausgeführt werden mit einer Abrundung von max. 10–15 mm Radius.

Eine Überquerungsstelle mit differenzierter Bordhöhe ist möglich, diese Separation auf dem Gehweg sollte jedoch die Ausnahme bleiben. Es besteht ein hoher Platzbedarf in der Breite und ein hoher Aufwand in der baulichen Ausführung und Einrichtung von taktilen Leitsystemen. Das Risiko des unbewussten Überschreitens der vollständig abgesenkten Bereiche ist auf jeden Fall zu vermeiden. Außerdem sind solche Anlagen vor allem bei hohen Fußverkehrsaufkommen wegen der aufwendigen Orientierung für die betroffenen Zielgruppen nur eingeschränkt nutzbar. Im Sinne des „Design für alle" ist die beschriebene Lösung (Absenkung auf 3 cm Bordhöhe) vorzuziehen.

Querungsmöglichkeiten

Bei angebauten Straßen besteht grundsätzlich linearer Querungsbedarf, der je nach Situation angemessen berücksichtigt werden sollte.

Nach EFA 2002 sind keine spezifischen Querungsanlagen erforderlich, wenn

- zulässige Geschwindigkeit $v_{zul} = 30$ km/h, Querschnittsbelastung $q < 500$ Kfz/h oder
- zulässige Geschwindigkeit $v_{zul} = 50$ km/h, Querschnittsbelastung $q < 250$ Kfz/h oder
- Geschwindigkeit $v_{85} < 25$ km/h, d. h., dass 85 % der Fahrzeuge langsamer fahren als 25 km/h.

Es ist in besonderem Maße darauf zu achten, dass das Abstellen von Fahrzeugen im Sichtfeld zu vermeiden ist und durch entsprechende Möblierung wie Poller o.Ä. unterbunden werden kann

Auch die Idee eines „Shared Space“ mit gleichberechtigter Präsenz der Verkehrsarten im Straßenraum kann bei höheren Verkehrsbelastungen realisiert werden, wenn es gelingt, das Geschwindigkeitsniveau angemessen zu begrenzen bzw. zu reduzieren.

Querungsanlagen sind erforderlich, wenn

- $v_{zul} = 30$ km/h und $q > 1.000$ Kfz/h Querschnittsbelastung oder
- $v_{zul} = 50$ km/h und $q > 500$ Kfz/h Querschnittsbelastung oder
- wenn ausgeprägter Querungsbedarf besteht sowie
- bei Kindern und älteren Menschen an relevanten Querungen (z. B. Schulwegsicherung).

Bereits bei Querschnittsbelastungen von 1.000 Kfz/h sollte auf Parkstreifen verzichtet werden. Der Radverkehr ist auf der Fahrbahn am besten durch einen Schutzstreifen oder besser einen Radfahrstreifen zu sichern. Für die Fußgängerquerung ist mindestens eine Mittelinsel oder ein Mittelstreifen vorgesehen.

Wesentlich für eine sichere Querung der Fahrbahn ist der Sichtkontakt zwischen Fahrer und Passant. Die Mindesthaltesichtweiten ergeben sich (vgl. RASt Bild 78, Tab. 31) wie folgt:

- Bei $v_{zul} = 30$ km/h beträgt die Haltesichtweite $s_H = 15$ m, sodass an Überquerungsstellen mindestens 20 m von parkenden Autos freizuhalten sind, bzw.
- Bei $v_{zul} = 50$ km/h beträgt die Haltesichtweite $s_H = 35$ m, sodass an Überquerungsstellen mindestens 43 m freizuhalten sind.

Abb. 8.13 beschreibt die Einsatzbereiche von unterschiedlichen Querungseinrichtungen in Abhängigkeit von Kfz-Verkehrsstärke, Fußgängerfrequenzen und zulässiger Geschwindigkeit. Damit lassen sich unterschiedlich geeignete Querungsanlagen für jeweils spezifische Situationen identifizieren. Es ist zu prüfen, ob die Logik dieser Abbildung vom Grundsatz her auch andersherum gelesen werden kann (vgl. Lesebeispiel). Dann würde man fragen: Wie stark ist a) die zulässige Höchstgeschwindigkeit, besser die v_{85} (!) zu senken und/oder b) die Kfz-Verkehrsstärke in der Spitzenstunde zu reduzieren, um eine bestimmte Querungsanlage zu ermöglichen, auf eine Lichtsignalanlage zu verzichten oder eine sichere Querung für möglichst viele Fußgänger auch ohne bauliche Maßnahmen zu gewährleisten?

Mittelinseln

Mittelinseln können als linearer Mittelstreifen oder als Inseln – in direkter Verlängerung der Fußgänger-Querungen – eingesetzt werden, um das Überqueren der Fahrbahn in zwei Abschnitten zu ermöglichen. Wichtig ist, dass eine ausreichende Anzahl an Querungsmöglichkeiten vorhanden ist, und damit der Abstand zwischen den einzelnen Querungsmöglichkeiten im Straßenraum möglichst gering gehalten wird (max. 80 m–100 m).

Mittelinseln haben eine Breite von mind. 2,00 m für Fußgänger und mind. 2,50 m für Radfahrer und Rollstuhlfahrer – also in der Regel mind. 2,50.

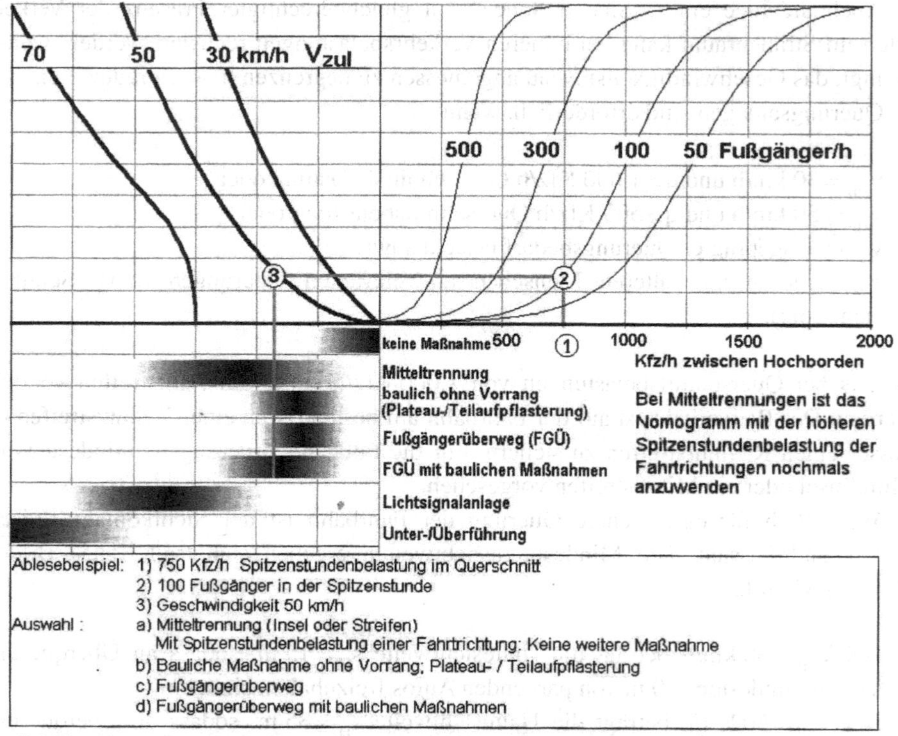

Abb. 8.13 Einsatzbereiche von Überquerungsanlagen auf zweistreifiger Strecke innerorts mit Fahrbahnbreiten unter 8,50 m (FGSV 2006, S. 88)

Vorgezogener Seitenraum („Gehwegnase")

Der vorgezogene Seitenraum ist gut geeignet, um das Überqueren der Fahrbahn komfortabler und sicherer zu gestalten. Wenn der Seitenraum um 0,30–0,70 cm über die seitlichen Nutzungen (z. B. Parkstreifen) hinaus in die Fahrbahn hinein vorgezogen wird, werden die Sichtbeziehungen zwischen dem Kfz-Verkehr und dem Fußverkehr optimiert und die von parkenden Fahrzeugen freizuhaltenden Bereiche können reduziert werden. Eine geringere Fahrbahnbreite verkürzt darüber hinaus die Fahrbahnüberquerung auch zeitlich, was z. B. bei Lichtsignalanlagen sehr wertvoll zur Gestaltung der Freigabezeiten und der Umlaufzeit sein kann. Der vorgezogene Seitenraum verbessert außerdem die Aufstell- und Aufenthaltsqualität für die Fußgängerinnen und Fußgänger, vor allem mit Kinderwagen, Fahrrad, Rollator oder Rollstuhl und verbessert die Orientierung für Sehbehinderte, insbesondere wenn ein taktiles Leitsystem vorgesehen wird.

Allerdings führt die Einengung der Fahrbahn allein nicht zwingend zu einer Geschwindigkeitsdämpfung. Das Fahrverhalten kann sogar beschleunigt werden, wenn z. B. ein entgegenkommendes Fahrzeug nicht „vorgelassen" wird (Abb. 8.14).

Abb. 8.14 Beispiele für die Gestaltung von Querungshilfen für den Fußverkehr (FGSV 2002, S. 21)

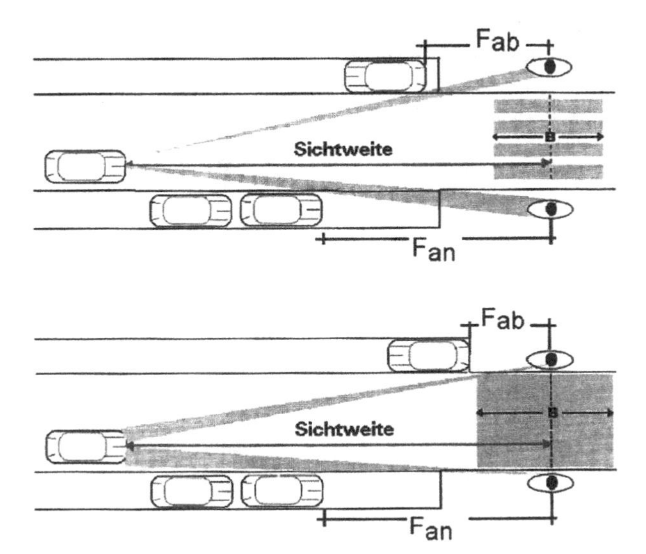

Definition von Sichtweite und freizuhaltenden Bereichen an Querungsanlagen

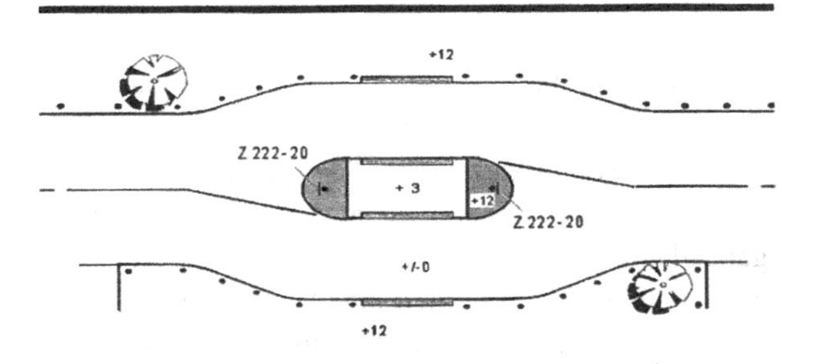

Querungsstelle mit Mittelinsel

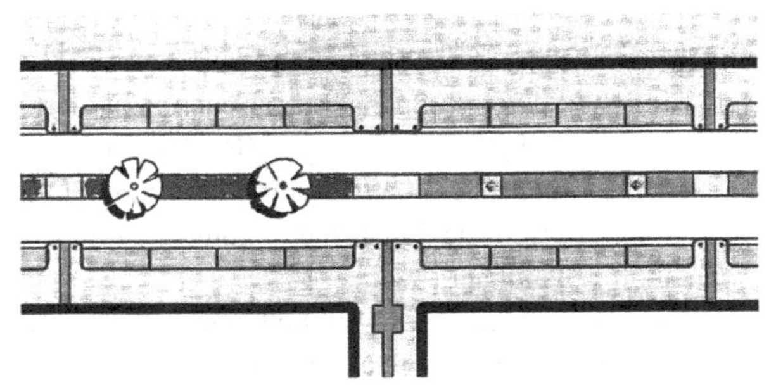

Vorgezogene Seitenräume an einer Straße mit Mittelstreifen

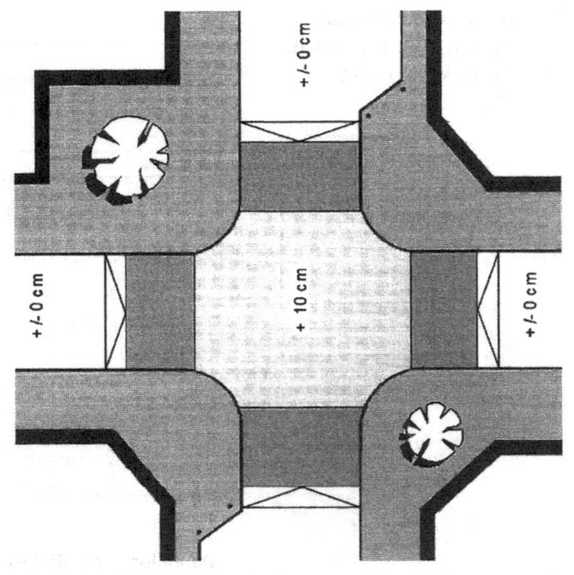

Abb. 8.15 Aufpflasterung im Kreuzungsbereich an einem Knotenpunkt mit Rechts-vor-Links-Regelung (FGSV 2002, S. 26)

Zusätzliche Maßnahmen zur Geschwindigkeitsdämpfung können vorgesehen werden. Besonders attraktiv erscheinen z. B. (Teil-)Aufpflasterungen und Plateaus (vgl. FGSV 2006, S. 104 – RASt 06 Bild 95) oder Fahrbahnanhebungen (vgl. FGSV 2006, S. 108 – RASt 06 Bild 101), sodass im Kreuzungsbereich eine niveaugleiche Platz- und Übergangsfläche für den Fußverkehr gestaltet werden kann und der Kfz-Verkehr durch den Niveauunterschied deutlich auf die Rücksichtnahme gegenüber dem nichtmotorisierten Verkehr aufmerksam gemacht wird. Im Einzelfall können diese Platz- und Übergangsflächen auch als verkehrsberuhigte Bereiche ausgewiesen werden, sodass dem Fußgänger gleiche Priorität wie dem Kfz-Verkehr eingeräumt wird (Abb. 8.15).

Fußgängerüberwege („Zebrastreifen“)

Die Einrichtung von Fußgängerüberwegen ist in den Richtlinien für die Anlage und Ausstattung von Fußgängerüberwegen (R-FGÜ 2001) (FGSV/ BMVBS (bis 2013)) und in den entsprechenden Verwaltungsvorschriften (VwV-StVO zu § 26 StVO) geregelt. Allerdings werden die Einsatzbedingungen in den verschiedenen Bundesländern unterschiedlich gehandhabt.

Grundsätzlich gilt, dass an Fußgängerüberwegen dem Fußverkehr Vorrang gegenüber dem Kfz-Verkehr eingeräumt wird. Die zulässige Höchstgeschwindigkeit sollte auf 50 km/h beschränkt sein und der Querschnitt maximal einen Fahrstreifen pro Richtung umfassen (weil sonst andere Fahrzeuge den Blick auf den Fußgängerüberweg versperren können).

Wichtig ist, dass der Fußgängerüberweg gut erkennbar ist, daher erfolgt eine spezifische Beschilderung (StVO-Zeichen 293 und 350) und Beleuchtung der Querungsstelle. Weil das absolute Halteverbot von 5 m vor dem Übergang keine ausreichende Haltesichtweite gewährleistet, empfiehlt sich die Kombination mit einem vorgezogenen Seitenraum und ggf. einer Teilaufpflasterung, die mit taktilem Leitsystem für einen barrierefreien, höhengleichen Übergang sorgen kann.

Bei hohen Verkehrsbelastungen bietet sich auch die Einrichtung einer Mittelinsel an, weil die Querung sich dann auf eine Richtung konzentrieren kann (höhere Querschnittsbelastungen bis 750 Kfz/h pro Richtung möglich).

Ein Fußgängerüberweg kann als Signal für die Priorisierung des Fußverkehrs zu mehr Sicherheit und Komfort beitragen, auch bei Einmündungen oder am Kreisverkehr. Hier werden in der Regel an allen Knotenpunktarmen Fahrbahnteiler mit Fußgängerüberweg vorgesehen.

Knotenpunkte mit Furten und Lichtsignalanlage (LSA)

Knotenpunkte sind zentrale Netzelemente, die mit besonderer Aufmerksamkeit für den Fußverkehr gestaltet werden müssen. Die meisten Unfälle mit Beteiligung von Fußgängern erfolgen an den Knotenpunkten beim Abbiegevorgang.

Das Ziel ist es, den Fußverkehr an Knotenpunkten möglichst umwegfrei und direkt zu führen. An jedem Knotenpunktarm ist daher eine Fußgängerfurt vorzusehen, die in der Linie der Laufrichtung liegt. Die Anlagen sind barrierefrei, übersichtlich und sicher zu gestalten, besonders wichtig sind eine klare Orientierung und gute Sichtbeziehungen. Vorgezogene Seitenräume ermöglichen kurze Überwege und geringe Querungszeiten. Bei der Signalisierung ist auf kurze Wartezeiten und ausreichend lange Freigabezeiten zu achten.

Um den Konflikt und das Verkehrssicherheitsrisiko beim Abbiegen zu reduzieren, ist es empfehlenswert, dem Fußverkehr einen Zeitvorsprung bei der Signalisierung zu geben. Enge Kurvenradien reduzieren die Abbiegegeschwindigkeiten, auf Fahrbahnteiler, Dreieckinsel und andere Elemente, welche die Abbiegegeschwindigkeit erhöhen, sollte daher verzichtet werden. Auch die Regelung des „Grünen Pfeils“ zum Abbiegen trotz Rotlicht führt zu unerwarteten Konflikten mit dem Fußverkehr und ist daher zu vermeiden. Bei hohem Fußverkehrsaufkommen und vielfältigen Querungsbeziehungen kann auch eine „Rundum-Grün-Schaltung“ geprüft werden, die das diagonale Queren ermöglicht. Je nach Phaseneinteilung kann eine solche Schaltung jedoch zu verlängerten Wartezeiten bei Querung nur eines Knotenarms führen.

Die Umlaufzeiten sollten aus Sicht des Fußverkehrs möglichst gering gehalten werden, um längere Wartezeiten und die Gefahr des Überquerens bei Rot zu vermeiden. Bei längeren Umlaufzeiten kommt auch eine zweimalige Freigabe innerhalb des Umlaufs in Betracht („Doppelanwurf“). Hintereinanderliegende Furten (mit Mittelinsel) sollten gleichzeitig freigegeben werden, um die Missachtung des Rotlichts (in der 1. Furt) zu verhindern. Die Freigabezeit ist so großzügig zu bemessen, dass auch die 2. Furt innerhalb dieser Zeit mindestens zur Hälfte (besser 2/3) überquert werden kann.

Ausreichend lange Freigabezeiten gehen über die Mindestfreigabezeit von 5 s meist deutlich hinaus. Es wird empfohlen, für die Ermittlung der Mindestfreigabezeit eine Räumgeschwindigkeit von 1,0 m/s anzusetzen. Zusätzlich ist zu berücksichtigen, dass eine Reaktions- und Zugangszeit am Fahrbahnrand von etwa 3 s erforderlich ist (vgl. Alrutz et al. 2012, FGSV 2014).

Unterführungen und Überführungen

Unterführungen und Überführungen sind – wenn sie nicht aus topografischen Gründen für den Fußverkehr attraktiv oder aufgrund von Bahnanlagen oder Ähnlichem zwingend erforderlich sind – im urbanen Kontext zu vermeiden. Dort, wo weiterhin entsprechende Passagen vorhanden sind, sollte möglichst eine plangleiche, barrierefreie Querung angeboten werden.

Wenn doch eine planfreie Querung notwendig wird, ist insbesondere auf eine klare Orientierung, hohe Sicherheit und eine komfortable Wegeführung zu achten. Eine möglichst klare, geradlinige Führung anstatt nichteinsehbarer Ecken oder gefangener Räume erhöht die subjektiv empfundene Sicherheit – gerade bei den Zu-/Ausgängen ist eine entsprechende Einbettung in das Wegenetz zu berücksichtigen. Möglichst weite Öffnungen, Tageslicht und gute Beleuchtung sowie große Breiten verbessern die Akzeptanz. Auch kurze Unterführungen sollten nicht schmaler als 3,00 m sein, besser 5,00 m bis 6,00 m (ab einer Länge von 15 m). Das Verhältnis von Breite zu Länge ist möglichst nicht kleiner als 1:4 zu wählen (vgl. RASt, FGSV 2006). Überführungen benötigen eine Mindestbreite von 2,50 m.

Rampen

Treppen sind keine barrierefreie Lösung im öffentlichen Straßenraum. Rolltreppen bieten zwar einen hohen Komfort, sind aber für bestimmte Gruppen (vor allem Rollstuhl) nicht barrierefrei nutzbar. Aufzüge sind teuer in Anschaffung und Wartung und – vor allem bei Situationen außerhalb von Bauwerken – aufgrund der Witterung anfällig.

Die zuverlässigste Lösung für eine barrierefreie Überwindung von Niveauunterschieden sind daher Rampen. Die Längsneigung ist dabei auf maximal 6 % Steigung bzw. Gefälle zu begrenzen, nach max. 6 m Rampenlänge sollte ein Zwischenpodest von mind. 1,50 m Länge angeordnet werden. Auf geeignete Beläge und eine angemessene Wartung (z. B. Winterdienst, Reinigung) ist zu achten. Eine Überdachung kann die witterungsbedingten Beeinträchtigungen reduzieren.

Beleuchtung

Wichtig für eine gute Nutzbarkeit des Fußwegenetzes zu allen Tages- und Nachtzeiten ist eine ansprechende und wirkungsvolle Beleuchtung. Grundsätzlich wird eine gleichmäßige und ausreichend helle Ausleuchtung angestrebt, einzelne Knotenpunkte oder Überquerungsstellen können hervorgehoben werden.

Die Leuchtkörper sollten nicht zu hoch angebracht werden, empfohlen ist eine geringere Höhe als die Fahrbahnbreite (vgl. EFA 2002, RASt 2006). Im Seitenraum wird in der Regel eine Höhe von 3,50 m bis 4,00 m angestrebt, dabei ist ausreichend Abstand zu Bäumen zu halten (ca. 5–7 m).

Beschilderung
Die Beschilderung des Fußwegesystems stellt – nicht nur für Ortsunkundige – einen wichtigen Bestandteil dar. Wie in anderen Leitsystemen Standard, ist auch für die Vernetzung im Fußverkehr auf eine eingängige und durchgängige Beschilderung wichtiger Ziele zu achten. Dies betrifft insbesondere die Fußgängerführung zwischen den unterschiedlichen Betreibern der öffentlichen Verkehrssysteme (z. B. Bahn, lokale Bussysteme) sowie die Vernetzung zwischen ÖV-Haltestelle und kommunalem Umfeld.

Die „Richtlinien für die wegweisende Beschilderung außerhalb von Autobahnen" (RWB) bieten bisher für den Fußverkehr keine ausreichenden Grundlagen. Als Minimum sind nicht nur Straßenname und Hausnummern gut lesbar anzubringen. Um den Fußverkehr als attraktive Alternative auf kurzen Wegen zu vermarkten, ist es sinnvoll, mindestens in den städtischen Quartieren wichtige Ziele markant auszuschildern.

In zentralen Bereichen bieten sich Stelen an, die den fußläufigen Einzugsbereich des aktuellen Standortes im vorhandenen Netz (Isochronen) visuell in einer Karte darstellen und so die Erreichbarkeit von wichtigen Einrichtungen im Umfeld deutlich machen. Zahlreiche Beispiele (wie z. B. „Walk London") zeigen, dass auf diese Weise Aufmerksamkeit für den Fußverkehr generiert werden kann. Darüber hinaus kann der im innerstädtischen Bereich oft überlastete öffentliche Verkehr durch den Hinweis auf alternative fußläufige Verbindungen entlastet werden.

8.2.5 Fazit und Ausblick

Fußverkehr ist Basismobilität. Fußgänger fordern grundlegende Qualitäten (wie z. B. Gehwegbreiten) ein, die für andere Verkehrsarten nicht verhandelbar sind. Es braucht keine „goldenen Bordesteinkanten", um den Fußverkehr attraktiv zu machen (vgl. Bahn. Ville Konsortium 2010). Wesentlich ist, dass die Grundanforderungen erfüllt sind, vor allem auch um die Sicherheit zu gewährleisten.

Neben den Details im Entwurf geht es insbesondere auch um die Gestaltungsqualität der öffentlichen Räume. Über die Anforderungen der Barrierefreiheit hinaus gilt es, das Zu-Fuß-Gehen komfortabel und attraktiv zu machen. Die Attraktivität für den Fußverkehr hängt entscheidend auch von der Gestaltungsqualität des städtebaulichen Umfelds ab. Die Straßenraumgestaltung sollte daher im Zusammenspiel mit städtebaulichen und freiraumplanerischen Aspekten erfolgen (siehe auch Kap. 2 sowie Kap. 2 in Band 1).

Für die erfolgreiche Entwicklung und Umsetzung von Fußverkehrskonzepten ist ein Dialogprozess mit den Nutzern der Quartiere (Bewohner, aber auch Besucher und Beschäftigte …) anzustreben. Die täglichen Nutzer vor Ort sind die wahren Experten und sollten ihre Erfahrungen in den Entwurfs- und Gestaltungsprozess einbringen. Auch Kampagnen und kulturelles Marketing für das Zu-Fuß-Gehen (wie z. B. die Kampagne

„Ich bin die Energie“ in Nordrhein-Westfalen oder das „Streetlife-Festival“ in München) können zum Bewusstseinswandel beitragen.

Vor dem Hintergrund sich verändernder Rahmenbedingungen, Erwartungen und Anforderungen an die Gestaltungsqualität des öffentlichen Raums sollten der Wettbewerb um gute Ideen und das experimentelle Testen von innovativen Lösungen gefördert werden (vgl. beispielsweise die „bespielbare und besitzbare Stadt Griesheim“, die Konzeption der sogenannten „Leefstraaten“ in Gent, Belgien oder der Verkehrsversuch, die Sendlinger Straße in München in eine Fußgängerzone umzugestalten).

Mit einer zunehmenden mobilen Kommunikation gewinnt der öffentliche Raum an Bedeutung für Aufenthalt, Begegnung und Interaktion. Wenn in Zukunft technologische und soziale Innovationen (wie z. B. autonome Fahrzeuge, Sharing Economy) dazu beitragen, die Nachfrage im ruhenden Kfz-Verkehr zu reduzieren, stellt sich umso drängender die Frage, mit welchen Prioritären, mit welchem Anspruch und mit welchen Freiheitsgraden wir den öffentlichen Raum für einen attraktiven Fußverkehr gestalten können.

Das Zu-Fuß-Gehen ist und bleibt eine vitale Voraussetzung für lebendige Städte!

Literatur

AGFS (2010) Nahmobilität im Lebensraum Stadt, Juli 2010

Ahrens G-A (2014) Die Stunde der Wahrheit. Präsentation und Diskussion der Ergebnisse des SrV 2013, Abschlusskonferenz, 10.11.2014, TU Dresden

Alrutz D, Bachmann C, Rudert J, Angenendt W, Blase A, Fohlmeister F, Häckelmann P (2012) Verbesserung der Bedingungen für Fußgänger an LSA, Reihe Verkehrstechnik, vol V 217. Berichte der Bundesanstalt für Straßenwesen. Wirtschaftsverlag, Bergisch Gladbach

Bahn. Ville-Konsortium (2010) Die Bahn als Rückgrat einer nachhaltigen Siedlungs- und Verkehrsentwicklung, Synthesebericht zum Projekt Bahn. Ville 2. Technische Universität München, München

BBE Handelsberatung Münster (2009) Münster

Beckmann KJ, Wulfhorst G (2003) Nahmobilität – eine gleichermaßen bedeutsame wie vernachlässigte Mobilitätskategorie. In: Apel D, Holzapfel H, Kiepe F, Lehmbrock M, Müller P (Hrsg) Handbuch der kommunalen Verkehrsplanung. Economica, Bonn

Brög W (2014) Das Verkehrsmittel zu Fuß. Was wir (nicht) wissen. mobilogisch! Vierteljahres-Zeitschrift für Ökologie, Politik und Bewegung, Heft 4. https://www.mobilogisch.de/41-ml/artikel/179-stand-des-wissens-zu-fuss.html. Zugegriffen: 17. Jan. 2020

Buchanan C (1964) Traffic in towns: the specially shortened edition of the 1963 Buchanan report. Penguin Books, Harmondsworth, S 228

Cervero R, Kockelman K (1997) Travel demand and the 3ds: density, diversity, and design. Transp Res Part D Transp Environ 2(3):199–219

FGSV Forschungsgesellschaft für Straßen- und Verkehrswesen (2002) Empfehlungen für Fußgängerverkehrsanlagen (EFA). FGSV, Köln, S 289

FGSV Forschungsgesellschaft für Straßen- und Verkehrswesen (2006) Richtlinien für die Anlage von Stadtstraßen (RASt). Köln, FGSV, S 200

FGSV Forschungsgesellschaft für Straßen- und Verkehrswesen (2008a) Richtlinien für die integrierte Netzgestaltung. Köln, FGSV, S 121

FGSV Forschungsgesellschaft für Straßen- und Verkehrswesen (Hrsg) (2008b) Richtlinien für die integrierte Netzgestaltung, Ausgabe 2008. Köln, FGSV, S 121

FGSV Forschungsgesellschaft für Straßen- und Verkehrswesen (2011) Hinweise für barrierefreie Verkehrsanlagen (H BVA). Köln, FGSV, S 212

FGSV Forschungsgesellschaft für Straßen- und Verkehrswesen (2014) Hinweise zur Nahmobilität Strategien zur Stärkung des nichtmotorisierten Verkehrs auf Quartiers- und Ortsteilebene. Köln, FGSV, S 163

FGSV Forschungsgesellschaft für Straßen- und Verkehrswesen (2015) Handbuch für die Bemessung von Straßenverkehrsanlagen HBS 2015. FGSV, Köln

FGSV Forschungsgesellschaft für Straßen- und Verkehrswesen (2016) Hinweise zu Straßenräumen mit besonderem Querungsbedarf – Anwendungsmöglichkeiten des „Shared Space"-Gedankens. FGSV, Köln, S 200–201

Gemeinde Tutzing (2003) Integriertes Verkehrskonzept, meier architekten/INGEVOST

Geurs K, van Wee B (2004) Accessibility evaluation of land-use and transport strategies: review and research directions. J Transp Geogr 12(2004):127–140

Hansen WG (1959) How accessibility shapes land use. J Am Inst Plan 25(1959):73–76

Infas Institut für angewandte Sozialwissenschaft und DLR Deutsches Zentrum für Luft- und Raumfahrt (2010) Mobilität in Deutschland 2008. Ergebnisbericht: Struktur – Aufkommen – Emissionen – Trends

LHM Landeshauptstadt München (2013) Nahmobilität in München – Zu Fuß in einer lebendigen Stadt. Konzepte zur Perspektive München, Broschüre

Newman P, Kenworthy J (2015) The theory of urban fabrics. In: The End of Automobile Dependence. Island Press, Washington, DC

OBB Oberste Baubehörde im Bayerischen Staatsministerium des Innern, für Bau und Verkehr (2015) Bayern barrierefrei 2023 – Die barrierefreie Gemeinde – Ein Leitfaden

Okrah MB (2016) Handling non-motorized trips in travel demand models. In: Wulfhorst G, Klug S (Hrsg) Sustainable mobility in metropolitan regions. Springer Fachmedien, Wiesbaden, S 155–171

Schindler J, Held M, Würdemann G (2009) Postfossile Mobilität: Wegweiser für die Zeit nach dem Peak Oil. Mobilitätsinitiative – moin. Taschenbuch, Kulmbach

TUM Technische Universität München (2015) Präsentationsmaterialien im Rahmen des Arbeitskreises Nahmobilität und ÖV, INZELL-Initiative. TUM, München

WHO World Health Organization (2000) Transport, environment and health/edited by Carlos Dora and Margaret Phillips, WHO regional publications, Bd 89. European series. Copenhagen, Denmark

Wulfhorst G (2016) Zugang zur Bahn. Vorstellung der Projektidee im Arbeitskreis „Vernetzte Mobilität", Oberste Baubehörde im Bayerischen Staatsministerium des Innern, für Bauen und Verkehr, München

Wulfhorst G, Büttner B, Ji C (2017) The TUM Accessibility Atlas as a tool for supporting policies of sustainable mobility in metropolitan regions, Transportation Research Part A: policy and Practice, available online 23 May 2017 https://doi.org/10.1016/j.tra.2017.04.012

Radverkehr 9

Wolfgang Bohle

Zusammenfassung

Einrichtungen für den Radverkehr sollen das Radfahren flächendeckend sicher und attraktiv machen. Der Beitrag zeigt, wie die Quellen und Ziele des Radverkehrs in ein zusammenhängendes Netz mit möglichst direkten Verbindungen einzupassen sind. Er stellt die Führungselemente des Radverkehrs in den Strecken und Knoten zusammen, die die Verkehrssicherheit von Radfahrern und anderen Verkehrsteilnehmern gewährleisten und eine zügige und komfortable Befahrbarkeit ermöglichen. Die begleitenden Infrastruktureinrichtungen wie etwa Fahrradabstellplätze sollen sicher und bequem nutzbar sein. Neben der Radverkehrsinfrastruktur hat Marketing als Werbung für eine verstärkte Nutzung des Fahrrades sowie für die Verbreitung von Informationen über Aktivitäten und Angebotsverbesserungen „rund um's Rad" einen hohen Stellenwert bei der Schaffung eines fahrradfreundlichen Klimas.

9.1 Ziele, Anforderungen, Maßnahmen

Einrichtungen für den Radverkehr sollen das Radfahren flächendeckend sicher und attraktiv machen. Hierzu sind

- die Quellen und Ziele des Radverkehrs in ein zusammenhängendes Netz mit möglichst direkten Verbindungen einzupassen,

W. Bohle (✉)
Planungsgemeinschaft Verkehr, PGV-Alrutz, Hannover, Deutschland
E-Mail: bohle@pgv-hannover.de

D. Vallée (verstorben) et al. (Hrsg.), *Stadtverkehrsplanung Band 3,*
https://doi.org/10.1007/978-3-662-59697-5_9

- die Führungselemente des Radverkehrs in den Strecken und Knoten so anzulegen, dass sie die Verkehrssicherheit von Radfahrern und anderen Verkehrsteilnehmern gewährleisten und eine zügige und komfortable Befahrbarkeit ermöglichen sowie
- die begleitenden Infrastruktureinrichtungen so auszugestalten, dass sie bequem nutzbar sind.

Ein engmaschiges und geschlossenes Radverkehrsnetz mit entsprechender Verknüpfung und Ausgestaltung der einzelnen Netzelemente bietet eine wesentliche Voraussetzung für eine anspruchsgerechte Verkehrsteilnahme durch Radfahrer. Zur Führung des Radverkehrs steht ein breit gefächertes Maßnahmenspektrum zur Verfügung, das im Hinblick auf eine sichere und attraktive Radverkehrsführung situationsbezogen einzusetzen ist. In strecken- und knotenbezogener Differenzierung benennen die Abschn. 9.4 f. die wesentlichen Führungsformen des Radverkehrs und beschreiben ihre Einsatzbedingungen.

9.2 Radverkehrsnetz

Ein kommunales Radverkehrsnetz in anspruchsgerechter Ausgestaltung wird – verknüpft mit dem überörtlichen Netz – gebildet durch ein System stadtweit miteinander verbundener hochwertiger Hauptverbindungen, die durch eine spezielle Wegweisung eine leichte Orientierung auch für Ortsfremde gewährleisten. Die Maschenweite dieses innerörtlichen Hauptnetzes beträgt etwa 500 bis 1.000 m. Eingebettet in dieses Netz der Hauptverbindungen wird das Stadtquartiersnetz mit einer Maschenweite von 200 bis 500 m. Die unterste Hierarchiestufe bildet das Ergänzungsnetz, in das alle Straßen- und Wegeverbindungen von Wohnhäusern oder anderen Quellen und Zielen zu den übergeordneten Netzen eingebunden sind.

Radschnellverbindungen als Verbindungen im Radverkehrsnetz einer Kommune oder einer Stadt-Umland-Region, die

- wichtige Quell- und Zielbereiche mit hohem Radverkehrspotenzial verknüpfen und
- durchgängig sicheres und attraktives Befahren mit hohen Reisegeschwindigkeiten ermöglichen,

verlaufen in erster Linie auf den innerörtlichen Hauptverbindungen oder verknüpfen Hauptverbindungen benachbarter Städte und Gemeinden.

Das Radverkehrsnetz innerhalb von Städten und Gemeinden umfasst hiermit grundsätzlich mindestens die angebauten Straßen und Wege. Dieses Grundnetz ist durch möglichst zahlreiche selbstständige Verbindungen (Wege, durchlässige Stichstraßen, zusätzliche Über- und Unterführungen) zu verdichten.

Tab. 9.1 Ablauf einer Radverkehrsnetzplanung für den Alltagsradverkehr (FGSV 2010a)

1. Vorüberlegungen Planungsraum und vorliegende Netzplanungen
↓
2. Anforderungen an das Netz Lage von Quellen und Zielen, Wunschlinien
↓
3. Bestandsanalyse Qualität bestehender Strecken und Knoten mit geplanten Veränderungen Zählungen des vorhandenen Radverkehrs an Strecken und Knoten Stärke von Quelle-Ziel-Beziehungen
↓
4. Netzkonzept Umlegung auf Straßen und Wege, Netzkategorien, Abstimmungen mit anderen Netzplanungen
↓
5. Maßnahmenkonzept Maßnahmen für Mängel und zur Schließung von Netzlücken Prioritätenliste, Realisierungsstufen, Finanzierungskonzept
↓
6. Abwägung und Entscheidung
↓
7. Umsetzung und Wirkungskontrolle

Anzustreben ist eine größtmögliche Netzdurchlässigkeit für den Radverkehr, die ihm ein schnelles Fortkommen und bei kürzeren Distanzen Reisezeitvorteile gegenüber dem Kraftfahrzeugverkehr verspricht. Die Nichteinbeziehung von Radfahrern in Abbiegegebote oder die Öffnung von Einbahnstraßen für den gegengerichteten Radverkehr sind zwei der zahlreichen Möglichkeiten zur Herstellung einer möglichst hohen Netzdurchlässigkeit.

Die Planung von Radverkehrsnetzen liefert auf der Grundlage einer Analyse der bestehenden Stadt- und Nutzungsstrukturen eine wichtige Voraussetzung für die Ableitung der erforderlichen Maßnahmen und für die Festlegung der Dringlichkeiten. Tab. 9.1 gibt einen Überblick über den Ablauf einer Radverkehrsnetzplanung in der Praxis.

9.3 Infrastruktur

Bei der Ausgestaltung von Verkehrsanlagen sind die beiden Komponenten Verkehrssicherheit und Attraktivität als Einheit zu betrachten. Formal sichere, jedoch wenig attraktive Radverkehrsführungen werden oft nur unzureichend angenommen und bewirken durch das regelabweichende Verhalten der Radfahrer (z. B. Rotlichtmissachtung) eine erhöhte Gefährdung. Unvertretbar sind aber auch Führungen, die ein subjektives Sicherheitsgefühl suggerieren und von den Radfahrern angenommen werden, die objektiv aber unsicher sind.

Infrastrukturplanungen für den Radverkehr haben sich an den Nutzungsanforderungen der unterschiedlichen Radfahrergruppen zu orientieren. Den verkehrsgewandten Radfahrern sollten nach Möglichkeit Radverkehrsführungen angeboten werden, die ein schnelles Fortkommen ermöglichen. Gleichzeitig ist für eine sichere Verkehrsteilnahme von ungeübten Radfahrern, älteren Menschen und von Kindern zu sorgen, die Gefahrensituationen oft nicht hinreichend erkennen und bewältigen können.

Infrastrukturplanungen sollen auch die aktuellen Entwicklungen des Radverkehrs berücksichtigen:

- E-Bikes, bei denen das Pedalieren elektromotorisch unterstützt wird, stellen etwa 10–15 % der in Deutschland verkauften Fahrräder (Zweirad-Industrie-Verband 2016). Nach Schätzungen sind etwa 95 % der verkauften E-Bikes Pedelecs mit einer Unterstützung bis zu einer Geschwindigkeit von 25 km/h (Alrutz et al. 2015b). Diese gelten straßenverkehrsrechtlich als Fahrräder. Im Stadtverkehr fahren Radfahrer mit Pedelecs im Durchschnitt etwa 2–3 km/h schneller als Radfahrer mit Fahrrädern ohne Motorunterstützung. Die zunehmende Nutzung von Pedelecs führt damit zu steigenden Durchschnittsgeschwindigkeiten, zu einer stärkeren Streuung der Geschwindigkeiten des Radverkehrs und zu höheren Differenzgeschwindigkeiten zwischen dem Rad- und Fußverkehr (Alrutz et al. 2015a, b). Dadurch kommt es häufiger zu Überholungen auf Radverkehrsanlagen. Zu berücksichtigen ist auch eine zunehmende Nutzung von Anhängern und Lastenrädern mit höherem Flächenbedarf als Standardfahrräder.
- Eine anforderungsgerechte Dimensionierung von Radverkehrsanlagen erfordert auch Kenntnis über die Stärken des Radverkehrs. Diese können zum einen mit automatisierten Dauerzählstellen ermittelt werden (siehe Kap. 2 in Band 2). Zum anderen steht ein Hochrechnungsmodell von Stichprobenzählungen als Excel-Tool zur Verfügung, mittels dessen aus vier- bis achtstündigen Zählungen u. a. Radverkehrsstärken in den Spitzenzeiten und im durchschnittlichen täglichen Verkehr quantifiziert werden können (Schiller et al. 2011).
- Das in vielen Städten steigende Radverkehrsaufkommen lässt bei der derzeitigen Mischung teils anforderungsgerechter, teils aber auch mängelbehafteter Radverkehrsanlagen grundsätzlich eine Zunahme der Radverkehrsunfälle erwarten (Alrutz et al. 2000). Örtlich besteht besonderer Handlungsbedarf für gezielte Sicherungsmaßnahmen an bestehenden defizitären Anlagen.

Eine nachhaltige Sicherung und Förderung des Radverkehrs kann nur gelingen, wenn die Radfahrer auch in den Problembereichen anspruchsgerecht geführt werden. Es sind dies insbesondere die Bereiche mit einem höheren Nutzungsdruck, stark eingeschränkter Flächenverfügbarkeit und/oder einem erhöhten Gefährdungspotenzial, wie es z. B. an stärker belasteten Knotenpunkten gegeben ist.

9.4 Streckenführung des Radverkehrs

9.4.1 Arten von Radverkehrsführungen

Der Großteil der innerörtlichen Radverkehrsführungen wird straßenbegleitend angelegt. Für den Bereich der Hauptverkehrsstraßen ist zwischen der Fahrbahnführung und der Seitenraumführung des Radverkehrs zu unterscheiden. Im Rahmen von Führungen mit Wahlmöglichkeit durch die Radfahrer oder asymmetrischen Aufteilungen des Straßenquerschnittes lassen sich die beiden Führungsformen unter bestimmten Bedingungen miteinander kombinieren. Hinzu kommen vom Kraftfahrzeugverkehr losgelöste Streckenführungen und spezielle Führungen im Erschließungsstraßennetz.

9.4.2 Fahrbahnführung

Die Fahrbahnführung des Radverkehrs gliedert sich in folgende Führungsvarianten auf:

- Mischverkehr des Radverkehrs mit dem Kraftfahrzeugverkehr,
- Schutzstreifen als Teilseparationslösung sowie
- Radfahrstreifen als Separationslösung.

Der Mischverkehr des Radverkehrs mit dem Kraftfahrzeugverkehr auf der Fahrbahn ist der Standardfall der Radverkehrsführung auf allen vom Kraftfahrzeugverkehr schwächer belasteten Straßen. Auch auf Hauptverkehrsstraßen kann sich diese Führungsform bei geeigneten Fahrstreifenbreiten und einem angepassten Geschwindigkeitsniveau des Kraftfahrzeugverkehrs als zweckmäßige Führungsform erweisen. Alle Varianten der Fahrbahnführung schließen einen Zweirichtungsbetrieb grundsätzlich aus.

Schutzstreifen (Abb. 9.1) sind eine Führungsform, bei der dem Radverkehr Teile der Fahrbahn – in der Regel sind dies die Seitenbereiche – durch Markierung und/oder eine andere Materialwahl zur Nutzung zur Verfügung gestellt werden. Ein Befahren der Schutzstreifen durch den Kraftfahrzeugverkehr – z. B. bei Begegnungsfällen im

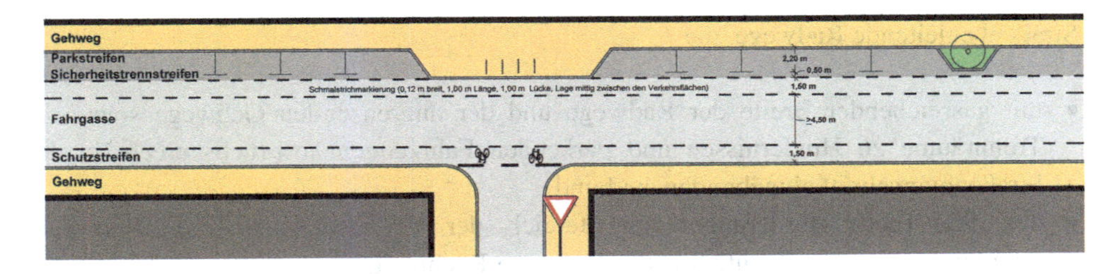

Abb. 9.1 Prinzipskizze eines Schutzstreifens

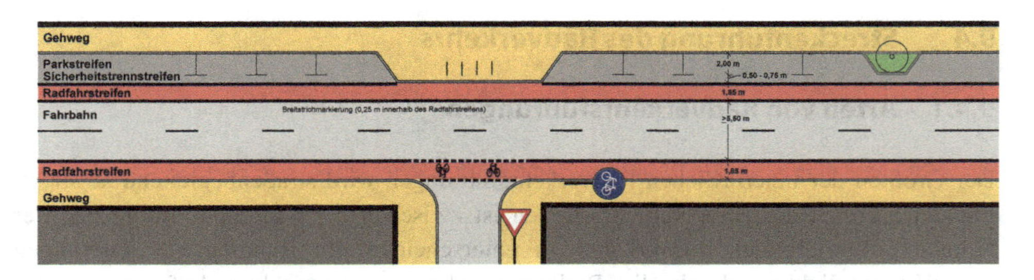

Abb. 9.2 Prinzipskizze eines Radfahrstreifens

Lkw-Verkehr – ist erlaubt. Schutzstreifen können dazu beitragen, den Mischverkehr Kraftfahrzeug/Rad verträglicher zu gestalten.

Das Haupteinsatzfeld von Schutzstreifen liegt im Bereich der zweistreifigen Straßen. Ihr Einsatz bietet sich aber auch auf mehrstreifigen Richtungsfahrbahnen sowie in mehrstreifigen Knotenpunktzufahrten an.

Radfahrstreifen (Abb. 9.2) sind für Radfahrer die komfortabelste unter den Fahrbahnführungsvarianten. Radfahrstreifen sind auf der Fahrbahn abmarkierte Sonderwege des Radverkehrs (Beschilderung mit Z 237 StVO). Kraftfahrzeuge im Längsverkehr dürfen Radfahrstreifen nicht befahren.

Radfahrstreifen bieten vor allem aufgrund der guten Sichtbeziehungen zwischen Kraftfahrzeugen und Radfahrern, der klaren Trennung vom Fußverkehr und ihrer geringen Probleme in den Kreuzungen und Einmündungen Gewähr für eine sichere und mit den übrigen Nutzungen gut verträgliche Radverkehrsabwicklung. Voraussetzung ist eine wirksame Verhinderung des Abstellens von Kraftfahrzeugen auf dem Radfahrstreifen.

9.4.3 Seitenraumführung

Zu den wesentlichen Varianten der Seitenraumführung des Radverkehrs im Innerortsbereich zählen

- straßenbegleitende Radwege sowie
- gemeinsame Geh- und Radwege.

Straßenbegleitende Radwege, die

- mit ausreichender Breite der Radwege und der angrenzenden Gehwege sowie der Trennräume zu Hindernissen und parkenden Fahrzeugen anspruchsgerecht in den Straßenquerschnitt eingebunden sind und
- den Sicherheitsanforderungen im Bereich der Grundstückszufahrten und Einmündungen u. a. durch gute Sichtbeziehungen Rechnung tragen,

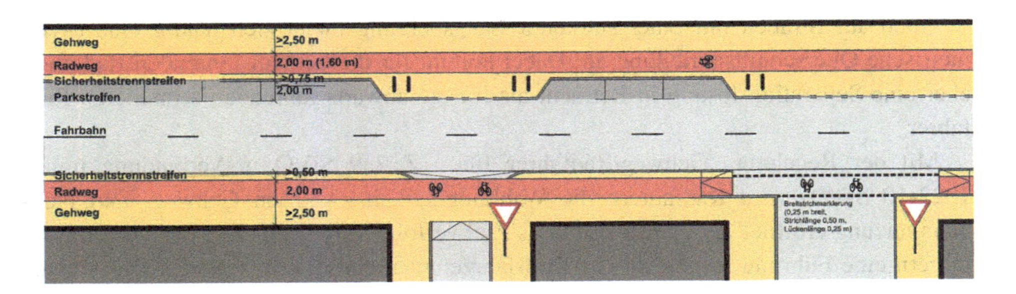

Abb. 9.3 Prinzipskizze eines Radweges

haben sich sowohl unter dem Gesichtspunkt der objektiven und der subjektiven Sicherheit als auch unter dem Aspekt einer attraktiven und komfortablen Radverkehrsführung bewährt.

Straßenbegleitende Radwege können beidseitig oder einseitig einer Straße angelegt und im Ein- oder im Zweirichtungsverkehr betrieben werden. Innerhalb bebauter Gebiete sollten Radwege in der Regel beidseitig angelegt werden und der Radverkehr jeweils im Einrichtungsverkehr geführt werden. Auf stark vom Kraftfahrzeugverkehr belasteten Straßen mit ggf. daraus resultierenden schlechten Querungsmöglichkeiten und/oder auf Straßen mit speziellen Quelle-Ziel-Verflechtungen des Radverkehrs kann es sich auch anbieten, den Radverkehr beidseitig im Zweirichtungsbetrieb zu führen. Besonders wichtig sind dann die Absicherung des Radverkehrs in den Grundstückzufahrten und Einmündungen sowie eine anspruchsgerechte räumliche und betriebliche Knotenpunkteinbindung des Radverkehrs (Abb. 9.3).

Das Haupteinsatzfeld gemeinsamer Geh- und Radwege liegt außerhalb bebauter Gebiete. Innerorts kommt die gemeinsame Führung von Radfahrern und Fußgängern nur bei geringem Fußgänger- und Radverkehr und einer ausreichenden nutzbaren Breite infrage, wenn aufgrund beengter Verhältnisse keine anderen Radverkehrsanlagen angelegt werden können und die Fahrbahnführung des Radverkehrs im Mischverkehr mit dem Kraftfahrzeugverkehr nicht vertretbar ist. Mögliche Einsatzbereiche sind vor allem weitgehend anbaufreie Straßen mit nur geringer Nutzung durch Fußgänger.

9.4.4 Kombinationslösungen und Sonderführungsformen

In Abhängigkeit von den räumlichen und nutzungsbezogenen Gegebenheiten kann es sich anbieten, unterschiedliche Führungsformen des Radverkehrs im Rahmen sogenannter asymmetrischer Lösungen miteinander zu kombinieren. Denkbar ist z. B. eine Lösung, bei der einseitig ein Radweg, gegenüberliegend (z. B. wegen zahlreicher Grundstückszufahrten und Einmündungen auf dieser Straßenseite) ein Radfahrstreifen angelegt wird. Bei Platzmangel kann es infrage kommen, zumindest einseitig eine Führungshilfe – z. B. einen Schutzstreifen – einzurichten.

Auch auf Straßen mit einer stärkeren Längsneigung bietet sich häufig eine asymmetrische Querschnittsaufteilung an. Dabei kommt für die bergauf fahrenden Radfahrer eher eine Separationslösung in Betracht als für die abwärts fahrenden schnelleren Radfahrer.

Mit der Regelung „Gehweg/Radfahrer frei“ (Z 239 StVO in Verbindung mit Z 1022-10 StVO) wird Radfahrern die Wahlmöglichkeit zwischen Gehweg- und Fahrbahnnutzung eröffnet. Es wird hiermit das Ziel verfolgt, ungeübten und unsicheren Radfahrern eine Führung losgelöst vom Kraftfahrzeugverkehr zu ermöglichen. Die übrigen Radfahrer hingegen sollen die Fahrbahn benutzen.

Die Freigabe von Gehwegen für den Radverkehr kann nur dann in Betracht kommen, wenn die Interessen der besonders schutzbedürftigen Radfahrer dies notwendig machen und dem die Belange des Fußverkehrs nicht entgegenstehen. Ungeeignet für gemeinsame Führungen von Fußgängern und Radfahrern sind Straßen mit dichter Geschäftsnutzung, Straßen im Zuge von Hauptverbindungen des Radverkehrs, Straßen mit stärkerem Gefälle, Straßen mit einer dichteren Folge von unmittelbar an (schmale) Gehwege angrenzenden Hauseingängen sowie Straßen mit zahlreichen Einmündungen und Grundstückszufahrten.

Der Einsatz der Regelung „Gehweg/Radfahrer frei“ beschränkt sich auf Straßen mit nur schwacher Frequentierung durch Fußgänger und Radfahrer. Es ist nicht im Sinne der Regelung, wenn der überwiegende Teil der Radfahrer im Gehwegbereich fährt und nur einzelne Radfahrer die Fahrbahn benutzen. Die Erlaubnis der Gehwegmitbenutzung durch Radfahrer ist daher stets zu verbinden mit Maßnahmen, die eine Attraktivitätssteigerung der Fahrbahnführung des Radverkehrs zum Ziel haben. Denkbar ist z. B. die Kombination der Regelung „Gehweg/Radfahrer frei“ mit der Anlage von Schutzstreifen auf der Fahrbahn.

Eine Wahlmöglichkeit zwischen Fahrbahn- und Seitenraumnutzung besteht auch bei nicht benutzungspflichtigen Radwegen. Radfahrer dürfen diese Radwege befahren, müssen sie aber nicht nutzen. Voraussetzung hierfür ist eine gefährdungsarme Befahrbarkeit der Fahrbahn. Für die Planung von Radwegen gelten unabhängig von der Benutzungspflicht die gleichen Anforderungen (siehe Abschn. 9.7).

Zur Sicherstellung der Führungskontinuität für den Radverkehr kann es erforderlich sein, Busfahrstreifen zur Mitbenutzung durch Radfahrer freizugeben (vgl. Abschn. 7.4.4). Um den Linienbusverkehr nicht zu beeinträchtigen, sollten der Bus- und der Radverkehr auf den gemeinsamen Fahrstreifen durch entsprechende Breitenmaße nach Möglichkeit im Parallelverkehr abgewickelt werden. Möglich sind aber auch Führungen auf schmaleren Fahrstreifen, wobei dann allerdings eine ausreichende Anzahl von Überholmöglichkeiten der Radfahrer durch die Busse gegeben sein muss.

9.4.5 Einsatzbedingungen

Während Radfahrer in Erschließungsstraßen grundsätzlich im Mischverkehr mit dem Kraftfahrzeugverkehr auf der Fahrbahn zu führen sind, stellt sich für die Hauptverkehrsstraßen die Frage nach der Notwendigkeit und den Möglichkeiten einer Separation des Radverkehrs vom Kraftfahrzeugverkehr.

Eine für Hauptverkehrsstraßen prinzipiell zu bevorzugende Führungsform des Radverkehrs gibt es nicht. Jede Straße hat ihre eigene Charakteristik, geprägt durch belastungsbezogene, bauliche, betriebliche, netzstrukturelle, umfeld- und verkehrsteilnehmerbezogene Aspekte. Dem sich hieraus ableitenden Anforderungsspektrum muss bei der Wahl der Radverkehrsführung situationsbezogen Rechnung getragen werden. Folgende Kriterien sind zu berücksichtigen:

- Flächenverfügbarkeit im Straßenraum unter Einbeziehung aller Nutzungsansprüche,
- Stärke, Zusammensetzung und Geschwindigkeitsniveau des Kraftfahrzeugverkehrs,
- Nutzungssituation im Hinblick auf den ruhenden Kraftfahrzeugverkehr,
- Strecken- und Knotenpunktcharakteristik (u. a. Art und Dichte der Knotenpunkte und stärker belasteter Grundstückszufahrten),
- Funktion der Straße im Radverkehrsnetz,
- Stärke, zeitliche Verteilung und Zusammensetzung des Radverkehrs (z. B. Anteil des Schülerverkehrs),
- Unfall- und Konfliktcharakteristik der Straße sowie ortsbezogene Faktoren wie die Planungstradition und das sogenannte Fahrradklima.

Die Separation des Radverkehrs vom fließenden Kraftfahrzeugverkehr in Form von benutzungspflichtigen Radwegen oder von Radfahrstreifen wird umso notwendiger, je stärker die Belastungen und je höher die Geschwindigkeiten des Kraftfahrzeugverkehrs sind. An zweistreifigen Straßen empfiehlt sich eine Trennung des Rad- und Kfz-Verkehrs in der Regel bei den in Tab. 9.2 genannten Geschwindigkeiten und Kfz-Verkehrsstärken. Auch eine starke Nutzung der Straße durch den Schwerlastverkehr spricht eher für eine getrennte Führung des Radverkehrs.

Eine generelle Kopplung des Einsatzes der einzelnen Führungsformen an bestimmte Belastungsgrenzen ist allerdings nicht möglich und wird der Vielzahl zu berücksichtigenden Einflussfaktoren nicht gerecht.

Radwege und Radfahrstreifen, die mit Verkehrszeichen Z 237 oder Z 241 StVO beschildert sind, müssen von Radfahrern in der jeweiligen Fahrtrichtung befahren werden. Die Benutzungspflicht von Radwegen und Radfahrstreifen kann mit diesen Verkehrszeichen nur dann angeordnet werden, wenn

Tab. 9.2 Belastungsbereiche mit in der Regel erforderlicher Trennung des Rad- und Kfz-Verkehrs

Kfz-Geschwindigkeit Kfz-Verkehrsstärke	30 km/h	40 km/h	50 km/h	60 km/h
Über 2.000 Kfz/h	i. d. R. Trennung			
Über 1.900 Kfz/h		i. d. R. Trennung		
Über 1.800 Kfz/h			i. d. R. Trennung	
Über 1.000 Kfz/h				i. d. R. Trennung

- eine nach § 45 Abs. 9 Satz 2 StVO erhebliche, das allgemeine Risiko bei Fahrbahnnutzung übersteigende Gefahrenlage besteht,
- eine Trennung vom Kfz-Verkehr gemäß VwV zu § 2 Abs. 4 Satz 2 StVO aus Verkehrssicherheitsgründen oder aus Gründen des Verkehrsablaufs erforderlich ist,
- die Mindestvoraussetzungen an die Befahrbarkeit, die Breite, die Linienführung und die Sichtbeziehungen an Einmündungen und Grundstückszufahrten gem. VwV zu § 2 Abs. 4 StVO eingehalten sind und
- bei Radwegen ausreichende Flächen für den Fußverkehr zur Verfügung stehen.

Benutzungspflichtige Radwege mit den Mindestbreiten der Verwaltungsvorschrift (VwV) zur StVO sind mit einer Pedelec-Nutzung und mit der Nutzung von Lastenfahrrädern kaum zu vereinbaren.

Die Anlage von Radwegen erweist sich vor allem bei Straßen mit einem hohen Geschwindigkeitsniveau des Kraftfahrzeugverkehrs und/oder einem inhomogenen Verkehrsablauf, wie er insbesondere durch stärkeren Lade- und Lieferverkehr verursacht wird, als zweckmäßig. Auf Straßen mit einer hohen Dichte an Einmündungen und Grundstückzufahrten sind hingegen Radfahrstreifen oft sicherer als Radwege.

Sehr gute Erfahrungen konnten mit der Einrichtung von Schutzstreifen auf der Fahrbahn gesammelt werden. Bei Fahrbahnbreiten zweistreifiger Straßen von mindestens 7,00 m und Kfz-Geschwindigkeiten von 50 km/h eignen sie sich besonders bei bis zu 1.000 Kfz/h. Bei über 1.000 Fahrzeugen des Schwerverkehrs am Tag sollen sie nicht eingesetzt werden.

9.4.6 Streckenführungen ohne Kraftfahrzeugverkehr und auf Erschließungsstraßen

Zu den Streckenführungen ohne Kraftfahrzeugverkehr zählen in erster Linie alle selbstständig geführten Radwege sowie alle gemeinsamen Geh- und Radwege, die nicht im Zuge von Straßen verlaufen. Ein engmaschiges Netz vom Kraftfahrzeugverkehr losgelöster Wege, das in geeigneter Weise mit den straßenbegleitenden Radverkehrsführungen verknüpft ist, bietet Gewähr für eine attraktive und sichere Verkehrsteilnahme durch Radfahrer.

Eine weitere Streckenführungsvariante ohne Kraftfahrzeugverkehr ist die Führung des Radverkehrs in Fußgängerbereichen. Eine Zulassung des Radverkehrs in diesen Bereichen kommt nur infrage, wenn hiermit für die Radfahrer ein deutlicher Sicherheits- und Attraktivitätsgewinn gegeben ist und dem die Belange des Fußgängerverkehrs nicht entgegenstehen. Gegebenenfalls ist die Zulassung des Radverkehrs auf bestimmte Tageszeiten zu begrenzen.

Im Bereich der Erschließungsstraßen kann Radfahrern durch die Einrichtung von Fahrradstraßen – ausgewiesen mit Z 244 StVO – eine komfortable Streckenführung geboten werden. Kraftfahrzeugverkehr kann auf diesen Straßen zugelassen werden. Die

Anlage von Fahrradstraßen kommt im Verlauf wichtiger Hauptverbindungen des Radverkehrs in Betracht. Der Radverkehr soll in diesen Straßen die vorherrschende Verkehrsart sein oder sich zumindest – u. a. durch Bündelung – dahin entwickeln. Besonders geeignet sind Fahrradstraßen für Radschnellverbindungen. Hier soll der Radverkehr im Zuge der Schnellverbindungen an Einmündungen bevorrechtigt werden.

Eine deutliche Attraktivitätssteigerung für den Radverkehr kann im Bereich der Erschließungsstraßen durch die Öffnung von Einbahnstraßen für den gegengerichteten Radverkehr erzielt werden. Hierdurch sind keine negativen Auswirkungen auf die Verkehrssicherheit und andere Straßennutzungen zu erwarten. Mit der Öffnung von Einbahnstraßen für den Radverkehr können insbesondere Wohngebiete für den Radverkehr flächenhaft und umwegfrei erschlossen sowie durchgehende Verbindungen im Radverkehrsnetz leichter realisiert werden.

9.5 Knotenpunktführung des Radverkehrs

Wie in den Streckenabschnitten ist in den Knotenpunktbereichen zwischen der Führung des Radverkehrs auf der Fahrbahn und im Seitenbereich zu unterscheiden. Wird der Radverkehr auf der Fahrbahn geführt, so kann dies in den Varianten

- Mischverkehr mit dem Kraftfahrzeugverkehr,
- Schutzstreifen sowie
- Radfahrstreifen erfolgen.

Diese Führungsvarianten können mit aufgeweiteten Radaufstellstreifen kombiniert werden, die durch eine vorgezogene Haltlinie für den Radverkehr und eine zurückverlegte Haltlinie für den Kraftfahrzeugverkehr gekennzeichnet sind.

Besonderes Augenmerk ist auf die Führung linksabbiegender Radfahrer zu richten. Diese können in Knotenpunkten

- direkt mit freiem Einordnen (ohne Signalschutz oder mit speziellen Linksabbiegestreifen),
- in Sonderfällen direkt mit geschütztem Einordnen (Radfahrerschleuse) oder
- indirekt geführt werden (Abb. 9.4).

Bei der direkten Führung mit freiem Einordnen (Abb. 9.5) ordnen sich die Radfahrer zum Linksabbiegen ohne Signalschutz auf dem Linksabbiegestreifen für den Fahrzeugverkehr ein oder benutzen spezielle für sie markierte Linksabbiegestreifen. Günstige Voraussetzungen für das direkte Linksabbiegen liegen vor, wenn sich Radfahrer ausreichend sicher nach links einordnen und den entgegenkommenden Fahrzeugstrom queren können. Der Einsatz ist dann möglich, wenn Radfahrer über nicht mehr als zwei

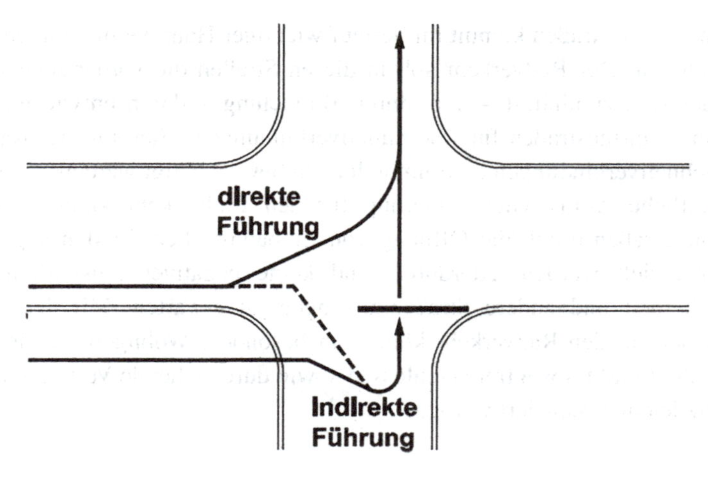

Abb. 9.4 Direktes und indirektes Linksabbiegen

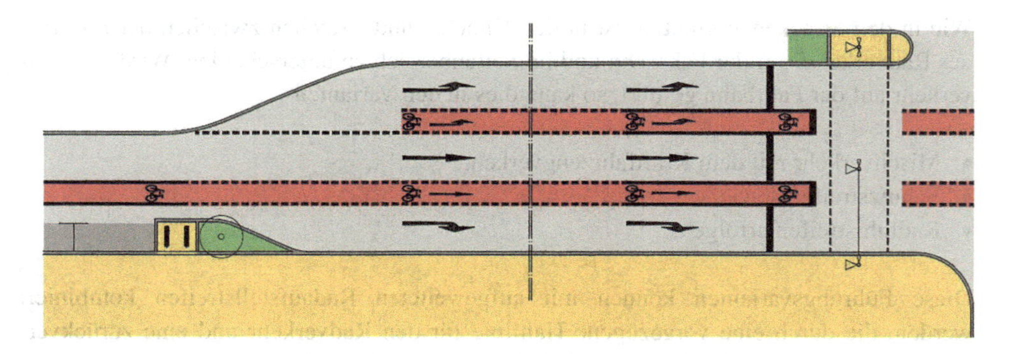

Abb. 9.5 Direkte Führung linksabbiegender Radfahrer mit freiem Einordnen

Fahrstreifen zum Einordnen wechseln müssen und 85 % der Kraftfahrzeuge mit einer Geschwindigkeit von bis zu 50 km/h fahren.

Sind die Einsatzgrenzen der direkten Führung mit freiem Einordnen überschritten, so ist zu überprüfen, ob die Einrichtung einer Radfahrerschleuse (Abb. 9.6) zweckmäßig sein kann. Bei Radfahrerschleusen wird in der Knotenpunktzufahrt eine Vorsignalanlage eingerichtet, in deren Anschluss sich die Radfahrer auf die verschiedenen richtungsbezogenen Fahrstreifen einordnen können.

Für den Fall, dass die direkte Führung ohne oder mit Signalschutz nicht infrage kommt, sind die linksabbiegenden Radfahrer indirekt zu führen. Bei der indirekten Führung (Abb. 9.7 und 9.8) überqueren Radfahrer den Knotenpunkt zunächst neben dem geradeausfahrenden Kraftfahrzeugverkehr und kreuzen anschließend die Straße, aus der sie nach links abbiegen wollen. Für das indirekte Linksabbiegen sollten besondere Aufstellflächen und ggf. Radfahrersignale vorgesehen werden.

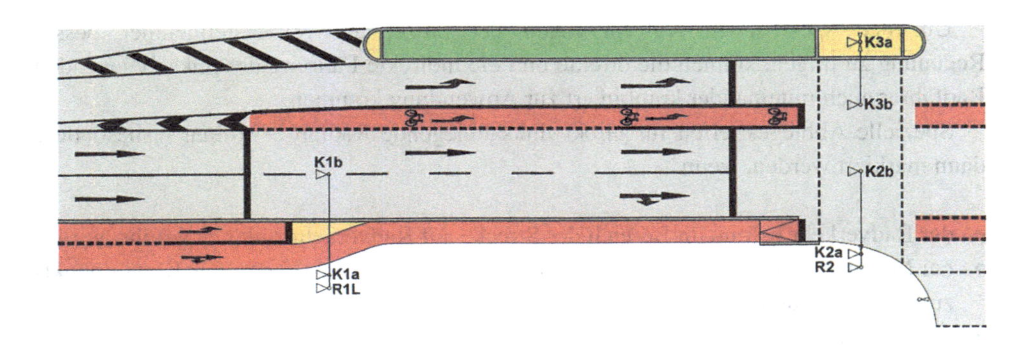

Abb. 9.6 Beispiel für eine Radfahrerschleuse

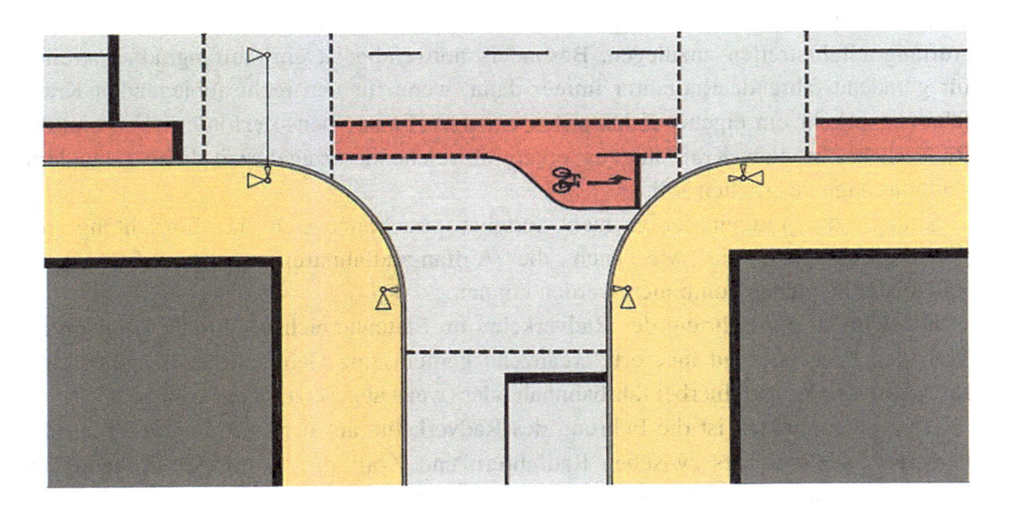

Abb. 9.7 Linksabbiegen über eine indirekte Radverkehrsführung im Kreuzungsbereich

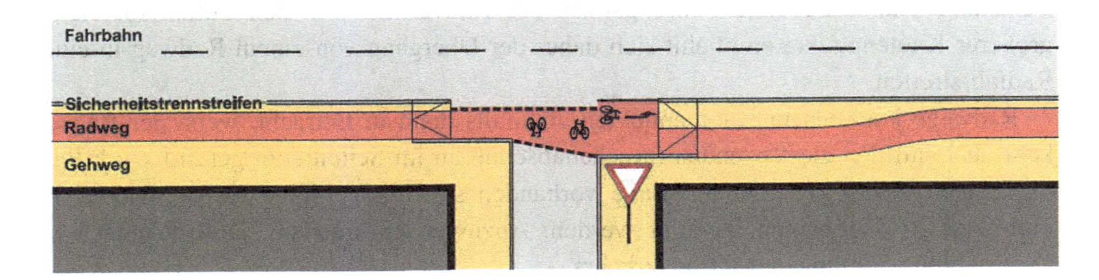

Abb. 9.8 Beispiel für das indirekte Linksabbiegen an einem Knotenpunkt mit vorfahrtregelnden Verkehrszeichen

Um den spezifischen Anforderungen der einzelnen Verkehrsteilnehmer besser Rechnung zu tragen, können die direkte und die indirekte Führung der linksabbiegenden Radfahrer auch miteinander kombiniert zur Anwendung kommen.

Spezielle Abbiegestreifen für direkt linksabbiegende Radfahrer sollten insbesondere dann markiert werden, wenn

- der Radverkehr bereits im Bereich der Strecke auf Radverkehrsanlagen geführt wird,
- bei Mischverkehr im Streckenbereich mehr als zwei Fahrstreifen in der Knotenpunktzufahrt vorhanden sind oder
- nur für Radfahrer Linksabbiegen ermöglicht werden soll.

Auch für die geradeausfahrenden Radfahrer sind in der Knotenpunktzufahrt aus einer Mischverkehrsführung im Streckenbereich heraus zur Erhöhung der Verkehrssicherheit und zur Verbesserung der Qualität des Verkehrsablaufs nach Möglichkeit Auffangradfahrstreifen anzulegen. Besonders notwendig ist ein Auffangradfahrstreifen für geradeausfahrende Radfahrer immer dann, wenn für den rechtsabbiegenden Kraftfahrzeugverkehr ein eigener Fahrstreifen existiert. Er ist ebenso erforderlich, wenn der Radverkehr eine vom Kraftfahrzeugverkehr abweichende Freigabezeit durch gesonderte Radfahrersignale erhalten soll.

Sind Auffangradfahrstreifen nicht möglich, so bietet sich die Einrichtung von Schutzstreifen an, die wie auch die Auffangradfahrstreifen mit aufgeweiteten Radaufstellbereichen kombiniert werden können.

Hinsichtlich der Führung des Radverkehrs im Seitenbereich der Straße kommen als Varianten Radwege und innerorts ergänzend gemeinsame Geh- und Radwege infrage. Radwegfurten können hierbei fahrbahnnah oder (weit) abgesetzt angelegt werden.

An Knotenpunkten ist die Führung des Radverkehrs auf der Fahrbahn aufgrund des besseren Sichtkontaktes zwischen Radfahrern und Kraftfahrern und der Eindeutigkeit der Verkehrsführung und Vorrangregelung meist sicherer als auf abgesetzten Radwegen. Radfahrstreifen vereinigen die Vorteile der Separation mit denen der guten Sichtbarkeit und der Eindeutigkeit der Verkehrsführung und sind daher die insbesondere bei höheren Belastungen anzustrebende Führungsform des Radverkehrs. In den Zufahrtsbereichen größerer Knotenpunkte empfiehlt sich daher der Übergang von einem Radweg in einen Radfahrstreifen.

Radwege kommen in Knotenpunkten allenfalls dann in Betracht, wenn der Radverkehr auch auf den angrenzenden Streckenabschnitten im Seitenraum geführt wird, Radwege auch in der kreuzenden Straße vorhanden sind und größere Aufstellflächen für indirektes Linksabbiegen benötigt werden. Anzuwenden sind sie darüber hinaus bei Zweirichtungsführungen des Radverkehrs.

Als besonders konfliktträchtig haben sich Radwegführungen mit (weit) abgesetzten Furten erwiesen. Wesentlich sicherer ist in der Regel eine möglichst nahe Lage der Furten neben der parallelen Fahrbahn.

Fragen der Verkehrsführung des Radverkehrs sind stets in Verknüpfung zu sehen mit den betrieblichen Regelungen. Bei der Konzipierung von Knotenpunkten mit Lichtsignalregelung sollten Aspekte der Steuerung schon bei den ersten Bearbeitungsschritten berücksichtigt werden. Nachträgliche Einpassungen führen oft zu mängelbehafteten und von Radfahrern schlecht akzeptierten Lösungen.

9.6 Weitere Infrastruktur

9.6.1 Fahrradparken

Im Hinblick auf eine anspruchsgerechte Fahrradnutzung sind die unterschiedlichen und ein möglichst dichtes Netz bildenden Verkehrsführungen des Radverkehrs mit situationsgerecht eingepassten Abstellmöglichkeiten für Fahrräder an allen wesentlichen Quellen und Zielen des Radverkehrs zu verknüpfen.

Die möglichst nah an den Zielpunkten des Radverkehrs anzulegenden Abstellanlagen sind so zu gestalten, dass ein bequemes, stand- und diebstahlsicheres Anschließen der Fahrräder bei Aufnahmemöglichkeit für alle gängigen Rahmengrößen und Reifenbreiten gegeben ist. Die weiteren Anforderungen orientieren sich an den jeweiligen Fahrtzwecken und der daraus resultierenden Anzahl und Abstelldauer der Fahrräder. Insbesondere bei größeren Anlagen sowie bei Einrichtungen, die überwiegend von Langzeitparkern (z. B. Bahnhöfe, Bahnhaltepunkte) genutzt werden, ist für einen ausreichenden Wetterschutz zu sorgen. Wert zu legen ist darüber hinaus auf eine ansprechende gestalterische Einpassung der Fahrradabstellanlagen in die Umgebung.

Insbesondere an Bahnhöfen und Bahnhaltepunkten sollen auch gesicherte Fahrradstellplätze z. B. in Fahrradgaragen oder Fahrradparkhäusern angeboten werden (Abb. 9.9). Ergänzend sollten Lademöglichkeiten für Pedelec-Akkus vorgehalten werden. Fahrradstationen an Bahnhöfen mit ergänzenden Angeboten wie etwa Reparaturen, technischer Service, Fahrradvermietung und Verkauf von Fahrrädern bzw. Zubehör sind ein für Bike-and-Ride-Kunden besonders attraktives Angebot. Sie können z. B. durch Fahrradfachbetriebe oder durch gemeinnützige Gesellschaften als Träger von Arbeitsförderungsmaßnahmen betrieben werden. Die gesicherten Fahrradstellplätze in Fahrradstationen können in der Regel gegen ein Entgelt genutzt werden. Da an Bahnhöfen mit Fahrradstationen nicht alle Bike-and-Ride-Kunden ein Abstellentgelt akzeptieren, sollen hier ergänzend auch unentgeltliche öffentlich nutzbare Fahrradstellplätze zur Verfügung stehen.

Die Bauordnungen der Länder verlangen bei Wohngebäuden und bei Neubauten oder wesentlichen Änderungen von Gebäuden mit Fahrrad-Zielverkehr die Herstellung von Fahrradstellplätzen durch die Gebäudeeigner (Abb. 9.10). Die Stadtstaaten und einige Flächenstaaten legen die Anzahl der erforderlichen Fahrradstellplätze und Anforderungen an deren Ausführung landesweit einheitlich in Ausführungsregelungen zu den Bestimmungen der jeweiligen Bauordnung fest. Andere Flächen-

Abb. 9.9 Gesicherte Bike-and-Ride-Plätze

Abb. 9.10 Abstellräume auf Ebene der Eingänge und frei zugängliche Abstellplätze für das kurzzeitige Abstellen bei Wohngebäuden

staaten räumen den Städten und Gemeinden das Recht ein, in Ortssatzungen die Anzahl und Anforderungen an die Ausführung von Fahrradstellplätzen festzulegen. Einzelne Flächenstaaten definieren nur allgemeine Anforderungen z. B. an eine ausreichende Anzahl und eine leichte Erreichbarkeit der Fahrradstellplätze.

9.6.2 Wegweisung

Netze für den Radverkehr weisen aufgrund ihrer Kleinteiligkeit und der oft vom Kraftfahrzeugverkehr losgelösten Wegeverbindungen und Verkehrsführungen eine andere Struktur auf als Netze für den Kraftfahrzeugverkehr. Sofern Wegeverbindungen nicht selbsterklärend sind, sind zusätzliche Orientierungshinweise erforderlich, die in ein möglichst geschlossenes Wegweisungssystem für den Radverkehr einzubetten sind.

Voraussetzung für die Beschilderung von Routen für den Radverkehr ist, dass diese lückenlos und durchgängig gut befahrbar sind. Ortsunkundige Radfahrer sollen sich anhand der Wegweisung zügig orientieren und in Entscheidungssituationen sicher verhalten können. Die Ausschilderung muss dementsprechend nachvollziehbar und eindeutig sein.

Die Wegweisung für den Radverkehr besteht aus einer ziel- und einer routenorientierten Komponente. Zielorientiert unter Nutzung der kürzesten und/oder schnellsten Verbindungen fahren in der Regel der Alltagsradverkehr, der alltägliche Freizeitradverkehr und auch ein Teil des Fahrradausflugverkehrs. Beim Fahrradtourismus überwiegt die Routenorientierung.

Die ziel- und routenbezogenen Komponenten sind situationsbezogen miteinander zu verknüpfen und in ein umfassendes Leitsystem für den Radverkehr einzupassen. Die Grundlagen liefert eine Radverkehrsnetzplanung auf kommunaler und auf regionaler Ebene.

9.7 Entwurf von Radverkehrsführungen

9.7.1 Innerörtliche Hauptverkehrsstraßen

Vorbemerkungen

Die folgenden Hinweise zur Querschnittseinpassung, zur Bemessung und Ausgestaltung von Radverkehrsführungen auf innerörtlichen Hauptverkehrsstraßen beschränken sich auf die wesentlichen Führungsformen. Für den Seitenbereich der Straße sind dies die Radwege, für den Fahrbahnbereich Radfahrstreifen und Schutzstreifen.

In Zukunft ist mit einer häufigeren Nutzung von Pedelecs zu rechnen. Pedelec-Nutzer bewegen sich in einem Verhaltens- und Nutzungsspektrum, wie es auch im konventionellen Radverkehr auftritt und ohnehin planerisch zu berücksichtigen ist. Aus der Zunahme der Geschwindigkeiten ergeben sich daher keine besonderen, über die folgenden Hinweise und die aktuellen technischen Regelwerke – insbesondere die Empfehlungen für Radverkehrsanlagen ERA (FGSV 2010a) – hinausgehenden

Anforderungen. Viele der heutigen Radverkehrsanlagen weisen allerdings einen nur geringen Standard – deutlich unter dem der folgenden Hinweise und den Empfehlungen der technischen Regelwerke – auf. Die Zunahme der Pedelecs verstärkt also die Notwendigkeit, einen Standard entsprechend den Regelwerken tatsächlich auch umzusetzen.

Radwege

Die Regelbreite von Einrichtungsradwegen beträgt auf Straßen mit mittlerer oder höherer Nutzungsintensität und/oder stärkerem Radverkehr 2,00 m, auf den übrigen Straßen – Platzmangel vorausgesetzt – 1,60 m. Nicht benutzungspflichtige Radwege sollen ebenso wie benutzungspflichtige Radwege diese Breiten aufweisen. Die Regelbreite von beidseitigen Zweirichtungsradwegen beträgt 2,50 m. Im Zuge von Radschnellverbindungen und von stark befahrenen Hauptverbindungen des Radverkehrs sowie bei häufiger auftretenden Belastungsspitzen sind sowohl bei Einrichtungs- als auch bei Zweirichtungsbetrieb größere Breiten z. B. von 3,00 m bei Einrichtungs- und 4,00 m bei Zweirichtungsbetrieb vorzusehen. Die genaue Breitenfestlegung erfolgt in Abwägung mit den übrigen Nutzungsanforderungen und sollte sich an den zu erreichenden Qualitätszielgrößen des Verkehrsablaufs orientieren. Nach dem Handbuch für die Bemessung von Straßen HBS (FGSV 2015) wird die Verkehrsqualität von Radwegen nach der Störungsrate durch Überholungen auf Einrichtungsradwegen und durch die Anzahl der Begegnungen auf Radwegen mit Zweirichtungsverkehr bemessen.

Bei der Anlage von Radwegen ist stets sicherzustellen, dass die angrenzenden Gehwege eine ausreichende Breite besitzen, sodass eine anspruchsgerechte Nutzung durch die Fußgänger möglich ist und ein Ausweichen von Fußgängern in den Radwegbereich selten erfolgt.

Zwischen Radweg und Fahrbahn bzw. den Parkmöglichkeiten des Kraftfahrzeugverkehrs ist immer ein Sicherheitstrennstreifen anzulegen, der sich farblich oder baulich vom Radweg abheben sollte. Er dient dem Schutz der Radfahrer vor dem fließendem und dem ruhenden Kraftfahrzeugverkehr (z. B. geöffnete Fahrzeugtüren) oder als Ausweichraum bei etwaigen Beeinträchtigungs- oder Konfliktsituationen im Radwegbereich. Die Breite des Sicherheitstrennstreifens liegt in Abhängigkeit von der jeweils angrenzenden Nutzung zwischen 0,50 und 1,00 m.

Besonders wichtig für die Anlage von Radwegen sind gute Sichtverhältnisse zwischen Radfahrern und ein- oder abbiegenden Kraftfahrzeugen sowie die eindeutige Erkennbarkeit der Vorrangregelung. Zur Verdeutlichung des Vorranges der Radfahrer soll der Belag des Radweges über die Grundstückszufahrten hinweg beibehalten werden. Besonders konfliktträchtige Grundstückszufahrten (z. B. Tankstellenzufahrten) sind wie die Einmündungen durch Furtmarkierungen kenntlich zu machen. Auch flächige (Rot-)Einfärbungen dienen in solchen Fällen der Hervorhebung des Radweges. Damit in diesen Fällen die Sicht in ausreichender Distanz (etwa 12 m) vor der Einfahrt sichergestellt ist, muss durch bauliche Maßnahmen verhindert werden, dass Kraftfahrzeuge hier abgestellt werden.

Die Höhenlage der Radwege ist an den Grundstückszufahrten in der Regel beizubehalten. Die Absenkung der Zufahrt sollte dementsprechend im Bereich des Sicherheitstrennstreifens oder durch spezielle Schrägbordsteine erfolgen. Sicherheitsfördernd wirken die Verkleinerung von Eckausrundungen und Einmündungstrichtern sowie Radwegüberfahrten mit aufgepflasterten Radwegen und geschwindigkeitsdämpfenden Anrampungen mit einer Höhendifferenz von etwa 8–10 cm in der einmündenden Fahrbahn (linke Einmündung in Abb. 9.3).

Radwege sollen immer in taktil deutlich wahrnehmbarer Form von den Gehwegen abgegrenzt werden. Dies kann geschehen durch eine differierende Oberflächenstruktur und/oder die Anlage eines Trennstreifens, der z. B. in Kleinpflaster oder mit Rillenplatten in einer Breite von mindestens 0,30 m ausgebildet werden kann.

Radweganfang und Radwegende sollen so ausgestaltet werden, dass Radfahrer den Radweg auf direktem Wege erreichen bzw. ihn verlassen können. An Radwegenden sollen Radfahrer baulich vor den Kraftfahrzeugen der gleichen Fahrtrichtung geschützt auf die Fahrbahn geleitet werden, was z. B. durch eine Schutzinsel oder eine entsprechende Bordführung erfolgen kann. An das Radwegende sollte noch ein Radfahrstreifen in einer Länge von mindestens 10 m angefügt werden.

Radfahrstreifen

Die Regelbreite von Radfahrstreifen, die neben den Fahrstreifen des Kraftfahrzeugverkehrs angeordnet werden, beträgt einschließlich eines 0,25 m breiten durchgezogenen Markierungsbreitstriches 1,85 m (Abb. 9.11). Bei höheren Radverkehrsbelastungen mit

Abb. 9.11 Markierung eines Radfahrstreifens

stärkerem Überholbedarf und häufigeren Pulkbildungen sind, wie auch auf Straßen mit einer zulässigen Höchstgeschwindigkeit von mehr als 50 km/h, größere Breiten vorzusehen. Bei Radschnellverbindungen empfiehlt sich eine Breite von 3,00 m oder mehr.

Auf allen Straßen mit ruhendem Verkehr sind Radfahrstreifen, die links (fahrbahnseitig) neben den Parkständen des Kraftfahrzeugverkehrs angelegt werden, der Standardfall. Es ist für ausreichend breite Sicherheitsräume zu den parkenden Fahrzeugen zu sorgen, um die Radfahrer z. B. vor unachtsam geöffneten Fahrzeugtüren zu schützen. Radfahrstreifen rechts neben den Parkständen sollen aus Gründen der Verkehrssicherheit nicht angelegt werden.

Radfahrstreifen sollen in der Regel auf beiden Straßenseiten angelegt und im Einrichtungsverkehr betrieben werden. Bei geringen Straßenraumbreiten ist darauf zu achten, dass keine Mindestbreiten von Radfahrstreifen, Kfz-Fahrstreifen und Parkständen aneinander gereiht werden. Bei mehrstreifigen Richtungsfahrbahnen sollten die direkt an den Radfahrstreifen angrenzenden Kfz-Fahrstreifen mindestens 3,00 m, besser 3,25 m breit sein.

In den potenziellen Konfliktbereichen (z. B. stärker frequentierte Grundstückszufahrten sowie Einmündungen) sollten Radfahrstreifen (rot) eingefärbt und mit Fahrradpiktogrammen ausgestattet werden.

Schutzstreifen

Eine wirkungsvolle Führungsform der Teilseparation sind Schutzstreifen. Im Bereich der Strecke werden diese im Randbereich der Fahrbahn angelegt. Schutzstreifen werden mit unterbrochenen 12-cm-Schmalstrichen mit 1,00 m Strich- und 1,00 m Lückenlänge und Fahrradpiktogrammen in regelmäßigen Abständen markiert (Abb. 9.12).

Die Regelbreite von Schutzstreifen beträgt 1,50 m, die Mindestbreite 1,25 m. Bei stärkerem Radverkehr, Einschränkungen der nutzbaren Breite z. B. durch Rinnen oder dann, wenn Schutzstreifen wegen der hohen Anforderungen des § 45 Abs. 9 StVO an die Benutzungspflicht an Stelle von Radfahrstreifen eingesetzt werden, empfiehlt sich eine größere Breite von z. B. 1,75 m. Die angrenzenden Verkehrsflächen für den Kraftfahrzeugverkehr sollten so breit sein, dass eine Mitbenutzung der Schutzstreifen durch Kraftfahrzeuge nur selten notwendig wird. Bei Straßen, die für den Kraftfahrzeugverkehr im Gesamtquerschnitt zweistreifig zu befahren sind, sollte die mittige Kernfahrgasse zwischen 4,50 m und 6,50 m breit sein.

Fahrzeuge dürfen auf Schutzstreifen nicht parken. Schutzstreifen sollten zusätzlich durch ein Halteverbot gemäß § 12 StVO von haltenden Fahrzeugen freigehalten werden. Wird auf angrenzenden Parkstreifen geparkt, so ist wie bei den Radfahrstreifen durch ausreichende Sicherheitsräume sicherzustellen, dass Radfahrer nicht in den Gefahrenbereich unachtsam geöffneter Fahrzeugtüren gelangen.

Abb. 9.12 Markierung eines Schutzstreifens

9.7.2 Innerörtliche Knotenpunkte

Entwurfsgrundsätze

Sichere und akzeptable Knotenpunktführungen sind ein wesentlicher Ansatzpunkt zu einer nachhaltigen Verbesserung der Verkehrsbedingungen für den Radverkehr. Der Entwurf von Radverkehrsführungen an Knotenpunkten sollte von folgenden Grundsätzen geleitet sein:

- rechtzeitige Erkennbarkeit der Knotenpunktführung aus allen Knotenpunktzufahrten,
- eindeutige Erkennbarkeit der Vorrangregelung,
- Überschaubarkeit des Knotenpunkts und gute Sichtverhältnisse zwischen Radfahrern und den anderen Verkehrsteilnehmern,
- anspruchsgerechte Befahrbarkeit unter Vermeidung enger Radien und abrupter Verschwenkungen sowie
- Einklang zwischen baulicher und betrieblicher Regelung.

Zu einer radfahrerfreundlichen Gestaltung eines Knotenpunkts gehören weiterhin möglichst kleine Eckausrundungen für rechtsabbiegende Kraftfahrzeuge, der Verzicht auf Fahrbahnteiler an kleineren Knotenpunkten sowie der weitgehende Verzicht auf Dreiecksinseln.

Fahrbahnführung

Radfahrer, die im vorgelagerten Streckenbereich mit dem Kraftfahrzeugverkehr im Mischverkehr auf der Fahrbahn fahren, sollten in dem sich anschließenden Knotenpunkt nach Möglichkeit eine Führungshilfe erhalten. Anzustreben sind Auffangradfahrstreifen, bei Platzmangel bieten sich Schutzstreifen an. Im Streckenbereich vorhandene Radfahrstreifen oder Schutzstreifen sind im Knotenbereich entsprechend durchzuführen. Die Haltlinien für den Radverkehr sollen in versetzter Anordnung um mindestens 3 m vor denen des Kraftfahrzeugverkehrs angelegt werden, damit Radfahrer im Sichtfeld der Kraftfahrer anfahren können.

Aufgeweitete Radaufstellbereiche (Abb. 9.13) kommen sowohl in einstreifigen als auch fahrtrichtungsbezogen in mehrstreifigen Knotenpunktzufahrten infrage. Sie werden von den Radfahrern gut akzeptiert, wenn an Kraftfahrzeugkolonnen vorbeigefahren werden kann. Deshalb sind (Auffang-)Radfahrstreifen oder Schutzstreifen eine zweckmäßige Ergänzung. Die vorgezogenen Aufstellbereiche sollten 5 m lang sein und mit Radfahrerpiktogrammen und ggf. mit Einfärbungen deutlich erkennbar dem Radverkehr zugewiesen werden.

Radfahrstreifen sind in der Hauptrichtung (in der Regel geradeaus) durchzuführen. Nach Möglichkeit sollten auch Radfahrstreifen für direkt linksabbiegende Radfahrer angelegt werden. Die beidseitig durch Breitstriche (Breite 0,25 m) abzugrenzenden Linksabbiegestreifen sollten im Aufstellbereich eine Nettobreite von mindestens 1,00 m aufweisen. Während die Radfahrstreifen für geradeausfahrende Radfahrer über den gesamten Knotenpunkt hinweggeführt werden, sollen die Streifen für linksabbiegende Radfahrer nur bis zum Konfliktbereich mit dem entgegenkommenden Geradeausverkehr markiert werden.

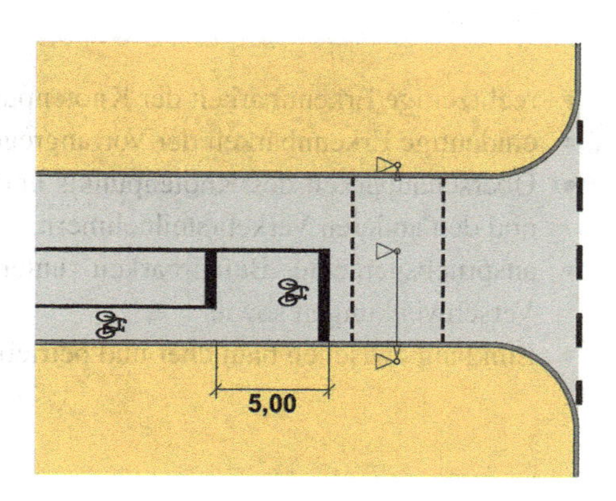

Abb. 9.13 Beispiel eines aufgeweiteten Radaufstellstreifens

Radfahrerschleusen sollen vorrangig das direkte Linksabbiegen für den aus dem Seitenbereich kommenden Radfahrer ermöglichen. Bei starken Kfz-Rechtsabbiegeströmen kann auch die Integration der geradeausfahrenden Radfahrer in die Radfahrerschleuse zweckmäßig sein. Vor- und Hauptsignal einer Radfahrerschleuse sollten mindestens 30 m voneinander entfernt sein, da bei zu geringem Abstand die Gefahr der Missachtung der Vorsignale durch Kraftfahrzeuge besteht. Die Freigabezeiten von Vor- und Hauptsignal sollten so aufeinander abgestimmt sein, dass nach dem Freigabezeitende keine Kraftfahrzeuge in der Radfahrerschleuse verbleiben.

Indirektes Linksabbiegen erfordert einen rechtzeitigen und gut sichtbaren Hinweis auf die Führung des Radverkehrs, eine ausreichende Aufstellfläche außerhalb von den Verkehrsräumen anderer Ströme sowie eine dem Fahrtverlauf der Radfahrer entsprechende Phasenfolge. Auf der Fahrbahn aufmarkierte oder im Seitenbereich angeordnete Aufstellflächen sind zur Orientierung und Führung der Radfahrer an großräumigen Knotenpunkten zweckmäßig. Notwendig sind sie immer dann, wenn aus der Örtlichkeit nicht eindeutig abzulesen ist, wo sich linksabbiegende Radfahrer gefahrlos aufstellen können oder wenn Radfahrersignale für die indirekt linksabbiegenden Radfahrer vorgesehen werden.

In innerörtlichen Mini- und kleinen Kreisverkehren sind Radfahrer bei Verkehrsstärken bis etwa 15.000 Kfz/24 h vorzugsweise im Mischverkehr mit dem Kraftfahrzeugverkehr zu führen. Separationslösungen in Form von Radfahrstreifen oder Schutzstreifen kommen in der Kreisfahrbahn aus Sicherheitserwägungen nicht infrage.

Seitenraumführung

Im Zuge von Radwegen sollte der Radverkehr auf möglichst fahrbahnnah angelegten Furten über die Kreuzungen und Einmündungen geführt werden. Dementsprechend geführte Radwege mit nicht oder nur geringfügig abgesetzten Radfahrerfurten (Absetzung bis zu etwa 1 m) verlaufen grundsätzlich vor den Fahrbahnteilern in der zu kreuzenden Straße. Radwege sollen bei nicht abgesetzten Radfahrerfurten bereits im gesamten Aufstellbereich, mindestens jedoch auf 10 m Länge vor dem Knotenpunkt, fahrbahnnah geführt werden. Zur Verdeutlichung der Radverkehrsführung wird der Radweg einschließlich des Sicherheitstrennstreifens etwa 3 m vor der zu kreuzenden Fußgängerfurt auf Fahrbahnniveau abgesenkt. Diese Lösung hat den Vorteil der klaren Trennung des Radverkehrs vom kreuzenden Fußgängerverkehr. Die Wartefläche für die Fußgänger liegt dann rechts des Radweges auf Gehwegniveau (Abb. 9.7).

Weit abgesetzte Radfahrerfurten kommen im Einzelfall infrage bei Radwegen in beiden sich kreuzenden Straßen und starken Linksabbiegeradverkehren sowie im Verlauf von Zweirichtungsradwegen. Bei weit abgesetzten Radfahrerfurten empfiehlt sich bereits frühzeitig die Anlage einer ausreichend großen Wartefläche für Fußgänger vor der zu kreuzenden Fußgängerfurt zwischen dem Radweg und der Fahrbahn. Bei stärkerem Radverkehr sollen die Radwege im Aufstellbereich aufgeweitet und mit einer verbreiterten Radfahrerfurt über den Knotenpunkt geführt werden.

Falls an einem mit Z 205/215 StVO beschilderten kleinen Kreisverkehr in mehreren Knotenpunktarmen Radwege verlaufen, stellt die Weiterführung der Radwege außerhalb der Kreisfahrbahn eine gut akzeptierte und verkehrssichere Lösung dar. Die Radwegfurten sollen etwa 4 m vom Rand der Kreisfahrbahn abgesetzt direkt neben den Fußgänger-Überquerungsstellen über die Kreisverkehrsarme führen.

Einbindung in die Lichtsignalsteuerung
Im Einklang mit der Verkehrsführung sind Radfahrersignalisierungen so auszugestalten, dass sie den Radfahrern einen attraktiven Fahrtablauf ermöglichen (siehe auch Abschn. 14.3.3). Deshalb sollen die Wartezeiten im Zuge des gesamten zu passierenden Knotenpunktes möglichst kurz sein. Die Freigabezeiten sollten so bemessen sein, dass alle in einem Umlauf eintreffenden Radfahrer in einer Phase abfließen können. Aus Akzeptanzgründen ist darauf zu achten, dass die Freigabezeiten für Radfahrer nicht erheblich kürzer als für den parallelen Kraftfahrzeugverkehr sind.

Bei signalisierten Knotenpunkten im Zuge von Radschnellverbindungen ist es vorteilhaft, den Radverkehr durch frühzeitige Anforderung im Fahren (bereits in den Zufahrten) zu priorisieren. Bei einer geeigneten Knotenpunktfolge sollte eine Grüne Welle, ggf. in Verbindung mit Geschwindigkeitsanzeigen, für den Radverkehr auf der Radschnellverbindung eingerichtet werden.

Die gemeinsame Signalisierung des Radverkehrs mit dem Kraftfahrzeugverkehr oder die getrennte Signalisierung mit eigenen Signalgebern sind die für Radfahrer zu bevorzugenden Steuerungsformen. Die Signalisierung mit dem Kfz-Verkehr empfiehlt sich bei Radverkehrsführungen im Mischverkehr, auf Schutzstreifen, auf Radfahrstreifen sowie bei Radwegen mit nicht abgesetzten Radverkehrsfurten. Die gesonderte Signalisierung des Radverkehrs mit in der Regel dreifeldigen Signalgebern (Rot-Gelb-Grün) kommt vornehmlich bei der Führung auf Radfahrstreifen oder bei Radwegen mit nicht abgesetzten Radverkehrsfurten infrage, z. B. zur Schaltung von konfliktmindernden Vorgabezeiten für den Radverkehr, bei mehrmaliger Freigabe des Radverkehrs innerhalb eines Umlaufs sowie zur Einrichtung von Radfahrerschleusen und Schaltung von Bedarfssonderphasen. Die gemeinsame Signalisierung mit Fußgängern bringt für Radfahrer aufgrund der differierenden Räumgeschwindigkeiten insbesondere bei längeren Furten deutliche Freigabezeitverluste und daraus resultierende Akzeptanzprobleme mit sich.

9.7.3 Erschließungsstraßen

In Erschließungsstraßen sollten Radfahrer grundsätzlich im Mischverkehr mit dem Kraftfahrzeugverkehr auf der Fahrbahn geführt werden. Erforderlich sind hierzu radfahrverträgliche Geschwindigkeiten. Verkehrsberuhigungsmaßnahmen zur Dämpfung der Kfz-Geschwindigkeiten sind so zu gestalten, dass Radfahrer durch sie nicht behindert werden.

Um eine flächendeckende attraktive Befahrbarkeit für den Radverkehr sicherzustellen, ist eine größtmögliche Netzdurchlässigkeit anzustreben. Dies kann u. a. durch die Öffnung von Sperren und Sackgassen, die Freigabe von Einbahnstraßen für den gegengerichteten Radverkehr sowie durch Ausnahmeregelungen zu Abbiegegeboten erreicht werden. Zu verknüpfen ist dies mit einem engmaschigen und vom Kraftfahrzeugverkehr losgelösten Netz an Erschließungswegen.

9.8 Marketing für mehr Radverkehr

9.8.1 Ziele des Marketings

Ziele des Marketings sind die Werbung für eine verstärkte Nutzung des Fahrrades sowie die Verbreitung von Informationen über Aktivitäten und Angebotsverbesserungen „rund um's Rad". Insgesamt besitzt das Marketing einen hohen Stellenwert bei der Schaffung eines fahrradfreundlichen Klimas.

Öffentlichkeitsarbeit umfasst die Komponenten:

- Informationen über die geplanten und realisierten Infrastrukturmaßnahmen,
- Förderung eines verkehrssicheren und kooperativen Verhaltens im Verkehr,
- Betonung der positiven Attribute des Fahrrades,
- Motivation für die Nutzung des Rades.

Indem über die Öffentlichkeitsarbeit auch weitere Handlungsträger einbezogen oder angesprochen werden, steht das Thema in direkter Wechselwirkung zum Handlungsfeld „Service rund um's Rad".

Neben der allgemeinen Öffentlichkeitsarbeit mit periodischen und aperiodischen Informationen, Aktionen und Veranstaltungen, sollte die Ansprache der Bürgerschaft zielgruppenorientiert erfolgen. Wichtig sind in diesem Zusammenhang ebenso Informationen über neue Maßnahmen und Angebote im infrastrukturellen Bereich, wie z. B. auch öffentlichkeitswirksame Aktionen, die auf die Alltagswege der Menschen (z. B. Einkauf, Beruf, Freizeit) Bezug nehmen und dabei die persönlichen Vorteile einer Fahrradnutzung mit einem positiven Image für das Rad fahren verbinden. Für die Zielgruppe Schüler und Heranwachsende ist es wichtig, dass sie die Fahrradnutzung auch als perspektivische Handlungsoption entdecken und Spaß und Freude am Rad fahren erlebbar machen. Um eine „Radorientierung" der Jugendlichen zu entwickeln, muss Radfahren „in" sein. Hier kommt der „Imagebildung", aber auch der Verkehrspädagogik in den Schulen eine besondere Bedeutung zu.

Öffentlichkeitsarbeit zur Fahrradförderung bedeutet Beteiligungs- und Mitarbeitsangebote ebenso wie kontinuierliche Kommunikationsprozesse und unterstützt bürgerschaftliche Aktivitäten zur Förderung des Radverkehrs. Eine wichtige Rolle kommt den öffentlichen Meinungsträgern und Interessenverbänden zu (Politiker, Verwaltung, Verbände etc.). Deren positive Einstellung zum Radfahren wirkt zurück in die Öffentlichkeit und kann dort im besten Fall Bewusstseins- und Verhaltensänderungen bewirken (Multiplikator-Funktion).

Grundsätzlich ist zu beachten, dass das Marketing mit einem positiven Image verbunden wird. So sollte z. B. in Bezug auf die Verkehrssicherheit eher der Nutzen eines korrekten Verhaltens angesprochen werden, als nur ein regelwidriges Verhalten zu kritisieren.

9.8.2 Beispiele für das Marketing

Um das Thema Radverkehr in der Öffentlichkeit stets präsent zu halten sowie Politik und Entscheidungsträger auf dessen Relevanz hinzuweisen, ist ein kontinuierliches Informationsmanagement nötig. Mögliche Instrument sind beispielsweise:

- Regelmäßige Berichterstattung über radverkehrsrelevante Themen in der örtlichen Presse dient dazu, das Thema im Bewusstsein der Bevölkerung zu halten, und bietet gleichzeitig eine gute Möglichkeit, zeitnah über neue Maßnahmen und Angebotsverbesserungen zu berichten.
- In einer aktuellen Internetpräsenz ist ein Handlungsschwerpunkt zu sehen. Im Internet kann im Regelfall deutlich aktueller als z. B. in einem Flyer informiert werden.
- Zur Verbreitung von Informationen über verschiedene fahrradbezogene Themen wie z. B. über neue Führungsformen des Radverkehrs (z. B. Fahrradstraßen), rechtliche Grundlagen oder Verkehrssicherheitsaspekte haben sich Flyer seit Langem bewährt. Diese sollten nach Möglichkeit mit einem „Corporate Design" den Wiedererkennungswert erhöhen und so z. B. als Serie zu erkennen sein.
- Ein nützliches Informationsangebot ist ein Fahrradstadtplan, der auf Grundlage des Radverkehrsnetzes alle wichtigen Radverbindungen und Routenempfehlungen innerhalb des Stadtgebiets beinhaltet.
- Eine gute Möglichkeit, das Fahrradfahren positiv zu bewerben und öffentlichkeitswirksam in Szene zu setzen, sind einzelne Aktionstage oder Fahrradfeste. Auch Kampagnen mit Rad fahrenden Persönlichkeiten z. B. aus der Politik, Vertretern bestimmter Berufsgruppen (z. B. Pressevertreter, Lehrkräfte), bekannten Sportgrößen oder prominenten Mitbürgern können zu einem positiven Fahrradklima beitragen.
- Ein öffentlichkeitswirksames Beispiel ist auch die Teilnahme einer Stadt oder einer Region an der deutschlandweiten Aktion „Stadtradeln". Der Wettbewerb „Stadtradeln" besteht als Kampagne zum Klimaschutz und zur Förderung der Fahrradnutzung seit 2008.

Abb. 9.14 Siegesplakette eines kommunalen Wettbewerbs „Fahrradfreundlicher Arbeitgeber“

- Für ein positives Fahrradklima können auch kommunale Wettbewerbe z. B. zum „Fahrradfreundlichen Geschäft“ oder „Fahrradfreundlichsten Arbeitgeber“ veranstaltet werden (Abb. 9.14).
- Mehrere Länder unterstützen ihre weiterführenden Schulen bei der Erstellung von Radschulwegplänen. Wichtiger Bestandteile sind dabei ein Onlinefragebogen sowie ein internetfähiges Geoinformationssystem (WebGIS), in das die tatsächlichen Schulwege eingetragen werden können. Projekte zur Verbesserung der Verkehrssicherheit müssen aber nicht nur an Schulen stattfinden.

Auch infrastrukturelle Maßnahmen können einen öffentlichkeitswirksamen Effekt mit sich bringen und die Bevölkerung zum Radfahren animieren. Dies sind z. B. ein kommunales Fahrradverleihsystem (Abb. 9.15) oder Fahrradzählstellen mit einer Anzeige der im Tagesverlauf gezählten Radfahrer.

Abb. 9.15 Öffentliches Leihfahrradsystem

9.9 Zusammenfassung

Einrichtungen für den Radverkehr sollen das Radfahren flächendeckend sicher und attraktiv machen. Der Beitrag zeigt, wie die Quellen und Ziele des Radverkehrs in ein zusammenhängendes Netz mit möglichst direkten Verbindungen einzupassen sind. Er stellt die Führungselemente des Radverkehrs in den Strecken und Knoten zusammen, die die Verkehrssicherheit von Radfahrern und anderen Verkehrsteilnehmern gewährleisten und eine zügige und komfortable Befahrbarkeit ermöglichen. Die begleitenden Infrastruktureinrichtungen wie etwa Fahrradabstellplätze sollen sicher und bequem nutzbar sein. Neben der Radverkehrsinfrastruktur hat Marketing als Werbung für eine verstärkte Nutzung des Fahrrades sowie für die Verbreitung von Informationen über Aktivitäten und Angebotsverbesserungen „rund um's Rad“ einen hohen Stellenwert bei der Schaffung eines fahrradfreundlichen Klimas.

In Zukunft sind mehrere Entwicklungen zu erwarten:

- Es werden mehr und längere Wege mit dem Fahrrad zurückgelegt. Nach der Studie „Mobilität in Deutschland 2002“ (MiD 2002) wurden bundesweit 24 Mio. Wege mit dem Fahrrad zurückgelegt, nach der MiD 2017 bereits 29 Mio. Wege. Wurden nach der MiD 2002 bundesweit 87 Mio. Personenkilometer mit dem Fahrrad zurückgelegt, sind dies nach der MiD 2017 112 Mio. Personenkilometer. Der Modal-Split-Anteil des Fahrrades an der Anzahl zurückgelegter Wege betrug nach der MiD 2002 neun Prozent, nach der MiD 2017 elf Prozent (Institut für angewandte Sozialwissenschaften GmbH et al. 2018).

- Unter den in Betrieb befindlichen Fahrrädern sind weiter zunehmend elektrisch unterstützte Fahrräder sowie Fahrräder mit besonderem Flächenbedarf wie etwa Lastenräder oder Erwachsenendreiräder zu erwarten. Dies verstärkt die Notwendigkeit, einen Anlagenstandard entsprechend den Regelwerken tatsächlich auch umzusetzen. Auch bei Abstellanlagen sollen Flächen für Fahrräder mit größeren Abmessungen vorgehalten werden.
- Für das Bikesharing ist vor allem im Stadtverkehr eine steigende Nachfrage zu erwarten. Neben Fahrrädern mit Standardabmessungen werden zunehmend auch Lastenleihräder eingesetzt.
- Unterstützt durch Infrastrukturzuwendungen des Bundes und der Länder, werden zunehmend Radschnellverbindungen hergerichtet. Zu erwarten ist, dass Radschnellverbindungen im Stadtverkehr, aber auch im gemeindeübergreifenden Verkehr das Zurücklegen von mehr und längeren Wegen mit dem Fahrrad unterstützen.

Literatur

Alrutz D, Haller L, Lange W, Stellmacher-Hein J (2000) Fußgänger- und Radverkehrsführung an Kreisverkehrsplätzen. Forschungsberichte des Bundesministerium für Verkehr, Bau- und Wohnungswesen, Heft 793, Bonn

Alrutz D, Bohle W, Enke M, Maier R, Ortlepp J, Pohle M, Schreiber M, Zimmermann F (2015a) Einfluss von Radverkehrsaufkommen und Radverkehrsinfrastruktur auf das Unfallgeschehen. Forschungsbericht 29 der Unfallforschung der Versicherer, Berlin

Alrutz D, Bohle W, Friedrich N, Hacke U, Lohmann G (2015b) Potenzielle Einflüsse von Pedelecs auf Mobilität und die Verkehrssicherheit, Bericht zu dem Forschungsprojekt FE 82.0533 der Bundesanstalt für Straßenwesen, Berlin. https://nationaler-radverkehrsplan.de/de/aktuell/nachrichten/anforderungen-die-radverkehrsinfrastruktur. Zugegriffen: 17. Mai 2016

FGSV (2010a) Empfehlungen für Radverkehrsanlagen (ERA 2010). FGSV, Köln

FGSV (2015) Handbuch für die Bemessung von Straßen (HBS), Teil S Stadtstraßen. FGSV, Köln

Institut für angewandte Sozialwissenschaften; Deutsches Institut für Wirtschaftsforschung (2002) Mobilität in Deutschland, Berlin

Institut für angewandte Sozialwissenschaften GmbH; Deutsches Zentrum für Luft- und Raumfahrt e. V., IVT Research GmbH, infas 360 GmbH (2018) Mobilität in Deutschland. Kurzreport. http://www.mobilitaet-in-deutschland.de/pdf/infas_Mobilitaet_in_Deutschland_2017_Kurzreport.pdf. Zugegriffen: 3. Sept. 2018

Schiller C, Zimmermann F, Bohle W (2011) Hochrechnungsmodell von Stichprobenzählungen für den Radverkehr. Bericht zu dem FE-Vorhaben 77.495 des Bundesministeriums für Verkehr, Bau und Stadtentwicklung. https://tu-dresden.de/die_tu_dresden/fakultaeten/vkw/ivs/tvp/hrv/Downloads/abschlussbericht. Zugegriffen: 17. Mai 2016

Zweirad-Industrie-Verband (2016) Zahlen – Daten – Fakten zum Fahrradmarkt in Deutschland 2015. ZIV Wirtschaftspressekonferenz am 8. März 2016 in Berlin

Weiterführende Literatur

Alrutz D, Stellmacher-Hein J (1997) Sicherheit des Radverkehrs auf Erschließungsstraßen. Berichte der Bundesanstalt für Straßenwesen, Heft V 37, Bergisch Gladbach

Alrutz D, Bohle W, Willhaus E (1998) Bewertung der Attraktivität von Radverkehrsanlagen. Berichte der Bundesanstalt für Straßenwesen, Heft V 56, Bergisch Gladbach

Alrutz D, Bohle W, Borstelmann G, Krawczyk A, Mader I, Müller H, Vohl R (2001) Bedarf für Fahrradabstellplätze bei unterschiedlichen Grundstücksnutzungen. Berichte der Bundesanstalt für Straßenwesen, Heft V 79, Bergisch Gladbach

Alrutz D, Angenendt W, Draeger W, Gündel D (2002) Verkehrssicherheit von Einbahnstraßen mit gegengerichtetem Radverkehr. Straßenverkehrstechnik 46(6):236–302

Alrutz D, Bohle W, Busek S (2015c) Nutzung von Radwegen in Gegenrichtung – Sicherheitsverbesserungen. Berichte der Bundesanstalt für Straßenwesen, Heft V 261, Bergisch Gladbach

Angenendt W (1989) Sichere Gestaltung markierter Wege für Fahrradfahrer. Forschungsberichte der Bundesanstalt für Straßenwesen, Heft 202, Bergisch Gladbach

Angenendt W, Wilken M (1997) Gehwege mit Benutzungsmöglichkeiten für Radfahrer. Forschung Straßenbau und Straßenverkehrstechnik, Heft 737, Bonn-Bad Godesberg

Angenendt W, Bader I, Buth T, Cieslik B, Draeger W, Friese H, Klöckner D, Lenssen M, Wilken M (1993) Verkehrssichere Anlage und Gestaltung von Radwegen. Berichte der Bundesanstalt für Straßenwesen, Heft V 9, Bergisch Gladbach

Angenendt W, Blau A, Bräuer D, Draeger W, Klöckner D, Wilken M (2000) Radverkehrsführung an Haltestellen. Berichte der Bundesanstalt für Straßenwesen, Heft V 76, Bergisch Gladbach

Bundesministerium für Verkehr, Bau- und Stadtentwicklung (2012) Nationaler Radverkehrsplan 2020. Den Radverkehr gemeinsam weiterentwickeln, Berlin

CROW – Centrum voor Regelgeving en Onderzoek in de Grond-, Wateren Wegenbouw en de Verkeerstechniek (2007) Design manuel for bicycle traffic. CROW, Ede

FGSV (1998) Merkblatt zur wegweisenden Beschilderung für den Radverkehr. FGSV, Köln

FGSV (2002) Hinweise zum Radverkehr außerhalb städtischer Gebiete – H RaS 02. FGSV, Köln

FGSV (2010b) Hinweise zum Fahrradparken. FGSV, Köln

FGSV (2014) Arbeitspapier Einsatz und Gestaltung von Radschnellverbindungen

Forschungsgesellschaft für Straßen- und Verkehrswesen (FGSV) (Hrsg) (2006) Richtlinien für die Anlage von Stadtstraßen (RASt 06). FGSV, Köln

Haase M (2011) Auswirkungen aus der Nutzung von Pedelecs auf die Radverkehrsplanung und die dort geltenden Standards unter Einbeziehung der neuen ERA 2010. Schwerin

Hupfer C, Böer H, Huwer U, Jacob H, Nagel U (2000) Einsatzbereiche von Angebotsstreifen. Berichte der Bundesanstalt für Straßenwesen, Heft V 74, Bergisch Gladbach

Ministerium für Wirtschaft, Mittelstand, Energie und Verkehr des Landes NRW (2002) FahrRad in NRW! Düsseldorf

Schnüll R, Alrutz D et al (1992) Sicherung von Radfahrern an städtischen Knotenpunkten. Forschungsberichte der Bundesanstalt für Straßenwesen, Heft 262, Bergisch Gladbach

Verkehrssicherheit

10

Jürgen Gerlach

Zusammenfassung

Im Jahr 2016 kamen in Deutschland 3206 Menschen bei Straßenverkehrsunfällen ums Leben und mehr als 396.000 Personen wurden auf deutschen Straßen verletzt. Die Zahl der Verletzten schwankt schon seit Jahren zwischen 350.000 und 450.000 Personen pro Jahr – der Handlungsbedarf der Verkehrssicherheitsarbeit ist nach wie vor sehr hoch. Die Verkehrssicherheitsarbeit hat dabei den Anspruch, pro-aktiv bzw. präventiv Rahmenbedingungen zu schaffen, bei denen Fehler verziehen und Unfälle erst gar nicht geschehen können und reaktiv dort anzusetzen, wo Unfälle bestimmter Art oder räumlich häufig vorkommen. Im Rahmen der infrastrukturellen Verkehrssicherheitsarbeit geschieht dies, indem neben der laufenden Aktualisierung der Regelwerke zur Verkehrsplanung und -steuerung auf der Grundlage neu gewonnener Erkenntnisse die Verfahrensweise des Sicherheitsmanagements für die Straßenverkehrsinfrastruktur angewendet wird. Die einzelnen Verfahren der Folgenabschätzung hinsichtlich der Straßenverkehrssicherheit, der Sicherheitsüberprüfung des bestehenden Netzes, der örtlichen Unfalluntersuchung sowie des Sicherheitsaudits in der Planung und im Bestand sind teils verbindlich, teils freiwillig, teils flächendeckend und teils bislang nur vereinzelt umgesetzt. Zahlreiche Anwendungsbeispiele zeigen, dass Unfälle mit einer konsequenten Verkehrssicherheitsarbeit vermieden und die Verkehrssicherheit signifikant verbessert werden kann.

J. Gerlach (✉)
University of Wuppertal, Wuppertal, Deutschland
E-Mail: jgerlach@uni-wuppertal.de

D. Vallée (verstorben) et al. (Hrsg.), *Stadtverkehrsplanung Band 3*,
https://doi.org/10.1007/978-3-662-59697-5_10

10.1 Einführung

Die nach wie vor zu verzeichnende Gefährdung von Leben und Gesundheit durch Verkehrsunfälle stellt die Planungsverantwortlichen derzeit und auch zukünftig vor besondere Herausforderungen. Gerade im städtischen Verkehrsgeschehen ist die Zahl der Verkehrsunfälle mit Personenschaden besonders hoch – hier kommen Verbindungs-, Erschließungs- und Aufenthaltsfunktion zusammen. Kinder und ältere Menschen sind hier besonders gefährdet und verunglücken nicht nur als Fußgänger und Radfahrer, sondern auch aktiv oder passiv im Auto. Das innerörtliche Verkehrsgeschehen ist sehr komplex und überfordert uns teilweise, sodass schon ein Moment der Unachtsamkeit fatale Folgen haben kann.

Verkehrsunfälle zählen zu den wichtigsten negativen Auswirkungen von Verkehr. Sie führen zu persönlicher Betroffenheit durch Verletzungen oder gar den Verlust an Leben und dem damit verbundenen Leid der Unfallopfer und der Angehörigen. Volkswirtschaftliche Verluste entstehen durch humanitäre Kosten durch Folgeerkrankungen oder psychische Belastungen, Ressourcenausfall und Reproduktionskosten. Zahl und Schwere von Unfällen sind in den letzten Jahren deutlich gesunken, sind aber nach wie vor hoch. Die WHO berichtet weltweit von etwa 1,25 Mio. Verkehrstoten und etwa 50 Mio. Verletzten pro Jahr (WHO 2015). Damit rangiert der Verkehr an neunter Stelle der möglichen Todesursachen und ist die Ursache für zahlreiche und teilweise sehr schwere Verletzungen. Unter diesen Rahmenbedingungen sind Verkehrsunfälle als eine der wesentlichen negativen Folgewirkungen der Mobilität anzusehen.

Betont werden muss, dass diese Ansicht in den letzten Jahren nicht unbedingt die öffentliche und mediale Diskussion widerspiegelt. Dies mag daran liegen, dass insbesondere in Europa und auch in Deutschland eine positive Unfallentwicklung mit deutlicher Abnahme der Anzahl an Verkehrstoten pro Jahr zu verzeichnen ist und dass die Wahrscheinlichkeit eines Verkehrsunfalls vom Einzelnen unterschätzt wird. Dabei liegt selbst in Deutschland das Risiko, im Laufe eines Lebens bei einem Verkehrsunfall verletzt zu werden, statistisch gesehen bei etwa 1:1. Für das Jahr 2016 berichtet DESTATIS von 3.206 Getöteten, mehr als 396.000 Verletzten und insgesamt rund 2,6 Mio. registrierten Verkehrsunfällen für Deutschland (DESTATIS 2017).

Die Zahl der Verkehrstoten hatte nach der Motorisierungsentwicklung des „Wirtschaftswunders" in Deutschland im Jahr 1970 mit rund 20.000 Todesopfern ihren Höhepunkt erreicht (Abb. 10.1). Danach wurde im Jahr 1972 die zulässige Höchstgeschwindigkeit auf Landstraßen auf maximal 100 km/h begrenzt, 1973 die Promillegrenze auf 0,8 und 1998 auf 0,5 gesetzt, 1980 die Helmpflicht für Motorradfahrer und 1984 die Gurtanschnallpflicht eingeführt. Die Zahl der Todesfälle im Verkehr sank von 1970 bis 1985 um mehr als die Hälfte. Nach der deutschen Wiedervereinigung stieg die Zahl wiederum auf mehr als 11.000 Verkehrstote im Jahr 1991 an, wobei als Hauptprobleme zu dieser Zeit Überhol- und Abkommensunfälle, teils verbunden mit Anprall auf Bäume an Landstraßen, speziell in den neuen Bundesländern zu verzeichnen waren.

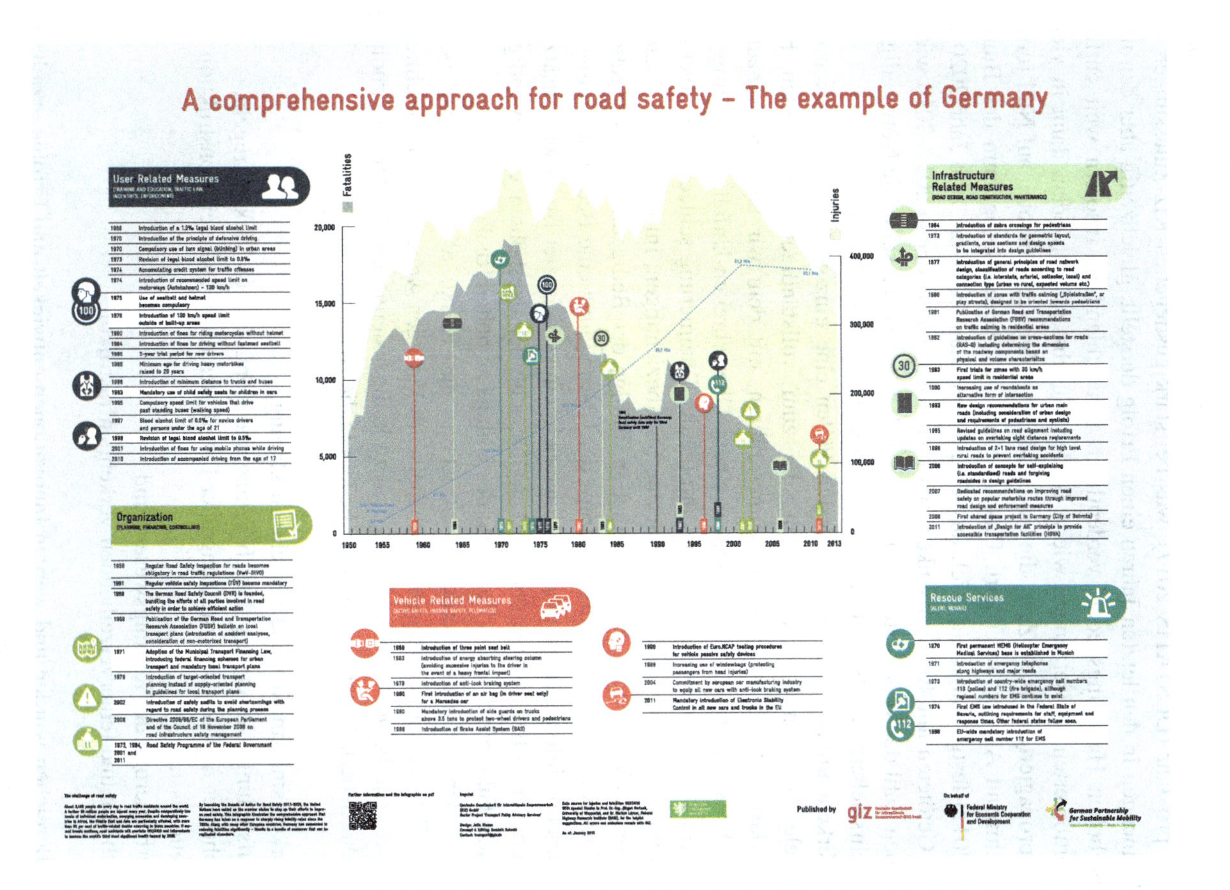

Abb. 10.1 Entwicklung der Verkehrstoten und Verunglückten im Straßenverkehr und Maßnahmen der Verkehrssicherheitsarbeit. (Quelle: GIZ Deutsche Gesellschaft für Internationale Zusammenarbeit GmbH (2015) A comprehensive approach for road safety – The example of Germany)

Im Jahr 2016 starben 3.206 Menschen bei Verkehrsunfällen. So sterben trotz zahlreicher Maßnahmen der Verkehrssicherheitsarbeit immer noch durchschnittlich neun Menschen täglich im Straßenverkehr in Deutschland und rund 1.100 Menschen werden täglich verletzt. Die Zahl der Verletzten schwankt schon seit Jahren zwischen 350.000 und 450.000 Personen pro Jahr (DESTATIS 2017), was bei stark gestiegenen Kfz-Zulassungen und Verkehrsmengen in den letzten Jahren einen Erfolg darstellt, gleichzeitig aber den nach wie vor hohen Handlungsbedarf verdeutlicht. Deutschland ist insofern weit entfernt von ambitionierten Zielsetzungen wie z. B. der zunächst in Schweden, dann in vielen Ländern propagierten Vision Zero, die eine Reduktion der Verkehrstoten auf Null fordert und zunehmend Akzeptanz erfährt. Das im Verkehrssicherheitsprogramm des Bundes (BMVI 2011) festgeschriebene Ziel, ausgehend vom Jahr 2011 bis zum Jahr 2020 die Zahl der Getöteten um 40 % zu senken, wird auch angesichts der in 2014–2016 wieder gestiegenen Zahl der Verkehrstoten nur schwerlich zu erreichen sein. Die Notwendigkeit der Verkehrssicherheitsarbeit ist dementsprechend nach wie vor hoch.

Ein Verkehrsunfall hat in den seltensten Fällen eine einzige Ursache. Es kommen meist viele Gegebenheiten zusammen, die zum vollständigen Ausschöpfen bzw. zum Überlasten des Sicherheitsspielraumes führen, mit dem wir uns von A nach B bewegen. So kann es beispielsweise bei einem Überschreiten-Unfall gleichzeitig und komplementär zusammenkommen, dass infolge der Dämmerung schlechte Sichtverhältnisse, infolge parkender Fahrzeuge schlechte Sichtbeziehungen, infolge einer fehlenden Überquerungsanlage eine komplexe Situation, infolge der Bedienung des Navigationsgerätes eine Ablenkung des Fahrers, infolge der Übermüdung eine Beeinträchtigung des Fußgängers und infolge eines hohen Reifenabriebs ein verlängerter Bremsweg zusätzlich zu der von der Polizei protokollierten Unfallursache der überhöhten Geschwindigkeit maßgebende Faktoren des zum Zeitpunkt des Unfalls zu hohen Risikos waren.

Aufgabe der Verkehrssicherheitsarbeit ist es, das Risiko aller möglichen beeinflussenden Faktoren zu reduzieren, um technisches Versagen weitgehend auszuschließen und menschliche Fehler soweit wie möglich zu kompensieren. Die Mittel zur Erhöhung der Verkehrssicherheit lassen sich untergliedern in die Bereiche

- der Verkehrsinformation und Verkehrsaufklärung,
- der Aufstellung, Umsetzung, Durchsetzung und Kontrolle von Verkehrsregeln,
- des Schutzes und der Unterstützung aller Beteiligten durch Fahrzeugkonstruktion und Fahrzeugausstattung,
- der Verbesserung des Rettungswesens und
- der sicheren und fehlerverzeihenden Verkehrsinfrastruktur.

In allen Bereichen wurden und werden Innovationen entwickelt und Erfolge erzielt, die zur Vermeidung von Unfällen sowie zur Verminderung der Unfallschwere beitragen. So führte beispielsweise die Weiterentwicklung von Assistenzsystemen im Fahrzeug dazu, dass Fahrer unterstützt und auf mögliche Gefahrensituationen hingewiesen werden. Neue Verkehrsregeln, wie die in Deutschland eingeführte Gurtanschnallpflicht oder die

Herabsetzung der Promillegrenze haben signifikante Wirkungen gezeigt (GIZ 2015). Der Fokus der folgenden Ausführungen liegt neben einem Gesamtüberblick über das Verkehrsunfallgeschehen und die Unfallkenngrößen auf dem Sicherheitsmanagement für die Verkehrsinfrastruktur mit dem Schwerpunkt der Stadtstraßen.

10.2 Unfallgeschehen im Überblick

Eine weltweite Einordnung des Unfallgeschehens in Deutschland ist schwierig, da die polizeiliche Unfallaufnahme in vielen Ländern der Welt sehr lückenhaft ist und zudem unterschiedliche Definitionen zur Bestimmung der Zahl der Verkehrstoten und Verletzten existieren. Im Rahmen der „Decade of Action for Road Safety 2011–2020", die von vielen internationalen Institutionen aufgestellt und unterstützt wird und mit vielen Maßnahmen dazu dienen soll, die Anzahl der Verkehrsunfälle weltweit signifikant zu mindern, hat die Weltgesundheitsorganisation WHO einen Statusreport erstellt, der von 1,25 Mio. Verkehrstoten pro Jahr ausgeht (WHO 2015).

Die höchste Unfallrate liegt auf dem afrikanischen Kontinent bei 26,6 Verkehrstoten pro 100.000 Einwohner, die niedrigste in Europa bei 9,3 Verkehrstoten pro 100.000 Einwohner im Jahr. Weltweit sind 26 % der tödlich verunglückten Personen Fußgänger und Radfahrer und 31 % sind mit dem Auto tödlich verunglückt. 23 % der Personen verunglücken tödlich mit motorisierten Zwei- und Dreirädern und 21 % verteilen sich auf die übrigen Verkehrsmittel, die öffentlichen Verkehrssysteme auf Straße, Schiene und in der Luft. In manchen – insbesondere asiatischen – Ländern liegt der Anteil der Getöteten mit motorisierten Zwei- und Dreirädern bei über einem Drittel.

In Deutschland liegt die Unfallrate momentan bei 4,8 Verkehrstoten pro 100.000 Einwohnern – die geringste Unfallrate ist in Großbritannien mit 3,2 Getöteten pro 100.000 Einwohnern zu verzeichnen. Neben Großbritannien weisen in Europa Dänemark, Irland, Island, Malta, Norwegen, die Niederlande und Schweden geringere Unfallraten auf als Deutschland (WHO 2015).

Die aufgeführten Vergleiche sind nur eingeschränkt aussagekräftig, da sie sich aufgrund der mangelnden Datenvergleichbarkeit nur auf die Getötetenraten beziehen und jährlichen Schwankungen unterlegen sind. Die Getötetenraten hängen in hohem Maße davon ab, wie viel Verkehrsleistung auf Landstraßen bzw. auf vergleichsweise sicheren Autobahnen abgewickelt wird. So sind beispielsweise Spanien und Portugal die „Gewinner" der EU-weiten Entwicklung der Getötetenraten in den letzten zehn Jahren mit Rückgängen um rund 50 %, da in den beiden Ländern der Autobahnausbau besonders forciert wurde. Auch in den einzelnen Bundesländern Deutschlands schwanken die Getötetenraten erheblich. Nordrhein-Westfalen liegt mit seinem dichten Autobahnnetz bei unter 30 Getöteten pro 1 Mio. Einwohner; die Flächenländer Mecklenburg-Vorpommern, Sachsen-Anhalt und Niedersachsen liegen bei über 50 Todesfällen pro 1 Mio. Einwohner (DESTATIS 2017).

Die schwersten Unfälle in Deutschland geschehen außerorts, die meisten Unfälle geschehen innerorts (Abb. 10.2). Vergleicht man die Straßenkategorien, sind die Bundesautobahnen mit 12 % der Getöteten und 7 % der Unfälle mit Personenschaden die vergleichsweise sichersten Straßentypen. 58 % der Getöteten sind auf Landstraßen zu verzeichnen; 30 % der Getöteten auf Stadtstraßen. Mehr als zwei Drittel aller Unfälle mit Personenschäden ereignen sich auf Stadtstraßen (DESTATIS 2017).

Rund 45 % aller Verunglückten auf Landstraßen – mehr als 800 Menschen pro Jahr – sterben durch einen Unfall auf einen Baum oder ein anderes Hindernis neben der Fahrbahn (DESTATIS 2017). Häufig kommt es zudem zu Motorradunfällen, Überholunfällen und weiteren Abkommensunfällen auf Landstraßen.

Auf Stadtstraßen passieren mehr als die Hälfte aller Unfälle mit Personenschaden an Knotenpunkten. Im Jahr 2016 wurden über 81.000 Radfahrer verletzt, 393 davon tödlich und mehr als 32.000 Fußgänger verletzt, 490 davon tödlich (DESTATIS 2017).

Besonders gefährdet sind folgende Personengruppen (DESTATIS 2017):

- Kinder unter 15 Jahren: Rund 28.500 Kinder pro Jahr werden in Verkehrsunfällen verletzt, davon rund 40 % als Mitfahrer im Pkw, rund ein Viertel als Fußgänger (meist 6- bis 14-Jährige) und rund ein Drittel als Radfahrer (meist 10- bis 14-Jährige).
- Junge Fahranfänger: Rund 66.000 Verunglückte und 435 Getötete wurden für das Jahr 2016 in der Gruppe der 18- bis 24-Jährigen berichtet. Ein Verkehrsunfall ist die Todesursache Nr. 1 bei Jugendlichen. Das Risiko ist für die Gruppe der 18- bis 20-Jährigen am höchsten.
- Motorradfahrer: Rund 33.000 Motorradfahrer verunglücken pro Jahr, mit 570 Getöteten in 2016. Das fahrleistungsbezogene Risiko ist für diese Gruppe rund zehnfach erhöht gegenüber der Pkw-Benutzung.
- Ältere Menschen ab 65 Jahren: Rund 49.000 Verletzte und 1.024 Getötete gab es in dieser Gruppe im Jahr 2016. Mehr als jeder zweite getötete Fußgänger und mehr als jeder zweite getötete Radfahrer ist älter als 64.

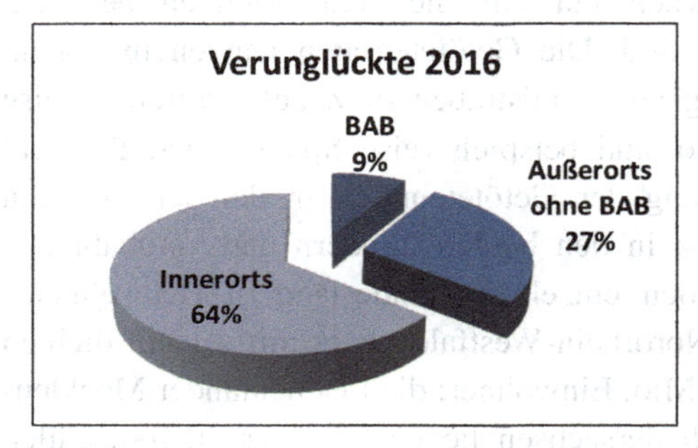

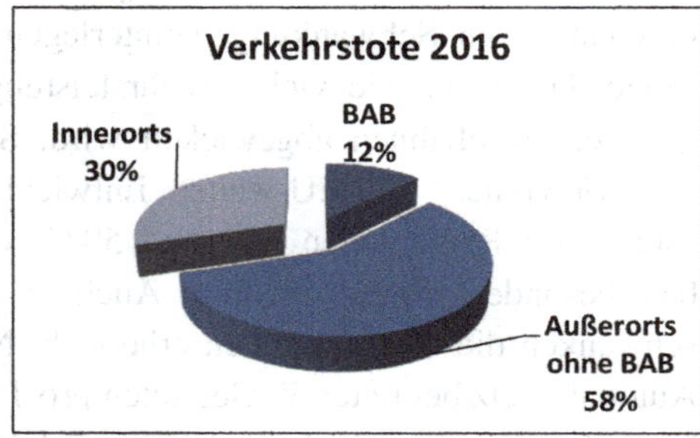

Abb. 10.2 Anteile der Verunglückten und Verkehrstoten auf Bundesautobahnen, Landstraßen und Stadtstraßen (Quelle: DESTATIS 2017, eigene Darstellung)

Zu erwähnen ist, dass alle hier aufgeführten Angaben auf polizeilich registrierten Unfällen beruhen. Es ist davon auszugehen, dass die tatsächlichen Unfallzahlen weitaus höher sind. So werden insbesondere Unfälle zwischen Fußgänger und Radfahrer nur selten polizeilich registriert, sodass gerade in diesen Fällen eine hohe Dunkelziffer erwartet werden kann.

Die Unfallaufnahme und Unfallauswertung ist in den einzelnen Bundesländern mit der Zuständigkeit der Länder für Bundesautobahnen sowie Bundes- und Landesstraßen in Ortschaften mit unter 80.000 Einwohnern, mit der Zuständigkeit der Landkreise für Kreisstraßen und mit der Zuständigkeit der Städte und Gemeinden für Bundes- und Landesstraßen in Ortschaften über 80.000 Einwohnern sowie für alle Gemeindestraßen nicht einheitlich geregelt, sodass zum detaillierten Unfallgeschehen wie z. B. zum Aufkommen von detaillierten Unfalltypen keine Aussagen getroffen werden können. Mit dem Schwerpunkt einzelner Fragestellungen wurden in der Unfallforschung jedoch immer wieder einzelne Teilaspekte wie beispielsweise das Linksabbiegen an Knotenpunkten oder das Radfahren in Städten exemplarisch anhand von Untersuchungsräumen analysiert. Ohne Anspruch auf Vollständigkeit seien an dieser Stelle einige Schlussfolgerungen zu derzeitigen Gefahrensituationen auf deutschen Straßen aufgeführt:

- Obwohl etwa 65 % des Autobahnnetzes keine zulässige Höchstgeschwindigkeit aufweist, ist das Fahren auf Autobahnen vergleichsweise sicher. Waren in der Vergangenheit Unfallhäufungsstellen zu verzeichnen, wurde mit der Anordnung einer zulässigen Höchstgeschwindigkeit in diesen Abschnitten bereits reagiert. Dennoch kommen pro Jahr etwa 400 Menschen auf Bundesautobahnen ums Leben, rund 30.000 Personen pro Jahr werden auf Autobahnen verletzt. Unfallursachen sind in vielen Fällen überhöhte oder nicht angepasste Geschwindigkeiten, zu geringer Sicherheitsabstand und/oder der Alkoholeinfluss des Fahrers. Viele Unfälle geschehen über das Netz verteilt und auch im Bereich von Ein- und Ausfahrer – vergleichsweise wenige Unfälle im Bereich von Tunneln oder Baustellen. Falschfahrten auf Autobahnen oder Durchbruchunfälle durch die Schutzeinrichtung im Mittelstreifen der Autobahn machen jeweils weniger als 100 Unfälle pro Jahr aus, wobei die Unfallfolgen eines einzelnen Unfalls in diesen Fällen überdurchschnittlich schwerwiegend sind. Auf Autobahnen sind Auffahrunfälle und Abkommensunfälle die dominierenden Unfallarten (Gerlach und Thiemeyer 2010; Gerlach et al. 2012; TH Mittelhessen 2017).
- Auf Landstraßen dominieren Abkommensunfälle (oftmals mit Anprall an Hindernissen wie Bäumen), Unfälle mit dem Gegenverkehr (meist durch Überholen) und Unfälle an Kreuzungen und Einmündungen. Unfälle auf Landstraßen haben meist schwere Unfallfolgen (BASt 2010; TH Mittelhessen 2017).
- Kreuzungen und Einmündungen bieten inner- und außerorts ein hohes Gefahrenpotenzial. Die Komplexität der Verkehrsvorgänge ist an diesen Verkehrsanlagen besonders hoch, was für alle Personengruppen, aber insbesondere für Kinder und ältere Menschen, mit hohen Anforderungen verbunden ist (KIT 2018; UDV 2010).

- An Minikreisverkehren und kleinen Kreisverkehren geschehen relativ wenige Unfälle, die abgesehen von vereinzelten Unfällen mit Aufprall auf feste Hindernisse auf der Mittelinsel keine schweren Unfallfolgen aufweisen. Voraussetzung ist eine regelkonforme Ausgestaltung der Kreisverkehre u. a. mit einem Ablenkmaß, das zu niedrigen Geschwindigkeiten in Kreisverkehren führt (BSV 2014; UDV 2010).
- Knotenpunkte mit Lichtsignalanlagen sind aufgrund von Rotlichtverstößen und den höheren Geschwindigkeiten auf der Hauptrichtung generell weniger sicher als regelkonform ausgestaltete Kreisverkehre. Am unsichersten sind vorfahrtgeregelte Knotenpunkte (BASt 2015a; KIT 2018; TH Mittelhessen 2017).
- Häufigster Unfalltyp im Kfz-Verkehr in Stadtstraßen ist derzeit der mit dem Gegenverkehr kollidierende Linksabbieger an vorfahrtgeregelten oder lichtsignalgeregelten Knotenpunkten. Knotenpunkte ohne eigene Phase für Linksabbieger haben ein signifikant höheres Unfallgeschehen als Knotenpunkte mit Linksabbiegeschutz (KIT 2018; UDV 2010; TH Mittelhessen 2017).
- Freie Rechtsabbieger an sonst signalgeregelten Knotenpunkten führen häufig zu Auffahrunfällen, weil zügig abbiegende Verkehrsteilnehmer auf vorsichtig Wartende beim Rechtsabbiegen auffahren (KIT 2018; UDV 2010; TH Mittelhessen 2017).
- Motorradfahrer verunglücken inner- und außerorts häufig an Kreuzungen und Einmündungen. Hinzu kommen vor allem Abkommensunfälle auf Landstraßen (BASt 2015b).
- Radfahrer verunfallen etwa gleich häufig auf Radwegen, die neben der Fahrbahn auf Gehwegniveau verlaufen, und auf Radfahrstreifen oder Schutzstreifen auf Fahrbahnniveau. Die meisten Unfälle mit Radfahrerbeteiligung geschehen an Knotenpunkten. Besonders häufig kommt es vor, dass auf dem linken Radweg (im Zweirichtungsverkehr oder regelwidrig auf der falschen Seite) fahrende Radfahrer mit dem in die übergeordnete Straße einmündenden Kfz-Verkehr kollidieren oder dass auf der übergeordneten Straße geradeaus fahrende Radfahrer von aus der übergeordneten Straße rechtsabbiegenden Kfz übersehen werden (BSV 2013; IVAS 2015; PGV 2015; UDV 2010).
- Fußgänger verunglücken meist beim Überschreiten der Fahrbahn und dieses sowohl an Knotenpunkten als auch auf freier Strecke. Ursachen sind in vielen Fällen mangelnde Sichtbeziehungen. Oft führen Parkstände am Fahrbahnrand zu unzureichenden Sichtverhältnissen (BASt 2012; UDV 2010).

Generell besteht ein Zusammenhang zwischen Verkehrsstärke, Geschwindigkeit und Unfallgeschehen (TU Dresden 2013). Auf Straßen mit viel Verkehr geschehen in etwa proportional zur Verkehrsstärke mehr Unfälle als auf vergleichbaren Straßen mit wenig Verkehr. Insofern sind die meisten innerstädtischen Unfälle auf Hauptverkehrsstraßen zu verzeichnen, während in den gering belasteten Wohnstraßen vergleichsweise wenig passiert. Die Erschließungs- und Wohnstraßen sind wiederum nicht darauf ausgelegt, viel Verkehr aufzunehmen. Zudem sind die Geschwindigkeiten im Erschließungs- und Wohnstraßenbereich vergleichsweise gering, sodass die Unfallfolgen in der Regel weniger schwerwiegend sind.

10.3 Unfallkenngrößen

Unfallkenngrößen dienen dazu,

- das Unfallgeschehen verschiedener Örtlichkeiten hinsichtlich Zahl und Schwere von Unfällen (mit Getöteten, Schwerverletzten, Leichtverletzten oder ausschließlich Sachschäden) miteinander zu vergleichen,
- Aussagen treffen zu können, ob bestimmte Situationen vergleichsweise sicher oder unsicher sind,
- Entscheidungen darüber zu treffen, ob bestimmte Situationen unfallauffällig sind und Maßnahmen bedürfen,
- eine Auswahl von Maßnahmen einer Sicherheitsbewertung zu unterziehen und eine geeignete Maßnahme auszuwählen,
- volkswirtschaftliche Verluste aufgrund von Unfällen zu ermitteln und volkswirtschaftlichen Nutzen aufgrund der Vermeidung von Unfällen durch Maßnahmen den Kosten der Maßnahmen gegenüberzustellen.

Unfalluntersuchungen und Unfallanalysen werden mithilfe von Unfallkenngrößen durchgeführt, die auf den von der Polizei erhobenen Daten zu den jeweiligen Unfällen basieren. Im Gesetz über die Statistik der Straßenverkehrsunfälle (Straßenverkehrsunfall statistikgesetz – StVUnfStatG) ist geregelt, dass bei Unfällen, bei denen wenigstens eine Person getötet oder verletzt worden ist sowie bei schwerwiegenden Unfällen mit Sachschaden eine Unfallaufnahme durch die Polizeidienststellen erfolgen muss, die u. a. die Örtlichkeit der Unfallstelle, den Hergang und die Umstände des Unfalls und die Unfallfolgen beinhalten muss. Teile der infolge der Unfallaufnahme vorliegenden Unfallanzeige, wie die Unfallfolgen, gehen in aggregierter Form in die bundesweite Statistik ein, andere Teile wie der detaillierte Unfallhergang oder die genaueren Unfalltypen verbleiben bei den Polizeidienststellen (BRD 2015a).

Die Polizeidienststellen erstellen in einigen Ländern elektronisch, in manchen noch manuell, Unfalltypenkarten (frühere Bezeichnung: Unfallsteckkarten), in der jeder Unfall in der jeweiligen Örtlichkeit durch einen farbigen Punkt (Stecknadelkopf) symbolisiert wird. Die Punkte weisen unterschiedliche Farben und Größen auf, sodass der aggregierte Unfalltyp und die Unfallschwere neben dem Unfallort, auf dem sich der Punkt befindet, erkennbar werden. Der Durchmesser des Punktes symbolisiert die Unfallkategorie und damit die schwerste Unfallfolge des jeweiligen Unfalls. Unterschieden wird nach U(P) Unfällen mit Personenschäden der Kategorien 1 bis 3 und U(S) Unfällen mit Sachschäden der Kategorie 4 bis 6. Die ersten beiden Kategorien werden auch als U(SP) Unfälle mit schweren Personenschaden bezeichnet, wobei die Kategorie 1 ein Unfall mit mindestens einem getöteten Verkehrsteilnehmer und die Kategorie 2 einen Unfall mit mindestens einem schwerverletzten Verkehrsteilnehmer, aber ohne getötete Verkehrsteilnehmer, beschreibt. Unfälle der Kategorie 3 werden auch als U(LV) bezeichnet, bei denen mindestens ein leichtverletzter Verkehrsteilnehmer zu verzeichnen ist. Die Kategorien 4 bis 6 bezeichnen schwerwiegende oder sonstige Unfälle mit Sachschäden. Die genaue Einteilung und die bundesweit einheitliche Regelung zu Unfallkategorien, Punktgrößen und -farben kann beispielsweise dem Merkblatt zur örtlichen Unfalluntersuchung in Unfallkommissionen M Uko (FGSV 2012a) entnommen werden. Abb. 10.3 gibt einen Überblick über die beschriebenen Kategorien.

Die Polizeidienststellen erstellen grundsätzlich Einjahreskarten mit allen Unfällen und Dreijahreskarten, die ausschließlich die U(P) der Kategorien 1 bis 3 enthalten. Abb. 10.4 zeigt die Darstellung von Unfällen in diesen Ein- und Dreijahreskarten, bei der die schwerste Unfallfolge durch die Punktgröße dargestellt wird. Die Unfälle werden

Schwerste Unfallfolge		Unfall-Kategorie	Beschreibung*
Unfall mit Getöteten	U(GT)	Kat. 1	Mindestens **ein** getöteter Verkehrsteilnehmer
Unfall mit Schwerverletzten	U(SV)	Kat. 2	Mindestens **ein** schwerverletzter Verkehrsteilnehmer, aber **keine** Getöteten
Unfall mit Leichtverletzten	U(LV)	Kat. 3	Mindestens **ein** leichtverletzter Verkehrsteilnehmer, aber **keine** Getöteten und **keine** Schwerverletzten
schwerwiegender Unfall mit Sachschaden	U(SS)	Kat. 4	Unfälle mit Sachschaden und Straftatbestand oder Ordnungswidrigkeits-Anzeige (unfallursächlich), bei denen mindestens ein Kraftfahrzeug **nicht mehr fahrbereit** ist (abschleppen)
		Kat. 6	Alle übrigen Sachschadenunfälle unter Einfluß berauschender Mittel
sonstiger Unfall mit Sachschaden	U(LS)	Kat. 5	Sachschadenunfälle - mit Straftatbestand oder Owi-Anzeige ohne Einfluß berauschender Mittel, bei denen alle Kraftfahrzeuge **fahrbereit** sind, - mit lediglich geringfügiger Ordnungswidrigkeit (Verwarnung), unabhängig, ob Kfz fahrbereit oder nicht fahrbereit

U(SP) U(P) U(S)

* Statistisches Bundesamt, Wiesbaden 2008

Abb. 10.3 Beschreibung der Unfallkategorien. (Quelle: M Uko, FGSV 2012a)

Darstellung der Unfallkategorie	Einjahreskarte 1-JK	Mehrjahreskarte 3-JK
Unfall mit Getöteten (1)	= 8 mm/10 mm	= 8 mm/10 mm
Unfall mit Schwerverletzten (2)	= 8 mm	= 8 mm
Unfall mit Leichtverletzten (3)	= 6 mm	= 4 mm
Unfall mit Sachschaden (4, 5, 6)	= 4 mm	

Abb. 10.4 Darstellung der Unfallkategorien in Unfalltypen und -karten. (Quelle: M Uko, FGSV 2012a)

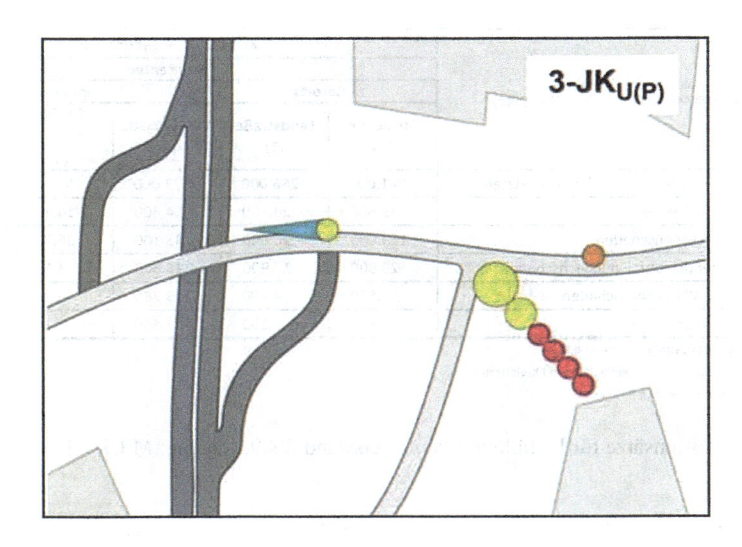

Abb. 10.5 Beispiel einer Dreijahreskarte. (Quelle: M Uko, FGSV 2012a)

nach M Uko (FGSV 2012a) dabei sieben aggregierten Unfalltypen wie beispielsweise dem Unfalltyp 2 „Abbiegeunfall" oder dem Unfalltyp 4 „Überschreitenunfall" zugeordnet. Die Unfallanzeige enthält zudem detailliertere dreistellige Unfalltypen. Ein Beispiel einer Unfalltypenkarte (Dreijahreskarte) ist der Abb. 10.5 zu entnehmen.

Die so gesammelten Daten werden in aggregierter Form dem Statistischen Bundesamt übermittelt und sind dort für jedermann abrufbar. Für verkehrsplanerische Zwecke können auch die Ursprungsdaten, die detailliertere Angaben enthalten, nach vorheriger Genehmigung von den jeweiligen Polizeidienststellen oder von übergeordneten Behörden zur Verfügung gestellt bzw. dort eingesehen werden.

Auf der Basis dieser Daten sind Auswertungen möglich, die Schlussfolgerungen zum aktuellen Unfallgeschehen sowie Detailanalysen und Vergleiche zur Verkehrssicherheit erlauben. Da die Verkehrssicherheit sowohl durch die Anzahl als auch durch die Schwere von Straßenverkehrsunfällen beschrieben wird, werden zur Bestimmung des „Grades" der Verkehrssicherheit Unfallkosten ermittelt. Die verschiedenen Unfallfolgen werden so durchgehend in die Einheit Euro umgerechnet und damit Aussagen zur Ausprägung des Unfallgeschehens in Unfallkenngrößen ermöglicht.

Zur Berechnung der Unfallkosten werden die Unfälle in Abhängigkeit von Unfallkategorie und Straßentyp mit einem Kostensatz multipliziert, der auf durchschnittlichen Folgekosten von Unfällen wie Arbeitsunfähigkeit oder medizinische Rehabilitation sowie auf Kosten für Sachschäden basiert. Die Kostensätze werden anhand von Durchschnittskosten ermittelt und in unregelmäßigen Abständen von der Bundesanstalt für Straßenwesen (BASt) aktualisiert. Abb. 10.6 enthält die Kostensätze mit dem Preisstand vom Jahr 2009.

Da die Folgen eines einzelnen Unfalls teils zufälliger Natur sind und ein Unfall mit vielen Beteiligten – weil z. B. die Insassen eines Kleinbusses verunglückt sind –

Unfallkategorie (Schwerste Unfallfolge)	Kostensatz KS_u [Euro/U][*]				
	Straßentyp				
	außerorts		innerorts		
	Autobahn (1)	Landstraße (2)	Verkehrsstr. (3)	Erschl.-straße (4)	Gesamt (5)
SP: Unfall mit Getöteten oder Schwerverletzten	341.000	266.000	173.000	154.000	162.000
LV: Unfall mit Leichtverletzen	43.500	24.700	14.800	14.400	14.600
P: Unfall mit Personenschaden	113.000	10.000	43.100	36.700	41.500
SS: Schwerwiegender Unfall mit Sachschaden	23.900	17.900	16.600	14.100	15.100
LS: Sonstiger Unfall mit Sachschaden	4.630	4.190	3.780	5.930	6.310
S: Unfall mit Sachschaden	6.860	5.190	7.480	6.240	6.740

(2) Landstraße: Außerortsstraße ohne Autobahn

(3) Verkehrsstraße: Bundesstraße, landstraße und Kreisstraße

(4) Erschließungsstraße: Sonstige Straßen

*) Preisstand 2009

Abb. 10.6 Kostensätze für Unfälle mit dem Preisstand 2009. (Quelle: M Uko, FGSV 2012a)

Ausreißer in der Unfallbilanz für einzelne Situationen darstellen würden, werden im Rahmen der Verkehrssicherheitsarbeit in der Regel die in der Abb. 10.6 angegebenen Kostensätze verwendet, ohne dass die expliziten Folgekosten der jeweiligen Unfallaufnahme entnommen werden.

Auf der Basis der Unfallkosten eines Bezugsjahres (wenn möglich werden mindestens drei Jahre betrachtet und ein Durchschnitt gebildet), erfolgt die Ableitung von Unfallkenngrößen.

Unfallkosten UK (1)

$$UK_{U(P,S)} = \sum n_{U(P,S)} \cdot KS_{U(P,S)} \quad [€]$$
$$UK_{aU(P,S)} = \frac{UK_{U(P,S)}}{t} \quad \left[€/a\right]$$

mit:

n_U Anzahl der Unfälle im Untersuchungsraum des betrachteten Zeitraums

$KS_{U(P,S)}$ Kostensätze für Unfälle unterschieden nach Personenschaden, schwerem und leichtem Sachschaden

$UK_{aU(P,S)}$ jährliche Unfallkosten im Untersuchungsraum mit Personen- und Sachschaden

t Anzahl der Jahre (Betrachtungszeitraum)

Wesentliche Kenngrößen sind die Unfallkostenbelastung, die Unfallkostendichte und die Unfallkostenrate.

Die Unfallkostenbelastung ist ein Maß für die Unfallanzahl und Unfallschwere in Gebieten und eignet sich für den Vergleich von Bereichen wie Städten und Gemeinden oder Wohngebieten. Sie gibt an, wie hoch die Unfallkosten pro Einwohner und Jahr in einem Gebiet sind.

Unfallkostenbelastung UKB (2)

$$\text{UKB} = \frac{\text{UK}_{U(P,S)}}{E \cdot t} \qquad [€/E \cdot a]$$

mit:

$\text{UK}_{U(P,S)}$	Unfallkosten im Untersuchungsraum mit Personen- und Sachschaden
E	Bestandsumfang: hier Anzahl der Einwohner im Untersuchungsraum
t	Anzahl der Jahre (Betrachtungszeitraum)

Unfallkostendichten beschreiben die Anzahl und Schwere von Unfällen pro Kilometer, Länge des betrachteten Straßenbereiches oder pro Knotenpunkt.

Unfallkostendichte UKD für Streckenabschnitte (3)

$$\text{UKD} = \frac{\text{UK}_{U(P,S)}}{1000 \cdot L \cdot t} \qquad \left[\frac{1000\,€}{\text{km} \cdot \text{a}}\right]$$

Unfallkostendichte UKD für Knotenpunkte (4)

$$\text{UKD} = \frac{\text{UK}_{U(P,S)}}{1000 \cdot t} \qquad \left[\frac{1000\,€}{\text{a}}\right]$$

mit:

$\text{UK}_{U(P,S)}$	Unfallkosten im Untersuchungsraum mit Personen- und Sachschaden
L	Streckenlänge
t	Anzahl der Jahre (Betrachtungszeitraum)

Die Unfallkostenrate beschreibt die fahrleistungsbezogene Anzahl und Schwere von Unfällen in einem Straßenbereich oder an Knotenpunkten. Im Gegensatz zur Unfallkostendichte wird bei der Unfallkostenrate berücksichtigt und relativiert, dass höhere Verkehrsmengen im Durchschnitt zu höheren Unfallkosten führen.

Unfallkostenrate UKR für Streckenabschnitte (5)

$$\text{UKR} = \frac{1000 \cdot \text{UK}_{U(P,S)}}{365 \cdot \text{DTV} \cdot L \cdot t} \qquad \left[\frac{€}{1000\,Kfz \cdot km \cdot a}\right]$$

Unfallkostenrate UKR für Knotenpunkte (6)

$$\text{UKR} = \frac{1000 \cdot \text{UK}_{U(P,S)}}{365 \cdot \text{DTV}_\text{K} \cdot t} \qquad \left[\frac{€}{1000\,Kfz \cdot a}\right]$$

mit:

$\text{UK}_{U(P,S)}$	Unfallkosten im Untersuchungsraum mit Personen- und Sachschaden
DTV	Durchschnittliche tägliche Verkehrsstärke im betrachteten Zeitraum
DTV_K	Durchschnittliche tägliche Anzahl der Knotenpunktüberfahrten im betrachteten Zeitraum
L	Streckenlänge
t	Anzahl der Jahre (Betrachtungszeitraum)

Um eine vorhandene Situation zu bewerten, kann das Sicherheitspotenzial SiPo ermittelt werden, das nach den ESN „Empfehlungen für die Sicherheitsanalyse von Straßennetzen“ (FGSV 2003) den Unterschied zwischen Grundunfallkosten, die bei richtliniengerechtem Ausbau zu erwarten wären, und den vorhandenen Unfallkosten beschreibt. Typische Unfallkostenraten werden in einem von der FGSV zur Veröffentlichung geplanten Handbuch zur Bewertung der Verkehrssicherheit zusammengestellt. Sie liegen in etwa bei (TU Dresden 2013; BSV 2014; KIT 2018).

- 15,- EUR bis 20,- EUR pro 1.000 Kfz-Kilometer auf Straßenabschnitten von Autobahnen,
- 20,- EUR bis 40,- EUR pro 1.000 Kfz-Kilometer auf Straßenabschnitten von Landstraßen,
- 10,- EUR bis 20,- EUR pro 1.000 Kfz-Kilometer auf Streckenabschnitten von Stadtstraßen,
- 3,- EUR bis 5,- EUR pro 1.000 Kfz an Mini-Kreisverkehren,
- 3,- EUR bis 10,- EUR pro 1.000 Kfz an kleinen Kreisverkehren,
- 3,- EUR bis 25,- EUR pro 1.000 Kfz an Knotenpunkten mit Lichtsignalanlagen und
- 3,- EUR bis 40,- EUR pro 1.000 Kfz an Knotenpunkten ohne Lichtsignalanlagen.

Liegen die vorhandenen Unfallkostenraten weit über diesen Grundunfallkostenraten, ist ein hohes SiPo und damit ein hohes Potenzial zur Vermeidung von Unfällen mit geeigneten Maßnahmen vorhanden. Die Verkehrssicherheitsarbeit setzt bei diesem Sicherheitspotenzial an, wobei auch andere Auslöser wie hohe absolute Unfallzahlen an Unfallhäufungen, einzelne oder mehrere schwere Unfälle mit medialer Aufmerksamkeit oder relative Betrachtungen Auslöser für sicherheitsrelevante Maßnahmen sein können.

10.4 Instrumente des infrastrukturellen Sicherheitsmanagements zur Reduzierung des Unfallgeschehens

Die Verkehrssicherheitsarbeit hat generell den Anspruch, pro-aktiv bzw. präventiv Rahmenbedingungen zu schaffen, bei denen Fehler verziehen und Unfälle erst gar nicht geschehen können, und reaktiv dort anzusetzen, wo Unfälle bestimmter Art oder räumlich häufig vorkommen. Im Rahmen der infrastrukturellen Verkehrssicherheitsarbeit geschieht dies, indem neben der laufenden Aktualisierung der Regelwerke zur Verkehrsplanung und -steuerung auf der Grundlage neu gewonnener Erkenntnisse die Verfahrensweisen

- zum Vergleich der Sicherheitswirkung von Maßnahmen (pro-aktiv),
- zur sicherheitsbezogenen Überprüfung von Planungen (pro-aktiv),
- zur Untersuchung und Beseitigung von Unfallhäufungen (reaktiv) sowie
- zur Überprüfung des in Betrieb befindlichen Straßennetzes (reaktiv),

angewendet werden, die zusammenfassend als Sicherheitsmanagement für die Straßenverkehrsinfrastruktur zu bezeichnen sind.

Die einzelnen Verfahren werden in der Richtlinie 2008/96/EG des Europäischen Parlaments und des Rates vom 19. November 2008 über ein Sicherheitsmanagement für die Straßenverkehrsinfrastruktur (Europäische Union 2008) beschrieben und sind in den europäischen Mitgliedstaaten in nationales Recht überführt worden. In Deutschland wurde das Sicherheitsmanagement mit dem Allgemeinen Rundschreiben Straßenbau Nr. 26/2010 (BMVBS 2010) zur Umsetzung der Richtlinie 2008/96/EG für alle Bundesfernstraßen verbindlich eingeführt. Teile des im Rundschreiben geforderten Sicherheitsmanagements und hier insbesondere die örtliche Unfalluntersuchung sind in Deutschland schon lange etabliert. Andere Verfahren wie das Sicherheitsaudit von Straßenplanungen werden für Landes-, Kreis- und Gemeindestraßen durch einzelne und unterschiedliche Regelungen bislang vereinzelt, aber leider längst nicht flächendeckend angewandt. Von den jeweiligen gesetzlichen Randbedingungen abgesehen ist die Anwendung aller Verfahren auf allen Straßen aber sinnvoll und kann nachhaltig zur Vermeidung von Unfällen beitragen.

Das pro-aktive Verfahren der „Folgenabschätzung hinsichtlich der Straßenverkehrssicherheit“ umfasst eine strategisch orientierte, vergleichende Analyse der Auswirkungen einer neuen Straße oder wesentlicher Änderungen an bestehenden Straßen auf die Sicherheit im Straßennetz. In der englischen Sprache wird hierfür der Begriff des „Road Safety Impact Assessment“ verwendet, der den Verfahren des „Strategic Environmental Assessment“ (Strategische Umweltprüfung) und „Environmental Impact Assessment“ (Umweltverträglichkeitsprüfung) in ihrem Ansatz entsprechen soll. Die Folgenabschätzung tritt in ihrer Intention damit gleichberechtigt neben die strategische Umweltprüfung bei Verkehrsplänen oder die Umweltverträglichkeitsprüfung bzw. -studie in der Linienfindung, um negative Umweltauswirkungen und Unfälle zu vermeiden. Sie enthält u. a. die Formulierung von Straßenverkehrssicherh eitszielen, die Analyse der Auswirkungen der vorgeschlagenen Planungsvarianten auf die Straßenverkehrssicherheit, die Abschätzung der voraussichtlichen Unfallkosten und den Vergleich der Planungsvarianten, einschließlich der Kosten-Nutzen-Analyse. Die Abschätzung der Unfallkosten beruht auf Grundunfallkostenraten für unterschiedliche Verkehrsanlagen bei regelkonformem Ausbau und etwaigen Zuschlägen für Abweichungen vom Regelwerk. So können beispielsweise die voraussichtlichen Unfallkosten bei bestimmten Verkehrsmengen im Vergleich des Ausbaus eines Verkehrsknotenpunktes als Kreisverkehr oder als Knotenpunkt mit Lichtsignalanlage abgeschätzt werden. Das Verfahren der Folgenabschätzung ist noch sehr neu und muss sich in der Praxis noch etablieren. Erfahrungen z. B. hinsichtlich der Abwägung der einzelnen Belange liegen noch nicht vor (vgl. Europäische Union 2008).

Das ebenfalls pro-aktive Verfahren des „Sicherheitsaudits in der Planung von Straßen" steht für eine unabhängige, systematische und technische Prüfung der Entwurfsmerkmale eines Infrastrukturprojektes unter dem Sicherheitsaspekt. Dieses geschieht in verschiedenen Phasen der Planung vom ersten Vorentwurf bis hin zur ersten Betriebsphase. Zertifizierte Auditoren verfassen für jede Phase des Infrastrukturprojektes einen Bericht, indem sie auf sicherheitsrelevante Defizite der Entwurfsmerkmale hinweisen und ggf. Vorschläge zur Behebung von Sicherheitsmängeln machen. In Deutschland wurde das Audit im Jahr 2002 im Rahmen der ESAS (Empfehlungen für das Sicherheitsaudit an Straßen, FGSV 2002a) eingeführt. Die ESAS wurden überarbeitet und 2019 mit der RSAS in verbindlichere Richtlinien für das Sicherheitsaudit von Straßen überführt (FGSV 2019).

Als ein Element der Qualitätssicherung und Bestandteil eines Qualitätssicherungs- und Sicherheitsmanagements dient diese unabhängige, systematische und formalisierte Prüfung der Sicherheitsdefizite der Planungen dazu, Straßen so sicher wie möglich zu gestalten und damit erhöhte Unfallgefahren und etwaige Kosten zum späteren Umbau von Unfallhäufungen zu vermeiden. Das Ziel der Einführung der Sicherheitsaudits in Deutschland war insbesondere die Stärkung der Belange der Verkehrssicherheit im Rahmen der notwendigen Abwägungen gegenüber den Belangen der Qualität des Verkehrsablaufs, der Kosten und der Umwelt, nachdem verschiedene Probeaudits vermeidbare Sicherheitsdefizite in Planungen aufgedeckt hatten. Die BASt führt eine Liste der zertifizierten Auditoren, die zum Zeitpunkt der Erfassung (BASt 2018) mehr als 300 Auditoren umfasst. Die Auditoren haben Ausbildungskurse erfolgreich absolviert, die von offiziellen Ausbildern angeboten werden. Sie müssen regelmäßig an Fortbildungsveranstaltungen teilnehmen und nachweisen, dass sie Planungen auditieren, um alle drei Jahre rezertifiziert zu werden. Die Erfahrungen zeigen, dass durch die Anwendung des Sicherheitsaudits eine Verbesserung der Straßenentwürfe und somit eine Reduzierung der Unfälle und Unfallfolgen erreicht werden kann.

Anzumerken ist in diesem Zusammenhang, dass das Sicherheitsaudit gerade bei der Planung oder Umgestaltung von Stadtstraßen keineswegs flächendeckend angewandt wird. Abb. 10.7 zeigt die Herkunft der bislang 172 zertifizierten Auditoren für Hauptverkehrs- und Erschließungsstraßen in Deutschland, wobei deutlich wird, dass diese nur einen Teil des Bundesgebietes abdecken. Hinzu kommt, dass das Sicherheitsaudit nur in wenigen Kommunen eingeführt ist und auch dort nicht bei allen Planungen und Umgestaltungen zum Einsatz kommt.

Der Prozess des Sicherheitsaudits in der Planung beginnt mit einer Beauftragung eines internen oder externen Auditors oder Auditorenteams durch den Auftraggeber. Auditoren erhalten alle erforderlichen Unterlagen und prüfen diese auf Vollständigkeit und Aktualität. Auf der Grundlage dieser Unterlagen und einer Ortsbesichtigung führt der Auditor seine Überprüfung unabhängig unter Berücksichtigung der Anforderungen aller Verkehrsarten und Verkehrsteilnehmergruppen (Kraftfahrzeug, Fahrzeug des ÖPNV,

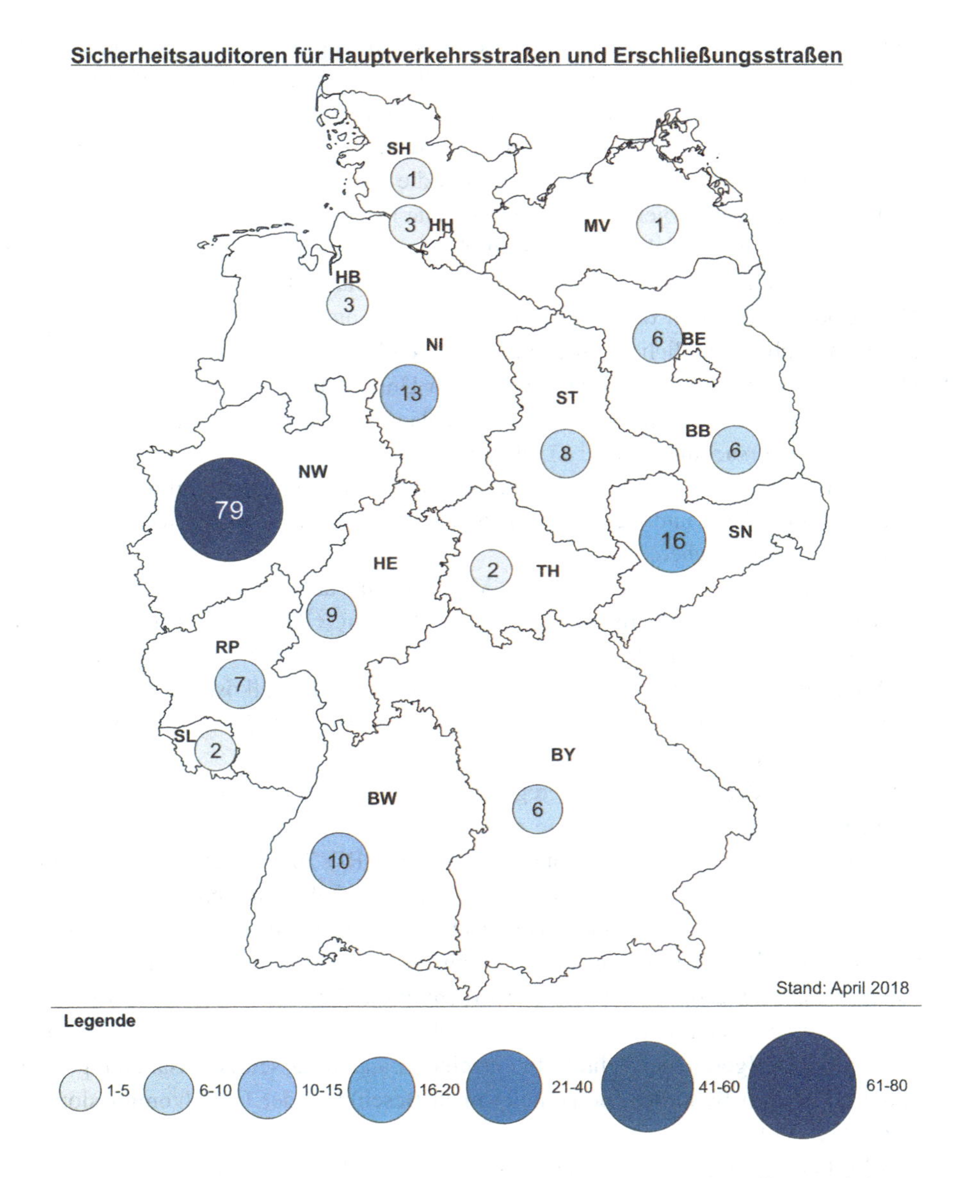

Abb. 10.7 Herkunft der bislang 172 zertifizierten Auditoren für Hauptverkehrs- und Erschließungsstraßen (Stand April 2018)

motorisiertes Zweirad, Fahrrad, Fußgänger, mobilitätseingeschränkte und sehbehinderte Personen usw.) durch. Die Entwurfsunterlagen werden daraufhin überprüft, ob die Regelwerke eingehalten und deren Ermessensspielraum zur Optimierung der Verkehrssicherheit ausgeschöpft wurde und ob Erkenntnisse aus der örtlichen Unfalluntersuchung berücksichtigt wurden. Wichtig ist eine „virtuelle" Benutzung der Verkehrsanlagen aus Sicht aller Verkehrsteilnehmer unter Berücksichtigung aller Wegebeziehungen. Der Auftraggeber entscheidet, ob und inwieweit die im Auditbericht aufgeführten Feststellungen zur Änderung der Planung führen. Er erstellt eine schriftliche Stellungnahme, in der begründet diejenigen Defizite benannt werden, die bei der weiteren Planung keine Berücksichtigung finden. Der Auditbericht und die schriftliche Stellungnahme des Auftraggebers werden den Projektakten beigefügt. Die Erfahrung zeigt, dass aufgrund dieses offiziellen Prozesses mit schriftlicher Niederlegung der Defizite viele Sicherheitsrisiken schon im Vorfeld der Umsetzung vermieden werden können (BSV 2016).

Das reaktive Verfahren der „Sicherheitseinstufung und des Sicherheitsmanagements des im Betrieb befindlichen Straßennetzes" enthält die relative Einstufung von Straßenabschnitten sowie von Netzen bezüglich Unfallhäufigkeit und -schwere und die Bestimmung von Unfallhäufungen. In Deutschland existieren die Verfahren der „örtlichen Unfalluntersuchung" (vgl. M Uko, FGSV 2012a) und die „Sicherheitsanalyse von Netzen" (vgl. ESN, FGSV 2002), die den Anforderungen der richtlinienkonformen „Sicherheitseinstufung und des Sicherheitsmanagements des im Betrieb befindlichen Straßennetzes" entsprechen.

Dabei macht es durchaus Sinn, Maßnahmen auf bestimmte Bereiche zu konzentrieren. So machen bereits ältere Untersuchungen (GDV, TU Cottbus 2003) deutlich, dass etwa 80 % der „vermeidbaren", also der über einer Grundunfallkostenrate (eine Art „kaum vermeidbares Grundrauschen") liegenden Unfallkosten auf einem Anteil von 20 % des Straßennetzes zu verzeichnen sind (Abb. 10.8). 55 % der vermeidbaren Unfallkosten beziehen sich auf 10 % des Straßennetzes.

Schwerpunkt der verbindlich geregelten Unfallkommissionsarbeit ist es, Unfallhäufungen und geeignete Maßnahmen zu identifizieren. Grundlage ist die Verwaltungsvorschrift zur Straßenverkehrsordnung VwV-StVO (BRD 2015b), die sich in mehreren Absätzen zu § 44 der Bekämpfung von Straßenverkehrsunfällen durch eine örtliche Unfalluntersuchung widmet. Demnach müssen durch einzurichtende Unfallkommissionen Unfallhäufungen erkannt, analysiert und auf Gleichartigkeiten im Unfallgeschehen untersucht werden. Die Erkenntnisse der Unfallkommission sollen zu baulichen, verkehrsrechtlichen und/oder verkehrspolizeilichen Maßnahmen gegen das festgestellte Unfallgeschehen führen. In einzelnen Ländererlassen ist zusätzlich geregelt, dass die beteiligten Behörden die gemeinsamen Beschlüsse der Unfallkommission zeitnah umsetzen sollen.

Das Verfahren der Erkennung und Analyse von Unfallhäufungen ist im „Merkblatt zur Örtlichen Untersuchung in Unfallkommissionen M Uko der Forschungsgesellschaft für Straßen- und Verkehrswesen, Ausgabe 2012" näher beschrieben. Zudem erfolgen in den oben erwähnten Ländererlassen konkretisierte Anweisungen der einzelnen Bundesländer unter Bezugnahme auf die VwV-StVO zu § 44.

Das Erkennen von Unfallhäufungen erfolgt mittels der Anwendung von Grenzwerten, die im M Uko (FGSV 2012a) aufgeführt und teilweise in Ländererlassen modifiziert sind. Nach dem M Uko ist nach Unfallhäufungsstellen UHS und Unfallhäufungslinien

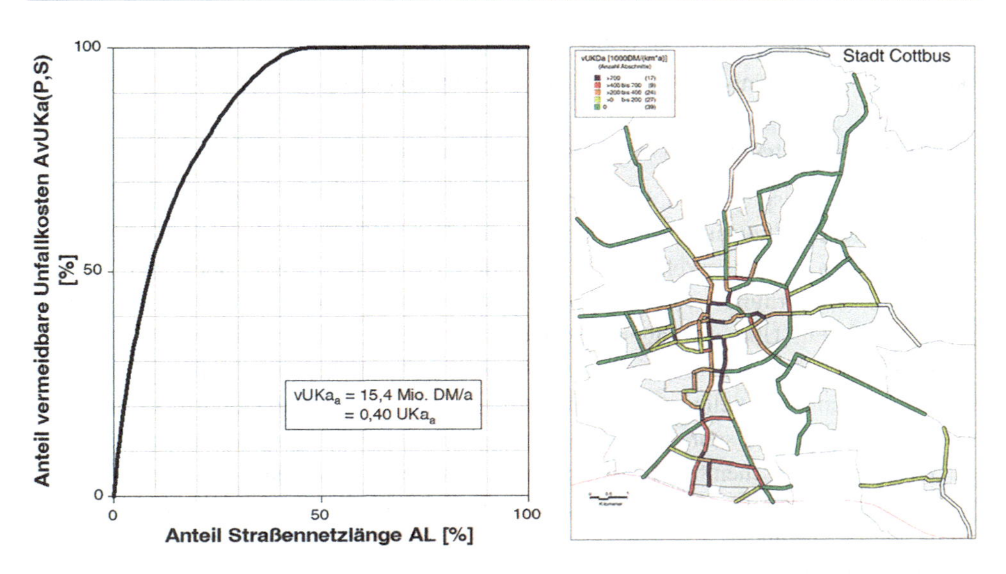

Abb. 10.8 Anteile vermeidbarer Unfallkosten auf Anteilen des Straßennetzes von Hauptverkehrsstraßen. (Quelle: GDV, TU Cottbus 2003)

UHL zu unterscheiden. Innerorts erfolgt die Festlegung von UHL dann, wenn drei Überschreiten-Unfälle in drei Jahren aufgetreten sind. Für innerörtliche UHS gelten folgende beiden Kriterien, wobei eines dieser Kriterien erfüllt sein muss:

- Innerhalb eines Jahres müssen mindestens fünf Unfälle gleichen Unfalltyps (einschließlich Sachschaden-Unfälle) an einer Stelle aufgetreten sein.
- Innerhalb von drei Jahren müssen fünf Unfälle mit mindestens leichtem Personenschaden aufgetreten sein, wobei diese unterschiedlichen Typs sein können.

Für derartige Unfallhäufungsstellen oder Unfallhäufungslinien hat die jeweilige Unfallkommission eine Unfallanalyse durchzuführen, die mithilfe von Unfalllisten, Unfalldiagrammen und Ortsbesichtigungen den verkehrsinfrastrukturellen Einflüssen auf das Unfallgeschehen auf den Grund geht. Dieser Vorgehensweise liegt die Annahme zugrunde, dass bei mehreren Unfällen an einer Örtlichkeit der Anteil der Verkehrsinfrastruktur an der Unfallursache bedeutsam und verringerbar ist. Für die Unfallhäufung werden im Rahmen der örtlichen Unfalluntersuchung ein Vorschlag oder mehrere Vorschläge von erfolgversprechenden Maßnahmen erarbeitet. Dies können Sofortmaßnahmen wie Optimierungen von Markierungen, Geschwindigkeitskontrollen oder auch mittel- und langfristige Maßnahmen wie die Einrichtung von Lichtsignalanlagen oder ein Umbau eines vorfahrtgeregelten Knotenpunktes zu einem Kreisverkehr sein. Für die Maßnahmenauswahl wird vorzugsweise das genannte Verfahren der „Folgenabschätzung hinsichtlich der Straßenverkehrssicherheit“ angewandt.

Exemplarisch werden in diesem Zusammenhang drei Beispiele der Unfallkommissionsarbeit aus einem ausgewählten Stadtgebiet dargestellt:

Beispiel: Unfallhäufung an innerstädtischer Hauptverkehrsstraße

Im ersten Beispiel (Abb. 10.9) handelt es sich um eine ehemalige Unfallhäufungsstelle an einer zweistreifigen, mit knapp 12.000 Kfz/24 h normal belasteten innerstädtischen Hauptverkehrsstraße. An dieser Hauptverkehrsstraße sind in etwa 300 m Entfernung von einem signalgeregelten Knotenpunkt Bushaltestellen angelegt. Für Überquerungen zum Erreichen der Haltestellen waren die gesicherten Fußgängerfurten am Knotenpunkt gedacht – weitere Überquerungsanlagen unmittelbar an den Haltestellen existierten nicht. Innerhalb von drei Jahren kam es zu acht Unfällen mit teils sehr schwerem Personenschaden. Verunglückt sind primär Kinder und ältere Menschen beim Überqueren der Straße. Die Unfallanzeigen zeigen in allen Fällen ein ähnliches Bild: Die Fußgänger sehen den Bus auf die Haltestelle an der gegenüberliegenden Straßenseite zufahren und möchten ihn noch erreichen. Sie überqueren schnellen Schrittes die Straße und übersehen herannahende Fahrzeuge. Die Unfallkommission hat sich für Sofortmaßnahmen entschieden, die eine Beschilderung durch Gefahrenzeichen und Markierungen beinhalten. Zentrales Element ist eine markierte Mittelinsel, die die Komplexität beim Überqueren dadurch mindert, dass zunächst eine Konzentration der Aufmerksamkeit der Querenden auf den von links kommenden Verkehr und dann für einen kurzen Augenblick ein Schutzraum und eine Schutzzeit auf der Mittelinsel zum Überprüfen des von rechts kommenden Verkehrs ermöglicht wird. Auch wenn eigentlich mittelfristig bauliche Maßnahmen angebracht wären und die Sofortmaßnahmen – wie so oft – seit dem Jahr 2004 bis dato Bestand haben, zeigen die Maßnahmen ihre Wirkungen. Seitdem haben sich an dieser Stelle keine schweren Unfälle mehr ergeben. In diesem Fall konnte also ein vergleichsweise unsicherer Straßenabschnitt mit sehr geringen Finanzierungsaufwendungen vergleichsweise sicher gemacht werden. ◀

Beispiel: Unfälle an Einmündung

Im zweiten Beispiel haben sich Unfälle an einer Einmündung ergeben (Abb. 10.10). Linkseinbieger in eine vorfahrtberechtigte Straße sind mit Geradeausfahrern auf dieser vorfahrtberechtigten Straße kollidiert. Eine maßgebende Unfallursache waren eingeschränkte Sichtbeziehungen durch parkende Fahrzeuge im Einmündungsbereich. Die Arbeit der Unfallkommission hat bewirkt, dass ein Parkstand entfallen ist und dieser Bereich abgepollert wurde, um widerrechtliches Parken an dieser Stelle zu verhindern. Auch in diesem Fall haben sich in den Folgejahren keine weiteren Unfälle mehr im Einmündungsbereich ergeben – wiederum ein Beispiel effektiver Unfallkommissionsarbeit, die mit geringem Investitionsaufwand gefruchtet hat. ◀

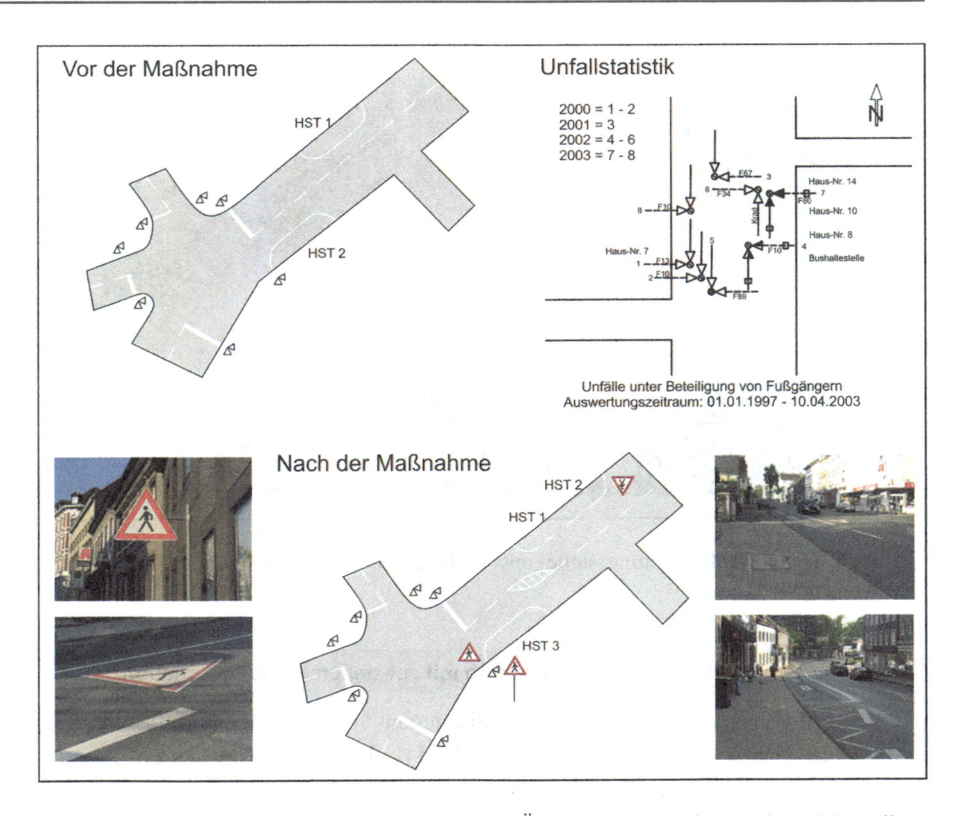

Abb. 10.9 Ehemalige Unfallhäufungsstelle mit Überschreiten-Unfällen in Haltestellenbereichen

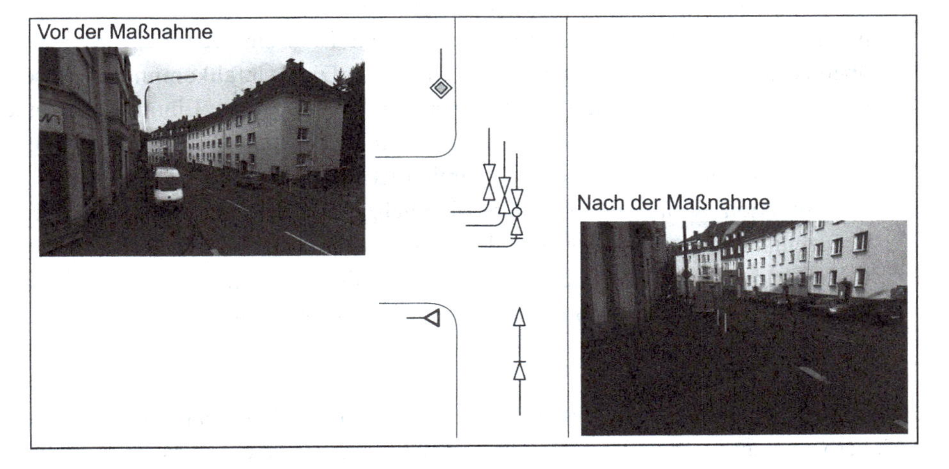

Abb. 10.10 Ehemalige Unfallhäufungsstelle mit Einbiegeunfällen in einem Einmündungsbereich

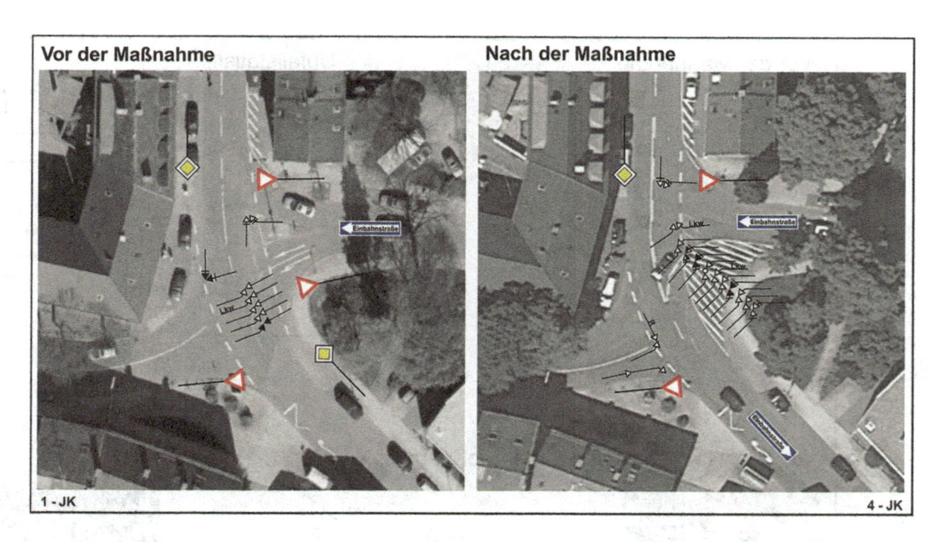

Abb. 10.11 Unfallhäufungsstelle mit Einbiege- und Kreuzenunfällen in einem versetzten Knotenpunktbereich

Beispiel: Versetzter Knotenpunktbereich mit speziellem Umfallgeschehen

Im dritten Beispiel geht es um Einbiegen- und Kreuzenunfälle in einem versetzten Knotenpunktbereich (Abb. 10.11). Hier münden zwei untergeordnete Straßen versetzt in eine vorfahrtberechtigte Hauptverkehrsstraße ein. Die von Osten kommende, einbahngeregelte Straße verfügte über eine sehr breite Knotenpunktzufahrt, was zu unübersichtlichen Situationen führte. Durch das Nebeneinanderaufstellen von wartenden Fahrzeugen waren die Sichtbeziehungen eingeschränkt, sodass einbiegende oder kreuzende Fahrzeuge von anderen Verkehrsteilnehmern möglicherweise übersehen wurden und zudem Linkseinbiegern die Sicht auf den übergeordneten Verkehr genommen haben. Die Unfallkommissionsarbeit hat markierungstechnische Maßnahmen bewirkt, die u. a. die Einmündung einengen und das Nebeneinanderaufstellen verhindern. Die Maßnahmen führten aber nicht zum gewünschten Erfolg – wahrscheinlich ist durch den Versatz der Einmündungen die Situation weiterhin so unübersichtlich, dass die einzelnen Einbiege- und Kreuzenmanöver schwer voneinander zu differenzieren sind und die Beteiligten überfordern. In diesem Fall waren Maßnahmen mit geringem Aufwand nicht effektiv. Mittelfristig wird es erforderlich sein, den Knotenpunktbereich baulich umzugestalten. ◀

Neben der örtlichen Unfalluntersuchung schließt die „Sicherheitseinstufung und das Sicherheitsmanagement des im Betrieb befindlichen Straßennetzes“ die „Sicherheitsanalyse von Straßennetzen“ nach ESN (FGSV 2002) anhand ihres SiPo (Sicherheitspotenzials) zur Senkung der Unfallkosten ein. Grundlage sind ebenfalls die Unfälle aus der polizeilichen Unfallaufnahme, wobei hier nicht Grenzwerte für Unfallhäufungen, sondern abschnittsbezogene relative Unfallkenngrößen berücksichtigt werden. Damit wird auch dem Sachverhalt Rechnung getragen, dass in größeren Städten sehr viele Unfallhäufungen zu verzeichnen sein können, während in kleinen Gemeinden nur wenig Stellen mit gehäuften Unfällen auftreten. Das Verfahren ermöglicht eine Ableitung der für das jeweilige Untersuchungsgebiet relativ gefährlichen Abschnitte, wobei die Gefahr auch nach einzelnen Verkehrsteilnehmergruppen (z. B. relativ gefährliche Abschnitte für Radfahrer oder für Kinder in einem Gemeindegebiet) unterschieden werden kann. Ermittelt werden kann eine Rangfolge derjenigen Straßenabschnitte, die besonders hohe Sicherheits- bzw. Verbesserungspotenziale aufweisen.

Das ebenfalls reaktive Verfahren der Sicherheitsüberprüfung bezeichnet die reguläre und regelmäßig durchgeführte Überprüfung der Eigenschaften und Mängel, die aus Sicherheitsgründen Wartungsarbeiten oder auch weitere Maßnahmen erfordern. Mit regelmäßigen Sicherheitsüberprüfungen, die so häufig durchzuführen sind, dass auf den jeweiligen Straßen ein ausreichendes Sicherheitsniveau sichergestellt ist, sollen sicherheitsrelevante Merkmale erkannt werden. In Deutschland erfüllen die Verkehrsschau und Streckenwartung im Rahmen der Verkehrssicherungspflicht diese Anforderungen, wobei zusätzlich anlassbezogene Sicherheitsaudits im Bestand durchgeführt werden.

Das Verfahren des Sicherheitsaudits im Bestand ist im Entwurf der RSAS Richtlinien für das Sicherheitsaudit von Straßen (Stand 2018) beschrieben. Demnach stellt ein anlassbezogenes Audit im Bestand mit Ortsbesichtigung unfallauffälliger Strecken durch Experten ein reaktives Verfahren dar – es kann aber bei anstehenden Änderungen, z. B. bei strukturellen Änderungen im verkehrlichen oder städtebaulichen Umfeld einer bestehenden Straße oder bei anstehenden Erhaltungsmaßnahmen, präventiv angewendet werden. Anlässe für ein reaktives Sicherheitsaudit im Bestand können beispielsweise hohe Sicherheitspotenziale nach Anwendung des ESN-Verfahrens, Auffälligkeiten aus Sonderuntersuchungen oder Hinweise aus dem Straßenbetrieb sein.

Das Sicherheitsaudit im Bestand dient dazu, Maßnahmen zur Vermeidung von Unfällen bzw. zur Minderung von Unfallfolgen einleiten zu können. Der Prozess ähnelt dem Sicherheitsaudit in der Planung, wobei das Sicherheitsaudit im Bestand auf festgelegte Merkmale beschränkt werden kann (z. B. auf Seitenraumgestaltung oder auf Radverkehr an einem Knotenpunkt). Der Auditor soll die Verkehrsanlage mit allen Verkehrsmitteln, insbesondere als Radfahrer, Fußgänger und Nutzer öffentlicher Verkehrsmittel, in unterschiedlichen Richtungen benutzen und dabei auch die Barrierefreiheit prüfen. Diese Begehung und Befahrung soll ggf. zu mehreren Zeiten stattfinden, an denen sicherheitsrelevante Erkenntnisse erwartet werden können. Wie das Sicherheitsaudit in der Planung schließt auch das Sicherheitsaudit im Bestand mit einem Bericht und einer Stellungnahme ab, aus denen Maßnahmen zur Verbesserung der Verkehrssicherheit resultieren können (FGSV 2018; TH Mittelhessen 2016).

Mit diesen zur flächendeckenden Anwendung geeigneten Verfahren liegt ein umfassendes Sicherheitsmanagement vor, das Maßnahmen vorbereiten und zur Evaluierung von Maßnahmen im Rahmen von Wirkungskontrollen beitragen kann. Welche Maßnahmen geeignet sind, um Unfälle zu vermeiden, kann und muss im jeweiligen Einzelfall entschieden werden. Dazu trägt generell eine zunehmende Standardisierung im Sinne der „selbsterklärenden und fehlerverzeihenden Straße“ bei. Speziell konnten bislang in vielen Fällen beispielsweise folgende Maßnahmen effektiv und effizient zur Unfallvermeidung in Stadtstraßen beitragen, sofern Unfallhäufungen zu verzeichnen waren (Gerlach et al. 2008; TH Mittelhessen 2017; TU Dresden 2017; UDV 2017):

- Umbau von vorfahrtgeregelten Knotenpunkten zu Kreisverkehren,
- Verbot des Linksabbiegens oder Einrichtung einer eigenen Phase für Linksabbieger an Knotenpunkten,
- Umbau zweistreifiger Einmündungen an vorfahrtgeregelten Knotenpunkten mit Möglichkeit des Nebeneinanderaufstellens von zwei wartenden Fahrzeugen zu einer einstreifigen Einmündung ohne Nebeneinanderaufstellmöglichkeit,
- Verbesserung der Erkennbarkeit von Knotenpunkten durch Beschilderung und Markierung,
- Einrichtung oder Verbesserung von Radverkehrsanlagen,
- Verbesserung der Sicht auf Rad- und Fußverkehr,
- Einrichtung von Lichtsignalanlagen, Fußgängerüberwegen (Zebrastreifen) und/oder Mittelinseln als Überquerungshilfen,
- Verbesserung der Sichtbeziehungen an Knotenpunkten und Überquerungsstellen (siehe auch Abschn. 4.2.2 und 7.3.3)
- Ortsfeste Geschwindigkeitsüberwachung vor Knotenpunkten oder an punktuellen Unfallhäufungsstellen auf Stadtstraßen.

10.5 Aktuelle Maßnahmen zur Reduzierung des Unfallgeschehens in Stadtstraßen – ein schlaglichtartiger Überblick

Viele Unfälle in Stadtstraßen ereignen sich in Knotenpunkten und Einmündungen. Zur Beseitigung von Unfallhäufungen insbesondere an kleineren, bislang vorfahrtgeregelten Knotenpunkten und Einmündungen haben kleine Kreisverkehre zu Recht eine Renaissance erfahren. Die Reduzierung der Zahl der Konfliktpunkte und das verminderte Geschwindigkeitsniveau führen zu einer vergleichsweise sicheren Verkehrsabwicklung. Im Vergleich zu Knotenpunkten mit Lichtsignalanlagen liegen die Investitionskosten eher hoch, die Unterhaltungsaufwendungen sind aber gering. Dabei haben kleine Kreisverkehre nur eine Fahrbahn in der Zu- und Ausfahrt und nur eine Kreisfahrbahn – unsignalisierte Kreisverkehre mit mehreren Fahrbahnen haben sich in Deutschland als unfallträchtig erwiesen. Um die Sicherheitswirkungen zu erreichen, muss allerdings an allen Zufahrten das geforderte Ablenkmaß gegeben sein – die Ablenkung geradeausfahrender Kraftfahrzeuge sollte aus allen Zufahrten das Zweifache der Fahrstreifenbreite der Zufahrt nicht unterschreiten (Abb. 10.12). Kann der Mittelpunkt des Kreisverkehrs aus geometrischen Gründen nicht in den Schnittpunkt der Mittelachsen der Zufahrten gelegt werden, so ist dieses Ablenkmaß in mindestens einer Richtung meist nicht gegeben und die Geschwindigkeiten sind ebenso wie die Unfallrisiken höher als bei einer regelkonformen Gestaltung. Knotenpunkte mit Lichtsignalanlagen

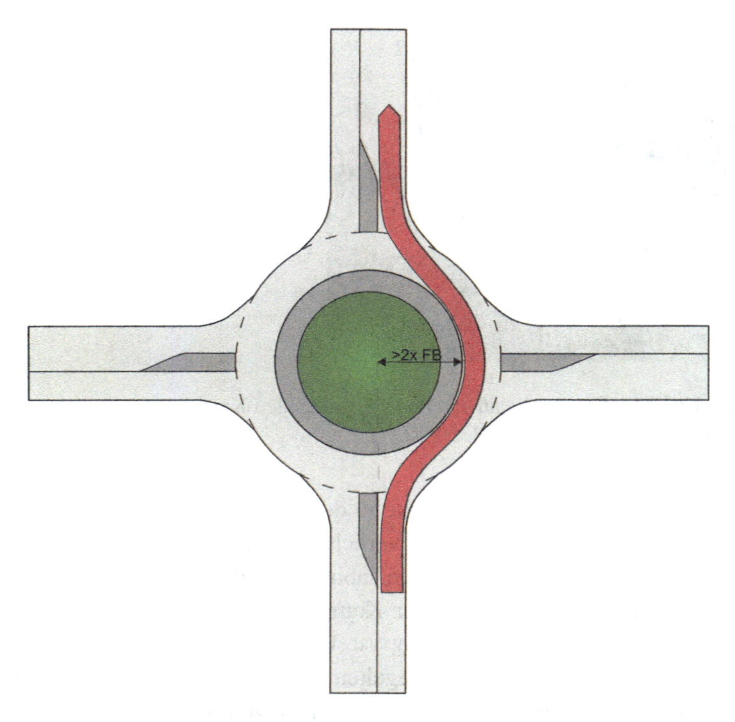

Abb. 10.12 Erforderliche Ablenkung an kleinen Kreisverkehren zur Reduzierung der Geschwindigkeiten und zur Vermeidung einer Durchschusswirkung

und Linksabbiegeschutz sind insofern dann Kreisverkehren vorzuziehen, wenn diese außermittig angelegt werden müssten (KIT 2018; TU Dresden 2017; UDV 2017).

Einmündungen oder Kreuzungen mit vorfahrtregelnden Verkehrszeichen können in Knotenpunkten von Erschließungsstraßen unterschiedlichen Rangs und in Anschlussknotenpunkten von Erschließungsstraßen an Hauptverkehrsstraßen mit zwei durchgehenden Straßen zum Einsatz kommen. Die Kapazität ist in jedem Einzelfall anhand der Verkehrsqualität zu bestimmen – die Verkehrsstärke der bevorrechtigten Straße darf nicht so hoch sein, dass die wartepflichtigen Verkehrsteilnehmer zu kurze Zeitlücken nutzen. Unfallträchtig sind zweistreifige Zufahrten – vermehrt wird gefordert, dass in der untergeordneten Straße nur einstreifige Zufahrten vorgesehen werden, die ein Nebeneinanderaufstellen der Wartenden verhindern – andernfalls behindern die „Nachbarn" die Sicht auf den bevorrechtigten Verkehr. Ist dieses aus Kapazitätsgründen nicht möglich, sind Kreisverkehre oder Signalregelungen vorzuziehen.

Der häufigste Unfall zwischen zwei Kfz in Deutschland ist der Unfalltyp 211: Ein links abbiegender Verkehrsteilnehmer kollidiert mit dem entgegenkommenden Geradeausverkehr (Abb. 10.13). Dieser Unfall ereignet sich oft an signalgeregelten Knotenpunkten, an denen der Linksabbiegeverkehr mit dem entgegenkommenden Geradeausverkehr gleichzeitig freigegeben ist. Daraus hat man gelernt – Einmündungen oder Kreuzungen mit Lichtsignalanlage sollten generell mit Linksabbiegeschutz ausgestattet werden. Ohne Linksabbiegeschutz – also auch mit einem Vor- oder Nachlauf für

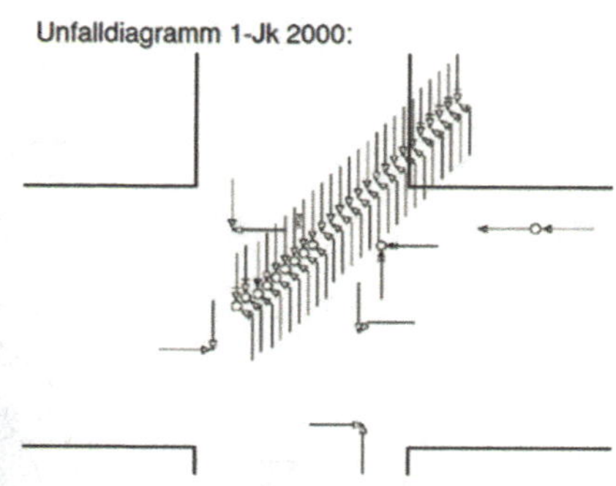

Abb. 10.13 Unfallhäufungsstelle an einem signalgeregelten Knotenpunkt ohne Linksabbiegeschutz (Unfälle in einem Jahr) (Gerlach et al. 2008)

Linksabbieger – sind diese Knotenpunkte in der Regel nicht sicherer als Einmündungen oder Kreuzungen mit vorfahrtregelnden Verkehrszeichen (KIT 2018; UDV 2010).

Dreiecksinseln in Verbindung mit Rechtsabbiegefahrbahnen oder Rechtsabbiegestreifen ohne Signalisierung führen aufgrund der Komplexität und der problematischen Führung von Fußgängern und Radfahrern häufig zu Unfällen (Abb. 10.14). Insbesondere freie Rechtsabbieger sind an sonst signalgeregelten Knotenpunkten oft Unfallhäufungsstellen – die komplexe Verkehrsabwicklung führt meist in Verbindung mit der schiefwinkligen Einmündung des Rechtsabbiegefahrstreifens in die vorfahrtberechtigte Straße zu Auffahrunfällen und bei gleichzeitiger Überquerung von Radfahrern und Fußgängern auch zu schweren Unfällen. Wenn Dreiecksinseln aus fahrgeometrischen Gründen erforderlich sind, werden Rechtsabbieger daher vermehrt signalgeregelt oder zumindest als Einfädelungsstreifen zunächst neben der Hauptfahrbahn geführt (UDV 2010).

Neben der Entschärfung von Unfallhäufungen an Knotenpunkten spielt die sichere Radverkehrsführung in Deutschland eine zunehmend große Rolle. Der Radverkehr hat in Deutschland in den letzten Jahren stark zugenommen und hält nunmehr einen Anteil an durchschnittlich über 12 % aller Wege. Einzelne Städte wie Münster kommen auf einen Radverkehrsanteil von fast 40 % (TU Dresden 2014).

Für eine sichere Radverkehrsführung gilt der Grundsatz, dass möglichst ständige und ausreichende Sichtbeziehungen zwischen dem Radverkehr und anderen Verkehrsteilnehmern zu gewährleisten sind (BSV 2013; PGV 2015). Insofern sollten Radwege schon frühzeitig vor dem Knotenpunktbereich nah an der Fahrbahn und im Blickfeld der Kraftfahrer nur 0,50 m abgesetzt von der Fahrbahn über den Knotenpunkt geführt werden. Knotenpunkte sollen ferner zügig und sicher vom Radverkehr befahrbar sein, sodass enge Radien der Radverkehrsanlagen, hohe Borde und abrupte Verschwenkungen zu vermeiden sind. Darüber hinaus sind ausreichend dimensionierte Warteflächen für den Radverkehr vorzusehen, damit der fließende Radverkehr und andere Verkehrsteilnehmer nicht behindert werden. Besonderes Augenmerk ist auf die Entschärfung des Konflikts zwischen geradeausfahrendem Radverkehr und rechts abbiegenden Kraftfahrzeugen bzw. aus der Gegenrichtung links abbiegenden Kraftfahrzeugen zu legen, da diese Situationen

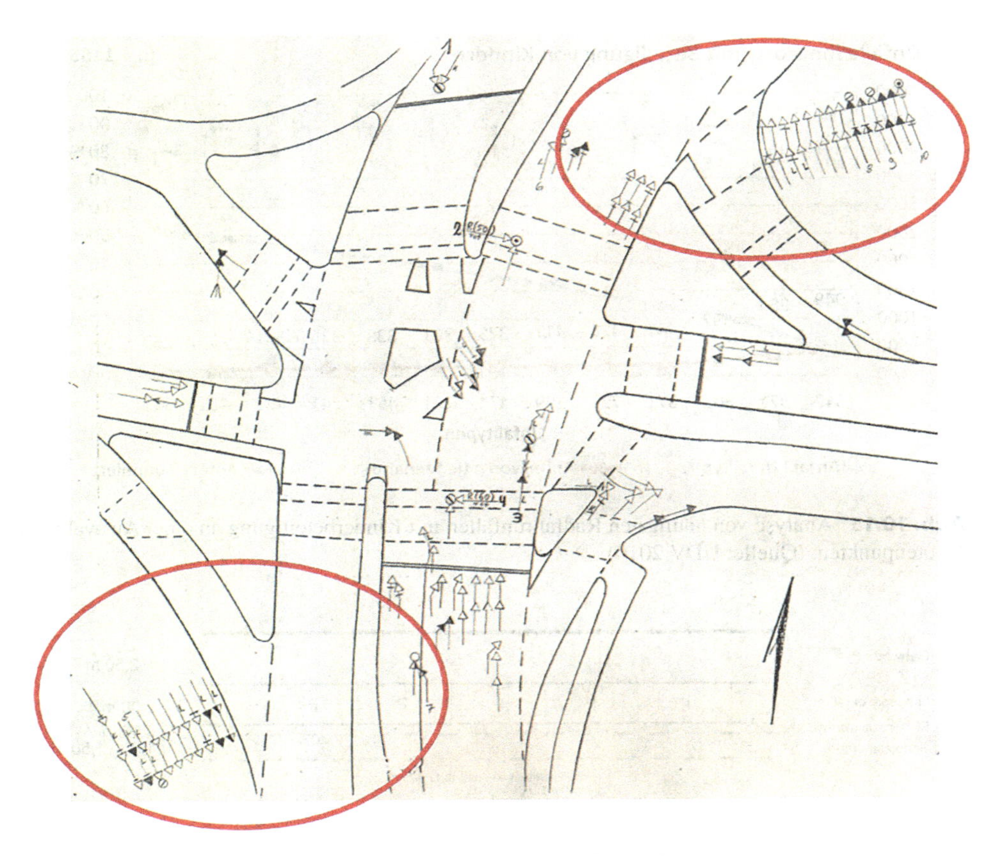

Abb. 10.14 Unfallhäufungsstelle mit freien Rechtsabbiegern an einem sonst signalgeregelten Knotenpunkt

ebenso wie links fahrende Radfahrer auf Radwegen an Einmündungen sehr unfallträchtig sind. Abb. 10.15 zeigt als Ergebnis einer Analyse der Unfälle Rad fahrender Kinder an Knotenpunkten (UDV 2010), dass der Unfalltyp 342 überwiegt: Radfahrer fahren auf dem linken Radweg und werden von einmündenden Kfz-Führern nicht früh genug gesehen.

Derartige Unfallhäufungsstellen werden durch vermehrte Fahrbahnführung des Radverkehrs über Radfahrstreifen auf der Fahrbahn oder Schutzstreifen auf der Fahrbahn (Abb. 10.16) entschärft, da Radfahrer dort unmittelbar im Blickfeld sind und nicht in Gegenrichtung fahren. Alternativ werden Zweirichtungsradwege sichtbar markiert und entsprechend beschildert.

Im Fokus der Reduzierung von Kinderunfällen stehen gegenwärtig die Verkehrserziehung und -aufklärung in Grundschulen und weiterführenden Schulen, die Schulwegplanung und -sicherung sowie die Reduzierung der Probleme des „Eltern-Taxis" (Abb. 10.17), bei dem Eltern ihre Kinder selbst bei kurzen Entfernungen mit dem Auto

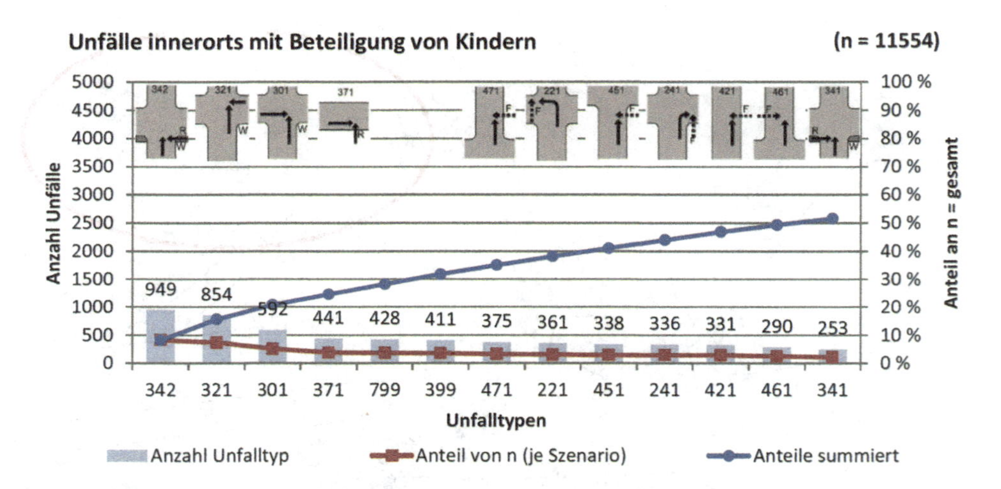

Abb. 10.15 Analyse von häufigsten Radfahrunfällen mit Kinderbeteiligung an einer Auswahl von Knotenpunkten. (Quelle: UDV 2010)

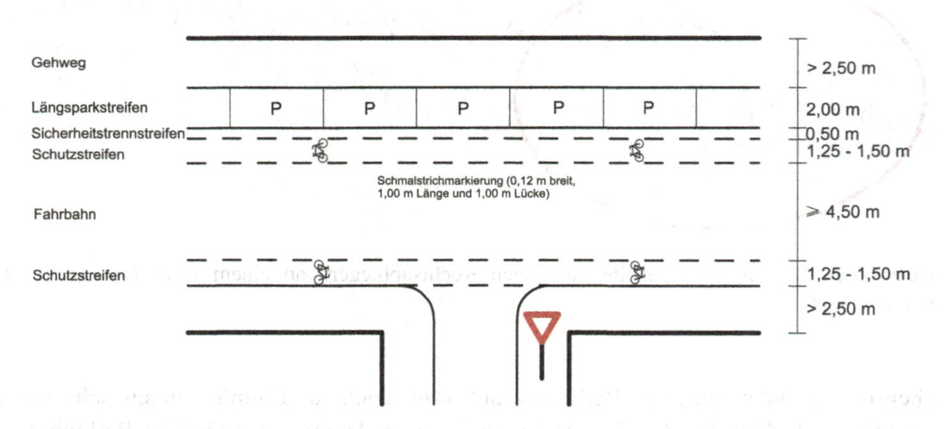

Abb. 10.16 Beispiel für gute Sichtbeziehungen: der Schutzstreifen für Radfahrende auf der Fahrbahn. (Quelle: FGSV: Empfehlungen für Radverkehrsanlagen 2010)

Abb. 10.17 „Parkchaos" durch das „Eltern-Taxi" vor einer Grundschule (Foto: Jens Leven 2012)

zur Schule fahren. Eine Befragung im Jahr 2013 ergab, dass an ca. zwei Dritteln der befragten Grundschulen ein Problem mit dem Hol- und Bringverkehr der Eltern besteht (ADAC 2013). Das erhöhte Verkehrsaufkommen vor den Grundschulen gefährdet zu den relevanten Uhrzeiten die Sicherheit der Schülern. Verkehrsbehinderungen wie beispielsweise riskante Wendemanöver oder verbotswidriges Verhalten führen zu einem erhöhten Gefahrenpotenzial. Eltern empfinden den Schulweg als unsicher und führen dies als primären Grund für die Verkehrsmittelwahl an, wobei sie verkennen, dass die meisten Kinder im Auto ihrer Eltern – und nicht etwa zu Fuß – verunglücken.

Aus diesem Grund wird bei Eltern und Schülern viel Aufklärungsarbeit geleistet – zudem wurde ein Leitfaden „Schulwegpläne leicht gemacht" entwickelt, der sich an Schulen, Kommunen, Polizei und Eltern richtet und der Erstellung eines individuellen kartografischen Schulwegplans dient, damit die Nutzung der eigenen Füße auf dem Schulweg fördert und Schulwege auch im Zusammenhang mit Maßnahmen sicherer gestaltet (Leven et al. 2013). In Verbindung damit werden auch Hol- und Bringzonen eingerichtet, die mindestens 250 m weit von der Schule entfernt liegen und das Eltern-Taxi-Problem entzerren bzw. beseitigen können. Begleitet wird die Erstellung und Umsetzung der Schulwegpläne und die Einrichtung von Hol- und Bringzonen durch das „Verkehrszähmer"-Programm, durch dessen Umsetzung eine unabhängige und sichere Bewegungsfreiheit für Kinder ermöglicht werden soll. Weitere Ziele sind die Reduktion des Eltern-Taxi-Problems und eine Mobilitätsänderung der Kinder und Eltern mithilfe von Belohnungen. Schulklassen können jeden Schultag „Zaubersterne" sammeln, wenn die Schüler statt bis vor die Schultür nun zur Hol- und Bringzone gebracht werden oder wenn sie den Weg zur Schule direkt mit dem Fahrrad oder zu Fuß zurücklegen und Sicherheitsausstattungen tragen. Die kleinen „Verkehrszähmer" sind die Schulkinder, die darum bemüht sind, nicht mehr mit dem Pkw zur Schule gebracht zu werden. Große „Verkehrszähmer" sind Erwachsene, die darauf verzichten, ihre Kinder mit dem Pkw zur Schule zu bringen und sie nun zu Fuß gehen lassen. Sobald genügend Sterne gesammelt wurden, erhält die Klasse eine Belohnung in Form von verlängerten Pausen oder Spielstunden.

Besondere Problemgruppen im Rad- und Fußverkehr sind neben Kindern auch ältere Menschen. Fußgänger verunglücken in den meisten Fällen beim Überqueren der Straße. Mehrere Faktoren kommen im Alter hinzu: Die Geschwindigkeit der Fußgänger nimmt im Alter deutlich ab (deshalb sehen die neuen Regelwerke an entsprechenden Überquerungsstellen z. B. längere Räumzeiten vor), das Seh- und Hörvermögen und damit einhergehend oft auch die Möglichkeit, Geschwindigkeiten richtig einzuschätzen, ebenfalls. Besonders komplexe Verkehrssituationen (mehrstreifige Straßen, hohe Kfz-Geschwindigkeiten, Abbiegevorgänge, Haltestellen etc.) können dann gerade bei älteren Menschen zur Überforderung führen. Mit der Reduktion der Komplexität solcher Situationen befassen sich aktuelle Projekte wie SimplyCity oder Shared Space, bei denen es u. a. um eine „Entrümpelung" des mit Schildern, Werbetafeln und Markierungen oder auch mit parkenden Fahrzeugen übervollen Straßenraumes geht (BSV 2015).

Im Fußgängerverkehr werden fehlende Überquerungshilfen, kontrastarme Gestaltungen, zu schmale und unebene Gehwege sowie Angsträume als Problemlagen von älteren Menschen genannt. Spitzenreiter der Problemnennungen ist zudem das rücksichtslose

Radfahren auf Gehwegen. Hier kommt es darauf an, die Breitenanforderungen an Gehwege konsequent durchzusetzen, gute und nicht komplexe Überquerungsanlagen mit ausreichenden Sichtbeziehungen zur Verfügung zu stellen, kontrastreich zu planen, kriminalpräventive Maßnahmen anzustreben und Verkehrsflächen für Rad- und Fußverkehr, wenn, dann gut zu trennen. Das frühere Bild der verhalten und ängstlich Rad fahrenden Senioren wandelt sich mehr und mehr zu sportlich aktiven Radfahrern, wobei selbst bei Betagten über 80-Jährigen das Fahrrad eine große Rolle als Freizeit- und Fortbewegungsmittel einnimmt. Die E-Bike- und Pedelec-Nutzung ist einer der Gründe für zunehmende Verkehrsleistungen im Radverkehr – Belege für höhere oder andere Risiken von Pedelec-Nutzern gibt es bislang bis auf einen Anstieg von Konflikten mit dem ruhenden Verkehr aber nicht, wenngleich es für ein abschließendes Urteil noch zu früh sein mag. Am häufigsten verunglücken ältere Radfahrende wie Kinder und alle anderen Altersgruppen auch auf linken Radwegen und an Knotenpunkten (BSV 2013; UDV 2010).

Besonders wichtig scheint es zu sein, ausreichende Flächen und gute Sichtbeziehungen insbesondere für den Rad- und Fußgängerverkehr zur Verfügung zu stellen. Nicht umsonst wird in den neuen deutschen Entwurfsregeln eine Gehwegbreite von mindestens 2,10 m in Erschließungs- und 2,50 m in Hauptverkehrsstraßen (Abb. 10.18) verpflichtend vorgegeben, wobei hier auch der künftig wohl maßgebende Begegnungsverkehr Rollator/Rollator eine Rolle spielen dürfte. Die Diskussion sollte sich dabei weg von den

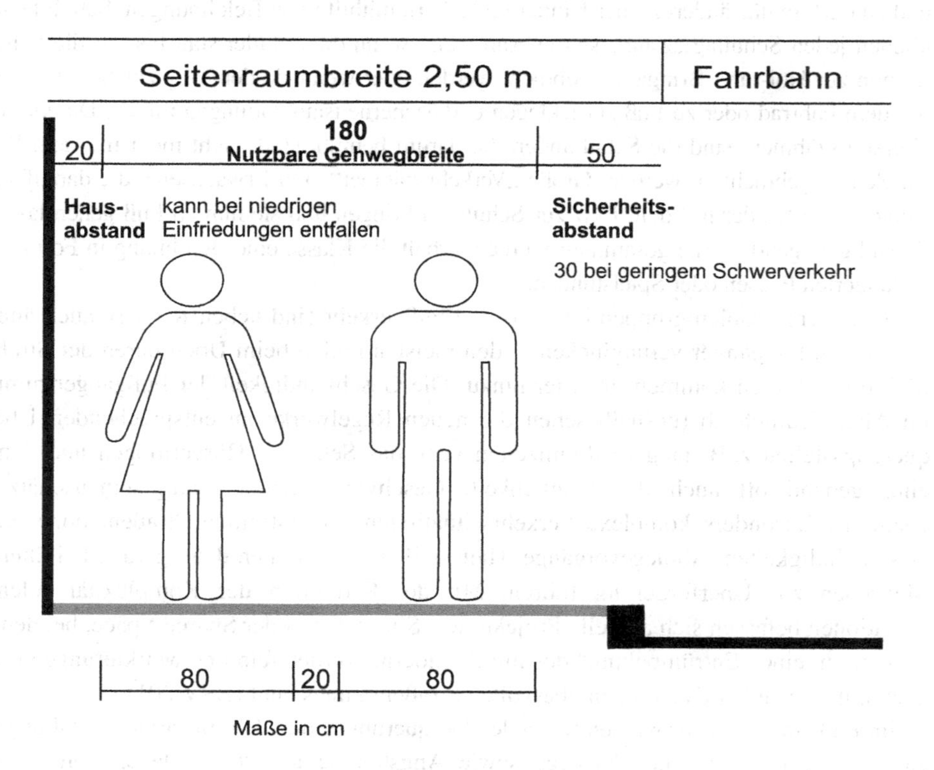

Abb. 10.18 Mindestbreiten für Gehwege nach den neuen Entwurfsregeln. (Quelle: FGSV: Empfehlungen für Fußgängerverkehrsanlagen EFA, 2002)

Flächenaufteilungen und -konkurrenzen zwischen Rad- und Fußverkehr bewegen – die Konkurrenz ist vielmehr beim Parken zu sehen. Es ist nicht einzusehen, wie wertvoller öffentlicher Raum gegenwärtig „verschleudert" wird. Vielen hoch ausgelasteten Straßenraumparkständen mit allen negativen Begleiterscheinungen wie dem Parksuchverkehr stehen in der Regel unausgelastete Angebote in Tiefgaragen und Parkhäusern gegenüber, sodass bei besserer Ausnutzung und Reduzierung der Straßenraumparkstände viel mehr Platz für den Rad- und Fußverkehr und für die Aufenthaltsqualität zu gewinnen ist.

Im Fußgängerverkehr spielt die Barrierefreiheit in Deutschland momentan eine große Rolle (siehe auch Abschn. 7.6). Bei Neu- und Ausbauvorhaben ist die Infrastruktur generell barrierefrei zu gestalten und auch der Bestand wird möglichst barrierefrei nachgerüstet.

Im Bereich von Überquerungsstellen für Fußgänger beispielsweise im Bereich von Haltestellen, aber auch auf der Strecke und an Knotenpunkten, sollen Rinnen höhengleich an die Fahrbahndecke anschließen und hohe Borde abgesenkt werden. Da die übliche 3-cm-Kante aus einem Kompromiss der Anforderungen von Rollstuhlfahrer und Blinden resultiert, kann es in der Praxis insbesondere für Rollator nutzende Menschen zu Schwierigkeiten bei deren Überwindung und für blinde und sehbehinderte Menschen zu Ertastbarkeits- bzw. Wahrnehmbarkeitsproblemen kommen. Um diese Problematik zu entschärfen, kann eine „Getrennte Querungsstelle mit differenzierten Bordhöhen" (Abb. 10.19) mit Nullabsenkung neben einem auf 6 cm erhöhten Bord ausgebildet werden. Ein ungewolltes Verlassen des Gehweges durch blinde und sehbehinderte Menschen im Bereich der Nullabsenkung wird durch einen optisch kontrastierend ausgebildet und taktil eindeutig auffindbaren, erhöhten Bord verhindert. Ein quer über den gesamten Gehweg angeordneter Auffindestreifen führt direkt zur erhöhten Bordsteinkante

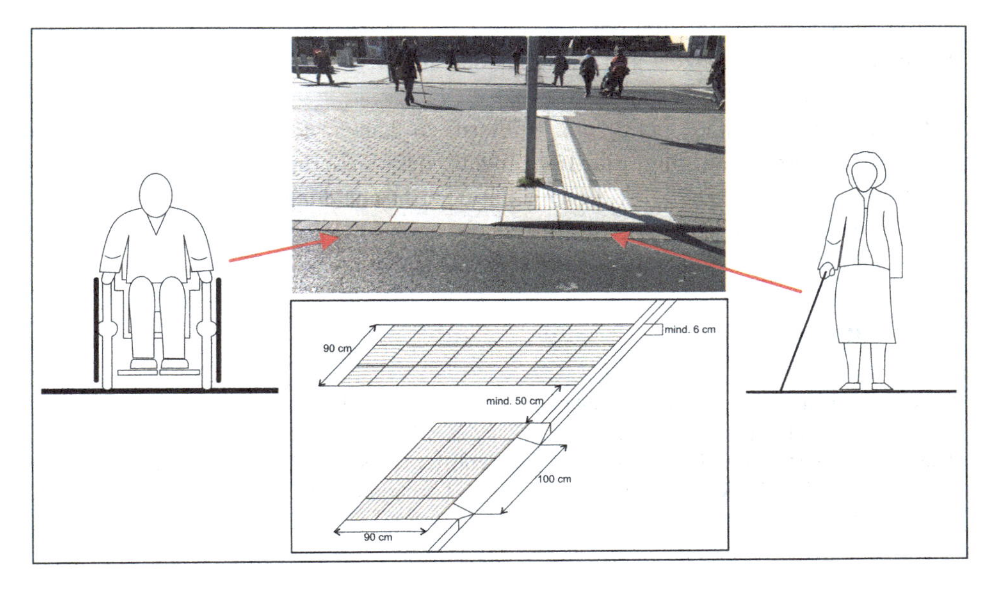

Abb. 10.19 Getrennte Querungsstelle mit differenzierten Bordhöhen – 0 cm für Rollstuhlfahrer und Rollatornutzer und 6 cm für Blinde und Sehbehinderte

hin. Ein Richtungsfeld vor dem erhöhten Bord zeigt die Gehrichtung an. Vor dem auf Straßenniveau abgesenkten Bereich ist ein Sperrfeld angeordnet (H BVA, FGSV 2012b).

10.6 Ausblick

Dem Leitbild der nachhaltigen Mobilität folgend sollte es zur Zielsetzung gehören, dass zukünftig niemand im oder durch den Verkehr zu Schaden kommt. Möglicherweise werden künftige Generationen sich darüber wundern, dass die derzeit lebende Gesellschaft es in Kauf nimmt, schwerverletzt oder getötet zu werden – nur um von „A nach B" zu gelangen. Schweden hat mit dem Leitbild „Vision Zero" eine Vision vorgegeben, die es zu verfolgen gilt.

Der Weg dorthin wird schwierig sein, zumal sowohl dem Menschen als auch der durch Menschen entworfenen Technik Fehler unterlaufen. Unstrittig ist aber, dass Deutschland selbst in den vergleichsweise sicheren Nationen noch weit von diesem Ziel entfernt ist.

Die EU hat es sich zum Ziel gesetzt, die Zahl der Verkehrstoten von 2010 bis 2020 zu halbieren (Europäische Kommission 2010). Vom Jahr 2000 bis zum Jahr 2010 ist eine Halbierung nahezu erreicht worden. Auch mit der „Decade of Action for Road Safety 2010–2020" (WHO/UN 2011) ist die Verkehrssicherheit wieder mehr ins Blickfeld der Planer und der Öffentlichkeit gelangt. Dieses sind wichtige Schritte, die dem Leitbild der nachhaltigen Mobilität nachkommen.

Verkehrssicherheitsarbeit ist auf allen Ebenen notwendig. Im Infrastrukturbereich haben insbesondere die Arbeit der Unfallkommissionen und der mittlerweile höhere Stellenwert der Verkehrssicherheit bei der Planung und beim Betrieb von Straßen erfolgreich zur Vermeidung von Unfällen beigetragen. Für die nahe Zukunft ist es wünschenswert, die aufgeführten Verfahren des Sicherheitsmanagements verbindlich flächendeckend umzusetzen und das Ziel der sicheren Abwicklung des Verkehrsaufkommens mit hoher Priorität zu verfolgen.

Sichere Straßen sind nicht zum Nulltarif zu haben. Es bedarf personeller und finanzieller Ressourcen, um die Instrumente des Sicherheitsmanagements gewinnbringend einzusetzen. Dabei ist die Qualität der Entscheidungsprozesse zu sichern und den Akteuren einen hohen Stellenwert beizumessen.

Literatur

ADAC Allgemeiner Deutscher Automobil-Club e. V. (Winkler, Roland et. al.) (2013) Das „Elterntaxi" an Grundschulen, München

BASt Bundesanstalt für Straßenwesen, Auditorenliste, Stand: 28.03.2018, https://www.bast.de/BASt_2017/DE/Verkehrstechnik/Fachthemen/v1-sicherheitsaudit/downloads/auditorenliste.pdf?__blob=publicationFile&v=34

BASt Bundesanstalt für Straßenwesen (2010) Quantifizierung der Sicherheitswirkungen verschiedener Bau-, Gestaltungs- und Betriebsformen auf Landstraßen. Verkehrstechnik Heft V 201. Bergisch Gladbach

BASt Bundesanstalt für Straßenwesen (2012) Sicherung von Fußgängern durch Querungsanlagen (FE 6108011), Bergisch Gladbach

BASt Bundesanstalt für Straßenwesen (2015a) HVS-Anwendung und Prüfung der Verfahren (FE 6609001), Bergisch Gladbach

BASt Bundesanstalt für Straßenwesen (2015b) Motorradunfälle – Einflussfaktoren der Verkehrsinfrastruktur, Berichte der BASt Heft V 268, Bergisch Gladbach

BMVBS Bundesministerium für Verkehr, Bau und Stadtentwicklung (2010) Allgemeines Rundschreiben Straßenbau Nr. 26/2010 – Umsetzung der Richtlinie 2008/96/EG

BMVI Bundesministeriums für Verkehr und digitale Infrastruktur (2011) Verkehrssicherheitsprogramm 2011, Berlin

BRD Bundesrepublik Deutschland (a): Gesetz über die Statistik der Straßenverkehrsunfälle (Straße nverkehrsunfallstatistikgesetz – StVUnfStatG), Stand: 31.08.2015

BRD Bundesrepublik Deutschland (b): Allgemeine Verwaltungsvorschrift zur Straßenverkehrs-Ordnung (VwV-StVO), Fassung vom 22. September 2015

BSV Büro für Stadt- und Verkehrsplanung Dr.-Ing. Reinhold Baier GmbH (2013) Sicherheitskenngrößen für den Radverkehr, Bast-Bericht V 228, Bergisch Gladbach

BSV Büro für Stadt- und Verkehrsplanung Dr.-Ing. Reinhold Baier GmbH (2014) Einsatzbereiche von Minikreisverkehren, Bast-Bericht V 240, Bergisch Gladbach

BSV Büro für Stadt- und Verkehrsplanung Dr.-Ing. Reinhold Baier GmbH (2015) Einsatzbereiche und Einsatzgrenzen von Straßenumgestaltungen nach dem sogenannten Shared-Space-Prinzip, Berichte der BASt, Heft V 251, Aachen

BSV Büro für Stadt- und Verkehrsplanung Dr.-Ing. Reinhold Baier GmbH (2016) Evaluation der Anwendung und der Ergebnisse der Sicherheitsaudits von Straßen in Deutschland, Aachen

DESTATIS, Statistisches Bundesamt (2017) Verkehr – Verkehrsunfälle 2016, Fachserie 8 Reihe 7, Wiesbaden

Europäische Kommission (2010) Ein europäischer Raum der Straßenverkehrssicherheit Leitlinien für die Politik im Bereich der Straßenverkehrssicherheit 2011–2020, KOM(2010) 389, Brüssel

Europäische Union (2008) Richtlinie 2008/96/EG des europäischen Parlaments und des Rates vom 19. November 2008 über ein Sicherheitsmanagement für die Straßenverkehrsinfrastruktur, Amtsblatt der Europäischen Union, L319/59. https://eur-lex.europa.eu/eli/dir/2008/96/oj

FGSV Forschungsgesellschaft für Straßen- und Verkehrswesen (2002a) Empfehlungen für das Sicherheitsaudit an Straßen, ESAS. FGSV, Köln

FGSV Forschungsgesellschaft für Straßen- und Verkehrswesen (2002b) Empfehlungen für Fußgängerverkehrsanlagen, EFA. FGSV, Köln

FGSV Forschungsgesellschaft für Straßen- und Verkehrswesen (2003) Empfehlung für die Sicherheitsanalyse von Straßennetzen, ESN. FGSV, Köln

FGSV Forschungsgesellschaft für Straßen- und Verkehrswesen (2010) Empfehlungen für Radverkehrsanlagen, ERA. FGSV, Köln

FGSV Forschungsgesellschaft für Straßen- und Verkehrswesen (2012a) Merkblatt zur örtlichen Unfalluntersuchung in Unfallkommissionen M Uko. FGSV, Köln

FGSV Forschungsgesellschaft für Straßen- und Verkehrswesen (2012b) Hinweise für barrierefreie Verkehrsanlagen, H BVA. FGSV, Köln

FGSV Forschungsgesellschaft für Straßen- und Verkehrswesen (2019) Richtlinien für das Sicherheitsaudit von Straßen, RSAS. FGSV, Köln

Gerlach J, Thiemeyer EM (2010) Sicherheitsbewertung von Maßnahmen zur Trennung des Gegenverkehrs in Mittelstreifen auf Bundesautobahnen (FE 82.282/2004). Wuppertal

Gerlach J, Kesting T, Thiemeyer EM (2008) Möglichkeiten der schnelleren Umsetzung und Priorisierung straßenbaulicher Maßnahmen zur Erhöhung der Verkehrssicherheit (FE 82.277/2004), Bast-Bericht V 185 und Beispielsammlung, Bergisch Gladbach

Gerlach J, Seipel S, Leven J (2012) Falschfahrten auf Autobahnen (FE 89.231/2009), Wuppertal

GDV, TU Cottbus (2003) Abschlussbericht zu FE 86.009/1999 „Verkehrssicherheitsanalyse für die Modellstadt Cottbus" im Rahmen des Projekts „Developing Urban Management and Safety (DUMAS)"

GIZ Deutsche Gesellschaft für Internationale Zusammenarbeit GmbH (2015) A comprehensive approach for road safety – The example of Germany

IVAS Ingenieurbüro für Verkehrsanlagen und -systeme (2015) Führung des Radverkehrs im Mischverkehr auf innerörtlichen Hauptverkehrsstraßen, Berichte der BASt Heft V 257, Dresden

KIT Karlsruher Institut für Technologie, Institut für Straßenwesen- und Eisenbahnwesen (2018) Sicherheitstechnische Überprüfung von Elementen plangleicher Knotenpunkte an Landstraßen, Berichte der BASt Heft V 297, Karlsruhe

Leven J (2012) „Parkchaos" durch das „Eltern-Taxi" vor einer Grundschule

Leven T, Leven J, Gerlach J (Bundesanstalt für Straßenwesen) (2013) Schulwegpläne leichtgemacht – der Leitfaden. Bergisch Gladbach

PGV Planungsgemeinschaft Verkehr – PGV Alrutz: Sicherheitsverbesserung bezüglich der Nutzung von Radwegen in Gegenrichtung, Berichte der BASt Heft V 261, Hannover/Bergisch Gladbach 2015

TH Mittelhessen, Fachbereich Bauwesen (2016) Werkzeuge zur Durchführung des Bestandsaudits und einer erweiterten Streckenkontrolle, Berichte der BASt Heft V 287, Gießen

TH Mittelhessen, Fachgebiet Straßenwesen und Vermessung (2017) Bewertungsmodelle für die Verkehrssicherheit von Autobahnen und von Landstraßenknotenpunkten, Berichte der BASt, Heft V 283, Gießen

TU Dresden (2013) Bewertungsmodell für die Verkehrssicherheit von Straßen, Berichte der BASt, Heft V 226, Bergisch Gladbach

TU Dresden, Institut für Verkehrsplanung und Straßenverkehr (2014) Mobilität in Städten, SrV 2013, Dresden

TU Dresden (2017) Weiterentwicklung der Verfahren zur Entwicklung von Maßnahmen gegen Unfallhäufungsstellen, Berichte der BASt Heft V 281, Dresden

UDV Unfallforschung der Versicherer (2010) Sichere Knotenpunkte für schwächere Verkehrsteilnehmer. Berlin

UDV Unfallforschung der Versicherer (2017) Kostengünstige Maßnahmen an Unfallhäufungen im Vorher/Nachher-Vergleich. Berlin

WHO World Health Organization/UN Road Safety Collaboration (2011) Global plan for the decade of action for road safety 2011–2020. Genf

WHO World Health Organization (2015) Global status report on road safety 2015, ISBN 978 92 4 156506 6, Italien

Anlagen zum Parken

11

Andreas Schuster

Zusammenfassung

Die Bemessung von Parkräumen im Rahmen der Parkraumrahmenplanung und die Bemessung von Anlagen zum Parken ergeben sich aus den Merkmalen des Parkens. Dabei spielen die Nachfragemuster der einzelnen Parkraumnachfragegruppen eine entscheidende Rolle. Die Parkraumrahmenplanung legt fest, wo Parkräume anzuordnen sind und ob bzw. wie sie zu bewirtschaften sind. Wie viele Parkstände welcher Art vorzusehen sind, ist im Rahmen einer Bemessung zu bestimmen. Dabei ist nachfragegruppenweise der Bedarf mit dem Angebot zu bilanzieren, da je nach Nachfragemuster mit unterschiedlichen Angeboten reagiert werden muss. Auf Grundlage einer solchen Angebotsbemessung kann die Bemessung und der Entwurf von Einzelanlagen zum Parken erfolgen. So sind z. B. Abfertigungsanlagen von Parkbauten verkehrstechnisch zu bemessen. Park- und Ladeflächen im Straßenraum, Parkplätze, Parkbauten und Ladehöfe sind geometrisch zu entwerfen. Dabei sind Abmessungen zu wählen, die es dem sogenannten Bemessungsfahrzeug ermöglichen, diese Anlagen problemlos zu benutzen. Anlagen zum Parken sollten abschließend auf ihre Verkehrsqualität hin geprüft werden und baulich entsprechend der Regeln der Technik ausgestattet sein.

A. Schuster (✉)
Institut für Energie und Verkehr, Westsächsische Hochschule Zwickau, Zwickau, Sachsen, Deutschland
E-Mail: andreas.schuster@fh-zwickau.de

D. Vallée (verstorben) et al. (Hrsg.), *Stadtverkehrsplanung Band 3*,
https://doi.org/10.1007/978-3-662-59697-5_11

11.1 Merkmale des Parkens

11.1.1 Ursachen des Parkens

Das Erfordernis, ein Fahrzeug in einem Gebiet zu parken, ergibt sich aus einer Fahrt in dieses Gebiet (Zielverkehr), um am Fahrtende eine Aktivität in einer Nutzung des Gebiets durchzuführen (Fahrtzweck). Das Fahrzeug kann ein Kraftfahrzeug, Kraftrad oder ein Fahrrad sein. Das Fahrzeug wird im Gebiet so lange geparkt, bis eine weitere Fahrt zu einem weiteren Ziel erfolgt. Bei dieser weiteren Fahrt kann es sich in Bezug auf das Gebiet um eine Fahrt des Binnenverkehrs oder des Quellverkehrs handeln, der Fahrzweck kann der Gleiche oder ein Anderer sein.

11.1.2 Nachfragegruppen

Um die Anforderungen des Parkens besser erkennen und mit den Zielsetzungen der Stadt- und Verkehrsplanung abstimmen zu können, wird bei der Parkraumplanung nach Nachfragegruppen unterschieden. In den Empfehlungen für Anlagen des ruhenden Verkehrs (EAR) der Forschungsgesellschaft für Straßen- und Verkehrswesen (FGSV 2005/2012) werden z. B. sechs solcher Gruppen definiert:

- Einwohner,
- Beschäftigte, Auszubildende, Studierende und Schüler,
- Kunden,
- Besucher und Gäste,
- Dienstleister sowie
- Lieferanten.

11.1.3 Nachfragemuster

Im Zusammenspiel zwischen Fahrtzwecken und Nachfragegruppen entstehen Nachfragemuster. So suchen die Einwohner Parkraum in unmittelbarer Nähe ihrer Wohnung auf. Die höchste Nachfrage tritt in den Abend- und Nachtstunden auf. Die Parkdauer ist lang, häufig über 10 h.

Beschäftigte, Auszubildende, Studierende und Schüler erwarten in der Nähe der Arbeits- oder Ausbildungsstätte eine Parkmöglichkeit. In der Abwägung zwischen kostenfreiem und kostenpflichtigem Parken werden jedoch auch Fußwege bis zu einer Entfernung von 1 km akzeptiert. Die zeitliche Nachfrage entspricht der Dauer der Anwesenheit im Betrieb oder in der (Hoch-)Schule, erstreckt sich jedoch nicht selten auch über einen längeren Zeitraum, wenn z. B. Besorgungen oder Besuche mit dem ursprünglichen Fahrtzweck verbunden werden. Die Parkdauer ist lang, und liegt bei 6 bis 10 h.

Die Kunden wünschen kurze Fußwege zum Ziel der geplanten Aktivität, akzeptieren in attraktiver Umgebung jedoch auch längere Wege. Die zeitliche Nachfrage deckt sich im Wesentlichen mit den Geschäftszeiten. Die Parkdauer ist sehr unterschiedlich, in der Regel aber kurz, bei Einkäufen für den täglichen Bedarf nicht länger als 2 h. Bei Wochenendeinkäufen und Besuch von Geschäften mit gehobenem Bedarf kann die Parkdauer auch länger ausfallen.

Besucher und Gäste können eine sehr unterschiedliche Parkraumnachfrage verursachen. Die Besucher von Veranstaltungen und von Einrichtungen der Freizeitgestaltung lassen sich räumlich den Zielen und ihre Parkdauer den zeitlichen Rahmenbedingungen meist recht gut zuordnen. Private Besuchszwecke und das Verhalten von Gästen können dagegen nur sehr pauschal beurteilt werden. Die Parkdauern liegen meist in einem mittleren Bereich zwischen 2 und 6 h.

Die Dienstleister im Gesundheitswesen, Handel oder Handwerk benötigen Parkflächen in unmittelbarer Nähe des Ziels. Sie beanspruchen diese Flächen unterschiedlich lange.

Die Lieferanten benötigen zum Liefern und Laden Flächen in unmittelbarer Nähe des Ziels, die in der Regel nur für kurze Zeit beansprucht werden.

Beim Parken können Verbundeffekte, bei denen ein Parkvorgang zur Durchführung mehrerer Aktivitäten genutzt wird, auftreten. Die verschiedenen Nachfragegruppen fragen Parkraum im Tagesverlauf in unterschiedlichem Umfang nach. Beispiele für das Maß der Parkraumnachfrage einzelner Nachfragegruppen im Tagesverlauf sind in Abb. 11.1 in Form von Belegungsganglinien dargestellt.

11.1.4 Arten des Parkraumangebots

Der Nachfrage der einzelnen Nachfragegruppen in einem Gebiet steht ein Parkraumangebot für Kraftfahrzeuge, Krafträder und Fahrräder in diesem Gebiet gegenüber. Dieses lässt sich nach verschiedenen Angebotsarten unterscheiden, welche in Abb. 11.2 dargestellt sind.

In einer ersten Unterscheidung gliedert sich der gesamte Parkraum nach Zugänglichkeit in Parkstände und Stellplätze auf. Ein Parkstand ist ein zum Parken eines Fahrzeugs abgegrenzter Teil einer öffentlichen Verkehrsfläche. Ein Stellplatz ist eine Abstellfläche für ein Fahrzeug außerhalb der öffentlichen Verkehrsfläche.

Die Parkstände können sich ihrer Lage nach im Straßenraum, auf Parkplätzen oder in Parkbauten befinden, die Stellplätze auf Parkplätzen oder in Parkbauten.

Parkraum kann bewirtschaftet und unbewirtschaftet betrieben werden. Bewirtschafteter Parkraum ist zur Herstellung eines Ausgleichs zwischen Angebot und Nachfrage nutzungsbeschränkt. Die Nutzungsbeschränkung kann durch Nutzerwidmung, Parkdauerbeschränkung oder Gebührenerhebung erfolgen. Auch eine Kombination dieser Arten ist denkbar.

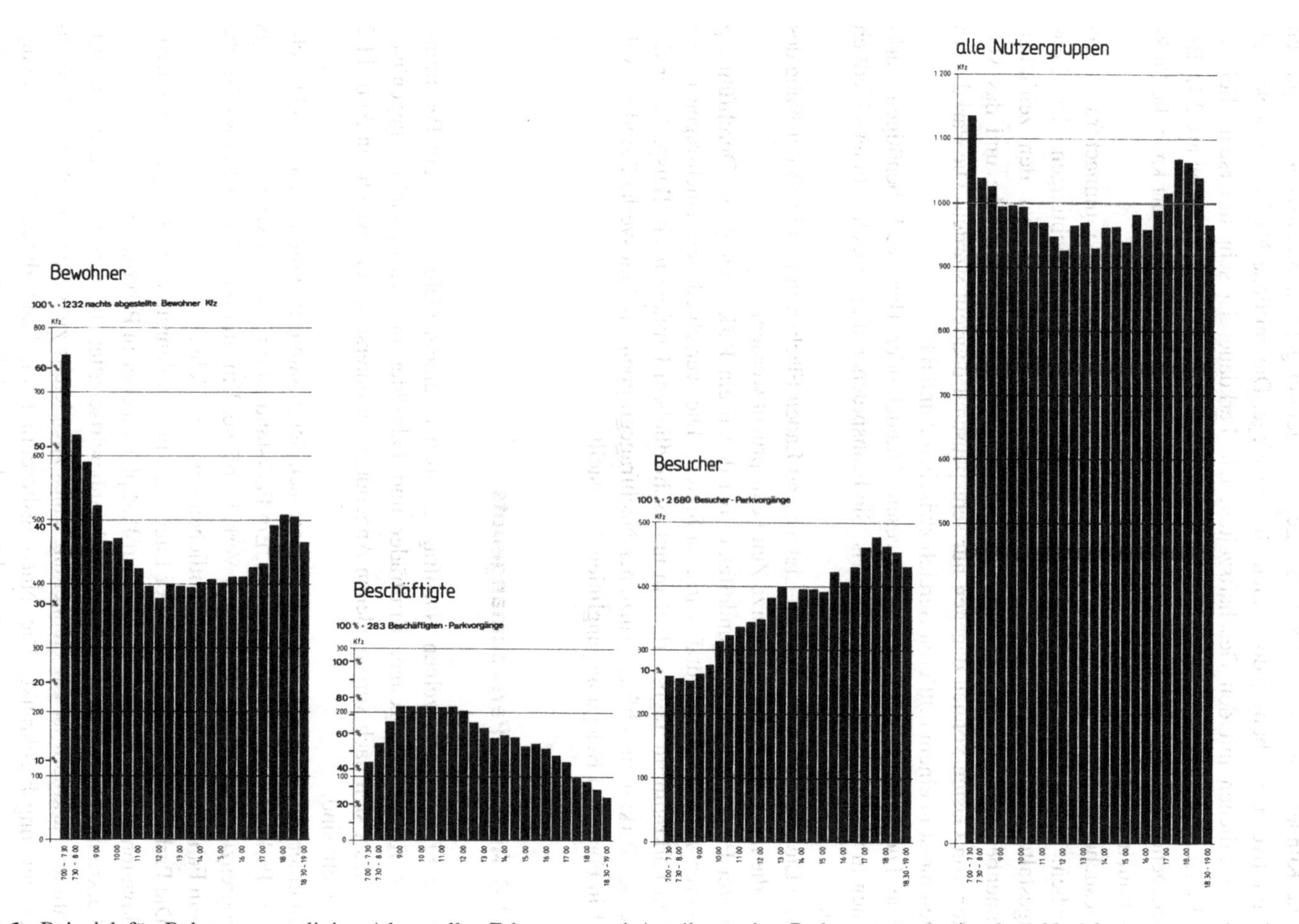

Abb. 11.1 Beispiel für Belegungsganglinien (abgestellte Fahrzeuge und Anteile an den Parkvorgängen) einzelner Nachfragegruppen in einem Mischgebiet (Schuster und Skoupil 1988)

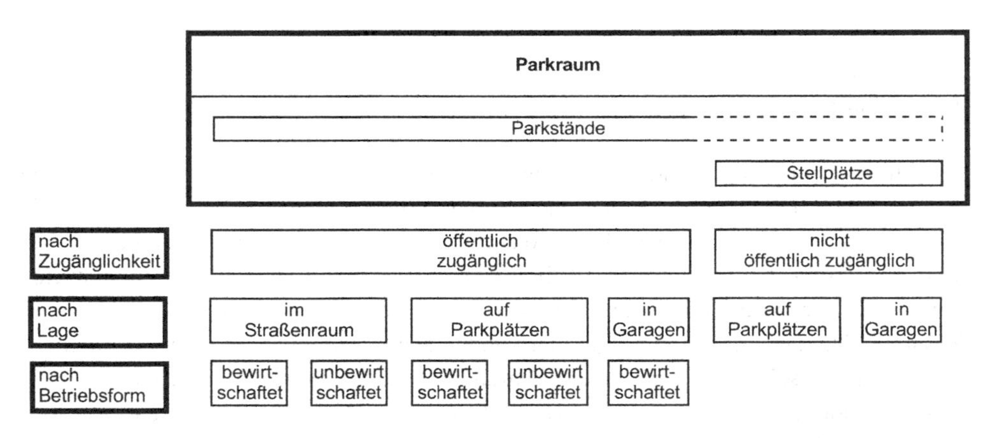

Abb. 11.2 Arten des Parkraumangebots

11.2 Parkraumrahmenplanung

„Die Parkraumplanung umfasst alle planerischen Tätigkeiten, die zur Bereitstellung einer als zweckmäßig angesehenen Menge an Parkraum am richtigen Ort und in einer geeigneten Betriebsform beitragen.“ (FGSV 2005/2012, S. 8) Die Menge an bereitzustellendem Parkraum hängt zum einen von den Nachfragemustern (s. Abschn. 11.1.3) und dem daraus resultierenden Parkraumbedarf (s. Abschn. 11.3.3) ab. Da jeder Parkvorgang Ziel- und Quellverkehr erzeugt, hängt sie zum anderen auch davon ab, wie viel Verkehr – insbesondere wie viel Kraftfahrzeugverkehr – im umgebenden Straßennetz und über dessen Knotenpunkte abgewickelt werden kann. Letzterer Aspekt gibt auch Hinweise auf die Parkraum-Standortwahl. Einerseits sollte ein Standort nachfragegerecht sein, also in der Nähe der relevanten Nutzungen liegen, andererseits sollte er zügig über das umgebende Straßennetz zu erreichen sein. Häufig entsteht dadurch ein Zielkonflikt: Nicht für alle Nachfragegruppen kann in gleicher Menge Parkraum zur Verfügung gestellt werden. Um den Konflikt zu lösen, muss entschieden werden, welcher Nachfragegruppe in welchem Umfang Parkraum zur Verfügung gestellt werden soll. Parkraum muss also durch eine geeignete Betriebsform bewirtschaftet werden. Eine solche Parkraumbewirtschaftung sollte alle Anlagen des ruhenden Verkehrs umfassen:

- alle als öffentliche Straßenverkehrsfläche gewidmete Parkstände,
- den gesamten Parkraum in öffentlich zugänglichen Parkbauten und
- die nicht öffentlich zugänglichen Stellplätze.

Auf allen als öffentliche Straßenverkehrsfläche gewidmeten Parkständen kann Parkraumbewirtschaftung mithilfe folgender Instrumente betrieben werden:

- Nutzerwidmung,
- Parkdauerbeschränkung und
- Gebührenerhebung.

Das Instrument „Nutzerwidmung" kann in sehr wirksamer Weise in Form einer Sonderparkberechtigung für Bewohner umgesetzt werden. Sie ist rechtlich im Straßenverkehrsgesetz, in der Straßenverkehrsordnung und in der Allgemeinen Verwaltungsvorschrift zur Straßenverkehrsordnung geregelt. Die Widmung einzelner Parkstände für bestimmte Nutzer ist auch durch entsprechende Verkehrszeichen mit Zusatzschildern (z. B. „nur Pkw", „Liefern und Laden", „Mobilitätsbehinderte") möglich.

Parkdauerbeschränkungen können ebenfalls durch entsprechende Verkehrszeichen mit Zusatzschildern angeordnet werden. Deren Einhaltung kann mithilfe von Parkscheiben, Belegen aus Parkscheinautomaten und Handy-Parken überwacht werden. Beim Handy-Parken bucht ein registrierter Kunde mittels einer App, SMS oder eines Telefonanrufs unter Angabe des Parkbereichs einen Parkstand und gibt auf gleichem Weg das Ende des Parkvorgangs bekannt. Abgerechnet wird bargeldlos, z. B. auf Grundlage einer erteilten Einzugsermächtigung. Durch Parkdauerbeschränkung kann den Nachfragegruppen Kunden, Besucher und Gäste, Dienstleister und Lieferanten Parkraum zur Verfügung gestellt werden.

In ähnlicher Weise kann eine Gebührenerhebung angeordnet und überwacht werden. Über die Höhe der Gebühren lässt sich Parkraum für die unterschiedlichen, in Abschn. 11.1.2 aufgeführten Nachfragegruppen bereitstellen.

Parkraumbewirtschaftung in öffentlich zugänglichen Parkbauten ist ebenfalls grundsätzlich möglich. Durch die Festlegung der Gebührenhöhe kann Parkraum für bestimmte Nachfragegruppen bereitgestellt werden. Durch Führung des Zielverkehrs mittels Parkleitsystemen zu diesen Flächen können Parksuch- und Umwegfahrten vermieden werden. Parkbauten werden jedoch zumeist privatwirtschaftlich betrieben. Hieraus resultieren Konflikte zwischen dem planerischen Ziel einer Kommune und dem wirtschaftlichen Ziel des Betreibers, die nur auf dem Verhandlungsweg gelöst werden können. Im Ergebnis solcher Verhandlungen ist häufig die planerisch erwünschte Wirksamkeit nicht mehr gegeben. Hinzu kommt, dass zunehmend Navigationssysteme die Zielführung zu Parkflächen übernehmen. Da diese Systeme ebenfalls von Wirtschaftsunternehmen entwickelt werden und die Datenbasis für diese Systeme auch zunehmend von Unternehmen bereitgestellt wird, ist der Einfluss der planenden Verwaltung auf die Steuerung der Zielverkehre immer weniger möglich.

Eine Parkraumbewirtschaftung der nicht öffentlich zugänglichen Stellplätze ist auf einer sehr generellen Ebene ebenfalls möglich. Über die Baugesetze der Länder, konkretisiert durch Satzungen der Kommunen, kann die Menge der bei Neubau zu erstellenden Stellplätze gesteuert werden. Eine solche Steuerung kann den Zweck haben, Stellplatzkontingente in einem bestimmten Umfang zu schaffen (z. B. mithilfe von gemeindlichen Stellplatzsatzungen) oder auch die Schaffung einzuschränken (kommunale Einschränkungssatzungen) und durch die Erhebung von Stellplatzablösegebühren „Ersatz"systeme (wie z. B. Verbesserung des ÖPNV) zu finanzieren. Dadurch kann vor allem die Parkraumnachfrage der Beschäftigten und Kunden und damit der Kraftfahrzeug-Zielverkehr in die Stadtzentren gesteuert werden. Ersatzweise kann ein P+R-System entwickelt werden, welches sicherstellt, dass Fahrzeuge an gut erreichbaren Orten geparkt und Innenstädte umweltverträglich erreicht werden können.

Parkraumbewirtschaftung wirkt nur, wenn Parkraum knapp ist, die Einhaltung der Parkregeln überwacht und Regelverstöße geahndet werden. Zur Überwachung von Parkdauer und Gebührenentrichtung sind bei neuartigen Parkraumbewirtschaftungsinstrumenten, wie z. B. dem Handy-Parken, Geräte erforderlich, die Kennzeichen erfassen, übertragen und mit Daten eines Hintergrundsystems abgleichen können. Damit kann Berechtigung, Einhaltung der Parkdauer und Einzugsmöglichkeit von Gebühren festgestellt werden. Dabei sind datenschutzrechtliche Bestimmungen zu beachten.

Auf Grundlage einer Parkraumangebotsbemessung (vgl. Abschn. 11.3) kann ein abgestimmtes Bündel von Parkraumbewirtschaftungs- und Parkraumschaffungsmaßnahmen für ein Stadtgebiet entwickelt werden. Dies führt zu einem Parkraumkonzept. Dabei sind nicht nur die Belange des Personenverkehrs, sondern auch die des Gütertransports, insbesondere des Lieferns und Ladens, zu berücksichtigen. Die Bereitstellung von Kurzzeit-Parkmöglichkeiten von Lieferfahrzeugen ist Voraussetzung für eine störungsfreie und effiziente Belieferung der Ladengeschäfte. Nur so werden Belieferungskonzepte, wie z. B. City Logistik, überhaupt möglich. Ein Parkraumkonzept muss aber über ein Parkraumbewirtschaftungskonzept im engeren Sinne hinaus gehen. Es muss auch Hinweise zu anzustrebenden baurechtlichen Regelungen enthalten. Dies können Empfehlungen zu Einschränkungssatzungen mit Festlegungen des Maßes der Einschränkung oder zu Standorten für die Neuschaffung von Parkraum mit Angabe der zu bevorzugenden Anlagen und Betriebsformen und deren Erschließung sein.

11.3 Bemessung des Parkraumangebots in Stadtgebieten

11.3.1 Anwendungsfälle

In den Innenstadtlagen übersteigt die Parkraumnachfrage der Nachfragegruppen häufig das Parkraumangebot. Die Folge sind lokal und temporär auftretende Parkraumdefizite. Es kann auch sein, dass in Parkbauten ein großes Parkraumangebot zur Verfügung steht, welches aber z. B. aus Kostengründen nicht genutzt wird. Es gibt auch Stadtteile, die einen großen Parkraumüberschuss aufweisen – öffentliche Fläche, die einer anderen Nutzung zugeführt werden könnte. In allen diesen Fällen ist es sinnvoll, für die Gegenwart und die Zukunft den tatsächlichen Parkraumbedarf abzuschätzen. Aufgabe der Kommunalpolitik ist es zu entscheiden, wie die Parkraumnachfrage in den verschiedenen Stadtgebieten gemäß den verkehrspolitischen Rahmensetzungen künftig gedeckt werden soll. Auf dieser Grundlage kann dann entschieden werden, ob zusätzlicher Parkraum geschaffen werden soll und wenn ja, welche Art von Parkraum zusätzlich benötigt wird, oder ob Parkraum bzw. eine bestimmte Art von Parkraum zu reduzieren ist. Hierzu ist eine differenzierte

Bilanz zwischen Bedarf und Angebot zu erstellen und auf dieser Grundlage Parkraumangebote den Nachfragegruppen zuzuordnen bzw. neue Angebote zu schaffen. Die Methodik einer solchen Angebotsbemessung wird im Folgenden beschrieben.

11.3.2 Abgrenzen eines Untersuchungsgebiets

Das Bemessungsverfahren erfolgt gebietsbezogen. In wenigen Extremfällen kann ein Gebiet auch als ein einzelnes Gebäude oder sogar als Einrichtung innerhalb eines Gebäudes definiert sein bzw. interpretiert werden. Es ist zweckmäßig, das Untersuchungsgebiet so zu wählen, dass die zur Ermittlung des Parkraumbedarfs erforderlichen statistischen Daten, wie Einwohner- und Beschäftigtenzahlen oder Büro- und Verkaufsflächen, gebietsscharf zur Verfügung stehen. Wenn die Gefahr besteht, dass Parkraumnachfrager in Nachbargebiete verdrängt werden, z. B. durch Maßnahmen der Parkraumbewirtschaftung, sind die möglicherweise betroffenen Gebiete in die Untersuchung einzubeziehen.

11.3.3 Bedarfsprognose

Der Parkraumbedarf ist eine Größe, die im Rahmen einer Prognose ermittelt werden muss. Die Ermittlung des Parkraumbedarfs muss das Nachfrageverhalten der einzelnen Nachfragegruppen berücksichtigen. Insbesondere die unterschiedliche zeitliche Abfolge von Ziel- und Quellverkehren der einzelnen Gruppen, welche ggf. dazu führt, dass bestimmte Nachfragegruppen im Tagesverlauf Parkraum für nachfolgende Gruppen freigeben (oder blockieren), muss in die Bedarfsermittlung eingehen. Verfahren, die mit Pauschalgrößen arbeiten (z. B. die Stellplatzrichtzahltabellen in den Landesbauordnungen oder den Stellplatzsatzungen der Städte) berücksichtigen diese Mehrfachnutzung von Parkraum nicht und führen systematisch zu einer Überschätzung des Parkraumbedarfs. Eine Ableitung des Parkraumbedarfs aus Erhebungen ist nur in Gebieten mit Angebotsüberschuss möglich. Bei Parkraummangel liefern Erhebungen nur die realisierbare Nachfrage, nicht die tatsächliche.

Die grundsätzliche Vorgehensweise der Parkraumbedarfsprognose ist in Abb. 11.3 dargestellt.

Die von den Parkraumnachfragern aufgesuchten Nutzungen des Untersuchungsgebiets/-objekts werden zusammengestellt. Welche Nachfragegruppen bezüglich welcher Nutzungen Parkraumnachfrage erzeugen, ist in Tab. 11.1 dargestellt.

Für jede Nutzung wird auf Grundlage einer Nachfragerdichte die Anzahl der täglichen Parkraumnachfrager ermittelt. Für die Nachfrager jeder Nachfragegruppe werden dann mithilfe eines für die Nachfragegruppe spezifischen Tagesziel- und Quellverkehrsaufkommens der künftige Zielverkehr ins Gebiet und der künftige Quellverkehr aus dem Gebiet bestimmt. In Tab. 11.2 sind beispielhaft solche spezifischen Tageszielverkehrsaufkommen angegeben. In erster Näherung kann davon ausgegangen werden, dass Tagesziel- und -quellverkehrsaufkommen gleich groß sind.

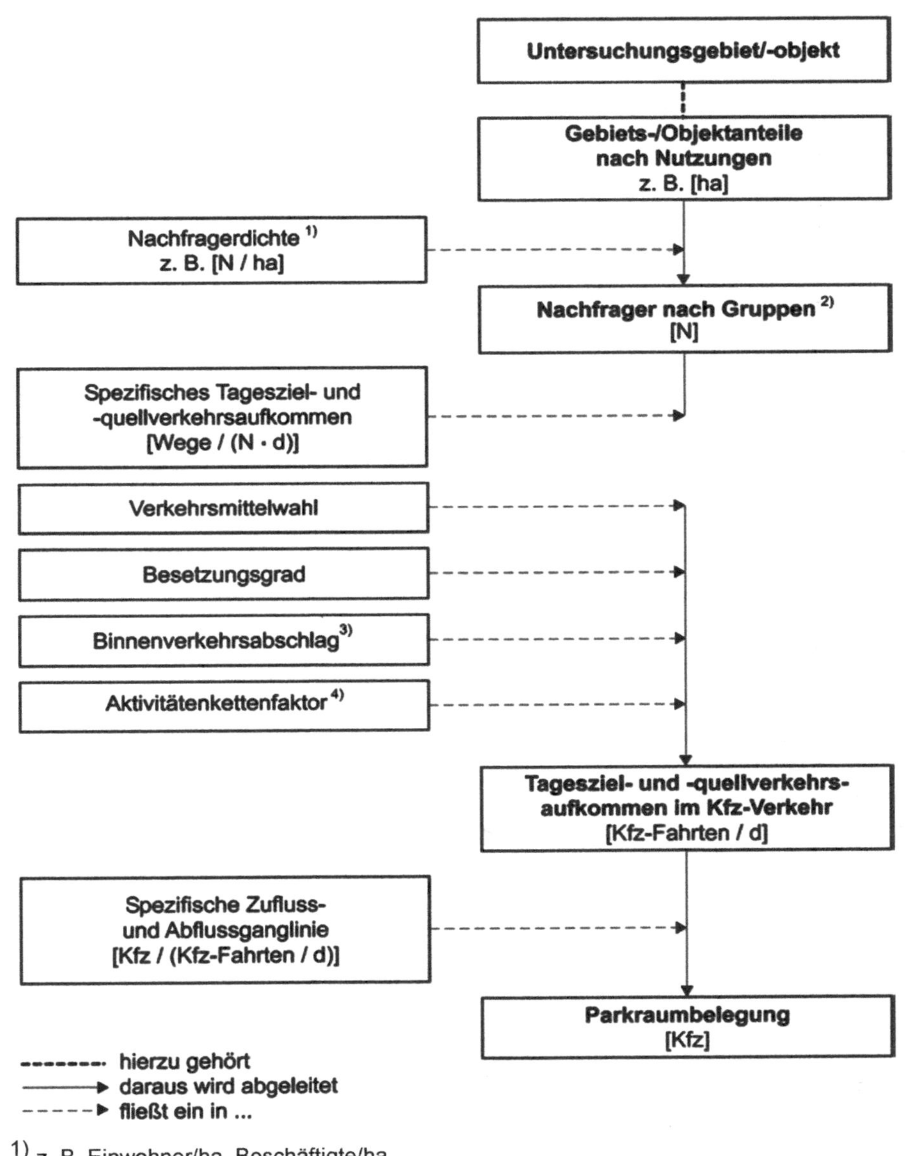

Abb. 11.3 Parkraumbedarfsprognose (FGSV 2005/2012, S. 16)

Tab. 11.1 Erzeugung von Parkraumbedarf durch Nutzungen und Nachfragegruppen (FGSV 2005/2012, S. 11)

Gebietstyp	Typische Nutzung	Nachfragegruppe							
		Einwohner	Beschäftigte Auszubildende	Studierende Schüler	Kunden	Besucher	Gäste	Dienstleister	Lieferanten
Stadtkerngebiete	Wohnungen	X				X		X	
	Büros		X		X			X	
	Einkaufsstätten		X		X			X	X
	Einrichtungen des Gemeinbedarfs		X	X		X		X	
	Hotels und Gaststätten		X				X	X	X
	Kulturelle Einrichtungen		X			X		X	X
	Freizeiteinrichtungen		X			X		X	X
Stadtkernnahe Altbaugebiete	Wohnungen	X				X		X	
	Büros		X		X			X	
	Gewerbebetriebe		X		X			X	X
	Einkaufsstätten		X		X			X	X
	Einrichtungen des Gemeinbedarfs		X	X		X		X	
	Hotels und Gaststätten		X				X	X	X
	Kulturelle Einrichtungen		X			X		X	X
	Freizeiteinrichtungen		X			X		X	X

(Fortsetzung)

Tab. 11.1 (Fortsetzung)

Gebietstyp		Typische Nutzung	Nachfragegruppe							
			Einwohner	Beschäftigte Auszubildende	Studierende Schüler	Kunden	Besucher	Gäste	Dienstleister	Lieferanten
Wohn-gebiete	Reine	Wohnungen	X				X			
		Einkaufsstätten		X		X			X	X
		Einrichtungen des Gemeinbedarfs		X	X		X		X	
		Freizeiteinrichtungen		X			X		X	X
	All-gemeine	Wohnungen	X				X			
		Büros		X		X			X	
		Gewerbebetriebe		X		X			X	X
		Einkaufsstätten		X		X			X	X
		Einrichtungen des Gemeinbedarfs		X	X		X		X	
		Freizeiteinrichtungen		X			X		X	X
Gewerbe- und Industriegebiete		Büros		X		X			X	
		Gewerbebetriebe		X		X			X	X
		Einkaufsstätten		X		X			X	X

(Fortsetzung)

Tab. 11.1 (Fortsetzung)

Gebietstyp	Typische Nutzung	Nachfragegruppe							
		Einwohner	Beschäftigte Auszubildende	Studierende Schüler	Kunden	Besucher	Gäste	Dienstleister	Lieferanten
Dörfliche Gebiete	Wohnungen	X				X			
	Gewerbebetriebe		X		X			X	X
	Einkaufsstätten		X		X			X	X
	Einrichtungen des Gemeinbedarfs		X	X		X		X	
	Gaststätten		X				X	X	X
	Freizeiteinrichtungen		X			X		X	X
Erholungsgebiete	Einkaufsstätten		X		X			X	X
	Kulturelle Einrichtungen		X			X		X	X
	Freizeiteinrichtungen		X			X		X	X

X: Nutzung erzeugt im Allgemeinen Parkraumbedarf durch Nachfragegruppe „…“

Tab. 11.2 Spezifische Tageszielverkehrsaufkommen für verschiedene Nachfragegruppen und Nutzungen (Gebietstypen) (FGSV 2005/2012, S. 81)

Gebietstyp	Nachfragegruppe	Spezifisches Tageszielverkehrsaufkommen
Stadtkerngebiet in Oberzentren mit weniger als 400.000 Einwohnern	Einwohner Beschäftigte Kunden	0,53 Kfz-Fahrten/(Einwohner • d) 0,59 Kfz-Fahrten/(Beschäftigter • d) 0,16 Kfz-Fahrten/(m^2 Verkaufsfläche • d)
Stadtkerngebiet in Mittelzentren	Einwohner Beschäftigte Kunden	0,52 Kfz-Fahrten/(Einwohner • d) 0,70 Kfz-Fahrten/(Beschäftigter • d) 0,21 Kfz-Fahrten/(m^2 Verkaufsfläche • d)
Stadtkernnahes Altbaugebiet	Einwohner Beschäftigte Kunden	0,49 Kfz-Fahrten/(Einwohner • d) 0,64 Kfz-Fahrten/(Beschäftigter • d) 0,19 Kfz-Fahrten/(m^2 Verkaufsfläche • d)

Mithilfe des Modal Split und des Besetzungsgrads erfolgt eine Umwandlung von einer personenbezogenen in eine fahrzeugbezogene Betrachtung. Nach Berücksichtigung von Verbundeffekten (mithilfe eines Aktivitätenkettenfaktors) und auftretenden Gebiets-Binnenverkehren (Ende und Beginn eines Parkvorgangs im gleichen Gebiet) durch einen Binnenverkehrsabschlag kann das Tagesziel- und -quellverkehrsaufkommen von Kraftfahrzeugen, Krafträdern und Fahrrädern für das betrachtete Gebiet ermittelt werden. Abschließend wird mithilfe spezifischer Zufluss- und Abflussganglinien dieses Ziel- und Quellverkehrsaufkommen in seinen zeitlichen Verlauf übergeführt. Aus Anfangsbestand zuzüglich Zielverkehr abzüglich Quellverkehr ergibt sich daraus die Parkraumbelegung im Gebiet – ebenfalls im Zeitverlauf und ebenfalls für verschiedene Fahrzeugarten. In Abb. 11.4 sind beispielhaft solche Ganglinien dargestellt.

Die Berechnungseingangsgrößen sind fallspezifisch zu erheben oder der Literatur zu entnehmen. Entsprechende Angaben finden sich in Bosserhoff (2001), FGSV (1999), FGSV (2005/2012), FGSV (2006), Gerlach et al. (2000), HSSV (2006) und Schuster et al. (1999). Als Ergebnis der Bedarfsprognose erhält man den künftigen Bedarf an Parkraum für die verschiedenen Nachfragegruppen für einzelne Zeitintervalle im Tagesverlauf. Überlagert man diese, ergibt sich der Gesamtbedarf im Untersuchungsgebiet – ebenfalls für Zeitintervalle im Tagesverlauf.

11.3.4 Angebotsprognose

Das aktuelle Parkraumangebot ist nach FGSV (2012a) zu erheben (siehe Kap. 2 in Band 2). Bei der Erhebung ist darauf zu achten, dass der Parkraum nach den in Abschn. 11.1.4 aufgeführten Parkraumarten differenziert erfasst wird. Das künftige Parkraumangebot wird aus dem aktuellen Angebot entwickelt. Dabei werden bereits bekannte Änderungen, z. B. wegfallende oder hinzukommender Parkraum und die Änderung von Bewirtschaftungsformen, z. B. nach Ort, Zeitdauer, Kostenpflichtigkeit oder Nutzerwidmung (ggf. auch in Nachbargebieten) berücksichtigt. Im Ergebnis führt dieser Arbeitsschritt zu einer Angebotsprognose.

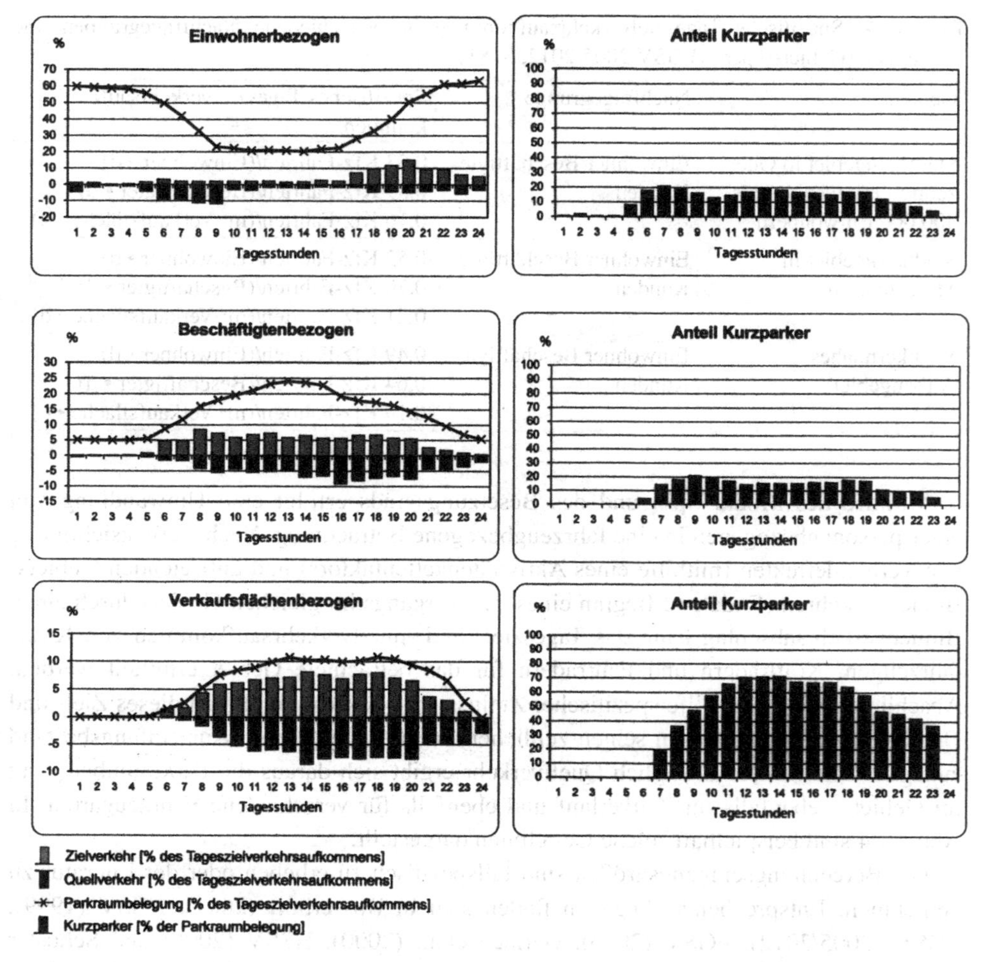

Abb. 11.4 Spezifische Zufluss-, Abfluss- und Belegungsganglinien und Anteil Kurzparker für die Nutzung „Stadtkerngebiet in einem Oberzentrum mit mehr als 400.000 Einwohnern". (Quelle: FGSV: EAR 2005/2012, S. 82)

11.3.5 Bilanzierung

Der für das Untersuchungsgebiet prognostizierte Parkraumbedarf ist dem prognostizierten Parkraumangebot gegenüberzustellen. Dabei ist es erforderlich, schrittweise nach Nachfragegruppen vorzugehen. So muss z. B. dem Parkraumbedarf für Einwohner auch das für Einwohner nutzbare Parkraumangebot gegenübergestellt werden. Darin darf z. B. kein parkdauerbeschränkter Parkraum enthalten sein, da Einwohner in der Regel darauf angewiesen sind, ihr Fahrzeug längere Zeit abstellen zu können. Des Weiteren muss bei der Bilanzierung zeitintervallweise vorgegangen werden, da der Umfang einer bestimmten Art des in einem Untersuchungsgebiet nachgefragten bzw. vorhandenen Parkraumangebots im Tagesverlauf zumeist wechselt.

Nach Durchführung der Bilanzierung lassen sich als Ergebnisse dieses Arbeitsschritts Parkraumdefizite oder Parkraumüberschüsse im Untersuchungsgebiet

- nach Fahrzeugart (Kraftfahrzeug, Kraftrad oder Fahrrad),
- nach Nachfragegruppe und
- für einzelne Zeitintervalle im Tagesverlauf

bestimmen.

Überlagert man die Parkraumdefizite oder -überschüsse der einzelnen Nachfragegruppen, so erhält man das Gesamtdefizit oder den Gesamtüberschuss im Untersuchungsgebiet – ebenfalls im Tagesverlauf. Bei Unterteilung eines großen Untersuchungsgebiets in geeignete kleine Teiluntersuchungsgebiete ist nach diesem Arbeitsschritt zu erkennen, wo und wann welche Art von Parkraum in welchem Umfang künftig fehlt oder in zu großem Umfang vorhanden sein wird.

11.3.6 Angebotszuordnung und Parkraumbereitstellung

Auf Grundlage der ermittelten Parkraumdefizite bzw. -überschüsse kann die Entscheidung über Ort, Art und Maß eines künftigen Parkraumangebots fachlich gesichert gefällt werden. In der Folge führt dies zu ersten Vorstellungen zur Bewirtschaftung und zur räumlichen Verteilung des Parkraumangebots:

- Aus dem Ort des Auftretens von Parkraumdefiziten oder -überschüssen lassen sich Teilgebiete benennen, in denen Parkraum für eine bestimmte Fahrzeugart geschaffen werden sollte oder verringert werden kann.
- Aus den Parkraumdefiziten oder -überschüssen der einzelnen Nachfragegruppen lässt sich ableiten, welche Parkraumart mit welcher Bewirtschaftungsform fehlt oder zu umfangreich vorhanden ist.
- Aus der tageszeitabhängigen Bilanzierung können Menge, Art und Ort des zu schaffenden oder zu verringernden Parkraums an die Tageszeit angepasst festgelegt und Mehrfachnutzung von Parkraum sichergestellt werden.

Zur Realisierung eines solchen Konzepts sind die Instrumente der in Abschn. 11.2 beschriebenen Parkraumbewirtschaftung zu nutzen. Ein Beispiel eines auf diese Art und Weise aufgestellten Parkraumkonzepts ist in Abb. 11.5 dargestellt.

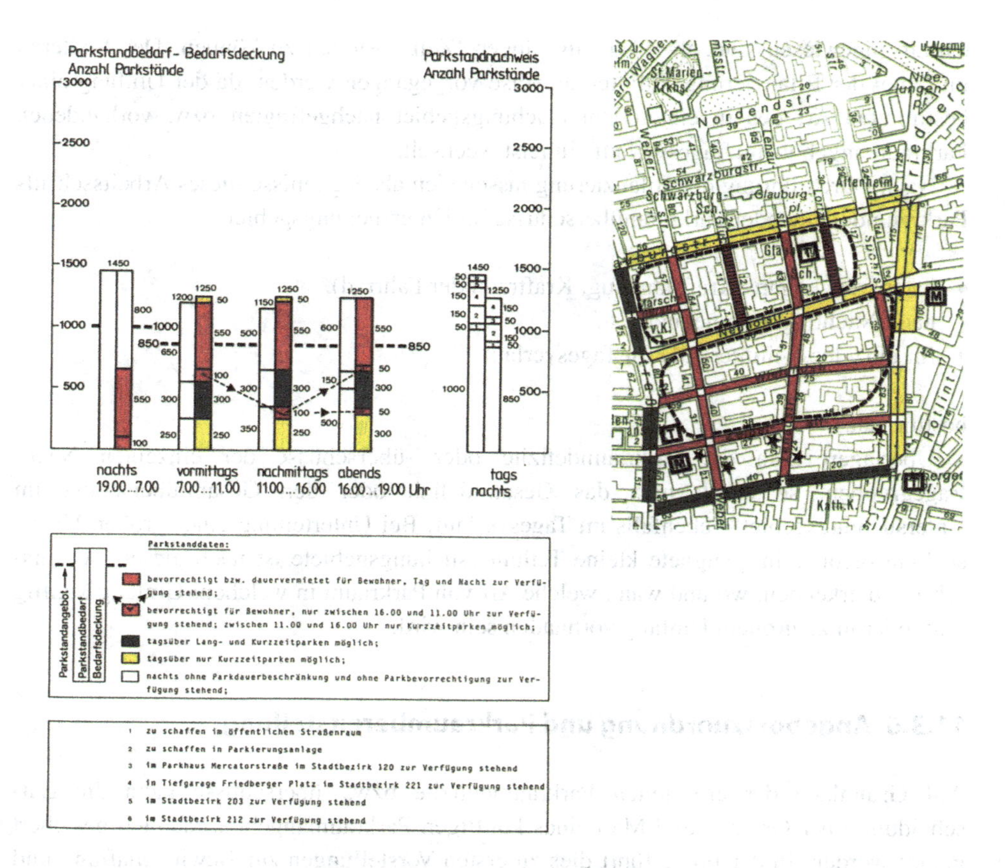

Abb. 11.5 Parkraumkonzept Stadtbezirk 211 Frankfurt am Main (Schuster und Skoupil 1988)

11.4 Bemessung von Abfertigungsanlagen

11.4.1 Anwendungsfälle und Einflussgrößen

Parkplätze und Parkbauten sind häufig mit Abfertigungsanlagen mit einer oder mehreren Abfertigungseinrichtungen versehen. Solche Anlagen müssen so bemessen sein, dass kein größerer Rückstau in den öffentlichen Straßenraum bzw. auf den Parkflächen entsteht. Evtl. unvermeidbare Rückstaulängen sollen ggf. auf den Zufahrten vor der Abfertigungsanlage Platz finden, um den Verkehr auf der Erschließungsstraße nicht zu stören. Somit ist auch die Bemessung der Zufahrtslänge ein Anwendungsfall.

Einflussgröße für die Bemessung ist die Verkehrsstärke des ein- und ausfahrenden Verkehrs. Im Falle von bestehenden Anlagen sind hierzu Verkehrserhebungen gemäß FGSV (2012a) vorzunehmen (vgl. Kap. 2 in Band 2). Handelt es sich um geplante Anlagen, kann die in Abschn. 11.3.3 beschriebene Methode angewendet werden. Vereinfachend können aber auch Zähldaten von vergleichbaren Anlagen als Grundlage für die

Tab. 11.3 Spezifische maßgebende Belastungen an Ein- und Ausfahrten von Parkbauten und Parkplätzen. FGSV (2005/2012), S. 103

Nachfragegruppe			Spezifische maßgebende Belastung q_1 [Pkw/h und Parkstand] Zufluss von	Zufluss häufig einzeln[a]	Zufluss bis	Abfluss von	Abfluss häufig einzeln[a]	Abfluss bis	Anmerkung
			–		–	–		–	
Beschäftigte und Auszubildende	mit überwiegend fester Arbeitszeit		1,00	1,30	1,60	0,80	1,10	1,50	
	mit überwiegend gleitender Arbeitszeit		0,30	0,60	0,75	0,25	0,40	0,60	
Studierende			–	1,90	–	–	0,80	–	
Beschäftigte, Auszubildende, Studierende und Schüler	Nutzer von P+R-Anlagen		–	0,45	–	–	0,50	–	
Kunden in Stadtkerngebieten	Montag bis Freitag		0,30	0,40	0,55	0,30	0,45	0,70	
	Samstag		0,40	0,70	0,90	0,40	0,60	0,80	
Kunden von Verbrauchermärkten	Montag bis Freitag		0,60	1,45	2,10	0,60	1,40	2,25	Verkaufsfläche 1000 bis 3000 m² Einfaches Warensortiment
	Samstag		0,80	1,00	1,20	0,80	0,95	1,20	
Kunden von SB-Warenhäusern am Stadtrand	Montag bis Freitag		0,60	0,75	0,80	1,05	1,10	1,25	Verkaufsfläche 3000 bis 6000 m² Qualifiziertes Warenangebot und Güter des aperiodischen Bedarfs
	Samstag		0,75	0,85	0,95	–	0,65	–	
Kunden von Fachmärkten	Bau	Mo – Fr	1,60	2,10	2,80	2,20	2,35	2,50	Verkaufsfläche 2000 bis 5000 m² und größer
		Sa	2,25	2,70	3,20	–	2,10	–	
	Elektro	Mo – Fr	1,00	1,15	1,25				
	Möbel/Einrichtung	Mo – Fr	0,30	0,35	0,45				
	Schuhe/Textilien	Mo – Fr	–	0,20	–				
	Kinderausstattung	Mo – Fr	–	1,00	–				
	Sport	Mo – Fr	–	1,40	–				
Besucher von Veranstaltungen	Theater		0,90	1,00	1,10	1,00	1,20	1,30	Abfluss stark abhängig von Besucherinteressen nach Veranstaltungsende
	Großkino	Di – Do	–	0,25	–				
		Fr u. Sa	–	0,80	–				
	Ausstellung		–	0,70	–	–	0,50	–	
	Stadion		0,70	0,80	0,90	1,40	2,00	2,70	
	Halle		0,40	0,55	0,70	0,50	0,70	0,90	
Besucher von Freizeiteinrichtungen	Spaßbad	Werktag	–	0,10	–				
		Samstag	–	0,15	–				
	Erlebnispark		0,05	0,10	0,15	0,10	0,20	0,25	

[a] Mittelwert aus Beobachtungen an einer Anlage

Schätzung dieser Verkehrsstärke dienen. Eine weitere Möglichkeit für deren Schätzung ist die Ermittlung mithilfe einer spezifischen maßgebenden Belastung nach FGSV (2005/2012) (s. Tab. 11.3).

Das Abfertigungssystem muss eine ausreichende Kapazität zur Abwicklung der ein- bzw. ausfahrenden Fahrzeuge aufweisen. Die Kapazitäten der verschiedenen Abfertigungssysteme in Abfertigungseinrichtungen sind in Tab. 11.4 dargestellt.

11.4.2 Bemessungsverfahren

Die Frage, mit wie vielen Abfertigungseinrichtungen welcher Abfertigungssysteme eine Abfertigungsanlage auszustatten ist, lässt sich mithilfe der Diagramme in den Abb. 11.6 und 11.7 beantworten.

Tab. 11.4 Kapazitäten von Abfertigungseinrichtungen (FGSV 2015, S. 10–16)

Nr.	Abfertigungssystem	Kapazität C [Pkw/h]	
		Einfahrteinrichtung	Ausfahrteinrichtung
Gelegenheitsparker			
1.	Kredit-/Debitkarten	160	210
2.	Guthaben-/Kundenkarten	215	160
3.	Handkassierung	240	–
4.	Chipkartentickets	340	360
5.	Magnetstreifen-/Barcodetickets/Chipcoins	290	340
6.	Magnetstreifentickets (Seitenlage)	290	250
Mietparker			
7.	Magnetstreifen-/Chipkartentickets	235	270
8.	Magnetschlüssel/Transpondertechnik	380	360

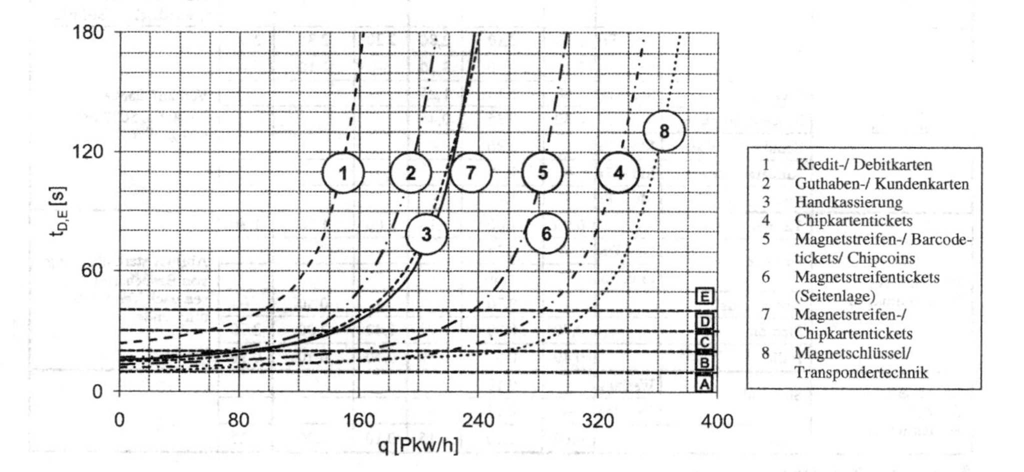

Abb. 11.6 Mittlere Einfahrtzeit und Qualitätsstufen A bis E des Verkehrsablaufs (vgl. Abschn. 11.6) für unterschiedliche Abfertigungssysteme in Abhängigkeit von der Verkehrsstärke in der **Einfahrt** (FGSV 2015, S. 10–17)

Mit diesen Diagrammen lassen sich die mittleren Einfahrtszeiten $t_{D,E}$ bzw. die mittleren Ausfahrtszeiten $t_{D,A}$ an einer Abfertigungseinrichtung, ausgestattet mit einem bestimmten Abfertigungssystem, in Abhängigkeit von der (künftig) auftretenden Verkehrsstärke q bestimmen. Diese Größen stellen das Maß für die Qualität des Verkehrsablaufs an einer solchen Einrichtung dar (zur Qualitätsbeurteilung vgl. Abschn. 11.6). Wird die an einer Abfertigungseinrichtung sich einstellende Ein- bzw. Ausfahrzeit als qualitativ nicht ausreichend erachtet, sind weitere Abfertigungseinrichtungen anzuordnen, bis die gewünschte Qualität erreicht wird.

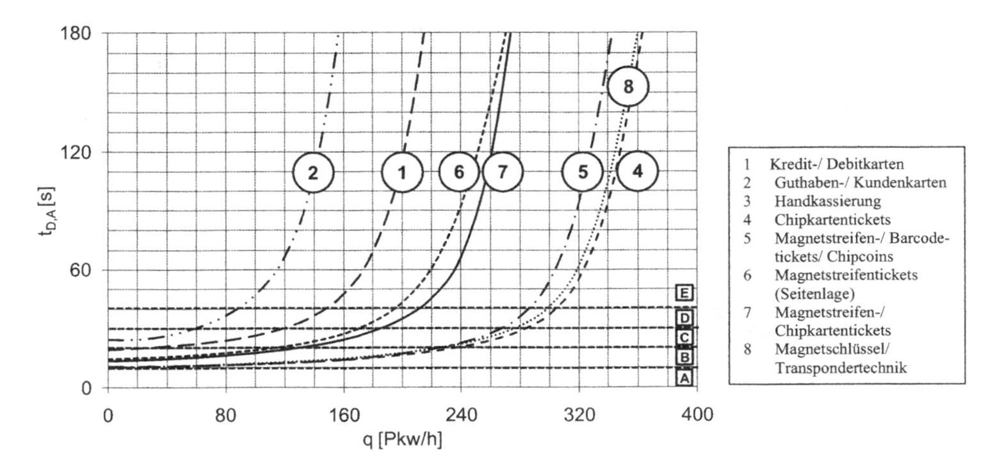

Abb. 11.7 Mittlere Ausfahrtzeit und Qualitätsstufen A bis E des Verkehrsablaufs (vgl. Abschn. 11.6) für unterschiedliche Abfertigungssysteme in Abhängigkeit von der Verkehrsstärke in der **Ausfahrt** (FGSV 2015, S. 10–19)

Die Frage, wie lang die Zufahrt zu einer Abfertigungseinrichtung ausgebildet werden muss, lässt sich mithilfe der Diagramme in der Abb. 11.8 beantworten.

Mit diesen Diagrammen lassen sich die Anzahl der Fahrzeuge N in der Warteschlange vor einer Einfahrts-Abfertigungseinrichtung, ausgestattet mit einem bestimmten Abfertigungssystem, in Abhängigkeit von der (künftig) auftretenden Verkehrsstärke q bestimmen.

In FGSV (2015) wird zudem ein Diagramm zur Verfügung gestellt, mit welchem die Länge der Ausfahrt aus einer Anlage zum Parken dimensioniert werden kann.

11.5 Entwurf von Anlagen zum Parken

11.5.1 Geometrische Zusammenhänge

Bemessungsfahrzeuge

Anlagen zum Parken müssen baulich so gestaltet sein, dass die meisten Fahrzeuge der Fahrzeugflotte in diesen abgestellt werden können und ein Ein- und Aussteigen sowie ggf. ein Be- und Entladen der Fahrzeuge möglich ist. Den Abmessungen von Parkständen und dem Erschließungssystem liegen daher ein sogenanntes Bemessungsfahrzeug zugrunde, welches Abmessungen aufweist, die von 85 % aller Fahrzeuge der Fahrzeugflotte eingehalten werden. Die geometrischen Kenngrößen der derzeitigen Bemessungsfahrzeuge wurden in den Jahren 1999/2000 ermittelt. Sie sind in Tab. 11.5 dargestellt.

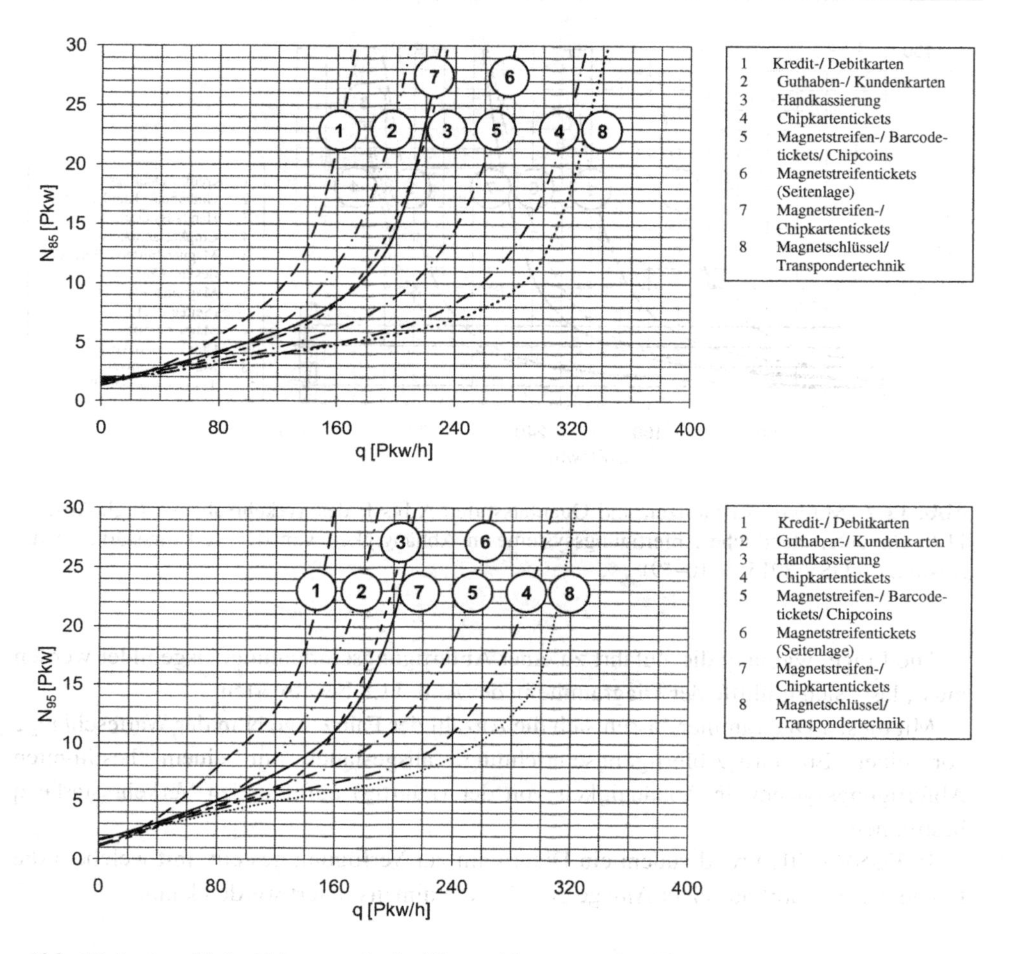

Abb. 11.8 Anzahl der Fahrzeuge in der Warteschlange **vor der Einfahrt** in Abhängigkeit von der Verkehrsstärke und dem Abfertigungssystem bei 85 % statistischer Sicherheit (oben) und bei 95 % statistischer Sicherheit (unten) (FGSV 2015, S. 10–18)

Im Jahr 2010 wurden die Kenngrößen der Fahrzeugart Pkw überprüft (Schuster et al. 2011). Die Überprüfung kam zu dem Ergebnis, dass sich die Abmessungen des Bemessungsfahrzeugs innerhalb dieser 10 Jahre deutlich vergrößert haben. Für die Pkw-Flotte im Jahr 2010 müssten bereits folgende geometrische Kenngrößen angesetzt werden:

Länge	4,77 m
Radstand	2,81 m
Breite (ohne Spiegel)	1,84 m
Höhe	1,67 m

Eine Überprüfung der Abmessungen von Fahrzeugen des Schwerverkehrs (Friedrich et al. 2014) zeigte, dass sich diese Fahrzeuge in ihren Abmessungen nur unwesentlich verändert haben.

Tab. 11.5 Geometrische Kenngrößen der Bemessungsfahrzeuge und Höchstwerte der StVZO (FGSV 2001/2005/2006)

Fahrzeugart	Außenabmessungen						
	Länge	Radstand	Überhanglänge		Breite[*]	Höhe	Wendekreisradius außen
			vorn	hinten			
	[m]	[m]	[m]	[m]	[m]	[m]	[m]
Personenkraftwagen	4,74	2,70	0,94	1,10	1,76	1,51	5,85
Lastkraftwagen:							
Transporter/Wohnmobil	6,89	3,95	0,96	1,98	2,17	2,70	7,35
Kleiner Lkw (2-achsig)	9,46	5,20	1,40	2,86	2,29	3,80	9,77
Großer Lkw (3-achsig)[1]	10,10	5,30[1]	1,48	3,32	2,50[4]	3,80	10,05
Lastzug:	18,71						
Zugfahrzeug (3-achsig)[1]	9,70	5,28[1]	1,50	2,92	2,50[4]	4,00	10,30
Anhänger (2-achsig)	7,45	4,84	1,35[3]	1,26	2,50	4,00	10,30
Sattelzug:	16,50						
Zugmaschine (2-achsig)	6,08	3,80	1,43	0,85	2,50[4]	4,00	7,90
Auflieger (3-achsig)[1]	13,61	7,75[1]	1,61	4,25	2,50	4,00	7,90
Kraftomnibusse:							
Reise-, Linienbus 12,00 m	12,00	5,80	2,85	3,35	2,50[4]	3,70[6]	10,50
Reise-, Linienbus 13,70 m[2]	13,70	6,35[2]	2,87	4,48	2,50[4]	3,70[6]	11,25
Reise-, Linienbus 15,00 m[2]	14,95	6,95[2]	3,10	4,90	2,50[4]	3,70[6]	11,95
Gelenkbus	17,99	5,98/5,99	2,65	3,37	2,50[4]	2,95	11,80
Müllfahrzeuge:							
2-achsig (2 Mü)	9,03	4,60	1,35	3,08	2,50[4]	3,55	9,40
3-achsig (3 Mü)	9,90	4,77[1]	1,53	3,60	2,50[4]	3,55	10,25
3-achsig (3 MüN)[2]	9,95	3,90	1,35	4,70	2,50[4]	3,55	8,60
Höchstwerte der StVZO:							
Kraftfahrzeug	12,00						
Anhänger	12,00						
Lastzug	18,75				2,55[4][5]	4,00[6]	12,50
Sattelzug	16,50						
Gelenkbus	18,00						

[1] Bei 3-achsigen Fahrzeugen ist die hintere Tandemachse zu einer Mittelachse zusammengefasst
[2] Bei 3-achsigen Fahrzeugen mit Nachlaufachse entspricht der Radstand dem Wert zwischen der Vorderachse und der vorderen Achse der hinteren Tandemachse
[3] Ohne Deichsellänge
[4] Ohne Außenspiegel
[5] Aufbauten von klimatisierten Fahrzeugen bis 2,60 m
[6] Als Doppelstock-Bus 4,00 m
[*] Die Breite von 2,50 m für die Bemessungsfahrzeuge entspricht dem „85 %-Fahrzeug" (siehe Abschnitt 2) zum Zeitpunkt der Erstellung der Schleppkurven. Mit zunehmenden zeitlichen Abstand ist davon auszugehen, dass immer mehr Fahrzeuge die nach StVZO zulässige Breite von 2,55 m (siehe letzte Zeile der Tabelle) ausnutzen werden. Wenn die empfohlenen seitlichen Toleranzen nicht reduziert werden sollen, sind die Schleppkurven zu verbreitern.

Die in den Abschn. 11.5.2 bis 11.5.7 angegebenen Abmessungen von Anlagen zum Parken basieren auf dem in FGSV (2001/2005/2006) festgelegten Bemessungsfahrzeug (Erkenntnisstand 1999/2000). Aufgrund der deutlichen Veränderungen der Abmessungen des Pkw-Bemessungsfahrzeugs zwischen den Jahren 2000 und 2010 (vgl. Schuster et al. 2011) ist mit einer Anpassung des Bemessungsfahrzeugs zu rechnen. Dies wird voraussichtlich zu Veränderungen der in den Abschn. 11.5.2 bis 11.5.7 angegebenen Abmessungen von Anlagen zum Parken führen.

Bewegungs- und Begegnungsspielräume

Die Abmessungen von Parkständen und Fahrgassen müssen gewährleisten, dass das Bemessungsfahrzeug in die Parkstände einfahren und aus diesen ausfahren kann. Zudem sollten beim Liefern und Laden Flächen für Rangieren, für Hebevorrichtungen und für das kurzfristige Absetzen von Transportgütern zur Verfügung stehen. Auch sollten sich die Fahrzeuge ggf. auf den Fahrgassen begegnen können. Es sind daher Bewegungsspielräume für langsames Fahren, Bewegungsspielräume bei Kurvenfahrt (Ein- und Ausparken, Befahren von Fahrgassenkreuzungen, Fahrgasseneinmündungen und gekrümmte Rampen in Parkbauten) und Bewegungsspielräume für das Begegnen auf Fahrgassen und Rampen anzusetzen. Außerdem muss gewährleistet sein, dass Fahrzeugführer ein- und aussteigen können. Ein Beispiel für solche Zusammenhänge zeigt Abb. 11.9.

Überhang- und Zwischenstreifen

Bei Park- und Ladeflächen im Straßenraum ist zu berücksichtigen, dass sich beim Parken am Fahrbahnrand die Räder unmittelbar an der Bordsteinkante befinden. Jenseits der Bordsteinkante ist daher ein Streifen für den Fahrzeugüberhang ü als Teil der Parkstandtiefe t anzurechnen. Die geometrischen Zusammenhänge sind in Abb. 11.10 dargestellt.

Um die fahrdynamisch erforderliche Fahrgassenbreite g zu gewährleisten, ohne Gegenfahrstreifen einer Fahrbahn in Anspruch nehmen zu müssen, kann es erforderlich sein, zusätzlich zu den Parkstandabmessungen einen Zwischenstreifen vorzusehen. Diese geometrischen Zusammenhänge sind in Abb. 11.11 dargestellt.

11.5.2 Park- und Ladeflächen im Straßenraum

Geometrische Grundmaße

Die unter Abschn. 11.5.1 dargestellten Zusammenhänge führen zu den in Tab. 11.6 zusammengestellten Abmessungen von Pkw-Parkflächen im Straßenraum.

Für die Abmessungen von Park- und Ladeflächen im Straßenraum für Lkw und Lieferfahrzeuge gilt Folgendes: Für Transporter und kleine Lkw ist zum Parken, Liefern und Laden ein Mindestflächenbedarf von 2,30 m Breite und von 10,00 bis 12,00 m Länge erforderlich. Für große Lastkraftwagen besteht ein Mindestflächenbedarf von 2,50 m Breite und 12,00 bis 14,00 m Länge. Zusätzliche Flächen von ca. 3,00 bis 5,00 m^2 sind in den Seitenräumen für das kurzfristige Absetzen gelieferter Waren vorzusehen. Diese Flächen müssen außerhalb der Rad- und Fußgängerverkehrsflächen liegen, um Behinderungen und Gefährdungen zu minimieren.

Die Abmessungen von Parkständen von Fahrrädern und Motorrädern sind in den Abb. 11.12 und 11.13 dargestellt.

Bei Zweiradfahrzeugen ist zu gewährleisten, dass genügend Raum zwischen den abgestellten Fahrzeugen verbleibt, um diese in die Parkposition hinein und aus ihr heraus schieben zu können.

Typische Lösungen

In den Abb. 11.14 bis 11.19 sind typische Lösungen für das Parken, Liefern und Laden im Straßenraum dargestellt. Wenn nicht anders erwähnt, sind die Abmessungen der Tab. 11.6 vorzusehen.

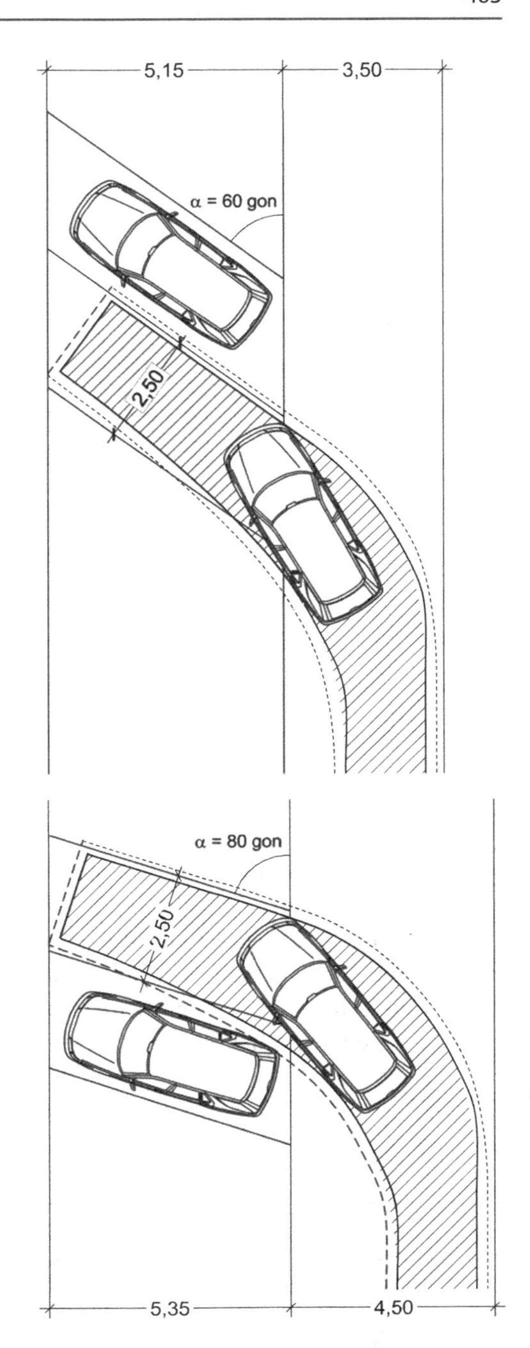

Abb. 11.9 Fahrgassenbreite in Abhängigkeit vom Aufstellwinkel (Beispiel) (FGSV 2005/2012, S. 24)

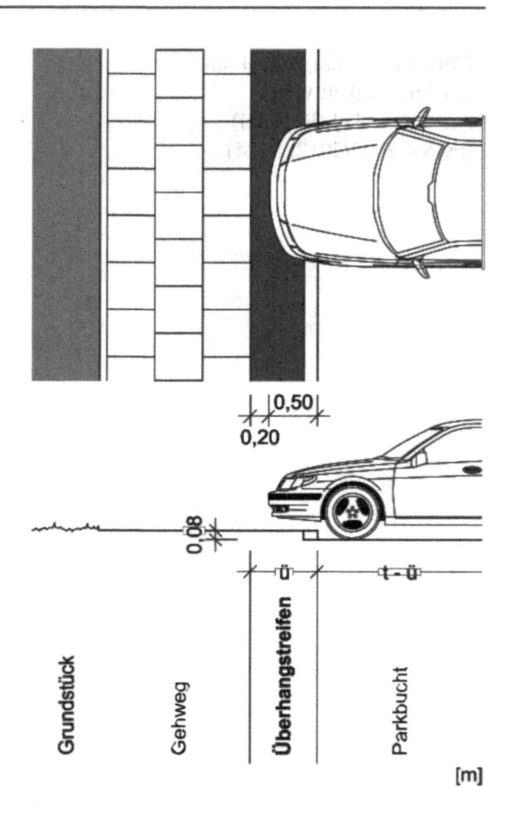

Abb. 11.10 Überhangstreifen (FGSV 2005/2012, S. 24)

Bei Entwurf einer Parkbucht für Pkw mit Längsaufstellung ist zu beachten, dass zwischen Bordsteinkante und Gehweg ein Sicherheitstrennstreifen (Breite: 0,75 m gegen Radwege und 0,50 m gegen Gehwege) für aufschlagende Türen vorgesehen wird.

Werden Schrägparkbuchten entworfen, ist besonders darauf zu achten, dass ein Überhangstreifen und ggf. ein Zwischenstreifen vorzusehen ist. Die hierfür zugrunde liegenden geometrischen Zusammenhänge sind in Abschn. 11.5.1 erläutert.

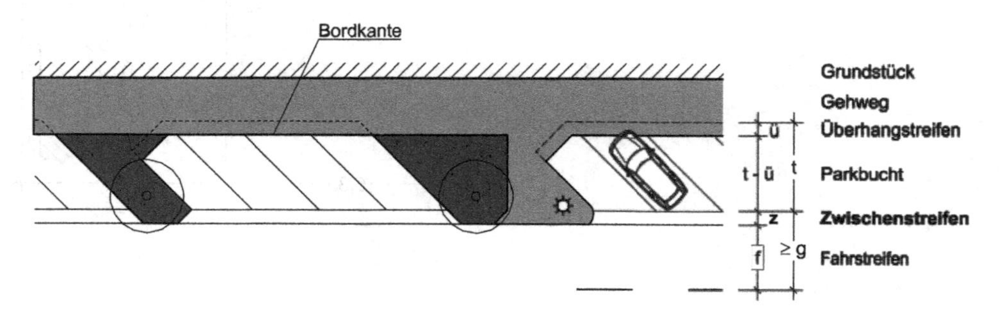

Abb. 11.11 Zwischenstreifen (schematisch) (FGSV 2005/2012, S. 25)

Tab. 11.6 Abmessungen von Parkständen und Fahrgassen für Pkw im Straßenraum (FGSV 2005/2012, S. 28), verändert

	Aufstell-winkel α [gon]	Tiefe ab Fahrgassen-rand t – ü [m]	Breite des Überhang-streifens ü [m]	Breite des Park-stands b [m]	Straßenfrontlänge l [m] beim Einparken		Fahrgassenbreite g [m] beim Einparken	
					vorwärts	rückwärts	vorwärts	rückwärts
Längsaufstellung	0			2,00	6,70[a]	5,70 5,20[b]	3,25	3,50
Schrägaufstellung	50	4,15	0,70	2,50	3,54		3,00	
	60	4,45	0,70	2,50	3,09		3,50	
	70	4,60	0,70	2,50	2,81		4,00	
	80	4,65	0,70	2,50	2,63		4,50	
	90	4,55	0,70	2,50	2,53		5,25	
Senkrechtaufstellung	100	4,30	0,70	2,50	2,50	2,50	6,00	4,50

[a] In Sonderfällen, z. B. um Behinderungen im Radverkehr beim Rückwärtseinparken zu vermeiden
[b] Durchschnittswert ohne Markierung

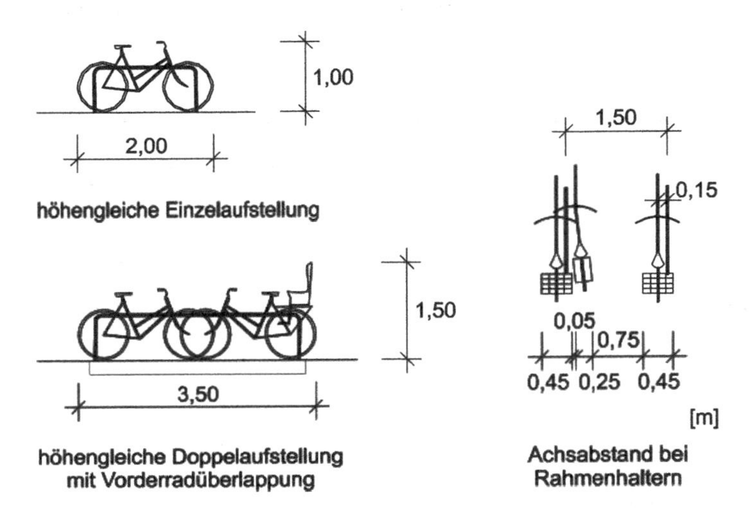

Abb. 11.12 Raumbedarf beim Fahrradparken (FGSV 2005/2012, S. 26)

Soll zum Liefern und Laden auf der Fahrbahn gehalten werden, so sollte diese als überbreite Fahrbahn mit einer Fahrbahnbreite von mindestens 9,00 m ausgeführt werden.

Der in Abschn. 11.5.1 erläuterte Zwischenstreifen kann – ggf. in etwas verbreiterter Form – als Streifen für kurzzeitiges Halten von Lieferfahrzeugen angeboten werden.

Abb. 11.13 Raumbedarf beim Motorradparken (FGSV 2005/2012, S. 27)

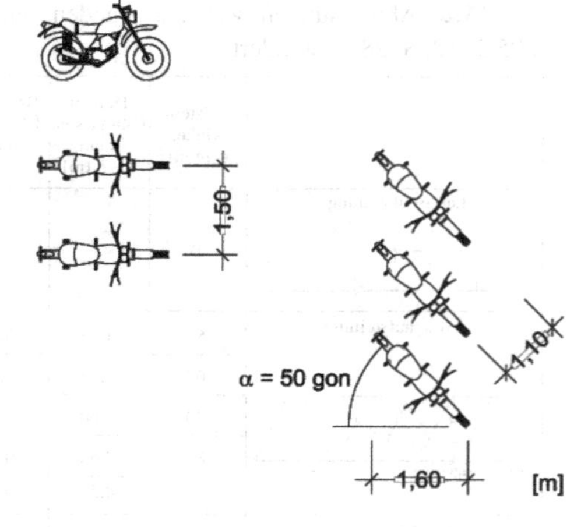

Ist der Seitenraum ausreichend breit, kann in diesem eine Fläche für das Parken von Liefer- und Ladefahrzeugen durch Markierung oder Belagwechsel kenntlich gemacht werden. Erforderlich ist zudem eine StVO-gerechte Beschilderung, die klarstellt, dass auf dieser Fläche nur Fahrzeuge zum Liefern und Laden abgestellt werden dürfen.

Parkflächen für Krafträder sollten in Parkbuchten untergebracht werden. Vorgezogene Seitenräume hingegen eignen sich gut für die Einrichtung von Fahrradparkflächen. Für

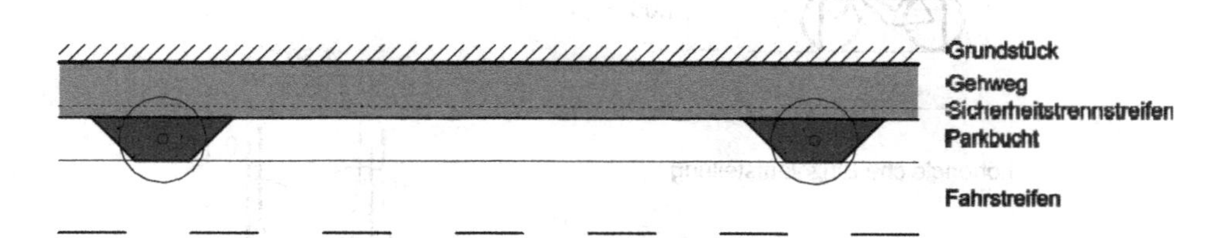

Abb. 11.14 Parkbucht für Pkw mit Längsaufstellung (FGSV 2005/2012, S. 29)

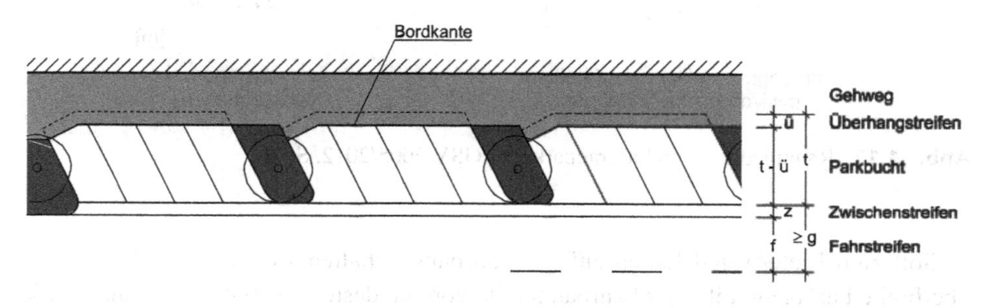

Abb. 11.15 Parkbucht für Pkw mit Schrägaufstellung (FGSV 2005/2012, S. 30)

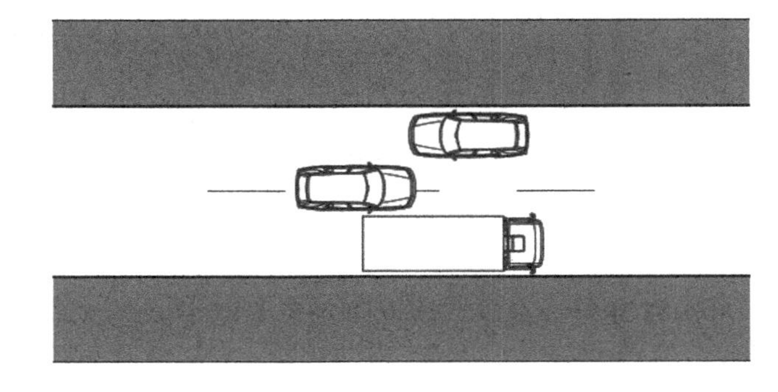

Abb. 11.16 Ladefläche auf der Fahrbahn (FGSV 2005/2012, S. 32)

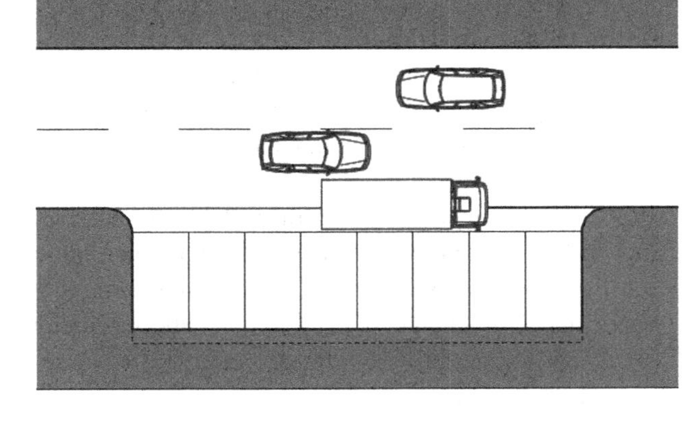

Abb. 11.17 Ladefläche vor einer Parkbucht mit Zwischenstreifen (FGSV 2005/2012, S. 32)

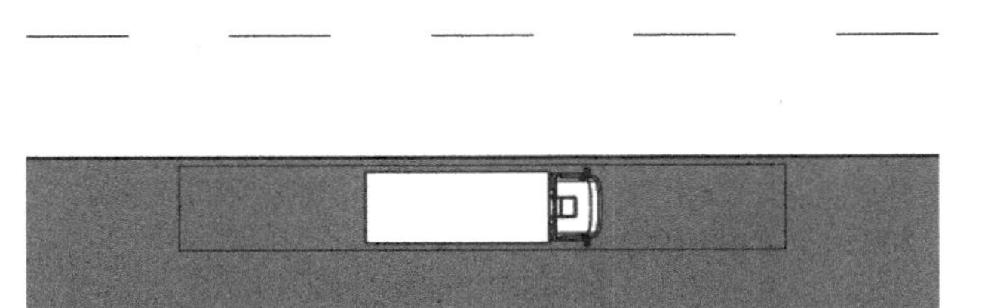

Abb. 11.18 Ladefläche im Seitenraum (FGSV 2005/2012, S. 33)

ein diebstahlsichers Abstellen sollte ausschließlich der sogenannte Rahmenhalter Verwendung finden. Dieser ermöglicht ein sicheres Anschließen der Fahrräder und hält diese, ohne die Räder zu beschädigen. An jedem Bügel können zwei Fahrräder abgestellt werden vorausgesetzt, die in Abb. 11.12 abgegebenen Bügelabstände werden eingehalten.

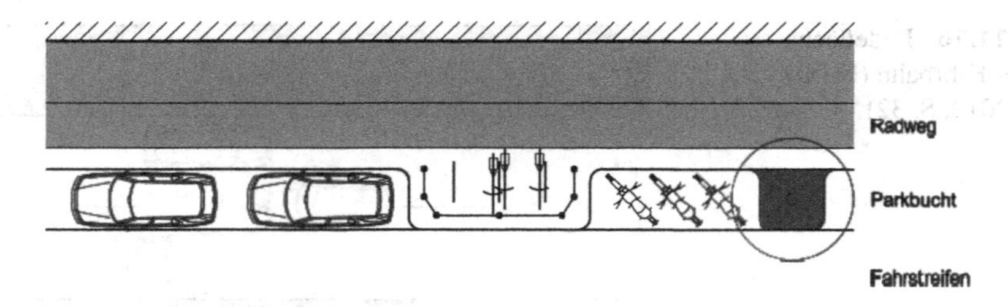

Abb. 11.19 Beispiel für Zweiradparkflächen im Straßenraum (FGSV 2005/2012, S. 33)

11.5.3 Parkplätze

Geometrische Grundmaße

Die unter Abschn. 11.5.1 dargestellten Zusammenhänge führen zu den in Abb. 11.20 zusammengestellten Abmessungen von Pkw-Parkflächen auf Parkplätzen.

In Abb. 11.21 sind Abmessungen von Lkw- und Bus-Parkflächen auf Parkplätzen dargestellt.

Die Abmessungen von Fahrradparkflächen auf Parkplätzen können der Abb. 11.22, die von Motorradparkflächen der Abb. 11.13 entnommen werden.

Alle Parkplätze sollen ein Entwässerungslängsgefälle von 2,5 bis 3 % aufweisen, wobei eine Schrägneigung von 4 % nicht überschritten werden darf.

Typische Lösungen

Typische Lösungen für Pkw-Parkplätze sind in Abb. 11.23 dargestellt. Die Abmessungen sollten gemäß Abb. 11.20 gewählt werden.

Um einen Parkplatz harmonisch in das Stadtbild einzuordnen und um die negative Beeinträchtigung des Kleinklimas zu minimieren, ist er mit Bäumen auszustatten, die auch beschattetes Parken ermöglichen. Die Lage der Zu- und Ausfahren sind so in das umgebende Straßennetz einzuordnen, dass keine sicherheitsgefährdenden Fahrmanöver auftreten.

11.5.4 Parkbauten

Geometrische Grundmaße

Die geometrischen Grundmaße einer funktionsfähigen Ein- bzw. Ausfahrt in bzw. aus einem Parkbau mit Abfertigungseinrichtung sind in Abb. 11.24 zusammengestellt.

Bei *Rampen* soll die Längsneigung s_R 15 %, bei einer Parkrampenlösung (vgl. Abschn. „Typische Lösungen“) 6 % nicht überschreiten. Nicht beheizte Rampen im Freien sollten eine Neigung von höchstens 10 % aufweisen. Bei gekrümmten Rampen wird die Neigung in der Fahrstreifenachse gemessen. Die Querneigung zur Kurveninnenseite muss mindestens 3 % betragen. Bei Neigungswechseln sind Neigungsdifferenzen

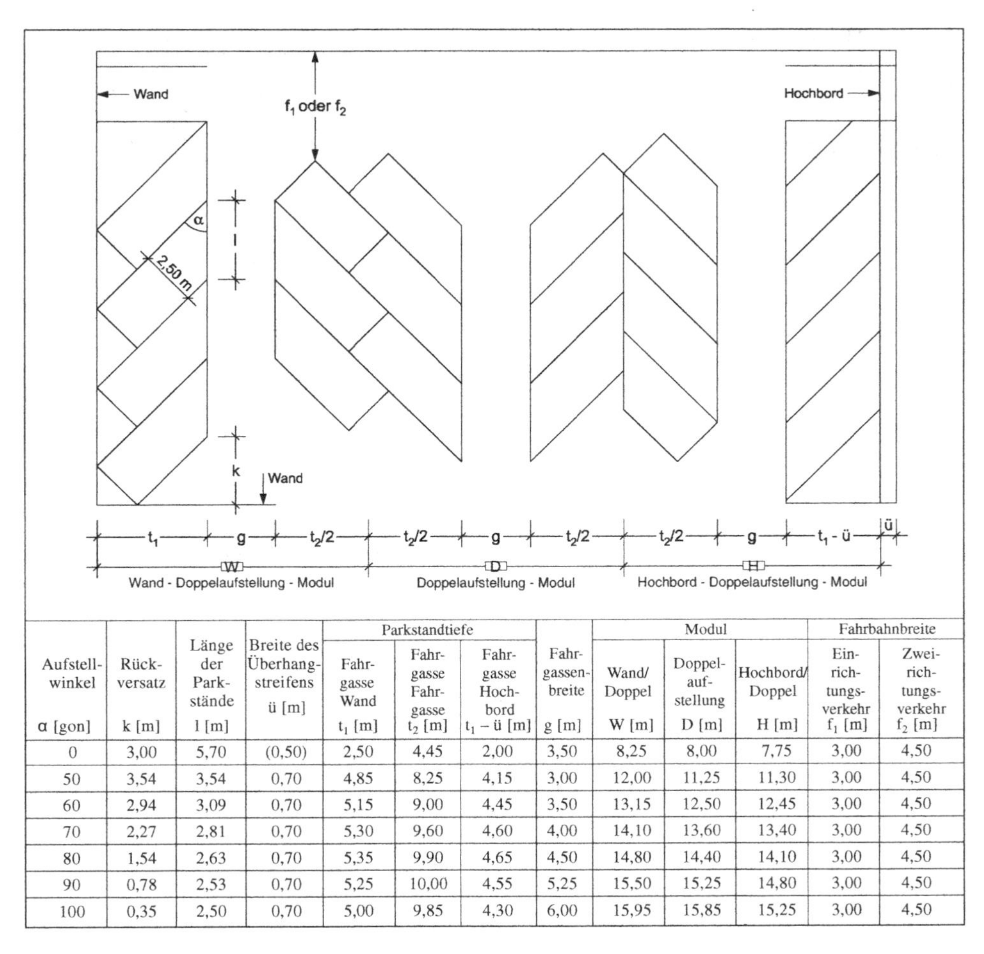

Aufstellwinkel	Rückversatz	Länge der Parkstände	Breite des Überhangstreifens	Parkstandtiefe			Fahrgassenbreite	Modul			Fahrbahnbreite	
				Fahrgasse Wand	Fahrgasse Fahrgasse	Fahrgasse Hochbord		Wand/ Doppel	Doppelaufstellung	Hochbord/ Doppel	Einrichtungsverkehr	Zweirichtungsverkehr
α [gon]	k [m]	l [m]	ü [m]	t_1 [m]	t_2 [m]	$t_1 - ü$ [m]	g [m]	W [m]	D [m]	H [m]	f_1 [m]	f_2 [m]
0	3,00	5,70	(0,50)	2,50	4,45	2,00	3,50	8,25	8,00	7,75	3,00	4,50
50	3,54	3,54	0,70	4,85	8,25	4,15	3,00	12,00	11,25	11,30	3,00	4,50
60	2,94	3,09	0,70	5,15	9,00	4,45	3,50	13,15	12,50	12,45	3,00	4,50
70	2,27	2,81	0,70	5,30	9,60	4,60	4,00	14,10	13,60	13,40	3,00	4,50
80	1,54	2,63	0,70	5,35	9,90	4,65	4,50	14,80	14,40	14,10	3,00	4,50
90	0,78	2,53	0,70	5,25	10,00	4,55	5,25	15,50	15,25	14,80	3,00	4,50
100	0,35	2,50	0,70	5,00	9,85	4,30	6,00	15,95	15,85	15,25	3,00	4,50

Abb. 11.20 Abmessungen von Parkständen und Fahrgassen für Pkw auf Parkplätzen. (Quelle: FGSV: EAR 2005/2012, S. 26)

über 8 % auszurunden oder abzuflachen, um ein Aufsetzen der Fahrzeuge zu vermeiden. Kuppenausrundungen sind mit einem Halbmesser HK ≥ 15 m und Wannenausrundungen mit HW ≥ 20 m auszuführen (vgl. Abb. 11.25).

Die Fahrbahnbreite gerader Rampen mit Richtungsverkehr soll 2,75 m betragen. Gerade Rampen mit Gegenverkehr sollen 5,75 m breite Fahrbahnen haben. Wenn beide Richtungen voneinander getrennt werden, ist ein 0,50 m breiter Mittelleitbord vorzusehen. Die genannten und weitere geometrische Grundmaße einer funktionsgerechten geraden Rampe sind in Abb. 11.26 zusammengestellt.

Bei gekrümmten Rampen und bei Bogenfahrten auf der Parkebene sollte der Innenradius R_i mindestens 5,00 m betragen. In Abhängigkeit vom Innenradius R_i ist die Fahrbahnbreite für Richtungsverkehr nach der Tab. 11.7 zu wählen. Zwischenwerte können interpoliert werden.

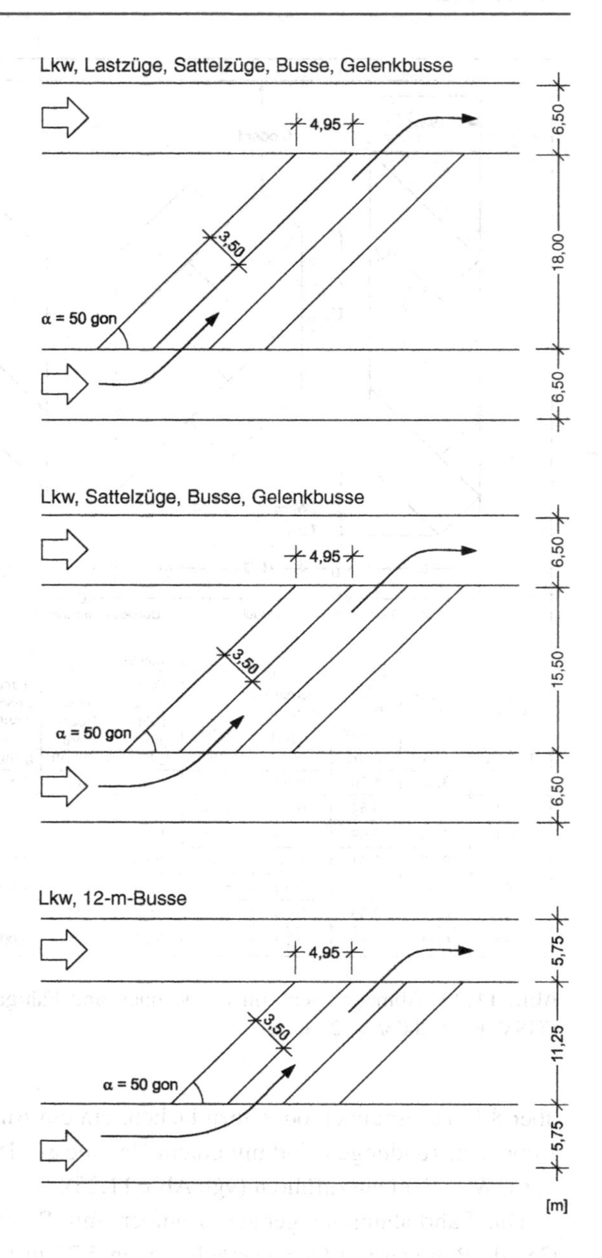

Abb. 11.21 Abmessungen von Parkständen und Fahrgassen für Lkw und Busse. (Quelle: FGSV: EAR 2005/2012, S. 27)

Die genannten und weitere geometrische Grundmaße einer funktionsgerechten gekrümmten Rampe sind in Abb. 11.27 zusammengestellt.

Die lichte Durchfahrthöhe in Parkbauten soll mindestens 2,10 m betragen und bei Neigungswechseln auf Rampen mit einer Neigung von über 8 % mindestens 2,30 m.

Die geometrischen Grundmaße von Parkständen und Fahrgassen entsprechen denen von Parkplätzen und sind Abschn. 11.5.3 zu entnehmen.

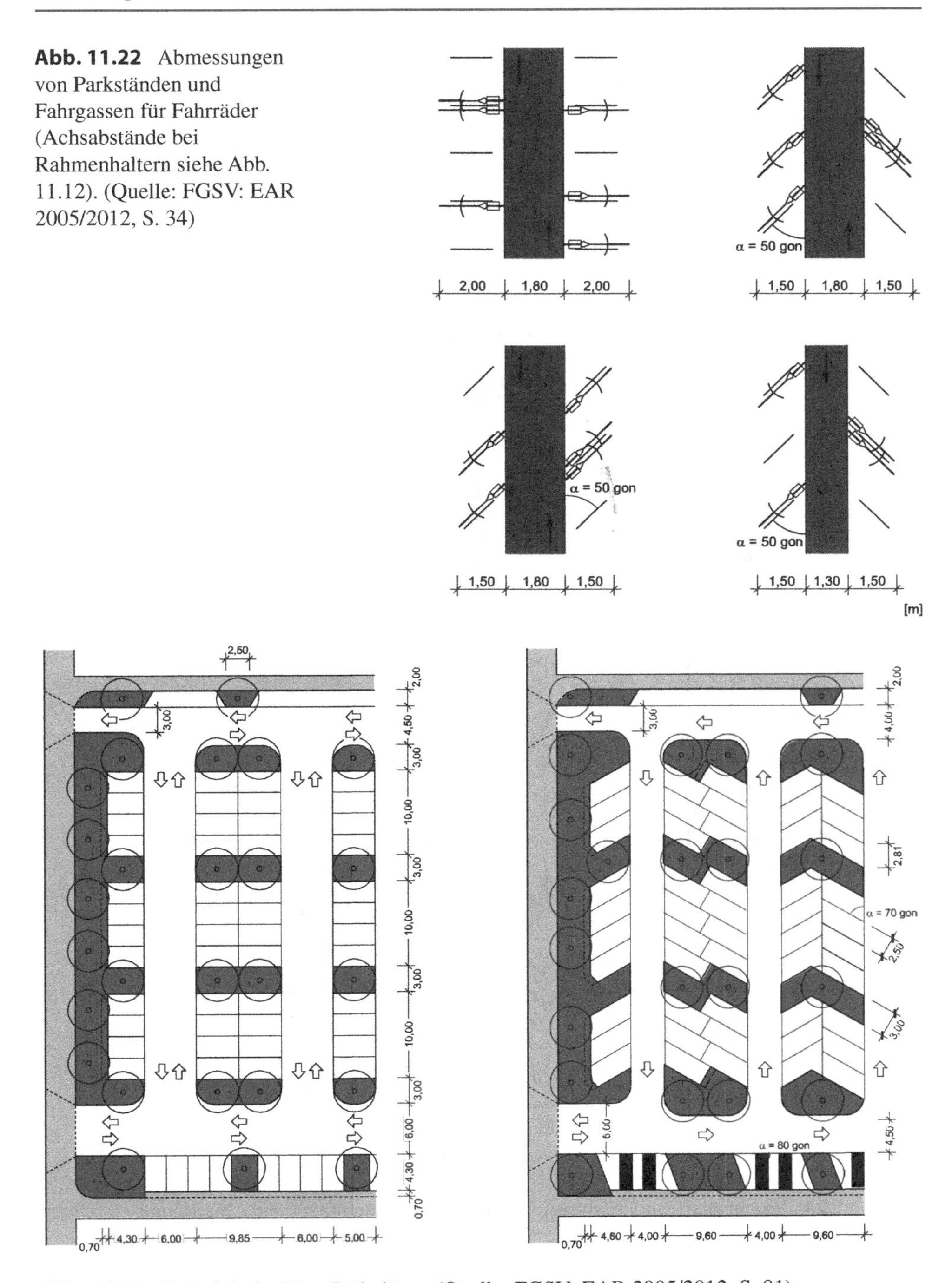

Abb. 11.22 Abmessungen von Parkständen und Fahrgassen für Fahrräder (Achsabstände bei Rahmenhaltern siehe Abb. 11.12). (Quelle: FGSV: EAR 2005/2012, S. 34)

Abb. 11.23 Beispiele für Pkw-Parkplätze. (Quelle: FGSV: EAR 2005/2012, S. 91)

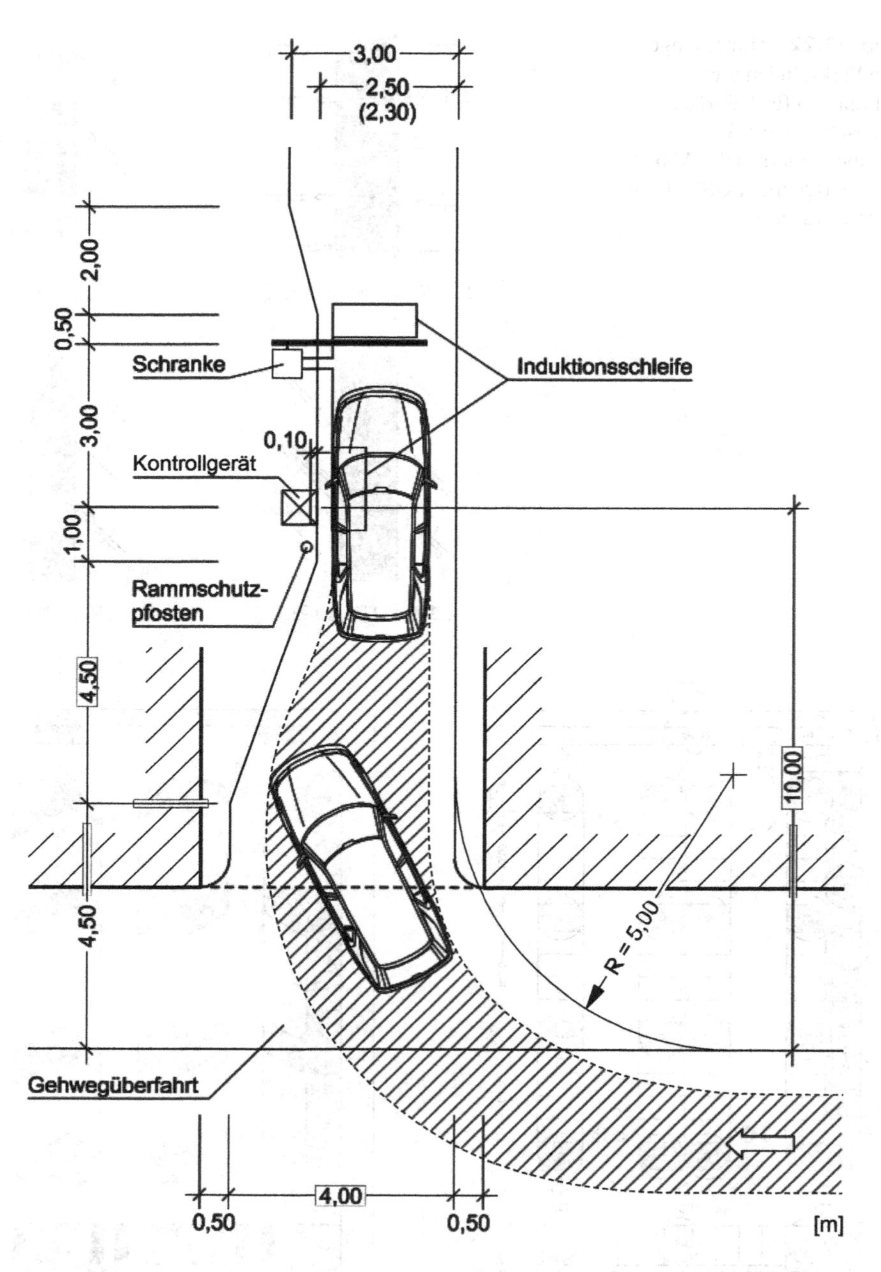

Abb. 11.24 Raumbedarf und Abmessungen einer Parkbaueinfahrt mit Abfertigungseinrichtung (FGSV 2005/2012, S. 36)

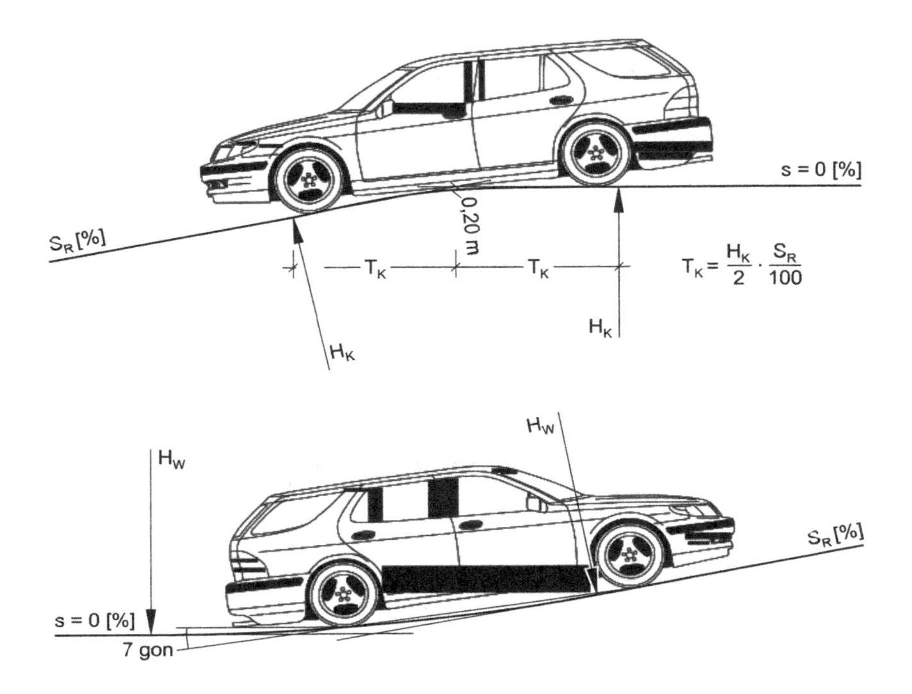

Abb. 11.25 Kuppen- und Wannenausrundungen bei Rampen (FGSV 2005/2012, S. 40)

Typische Lösungen

Typische Lösungen für Parkbauten unterscheiden sich im Wesentlichen durch die Art des Rampensystems. Die Wahl eines Rampensystems richtet sich wiederum nach dem Grundstückszuschnitt, der Nutzungsart, der Anzahl der Parkstände und einer möglichst übersichtlichen Verkehrsführung für Kraftfahrer und Fußgänger sowie der bestmöglichen Aufteilung der Geschossflächen in Parkstände und Fahrgassen. Grundsätzlich können vier Rampensysteme unterschieden werden (s. Abb. 11.28):

- Vollrampen verbinden Vollgeschosse in geradem Lauf miteinander. Die erforderlichen Geschossumfahrten führen in der Regel durch die Fahrgassen.
- Halbrampen verbinden Parkebenen miteinander, die gegenüber den benachbarten um eine halbe Stockwerkhöhe versetzt sind. Halbrampen werden fast ausschließlich so in den Grundriss eingefügt, dass ihre Länge der Tiefe zweier um ein halbes Geschoss in der Höhe versetzter Parkstände entspricht. Halbrampen sollten mit Rücksicht auf die bessere Sicht auf den Fahrweg stets in Linkskurven befahren werden. Typische Ausführungsformen von Halbrampen mit Ein- bzw. Zweirichtungsverkehr können den Abb. 11.29 und 11.30 entnommen werden.
- Wendelrampen ermöglichen die Verbindung der Geschosse auf einer Wendel. Da der Flächenbedarf hoch ist, eignen sich Wendelrampen vor allem für große Parkbauten. Halbwendeln (200 gon) überwinden die Geschosshöhe in einer halben Umdrehung,

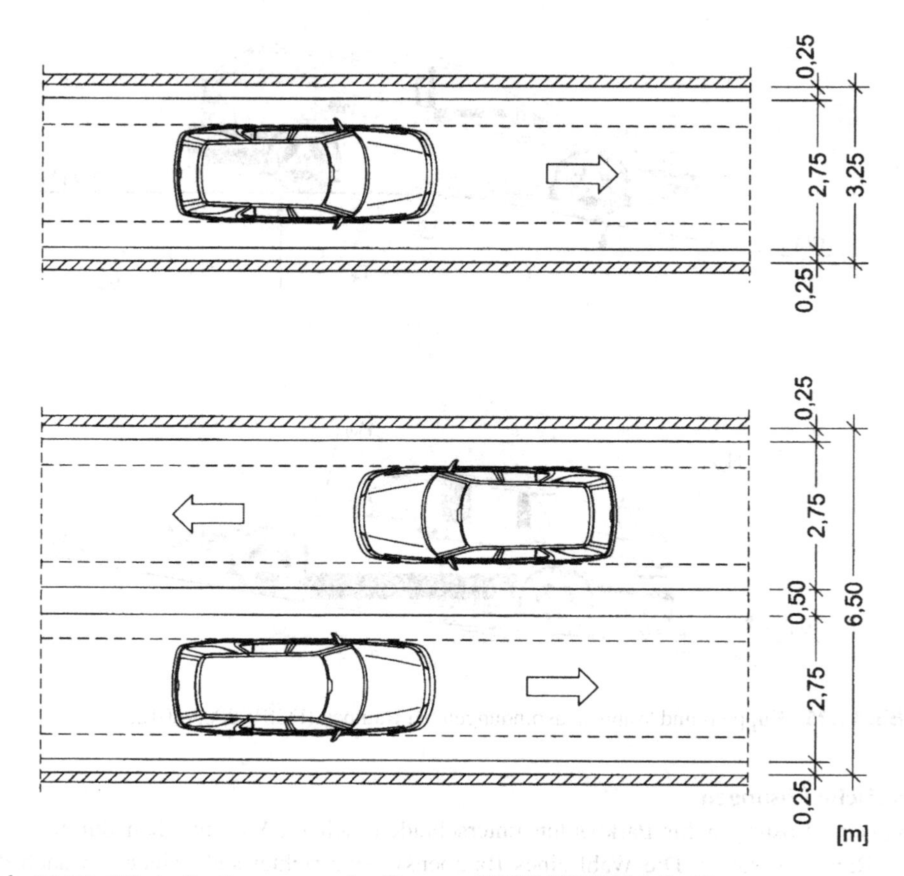

Abb. 11.26 Mindestbreiten von geraden Rampen (FGSV 2005/2012, S. 41)

Tab. 11.7 Fahrbahnbreiten von gekrümmten Rampen in Abhängigkeit vom Innenradius (FGSV 2005/2012, S. 41)

Ri[m]	5,0	6,0	7,0	8,0	9,0	10,0	12,0	14,0	16,0	18,0	20,0
f[m]	3,70	3,60	3,50	3,45	3,40	3,35	3,25	3,15	3,10	3,05	3,00

die Weiterfahrt in das nächste Geschoss führt durch die Parkebene. Vollwendeln bilden in der Regel eine Kreisfahrt (400 gon). Man unterscheidet eingängige Vollwendelrampen, die in einer vollen Umdrehung eine Geschosshöhe überwinden, und doppelgängige Vollwendelrampen, die in einer halben Umdrehung eine Geschosshöhe überwinden und bei denen Auf- und Abfahrten übereinander auf demselben Grundriss angeordnet sind. Die Folge sind Geschossanschlüsse immer abwechselnd auf den gegenüberliegenden Seiten des Rampenbauwerks mit daraus resultierender Umkehrung der Fahrtrichtung innerhalb der Geschosse von Ebene zu Ebene.

- Parkrampen (Abb. 11.28) sind integrierter Bestandteil der Parkflächen, da an wenigstens einer Seite der Rampe geparkt wird.

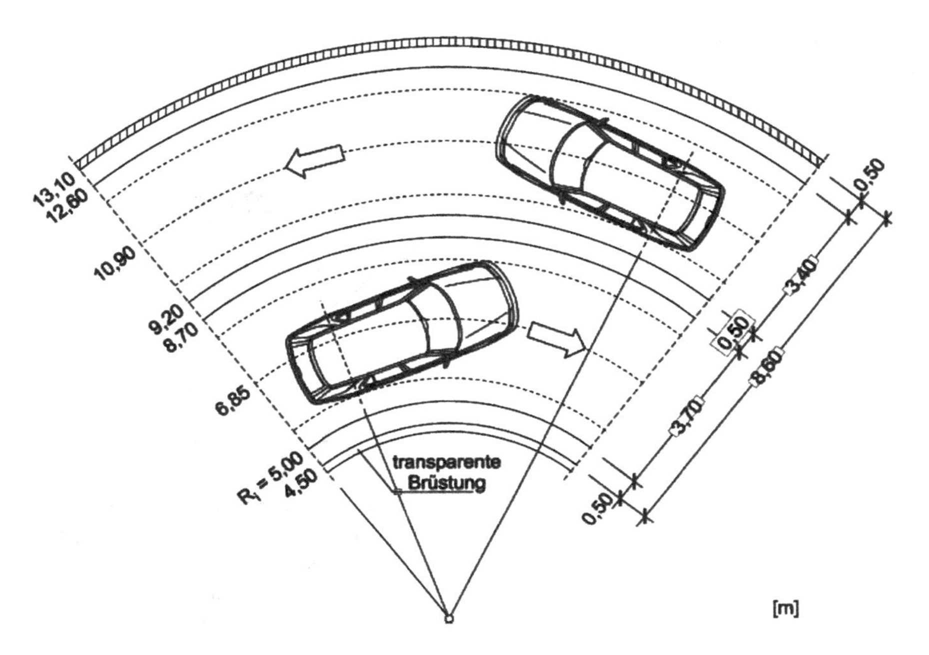

Abb. 11.27 Mindestbreiten von gekrümmten Rampen (FGSV 2005/2012, S. 41)

Die entwurfstechnische Gestaltung der Rampen hängt davon ab, ob sie im Ein- oder im Zweirichtungsverkehr befahren werden sollen. Beispiele für diese beiden Varianten können den Abb. 11.29 und 11.30 entnommen werden.

Bei Halbrampen ist der Einrichtungsverkehr zu bevorzugen. Gegenverkehr ist problematisch, da die erforderlichen Fahrbahnverbreiterungen in den Kurven meist nicht unterzubringen sind. Sollten dennoch Rampen mit Zweirichtungsverkehr vorgesehen werden, ist darauf zu achten, dass unmittelbar im Geschossanschluss möglichst keine Kreuzung von auf- und abfahrendem Verkehr auftritt.

Viele bestehende Parkbauten zeichnen sich häufig durch misslungene städtebauliche Einpassung, ungünstig angeordnete Abfertigungseinrichtungen, schlechte Orientierungsmöglichkeiten, schwierige Befahrbarkeit und zu enge Parkstände und Fahrgassen aus. Durch konsequente Anwendung der einschlägigen Entwurfsrichtline (FGSV 2005/2012) und Vorsehen größerer Parkstände (vgl. Abschn. 11.5.1) kann dem entgegengewirkt werden. Beispiele von Parkbauten, die hinsichtlich entwurftechnischer und architektonischer Gestaltung gelungen sind, finden sich bei Irmscher (2013), Band 2.

11.5.5 Mechanische und automatische Parksysteme

Bei mechanischen Parksystemen wird der Parkvorgang mit mechanischer Unterstützung abgewickelt. Die für die Eigenbewegung der Fahrzeuge erforderlichen Fahrwege entfallen teilweise. Bei automatischen Parksystemen wird der gesamte Parkvorgang von der

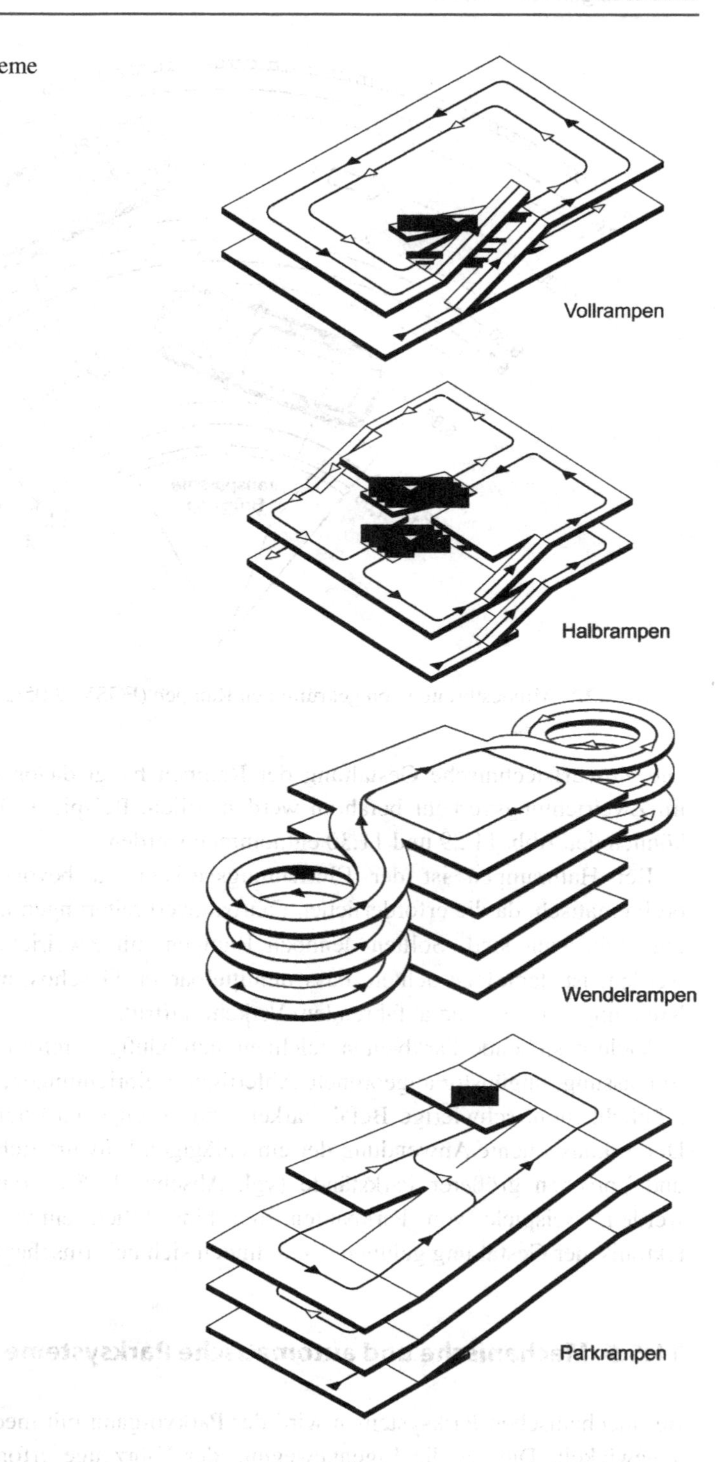

Abb. 11.28 Rampensysteme (FGSV 2005/2012, S. 38)

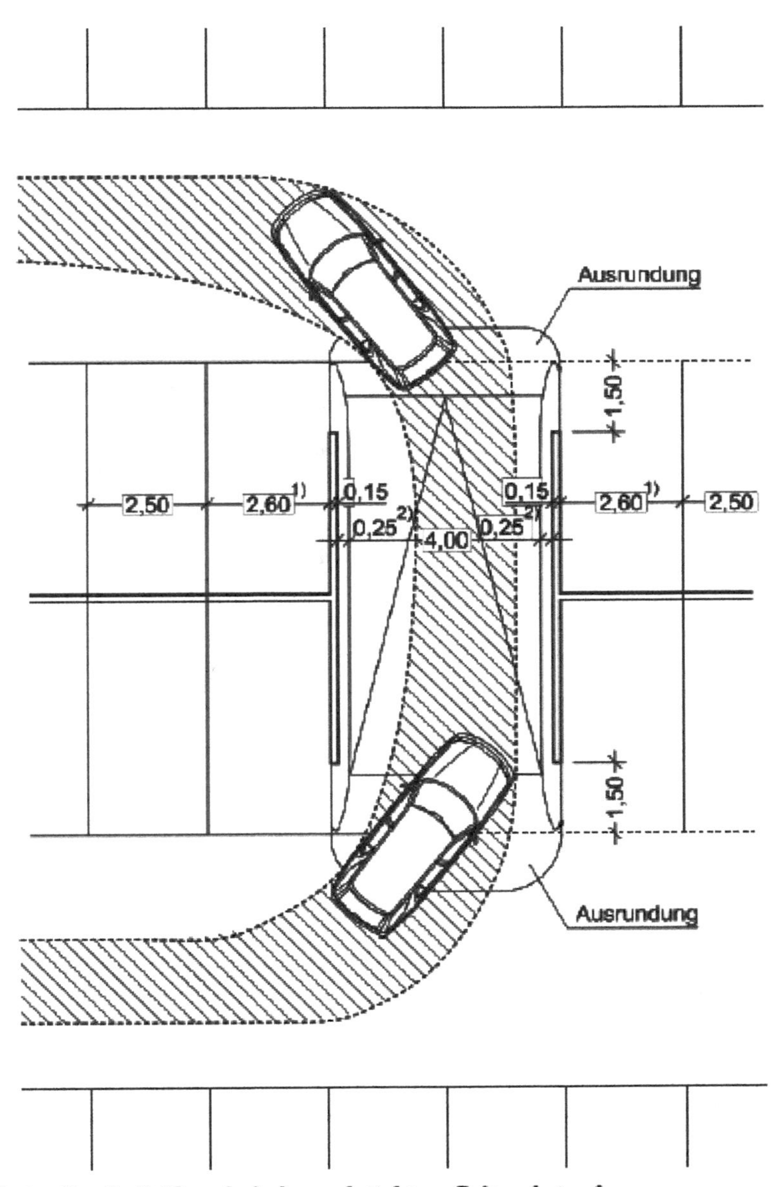

1) Parkstandbreite 2,60 m, bei eingeschränktem Seitenabstand.
2) Formal ausreichender Sicherheitsabstand für eine gerade Rampe.
Das Rastermaß wird im Rampenbereich eingehalten.

[m]

Abb. 11.29 Beispiel für eine Halbrampe mit Einrichtungsverkehr (FGSV 2005/2012, S. 39)

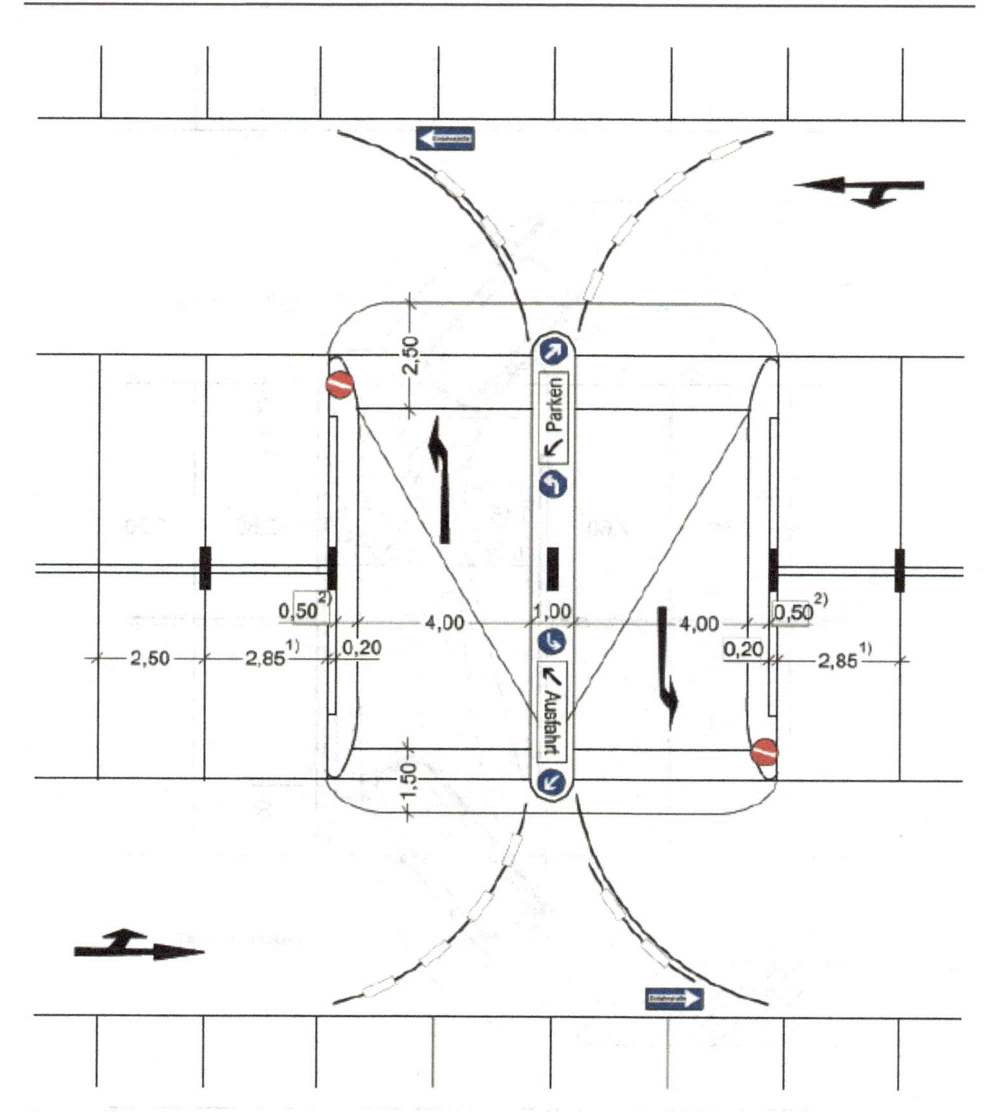

Abb. 11.30 Beispiel für eine Halbrampe mit Zweirichtungsverkehr (FGSV 2005/2012, S. 39)

Einfahrt bis zur Ausfahrt mit fördertechnischen Einrichtungen automatisch abgewickelt. Die Fahrzeugführer verlassen ihr Fahrzeug in einer Übergabekabine und nehmen es dort wieder in Besitz.

Durch mechanische und automatische Parksysteme sind deutliche Flächeneinsparungen möglich. Durch Einsatz dieser Systeme kann in zentralen Lagen mit knapper Flächenverfügbarkeit Parkraum geschaffen werden.

Das einfachste mechanische Parksystem ist die Parkbühne ohne Grube, mit zwei schräg oder waagerecht befahrbaren, übereinander angeordneten Plattformen mit Hubvorrichtung. Die obere Plattform kann nur zugänglich gemacht werden, wenn die Untere frei ist. Derartige Systeme können im Freien aufgestellt oder bei ausreichender lichter Höhe – auch nachträglich – z. B. in Tiefgaragen von Büro- oder Geschäftshäusern eingebaut werden. Sollen die Parkplattformen auch unabhängig voneinander benutzt werden können, müssen Parkbühnen mit Grube installiert werden. Dieses System eignet sich für Einzelgaragen, aber auch für Tiefgaragen von Hotels, Wohn- und Geschäftshäusern. Systeme von Parkbühnen mit und ohne Grube sind in den Abb. 11.31 und 11.32 dargestellt.

Parkebenen mit ungünstig platzierten Stützen, mit abgewinkelten Teilflächen oder störenden Einbauten usw. können mit dem Einbau von überfahrbaren Verschiebeplatten besser genutzt werden, wobei auch Teile der Fahrgassen zum Abstellen von Fahrzeugen herangezogen werden können. Platten mit darauf abgestellten Fahrzeugen werden bei Bedarf so verschoben, dass ein angewählter Parkstand frei zugänglich wird. Systeme von Parkflächen mit quer und längs verschiebbaren Parkplatten sind in den Abb. 11.33 und 11.34 dargestellt.

Die einfachsten automatischen Parksysteme sind Umlaufparker mit vertikal oder horizontal umlaufenden Parkpaletten. Zum Einparken wird eine freie, zum Ausparken die gewünschte Palette in der Übergabekabine bereitgestellt. Für jeden Vorgang muss die gesamte Fördereinrichtung mit allen Paletten in Bewegung gesetzt werden. Die Anzahl der Paletten ist aus dynamischen Gründen auf ca. 30 pro Anlage beschränkt. Ein Umlaufparker-System ist in Abb. 11.35 dargestellt.

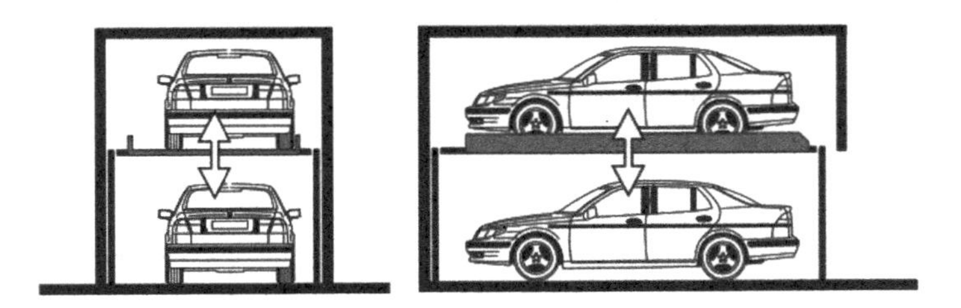

Abb. 11.31 System einer Parkbühne ohne Grube (FGSV 2005/2012, S. 94)

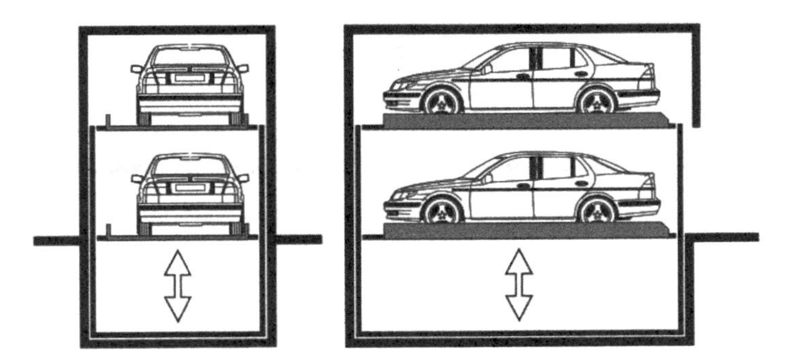

Abb. 11.32 System einer Parkbühne mit Grube (FGSV 2005/2012, S. 94)

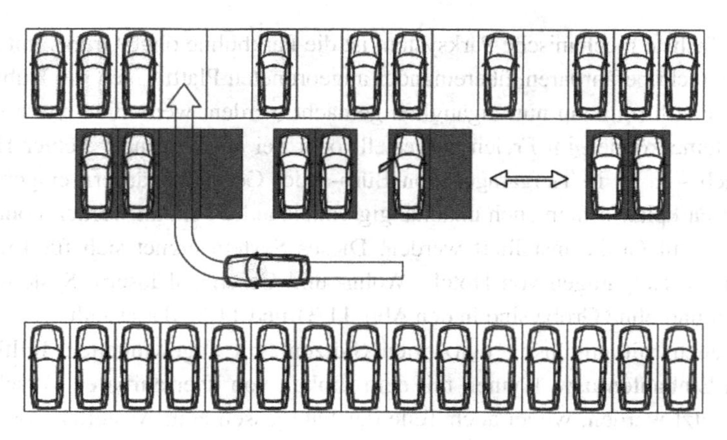

Abb. 11.33 System einer Parkfläche mit quer verschiebbaren Parkplatten (FGSV 2005/2012, S. 94)

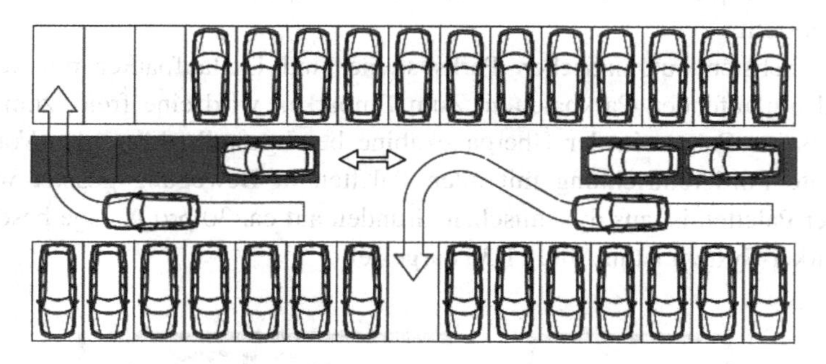

Abb. 11.34 System einer Parkfläche mit längs verschiebbaren Parkplatten (FGSV 2005/2012, S. 94)

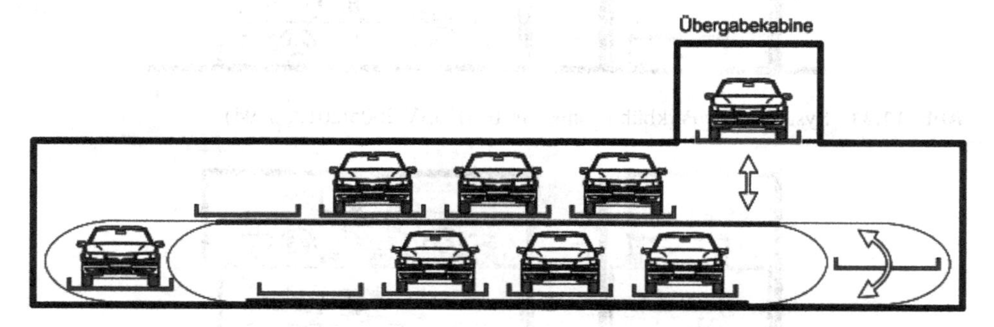

Abb. 11.35 System eines horizontalen Umlaufparkers (FGSV 2005/2012, S. 97)

Bei begrenzter unterirdischer Baumöglichkeit eignen sich z. B. die kompakten Umsetzparker, um Parkraum zu schaffen. Das System arbeitet mit Parkpaletten, die vertikal und horizontal umgesetzt werden. Die Leistungsfähigkeit ist gering, da in der Regel bei jedem Parkvorgang mehrere Paletten bewegt werden müssen. Die Systemgröße sollte sich auf 40 bis 50 Parkstände und maximal 10 Paletten pro Reihe beschränken. Systeme von horizontalen und vertikalen Umsetzparkern sind in den Abb. 11.36 und 11.37 dargestellt.

Im Gegensatz zu den vorgenannten Systemen ist das Parkregal eines mit statischem Lagerungsprinzip. Ein einzuparkendes Fahrzeug wird aus der Übergabekabine heraus mithilfe des Fördergeräts in ein Regalfach gestellt. Wird das Fahrzeug wieder abgeholt, verläuft der Vorgang in umgekehrter Reihenfolge, wobei das Fahrzeug in Ausfahrrichtung gedreht wird. Die Fördereinrichtung kann sehr verschieden ausgeführt sein, z. B. als Regalbediengerät, das horizontale und vertikale Bewegungen ausführt, als Turmsystem mit zentralem Vertikalförderer oder in Shuttle-Lift-Technik mit Trennung von

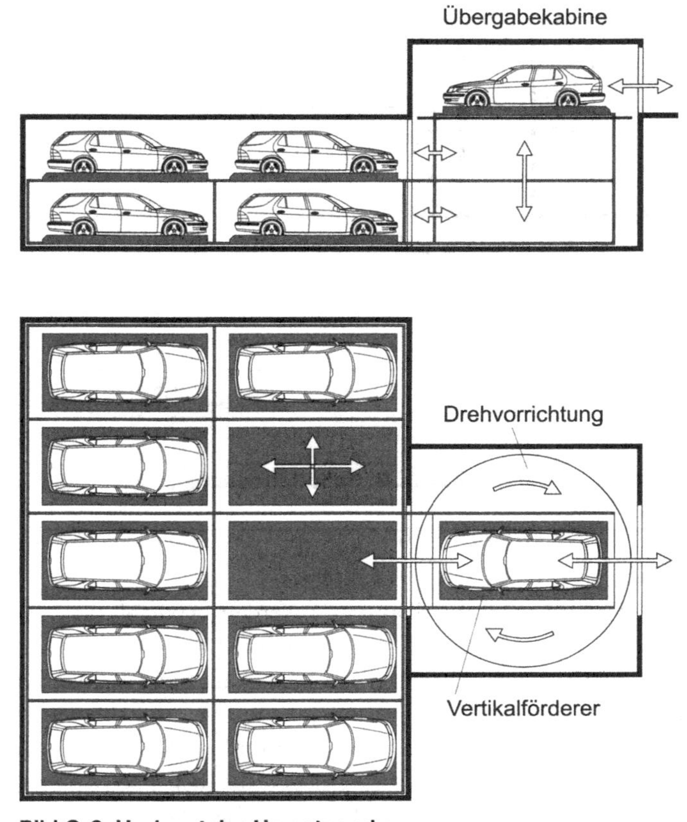

Abb. 11.36 System eines horizontalen Umsetzparkers (FGSV 2005/2012, S. 97)

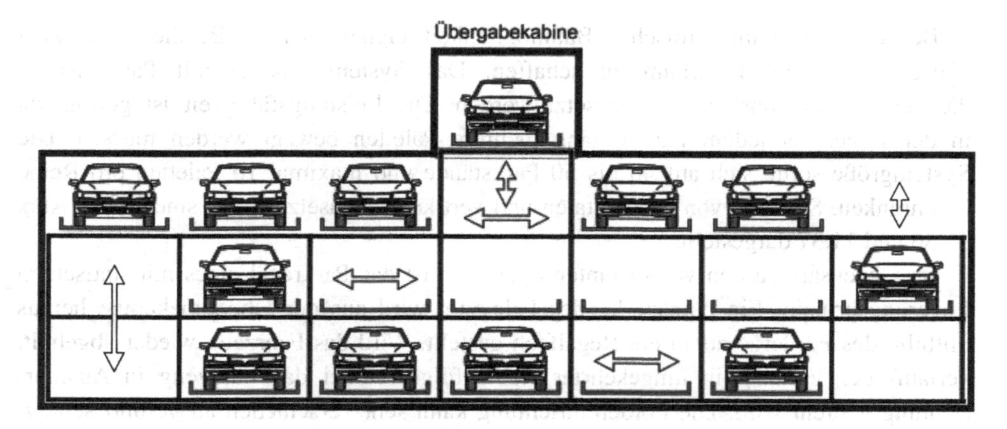

Abb. 11.37 System eines vertikalen Umsetzparkers (FGSV 2005/2012, S. 97)

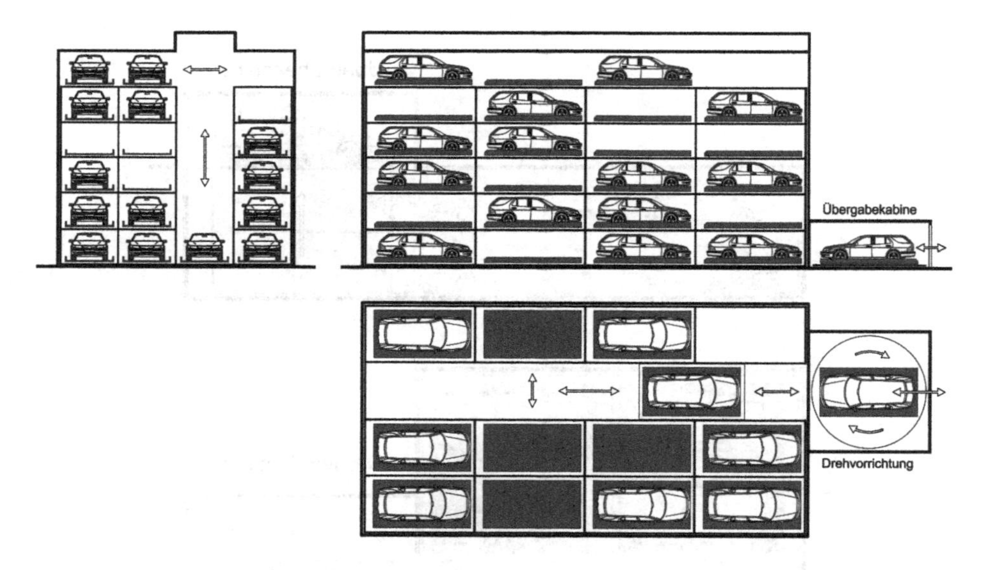

Abb. 11.38 System eines Parkregals in Hochregalbauweise (FGSV 2005/2012, S. 96)

Horizontal- und Vertikalförderung. Parkregale werden maximal auf ca. 200 Parkstände ausgelegt. Bei Bedarf und Möglichkeit sind modulare Bauweisen mit größerer Kapazität realisierbar. Systeme von Parkregalen in Hochregal- und in Turmbauweise sind in den Abb. 11.38 und 11.39 dargestellt.

Mechanische und automatische Parksysteme erfordern einen hohen finanziellen Aufwand bei Bau und Betrieb. Die Baukosten liegen deutlich über denen konventioneller Parkbauten, da zu den Kosten für den Hoch- und Tiefbau die Kosten für die mechanische Ausstattung und deren elektronischer Steuerung hinzukommen. Mechanik und Elektronik sind auch der Grund für die deutlich höheren Betriebskosten. Diese Einrichtungen müssen regelmäßig gewartet und instandgesetzt werden und verursachen Energiekosten.

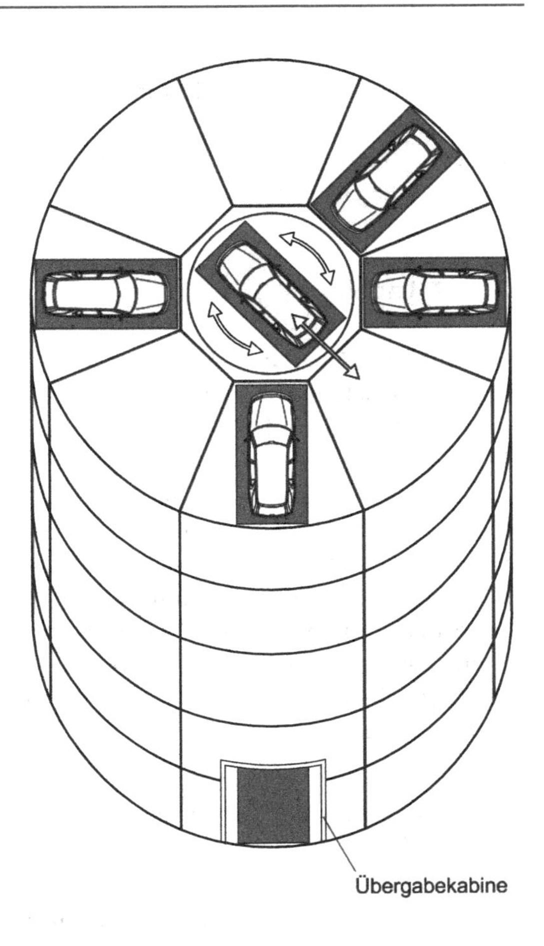

Abb. 11.39 System eines Parkregals in Turmbauweise (FGSV 2005/2012, S. 97)

11.5.6 Parkbauten für fahrerloses Valet Parking

Durch die fortschreitende Entwicklung von Fahrzeugen, die vollautomatisch fahren können, wird künftig eine weitere Form des Parkens möglich werden: das fahrerlose Valet Parking. Bei dieser Art des Parkens wird ein Fahrzeug mit Ausstattung zum vollautomatisierten Fahren vom Fahrer auf einem definierten Übergabebereich abgestellt. Nach Auslösen eines Park-Befehls sucht sich dieses autonom einen Stellplatz und parkt autonom ein. Nach Auslösen eines Bring-Befehls parkt das Fahrzeug autonom aus und fährt autonom zum Übergabebereich, wo es vom Fahrer übernommen wird.

Parkbauten, in denen fahrerloses Valet Parking ergänzend zum fahrergeführten Parken betrieben wird, unterliegen den gleichen entwurfstechnischen Erfordernissen wie konventionelle Parkbauten. Soll im Parkbau jedoch ausschließlich vollautomatisiert gefahren werden, kann nach Höppner und Schuster (2017) eine Optimierung der Flächenausnutzung erfolgen. Fußgängeranlagen entfallen und können durch Wartungswege ersetzt werden. Die Abmessungen der Stellplätze können aufgrund entfallenden Türöffnens geringer ausfallen. Blockparken mit automatischem Umparken von Fahrzeugen könnte möglich werden. Das automatische Umparken ermöglicht auch eine effizientere Nutzung von evtl. vorzusehenden Ladestationen im Parkbau (vgl. Abschn. 11.7.4), verbunden mit einer geringeren erforderlichen Anzahl solcher Stationen.

11.5.7 Ladehöfe

Geometrische Grundmaße

Für das Beliefern von Einzelhandelseinrichtungen sind Ladehöfe vorzusehen. Ausgewählte Kennziffern für Ladehöfe von Warenhäusern und Einkaufszentren können Tab. 11.8 entnommen werden.

Grundsätzlich sind offene und überbaute Ladehöfe zu unterscheiden. Bei beiden Bauweisen sind die für die im Ladehof durchzuführenden Fahrmanöver notwendigen Schleppkurven nach FGSV (2001/2005/2006) zu berücksichtigen. Bei überbauten Ladehöfen müssen die für Fahrmanöver benötigten Flächen frei von Stützen sein. Für das Aufnehmen und Absetzen von Containern im überbauten Ladehof sind zudem die erforderlichen lichten Raumhöhen (bis 4,50 m) zu berücksichtigen. Die Standfläche der Lkw kann ein übliches Entwässerungslängsgefälle von 2,5 bis 3,0 % erhalten, ein Quergefälle ist dagegen ungünstig.

Tab. 11.8 Ausgewählte Kennziffern für Ladehöfe von Warenhäusern und Einkaufszentren (FGSV 2005/2012, S. 46)

	Verkaufsfläche [m²]			
	5.000–10.000	10.000–15.000	15.000–20.000	20.000–30.000
Lkw-Standplätze an der Laderampe [–]	2–3	3–4	4–5	5–6
Staufläche für die Anlieferung [m²]	100	120	180	250
Anzahl [–] und Größe der Lastenaufzüge [m]	1: 2,00 × 3,00 1: 2,00 × 4,20	2: 2,00 × 3,00 1: 2,00 × 4,20	3: 2,00 × 3,00 1: 2,00 × 4,20	2: 2,00 × 3,00 2: 2,00 × 4,20
Vorraum vor Aufzügen [m²]	20	30	40	40
Flächen für: Entsorgung [m²] Leergut [m²] Papierballenlager [m²]	 30 20 15	 30 40 25	 50 60 35	 100 80 35
Stationäre Presse mit Container [m]	3,00 × 9,00 vor der Laderampe			
Kanalballenpresse mit Container [m]	2,50 × 9,00 vor der Laderampe			

Die Zufahrt zu nicht ebenerdigen Ladehöfen kann über gerade oder gekrümmte Rampen erfolgen, die nicht mehr als 10 % geneigt sein sollen. Zwischen öffentlicher Verkehrsfläche und einer aufwärts führenden Ausfahrtrampe für Lkw mit mehr als 10 % Neigung soll eine maximal ca. 7 % geneigte Fläche liegen. Neigungswechsel mit mehr als 8 % Neigungsdifferenzen müssen mit einem Halbmesser von ca. 50 m ausgerundet oder mit einer mindestens 4,00 m langen Abflachung mit halber Neigung versehen werden.

Im Bereich von Neigungswechseln sind bei Überbauung die zum Teil erheblichen Höhenzuschläge für große Lkw zu berücksichtigen. Die jeweils erforderlichen Maße können aus den Radständen, den Überhanglängen und den Fahrzeughöhen abgeleitet werden. Bei Verwendung von Lastzügen und Sattelzügen ist der jeweils größte Fahrzeugteil maßgebend. Die erforderlichen Höhen sind für beide Fahrtrichtungen getrennt zu ermitteln.

Gerade einstreifige Rampen für Lkw-Verkehr sollen mindestens 3,50 m lichte Breite aufweisen. Wird ein zusätzlicher 0,80 m breiter erhöhter Gehweg als Rettungsweg aus dem Ladehof heraus erforderlich, genügt neben dem Gehweg eine Fahrbahnbreite von 3,00 m. Gerade Rampen mit Gegenverkehr sollen eine lichte Breite von 6,75 m erhalten.

Bei gewendelten Rampen sind die je nach Kurvenradius, Winkel der Fahrtrichtungsänderung und Fahrzeuggröße zum Teil erheblichen notwendigen Fahrbahnverbreiterungen zu berücksichtigen. Diese müssen gegebenenfalls individuell durch Schleppkurvenermittlung oder Fahrversuche festgelegt werden (s. FGSV 2001/2005/2006).

Die Grundstückszufahrten sind in einer Breite von mindestens 3,50 m pro Richtungsfahrstreifen und so breit anzulegen, dass eine behinderungsfreie Ein- und Ausfahrt unter Berücksichtigung der notwendigen Bestreichungsfläche bei Kurvenfahrt gewährleistet ist. Ein- und Ausfahrt können kombiniert werden. Jeder Ladeplatz sollte unabhängig von anderen Liefertätigkeiten angefahren und verlassen werden können.

Typische Lösungen

Jeweils eine typische Lösung für einen offenen Ladehof mit seitlicher Ausfahrt und einen überbauten Ladehof mit Ein- und Ausfahrt in Längsrichtung ist der Abb. 11.40 bzw. der Abb. 11.41 zu entnehmen.

Beim Entwurf von Ladehöfen sind insbesondere die erforderlichen Schleppkurvenermittlung für das Rückwärtseinparken an den Laderampen freizuhalten. Bei überbauten Ladehöfen dürfen sich auf diesen Flächen keine Stützen befinden.

11.6 Prüfung der Qualität des Verkehrsablaufs im Entwurfsstadium

Um Entwurfsvarianten von Anlagen zum Parken hinsichtlich der zu erwartenden Qualität des Verkehrsablaufs überprüfen zu können, gibt es

- ein Verfahren zur Prüfung der geplanten Abfertigungsanlagen in Parkbauten und auf Parkplätzen und
- einen Verfahrensansatz zur Prüfung eines gesamten geplanten Parkbaus.

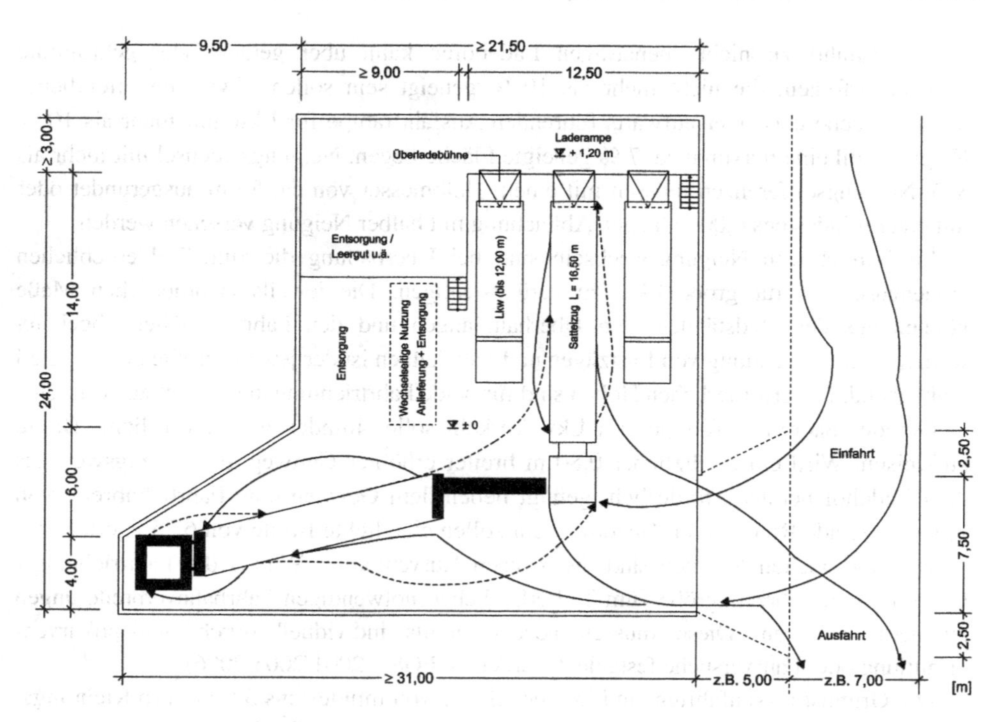

Abb. 11.40 Beispiel für einen offenen Ladehof mit seitlicher Ein- und Ausfahrt (FGSV 2005/2012, S. 47)

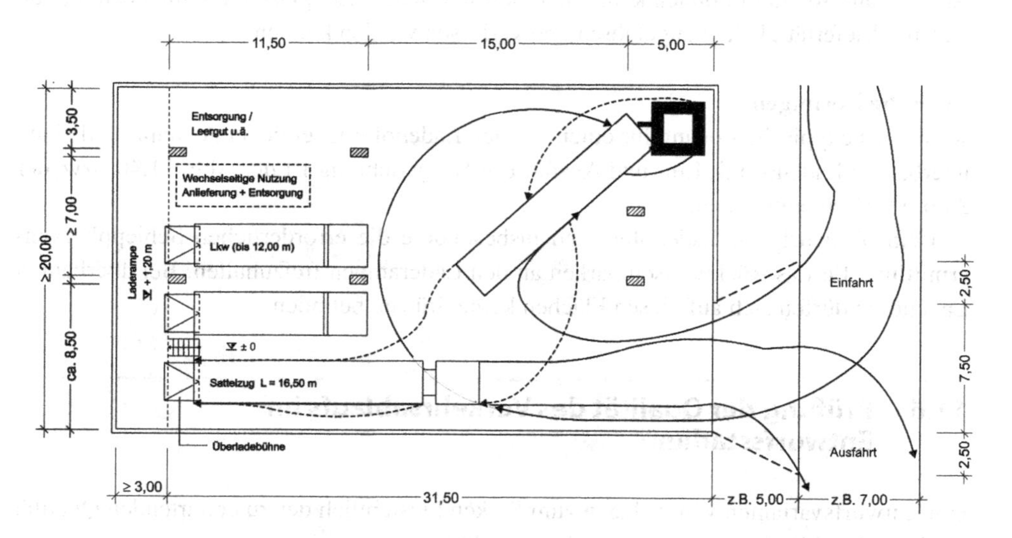

Abb. 11.41 Beispiel für einen überbauten Ladehof mit Ein- und Ausfahrt in Längsrichtung (FGSV 2005/2012, S. 47)

Das Verfahren zur Prüfung von geplanten Abfertigungsanlagen in Parkbauten und auf Parkplätzen ist in FGSV (2015) beschrieben. Mit diesem – in Abschn. 11.4.2 beschriebenen – Verfahren, insbesondere mithilfe der Abb. 11.6 und 11.7, ist nicht nur die Bestimmung der Einfahrtszeiten $t_{D,E}$ und der Ausfahrtszeiten $t_{D,A}$ möglich, sondern es kann gleichzeitig auch abgelesen werden, mit welcher Qualität des Verkehrsablaufs (QSV) die Ein- bzw. Ausfahrt erfolgt. Die einzelnen Qualitätsstufen bedeuten:

Stufe A Der Zufluss zur Abfertigungsanlage ist frei. Die überwiegende Anzahl der Nutzer kann ohne Verweilzeit in einer Warteschlange bedient werden. Damit entspricht die Ein- oder Ausfahrtzeit in etwa der Abfertigungszeit.

Stufe B Ein Großteil der Nutzer kann den Abfertigungsvorgang ohne Wartezeit in einer Warteschlange beginnen.

Stufe C An der Abfertigungsanlage bilden sich regelmäßig Warteschlangen. Einzelne Nutzer haben bereits spürbare Wartezeiten in Kauf zu nehmen. Der Verkehrszustand ist stabil.

Stufe D Fast alle Nutzer müssen deutliche Wartezeiten in einer Warteschlange hinnehmen. Die Anzahl der Fahrzeuge in einer Warteschlange schwankt. Der Verkehrszustand ist noch stabil.

Stufe E Es bilden sich Warteschlangen, die sich bei der vorhandenen Verkehrsstärke nicht mehr vollständig abbauen. Für alle Nutzer ist dieser Zustand mit großen Wartezeiten verbunden.

Stufe F Die Kapazität der Anlage wird überschritten. Die Warteschlangen werden sehr lang. Die Abfertigungsanlage ist überlastet. Diese Situation entspannt sich erst bei einer deutlichen Verringerung der Verkehrsstärke.

Ein Verfahren zur Prüfung eines gesamten geplanten Parkbaus befindet sich in Entwicklung. Erste Ansätze sind in Schuster (2015) beschrieben.

11.7 Bauliche Ausstattung von Anlagen zum Parken

11.7.1 Befestigung und Entwässerung

Die Befestigung von Parkplätzen ist nach FGSV (2012b) sowie den länder- oder kommunalspezifischen Regelwerken bemessen. Grundlage der Bemessung sind dabei die anzusetzenden Nutzungen und die Intensität der Nutzung.

Für ständig genutzte Park- und Ladeflächen werden vorwiegend Bauweisen mit harter Befestigung gewählt, z. B. Pflaster- oder Asphaltdecken. Soweit technisch möglich, sind ökologisch günstigere Bauweisen mit geringem Versiegelungsgrad vorzuziehen, z. B. sickerfähige Pflasterdecken.

Für gelegentlich genutzte Parkplätze, z. B. Parkflächen für Großveranstaltungen, können einfachere Bauweisen mit weicher Befestigung gewählt werden. Hier bieten sich sickerfähige Beläge, Deckschichten ohne Bindemittel, Schotterrasen usw. an. Es ist zu berücksichtigen, dass solche Befestigungen einen relativ hohen Instandhaltungsaufwand verursachen. Die Ein- und Ausfahrtbereiche sollen hart befestigt angelegt werden.

Wichtig ist die richtige Dimensionierung der Entwässerungseinrichtungen, da bei stark frequentierten ebenerdigen Parkflächen die meisten Schäden durch deren völliges Fehlen oder durch fehlerhafte Ausführung verursacht werden. Die Bemessung der erforderlichen Entwässerungseinrichtungen erfolgt gemäß FGSV (2005) und der kommunalspezifischen Anforderungen.

In Parkbauten sind die Verkehrsflächen unbeschichtete oder beschichtete Stahlbetondecken und -rampen. Lediglich im Erdgeschoss oberirdischer Parkbauten, z. B. bei Parkdecks, kommen auch andere Bauweisen in Betracht, z. B. eine Befestigung mit Betonsteinpflaster.

Rampen müssen eine besonders griffige Oberfläche erhalten. Bei Außenrampen mit einer Längsneigung von über 10 % sichern eingelegte Oberflächenheizungen mit Temperatur- und Feuchtigkeitsregelung den Winterbetrieb.

Die Entwässerungseinrichtungen müssen wartungsfreundlich ausgeführt werden. Da die Fahrzeuge neben dem aggressiven Tropfwasser auch relativ viel Sand und Splitt einschleppen, sind offene flache Rinnen geschlossenen Systemen vorzuziehen. Neben der konventionellen Ableitung über eine vorhandene Kanalisation ist die Entwässerung durch Versickerungseinrichtungen außerhalb des Gebäudes in die Überlegungen mit einzubeziehen. Bei einfachen Parkbauten können im Erdgeschoss versickerungsfähige Beläge eingesetzt werden.

11.7.2 Beleuchtung

Nach DIN 67528 (2015) muss in öffentlichen Parkbauten und auf öffentlichen Parkplätzen die mittlere horizontale Beleuchtungsstärke mindestens 50 lx auf Abstellflächen ohne Randbereich und mindestens 50 lx auf Fahrgassen betragen.

Größe und geometrische Form der gesamten Parkfläche sind entscheidend für die Anzahl und Höhe der Lichtpunkte auf Parkplätzen. Es ist auf eine möglichst gleichmäßige Ausleuchtung zu achten. Bei der Bemessung der Lichtpunkthöhe ist auf das Orts- oder Landschaftsbild Rücksicht zu nehmen.

In Parkbauten ist nicht nur auf die Beleuchtung der Fahrgassen, sondern auch auf eine gute Beleuchtung der Parkstände und der Randzonen zu achten. Weil die abgestellten Fahrzeuge zu Verschattungen auf angrenzenden Bereichen führen, sind Decken und Wände zur Unterstützung der Beleuchtung möglichst hell zu gestalten. Die Reflexionsgrade sollten dabei für die Decken und Wände 0,7 und für den Boden 0,2 betragen.

11.7.3 Belüftung von Parkbauten

Durch den Betrieb von Verbrennungsmotoren kommt es in Parkbauten zu erhöhter Konzentration von Schadstoffen. Deshalb ist es zwingend erforderlich, Vorkehrungen zum Luftaustausch zu treffen, um den Schadstoffgehalt der Atemluft so gering wie technisch möglich zu halten und um lufthygienisch vertretbare Bedingungen zu schaffen. Neben dem Garagenraum sollte dies vor allem in zusätzlich eingebauten Räumen, z. B. Kassen, Toiletten, Treppenhäusern und Warteräumen vor Aufzügen, erfolgen.

In offenen Garagen genügt in aller Regel die natürliche Belüftung. Soweit für geschlossene Mittel- und Großgaragen die natürliche Belüftung nicht ausreicht, wird der Einbau mechanischer Lüftungsanlagen erforderlich. Diese Anlagen sind so auszulegen und zu steuern, dass die in den Garagenverordnungen der Länder festgelegten Schadstoffgrenzwerte und die lufthygienischen Mindestanforderungen in den Verkehrsspitzenzeiten nicht überschritten werden.

Wird der Schadstoffgrenzwert überschritten, müssen optische und akustische Warneinrichtungen selbsttätig in Funktion treten, die auf die Vergiftungsgefahr hinweisen und zum Abstellen der Motoren und zum Verlassen der Garage auffordern. Dabei ist die Ausfahrt offen zu halten und die Einfahrt zu sperren. Damit diese Warnungen auch bei einem Netzausfall abgesetzt werden können, sind die Warnanlagen mit einer Ersatzstromquelle zu verbinden.

11.7.4 Ausstattung mit Ladestationen

Mit einer Durchsetzung des Marktes mit elektrisch betriebenen Fahrzeugen ist zu rechnen. Da kostengünstiges und energieeffizientes Laden dieser Fahrzeuge mehrere Stunden benötigt, kommt dem Aufladen der Fahrzeuge während des Parkvorgangs eine immer größer werdende Bedeutung zu. Einzelne Parkstände im Straßenraum und auf Parkplätzen sowie einzelne Stellplätze in Parkbauten sind daher mit Ladeeinrichtungen zu versehen. Dabei wird das kabelgebundene Laden an Ladesäulen aus Gründen der Effizienz und der Sicherheit mittelfristig eine größere Rolle spielen als das induktive Laden mittels Ladespulen im Fahrzeug und in der Abstellfläche.

Beim kabelgebundenen Laden müssen Ladeparksstände und -stellplätze so dimensioniert werden, dass die Ladesäule Platz findet und bedient werden kann sowie das Ladekabel in das Fahrzeug eingesteckt werden kann, ohne das Nachbarfahrzeug zu beschädigen. Hinweise zur Errichtung und zum Betrieb einer solchen Ladestation, zur technischen Ausstattung und Steuerung der Ladesäulen sowie zur Abrechnung der geladenen Energie und des Parkvorgangs sind in einer Broschüre des Bundesverbands Parken (2015) zusammengestellt.

11.7.5 Brandschutz in Parkbauten

Der bauliche Zustand der Parkbauten, die Verkehrseinrichtungen, die elektrischen Anlagen und die Sicherheitsbeleuchtung, die Abluftanlage, die CO-Warnanlage sowie die Brandschutz- und Feuerlöscheinrichtungen sind nach der Garagenverordnung und den Hausprüfverordnungen des jeweiligen Bundeslandes zu gestalten und zu prüfen.

Die brandschutztechnischen Vorschriften über die feuerbeständige oder feuerhemmende Gestaltung von Wänden, Decken und Böden, die Einrichtung von Brandabschnitten mit selbstschließenden feuerhemmenden Türen und Toren sowie die Einrichtung von Sicherheitsschleusen und Rettungswegen sind ebenfalls in den Garagenverordnungen der Länder festgelegt.

Es sollte ein internes Notrufsystem angestrebt werden, über das Kunden im Notfall schnell mit dem Aufsichtspersonal in Verbindung treten können. Sofern die Polizei und die Feuerwehr dazu bereit sind, können auch amtliche Notrufsäulen installiert werden, über die ständiger Kontakt zu einer Zentrale besteht.

Der Autor dankt den Herren Matthias Heinz, Stephan Hoffmann und Ilja Irmscher für wertvolle Anregungen. Die Forschungsgesellschaft für Straßen- und Verkehrswesen e.V. (FGSV) hat freundlicherweise die Erlaubnis erteilt, auszugsweise Inhalte des FGSV-Regelwerks wiederzugeben. Maßgebend für das Anwenden des FGSV-Regelwerkes ist dessen Fassung mit dem neuesten Ausgabedatum, die beim FGSV Verlag, Wesselinger Str. 17, 50999 Köln, www.fgsv-verlag.de, erhältlich ist.

Literatur

Bosserhoff D (2001) Verkehrserzeugung durch Vorhaben der Bauleitplanung – Möglichkeiten zur Beeinflussung des Verkehrsaufkommens durch Integration von Verkehrs- und räumlicher Planung. Straßenverkehrstechnik 45(8):380–388 und 45(9):443–450

Bundesverband Parken (2015) E-Tankstellen in öffentlichen gebührenpflichtigen Parkgaragen. Köln

DIN 67528 (2015) Beleuchtung von öffentlichen Parkbauten und öffentlichen Parkplätzen. Entwurf. Beuth, Berlin

Forschungsgesellschaft für Straßen- und Verkehrswesen (FGSV) (Hrsg) (1999) Verkehrliche Wirkungen von Großeinrichtungen des Handels und der Freizeit. FGSV-Arbeitspapier 49

Forschungsgesellschaft für Straßen- und Verkehrswesen (FGSV) (Hrsg) (2001/2005/2006): Bemessungsfahrzeuge und Schleppkurven zur Überprüfung der Befahrbarkeit von Verkehrsflächen (mit Korrekturblatt vom Dezember 2005, veröffentlicht in der Zeitschrift Straßenverkehrstechnik, Bd 2)

Forschungsgesellschaft für Straßen- und Verkehrswesen (FGSV) (Hrsg) (2005) Richtlinien für die Anlage von Straßen – Teil: Entwässerung (RAS-Ew). FGSV Verlag, Köln

Forschungsgesellschaft für Straßen- und Verkehrswesen (FGSV) (Hrsg) (2005/2012) Empfehlungen für Anlagen des ruhenden Verkehrs (EAR) (korrigierter Nachdruck). FGSV Verlag, Köln

Forschungsgesellschaft für Straßen- und Verkehrswesen (FGSV) (Hrsg) (2006) Hinweise zur Schätzung des Verkehrsaufkommens von Gebietstypen. FGSV Verlag, Köln

Forschungsgesellschaft für Straßen- und Verkehrswesen (FGSV) (Hrsg) (2012a) Empfehlungen für Verkehrserhebungen (EVE). FGSV Verlag, Köln

Forschungsgesellschaft für Straßen- und Verkehrswesen (FGSV) (Hrsg) (2012b) Richtlinien für die Standardisierung des Oberbaus von Verkehrsflächen (RStO). FGSV Verlag, Köln

Forschungsgesellschaft für Straßen- und Verkehrswesen (FGSV) (Hrsg) (2015) Handbuch für die Bemessung von Straßenverkehrsanlagen (HBS), Teil S Stadtstraßen

Friedrich B, Hoffmann S, Axer S (2014) Überprüfung der Befahrbarkeit innerörtlicher Knotenpunkte mit Fahrzeugen des Schwerverkehrs. Berichte der Bundesanstalt für Straßenwesen, Reihe Verkehrstechnik, Bd V. Fachverlag, Bremen, S 245

Gerlach J, Dohmen R, Blochwitz, H (2000) Kennlinien der Parkraumnachfrage. Berichte der Bundesanstalt für Straßenwesen, Reihe Verkehrstechnik, Bd V. Wirtschaftsverlag, Bremerhaven, S 78

Hessische Straßen- und Verkehrsverwaltung (HSSV) (2006) Handbuch für Verkehrssicherheit und Verkehrstechnik, Teil 1. Schriftenreihe der HSLV, Bd 53

Höppner T, Schuster A (2017) Auswirkungen des fahrerlosen Valet Parkings auf die Verkehrsqualität in Parkbauten. Straßenverkehrstechnik 61: 629–634

Irmscher I (2013) Parkhäuser und Tiefgaragen – Handbuch und Planungshilfe, Bd 1: Grundlagen für die Planung. DOM publishers, Berlin

Irmscher I (2013): Parkhäuser und Tiefgaragen – Handbuch und Planungshilfe, Band 2: Bauten und Projekte. DOM publishers, Berlin

Schuster A (2015) Beurteilung der Qualität von Parkbauentwürfen – Ansätze zu Verfahrensweisen. Straßenverkehrstechnik 59(1):22–27

Schuster A, Skoupil G (1988) Parkraumkonzept Frankfurt a. M. Untersuchungsbericht, Planungbüro Retzko + Topp Darmstadt

Schuster A, Garben M, Kohlen R, Reinhold T (1999) Parkraumbedarfsermittlung in Gebieten mit konkurrierenden Parkraumangeboten. Straßenverkehrstechnik 43(2):61–67

Schuster A, Sattler J, Hoffmann S (2011): Bestimmen der aktuellen Abmessungen differenzierter Personen-Bemessungsfahrzeuge. Untersuchungsbericht, Westsächsische Hochschule Zwickau

12 Elemente der Verkehrsbeeinflussung im Stadtverkehr – einführende Übersicht

Axel Leonhardt

Zusammenfassung

Unter Verkehrsbeeinflussung werden Maßnahmen subsumiert, die kurzfristig und situationsabhängig auf die Verkehrsnachfrage oder das Verkehrsangebot einwirken mit dem Ziel, den Verkehr verträglich abzuwickeln. Die einzelnen Elemente der Beeinflussungssysteme – Sensoren, Steuerungsverfahren, Aktoren – können dabei als Regelkreis der Verkehrsbeeinflussung beschrieben werden. Prinzipiell kann unterschieden werden in Ansätze, die das Verhalten der Verkehrsteilnehmer beeinflussen und in Ansätze, die das Verkehrsangebot beeinflussen. Die Beeinflussung des Verkehrsverhaltens bezieht sich vornehmlich auf die Verkehrsmittelwahl, die Reisezeitpunkte, die Routenwahl und auf das Fahrverhalten. Bei der Beeinflussung des Verkehrsangebots werden Kapazitäten abhängig von der Nachfrage erhöht bzw. verteilt.

12.1 Einleitung

Unter Verkehrsbeeinflussung werden Maßnahmen subsumiert, die kurzfristig und situationsabhängig auf die Verkehrsnachfrage oder das Verkehrsangebot einwirken mit dem Ziel, den Verkehr verträglich abzuwickeln. In Kap. 12 werden der Regelkreis der Verkehrsbeeinflussung und die bei der Beeinflussung zum Tragen kommenden Wirkungsmechanismen der Verkehrsbeeinflussung beschrieben. Kap. 13 gibt zunächst einen Überblick über die Einbettung des Verkehrsmanagements in den Verkehrsplanungsprozess. In den folgenden Abschnitten werden die Entwicklung

A. Leonhardt (✉)
Beuth Hochschule für Technik Berlin, Berlin, Deutschland
E-Mail: axel.leonhardt@beuth-hochschule.de

D. Vallée (verstorben) et al. (Hrsg.), *Stadtverkehrsplanung Band 3*,
https://doi.org/10.1007/978-3-662-59697-5_12

von Verkehrsmanagementstrategien und die Maßnahmen der Verkehrsbeeinflussung behandelt. Abschließend werden Systemarchitekturen vorgestellt. Kap. 14 ist der Lichtsignalsteuerung gewidmet.

12.2 Regelkreis der Verkehrsbeeinflussung

12.2.1 Grundlagen

Eine dynamische Verkehrsbeeinflussung erfordert eine kurzfristige Rückkopplung zwischen Maßnahme und verkehrlicher Wirkung. Dies lässt sich mit dem „Regelkreis der Verkehrsbeeinflussung" beschreiben (siehe Abb. 12.1).

Wesentliche Elemente von Verkehrsbeeinflussungssystemen sind:

- die Beobachtung des Verkehrssystems über Sensoren,
- das Steuerungsverfahren zur Ermittlung geeigneter Eingriffe in den Verkehr,
- die Umsetzung der Beeinflussung über geeignete Aktoren und Kommunikationsschnittstellen zum Verkehrsteilnehmer.

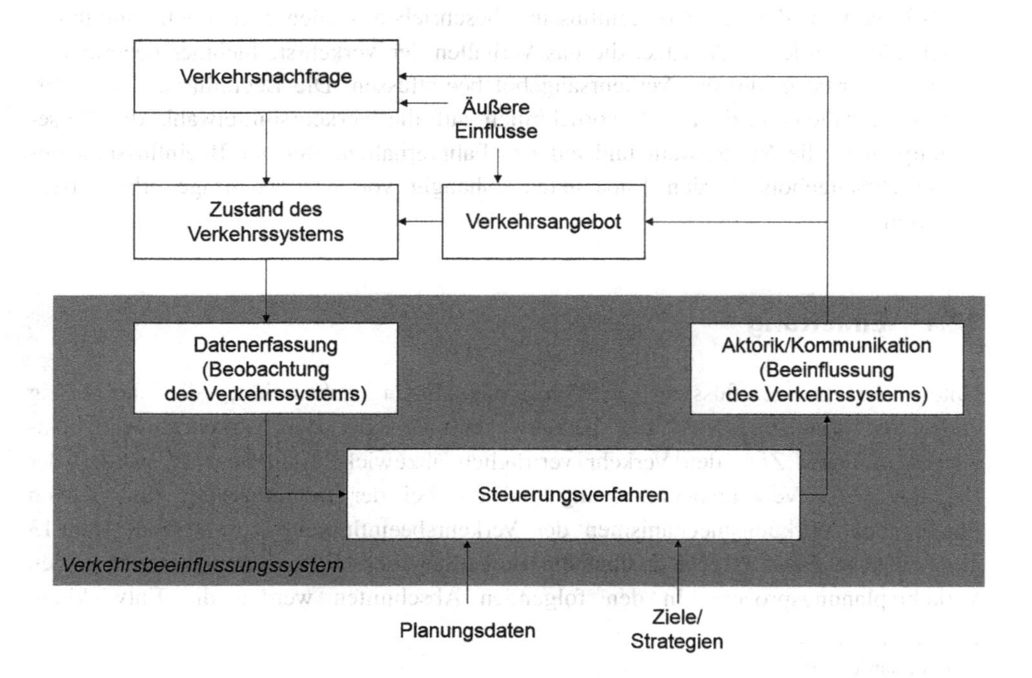

Abb. 12.1 Regelkreis der Verkehrsbeeinflussung

12.2.2 Beobachtung des Verkehrssystems

Der Zustand des Verkehrssystems ergibt sich aus dem Zusammenspiel von Verkehrsnachfrage, Verkehrsangebot und äußerer Einflüsse. Die Verkehrsnachfrage und das Verkehrsangebot können beeinflusst werden, äußere Einflüsse nicht (z. B. Wetterbedingungen) bzw. nicht unmittelbar (z. B. Baustellen). Zur gezielten Beeinflussung muss der Systemzustand möglichst genau beobachtet werden. Dies geschieht mittels geeigneter Sensorik, deren Messwerte zur Ableitung von Maßnahmen aufbereitet und interpretiert werden.

Eine zentrale Komponente in den meisten Verkehrsbeeinflussungssystemen ist die automatische Erfassung des fließenden Verkehrs. Generell können die Erfassungstechnologien nach unterschiedlichen Kriterien klassifiziert werden, z. B. nach der Art der erfassten Daten (siehe Abb. 12.2).

Prinzipiell unterschieden werden können mobil erfasste und infrastrukturseitig erfasste Daten. Bei mobil erfassten Daten kann in fahrzeugbezogene und reisendenbezogene Daten unterschieden werden. Fahrzeugbezogene (oder fahrzeuggenerierte) Daten umfassen in der Regel mindestens Positionsmeldungen mit Zeitstempel, die regelmäßig oder ereignisbasiert vom Fahrzeug weitergegeben werden. Je nach Meldungsfrequenz können daraus mehr oder weniger detaillierte Informationen über den Fahrtverlauf (Trajektorien) abgeleitet werden. Zusätzlich zu den Positionsmeldungen können weitere Zustandsinformationen erfasst werden, z. B. die Geschwindigkeit, Abstände zu den umgebenden Fahrzeugen oder Umfeldbedingungen (Sichtweite, Niederschlag). Die Weiterverarbeitung kann – abhängig von der anfallenden Daten-

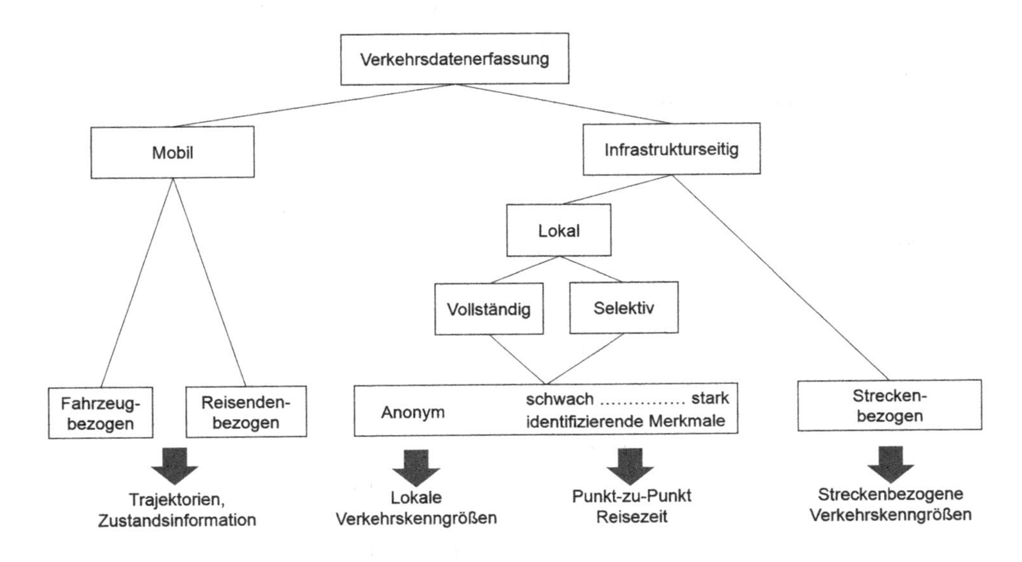

Abb. 12.2 Klassifizierung der Verkehrsdatenerfassung hinsichtlich Art der erhobenen Daten

menge und den Anforderungen der Verkehrsbeeinflussungssysteme – auf unterschiedlichen Stufen zunächst dezentral im Fahrzeug und anschließend in einer Zentrale erfolgen. Im Gegensatz zu fahrzeugbasierten Daten liefern reisendenbezogene Daten (z. B. durch die Ortung von mobilen Endgeräten) Informationen über den gesamten Reiseverlauf (inklusive Wechsel zwischen Verkehrsmitteln).

Bei der infrastrukturseitigen Datenerfassung befinden sich die Sensoren nicht im Fahrzeug oder beim Reisenden, sondern stationär auf, in oder neben der Verkehrsinfrastruktur. Die Datenerfassung erfolgt über unterschiedliche Messprinzipien und kann in die lokale und in die streckenbezogene Datenerfassung unterschieden werden. (vgl. Kap. 2 in Band 2)

Bei der vollständigen lokalen Erfassung werden alle Fahrzeuge erfasst. Sehr verbreitet ist die lokale, vollständige, anonyme Datenerfassung. Typische Messgrößen sind die Belegungszeit des Sensors und die Geschwindigkeit des einzelnen Fahrzeugs. Zusätzlich können – je nach Detektionsprinzip – Merkmale wie die Fahrzeuglänge, die Fahrzeugklasse, die Fahrzeugkontur oder die elektromagnetische Signatur erfasst werden. Meist werden die Einzelfahrzeugdaten gleich vor Ort in einer Streckenstation aggregiert, also zeitlich und ggf. räumlich (zu querschnittsbezogenen) lokalen Verkehrskenngrößen zusammengefasst (Verkehrsstärke, mittlere lokale Geschwindigkeit). Die Weitergabe von Einzelfahrzeugdaten mit identifizierenden Merkmalen an eine Zentrale ermöglicht eine Zuordnung von an unterschiedlichen Stellen im Netz erfassten Fahrzeugen und damit die Ermittlung von Punkt-zu-Punkt-Reisezeiten sowie die stichprobenhafte Erfassung von Quelle-Ziel-Beziehungen. Hierbei gilt: Je stärker identifizierend (d. h. je eindeutiger die erfassten Merkmale), desto zuverlässiger die Zuordnung. Eine eindeutige Identifizierung kann beispielsweise über die Fahrzeugkennzeichen erfolgen.

Bei der lokalen, selektiven Datenerfassung wird planmäßig nur ein Teil der Fahrzeuge erfasst, da nicht das Fahrzeug selber, sondern ein im Fahrzeug befindliches Gerät über eine geeignete Schnittstelle (z. B. Bluetooth) erkannt wird. Da die Fahrzeuge über die Schnittstelle in der Regel eindeutig wiedererkennbar sind, eignet sich diese Art der Datenerfassung vornehmlich zur Ermittlung von Punkt-zu-Punkt-Reisezeiten und zur stichprobenhaften Erfassung von Quelle-Ziel-Beziehungen.

Die stationäre streckenbezogene Datenerfassung erfasst Fahrzeuge und Verkehrszustände auf einem Abschnitt, wobei hauptsächlich Videokameras und automatische Bildverarbeitung zum Einsatz kommen. Damit können verkehrliche Kenngrößen, die bei der Nutzung lokaler Detektoren nur über Modelle ermittelt werden können – wie z. B. die Fahrzeugdichte und die Stauausbreitung – direkt gemessen werden.

Ergänzend zur automatischen Erfassung kann der fließende Verkehr manuell über Live-Videoübertragung beobachtet werden. Da eine umfassende durchgängige Beobachtung durch Operatoren nicht umsetzbar ist, geschieht dies in der Regel nur in relevanten Situationen, getriggert z. B. von der automatischen Datenerfassung oder von Meldungen der Verkehrsteilnehmer.

Neben dem fließenden Verkehr sind je nach Verkehrsbeeinflussungssystem weitere Informationen relevant, etwa die Verfügbarkeit von Parkplätzen für Parkleitsysteme,

Umfelddaten für Streckenbeeinflussungsanlagen und Staumeldungen für die Netzsteuerung.

12.2.3 Steuerungsverfahren

Die erfassten Daten werden dem Steuerungsverfahren zur weiteren Verarbeitung zugeführt. Ziel ist die Ermittlung geeigneter Eingriffe in den Verkehr. Dies erfolgt im Allgemeinen auf mehreren Verarbeitungsstufen, die teilweise rückgekoppelt sein können (siehe Abb. 12.3).

Die von der Datenerfassung gelieferten Daten werden zunächst vorverarbeitet. Die Vorverarbeitung umfasst:

- Prüfung der Qualität der Daten, z. B Durchführung von Plausibilitätsprüfungen der lokalen Datenerfassung nach FGSV (2006),
- Ersatzwertverfahren bei fehlenden oder unplausiblen Daten, z. B. durch Nutzung von Daten benachbarter Detektoren/Messstellen nach dem MARZ (Merkblatt für die Ausstattung von Verkehrsrechnerzentralen und Unterzentralen, BASt 2018),
- Glättung von Daten zum Umgang mit der dem Verkehrsablauf innewohnenden Stochastizität,
- Zusammenführung von Daten unterschiedlicher Art und Messstellen (Datenfusion) zum Zweck der Qualitätssteigerung und Informationsanreicherung (FGSV 2003).

Basierend auf den verarbeiteten Messwerten werden die Situationen in einem Steuerungsverfahren interpretiert und Beeinflussungsaktionen ausgewählt. Grundsätzlich unterschieden werden kann in Verfahren mit und ohne Wirkungsprognose.

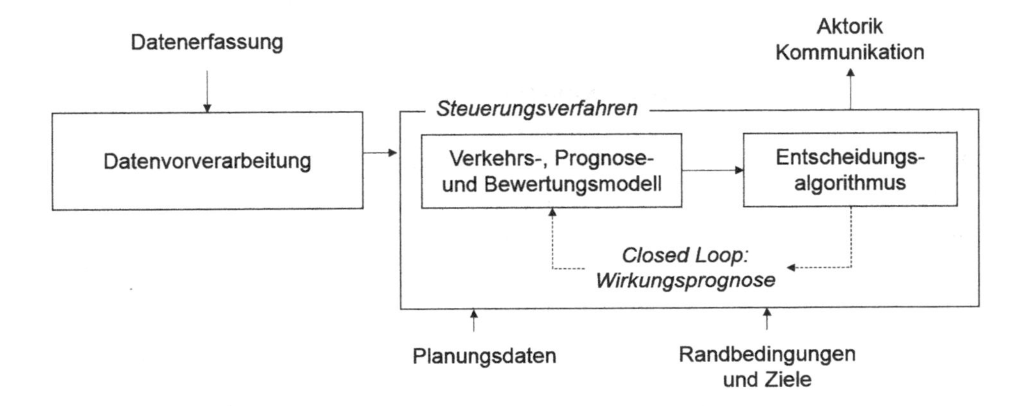

Abb. 12.3 Verarbeitungsstufen von Steuerungsverfahren in der Verkehrsbeeinflussung

Bei Verfahren mit Wirkungsprognose werden Bewertungsmodelle (Verkehrsmodelle vgl. Kap. 9 in Band 2) zur Prognose der Wirkung möglicher Steuerungsaktionen eingesetzt. Die eingesetzten Modelle müssen die Wirkung von Steuerungsaktionen abbilden können, also maßnahmensensitiv sein. Einfache Trendextrapolationen und ähnliche datenbasierte Ansätze eignen sich hierfür nicht. Geeignete Modelle bilden je nach Wirkungsweise der Verkehrsbeeinflussung die Fahrzeugbewegung bzw. den Verkehrsfluss (makroskopisch oder mikroskopisch) und die Verkehrsnachfrage (Dynamische Quelle-Ziel-Matrix-Schätzung und Umlegung) ab. Dazu werden neben aktuellen Messwerten auch Planungsdaten, also eine Beschreibung des Verkehrsangebots (Netzmodell, ÖV-Angebot) und eine Schätzung der Verkehrsnachfrage benötigt, da die erhobenen Messwerte in der Regel nicht ausreichen, um ein vollständiges Verkehrsmodell zu versorgen. Der Entscheidungsalgorithmus wählt diejenigen Steuerungsaktionen aus, die aufgrund der Bewertung hinsichtlich definierter Randbedingungen und Ziele optimal sind. Dazu wird eine quantifizierbare Gütefunktion $G = \sum_i w_i \cdot g_i$ benötigt, deren Komponenten g_i (z. B. Reisezeiten oder Emissionen) vom Bewertungsmodell ermittelt werden und deren Gewichte w_i die Ziele der Verkehrsbeeinflussung widerspiegeln.

Bei Verfahren ohne Wirkungsprognose wählt der Entscheidungsalgorithmus die Steuerungsaktionen ohne eine explizite Wirkungsermittlung auf Basis einer Interpretation der aktuellen Situation aus. Die Rückkopplung der Steuerungsaktion erfolgt in diesem Fall über die Wirkung auf den Verkehr, die sich in den darauffolgenden Messwerten zeigt. Die aktuelle Situation kann beschrieben sein durch (vorverarbeitete) Messwerte oder durch eine erweiterte daten- oder verkehrsmodellbasierte Abbildung oder Prognose der Verkehrssituation (FGSV 2012). Ein Beispiel für den Einsatz von Verfahren ohne Wirkungsermittlung ist die regelbasierte Steuerung der Form „Wenn Messwert x unter dem Schwellenwert y, dann wähle Aktion z".

Das Aktualisierungsintervall der Steuerungsentscheidung hängt stark von der Anwendung ab und liegt im Bereich von Millisekunden (Fahrerassistenzsysteme) bis hin zu mehreren Minuten (z. B. verkehrsabhängige Programmauswahl bei der Steuerung von LSA).

12.2.4 Beeinflussung des Verkehrssystems

Die Beeinflussung des Verkehrssystems wird durch infrastrukturseitige Einrichtungen, Einrichtungen im Fahrzeug und über mobile und stationäre Endgeräte realisiert. Infrastrukturseitige Einrichtungen sind im Wesentlichen Lichtsignalanlagen und dynamische Verkehrszeichen. Einrichtungen im Fahrzeug können sich entweder an den Fahrer richten oder direkt in den Fahrtablauf eingreifen. Für Ersteres sind geeignete Mensch-Maschine-Schnittstellen (engl. Human Machine Interfaces, HMI) erforderlich. Für Letzteres wird direkt in die Fahrzeugelektronik eingegriffen, z. B. um die Beschleunigung zum Einhalten eines bestimmten Abstands zum Vorderfahrzeug einzustellen oder um ein Ausweichmanöver durch einen Lenkeingriff einzuleiten. Auf mobilen und stationären Endgeräten können Informationen, Empfehlungen und Warnungen an die Nutzer weitergegeben werden.

12.3 Wirkungsmechanismen der Verkehrsbeeinflussung

12.3.1 Grundlagen

Prinzipiell kann unterschieden werden in Ansätze, die das Verhalten der Verkehrsteilnehmer beeinflussen (Beeinflussung der Verkehrsnachfrage) und in Ansätze, die die Kapazitäten anpassen (Beeinflussung des Verkehrsangebots).

12.3.2 Beeinflussung des Verkehrsverhaltens

Die Beeinflussung des Verkehrsverhaltens erfolgt durch Informationen, Empfehlungen und Regeln. Dabei werden Kapazitäten nicht direkt verändert, sondern die vorhandenen Kapazitäten im Gesamtsystem besser genutzt.

Modale Verlagerung von Fahrten
Unter modaler Verlagerung von Fahrten wird die Änderung der Verkehrsmittelwahl durch verkehrsbeeinflussende Maßnahmen verstanden. In Städten beabsichtigt ist generell die Reduktion der negativen Wirkungen des Verkehrs, also eine Verlagerung hin zu den Verkehrsmitteln des Umweltverbundes (ÖV und NMIV) und die Erhöhung des durchschnittlichen Besetzungsgrades im MIV durch Fahrgemeinschaften (Ridesharing).

Die Verkehrsmittelwahl wird insbesondere durch aktuelle Informationen über Systemzustände (Verkehrslage, Verspätungen) und Reiseverläufe (Routen, Abfahrtszeiten, Umstiege) beeinflusst. Einerseits steigt durch die Möglichkeit einer intuitiven und zuverlässigen Reiseplanung die Attraktivität (komplexer) ÖV-Routen oder intermodaler Routen. Andererseits wird durch die Information der Nutzen der Alternativen (z. B. Reisezeit) erst transparent gemacht, sodass der Reisende eine besser informierte Entscheidung treffen kann. Dynamische Informationen während der Reise können auch intermodale Wege begünstigen, bei denen das Verkehrsmittel während der Reise gewechselt wird (z. B. Park and Ride).

Zeitliche Verlagerung von Fahrten
Die Verkehrsnachfrage unterliegt typischen tageszeitabhängigen Mustern mit Spitzen am Morgen und am Nachmittag/Abend. Diese Spitzen sind auf Pendlerstrecken besonders ausgeprägt und können zu temporären Überlastungen führen. Im Kfz-Verkehr führen Überlastungen zu Staus mit den entsprechenden negativen Folgen. Verstärkend wirkt dabei, dass die Kapazität im gestauten Zustand abfällt („Capacity Drop", siehe Abb. 12.4**a**). Durch eine teilweise zeitliche Verschiebung von Fahrten können Über-

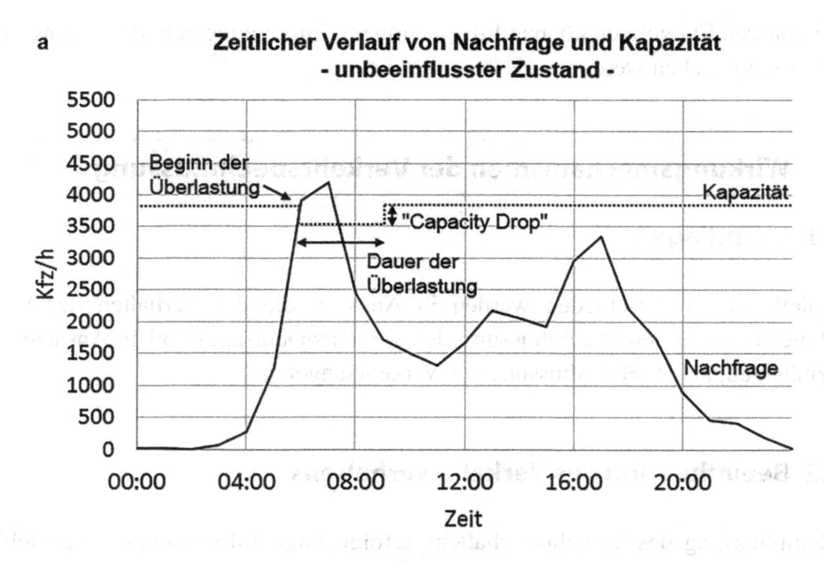

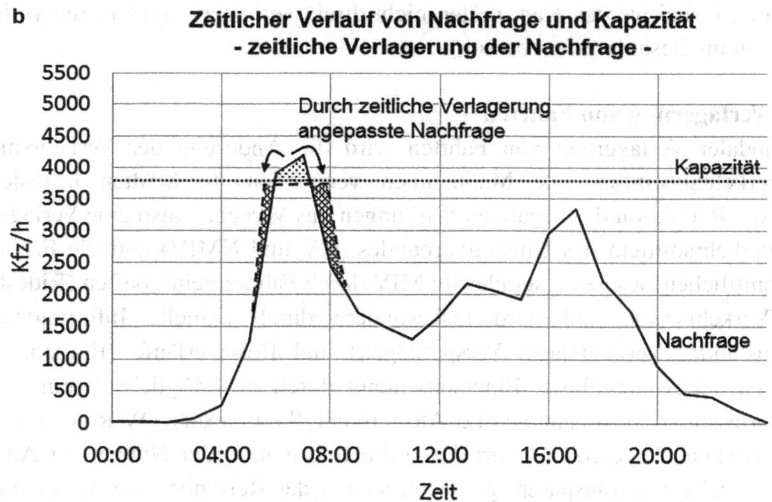

Abb. 12.4 Verlauf von Nachfrage und Kapazität auf einer Strecke über der Zeit im unbeeinflussten Zustand (**a**) und mit zeitlicher Verlagerung der Nachfrage (**b**)

lastungen vermieden oder zumindest abgemildert werden, ohne die Nachfrage auf der betrachteten Strecke insgesamt zu reduzieren (siehe Abb. 12.4**b**).

Die zeitliche Verlagerung von Fahrten kann einerseits durch Informationen erreicht werden. Das Potenzial ist bei untypischen, außergewöhnlich hohen Verkehrsbelastungen besonders hoch, da Pendlern wiederkehrende Staus aus Erfahrung bereits bekannt sind. Weitere Möglichkeiten zur zeitlichen Verlagerung von Fahrten sind monetäre

Maßnahmen (zeit-/verkehrsabhängige Nutzungsgebühren) und organisatorische Maßnahmen außerhalb der Verkehrsbeeinflussung (z. B. gleitende Arbeitszeiten, Verlängerung von Geschäftsöffnungszeiten).

Räumliche Verlagerung von Fahrten

Bei der räumlichen Verlagerung von Fahrten wird die Routenwahl – in Abhängigkeit vom Verkehrszustand auf den verfügbaren Alternativen – durch Leitsysteme und/oder Informationen beeinflusst. In Straßennetzen mit stark gerichteten Verkehren gibt es häufig eine „Hauptroute", die im nicht überlasteten Zustand die attraktivste ist und „Alternativrouten", die im Falle einer Überlastung oder Störung auf der Hauptroute empfohlen oder auf Basis dynamischer Information von den Verkehrsteilnehmern gewählt werden.

Die Routenwahl in einem Netz kann aus der Nutzersicht und aus der Systemsicht betrachtet werden (Wardrop 1952). Im Falle des „Nutzeroptimums" (1. Wardrop'sches Prinzip) wählt jeder Fahrer die Route, deren Kosten für ihn minimal sind. Der Fahrer kann sich durch einen Wechsel auf eine andere Route also nicht verbessern. Im Falle des „Systemoptimums" (2. Wardrop'sches Prinzip) werden die Fahrer in der Art auf die verfügbaren Routen verteilt, dass die Summe der Kosten aller Fahrten im Netz minimal ist.

Am Beispiel zweier Routen mit unterschiedlichen Kosten lassen sich beide Kriterien veranschaulichen (siehe Abb. 12.5). Die Kosten auf den Routen 1 und 2 sind hier ausgedrückt als Reisezeiten c_1 [min] und c_2 [min], die von der Belastung f_1 [Fz/h] bzw. f_2 [Fz/h] auf der jeweiligen Route abhängen.

Beim Nutzeroptimum wird davon ausgegangen, dass die Fahrer über die Kosten auf allen Routen voll informiert sind (z. B. durch ein dynamisches Verkehrsinformationssystem) und deshalb die Route wählen, die für sie günstiger ist. In einem unbelasteten Netz wird also zunächst Route 1 gewählt, da $c_1(f_1=0)<c_2(f_2=0)$. Route 1 wird bevorzugt, solange gilt: $c_1(f_1>0)<c_2(f_2=0)=15$ min. Wenn die Belastung f_1 so groß wird, dass $c_1(f_1>0)\geq 15$ min, dann beginnen die Fahrer auch Route 2 zu nutzen. Bei einer Erhöhung der Gesamtbelastung f werden sich die Fahrer so auf die beiden Routen verteilen, dass gilt: $c_1(f_1>0)=c_2(f_2>0)$.

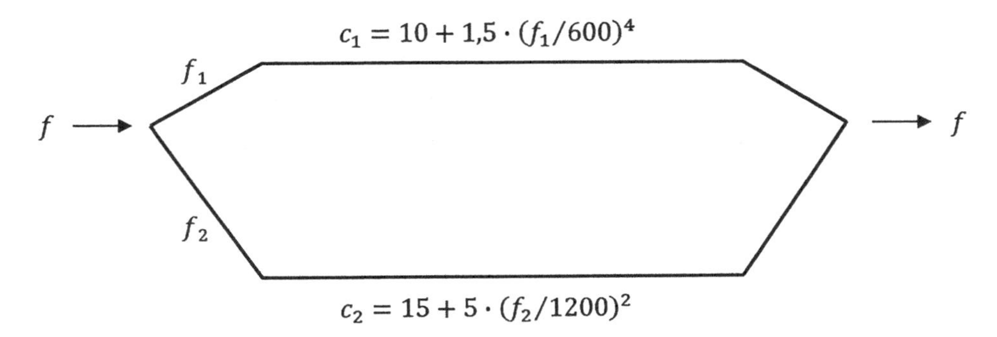

Abb. 12.5 Netz mit zwei Routen mit unterschiedlichen, von den jeweiligen Belastungen abhängigen Kosten

Im allgemeinen Fall entscheidet sich der Fahrer bei n Routen demnach für die Route i, wenn gilt:

$$c_i(f_i) \leq c_j(f_j),\ i \neq j,$$

unter der Nebenbedingung, dass

$$\sum\nolimits_{k=1..n} f_k = f = \text{const. und } f_k \geq 0.$$

Die einzige stabile Lösung für dieses Problem ist

$c_k(f_k) = c$ auf allen Routen k mit $f_k \geq 0$ und $c_k(f_k) \geq c$ auf allen Routen k mit $f_k = 0$.

Im systemoptimalen Zustand fahren alle Fahrer so, dass ihre Gesamtkosten C (und damit die durchschnittlichen Kosten $c_{\text{Durchschnitt}}$) im Wegenetz minimiert werden, d. h.

$$C = \sum\nolimits_{k=1..n} f_k \cdot c_k(f_k) \to \text{Min}$$

unter der Nebenbedingung, dass

$$\sum\nolimits_{k=1..n} f_k = f = \text{const. und } f_k \geq 0$$

Das Nutzeroptimum und das Systemoptimum führen im Allgemeinen zu unterschiedlichen Lösungen, also unterschiedlichen Belastungen auf den vorhandenen Routen. Abb. 12.6 zeigt grafisch den Verlauf der Kosten in Abhängigkeit von den Belastungen auf den Routen 1 und 2.

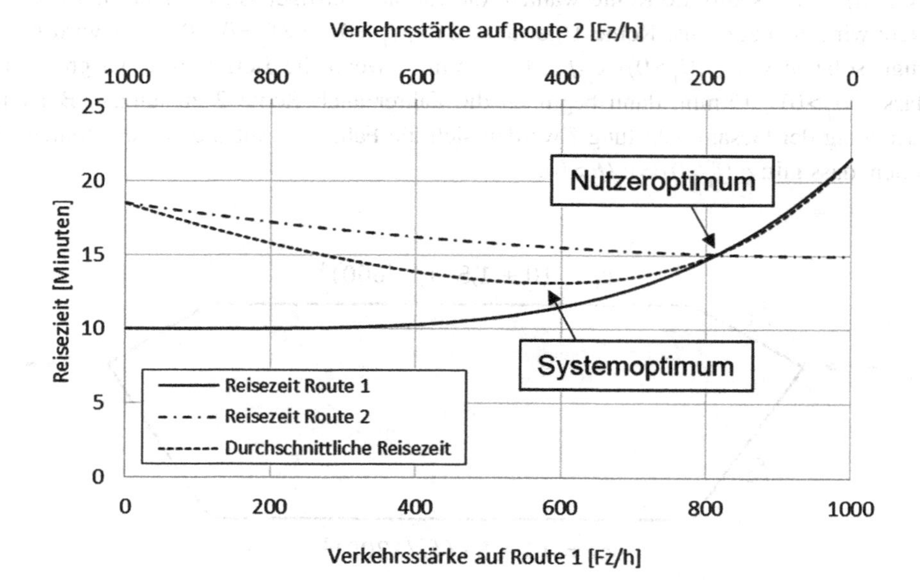

Abb. 12.6 Grafische Darstellung der Kosten (ausgedrückt als Reisezeiten) auf den Routen 1 und 2 sowie der durchschnittlichen Kosten bei einer Belastung von $f = 1.000$ Fz/h

Das Nutzeroptimum stellt sich ein, wenn die Kosten auf beiden Routen gleich sind (15,1 min, bei 815 Fz/h auf Route 1 und 185 Fz/h auf Route 2). Das Systemoptimum stellt sich ein, wenn die durchschnittlichen Kosten für alle Fahrer minimal sind (Route 1: 11,4 min bei 585 Fz/h, Route 2: 15,6 min bei 415 Fz/h, Durchschnitt: 13,1 min). Im systemoptimalen Zustand sind die durchschnittlichen Kosten (und damit die Gesamtkosten) minimal, die Kosten auf den beiden Routen aber unterschiedlich, sodass sich Fahrer auf Route 2 durch einen Wechsel auf Route 1 verbessern könnten.

Bei der Verkehrsbeeinflussung und der Verkehrsplanung ist zu beachten, dass die Verkehrsteilnehmer im Allgemeinen das Nutzeroptimum anstreben, während aus Sicht der Gesellschaft (bzw. der im Auftrag der Gesellschaft handelnden Institutionen) das Systemoptimum anzustreben ist. Perfekte Information und Wahlfreiheit der Verkehrsteilnehmer führen demnach eher zum Nutzeroptimum. Zum Systemoptimum hin kann prinzipiell durch Leitempfehlungen gewirkt werden, wobei dies im Kontext der heute generell und allgemein verfügbaren Informationen über Reisezeiten, Routenlängen und direkte Kosten allerdings nur eingeschränkt möglich ist. Eine weitere Schwierigkeit ist, dass Verkehrsteilnehmer zwar Zugriff auf Informationen haben, diese sich aber in der Regel nur auf den aktuellen und nicht den zukünftigen – idealerweise durch wirksame Verkehrsbeeinflussung verbesserten – Verkehrszustand beziehen.

Ein Ansatz zur Erreichung des Systemoptimums kann sein, die direkten Kosten für den Verkehrsteilnehmer für einzelne Routen über Nutzungsgebühren so einzustellen, dass sich Nutzeroptimum und Systemoptimum annähern.

Einwirken auf die Fahrweise

Hierbei wird auf die Fahrer oder die Fahrzeuge in der Art eingewirkt, dass die Fahrweise der aktuellen Situation (Verkehrszustand, Umfeldbedingungen) angepasst wird. Dies kann auf unterschiedliche Art erfolgen:

a) Erhöhung der Aufmerksamkeit durch Warnung vor stromabwärts liegenden Störungen oder Umfeldbedingungen
b) Beeinflussung der Geschwindigkeit auf Strecken mit dem Ziel
   - die Geschwindigkeiten bei hohen Verkehrsbelastungen nahe der Kapazität zu harmonisieren
   - die Geschwindigkeiten den Umfeldbedingungen (Sicht, Nässe) anzupassen
   - die Geschwindigkeiten Gefahrensituationen (z. B. Unfall, Panne) anzupassen
c) Unterbinden von Fahrstreifenwechseln auf Strecken (insbesondere Lkw-Überholverbot) mit dem Ziel der Beruhigung des Verkehrsflusses
d) Situationsbezogene Beeinflussung von Einzelfahrzeugen und Kooperation zwischen Fahrzeugen. Dies wird im Wesentlichen durch Automatisierung und Vernetzung möglich. Die unter a) bis c) genannten Arten der Beeinflussung werden durch diese ebenfalls unterstützt und können noch gezielter angewendet werden. Durch die Beeinflussung auf Einzelfahrzeugebene kommen weitere Möglichkeiten hinzu:

- gezieltes Einhalten von Weg- und Zeitlücken,
- Unterstützung beim Verflechten (Einfädeln) und Kreuzen,
- Unterstützung beim Fahrstreifenwechsel,
- gezieltes Beeinflussen der Geschwindigkeit, um Fahrzeuge an signalisierten Knotenpunkten möglichst ohne Halt passieren zu lassen.

Prinzipiell kann mit der Beeinflussung der Fahrweise eine Erhöhung der Verkehrssicherheit und des Fahrkomforts sowie eine Reduzierung der verkehrsbedingten Emissionen erreicht werden. Auch die Kapazität auf Strecken kann durch die Beeinflussung der Fahrweise in einem gewissen Rahmen erhöht werden, in dem der Verkehrsfluss harmonisiert wird. Dadurch können Überlastungen ggf. vermieden oder zumindest verzögert und damit insgesamt verkürzt werden.

12.3.3 Beeinflussen von Kapazitäten

Durch die Beeinflussung von Kapazitäten kann das Angebot der aktuellen oder der prognostizierten Nachfrage angepasst werden.

Verteilung von Kapazitäten an Knotenpunkten
Die Kapazität der einzelnen Ströme an Knotenpunkten kann durch die zeitliche Freigabe oder Sperrung von Fahrstreifen beeinflusst werden. Da die einzelnen Ströme in der Regel in Konkurrenz zueinander stehen, geht eine Erhöhung der Kapazität eines Stroms zulasten der Kapazität eines anderen Stroms. Ziel der Verkehrsbeeinflussung an Knotenpunkten ist es, die Verteilung der Kapazitäten der Nachfrage auf den einzelnen Strömen anzupassen.

Neben der Verteilung der Kapazitäten können mit Lichtsignalanlagen an Knotenpunkten auch die Fahrzeiten einzelner Fahrzeuge, Flotten (z. B. ÖV-Priorisierung) oder Ströme auf Korridoren (Koordinierung) reduziert werden.

Erhöhung von Kapazitäten auf Strecken
Verkehrsbeeinflussungssysteme erlauben die temporäre, verkehrsabhängige Anpassung von Kapazitäten auf Strecken. Im MIV kann die Erhöhung der Kapazität von Strecken (zwischen Knotenpunkten) im Wesentlichen erreicht werden durch eine wechselweise Freigabe von Fahrstreifen je Richtung oder durch eine temporäre Freigabe des Seitenstreifens als Fahrstreifen. Ein zusätzlicher Fahrstreifen stellt eine, z. B. im Vergleich zur Einwirkung auf die Fahrweise, massive Beeinflussung der Kapazität dar, durch die Überlastungen – auf Kosten der Kapazität in der Gegenrichtung oder eines Seitenstreifens – entsprechend wirkungsvoll vermieden werden können (siehe Abb. 12.7).

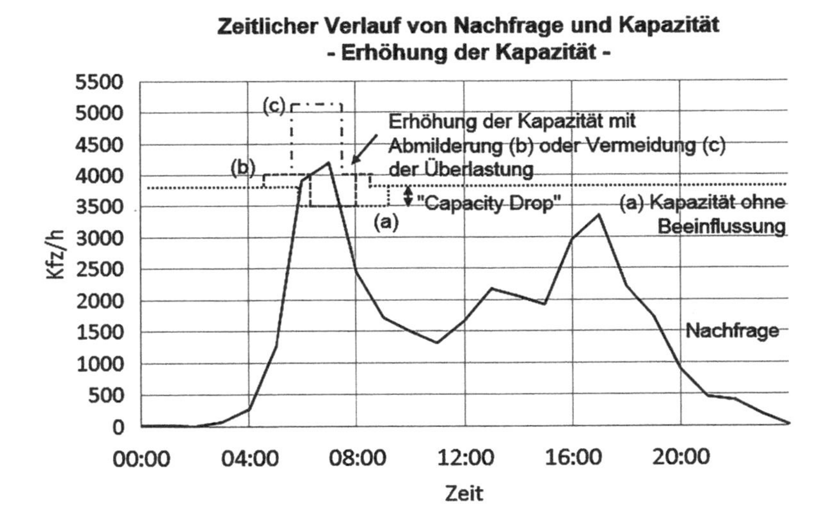

Abb. 12.7 Verlauf von Nachfrage und Kapazität auf einer Strecke über der Zeit im unbeeinflussten Zustand (**a**), mit Verzögerung/Abmilderung der Überlastung (**b**) und Vermeidung der Überlastung (**c**)

Literatur

BAST (2018) Merkblatt zur Ausstattung von Verkehrsrechnerzentralen und Unterzentralen (MARZ). Bundesanstalt für Straßenwesen (BASt), Bergisch Gladbach.

FGSV (2003) Hinweise zur Datenvervollständigung und Datenaufbereitung in verkehrstechnischen Anwendungen. Forschungsgesellschaft für Straßen- und Verkehrswesen (FGSV) (Hrsg.), Köln

FGSV (2006) Hinweise zur Qualitätsanforderung und Qualitätssicherung der lokalen Verkehrsdatenerfassung für Verkehrsbeeinflussungsanlagen. Forschungsgesellschaft für Straßen- und Verkehrswesen (FGSV) (Hrsg.), Köln

FGSV (2012) Hinweise zur Verkehrsprognose in verkehrstechnischen Anwendungen. Forschungsgesellschaft für Straßen- und Verkehrswesen (FGSV) (Hrsg.), Köln.

Wardrop JG (1952) Some theoretical aspects of road traffic research. Proc Inst Civil Engrs, Part II 1:325–362

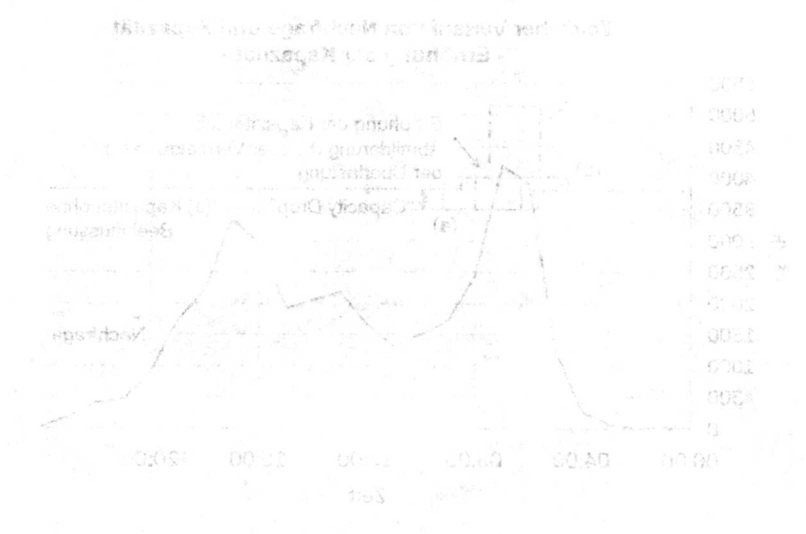

13 Verkehrsmanagement in Städten und deren Umland

Axel Leonhardt

Zusammenfassung

Das Verkehrsmanagement erweitert die langfristige Verkehrsentwicklungsplanung um mittel- und kurzfristig wirkende Maßnahmen. Entsprechend ist eine gemeinsame Betrachtung von Verkehrsplanung und Verkehrsmanagement sinnvoll. Ein zentraler Schritt ist die Entwicklung von Verkehrsmanagementstrategien, in denen einzelne Beeinflussungsmaßnahmen zu Bündeln zusammengefasst werden, um die Erreichung der allgemeinen verkehrspolitischen Ziele zu unterstützen oder um auf konkrete Probleme reagieren zu können. Die Verkehrsbeeinflussungsmaßnahmen können hinsichtlich der Art der Beeinflussung und der adressierten Verkehrsmittel kategorisiert werden. Entscheidend für eine erfolgreiche Planung und den reibungsfreien Betrieb eines umfassenden Verkehrsmanagements in einem Ballungsraum ist die Implementierung geeigneter Systemarchitekturen.

13.1 Verkehrsmanagement im Planungsprozess

Verkehrsmanagement kann beschrieben werden als die „Beeinflussung des Verkehrsgeschehens durch ein Bündel von Maßnahmen und mit dem Ziel, die Verkehrsnachfrage und das Angebot an Verkehrssystemen optimal aufeinander abzustimmen.“ (FGSV 2012) Das hier behandelte dynamische Verkehrsmanagement ist darüber hinaus dadurch charakterisiert, dass es sich um kurzfristige Maßnahmen in bestimmten Verkehrssituationen handelt (FGSV 2011). Die langfristige Verkehrsentwicklungsplanung wird also erweitert, indem auch mittel- und kurzfristig auf das Verkehrsverhalten Ein-

A. Leonhardt (✉)
Beuth Hochschule für Technik Berlin, Berlin, Deutschland
E-Mail: axel.leonhardt@beuth-hochschule.de

D. Vallée (verstorben) et al. (Hrsg.), *Stadtverkehrsplanung Band 3*,
https://doi.org/10.1007/978-3-662-59697-5_13

fluss genommen bzw. das Verkehrsangebot, örtlich/zeitlich begrenzt, variiert wird. Entsprechend ist eine gemeinsame Betrachtung von Verkehrsplanung und Verkehrsmanagement sinnvoll. Dazu kann der allgemeine Prozess der Verkehrsplanung nach dem „Leitfaden für Verkehrsplanungen“ (FGSV 2001) (vgl. auch Kap. 1 in Band 1) um das Handlungsfeld Verkehrsmanagement erweitert werden (siehe Abb. 13.1).

Initiierung
Die Planung und Umsetzung von Maßnahmen des dynamischen Verkehrsmanagements kann unterschiedliche Auslöser haben, z. B. die regelmäßige Aufstellung oder Anpassung von Verkehrsentwicklungsplänen, konkrete Hinweise auf (wiederkehrende) verkehrliche Probleme im betrachteten Raum oder anstehende verkehrswirksame Entwicklungen (siedlungsstrukturelle oder infrastrukturelle Änderungen, Großereignisse).

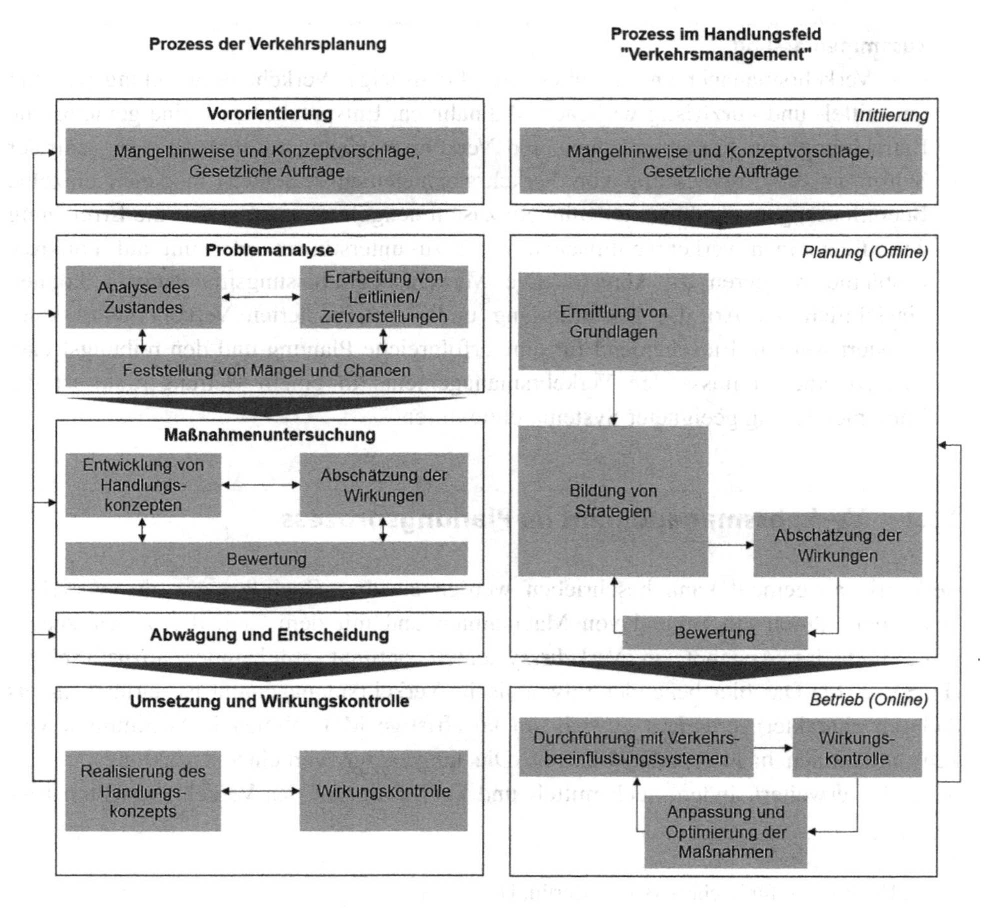

Abb. 13.1 Prozess der Verkehrsplanung (links) mit dem Handlungsfeld Verkehrsmanagement (rechts) (nach FGSV 2001 und Boltze und Breser 2005)

Planung: Strategiebildung, Wirkungsabschätzung und Bewertung
Die Strategieplanung umfasst die Strategiebildung sowie die Abschätzung der Wirkungen und die Bewertung verschiedener Optionen. Die Strategiebildung ist der Prozess der Auswahl geeigneter Verkehrsbeeinflussungsmaßnahmen. Die Abschätzung der verkehrlichen Wirkung und die Bewertung der Strategien dient der Strategieoptimierung und als Grundlage für die Entscheidung darüber, welche der möglichen Strategien umgesetzt werden. Der Prozess der Strategieplanung ist in Abschn. 13.2 beschrieben, einzelne Maßnahmen der Verkehrsbeeinflussung in Abschn. 13.3.

Umsetzung
Die Umsetzung des Verkehrsmanagements im laufenden Betrieb erfolgt durch geeignete Verkehrsbeeinflussungssysteme. Das funktionale, technische und institutionelle Zusammenspiel der Systeme und Akteure wird über geeignete Systemarchitekturen sichergestellt (Abschn. 13.4). Im Vergleich zu infrastrukturellen Maßnahmen sind die Funktion und die Wirkung von Maßnahmen des dynamischen Verkehrsmanagements engmaschiger zu überwachen und zu optimieren (z. B. durch die Anpassung von Steuerungsparametern). Dies sollte durch eine kontinuierliche und umfassende Qualitätssicherung sichergestellt werden, die das Funktionieren der Komponenten, die Datenqualität, die Akzeptanz durch die Verkehrsteilnehmer und die verkehrliche Wirksamkeit umfasst (Busch et al. 2006).

13.2 Planung von Verkehrsmanagementstrategien

13.2.1 Grundlagen

Verkehrsmanagementstrategien dienen sowohl dem Erreichen der allgemeinen verkehrsplanerischen Zielstellungen als auch der Reaktion auf konkret auftretende Probleme. Hierbei gilt „Strategie ist ein vorab definiertes Handlungskonzept für das Ergreifen von Maßnahmen (-bündeln) zur Verbesserung einer definierten (Ausgangs-) Situation. Die Situation ist dabei die Summe von definierten Ereignissen, Problemen und weiteren relevanten Zuständen. Ein Szenario stellt die Kombination aus einer für diese Situation entwickelte Strategie dar“ (FGSV 2003a; siehe Abb. 13.2).

Bei einer Situation kann es sich beispielsweise um eine Überlastung eines bestimmten Streckenabschnitts in einem Straßennetz handeln. Eine Strategie könnte dann aus der Umfahrungsempfehlung mit gleichzeitiger Anpassung der Freigabezeiten der LSA zur Erhöhung der Kapazität auf der empfohlenen Route bestehen.

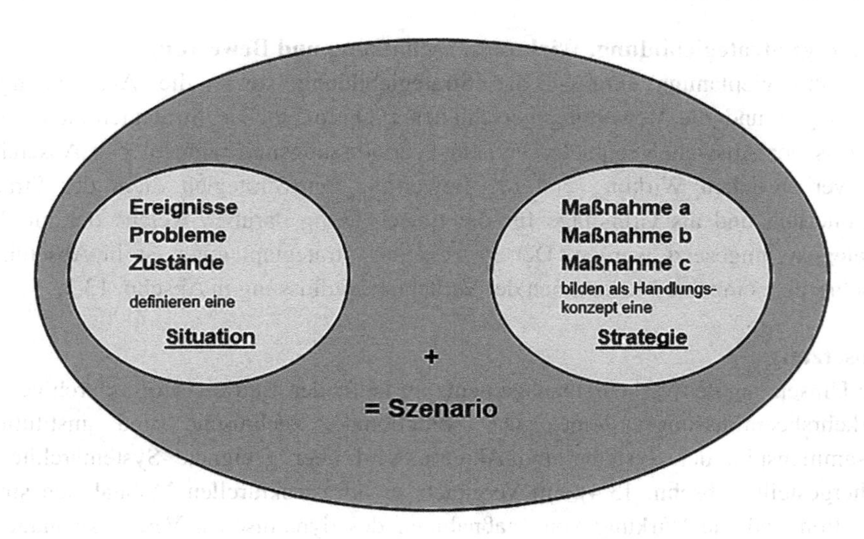

Abb. 13.2 Situation, Strategie und Szenario (FGSV 2003a)

13.2.2 Strategiebildung

Das Vorgehen zur Bildung von Strategien besteht in mehreren Arbeitsschritten, die teilweise rückgekoppelt sind (FGSV 2003a).

Festlegen des Untersuchungsgebiets und Auswahl von Sektoren

Analog zum Vorgehen bei der Verkehrsplanung ist auch bei der Planung von Verkehrsmanagementstrategien das Untersuchungsgebiet auf Basis der verkehrlichen Verflechtungen von Stadt und Umland sowie der vorhandenen Verkehrsangebote des MIV und des ÖV festzulegen. Je nach Größe des Untersuchungsgebiets ist die Bildung von Sektoren nützlich, die die Lage von Ereignissen und den räumlichen Umgriff von Strategien definieren.

Bestimmung von strategischen Netzen

Die strategischen Netze sind die Abschnitte des Straßen- und des ÖV-Netzes, die in die Verkehrsmanagementstrategien einbezogen werden. Im MIV besteht das strategische Netz aus leistungsfähigen Straßen. Es sollte von den Bundesautobahnen ausgehend geplant und nach Erfordernis schrittweise um Bundes-, Landes- und Kreisstraßen ergänzt werden. In Städten kommen entsprechend ausgebaute Hauptverkehrsstraßen mit wichtiger Verbindungsfunktion hinzu. Eine wichtige Anforderung aus Netzsicht ist das Vorhandensein von leistungsfähigen Alternativrouten zur Entlastung häufig überlasteter Abschnitte. Im ÖV besteht das strategische Netz im Wesentlichen aus Trassen und Linien mit hoher Beförderungskapazität. Dies sind in der Regel zunächst die S-Bahn-, U-Bahn und Stadtbahnnetze. Straßenbahn- und Buslinien können das strategische

Netz ergänzen, insbesondere wenn sie selbst oder über Verknüpfungspunkte wichtige Stadt-Umlandbeziehungen herstellen. Für intermodale Strategien sind Verknüpfungspunkte zwischen dem MIV und dem ÖV in die strategischen Netze einzubeziehen.

Technische Bestandsaufnahme

Die Umsetzung von Verkehrsmanagementmaßnahmen erfordert eine entsprechende technische Ausrüstung der strategischen Netze (Datenerfassung, Leit- und Informationssysteme im MIV, rechnergestützte Betriebsleit- und Fahrgastinformationssysteme im ÖV). Bei der Einführung oder der Erweiterung des Verkehrsmanagements existieren häufig bereits einzelne, autark operierende Systeme im MIV und im ÖV. Die technische Bestandsaufnahme dient der Prüfung, inwieweit diese Systeme weitergenutzt werden können und inwieweit sie angepasst oder ersetzt werden müssen. Wichtige Aspekte sind die Vernetzbarkeit und die Integrierbarkeit in eine übergeordnete Verkehrsmanagementzentrale.

Ermittlung der Verkehrsnachfrage

Die Verkehrsnachfrage dient als Basis für die Entwicklung und Bewertung der Strategien. Der Prognosehorizont richtet sich nach dem Umsetzungsplan und der erwarteten Nutzungsdauer. Die Anforderungen an die räumliche und zeitliche Auflösung sowie die Unterscheidung nach Nutzergruppen und Fahrtzwecken sollten im Einklang mit den geplanten Strategien und Maßnahmen stehen.

Strukturiertes Erfassen von Ereignissen und Problemen

Zur Bildung der Strategien und zur Ableitung von Anforderungen an die Systemkomponenten (insbesondere Art und Lage der Datenerfassungseinrichtungen) sind Ereignisse und Probleme zu erfassen. Bestehende Probleme lassen sich z. B. aus der Auswertung historischer Daten, mittels Kontrollfahrten, Expertenbefragungen oder durch Modellrechnungen erfassen. Zu erwartende Probleme lassen sich über Verkehrsprognosen insbesondere unter Einbezug geplanter verkehrswirksamer Entwicklungen (z. B. Flughafen, Messe, Stadion) prognostizieren. Wichtig für die Ausarbeitung und spätere Auslösung der Strategien ist eine möglichst genaue Definition über verkehrliche Indikatoren sowie die exakte Verortung der Ereignisse.

Auswahl geeigneter Maßnahmen und Strategiebildung

Die prinzipielle Zuordnung von Problemen/Ereignissen und Maßnahmen ergibt sich aus der Wirkungsweise der verfügbaren Maßnahmen und kann z. B. in einer Zuordnungsmatrix dargestellt werden (FGSV 2003a). Darauf basierend werden – abhängig von den lokalen Gegebenheiten und Möglichkeiten – konkrete, verortete Strategien mit zugehörigen Maßnahmen gebildet, die durch Beeinflussungssysteme umgesetzt werden. Exemplarisch dafür kann das für den Ballungsraum München gewählte Konzept im Projekt MOBINET dienen (siehe Abb. 13.3).

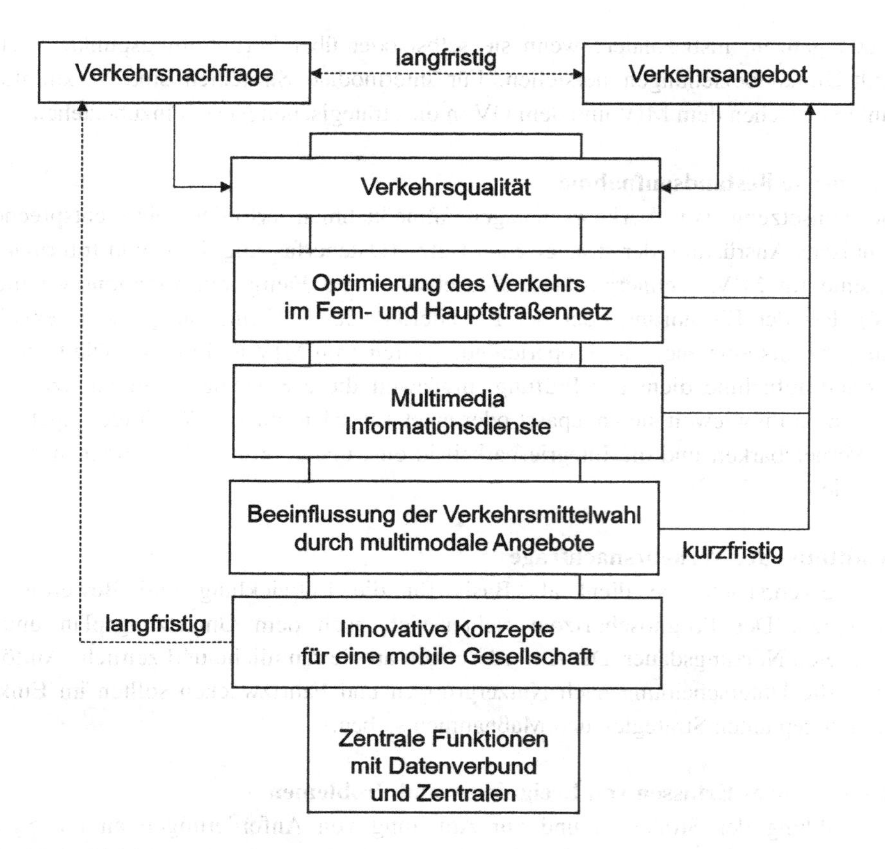

Abb. 13.3 Der integrative Ansatz des Leitprojekts MOBINET zur Mobilität im Ballungsraum München (Keller 2005)

Das Verkehrsmanagement greift auf unterschiedlichen Ebenen in das Verkehrssystem ein (Keller 2005):

> „Ausgehend von innovativen Konzepten zur Vermeidung vornehmlich von motorisiertem Individualverkehr werden Maßnahmen entwickelt, die die Verkehrsmittelwahl hin zu öffentlichen Verkehrsmitteln beeinflussen. Damit verbunden sind u. a. Restriktionen durch ein dynamisches Parkraummanagement in Verbindung mit Verbesserungen der Attraktivität des öffentlichen Verkehrs durch erleichterte Zubringerdienste wie Park and Ride, Bike and Ride, flexible Betriebsweisen von Buslinien zu den Halten der S- und U-Bahnen sowie ein Störungsmanagement für den S-Bahnverkehr. Der verbleibende motorisierte Individualverkehr wird dann optimal in den vorhandenen Straßennetzen stadtverträglich durch verkehrsadaptive Netzsteuerung der Lichtsignalanlagen und straßenseitige Informationstafeln mit Hinweisen auf die Verkehrslage im Zielgebiet der Autofahrer abgewickelt. Ergänzt werden diese Maßnahmen durch personalisierte Informationsdienste vornehmlich für den öffentlichen Verkehr und für das Parken sowie eine Verkehrszentrale, in der die aktuelle Verkehrslage abgebildet und Verkehrsleitstrategien für die angesprochenen

Maßnahmen initiiert und veranlasst werden. [...] Die Informations- und Steuerungssysteme für den Straßenverkehr verdeutlichen die notwendige institutionelle Kooperation von Stadt und Umland. Entsprechend der Hierarchie des Radial-Ring-Straßennetzes der Stadt und Region München wurden vier Ebenen der Verkehrsbeeinflussung definiert und dafür entsprechende Maßnahmen entwickelt" (MOBINET 2003):

- NetzInfo als straßenseitiges, grafisches Informationsangebot, maßgeblich für Ortskundige, im Zuge des Fernstraßenrings A 99 zur verkehrssituationsabhängigen Routenwahl in die Stadtquartiere bzw. zum Stadtzentrum, beispielhaft auf der A 94 auf Basis einer vernetzten Datenbasis zwischen Landeshauptstadt München (LHM) und Freistaat Bayern (Scharrer et al. 2003).
- Sektorsteuerung als Mittler für die Alternativrouten vom Fernstraßenring zum Mittleren Ring in München mit einer zwischen Freistaat und Stadt abgestimmten Steuerungsstrategie und gleichzeitiger Ertüchtigung der Lichtsignalanlagen auf den alternativen Routen durch verkehrsadaptive Netzsteuerung und einer Freitextanzeigetafel auf der A 8 West.
- RingInfo als straßenseitige Information am Ende der A 95 und der A 96 mit Anzeige der Verkehrsstauungen auf dem Mittleren Ring auf einer grafischen Informationstafel zur Erleichterung der Wegewahl der Fahrer über die westliche oder östliche Route über den Ring zu den entsprechenden Zielen.
- Quartiersteuerung als integrierte dynamische Netzsteuerung innerhalb der Stadtquartiere durch verkehrsadaptive Lichtsignalsteuerung mit einer differenzierten Balance zwischen den Verkehrsmitteln, d. h. Prioritäten für Bus und Straßenbahn, aber eingeschränkt bei allzu nachteiligen Eingriffen in den Autoverkehr (Mertz et al. 2001).

Ergänzt wird diese Struktur durch das zeitabhängige Parkraummanagement in den einzelnen Stadtquartieren.

Eingeordnet sind diese Maßnahmen in die Hierarchie der Straßennetze, insbesondere in das von LHM und Freistaat vereinbarte Netz der zu bevorzugenden „Roten Routen" für den Straßenverkehr (LHM und BMW 2001) sowie die Tempo-30-Zonen und die Maßnahmen zur Verkehrsberuhigung.

Die Einordnung der Maßnahmen im Straßenverkehr in das strategische Netz sind in Abb. 13.4 dargestellt.

Einbettung der Strategien in ein Strategiemanagement

Das Verkehrsmanagement für einen Ballungsraum besteht im Allgemeinen aus einer komplexen (Mehrfach-)Zuordnung von Maßnahmen zu Strategien. Zur übersichtlichen Bearbeitung ist die Einbettung in ein softwarebasiertes Strategiemanagement sinnvoll. In Abb. 13.5 ist schematisch ein Ausschnitt des Strategiemanagements aus dem Projekt MOBINET dargestellt. Die Einzelmaßnahmen („Steuerungsverfahren") werden hier zunächst zu „Teilnetz-Steuerungsverfahren" zusammengefasst. Die Teilnetz-Steuerungsverfahren können von einer oder mehreren Strategien genutzt werden. Hier ist dies beispielhaft für die Strategie „Spitzenstunde (morgens)" dargestellt, die aus dem Teilnetz-Steuerungsverfahren „Alternativrouten aktivieren" besteht. Die

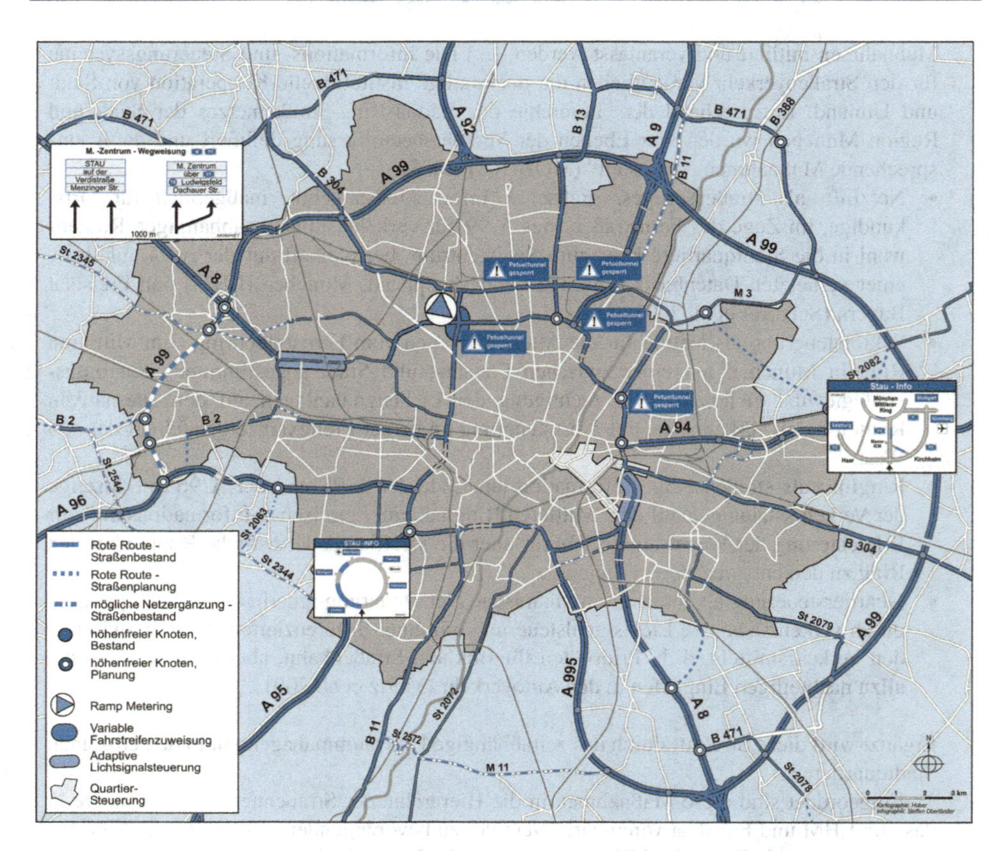

Abb. 13.4 Strategisches Straßennetz im Ballungsraum München (Rote Routen) (BMW AG; Infografik Oberländer)

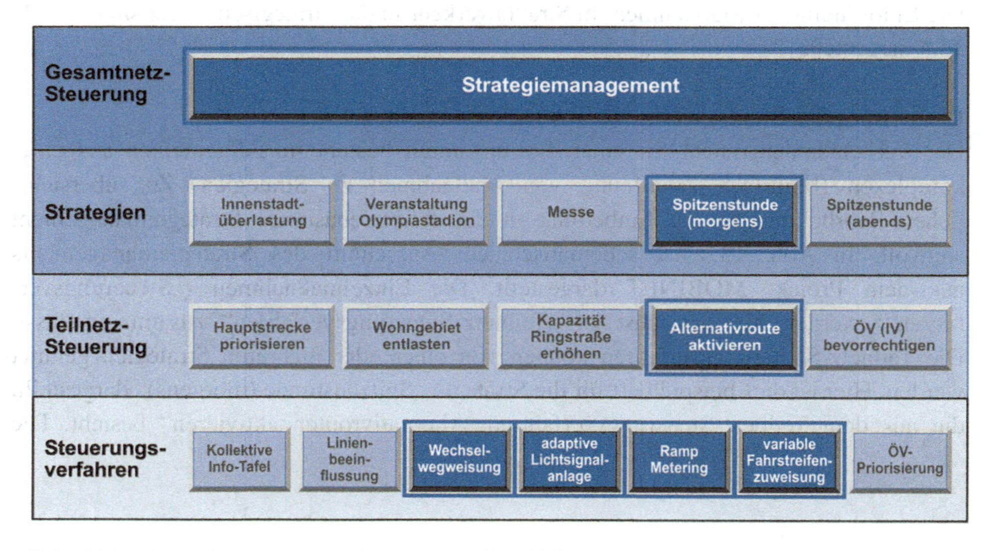

Abb. 13.5 Strategiemanagement im Projekt MOBINET (BMW AG; Infografik Oberländer)

Alternativroutenaktivierung besteht aus verschiedenen Einzelmaßnahmen, die die Verkehrsströme lenken (Wechselwegweisung) und gleichzeitig die Kapazität auf den Haupt- und den Alternativrouten erhöhen (adaptive Lichtsignalsteuerung, Zuflussregelung, variable Fahrstreifenzuweisung).

13.2.3 Verkehrliche Wirkungsermittlung und Bewertung

Die Wirkungsabschätzung von Strategien dient einerseits der Optimierung der Strategien während der Planung. Andererseits bildet sie die Basis für die Bewertung und somit die Entscheidung über die Investition in die Einrichtung und den Betrieb von Beeinflussungssystemen. Abb. 13.6 zeigt den Prozess der Ermittlung verkehrlicher Wirkungen und der Bewertung.

Die Wirkungen werden durch möglichst gut quantifizierbare Kenngrößen ausgedrückt. Typische Wirkungskategorien sind die Verkehrssicherheit (Kenngrößen z. B. Unfälle unterschiedlicher Schwere), die Umweltverträglichkeit (Kenngrößen z. B. CO_2-Ausstoß) und die Verkehrseffizienz (Kenngrößen z. B. Gesamtreisezeit im betrachteten Netz). In der Planungsphase können die Wirkungen auf Basis von Erfahrungen von bereits umgesetzten und bezüglich ihrer Wirkung im Betrieb untersuchten Maßnahmen abgeschätzt werden (siehe z. B. FGSV 2007 zu Wirkungen von Verkehrsbeeinflussungsmaßnahmen auf Autobahnen). Verkehrsmodelle ermöglichen eine auf den konkreten Anwendungsfall angepasste Wirkungsermittlung, wobei Erfahrungen bestehender Umsetzungen auch bei der Nutzung zur Kalibrierung der Modelle genutzt werden können. Geeignete Verkehrsmodelle (vgl. Kap. 9 in Band 2) sind in der Lage, die benötigten Kenngrößen zu ermitteln und können die Wirkungsmechanismen der untersuchten Maßnahme abbilden (Maßnahmensensitivität). Die Anforderungen an die Verkehrsmodelle ergeben sich damit aus den zu analysierenden Maßnahmen. Während in der klassischen, großräumigen Verkehrsentwicklungsplanung und Bedarfsplanung in der Regel statische, makroskopische Verkehrsmodelle eingesetzt werden, werden für die Analyse von Maßnahmen des dynamischen Verkehrsmanagements dynamische (mikroskopische oder makroskopische) Verkehrsmodelle benötigt. Verkehrsmodelle ermöglichen auch die Analyse von Wechselwirkungen zwischen den einzelnen Strategien und Maßnahmen. Die Bewertung bzw. Optimierung von Strategien und Maßnahmen sollte im Zusammenspiel erfolgen, um Synergien zu nutzen und gegenläufige Wirkungen zu vermeiden. Die genauen Wirkungsmechanismen neuartiger Verkehrsbeeinflussungsmaßnahmen sind häufig nicht bekannt. Diese Unsicherheit ist zu berücksichtigen, z. B. durch entsprechende Sensitivitätsanalysen und die nachvollziehbare Dokumentation der Modellannahmen.

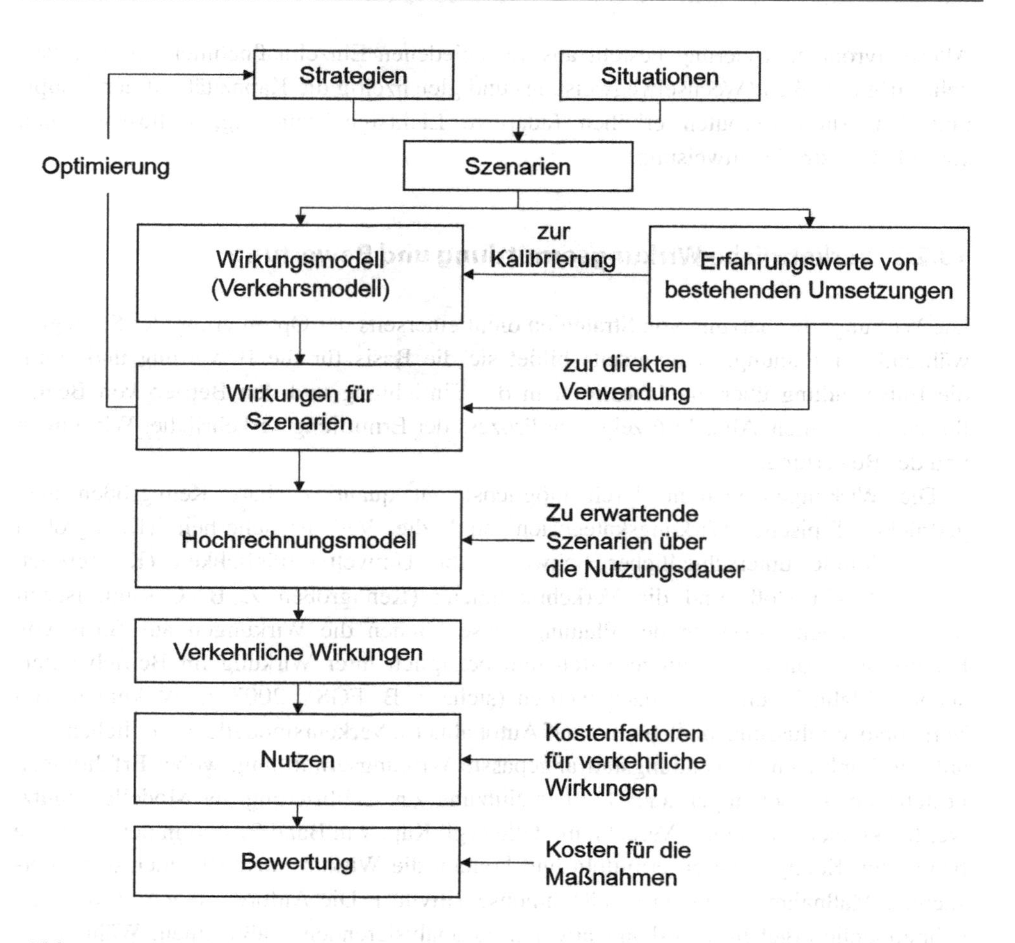

Abb. 13.6 Prozess der Ermittlung verkehrlicher Wirkungen und Bewertung

Zur Ermittlung der Wirkungen über die zu erwartende Nutzungsdauer sind Hochrechnungsverfahren einzusetzen. Die Nutzungsdauern sind projektspezifisch zu ermitteln und können für die einzelnen Komponenten eines komplexen Systems (Sensorik, Aktorik, Steuerungszentralen, Kommunikationseinrichtungen) stark variieren.

Die Bewertung kann durch Nutzen-Kosten-Analysen (vgl. Kap. 12 in Band 2) vorgenommen werden. Dabei werden die zu erwartenden Nutzen und Kosten über die Nutzungsdauer einander gegenüber gestellt. Das Nutzen-Kosten-Verhältnis erlaubt einerseits eine Einschätzung, ob sich eine Umsetzung überhaupt lohnt. Andererseits ist durch den Vergleich der Nutzen-Kosten-Verhältnisse verschiedener Maßnahmen auch eine Reihung dieser Maßnahmen zur Priorisierung bei der Umsetzung möglich. Die Vorgehensweise kann an die „Empfehlungen für Wirtschaftlichkeitsuntersuchungen von Straßen (EWS)“ (FGSV 1997) oder die „Methodik zum Bundesverkehrswegeplan“ (BMVI 2016) angelehnt werden. Nutzen-Kosten-Analysen können durch andere, weniger formalisierte Verfahren ergänzt oder ersetzt werden (FGSV 2010). Gründe hierfür sind, dass nicht alle Wirkungen sicher geschätzt (z. B. Wirkungen der Fahrgastinformation auf die Verkehrsmittelwahl) oder quantifiziert bzw. monetarisiert (z. B. erhöhte Annehmlichkeit durch umfassende Information) werden können.

Im Vergleich zum Infrastrukturausbau sind die Aufwände zur Errichtung von Verkehrsmanagementsystemen häufig eher niedrig (Investitionskosten und Dauer für die Umsetzung), die Unterhaltskosten aufgrund kurzer Innovationszyklen und Personalkosten dagegen relativ hoch (Keller 2005).

13.3 Verkehrsbeeinflussungsmaßnahmen

13.3.1 Kategorien und Arten der Beeinflussung

Die Maßnahmen zur Verkehrsbeeinflussung können zu Maßnahmenkategorien zusammengefasst und hinsichtlich der adressierten Verkehrsmittel und der Art der Beeinflussung klassifiziert werden (siehe Abb. 13.7).

Unter dem adressierten Verkehrsmittel wird dasjenige Verkehrsmittel verstanden, dessen Nutzer oder Komponenten hauptsächlich beeinflusst werden. Vornehmlich unterschieden wird in die Beeinflussung des ÖV, des MIV sowie in multi- und intermodal wirkende Maßnahmen. Hier nicht aufgeführt sind Maßnahmen für den Güterverkehr, den Rad- und den Fußverkehr. Der Güterverkehr in Städten wird als City Logistik an anderer Stelle betrachtet (siehe Kap. 9 in Band 1 und Kap. 10 in Band 2). Der Fußverkehr spielt im Verkehrsmanagement vor allem als Teil von ÖV-Wegen eine Rolle. Das Fahrrad gewinnt zunehmend an Bedeutung, sowohl als eigenständiges Verkehrsmittel auch

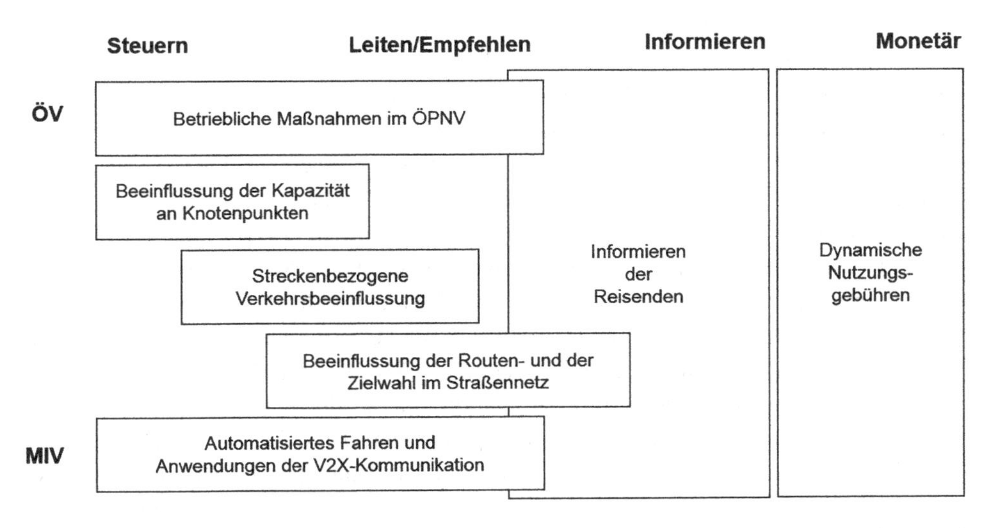

Abb. 13.7 Maßnahmenkategorien der Verkehrsbeeinflussung. (in Anlehnung an Boltze et al. 2005)

für längere Strecken, als auch für Teilwege (Bike and Ride). Entsprechend wird das Fahrrad in den Reiseplanungssystemen als Alternative berücksichtigt. Eigenständige Verkehrsbeeinflussungsmaßnahmen für den Radverkehr (z. B. grüne Wellen für den Radverkehr) sind hierzulande jedoch noch selten und haben eher Pilotcharakter.

Die Art der Beeinflussung beschreibt die Verbindlichkeit. Unterschieden werden kann in „Steuern" (für den Verkehrsteilnehmer verbindliche Eingriffe oder Anpassungen der nutzbaren Infrastruktur/Verkehrsangebote), „Leiten/Empfehlen" (Beeinflussung durch das Aussprechen einer unverbindlichen Handlungsempfehlung), „Informieren" (Beeinflussung durch eine bessere Informationslage, keine explizite Empfehlung) und „Monetäre Maßnahmen" (Beeinflussung der Nachfrage durch Nutzungsgebühren).

13.3.2 Informieren der Reisenden

Informationen setzen die Verkehrsteilnehmer über verfügbare Alternativen und ihre Kosten (Reisezeiten etc.) in Kenntnis. Damit wird einerseits die Menge bekannter und nutzbarer Alternativen erweitert. Andererseits können die Alternativen hinsichtlich ihrer Attraktivität direkt verglichen werden. Informationen unterstützen somit die optimale Nutzung des Verkehrssystems aus Sicht der Verkehrsteilnehmer (Nutzeroptimum). Informationen können vor Reisebeginn (pre-trip) zur Planung und während der Reise (on-trip), z. B. zur Anpassung der Routenwahl, verwendet werden.

Reiseplanungssysteme
Mit Reiseplanungssystemen werden den Nutzern detaillierte Informationen zu möglichen Reiseverläufen mit den wesentlichen Entscheidungsparametern wie Kosten und Reisezeiten vor Reisebeginn zur Verfügung gestellt. Der wesentliche Zugang sind Webseiten und mobile Anwendungen, sodass die Systeme auch während der Reise (on-trip) genutzt werden können. Unterschieden werden kann zwischen unimodalen, multimodalen und intermodalen Systemen. Wesentliche Informationen im öffentlichen Verkehr sind Anfangs- und Endhaltestellen, Ab- und Ankunftszeiten, Umsteigebeziehungen, Fußwege (Zu- und Abgang, Umstiege), Tarife, Auskünfte, Informationen zur Barrierefreiheit sowie aktuelle Informationen zu Störungen und zur Fahrplanlage. Reiseplanungssysteme im ÖV sind häufig in Buchungssysteme integriert. Wesentliche dynamische Informationen im Individualverkehr sind Störungen (Baustellen, Staus, Sperrungen) und aktuelle Geschwindigkeiten im Straßennetz. Verkehrsmittelübergreifende Systeme ermöglichen die Tür-zu-Tür-Reiseplanung unter Einbezug mehrerer Verkehrsmittel. Im Ergebnis werden Reisemöglichkeiten mit unterschiedlichen Verkehrsmitteln im Vergleich nebeneinander (multimodal) und/oder in Kombination miteinander (intermodal) vorgeschlagen (vgl. Kap. 7 in Band 1). Multimodale Reiseplaner sind heute für viele Städte verfügbar, wobei detaillierte Informationen zum ÖV-Angebot (Linienpläne, Fahrpläne, Echtzeitinformationen) nur teilweise eingebunden sind. Aktuelle und zukünftige Entwicklungen betreffen die Integration von Sharing-Angeboten (Carsharing, Bikesharing, Trip-Sharing) sowie die weitere Umsetzung intermodaler Reiseplanungssysteme.

Fahrgastinformationssysteme im ÖV

Fahrgastinformationssysteme im ÖV stellen den Reisenden dynamische Informationen während der Reise (on-trip) gezielt, also abhängig von der aktuellen Position, zur Verfügung. Von besonderem Interesse sind dabei Informationen zu Verspätungen oder Störungen. Als Kommunikationskanäle dienen Durchsagen/Anzeigen an den Haltestellen und in den Fahrzeugen. Auch mobile Dienste unter Nutzung von Ortungsfunktionen können für gezielte Benachrichtigungen genutzt werden. Die Grundlage für die Fahrgastinformation ist der Anschluss an ein rechnergestütztes Betriebsleitsystem, in dem die aktuelle Situation, geplante betriebliche Maßnahmen und Prognosen vorliegen.

Verkehrslageinformationssysteme im MIV

Verkehrslageinformationssysteme im MIV kommunizieren die aktuelle Verkehrssituation im Straßennetz, vorrangig, um den Verkehrsteilnehmern eine Basis für Routenwahlentscheidungen zu bieten (on-trip). Die Verkehrslageinformation kann über den Rundfunk (Verkehrsmeldungen), über das Internet (Verkehrslagekarten) und über Informationstafeln (textuelle und/oder grafische Informationen) bereitgestellt werden. Verkehrslageinformationen ergänzen oft die individuelle Zielführung und die kollektive Netzbeeinflussung. Basis für die Verkehrslageinformation ist eine möglichst gute Kenntnis der aktuellen Verkehrssituation, die in der Regel aus aktuellen Verkehrsdaten ermittelt wird.

13.3.3 Betriebliche Maßnahmen im ÖPNV

Betriebliche Maßnahmen im ÖPNV sollen vor allem ein möglichst verlässliches Angebot sicherstellen. Im Unterschied zum MIV gibt es im ÖPNV einen klar definierten Soll-Zustand. Abweichungen davon sind für den Nutzer unangenehm und können sich in einem komplexen System mit vielen Abhängigkeiten aufschaukeln. Vordringliches Ziel der betrieblichen Maßnahmen im ÖPNV ist es daher, den Soll-Zustand zu erhalten und bei Abweichungen möglichst schnell wiederherzustellen. Dabei kann auch der Soll-Zustand selber mittel- und kurzfristig angepasst werden, z. B. um auf Störungen oder Nachfragespitzen zu reagieren. Technisch umgesetzt werden die betrieblichen Maßnahmen mit rechnergestützten Betriebsleitsystemen (RBL, siehe Abb. 13.8)

Fahrzeugseitig werden regelmäßig Zustandsmeldungen an die Zentrale übermittelt. Neben Basisdaten (Linie, Kurs, Fahrzeugkennung) enthält die Zustandsmeldung mindestens die aktuelle Position und ggf. den Besetzungsgrad des Fahrzeugs. Zusätzlich können weitere Meldungen manuell vom Fahrer abgesetzt werden. Zentralenseitig wird der Ist-Zustand permanent abgeglichen mit dem Soll-Zustand (aktueller Betriebsfahrplan). Abweichungen zwischen Soll-Zustand und Ist-Zustand müssen mit einer Vergleichsfunktion festgestellt und bewertet werden. Bei relevanten Abweichungen sind geeignete Dispositionsmaßnahmen zu ermitteln und an die betreffenden Fahrzeuge bzw. Fahrer zur Umsetzung zu übermitteln. Zur Gesamtbeurteilung einer Störung gehört

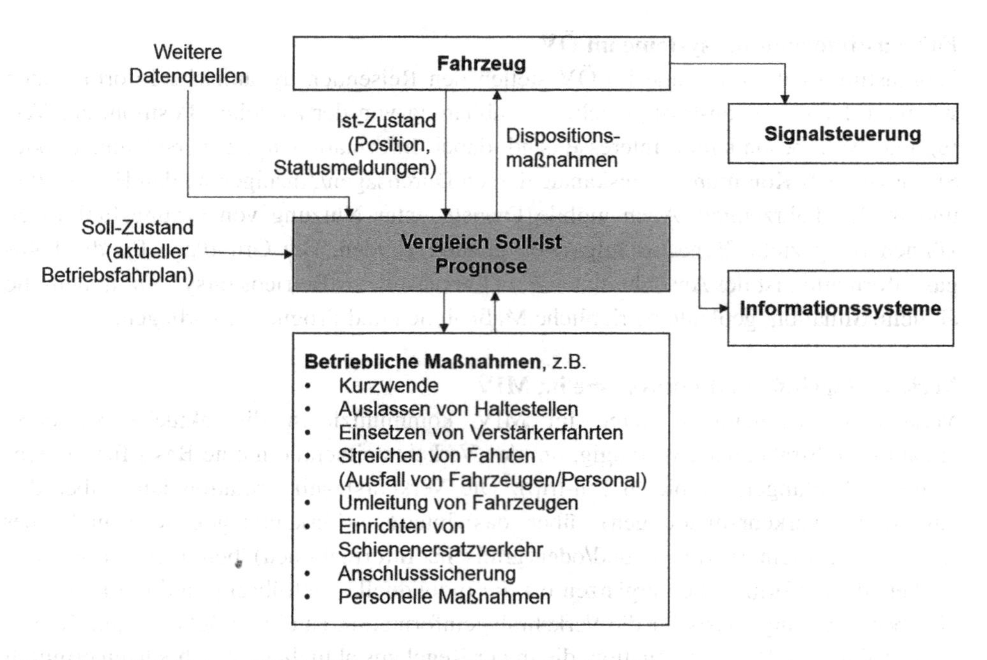

Abb. 13.8 Struktur und Datenflüsse eines RBL

auch die Prognose der Störfolgen (ggf. unter Einbezug des Fahrzeugbesetzungsgrades). Die Dispositionsmaßnahmen können vollautomatisch, teilautomatisch oder manuell ausgelöst werden. Die Umsetzung erfolgt fahrzeugseitig durch den Fahrer oder infrastrukturseitig (Signal- und Weichensteuerung). Bei der ÖV-Priorisierung an LSA können Abweichungen vom Soll-Zustand ebenfalls berücksichtigt werden, z. B. durch eine höhere Priorisierung verspäteter Fahrzeuge bei konkurrierenden Anforderungen. Bei größeren Abweichungen sollten die Fahrgäste in den Fahrzeugen und an den Haltestellen über Fahrgastinformationssysteme informiert werden.

13.3.4 Beeinflussung der Kapazität an Knotenpunkten

Knotenpunkte stellen meist besonders überlastungsanfällige Stellen im Straßennetz dar, da hier mehrere Verkehrsströme zusammentreffen und um Kapazitäten konkurrieren. Ansatzpunkt für das Verkehrsmanagement an Knotenpunkten ist die belastungsabhängige Zuteilung von Kapazitäten.

Plangleiche Knoten

An plangleichen Knoten geschieht dies über die Lichtsignalsteuerung (siehe Kap. 14). Unterschieden werden kann prinzipiell in die Festzeitsteuerung, die zeitabhängige Steuerung und die verkehrsabhängige Steuerung. Bei Festzeitsteuerungen und zeitabhängigen Steuerungen werden Signalprogramme vollständig offline geplant. Die Verkehrsabhängigkeit ist hier nur sehr indirekt über die regelmäßigen Überprüfungen und Anpassungen der Signalprogramme bzw. durch die Berücksichtigung von typischen wochentags- und tageszeitabhängigen Schwankungen der Verkehrsbelastungen gegeben. Mit verkehrsabhängigen Steuerungsverfahren kann auf die aktuelle Verkehrssituation reagiert werden. Dabei kann unterschieden werden nach dem Entscheidungsansatz (regelbasiert, modellbasiert), dem räumlichen Umgriff (lokale Steuerung, Netzsteuerung) und nach dem berücksichtigten Fahrzeugkollektiv (alle Fahrzeuge oder Teilkollektive, z. B. ÖV-Priorisierung). Aus Sicht des städtischen Verkehrsmanagements erscheinen vor allem die Netzsteuerungen interessant, da mit ihnen großräumige Leitstrategien unterstützt werden können. In Deutschland sind hier vor allem die Verfahren MOTION (Busch und Keller 1997) und BALANCE (Friedrich 1996), international die Verfahren SCOOT (Hunt et al. 1981) und SCATS (Lowrie 1982) zu nennen.

Planfreie Knoten
An planfreien Knoten wird die Kapazitätszuteilung über Knotenbeeinflussungs- und Zuflussregelungsanlagen vorgenommen. Mit Knotenbeeinflussungsanlagen werden die Fahrstreifen in Abhängigkeit der Belastung der Verkehrsströme variabel freigegeben. Die Maßnahme eignet sich besonders für Knotenpunkte, an denen die Verkehrsströme unterschiedliche Tagesgänge haben, da dann die insgesamt verfügbare Kapazität der verfügbaren Fahrstreifen über den Tag besser genutzt werden kann. Die Sperrung bzw. Freigabe erfolgt über Wechselverkehrszeichen (FGSV 2003b). Zuflussregelungsanlagen regeln den Zufluss auf die Hauptfahrbahn, in dem eine Lichtsignalanlage auf der Rampe die Zufahrt beschränkt. Ziel ist, gerade so viele Fahrzeuge auffahren zu lassen, dass der Verkehr auf der Hauptfahrbahn nicht oder zumindest erst verzögert zusammenbricht (bei gleichzeitiger Vermeidung von Rückstaus auf der Rampe in das untergeordnete Netz). Im Regelfall erfolgt die Freigabe mit der Vorgabe „Ein Fahrzeug bei Grün“, sodass neben der Reduzierung der Auffahrverkehrsstärke eine Zerstückelung von Fahrzeugpulks das Einfahren auf die Hauptfahrbahn erleichtert (FGSV 2008). Für die Regelung wird häufig der ALINEA Algorithmus eingesetzt (Papageorgiou et al. 1991), der den Zufluss an einer einzelnen Auffahrt regelt. Aus Sicht des Verkehrsmanagements bieten die koordinierte Zuflussregelung an mehreren aufeinanderfolgenden Zufahrtsrampen (Verfahren ACCEZZ, Bogenberger 2001; Verfahren HERO, Papamichail und Papageorgiou 2008) und die Abstimmung der Zuflussregelung mit den Lichtsignalanlagen im Stadtstraßennetz weitere Potenziale, insbesondere am Übergang von Stadt- und Fernstraßennetzen.

13.3.5 Streckenbezogene Verkehrsbeeinflussung

Streckenbezogene Maßnahmen im Straßenverkehr sind die Beeinflussung der Fahrweise durch Streckenbeeinflussungsanlagen und die Erhöhung von Streckenkapazitäten durch die Freigabe von Fahrstreifen.

Streckenbeeinflussung
Auf Bundesfernstraßen (hauptsächlich Autobahnen) werden Streckenbeeinflussungsanlagen und die temporäre Seitenstreifenfreigabe eingesetzt. Streckenbeeinflussungsanlagen dienen der situationsabhängigen Beeinflussung des Fahrverhaltens. Dabei werden den Verkehrsteilnehmern über Wechselverkehrszeichen, die in einem Abstand von üblicherweise etwa 1 bis 2 km über oder seitlich der Fahrbahn angeordnet sind, Warnungen und Gebote kommuniziert. Einsatzbereiche von Streckenbeeinflussungsanlagen sind Strecken mit hohem Störungspotenzial (Unfallgeschehen, Gefahrenpotenzial durch kritische Umfeldbedingungen und/oder hohes Verkehrsaufkommen sowie häufige Staus). Einsatzzwecke und Funktionalitäten umfassen:

- die Anordnung von Geschwindigkeitsgeboten und Überholverboten in Abhängigkeit von Verkehrsbelastung und Schwerverkehrsanteilen mit dem Ziel einer Harmonisierung und Beruhigung des Verkehrsablaufs zur Verringerung der Zusammenbruchswahrscheinlichkeit,
- die Warnung vor gefährlichen Situationen (Stauende, Unfall/Panne, Nässe, Glätte, Sichteinschränkungen, Baustellen) zusammen mit situationsabhängigen Geschwindigkeitsangeboten,
- die variable Fahrstreifensperrung, z. B. bei Unfällen oder Arbeitsstellen.

Die meisten Steuerungen basieren auf schwellenwertbasierten Verfahren nach dem Merkblatt zur Ausstattung von Verkehrsrechnerzentralen und Unterzentralen (BAST 2018). Teilweise werden diese ergänzt oder ersetzt durch weitere Verfahren (z. B. Verfahren INCA in Bayern, Denaes et al. 2004). Untersuchungen zeigen die günstige Wirkung von Streckenbeeinflussungsanlagen auf die Verkehrssicherheit (Rückgang der Unfallzahlen um etwa 30 %, bei nebelbedingten Unfällen deutlich mehr) und auf die Leistungsfähigkeit (Erhöhung der Kapazitäten um 5–10 %, dadurch Vermeidung von Verkehrszusammenbrüchen) (Schick und Kühne 2001).

Temporäre Seitenstreifenfreigabe und Richtungswechselbetrieb
Bei der temporären Seitenstreifenfreigabe wird das zeitweise Befahren des Seitenstreifens ermöglicht, in dem bei hohen Verkehrsbelastungen der Seitenstreifen über Wechselverkehrszeichen für den Verkehr freigegeben wird. Voraussetzung ist, dass der Seitenstreifen frei ist und die auf den entsprechenden Strecken vorhandenen Nothaltebuchten unbelegt sind. Um dies sicherzustellen, erfolgt die Freigabe – in der Regel nach einer auf Basis der automatischen Datenerfassung ausgelösten Empfehlung – erst nach einer visuellen Kontrolle über Videokameras durch einen Operator. Aus Sicherheitsgründen erfolgt die Seitenstreifenfreigabe zusammen mit einer Begrenzung der zulässigen Höchstgeschwindigkeit. Durch die Freigabe des Seitenstreifens erhöht sich die Kapazität einer Strecke deutlich (nach dem Handbuch für die Bemessung von Straßenverkehrsanlagen (FGSV 2015) um etwa 1.000 Kfz/h). Da Seitenstreifen eine wichtige Aufgabe für die Verkehrssicherheit erfüllen, sind regelmäßige temporäre

Seitenstreifenfreigaben trotz dieser erheblichen Wirkungen eher als Übergangslösung zu sehen, bis die Mittel für den Ausbau der kritischen Strecken zur Verfügung stehen.

Eine weitere Möglichkeit zur streckenbezogenen Verkehrsbeeinflussung ist der Richtungswechselbetrieb. Dabei werden Fahrstreifen zeit- oder verkehrsabhängig für eine der Fahrtrichtungen freigegeben. Der Richtungswechselbetrieb eignet sich besonders bei stark asymmetrischer, tageszeitlich wechselnder Verkehrsbelastung, wie sie bei Ein-/Ausfallstraßen und insbesondere im Bereich von Veranstaltungsorten (z. B. Sportstadien, Freizeitparks) vorkommen. Der Richtungswechselbetrieb wird sowohl auf Stadt- als auch auf Bundesfernstraßen eingesetzt (FGSV 2003b).

13.3.6 Beeinflussung der Routen- und der Zielwahl im Straßennetz

Ziel der Beeinflussung der Routen- und der Zielwahl ist eine möglichst verträgliche Führung von Verkehrsströmen oder einzelnen Fahrzeugen im Netz.

Zielwahl (Parkleitsysteme)

Während bei einer begonnenen Fahrt das letzte Reiseziel in den meisten Fällen festgelegt ist, können die Ziele der Pkw-Teilwege durch Parkleitsysteme und Informationen zu P+R-Anlagen beeinflusst werden. Parkleitsysteme sollen Verkehrsteilnehmer möglichst direkt zu (verfügbarem) Parkraum leiten. Statische Parkleitsysteme bestehen aus Hinweisschildern, die die Verkehrsteilnehmer über die Lage von Parkmöglichkeiten informieren. Dynamische Parkleitsysteme enthalten zusätzlich eine Information über die Verfügbarkeit von Stellplätzen (z. B. Restplatzanzeige). Die Erfassung verfügbarer Stellplätze ist an Anlagen mit Ein- und Ausfahrkontrollgeräten (Schrankenanlagen) gut möglich. Ansätze zur direkten Messung der Stellplatzbelegung über infrastrukturseitige oder fahrzeugseitige Sensoren erlauben prinzipiell auch die Erfassung von Parkständen im Straßenraum, jedoch kommen die entsprechenden Systeme aus praktischen Gründen zumindest bislang kaum zum Einsatz. Parkleitsysteme können den Parksuchverkehr effektiv reduzieren und die Verfügbarkeit von Parkraum in einem Gebiet durch eine gute Gesamtauslastung des Parkraums erhöhen. Typische Einsatzbereiche für dynamische Parkleitsysteme sind Innenstadtbereiche, Flughäfen und Standorte mit besonders hoher (zeitlich konzentrierter) Parkraumnachfrage (z. B. Messen, Stadien (FGSV 2005)). Eine Sonderrolle nehmen Informationen zu P+R-Anlagen ein. Diese sollen vor allem den Umstieg vom MIV zum ÖV ermöglichen. Zusätzlich zu Angaben über den verfügbaren Parkraum sollten dort daher auch Informationen zum ÖV (Abfahrtszeiten/Takte, Reisezeiten zu wichtigen Zielen, Preise) integriert werden.

Routenwahl

Bei der Beeinflussung der Routenwahl kann in kollektiv-wirkende und individuell-wirkende Systeme unterschieden werden. Zur kollektiven Beeinflussung der Routenwahl werden Netzbeeinflussungsanlagen eingesetzt. Ziel ist die räumliche Verlagerung von Verkehrsströmen auf verträglichere Routen, insbesondere im Fall von Überlastungen oder anderen Störungen. Grundsätzlich erstrebenswert ist eine Verteilung der Ströme auf Routen entsprechend dem Systemoptimum (vgl. Abschn. 12.3.2). Typische Einsatzbereiche für die Netzsteuerung sind Bundesfernstraßen im Bereich von Ballungsräumen mit hoch belasteten Netzabschnitten und klaren, leistungsfähigen Alternativen. Die Beeinflussung geschieht mittels dynamischer Wegweisung (additive oder substitutive Wechselwegweiser), Informationstafeln oder Kombinationen (z. B. dynamische Wegweiser mit integrierter Stauinformation – dWiSta (BAST 2004)). In städtischen Netzen kommen Wechselwegweiser ebenfalls, aber seltener zum Einsatz. Stattdessen werden hier häufiger frei programmierbare Hinweistafeln eingesetzt, über die auch andere Informationen kommuniziert werden können (z. B. Veranstaltungshinweise).

Die individuelle Beeinflussung der Routenwahl geschieht über (dynamische) Zielführungssysteme mit dem Ziel, den einzelnen Reisenden möglichst schnell ans Ziel zu führen (Nutzeroptimum). Für ein sinnvolles Verkehrsmanagement sind die Leitstrategien der dynamischen Zielführungssysteme mit der Hierarchie der städtischen Straßennetze abzugleichen, z. B. um Schleichverkehre durch verkehrsberuhigte Bereiche zu vermeiden.

13.3.7 Automatisiertes Fahren und Anwendungen der V2X-Kommunikation

Durch die technische Entwicklung ergeben sich neue Möglichkeiten der Verkehrsbeeinflussung auf der Ebene einzelner Fahrzeuge. Prinzipiell zu unterscheiden ist das automatisierte Fahren und die Anwendungen der V2X-Kommunikation, bei der die Vernetzung der Fahrzeuge untereinander und mit der Infrastruktur im Vordergrund steht.

Automatisiertes Fahren

Beim automatisierten Fahren wird die Fahraufgabe teilweise oder vollständig vom Fahrer auf das Fahrzeug übertragen. Dabei können mehrere Stufen der Automatisierung, von Fahrerassistenzsystemen bis hin zum vollständig autonomen Fahren, unterschieden werden (siehe Abb. 13.9).

Die technische Entwicklung befindet sich gegenwärtig am Übergang vom teilautomatisierten zum hochautomatisierten Fahren. Die Einführung von höheren Automatisierungsstufen im Markt hängt nicht nur vom technischen Fortschritt, sondern auch von den zu klärenden ethischen Fragen (Entscheidungsfindung bei unvermeidbaren Unfällen) und den zu schaffenden rechtlichen Rahmenbedingungen ab.

Durch die Automatisierung ist eine Änderung der Fahrweise und damit des Verkehrsablaufs im Vergleich zum rein menschlich kontrollierten Fahren zu erwarten. Die Wirkungen hängen von vielen Faktoren (Ausstattungsraten, Auslegung der Automaten) ab. Ausgangspunkt für die Entwicklungen der Industrie ist eine Verbesserung aus Nutzersicht. Die einzelnen Funktionen dienen der Erhöhung der Sicherheit

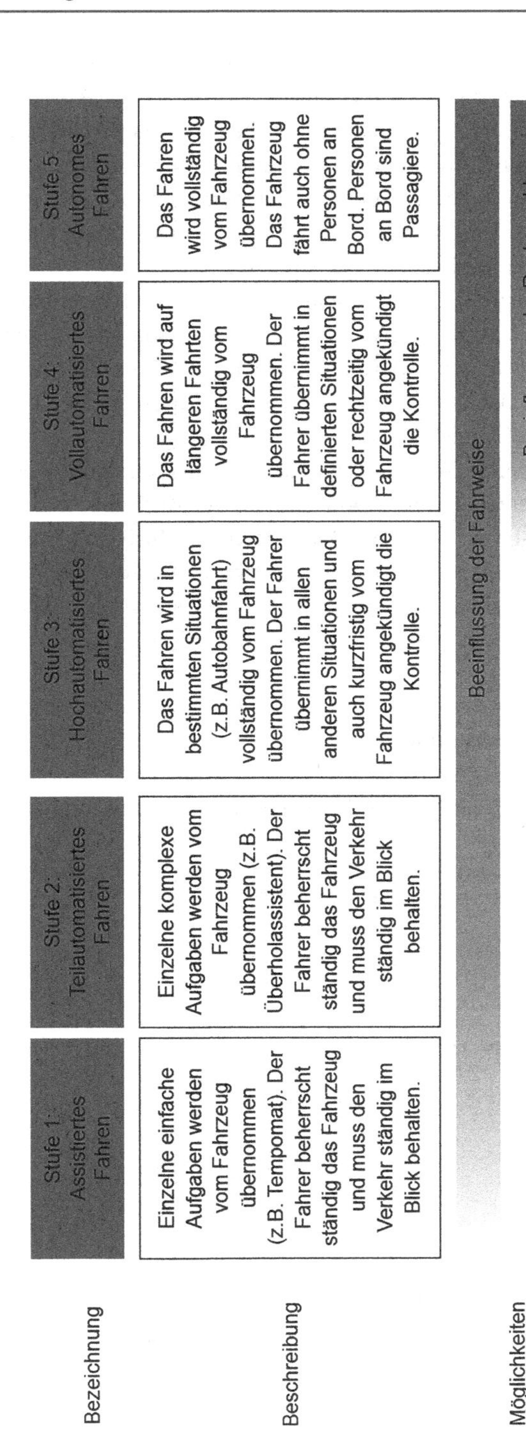

Abb. 13.9 Stufen der Automatisierung (nach ADAC 2019) und Möglichkeiten der Verkehrsbeeinflussung

(z. B. Notbremsassistent, Totwinkelwarner), einer Erhöhung des Komforts (z. B. automatisches Einparken, Spurwechselassistent) oder beidem (z. B. Abstandregelautomat, Spurhalteassistent). In ihrem Zusammenwirken beim vollautomatischen und autonomen Fahren müssen die Funktionen in ihrer Gesamtheit ein sicheres und komfortables Fahren ermöglichen. Aus Sicht des Verkehrsmanagements sind darüber hinaus vor allem Systemeffekte (Kapazitäten, Emissionen) von Interesse, für die noch keine empirischen Erkenntnisse vorliegen. Simulationsbasierte Untersuchungen zur Auswirkung auf die Leistungsfähigkeit auf Fernstraßen (Busch et al. 2016, Abb. 13.10) zeigen, dass bei einer vollständigen Nutzung der Potenziale (Ausstattung ~100 % und kommunizierende Fahrzeuge) substanzielle Steigerungen der Kapazitäten (~30 %) erreicht werden könnten, im Wesentlichen durch die dann möglichen kürzeren Zeitlücken von unter 1 s und eine Automatisierung der Verflechtungsvorgänge.

In einer simulationsbasierten Analyse von städtischem Verkehr wurde als Potenzial eine Reduktion der Verlustzeiten im Pkw-Verkehr von 40 % bei einer vollständigen Automatisierung der Pkw-Flotte ermittelt (Wagner 2015). Insbesondere in Übergangsszenarien, in denen nur ein Teil der Flotte automatisiert ist und die automatisierten Fahrzeuge den gesetzlich vorgeschriebenen Abstand von 1,8 s zum (nicht automatisierten) Vorderfahrzeug halten, können sich die Kapazitäten im Vergleich zum „normalen" Fahren sogar reduzieren.

Anwendungen der V2X-Kommunikation

Neben der Automatisierung ermöglicht auch die Vernetzung eine erweiterte Beeinflussung des Verkehrs. Unterschieden werden kann die Vernetzung und Kommunikation

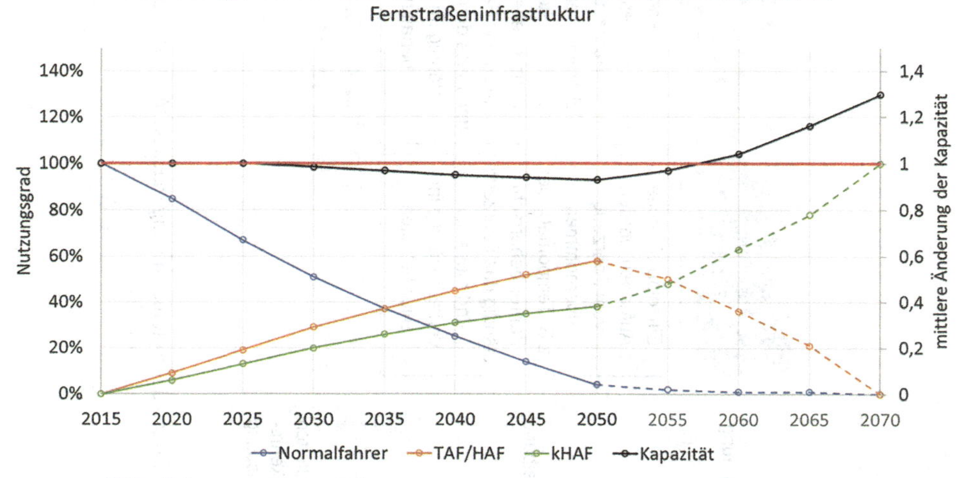

Abb. 13.10 Zusammensetzung der teil- und hochautomatisierten Flotte und deren Auswirkungen auf die Kapazität (Busch et al. 2016)

der Fahrzeuge untereinander (Vehicle-to-Vehicle, V2V) und die Vernetzung und Kommunikation mit der Infrastruktur, z. B. mit Lichtsignalanlagen oder kollektiven Verkehrsbeeinflussungssystemen (Vehicle-to-Infrastructure, V2I). Zusammenfassend werden die vernetzten Systeme mit Vehicle-to-X (V2X) bezeichnet. Untersuchungen zeigen, dass V2X-Funktionen die Verkehrssicherheit (z. B. Hinderniswarnung, Stauendewarnung) und die Verkehrseffizienz (z. B. Verkehrsinformation, Umleitungsmanagement) verbessern können (simTD 2013). Der Nutzen im Vergleich zu rein infrastrukturbasierten Verkehrsbeeinflussungssystemen ergibt sich durch eine räumlich-zeitlich höher aufgelöste Situationserkennung (z. B. Erkennung eines Stauendes) und eine gezieltere Beeinflussung (z. B. Warnung vor einem Stauende, siehe Abb. 13.11).

Dabei profitieren auch nichtvernetzte Fahrzeuge, etwa durch eine verbesserte Verkehrslageinformation. Die Vernetzung ermöglicht auch eine Kooperation auf lokaler Ebene (z. B. beim Fahrstreifenwechsel) und auf Netzebene (abgestimmte Routenwahl). Vor allem auf Netzebene gilt es, mögliche Widersprüche bzw. teilweise konkurrierenden Zielvorstellungen der übergeordneten Verkehrsmanagements (Systemsicht) und der einzelnen Nutzer durch institutionelle Strukturen in Einklang zu bringen.

Auswirkungen auf Sharing-Systeme

Die Automatisierung in ihrer letzten Ausbaustufe – dem autonomen Fahren – und die Vernetzung erweitern die Möglichkeiten von Sharing-Systemen. Bei Carsharing-Systemen heute werden die Fahrzeuge an festen Stationen oder in Gebieten abgestellt und dort von den Nutzern abgeholt. Eine Anpassung an die Nachfrage kann

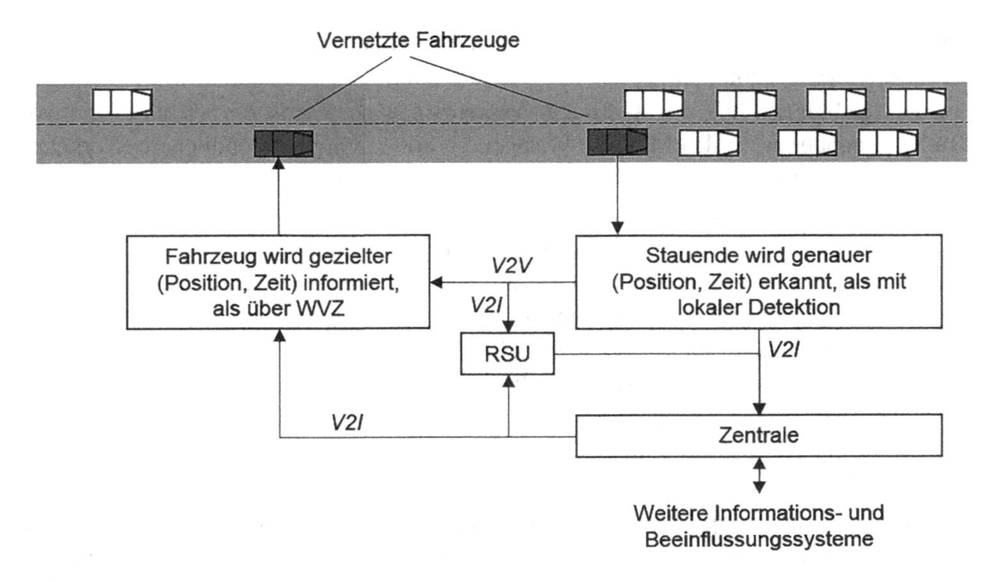

Abb. 13.11 Prinzipskizze zu Möglichkeiten der Stauendewarnung unter Nutzung von V2X-Kommunikation

allenfalls durch eine Umverteilung, basierend auf typischen Nachfragemustern, erfolgen. Autonome Fahrzeuge könnten sich selbstständig, basierend auf der typischen Nachfrage, umverteilen oder auf die aktuelle Nachfrage reagieren, in dem sie selbstständig zum Nutzer fahren. Die Idee des Ridesharings (Mitfahrgelegenheiten) war ursprünglich, auf ohnehin geplanten Fahrten, ggf. unter Inkaufnahme kleiner Anpassungen bei der Route und der Abfahrtszeit, andere Personen mitzunehmen. Durch die zunehmende Vernetzung und entsprechende Dienste entwickelte sich als eine Unterart des Ridesharings ein taxiartiges Angebot, bei dem die Fahrer nur zum Zweck der Beförderung anderer Personen im Fahrzeug sitzen. Autonome Fahrzeuge könnten diese Fahrer überflüssig machen. Im Ergebnis könnten in einer späteren Ausbaustufe Carsharing und Ridesharing verschmelzen, in dem autonome Fahrzeuge optimal zusammengeführte Fahrtwünsche bedienen (Heinrichs 2015). Aus Sicht des übergeordneten Verkehrsmanagements sind vor allem die Wirkungen auf das Verkehrssystem von Interesse. Positive Wirkungen wären eine Reduktion der Anzahl Pkw und der gefahrenen Pkw-Kilometer. Derzeitige Carsharing-Systeme (stationsbasiert und free floating) erzielen entsprechende Wirkungen (Rid et al. 2018). Ein durch ein autonom operierendes Car- und Ridesharing-System gegebenes Angebot böte hierbei weitere Potenziale (reduzierte Kosten durch Ridesharing und weniger Personal, höhere Verfügbarkeit/bessere Anpassung an Fahrtwünsche), aber auch Risiken (zusätzliche Pkw-Kilometer durch Leerfahrten und ggf. Umwege). Eine zuverlässige Abschätzung ist derzeit kaum möglich und noch Gegenstand der Forschung.

13.3.8 Dynamische Nutzungsgebühren

Die Kosten sind ein wesentlicher Faktor für Mobilitätsentscheidungen. Entsprechend können Nutzungsgebühren gezielt zur Beeinflussung der Verkehrsnachfrage eingesetzt werden (Bobinger 1993). Im städtischen Verkehrsmanagement ist ein wichtiges Ziel von Nutzungsgebühren für den MIV die Verlagerung hin zu umweltfreundlicheren Verkehrsmitteln. Als Maßnahme für den ruhenden Verkehr ist hier vor allem die Parkraumbewirtschaftung zu nennen, mit der eine Verlagerung zum ÖPNV sehr wirksam erreicht werden kann (dabei kommen nicht nur Gebühren, sondern vor allem auch Beschränkungen – Parkhöchstdauern, Anwohnerparken – zur Anwendung). Für den fließenden Verkehr haben einige Städte eine Innenstadtmaut eingerichtet (vgl. auch Kap. 8 in Band 1). In London beispielsweise muss für das Einfahren in ein definiertes Gebiet eine Gebühr in Höhe von derzeit £ 11,50 pro Tag gezahlt werden (erhoben nur Montag bis Freitag von 7 bis 18 Uhr). Untersuchungen zeigen, dass die Anzahl einfahrender Kfz, bezogen auf das Jahr 2002 vor der Einführung der Maut, um 27 % zurückgegangen ist (TfL 2014). Wenn die Nutzungsgebühren vordringlich zur Beeinflussung der Nachfrage (und nicht primär zur Finanzierung) genutzt werden sollen, dann ist eine Anpassung der Gebühren an die Nachfragemuster sinnvoll. Diese Anpassung kann durch regelmäßige Überprüfung und Festsetzung der Gebühren sowie durch eine Wochentags- und Tageszeitabhängigkeit erreicht werden (z. B. Parkgebühren). Für das dynamische Verkehrsmanagement wäre grundsätzlich eine direktere Rückkopplung durch eine verkehrsabhängige Festlegung der Gebühren wünschenswert, wobei der gewünschte Beeinflussungseffekt nur eintreten kann, wenn zum Zeitpunkt der Entscheidung die Gebühr bereits bekannt ist (eine minütlich festgelegte Parkgebühr wäre also nicht sinnvoll, da die Entscheidung für oder gegen die Nutzung des MIV in der Regel mit einem größeren zeitlichen Vorlauf getroffen wird). Eine Anwendung für verkehrsabhängige Nutzungsgebühren sind die sogenannten „Express Lanes". Verkehrsteilnehmer können gegen eine verkehrsabhängig festgelegte Gebühr einen gesonderten Fahrstreifen nutzen, wobei die Höhe der Gebühr stets so festzulegen ist, dass die Nachfrage die Kapazität nicht überschreitet (Leonhardt et al. 2011).

13.4 Systemarchitekturen

Das Verkehrsmanagement in Städten und ihrem Umland wird von einer Vielzahl von Maßnahmen, Systemen und Akteuren gestaltet und umgesetzt. Dies erfordert Vernetzungen auf konzeptionell-funktionaler, technisch-physischer und organisatorisch-institutioneller Ebene, die durch entsprechende Systemarchitekturen definiert werden (Boltze et al. 2007). Eine Systemarchitektur ist ein strukturelles Rahmenwerk, das das Zusammenwirken einzelner Komponenten eines Systems beschreibt. Dabei können verschiedene Grundformen der Vernetzung unterschieden werden (siehe Abb. 13.12).

Die konzeptionell-funktionale Systemarchitektur definiert die verkehrstechnische Vernetzung der einzelnen Maßnahmen des des Verkehrsmanagements; sie geht mit der Strategiebildung einher. In der Planungsphase kann zunächst in Matrixform verbildlicht werden, zwischen welchen Maßnahmen prinzipiell Wechselwirkungen zu erwarten sind und welche Maßnahmen gestaltet werden sollen. Als Ergebnis der Strategiebildung stehen detaillierte Beschreibungen, wie die einzelnen Funktionen zusammenwirken. Dabei können unterschiedliche Grade (Level) der Integration unterschieden werden (Diakaki 1999):

- Level 0: Keine Integration (einzelne Systeme operieren vollständig unabhängig voneinander),
- Level 1: Abstimmung der Ziele der einzelnen Systeme (offline),
- Level 2: Steuerungsentscheidungen auf dezentraler Ebene, aber Austausch von Daten und Steuerungsentscheidungen,
- Level 3: Steuerungsentscheidungen auf dezentraler Ebene, aber koordinierende Vorgaben/Eingriffe durch eine übergeordnete Zentrale,
- Level 4: Vollständig integrierte Steuerung durch eine Zentrale.

Die Integration soll sicherstellen, dass die Maßnahmen sich nicht gegenseitig beeinträchtigen und im besten Fall synergetisch zusammenwirken. Die konkrete Ausgestaltung hängt stark vom Kontext ab und muss sich in einer passenden technisch-physischen Systemarchitektur manifestieren. Diese strukturiert die

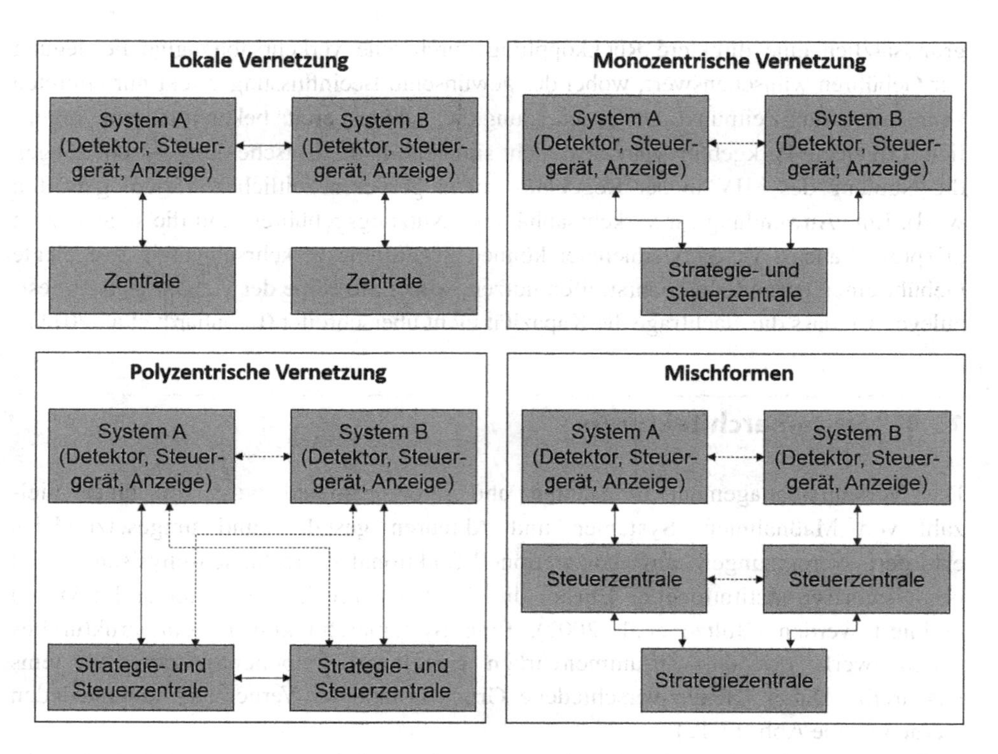

Abb. 13.12 Verschiedene Grundformen der Vernetzung. (nach Boltze und Breser 2005)

gerätetechnischen Einheiten – Sensorik, Aktorik, Rechner, Kommunikationseinrichtungen – und ihre Schnittstellen. Einheitliche Empfehlungen und Vorgaben für die technisch-physische Vernetzung existieren für einzelne Bereiche, z. B. in Form von Richtlinien für Verkehrsbeeinflussungssysteme in der Baulast des Bundes (z. B. BAST 2018). Für das zuständigkeitsübergreifende Verkehrsmanagement existieren keine einheitlichen Vorgaben, aber Empfehlungen (z. B. Boltze et al. 2007). Da im zuständigkeitsübergreifenden Verkehrsmanagement die organisatorisch-institutionelle Vernetzung eine große Rolle spielt, ist das Zusammenführen der Systeme in einer verkehrsmittel- und betreiberübergreifenden Verkehrsmanagementzentrale (VMZ) in vielen Fällen sinnvoll. Eine wesentliche Forderung an die technisch-physische Systemarchitektur ist diejenige nach offenen, standardisierten Schnittstellen. Diese machen eine Vernetzung – auch mit zukünftigen Systemen – erst möglich und öffnen das System für den Wettbewerb und damit für kostengünstige Lösungen (Keller 2005). Wesentliche Kommunikationsstandards in der Verkehrstechnik in Deutschland bestehen in den TLS (BAST 2012), die die Datenübertragung für Verkehrsbeeinflussungssysteme auf Bundesfernstraßen festlegt, den OCIT-Schnittstellen, die die Kommunikation zwischen den Teilsystemen der Lichtsignalsteuerung und Verkehrszentralen regeln und den VDV-Schnittstellen für die Datenübertragung zwischen den Systemen des ÖPNV. Die Entwicklung der für die V2X-

Kommunikation notwendigen internationalen Standards wird auf Europäischer Ebene durch das Car 2 Car Communication Consortium gesteuert.

Die organisatorisch-institutionelle Systemarchitektur regelt die Zusammenarbeit der beteiligten Akteure. Dies sind die Straßenbaulastträger, die Aufgabenträger und Betreiber des ÖV sowie private Anbieter wie z. B. Diensteanbieter, große Verkehrserzeuger und Systemhersteller. Günstig ist hierfür eine institutionalisierte Kooperation der Akteure, wie beispielsweise die „Inzell-Initiative" für den Ballungsraum München.

Die Verantwortlichkeiten, Zuständigkeiten, Planungsprozess und Entscheidungswege sollten in einer Kooperationsvereinbarung festgelegt werden. Verkehrsmanagementstrategien im Zuständigkeitsbereich mehrerer Akteure werden in konkreten Strategievereinbarungen fixiert. Besondere Herausforderungen in der organisatorisch-institutionellen Vernetzung liegen in der Vermittlung zwischen den unterschiedlichen Interessen der für die einzelnen Verkehrsmittel und Verkehrsträger zuständigen Akteure sowie den wirtschaftlichen Interessen der Unternehmen. Dies ist auf freiwilliger Basis nur durch das Herstellen von „Win-win-Situationen" zu erreichen.

Literatur

ADAC (2019) Autonomes Fahren – Beschreibung der Automatisierungsstufen. www.adac.de/rund-ums-fahrzeug/autonomes-fahren/grundlagen/autonomes-fahren-5-stufen/. Zugegriffen: 19. Mai 2019

BAST (2004) Dynamische Wegweiser mit integrierten Stauinformationen (dWiSta) Hinweise für die einheitliche Gestaltung und Anwendung an Bundesfernstraßen. Bundesanstalt für Straßenwesen (BASt), Bergisch Gladbach

BAST (2012) Technische Lieferbedingungen für Streckenstationen (TLS). Bundesanstalt für Straßenwesen (BASt), Bergisch Gladbach

BAST (2018) Merkblatt zur Ausstattung von Verkehrsrechnerzentralen und Unterzentralen (MARZ). Bundesanstalt für Straßenwesen (BASt), Bergisch Gladbach.

BMVI (2016) Methodenhandbuch zum Bundesverkehrswegeplan 2030. FE-Projekt Nr.: 97.358/2015 für das Bundesministerium für Verkehr und digitale Infrastruktur, Berlin

Bobinger R (1993) Straßennutzergebühren in Theorie und Praxis. Veröffentlichungen des Fachgebiets Verkehrstechnik und Verkehrsplanung. Technische Universität München, München

Bogenberger K (2001) Adaptive fuzzy systems for traffic responsive and coordinated ramp metering. Veröffentlichungen des Fachgebiets Verkehrstechnik und Verkehrsplanung. Technische Universität München, München

Boltze M, Breser C (2005) Vernetzung dynamischer Verkehrsbeeinflussungssysteme. Berichte der Bundesanstalt für Straßenwesen, Reihe Verkehrstechnik. Bergisch Gladbach 132

Boltze M, Wolfermann A, Schäfer P (2005) Leitfaden Verkehrstelematik – Hinweise zur Planung und Nutzung in Kommunen und Kreisen. Erstellt im Rahmen des FE 70.708/2003 im Auftrag des Bundesministeriums für Verkehr. Bau- und Wohnungswesen, Berlin

Boltze M, Busch F, Dinkel A, Jentzsch H, Schimandl F (2007) Leitfaden für die Vernetzung dynamischer Verkehrsbeeinflussungssysteme im zuständigkeitsübergreifenden Verkehrsmanagement. Abschlussbericht zum FE 77.472/2003 im Auftrag des Bundesministeriums für Verkehr, Bau und Stadtentwicklung, Berlin

Busch F, Keller H (1997) Lichtsignalsteuerung als integrale Komponente des Verkehrsmanagements. Straßenverkehrstechnik 41(2):63–69

Busch F, Dinkel A, Leonhardt A, Ziegler J, Kirschfink H, Peters J (2006) Benchmarking für Verkehrsdatenerfassungs- und Verkehrssteuerungssysteme. Bundesministerium für Verkehr, Bau und Stadtentwicklung -BMVBS-, Abteilung Straßenbau, Straßenverkehr, Bonn. (ISBN: 978-3-86509-575-6)

Busch F, Hartmann M, Hoffmann S, Motamedidehkordi N, Krause S, Vortisch P (2016) Auswirkungen des teil- und hochautomatisierten Fahrens auf die Kapazität der Fernstraßeninfrastruktur. FAT-Schriftenreihe 296, Verband der Automobilindustrie

Denaes S, Schieferstein A, Rieß S, Ermer P (2004) Neue Methoden zur Steuerung von Streckenbeeinflussungsanlagen. Straßenverkehrstechnik. Heft 3/2009 und 4/2009. Kirschbaumverlag, Köln

Diakaki C (1999) Integrated control of traffic flow in corridor networks. PhD Thesis, Technical University of Crete, department pf Production Engineering and Management, Dezember 1999

FGSV (1997) Empfehlungen für Wirtschaftlichkeitsuntersuchungen an Straßen (EWS). Forschungsgesellschaft für Straßen- und Verkehrswesen (FGSV), Köln

FGSV (2001) Leitfaden für Verkehrsplanungen. Forschungsgesellschaft für Straßen- und Verkehrswesen (FGSV), Köln

FGSV (2003a) Hinweise zur Strategieentwicklung im dynamischen Verkehrsmanagement. Forschungsgesellschaft für Straßen- und Verkehrswesen (FGSV), Köln

FGSV (2003b) Hinweise zu variablen Fahrstreifenzuteilungen – Anwendungsbeispiele und Einsatzmöglichkeiten. Forschungsgesellschaft für Straßen- und Verkehrswesen (FGSV), Köln

FGSV (2005): Empfehlungen für Anlagen des ruhenden Verkehrs (EAR). Forschungsgesellschaft für Straßen- und Verkehrswesen (FGSV), Köln

FGSV (2007) Hinweise zur Wirksamkeitsschätzung und Wirksamkeitsberechnung von Verkehrsbeeinflussungsanlagen. Forschungsgesellschaft für Straßen- und Verkehrswesen (FGSV), Köln

FGSV (2008) Hinweise zu Zuflussregelungsanlagen. Forschungsgesellschaft für Straßen- und Verkehrswesen (FGSV), Köln

FGSV (2010) Hinweise zu Einsatzbereichen von Verfahren zur Entscheidungsfindung in der Verkehrsplanung. Forschungsgesellschaft für Straßen- und Verkehrswesen (FGSV), Köln

FGSV (2011) Hinweise zur Strategieanwendung im dynamischen Verkehrsmanagement. Forschungsgesellschaft für Straßen- und Verkehrswesen (FGSV), Köln

FGSV (2012) Begriffsbestimmungen, Teil: Verkehrsplanung, Straßenentwurf und Straßenbetrieb. Forschungsgesellschaft für Straßen- und Verkehrswesen (FGSV), Köln

FGSV (2015) Handbuch für die Bemessung von Straßenverkehrsanlagen (HBS). Forschungsgesellschaft für Straßen- und Verkehrswesen (FGSV), Köln

Friedrich B (1996) Steuerung von Lichtsignalanlagen: BALANCE – ein neuer Ansatz. Straßenverkehrstechnik 40:10

Heinrichs D (2015) Autonomes Fahren und Stadtstruktur. In: Maurer M, Gerdes C, Lenz B, Winner H (Hrsg) Autonomes Fahren – Technische, rechtliche und gesellschaftliche Aspekte. Springer, Heidelberg. (ISBN 978-3-662-45853-2)

Hunt PB, Robertson DI, Bretherton DI (1981) The SCOOT on-line signal optimisation technique. Traffic Eng & Control 22(4):190–192

Keller H (2005) Elemente der Verkehrsbeeinflussung in Stadtverkehr: Verkehrsmanagement in Städten und deren Umland. In: Steierwald G, Künne HD, Vogt W (Hrsg) Stadtverkehrsplanung – Grundlagen, Methoden, Ziele. 2. Aufl. Springer, Heidelberg. (ISBN 3-540-40588-7)

Leonhardt A, Busch F, Sachse T (2011) Dynamische Regelung der Straßenbenutzungsgebühr zum optimalen Betrieb von High Occupancy Toll (HOT) Lanes. HEUREKA '11, Stuttgart

Lowrie PR (1982) The Sydney coordinated adaptive traffic system – principles, methodology, algorithms. In: Proceedings of the International Conference on Road Traffic Signaling. London, United Kingdom, S 67–70
Mertz J, Wulffius H, Ganser M (2001) MOBINET Quartiersteuerung. Nahverkehrs-Praxis 7/8
MOBINET (2003) Leitprojekt MOBINET. Abschlussbericht 2003. 5 Jahre Mobilitätsforschung im Ballungsraum München. MOBINET Konsortium. Landeshauptstadt, München
Papageorgiou M, Hadj-Salem H, Blosseville J-M (1991) ALINEA: a local feedback control law for on-ramp metering. Transportation Research Record 1320, Washington D.C.
Papamichail I, Papageorgiou M (2008) Traffic-responsive linked ramp-metering control. IEEE Trans Intell Transp Syst 9:111–121
Rid W, Parzinger G, Grausam M, Müller U, Herdtle C (2018) Carsharing in Deutschland: Potenziale und Herausforderungen. Geschäftsmodelle und Elektromobilität. Springer Vieweg, Wiesbaden. (ISBN 978-3-658-15905-4)
Scharrer R, Kippes G, Glas F, Keller H (2003) An Innovative road side driver information system – NetzInfo. In: Proceedings ITS World Congress, Madrid. ERTICO Brussels
Schick P, Kühne RD (2001) Untersuchungen zum Verkehrsablauf an Streckenbeeinflussungsanlagen. Schriftenreihe des Instituts für Straßen- und Verkehrswesen der Universität Stuttgart, Stuttgart, S 28
simTD (2013) Forschungsprojekt simTD (sichere und intelligente Mobilität – Testfeld Deutschland). TP5-Abschlussbericht – Teil B-1B Volkswirtschaftliche Bewertung: Wirkungen von simTD auf die Verkehrssicherheit und die Verkehrseffizienz. Zugegriffen: 24. Juni 2013
TfL (2014) Transport for London – Congestion charge factsheet 2014. http://content.tfl.gov.uk/congestion-charge-factsheet.pdf. Zugegriffen: 8. März 2018
Wagner D (2015) Steuerung und Management in einem Verkehrssystem mit autonomen Fahrzeugen. In: Maurer M, Gerdes C, Lenz B, Winner H (Hrsg) Autonomes Fahren – Technische, rechtliche und gesellschaftliche Aspekte. Springer, Berlin. (ISBN 978-3-662-45853-2)

Lichtsignalsteuerung

14

Manfred Brenner und Martin Schmotz

Zusammenfassung

Die Lichtsignalsteuerung ist das wesentliche Instrumentarium zur Beeinflussung der Verkehrsabwicklung an Knotenpunkten und in Straßennetzen. Lichtsignalanlagen haben die Aufgabe, Konfliktströme zeitlich zu trennen und einen sicheren Übergang beim Wechsel der Signalisierungszustände zu gewährleisten, weshalb Lichtsignalanlagen sowohl aus Gründen des Verkehrsablaufs als auch der Verkehrssicherheit angeordnet werden. Grundlagen zur Erfüllung dieser Aufgabe werden in den ersten drei Abschnitten erläutert. Darüber hinaus hat die Signalsteuerung in den vergangenen Jahren auch zunehmend auf der Ebene des städtischen Verkehrsmanagements an Bedeutung gewonnen. Aspekte der ÖPNV-Priorisierung, welche in der Regel durch verkehrsabhängige Eingriffe realisiert werden, aber auch die Beeinflussung des Gesamtverkehrs in städtischen Verkehrsnetzen mittels adaptiver Netzsteuerung bilden Bestandteile des dritten und vierten Abschnitts. Sonderformen der Signalisierung, wie die signaltechnische Absicherung von Arbeitsstellen, variable Fahrstreifenfreigaben oder Zuflussregelung an Autobahnen werden im letzten Abschnitt behandelt.

M. Brenner
Aalen, Deutschland

M. Schmotz (✉)
Technische Universität Dresden, Dresden, Deutschland
E-Mail: martin.schmotz@tu-dresden.de

D. Vallée (verstorben) et al. (Hrsg.), *Stadtverkehrsplanung Band 3*,
https://doi.org/10.1007/978-3-662-59697-5_14

14.1 Einführung

14.1.1 Entwicklung und Bedeutung der Lichtsignalsteuerung

Die Lichtsignalsteuerung ist das wichtigste Instrumentarium zur Beeinflussung der Verkehrsabwicklung an Knotenpunkten und in Straßennetzen. Ihre Bedeutung beruht insbesondere darauf, dass im Unterschied zu den Leit- und Informationssystemen des Verkehrs die mittels Lichtsignalanlagen gegebenen Zeichen nicht nur empfehlenden Charakter haben, sondern für alle Verkehrsteilnehmer verbindlich und damit unmittelbar wirksam sind.

Das Grundprinzip der Lichtsignalsteuerung besteht in der alternierenden Fahrtfreigabe unverträglicher Verkehrsströme mittels Lichtzeichen. 1913 entwickelte der US-Amerikaner James Hoge das uns bekannte Lichtsignal für den Kfz-Verkehr. Bereits 1917 wurden in Salt Lake City und 1922 in Houston koordinierte Lichtsignalsteuerungen eingerichtet. Im Jahr 1924 übernahm eine handgesteuerte Anlage auf dem Potsdamer Platz in Berlin als erste Lichtsignalanlage in Deutschland die Verkehrsregelung des damals verkehrsreichsten Platzes in Europa. Ende der 20er-Jahre des letzten Jahrhunderts wurden auch in Berlin bereits mehrere Straßenzüge als „Grüne Welle" betrieben.

Verkehrsabhängige Steuerungen mit Bemessung der Freigabezeiten mittels Zeitlückenmessung kamen ab Beginn der 30er-Jahre in den USA und Großbritannien zur Anwendung. 1952 wurde in Denver erstmalig ein Analogrechner für die Lichtsignalsteuerung eingesetzt; die an Messquerschnitten erfassten Verkehrsstärken wurden dabei für die Anpassung der Versatzzeiten im Zuge koordiniert gesteuerter Straßenzüge genutzt.

Die Entwicklung digitaler Prozessrechner in den 60er-Jahren eröffnete neue Perspektiven auch für die Lichtsignalsteuerung. Mit dem Einsatz von Datenverarbeitungsanlagen wurden Verfahren der verkehrsabhängigen Signalprogrammauswahl, zunächst in den USA und Kanada, in der Folgezeit auch in Europa, sowie erste Offline-Optimierungsverfahren bekannt. Hervorzuheben ist insbesondere das 1967 in Großbritannien entwickelte Verfahren TRANSYT, welches auf eine Minimierung der durchschnittlichen Reisezeiten in einem festzeitgesteuerten Straßennetz abzielt und hinsichtlich seiner Zielfunktion mehrfach erweitert wurde.

Die Fortschritte auf dem Gebiet der elektronischen Datenverarbeitung ermöglichten in der Folgezeit die Entwicklung und den Einsatz von Steuerungsverfahren, welche auf komplexen Steuerungslogiken und mathematischen Modellen basieren. Eines der ersten und bis heute bekanntesten, zentral gesteuerten Optimierungsverfahren ist SCOOT (Split Cycle and Offset Optimizing Technique), welches erstmals 1973 in Großbritannien eingesetzt und seitdem mehrfach weiterentwickelt wurde.

Ursachen dafür, dass zentral gesteuerte Optimierungsverfahren in Deutschland bislang eine untergeordnete Rolle spielen, ist zum einen auf den hohen Entwicklungsstand lokaler verkehrsabhängiger Steuerungsverfahren und zum andern auch auf die hohen

Investitionskosten, den Aufwand zur Kalibrierung und Validierung der Steuerung sowie Schwierigkeiten bei Kurzfristprognosen der Verkehrsnachfrage und damit auch auf Grenzen bei der Verkehrslagemodellierung zentral gesteuerter Optimierungsverfahren zurückzuführen.

Die gesteigerte Datenverarbeitungskapazität führte zu erweiterten Ansprüchen an die Lichtsignalsteuerung. So wurden zunehmend Forderungen erhoben, die Lichtsignalsteuerung so auszugestalten, dass sie einen größeren Beitrag zu verkehrspolitischen und stadtplanerischen Zielsetzungen leistet, z. B. zur Verbesserung der Attraktivität der öffentlichen Personennahverkehrsmittel oder der Stadtverträglichkeit des Verkehrsablaufs. Auch im Rahmen eines Verkehrsmanagements in Städten und deren Umland (siehe Kap. 13) stellt die Lichtsignalsteuerung daher nicht nur wegen der im Allgemeinen umfangreich vorhandenen technischen Infrastruktur, sondern vor allem wegen der vielfältigen Möglichkeiten der direkten Beeinflussung der Verkehrsströme und des Verkehrsablaufs das „Rückgrat" aller dynamischen Maßnahmen dar.

Ziel dieses Kapitels ist es, einen Überblick über den gegenwärtigen Stand der Lichtsignalsteuerung unter Berücksichtigung aktueller Entwicklungen und Tendenzen zu geben und die wichtigsten, für den Entwurf, die Berechnung und die Bewertung von Lichtsignalprogrammen erforderlichen Grundlagen zu vermitteln. Für den mit der Planung und Realisierung von Lichtsignalanlagen befassten Ingenieur sind in Abschn. 14.1.5 die für die notwendige weitere Vertiefung in das Sachgebiet heranzuziehenden Vorschriften und technischen Regelwerke zusammengestellt.

14.1.2 Art und Einsatzgebiete von Lichtsignalanlagen

Lichtsignalanlagen sind Lichtzeichen gemäß § 37 StVO. Für Lichtsignalanlagen, die den Verkehrsablauf an Knotenpunkten und anderen Straßenstellen steuern, wird verkehrsrechtlich der Begriff „Wechsellichtzeichen" verwendet.

Dagegen sind Fahrstreifensignale besondere Lichtsignale über den Fahrstreifen einer Fahrbahn, die verkehrsrechtlich als „Dauerlichtzeichen" bezeichnet werden. Sie dienen der Freigabe bzw. Sperrung von Fahrstreifen z. B. im Rahmen eines Richtungswechselbetriebs. Im Gegensatz zur Signalisierung von Knotenpunkten ist die Fahrstreifensignalisierung eine betriebliche Maßnahme zur Beeinflussung des Verkehrsablaufs auf Strecken (siehe Abschn. 14.6.4).

Motiviert durch positive Erfahrungen im Ausland mit Zuflussregelungen (auch Rampenzuflusssteuerung) als Ansatz für eine wirkungsvolle Beeinflussung des Verkehrsablaufs an planfreien Knotenpunkten hat sich diese Art der Lichtsignalsteuerung mittlerweile auch in Deutschland etabliert – vor allem in Bereichen von Ballungsräumen mit hohen Verkehrsaufkommen (siehe Abschn. 14.6.5).

In den folgenden Abschnitten (bis einschl. Abschn. 14.6.3) stehen der Einsatz von Lichtsignalanlagen an Knotenpunkten und Fußgängerschutzanlagen im Mittelpunkt.

14.1.3 Einsatzkriterien und Ziele der Lichtsignalsteuerung

Die Richtlinien für Lichtsignalanlagen (siehe Abschn. 14.1.5) weisen keine quantitativen Einsatzkriterien für die Einrichtung von Lichtsignalanlagen aus. Hintergrund für den Verzicht auf solche Einsatzkriterien bilden die teilweise zueinander im Widerspruch stehenden Forderungen der verschiedenen Verkehrsteilnehmergruppen und damit zusammenhängender Zielkonflikte.

In der Regel werden Lichtsignalanlagen zur Erhöhung der Verkehrssicherheit und zur Verbesserung der Qualität des Verkehrsablaufs eingerichtet. Im Hinblick auf die Verkehrssicherheit sollen in erster Linie die Anzahl und Folgen der an einem Knotenpunkt auftretenden bzw. zu erwartenden Unfälle vermindert werden (kurativer und präventiver Einsatz). Vor allem bei einer Häufung von Vorfahrtunfällen (z. B. wegen mangelnder Begreifbarkeit der Vorfahrtregelung, unzureichender Sichtverhältnisse am Knotenpunkt, zu hohen Verkehrsstärken oder zu hohen Geschwindigkeiten auf der übergeordneten Straße) oder einer Häufung von Unfällen zwischen Linksabbiegern und Gegenverkehr sind positive Wirkungen auf die Verkehrssicherheit durch den Einsatz von Lichtsignalanlagen zu erwarten. Auch zur Verbesserung des Schutzes querender Fußgänger und Radfahrer kommt der Einsatz von Lichtsignalanlagen in Betracht. Das Ziel der Verbesserung des Verkehrsablaufs wird als Entscheidungskriterium für den Einsatz von Lichtsignalanlagen dann relevant, wenn aufgrund unvertretbar langer Wartezeiten in einzelnen Verkehrsströmen (kreuzender, ab- und einbiegender Kraftfahrzeugverkehr, Fußgänger- und Radverkehr) Zeitlücken mithilfe von Lichtsignalanlagen im Hauptstrom geschaffen werden müssen. Die Überprüfung, ob der Verkehrsablauf an einem Knotenpunkt als „verbesserungsbedürftig" anzusehen ist, erfolgt mit den Verfahren des Handbuches für die Bemessung von Straßenverkehrsanlagen (HBS) (FGSV 2015). Die dort beschriebenen Verfahren ermöglichen es, die Wirkungen von Lichtsignalanlagen zu quantifizieren und mit alternativen Möglichkeiten, z. B. dem Umbau des Knotenpunktes zu einem Kreisverkehr, auf Basis der Qualitätsstufen des Verkehrsablaufs (QSV) vergleichend gegenüberzustellen. Bei komplexen Verhältnissen (z. B. Wechselwirkungen zwischen benachbarten Knotenpunkten) wird im Handbuch für die Bemessung von Straßenverkehrsanlagen (HBS) (FGSV 2015) auf die mikroskopische Verkehrsflusssimulation verwiesen, da in diesen Fällen in der Regel keine ausreichend genaue Bewertung mittels Berechnungsverfahren möglich ist.

Auch das Ziel einer Verringerung der Reise- und Wartezeiten im öffentlichen Personennahverkehr oder einer sicheren Steuerung von Fahrzeugen der Not- und Rettungsdienste können den Einsatz von Lichtsignalanlagen erforderlich machen.

Außer den genannten verkehrstechnischen, häufig knotenpunktbezogenen Kriterien spielen auch übergeordnete, verkehrspolitische oder verkehrsplanerische Ziele und Vorgaben der Verkehrsmanagementebene bei der Entscheidung über den Einsatz von Lichtsignalanlagen und die Gestaltung der Lichtsignalsteuerung eine Rolle. Sie beziehen sich in der Regel auf größere räumliche Einheiten. Anderson et al. (1998) prägen sogar den Begriff der „politiksensitiven" Steuerung. In der Tat können Lichtsignalanlagen einen bedeutsamen

Beitrag zur Erreichung von Zielen der Stadtverkehrsplanung und zur Entschärfung von Konflikten mit stadtplanerischen Zielsetzungen leisten. Dazu einige Beispiele:

- Die mit der Einrichtung und Verknüpfung sogenannter „Grüner Wellen" (siehe Abschn. 14.2.6) verbundene bevorzugte Verkehrsabwicklung in den Koordinierungsrichtungen kann dazu genutzt werden, starke Verkehrsströme auf bestimmten Routen des Hauptstraßennetzes zu bündeln und das Nebennetz von Schleichverkehren zu entlasten.
- Durch Maßnahmen der Zuflussdosierung können Stauungen in städtebaulich sensiblen Stadtquartieren vermieden und in Bereiche mit einem stärker belastbaren Straßenumfeld verlagert werden.
- Durch eine fußgängerfreundliche Lichtsignalsteuerung (siehe Abschn. 14.3.2) lassen sich z. B. die Trennwirkungen von Straßen vermindern.
- Spezifische steuerungsbezogene Maßnahmen an Knotenpunkten können wichtige Komponenten von Programmen zur Förderung des Radverkehrs bilden (siehe Abschn. 14.3.3).
- Durch Priorisierung von Straßenbahnen und Bussen an Lichtsignalanlagen (siehe Abschn. 14.4) können Anreize zur stärkeren Benutzung des öffentlichen Personennahverkehrs geschaffen werden, wenn durch die Verminderung externer Zeitverluste die Pünktlichkeit und Regelmäßigkeit des ÖPNV spürbar verbessert werden kann.
- Auch Entscheidungen zur Straßenraumgestaltung können von der Art der Lichtsignalsteuerung abhängig sein. So kann durch Einsatz geeigneter Steuerungsverfahren im Einzelfall z. B. auf die Anlage gesonderter Fahrwege für den ÖPNV verzichtet werden, um die dadurch gewonnenen Flächen nichtverkehrlichen Nutzungen zur Verfügung zu stellen.

Insgesamt trägt die Lichtsignalsteuerung wesentlich zu einer effektiveren und stadtverträglicheren Nutzung des in Städten kaum noch erweiterbaren Verkehrsraums bei und kann in vielen Fällen bauliche Maßnahmen entbehrlich machen.

Lichtsignalanlagen werden auch aus Gründen des Umweltschutzes oder der Wirtschaftlichkeit eingesetzt, da mit einer geeigneten Steuerung eine Reduzierung von Lärm- und Abgasemissionen erreicht werden kann und die Verminderung von Reisezeiten durch die Lichtsignalsteuerung aus gesamtwirtschaftlicher Sicht als vorteilhaft zu bewerten ist.

14.1.4 Lichtsignale und Lichtsignalfolgen

Lichtsignale für den Fahrverkehr

Lichtsignale für den Fahrverkehr werden üblicherweise mit der Signalfolge (Farbfolge) GRÜN – GELB – ROT – ROT/GELB – GRÜN geschaltet. In Sonderfällen, in denen Lichtsignalanlagen nur in größeren zeitlichen Abständen betrieben werden, ist die Signalfolge DUNKEL – GELB – ROT – DUNKEL zulässig. Für Linksabbieger kann ein grüner Pfeil links hinter dem Knotenpunkt („Diagonalgrün") gezeigt werden, wenn der Gegenrichtungsverkehr durch ROT gesperrt ist. Rechtsabbiegern darf eine Vorgabezeit durch einen zweifeldigen Signalgeber mit der Signalfolge DUNKEL – GRÜN – GELB – DUNKEL und Richtungspfeilen in den Signalgebern angezeigt werden. Lichtsignale für den Fahrverkehr gelten für alle fahrbahnpflichtigen Verkehrsteilnehmer sowie den Radverkehr (unabhängig von der Führung auf eigenen Radverkehrsanlagen), wenn keine besonderen Lichtsignale für den Radverkehr vorhanden sind. Sollen Lichtsignale für den Fahrverkehr nur für bestimmte Fahrtrichtungen gelten, so wird dies durch Richtungspfeile in den Leuchtfeldern der Signalgeber angezeigt. Zu beachten ist, dass in mit Richtungspfeil freigegebene Verkehrsströme keine weiteren, die gemeinsame Verkehrsfläche nutzenden Verkehrsströme hinzugeschaltet werden dürfen.

Die Dauer des Wechsels von der Freigabezeit zur Sperrzeit durch das Übergangssignal GELB wird als Übergangszeit t_G bezeichnet. Sie richtet sich nach der zulässigen Höchstgeschwindigkeit in der jeweiligen Zufahrt und soll

- $t_G = 3$ s bei $V_{zul} \leq 50$ km/h
- $t_G = 4$ s bei $V_{zul} = 60$ km/h
- $t_G = 5$ s bei $V_{zul} = 70$ km/h

betragen. Bei Lichtsignalanlagen an Engstellen (siehe Abschn. 14.6.3) soll eine Gelbzeit von einheitlich $t_G = 4$ s geschaltet werden. Bei Lichtsignalanlagen mit der Signalfolge DUNKEL – GELB – ROT – DUNKEL, die an dynamischen Haltestellen mit „Zeitinsel" der Sicherung des Fahrgastwechsels dienen, soll die Gelbzeit $t_G = 3$ s betragen. An allen anderen Lichtsignalanlagen mit der Signalfolge DUNKEL – GELB – ROT – DUNKEL soll eine Gelbzeit von $t_G = 5$ s geschaltet werden.

Das Übergangssignal ROT/GELB vor GRÜN wird zur Vorbereitung auf die unmittelbar folgende Freigabezeit gezeigt. Die Dauer des Übergangssignals für den Fahrzeugverkehr soll 1 s betragen.

Die Dauer des Grünsignals wird als Freigabezeit t_F bezeichnet. Für den Fahrverkehr darf die Mindestfreigabezeit 5 s nicht unterschreiten.

Die Mindestsperrzeit (ROT) beträgt 1 s.

Lichtsignale für den Radverkehr

Dreifeldige Signalgeber für den Radverkehr haben dieselbe Signalfolge wie die des Fahrverkehrs und müssen Radfahrersinnbilder in den Signalgebern aufweisen. Die Gelbzeit beträgt einheitlich 2 s und das Übergangssignal ROT/GELB vor GRÜN ist wie im Fahrverkehr für 1 s zu schalten. Die Mindestfreigabezeit 5 s sowie die Mindestsperrzeit 1 s im Fahrverkehr gilt auch für die Signalisierung des Radverkehrs. Bei gemeinsamer Signalisierung des Radverkehrs mit dem Fußgängerverkehr (mit Fußgänger- und Radfahrersinnbild in den Signalgebern) kann die Signalfolge GRÜN – ROT – GRÜN auch für den Radverkehr verwendet werden. Sind keine besonderen Signale für den Radverkehr vorhanden, haben Radfahrer die Signale des Fahrverkehrs zu beachten.

Lichtsignale für Fußgänger
Fußgängersignale sind zweifeldig und haben die Signalfolge GRÜN – ROT – GRÜN. Die Dauer des GRÜN-Signals soll mindestens 5 s betragen. Zusätzlich ist zu gewährleisten, dass während der Freigabezeit rechnerisch mindestens die halbe Fahrbahnbreite (Furtlänge) überquert werden kann.

Lichtsignale für Fahrzeuge des ÖPNV
Spezielle Signale (siehe Abb. 14.1) nach BOStrab (siehe Abschn. 14.1.5) erhalten öffentliche Verkehrsmittel, wenn sie nicht gemeinsam mit den Lichtsignalanlagen des Fahrverkehrs signalisiert werden. Zur Anzeige der Sperrzeit wird ein waagrechter, zur Anzeige der Freigabezeit ein senkrechter oder links bzw. rechts ansteigender weißer Leuchtbalken verwendet. Das sogenannte „Permissivsignal" dient der eingeschränkten

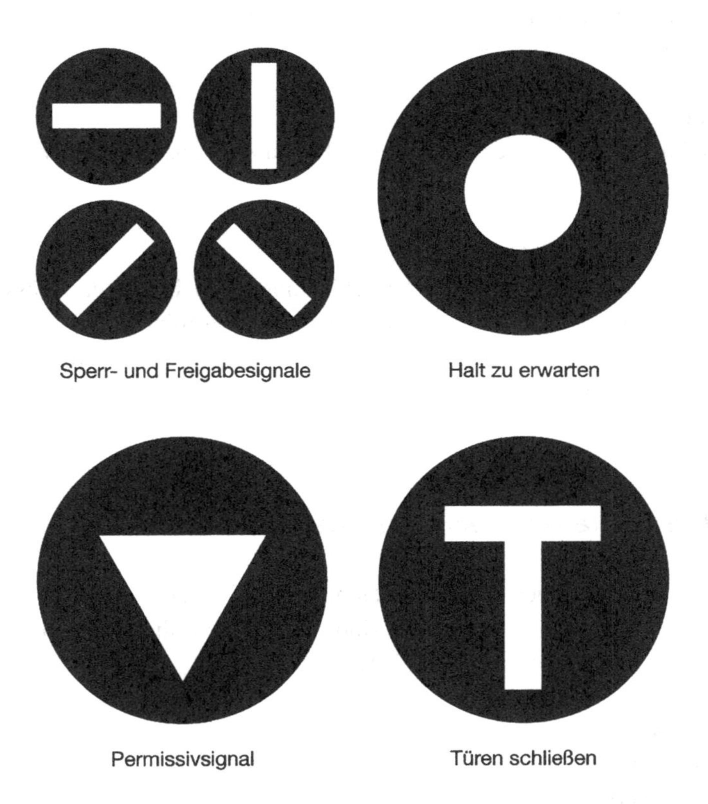

Abb. 14.1 Sinnbilder nach BOStrab mit weißen Leuchtfeldern auf schwarzem Grund (RiLSA (FGSV 2015))

Freigabe und weist darauf hin, dass gleichzeitig freigegebene bevorrechtigte Verkehrsströme zu beachten sind. Das Übergangssignal mit weißem Lichtpunkt hat die Bedeutung „Halt zu erwarten". Die Freigabezeit von Straßenbahnen und Linienbussen soll eine Mindestdauer von 5 s nicht unterschreiten.

Die Dauer des Übergangssignals $t_{G,SB}$ (Signalbild „Halt zu erwarten") für nach BOStrab signalisierte Straßenbahnen richtet sich nach der in der Knotenpunktzufahrt betrieblich zugelassenen Höchstgeschwindigkeit (V_{max}) für ÖPNV-Fahrzeuge und beträgt:

- $t_{G,SB} = 4$ s bei $V_{max} = 30$ km/h
- $t_{G,SB} = 5$ s bei $V_{max} = 40$ km/h
- $t_{G,SB} = 6$ s bei $V_{max} = 50$ km/h
- $t_{G,SB} = 7$ s bei $V_{max} = 60$ km/h
- $t_{G,SB} = 8$ s bei $V_{max} = 70$ km/h

Das Übergangssignal kann entfallen bei $V_{max} \leq 20$ km/h, wenn am Signalstandort ausnahmslos zu halten oder ein Signalwechsel von „Fahrt freigegeben" auf „Halt" innerhalb des Betriebsbremsweges ausgeschlossen ist.

Blinksignal
Ein gelbes Blinklicht kann gemäß § 38 StVO ergänzend zur Warnung vor Gefahren eingesetzt werden.

Erkennbarkeit von Signalgebern
Lichtsignale sollen unter normalen Umfeldbedingungen bei einer zulässigen Höchstgeschwindigkeit von 50 km/h aus einer Entfernung von mindestens 35 m, bei 70 km/h aus mindestens 80 m eindeutig erkennbar sein, wobei die Signalgeber so auszurichten sind, dass eine Verwechslung aus jeder Annäherungsposition ausgeschlossen werden kann.

14.1.5 Vorschriften und technische Regelwerke

Für die praktische Ingenieurarbeit im Rahmen des Entwurfs, der Berechnung und der Bewertung von Lichtsignalsteuerungen sind insbesondere die im Folgenden genannten Vorschriften und Regelwerke heranzuziehen.

Verordnungen
- Straßenverkehrs-Ordnung (StVO)
- Allgemeine Verwaltungsschrift zur Straßenverkehrs-Ordnung (VwV-StVO)
- Verordnung über den Bau und Betrieb der Straßenbahnen (BOStrab)

Richtlinien
(Herausgeber: Forschungsgesellschaft für Straßen- und Verkehrswesen, Köln)

- Richtlinien für Lichtsignalanlagen (RiLSA), Lichtzeichenanlagen für den Straßenverkehr, Ausgabe 2015
- Richtlinien für die Anlage von Stadtstraßen (RASt), Ausgabe 2006
- Richtlinien für die Anlage von Landstraßen (RAL), Ausgabe 2012
- Handbuch für die Bemessung von Straßenverkehrsanlagen (HBS), Ausgabe 2015

Empfehlungen, Merkblätter, Hinweise und sonstige Regelwerke
(Herausgeber: Forschungsgesellschaft für Straßen- und Verkehrswesen, Köln)

- Beispielsammlung zu den Richtlinien für Lichtsignalanlagen (RiLSA-Beispielsammlung), 2017
- Empfehlungen für Anlagen des öffentlichen Personennahverkehrs (EAÖ), Ausgabe 2013
- Empfehlungen für Fußgängerverkehrsanlagen (EFA), Ausgabe 2002
- Empfehlungen für Radverkehrsanlagen (ERA), Ausgabe 2010
- Hinweise für Zuflussregelungsanlagen (H ZRA), Ausgabe 2008
- Hinweise zu Lichtsignalsteuerungszentralen als Bestandteil des kommunalen Verkehrsmanagements, Ausgabe 2018
- Hinweise zu Bevorrechtigungsmaßnahmen für den ÖPNV im städtischen Verkehrsmanagement, Ausgabe 2018
- Hinweise zum Qualitätsmanagement an Lichtsignalanlagen (H QML), Ausgabe 2014
- Hinweise zur Signalisierung des Radverkehrs (HSRa), Ausgabe 2005
- Merkblatt für Maßnahmen zur Beschleunigung des öffentlichen Personennahverkehrs mit Straßenbahnen und Bussen, Ausgabe 1999
- Merkblatt über Detektoren für den Straßenverkehr, Ausgabe 1992
- Merkblatt für die Wahl der lichttechnischen Leistungsklasse von vertikalen Verkehrszeichen und Verkehrseinrichtungen (M LV), Ausgabe 2011
- Technische Lieferbedingungen für transportable Lichtsignalanlagen (TL-Transportable Lichtsignalanlagen), Ausgabe 1997

Darüber hinaus sind die geltenden Markierungsrichtlinien zu beachten.

Normen
Folgende DIN-Normen beziehen sich auf Lichtzeichenanlagen im Straßenverkehr:

- DIN 6163-1, Farben und Farbgrenzen für Signallichter – Teil 1: Allgemeines
- DIN 6163-5, Farben und Farbgrenzen für Signallichter – Teil 5: Ortsfeste Signallichter im Straßen- und Straßenbahnverkehr

- DIN 32981, Zusatzeinrichtungen für Blinde und Sehbehinderte an Straßenverkehrs-Signalanlagen (SVA) – Anforderungen
- DIN 49842-1, Lampen für Straßenverkehrssignale – Teil 1: Kleinspannungslampen für ortsfeste Signallichter
- DIN 49842-2, Lampen für Straßenverkehrssignale – Teil 2: Hochvoltlampen für ortsfeste Signallichter
- DIN 55350-11, Begriffe zum Qualitätsmanagement – Teil 11: Ergänzung zu DIN EN ISO 9000:2005
- DIN 67527-1, Lichttechnische Eigenschaften von Signallichtern im Verkehr – Teil 1: Ortsfeste Signallichter im Straßenverkehr
- DIN VDE 0100, Reihe Bestimmungen für das Errichten von Starkstromanlagen mit Nennspannungen bis 1000 V
- DIN VDE V 0832-100, Straßenverkehr-Signalanlagen
- DIN V VDE V 0832–300, Straßenverkehr-Signalanlagen: Technische Festlegungen für LED-Signalgeber
- DIN V VDE V 0832-400, Straßenverkehr-Signalanlagen: Verkehrsbeeinflussungsanlagen
- DIN VDE V 0832-500, Straßenverkehr-Signalanlagen: Sicherheitsrelevante Software für Straßenverkehr-Signalanlagen
- DIN CLC/TS 50509 (VDE V 0832-310), Anwendung von LED-Signalleuchten für Straßenverkehr-Signalanlagen
- DIN EN 40-2, Lichtzeichenanlagen – Lichtmaste – Teil 2: Allgemeine Anforderungen und Maße
- DIN EN 12352, Anlagen zur Verkehrssteuerung – Warn- und Sicherheitsleuchten
- DIN EN 12368, Anlagen zur Verkehrssteuerung – Signalleuchten
- DIN EN 12675, Steuergeräte für Lichtsignalanlagen – Funktionale Sicherheitsanforderungen
- DIN EN 50293, Elektromagnetische Verträglichkeit – Straßenverkehrs-Signalanlagen, Produktnorm (VDE 0832-200)

14.2 Entwurf, Berechnung und Bewertung von Festzeitprogrammen

14.2.1 Ablauf des Planungsprozesses

Unter einem Lichtsignalprogramm werden die hinsichtlich Zuordnung und Dauer festgelegten Signalzeiten einer Lichtsignalanlage verstanden. Der Entwurf und die Berechnung eines Signalprogramms stellt einen kreativen, mehrfach rückgekoppelten Prozess dar, bei welchem die Gestaltung des Verkehrsraums, die Festlegung der Verkehrsführung am Knotenpunkt und die Entwicklung der Steuerung selbst eine Einheit bilden. Abb. 14.2 zeigt das Ablaufschema für die Erstellung eines Festzeitprogramms an einem Einzelknotenpunkt.

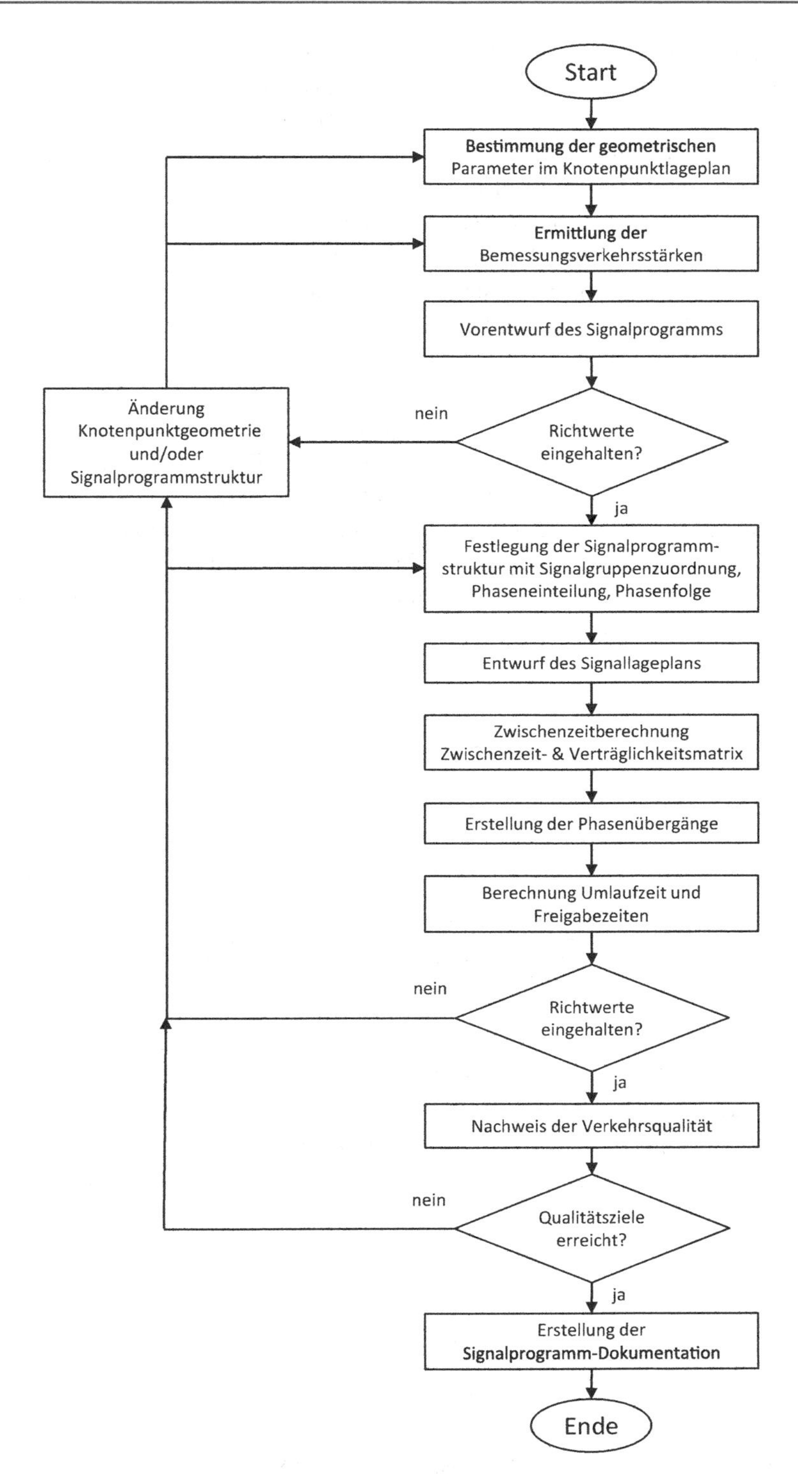

Abb. 14.2 Ablaufschema für die Planung von Lichtsignalanlagen

Die Planungsgrundlagen für die Signalprogrammentwicklung bilden der Knotenpunktlageplan und die aus Verkehrsstromzählungen oder Verkehrsprognosen abgeleiteten Verkehrsstärken, die zunächst im Rahmen einer überschlägigen Strukturierung und Bemessung des Lichtsignalprogramms für die Ermittlung des voraussichtlich notwendigen Fahrstreifenangebots herangezogen werden. Ein Verfahren zur Schätzung der maximalen Umlaufzeit auf Basis des Fahrstreifenangebots und der Verkehrsstärken beschreibt Gleue (1972). Durch Überprüfung mit Richtwerten (z. B. maximale Umlaufzeit, Auslastungsgrade) werden notwendige Änderungen hinsichtlich des Knotenpunktausbaus, der Fahrstreifenaufteilung oder der Signalprogrammstruktur vor der detaillierten Weiterbearbeitung festgestellt.

Diese beginnt im Allgemeinen mit der Erarbeitung der Signalprogrammstruktur als Grundlage für die Erstellung des Signallageplans (siehe Abb. 14.3), die Zwischenzeitberechnung und die Ermittlung der Phasenübergänge. Die Ermittlung der Signalzeiten für Festzeitprogramme erfolgt nach den RiLSA (FGSV 2015). Die so ermittelten Signalzeiten sind auch Ausgangspunkt für die Gestaltung verkehrsabhängiger Steuerungsverfahren. Der Planungsprozess für Lichtsignalanlagen ist abgeschlossen, wenn der Nachweis über eine ausreichende Kapazität und Verkehrsqualität gemäß HBS (FGSV 2015) geführt werden kann.

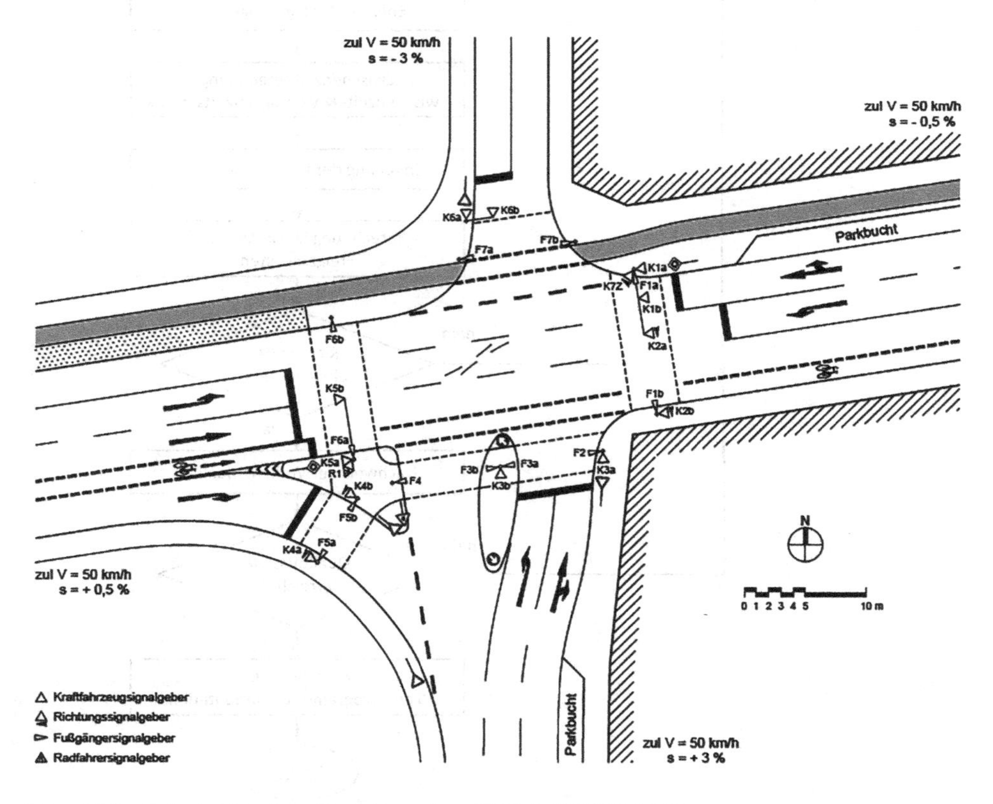

Abb. 14.3 Beispiel für einen Signallageplan (RiLSA (FGSV 2015))

14.2.2 Entwurf der Signalprogrammstruktur

14.2.2.1 Phaseneinteilung

Der Entwurf der Signalprogrammstruktur umfasst Festlegungen zur Phaseneinteilung und Phasenfolge. Unter einer Phase wird dabei derjenige Teil eines Signalprogramms verstanden, während dem ein bestimmter Signalisierungszustand unverändert bleibt. Dabei müssen die freigegebenen Verkehrsströme nicht exakt zu denselben Zeitpunkten beginnen oder enden.

In einer Phase können verträgliche oder bedingt verträgliche Verkehrsströme freigegeben werden. Verträgliche Verkehrsströme haben im Gegensatz zu nicht verträglichen Verkehrsströmen keine gemeinsame Konfliktfläche, d. h. sie benutzen keine gemeinsame Knotenpunktfläche beim Durchfahren des Knotenpunkts. Nicht verträgliche Verkehrsströme müssen mit Ausnahme nicht gesondert signalisierter Abbiegeströme getrennt in verschiedenen Phasen abgewickelt werden. Nicht gesondert signalisierte Abbiegeströme werden als bedingt verträglich bezeichnet. Verträgliche Verkehrsströme mit annähernd gleichem Freigabezeitbedarf sind möglichst in einer Phase zusammenzufassen.

Bei bedingt verträglichen Strömen ist zu beachten, dass ein bevorrechtigter Verkehrsstrom zu einem bereits freigegebenen, bedingt verträglichen Verkehrsstrom nicht hinzugeschaltet werden darf. Eine Ausnahme hiervon bilden lediglich Linksabbieger, für die eine Vorgabezeit geschaltet werden kann. Solche Vorgabezeiten sind aus Sicherheitsgründen grundsätzlich durch einen zweifeldigen Signalgeber mit der Signalfolge DUNKEL – GRÜN – GELB – DUNKEL anzuzeigen. Nach dem Verlöschen des Diagonalgrüns werden die Linksabbieger durch das gelb blinkende Pfeilsymbol vor den anfahrenden Fahrzeugen des Gegenverkehrs gewarnt.

Bei vom Kraftfahrzeugverkehr abweichenden Schaltzeiten für ÖPNV-Fahrzeuge auf gesonderten Fahrwegen sind eigene ÖV-Signalgeber mit Sinnbildern gemäß BOStrab erforderlich.

Links- und rechtsabbiegender Kraftfahrzeugverkehr kann signaltechnisch gesichert, zeitweilig gesichert und nicht gesichert geführt werden. Hinsichtlich der dabei zu beachtenden Gesichtspunkte wird auf die RiLSA (2015) hingewiesen. In den RiLSA (2015) sind auch Ausführungen zum Rechtsabbiegen bei Rot (Grünpfeilschild) enthalten.

14.2.2.2 Phasenanzahl und Phasenfolge

Eine zweiphasige Steuerung (siehe Abb. 14.4, Fall 1) empfiehlt sich nur bei schwachen Abbiegeströmen und geringem Rad- oder Fußgängerverkehr. Eine signaltechnisch gesicherte Führung dieser Verkehrsströme ist bei zweiphasiger Steuerung nicht möglich. Im tatsächlichen Verkehrsablauf wird sich jedoch eine „innere Mehrphasigkeit" einstellen, da während der Freigabezeit im Knotenpunktbereich wartende Linksabbieger im Phasenwechsel abfließen.

Eine vollständig gesicherte Führung aller Verkehrsströme erfordert an Kreuzungen mindestens vier Phasen (siehe Abb. 14.4, Fall 3), vorausgesetzt, die links- und rechtsabbiegenden Verkehrsströme werden auf eigenen Fahrstreifen geführt. Bei Mischfahrstreifen für geradeausfahrende und rechtsabbiegende Fahrzeuge können entweder nur

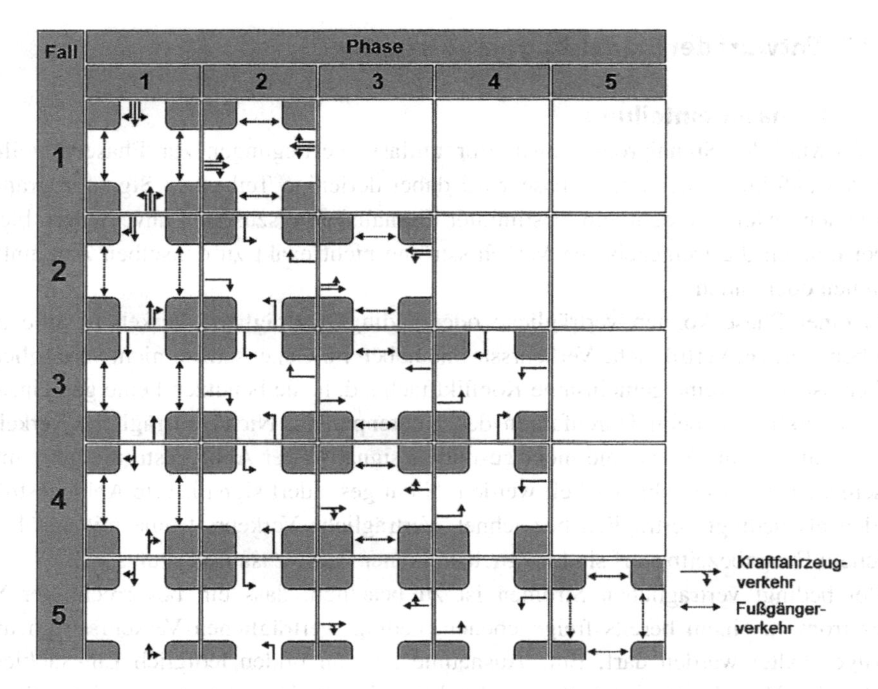

Abb. 14.4 Möglichkeiten der Phaseneinteilung für vierarmige Knotenpunkte (Beispiele)

die Linksabbieger aller Zufahrten (siehe Abb. 14.4, Fall 4) oder die Linksabbieger zweier Knotenpunktzufahrten und die Fußgänger signaltechnisch gesichert geführt werden. Eine fünfphasige Steuerung wird erforderlich, wenn ohne gesonderten Fahrstreifen für jede Fahrtrichtung des Kfz-Verkehrs alle Verkehrsströme vollen Signalschutz erhalten sollen (siehe Abb. 14.4, Fall 5).

14.2.2.3 Phasenfolge

Bei der Festlegung der Phasenfolge können verschiedene, häufig konkurrierende Anforderungen von Bedeutung sein, sodass in vielen Fällen Kompromisse eingegangen werden müssen. Folgende Aspekte können eine Rolle spielen:

- Sind keine der im Folgenden aufgeführten oder sonstige Randbedingungen zu beachten, stellt die Phasenfolge mit der geringsten Summe der maßgebenden Zwischenzeiten die günstigste Lösung dar, da sie zur kürzesten Umlaufzeit führt.
- Über Phasenübergänge hinweg durchlaufende Freigabezeiten sollen zur Schaffung eines möglichst großen Freigabezeitangebots für die betreffenden Verkehrsströme genutzt werden und können ein wichtiges Kriterium bei der Festlegung der Phasenfolge darstellen.

- Die Koordinierung der Freigabezeiten von Fußgängern und Radfahrern zur zügigen Überquerung aufeinanderfolgender Furten kann die Phasenfolge bestimmen.
- Durch Abstimmung der Kfz-Freigabezeiten auf Nachbarknotenpunkte im Zuge einer Grünen Welle ist die Phasenfolge im Allgemeinen festgelegt.
- Bei komplexen Knotenpunkten oder begrenzten Stauräumen kann eine bestimmte Phasenfolge sinnvoll sein, um gegenseitige Behinderungen auszuschließen.
- Sind Stauräume an einem Nachbarknotenpunkt begrenzt, kann es notwendig werden, ständigen Zufluss zu diesem Knotenpunkt durch aufeinanderfolgende Freigabe bestimmter Verkehrsströme zu vermeiden.

Die keineswegs vollständige Auflistung möglicher Kriterien für die Wahl der Phasenfolge verdeutlicht, dass Festlegungen für jeden Einzelfall nach sorgfältiger Prüfung der lokalen örtlichen und verkehrlichen Bedingungen erfolgen müssen. Die gewählte Phasenfolge wird in einem Phasenfolgeplan dargestellt (siehe Abb. 14.5). Das Beispiel in Abb. 14.5 bezieht sich auf den in Abb. 14.3 dargestellten Knotenpunkt, an welchem ein Festzeitprogramm entsprechend Abb. 14.8 eingesetzt wird.

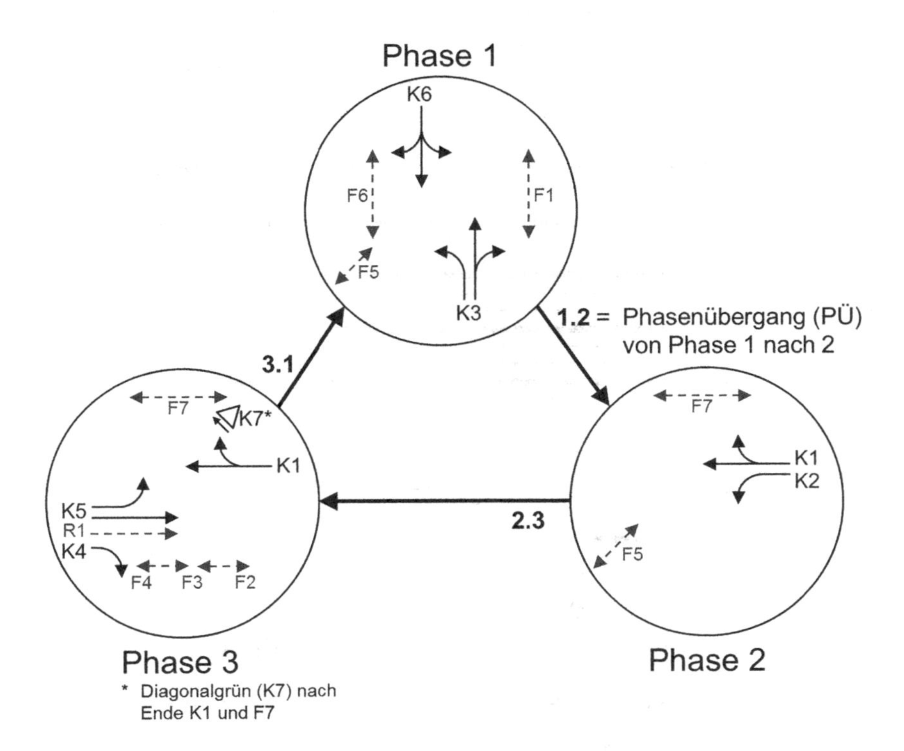

Abb. 14.5 Beispiel für einen Phasenfolgeplan

14.2.2.4 Phasenübergänge

Der Wechsel zwischen den Phasen wird nach Festlegung der Phasenfolge auf der Grundlage der berechneten Zwischenzeiten (siehe Abschn. 14.2.3) in Plänen für die Phasenübergänge dargestellt. Der Phasenübergang umfasst mindestens die für den Phasenwechsel erforderlichen Zwischenzeiten. Je nach Wahl des Steuerungsverfahrens kann es jedoch sinnvoll sein, die Phasenübergänge unter Berücksichtigung der Mindestfreigabezeiten zu erstellen. Der in Abb. 14.6 dargestellte Phasenübergang zeigt den Wechsel von Phase 1 nach 2 für das in Abb. 14.8 dargestellte Festzeitprogramm.

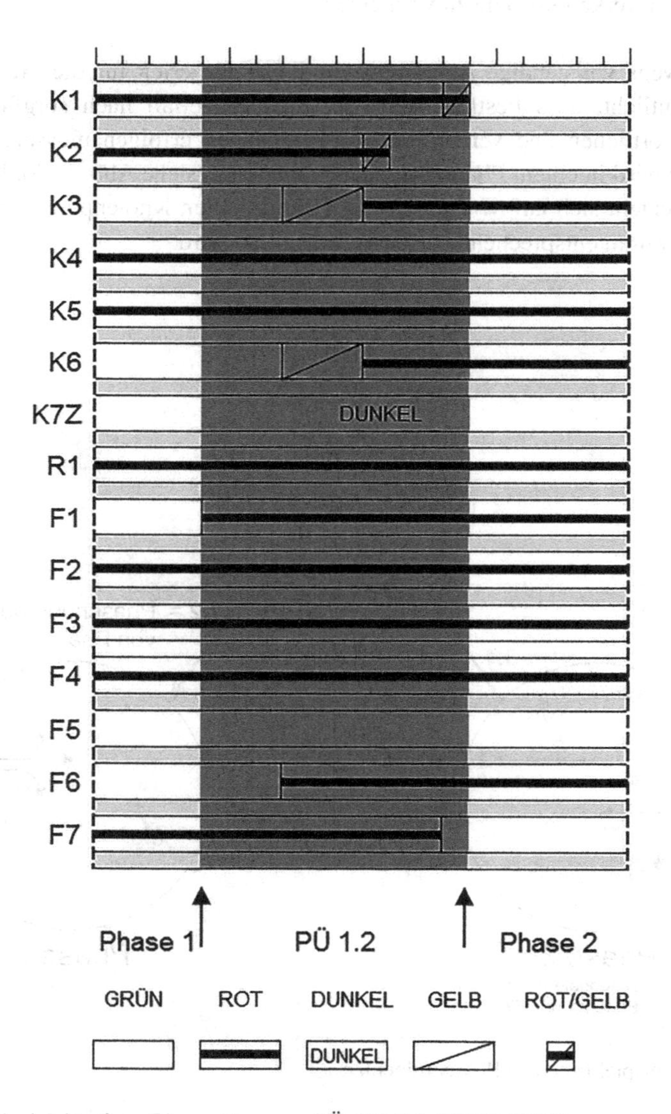

Abb. 14.6 Beispiel für einen Phasenübergang PÜ (RiLSA (FGSV 2015))

Bei verkehrsabhängiger Steuerung kann es notwendig werden, auch sogenannte „gesplittete" Phasenübergänge zu realisieren, damit während eines laufenden Phasenübergangs, z. B. im Zusammenhang mit einem Vorrangeingriff des ÖPNV, ein neues Phasenziel angesteuert werden kann.

14.2.3 Zwischenzeitenberechnung

Die notwendige Verkehrssicherheit beim Phasenwechsel wird über die Zwischenzeiten sichergestellt. Als Zwischenzeit wird die Zeitdauer zwischen dem Ende der Freigabezeit eines räumenden und dem Beginn der Freigabezeit eines anschließend freigegebenen Verkehrsstroms verstanden, wobei beide Verkehrsströme dieselbe Konfliktfläche befahren.

Die Zwischenzeit t_Z berechnet sich wie folgt:

$$t_Z = t_ü + t_r - t_e \tag{14.1}$$

mit	$t_ü$	Überfahrzeit (Anteil der überfahrenen Gelbzeit)	[s]
	t_r	Räumzeit	[s]
	t_e	Einfahrzeit	[s]

Für die Bestimmung der Überfahrzeit $t_ü$ und Räumzeit t_r werden in den RiLSA (FGSV 2015) sechs Fälle definiert, welche sich hinsichtlich Überfahrzeit und der Definitionen für Räumwege sowie Fahrzeuglänge unterscheiden:

- Fall 1: Geradeaus fahrende Kraftfahrzeuge räumen
- Fall 2: Abbiegende Kraftfahrzeuge räumen
- Fall 3: ÖPNV-Fahrzeuge räumen – ohne Halt vor dem Knotenpunkt
- Fall 4: ÖPNV-Fahrzeuge räumen – bei Halt vor dem Knotenpunkt
- Fall 5: Radfahrer räumen
- Fall 6: Fußgänger räumen

Für die Bestimmung der Einfahrzeit t_e werden in den RiLSA (FGSV 2015) fahrzeugspezifische Einfahrgeschwindigkeiten definiert:

- Für einfahrende Kraftfahrzeuge (einschl. Busse) wird eine Geschwindigkeit von 11,1 m/s zugrunde gelegt.
- Für startende Fußgänger wird eine Geschwindigkeit von 1,5 m/s zugrunde gelegt.
- Für einfahrende Radfahrer wird eine Geschwindigkeit von 5 m/s zugrunde gelegt.

- Für einfahrende Straßenbahnen wird eine Einfahrgeschwindigkeit von 5,6 m/s zugrunde gelegt. Für aus dem Stand einfahrende Straßenbahnen (z. B. an Haltestellen) wird die Einfahrgeschwindigkeit in Abhängigkeit des Beschleunigungsvermögens bestimmt.

Hinsichtlich der im Einzelfall bei der Berechnung der Überfahr-, Räum- und Einfahrzeit sowie der Räum- und Einfahrwege zu beachtenden Gesichtspunkte wird auf die RiLSA (FGSV 2015) hingewiesen.

Die Zwischenzeiten werden auf der Grundlage des Signallageplans (siehe Abb. 14.3) für alle nichtverträglichen Ströme exakt berechnet und auf volle Sekunden aufgerundet. Sie werden in Form einer Zwischenzeitenmatrix (siehe Abb. 14.7) dokumentiert.

		beginnende Signalgruppen														
		K1*)	K2	K3	K4	K5	K6	K7	R1	F1	F2	F3	F4	F5	F6	F7
endende Signalgruppen	K1*)			4			5	6		4					7	
	K2			5	8	5	5		4	2		8	8			
	K3	5	4			4			1		4	4				6
	K4		2				2							4		
	K5		3	5			4			6					3	
	K6	4	4		10	5			4			6	6			4
	K7Z	2														3
	R1		2	6			3			9					3	
	F1	9	7			6			4							
	F2			6												
	F3		4	6			4									
	F4		4				4									
	F5				4											
	F6	7				8			9							
	F7			5			7	6								

*) Die Signalgruppe K1 enthält die Signalgeber K1a und K1b; für weitere Signalgruppen gilt Entsprechendes.

Abb. 14.7 Beispiel für eine Zwischenzeitenmatrix (RiLSA (FGSV 2015))

14.2.4 Berechnung der Signalprogrammparameter

14.2.4.1 Vorbemerkungen

Die verkehrstechnische Dimensionierung von Lichtsignalprogrammen geht von der festgelegten Signalprogrammstruktur, den Ergebnissen der Zwischenzeitenberechnung und den ermittelten Bemessungsverkehrsstärken aus. Sie enthält die Berechnung der Umlaufzeit t_U und die Festlegung der Schaltzeiten aller Signale. Die Umlaufzeit t_U ist dabei die Zeitdauer für den einmaligen Ablauf des Signalprogramms.

Umlaufzeit t_U, Freigabezeiten t_F und die sich damit ergebenden Sperrzeiten t_S werden in Deutschland nach dem sogenannten „Zeitbedarfsverfahren“ berechnet, welches auf einer deterministischen Betrachtung des Zu- und Abflusses an einem lichtsignalgesteuerten Knotenpunkt beruht.

14.2.4.2 Zufluss

Der Zufluss wird durch die Verkehrsstärken q [Fz/h] beschrieben, die für jeden Fahrstreifen und die verschiedenen Fahrzeugarten bezogen auf die Spitzenstunde der betrachteten Verkehrszeit zu bestimmen sind. Der Zufluss wird als unabhängig von der Signalisierung und über die Umlaufzeit gleichförmig betrachtet. Charakteristische Verkehrszeiten, für die jeweils spezielle Signalprogramme erstellt werden, sind in der Regel

- die Hauptverkehrszeit morgens,
- die Normalverkehrszeit (im allgemeinen Zeiträume zwischen den Hauptverkehrszeiten),
- die mittägliche Verkehrsspitze (insbesondere in kleineren und mittleren Städten),
- die Hauptverkehrszeit nachmittags,
- die Schwachverkehrszeit.

14.2.4.3 Abfluss

Der Abfluss ist an einer Lichtsignalanlage nur während der Freigabezeit möglich, wobei in der Realität die einzelnen Fahrzeuge die Haltelinie in unterschiedlichen zeitlichen Abständen überfahren. Bei der Berechnung des Fahrzeugabflusses wird davon ausgegangen, dass sich die zeitlichen Abstände zwischen den Fahrzeugen über die Dauer der Freigabezeit einem mittleren Zeitbedarfswert t_B [s/Fz] annähern. Die Ermittlung von t_B erfolgt nach den Berechnungsverfahren des HBS (FGSV 2015), da die Zeitbedarfswerte auch die Grundlage für die Beurteilung der Verkehrsqualität bilden. Ausgehend von dem mittleren Zeitbedarfswert t_B kann die Sättigungsverkehrsstärke q_S in Kfz/h gemäß Gl. 14.2 ermittelt werden. Diese gibt an, wie viele Fahrzeuge fiktiv in einer ununterbrochenen Freigabezeit von einer Stunde auf einem Fahrstreifen abfließen, und bildet eine maßgebliche Kenngröße zur Bestimmung der Umlaufzeit und Kapazität.

$$q_S = \frac{3600}{t_B} \tag{14.2}$$

mit t_B Zeitbedarfswert [s/Kfz]

Für Standardbedingungen (keine Längsneigung, Geradeausverkehr, ausreichende Fahrstreifenbreite) und reinen Pkw-Verkehr wird ein Zeitbedarfswert von $t_B = 1{,}8$ s angesetzt. Dies entspricht einer Sättigungsverkehrsstärke von $q_S = 2000$ Kfz/h. Da verschiedene Faktoren die Größe des Zeitbedarfswertes beeinflussen, muss für jeden Verkehrsstrom der Zeitbedarfswert unter konkreten Bedingungen nach Gl. 14.3 ermittelt werden, indem der Zeitbedarfswert von 1,8 s mit Anpassungsfaktoren multipliziert wird. Dabei werden höchstens drei Anpassungsfaktoren angesetzt, auch wenn für den betreffenden Verkehrsstrom mehr Einflussgrößen wirksam sind.

$$t_B = f_{SV} \cdot f_1 \cdot f_2 \cdot 1{,}8 \tag{14.3}$$

$$f_1 = max(f_b; f_R; f_s) \tag{14.4}$$

$$f_2 = min(1; f_s) \tag{14.5}$$

mit
f_1, f_2 Rechengrößen nach Gl. 14.4 und Gl. 14.5 [-]
f_{SV} Anpassungsfaktor zur Berücksichtigung des Schwerverkehrs [-]
f_b Anpassungsfaktor zur Berücksichtigung der Fahrstreifenbreite [-]
f_R Anpassungsfaktor zur Berücksichtigung des Abbiegeradius [-]
f_s Anpassungsfaktor zur Berücksichtigung der Fahrbahnlängsneigung [-]

Der Anpassungsfaktor f_{SV} zur Berücksichtigung des Schwerverkehrs wird immer berücksichtigt. Die Berechnung von f_{SV} erfolgt nach Gl. 14.6, wenn die Aufteilung des Schwerverkehrs nach den Fahrzeugarten Lkw und Bus (Lkw + Bus) sowie Lkw mit Anhänger und Sattel-Kfz (LkwK) bekannt ist bzw. nach Gl. 14.7, wenn nur die Verkehrsstärke des Schwerverkehrs insgesamt vorliegt. Der Radverkehr wird bei der Berechnung des Anpassungsfaktors f_{SV} nicht berücksichtigt, da bisher keine belastbaren Erkenntnisse zum Einfluss des im Mischverkehr geführten Radverkehrs an Knotenpunkten mit LSA vorliegen.

$$f_{SV} = \frac{q_{LV} + 1{,}75 \cdot q_{Lkw+Bus} + 2{,}5 \cdot q_{LkwK}}{q_{LV} + q_{Lkw+Bus} + q_{LkwK}} \tag{14.6}$$

$$f_{SV} = \frac{q_{LV} + 1{,}9 \cdot q_{SV}}{q_{LV} + q_{SV}} \tag{14.7}$$

mit			
	q_{LV}	Verkehrsstärke des Leichtverkehrs (Krad, Pkw mit und ohne Anhänger sowie Lieferwagen)	[Kfz/h]
	$q_{Lkw + Bus}$	Verkehrsstärke der Lkw und Busse	[Kfz/h]
	q_{LkwK}	Verkehrsstärke der Lkw mit Anhänger und Sattel-Kfz	[Kfz/h]
	q_{SV}	Verkehrsstärke des Schwerverkehrs (Busse, Lkw mit und ohne Anhänger sowie Sattel-Kfz)	[Kfz/h]

Mit dem Faktor f_1 wird der Einfluss der Fahrstreifen, des Abbiegeradius und der Fahrbahnlängsneigung (nur Steigungen) auf den Zeitbedarfswert t_B berücksichtigt. Dabei wird nur die Einflussgröße berücksichtigt, welche den größten Einfluss auf t_B hat. Faktor f_2 wird nur berücksichtigt, wenn der Fahrstreifen im Gefälle liegt. Die Anpassungsfaktoren werden nach Gl. 14.8 bis Gl. 14.10 bestimmt.

$$f_b = \begin{cases} -0{,}375 \cdot b + 2{,}125 & \textit{für } b < 3{,}0\,m \\ 1{,}0 & \textit{für } b \geq 3{,}0\,m \end{cases} \tag{14.8}$$

mit			
	f_b	Anpassungsfaktor zur Berücksichtigung der Fahrstreifenbreite	[-]
	b	Fahrstreifenbreite	[m]

$$f_b = \begin{cases} -0{,}015 \cdot R + 1{,}3 & \textit{für } R < 20\,m \\ 1{,}0 & \textit{für } R \geq 20\,m \end{cases} \tag{14.9}$$

mit			
	f_R	Anpassungsfaktor zur Berücksichtigung des Abbiegeradius	[-]
	R	Abbiegeradius (Kleinster für den betrachteten Verkehrsstrom innerhalb des Knotenpunkts zu durchfahrendem Radius, gemessen in der Achse des Fahrwegs. Bei mehrstreifiger Abbiegemöglichkeit wird der Radius in der Achse der für das Abbiegen verfügbaren Fahrbahnfläche angesetzt.)	[m]

$$f_s = 0{,}03 \cdot s + 1{,}0 \tag{14.10}$$

mit			
	f_s	Anpassungsfaktor zur Berücksichtigung der Fahrbahnlängsneigung	[-]
	s	Fahrbahnlängsneigung (Durchschnittliche Steigung bzw. durchschnittliches Gefälle zwischen dem Punkt 30 m vor und dem Punkt 30 m hinter der Haltelinie auf dem betrachteten Fahrweg.)	[m]

14.2.4.4 Umlaufzeit

Mit der Festlegung des Zu- und Abflusses sind die für die Berechnung der Umlaufzeit t_U erforderlichen Grundlagen gegeben. Ein lichtsignalgesteuerter Knotenpunkt besitzt eine ausreichende Kapazität, wenn die während der Umlaufzeit t_U zufließenden Fahrzeuge der maßgebenden Fahrstreifen $q_{\text{FS,maßg},i}$ aller Phasen p während ihrer Freigabezeiten $t_{F,\text{maßg},i}$ abfließen können. Der maßgebende Fahrstreifen für eine Phase kann dabei aus dem Verhältnis Verkehrsstärke zu Sättigungsverkehrsstärke ($q_{\text{FS}}/q_{\text{S,FS}}$) bestimmt werden, wobei der Fahrstreifen mit dem größten Verhältniswert maßgebend ist.

$$\frac{\sum_{i=1}^{p} q_{\text{FS},maßg,i}}{3600} \cdot t_U \leq \frac{\sum_{i=1}^{p} q_{S,i}}{3600} \cdot \sum_{i=1}^{p} t_{F,maßg,i} \tag{14.11}$$

mit $q_{\text{FS,maßg,i}}$	Verkehrsstärke auf dem für die Phase i maßgebenden Fahrstreifen	[Kfz/h]
$q_{S,i}$	Sättigungsverkehrsstärke für diesen Fahrstreifen	[Kfz/h]
$t_{F,\text{maßg},i}$	Erforderliche Freigabezeit für die maßgebende Signalgruppe der Phase i	[s]
t_U	Umlaufzeit	[s]
p	Anzahl der Phasen	[-]

Weiterhin besteht zwischen der Umlaufzeit t_U, der Summe der maßgebenden Freigabezeiten $\sum t_{F,\text{maßg},i}$ und der Summe der zwischen den maßgebenden Signalgruppen erforderlichen Zwischenzeiten $\sum t_{Z,\text{erf},i}$ folgender Zusammenhang:

$$t_U = \sum_{i=1}^{p} t_{F,maßg,i} + \sum_{i=1}^{p} t_{Z,erf,i} \tag{14.12}$$

mit $t_{Z,\text{erf},i}$ erforderliche Zwischenzeit zwischen den maßgebenden Signalgruppen der endenden Phase i und der folgenden Phase [s]

Wird Gl. 14.11 nach $\sum t_{F,\text{maßg},i}$ aufgelöst und in Gl. 14.12 eingesetzt, ergibt sich:

$$t_U = \frac{\sum_{i=1}^{p} t_{Z,\text{erf},i}}{1 - \sum_{i=1}^{p} \frac{q_{\text{FS},maßg,i}}{q_{S,i}}} \tag{14.13}$$

Bei Vorgabe eines Auslastungsgrades x für die maßgebenden Verkehrsströme gilt somit:

$$t_U = \frac{\sum_{i=1}^{p} t_{Z,\text{erf},i}}{1 - \sum_{i=1}^{p} \frac{q_{\text{FS},maßg,i}}{x_i \cdot q_{S,i}}} \tag{14.14}$$

Für Knotenpunkte im Zuge Grüner Wellen soll die Umlaufzeit nach Gl. 14.14 ermittelt und für den Koordinierungsverkehr nach RiLSA (FGSV 2015) ein Auslastungsgrad $x \leq 0{,}85$ angesetzt werden.

Bei einem Einzelknotenpunkt ist zumindest als Orientierungswert die Umlaufzeit für einen bestimmten Verkehrsstärkezustand so zu bestimmen, dass die Wartezeit für den Kraftfahrzeugverkehr minimal wird. Die für den Kfz-Verkehr wartezeitoptimale Umlaufzeit $t_{U,\mathrm{opt}}$ errechnet sich nach RiLSA (FGSV 2015) zu:

$$t_{U,\mathrm{opt}} = \frac{1{,}5 \cdot \sum_{i=1}^{p} t_{Z,\mathrm{erf},i} + 5}{1 - \sum_{i=1}^{p} \frac{q_{\mathrm{FS},maßg,i}}{q_{S,i}}} \tag{14.15}$$

Sofern in den Phasen p' die Mindestfreigabezeiten $t_{\mathrm{F,min}}$ maßgebend werden (z. B. aufgrund eines Radverkehrs- bzw. Fußgängerstroms oder einer ÖPNV-Relation), muss die Umlaufzeit erhöht werden. In diesem Fall ist anstelle der Gl. 14.14 die Gl. 14.16 bzw. anstelle der Gl. 14.15 die Gl. 14.17 zu verwenden.

$$t_U = \frac{\sum_{i=1}^{p} t_{Z,\mathrm{erf},i} + \sum_{k=1}^{p'} t_{F,\mathrm{min},k}}{1 - \sum_{i=1}^{p-p'} \frac{q_{\mathrm{FS},maßg,i}}{x_i \cdot q_{S,i}}} \tag{14.16}$$

$$t_U = \frac{1,5 \cdot \sum_{i=1}^{p} t_{Z,\mathrm{erf},i} + \sum_{k=1}^{p'} t_{F,\mathrm{min},k} + 5}{1 - \sum_{i=1}^{p-p'} \frac{q_{\mathrm{FS},maßg,i}}{q_{S,i}}} \tag{14.17}$$

Die errechneten Umlaufzeiten werden auf ganze Zahlen aufgerundet. Für die Dauer der Umlaufzeit an Knotenpunkten können folgende Richtwerte angesetzt werden:

- minimal 30 s
- maximal 90 (120) s

Sind für die Gewährleistung einer ausreichenden Qualität des Verkehrsablaufs Umlaufzeiten von über 90 s notwendig, ist darauf zu achten, diese Signalprogramme auf die notwendigen Betriebszeiten zu begrenzen.

14.2.4.5 Freigabezeiten

Die Freigabezeiten $t_{F,i}$ der maßgebenden Verkehrsströme werden entsprechend den Verkehrsflussverhältnissen berechnet:

$$t_{F,i} = \frac{t_U - \sum_{j=1}^{p} t_{Z,\mathrm{erf},j}}{1 - \sum_{j=1}^{p} \frac{q_{\mathrm{FS},maßg,j}}{x_j \cdot q_{S,j}}} \cdot \frac{q_{\mathrm{FS},maßg,i}}{q_{S,i}} \tag{14.18}$$

Freigabezeiten nicht maßgebender Ströme werden unter Beachtung der Zwischenzeitenmatrix und der Versatzzeitbedingungen in den Signalzeitenplan anschließend eingepasst.

14.2.4.6 Darstellung des Lichtsignalprogramms

Das Lichtsignalprogramm kann in Form eines Signalzeitenplans dargestellt werden. Das Beispiel in Abb. 14.8 bezieht sich auf den in Abb. 14.3 dargestellten Knotenpunkt mit einer Phasenfolge gemäß Abb. 14.5. Im Zusammenhang mit dem vermehrten Einsatz phasenorientierter verkehrsabhängiger Steuerungsverfahren hat sich die Darstellung sogenannter „Rahmensignalpläne" im Sinne von Phasenaufrufplänen stärker durchgesetzt, in welchen die Erlaubnisbereiche der einzelnen Phasen dargestellt werden. Die Dauer der Freigabezeiten der einzelnen Signalgruppen ist im Phasenaufrufplan nicht unmittelbar ablesbar, sondern muss unter Hinzuziehung der Phasenübergangspläne ermittelt werden. Abb. 14.9 zeigt den Rahmensignalplan des in Abb. 14.8 dargestellten Signalzeitenplans.

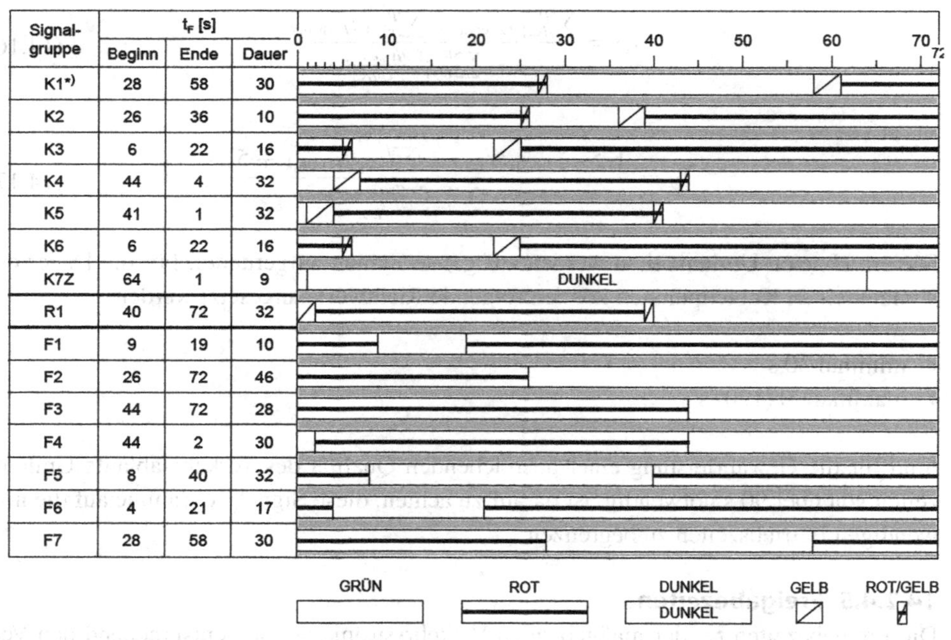

Signalgruppe	t_F [s] Beginn	Ende	Dauer
K1*)	28	58	30
K2	26	36	10
K3	6	22	16
K4	44	4	32
K5	41	1	32
K6	6	22	16
K7Z	64	1	9
R1	40	72	32
F1	9	19	10
F2	26	72	46
F3	44	72	28
F4	44	2	30
F5	8	40	32
F6	4	21	17
F7	28	58	30

*) Die Signalgruppe K1 enthält die Signalgeber K1a und K1b; für weitere Signalgruppen gilt Entsprechendes.

Abb. 14.8 Beispiel für den Signalzeitenplan eines Festzeitsignalprogramms (RiLSA (FGSV 2015))

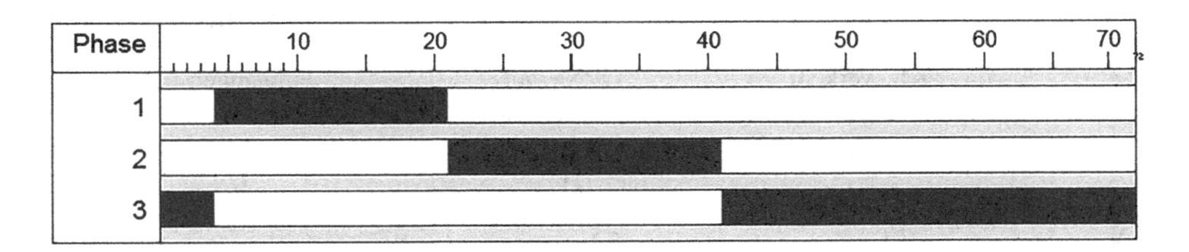

Abb. 14.9 Beispiel für den Phasenaufrufplan (Rahmensignalplan)

14.2.5 Bewertung von Lichtsignalprogrammen

14.2.5.1 Vorbemerkungen

Wichtigstes Kriterium für die Bewertung der Qualität des Verkehrsablaufs an Lichtsignalanlagen ist die Dauer der Wartezeit für Verkehrsteilnehmer, die durch Wartevorgänge aufgrund der alternierenden Sperrung und Freigabe der Knotenpunktdurchfahrt entstehen. Die Dauer der einzelnen Wartevorgänge ist als Zufallsgröße abhängig vom Zeitpunkt des Eintreffens und der Abfertigung an der Lichtsignalanlage. Das Berechnungsverfahren gemäß Kapitel S4 bzw. L4 des HBS (FGSV 2015) ermöglicht die Ermittlung der mittleren Wartezeiten und Rückstaulängen für den Kraftfahrzeugverkehr und der maximalen Wartezeiten für den Rad- sowie Fußgängerverkehr für festzeitgesteuerte Lichtsignalanlagen.

Neben der deterministischen Berechnung der Bewertungskriterien werden zunehmend auch Verfahren der mikroskopischen Simulation des Verkehrsablaufs für die Bewertung der Verkehrsflussqualität verwendet. Sie ermöglichen eine Erweiterung des Beurteilungsspektrums, insbesondere bei Einsatz verkehrsabhängiger Steuerungsverfahren sowie hinsichtlich des Zusammenwirkens von Lichtsignalanlagen im Strecken- und Netzzusammenhang. Aussagen zur Anwendung der mikroskopischen Verkehrsflusssimulation im Zusammenhang mit der Beurteilung des Verkehrsablaufs werden in den Kapiteln zu alternativen Verfahren (Kapitel S4.6 bzw. L4.6) des HBS (FGSV 2015) gegeben.

14.2.5.2 Qualitätsstufen des Verkehrsablaufs

Um eine einheitliche Bewertungsbasis zu schaffen, werden im HBS (FGSV 2015) die Qualitätsstufen des Verkehrsablaufs (QSV) A bis F definiert und für die einzelnen Verkehrsarten bzw. Verkehrsmittel Grenzwerte der mittleren bzw. maximalen Wartezeit festgelegt (siehe Tab. 14.1).

Maßgebend für die Beurteilung der Verkehrsqualität eines Knotenpunkts mit Lichtsignalanlage ist die schlechteste Qualitätsstufe, die sich für einen einzelnen Fahrstreifen im Kfz-Verkehr, im ÖPNV oder einen Strom des Fußgänger- und Radverkehrs bei der Querung einer Zufahrt ergibt. Sind einzelne Kfz-, Fußgänger- oder Radverkehrsströme am Knotenpunkt aufgrund ihrer geringen Verkehrsstärke von nachrangiger Bedeutung,

Tab. 14.1 Grenzwerte für die Qualitätsstufen der verschiedenen Verkehrsarten (HBS, FGSV 2015)

QSV	Kfz-Verkehr	ÖPNV auf Sonderfahrstreifen[a]	Fußgänger- und Radverkehr[b]
	Mittlere Wartezeit t_W [s]	Mittlere Wartezeit t_W [s]	Maximale Wartezeit $t_{W,max}$ [s]
A	≤20	≤5	≤30
B	≤35	≤15	≤40
C	≤50	≤25	≤55
D	≤70	≤40	≤70
E	>70	≤60	≤85
F	–[c]	>60	>85[d]

[a]Die Werte gelten auch für den ÖPNV, der durch eine verkehrsabhängige Steuerung priorisiert wird
[b]Die Grenzwerte gelten für den Radverkehr auch, wenn er auf der Fahrbahn gemeinsam mit dem Kfz-Verkehr geführt wird
[c] Die QSV F ist erreicht, wenn die nachgefragte Verkehrsstärke q über der Kapazität C liegt (q > C)
[d] Die Grenze zwischen den QSV E und F ergibt sich aus dem in den RiLSA (FGSV 2015) vorgegebenen Richtwert für die maximale Umlaufzeit von 90 s und der Mindestfreigabezeit von 5 s

so können sie bei der Bewertung der Verkehrsqualität des gesamten Knotenpunkts vernachlässigt werden und es ist die schlechteste Qualitätsstufe, die sich für einen der übrigen Verkehrsströme ergibt, für die Beurteilung der Verkehrsqualität des Knotenpunkts maßgebend.

14.2.5.3 Verfahrensablauf

In Abb. 14.10 sind die einzelnen Arbeitsschritte zur Beurteilung der Verkehrsqualität an Knotenpunkten mit LSA gemäß HBS (FGSV 2015) dargestellt. Die Ermittlung der Sättigungsverkehrsstärke erfolgt nach Gl. 14.2 (siehe Abschn. 14.2.4).

14.2.5.4 Kapazität bei unbehindertem Abfluss

Die Kapazität bei unbehindertem Abfluss ergibt sich nach Gl. 14.19. Dabei wird die geschaltete Freigabezeit t_F um eine Sekunde erhöht, um zu berücksichtigen, dass einige Fahrzeuge am Ende der Freigabezeit noch einen Teil der Gelbzeit nutzen (Wolfermann 2009).

$$C_0 = \frac{t_F + 1}{t_U} \cdot q_S = \frac{t_A}{t_U} \cdot q_S = f_A \cdot q_S \qquad (14.19)$$

mit			
	C_0	Kapazität eines Fahrstreifens mit unbehindertem Abfluss	[Kfz/h]
	t_F	Freigabezeit des Fahrstreifens	[s]
	t_U	Umlaufzeit	[s]
	q_S	Sättigungsverkehrsstärke des Fahrstreifens	[Kfz/h]
	t_A	Abflusszeit des Fahrstreifens	[s]
	f_A	Abflusszeitanteil des Verkehrsstroms i	[s]

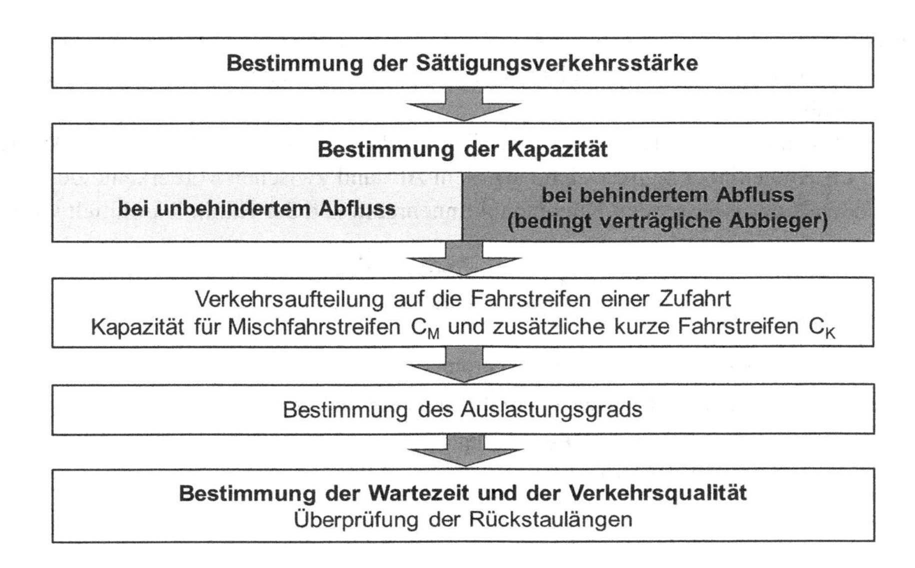

Abb. 14.10 Vorgehen zur Beurteilung der Verkehrsqualität gemäß HBS (FGSV 2015)

14.2.5.5 Kapazität der Linksabbieger bei bedingt verträglichem Abfluss

Die Kapazität C_{LA} bedingt verträglich geführter Linksabbieger setzt sich aus drei Bestandteilen zusammen:

- Kapazität C_D der Linksabbieger, die aufgrund ausreichender Zeitlücken den Gegenverkehrsstrom durchsetzen können,
- Kapazität C_{PW} der Linksabbieger, die sich im Knotenpunktinnenraum aufgestellt haben und während des Phasenwechsels abfließen,
- Kapazität C_{GF} der Linksabbieger, die zeitweise gesichert geführt werden.

Zur Bestimmung der Kapazität beim Durchsetzen C_D wird im HBS (FGSV 2015) ein vereinfachtes Näherungsverfahren beschrieben, mit dem die Kapazität auf Basis der sogenannten Durchsatzfreigabezeit $t_{F,\mathrm{durch}}$ (bei gleichzeitiger Freigabe der Linksabbieger und des Gegenverkehrsstroms entspricht $t_{F,\mathrm{durch}}$ deren Freigabezeiten) und der Verkehrsstärke des Gegenverkehrsstroms aus Diagrammen abgelesen werden kann. Da sich in der Planungspraxis ein abweichender Freigabezeitbeginn bzw. ein abweichendes Freigabezeitende zwischen Linksabbieger- und Gegenverkehrsstrom aufgrund verschiedener Randbedingungen häufig nicht vermeiden lässt, werden im HBS vier Möglichkeiten zur Bestimmung der Durchsatzfreigabezeit für solche Fälle beschrieben. Das detaillierte Verfahren zur Bestimmung der Kapazität beim Durchsetzen und die im HBS dargestellte Näherungslösung werden in Harders (2016) erläutert. Falls die Linksabbieger keinen Gegenverkehrsstrom durchsetzen, sondern lediglich den beim Abbiegen bevorrechtigten Fußgänger- oder Radverkehrsströmen Vorrang gewähren müssen (z. B. bei Einbahnstraßen), wird die Kapazität des Linksabbiegerstroms gemäß dem für Rechtsabbieger bei bedingt verträglichem Abfluss beschriebenen Vorgehen, bestimmt (siehe Gl. 14.24; Kapazitäten beim Phasenwechsel und/oder zeitweise gesicherter Führung entfallen in diesem Fall).

Die Kapazität beim Phasenwechsel C_{PW} ergibt sich aus der Anzahl der Aufstellplätze im Knoteninnenraum, welche aus dem Abstand zwischen Vorderkante des ersten wartenden Linksabbiegers im Knotenpunktinnenraum und der Haltlinie ermittelt wird:

$$C_{\mathrm{PW}} = \frac{L_{\mathrm{LA}}}{6 \cdot f_{\mathrm{SV}}} \cdot \frac{3600}{t_U} \tag{14.20}$$

mit			
	C_{PW}	Kapazität eines Linksabbiegerstroms beim Phasenwechsel	[Kfz/h]
	L_{LA}	Länge des Aufstellbereichs im Knotenpunktinnenraum	[m]
	f_{SV}	Anpassungsfaktor zur Berücksichtigung des Schwerverkehrs im Linksabbiegerstrom nach Gl. 14.6 bzw. Gl. 14.7	[-]
	t_U	Umlaufzeit	[s]

Die Kapazität für zeitweise gesichert geführte Linksabbieger C_{GF} wird bestimmt, wenn die Freigabezeit für die Linksabbieger früher beginnt oder später endet als die Freigabezeit für den Gegenverkehr und der zeitliche Versatz größer ist als die Summe aus der jeweiligen Zwischenzeit und 5 s Vor- bzw. Zugabezeit beträgt. Kürzere Zugabezeiten werden gemäß HBS in der Durchsatzfreigabezeit berücksichtigt. Bei der Kapazitätsermittlung zeitweise gesichert geführter Linksabbieger wird nach den Fällen mit Anzeige durch Diagonalgrün (Gl. 14.21) und ohne Anzeige durch Diagonalgrün (Gl. 14.22) unterschieden. Bei nicht angezeigten Zugabezeiten wird eine Zeitdauer von 2 s als nicht nutzbar angenommen, da der wartende Linksabbieger zunächst erkennen muss, dass der Gegenverkehr gesperrt wird.

$$C_{\mathrm{GF}} = \frac{t_{F,\mathrm{aGF}}}{t_U} \cdot q_S \tag{14.21}$$

$$C_{\mathrm{GF}} = \frac{t_{F,\mathrm{GF}} - 2}{t_U} \cdot q_S \tag{14.22}$$

mit			
	C_{GF}	Kapazität eines Linksabbiegerstroms bei zeitweise gesicherter Führung	[Kfz/h]
	$t_{F,aGF}$	Dauer der zeitweise gesicherten Führung der Linksabbieger mit Anzeige durch Diagonalgrün	[s]
	$t_{F,GF}$	Dauer der zeitweise gesicherten Führung der Linksabbieger ohne Anzeige durch Diagonalgrün	[s]
	q_S	Sättigungsverkehrsstärke für den Linksabbiegerstrom nach Gl. 14.2	[-]
	t_U	Umlaufzeit	[s]

Bei der Kapazitätsermittlung der Linksabbieger C_{LA} und der Schaltung von Zugabezeiten kann grundsätzlich zur Kapazität beim Durchsetzen C_D nur die Kapazität beim

Phasenwechsel C_{PW} oder die Kapazität für zeitweise gesichert geführte Linksabbieger C_{GF} addiert werden, da davon ausgegangen wird, dass zum Ende der Zugabezeit sich keine gestauten Linksabbieger mehr im Knoteninnenraum befinden. Da je nach Dauer der Zugabezeit die Kapazität C_{PW} oder C_{GF} maßgebend sein kann, sind grundsätzlich beide Kapazitätsbestandteile zu ermitteln und der größere der beiden Kapazitätswerte (C_{PW} oder C_{GF}) zusätzlich zur Kapazität beim Durchsetzen zu berücksichtigen.

Bei der Kapazitätsermittlung der Linksabbieger C_{LA} und der Schaltung von angezeigten Vorgabezeiten sind alle drei Kapazitätswerte (C_D, C_{PW} oder C_{GF}) zu addieren, um die Kapazität der Linksabbieger bei bedingt verträglichem Abfluss C_{LA} zu ermitteln.

Ergibt sich für die Kapazität der Linksabbieger bei bedingt verträglichem Abfluss C_{LA} eine größere Kapazität als nach Gl. 14.19 für C_0 (theoretische Kapazität bei unbehindertem Abfluss der Linksabbieger), so ist anstelle von C_{LA} die Kapazität C_0 für den Linksabbieger anzusetzen. Gemäß HBS wird der Wert C_0 dabei als Kontrollgröße berechnet, da es bei bestimmten Parameterkombinationen möglich ist, dass sich als Summe aus C_D, C_{PW} und C_{GF} eine größere Kapazität ergibt als bei unbehindertem Abfluss der Linksabbieger während der Freigabezeit.

14.2.5.6 Kapazität der Rechtsabbieger bei bedingt verträglichem Abfluss

Bedingt verträglich geführte Rechtsabbieger sind gegenüber dem parallel gerichteten Rad- und Fußgängerverkehrsstrom wartepflichtig. Folglich ist ein Rechtsabbiegen nur dann möglich, wenn sich keine Fußgänger und/oder Radfahrer auf der Furt des Fahrstreifens in der entsprechenden Knotenpunktausfahrt (in die abgebogen wird) befinden. Im HBS-Verfahren wird dies durch die sogenannte radfahrer- und fußgängerfreie Freigabezeit $t_{0,RF}$ für die Rechtsabbieger berücksichtigt:

$$t_{0,\mathrm{RF}} = t_{F,\mathrm{zGF}} + \max\begin{cases} t_F - t_{F,\mathrm{zGF}} - t_{\mathrm{BZ}} + t_{\mathrm{vor}} - \frac{L_{\mathrm{RA}}}{6 \cdot f_{\mathrm{SV}}} \cdot t_B \\ 0 \end{cases} \tag{14.23}$$

mit			
	$t_{F,zGF}$	Dauer der zusätzlichen Freigabezeit für den Rechtsabbiegerstrom, die zeitlich getrennt geschaltet wird (ist keine zusätzliche Freigabezeit für den Rechtsabbiegerstrom vorhanden, gilt $t_{F,zGF} = 0$ s)	[s]
	t_F	Geschaltete Freigabezeit für den Rechtsabbiegerstrom (einschließlich möglicher zusätzlicher Freigabezeit für den Rechtsabbiegerstrom, die zeitlich getrennt geschaltet wird)	[s]
	t_{BZ}	Belegungszeit der Furt durch Radfahrer und/oder Fußgänger nach Abb. 14.11	[s]
	t_{vor}	Zeitvorsprung für Radfahrer und Fußgänger	[s]
	L_{RA}	Länge des Aufstellbereichs zwischen Haltlinie und Fußgängerfurt (Abstand zwischen Vorderkante des ersten wartenden Fahrzeugs vor der Fußgängerfurt und der Haltlinie)	[m]
	f_{SV}	Anpassungsfaktor zur Berücksichtigung des Schwerverkehrs im Rechtsabbiegerstrom nach Gl. 14.6 bzw. Gl. 14.7	[-]
	t_B	Zeitbedarfswert für den Rechtsabbiegerstrom auf dem Fahrstreifen gemäß Gl. 14.3	[s/Kfz]

Zur Ermittlung der Belegungszeit wird im Verfahren des HBS (FGSV 2015) vereinfacht davon ausgegangen, dass die Furt nur unmittelbar nach Freigabezeitbeginn durch Radfahrer und Fußgänger belegt ist. Gemäß Abb. 14.11 wird die Belegungszeit t_{BZ} in Abhängigkeit von der Anzahl der Radfahrer und Fußgänger pro Umlauf (P) bestimmt. Bei räumlich getrennter Führung des Rad- und Fußgängerverkehrs ist t_{BZ} getrennt für beide Verkehrsarten zu ermitteln und der größere Wert in Gl. 14.23 zu verwenden. Weiterhin wird im HBS empfohlen, bei hohen Radverkehrs- oder Fußgängeraufkommen die Belegungszeit t_{BZ} durch separate Messungen zu bestimmen.

Die Kapazität bedingt verträglich geführter Rechtsabbieger C_{RA} ergibt sich zu:

$$C_{RA} = \min \begin{cases} \frac{t_{0,RF}}{t_U} \cdot q_s + \frac{3600 \cdot L_{RA}}{6 \cdot f_{SV} \cdot t_U} \\ C_0 \end{cases} \tag{14.24}$$

f_{SV}	Anpassungsfaktor zur Berücksichtigung des Schwerverkehrs im Rechtsabbiegerstrom nach Gl. 14.6 bzw. Gl. 14.7	[-]
t_U	Umlaufzeit	[s]
C_0	Theoretische Kapazität bei unbehindertem Abfluss der Rechtsabbieger gemäß Gl. 14.19	[Kfz/h]

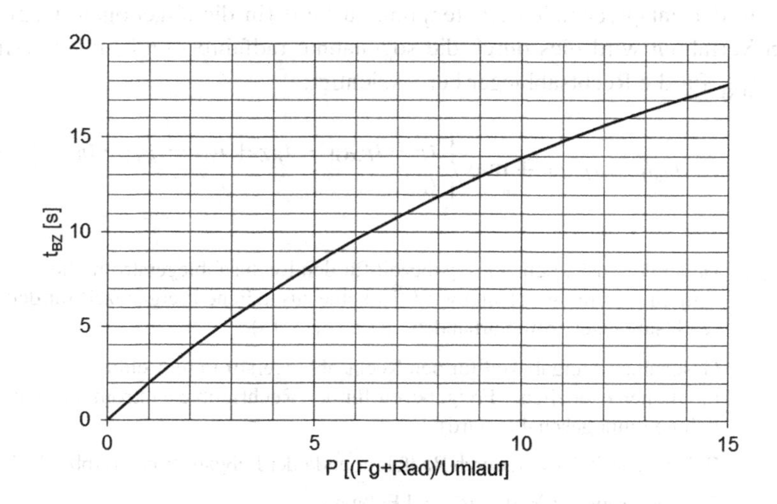

Abb. 14.11 Belegungszeit einer Furt in Abhängigkeit der Anzahl der Radfahrer und Fußgänger pro Umlauf (HBS, FGSV 2015)

14.2.5.7 Berücksichtigung besonderer Fahrstreifenkonstellationen

Den bisher in diesem Kapitel dargestellten Zusammenhängen liegt der Ansatz zugrunde, dass jedem Verkehrsstrom (Fahrbeziehung) ein eigener, ausreichend langer Fahrstreifen zur Verfügung steht. Um die realen Verhältnisse zu berücksichtigen, wird nach folgenden Fällen unterschieden:

1. Einem Verkehrsstrom stehen mehrere Fahrstreifen zur Verfügung.
2. Ein Verkehrsstrom wird mit anderen Verkehrsströmen auf einem Mischfahrstreifen geführt.
3. Einem Verkehrsstrom steht ein eigener Fahrstreifen zur Verfügung, der aber regelmäßig überstaut wird.

Fall 1 und 2: Stehen für die Verkehrsströme in einer Knotenpunktzufahrt mehrere Fahrstreifen zur Verfügung, so kann davon ausgegangen werden, dass sich die Fahrzeuge, die zwischen mehreren Fahrstreifen wählen können, so verteilen, dass sich auf den einzelnen Fahrstreifen der gleiche Auslastungsgrad einstellt (Harders und Schmotz 2015). Sind für einen Verkehrsstrom mehrere Fahrstreifen ohne Mischfahrstreifen vorhanden, so wird die Verkehrsstärke des entsprechenden Verkehrsstroms gleichmäßig auf die Fahrstreifen aufgeteilt (Verkehrsstärke/Fahrstreifenanzahl). Sind für einen Verkehrsstrom mehrere Fahrstreifen mit mindestens einem Mischfahrstreifen vorhanden, so ist davon auszugehen, dass Fahrzeuge, die zwingend einen Fahrstreifen befahren müssen, diesen Fahrstreifen benutzen und Fahrzeuge, die die Wahl zwischen mehreren Fahrstreifen haben, sich so verteilen, dass sich im Mittel ein gleicher Auslastungsgrad über diese Fahrstreifen ergibt. Ein Berechnungsansatz zur Ermittlung der Verkehrsstärken wird im HBS (FGSV 2015) beschrieben. Bei beiden Fällen ist zu berücksichtigen, dass, falls sich Fahrzeuge eines Verkehrsstroms im Hinblick auf das geplante Fahrmanöver am folgenden Knotenpunkt vorsortieren, die Aufteilung auf die Fahrstreifen unter Berücksichtigung der Abbiegeranteile am nachfolgenden Knotenpunkt zu schätzen ist.

Nutzen mehrere Verkehrsströme gemeinsam nur einen Fahrstreifen, ergibt sich die Kapazität C_M des Mischfahrstreifens aus den Kapazitäten der Einzelströme:

$$C_M = \frac{1}{\sum_{i=1}^{n_i} \frac{\frac{q_i}{q_M}}{C_i}} \tag{14.25}$$

mit			
	C_M	Kapazität eines Mischfahrstreifens	[Kfz/h]
	n_i	Anzahl der Verkehrsströme i auf dem Mischfahrstreifen	[-]
	q_i	Verkehrsstärke des Verkehrsstroms i	[Kfz/h]
	q_M	Verkehrsstärke des Mischfahrstreifens ($=\sum q_i$)	[Kfz/h]
	C_i	Kapazität des Verkehrsstroms i	[Kfz/h]

Fall 3: Ist der Fahrstreifen für einen Verkehrsstrom nicht ausreichend lang, können im Rückstau wartende Fahrzeuge den Abfluss der Fahrzeuge auf dem benachbarten Fahrstreifen behindern bzw. Fahrzeuge auf dem benachbarten Fahrstreifen den Rückstau der vor dem kurzen Fahrstreifen wartenden Fahrzeuge verlängern. Aufgrund der Vorgaben in den RAL (FGSV 2012) sowie der zumeist unproblematischeren Flächenverfügbarkeit an Landstraßenknotenpunkten sind die (Abbiege-)Fahrstreifen dort in der Regel ausreichend lang dimensioniert. Im Innerortsbereich ist die Ausbildung ausreichend langer (Abbiege-)Fahrstreifen hingegen aufgrund der beengten Platzverhältnisse häufig nicht möglich. Diesen Überlegungen folgend wird im HBS (FGSV 2015) im Kapitel S4 (Stadtstraßen) ein Verfahren zur Berücksichtigung kurzer Aufstellstreifen angegeben. Die Überprüfung, ob ein kurzer Fahrstreifen vorliegt, erfolgt anhand der Staulänge, die in 95 % der Fälle nicht überschritten wird (siehe Staulängen im Kfz-Verkehr). Ist die 95 %-Staulänge größer als die Länge des Fahrstreifens, kann dieser nicht mehr als eigenständiger Fahrstreifen betrachtet werden, sondern muss als ein erweiternder Teil des benachbarten durchgehenden Fahrstreifens behandelt werden (Bezeichnung der Kombination: Fahrstreifen mit zusätzlichem kurzem Aufstellstreifen). Das im HBS zur Behandlung dieser Fahrstreifenkombinationen angegebene Verfahren basiert auf Wu (2007). Dieses Verfahren ist nur anwendbar, so lange für keinen, der auf dem Fahrstreifen mit zusätzlichem kurzem Aufstellstreifen geführten Verkehrsströme ein weiterer Fahrstreifen vorhanden ist, da sonst Verkehrsverlagerungen in diesen Fahrstreifen auftreten können. Eine notwendige Vereinfachung des Verfahrens bildet die Vorgabe, dass das Verfahren für Fahrstreifen mit zusätzlichem kurzem Aufstellstreifen nur angewendet werden soll, wenn der kurze Aufstellstreifen mit einer gewissen Sicherheit überstaut wird. Beeinflussungen des Verkehrsablaufs treten auch auf, wenn der Zufluss zum kurzen Aufstellstreifen zeitweise durch Rückstau auf dem durchgehenden Fahrstreifen blockiert wird. Allerdings treten in solchen Fällen Kapazitätsverluste vor allem für den in der Regel schwächer belasteten Verkehrsstrom auf dem kurzen Aufstellstreifen auf. Diese Vereinfachung ist vergleichbar mit der aus dem HBS (FGSV 2015) bekannten Forderung, dass der Zufluss zu einem Abbiegefahrstreifen nur in der „Normalverkehrszeit“ mit 95%iger Sicherheit gewährleistet sein soll, wo hingegen der Zufluss zum durchgehenden Fahrstreifen auch in der „Hauptverkehrszeit“ gegeben sein sollte.

14.2.5.8 Wartezeiten im Kfz-Verkehr

Die mittlere Wartezeit für den Kfz-Verkehr ergibt sich gemäß Gl. 14.26 aus der Grundwartezeit (Wartezeit, die aus dem periodischen Wechsel zwischen Freigabezeit und Sperrzeit resultiert) und der Reststauwartezeit (Wartezeit, die aus dem Rückstau aufgrund von Fahrzeugen entsteht, die bis zum Ende der Freigabezeit nicht abfließen können.

$$t_W = t_{W,G} + t_{W,R} \tag{14.26}$$

$$t_{W,G} = \frac{t_U \cdot (1 - f_A)^2}{2 \cdot (1 - \min\{1; x\} \cdot f_A)} \tag{14.27}$$

$$t_{W,R} = \frac{N_{\mathrm{GE}} \cdot 3600}{C_0} \tag{14.28}$$

mit			
	t_W	Mittlere Wartezeit der Kraftfahrzeuge (fahrstreifenbezogen)	[s]
	$t_{W,G}$	Grundwartezeit (fahrstreifenbezogen) gemäß Gl. 14.27	[s]
	$t_{W,R}$	Reststauwartezeit (fahrstreifenbezogen)gemäß Gl. 14.28	[s]
	t_U	Umlaufzeit	[s]
	f_A	Abflusszeitanteil des betrachteten Fahrstreifens	[-]
	x	Auslastungsgrad des betrachteten Fahrstreifens	[-]
	N_{GE}	Mittlere Rückstaulänge bei Freigabezeitende auf dem betrachteten Fahrstreifen	[Kfz]
	C_0	Kapazität des betrachteten Fahrstreifens bei unbehindertem Abfluss	

Die Reststauwartezeit als zweiter Wartezeitbestandteil wird durch die Kapazität und die mittlere Rückstaulänge bei Freigabezeitende (N_{GE}) eines Fahrstreifens bestimmt. Grundlage des Berechnungsansatzes zur Bestimmung der mittleren Rückstaulänge bei Freigabezeitende N_{GE} bilden die Forschungsarbeiten Wu (1990) und Wu (1992). Diese Ansätze ermöglichen es, die Auswirkungen von Nachfrageschwankungen, wie sie innerhalb der Bemessungsstunde auftreten können (sogenannte Instationaritäten), bei der Bestimmung von N_{GE} zu berücksichtigen. Dabei wird ein parabelförmiger Verlauf der Verkehrsnachfrage während der Bemessungsstunde unterstellt (Abb. 14.12). Die Ausprägung der Nachfrageschwankung (z in Abb. 14.12) wird durch den sogenannten

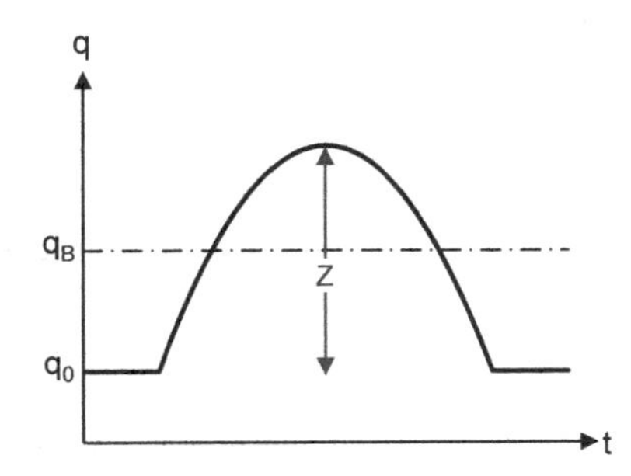

Abb. 14.12 Vereinfachte Ganglinie der Verkehrsnachfrage in der Bemessungsstunde

Instationaritätsfaktor f_{in} geschätzt, welcher sich aus dem Verhältnis der Verkehrsstärke im höchstbelasteten 15-min-Intervall der Bemessungsstunde zur durchschnittlichen Verkehrsstärke der Bemessungsstunde bestimmen lässt (Gl. 14.29).

$$f_{in} = 1 + \frac{\frac{4 \cdot q_{15}}{q_B} - 1}{1{,}5} \tag{14.29}$$

mit f_{in} Instationaritätsfaktor eines Fahrstreifens [-]

q_{15} Verkehrsstärke im höchstbelasteten 15-min-Intervall der Bemessungsstunde [Kfz/15 min]

q_B Durchschnittliche Verkehrsstärke in der Bemessungsstunde [Kfz/h]

Treten keine Nachfrageschwankungen in der Bemessungsstunde auf (d. h. die Verkehrsstärke im höchstbelasteten 15-min-Intervall entspricht einem Viertel der stündlichen Verkehrsstärke), so beträgt der Instationaritätsfaktor $f_{in} = 1$. Zur Bestimmung des Instationaritätsfaktors sollte somit zusätzlich zur stündlichen Verkehrsstärke auch die Verkehrsstärke im höchstbelasteten 15-min-Intervall als Eingangsgröße bekannt sein (z. B. aus Verkehrserhebungen mit entsprechender zeitlicher Auflösung). Liegen keine Informationen zum höchstbelasteten 15-min-Intervall vor, wird im HBS (FGSV 2015) empfohlen, näherungsweise mit $f_{in} = 1{,}1$ zu rechnen (d. h. dass die Verkehrsstärke im höchstbelasteten 15-min-Intervall (in Kfz/h) um den Faktor 1,15 höher als die durchschnittlichen Verkehrsstärke in der Bemessungsstunde liegt). Die mittlere Rückstaulänge bei Freigabezeitende N_{GE} ergibt sich für die Bemessungsstunde (oder allgemein den Betrachtungszeitraum von einer Stunde) gemäß Gl. 14.30.

$$N_{GE} = \max \begin{cases} \frac{0{,}58 \cdot C_0}{4} \cdot \left[(f_{in} \cdot x - 1) + \sqrt{(f_{in} \cdot x - 1)^2 + \frac{4 \cdot f_{in} \cdot x}{0{,}58 \cdot C_0}} \right] \\ \frac{C_0}{4} \cdot \left[(x - 1) + \sqrt{(x - 1)^2 + \frac{4 \cdot x}{C_0}} \right] \end{cases} \tag{14.30}$$

mit N_{GE} Mittlere Rückstaulänge bei Freigabezeitende auf dem betrachteten Fahrstreifen [Kfz]

f_{in} Instationaritätsfaktor des betrachteten Fahrstreifens [-]

x Auslastungsgrad des betrachteten Fahrstreifens [-]

C_0 Kapazität des betrachteten Fahrstreifens bei unbehindertem Abfluss

Die Wartezeitermittlung für bedingt verträgliche Abbiegeströmen, Mischfahrstreifen und Fahrstreifen mit zusätzlichem kurzem Aufstellstreifen erfolgt grundsätzlich nach dem erläuterten Vorgehen. Allerdings werden in den Gleichungen für Grund- und Reststauwartezeit sowie für die Rückstaulänge bei Freigabezeitende und für den Instationaritätsfaktor dann die Verkehrsstärke, die Kapazität, der Auslastungsgrad und der nach entsprechenden Rechenvorschriften bestimmte rechnerische Abflusszeitanteil des bedingt verträglichen Abbiegestroms, des Mischfahrstreifens oder des Fahrstreifens mit zusätzlichem kurzem Aufstellstreifen verwendet. Hinsichtlich der im Einzelfall anzuwendenden Gleichungen wird auf das HBS (FGSV 2015) hingewiesen.

14.2.5.9 Mittlere Wartezeit für Fahrzeuge des ÖPNV auf Sonderfahrstreifen

Die mittlere Wartezeit für Fahrzeuge des ÖPNV auf einem Sonderfahrstreifen ergibt sich bei einer festzeitgesteuerten Knotenpunktzufahrt ohne Haltestelle gemäß Gl. 14.31:

$$t_{W,\text{ÖV}} = \frac{t_S}{t_U} \cdot \left(\frac{t_S}{2} + t_{az} \right) \tag{14.31}$$

mit	$t_{W,\text{ÖV}}$	Mittlere Wartezeit für ÖV-Fahrzeuge auf Sonderfahrstreifen	[s]
	t_S	Geschaltete Sperrzeit für den Sonderfahrstreifen	[s]
	t_U	Umlaufzeit	[s]
	t_{az}	Anfahrzeitzuschlag für ÖV-Fahrzeuge auf Sonderfahrstreifen	[s]

Der Anfahrzeitzuschlag für Fahrzeuge des ÖPNV auf einem Sonderfahrstreifen beträgt bei einer zulässigen Höchstgeschwindigkeit von 50 km/h für Linienbusse 11,6 s und für Straßenbahnen 13,9 s. Bei der Berechnung der mittleren Wartezeit für ÖV-Fahrzeuge auf einem Sonderfahrstreifen wird davon ausgegangen, dass ein Reststau von ÖV-Fahrzeugen aufgrund ausreichender Freigabezeit nicht auftritt. Steht dem ÖV-Fahrzeug kein eigener Fahrweg zur Verfügung, ist die mittlere Wartezeit nach Gl. 14.26 zu bestimmen.

14.2.5.10 Wartezeiten im Kfz-Verkehr für den gesamten Knotenpunkt

Die verkehrsstärkegewichtete mittlere Wartezeit im Kfz-Verkehr für den gesamten Knotenpunkt ergibt sich gemäß Gl. 14.32.

$$t_{W,\text{ges}} = \frac{\sum_{i=1}^{n} q_i \cdot t_{W,i}}{\sum_{i=1}^{n} q_i} \tag{14.32}$$

mit	$t_{W,\text{Ges}}$	Gewichtete mittlere Wartezeit im Kfz-Verkehr für den gesamten Knotenpunkt	[s]
	$t_{W,i}$	Mittlere Wartezeit der Kraftfahrzeuge auf dem Fahrstreifen i	[s]
	q_i	Kfz-Verkehrsstärke auf dem Fahrstreifen i	[Kfz/h]
	n	Anzahl der Fahrstreifen	[-]

Die verkehrsstärkegewichtete mittlere Wartezeit im Kfz-Verkehr kann verwendet werden,

- um zu prüfen, ob für weniger bedeutende Nebenströme mit vernachlässigbar geringer Verkehrsstärke eine QSV E hinnehmbar ist, wenn dadurch die Gesamtwartezeit an einem Knotenpunkt insgesamt verringert werden kann und
- zur vergleichenden Beurteilung der Verkehrsqualität (im Kfz-Verkehr) von unterschiedlichen Signalprogrammen eines Knotenpunkts.

Die verkehrsstärkegewichtete mittlere Wartezeit ist nicht geeignet, um den gesamten Knotenpunkt einer Qualitätsstufe gemäß Tab. 14.1 zuzuordnen.

14.2.5.11 Wartezeiten für den Fußgänger- und Radverkehr

Gemäß HBS (FGSV 2015) bildet die maximale Wartezeit das maßgebende Qualitätskriterium für den Fußgänger- und Radverkehr an Knotenpunkten mit LSA – siehe Tab. 14.1.

Bei der Querung einer Zufahrt über eine Furt ohne Mittelinsel entspricht die maximale Wartezeit der Sperrzeit des betrachteten Verkehrsstroms, welche unmittelbar dem Signalzeitenplan entnommen werden kann. Dabei ist zu berücksichtigen, dass bei gemeinsamer Führung des Radverkehrs mit dem Kfz-Verkehr auf der Fahrbahn oder der Führung des Radverkehrs auf einem Radfahrstreifen ohne eigenen Signalgeber die Sperrzeit des zugehörigen Kfz-Verkehrsstroms als maximale Wartezeit für den Radverkehr angesetzt wird.

Erfolgt die Querung einer Zufahrt über zwei durch eine Mittelinsel getrennte Furten, ist zusätzlich die Wartezeit auf der Mittelinsel zu berücksichtigen. Dabei wird davon ausgegangen, dass der Fußgänger bzw. Radfahrer zu Beginn der Freigabezeit an der ersten Furt startet und dann unter Berücksichtigung der Geh- bzw. Fahrzeit an der zweiten Furt eintrifft. Anhand des Signalzeitenplans kann anschließend geprüft werden, ob der Fußgänger- oder Radfahrer während der Freigabezeit an der zweiten Furt eintrifft (in diesem Fall fällt keine weitere Wartezeit an) oder auf der Mittelinsel auf die Freigabe der zweiten Furt warten muss. In diesem Fall hängt die Wartezeit vom Versatz der Freigabezeiten der beiden Furten ab und die Wartezeit auf der Mittelinsel muss aus dem Signalzeitenplan bestimmt werden. Die maximale Wartezeit ergibt sich dann aus der Sperrzeit der ersten Furt und der Wartezeit auf der Mittelinsel. Da sich bei diesem Vorgehen unterschiedliche maximale Wartezeiten für beide Querungsrichtungen ergeben können, erfolgt die Wartezeitermittlung für beide Richtungen separat. Maßgebend für die Zufahrt ist dann die größere der beiden Wartezeiten. Die maximale Wartezeit für die Querung von mehr als zwei durch Verkehrsinseln getrennte Furten wird sinngemäß bestimmt, allerdings erfolgt in diesen Fällen keine Qualitätseinstufung, da die in Tab. 14.1 angegebenen Grenzwerte der maximalen Wartezeit dann nicht mehr gelten.

14.2.5.12 Rückstaulängen

Die Dimensionierung der Fahrstreifen bildet einen wesentlichen Bestandteil für die Funktionalität einer Signalsteuerung, da die Kapazität eines Fahrstreifens nur dann voll zur Geltung kommen kann, wenn der betrachtete Fahrstreifen ausreichend lang ist. Im HBS (FGSV 2015) werden für die Längenentwicklung von Abbiegefahrtstreifen unterschiedliche Kriterien in Abhängigkeit von der Ortslage angegeben. So sind an signalisierten Knotenpunkten im Außerortsbereich die Abbiegefahrstreifen anhand der Staulänge zu dimensionieren, die in 90 % der Fälle nicht überschritten wird (Kapitel L4, HBS (FGSV 2015)) und im Innerortsbereich ist die 95 %-Staulänge maßgebend (Kapitel S4, HBS (FGSV 2015)). Das niedrigere Staulängenkriterium für signalgeregelte Landstraßenknotenpunkte ist auf die Dimensionierung eines Abbiegestreifens gemäß den RAL (FGSV 2012) zurückzuführen. Dabei ist zusätzlich zur Aufstelllänge eine Verzögerungsstrecke (mit einer Länge von 20 bis 40 m) zu berücksichtigen, welche in den RASt (FGSV 2006) für die Anlage von Abbiegefahrstreifen an Innerortsknotenpunkten nicht gefordert wird. Grundlage für die Dimensionierung der Abbiegefahrstreifen mit den entsprechenden Perzentilen der Staulängen bilden dabei die in der Bemessungsstunde (50. höchstbelastete Stunde eines Jahres) auftretenden Verkehrsstärken sowie das zugehörige Spitzenstundeprogramm der Signalanlage.

Um die Perzentile der Rückstaulängen zu bestimmen, wird gemäß HBS (FGSV 2015) zunächst der mittlere Maximalstau gemäß Gl. 14.33 bestimmt. Unter Maximalstau ist dabei die Rückstaulänge zu verstehen, welche sich aus den zu Sperrzeitende gestauten Fahrzeugen zuzüglich der während der Stauabbauzeit eintreffenden Fahrzeuge ergibt. Diese Rückstaulänge beschreibt somit die Entfernung zwischen Haltlinie und der Position des letzten haltenden Fahrzeugs, welches während der Freigabezeit am Stauende eintrifft.

$$N_{\mathrm{MS}} = N_{\mathrm{GE}} + \frac{q \cdot t_U \cdot (1 - f_A)}{3600 \cdot (1 - \min\{1; x\} \cdot f_A)} \tag{14.33}$$

mit			
	N_{MS}	Mittlere Rückstaulänge bei Maximalstau auf einem Fahrstreifen	[Kfz]
	N_{GE}	Mittlere Rückstaulänge bei Freigabezeitende auf dem Fahrstreifen (Gl. 14.30)	[Kfz]
	q	Verkehrsstärke des Fahrstreifens	[Kfz/h]
	t_U	Umlaufzeit	[s]
	f_A	Abflusszeitanteil des Fahrstreifens ($= t_A/t_U$)	[-]
	t_A	Abflusszeit des Fahrstreifens	[s]
	x	Auslastungsgrad des Fahrstreifens ($= q/C$)	[-]

Ausgehend von der mittleren Rückstaulänge bei Maximalstau kann anschließend die Rückstaulänge, welche mit einer bestimmten statistischen Sicherheit S nicht überschritten wird, gemäß Gl. 14.34 bestimmt werden.

$$N_{\mathrm{MS},S} = \left(e^{0{,}022\cdot(S-50)} - 1\right) \cdot \sqrt{N_{\mathrm{MS}}} + N_{\mathrm{MS}} \tag{14.34}$$

mit			
	$N_{\mathrm{MS},S}$	Perzentile der Rückstaulänge	[Kfz]
	N_{MS}	Mittlere Rückstaulänge bei Maximalstau auf einem Fahrstreifen	[Kfz]
	S	Sicherheit gegen Überstauung (S = 90 oder 95)	[%]

14.2.6 Koordinierte Lichtsignalsteuerung (Grüne Welle)

14.2.6.1 Funktionsweise, Einsatzbereiche und Entwurf

Eine Linienkoordinierung der Freigabezeiten in einem Streckenzug wird erreicht, indem die Freigabezeiten der in Fahrtrichtung aufeinander folgenden Knotenpunkte durch Zeitversätze so abgestimmt werden, dass die Mehrzahl der Fahrzeuge in den koordinierten Verkehrsströmen bei Einhaltung einer bestimmten Geschwindigkeit die Strecke ohne Halt passieren kann. Netzkoordinierungen werden durch Verknüpfung von Linienkoordinierungen gebildet.

Für die Steuerung des Verkehrs in Städten hat die koordinierte Lichtsignalsteuerung, auch als „Grüne Welle" bezeichnet, eine nach wie vor große Bedeutung. Die Funktionsfähigkeit Grüner Wellen ist im öffentlichen Bewusstsein häufig das maßgebliche Kriterium für die Qualität eines Lichtsignalsteuerungssystems und stellt daher auch im kommunalpolitischen Raum oft eine zentrale Anforderung an die städtische Lichtsignalsteuerung dar. In vielen Fällen werden allerdings Zielkonflikte und Nachteile im Zusammenhang mit der koordinierten Lichtsignalsteuerung nicht ausreichend beachtet (z. B. Folgen für ÖPNV-, Fußgänger- und Radverkehrssignalisierung).

Durch die Grüne Welle werden in den koordinierten Fahrtrichtungen insbesondere eine Harmonisierung der Geschwindigkeiten im Kraftfahrzeugverkehr und eine Verminderung der Zahl lichtsignalbedingter Halte erreicht.

Voraussetzung für eine koordinierte Lichtsignalsteuerung ist eine einheitliche Umlaufzeit (System-Umlaufzeit) an allen einzubeziehenden Knotenpunkten. Die Umlaufzeit ist zunächst für alle Knotenpunkte zu berechnen; maßgebend wird der Knotenpunkt mit der größten erforderlichen Umlaufzeit. Damit ist gewährleistet, dass alle Verkehrsströme an allen Knotenpunkten leistungsgerecht abgewickelt werden können, soweit keine koordinierungsbedingten Einschränkungen wirksam werden. Kurzfristige Abweichungen von dieser System-Umlaufzeit, die als Folge von Freigabezeitanpassungen und Freigabezeitanforderungen auftreten können, müssen sich ausgleichen. Kurzumläufe innerhalb der System-Umlaufzeit können zur Steuerung des Verkehrsablaufs bei Fußgänger-Lichtsignalanlagen oder bei Knotenpunkten mit schwachem Querverkehr vorgesehen werden. Die Summe der Umlaufzeiten der Kurzumläufe muss gleich der System-Umlaufzeit sein (RiLSA (FGSV 2015)).

Weitere Einsatzbedingungen und Hinweise zur Einrichtung von Linienkoordinierungen bilden:

- Für Abbieger sollten Abbiegestreifen vorgesehen werden, damit der durchgehende Verkehr nicht behindert wird und Auffahrunfälle vermieden werden (RiLSA (FGSV 2015)).
- Der Anteil der Links- bzw. Rechtsabbieger soll bezogen auf den Gesamtverkehr in den koordinierten Fahrtrichtungen nicht zu hoch sein, damit der Fahrzeugpulk im Grünband nicht durch ausfädelnde Abbieger behindert wird. Hohe Verkehrsstärken der in die Koordinierungsstrecke einbiegenden Verkehre erfordern entsprechende Freigabezeitvorsprünge, damit die Fahrzeuge vor dem Eintreffen des koordinierten Fahrzeugpulks abfließen können. Dies kann die Realisierung der Koordinierung erschweren.

- Im Zuge der Koordinierungsstrecke sind Störungen durch Halten/Parken und durch Haltevorgänge des ÖV gering zu halten. Beeinträchtigungen des Verkehrsablaufs durch haltende und parkende Fahrzeuge können mittels Halteverbote vermieden und durch die Anlage von Busbuchten die Störungen durch den ÖV gering gehalten werden. Die Anlage von mehr als einem durchgehenden Fahrstreifen oder die Anlage von Radverkehrsanlagen wirken sich positiv auf die Qualität der Koordinierung aus, da sich der ggf. auf der Fahrbahn geführte Radverkehr überholen lässt und auch bei anderen Störungen des Verkehrsflusses überholt werden kann.
- Grüne Wellen für den Kraftfahrzeugverkehr sind bei Entfernungen zwischen Lichtsignalanlagen bis zu 750 m, in besonders günstigen Fällen auch bis zu 1.000 m, wirksam. Bei größeren Abständen lösen sich Fahrzeugpulks so weit auf, dass eine Koordinierung der Lichtsignalanlagen in der Regel nicht mehr sinnvoll ist. Hohe Kurvigkeiten oder starke Steigungen führen dazu, dass sich die Fahrzeugpulks auch schon bei kürzeren Knotenpunktabständen auflösen können.
- Fußgängerüberwege (Zeichen 293 der StVO) sind an Straßen mit Grüner Welle nicht zulässig (siehe VwV-StVO zu § 26).

Bei der Berechnung der Freigabezeiten in den Koordinierungsrichtungen sollte von einem Auslastungsgrad $x \leq 0{,}85$ (max. 0,90) ausgegangen werden. Mit den berechneten Freigabezeiten für die zu koordinierenden Verkehrsströme und der festgelegten Progressionsgeschwindigkeit V_p werden die Grünbänder entworfen und in einem Zeit-Weg-Diagramm dargestellt. In der Regel empfiehlt sich eine Progressionsgeschwindigkeit von 90 % bis 100 % der zulässigen Höchstgeschwindigkeit. Zwischen der Umlaufzeit, den Progressionsgeschwindigkeiten in Richtung und Gegenrichtung und dem sogenannten Teilpunktabstand besteht der in Gl. 14.35 beschriebene Zusammenhang. Bei gleichen Progressionsgeschwindigkeiten in beiden Koordinierungsrichtungen vereinfacht sich die Grundgleichung der Grünen Wellen gemäß Gl. 14.36.

$$t_U = \frac{3{,}6 \cdot l_{\mathrm{TP}}}{V_{p,R1}} + \frac{3{,}6 \cdot l_{\mathrm{TP}}}{V_{p,R2}} \tag{14.35}$$

$$t_U = \frac{7{,}2 \cdot l_{\mathrm{TP}}}{V_p} \tag{14.36}$$

mit			
	t_U	Umlaufzeit	[s]
	l_{TP}	Teilpunktabstand	[m]
	$V_{p,\mathrm{R1}}$	Progressionsgeschwindigkeiten in Richtung der Koordinierung	[km/h]
	$V_{p,\mathrm{R2}}$	Progressionsgeschwindigkeiten in Gegenrichtung der Koordinierung	[km/h]
	V_p	Progressionsgeschwindigkeiten der Koordinierung (bei gleichen Progressionsgeschwindigkeiten in beiden Fahrtrichtungen)	[km/h]

Der Teilpunkt stellt den Schnittpunkt der Mittellinien zweier gegenläufiger Grünbänder dar. An Knotenpunkten in Teilpunkten erreicht die verfügbare Freigabezeitdauer für querende und abbiegende Verkehrsströme ihr Maximum.

In der Praxis werden Grüne Wellen in der Regel als Progressivsystem mit nicht stetiger Grünbandführung ausgeführt, d. h., dass die Freigabezeiten an aufeinander folgenden Knotenpunkten um diejenige Zeit versetzt geschaltet werden, die der rechnerischen Fahrzeit von Haltelinie zu Haltelinie entspricht. Als nicht stetig wird eine Grünbandführung bezeichnet, bei der außerhalb des stetigen Grünbands zusätzliche Freigabezeiten als Vor- und Nachlaufzeiten geschaltet werden. Eine „ideale" Form der Grünen Welle mit einer stetigen Grünzeitführung entsteht nur dann, wenn sich die Teilpunktabstände mit den Abständen der Knotenpunkte mit starkem Querverkehr decken und die Freigabezeiten an jedem Knotenpunkt entsprechend dem durchgehenden Grünband zugeteilt werden können (siehe Abb. 14.13). Ein Simultansystem, bei welchem an allen Knotenpunkten zur selben Zeit das gleiche Signal gezeigt wird, eignet sich in der Regel nur bei kurzen Knotenpunktabständen bis ca. 100 m.

In der Regel weichen die tatsächlichen Verhältnisse von den Idealbedingungen erheblich ab, sodass Einschränkungen oder Unterbrechungen der Grünbänder in vielen Fällen in Kauf zu nehmen sind. Während der Spitzenverkehrszeiten sollte daher angestrebt werden, zumindest in der stärker belasteten Richtung ein möglichst durchgehendes Grünband zu schalten. In vielen Fällen ist dieses Ziel nur bedingt erreichbar, z. B. bei stark unterschiedlicher Dauer der Freigabezeiten in der Vorzugsrichtung an aufeinander

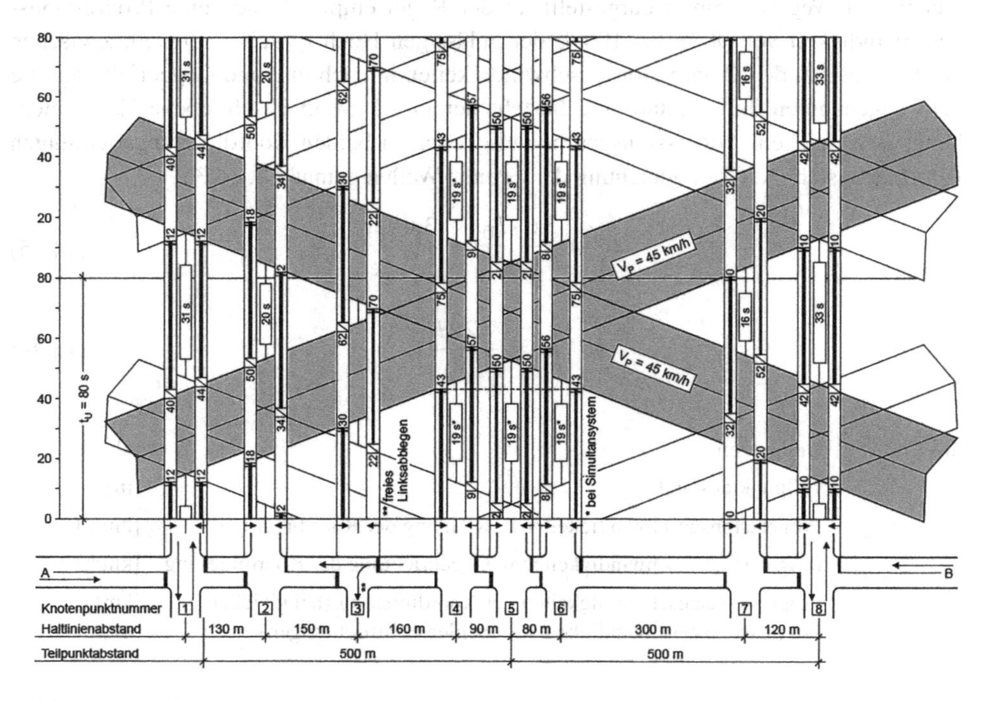

Abb. 14.13 Darstellungsbeispiel – Zeit-Weg-Diagramm eines Progressivsystems mit stetiger Grünzeitführung (RiLSA (FGSV 2015))

folgenden Knotenpunkten. Sofern bei gleichem Fahrstreifenangebot an einem Folgeknotenpunkt die Freigabezeit in der Koordinierungsrichtung kürzer geschaltet wird als am Vorknoten, empfiehlt es sich auch aus Akzeptanzgründen, bei kurzem Knotenpunktabstand und geringem bis mittleren Auslastungsgrad die Koordinierung unter Berücksichtigung der erforderlichen Vorlaufzeit auf den Pulkbeginn abzustimmen. Dadurch werden vorrangig die im höher ausgelasteten ersten Teil der Freigabezeit befindlichen Fahrzeuge ohne Halt am Folgeknoten abgewickelt. Bei größeren Knotenpunktabständen, höheren Auslastungsgraden und bei aufgeweiteten Zufahrten am Folgeknotenpunkt ist es meist sinnvoller, die Koordinierung auf das Pulkende abzustimmen, um der Pulkauflösung entgegenzuwirken und die vorhandene Kapazität am Folgeknotenpunkt besser zu nutzen. Sofern am Folgeknoten eine deutlich größere Freigabezeit als am Vorknoten geschaltet werden kann, ist in der Regel die Abstimmung der Koordinierung auf den Pulkbeginn vorzunehmen. Auf diese Weise lassen sich auch überhöhte Geschwindigkeiten vermeiden. Dieser Aspekt kann ebenso bei verkehrsabhängiger Steuerung von Bedeutung sein, wenn z. B. in Schwachlastzeiten die verfügbaren Bemessungsspielräume in Abbiege- und Querverkehr nicht vollständig in Anspruch genommen werden.

Auch die unzureichende Ausnutzung der Kapazität an Knotenpunkten zwischen den Teilpunkten der Grünen Welle kann zu Zielkonflikten führen. Bei teilweiser Überlappung der Grünbänder in Richtung und Gegenrichtung besteht zwar die Möglichkeit einer zeitweilig gesicherten Führung des Linksabbiegeverkehrs während der Vor- und Zugabezeiten; weitgehend zeitversetzte Freigabezeiten der Hauptrichtungen an teilpunktfern gelegenen Knotenpunkten lassen sogar den freien Abfluss des Linksabbiegeverkehrs zu. Möglichkeiten für die Abwicklung des einbiegenden und kreuzenden Verkehrs sind an diesen Knotenpunkten ohne Einschränkung der Grünen Welle jedoch nur begrenzt oder nicht vorhanden.

Analytische Verfahren zur Berechnung von Grünen Wellen werden in Schnabel und Lohse (2011) beschrieben. Eine einfache Möglichkeit zur Überprüfung, ob ausgehend von der Koordinierung einer Fahrtrichtung auch die Gegenrichtung unter Berücksichtigung der notwendigen Freigabezeiten für den Querverkehr koordiniert werden kann, bietet das Dominanzverfahren. Das Dominanzverfahren umfasst auch einen Berechnungsansatz, mit dem die optimalen Freigabezeitfenster (Vor- und Nachlauf oder nur im Nachlauf) für die Linksabbieger bestimmt werden können (Schnabel und Lohse 2011).

14.2.6.2 Wartezeiten im Kfz-Verkehr bei koordinierter Lichtsignalsteuerung

Basierend auf dem im HCM (2010) angegebenen Verfahren wird im HBS eine Möglichkeit zur Bestimmung der mittleren Wartezeit für Zufahrten mit koordinierten Verkehrsströmen beschrieben. Die Effekte der Koordinierung werden sowohl bei der Bestimmung der Grundwartezeit (Gl. 14.27) als auch bei der Bestimmung der Reststauwartezeit (Gl. 14.28) durch die Progressionsfaktoren f_{k1} und f_{k2} berücksichtigt. Zur Ermittlung dieser Progressionsfaktoren muss der signalgeregelte Knotenpunkt, welcher sich in Fahrtrichtung gesehen vor dem betrachteten Knotenpunkt befindet, mit einbezogen werden.

Anhand des Anteils der Fahrzeuge, welche im koordinierten Verkehrsstrom in Kolonne verkehren, an allen am betrachteten Knotenpunkt eintreffenden Fahrzeugen (Fahrzeuge im koordinierten Verkehrsstrom und am stromaufwärts gelegenen Knotenpunkt einbiegende Fahrzeuge) kann unter Berücksichtigung des Ankunftszeitpunkts der Fahrzeugkolonne am betrachteten Knotenpunkt der Progressionsfaktor f_{k1} bestimmt werden, der auf die Grundwartezeit wirkt. Der Progressionsfaktor f_{k2}, welcher auf die Reststauwartezeit wirkt, ergibt sich aus dem verkehrsstärkegewichteten Auslastungsgrad des stromaufwärts gelegenen signalgeregelten Knotenpunkts. Für seine Ermittlung werden nur die Auslastungsgrade der Verkehrsströme am stromaufwärts gelegenen Knotenpunkt berücksichtigt, welche auf den koordinierten Fahrstreifen des betrachteten Knotenpunkts eintreffen (koordinierter Verkehrsstrom und einbiegende Fahrzeugströme am stromaufwärts gelegenen Knotenpunkt). Zur genauen Bestimmung der Progressionsfaktoren f_{k1} und f_{k2} wird auf das einschlägige Regelwerk (HBS (FGSV 2015)) verwiesen. Es sei angemerkt, dass die Bestimmung der Progressionsfaktoren ein vergleichsweise hohes verkehrstechnisches Know-how vom Anwender und eine gute theoretische Abschätzung der sich durch die Koordinierung einstellenden Verkehrsverhältnisse erfordern.

Die mittlere Wartezeit im Kfz-Verkehr bei koordinierten Verkehrsströmen erlaubt aber keine unmittelbare Beurteilung der Güte der Koordinierung. Sie dient zum einen zum Abgleich mit den in Tab. 14.1 abgegebenen Wartezeiten und zum anderen wird die mittlere Wartezeit zur Bestimmung der zu erwartenden Pkw-Fahrtgeschwindigkeit zur Beurteilung der Angebotsqualität in Netzabschnitten (Kapitel S6 im HBS (FGSV 2015)) verwendet.

14.2.6.3 Bewertung einer Linien-/Netzkoordinierung

Möglichkeiten zur Bewertung von koordinierten Lichtsignalsteuerungen bieten das Koordinierungsmaß k und der Performance Index PI. Das Koordinierungsmaß k (Gl. 14.37) beschreibt den mittleren Anteil der Knotenpunkte mit Lichtsignalanlage in der Koordinierungsstrecke, die von den Fahrzeugen im koordinierten Verkehrsstrom ohne Halt passiert werden können.

$$k = \frac{\sum_{m=1}^{M_F} n_{D,n_{\mathrm{LSA}},m}}{n_{\mathrm{LSA}} \cdot M_F} \cdot 100 \tag{14.37}$$

mit			
	k	Koordinierungsmaß des koordinierten Verkehrsstroms	[%]
	M_F	Anzahl der Messfahrten	[-]
	$n_{D,\mathrm{nLSA},m}$	Anzahl der Durchfahrten ohne Halt an den Knotenpunkten mit Lichtsignalanlage im koordinierten Verkehrsstrom für die Messfahrt m	[-]
	n_{LSA}	Anzahl der Knotenpunkte mit Lichtsignalanlage im koordinierten Straßenzug (ohne Anfangsknotenpunkt)	[-]

Das Koordinierungsmaß wird durch Messfahrten bei nicht übersättigten Verkehrsverhältnissen des zu bewertenden Straßenzugs ermittelt. Voraussetzung ist eine ausreichende

Anzahl an Messfahrten ($M_F \geq 5$). Für geplante Koordinierungen können näherungsweise auch Simulationsuntersuchungen zur Ermittlung der Anzahl der Durchfahrten ohne Halt im koordinierten Verkehrsstrom verwendet werden. Dabei sollte die Simulationsdauer mindestens dem fünffachen Wert der mittleren Durchfahrtzeit des zu bewertenden Straßenzugs und dem fünffachen Wert der Umlaufzeit t_U entsprechen. Voraussetzung ist eine ausreichende Anzahl an Simulationsläufen (≥ 10). In Gl. 14.37 entspricht der Parameter $n_{D,\text{nLSA},m}$ dann der Anzahl der Durchfahrten ohne Halt im koordinierten Verkehrsstrom an den Knotenpunkten mit koordinierten Lichtsignalanlagen für ein Fahrzeug m der Simulation und der Parameter M_F der Anzahl der simulierten Fahrzeuge im koordinierten Verkehrsstrom über alle Simulationsläufe. Für das Koordinierungsmaß k werden im Kapitel S4.4.12 des HBS (FGSV 2015) quantifizierte Güteaussagen beschrieben, um die Funktionsweise der Koordinierung beurteilen zu können.

Alternativ kann eine vergleichende Bewertung unterschiedlicher Steuerungsvarianten von koordinierten Straßenzügen auch mit dem Performance Index PI nach Robertson (1969) erfolgen.

$$\text{PI} = G_W \cdot \sum_j \sum_z \left(t_{W,j,z} \cdot q_{j,z} \cdot g_j \cdot g_z\right) + G_H \cdot \sum_j \sum_z \left(H_{j,z} \cdot q_{j,z} \cdot g_j \cdot g_z\right) \quad (14.38)$$

mit			
	PI	Performance Index	[-]
	G_W	Gewicht der Wartezeiten	[-]
	$t_{W,j,z}$	Mittlere Wartezeit für Fahrzeuge der Fahrzeugart z auf dem Fahrstreifen j	[s]
	g_j	Gewicht des Fahrstreifens j	[-]
	g_z	Gewicht für Fahrzeuge der Fahrzeugart z	[-]
	G_H	Gewicht der Halte	[-]
	$H_{j,z}$	Mittlere Anteil von Halten für Fahrzeuge der Fahrzeugart z auf dem Fahrstreifen j	[-]
	$q_{j,z}$	Verkehrsstärke der Fahrzeuge der Fahrzeugart z auf dem Fahrstreifen j	[Kfz/h]

Der Performance Index PI stellt eine gewichtete Mittelung aller Halte und Wartezeiten in einem Netz von Knotenpunkten mit koordinierten Lichtsignalanlagen dar. Durch die Gewichtung von Halten und Wartezeiten (G_H, G_W) kann z. B. die unterschiedliche Bedeutung eines Halts und einer Sekunde Wartezeit für Schadstoffemissionen oder Kraftstoffverbrauch gewürdigt werden. Aufgrund der frei wählbaren Gewichtungsfaktoren und der Abhängigkeit der Halte und Wartezeiten von der Verkehrsstärke ist eine Definition fester Grenzwerte für den PI (z. B. für Güteaussagen) nicht möglich. Der Performance Index stellt vielmehr eine Zielfunktion für vergleichende Bewertungen dar, wobei das Optimierungsziel die Minimierung des PI bildet (Kobbeloer 2007). Der Vorteil des Performance Index gegenüber dem Koordinierungsmaß ist, dass nicht nur die koordinierten Verkehrsströme berücksichtigt werden, sondern auch die Halte und Wartezeiten im Querverkehr sowie der abbiegenden Verkehrsströme mit in die Beurteilung einbezogen werden können.

Bei der Beurteilung von koordinierten Lichtsignalsteuerungen kann der Performance Index zum Vergleich verschiedener Varianten der koordinierten Verkehrssteuerung und somit zum Auffinden einer optimalen Lösung eingesetzt werden. Dazu werden im HBS (FGSV 2015) Gewichtungsfaktoren von $G_H = 30$ und $G_W = 1$ empfohlen, welche näherungsweise den Kraftstoffverbrauch wiedergeben. Das bedeutet, dass hinsichtlich des Kraftstoffverbrauchs ein Halt im Mittel ungefähr 30 s Wartezeit entspricht. Die mittlere Wartezeit sowie der mittlere Anteil von Halten können durch mikroskopische Simulation oder durch – in ausreichender Anzahl – wiederholte Messfahrten im Verkehr ermittelt werden. Es kommen auch analytische Rechenverfahren in Betracht, die insbesondere die Auflösung der Fahrzeugkolonnen im Verlauf einer Strecke berücksichtigen.

Sind Vergleiche von Varianten mit unterschiedlichen Verkehrsbelastungen beabsichtigt, ist der Performance Index mit der Verkehrsstärke und den Gewichtungsfaktoren für die Fahrzeugarten gemäß Gl. 14.39 zu normieren, da die Verkehrsstärke den PI direkt beeinflusst und Varianten mit höheren Verkehrsbelastungen a priori höhere PI aufweisen.

$$\mathrm{PI}_{\mathrm{gesamt}} = \frac{\mathrm{PI}}{\sum_j \sum_Z \left(q_{j,z} \cdot g_z\right)} \tag{14.39}$$

mit			
	$\mathrm{PI}_{\mathrm{gesamt}}$	Normierter Performance Index	[-]
	PI	Performance Index gemäß Gl. 14.38	[-]
	$q_{j,z}$	Verkehrsstärke der Fahrzeuge der Fahrzeugart z auf dem Fahrstreifen j	[Kfz/h]
	g_z	Gewicht für Fahrzeuge der Fahrzeugart z	[-]

14.2.7 Maßnahmen bei gesättigtem und übersättigtem Verkehrsfluss

Zur Lichtsignalsteuerung unter Staubedingungen infolge hoher Auslastung oder Überlastung geben die RiLSA (FGSV 2015) vereinzelte Hinweise im Kapitel „Qualitätsmanagement" (Möglichkeiten zur Identifikation entsprechender Probleme). Boltze und Reusswig (2005) definieren verschiedene Strategiebereiche zum Qualitätsmanagement an Lichtsignalanlagen. Die Strategiebereiche

- Verbesserung der Rahmenbedingungen für die lokale Verkehrssteuerung,
- Erhöhen der Kapazität des Knotenpunkts mit Lichtsignalanlage,
- Verbesserung der Freigabezeitbemessung,
- Verbesserung der Ausnutzung der Freigabezeit und
- Verbesserung der Koordinierung mit benachbarten Knotenpunkten

enthalten dabei konkrete Maßnahmen zur Verbesserung der Verkehrsqualität am gesamten Knotenpunkt und einzelner Fahrbeziehungen. Um eine Störungsfortpflanzung so weit wie möglich zu vermeiden, sollen Maßnahmen zur bestmöglichen Nutzung von Stauräumen im Vordergrund stehen.

Strategien zur Verbesserung der Rahmenbedingungen zielen vor allem auf eine Verringerung der Verkehrsnachfrage am Knotenpunkt (netzplanerische Maßnahmen, wenn ein lokale Problembewältigung nicht möglich ist), eine Verringerung kritischer Verkehrsströme am Knotenpunkt (Änderung der Knotenpunktform, Abbiege- und Wendeverbote) und eine Verringerung von Ziel- und Interessenkonflikten unter den Verkehrsteilnehmergruppen ab. Änderungen der Rahmenbedingungen für die lokale Verkehrssteuerung sind vor allem dann in Erwägung zu ziehen, wenn die Problemlage am Knotenpunkt so komplex oder so weitreichend ist, dass die Strategien und Maßnahmen der anderen Bereiche nicht einsetzbar oder nicht wirksam sind.

Maßnahmen zur Erhöhung der Kapazität des Knotenpunkts umfassen Parameteranpassungen (z. B. Freigabe- und Umlaufzeiten), Logikanpassungen (bei verkehrsabhängigen Steuerungen) und bauliche Lösungen (z. B. Ergänzung von Fahrstreifen).

Strategien zur Verbesserung der Freigabezeitbemessung zielen darauf ab, die verfügbaren Freigabezeiten den einzelnen Verkehrsströmen so zuzuordnen, dass sie den vorhandenen Bedarf möglichst gut abdecken können und dass nicht genutzte Freigabezeiten vermieden werden. Konkrete Maßnahmen bilden die Überprüfung der Freigabezeitzuteilung an den jeweiligen Bedarf der einzelnen Signalgruppen (vergleichbare Auslastungsgrade für (maßgebende) Signalgruppen), flexible Anpassung der dynamischen Freigabezeitzuteilung (z. B. bedarfsorientierte Berücksichtigung des Radverkehrs und Fußgängerverkehrs) und die Vermeidung nicht ausgelasteter (Mindest-)Freigabezeiten.

Zur Verbesserung der Ausnutzung der Freigabezeit empfehlen Boltze und Reusswig (2005) die Verringerung von Beeinträchtigungen des Zuflusses durch Störungen in der Zulaufstrecke, Verringerung von Beeinträchtigungen des geradeaus fahrenden Verkehrs durch wartende Links- und/oder Rechtsabbieger und/oder Verringern der Beeinträchtigungen durch störende Verkehrsvorgänge im Umfeld des Knotenpunkts.

Die Verbesserung der Koordinierung mit benachbarten Knotenpunkten kann u. a. durch die Verbesserung der Geschlossenheit von Fahrzeugpulks im Zufluss, die Gewährleistung eines ungehinderten Zuflusses des Pulkanfangs auf eine freigegebene und geräumte Zufahrt sowie die Vermeidung von Freigabezeitabbrüchen während des laufenden Pulkabflusses erreicht werden.

Bielefeld und Schmidt (1987) beschreiben Maßnahmen, bei denen vor allem die bestmögliche Nutzung von Stauräumen im Vordergrund steht, um Störungsfortpflanzung so weit wie möglich zu vermeiden – siehe Tab. 14.2 und zugehörige Erläuterungen im Anschluss.

Bielefeld und Schmidt (1987) kommen in ihrer Untersuchung zu folgenden Ergebnissen:

- Ein Mehrfachanwurf (mehrmalige Freigabe im Umlauf) kommt in Betracht, wenn der Zufluss zur Haltelinie durch Rückstau auf einem anderen Fahrstreifen blockiert wird und die Leistungsverbesserung durch den Mehrfachanwurf größer ist als die Leistungsminderung infolge erhöhter Zwischenzeitensumme.
- Die Möglichkeiten der Umlaufzeitverkürzung sind bei der koordinierten Lichtsignalsteuerung begrenzt und erfordern im Allgemeinen die Umschaltung in ein

Tab. 14.2 Übersicht über Maßnahmen zur Staubewältigung

Problem	Maßnahme	Randbedingungen
Kurze Aufstellstreifen	Mehrfachanwurf	Ausreichende Leistungsfähigkeit kann gewährleistet werden
	Umlaufzeitverkürzung	Ausreichende Leistungsfähigkeit und – falls notwendig – Koordinierung mit Nachbarknoten kann gewährleistet werden
Geringer Knotenpunktabstand	Umlaufzeitverkürzung	Ausreichende Leistungsfähigkeit und Koordinierung mit Nachbarknoten kann gewährleistet werden
Pulk läuft auf wartende Fahrzeuge auf	Versatzzeitreduzierung	Gegenrichtung erlaubt Versatzzeitänderung
Große Fahrzeugabstände	Pulkstauchung	Ausreichender Stauraum vorhanden, Gegenrichtung erlaubt Versatzzeitveränderung
Unzureichende Leistungsfähigkeit/ Verkehrsqualität	Stauraumangepasste Grünzeitverteilung	Haupt- und Querrichtung haben annähernd gleiche Verkehrsbedeutung

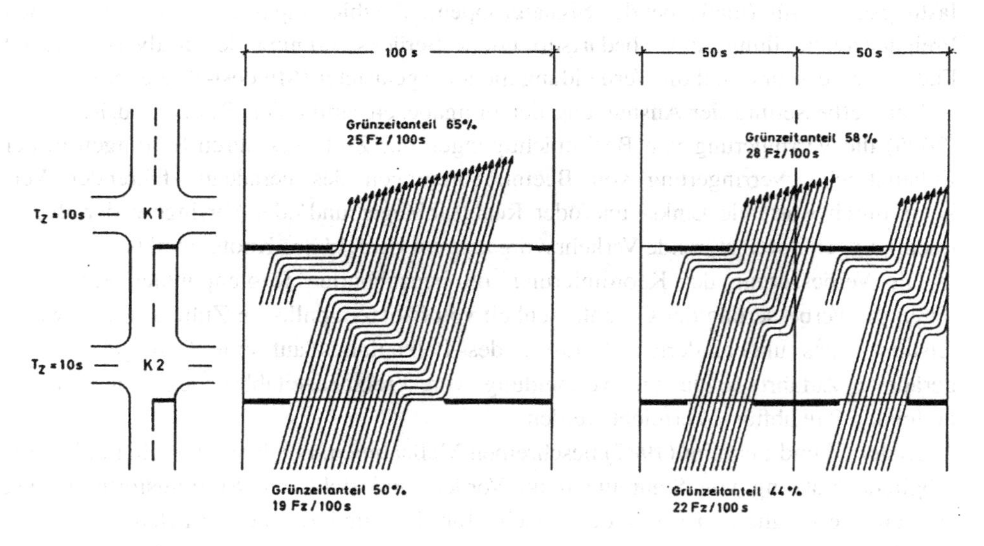

Abb. 14.14 Beispiel einer Umlaufzeitverkürzung (Bielefeld und Schmidt 1987)

anderes Wellensystem. Durch eine Umlaufzeitverkürzung soll ein Überschreiten des Fassungsvermögens der Stauräume durch kleinere Pulks, ähnlich wie beim Mehrfachanwurf, verhindert werden (siehe Abb. 14.14).

- Die Versatzzeitreduzierung beruht auf dem gleichen Ansatz wie die Umlaufzeitreduzierung. Abb. 14.15 zeigt die Fahrtverläufe für Iterationsschritte bis zur Schaltung eines negativen Zeitversatzes, bei welcher im dargestellten Beispiel die Staubildung

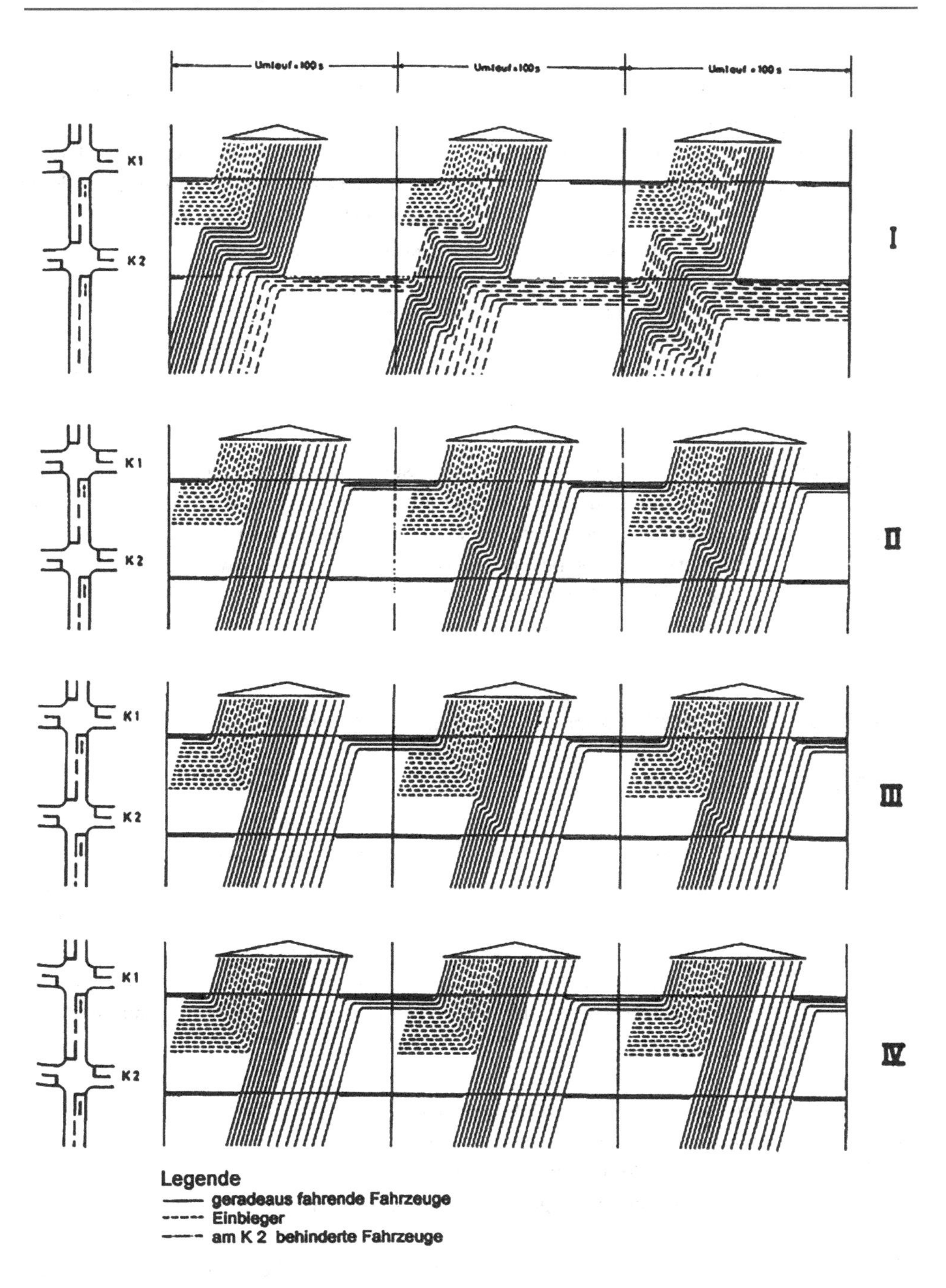

Abb. 14.15 Beispiel des Iterationsprozesses bei einer Versatzzeitreduzierung (Bielefeld und Schmidt 1987)

zwischen den Knotenpunkten vermieden wird. Die Möglichkeiten der Versatzzeitreduzierung können z. B. durch die Bedingungen in der Gegenrichtung allerdings stark eingeschränkt sein.
- Die Pulkstauchung ist wirksam, wenn die maximale Leistungsfähigkeit am kritischen Knotenpunkt nicht erreicht wird, weil Zeitlücken zwischen allen oder einzelnen Fahrzeugen größer sind als aus Sicherheitsgründen erforderlich. Sie kann z. B. durch einen verzögerten Freigabezeitbeginn am Vorknoten erreicht werden.
- Bei der stauraumangepassten Grünzeitverteilung werden die Freigabezeiten für die Haupt- und Nebenrichtungen so verteilt, dass alle Stauräume zum spätest möglichen Zeitpunkt und damit etwa gleichzeitig überlaufen. Die Maßnahme ist nur sinnvoll, wenn das Verkehrsaufkommen nicht bereits so groß ist, dass die Stauräume schon in den ersten Umläufen nicht mehr ausreichen.

In jedem Einzelfall bedarf die Planung steuerungstechnischer und verkehrsorganisatorischer Maßnahmen zur Staubeeinflussung sowie eventueller baulicher Anpassungen einer genauen und sorgfältigen Analyse der Parameter, die bei gesättigtem und übersättigtem Verkehrsfluss besonders zu beachten sind. Soweit diese die Lichtsignalsteuerung betreffen, handelt es sich in der Regel um dynamische Maßnahmen, die den Einsatz verkehrsabhängiger Steuerungsverfahren (siehe Abschn. 14.5) erfordern.

14.3 Belange nichtmotorisierter Verkehrsteilnehmer

14.3.1 Vorbemerkung

Als „schwächste" Verkehrsteilnehmer sind Fußgänger und Radfahrer in besonders hohem Maß auf den Schutz durch Lichtsignale angewiesen. Die Lichtsignalsteuerung ist in Bezug auf den nichtmotorisierten Verkehr daher vorrangig unter dem Aspekt der Verkehrssicherheit und erst in zweiter Linie im Hinblick auf Komfortbedürfnisse des Fußgänger- und Radverkehrs zu entwickeln. Eventuelle Zielkonflikte mit Belangen des allgemeinen Kraftfahrzeugverkehrs und der öffentlichen Verkehrsmittel müssen unter Berücksichtigung

- der Verkehrsstärken im motorisierten und nichtmotorisierten Verkehr,
- der Zusammensetzung des Fußgänger- und Radverkehrs,
- der Priorisierungsziele der öffentlichen Verkehrsmittel sowie
- der Bedeutung, Funktion und Lage des Knotenpunktes im Netzzusammenhang

durch einen ausgewogenen Kompromiss zwischen den Sicherheits- und Komfortbedürfnissen des nichtmotorisierten und motorisierten Verkehrs beigelegt werden.

14.3.2 Fußgängerverkehr

Bei starkem Aufkommen im Fußgängerverkehr sollte die Lichtsignalsteuerung stets ein hohes Maß an Fußgängerfreundlichkeit aufweisen. Umwege und Wartezeiten von mehr als 70 s verstärken die Tendenz von Rotlichtüberschreitungen und sind nach Möglichkeit zu vermeiden. Kann der Wartezeitgrenzwert (siehe auch Tab. 14.1) in der Grundstruktur des Lichtsignalprogramms nicht eingehalten werden, sollte geprüft werden, ob Sperrzeiten an Fußgängersignalen z. B. durch eine verkehrsabhängige Bemessung von Kfz-Freigabezeiten oder eine bedarfsabhängige Anforderung einer zweiten Freigabezeit („Doppelanwurf") verkürzt werden können.

Zusatzeinrichtungen für Blinde und Sehbehinderte in Form akustischer und taktiler Signalgeber sollen in Abstimmung mit den Organisationen der Betroffenen und den zuständigen kommunalen und staatlichen Behörden installiert werden. Sie sind vor allem einzusetzen, wenn die Lichtsignalanlage regelmäßig von Blinden oder Sehbehinderten genutzt wird oder diese an der Lichtsignalanlage besonders gefährdet sind (RiLSA (FGSV 2015)).

Bei mehrstreifiger Führung von Abbiegeströmen des Kraftfahrzeugverkehrs sind Fußgänger grundsätzlich getrennt unter vollem Signalschutz zu signalisieren. Bei bedingt verträglicher Freigabe von Abbiegeverkehren mit einem Fußgängerstrom müssen die Freigabezeiten so geschaltet werden, dass die Fußgänger die Furt mit einem Zeitvorsprung von 1 bis 2 s vor dem abbiegenden Kraftfahrzeugverkehr erreichen können. Nicht zulässig ist die Hinzuschaltung von Fußgängerfreigabezeiten zu einem bereits freigegebenen bedingt verträglichen Fahrzeugstrom.

Bei hintereinander liegenden Furten über Mittelstreifen oder -inseln sollte, soweit möglich, eine Koordinierung der Freigabezeiten erreicht werden. Abb. 14.16 und 14.17 zeigen hierfür die Möglichkeiten der simultanen und progressiven Signalisierung. Während bei der simultanen Signalisierung nur die im ersten Teil der Freigabezeiten startenden Fußgänger beide Furten ohne Wartezeiten auf der Mittelinsel überschreiten können, weist die progressive Signalisierung den Nachteil einer möglichen

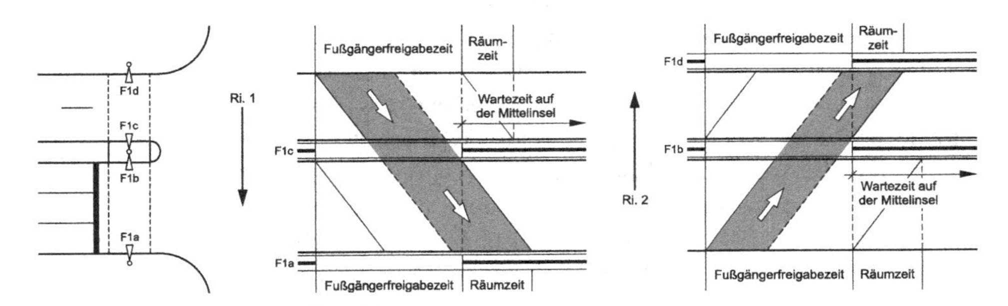

Abb. 14.16 Simultane Signalisierung hintereinanderliegender Furten mit einer Signalgruppe (RiLSA (FGSV 2015))

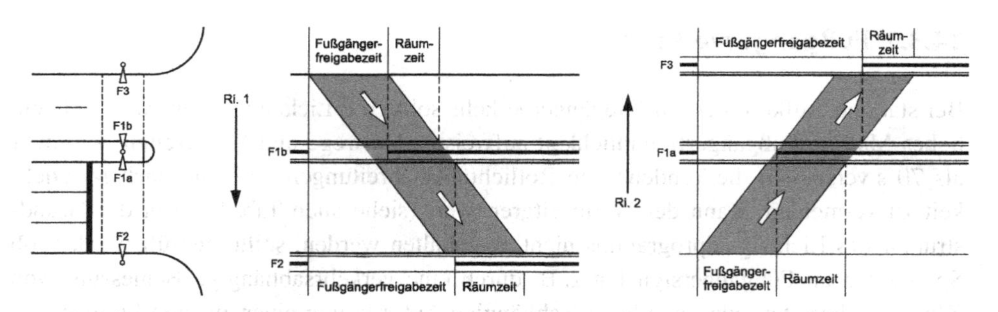

Abb. 14.17 Progressive Signalisierung hintereinanderliegender Furten mit drei Signalgruppen (RiLSA (FGSV 2015))

Rotlichtmissachtung durch am Fahrbahnrand wartende Fußgänger auf, da diesen aufgrund der längeren Freigabezeiten an den äußeren Signalgebern während ihrer Sperrzeit noch Fußgänger entgegen kommen können. Außerdem besteht die Gefahr einer Missdeutung der Situation durch rechtsabbiegenden Kraftfahrzeugverkehr.

Bei Rundum-GRÜN für Fußgänger, eventuell kombiniert mit diagonalem Überqueren, werden die Fußgängersignale an allen Furten bei gleichzeitig gesperrten Fahrzeugsignalen freigegeben. Führt eine solche „Fußgängerphase" zur Verlängerung der Umlaufzeit, sind damit zusammenhängende Wartezeiten für alle Verkehrsteilnehmer zu beachten.

Für die Überquerung besonderer oder unabhängiger Bahnkörper wird in den RiLSA (FGSV 2015) eine Anforderungssteuerung durch das ÖPNV-Fahrzeug bei Signalisierung mit gelbem Blinklicht als Springlicht mit zwei übereinander angeordneten Leuchtfeldern empfohlen. Alternativ ist auch eine Signalisierung mit der Grundstellung GESPERRT für ÖPNV-Fahrzeuge und DUNKEL für Fußgänger möglich. Dagegen ist von einer Signalisierung mit GRÜN anstelle DUNKEL aufgrund der langen Freigabezeiten für Fußgänger (Verringerung der Akzeptanz der Signalanlage infolge von Dauergrün) abzuraten.

Außerhalb von Knotenpunkten sollte eine Fußgänger-Signalanlage als Überquerungshilfe dann eingerichtet und als Anforderungsanlage betrieben werden, wenn andere Alternativen ohne Lichtsignalsteuerung nicht infrage kommen. Die Signalisierung erfolgt in der Regel in der Grundstellung GRÜN für Fahrzeuge und ROT für Fußgänger. Das Umschalten auf ROT für den Fahrzeugverkehr soll so erfolgen, dass die Fahrzeugströme beider Fahrtrichtungen gleichzeitig ROT erhalten. So wird vermieden, dass Fußgänger, die sich am Anhalten des Fahrzeugverkehrs einer Richtung orientieren, zu einer Zeit auf die Fahrbahn treten, während der der Fahrzeugverkehr der anderen Richtung noch GRÜN hat. Die Wartezeiten bis zur Freigabe des Fußgängerverkehrs sollten möglichst kurz sein. Durch ein Informationssignal (z. B. Text: „Signal kommt") soll den Fußgängern angezeigt werden, dass ihre Anforderung registriert ist.

14.3.3 Radverkehr

Radfahrer haben gemäß StVO (§ 37 Abs. 2 Nr. 6) die Lichtsignale für den Fahrzeugverkehr zu beachten. Davon abweichend haben sie auf eigenen Radverkehrsanlagen die besonderen Lichtsignale für Radfahrer zu beachten (RiLSA (FGSV 2015)). Für den Radverkehr bestehen drei Grundformen der Signalisierung:

- Gemeinsame Signalisierung mit dem Kraftfahrzeugverkehr,
- gesonderte Signalisierung des Radverkehrs und
- gemeinsame Signalisierung mit Fußgängerverkehr bei kombiniertem Sinnbild für Fußgänger und Radfahrer.

Auf Straßen mit Radwegen ohne Benutzungspflicht ist der Radverkehr zusätzlich in der gemeinsamen Signalisierung mit dem Kraftfahrzeugverkehr zu berücksichtigen. Wird die Benutzungspflicht eines Radweges aufgehoben, müssen die Zwischenzeiten der Fahrzeugsignale angepasst werden.

An Knotenpunkten mit gleichrangigen Zufahrten sollte die gleiche Grundform für die Signalisierung des Radverkehrs in allen Zufahrten vorgesehen werden. Es ist zu berücksichtigen, dass für Zufahrten in einem Streckenzug mit mehreren Lichtsignalanlagen zur Sicherstellung eines einheitlichen Erscheinungsbildes der Signalisierung die gleiche Grundform über die Knotenpunkte beibehalten werden soll. Für die Wahl der Grundform sind die Ziele nach Akzeptanz und Sicherheit maßgebend.

Die Grundform der gemeinsamen Signalisierung mit dem Kraftfahrzeugverkehr wird bei Mischverkehr auf der Fahrbahn eingesetzt, auch wenn in der Zufahrt ein nicht benutzungspflichtiger Radweg vorhanden oder der Gehweg zur Benutzung durch Radfahrer freigegeben ist. Eine gemeinsame Signalisierung mit dem Kraftfahrzeugverkehr kommt auch bei Radfahrstreifen und Radwegen mit nicht abgesetzten Radfahrerfurten (soweit nicht eine gesonderte Signalisierung gewählt wird), bei der Radverkehrsführung auf Busfahrstreifen ohne Bussondersignale und bei Radwegen mit abgesetzter Radfahrerfurt ohne angrenzende Fußgängerfurt in Betracht, wenn der Fahrzeugsignalgeber dem Radweg eindeutig zugeordnet werden kann. Wird der Radverkehr gemeinsam mit dem Kraftfahrzeugverkehr signalisiert, ist bei der Berechnung der Zwischenzeiten auf die ggf. längeren Räumzeiten der Radfahrer gegenüber dem Kraftfahrzeugverkehr zu achten. Bei großflächigen Knotenpunkten mit langen Räumzeiten für den Radverkehr kann es aus Kapazitätsgründen sinnvoll sein, eine gesonderte Signalisierung für den Radverkehr vorzusehen, wenn eine eigene Radverkehrsanlage (Radfahrstreifen oder Radweg) vorhanden ist, da dann der Kraftfahrzeugverkehr ggf. eine längere Freigabezeit erhalten kann.

Eine gemeinsame Signalisierung mit dem Fußgängerverkehr kommt bei gemeinsamen Geh- und Radwegen, bei Gehwegen mit zugelassenem Radverkehr, bei Radwegen ohne Benutzungspflicht, bei einer Radwegführung mit unmittelbar angrenzender Fußgängerfurt (soweit keine gesonderte Signalisierung gewählt wird) sowie bei umlaufenden Zweirichtungsfurten in Verbindung mit Einrichtungsradwegen in den Knotenpunktzufahrten in Betracht. Bei Zweirichtungsradwegen ist sie für die Gegenrichtung vorzusehen, wenn die rechts fahrenden Radfahrer gemeinsam mit dem Kraftfahrzeugverkehr signalisiert werden und die Fußgängersignalgeber für die links fahrenden Radfahrer eindeutig zu erkennen sind. Die gemeinsame Signalisierung von Fußgängern und Radfahrern muss in den Leuchtfeldern der Signalgeber durch kombinierte Sinnbilder für Fußgänger und Radfahrer gekennzeichnet werden.

Die Grundform der gesonderten Signalisierung der Radfahrer ist bei Radfahrstreifen und bei Radwegen mit nicht abgesetzten Furten einzusetzen,

- wenn der Radverkehr eine eigene Phase (z. B. zur zeitlichen Trennung des geradeaus fahrenden Radverkehrs von starkem Kraftfahrzeugverkehr auf Rechtsabbiegefahrstreifen) oder einen Zeitvorsprung erhalten soll, um die Konfliktfläche vor abbiegendem Kraftfahrzeugverkehr zu erreichen, um bei einer endenden Radverkehrsanlage in den Mischverkehr übergeleitet zu werden oder um vor dem nachfolgenden Kraftfahrzeugverkehr in eine Engstelle einzufahren (z. B. in eine Knotenpunktausfahrt mit eingeschränkter Breite),
- wenn bei großflächigen Knotenpunkten und sehr langen Räumzeiten der Radfahrer die Freigabezeit des Radverkehrs früher beendet werden soll als die des gleich gerichteten Kraftfahrzeugverkehrs und
- wenn der Radverkehr auf Bussonderfahrstreifen mit Sondersignalen für Linienbusse geführt wird.

Bei Radwegen mit weit abgesetzten Furten ist die gesonderte Signalisierung der Radfahrer einsetzbar, wenn die gemeinsame Signalisierung mit dem Fußgängerverkehr vermieden werden soll (z. B. aufgrund langer Räumwege, durch die mögliche Freigabezeiten für den Radverkehr erheblich verkürzt würden, aufgrund unterschiedlich großen Freigabezeitbedarfs oder einem sonst erforderlichen Zwischenhalt auf einem Fahrbahnteiler oder Mittelstreifen). Die Wahl dieser Grundform kommt weiterhin in Betracht bei nur für den Radverkehr zulässigen Fahrbeziehungen, bei Einrichtung von Radfahrerschleusen (siehe Abb. 14.18) oder bei Zweirichtungsradwegen, wenn für die links fahrenden Radfahrer eine gemeinsame Signalisierung mit dem Fußgängerverkehr nicht infrage kommt.

Bei der gesonderten Signalisierung des Radverkehrs sind die Signalgeber für den Radverkehr vor dem zu sichernden Konfliktbereich aufzustellen und eine Haltlinie zu markieren. In der Regel werden kleinere dreifeldige Signalgeber verwendet (z. B. mit Leuchtfelddurchmessern von 100 mm), die in jedem Leuchtfeld das Sinnbild für Radfahrer zeigen.

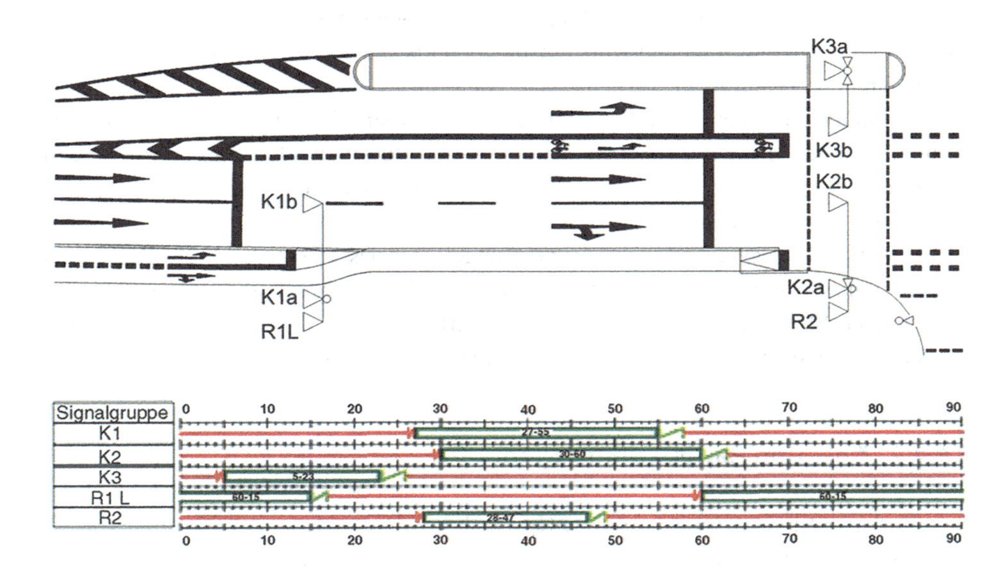

Abb. 14.18 Signalisierungsbeispiel für eine Radfahrerschleuse (FGSV 2005)

14.4 Öffentlicher Personennahverkehr (ÖPNV)

14.4.1 Vorbemerkung

Gesamtverkehrskonzepte der Städte orientieren sich daran, ein sinnvolles Miteinander aller Teilverkehrssysteme so zu gestalten, dass die Vorteile des ÖPNV, die u. a. in der emissionsarmen linienhaften Bedienung von nachfragestarken Verkehrsrelationen liegen und die Vorzüge des Individualverkehrs hinsichtlich der flächenhaften Erschließung, zusammengeführt werden (FGSV 2018).

Weitgehend behinderungsfrei zu befahrende Linienwege bilden eine Grundvoraussetzung für einen zuverlässigen und planmäßigen ÖPNV-Betrieb. In der Realität ist der Verkehrsablauf von Straßenbahnen und Bussen jedoch vielfältigen Störungen ausgesetzt, welche zu teilweise hohen Zeitverlusten führen. Bei deren Bewertung ist die unterschiedliche Bedeutung des Zeitkriteriums im Verkehrsablauf des motorisierten Individualverkehrs und des öffentlichen Personennahverkehrs zu berücksichtigen. Aufgrund der Gebundenheit des Linienverkehrs in zeitlicher und örtlicher Hinsicht durch einen Fahrplan und festgelegte Linienwege wirken sich, im Unterschied zum MIV, Zeitverluste im ÖPNV nicht nur auf das jeweils betroffene Fahrzeug aus. Vielmehr werden, insbesondere in Zeiten mit hohem Fahrgastaufkommen und dichten Fahrzeugfrequenzen, Zeitverluste auf Folgekurse und an den Netzverknüpfungspunkten auch auf andere Linien übertragen und können sich dadurch gleichsam „aufschaukeln“. Kennzeichnend für solche instabile Betriebszustände ist z. B. die paarweise Pulkbildung von

ÖPNV-Fahrzeugen. Sie entsteht dadurch, dass der nach einem durch Behinderungen verlangsamten Fahrzeug folgende Kurs entsprechend beschleunigt wird und schließlich das vorausfahrende Fahrzeug erreicht.

Die Folgen externer Zeitverluste für den Fahrgast sind längere Wartezeiten an Haltestellen, erhöhte Beförderungszeiten, verpasste Anschlussverbindungen und Einbußen bei der Annehmlichkeit der Beförderung durch überfüllte Fahrzeuge und eine verminderte Kontinuität des Fahrtablaufs.

Die Verkehrsbetriebe sind nicht nur gezwungen, auf das scheinbar unzureichende Platzangebot mit zusätzlichen, außerplanmäßigen Einsatzfahrzeugen zu reagieren. Externe, wegen ihrer großen Streuung nicht kalkulierbare Zeitverluste stellen auch die Fahrplangestaltung vor kaum lösbare Probleme und führen zu einem erhöhten betrieblichen Aufwand.

14.4.2 Ziele und Randbedingungen

Die Verkürzung der Beförderungszeiten, insbesondere jedoch die Verminderung der Streuung der Fahrzeugreisezeiten durch eine Harmonisierung der Fahrtabläufe sind daher die zentralen Ziele der ÖPNV-Beschleunigung (siehe Abb. 14.19). Mit ihnen sind weitreichende Nutzenwirkungen verbunden, die sich sowohl auf Benutzerkriterien (Pünktlichkeit, Zuverlässigkeit), als auch auf die Wirtschaftlichkeit des Verkehrsmitteleinsatzes (Einsparung von regulären Kursen und Einsatzfahrzeugen) beziehen. Praxisbeispiele in Deutschland zeigen, dass effiziente Bevorrechtigungsprogramme für den ÖPNV unter Berücksichtigung aller Verkehrsteilnehmer zu Fahrzeiteinsparungen im ÖPNV von 10 bis 20 % führen (FGSV 2018).

Die RiLSA (FGSV 2015) bieten keine Strategien für eine ÖPNV-gerechte Gestaltung der Lichtsignalsteuerung an, erwähnen aber einzelne Maßnahmen wie z. B. die nicht vollständige Signalisierung (siehe Abschn. 14.6.1) oder Fahrstreifen-

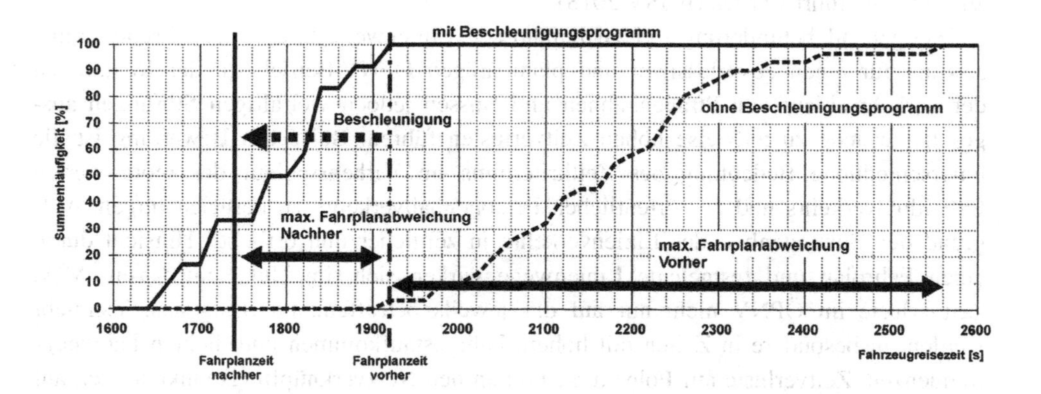

Abb. 14.19 Beispiel für die Verteilung der Fahrzeugreisezeiten im Stadtverkehr vor und nach Realisierung eines Beschleunigungsprogramms

signalisierung zur ÖV-Beschleunigung. In den die RiLSA ergänzenden Hinweisen zu Bevorrechtigungsmaßnahmen für den ÖPNV im städtischen Verkehrsmanagement (FGSV 2018) sowie im Merkblatt für Maßnahmen zur Beschleunigung des öffentlichen Personennahverkehrs mit Straßenbahnen und Bussen (FGSV 1999) werden entsprechende Strategien beschrieben und darauf hingewiesen, dass im Mittelpunkt entsprechender Maßnahmen die Lichtsignalsteuerung steht.

In der Tat belegen eine Vielzahl von Reisezeitanalysen im Straßenbahn- und Busverkehr, dass ohne spezifische Bevorrechtigungsmaßnahmen die Lichtsignalanlagen direkt und indirekt die dominierende Störursache im ÖPNV darstellen. Bei Führung auf gesonderten Fahrwegen entfallen durchschnittlich 15 bis über 20 % der Fahrzeugreisezeiten (= Zeitaufwand der Fahrzeuge für das Durchfahren einer Linie oder eines Linienabschnitts) auf lichtsignalbedingte Wartezeiten. Im gemischten Verkehr kommen zu den Wartezeiten vor Sperrsignalen häufig noch Zeitverluste durch Fahren im Rückstau vor Lichtsignalanlagen („stop and go") und weitere, nicht signalbedingte Störungen hinzu, sodass sich in Hauptverkehrszeiten die externen Zeitverluste auf 30 bis 40 % der Fahrzeugreisezeiten aufsummieren können.

Die Priorisierung der ÖPNV-Fahrzeuge an Lichtsignalanlagen ist daher in den meisten Städten eine „Standardkomponente" der Lichtsignalsteuerung. Da ÖPNV-Fahrzeuge an Lichtsignalanlagen in der Regel als Einzelfahrzeuge eintreffen und im statistischen Sinne ein „seltenes Ereignis" darstellen, ermöglicht erst der Einsatz verkehrsabhängiger Steuerungsverfahren (siehe Abschn. 14.5), dem ÖPNV auf Anforderung zusätzliche oder verlängerte Freigabezeiten zu schalten. Dabei sind die Wartezeitbedingungen für den ÖPNV umso günstiger, je spontaner und flexibler das Steuerungssystem auf die Nachfrage reagieren kann.

Vor allem bei Führung der ÖPNV-Fahrzeuge im allgemeinen Verkehrsraum, die häufigste Situation im städtischen Busverkehr, sind Interaktionen mit den anderen Verkehrsarten zu berücksichtigen. Daher ist die Priorisierung der ÖPNV-Fahrzeuge an Lichtsignalanlagen allein in vielen Fällen nicht ausreichend. Vielmehr müssen zusätzliche bauliche, betriebliche, verkehrsorganisatorische und/oder ordnungspolitische Maßnahmen zum Abbau einzelner Behinderungsursachen gezielt ineinander greifen und die Gesamtsituation in ihrem räumlichen und funktionalen Zusammenhang berücksichtigen. Häufig sind solche „flankierenden" Maßnahmen erst die Voraussetzung für den wirksamen Einsatz von Bevorrechtigungsmaßnahmen an Lichtsignalanlagen.

Für die Planung und Umsetzung solcher Maßnahmenbündel ist ein gesamtheitliches und umfassendes, auf einer detaillierten Zustandsanalyse gegründetes Handlungskonzept zu entwickeln (siehe Abb. 14.20), welches als „ÖPNV-Beschleunigungsprogramm" alle Maßnahmen zusammenfasst, die zur Verminderung oder Beseitigung externer Zeitverluste beitragen. Die Hinweise zu Bevorrechtigungsmaßnahmen für den ÖPNV im städtischen Verkehrsmanagement (FGSV 2018) beschreiben sowohl die notwendigen Schritte der Zustands- und Potenzialanalyse als auch das infrage kommende Spektrum an baulichen und verkehrsorganisatorischen Maßnahmen.

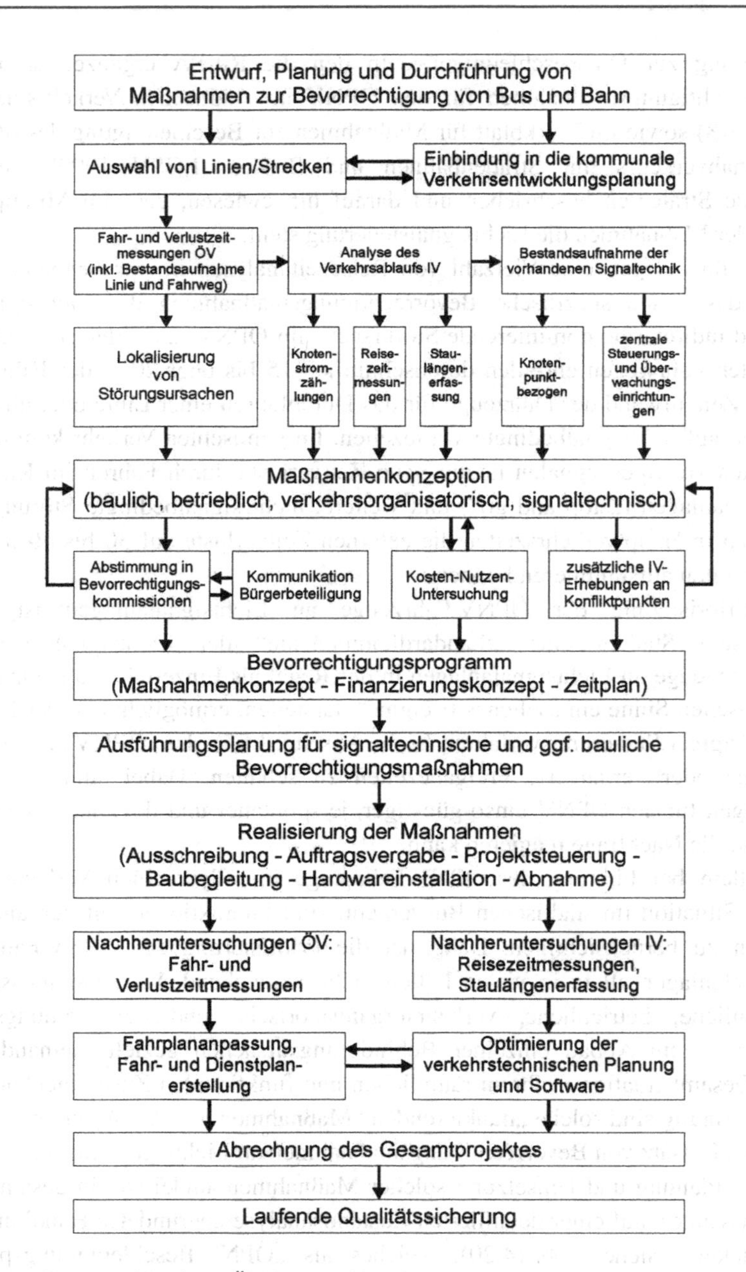

Abb. 14.20 Planungsablauf von ÖPNV-Beschleunigungsprogrammen (FGSV 2018)

14.4.3 Grad der ÖPNV-Priorisierung

In dem Merkblatt für Maßnahmen zur Beschleunigung des öffentlichen Personennahverkehrs mit Straßenbahnen und Bussen (FGSV 1999) wird nach „absoluter" und „bedingter" Bevorrechtigung unterschieden und ausgeführt, dass die absolute Bevorrechtigung (Ziel: Nullwartezeit für ÖPNV-Fahrzeuge) generell anzustreben sei, wenn keine verkehrlichen und räumlichen Zwangsbedingungen vorliegen.

Die Unterscheidung nach absoluter und bedingter Bevorrechtigung ist in der Praxis allerdings von vergleichsweise geringer Bedeutung. Der Grad der ÖPNV-Priorisierung wird vielmehr vorrangig aus den für die Erreichung der Ziele hinsichtlich Beschleunigung und Pünktlichkeit mindestens erforderlichen Zeitverlusteinsparungen und den Randbedingungen abgeleitet, die eingehalten werden müssen, damit im allgemeinen Kraftfahrzeugverkehr und nichtmotorisierten Verkehr festgelegte Verkehrsqualitäten nicht unterschritten werden. Für den Einsatzfall des Nahverkehrs ohne eigenen Fahrweg wird in Schnüll (1997) vorgeschlagen, im Rahmen dieser Abwägung den Grad der ÖPNV-Bevorrechtigung in Abhängigkeit von den Verkehrsqualitäten im Kraftfahrzeugverkehr und ÖPNV festzulegen. Entsprechende Verfahren zur Beurteilung der Verkehrsqualität des Kfz-Verkehrs bzw. des ÖPNV werden in Kapitel S4 bzw. S7 des HBS (FGSV 2015) beschrieben.

Der Wirkungsgrad der Priorisierung von ÖPNV-Fahrzeugen wird davon bestimmt, ob Vorrangeingriffe weitgehend zu jeder Sekunde im Umlauf geschaltet werden können oder ob aufgrund spezifischer Randbedingungen (z. B. zu querende Koordinierungsstrecken) zeitliche Einschränkungen bestehen.

Bei Stadt- und Straßenbahnen auf besonderem oder unabhängigem Bahnkörper wird der von diesen ÖPNV-Systemen erwartete hohe Qualitätsstandard hinsichtlich Pünktlichkeit, Schnelligkeit und Kontinuität der Beförderung im Allgemeinen nur durch einen hohen Priorisierungsgrad erreicht, der in der Regel Steuerungsverfahren mit weitgehend uneingeschränkten Vorrangeingriffen (Ziel: Nullwartezeit) voraussetzt. Diese Zielvorgabe bedeutet, dass Verlustzeiten außerhalb von Haltestellen vermieden und die eingeplanten Aufenthalte an Haltestellen nicht wesentlich über die notwendigen Fahrgastwechselzeiten hinausgehen. Ein Beispiel für den Fahrzeugreisezeitanteil vor und nach Realisierung eines Straßenbahnbeschleunigungsprogramms mit hoher Flexibilität der ÖPNV-Priorisierung zeigt Abb. 14.21.

14.4.4 Steuerungsverfahren

ÖPNV-Fahrzeuge können auf Anforderung durch Veränderung der Lichtsignalprogrammstruktur und durch Modifizierung der Phasendauer bevorzugt bedient werden. Es bestehen folgende generelle Möglichkeiten, die zum Teil miteinander kombiniert werden können:

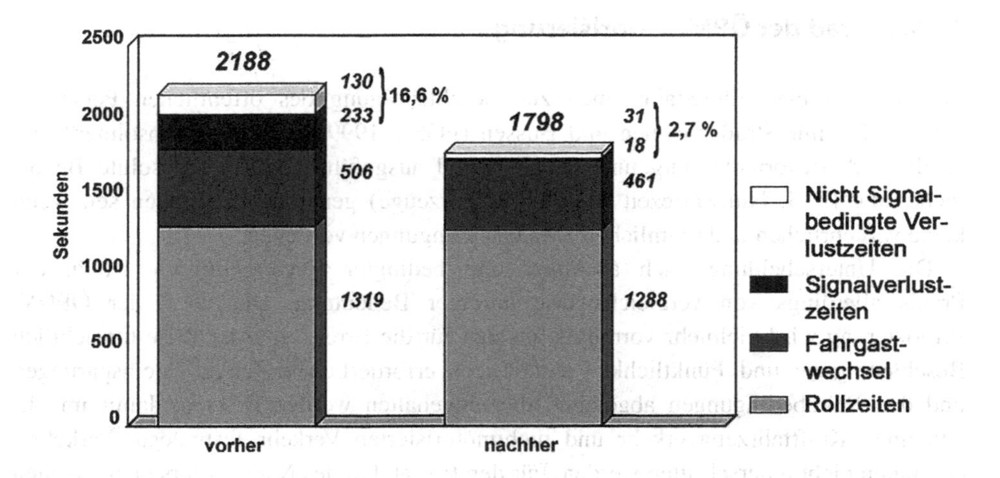

Abb. 14.21 Beispiel für die mittleren Fahrzeugreisezeitanteile im Stadtbahnverkehr vor und nach Realisierung eines Beschleunigungsprogramms

- Anpassung der Phasendauer durch Vorziehen des Freigabezeitbeginns oder spätere Schaltung des Freigabezeitendes des betreffenden ÖPNV-Signals (Freigabezeit-anpassung)
- Veränderung der Phasenfolge (Phasentausch)
- Schaltung einer besonderen ÖPNV-Phase (Phasenanforderung)
- Verkürzung oder Verlängerung der Umlaufzeit (freie Veränderbarkeit)

Unabhängig vom Grad der Priorisierung und der Gestaltung des Steuerungsablaufs sollte das Steuerungsverfahren folgenden Anforderungen genügen, damit der größtmögliche Nutzen für den ÖPNV bei gleichzeitiger Begrenzung von Restriktionen für die übrigen Verkehrsarten erreicht wird:

- Sekundengenaue Schaltung der ÖPNV-Freigabezeiten entsprechend dem tatsächlichen Freigabezeitbedarf,
- Berücksichtigung der Streuung der Reisezeitkomponenten, insbesondere der Fahrzeiten und Fahrgastwechselzeiten, innerhalb eines vorab zu bestimmenden Variationsbereichs,
- Vermeidung von Ausschlussbedingungen für ÖPNV-Eingriffe, wenn diese zu langen Einzelwartezeiten führen würden.

Diesen Anforderungen kann am besten durch eine kontinuierliche Erfassung der ÖPNV-Fahrzeuge bei Annäherung an die Lichtsignalanlage (mindestens Vor- und Hauptanmeldung), durch Abmeldung bei Überfahren des Signalquerschnitts und durch eine gleitende Schaltung der ÖPNV-Vorrangeingriffe entsprochen werden. Bei den für die Erfassung infrage kommenden Technologien wird nach „passiven“ und „aktiven“ Systemen unterschieden. Passive Systeme (z. B. Induktivschleifen) erfassen lediglich die Anwesenheit eines Fahrzeugs. Aufgrund der fehlenden Informationen (z. B. über die Fahrtrichtung am betrachteten Knotenpunkt), sind passive Systeme nur bedingt zur Anmeldung an Meldepunkten geeignet (z. B. wenn nur eine Fahrtrelation am Knotenpunkt besteht), können aber z. B. zur Abmeldung von ÖV-Fahrzeugen eingesetzt werden. Bei aktiven Systemen, eingesetzt werden überwiegend Meldesysteme mittels analogen und digitalen Datenfunk, sind fahrzeugbezogene oder betriebliche Informationen Bestandteil des an das Knotenpunktsteuergerät übertragenen Funktelegramms.

Die zeitlichen und logischen Bedingungen für die ÖPNV-Bevorrechtigung werden in einer Entscheidungslogik definiert. Grundsätzlich wird nach zwei unterschiedlichen Verfahrensansätzen unterschieden (siehe auch Abschn. 14.5):

- Die Steuerungsmaßnahmen werden aus online gemessenen oder aus Messgrößen berechneten Parametern sowie aus den aktuell vorliegenden Anforderungskonstellationen abgeleitet (regelbasierte Steuerungsverfahren).
- Die Steuerungsmaßnahmen werden online unter Verwendung einer Zielfunktion ermittelt (modellbasierte Steuerungsverfahren). Die Beschreibung des Verkehrsablaufs am Knotenpunkt erfolgt in einem mathematischen Modell, welches eine quantitative Prognose der Zielgröße (z. B. Wartezeiten, Performance Index etc.) bei unterschiedlichen Steuerungseingriffen ermöglicht.

In Deutschland werden für die ÖPNV-Bevorrechtigung überwiegend regelbasierte Steuerungsverfahren eingesetzt. Boltze et al. (2010) kommen in einer Untersuchung zur Anwendung und Analyse modellbasierter Netzsteuerungsverfahren zu dem Schluss, dass aus Sicht des ÖPNV die lokale regelbasierte verkehrsabhängige Steuerung für die ÖPNV-Bevorrechtigung bislang ohne Alternative ist. Allerdings weisen Boltze et al. (2010) auch darauf hin, dass die modellbasierte Netzsteuerung eher Potenziale zum Ausgleich des Zielkonflikts zwischen der Beschleunigungswirkung für die ÖPNV-Fahrzeuge und der Verkehrsqualität für den übrigen Verkehr bietet und die weitere Entwicklung der modellbasierten Netzsteuerung darauf gerichtet sollten.

Der Begriff des „Steuerungsmodells“ wird jedoch auch bei komplexen Entscheidungslogiken verwendet, wenn diese die mit der ÖPNV-Bevorrechtigung zusammenhängenden Wirkungen bei der Bildung von Steuerungsentscheidungen einbeziehen. Insbesondere bei hohen Priorisierungsgraden ist die Online-Überwachung der Kenngrößen

- Wartezeiten von Konfliktströmen des allgemeinen Kraftfahrzeugverkehrs,
- Staulängenentwicklung in allgemeinen Kraftfahrzeugströmen mit begrenztem Stauraum,
- Wartezeiten und Sperrzeiten im Fußgänger- und Radverkehr

für eine integrative Steuerung des Gesamtverkehrs allgemeine Praxis.

Über Verfahren mit Optimierung berichten u. a. Brenner (1980), Dürr (2002), Mertz und Weichenmeier (2002) und Krimmling (2017). So wird von Brenner (1980) die Verwendung des Erwartungswerts der Wartezeiten der ÖPNV-Fahrzeuge als Zielgröße vorgeschlagen. Sie wird auf der Grundlage der Häufigkeitsverteilung der Abfahrbereitschaftszeitpunkte der ÖPNV-Fahrzeuge berechnet, die sekündlich entsprechend der aktuellen Situation neu erzeugt wird. Bei Haltestellen werden dabei die vorab empirisch ermittelten Verteilungen der Fahrgastwechselzeiten herangezogen. Bei Dürr (2002) werden für den Einsatzfall des gemischten Verkehrs Steuerungsmodelle vorgestellt, bei welchen der Verkehrsablauf mithilfe eines verkehrsmittelübergreifenden Simulationsmodells abgebildet und in einem Optimierungsmodell kontinuierlich die bestmögliche Anpassung der Signalprogrammparameter auf der Grundlage eines Bewertungsindex berechnet wird. Das Steuerungsverfahren sichert den ÖPNV-Fahrzeugen eine „elektronisch gesteuerte Fahrstraße". Mertz und Weichenmeier (2002) berichten über einen intermodalen Ansatz im Rahmen einer adaptiven Steuerung, der eine gemeinsame fahrzeuggenaue Betrachtung des ÖPNV mit dem allgemeinen Kraftfahrzeugverkehr ermöglicht. Krimmling (2017) verwendet eine Kostenfunktion als Steuerungsmodell, um vor allem Konflikte in der Priorisierung von ÖPNV-Fahrzeugen untereinander (z. B. bei kreuzenden bzw. einmündenden Linien) aufzulösen. Die Kostenfunktion berücksichtigt und bewertet dabei die Kriterien:

- Abweichung der tatsächlichen fahrtkonkreten kombinierten Fahrplanlage von einer betrieblich erwünschten Fahrplanlage,
- Anzahl der realisierten korrekten Fahrzeugreihenfolgen (zur Anschlusssicherung nacheinander eine Haltestelle bedienender ÖPNV-Fahrzeuge),
- Anzahl der gesicherten dynamischen Anschlüsse,
- Kosten für Korrekturprozesse bereits „veröffentlichter" ÖV-Freigaben und
- Kosten für die Beeinträchtigung der MIV-Verkehrslage.

Um die Einschränkungen für das durch die Steuerungsentscheidung nur bedingt priorisierte ÖPNV-Fahrzeug möglichst gering zu halten und auch für diese Fahrzeuge eine möglichst effiziente Fahrweise zu ermöglichen, werden dem Fahrpersonal Empfehlungen für eine längere Fahrgastwechselzeit an der vorherigen Haltestelle und/oder Geschwindigkeitsempfehlungen mittels Fahrerassistenzsystemen angezeigt mit dem Ziel, auch für das bedingt priorisierte ÖPNV-Fahrzeug Halte außerhalb von Haltestellen zu vermeiden (Gassel et al. 2014). Voraussetzung für den Einsatz des von Krimmling (2017) beschriebenen Steuerungsmodells ist die Verfügbarkeit eines möglichst genauen Betriebs- und Verkehrslageabbildes der ÖV-Fahrzeuge, da sowohl Steuerungsentscheidungen als auch Informationen an das Fahrpersonal mit größerem zeitlichem Vorlauf getroffen werden als bei einer konventionellen regelbasierten Steuerung.

14.4.5 ÖPNV-Priorisierung bei koordinierter Lichtsignalsteuerung

Koordinierte Lichtsignalsteuerung für den allgemeinen Kraftfahrzeugverkehr und die gleichzeitige ÖPNV-Priorisierung führen in vielen Fällen zu Zielkonflikten, da Busse und Straßenbahnen aufgrund der Haltestellenaufenthalte und der betriebsbedingten beschränkten Anfahrbeschleunigung und Bremsverzögerung aus den Grünbändern „herausfallen" können und dadurch hohe Zeitverluste entstehen. Weitere Grenzen für die ÖPNV-Priorisierung entstehen bei koordinierter Lichtsignalsteuerung vor allem dadurch, dass

- die einheitlichen Umlaufzeiten der Signalprogramme nicht wesentlich verändert werden können,
- Eingriffe in die Grünbandführungen den koordinierten Verkehrsfluss einschränken und
- die aus ÖPNV-Vorrangschaltungen resultierenden Auswirkungen auf das Freigabezeitangebot betroffener Verkehrsströme in Folgeumläufen im Allgemeinen nur begrenzt kompensiert werden können.

Um auch für ÖPNV-Fahrzeuge eine gute Qualität des Verkehrsablaufs in Koordinierungsstrecken zu gewährleisten, wird in den RiLSA (FGSV 2015) empfohlen, deren spezifische Eigenschaften bei der Projektierung von Grünen Wellen frühzeitig zu berücksichtigen. Die Planung der ÖPNV-Priorisierungsmaßnahmen soll daher im Zeit-Weg-Zusammenhang erfolgen, auch um auszuschließen, dass Zeitverluste nicht lediglich an Nachbarknotenpunkte verlagert werden. Dabei sind deterministische Planungsmethoden, wie die Verwendung einer „mittleren Zeit-Weg-Linie", beim Entwurf der Grünbandführungen nicht geeignet, da sie die häufig großen Variationsbreiten der Fahrzeiten und Fahrgastwechselzeiten unberücksichtigt lassen.

Von Brenner (1980) wurde ein stochastisches, EDV-gestütztes Verfahren für die Zeit-Weg-Analyse entwickelt, welches die Wahrscheinlichkeit für die Ankunft und Abfahrbereitschaft eines ÖPNV-Fahrzeugs zu jeder Sekunde im Umlauf an beliebigen Bezugslinien unter Verwendung empirisch ermittelter Verteilungen der Fahrzeiten, Fahrgastwechselzeiten und der Fahrzeugankünfte am Eingangsquerschnitt durch Faltung der Häufigkeitsverteilungen berechnet und damit auf der Grundlage der signalbedingten Wartezeiten $E\{t_W\}$ eine Bewertung der erreichten Integration des öffentlichen Verkehrsmittels in eine vorgegebene Grüne Welle des allgemeinen Kraftfahrzeugverkehrs ermöglicht. Abb. 14.22 verdeutlicht die Methodik.

Da für den allgemeinen Kraftfahrzeugverkehr und den ÖPNV im Allgemeinen unterschiedliche günstige Wellenstrukturen bestehen, schlägt Brenner (1982) vor, zunächst mithilfe des Verfahrens der stochastischen Zeit-Weg-Analyse iterativ diejenige Wellenstruktur aus verschiedenen Kombinationen von Umlaufzeit und Progressionsgeschwindigkeit zu ermitteln, die bei Aufrechterhaltung eines koordinierten Verkehrsablaufs im allgemeinen Kraftfahrzeugverkehr die geringste Summe signalbedingter Wartezeiten im ÖPNV aufweist („passive" Priorisierung). Diese Koordinierung bildet

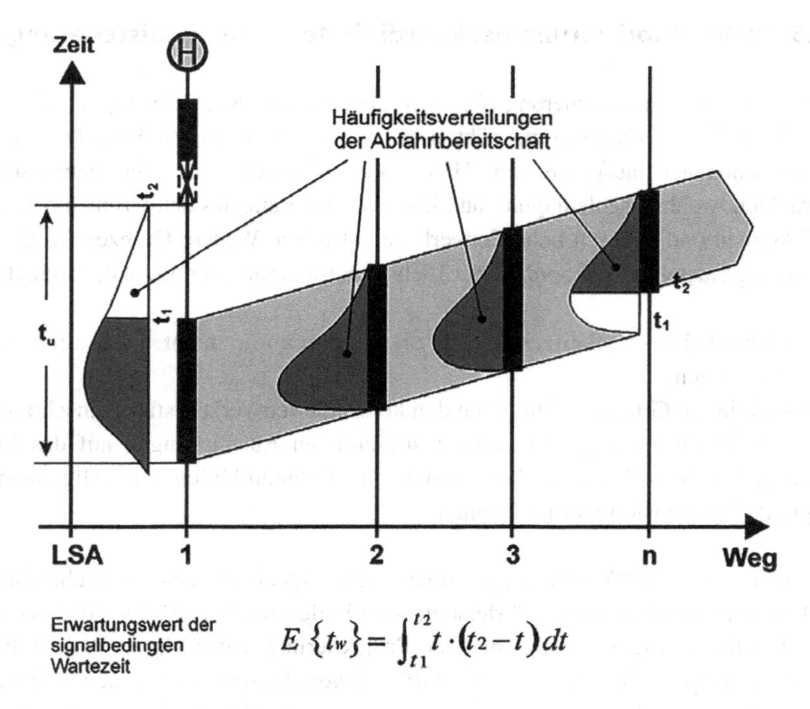

Abb. 14.22 Grundprinzip der stochastischen Zeit-Weg-Analyse

anschließend die Basissteuerung für die „aktive" ÖPNV-Priorisierung. Auf diese Weise können Häufigkeit und Dauer von Vorrangeingriffen sowie die mit diesen verbundenen Restriktionen auf betroffene Verkehrsströme auf ein Mindestmaß begrenzt werden.

14.4.6 Flankierende Maßnahmen

Für die Wahl des Steuerungsverfahrens ist neben der Art des öffentlichen Personennahverkehrssystems (Bus oder Schienenverkehrsmittel) vor allem von Bedeutung, ob die ÖPNV-Fahrzeuge auf eigenem Fahrweg geführt werden oder den Verkehrsraum gemeinsam mit dem allgemeinen Kraftfahrzeugverkehr nutzen (Mischverkehr). Während im erstgenannten Fall ÖPNV-Vorrangeingriffe weitgehend unabhängig von den parallel zum ÖPNV verlaufenden Längsverkehrsströmen geschaltet werden können, sind beim Mischverkehr Wechselwirkungen mit dem allgemeinen Kraftfahrzeugverkehr zu berücksichtigen.

Ein „Rezept" für die Gestaltung der Lichtsignalsteuerung ist nicht verfügbar; vielmehr müssen in jedem Einzelfall im Rahmen einer detaillierten Analyse und Durcharbeitung der Linienwege die geeignetsten Maßnahmenkombinationen entwickelt und hinsichtlich ihrer Wirksamkeit im Zusammenspiel miteinander bewertet werden (siehe auch FGSV 2018). Neben Sonderlösungen der Lichtsignalsteuerung wie der dynamischen Straßenraumfreigabe (Betriebsform mit temporärer Sperrung oder Freigabe von Fahrstreifen für verschiedene Verkehrsarten oder Richtungsverkehre durch LSA), sind insbesondere im Busverkehr häufig flankierende Maßnahmen erforderlich, die zu einer möglichst behinderungsfreien Annäherung der Busse an die Lichtsignalanlage beitragen, ohne die Kapazität des lichtsignalgesteuerten Knotenpunkts selbst zu vermindern (Schnüll 1997). Häufig handelt es sich um vergleichsweise „einfache" Maßnahmen, wie beispielsweise die Führung des Busverkehrs über partielle ÖPNV-Fahrstreifen oder über Abbiegefahrstreifen unter Befreiung vom Richtungsfahrgebot am Knotenpunkt in Verbindung mit Vorrangeingriffen in den Steuerungsablauf. Abb. 14.23 zeigt die Anlage eines Bussonderfahrstreifens in Kombination mit einer sogenannten „Busschleuse". Der Bussonderfahrstreifen endet vor dem Knotenpunkt im Abstand des erforderlichen Stauraums für den Rechtsabbiegeverkehr. Die Einsteuerung des Busses an der Bushaltestelle erfolgt auf Anforderung mit Signalen nach BOStrab, um Irritationen bei den Kraftfahrzeugführern auszuschließen. Als (partieller) ÖPNV-Fahrstreifen kann auch eine bis zur Haltlinie vorgezogene Haltestellenbucht am rechten Fahrbahnrand oder eine Haltestelle mit Haltestelleninsel in Mittellage angesehen werden. In diesen Fällen wird neben einer Beschleunigung des ÖPNV auch das Ein- und Ausfahren an Haltestellen vereinfacht.

Begleitende Maßnahmen in Zusammenhang mit der Priorisierung bei koordinierter Lichtsignalsteuerung werden auch in den RiLSA (FGSV 2015) genannt:

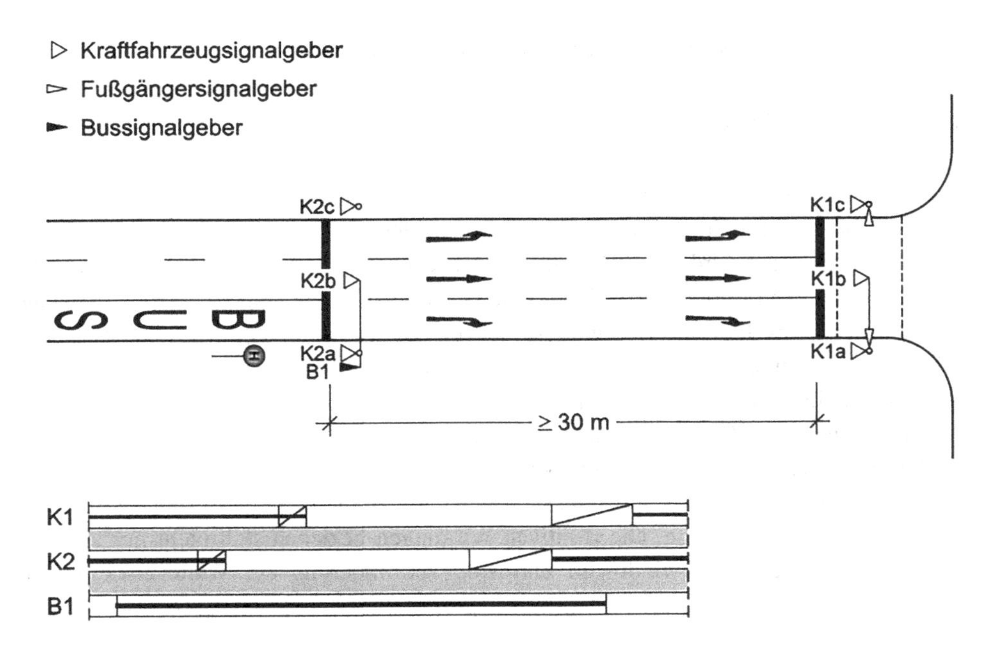

Abb. 14.23 Beispiel für eine Busschleuse mit Festzeitsignalprogramm (RiLSA (FGSV 2015))

- Wenn die Lichtsignalanlage unmittelbar hinter einer Haltestelle liegt, wird die Verwendung von Türschließsignalen (nach BOStrab) empfohlen. Es fordert den Fahrer auf, den Fahrgastwechsel nach Möglichkeit abzuschließen, wird meist 5 s gezeigt und endet mit Aufleuchten des Freigabesignals. Anschließend kann die Lichtsignalanlage ohne weitere Verzögerung passiert werden.
- Weiterhin wird ein zusätzlicher Signalstandort am Haltestellenkopf empfohlen, an dem die Signale nach BOStrab gezeigt und in Progression auf die am Knotenpunkt folgenden Lichtsignale geschaltet werden, wenn ein Knotenpunkt mit Lichtsignalanlage bis etwa 100 m hinter einer Haltestelle liegt (Vermeidung von Brems- und Anhaltevorgänge zwischen Haltestelle und Knotenpunkt).
- Bei Knotenpunkten mit Lichtsignalanlagen, die mehr als 100 m hinter einer Haltestelle liegen, können in angemessenem Abstand vor der Lichtsignalanlage Vorankündigungssignale eingesetzt werden. Diese zeigen das in Progression geschaltete Freigabesignal nach der BOStrab, wenn die folgende Lichtsignalanlage mit zugelassener Streckengeschwindigkeit ohne Zwischenhalt passiert werden kann. Keinen Signalbegriff (Signalgeber „Dunkel“) zeigen sie, wenn bei der Weiterfahrt mit einem Zwischenhalt gerechnet werden muss.

Weitere Möglichkeiten der Priorisierung – als Kombination von steuerungstechnischen und baulichen Maßnahmen – werden in (FGSV 1999), (FGSV 2013) sowie (FGSV 2018) beschrieben.

14.5 Verkehrsabhängige Lichtsignalsteuerung

14.5.1 Übersicht und Begriffe

Im Gegensatz zur Festzeitsteuerung, bei der unabhängig von der aktuellen Verkehrssituation ein hinsichtlich aller Programmparameter festgelegtes, nicht veränderbares Lichtsignalprogramm eingesetzt wird, findet bei der verkehrsabhängigen Steuerung ein Informationsfluss zwischen dem Verkehrsablauf und dem Steuerungssystem statt, welcher dazu dient, die Parameter des Lichtsignalprogramms situationsabhängig anzupassen. Die verkehrsabhängige Steuerung kann dabei als Teil eines Regelkreises angesehen werden (siehe Abb. 14.24), durch den der Verkehrsablauf nach festgelegten Regeln und Kriterien im Sinne der Zielsetzungen der Lichtsignalsteuerung beeinflusst wird.

Bereits Steierwald et al. (1970) haben durch Feldversuche nachgewiesen, dass durch eine Dynamisierung der Lichtsignalsteuerung wesentliche Verbesserungen im Verkehrsablauf erreicht werden. Die positiven Wirkungen beziehen sich nicht nur auf eine Erhöhung der Reisegeschwindigkeit und eine Verminderung der Wartezeiten. Untersuchungen von Brenner et al. (1997) haben gezeigt, dass auch die Sicherheit des Verkehrsablaufs durch eine flexible Ausgestaltung verkehrsabhängiger Steuerungsverfahren positiv beeinflusst werden kann.

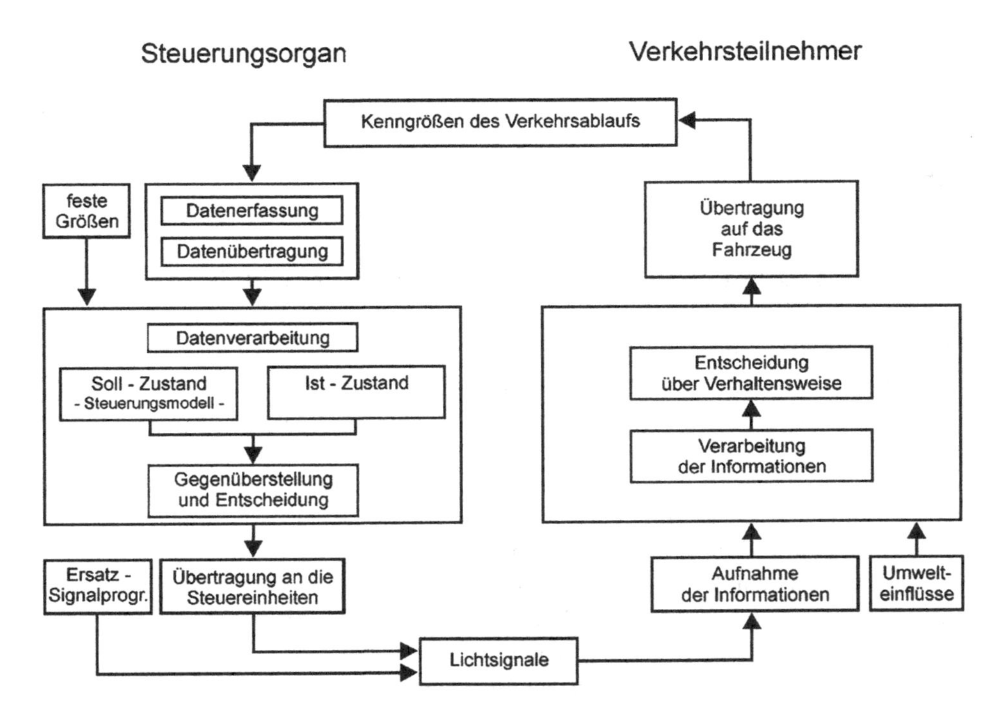

Abb. 14.24 Informationsfluss an einer Lichtsignalanlage (FGSV 1992)

Die RiLSA (FGSV 2015) unterscheiden hinsichtlich der Wirkungsebenen nach makroskopischen und mikroskopischen Steuerungsverfahren. Verfahren der makroskopischen Steuerungsebene beziehen sich auf die Beeinflussung des Verkehrs im Gesamtnetz oder in größeren Netzbereichen und berücksichtigen längerfristige Veränderungen der Verkehrssituation. Mikroskopische Steuerungsverfahren haben dagegen die lokale Steuerung zum Inhalt und reagieren kurzfristig (innerhalb einiger Sekunden bzw. innerhalb einer Umlaufzeit) auf veränderte Verkehrszustände an Knotenpunkten.

Eine dynamische Steuerung des Verkehrs wird durch den Einsatz zeitplan- und/oder verkehrsabhängiger Verfahren erreicht. Während bei der zeitplanabhängigen Steuerung eine Anpassung der Lichtsignalprogramme an zeitlich regelmäßig wiederkehrende Verkehrszustände über eine „Schaltuhr" erfolgt, nutzen verkehrsabhängige Steuerungsverfahren online erfasste Verkehrskenngrößen für die Anpassung der Steuerungsparameter an die jeweils aktuelle Situation. Je nach Art der Informationsverarbeitung wird nach regelbasierten Steuerungsverfahren mit offenem Wirkungskreislauf und modellbasierten Steuerungsverfahren mit geschlossenem Wirkungskreislauf unterschieden. Bei einem offenen Wirkungskreislauf wird die Regelgröße ohne unmittelbare Analyse der Auswirkungen z. B. durch einen Vergleich von Soll- und Ist-Werten beeinflusst. Bei einem geschlossenen Wirkungskreislauf kommen dagegen Wirkungsmodelle und

Optimierungsalgorithmen zur Minimierung der Regelabweichung zum Einsatz. Modellbasierte Steuerungsverfahren werden daher auch als „adaptiv“ bezeichnet.

Die Wahl des Steuerungsverfahrens für den jeweiligen Einsatzfall ist im Wesentlichen abhängig von den vorgegebenen Zielen der Verkehrssteuerung und dem möglichen technischen Aufwand.

14.5.2 Umsetzung verkehrsabhängiger Steuerungsverfahren

Innerhalb eines Lichtsignalsteuerungssystems sind die Aufgaben der makroskopischen Steuerung in der Regel der Verkehrsrechnerebene zugeordnet, während die Mikrosteuerung durch mikroprozessorgesteuerte Knotenpunktgeräte erfolgt. Diese Aufgabenverteilung innerhalb des Lichtsignalsteuerungssystems wird als „teilzentrale“ Systemstruktur bezeichnet, bei welcher die Datenverarbeitungskapazität des Anlagensystems bestmöglich genutzt und eine hohe Betriebssicherheit erreicht wird. Die Kommunikation zwischen Verkehrsrechner und Knotenpunktsteuergeräten erfolgt in der Regel durch ein kabelgebundenes Übertragungssystem. In Deutschland existiert mit OCIT (Open Communication Interface for Road Traffic Control Systems) ein standardisiertes offenes TCP/IP-basiertes Kommunikationsverfahren, wodurch z. B. die Kommunikation zwischen Lichtsignalsteuergeräten und Verkehrsrechner, auch bei herstellergemischten Systemen sichergestellt wird.

Die Onlineerfassung von Verkehrskenngrößen erfolgt durch Detektoren. Im Kraftfahrzeugverkehr werden vor allem Induktionsschleifen-, Infrarot-, Radar- und Videodetektoren eingesetzt. Im Übrigen wird auf einschlägige Regelwerke und Veröffentlichungen (z. B. FGSV 1991) hingewiesen (vgl. auch Kap. 2 in Band 2).

14.5.3 Zeitplanabhängige Steuerung

Der zeitabhängige Einsatz verschiedener, auf bestimmte Verkehrssituationen zugeschnittener Lichtsignalprogramme (zeitplanabhängige Signalprogrammauswahl) ist eine erste Stufe der Dynamisierung der Steuerung und stellt gleichsam eine „indirekte“ Verkehrsabhängigkeit her.

Auf der Grundlage empirisch ermittelter Ganglinien des Verkehrsaufkommens in einem zu steuernden Straßennetz werden die Ein-, Aus- und Umschaltzeitpunkte der in einem Signalprogrammkatalog enthaltenen Lichtsignalprogramme ermittelt und in einer Zeitautomatik festgelegt. Das Verfahren der zeitplanabhängigen Signalprogrammauswahl stellt eine übergeordnete Strategie dar, da ihm das Ziel zugrunde liegt, für ein als Einheit betrachtetes Straßennetz oder Straßennetzsegment für einen längeren Zeitraum geeignete Lichtsignalprogramme auszuwählen. Es wird in der Regel daher der makroskopischen Entscheidungsebene zugeordnet (siehe Abb. 14.25).

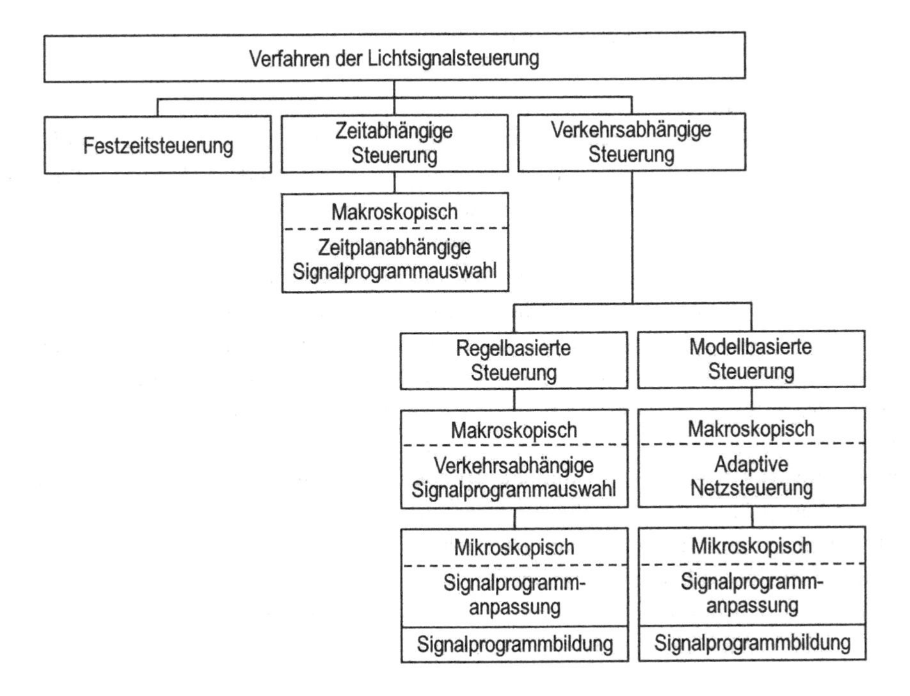

Abb. 14.25 Übersicht über die Verfahren der Lichtsignalsteuerung

Voraussetzung für einen wirkungsvollen Einsatz der zeitplanabhängigen Signalprogrammauswahl sind periodisch wiederkehrende Verkehrszustände mit weitgehend konstantem Verkehrsablauf. Für deren Ermittlung sind im Allgemeinen manuelle oder (teil-)automatisierte Verkehrserhebungen durchzuführen, um die Ganglinienverläufe im Tages- und Wochenverlauf, in Sonderfällen auch saisonal differenziert, für die maßgebenden Knotenpunkte und Querschnitte im Straßennetz zu erfassen. Aus den Zähldaten werden Tages- und Wochenganglinien abgeleitet; die absoluten Verkehrsstärken bilden die Grundlage für die Signalprogrammberechnungen. Aus der Analyse der Ganglinien sind die Zahl erforderlicher Signalprogramme und Zeitpläne sowie die Einsatzzeitpunkte der einzelnen Signalprogramme zu bestimmen. In städtischen Straßennetzen werden in vielen Fällen vier Signalprogramme eingesetzt, die neben den Berufsverkehrsspitzen auch die Normal- und Schwachverkehrszeiten abdecken (vgl. auch Abschn. 14.2.4).

Es ist vielfach üblich, das Verfahren der zeitplanabhängigen Signalprogrammauswahl mit einer verkehrsabhängigen Steuerung auf der lokalen Ebene zu kombinieren. So werden in LSA-Steuergeräten die ausgewählten Lichtsignalprogramme auf der lokalen Steuerungsebene als „Rahmensignalpläne“ aktiviert und im Rahmen der Mikrosteuerung an die aktuellen Verkehrsverhältnisse an den Knotenpunkten angepasst.

14.5.4 Regelbasierte Steuerungsverfahren

14.5.4.1 Grundlagen

Regelbasierte Steuerungsverfahren haben insbesondere in Deutschland einen hohen Entwicklungsstand erreicht und repräsentieren – im Unterschied z. B. zu Großbritannien und den USA – die hierzulande am weitesten verbreiteten Art der verkehrsabhängigen Lichtsignalsteuerung. Die geringe Verbreitung – der seit etwa 20 Jahren eingesetzten – modellgestützten Verfahren (siehe Abschn. 14.5.5) wird in Boltze et al. (2010) u. a. auf die hohen Investitionskosten, Unsicherheiten bezüglich herstellerunabhängiger Systemerweiterungen sowie auf unzureichende Kenntnisse über die erzielbaren verkehrlichen und umweltbezogenen Wirkungen adaptiver Netzsteuerungen zurückgeführt.

Regelbasierte Steuerungsverfahren werden sowohl auf der Ebene der makroskopischen als auch der mikroskopischen Steuerung eingesetzt (siehe Abb. 14.25). Sie treffen ihre Steuerungsentscheidungen auf der Grundlage einer Auswahl verfügbarer Verkehrskenngrößen und Handlungsalternativen durch Abfrage logischer und zeitlicher Bedingungen und Prüfung der Verkehrszustände für die einbezogenen Verkehrsströme, welche in einem Ablaufdiagramm definiert werden. Das Ablaufdiagramm wird in der Regel sekündlich durchlaufen. Der Entscheidungsablauf bei regelbasierten Steuerungsverfahren ist in Abb. 14.26 schematisch dargestellt.

In den meisten Fällen werden die Steuerungslogiken individuell für den betreffenden Einsatzfall entwickelt, sodass die Qualität der Steuerung in hohem Maße vom eingebrachten Expertenwissen abhängig ist. Gemäß RiLSA (FGSV 2015) haben sich in der Praxis folgende Punkte als positiv für eine strukturierte, nachvollziehbare und einfach änderbare Steuerung erwiesen:

- klare Gliederung der Logik in einfache und überschaubare Funktionen,
- Hinweise in Form von Kommentaren innerhalb der Logik,
- Verwendung von einfachen bzw. ein- oder zweidimensional indizierten Parametern (Parameterreihen und Parameterfelder), welche ohne Logikänderung bzw. Quellcodeänderung angepasst werden können.

Aufgrund der mit steigenden verkehrstechnischen Anforderungen zunehmenden Komplexität von Steuerungslogiken hat sich die Modularisierung der Steuerungssoftware mit dem Ziel einer deutlich verbesserten Nachvollziehbarkeit und Anwenderfreundlichkeit durchgesetzt. In Brenner et al. (1999) wurden die wesentlichen Anforderungen an die Festlegung von Funktionalität und Handhabung universell einsetzbarer Module definiert und ein einheitliches Beschreibungsmittel für ihre Spezifikation entwickelt.

Für verkehrsabhängige Steuerungsverfahren mit frei gestaltbaren Entscheidungslogiken sind eine Reihe vorprogrammierter Steuerprogrammmodule für häufig vorkommende Steuerungsfunktionen und Unterprogramme verfügbar (z. B. für die ÖPNV-Bevorrechtigung), welche nicht nur eine hohe Transparenz und Anpassungs-

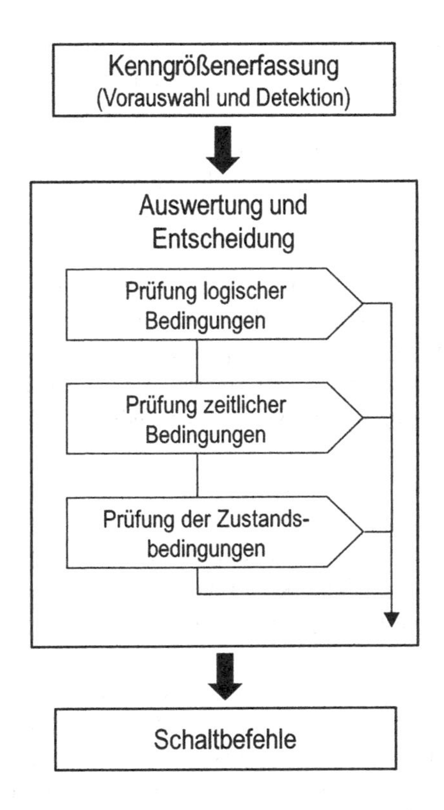

Abb. 14.26 Entscheidungsablauf bei regelbasierten Steuerungsverfahren

fähigkeit sicherstellen, sondern auch die Aufgabe der Qualitätssicherung deutlich verbessern. Eine andere Entwicklungslinie führte zu „geschlossenen“ Gesamtmodulen, die mittels vorgegebener Steuerungsalgorithmen ein in vielen Fällen ausreichendes Spektrum verkehrstechnischer Funktionen abdecken und lediglich durch Parametrierung an den jeweiligen Einsatzfall angepasst werden. In diesen Modulen wird in der Regel nach Kenngrößenparametern (Anforderungsparameter, Bemessungsparameter, Stauerkennung, ÖPNV-Parameter) und Steuerungsparametern (minimale und maximale Freigabe- und Sperrzeiten, Rahmenparameter, Phasenfolgeparameter und Prioritätsparameter [Signalgruppen, Ströme, Phasen]) unterschieden.

14.5.4.2 Makroskopische Steuerungsverfahren

Das regelbasierte Steuerungsverfahren auf der Entscheidungsebene der Makrosteuerung ist das Verfahren der verkehrsabhängigen Signalprogrammauswahl, bei welchem die Schaltung unterschiedlicher Signalprogramme auf der Grundlage online erfasster Verkehrskenngrößen erfolgt. Das Verfahren bietet sich vor allem dann an, wenn die Ganglinien keinen erkennbaren Gesetzmäßigkeiten folgen oder eine flexiblere

Anpassung der Steuerung an sich verändernde Verkehrssituationen angestrebt wird. Die Planung einer verkehrsabhängigen Signalprogrammauswahl enthält folgende Schritte:

- Durch eine Analyse der Straßennetzstruktur ist festzulegen, welche Knotenpunkte in das Verfahren einbezogen und zu „Schaltgruppen" zusammengefasst werden. Diese können flexibel, z. B. in Abhängigkeit von bestimmten Verkehrszuständen, veränderbar sein.
- Durch eine Verkehrsanalyse werden die Entscheidungsparameter, Schwellenwerte und Zielgrößen ermittelt. Häufig sind für die verkehrsabhängige Signalprogrammauswahl Verkehrskenngrößen an nur wenigen „Makromessstellen" ausreichend, um die Verkehrssituation hinreichend genau zu erfassen. Die Messstellen müssen dabei so angeordnet werden, dass sie eine von der Lichtsignalsteuerung weitgehend unbeeinflusste Messung zulassen.
- Bei der Erstellung der Entscheidungslogik werden die Parameter und Auswahlkriterien formuliert und der Entscheidungsablauf festgelegt. Im Vergleich zur zeitplanabhängigen Signalprogrammauswahl ist häufig ein größerer Signalprogrammkatalog erforderlich, um auch auf kurzfristigere Veränderungen im Verkehrsablauf (im Allgemeinen 15 bis 30 min) reagieren zu können.

Die im Vergleich zur zeitplanabhängigen Signalprogrammauswahl häufigeren Signalprogrammwechsel erfordern schließlich geeignete Verfahren der Signalprogrammumschaltung, die sicherstellen, dass insbesondere im Zuge Grüner Wellen der Verkehrsablauf nicht unvertretbar stark beeinträchtigt wird (Lapierre und Steierwald 1988).

14.5.4.3 Mikroskopische Steuerungsverfahren

In Abhängigkeit vom Freiheitsgrad hinsichtlich der Veränderbarkeit der Signalprogrammparameter Umlaufzeit, Phasenfolge, Phasenanzahl und Freigabezeiten unterscheiden die RiLSA (FGSV 2015) nach den Verfahren

- der Signalprogrammanpassung und
- der Signalprogrammbildung.

Bei den Verfahren der Signalprogrammanpassung ist die Umlaufzeit generell nicht veränderbar, sodass sie sowohl an Einzelknotenpunkten als auch im Zuge Grüner Wellen und im Rahmen der Netzsteuerung eingesetzt werden können. Wichtige Anwendungsfälle sind z. B.

- die bedarfsabhängige Bemessung von Freigabezeiten,
- die Schaltung von Freigabezeiten auf Anforderung,
- die Stauraumüberwachung oder
- die Zuflussdosierung.

Die einfachste Form der verkehrsabhängigen Freigabezeitbemessung im allgemeinen Kraftfahrzeugverkehr erfolgt auf der Basis einer Zeitlückenmessung, bei der die laufende Freigabezeit so lange verlängert wird, bis die gemessene Zeitlücke einen vorgegebenen Zeitlückenwert überschreitet (in der Regel 2 oder 3 s) oder die maximale Freigabezeit erreicht ist. Die Zeitlückensteuerung setzt frei abfließenden Verkehr voraus, eine Bedingung, die z. B. bei bedingt verträglichem Abbiegeverkehr grundsätzlich nicht erfüllt ist. In diesem Fall sind der Einsatz einer Langschleife und die Freigabezeitbemessung auf Basis der Belegung eine geeignete Alternative (vgl. auch RiLSA (FGSV 2015)).

Vereinzelt wird auch über Versuche mit Fuzzy-Logiken berichtet (Bell et al. 1996; Strobel 2005). Im Gegensatz zur digitalen, zweiwertigen Logik handelt es sich hier um eine wissensbasierte, mehrwertige Logik, die beliebige Zustände zwischen 0 und 1 annehmen kann. Die für die Steuerung verwendete Wissensbasis wird in Form umgangssprachlicher Regeln implementiert und ist dadurch leichter nachvollziehbar.

Beim Verfahren der regelbasierten Signalprogrammbildung erfolgt die Generierung eines Signalprogramms durch die Verkehrsteilnehmer bei voller Variabilität aller Signalprogrammparameter. Da streckenbezogene Kriterien nur bedingt berücksichtigt werden, eignet sich das Verfahren vorrangig für autonom gesteuerte Einzelknotenpunkte. Planerisch sind die minimale und maximale Dauer der Sperrzeiten, die Zwischenzeiten, die Phasenübergangspläne und eventuell die günstigste Phasenfolge bei Anforderung aller Phasen vorzugeben. In einer Steuerungslogik erfolgt die Verknüpfung von Messwertkonstellationen mit bestimmten Steuerungsmaßnahmen. Verfahren der Signalprogrammbildung erfordern einen vergleichsweise hohen Systemaufwand, da alle Verkehrsteilnehmer, die das Signalprogramm beeinflussen sollen, durch eine geeignete Sensorik erfasst werden müssen. Eine Sonderform der Signalprogrammbildung ist die Alles-Rot-/Sofort-Grün-Schaltung, bei der sich die Signale in der Grundstellung „Alles-Rot" befinden und aus diesem Zustand bei einer Anforderung unmittelbar in die entsprechende Phase geschaltet wird. Die genaue Funktionsweise wird am nachfolgenden Beispiel erläutert.

Für die in Abb. 14.27 dargestellte Kreuzung mit einer Alles-Rot-/Sofort-Grün-Schaltung sind folgende logischen Bedingungen für die Anforderung (A) bzw. den Abbruch der Phasen 2 und 3 anhand detektierter Zeitlückenwerte (ZL) definiert („v" bzw. „^" steht dabei für eine oder- bzw. und-Verknüpfung gemäß den Regeln der Booleschen Algebra):

- AnforderungPh2 = A(F1 v F3) v A(DK21 vDK22 v DK23 v DK41 v DK42 v DK43)
- AnforderungPh3 = A(F2 v F4) v A(DK11 v DK12 v DK13 v DK31 v DK32 v DK33)
- AbbruchPh2 = ZL(DK23 ^ DK43) ≥ 3,5 s
- AbbruchPh3 = ZL(DK13 ^ DK33) ≥ 3,5 s

Weiterhin sind minimale Freigabezeiten (15 s für Fahrzeugströme) und maximale Freigabezeiten (25 s für die Fahrzeugströme) sowie der Merker M2 definiert, der angibt, welche Phase zuletzt geschaltet wurde (M2 = 1 bedeutet, dass Phase 2 zuletzt vor Phase

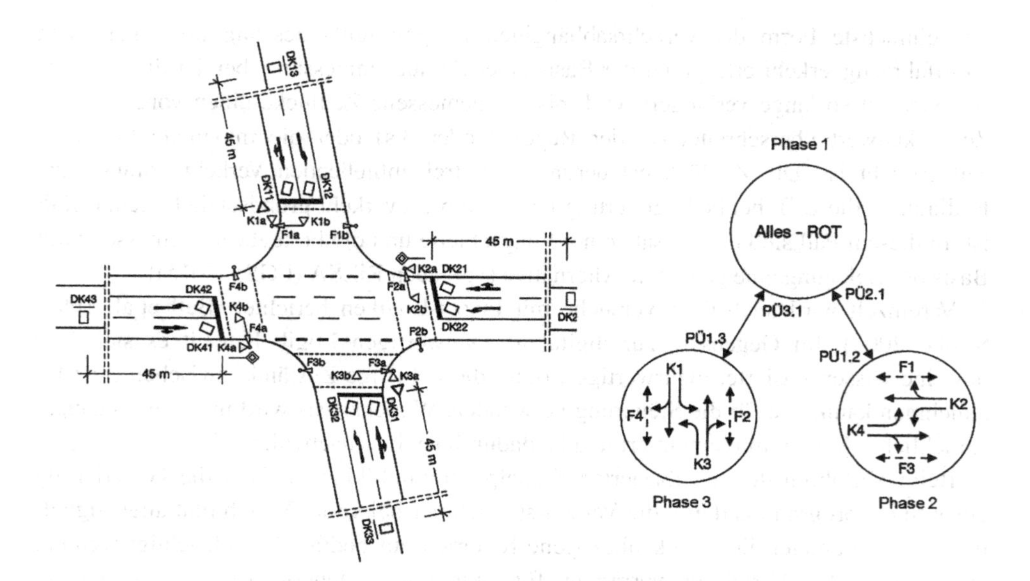

Abb. 14.27 Lage- und Phasenfolgeplan für eine Alles-Rot-/Sofort-Grün-Steuerung (FGSV 2017)

1 bedient wurde und M2 = 0 bedeutet, dass Phase 3 zuletzt vor Phase 1 bedient wurde). Der Merker wird benötigt, um bei gleichzeitig wirksamen Anforderungen der Phasen 2 und 3 einen regelmäßigen Wechsel zwischen den Phasen zu erreichen.

Im Betrieb der Lichtsignalanlage wird das in Abb. 14.28 dargestellte Ablaufdiagramm sekündlich für die definierten Bedingungen durchlaufen und z. B. bei vorliegender Anforderung die entsprechende Aktion (Merker definieren und/oder Phasenübergang einleiten) unter Berücksichtigung der definierten Randbedingungen (minimale bzw. maximale Freigabezeiten und/oder Abbruchkriterien) ausgeführt. In Zeitbereichen, in denen ein Phasenübergang (PÜ) stattfindet, ist keine Phase geschaltet, sodass alle drei Zustandsbedingungen (Phase 1, 2 und 3) negiert werden und die Logik ohne weitere Aktion durchlaufen wird.

Weitere Beispiele zum Aufbau der Logik regelbasierter Steuerungsverfahren werden in FGSV (2017) beschrieben.

14.5.4.4 Zusammenwirken der makroskopischen und mikroskopischen Steuerungsverfahren

Durch Kombination des Verfahrens der verkehrsabhängigen Signalprogrammauswahl auf der Ebene der Makrosteuerung (zentrale Entscheidungsebene) mit spezifisch auf die lokalen Bedingungen abgestimmten regelbasierten Verfahren der Mikrosteuerung (dezentrale Entscheidungsebene) kann nicht nur eine hohe Effizienz und Flexibilität der Lichtsignalsteuerung insgesamt, sondern auch eine klare hierarchische Struktur mit zwei

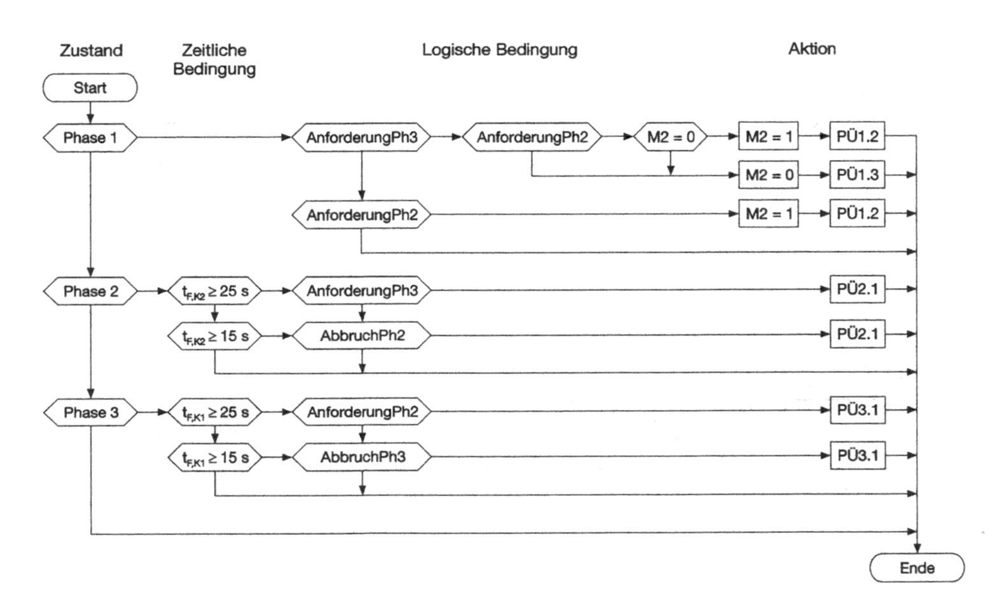

Abb. 14.28 Ablaufdiagramm für eine Alles-Rot-/Sofort-Grün-Steuerung (FGSV 2017)

funktional getrennten Entscheidungsebenen realisiert werden. Sie ermöglicht eine hohe Transparenz und gezielte Systempflege.

Das „Koordinierungsinstrument" zwischen der Makro- und Mikrosteuerungsebene ist der durch die verkehrsabhängige Signalprogrammauswahl vorgegebene Rahmensignalplan, der situationsabhängig den von der Mikrosteuerungsebene nutzbaren Freiheitsgrad für kurzfristige Signalprogrammanpassungen an lokale Bedingungen definiert. Abb. 14.29 zeigt für den Fall einer phasenorientierten Steuerung die Rahmensignalpläne mit unterschiedlichen Entscheidungsspielräumen für die knotenpunktbezogene Steuerung.

14.5.5 Modellbasierte Steuerungsverfahren

Die modellbasierte Umsetzung der Steuerungsverfahren verwendet nicht direkt erhobene Kenngrößen, sondern die in einem Modell weiterverarbeiteten Werte (RiLSA (FGSV 2015)) – siehe Abb. 14.30. Ein wesentlicher Unterschied zu regelbasierten Systemen ist der Einsatz von Verkehrsmodellen. Mit diesen werden aus den aktuellen Messdaten und unter Zuhilfenahme von historischen Messwerten der Verkehr und die damit in Verbindung stehenden Kenngrößen bis zu einem Zeithorizont prognostiziert. Anschließend wird im Verkehrsflussmodell aus dem modellierten Verkehrsaufkommen und den berechneten LSA-Steuerungsgrößen der Verkehrsablauf im Optimierungsintervall nachgebildet. Im

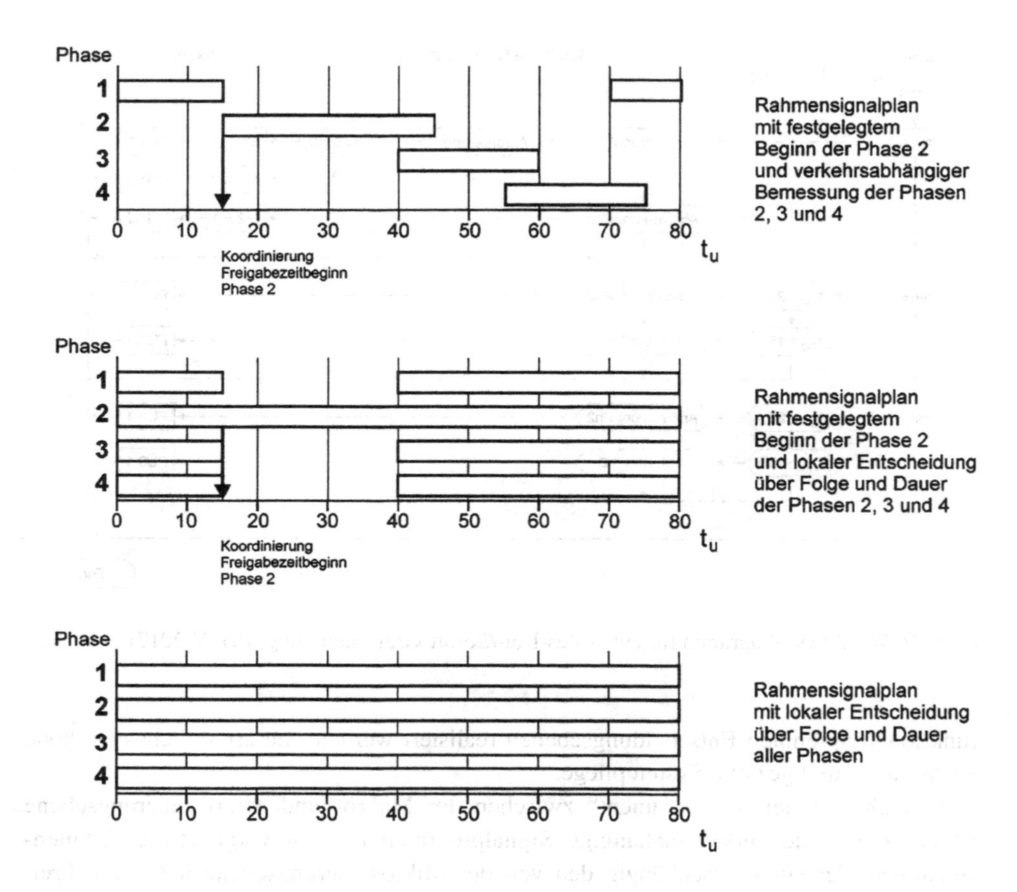

Abb. 14.29 Rahmensignalpläne mit vorgegebener Umlaufzeit und unterschiedlichen Entscheidungsspielräumen auf der Ebene der Mikrosteuerung

Verkehrswirkungsmodell erfolgt die quantitative Ermittlung der Bewertungskenngrößen (z. B. Wartezeiten, Anzahl der Halte, Fahrzeiten, Staulängen, Verkehrsstrom bezogene Auslastungsgrade, kategorisierte Verkehrszustände (QSV) oder Emissionen). Die Optimierung der Steuerungsgrößen erfolgt in der Regel über eine Zielfunktion. Dazu werden die im Verkehrswirkungsmodell ermittelten Kenngrößen, die jeweils auf Grundlage eines situationsangepassten Steuerungsvorschlages ermittelt werden, mit einer festzulegenden Gewichtung zu einem Qualitätsindex (Performance Index) zusammengefasst. Die Steuerungsalternativen können sowohl durch eine Signalprogrammanpassung (Freigabezeitanpassung, Phasenanforderung, Phasentausch oder Versatzzeitanpassung) als auch durch eine Signalprogrammbildung realisiert werden. Abschließend werden die ermittelten Steuerungsanweisungen mit dem besten Qualitätsindex als Schaltbefehle an die Steuergeräte übermittelt.

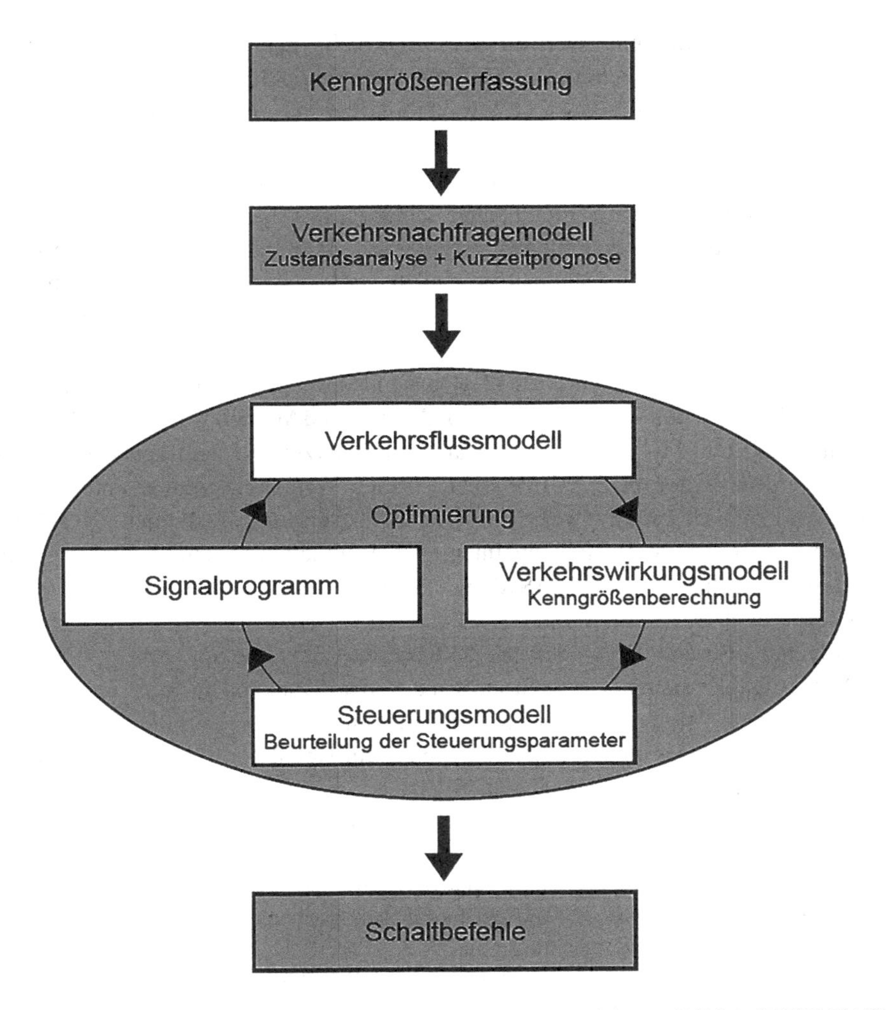

Abb. 14.30 Modellbasierte Umsetzung eines Steuerungsverfahrens (RiLSA (FGSV 2015))

Neben dem Einsatz von Verkehrsmodellen unterscheiden sich modellbasierte gegenüber den regelbasierten Steuerungsverfahren auch dadurch, dass alle im Modell abgebildeten Anforderungen in die Optimierung einbezogen werden können und auf dieser Grundlage im Sinne einer festgelegten umfassenden Optimierungsstrategie online auf die aktuelle Verkehrssituation Einfluss genommen wird, weshalb modellbasierte Steuerungsverfahren häufig auch als adaptive Netzsteuerungen bezeichnet werden.

Zackor (1991) definiert die generellen Anforderungen an ein modellgestütztes Steuerungsverfahren. Danach stellt eine ausreichend realitätsgetreue Modellierung der Ankunfts- und Bedienungsprozesse im Verkehrsmodell das entscheidende Kriterium dar. Die Modellierung des Bedienungsprozesses erfolgt im Allgemeinen unter Verwendung vorab festzulegender Sättigungsverkehrsstärken, welche häufig systematische Fehler bedingen. Neben der Kalibrierung der Modelle führt schließlich die Berücksichtigung mikroskopischer Ereignisse (z. B. ÖPNV-Anforderungen) in einigen Modellen zu beträchtlichen Schwierigkeiten. In Friedrich (2000) wird außerdem die Umsetzung in ein System mit verteilter Intelligenz als wichtiges Kriterium für eine geringe Störanfälligkeit und eine effiziente Struktur betrachtet, bei der kein Redesign des Systems bei räumlichen und aufgabenbezogenen Erweiterungen erforderlich ist. Diese Anforderung bedingt auch eine benutzerfreundliche Modularität des Steuerungsverfahrens. Schließlich wird gefordert, dass die Modelle auch für verkehrs- und umweltpolitische Vorgaben zugänglich sein sollten.

Seit den 90er-Jahren kommen auch in Deutschland vermehrt adaptive Steuerungen zum Einsatz. Im Wesentlichen gibt es mit BALANCE (BALancing Adaptive Network Controle mEthod) und MOTION zwei Verfahren, die derzeit auf dem deutschen Markt angeboten werden (Brilon et al. 2013). Neben diesen Verfahren kommen international die Verfahren SCOOT (Split, Cycle and Offset Optimisation Technique), UTOPIA/SPOT (Urban Traffic OPtimization by Integrated Automation/System for Priority and Optimisation of Traffic) und SCATS (Sydney Coordinated Adaptive Traffic System) zum Einsatz (Boltze et al. 2010).

Die folgende Beschreibung der modellbasierten Steuerungen BALANCE und MOTION beschränkt sich auf die Grundstruktur der Systeme, da zum einen beide Systeme permanente Weiterentwicklungen erfahren und zum anderen die Hintergründe der modellbasierten Steuerungen in der Regel nicht im Detail veröffentlicht werden, da sie Firmengeheimnisse bilden (Brilon et al. 2013).

Die Konzeption des adaptiven Netzsteuerungsverfahrens BALANCE zielt insbesondere auf:

- strategische Steuerung zur Verwirklichung verkehrs- und umweltpolitischer Zielvorstellungen in Abstimmung mit dem städtebaulichen Kontext, um die unerwünschten Folgen des Verkehrs zu minimieren,
- optimale adaptive Steuerung im großräumigen Zusammenhang insbesondere zur Erhöhung der Effizienz des Verkehrssystems (Nutzung des Wissens über den Netzzustand),
- optimale lokale Steuerung von Knotenpunkten, um unmittelbar auf kurzfristige Nachfragespitzen reagieren zu können und somit das Verkehrssystem vor Überlastung und deren negativen Auswirkungen zu schützen,
- ausgewogene, im Verkehrsmodell integrierte Berücksichtigung des ÖPNV (Friedrich 2000).

Zur Realisierung dieser Schwerpunkte ist das System BALANCE in eine strategische, taktische und lokale Ebene unterteilt (siehe Abb. 14.31). Als strategische Ebene wird eine von der eigentlichen Steuerung abgesetzte Verkehrsmanagementebene verstanden, über deren Schnittstelle längerfristig geltende, übergeordnete Zielvorgaben für die Beeinflussung der Steuerung eingebracht werden.

Auf taktischer Ebene (in der Regel zentrale Verkehrsrechner) werden fahrstreifenfeine Netzgraphen und eine Quell-/Zielmatrix für das Steuerungsgebiet benötigt, sowie

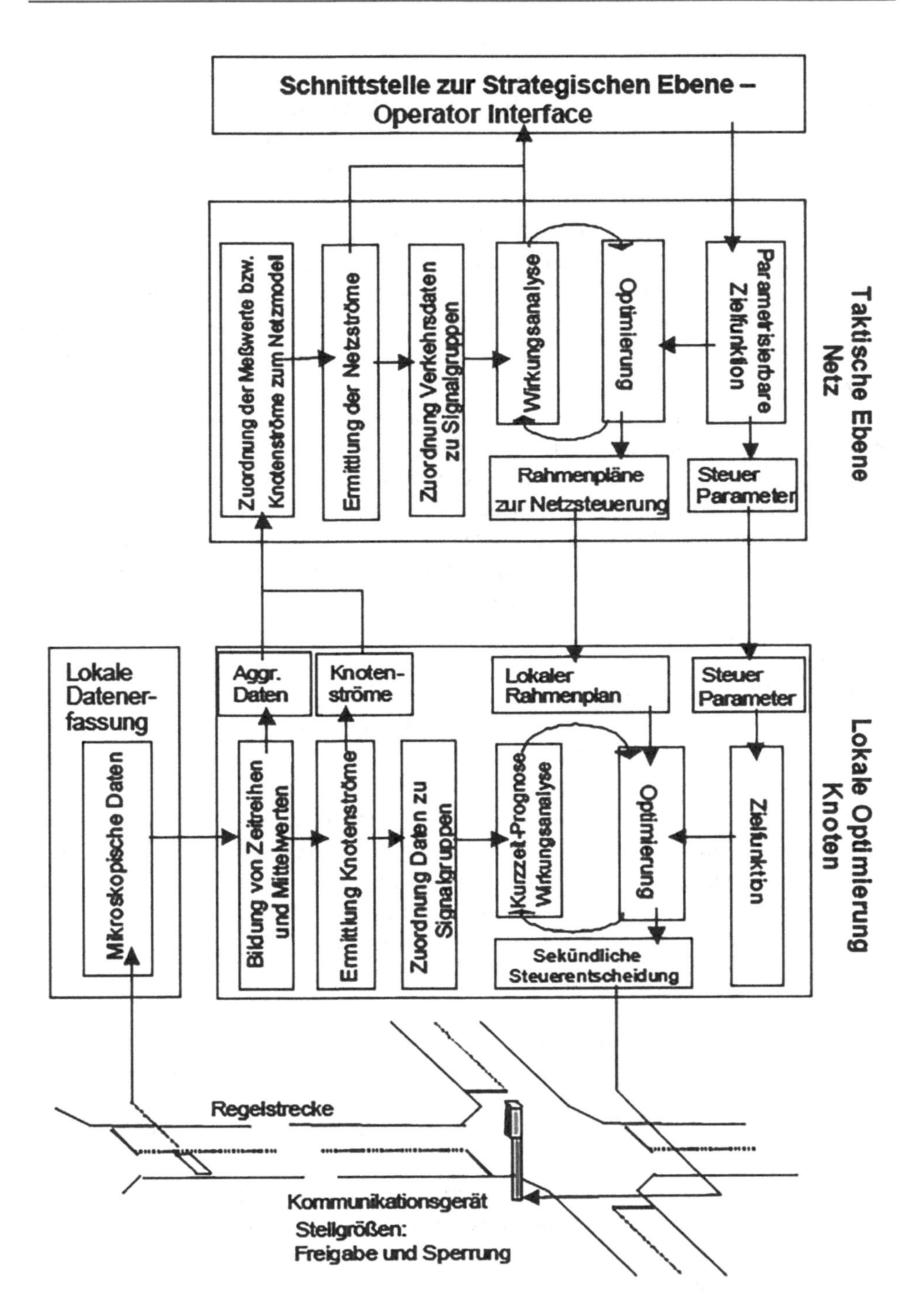

Abb. 14.31 Übersicht zu den im adaptiven Verfahren BALANCE benötigten Bausteinen und zu deren Verknüpfung (Friedrich 2000)

Abbiegematrizen der einzelnen Knotenpunkte, falls diese sich nicht eindeutig aus dem Netzgraphen und der Quell-/Zielmatrix ableiten lassen. Zur Ermittlung der Verkehrsnachfrage wird ein makroskopisches Verkehrsmodell (vgl. Kap. 9 in Band 2) verwendet. Die in der Regel aus historischen Daten versorgte Quell-/Zielmatrix wird anhand einer signalgruppenfeinen Gewichtungsmatrix und den aktuellen Messdaten der Zu- und Abflüsse des zu steuernden Netzes angepasst. Bei der Optimierung wird eine Wichtung der einbezogenen verkehrlichen Kenngrößen für jede Signalgruppe vorgenommen. Anhand der Quelle-/Zielbeziehungsmatrix erfolgt eine sukzessive Verkehrsumlegung. In die Umlegung fließen zusätzlich noch die Werte von Querschnittszählungen im Netz ein. Ergebnis der Umlegung sind Verkehrsströme der einzelnen Kanten im zu steuernden Netz. Außerdem können Aufteilungsparameter der Quell-/Zielbeziehungen über die einzelnen Kanten errechnet werden. Zwischen den geschätzten und gemessenen Verkehrsströmen liegen in der Regel Abweichungen vor, weshalb dieser Schritt mit den neu berechneten Aufteilungsparametern iterativ wiederholt wird (Boltze et al. 2010).

Vom zentralen Verkehrsrechner (taktische Ebene) versendet BALANCE alle 5 min Rahmensignalpläne an die lokalen Steuergeräte unter Verwendung sogenannter T-Zeitgrenzen. Anhand der T-Zeitgrenzen werden die frühesten und spätesten Zeitpunkte für die Einleitung der Phasenübergänge auf lokaler Ebene definiert, welche die Rahmenbedingungen für die lokale Knotenpunktsteuerungen vorgeben. Über diese Rahmenbedingungen werden die Versatzzeiten, die Freigabezeitverteilungen und die Phasenfolge beeinflusst.

BALANCE verwendet ein mesoskopisches Verkehrsflussmodell. In das Modell gehen neben den Quelle-/Zielbeziehungen und den kantenbezogenen Verkehrsströmen aus dem Verkehrsnachfragemodell die Informationen der zu untersuchenden LSA-Schaltungen wie Umlaufzeit und der Zustand der einzelnen Signalgeber (Freigabe-, Übergangs- oder Sperrsignal) ein. Aus der Netzversorgung werden des Weiteren Aufstellflächen, Progressionsgeschwindigkeiten, Kapazitäten der Streckenkanten und Zeitbedarfswerte für die Signalgruppen herangezogen. Daraus werden deterministisch sekundenfein für jede Signalgruppe zyklische Verkehrsflussprofile berechnet (Boltze et al. 2010).

Im Verkehrswirkungsmodell werden Wartezeiten, Anzahl der Halte, Warteschlangenlänge sowie die maximale Warteschlangenlänge mithilfe eines makroskopischen Warteschlangenmodells (Kimber und Hollis 1979) berechnet. Stochastische Schwankungen und Überlastungen aus den Verkehrsflussprofilen werden darin berücksichtigt. Die Optimierung erfolgt über eine Zielfunktion (Performance Index). In diese gehen die aus dem Wirkungsmodell berechneten Kenngrößen des jeweiligen Steuerungsvorschlags ein. Als Optimierungsverfahren stehen gemäß Boltze et al. (2010) entweder ein Gradientenverfahren oder ein evolutionärer Algorithmus (Braun und Kemper 2008) zur Verfügung. Die Parameter werden beim Gradientenverfahren sequenziell optimiert. Ebenso wird mit dem Netz verfahren; der Anfangsknotenpunkt kann dabei vom Operator vorgegeben werden. Beim evolutionären Algorithmus werden sowohl die Parameter als auch das Netz parallel optimiert.

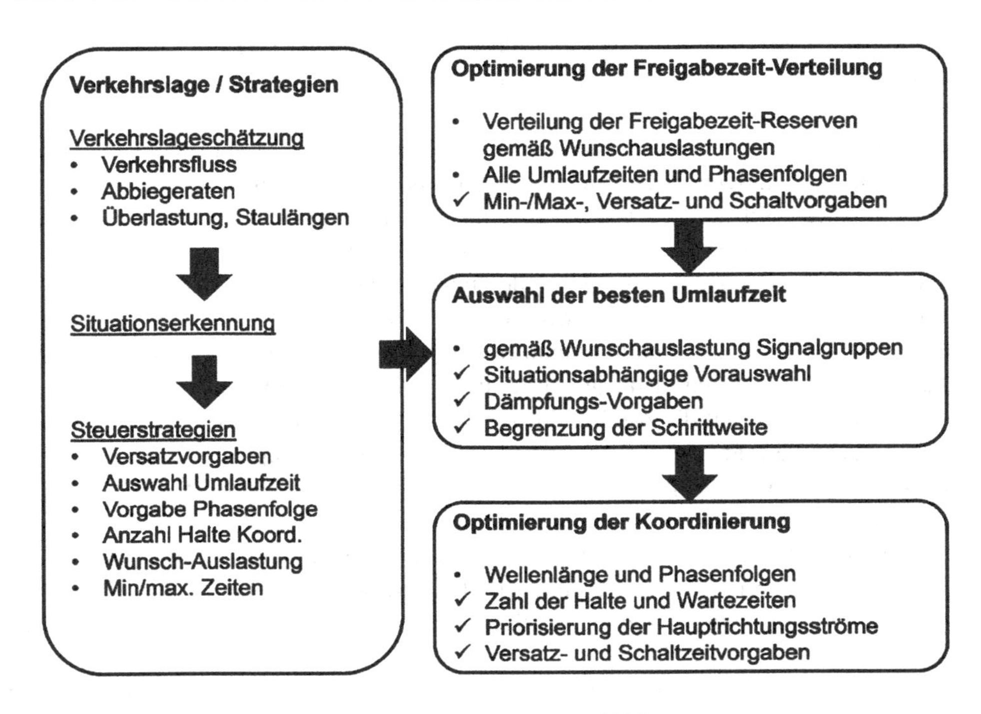

Abb. 14.32 Systemarchitektur von MOTION (nach Mück 2008)

Das Verfahren MOTION umfasst zum einen die zentrale Steuerung zur Optimierung von Signalprogrammen bzw. deren Auswahl und zum anderen eine regelbasierte mikroskopische Knotenpunktsteuerung auf lokaler Ebene (Abb. 14.32).

Grundlage für die Ermittlung der Verkehrsnachfrage in MOTION bildet die Schätzung von Abbiegeraten, wobei die Quell-/Zielmatrix nicht für das gesamte Netz, sondern an möglichst kleinen und somit möglichst unkomplizierten Teilnetzen ermittelt wird. Eingangsgrößen bilden an Detektoren erfasste Verkehrsdaten. Die Daten werden mithilfe eines Verkehrsmodells vervollständigt und so ein genaues Bild über die Verkehrssituation im Steuerungsbereich erzeugt. Für verschiedene Verkehrssituationen können in MOTION Strategien definiert werden. So können z. B. Vorgaben für die Umlauf- und Freigabezeiten, die Versatzbedingungen oder Progressionsgeschwindigkeiten getroffen werden. Tritt eine spezielle Situation ein, wird die vorher vom Planer definierte Strategie aktiv. Darauf aufbauend erfolgt die Optimierung der LSA-Steuerung, welche sich in drei Stufen unterteilt (vgl. Abb. 14.32):

I. Für alle erlaubten Umlaufzeiten und Phasenfolgen werden die günstigsten Freigabezeiten ermittelt.
II. Für das Regelgebiet wird die System-Umlaufzeit bestimmt.

III. Die Versatzzeit zwischen den einzelnen Knotenpunkten und die Phasenfolge am Knotenpunkt werden im gesamten Steuerungsgebiet optimiert.

Die Optimierung der Freigabezeiten erfolgt für jede LSA (Knotenpunkt) unter Berücksichtigung der Phasenmindestdauern, vorgegebener Minimal- und Maximalwerte, der Einhaltung von Schalt- und Versatzzeitbedingungen sowie der Optimierung der Auslastungsgrade und Wartezeiten. Dabei wird versucht, das Verhältnis der Auslastung zur gewünschten Auslastung möglichst für alle Signalgruppen gleich groß zu halten.

Die Auswahl der Umlaufzeit wird durch Verwendung signalgruppenspezifischer und strategischer Daten (durch Benutzer parametrierbarer Zielfunktionen) getroffen. Dazu wird im ersten Schritt für jede LSA und Umlaufzeit die Phasenfolge ausgewählt, welche im Hinblick auf die Zielfunktion das beste Ergebnis liefert. Maßgebend ist dabei der Zielfunktionswert der kritischsten Signalgruppe (Signalgruppe mit höchstem Zielfunktionswert am Knotenpunkt). Im zweiten Schritt wird über alle LSA und Umlaufzeiten im betrachteten Netz die Umlaufzeit selektiert, bei der die kritische Signalgruppe den höchsten Zielfunktionswert aufweist. Falls die neue Umlaufzeit nicht der zuletzt geschalteten entspricht, wird geprüft, ob die aktuelle verkehrliche Situation einen Wechsel in die neue Umlaufzeit rechtfertigt oder ob die bisherige Umlaufzeit beibehalten werden kann (Boltze et al. 2010).

Die Optimierung der Versatzzeiten und der Phasenfolge erfolgt modellbasiert. Dazu stehen in MOTION zwei Verfahren zur Verfügung:

- Gleichzeitige Optimierung aller LSA mithilfe genetischer Algorithmen auf Basis eines allgemeinen, mesoskopischen Verkehrsflussmodells,
- Optimierung der LSA mit einem deterministischen Optimierungsverfahren auf Basis eines pulkorientierten Verkehrsflussmodells.

Optimiert wird über eine Gewichtung von Wartezeit und Halten (siehe auch Gl. 14.38). Der genetische Algorithmus soll dabei für komplexe, vermaschte Netze angewendet werden, das deterministische Verfahren zur Optimierung von Linienzügen.

Die so bestimmten Steuerungsgrößen Umlaufzeit, Versatzzeit, Phasenfolge und Freigabezeitverteilung werden als Rahmensignalpläne alle 5 bis 15 min an die lokalen Knotenpunktsteuergeräte übertragen. Freigabezeitanpassungen und mögliche Priorisierungen des ÖPNV werden auf lokaler Ebene (regelbasiert) umgesetzt.

Boltze et al. (2010) kommen in der Untersuchung zur Anwendung und Analyse modellbasierter Netzsteuerungsverfahren in städtischen Straßennetzen (Amones) zu dem Ergebnis: Modellbasierte Steuerungsverfahren haben das größte Potenzial, die vorhandene Kapazität bestmöglich zu nutzen, da sie den Rahmensignalplan im Grundsatz am feinsten an die variable Verkehrsnachfrage anpassen können. Für einige Zeitbereiche konnte dies sowohl in den Felduntersuchungen wie auch in den Simulationen eindrucksvoll nachgewiesen werden. Aufgrund der Schwierigkeit der Kurzfristprognosen der Verkehrsnachfrage sowie der präzisen Verkehrslagemodellierung gelingt diese Anpassung jedoch offensichtlich noch nicht durchgängig. Für den Einsatz von modellbasierten Steuerungsverfahren bedeutet dies, dass eine aufwendige Kalibrierung und Validierung der Steuerung für gute Ergebnisse von großer Bedeutung sind. Für die Weiterentwicklung der modellbasierten Steuerungsverfahren wird empfohlen, das Augenmerk insbesondere auf die Verkehrslagemodellierung und die Kurzfristprognose unter dem Gesichtspunkt der Robustheit zu richten.

14.6 Sonderformen der Lichtsignalsteuerung

14.6.1 Nicht vollständig signalisierte Knotenpunkte

Als nicht vollständig signalisierte Knotenpunkte werden Einmündungen oder Kreuzungen bezeichnet, bei denen verschiedene, aber nicht alle Verkehrsbeziehungen signaltechnisch geregelt sind. In der Regel wird dabei an einem verkehrszeichengeregelten Knotenpunkt die Hauptrichtung zeitweise durch Lichtsignale gesperrt, um den Nebenströmen das Abfließen zu erleichtern. Die Signalisierung erfolgt im Regelfall mit zweifeldigen Signalgebern mit der Signalfolge DUNKEL – GELB – ROT – DUNKEL, da der Verkehr in der Hauptrichtung beispielsweise nur bei Anforderung eines ÖPNV-Fahrzeugs oder bei Überschreitung eines Wartezeit- oder Staulängengrenzwerts in den Nebenrichtungen gesperrt wird.

Ziele, die durch die nicht vollständige Signalisierung verfolgt werden, bilden u. a.:

- Erhöhung der Kapazität verkehrszeichengeregelter Knotenpunkte mit begrenztem signaltechnischem Aufwand,
- Verminderung der Wartezeiten wartepflichtiger Verkehrsteilnehmer an verkehrszeichengeregelten Knotenpunkten,
- Beschleunigung von Linienbussen in den untergeordneten Zufahrten verkehrszeichengeregelter Knotenpunkte (sogenannte „Lücken-LSA“).

In den RiLSA (FGSV 2015) wird aus den Qualitätsanforderungen des HBS (FGSV 2015) der verkehrliche Einsatzbereich für die nicht vollständige Signalisierung definiert: Bei Begrenzung der mittleren Wartezeit in der Nebenrichtung auf 45 s in Anlehnung an die Qualitätsstufe D des HBS und mit Verkehrsstärken von bis zu 2.000 Kfz/h in der Hauptrichtung ergibt sich für nicht vollständig signalisierte Knotenpunkte in der Nebenrichtung eine zulässige Verkehrsstärke von 200 Kfz/h bis 400 Kfz/h.

In den RiLSA (FGSV 2015) wird aber auch darauf hingewiesen, dass im genannten Belastungsbereich die durch die nicht vollständige Signalisierung in der Nebenrichtung erreichten Zeitgewinne die in der Hauptrichtung entstehenden Zeitverluste nicht kompensieren. Das heißt, im Hinblick auf die Gesamtverlustzeiten am Knotenpunkt sind in der Regel keine Verbesserungen durch diese Signalisierung zu erwarten. Erfolgt kein

Ausbau des Knotenpunktes (z. B. Erhöhung der Fahrstreifenanzahl), führt in der Regel aber auch die Vollsignalisierung zu keiner Kapazitätserhöhung.

Positive Auswirkungen der nicht vollständigen Signalisierung sind daher vor allem durch das Unterbinden (sehr) langer Wartezeiten in der Nebenrichtung zu sehen, die dem Auftreten sicherheitskritischer Verhaltensweisen entgegenwirken. Bedenken bei einer nicht vollständigen Signalisierung beziehen sich u. a. darauf, dass einbiegende oder kreuzende Fahrzeuge nach Ende der Sperrzeit die Vorfahrt des wieder anfahrenden Kraftfahrzeugverkehrs der Hauptrichtungen nicht eindeutig wahrnehmen können. Um dies zu vermeiden, sollten die Haltlinien in den übergeordneten Richtungen in einem ausreichend großen Abstand vom Knotenpunkt angeordnet werden. Darüber hinaus ist die Sicherheit des Fußgänger- und Radverkehrs auch bei unvollständiger Signalisierung zu gewährleisten.

In Abb. 14.33 ist eine nicht vollständig signalisierte Einmündung dargestellt, bei der zur Beschleunigung ein- und abbiegender Linienbusse die bevorrechtigten Fahrzeugströme gesperrt werden, sodass ÖPNV-Fahrzeuge im Zuge nicht bevorrechtigter Fahrtrichtungen den Knotenpunkt möglichst ohne Zeitverlust befahren können. Bei Anforderung durch einen links einbiegenden Linienbus werden die vorfahrtberechtigten Fahrzeugströme durch zweifeldige Signalgeber (K1 und K2) mit der Signalfolge DUNKEL – GELB – ROT – DUNKEL gesperrt. Damit können Linienbusse ohne Zeitverluste nach links einbiegen. Bei Anforderung durch einen rechts abbiegenden Linienbus wird die untergeordnete Knotenpunktzufahrt über das zweifeldige Signal K3 gesperrt, da aufgrund der kleinen Eckausrundung ein Begegnungsfall Bus/Lkw im untergeordneten Knotenpunktarm nicht möglich ist.

Wird für den Detektor DK1 in Abb. 14.33 eine maximale Belegungszeit definiert, kann die Hauptrichtung auch in Abhängigkeit eines Wartezeitkriteriums in der Nebenrichtung gesperrt werden, um den einbiegenden Fahrzeugverkehr aus der Nebenstraße das Abfließen zu ermöglichen und so die Wartezeiten der Einbiegenden zu vermindern. Um Missverständnisse zwischen Einbiegenden und dem nach dem Ende der Sperrzeit wieder anfahrenden Fahrzeugverkehr der bevorrechtigten Fahrtrichtung zu vermeiden, können die Haltlinien in den übergeordneten Knotenpunktarmen auch in deutlichem Abstand (30 bis 40 m) vom Knotenpunkt markiert werden. Alternativ zu der in Abb. 14.33 dargestellten Signalisierung mit zweifeldigen Signalgebern, kann auch eine abgerückte Fußgänger-Lichtsignalanlage in einer bevorrechtigten Knotenpunktzufahrt genutzt werden.

Nicht vollständige Signalisierungen werden auch an Kreisverkehren genutzt, um den Verkehr im Kreis oder in einzelnen Zufahrten zu sperren und so den ÖPNV zu beschleunigen oder Rückstau in den Kreisverkehrszufahrten abzubauen, um sicherheitskritische Behinderungen im übergeordneten Straßennetz zu verhindern (z. B. an Anschlussstellen von Autobahnen). Beispiele für solche Signalisierungsformen werden z. B. in den RiLSA (FGSV 2015) beschrieben.

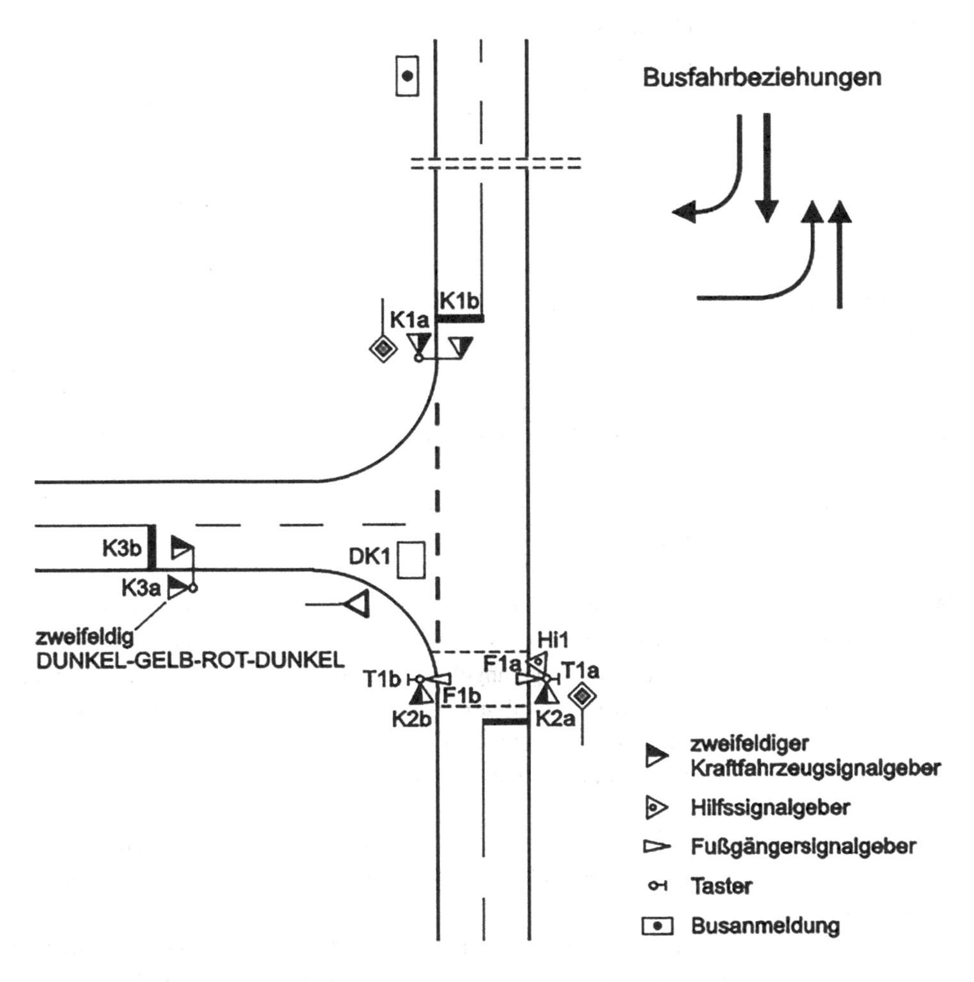

Abb. 14.33 Beispiel für eine nicht vollständig signalisierte Einmündung zur Beschleunigung von Linienbussen (RiLSA (FGSV 2015))

14.6.2 Lichtsignalsteuerung an Kreisverkehren

Das Erfordernis für einen Einsatz von Lichtsignalanlagen stellt sich vor allem an bestehenden, großen Kreisverkehren mit dem Ziel der Verbesserung ihrer Leistungsfähigkeit und der Erhöhung der Verkehrssicherheit. Während vor allem in Großbritannien hierzu umfangreiche Veröffentlichungen vorliegen, existieren in Deutschland zum Einsatz von Lichtsignalanlagen an Kreisverkehren keine Richtlinienempfehlungen. Dies ist u. a. darauf zurückzuführen, dass gemäß den Entwurfsrichtlinien die Neuplanung großer Kreisverkehre aus Sicherheitsgründen nicht vorgesehen ist (FGSV 2006).

In Brilon (1995) sind die wichtigsten Entwurfsprinzipien für die Signalisierung großer Kreisverkehre zusammengefasst. Dabei wird davon ausgegangen, dass Lichtsignalanlagen an stark belasteten Kreisverkehren mit folgenden Merkmalen zum Einsatz kommen:

- Im Kreis sind mindestens zwei Fahrstreifen vorhanden, sodass der Kreisdurchmesser ca. 40 bis 50 m beträgt.
- Die Breite der Kreisfahrbahn beträgt 3,50 bis 3,75 m je Fahrstreifen. Bei höherem Schwerverkehrsanteil kommt eine Fahrstreifenverbreiterung bis 4,00 m in Betracht; überbreite Fahrstreifen werden jedoch negativ beurteilt.
- An allen Einfahrquerschnitten und auf der Kreisfahrbahn oberhalb jeder Zufahrt werden Lichtsignalanlagen angeordnet.
- In den Knotenpunktarmen sind Fahrbahnteiler zwischen den Zu- und Ausfahrten vorhanden.
- Durch eine geeignete Wegweisung können unbeabsichtigte Fahrstreifenwechsel im Kreis weitgehend ausgeschlossen werden.

Bei mehrstreifigen Kreisverkehren können Radfahrer aus Sicherheitsgründen auf der Kreisfahrbahn nicht zugelassen werden. Vielmehr müssen, soweit planfreie Lösungen nicht realisierbar sind, separate Radwege angelegt werden, die getrennt von der Fahrbahn um die Anlage führen und die Knotenpunktarme neben den Fußgängerfurten kreuzen.

Unter diesen Voraussetzungen wird ein flüssiger Verkehrsablauf bei hoher Leistungsfähigkeit unter Beachtung folgender Entwurfsprinzipien erreicht:

- Zur Vermeidung von Überlastungen im Kreis sollen die Freigabezeiten in den Zufahrten für einen Auslastungsgrad von 80 % bis 85 %, im Kreis für höchstens 80 % bemessen werden.
- Die einzelnen Zufahrten sollen im Uhrzeigersinn nacheinander freigegeben werden. Dabei soll der Verkehr auf der Kreisfahrbahn von jeder Einfahrt aus möglichst weitgehend koordiniert werden. Dies ist bei vierarmigem Knotenpunkt im Allgemeinen bis in die jeweils gegenüberliegende Ausfahrt möglich. Bei mehr als vier Knotenpunktarmen ist dieses Prinzip allerdings meist nur bei geringer Auslastung realisierbar.
- Fußgänger- und Radverkehrsfurten können die Steuerung erheblich erschweren, da eine gleichzeitige Freigabe der Furten der Kreisverkehrszufahrt und -ausfahrt (insbesondere bei Radverkehr in der zugelassenen Fahrtrichtung) unverzichtbar ist. In der Regel muss die bestmögliche Lösung durch Untersuchung alternativer Signalprogramme mit unterschiedlichen Umlaufzeiten gefunden werden.
- Es soll eine möglichst kurze Umlaufzeit geschaltet werden.
- Es darf sich kein Rückstau aus den Ausfahrten in die Kreisfahrbahn bilden.
- Für die maßgebenden Verkehrszustände des Tages sind auf diese angepasste Festzeitsignalprogramme zu entwickeln und durch eine zeit- oder verkehrsabhängige Signalprogrammauswahl einzusetzen.

- Eine verkehrsabhängige mikroskopische Steuerung von Kreisverkehren wird in Brilon (1995) dagegen als nicht sinnvoll erachtet. Die Möglichkeiten für eine Bevorrechtigung des ÖPNV sind dadurch zwangsläufig eingeschränkt.
- In Spitzenstunden soll die Koordinierungsgeschwindigkeit zwischen den Einfahrtsignalen und dem folgenden Signal im Kreis so niedrig angesetzt werden, dass die einfahrenden Fahrzeuge fast zum Halten kommen.

Ein auf Hallworth (1992) basierendes Berechnungsverfahren zur Bestimmung der Umlauf- und Freigabezeiten für signalisierte Kreisverkehre wird in Brilon (1995) beschrieben. Dabei ist zu berücksichtigen, dass eine Bewertung der Verkehrsqualität mit den im HBS (FGSV 2015) beschriebenen Berechnungsverfahren, aufgrund der Komplexität solcher Steuerungen nicht möglich ist, weshalb in der Regel auf mikroskopische Verkehrsflusssimulationen zurückgegriffen wird.

14.6.3 Engstellensignalisierung

Lichtsignalanlagen an Engstellen dienen der wechselseitigen Freigabe des Fahrzeugverkehrs in jeweils einer Richtung in einstreifigen Engstellen (RiLSA (FGSV 2015)). An baustellenbedingten Engstellen werden hierfür meist transportable Lichtsignalanlagen eingesetzt.

Eine Signalisierung ist in der Regel bei Engstellen mit einer Länge von mehr als ca. 50 m oder einer Verkehrsbelastung von mehr als ca. 500 Kfz/h in beiden Richtungen notwendig; außerdem auch in Fällen, in denen die Engstelle nicht auf ganzer Länge zu übersehen ist. Die Zwischenzeit t_Z wird ohne Berücksichtigung einer Einfahrzeit berechnet:

$$t_Z = t_{\ddot{U}} + \frac{s_r}{V_r} \cdot 3{,}6 \qquad (14.40)$$

mit			
	$t_{ü}$	Überfahrzeit (= 4 s)	[s]
	s_r	Räumweg (Abstand zwischen den Standorten der Signalgeber)	[m]
	v_r	Mittlere Räumgeschwindigkeit	[km/h]
		50 km/h bei $V_{zul} = 60$ km/h	
		40 km/h bei $V_{zul} = 50$ km/h	
		30 km/h bei $V_{zul} = 40$ km/h	

Radfahrer sind nur dann zu berücksichtigen, wenn sich Kraftfahrzeuge und Radfahrer nicht sicher begegnen können. In diesem Fall gilt eine Räumgeschwindigkeit von $v_r = 18$ km/h.

Die Umlaufzeit t_U ergibt aus den Freigabezeiten der beiden Fahrtrichtungen t_{F1} und t_{F2} und den beiden Zwischenzeiten t_{Z1} und t_{Z2}:

$$t_U = t_{F1} + t_{Z1} + t_{F2} + t_{Z2} \quad (14.41)$$

Bei Einsatz einer Festzeitsteuerung sollte die Umlaufzeit so festgelegt werden, dass die Wartezeiten für den Kraftfahrzeugverkehr minimal bleiben. Dazu sollte die Umlaufzeit nicht größer als 300 s sein. Die Ermittlung der günstigsten Umlaufzeit kann mit dem Diagramm in Abb. 14.34 erfolgen. Dabei wird von einer Sättigungsverkehrsstärke von 1.500 Kfz/h ausgegangen.

Soll die Umlaufzeit t_U mit abweichenden Sättigungsverkehrsstärken (z. B. nach HBS, vgl. Abschn. 14.2.4) bestimmt werden, so ist gemäß Gl. 14.42 zu verfahren.

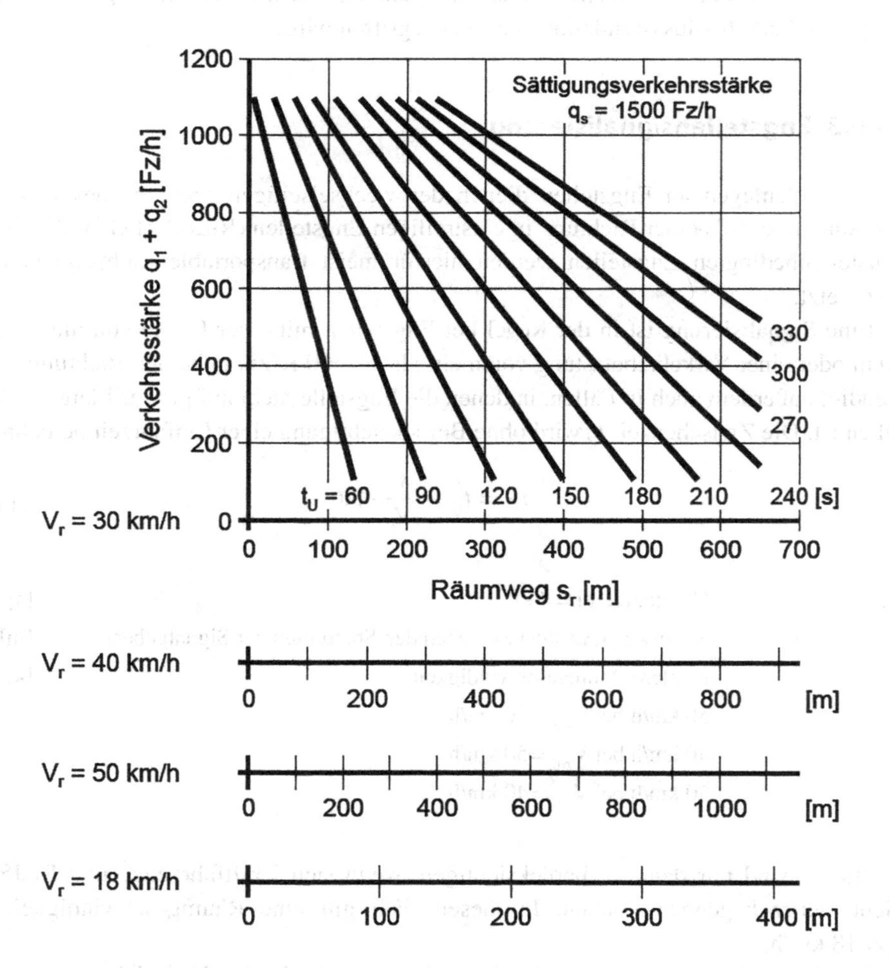

Abb. 14.34 Diagramm zur Ermittlung der Umlaufzeit für Engstellensignalisierung (RiLSA (FGSV 2015))

$$t_U = \frac{1.3 \cdot (t_{Z1} + t_{Z2}) + 4}{1 - \left(\frac{q_1}{q_{S1}} + \frac{q_2}{q_{S2}}\right)} \tag{14.42}$$

mit	t_{Z1} bzw. t_{Z2}	Zwischenzeit für Fahrtrichtung 1 bzw. 2	[s]
	q_1 bzw. q_2	Verkehrsstärke in Fahrtrichtung 1 bzw. 2	[Kfz/h]
	q_{S1} bzw. q_{S2}	Verkehrsstärke in Fahrtrichtung 1 bzw. 2	[Kfz/h]

Bei Anwendung der Gl. 14.42 muss $(q_1/q_{S1}+q_2/q_{S2})< 1$ gelten. Ist diese Bedingung nicht erfüllt, ist eine Signalisierung der Engstelle bei den vorhandenen Verkehrsbelastungen nicht möglich. Ergeben sich Umlaufzeiten über 300 s, ist zu prüfen, ob eine Verkürzung der Engstelle oder Verringerung der Verkehrsstärke durch eine teilweise Umleitung des Verkehrs möglich ist.

Die Freigabezeiten t_{F1} und t_{F2} für die beiden Fahrtrichtungen ergeben sich dann aus der abgelesenen oder berechneten Umlaufzeit unter Berücksichtigung der erforderlichen Zwischenzeiten und den Verkehrsflussverhältnissen (siehe Gl. 14.18, Abschn. 14.2.4.5).

Der Einsatz einer verkehrsabhängigen Steuerung mit Anpassung der Freigabezeiten ist sowohl bei ortsfesten als auch bei transportablen Engstellensignalanlagen zweckmäßig (vgl. Abschn. 14.5). Voraussetzung ist dabei jedoch, dass die verwendeten Detektoren besonders zuverlässig und störungsfrei arbeiten und regelmäßig überwacht werden. Da auch bei verkehrsabhängiger Steuerung die Umlaufzeit 300 s nicht überschreiten soll, empfiehlt es sich, vor dem Entwurf einer Logik der Steuerung die Umlaufzeit für ein Festzeitprogramm zu bestimmen und zu prüfen, ob unter den gegebenen Bedingungen (Verkehrsstärke und Länge der Engstelle) diese Bedingung eingehalten werden kann.

14.6.4 Fahrstreifensignalisierung

14.6.4.1 Betriebsformen

Im Unterschied zur Lichtsignalsteuerung an Knotenpunkten stellt die Fahrstreifensignalisierung eine betriebliche Maßnahme zur Beeinflussung des Verkehrsablaufs auf Strecken mit dem Ziel der Erhöhung der Leistungsfähigkeit durch eine variable, situationsabhängige Nutzung des vorhandenen Fahrstreifenangebots mithilfe von Fahrstreifensignalen (Dauerlichtzeichen) dar. Sie wird gemäß RiLSA (FGSV 2015) in folgenden Betriebsformen angewendet:

- Dynamische Fahrstreifenzuteilung mit Gegenverkehr (Richtungswechselbetrieb): Die Fahrstreifen eines Streckenzugs werden je nach Verkehrsaufkommen in wechselnder Fahrtrichtung betrieben.
- Dynamische Fahrstreifenzuteilung ohne Gegenverkehr (Fahrstreifenabsicherung, Fahrstreifenfreigabe) zur vorübergehenden Sperrung oder Freigabe von Fahrstreifen.

Die dynamische Fahrstreifenzuteilung mit Gegenverkehr kommt insbesondere auf Radialstraßen in großstädtischen Verdichtungsräumen in Betracht, wenn z. B. während der Berufsverkehrszeiten regelmäßig stark ungleichmäßige Richtungsbelastungen auftreten und der Verkehrsablauf durch Zuteilung eines oder mehrerer zusätzlicher Fahrstreifen in der jeweils stärker belasteten Verkehrsrichtung spürbar verbessert werden kann. Auch bei Großveranstaltungen (Messen und Ähnliches) können richtungsbezogene Belastungsspitzen für die Einrichtung eines Richtungswechselbetriebs sprechen.

Da ein Richtungswechselbetrieb Restriktionen für den Ab- und Einbiegeverkehr zur Folge hat, sind bei der Planung Überlegungen zur Verkehrsführung in einem größeren räumlichen Zusammenhang anzustellen und die Knotenpunkte hinsichtlich Ausführung und Steuerung an die Anforderungen eines Richtungswechselbetriebs anzupassen. In der Praxis werden oft Abbiege- und Einbiegeverbote angeordnet. Die variable Aufteilung des Fahrbahnquerschnitts ist abhängig von der Anzahl der verfügbaren Fahrstreifen und den Verkehrsstärkerelationen.

Die dynamische Fahrstreifenzuteilung ohne Gegenverkehr sperrt entweder einen normalerweise freigegebenen Fahrstreifen (Fahrstreifenabsicherung), oder gibt einen normalerweise gesperrten Fahrstreifen frei (Fahrstreifenfreigabe). Bei der Fahrstreifenabsicherung werden ein oder mehrere Fahrstreifen abschnittweise oder durchgehend gesperrt, z. B. aufgrund von Arbeitsstellen, bei Instandhaltungsmaßnahmen, bei Betriebsstörungen oder bei Unfällen. Fahrstreifenfreigaben werden z. B. bei der temporären Seitenstreifenfreigabe auf Autobahnen, an planfreien Knotenpunkten um zeitweise stark belastete ein- oder ausfahrende Fahrzeugströme besser abzuwickeln, eine Fahrstreifensubtraktion ständig oder vorübergehend anzuzeigen sowie zur Verkehrssteuerung in Straßentunneln verwendet.

Sowohl bei der dynamischen Fahrstreifenzuteilung mit Gegenverkehr als auch ohne Gegenverkehr werden für die Fahrstreifensignalisierung die in Abb. 14.35 dargestellten Dauerlichtzeichen verwendet, wobei die Freigabe oder Sperrung von Fahrstreifen in Abhängigkeit von der Verkehrssituation im Verlauf eines Tages in größeren Zeitabständen erfolgt.

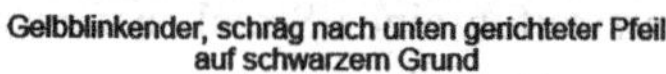

Gelbblinkender, schräg nach unten gerichteter Pfeil
auf schwarzem Grund

Abb. 14.35 Fahrstreifensignale in quadratischen Anzeigeflächen (RiLSA (FGSV 2015))

14.6.4.2 Verkehrstechnische Anforderungen

Bei Einrichtung dynamischer Fahrstreifenzuteilung mit bzw. ohne Gegenverkehr sind folgende generelle Gesichtspunkte zu beachten:

- Die Fahrstreifensignalisierung ist in der Regel zeitlich durchgehend zu betreiben.
- Die Strecke ist als Vorfahrtstraße auszuschildern.
- Auf Fahrstreifen mit Fahrstreifensignalen darf ruhender und liefernder Verkehr nicht zugelassen werden.
- Verkehr von und zu anliegenden Grundstücken sollte gering sein.
- Behinderungen durch ein- und abbiegenden Verkehr müssen weitgehend ausgeschlossen werden. Linksabbiegen sollte im Allgemeinen nur zugelassen werden, wenn den Linksabbiegern ein eigener Fahrstreifen zugeordnet werden kann. In den Hauptverkehrszeiten sollte Linksabbiegeverkehr unterbunden werden.
- Kreuzender und einbiegender Verkehr soll signalisiert werden.
- Fußgängerverkehr ist entweder signalisiert oder planfrei abzuwickeln.

Der Richtungswechselbetrieb eignet sich insbesondere für Strecken ohne bauliche Richtungstrennung. Soweit bauliche Richtungstrennungen vorhanden sind, müssen erforderliche Überleitungsstrecken entsprechend den fahrdynamischen Anforderungen ausgebildet werden. Strecken mit Straßenbahnen in Mittellage ohne besonderen Bahnkörper sind für den Richtungswechselbetrieb nicht geeignet. Eine Fahrstreifenabsicherung dagegen kann an Streckenzügen mit einer baulichen Richtungstrennung ohne Einschränkungen angewendet werden.

Knotenpunkte lassen sich so lange gut in eine Fahrstreifensignalisierung integrieren, wie der Querschnitt der Strecke und die Richtungszuordnung der Fahrstreifen im Knotenpunktbereich unverändert beibehalten werden und die Übergänge von jedem Betriebszustand zum anderen sicher und leistungsfähig gestaltet werden können. Bei der Anordnung und Aufteilung der Fahrstreifen wird nach richtungsfesten und richtungsveränderlichen Fahrstreifen unterschieden, wobei Letztere nicht mit Fahrtrichtungspfeilen markiert werden dürfen.

Hinsichtlich der Lage der Knotenpunkte im Verlauf der Strecke wird nach Anfangs-, End- und Zwischenknotenpunkten unterschieden. An den Endknotenpunkten müssen entweder mindestens so viele Fahrstreifen aus der Strecke herausführen, wie maximal im letzten zurückliegenden Abschnitt in der entsprechenden Fahrtrichtung betrieben werden, oder es muss der Übergang in den verengten Querschnitt durch Fahrstreifensignale oder Verkehrslenkungstafeln geregelt werden. Die Folgestrecken müssen den Verkehr staufrei aufnehmen können. An den Anfangsknotenpunkten sollte die Anzahl der in die Strecke hineinführenden Fahrstreifen nicht größer sein als die Anzahl der maximal in der Fahrtrichtung weitergeführten Fahrstreifen. Die Gestaltung der Zwischenknotenpunkte hängt im Wesentlichen davon ab, ob auf Linksabbiegen verzichtet werden kann.

Entlang des Streckenzuges muss ein ausreichender Querschnitt zum Anbringen der Signalgeber und zusätzlicher Verkehrseinrichtungen vorhanden sein. Dies ist besonders in Tunneln und bei Überbauungen zu beachten. Die Anzeigequerschnitte sind so festzulegen, dass von jedem Punkt der Strecke aus der Betriebszustand eindeutig erkennbar ist. Die ersten bzw. letzten Anzeigequerschnitte hinter bzw. vor dem Anfangs- bzw. Endknotenpunkt sind so festzulegen, dass der Betriebszustand möglichst früh erkennbar ist, andererseits jedoch eine Verwechslung mit den Knotenpunktsignalen vermieden wird.

Bei der Einrichtung einer dynamischen Fahrstreifenzuteilung ist eine verkehrstechnische Gesamtkonzeption zu entwickeln, in der auch flankierende Maßnahmen vorzusehen sind. Als flankierende betriebliche Maßnahmen werden je nach Funktion ständige Verkehrszeichen, dynamische Unterflurmarkierungen, Verkehrseinrichtungen, Markierungen und/ oder Wechselverkehrszeichen eingesetzt. Als besonders geeignet haben sich seitliche Wechselverkehrszeichen entlang des Streckenzuges erwiesen. Je nach Betriebszustand verdeutlichen sie zusätzlich zu den rechtlich bindenden Überkopfzeichen den Betriebszustand im folgenden Streckenabschnitt.

14.6.4.3 Steuerungstechnische Anforderungen

Da das Einschalten eines Betriebszustands in Übereinstimmung mit der im Augenblick der Einschaltung vorhandenen Fahrstreifenbenutzung erfolgen muss, sollten zusätzliche Maßnahmen (z. B. Ein- und Abbiegeverbote) rechtzeitig vor dem Einschalten der Fahrstreifensignalisierung so wirksam werden, dass keine verkehrsgefährdenden Zustände entstehen können.

Das Umschalten für einen Fahrstreifen erfolgt über die Schritte Räumen, Sichern und gegebenenfalls Freigeben und wird, um das Überfahren des Sperrsignals zu vermeiden, mithilfe eines gelb blinkenden Pfeils als Übergangssignal eingeleitet. Als Übergangszeit werden 7 s empfohlen. Das Räumen kann beim Richtungswechselbetrieb auf mehrere Arten erfolgen:

- Das Räumen erfolgt durch Fahrstreifenwechsel. Weil der Räumvorgang gleichzeitig im gesamten Streckenzug durchgeführt werden kann, lässt sich die Umschaltzeit klein halten. Allerdings muss gewährleistet werden, dass die Verkehrsbelastung auf dem danebenliegenden Fahrstreifen, in den gewechselt werden soll, ein Überwechseln zulässt.
- Das Räumen erfolgt durch Abfluss nach vorn. Dabei werden die Fahrstreifensignale nicht gleichzeitig, sondern nacheinander umgeschaltet. Die Umschaltzeitpunkte an den einzelnen Anzeigequerschnitten werden mithilfe der Räumgeschwindigkeit des Fahrzeugpulks festgelegt. Die Dauer der Umschaltung ist hierbei größer als beim Räumen durch Fahrstreifenwechsel. Allerdings kann auch dann umgeschaltet werden, wenn der danebenliegende Fahrstreifen eine hohe Verkehrsbelastung aufweist.
- Das Räumen erfolgt durch Sperrung des Zuflusses von hinten. Gleichzeitig mit der Sperrung wird das Räumen durch Abfluss oder durch Fahrstreifenwechsel eingeleitet. Nach der Räumzeit können alle Signale gleichzeitig auf den Endzustand geschaltet werden. Diese Methode ist besonders sicher und bei schwer darzustellenden Umschaltungen sehr geeignet.

Um die Fahrzeugströme der beiden entgegengesetzten Fahrtrichtungen zu sichern, ist vor der Freigabe der Gegenrichtung eine ausreichende Zwischenzeit vorzusehen. Vor der endgültigen Freigabe ist zu prüfen (z. B. durch Videoüberwachung), ob der freizugebende Fahrstreifen geräumt ist.

Die Wahl des Steuerungsverfahrens ist wesentlich vom zeitlichen Verlauf der Verkehrsbelastungen abhängig. Unterschieden wird dabei nach zeitplanabhängiger Auswahl der Betriebszustände (insbesondere bei periodisch wiederkehrenden Verkehrssituationen), nach verkehrsabhängiger Auswahl und nach manueller Schaltung.

14.6.5 Zuflussregelung

Um die Gefahr von Verkehrszusammenbrüchen und Unfällen bei hohem Verkehrsaufkommen an Autobahnen und autobahnähnlichen Straßen und bei gleichzeitig hohen Zuflussmengen an den Anschlussstellen zur verringern, hat sich die Zuflussregelung als Steuerungsmaßnahme an vielen Stellen bewährt. Insbesondere an hochbelasteten Autobahnen in Ballungsräumen zeigt sich, dass einfahrende Fahrzeugpulks, die in Spitzenzeiten keine ausreichenden Zeitlücken auf der Hauptfahrbahn finden, häufig Geschwindigkeitseinbrüche verursachen und die Stau- und Unfallgefahr im Bereich der Anschlussstelle deutlich erhöhen. Durch Auflösung der einfahrenden Fahrzeugpulks in Einzelfahrzeuge mittels Zuflussregelungsanlagen (auch als Rampenzuflusssteuerung bezeichnet) und gleichzeitiger Dosierung der Zuflussmenge kann diesen Gefahren entgegengewirkt werden.

Für den Aufbau einer Zuflussregelungsanlage werden verschiedene Komponenten benötigt – vgl. Abb. 14.36:

- In der Hauptfahrbahn sind für die Erfassung des Verkehrsablaufs in Abhängigkeit vom Steuerungsverfahren (s. u.) oberhalb und/oder unterhalb der Anschlussstelle ein oder mehrere Messquerschnitte anzuordnen (in der Regel werden Verkehrsstärken und/oder Belegungen sowie ggf. Geschwindigkeiten erfasst).
- In der Einfahrrampe werden drei- oder zweifeldige Signalgeber (Farbfolgen: ROT – GELB – GRÜN oder ROT – GELB – DUNKEL) zur Steuerung des Zuflusses aufgestellt (in der Regel rechts und links der Einfahrrampe). Hinsichtlich der Mindestsperr- und Freigabezeiten gilt abweichend zu Abschn. 14.1.4: ROT mindestens 2 s, GELB (nach GRÜN) 1 s und GRÜN mindestens 1 s. Dabei ist zu berücksichtigen, dass aufgrund der Verwendung kürzerer Freigabezeiten als in der VwV-StVO gefordert, die zuständige oberste Landesbehörde oder die von ihr bestimmte Stelle im Einzelfall diese Abweichung (gemäß VwV-StVO zu § 46 Abs. (2)) zulassen muss. Die Haltlinie und die Signalgeber sind so anzuordnen, dass es für ein langsames Schwerlastfahrzeug noch möglich ist, aus dem Stand bis zum Ende des Einfädelungsstreifens eine Fahrgeschwindigkeit von ca. 80 km/h zu erreichen.

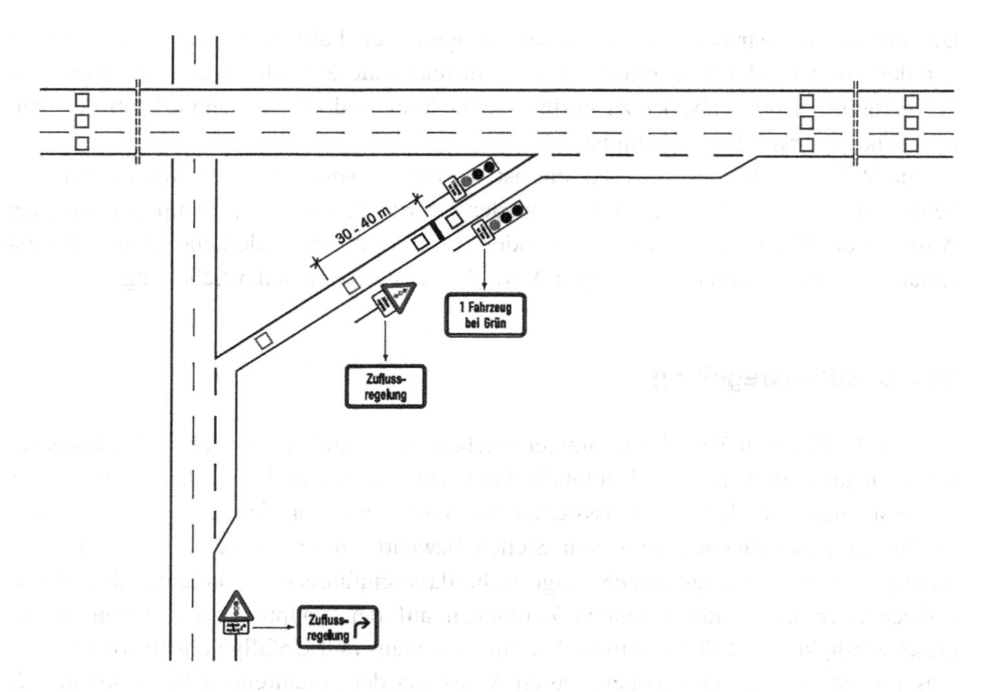

Abb. 14.36 Systembild zu den Komponenten der Zuflussregelung (RiLSA (FGSV 2015))

- Messquerschnitte werden in Einfahrrampen für die Erfassung der Anforderung direkt vor der Haltlinie, um die Freigabe eines vor der Haltlinie stehenden Fahrzeugs auszulösen, sowie unmittelbar hinter der Haltlinie angeordnet, um die Freigabezeit so zu bemessen, dass in der Freigabezeit nur ein Fahrzeug zufahren kann. Optional können Messquerschnitte ca. 30 m bis 40 m vor der Haltlinie angeordnet werden, um mithilfe eines Zeitparameters eine dynamische Freigabe einzelner Fahrzeuge mit Fahrzeugfreigabe vor dem Stillstand des Fahrzeugs zu ermöglichen, sowie am Fußpunkt der Einfahrrampe, um mögliche Rückstaus in das nachgeordnete Straßennetz zu erkennen und bei Bedarf in das Steuerungsverfahren einzubeziehen.

Die Steuerung der Zuflussregelungsanlage erfolgt grundsätzlich verkehrsabhängig. Dabei wird nach sogenannten Feedforward- und Feedback-Verfahren unterschieden. Ein Beispiel für ein Feedback-Verfahren bildet ALINEA (Automatic Linear Algorithm). Bei diesem Verfahren wird die zulässige Zuflussrate verkehrsabhängig aus dem Belegungsgrad der Hauptfahrbahn unterhalb der Einfahrt unter Einhaltung eines zulässigen (optimalen) Belegungsgrades bestimmt. Das RWS (Rijkswaterstraat)-Verfahren (nach der Straßenbauverwaltung der Niederlande benannt) ist als Beispiel für ein Feedforward-Verfahren zu nennen. Hierbei wird die zulässige Zuflussmenge in Abhängigkeit von der Restkapazität der Hauptfahrbahn stromaufwärts der Anschlussstelle bestimmt. Um schneller auf Störungen reagieren zu können, wird zusätzlich die Geschwindigkeit auf der Hauptfahrbahn in die Steuerung einbezogen. Weiterhin wird zwischen lokalen und koordinierten Steuerungsverfahren unterschieden. Bei den lokalen Verfahren wird an jeder Anschlussstelle die zulässige Zuflussmenge allein auf der Basis der Verkehrssituation an der Anschlussstelle selbst bestimmt, während bei den koordinierten Steuerungsverfahren auch die Situation der benachbarten Anschlussstellen in die Ermittlung der Zuflussmenge einbezogen wird.

Hinsichtlich der im Einzelfall bei Planung, Bau und Inbetriebnahme sowie hinsichtlich Wirksamkeitsuntersuchungen zu beachtenden Gesichtspunkten wird auf die Hinweise für Zuflussregelungsanlagen (FGSV 2008) hingewiesen.

14.7 Ausblick

Kurz- bis mittelfristige Entwicklungen im Bereich der Lichtsignalsteuerung sind vor allem bei der adaptiven Netzsteuerung und einer weiteren Stärkung der integrativen Betrachtung aller Verkehrsteilnehmer zu sehen. Gestützt werden diese Entwicklungen durch verbesserte und neue Möglichkeiten der Erfassung der Verkehrsteilnehmer und den breiteren Einsatz von modellbasierten Steuerungsverfahren, in deren Optimierungsstrategien auch Belange der nichtmotorisierten Verkehrsteilnehmer eine stärkere Wichtung erfahren. Die nach wie vor steigende Leistungsfähigkeit der Rechentechnik und die verbesserten Möglichkeiten der Datenübertragung (hinsichtlich Menge und Geschwindigkeit) werden zukünftig noch komplexere Steuerungsentscheidungen in Echtzeit ermöglichen und damit neue Potenziale für die Lichtsignalsteuerung und das städtische Verkehrsmanagement schaffen. Des Weiteren bringt die in vielen Kommunen zu beobachtende Zunahme des Radverkehrs neue Herausforderungen im Hinblick auf die Lichtsignalsteuerung mit sich. Hier sind neben innovativen Steuerungsverfahren für den Radverkehr auch verbesserte Lösungen zur Bewertung der Verkehrsqualität des Radverkehrs an Lichtsignalanlagen erforderlich. Erfahrungen zu innovativen Steuerungsverfahren, z. B. in Form grüner Wellen für den Radverkehr oder kooperativer Verkehrssteuerungen durch Smartphone-Detektion von Radfahrern, liegen bereits vor und es ist davon auszugehen, dass solche Steuerungsverfahren zukünftig weiter an Bedeutung gewinnen.

Einen weiteren Schwerpunkt in der aktuellen Diskussion zur Lichtsignalsteuerung bildet die kooperative Verkehrssteuerung und -beeinflussung, bei der Informationen zwischen Fahrzeugen bzw. Verkehrsteilnehmern und Lichtsignalanlagen bzw. Verkehrsrechnern ausgetauscht werden. Im Zuge der ÖPNV-Beschleunigung werden entsprechende Systeme bereits heute in der Praxis eingesetzt (vgl. Abschn. 14.4.4). Im Zusammenhang mit dem motorisierten und nichtmotorisierten Individualverkehr sind bisher aber nur Anwendungen im Rahmen von Forschungsprojekten bekannt. Dies ist vor allem darauf zurückzuführen, dass für den motorisierten und nichtmotorisierten Individualverkehr im Gegensatz zum ÖPNV bisher keine standardisierten Kommunikationsprotokolle für den Informationsaustausch zwischen Fahrzeugen/ Verkehrsteilnehmern und Lichtsignalanlagen existieren. Erwartungen, die an solche kooperativen Systeme gestellt werden, bilden z. B. Kosteneinsparungen durch den Verzicht auf konventionelle Detektoren, die frühzeitige und mengenmäßige Erfassung nichtmotorisierter Verkehrsteilnehmer sowie die Beeinflussung der Verkehrsteilnehmer durch Übermittlung von Informationen zukünftiger Steuerungsentscheidungen von der Infrastruktur an die Verkehrsteilnehmer (z. B. Geschwindigkeitsempfehlungen zur Vermeidung von Halten). Weitere Ziele der kooperativer Verkehrssteuerung und -beeinflussung bilden die Erschließung neuer bzw. bislang ungenutzter Potenziale sowie die Kompensation der bestehenden Einsatzgrenzen.

Literatur

Anderson J, Sayers T, Bell M (1998) The objectives of traffic signal control. Traffic Eng & Control 39(3):167–170

Bell MGH, Sayers T, Busch F (1996) Verkehrsabhängige Lichtsignalsteuerung mit Fuzzy-Logik – ein modulares, praxisorientiertes Verfahren. In: Straßenverkehrstechnik 10/1996. Kirschbaum, Bonn, S. 485–489

Bielefeld C, Schmidt M (1987) Beurteilung verschiedener Ansätze zur Staubewältigung bei der Steuerung übersättigter Verkehrsflüsse in Straßennetzen. Forschung Straßenbau und Straßenverkehrstechnik, Heft 511. Typo-Druck- & Verlagsgesellschaft mbH, Bonn

Boltze M, Reusswig A (2005) Qualitätsmanagement für Lichtsignalanlagen – Sicherheitsüberprüfung vorhandener Lichtsignalanlagen und Anpassung der Steuerung an die heutige Verkehrssituation. Berichte der Bundesanstalt für Straßenwesen, Unterreihe Verkehrstechnik, Heft V 128. Wirtschaftsverlag NW, Verlag für neue Wissenschaft GmbH, Bremerhaven

Boltze M, Busch F, Friedrich B, Friedrich M, Kohoutek S, Löhner H, Lüßmann J, Otterstätter T (2010) AMONES: Anwendung und Analyse modellbasierter Netzsteuerungsverfahren in städtischen Straßennetzen. Schlussbericht zum Forschungsprojekt des Bundesministeriums für Verkehr, Bau und Stadtentwicklung (BMVBS) im Rahmen der Förderinitiative Mobilität 21, Berlin

Braun R, Kemper C (2008) GALOP-Online – ein Genetischer Algorithmus zur netzweiten Online-Optimierung der Lichtsignalsteuerung. Heureka, Stuttgart

Brilon W (1995) Kreisverkehrsplätze mit Lichtsignalanlage. Straßenverkehrstechnik 39:363–372

Brilon W, Hohmann S, Giuliani S (2013) Verkehrsadaptive Netzsteuerungen: Untersuchung ihrer Einflussmöglichkeiten auf die Emissions- und Immissionsbelastung städtischer Straßennetze. Berichte der Bundesanstalt für Straßenwesen, Unterreihe Verkehrstechnik, Heft V 230. Fachverlag NW in der Carl Schünemann Verlag GmbH, Bergisch Gladbach

Brenner M (1980) Steuerung des Individualverkehrs und des öffentlichen Personenverkehrs unter Berücksichtigung der Gesamtwartezeiten. Forschung Straßenbau und Straßenverkehrstechnik, Heft 281. Druckerei Schertgens GmbH, Köln

Brenner M (1982) Planungshinweise und praktische Erfahrungen zur Integration des ÖPNV in die Lichtsignalsteuerung. Städtetag Heft 35, Köln

Brenner M, Ziegler H, Seeling H, Kopperschläger D (1997) Sicherheitsrisiken an Lichtsignalanlagen: Untersuchungen zu Sicherheitsrisiken an LSA durch den zeit- und/oder verkehrsabhängigen Einsatz von mehr als einem Steuerungsverfahren. Berichte der Bundesanstalt für Straßenwesen, Unterreihe Verkehrstechnik, Heft V 44. Wirtschaftsverlag NW, Verlag für neue Wissenschaft GmbH, Bremerhaven

Brenner M, Genz H, Krause S (1999) Standardisierung und Modularisierung verkehrstechnischer Grundprobleme in der Lichtsignalsteuerung. Forschung Straßenbau und Straßenverkehrstechnik, Heft 769. Bundesdruckerei GmbH, Bonn

Dürr P (2002) Evolution adaptiver Steuerungsverfahren für den städtischen Mischverkehr. Straßenverkehrstechnik 46(4):188–195

FGSV (1991) Merkblatt über Detektoren für den Straßenverkehr, Ausgabe 1991. Forschungsgesellschaft für Straßen- und Verkehrswesen (Hrsg.), Köln

FGSV (1992) Richtlinie für Lichtsignalanlagen (RiLSA), Ausgabe 1992. Forschungsgesellschaft für Straßen- und Verkehrswesen (Hrsg.), Köln

FGSV (1999) Merkblatt für Maßnahmen zur Beschleunigung des öffentlichen Personennahverkehrs mit Straßenbahnen und Bussen, Ausgabe 1999. Forschungsgesellschaft für Straßen- und Verkehrswesen (Hrsg.), Köln

FGSV (2005) Hinweise zur Signalisierung des Radverkehrs (HSRa), Ausgabe 2005. Forschungsgesellschaft für Straßen- und Verkehrswesen (Hrsg.), Köln

FGSV (2006) Richtlinien für die Anlage von Stadtstraßen (RASt 06), Ausgabe 2006. Forschungsgesellschaft für Straßen- und Verkehrswesen (Hrsg.), Köln

FGSV (2008) Hinweise für Zuflussregelungsanlagen (H ZRA), Ausgabe 2008. Forschungsgesellschaft für Straßen- und Verkehrswesen (Hrsg.), Köln

FGSV (2013) Empfehlungen für Anlagen des öffentlichen Personennahverkehrs (EAÖ), Ausgabe 2013. Forschungsgesellschaft für Straßen- und Verkehrswesen (Hrsg.), Köln

FGSV (2017) Beispielsammlung zu den Richtlinien für Lichtsignalanlagen, Ausgabe 2010. Forschungsgesellschaft für Straßen- und Verkehrswesen (Hrsg.), Köln

FGSV (2018) Hinweise zu Bevorrechtigungsmaßnahmen für den ÖPNV im städtischen Verkehrsmanagement, Ausgabe 2018. Forschungsgesellschaft für Straßen- und Verkehrswesen (Hrsg.), Köln

Friedrich B (2000) Steuerung von Lichtsignalanlagen: BALANCE – ein neuer Ansatz. Straßenverkehrstechnik 44(7):1–44

Gassel C, Schönherr B, Matschek T, Krimmling J (2014) Steigerung der ÖPNV-Qualität durch kooperative Ampelanlagen – Erfolgreiches Modellprojekt in Dresden mit den ersten Fahrerassistenzsystem für Straßenbahnen. In: Der Nahverkehr 5/2014, DVV Media Group GmbH, Hamburg, S. 20–25

Gleue AW (1972) Vereinfachtes Verfahren zur Berechnung signalgeregelter Knotenpunkte. Forschung Straßenbau und Straßenverkehrstechnik, Heft 136, Bonn – Bad Godesberg

Hallworth MS (1992) Signalling roundabouts – 1. Circular arguments. In: Traffic Engineering + Control 33, Heft 6, S. 354–363

Harders J, Schmotz M (2015) Verkehrsqualität an Knotenpunkten mit Lichtsignalanlage – Kommentar zum HBS 2015. In: Straßenverkehrstechnik 11/2015, Kirschbaum, Bonn, S 739–747

Harders J (2016) Leistungsfähigkeit beim Durchsetzen des Gegenverkehrs durch Linksabbieger. In: Straßenverkehrstechnik 2/2016, Kirschbaum, Bonn, S. 75–81

HBS (2001) Handbuch für die Bemessung von Straßenverkehrsanlagen, Ausgabe 2001. Forschungsgesellschaft für Straßen- und Verkehrswesen (Hrsg.), Köln

HBS (2015) Handbuch für die Bemessung von Straßenverkehrsanlagen, Ausgabe 2015. Forschungsgesellschaft für Straßen- und Verkehrswesen (Hrsg.), Köln

HCM (2010) Highway Capacity Manual 2010, Chapter 18: Signalized Intersections. Transportation Research Board, Washington, D. C.

Kimber RM, Hollis EM (1979) Traffic Queues and Delays at Road Junctions. TRRL Laboratory Report 909, Berkshire

Kobbeloer D (2007) Dezentrale Steuerung von Lichtsignalanlagen in urbanen Verkehrsnetzen. Schriftenreihe Verkehr des Instituts für Verkehrswesen der Universität Kassel, Band 18

Krimmling (2017) Zukünftige Anforderungen an die ÖPNV-Beschleunigung. Beitrag im Rahmen des 4. VDV-Beschleunigungsseminar „Verlässlicher ÖPNV“ am 7. und 8. November 2017, Düsseldorf

Lapierre R, Steierwald G (1988) Verkehrsleittechnik für den Straßenverkehr, Bände I und II. Springer, Berlin

Mertz J, Weichenmeier F (2002) Modellbasierte multimodale LSA-Steuerung in Echtzeit. In: Straßenverkehrstechnik 5/2002, Kirschbaum, Bonn, S. 245–250

Mück J (2008) Schätz- und Optimierungsverfahren in der Adaptiven Netzsteuerung SITRAFFIC Motion MX, HEUREKA 2008, Stuttgart

RAL (2012) Richtlinien für die Anlage von Landstraßen, Ausgabe 2012. Forschungsgesellschaft für Straßen- und Verkehrswesen (Hrsg.), Köln

RASt (2006) Richtlinien für die Anlage von Stadtstraßen, Ausgabe 2006. Forschungsgesellschaft für Straßen- und Verkehrswesen (Hrsg.), Köln

RiLSA (2015): Richtlinien für Lichtsignalanlagen, Ausgabe 2015. Forschungsgesellschaft für Straßen- und Verkehrswesen (Hrsg.), Köln

Robertson DI (1969) TRANSYT – A Traffic Network Study Tool. TRRL Report No. 253, Transport and Road Research Laboratory, Crowthorne (GB)

Schnabel W, Lohse D (2011) Grundlagen der Straßenverkehrstechnik und der Verkehrsplanung, vol 1. Beuth Verlag GmbH, Berlin

Schnüll R (1997) Beschleunigung von Nahverkehrsfahrzeugen. Der Nahverkehr (15)3:35–45

Steierwald G, Boesefeldt J, Everts K, Kendel W, Schönharting J (1970) Untersuchungen zur verkehrsabhängigen Lichtsignalsteuerung. Forschung Straßenbau und Straßenverkehrstechnik, Heft 100. Merkur-Druckerei GmbH, Troisdorf-Spich, Bonn

Strobel H (2005) Schlussbericht zum BMBF-Leitprojekt intermobil Region Dresden (Teil 1). Technische Universität Dresden

Wolfermann A (2009) Influence of Intergreen Times on the Capacity of Signalized Intersections. Dissertation an der Technischen Universität Darmstadt, Fachgebiet Verkehrsplanung und Verkehrstechnik, Darmstadt

Wu N (1990) Wartezeit und Leistungsfähigkeit von Lichtsignalanlagen unter Berücksichtigung von Instationarität und Teilgebundenheit des Verkehrs. Schriftenreihe des Lehrstuhls für Verkehrswesen, Heft 8, Ruhr-Universität Bochum.

Wu N (1992) Wartezeit an festzeitgesteuerten Lichtsignalanlagen unter zeitlich veränderlichen (Instationarität) Verkehrsbedingungen. Straßenverkehrstechnik (1992)3:147–153

Wu N (2007) Total Approach Capacity at Signalized Intersections with Shared and Short Lanes: Generalized Model Based on a Simulation Study. In: Transportation Research Record: Journal of the Transportation Research Board, No. 2027, Transportation Research Board, National Research Council, Washington D. C., S. 19–26.

Zackor H (1991) Entwicklung eines Verfahrens zur adaptiven koordinierten Steuerung von Lichtsignalanlagen. Forschung Straßenbau und Straßenverkehrstechnik, Heft, S 607

Stichwortverzeichnis Band 3

5-Minuten-Stadt, 62

A

Abbiegestreifen
  für direkt linksabbiegende Radfahrer, 390
  und Aufstellbereiche, 157
Abfertigungsanlage, 456, 457
Abfluss, 553
Abschnittsbildung, straßenräumliche, 140
Abstellanlage, 391
Abwägung, 272
Akteure, zu beteiligende, 272
Alltagsmobilität, 339, 352
Aneignung, individuelle, 80
Anfahrsicht, 169
Angebotsformen
  alternative, 244
  des ÖPNV, 213
  flexible, 235, 237
Angebotsqualität, 100, 114
Anlagen des ÖPNV, 288
Anspruch, sozialer, 148
Anwendungsfelder der Netzplanung, 121
Aufenthalt, 99
Auffangradfahrstreifen, 390
Aufgabenträger, 212
Auslastungsgrad, 556
Außen- und Innenumfahrung, 30
Ausstattungselemente, 203

B

Bahnen besonderer Bauart, 227
Bahnhofsvorplatz, 201
Bahnkörper
  besonderer, 294
  straßenbündiger, 293
Barrierefreiheit, 201, 258, 326, 330, 345, 352, 360, 437
Basismobilität, 373
Baukultur, 45
Bauleitplanung, 65, 341
Bebauungsplan (B-Plan), 65
Bebauungsstruktur, 54
Bedarfslinienverkehr, 235, 238
Bedienung, ausreichende, 258, 259, 264
Bedienungshäufigkeit, 260
Beeinflussung
  der Fahrweise, 504
  des Verkehrsverhaltens, 499
  von Kapazitäten, 504
Beförderungsqualität, 214
Begegnungsfall, 143
Begrünung, 151
Behindertengleichstellungsgesetz, 331
Beitrag, stadtgestalterischer, 130
Belange der Nahmobilität, 349
Belegungsganglinie, 443
Beleuchtung, 91, 203, 488
Belüftung, 488
Bemessung, städtebauliche, 130, 352, 361, 365
Bemessungsfahrzeug, 140, 459, 461
Bemessungsverkehrsstärke, 553
Benutzungspflicht von Radverkehrsanlagen, 148, 385
Bepflanzung, 88
Bereich, verkehrsberuhigter, 155, 180, 316, 357
Beschleunigung der Stadtbahn, 302

D. Vallée (verstorben) et al. (Hrsg.), *Stadtverkehrsplanung Band 3*,
https://doi.org/10.1007/978-3-662-59697-5

Bestandsentwicklung, 337
Beteiligung, 349
Beteiligungsprozess, 270
Betriebsleitsystem (RBL), rechnergestütztes, 519
Bikesharing, 249, 250, 405
Brauchbarkeit, soziale, 134, 155
Buchanan-Bericht, 34
Bügelabstand, 467
Bürgerbus, 235, 236
Bürgergutachten, 350
Busbahn, 305
Busbucht, 325
Busparkflächen, 468
Busschleuse, 597
Bussonderfahrstreifen (Busfahrstreifen, „Busspur"), 228, 310, 311, 384
Busverkehrssystem, 305

C
Carsharing, 245, 247, 248, 347, 527
Charta von Athen, 24
City Logistik, 447

D
Datenerfassung, 495
Dauerlichtzeichen, 537, 622
Diagonalsystem, 15
Dichte, städtebauliche, 354
Direktheit, 102
Distanzflächen, 86
Dreiecksystem, 15
Dunkelziffer, 413
Durchgängigkeit, 557
Durchlässigkeit, 40
Durchmesserlinien, 277

E
Ebenen der Verkehrsbeeinflussung, 513
E-Bike, 380
Eckausrundung, 167
Eigenwirtschaftlichkeit, 211
Einengung, 158, 187
Einzugsbereich, fußläufiger, 343
Eisenbahngesetz, Allgemeines, 210
Eltern-Taxi, 433, 435
Engstellensignalisierung, 619
Entwicklung von Gestaltungskonzepten, 151
Entwurf von innerstädtischen Verkehrsräumen, 81
Entwurfsgeschwindigkeit, 290
Entwurfsmethodik, 127, 128
Entwurfsprinzip, 153, 154
Entwurfsprozess, städtebaulicher, 71
Entwurfsvorgang
  geführter, 129
  individueller, 129
environmental areas, 35
Erreichbarkeit, 63, 98, 114, 122, 259, 342, 358
Erschließen, 98
Erschließung
  äußere, 37
  innere, 37
Erschließungsbeitrag, 350
Erschließungsstraße, 133, 400
  und -weg, 180

F
Fahrbahn, 156, 179, 187
Fahrbahnbreite, 156, 187
Fahrbahnführung des Radverkehrs, 387
Fahren
  automatisiertes, 483, 524
  autonomes, 527
  nichtvernetztes, 533
Fahrgasse in Mischflächen, 187
Fahrgastinformationssystem (ÖV), 519
Fahrleitung, 298
Fahrradgarage, 391
Fahrradparken, 465
Fahrradstellplatz, 391
Fahrradstraße, 386
Fahrradverleih, 251
Fahrradverleihsystem, 346, 403
Fahrstreifensignale, 621, 622
Fahrstreifenzuteilung, dynamische, 621, 622, 624
Fahrtgeschwindigkeitsindex, 118
Fahrweg, 275
Fahrweggestaltung, 292
Festzeitprogramm, 544, 549
Festzeitsteuerung, 520, 620
Flächenbetrieb, 235, 241
Flächenkonkurrenzen zwischen Rad- und Fußverkehr, 437

Flächennutzungsplan (F-Plan), 65
Folgenabschätzung hinsichtlich der
 Straßenverkehrssicherheit, 421
Förderprogramm, 350
Freigabezeit, 557, 614, 621
Führung
 direkte mit freiem Einordnen, 387
 indirekte, 388
 linksabbiegender Radfahrer, 387
Führungshilfe, 398
Funktion, verkehrliche und nichtverkehrliche,
 98
Furt und Überweg, 167
Fußgängerbereich, 365, 386
Fußgängersignale, 541, 583
Fußgängerüberweg, 370
 (Zebrastreifen), 166, 167
Fußgängerverkehrsanlage, 352
Fußgängerzone, 33, 316
Fußverkehr, 148, 335
Fußverkehrs- und Aufenthaltsfläche, 166
Fußwegenetz, 355

G

Ganglinie, 453
Garagenverordnung, 489
Gartenstadt, 20
Gebiet
 dörfliches, 186
 urbanes, 341
Gebietstyp, 83, 138, 180
Gebührenerhebung, 446
Gehgeschwindigkeit, 358
Geh- und Radweg, gemeinsamer, 383
Gehweg, straßenbegleitender, 166
Gehweg/ Radfahrer frei, 384
Gehwegbreite, 436
Gemeinwirtschaftlichkeit, 211
Gesamtplanung, städtebauliche, 126
Geschäftsbereich, verkehrsberuhigter, 154
Geschwindigkeit, 26, 40
 nutzungsverträgliche, 132
Geschwindigkeitsdämpfung, 368
Gestaltqualität, 202
Gestaltung (von städtischen Verkehrs- räumen),
 72, 355
Gestaltungsaufgabe, 79
Gliederung des Straßennetzes
 funktionale, 42, 98
Grünband, 574
Grundstückszufahrt, 394
Grüne Welle, 303, 572

H

Halbmesser- bzw. Radiallinien, 277
Halbrampe, 473
Haltesicht, 169
Haltestelle, 89, 319
 am Fahrbahnrand, 325
Haltestelleneinzugsbereich, 259
Haltestellenkaps, 323
Handy-Parken, 446
Hauptgeschäftsstraße, 155, 172
Hauptverkehrsstraße, 155, 385
 anbaufreie, 177
 angebaute, 155
Hochleistungsstraße, 177
Hochstraße, 179
Höhenlage der Radwege, 394
Hol- und Bringzone, 435

I

Idealstadt, 10
Identifikation, 80, 135
Identität, 2, 52, 80, 136
Insel, 160
Instationarität, 567
Integration, städtebauliche, 155

K

Kapazität, 457, 560, 563
Kaufstraße, 33
Knotenbeeinflussungsanlage, 521
Knotenpunkt, 179, 180, 414
 mit Lichtsignalanlage, 195, 371
 planfreier, 179
 plangleicher, 180
Knotenpunktformen, 190
Kombibus, 230
Komfort, 81, 215
Komfortstufe, fahrdynamische und fahrgeo-
 metrische, 140
Konfliktbereich, 396
Konfliktfläche, 547, 551

Kontext und Genius Loci, 82
Kostenfunktion, 594
Kreisverkehr, 190, 192, 197, 198, 399, 414, 420, 430, 617

L
Ladehof, 484
Ladestation, 489
Langsamverkehr, 64
Leipzig-Charta, 60, 341
Leitsystem, taktiles, 201
Lichtsignalprogramm, 553, 559
Lichtsignalsteuerung, 536, 538
  koordinierte, 572, 595
  unter Staubedingungen, 578
  verkehrsabhängige, 598
  von Kreisverkehren, 617
Lieferdienste, lokale, 346
Liefern und Laden, 462
Linienbündelung, 257
Linienform, 276
Linientaxi, 228, 234
Linienverkehr, klassischer, 215
Linksabbiegen, indirektes, 399
Linksabbiegestreifen, 157
Lkw-Parkflächen, 468, 470
Lösung, asymmetrische, 383
Lücken-LSA, 615
Luftliniengeschwindigkeit, 116
Luftliniennetz, 102

M
Marketing, 401, 402
Massenmotorisierung, 27, 126
Materialwahl, 203
Mietskasernenviertel, 20
Mindestfreigabezeit, 540, 550
Mini- und kleiner Kreisverkehr, 399
Mischungsprinzip, 154
Mischverkehr, 162, 381, 384
Mitbenutzung von Gegenfahrstreifen, 167
Mittelinsel, 160, 367, 570
Mobilität, 50
  aktive, 338, 347
Mobilitätsangebot, 59
Mobilitätsbedürfnis, 59
Mobilitätsform, 57
Mobilitätskonzept, 61
Mobilitätskultur, 339
Mobilitätsstation, 329
Mobilitätsverhalten, 57, 340
Modal Split, 340
Motorradparken, 466

N
Nachfragegruppen, 442
Nachfragemuster, 442
Nachfrageschwankungen, 282
Nahmobilitätskonzept, 348
Nahverkehrsplan, 256, 257
Netz, strategisches, 510
Netzabschnitt, 100
Netzgestaltung, 273, 357
  integrierte, 42
Netzsteuerung, 521, 524
  adaptive, 609, 610
Nichtmotorisierter Verkehr, 336, 582
Nutzen-Kosten-Analyse, 516
Nutzeroptimum, 501
Nutzungsanforderungen der unterschiedlichen Radfahrergruppen, 380
Nutzungsanspruch, 73, 129, 140, 149
Nutzungsgebühr, 528
Nutzungskonzept, 73
Nutzungsmischung, 355
Nutzungsstruktur, 82

O
Oberflächengestaltung, 87
Öffentlicher Personennahverkehr (ÖPNV), 143, 208, 287, 587
Öffnung von Einbahnstraßen für den gegengerichteten Radverkehr, 387
Omnibusbahnhof, zentraler, 201
ÖPNV-Beschleunigung, 588
ÖPNV-Bevorrechtigung, 591, 593, 595
Optimierung eines Liniennetzes, 279
Orientierung, 2, 80, 83, 135
Ort, zentraler, 101
Ortsdurchfahrt, dörfliche, 170

P
Parkbau, 468, 473
Parkbucht, 464, 466
Parkdauerbeschränkung, 446

Parkleitsystem, 446, 523
Parkpalette, 481
Parkplatz, 468
Parkrampe, 474
Parkraumangebot, 443, 445, 447, 453
Parkraumbedarf, 447, 450, 454
Parkraumbelegung, 453, 454
Parkraumbereitstellung, 455
Parkraumbewirtschaftung, 446, 447, 528
Parkraumkonzept, 447
Parkraumnachfrage, 443
Parkregal, 481
Parkstand, 443
Parkstände und Fahrgassen, 470
Parksysteme, mechanische und automatische, 475, 479
Pedelec, 380, 393, 436
Performance Index, 577, 578, 608, 612
Permissivsignal, 541
Personenbeförderungsgesetz, 210, 211
Phase, 547, 605, 608
Phaseneinteilung, 547
Phasenfolge, 547, 548, 614
Phasenfolgeplan, 549
Phasenübergang, 606
Phasenübergänge, 548, 550
Planung, informelle, 66
Planungsablauf, 262, 263
Planungsprozess, 72
Planungsverfahren, 348
Plätze (Typologie), 75
Positionsmeldung mit Zeitstempel, 495
Progressionsgeschwindigkeit, 573
Progressivsystem, 574

Q

Qualitätsindex, 608
Qualitätsstufen, 458, 487
  des Verkehrsablaufs, 116, 117
  des Verkehrsablaufs für die verschiedenen Verkehrsarten (QSV), 559, 560
Querung, 299
Querungsanlage, 366
Querungshilfe, 160, 166, 167
Querungsstelle, 300, 437

R

Radaufstellbereich, aufgeweiteter, 398
Radfahrer, direkt linksabbiegende, 398
Radfahrerfurt, 399
Radfahrerschleuse, 388, 399
Radfahrersignalisierungen, 400
Radfahrstreifen, 163, 381, 387
Radialnetz, 278
Radialstadt, 10
Radial- und Ringstraßensystem, 15
Radschnellverbindung, 378, 400, 405
Radschnellverbindungen, 378, 400
Radschulwegepläne, 403
Radverkehr, 145, 377
Radverkehr in Fußgängerbereichen, 386
Radverkehrsanlage, 161
Radverkehrsnetz, 378
Radweg
  benutzungspflichtiger, 385, 394
  nicht benutzungspflichtiger, 384, 394
  selbstständig geführter, 386
  straßenbegleitender, 164, 382
Radwegende, 395
Rahmenhalter, 467
Rahmenplan, 68
Rahmensignalplan, 601, 608, 614
Rampe, 468
Rampenneigung, 188
Rampenzuflusssteuerung, 625
Rasenbahnkörper, 296
Rasternetz, 278
Raum, öffentlicher, 73, 344
Raum(teil)netz, 42
Raumbedarf für die Führung des Radverkehrs, 148
Raumbildung und Raumgliederung, 84
Raumplanung, 98
Rechtecknetz, 5
Rechtecksystem, 15
Rechtsabbiegestreifen, 158
Regelbreite, 394
  von Einrichtungsradwegen, 394
  von Radfahrstreifen, 395
  von Schutzstreifen, 396
Regelkreis, 494
Regelquerschnitt, 156

Regionalbahn, 216, 217
Regionalbus, 228, 231
Regionalisierungsgesetz, 211
Reisedauerverhältnis, 214
Reiseplanungssystem, 518
Reisezeitverhältnis, 116, 261
Reurbanisierung, 57
Richtungsbandbetrieb, 235, 239
Richtungswechselbetrieb, 522, 622, 623
Ridesharing, 246, 528
Ringnetz, 278
Ringstraßensystem, 15, 17
Routenwahl, 524
Rückstaulänge, 570, 571

S

S-Bahn, 216, 218
Sättigungsverkehrsstärke, 560, 562, 620
Satzung, 70
Schleppkurve, 140, 145, 167, 308, 484
Schnellbus, 228, 232
Schnittstelle, 530
Schulwegplan, 435
Schutzstreifen, 163, 381, 386, 390, 396
Seitenbereich, 390
Seitenraum, 83, 86, 363
  vorgezogener, 158, 368
Seitenraumführung, 399
Seitenstreifenfreigabe, 522, 622
Sektorbetrieb, 235, 240
Separation des Radverkehrs vom fließenden Kraftfahrzeugverkehr, 385
Shared Space, 154, 367
Sharing-System, 527
sichere, 432
Sicherheitsanalyse von Netzen, 424
Sicherheitsaudit, 359, 421, 422, 429
Sicherheitsmanagement, 420, 421
Sicherheitspotenzial, 420, 428
Sicherheitstrennstreifen, 394, 464
Sichtfeld, 168
Sichtverhältnisse, 394
Siedlungsstruktur, 50, 60, 272, 341
Signalfolge, 539, 540, 615, 616
Signalgeber, 540, 542, 586, 625
Signalgruppe, 556, 558, 612, 614
Signalisierung des Radverkehrs, 585, 586
Signallageplan, 546
Signalprogramm, 601
Signalprogrammauswahl, 601
Signalprogrammbildung, 605
Signalzeitenplan, 558, 570
Situation, straßenräumliche, 137
Sperrzeit, 540, 553, 570
Stadt
  autogerechte, 27
  der kurzen Wege, 62, 337
  funktionelle, 24
Stadtautobahn, 24, 31, 177
Stadtbahn, 221, 225, 292, 302
Stadtbus, 228, 229
Stadtentwicklung, 50
Stadtentwicklungskonzept, 67
Stadtmöbel, 89
Stadtplatz, 199
Stadträume, 54
Stadtstruktur, 61
Stadtteilspaziergang, 349
Stadtteilzentrum, 155
Stadtverkehrsplanung, integrierte, 58
Standortentwicklung, 342
Staulänge, 95 %-, 566, 571
Stellplatz, 443
Stellplatzablösegebühr, 446
Stellplatzrichtzahl, 448
Stellplatzsatzung, 446, 448
Steuerungsverfahren, 497
  makroskopisches, 599, 603
  mikroskopisches, 599, 604
  modellbasiertes, 607, 609, 610
  regelbasiertes, 602
  verkehrsabhängiges, 600
Straßen- und Platzräume (Typologie), 75
Straßenbahn, 174, 221, 224, 292
Straßenmarkt, 9
Straßennetz, 50
  antikes, 4
Straßenraumentwurf, 128, 130
Straßenraumfreigabe, dynamische, 597
Straßenraumgestalt, 136
Straßenraumgestaltung, 127, 128
Strategiemanagement, 513
Strategievereinbarung, 531
Streckenbeeinflussung, 522
Sub- und Desurbanisierungsprozesse, 50
System, hippodamisches, 6
Systemarchitektur, 529, 619

Systemeigenschaften (ÖPNV), 214
Systemoptimum, 501
Systemumlaufzeit, 572, 613

T
Taktfolge, 261
Tangential- und Ringlinien, 277
Taxi/Mietwagen, 235, 242
Teilaufpflasterung, 188
Teilhabe, 127, 331, 360
Teilpunktabstand, 573
Tempo-30-Zone, 40, 154, 317
Trassierungsrichtlinien (ÖSPV), 290
Trennungsprinzip, 153
Trennwirkung, funktionale, 134
Tunnelstrecke, 179
Turbokreisverkehr, 194

U
U-Bahn, 221, 222
Überhangstreifen, 462, 464
Umfeldverträglichkeit, 134
Umlaufparker, 479
Umlaufzeit, 132, 556, 572, 614, 620
  wartezeitoptimale, 557
Umsteigepunkt, 121
Umwegfaktor, 116
Unfallaufnahme und Unfallauswertung, 413, 415
Unfälle in Knotenpunkten und Einmündungen, 430
Unfallgeschehen, 411
Unfallhäufungsstellen und -linien, 425
Unfallkenngrößen, 415
Unfallkommission, 424
Unfallkosten, 417
Unfalltypen, 415
Unfalluntersuchung, örtliche, 424
Untersuchungsgebiet, 448
Unter- und Überführungen, 372

V
V2X-Kommunikation, 526
Valet Parking, 483
Verbesserung der Querbarkeit, 160
Verbindung, 100
Verbindungsfunktionsstufe, 102
  maßgebende, 104
Verfahren zur Bildung von Liniennetzen, 283
Verkehrsbeeinflussung, 493
  Ebenen der, 513
Verkehrsberuhigung, 35, 315
  flächenhafte, 41
Verkehrsberuhigungsmaßnahme, 352
Verkehrsentwicklungsplan (VEP), 68
Verkehrskategorie, 101
Verkehrslageinformationssystem (MIV), 519
Verkehrsmanagement, 507, 512
  dynamisches, 515
Verkehrsmodell, 515
Verkehrsplanung, 98
  kommunale, 337
Verkehrsqualität, 132, 560
Verkehrsräume des Fußgängerverkehrs, 149
Verkehrssicherheit, 134, 358, 407
Verkehrssicherheitsarbeit, 410
Verkehrsstärke, abwickelbare, 157
Verkehrssystem, mehrstufiges, 274
Verkehrstote und Verunglückte, 408, 411
Verkehrsunternehmen, 212
Verkehrswegekategorie, 108
Verkehrswegenetz, 100
Verknüpfungspunkt, 98, 119, 328
Verlagerung
  modale von Fahrten, 499
  räumliche von Fahrten, 501
  zeitliche von Fahrten, 500
Vernetzung, 80, 345, 357
Versatz, 187
Versatzzeit, 614
Verschiebeplatte, 479
Verteilerstraßensystem, hierarchisch geordnetes, 35
Verziehungsstrecke, 158
Vision Zero, 410
Vollrampe, 473
Vorbehaltsstraßennetz, 40, 315

W
Wahl der Radverkehrsführung, 385
Wandel, demografischer, 338
Warteschlange, 460
Wartezeit, 559, 566, 569, 570, 575

Wechselwegweiser, 524
Wegweisung
dynamische, 524
für den Radverkehr, 393
Wendeanlage, 189
Wendelrampe, 473
Widerstand, 358
Widmung, 446
Wirtschaftlichkeit, 137
Witterungsschutz, 202

Z

Zeilenbauweise, 20
Zeitbedarfswert, 554
Zentralitätsstufen,
innergemeindliche, 105
Ziele, immaterielle und gestalterische, 79
Zielführungssysteme, 524
Zonierung, 86
Zubringer- und
Verteilerfunktion, 274
Zufluss, 553
Zuflussregelung, 625
Zuflussregelungsanlage, 521
Zuverlässigkeit, 215
Zwischenstadt, 57
Zwischenstreifen, 462, 464, 465
Zwischenzeit, 551
Zwischenzeitenmatrix, 552

Stichwortverzeichnis Band 1

A
Abwägung, 40, 76, 83
Abwägungsprinzip, 72
Akteur, 164, 227
Akteursspektrum, 34, 35, 41
Aktivität, 6
Altersgruppe, 124, 196
Alterung, 122
Angebotsform neue, 132
Antriebe, neue, 134
Aufenthaltsqualität, 101
Ausgang, 11
Außenverkehr, 12
Automatisierung, 130

B
Barrierefreiheit, 18
Baudichte, 101
Baugesetzbuch, 74
Bauleitpläne, 82
Bauleitplanung, 63, 73, 74, 76
Baunutzungsverordnung, 74
Bauordnungsrecht, 82
Baurecht, 76
Bebauungsplan, 65, 74
Bebauungsplanung, 72, 73
Bebauungsplanverfahren, 79, 82
Beförderung, 11
Benutzeroptimum, 204
Besetzungsgrad, 13
Bestandsmanagement, optimiertes, 233
Beteiligung der Öffentlichkeit, 80, 81
Beteiligung von Trägern öffentlicher Belange, 74
Beteiligungsverfahren, informelle, 83
Betriebsgenehmigung (Konzession), 85
Bevölkerungsentwicklung, 121, 123
Bewertung urbaner Logistikkonzepte, 246
Bewertungsverfahren, 34
Binnenverkehr, 12
Bundesverkehrswegeplanung, 88, 143
Bürgerbeteiligung, 83

C
Carsharing, 132, 146, 184, 196
Charta von Athen, 42, 49, 54, 94
Citylogistik, 226, 248, 250
City-Maut, 143
congestion pricing, 208

D
Datengrundlagen, 30
Dekarbonisierung, 133
Demografie, 123
Dichte, 20, 58, 98, 101, 106
Digitalisierung, 128
Durchgangsverkehr, 12

E
E-Commerce, 224, 233, 253
Effekt
  externer, 202
  ökologischer, 227
  ökonomischer, 229
  sozialer, 230
Einkommen, 135

D. Vallée (verstorben) et al. (Hrsg.), *Stadtverkehrsplanung Band 3*,
https://doi.org/10.1007/978-3-662-59697-5

Einwendung, 81
Eisenbahngesetz, 85
Elektrifizierung des Straßenverkehrs, 135, 136
Elektrofahrzeug, 248, 249
Elektromobilität, 252
Elemente der Planung, 3
Energieverbrauch, 104
Entsorgungslogistik, 142
Entwicklung, historische, 48
Erhebungen, 30
Erreichbarkeit, 17, 21, 55
Erreichbarkeitsanalyse, 22
Erschließung
  äußere, 57, 58
  innere, 57, 58
Erschließungsanlage, 57
Erschließungsbeitragsrecht, 87
Erschließungssystem, 47, 48, 56, 57
Etappe, 11, 183
Evaluation, 34, 172, 175

F

Fahrradverleihsystem, 132
Fahrt, 11
Fahrzeug, batterieelektrisches, 132, 148
Fahrzeugautomatisierung, 133, 150
Feinstaubbelastung, 141
Finanzierung, 90, 140
Finanzierungsziel, 209
Flächennutzung, 19
Flächennutzungsplan, 65, 74
Flächennutzungsplanung, 72, 73
Flächenpotenziale, 110

G

Ganglinien, 13
Gemeindeverkehrsfinanzierungsgesetz (GVFG), 53, 85, 87
Gemeinkosten-Zurechnung, 81, 207
Gender Mainstreaming, 18
Genehmigung, straßen- und wegerechtliche, 91
Genehmigungsverfahren, 40
Gentrifizierung, 128, 129
Geoinformationssystem, 195
Geschäftsmodell, plattformbasiertes, 130
GPS-Tracker, 195
Grenzkosten, soziale, 204
Grundkonflikt in der Stadtentwicklung, 113
Grundsätze, rechtsstaatliche, 87
Gruppe, verhaltenshomogene, 8
Güterverkehr, 152, 226, 227

H

Hamburger Dichtemodell, 53
Handlungsfeld, 168, 170
Haushaltsstruktur, 127
Hauptverkehrsmittel, 183, 187, 189
Hinweise und Bedenken, 81

I

Identität, baulich-räumliche, 97
Indikator, 22
Informations- und Kommunikationstechnologie, 128, 193
Infrastrukturplanung und -management, 5
Inklusion, soziale, 18
Innenentwicklung, 101, 106
  vor Außenentwicklung, 59
Instrumente, staatliche, 209
Intermodalität, 11, 182, 188
Internalisierung, 232

J

Just-In-Time-Anlieferung, 233

K

Kante (Logistiksystem), 236
Klimaschutz, 138, 140, 141
Klimawandel, 99
  Schadens- und Vermeidungskosten, 233
Knotenpunkt (Logistiksystem), 235, 245
Kohorteneffekt, 122
Konsolidierung von Güterströmen, 227, 237, 242, 246
Konsumausgaben, 139
Kontraktlogistik, 134
Konzentration, dezentrale, 98
Konzentrationsprinzip, 80
Kosten, externe, 17, 230
Kraftstoff, strombasierter, 134
Kraftstoffkosten, 136
Kreislaufwirtschaft, 27
Kurier-Express-Paket-(KEP-) Dienstleister (oder -Services), 66, 230, 252

L

Ladeinfrastruktur, 135
Landesbauordnungen, 74
Landschaftsverbrauch, 107
Lastendrohne, 135
Lastenfahrrad, 135, 239, 246, 248, 249
Lebensstil, 127
LEIPZIG CHARTA, 98
Leitbild, 42, 93, 107
Leitbildmerkmale, 110
Leitbildprozess, 108
Leitkonzept, 94
Lenkungswirkung, 206
Lieferverkehr, 66, 131, 233
Lieferzeit, 237
Linienbestimmung, 78
Linienbestimmungsverfahren, 89
Lkw-Maut, 143, 220
Logistik, 128, 136
  urbane, 227, 228, 252
Logistikdienstleister, 229, 242, 251
Logistikkonzept, 233
Logistikstandort, 128
Logistiksystem, 226, 236
Lösung
  kordon-basierte Maut, 218
  pragmatische, 206
Luftschadstoff, 139, 249

M

Massenmotorisierung, 53
Maßnahmen, 26, 28, 161, 171, 230
  weiche, 164, 168
  zur Gestaltung urbaner Logistik, 233
Maßnahmenuntersuchung, 32
Meile, letzte, 239, 252
Mikrokonsolidierung, 243, 252
Mobilität, 6, 21
Mobilitätsangebote, 171
Mobilitätsbedürfnis, 165
Mobilitätsdienstleistung, 9, 184, 186, 193
  intermodale, 187
  monomodale, 188
  multimodale, 185
  postfossile, 66
  vernetzte, 62
Mobilitätserhebung, 197
Mobilitätsgewohnheit, 193
Mobilitätshandeln, 7
Mobilitätsindikator, 126
Mobilitätsmanagement, 5, 163, 164
  betriebliches, 169, 172
  kommunales, 169, 172
Mobilitätsoption, 191, 193
Mobilitätsplan, 167
Mobilitätsprodukte, 191, 193
Mobilitätsquote, 13
Mobilitätsstation, 190
Mobilitätsstil, 8, 144
Mobilitätsverbund, 132
Mobilitätsverhalten, 7, 126, 142, 145
Mobilitätswerkzeug, 8, 194
Modal Split, 15, 194
Monitoring, 34
Monitoring- und Evaluierungsplan (MEP), 175
Monomodalität, 189
Motorisierungsgrad, 13
Multi-Agenten-Modellierung, 192
Multimodalität, 11, 145, 182, 186

N

Nachhaltigkeit, 17, 98, 142
Nachhaltigkeitskonzept, 25
Nahverkehrsplan, 84
Normenkontrollklage, 83
Nutzen
  interner und externer, 17
  statt Besitzen, 193, 197
Nutzerfinanzierung, 141
Nutzungsfähigkeit, 191
Nutzungsmischung, 101, 106
Nutzungstrennung, 49

O

Omni-Channel, 226, 233
On-Demand-Delivery-System, 234
Onlinehandel, 129, 140
Ortveränderung, 6

P

Paketbox, 238
Paketdienstleister, 131
Pareto-Gleichgewicht, 205
Pariser Abkommen, 138

Personengruppe, 169
Pkw-Besitz, 143
Pkw-Bestand, 148
Planfeststellung, 80
Planfeststellungsbeschluss, 80, 81
Planfeststellungsverfahren, 40, 74, 76, 79
Planung, nicht realisierte (Road Pricing), 216
Planung, 2
    und Management von Verkehrs- bzw. Mobilitätsdienstleistungen, 5
Planungshorizont, 33
Planungsphilosophie, 2
Planungsprozess, 29, 31
Planungsraum, 13
Planungsrecht, 72, 82
Planungsverfahren, 63
Planwerk, 36, 37
Planzeichenverordnung, 82
Polyzentralität, 98
Potenzialanalyse, 110
Preisbildung, 204
    grenzkostenbasierte, 206
Preiselastizität, 209
Preissystem für städtische Verkehrsnetze, 208
Problemanalyse, 30
Prognose, 32, 146, 147
Prozessevaluation, 34
Public Awareness, 172
Public-Private-Partner-ship (PPP), 203, 242
Pull-Maßnahmen, 29
Push-Maßnahmen, 29

Q

Qualitätsmanagement, 34
Quellverkehr, 11

R

Raum, urbaner, 224
Raumordnungsverfahren, 40, 80, 89
Raumstruktur, 19, 20, 123
Raumtyp, 121
Reboundeffekte, 29
Rechtseinheitlichkeit, 86
Rechtsgrundlagen, 87
Rechtsträger, 90
Regionalplanung, 63
Regulierung, 142
Reise, 11
Reisezeitisochronen, 22
Relevanz, umweltrechtliche, 81
Resilienz, 99
Reurbanisierung, 56, 102, 126
Road Pricing, Idee und Geschichte, 205
Road-Pricing-System, 209, 219
Robotaxis, 131

S

Satzung, 76, 82
Schätzung des Verkehrsaufkommens, Scoping, 60, 172
Screening, 84
Sendungsaufkommen, 250
Sendungsverdichtung, 237
Shareconomy, 143
Shared Mobility, 132
Shared Modes, 181
Sicherung, rechtliche, 82
Siedlungsdichte, 104
Siedlungsentwicklung, 126
    nachhaltige, 98, 108
Siedlungsstruktur, verkehrsarme, 106
Siedlungstyp, 105
Smart City, 100
Smart Mobility, 66
Sozialisation, 8
Speed Deliveries, 136
Stadt
    aufgelockerte und gegliederte, 96
    autogerechte, 43, 51, 54, 94
    Europäische, 98
    funktionelle, 94, 97
    kompakte und nutzungsgemischte, 98, 101, 110
    resiliente, 100
    schrumpfende, 98
Stadt- und Regionalplanung, 20
Stadtentwicklung, 94, 97
Stadtentwicklungsplan, 108
Stadtentwicklungsplanung, 96
Stadterweiterung, 96
Stadtlandschaft, 96
Stadtplanung, 93
Stadtstrukturmodelle, 96
Stadtumbauvorhaben, 112
Standortentscheidung, 19
Staukosten, 232
Stellplatzverordnung, 82

Straßenverkehrsrecht, 81
Strategie, 25
Stufe (Struktur Logistiksystem), 234, 245
Suburbanisierung, 50, 128
Sustainable Urban Mobility Plan(SUMP), 37, 73
Systemoptimum, 204
Szenario, 32, 147, 148

T
Toll Collect System, 220
Tour, 11, 236
Tourenoptimierung, 136
Tourenverdichtung, 237
Träger öffentlicher Belange, 34, 74, 83
Transport, 11
Transportkosten, 237
Transportmanagement, 5
Trendextrapolation, 32
Treibhausgasemission, 138

U
Umschlagpunkt
  urbaner, 137, 238
Umsetzbarkeit, 164
Umverteilung der Verkehrsfläche, 42, 43
Umweltgerechtigkeit, 18
Umweltverbund, 9
Umweltverträglichkeitsprüfung, 78, 81, 84
Umweltwirkung, 15
Unfallkosten, 232
Untersuchungsgebiet, 13
Urban Consolidation Center (UCC), 238
Urbanisierung, 126, 226

V
Value Added Services, 242
Value Pricing, 208
Verhalten, multi- und intermodales erheben, 191
Verhaltensänderung, 25, 41, 195
Verkehr, 7, 21
Verkehrsangebot, 9, 184, 185, 188, 193
Verkehrsaufkommen, 183
Verkehrsaufwand, 104, 105
Verkehrsbedarf, 9
Verkehrsdienstleistung, 9
Verkehrsentwicklungsplan (VEP), 37, 73
Verkehrserschließung, 61
Verkehrsinfrastruktur, 9, 184
Verkehrsleistung, 142, 151, 183
Verkehrsmanagement, 4
Verkehrsmittel, 9, 182, 237
  geteilte, 181, 191
Verkehrsmittelkombination, 192
Verkehrsmittelkompetenz, 192
Verkehrsmittelnutzung, 145
Verkehrsmittelverfügbarkeit, 194
Verkehrsmodus, 9, 181
  erweiterter, 188
Verkehrsnachfrage, 9, 180, 186, 188
Verkehrsnachfragemodell, 196
Verkehrsplanung, 3
  integrierte, 43
Verkehrsplanungsprozess, 6
Verkehrsstau, 202
Verkehrsträger, 9, 237
Verkehrsverflechtungsprognose, 147
Verkehrsverhalten, 7
  intermodales, 186
  monomodales, 187
  multimodales, 184
Verkehrsverlagerung, 26
Verkehrsvermeidung, 26
Verknüpfungsanlage, 183
Verknüpfungspunkt, 61
Versorgungssystem, städtisches, 50
Verwaltungsverfahrensrecht, 76

W
Walking Bus, 171
Wandel, demografischer, 121
Weg, 11, 183
Wegekette, 11
Wegzwecke, 11
Widmung, 81, 86
Wirkung, 170
Wirkungsabschätzung, 172
Wirtschaftsentwicklung, 137
Wirtschaftsstruktur, 140
Wirtschaftsverkehr, 11, 227

Z
Zeitbudget für Mobilität, 142
Zeitfenster, 251

Zentrale-Orte-Theorie, 50
Zersiedlung, 53, 101, 107
Ziel, 22, 24, 162, 164, 226
  finanzielles, 206
  urbaner Logistik, 233, 247
Zielgruppe, 169
Zielkonflikt, 23
Zielverkehr, 11
Zufahrtsbeschränkung
  in Innenstädten, 251
Zugänglichkeit, 22
Zuwanderung, 124
Zwischenstadt, 54, 103

Stichwortverzeichnis Band 2

A
A-Modell, 208
Abfahrtszeit, 18
Abgasgrenzwert, 189
Abgrenzung, räumliche, 39
Abschreibungszeitraum, 211
Abwägungsprozess, 167
Abweichung, 330, 331
Achsialität, 138
Adäquatheit (Modell), 277, 329
Ähnlichkeitsfaktor, 309
Akteur, 451, 456
Akteursanalyse, 457
Aktivität, 3
Aktivitätenkette, 278
Aktivitätenkettenmodell, 315
Analysefall, 335
Angstraum, 143
Annuität, 209
Annuitätenmethode, 430, 443
Antriebsarte, 192
Arten und Biotope, 232, 236
Aufenthaltsqualität, 141
Aufzinsung, 430
Ausgang, 3
Auslastungsgrad, 385, 394, 398
Außenverkehr, 283
Auswahl des Stichprobenverfahrens, 47
Auswahlgrundlage, 51
Auswahlverfahren, 51
Auswahlwahrscheinlichkeit, 301

B
Bahnanlage, 132
Bahnbrache, 120
Bandbreite, 259
Barwertmethode, 427
Baugesetzbuch, 454
Bauleitplanung, 450, 454
Bebauungsdichte, 151
Befragung
  am Ort einer Aktivität, 77
  von Kfz-Haltern, 91
Befragungsinstrument, 94
Begegnungszone, 146
Beladungsgrad, 344
Bemessung, städtebauliche, 142, 144
Bemessungsverkehrsstärke, 380
Beobachtung, 76
Bereich, verkehrsberuhigter, 143
Beteiligungskultur, 453
Beteiligungsverfahren
  formelles, 464
  informelles, 462
Betriebskosten, 112, 198
Betriebs- und Unternehmensbefragung, 92
Bevölkerungsentwicklung, 258
Bewertung
  mithilfe von Zeitkostensätzen, 198
  multikriterielle diskursive, 439
  ökonomische, 422
  standardisierte, 427
Bewertungsfunktion, 301
Bewertungsverfahren, 208
  Lärm, 178
  Luftschadstoffe, 194
Bewertungszeitraum, 432
Binnenverkehr, 283, 285
Binnenwasserstraße, 351

D. Vallée (verstorben) et al. (Hrsg.), *Stadtverkehrsplanung Band 3,*
https://doi.org/10.1007/978-3-662-59697-5

Boulevard, 125, 147
Brauchbarkeit, soziale, 143
Buchanan-Report, 124
Bundesamt für Güterverkehr, 346
Bundesdatenschutzgesetz (BDSG), 43
Bundesverkehrswegeplan, 246, 255
Bürgerabstimmung, 438
Bürgerbeteiligung
formelle, 438
freiwillige (informelle), 438
Bürgerpanel, 438

C
Charta von Athen, 121
Container, 364
CR-Funktion, 287, 288, 326

D
Datenaufbereitung, 56
Datenbank, 39
Datenschutz, 41
Dauerlinie, 198, 381, 382
Delphi-Methode, 425
Dieselruß, 184
Differenzenkriterium, 433
Diskontierung, 429
diskursiv (Verfahren), 426, 436, 440
Diversität, 232
Drehscheibe, logistische, 316
Durchgangsverkehr, 283

E
Einflussfaktoren, 279
des Verkehrsangebots, 280
des Verkehrsverhaltens, 279, 280
subjektive, 281
Eingriffsregelung, 243
Einhausung, 149
Einheit, monetäre, 421
Einsatzbereich von Verkehrsmodellen, 275
Einzelhandel, großflächiger, 135
Eisenbahn (Güterverkehr), 343
Eisenbahnnetz, 354
Elastizität, 17, 22, 302
Elektrofahrzeug, 191
Emissionsfaktoren, 192
Emissions- und Umweltbilanz, 193
Energiebedarf (Verkehr), 104
Entmischung, 121
Entscheidung, 413
simultane, 314
Entscheidungsablauf, 413
Entscheidungsfindung, 413
strukturierte, 426
Entscheidungsmodelle, 300
Entscheidungsspielraum, 459
Entscheidungsträger, 415
Entscheidungsverfahren
diskursive, 437
formalisierte, 426, 440
nicht formalisierte, 426
optimierendes, 426
teilformalisierte, 426, 436, 440
Erhaltung, 207
Erhaltungsplanung, 215, 217
Erhaltungspraxis, kommunale, 217
Erhebung
des Wirtschaftsverkehrs, 90
verhaltensbezogene, 75
verkehrstechnische, 57
Erhebungsablauf, 40
Erhebungsdokumentation, 55
Erhebungsmerkmal, 56
Erhebungsmethode, 32, 35, 39
Erhebungsumfang, 45
Erneuerung, 208, 214
Erreichbarkeit, 195, 196
Etappe, 3

F
Fachrecht, 450
Fahrtgeschwindigkeit, mittlere, 385
Fahrtgeschwindigkeitsindex, 387
Fahrzeugart, 380
Fahrzeugklasse, 68, 70
Fahrzeug nach Grundklassen, 68
Fahrzeugortungsdaten, 57
Fahrzyklus, 189
Fassade, 153
Feinstaub, 184, 360
Fernreise, 11
Fertigungstiefe, 348
FFH-Prüfung, 242
Filter- und Pufferfunktion, 230

Flächeninanspruchnahme (Verkehr), 105, 130
Flächennutzungsmodell, 315
Flächenverlust, 232
Folge
    auf Verkehrsablauf, Verkehrssicherheit und Nutzerkosten, 110
    externe und interne, 114
    ökologische, 109, 221
Folgekosten, 422
Folgezeitlücke, 402
Förderung der Akzeptanz, 451
Freiflächenanteil, 152
Führerschein, 2
Fundamentaldiagramm, 390, 391
Fußgängerbereich, 143
Fußgängergeschwindigkeit, 199

G

Ganglinie, 381
Garage, 150, 151
GEH-Wert, 330
Genauigkeit (Erhebung), 46, 53
Geschwindigkeit
    mittlere lokale, 388
    mittlere momentane, 389
Geschwindigkeitsbeschränkung, 147, 181
Gewichtsfindung, 422
    multikriteriell diskursive, 439
Gewichtung, 418, 422
    einstufige, 423
    zweistufige, 423
Gleichgewichtszustand, 292
Grenzwert (Lärm, Luftschadstoffe), 166, 178, 186, 418
Grenzzeitlücke, 402
Großprojekt, 466
Grundkapazität, 406, 408
Güterart, 352
Güterbahnhof, 133
Gütergruppe, 350
Güterkraftverkehrsstatistik, 364
Güterstruktureffekt, 352
Güterverkehr, 342
Güterverkehrsaufkommen, 348
Güterverkehrskonzept, 372, 374
Güterverkehrsmodell, 366, 369
Güterverkehrszentrum, 373, 374

H

Handlungsalternative, 416
Hauptstrom, 401
Hauptverkehrsmittel, 13, 15, 19
Haushaltsbefragung, 79, 291, 292
Herstellungskosten, 207
Hierarchie der Vorfahrt, 405
Hierarchisierung des Raumnetzes, 129
Hochstraße, 129, 148
Hub, 354

I

Immissionen (Berechnungsverfahren), 193
Indikator, 416
Information, 450
Infrastruktur, grüne, 247
Inputdaten (Verkehrsnachfragmodell), 282, 295
Instandsetzung, 208, 214
Integration (von Verkehrsanlagen), 149
Intermodalität, 20
Internet-Partizipation, 468
Interview, qualitatives, 85
Interviewform, 86
INVERMO, 8

J

Jahreskosten, 431

K

Kalibrierung, 324
Kaltstartzuschlag, 192
Kapazität, 384, 395, 398, 401, 403
Kapitalwert, 209
Kasten, morphologischer, 264
Kenngröße (Erhebung), 35, 38
Klimagasemission, 360
Klimawandel, 183, 186
Knotenpunkt, planfreier, 398
Koinzidenzverhältnis, 331
Kombinierter Verkehr (KV), 343, 353
Komplettladungsverkehr, 355
Konsensfindungsprozess, 425
Konsensförderung, 452
Konsistenz (Modell), 277, 331
Konsistenz
    innere, 255

Kordonbefragung, 284, 294
Kordonerhebung, 72
Kordonzählung, 344
Korrekturverfahren, 326
Kosten des Verkehrs, 113
Kraftfahrbundesamt (KBA), 365
Kraftfahrzeugverkehr in Deutschland (KiD), 362, 365
Kreislaufwirtschaft, 372
Kreisverkehr, 407
Kreisverkehrsplatz, 138
Kurier-, Express- und Paketdienst (KEP), 343, 355, 372

L

Landschaftspflegerischer Begleitplan (LBP), 243
Lärmaktionsplan, 178
Lärmminderung, 182
Lärmsanierung, 174
Lärmschutz, 130
Lärmschutzwand, 148
  und -wall, 149, 182
Lärmvorsorge, 174
Lärmwirkung, 172, 174
Lastenrad, 355, 375
Lautheitsgewicht, 180
Lautstärkeempfindung, 172
Leerfahrt, 348, 357
Liefervorgänge, 356
Lieferzeitfenster, 355
Lkw-Anteil, 357
Lkw-Nachtfahrverbot, 353
Logistik, städtische, 346
Logistikprozess, 343
Logit-Modell, 301
Logsums, 314
Luftreinhalteplan, 187
Luftschadstoff, 183, 184

M

Maß der Qualität des Verkehrsablaufs, 385
Massengut, 349
Maßnahmenbündel, 417
Maßnahmenszenario, 254
Maßnahme
  zur Lärmminderung, 180
  zur Luftreinhaltung, 187, 188
Maximum-Likelihood-Methode, 325
Mediation, 440
Meile, letzte, 361
Merkmalsausprägung, originäre, 436
Messung (Wirkungen), 164
Messung, 35
Messvorschrift, 416
Methoden, diskursive und nichtdiskursive, 426
Mikrodepot, 356, 375
Mikrozensus Verkehr, 3
Minderungsmaßnahme, 246
Mindeststichprobenumfang, 51
Mischverkehr (Eisenbahn), 354
Mittelungspegel, 171
Mobilitätswerkzeug, 6
Modal Split, 351, 352
Modellprognose, 267
Moduswahl, 304, 308
Monetarisierung der Unfallwirkungen, 170

N

Nachfragedaten, 292
Nachfragematrix, 293, 326
Nachverdichtung, 123, 152
Nähr- und Schadstoff, 229
Nebenstrom, 401
Nested-Logit-Modell, 314, 369
Netzwerk, logistisches, 354
Neu- und Ausbau, 209
Niederschlagsereignisse, 229
Normierung, statistische, 418
Nutzen, 300
Nutzen-Kosten-Analyse (NKA), 426, 427
Nutzen-Kosten-Verhältnis, 212, 432
Nutzergleichgewicht, 299
Nutzerkosten, 112, 214
Nutzungsdauer
  ökonomische, 210
  theoretische, 210
Nutzungsmischung, 123
Nutzwertanalyse (NWA), 434

O

Öffentlichkeitsbeteiligung, 454
Ökokonto, 245
Ökosystem, 225

Ökosystemschema, 226
Omnibusbahnhof, zentraler, 136
Online-Handel, 356
Operabilität (Modell), 277, 333
Ortsveränderung, 278
ÖV-Netzmodell, 289
Ozon, 185, 231

P

Paketstation, 345
Panelerhebung, 81
Parkplatz, 134
Parkway, 125
Partizipation, 451, 469
Pavement-Management, 214
Personengruppe, 279, 285, 291
Personenverkehr, 274
Personenwirtschaftsverkehr, 316
Pkw-Einheit, 380, 381
Pkw-Gleichwert, 380
Pkw-Verfügbarkeit, 2, 7
Planfall, 180, 260, 335
Planfeststellung, 463
Planungsprozess, 259
Planungsraum, 282
Planungsverfahren optimierende, 218
Platz, 140
Präferenzstruktur, 425
Privatfinanzierung, 208
Prognose, 253, 321
Prognosenullfall, 335
Punktesystem, 418

Q

Qualität des Verkehrsablaufs, 385
Qualitätsstufe des Verkehrsablaufs, 386, 387, 399
Quellverkehr, 283
Querschnitts- und Knotenpunkterhebungen des Kfz-Verkehrs, 67
Quotientenkriterium, 433
q-v-Diagramm, 390, 392

R

Rad- und Fußverkehr, 289
Rampenmanagement (Netzmodell), 357
Randsummenbedingung, 306, 307
Rangordnungsverfahren, 435, 436
Raumordnungsgesetz, 454
Raumordnungsverfahren, 454, 462
Raumstruktur, 361
Raumüberwindungsaufwand, 196
rechts vor links, 408
Reise, 3
Reisezeit, 197
Ressourceninanspruchnahme (Verkehr), 103
Revealed Preference, 325
Routenwahl, 304, 309
Rückbau, 129, 139, 142
Rückkopplung, 310
Rucksack-Problem, 215

S

Sammel- und Verteilfahrt, 351
Schall, 172
Schalltechnische Orientierungswerte, 179
Schattenpreis, 421
Schilderbrücke, 128, 155
Seehafenhinterlandverkehr, 353
Sekundärquelle, 40
Sendungsgröße, 372
Sensitivitätsanalyse, 435
Sensitivitätstest, 333
Separation, 148
Shared Space, 145
Sicherheit, soziale, 127, 147
Situation, hypothetische, 83
Soll-Zustand, 416
Sonderverkehr, 294
Soziale Kosten des Verkehrs, 167
Spitzenstunde, 295
Stadtautobahn, 148
Stadt
  autogerechte, 122
  der kurzen Wege, 123
  gegliederte, aufgelockerte, 122
  kompakte, 120
Stadtbild, 118, 152
Stadterweiterung, 118, 119
Stadtlandschaft, 222
Stadtlogistik, 361, 372
Stadtmodellbaustein, 200
Stadtraum, 136
Stadtraumnetz, 124

Stadtverträglichkeit, 157
Standardleistungskatalog, 209
Standortwahl, 315
Stated-Preference, 84, 325
Stellplatz, 151
Stichprobenplanung, 47
Straße, anbaufreie, 126
Straßenbegleitgrün, 138
Straßengüterverkehr, 343
Straßennetzmodell, 287
Straßenraumfreigabe, dynamische, 138
Straßenrecht, 450
Strukturdaten, 285
Strukturszenario, 254
Stückgutverkehr, 375
Supply Chain Management, 344
SV-Anteil, 380, 382
Symmetrie, 138
Szenario, 251, 254, 321, 324
Szenariotrichter, 263

T

Tagesganglinie, 198, 295, 316
Tagesmodell, 295
Tausalz, 230
Tiefgarage, 151, 152
Tier- und Pflanzenart, 225
Tour, 3, 355
Tourenplanung, 370
Transformation, 419
    in Geldeinheiten, 421
    in Punkte, 419
    statistische, 420
    von Wirkungen, 419
Transparenz (Modell), 278, 334
Transportbedarf, 343
Transportintensität, 357
Transportleistung, 347, 348
Transportweite, 350
Treibhausgas, 186, 189
Trendprognose, 264, 384
Trendrechnung, 276
Trennwirkung, 199
Trip-End-Modell, 314
Trip-Interchange-Modell, 314
Tunnel, 149
Typologie von Nachfragemodellen, 298

U

Überbauung, 131, 150
Umgehungsstraße, 224
Umlegung, 312
Umschlagpunkt, 350
Umschlagpunkten, 351
Umwelt, 162
Umweltfaktor, 225
Umweltverträglichkeitsprüfung, 235, 454
Unfallkosten, 170
Unfalltypensteckkarte, 169
Unfalluntersuchung, 170
Unterhalt, 207
Unterhaltung, 208, 213
Untersuchungsraum, 282

V

Validierung, 329
Verfahren
    des paarweisen Vergleichs, 435, 445
    diskursive, 440
    nichtformalisierte, 426
    partizipatorisches, 87
    standardisierte, 440
    teilformalisierte, 426, 436
    teilstandardisierte, 440
Verfrühung, geplante, 18
Verfügbarkeit, 214
Vergleich, paarweiser, 436
Verkehr
    nicht messbare Folgen, 167
    ruhender, 37, 59, 73, 289
Verkehrsdichte, 385, 389, 397
Verkehrsentwicklungsplan (VEP), 257
Verkehrserhebung, 32
Verkehrserzeuger, singulärer, 294
Verkehrserzeugung, 304, 305
Verkehrsflussmodell, 281
Verkehrslärm, 172
    Beurteilung, 172
    gesundheitliche Auswirkungen, 172
Verkehrsmittelverfügbarkeitsmodell, 281, 315
Verkehrsmittelwahl, 15
Verkehrsnachfrage, 12, 383
Verkehrsnachfragemodell, 196, 281
Verkehrsnetzmodell, 287, 289
Verkehrsstärke, 380, 388
Verkehrsstatistik, 342

Verkehrsstatistikgesetz, 362
Verkehrsträgerwahl (Modal Split), 351
Verkehrsverhalten, 6, 278
Verkehrszellen, virtuelle, 282
Verkehrszellenanbindung, 290
Verkehrszelleneinteilung, 284, 369
Vermeidungskostenansatz, 422
Versandhandel, 372
Vier-Stufen-Modell, 304
Vorhersagen, 253

W
Wahlmodell, 281, 299, 300, 367
Wardrop, 312
Wartezeit, 199, 385, 403, 409
  und Überquerungsaufwand, 199
Wasserbilanz, 227
Weg, 3
Wegedauer, 13
Wegelänge, 14
Werkverkehr, 342, 344
Wertausprägung, 417
Wertsynthese, 423
Werturteilsstreit, 423
Willing-to-pay-Methode, 422
Wirksamkeits-Kosten-Analyse (WKA), 433
Wirkung, 222, 417
  auf Flächennutzung und Standortqualität, 108
  auf Mensch und Vegetation, 184
  auf Stadtraum, 107
  des Verkehrs, 101
  intangible, 163, 164
Wirkungsanalyse der Verkehrssicherheit, 169
Wirkungskomponente, 164
Wirtschaftssektor, 369
Wirtschaftsverkehr, 342
Wirtschaftszweige, 344, 362
Wochenganglinie, 382

Z
Zählung, 60, 383
  des Fuß- und Radverkehrs, 60
  in öffentlichen Verkehrsmitteln, 65
  manuelle, 71
Zählzeit, 61
Zäsur, 148, 285
Zeitbedarf als Qualitätskriterium, 196
Zeithorizont, 252
Zeitkosten, 198
Zentrales Fahrzeugregisater, 365
Zerschneidung, 233
  soziologischer Einheiten, 202
Zielerreichungsgrad, 419, 434
Zielkatalog, 415
Zielverkehr, 283
Zielwahl, 304, 306
Zumutbarkeitswerte (Trennwirkung), 201
Zustandsanalyse, 163
  Bewertung der Ausgangssituation, 165
Zustandsgleichung, 389, 390

9783662596968